HANDBUCH HOLZ

RUST LESS
Rip Wood
Crosscut Wood
Chip Board
Plywood
Non-Ferrous
Masonry

Mark Ramuz

HANDBUCH HOLZ

Material, Bearbeitung, eigene Projekte

Weltbild

Titel der Originalausgabe:
The Encyclopedia of Woodworking

Deutsche Erstausgabe

Layout und Design: Peter Laws
Lektorat: Yvonne Worth, Julie Oughton
Fachredaktion/Projektkoordination: Maria Constantino
Koordination und Bearbeitung der deutschen Ausgabe:
Neumann & Nürnberger, Leipzig
Übertragung ins Deutsche: Sylke Friedrich, Zschirla,
Franka Reinhart, Bismark, Regina van Treeck, Leipzig
Umschlaggestaltung: Büro Lehmacher, Friedberg (Bayern)
Umschlagmotiv: Quantum Publishing Ltd., London
Gesamtherstellung: Star Standard, Singapore

Printed in Singapore

ISBN 3-8289-2471-9

INHALT

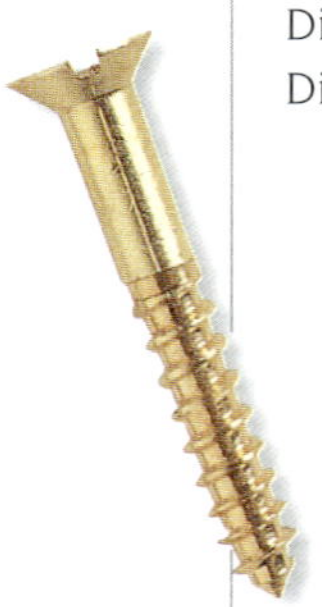

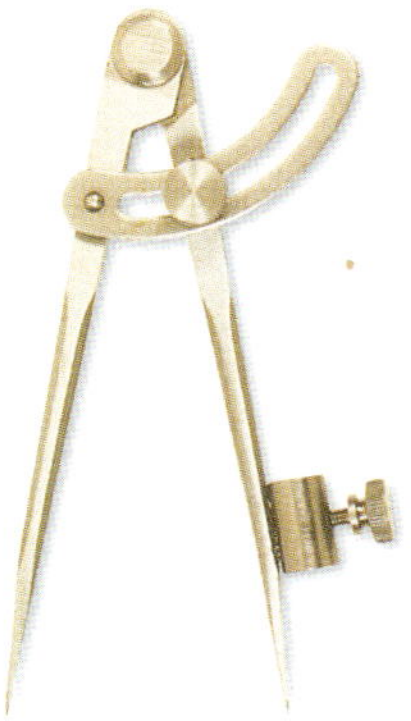

EINFÜHRUNG

Das „Handbuch Holz“ ist ein wichtiges Nachschlagewerk für all jene, die die Holzbearbeitung zu ihrem Hobby gemacht haben. Es enthält eine große Zahl schrittweise gegliederte Arbeitsanleitungen, Fotos und Zeichnungen und bietet den Neulingen in diesem fesselnden Handwerk ein Maximum an praktischer Hilfe. Natürlich kann ein solches Buch die Grundlagen bestimmter Spezialtechniken nur überblicksweise darstellen, doch Sie werden darin all das finden, was Sie brauchen um in eines der lohnendsten Hobbys zumindest einsteigen zu können.

Holz ist ein sehr vielseitiges Material – seine Oberfläche kann gestrichen, geschliffen und anderweitig behandelt werden. Dazu kommt, dass defekte Gegenstände aus Holz – ein Möbelstück, das nach Jahren kaputtgeht oder eine schöne Schnitzarbeit, von der ein Stück abgebrochen ist –, meistens repariert werden können.

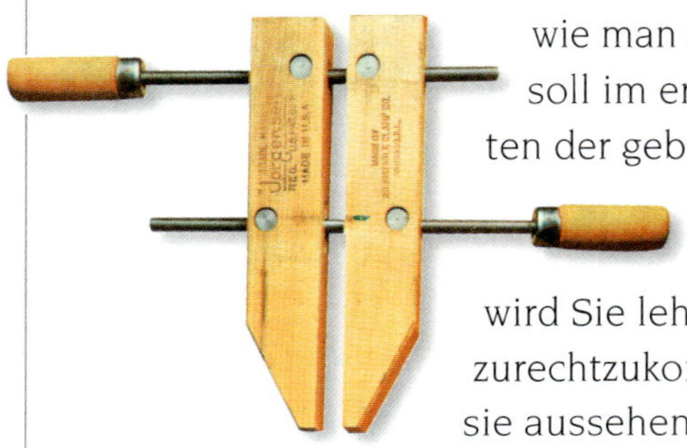

Um dem Leser und Nutzer dieses Nachschlagewerks zu zeigen, wie man das Beste aus dem wunderbaren Werkstoff Holz macht, soll im ersten Kapitel mit einem Abschnitt über die Eigenschaften der gebräuchlichsten Schnitthölzer und über die Verarbeitung eingeschlagenen Rohholzes zum Schnittholzsortiment begonnen werden. Nur die praktische Erfahrung wird Sie lehren mit den Herausforderungen eines neuen Projekts zurechtzukommen, die unterschiedlichen Hölzer zu erkennen (wie sie aussehen, wie sie sich verhalten und wie teuer sie sind) und sich mit den verschiedenen Arten handelsüblicher Bretter und deren charakteristischen Eigenschaften vertraut zu machen.

Wichtig ist nicht nur das richtige Holz für ein Projekt auszuwählen, sondern auch die verwirrende Vielzahl von Hand oder elektrisch betriebener Werkzeuge zu erfassen und zu verstehen, die man in Baumärkten, Eisenwarenhandlungen und Katalogen findet. Darunter sind zwar auch viele Dinge, die ein Anfänger auf dem Gebiet der Holzverarbeitung noch nicht braucht, doch ist es trotzdem wichtig zu wissen, was diese Werkzeuge können und welche Arbeitsgeräte es überhaupt gibt. Ein weiterer Abschnitt beschäftigt sich mit Werkzeugen und deren Verwendung sowie mit der Einrichtung einer eigenen Werkstatt.

Es folgt ein Kapitel über die Grundtechniken, das mit einer Anleitung zum Anfertigen und Lesen von Werkzeichnungen beginnt; die Zeichnung ist ein wesentlicher erster Schritt beim Bau selbst des einfachsten Objekts. Fotos führen den Leser Schritt für Schritt durch die Technik des Sägens, des Stemmens und Ausstechens, des Hobelns und anderer wichtiger Arbeiten.

Zu den größten Schwierigkeiten für den Neuling gehört das Herstellen akkurater Verbindungen. Man kann unmöglich ein reizvolles Möbel-

stück bauen, das ohne ein einziges Verbindungsstück aus Holz auskommt. Ein spezielles Kapitel stellt dem Leser eine Vielzahl von Holzverbindungen vor und erläutert deren Verwendungsmöglichkeiten.

Ein schlecht gearbeiteter Gegenstand aus Holz wird durch eine gute Oberflächenbehandlung zwar nie verbessert, doch das Versiegeln, Schützen und Verzieren Ihres neuesten Projekts zu erlernen kann ebenso wichtig wie das Bauen selbst sein. Im Kapitel über Oberflächenbehandlungen werden traditionelle Verfahren wie das Polieren mit Schellackpolitur und Öl kurz und leicht verständlich beschrieben. Darüber hinaus erfährt der Leser, welcher Lack und welches Wachs am besten für modernere Objekte geeignet ist.

Natürlich ist die Praxis die beste Methode neu erworbene Fertigkeiten zu vervollkommnen. Dazu werden auf den Seiten 225–256 fünf einfache Projekte vorgestellt; es wird schrittweise erläutert, wie man einen kleinen Tisch, ein Wandschränkchen, Kinderzimmermöbel, einen Stuhl und eine Werkbank baut. Komplette Zuschnittlisten und Fotos, die die einzelnen Arbeitsschritte zeigen, führen Sie durch den gesamten Arbeitsprozess bis zur Fertigstellung des Objekts.

Die zweite Hälfte dieses Nachschlagewerks baut auf den im ersten Teil vermittelten Kenntnissen auf. Sie vermittelt all jenen, die es mit schwierigeren Techniken wie dem Furnieren, Schnitzen, Laminieren, Drechseln und mit Laubsägearbeiten aufnehmen wollen, wertvolle Anregungen. Hier bekommen Sie Gelegenheit Ihre Fähigkeiten zu entwickeln und auch anspruchsvollere Dinge anzupacken. Neben der Bauanleitung werden genau wie bei den einfachen Projekten Techniken zur Oberflächenbehandlung – vom Vergolden und Patinieren bis zum Kalken und zu komplizierten imitierten Oberflächen – vorgestellt und kurz beschrieben. Die Ausführungen werden durch viele hilfreiche Tipps ergänzt.

Die komplizierteren Projekte verlangen die Kombination vieler grundlegender und erweiterter Kenntnisse und Fertigkeiten, um die es in diesem Buch geht. Denken Sie jedoch stets daran, dass selbst der komplizierteste Tisch oder Schrank eigentlich nur aus einer Anzahl relativ einfacher Verbindungen und Bauteile besteht. Das Buch enthält Hinweise, mit denen Sie auch anspruchsvollere Arbeitsschritte bewältigen können.

Viele Menschen wenden sich der Holzbearbeitung zu, nicht weil sie etwas Neues schaffen, sondern etwas Altes wieder herrichten möchten. Daher wäre ein Buch über Holzbearbeitung einfach unvollständig, wenn es kein Kapitel über das Reparieren und Restaurieren von Holzgegenständen enthielte. Dieses Nachschlagewerk

enthält einen wichtigen Abschnitt über die Reparatur und Aufarbeitung von Möbeln, angefangen von der sanften Reinigung einer polierten Oberfläche bis zum vollständigen Wiederaufbau großer Möbelstücke. Tipps von Fachleuten zeigen wie man mit handwerklichen Tricks selbst den wackeligsten Fundgegenstand vom Sperrmüll in ein Schmuckstück verwandeln kann.

Nicht nur Neulinge, sondern auch altgediente Fachleute machen hin und wieder einen Fehler. Das letzte Kapitel des Buches zeigt Ihnen die besten Methoden zum Beseitigen oder Kaschieren solcher Ausrutscher.

Arbeitsschutz

Denken Sie immer daran, dass das Bearbeiten von Holz eine mitunter gefährliche Tätigkeit ist. Selbst ein von Hand betriebenes Werkzeug kann schneller als Sie denken einen Nerv oder eine Sehne durchtrennen und Ihnen Verletzungen mit schrecklichen Folgen zufügen; durch eine Tischkreissäge oder ein anderes Elektrowerkzeug zum Holzschneiden können Sie im Nu einen oder gar mehrere Finger einbüßen.

Lassen Sie stets äußerste Vorsicht walten, wenn Sie mit einem Elektrowerkzeug arbeiten. Lesen Sie die Betriebsanleitung des Herstellers und beachten Sie besonders die Hinweise zum Arbeitsschutz. Verwenden Sie die für das Werkzeug vorgesehenen Schutz- und Sicherheitsvorrichtungen. Arbeiten Sie nur im sicheren Stand, fassen Sie nie über ein Werkzeug hinweg und halten Sie Ihren Arbeitsplatz stets sauber, damit das Unfallrisiko minimiert wird und Sie nicht über Elektrokabel oder Holzabfälle stolpern. Legen Sie vor Arbeitsbeginn Ringe und andere Schmuckstücke ab. Tragen Sie Ihr Haar lang, binden Sie es nach hinten. Prüfen Sie, ob Manschetten und andere Teile der Kleidung fest sitzen und nicht im Weg sind. Tragen Sie stets einen Augenschutz und wenn nötig eine Staubschutzmaske. Holzstaub kann die Lungen schädigen; daher ist eine effektive Staubabsauganlage ein wichtiger erster Schritt bei der Einrichtung einer sicheren Werkstatt.

Geben Sie Acht auf sich selbst, auf Ihre Werkzeuge und Ihr Arbeitsumfeld und Sie werden viele angenehme Stunden bei der Erkundung des faszinierenden Handwerks der Holzbearbeitung haben.

ZUM BEGINN

DIE NATUR DES HOLZES

Holz ist ein Naturmaterial – sein ganzer Charakter und die Art und Weise, wie es sich anfühlt, geben dem angehenden Handwerker reichlich Ansporn sich mit der Holzbearbeitung zu befassen. Eine wichtige Voraussetzung für eine effektive und angenehme Arbeit ist das Wissen über die verschiedenen Holzarten und deren unterschiedliche Eigenschaften.

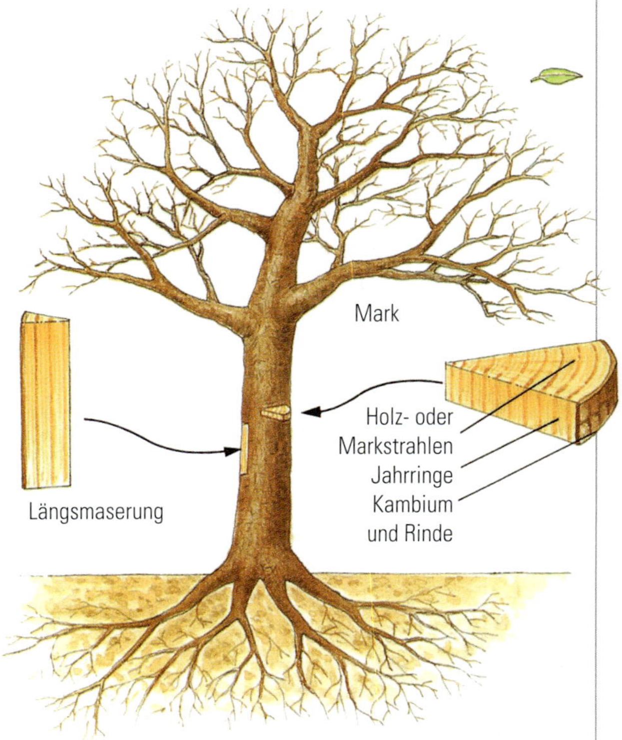

Das Wachstum des Baumes

Der Baum ist ein lebender Organismus, der für die Menschheit bedeutsame Funktionen hat – von der Anreicherung der Erdatmosphäre mit Sauerstoff bis zum Schutz vor Wind, als Schattenspender und als Rohstofflieferant für eine Vielzahl von Erzeugnissen. Der Baum nimmt durch seine Wurzeln Wasser auf, seine Blätter absorbieren Kohlendioxid und geben Sauerstoff ab. Durch ein Versorgungssystem gelangen Nährstoffe von der Wurzel bis in die Blattspitzen.

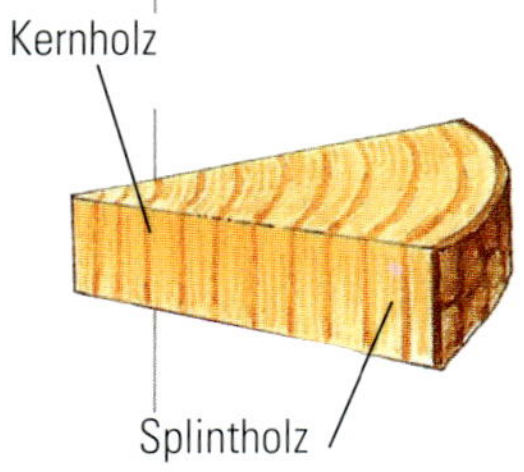

Das jährliche Wachstum

Der Baum wächst, indem er jedes Jahr an Stammumfang, Höhe und Kronenbreite zunimmt. In der Mitte des Stammes befindet sich das Mark – der Rest der Gerte, aus der sich der Baum entwickelt hat. Dann folgt eine Reihe von Jahrringen, von denen jeder einen Wachstumszyklus von normalerweise einem Jahr darstellt. Von der Mitte aus verlaufen horizontale Holz- oder Markstrahlen radial nach außen. Das Kambium, eine sehr schmale Zellschicht zwischen Holz und Rinde, bildet neues Holz. Der Bast (lebende Innenrinde) und die Borke (abgestorbene Außenrinde) sichern das jährliche Wachstum und schützen das Holz.

Kernholz und Splintholz

Das Holz in der Stammmitte, das Kernholz, ist kaum am Nährstofftransport beteiligt; es stellt das Stützgerüst des Baumes dar. Der Transport von Wasser und Nährstoffen findet hauptsächlich im Splintholz statt, das das Kernholz umgibt. Bei einigen Baumarten wird nur das Kernholz für Holzarbeiten verwendet, da das Splintholz schwach und anfällig für Pilz- und Insektenbefall ist. Bei anderen Arten wiederum gibt es außer der Färbung kaum einen Unterschied zwischen Splint und Kern.

Weich- oder Nadelholz und Hart- oder Laubholz

Die Begriffe Weichholz und Hartholz stiften oftmals Verwirrung, da sie sich auf die botanischen Eigenschaften eines Baumes beziehen. Manche „Harthölzer" wie beispielsweise Balsaholz sind sehr weich, während einige „Weichhölzer" wie die Eibe, die botanisch gesehen ein Weich- oder Nadelholzbaum ist, sehr hart sein können.

Weich- oder Nadelholz

Weichholz stammt von Nadelbäumen, die anstelle von Blättern Nadeln tragen und diese im Winter meistens behalten. Weichholz besteht aus Tracheiden, lang gestreckten Holzzellen, in denen Nährstoffe und Feuchtigkeit zwischen den Wänden benachbarter Zellen radial ausgetauscht werden. Weich- oder Nadelholz kann Gefäße oder Poren aufweisen, die in der Regel jedoch als Harzkanäle dienen.

Hart- oder Laubholz

Hartholz stammt von sommergrünen Bäumen, die in Gegenden mit gemäßigtem Klima im Herbst ihr Laub abwerfen. Charakteristisch für die Holzstruktur sind lang gestreckte röhrenförmige Gefäße oder Poren, durch die Feuchtigkeit und Nährstoffe vertikal transportiert werden. Durch horizontale Holz- oder Markstrahlen werden die Nährstoffe radial weitergeleitet. Laubholz kann entweder ring- oder zerstreutporig sein. Ringporige Laubhölzer zeigen deutliche Jahrringe, die den zu Beginn und zum Ende der Vegetationsperioden unterschiedlichen Zuwachs markieren; Bäume mit zerstreutporigem Holz sind in Gebieten anzutreffen, in denen es keine solche periodischen Wachstumsschwankungen gibt.

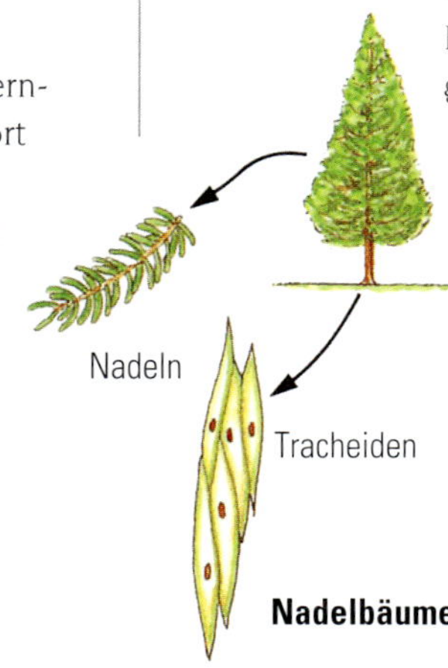

Nadelbäume

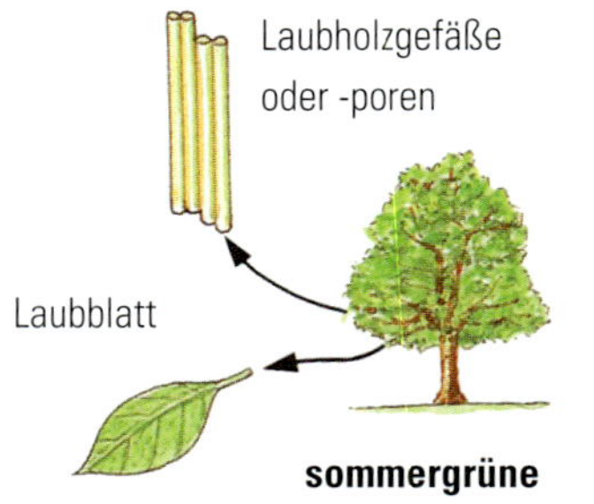

sommergrüne Laubbäume

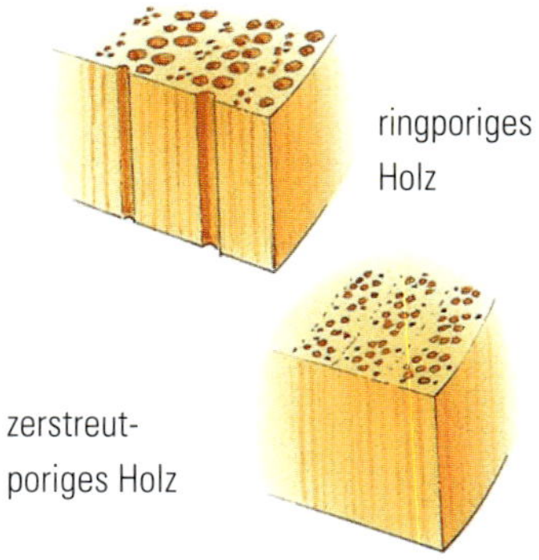

Die Herstellung von Schnittholz

Schnittholz wird aus den Stämmen eingeschlagener Bäume gewonnen. Das Holz der Äste ist dafür meistens nicht verwendbar, da es mechanische und innere Spannungen aufweist. Das Auftrennen des Rundholzes erfolgt nach unterschiedlichen Einschnittschemata. Am häufigsten wird der Stamm einfach in mehrere Bohlen zersägt. Die obere Bohle neigt allerdings dazu sich beim Trocknen zu verformen, und ihre Jahrringe versuchen sich gerade zu richten. Da radial geschnittenes Nutzholz sehr stabil ist, werden die Stämme häufig im Radial- oder Quartierschnitt zersägt.

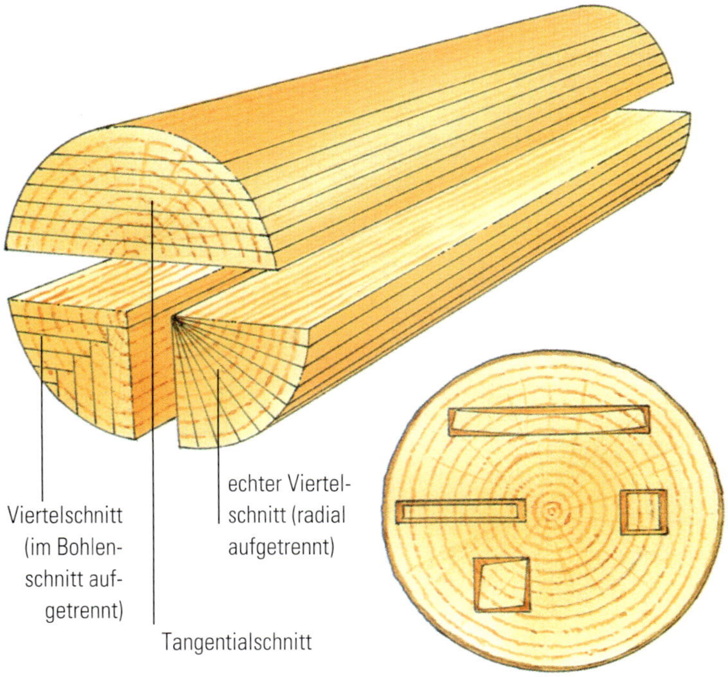

Das Stapeln von Brettern
Nach dem Zersägen des Stammes muss das Schnittholz Brett für Brett in der Reihenfolge, in der es gesägt worden ist, mit zwischengelegten Querhölzern wieder zusammengesetzt werden, so dass die Luft zwischen den einzelnen Schichten zirkulieren kann. Die Querhölzer, auch Stapelleisten genannt, werden stets übereinander gelegt (siehe unten).

Das Trocknen von Schnittholz

Die Poren und Zellen des Schnittholzes enthalten noch immer Wasser, das dem Holz vor der Weiterverwendung entzogen werden muss. Durch natürliches oder künstliches Trocknen wird der Feuchtegehalt auf ein annehmbares Maß reduziert. Für Schnittholz, das im Außenbau eingesetzt werden soll, ist ein Feuchtegehalt von 16 % angemessen. Bei Holz für den Innenausbau darf die Endfeuchte höchstens 8 % (in manchen Fällen weniger) betragen.

Die traditionelle Trocknungsmethode ist die natürliche Freilufttrocknung. Dabei wird der zerteilte Baumstamm im Stapel unter einer Art Schutzdach im Freien gelagert. Das Trocknen von 25 mm Schnittholzstärke dauert im Allgemeinen ein Jahr. Mit dieser Methode lässt sich der Wassergehalt jedoch bestenfalls auf etwa 16 % verringern; Holz für den Einsatz in geschlossenen Räumen muss also künstlich getrocknet werden.

Bei der modernen Kammertrocknung bringt man das Schnittholz auf Stapelwagen in eine Trocknungsanlage, in der Temperatur und Luftfeuchtigkeit genau überwacht werden. Der Trocknungsablauf beginnt bei hoher Luftfeuchtigkeit, die genau gesteuert und verändert wird, damit das Schnittholz mit der richtigen Geschwindigkeit und ohne Schäden trocknet. Die Steuerung erfolgt nach einem auf die Holzart abgestimmten Trockenplan. Eine neu entwickelte Methode zur Trocknung kleiner Stücke von wertvollen exotischen Hölzern ist das Einweichen des Holzes in PEG (Polyethylenglykol), das die Feuchte chemisch umwandelt. Diese Methode wird häufig von Drechslern angewendet.

Holzfehler

Manche Nutzhölzer wie beispielsweise Teak besitzen eine natürliche Resistenz gegen Pilz- oder Insektenbefall, andere hingegen muss man mit Holzschutzmitteln behandeln um sie widerstandsfähig zu machen. Holz sollte nie in feuchter Umgebung eingesetzt werden, wo es besonders anfällig gegen Schäden durch Pilze oder Insekten ist.

Durch unsachgemäßen Einschlag, falsches Trocknen oder Veränderungen in der Holzstruktur können Holzfehler hervorgerufen werden; sie machen sich beim Sägen des Rohholzes störend bemerkbar. Das Holz kann tangential, radial oder auch durchgehend gerissen, gekrümmt oder verdreht sein. Schnittholz mit Rinde bezeichnet man als baum- oder waldkantig. Bei manchen Schnitthölzern empfiehlt es sich die Rinde zu entfernen, da diese – wie es häufig bei Nadelhölzern der Fall ist – Schädlinge anlockt. Zum Problem können auch Trockenäste werden, da sie irgendwann herausfallen; Holz mit einem solchen Fehler sollte nicht zum Bauen verwendet werden. Grünäste dagegen verleihen manchen Stücken ein ungewöhnliches Aussehen.

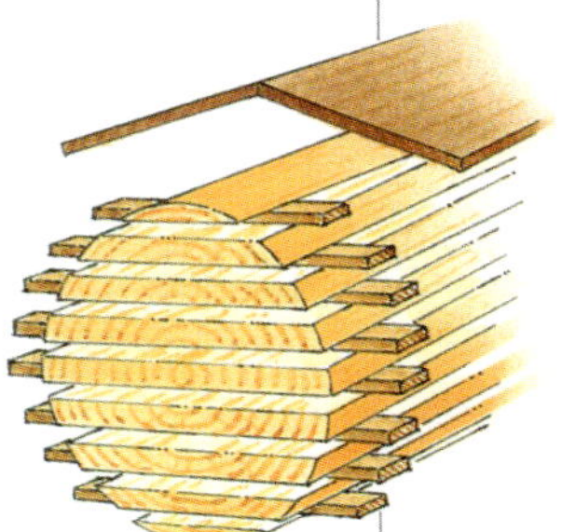

OBEN: Die unterschiedlichen Schwindbewegungen und Verformungen, die an Brettern auftreten können, hängen von der Faserrichtung ab.

Eigenschaften von Schnittholz

Manche Hölzer weisen einen geraden und gleichmäßigen Faserverlauf auf, doch man findet auch Riegelwüchsigkeit, bei der die Fasern in Spiralen um die Stammachse verlaufen oder Wechseldrehwuchs, bei dem die Fasern schraubig und in wechselnder Richtung verlaufen. Solche Hölzer lassen sich nur schwer sägen, hobeln und oberflächenbehandeln, denn dabei muss man praktisch *gegen* die Faser arbeiten; das Ergebnis kann jedoch reizvoll und ungewöhnlich aussehen. In diesem Buch allerdings geht es stets um das Arbeiten *mit* der Faser.

Die Maserung, Textur oder Holzzeichnung entsteht, wenn die Fasern in unterschiedlichen Richtungen verlaufen; sie entsteht dort, wo der Unterschied zwischen Früh- und Spätholz sichtbar ist, wo Farbe oder ungewöhnliche Merkmale wie Astgabelungen oder Maserknollen auftreten – sie alle tragen zu einer interessanten Holzzeichnung bei.

Die Holztextur reicht von der feinen Maserung, bei der alle Zellen klein sind, bis zur offenen oder groben Zeichnung, bei der die Holzzellen groß sind.

Holzarten

Es gibt überall auf der Erde viele unterschiedliche Holzarten. Sie werden also auch in Ihrer Gegend Hölzer finden, die sich für Ihre Zwecke gut eignen. Die in der folgenden knappen Auswahl vorgestellten Hölzer werden häufig im Möbelbau eingesetzt.

Nadelhölzer

Nadelhölzer werden meistens im Baugewerbe und im Bautischlerhandwerk eingesetzt. Gute Nadelhölzer sind nicht als minderwertig gegenüber Laubhölzern zu betrachten. Sie haben lediglich ihre eigenen Verwendungsbereiche. Die Nomenklatur ist allerdings verwirrend, da ihre Handelsbezeichnungen und Trivialnamen nicht immer ihre botanische Klassifizierung erkennen lassen.

KIEFER (Pinus-Arten)
Recht gut zu bearbeiten, sehr interessante Maserung. Holzfarbe dunkelt mit zunehmendem Alter nach. Gehört zu den reizvollsten Nadelhölzern.

DOUGLASIE (Pseudotsuga-Arten)
Wird als Bauholz verwendet.

SITKAFICHTE (Picea-Arten)
Geradliniger Faserverlauf und ebenmäßige, schlichte Textur. Gut zu bearbeiten, viele Einsatzmöglichkeiten.

LIBANONZEDER (Cedrus-Arten)
Gut zu bearbeiten; der hauptsächliche Reiz liegt im Duft des Holzes, der Motten fern halten soll. Wird daher oft zum Bau von Kommoden verwendet.

EIBE (Taxus-Arten)
Zäh und hart. Schwer zu bearbeiten, ist jedoch das schönste Nadelholz. Sehr gut für Luxusmöbel geeignet.

Laubhölzer

Die folgende Auswahl ist nicht mit Rücksicht auf die geografische Verbreitung, sondern aufgrund der Holzfärbung getroffen worden.

EICHE (Quercus-Arten)
Grob texturiert und geradfaserig, im Radialschnitt deutlich erkennbare Holzstrahlen.

ESCHE (Fraxinus-Arten)
Zäh, geradfaserig und flexibel, gut zu biegen, mit reizvoller Oberfläche. In der Regel weiß, mit dunkel verfärbtem Kernholz.

AHORN (Acer-Arten)
Feine Textur, hart- und geradfaserig. Beliebtes Holz für Möbel und Fußböden.

BUCHE (Fagus-Arten)
Geradfaserig, ebenmäßig texturiert, recht gut zu bearbeiten, gut geeignet zum dampfbiegen. Häufig im Möbelbau, vor allem zur Herstellung von Stühlen verwendet.

BERGAHORN (Platanus-Arten – USA, Acer-Arten – Europa)
Feine Textur, meistens geradfaserig (abgesehen von Holz mit Riegeltextur, das für Musikinstrumente verwendet wird). Hell in der Farbe, gut zu beizen.

KIRSCHE (Prunus-Arten – USA)
Hart, fein texturiert und geradfaserig; reizvolle Färbung, gut geeignet für Möbel.

AMERIKANISCHES MAHAGONI (Swietenia-Arten)
Mittelfeine Textur, gut zu bearbeiten, kommt allerdings in vielen Arten vor. Variiert von leicht zu bearbeitenden hellfarbigen Arten mit geringerem Gewicht bis zu dunkleren, schwereren und härteren Hölzern.

WALNUSS (Juglans-Arten)
Gut zu bearbeiten, qualitativ bessere Bretter mit reizvoller Farbe und Maserung. Schönes Material für alle feinen Holzarbeiten.

TEAK (Tectona-Arten)
Austauschhölzer sind Iroko (*Chlorophora*-Arten) und Kokrodua (*Pericopsis*-Arten). Grobe Textur, fühlt sich jedoch ölig an. Gut zu bearbeiten, ist jedoch so hart, dass die Werkzeuge ständig nachgeschliffen werden müssen. In den 1950-er und 1960-er Jahren in den skandinavischen Ländern häufig für Möbel mit einfachem Ölfinish verwendet.

RIO-PALISANDER (Dalbergia-Arten)
Hart und schwer. Mäßig gut zu bearbeiten, doch heute sehr kostspielig und meistens nur für kleine, luxuriöse Holzarbeiten, Intarsien und Furniere verwendet.

EBENHOLZ (Diospyros-Arten)
Sehr hart und dicht, schwer zu bearbeiten. Gehört zu den Hölzern, deren Farbe dem Schwarz am nächsten kommt.

Spezialhölzer

Einige Hölzer werden heute für besondere Zwecke besonders geschätzt.

BUCHSBAUM (Buxus-Arten)
Fein texturiert, dicht und schwer. Wird für Handgriffe von Qualitätswerkzeugen verwendet.

JELUTONG (Dyera-Arten)
Weich und leicht zu bearbeiten, sehr gutes Holz für Schnitzereien.

POCKHOLZ (Guajacum-Arten)
Sehr hart und schwer. Dichter wechseldrehwüchsiger Faserverlauf. Schwer zu bearbeiten. Eines der schwersten und widerstandsfähigsten Hölzer. Wird für Holzhämmer, Riemenscheiben und Lagerbalken verwendet.

Holzwerkstoffe

Durch Entwicklungen auf dem Gebiet der Kunstharze und Klebmittel wurde die Herstellung von Holzwerkstoffen möglich. Das Material ist im Allgemeinen inaktiv, so dass das bei Massivholz übliche „Arbeiten" kein Problem mehr darstellt.

Sperrholz: Mehrere Furnierschichten werden so miteinander verleimt, dass die Fasern einer Schicht stets rechtwinklig zur Faserrichtung der benachbarten Schicht verlaufen. Sperrholz gibt es normalerweise in Platten von 1,2 m x 2,4 m Größe, die oftmals ein- oder beidseitig mit einem dekorativen Deckfurnier versehen sind. Das erspart Ihnen das Furnieren großer Flächen. Sperrholz wird unter Verwendung unterschiedlicher Klebmittelsorten hergestellt; Lagenholz für den Innenausbau wird mit Harnstoffklebern verleimt, während für wasserfeste Furnierplatten Phenolharzleim oder Klebstoff auf Resorzinbasis verwendet wird.

Dreilagensperrholz: Dieses Material wird gewöhnlich für Schubladenböden und Schrankrückwände verwendet. Seine Stärke kann von 3–6 mm variieren. Die Mittellage des Dreilagensperrholzes kann stärker sein als die Decklagen.

Mehrschichtsperrholz: Die im Möbelbau verwendeten Platten werden im Handel in unterschiedlichen Materialstärken angeboten.

Birkensperrholz: Furnierplatten aus Birkenholz verwendet man für Holzarbeiten höchster Qualität, insbesondere für Feintischlerarbeiten. Oberflächenbehandelt bietet es schon von sich aus einen schönen Anblick.

Tischlerplatten: Sie ähneln dem Sperrholz, im Unterschied dazu besteht ihr innerer Kern jedoch aus Holzleisten. Nach der Breite der Leisten unterscheidet man drei Qualitätsstufen: Streifenplatten weisen mit über 25 mm die breitesten Leisten auf, die Leisten von Stab- und Stäbchenplatten sind 6–25 mm breit.

Spanplatten: Zur Herstellung von Spanplatten wird Holz zu Fasern zerkleinert, die dann mit synthetischen Harzen wieder zu Platten verleimt werden. Sie werden in der Möbelindustrie verwendet und sind in unterschiedlichen Qualitäten zu haben.

Faserplatten: Die Kanten von Faserplatten müssen vergütet werden; dazu verwendet man meistens eine Massivholz- oder Furnierkante. Für den Möbelbau wurde eine mitteldichte Faserplatte (MdF) entwickelt, deren Kanten manuell oder maschinell abgerichtet werden können und die Politur oder Deckanstriche direkt annimmt.

Das Auftrennen von Rundholz

Größe, Form und Maserung des Nutzholzes, das in einer Holzwerkstatt bearbeitet werden soll, hängen größtenteils von der Art und Weise ab, in der das Rundholz aufgetrennt, d. h. der Baumstamm aufgeschnitten wurde. Es gibt mehrere traditionelle Schnittmethoden: Der Stamm kann tangential in einen Stapel Bohlen geschnitten oder radial in Viertel zersägt werden usw. Mitunter viertelt man einen einzelnen Stamm mit großem Durchmesser zunächst und zersägt dann die einzelnen Viertel auf unterschiedliche Weise. Die grafische Darstellung unten zeigt vier Methoden des Auftrennens eines geviertelten Stammes.

Radialschnitt

Beim Radial- oder Quartierschnitt wird annähernd parallel zu den Holzstrahlen gesägt, so dass die Maserung auf jedem Brett sichtbar wird. Mit dem Radialschnitt werden hinsichtlich der Dimensionsbeständigkeit die besten Bretter erzeugt, nachteilig ist allerdings der hohe Anteil an Abfallholz. Deshalb wird diese Methode nur für qualitativ hochwertige Arbeiten genutzt, bei denen eine Elitemaserung gewünscht wird.

Riftschnitt

Die auch Spiegelschnitt genannte Methode stellt einen Kompromiss zwischen dem abfallintensiveren Radialschnitt und dem wirtschaftlichen Bohlenschnitt dar. Damit erhält man zwar zur Gänze gemasertes Holz, doch die Methode ist komplizierter und kostspieliger und die Abmessungen der Bretter sind notwendigerweise geringer.

Bohlenschnitt

Diese Art des Auftrennens ergibt starke Bohlen und die geringste Abfallmenge. Sie ist in erster Linie eine Methode zur Produktion eines gemischten Brettersortiments und einfachen Bauholzes.

Tangentialschnitt

Einfache Bohlen oder Bretter werden als tangential oder einfach geschnitten bezeichnet. Hier ist zwar nur ein Stammviertel dargestellt, doch üblicher ist es im Sägegatter ganze Stämme im Tangentialschnitt aufzutrennen. Die Bohlenstärke beträgt dabei 75 mm oder weniger, die Breite der in der Mitte liegenden Bohlen entspricht dem vollen Stammdurchmesser. Der Tangentialschnitt ist sicherlich die einfachste und wirtschaftlichste Methode Rundholz aufzutrennen; er ist für Holz der unteren Güteklassen geeignet. Damit lassen sich zwar die breitesten Bretter herstellen, doch sind manche davon je nach ihrer Lage im Stapel nicht form- oder dimensionsstabil. Daher unterscheiden sich die einzelnen Bretter in ihren Bearbeitungseigenschaften und in ihrer Maserung beträchtlich. Beim tangentialen Auftrennen eines ganzen Stammes sind das oberste und das unterste Brett des Stapels am schmalsten und nahezu ohne Zeichnung. Die Maserung nimmt bei den folgenden Brettern bis zum halben Stammdurchmesser zu. Die Mehrzahl der Bretter zeigt demnach ein Minimum an Maserung; deshalb spricht man hier auch vom Einfachschnitt.

Vier Methoden zur Auftrennung von Stammvierteln

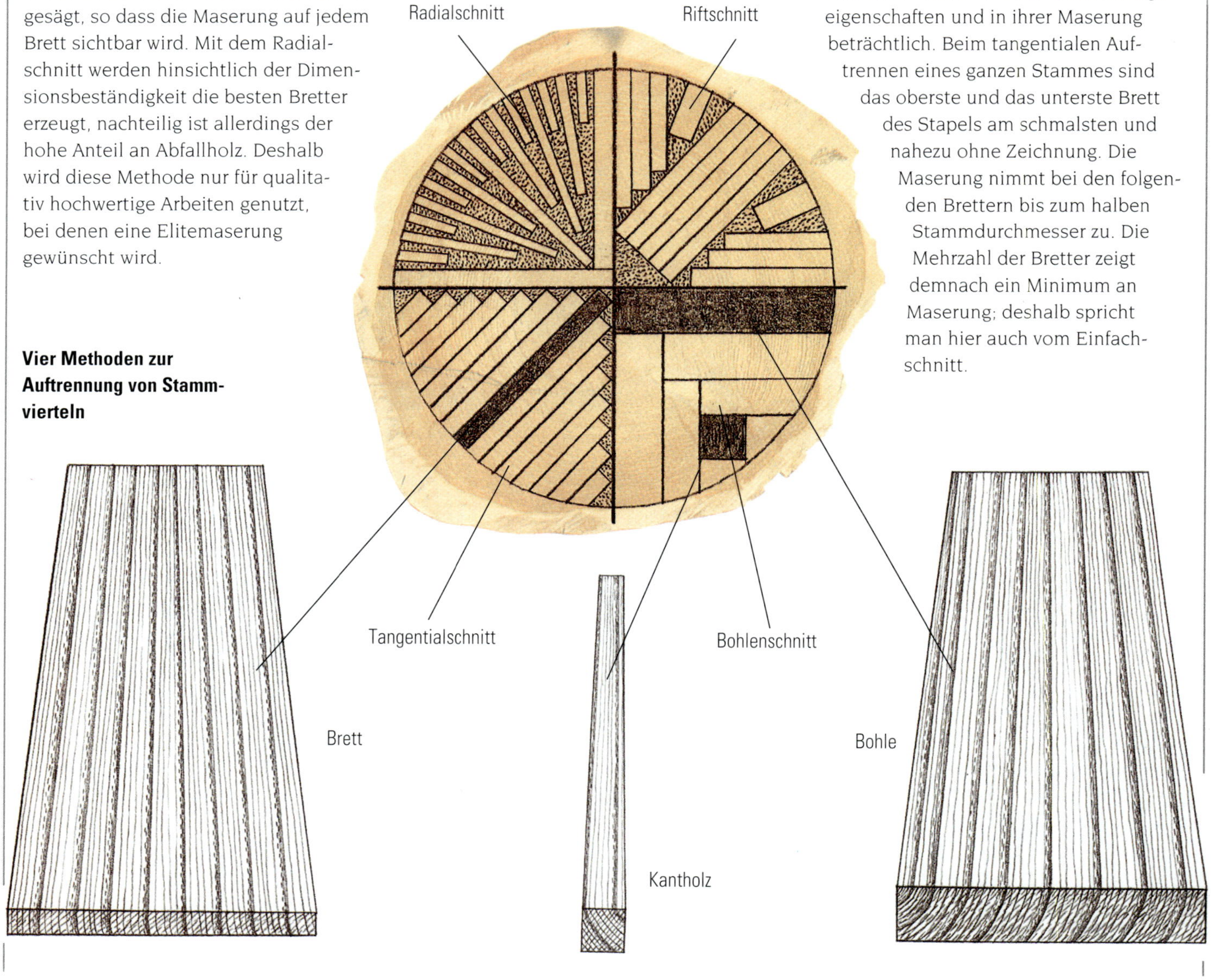

Holzfehler

In diesem Buch werden die Holzfehler in natürliche, mit dem Wachstum des Baumes zusammenhängende Fehler wie Krankheiten und Zersetzung und in Fehler gegliedert, die mit dem Einschlag und/oder dem Trocknen des Holzes zu tun haben können.

Zersetzung

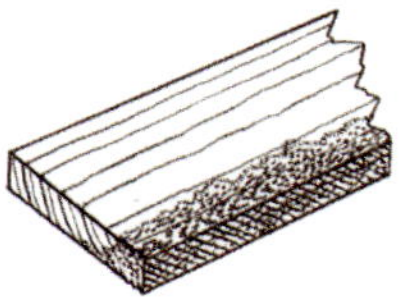

Zersetzungsprozesse wie Fäulnis oder Schimmel können dem befallenen Holz mitunter eine ungewöhnliche Färbung oder Musterung verleihen, die meistens jedoch darauf hinweist, dass das Holz unbrauchbar ist. Vermeiden Sie also am besten mit Holz zu arbeiten, das Anzeichen von Zersetzung aufweist.

Insektenbefall

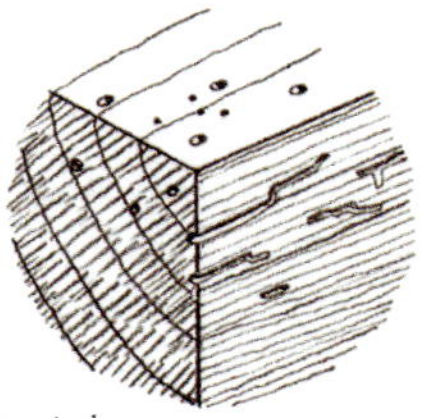

Schadinsekten können die natürliche Festigkeit von Holz deutlich verringern. Kleine Löcher im Material deuten darauf hin, dass ein Schädling das Holz befallen hat und wieder verschwunden ist. Dennoch meidet man Nutzholz mit Insektenlöchern am besten.

Ringrisse

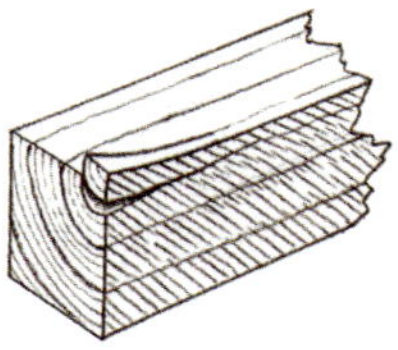

Risse, die in der Stammmitte rund um das Mark erscheinen, bezeichnet man als Ringrisse. Der Fehler ist nicht in dem Sinne ernst, dass er etwa auf Zersetzung des Holzes o.ä. hinweist, er lässt das Holz nur nicht makellos aussehen.

Sternrisse

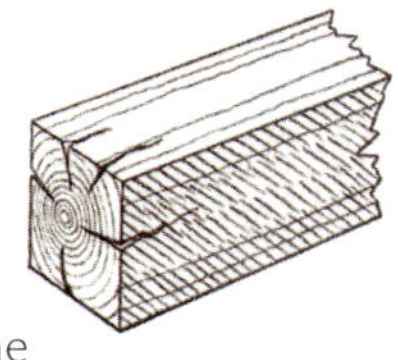

Holz mit Sternrissen, die in der Regel durch zu schnelles Trocknen und das daraus folgende rasche Schwinden entstehen, sollte man nicht kaufen – wenn auch nur aus dem Grund, dass das beschädigte Ende abgesägt und zum Abfall geworfen werden muss.

Kernrisse

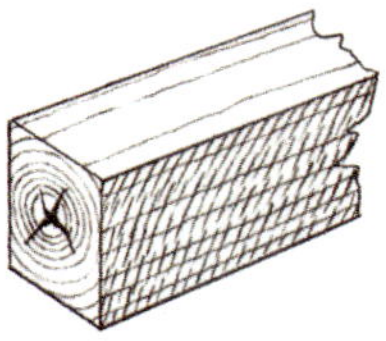

Kernrisse weisen ziemlich zuverlässig darauf hin, dass der Baum, von dem das geschädigte Holz stammt, bereits alt war und vom Kern her geschrumpft ist. Das eingerissene Ende muss zwar nur abgeschnitten werden; aber wer weiß schon, wie weit die Risse in das Holz hineinreichen?

Rundrisse

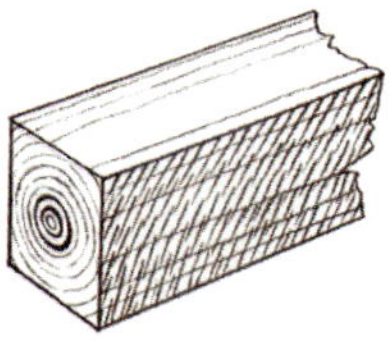

Rundrisse am Mark des Baumes beeinträchtigen den Wert des Holzes stark; sie lassen darauf schließen, dass der Baum unter starken Belastungen wie Hitze, Wind oder Überschwemmungen herangewachsen ist. Solches Holz verarbeitet man am besten nicht.

Durchrisse

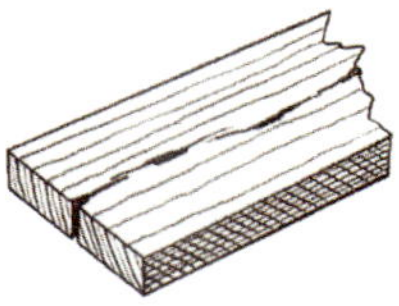

Ein Riss, der von der Ober- bis zur Unterseite durchgeht und durch Belastung und/oder altersbedingtes Schwinden verursacht wurde, macht das Holz in der Regel wertlos.

Spaltrisse

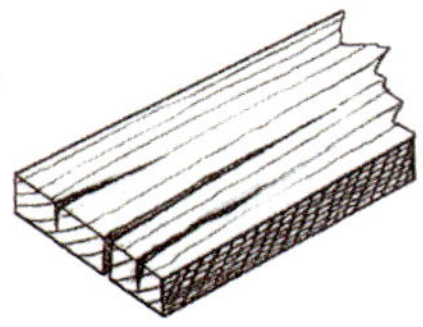

Spaltrisse entstehen, wenn Holzzellen auseinanderreißen. Dazu kommt es gewöhnlich durch falsches, d.h. zu rasches Trocknen.

Lose Äste

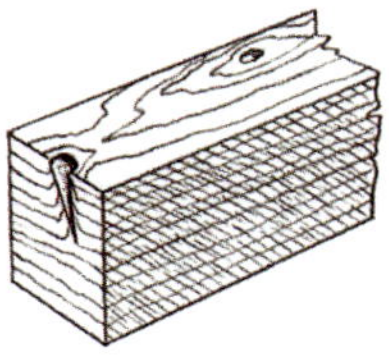

Lose oder kranke Äste deuten darauf hin, dass sich ein Teil des betreffenden Holzes in einem fortgeschrittenen Zersetzungsstadium befindet. Das Problem ist bekanntlich, dass diese Äste beim Bearbeiten des Holzes meistens herausfallen.

Holz mit Fehlkante

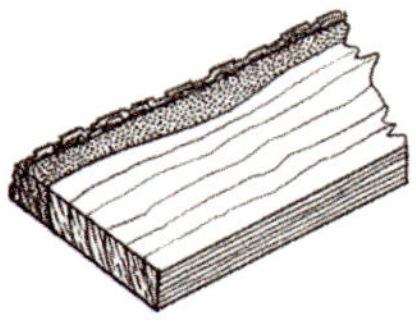

Eine Brett- oder Bohlenkante mit Rinde ist weich und für gewöhnlich unbrauchbar. Denken Sie beim Kauf von Brettern in einer bestimmten Breite daran, dass die Rinde entfernt werden muss, die Bretter also schmaler werden.

Tipps

Viele der Fehler, die bereits bei Massivholz beschrieben wurden – Spaltrisse, Löcher und Fäulnis- oder Schimmelstellen u. a. – treten auch an Furnieren auf. Schauen Sie sich die angebotenen Furniere am besten genau an und entscheiden Sie dann, ob Sie um die Fehler herumschneiden können oder nicht.

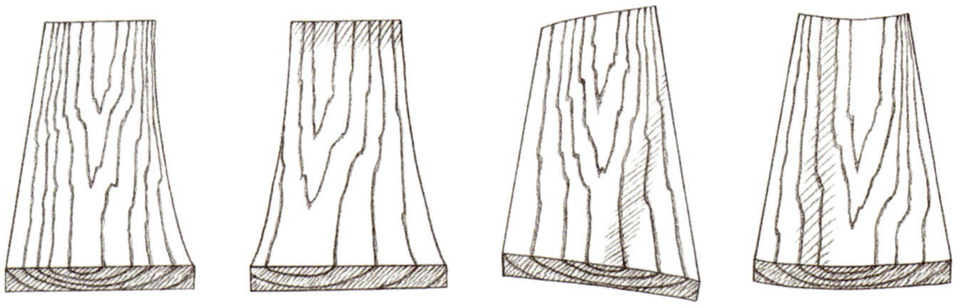

So „arbeitet" in Bohlen geschnittenes Holz (von links nach rechts): Längsverwerfung der Schmalfläche, Längsverwerfung der Breitfläche, Verdrehung (Windschiefe) und Muldenverwerfung.

Festigkeitseigenschaften des Holzes

Drechsler, Tischler, Schnitzer und andere Holzbearbeiter beschäftigen sich mit einem natürlichen Material, das sie durch Schneiden und Formen bestmöglich zur Wirkung bringen. Um diesen Zweck auch wirklich zu erfüllen muss der Handwerker wissen, dass die Bearbeitung von Holz eine gleichberechtigte Partnerschaft, eine Begegnung von Werkzeugen, Arbeitsverfahren und Holz ist. Es führt zu nichts Gutem Holz mit einem stumpfen Werkzeug zu bearbeiten, gegen den Faserverlauf zu hobeln, ein Stecheisen in einen Hirnschnitt zu rammen oder das Holz brutal und mit Gewalt in Form zu bringen. Der Erfolg jeglichen Vorgehens hängt vom Wissen des Holzbearbeiters über die bestmögliche Nutzung der dem Material innewohnenden natürlichen Eigenschaften – seiner Härte, Zähigkeit, Elastizität, Dauerhaftigkeit usw. – ab.

Grobfaseriges Honduras-Mahagoni, das sich nicht gut biegen lässt.

Härte

Zähes Hartholz stammt von sommergrünen und Weichholz von immergrünen Bäumen. Dennoch ist das Holz der Laubbäume nicht unbedingt härter oder schwerer zu bearbeiten als das von Nadelbäumen. Bezeichnen wir ein Holz als hart, meinen wir in der Regel, dass das Holz am Querschnitt oder an der Breitfläche nicht ohne weiteres eingedrückt oder gequetscht werden kann. Wenn Sie also für einen Tisch eine Platte aus Hartholz brauchen, müssen Sie ein Material aussuchen, dessen Oberfläche starken Einwirkungen standhält. Das könnte auch ein Nadelholz mit harter Oberfläche sein.

Querschnitt mit deutlich abgegrenzten Jahrringen, die sich günstig auf die Festigkeit des Holzes auswirken.

Radial geschnittenes Eichenholz mit typischer Holzstrahlenzeichnung. Es ist fest und dekorativ.

Zähigkeit

Ein zähes Holz lässt sich nur schwer spalten und ist im Verhältnis zu seiner Länge sehr biegefest. Englische Langbogen beispielsweise wurden traditionell aus Eibe, die Schäfte von Golfschlägern aus Hickory und Axtgriffe aus Esche, also aus zähen Holzarten hergestellt, die wunderbar widerstandsfähig gegen Quetschen oder Splittern sind.

Manche Hölzer werden speziell wegen ihrer Biegefähigkeit verwendet.

Biegefestigkeit

Biegefestigkeit und Zähigkeit sind in vieler Hinsicht ähnlich. Obgleich aber manche Hölzer ein langes, langsames Biegen vertragen, können sie bei einem „Scherstoß" brechen. Deshalb müssen Sie feststellen, ob der Gegenstand, den Sie gerade in Arbeit haben, beispielsweise eine Leiter, einer Biegebeanspruchung unterliegt oder ob er wie ein Balken in einem Haus eine schwere Last zu tragen hat.

Spaltfestigkeit

Das Spaltverhalten eines Holzes ist für die Bearbeitung von größter Wichtigkeit. Sie müssen beim Aussägen einer Verbindung oder beim Entwurf für ein Objekt mit einer Fläche mit angeschnittener Faser wissen, wie groß die Festigkeit zwischen den Faserbündeln ist. Ein geradfaseriges Weichholz wie Kiefer lässt sich entlang der Faser leicht auftrennen, wogegen ein Stück Ahorn dem Spalten durch ein keilförmiges Werkzeug Widerstand entgegensetzt.

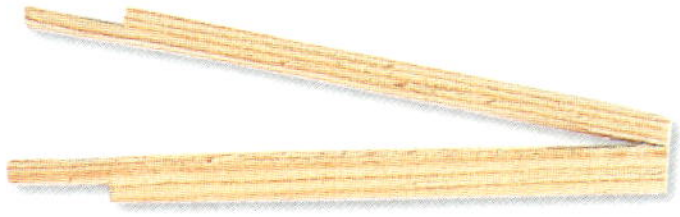

Geradfaseriges Holz lässt sich entlang der Faser leicht spalten.

Dauerhaftigkeit

Die Eigenschaften, die ein Holz lange halten lassen, werden unter dem Begriff Dauerhaftigkeit zusammengefasst. Rüsternholz beispielsweise überdauert auch unter Wasser, Pfähle aus Lärchenholz halten Jahrhunderte, Schindeln aus Zedernholz scheinen unverwüstlich zu sein. Es scheint fast, dass immer die wiederkehrende Einwirkung von Nässe, Trockenheit und Hitze bestimmten Hölzern bekommt. Manche Holzarten halten im Boden oder im Wasser jahrhundertelang, haben aber nur eine kurze Lebensdauer, sobald sie Wind und Wetter ausgesetzt sind.

Das Holz des Buchsbaums ist außerordentlich feinfaserig, gleichmäßig und dicht und eignet sich daher gut für komplizierte Formen mit vielen angeschnittenen Faserflächen.

Widerstandsfähigkeit

Die Gesamtfestigkeit eines Holzes unter einer Last wird Widerstandsfähigkeit genannt. Die Widerstandsfähigkeit vereint in hohem Maße all die anderen Holzeigenschaften wie Härte, Zähigkeit, Biegefestigkeit und Dauerhaftigkeit. Bei der Auswahl eines Holzes sollte man sich stets die Frage stellen, ob das Material für den vorgesehenen Zweck geeignet ist. Die zuverlässigste Antwort erhalten Sie, indem Sie feststellen, welches Material dafür in der Vergangenheit verwendet wurde.

VERZEICHNIS DER HOLZARTEN

Zimmerleute, Tischler, Drechsler und andere Handwerker oder Künstler, die mit der Holzbearbeitung zu tun haben, verwenden für ihre Zwecke Hölzer, die von vielen unterschiedlichen Baumarten stammen. Hier eine Übersicht der am häuftigsten genutzten Holzarten.

Acacia melanoxylon
Familie: Leguminosae

AUSTRALIAN BLACKWOOD

Verbreitung

Unter den hunderten Arten der Gattung *Acacia*, die in Indien, Südafrika und Südamerika vorkommen, gehört das Australian blackwood oder die Schwarzholzakazie zu den reizvollsten. Sie wächst als unterständiger Baum in riesigen Ebereschenwäldern in New South Wales, Queensland, Südostaustralien, Victoria und auf Tasmanien. Der Baum erreicht eine Wuchshöhe von 25–30 m, der Durchmesser des Baumschafts beträgt ca. 1 m.

Erscheinungsbild des Holzes

Das Splintholz ist strohfarben; das Kernholz ist rötlich braun bis fast schwarz und weist gold- bis dunkelbraune Streifen mit einer rötlichen Tönung auf. Die Zuwachsringe werden durch dunkelbraune Zonen markiert. Das Holz ist meistens geradfaserig, zeigt bei wechseldrehwüchsigem oder welligem Faserverlauf jedoch eine geriegelte Maserung. Es hat eine mittelfeine, gleichmäßige Textur und einen natürlichen Glanz.

Eigenschaften

Australian blackwood wiegt getrocknet 660 kg/m^2. Es ist ein ziemlich schweres, dichtes Material mit mittlerer Biegefestigkeit und Steifigkeit sowie hoher Druckfestigkeit. Es weist einen guten Widerstand gegen Schlagbeanspruchung und sehr gute Dampfbiegeeigenschaften auf. Das Holz trocknet recht leicht, ist im Gebrauch form- und dimensionsstabil. Es kann mit allen Werkzeugen zufrieden stellend bearbeitet werden, wobei es die Schneiden mäßig stumpft. Akazienholz lässt sich gut nageln und schrauben. Mit Beize und Politur kann eine vorzügliche Oberflächenqualität erzielt werden. Das Kernholz ist dauerhaft, aber anfällig gegen den Gewöhnlichen Nagekäfer und gegen Termiten. Es ist sehr resistent gegen die Behandlung mit Konservierungsmitteln.

Verwendung

Das sehr dekorative Holz wird für Luxusmöbel, Schränke und Täfelungen, für Ladenmöbel und im Innenausbau verwendet.

Acer pseudoplatanus
Familie: Aceraceae

BERGAHORN

Verbreitung

Dieser Baum ist in Mittel- und Südeuropa sowie in Westasien beheimatet. Er wird bis zu 35 m hoch und entwickelt eine große, breit gewölbte Krone; sein Stammschaft erreicht einen Durchmesser von 1,5 m. Der Bergahorn ist auch unter dem Namen Sycamore plane oder Great maple (England) und als Plane (Schottland) bekannt. Ähnliche Arten sind der Feldahorn oder Maßholder *(A. campestre)* und der Spitzahorn *(A. platanoides)*; sie wachsen beide in Europa.

Erscheinungsbild des Holzes

Splint- und Kernholz ähneln einander; sie weisen eine cremeweiße Färbung und einen natürlichen Glanz auf. Langsam getrocknetes Holz nimmt eine helle gelbbraune Färbung an und wird als verwittert bezeichnet. Bergahornholz ist in der Regel geradfaserig; maserwüchsiger oder welliger Faserverlauf lässt im Radialschnitt eine sehr reizvolle Riegelzeichnung entstehen. Die Holztextur ist fein und gleichmäßig.

Eigenschaften

Das mittelmäßig dichte Holz wiegt getrocknet etwa 610 kg/m^2. An der Luft trocknet es rasch, neigt allerdings zu Verfärbung, wenn es nicht richtig gestapelt wird; in der Kammer trocknet es gut. Im verarbeiteten Holz treten mittelstarke Bewegungen auf. Bergahorn besitzt eine mittlere Biege- und Druckfestigkeit, eine niedrige Schlagfestigkeit und eine sehr geringe Steifigkeit auf, was ihm sehr gute Dampfbiegeeigenschaften verleiht. Das Holz wirkt stumpfend auf Werkzeuge und Schneidkanten, lässt sich gut nageln und verkleben und ergibt eine ausgezeichnete Oberflächenqualität. Bergahorn ist verderblich, sein Splintholz wird gern vom Gewöhnlichen Nagekäfer und von *Ptilmus pectinicomis* befallen, ist jedoch durchlässig für Holzkonservierungsmittel.

Verwendung

Das Holz des Riegelahorn (Bergahorn mit Riegeltextur) wird noch heute zum Bau von Violinen verwendet. Bergahorn ist ein gutes Drechselholz, für Einlegearbeiten wird es oftmals gefärbt.

Acer saccharum
Familie: Aceraceae

ZUCKERAHORN

Verbreitung

Die Arten *A. saccharum* und *A. nigrum* sind unter den Bezeichnungen Hard maple (USA, Kanada, Großbritannien), White maple, Sapwood (USA) und Black maple bekannt. Der Zuckerahorn gehört zu den wertvollsten Hölzern, die östlich der Rocky Mountains in Kanada sowie in den nördlichen und östlichen Bundesstaaten der USA wachsen. Er erreicht eine Höhe von 40 m und einen Stammdurchmesser von 0,6–1 m.

Erscheinungsbild des Holzes

Das Holz ist cremeweiß und weist eine rötliche Tönung auf; das Kernholz ist mitunter dunkelbraun. Es ist geradfaserig, zeigt jedoch oftmals auch einen maserwüchsigen oder gewellten Faserverlauf. Die Jahrringe sind im Tangentialschnitt als feine braune Linien zu sehen. Zuckerahorn hat eine gleichmäßige, feine Textur und einen natürlichen Glanz. Mitunter sind im Holz auch Markflecken zu sehen.

Eigenschaften

Das Holz des Zuckerahorn wiegt getrocknet etwa 720 kg/m^2. Es trocknet ziemlich langsam und mit wenig Verlust. Das verarbeitete Material zeigt eine mittelstarke natürliche Bewegung. Das Holz weist eine mittlere Dichte, eine gute Biege- und Druckfestigkeit, geringe Steifigkeit und Schlagfestigkeit auf und lässt sich gut dampfbiegen. Es wirkt stumpfend auf Werkzeuge und neigt beim Sägen dazu die Zahnung des Sägeblattes vibrieren zu lassen. Die unregelmäßig verlaufenden Fasern können beim Hobeln oder Profilieren radial geschnittener Flächen zerreißen; in diesem Fall empfiehlt sich ein kleinerer Schneidwinkel. Das Holz hat die Neigung auf den Werkzeugschneiden liegen zu bleiben und bei der Bearbeitung des Querschnitts zu anzusengen. Zuckerahorn muss vor dem Nageln vorgebohrt werden, lässt sich aber gut verkleben. Durch Polieren erzielt man eine ausgezeichnete Oberfläche. Das Holz ist nicht dauerhaft, anfällig gegen Käfer und weist häufig von Insekten verursachte Braunfleckigkeit, auch Markflecken genannt, auf. Im Gegensatz zum Kernholz reagiert Splintholz gut auf Konservierungsmittel.

Verwendung

Zuckerahorn ergibt ein ausgezeichnetes, stark belastbares Fußbodenmaterial für Industriegebäude und Sportstätten. Es wird u. a. für Molkerei- und Wäschereianlagen, Hackblöcke, Musikinstrumente und Sportgeräte verwendet. Daneben ist es ein wertvolles Drechselholz. Ausgesuchte Stämme liefern Schälfurniere mit geaugter Zeichnung („Vogelaugen"-Textur) oder Messerfurniere mit geriegelter, gewellter, geaugter oder gemaserter Textur für Schränke und Vertäfelungen.

Zur Beachtung: *Die Einträge sind alphabetisch nach den lateinischen Artenbezeichnungen geordnet. (N) bedeutet Weich- oder Nadelholz.*

Araucaria angustifolia
Familie: Araucariaceae

BRASILKIEFER (N)

Verbreitung
Dieser Baum ist keine echte Kiefer aus der Familie *Pinaceae*. Er wächst hauptsächlich im brasilianischen Bundesstaat Paraná, aber auch in Paraguay und im nördlichen Argentinien. Man nennt ihn auch Parana pine (Großbritannien). Die Brasilkiefer ist eng mit der Chilenischen Araukarie *(A. araucana)* verwandt, die allerdings keine wirtschaftliche Bedeutung hat. Die Brasilkiefer mit ihrer abgeflachten Krone wird bis zu 40 m hoch. Ihr astfreier, gerader Stammschaft erreicht einen Durchmesser von 1,2 m.

Erscheinungsbild des Holzes
Das feinfaserige, dichte Holz, das nahezu keine Jahrringe zeigt und eine ungewöhnliche Färbung hat, macht die Brasilkiefer zu einem reizvollen natürlichen Material. Es ist in den meisten Fällen geradfaserig und honigfarben; im Innern des Kernholzes erscheinen dunkelgraue Verfärbungen mit roten Streifen, die mit der Zeit verblassen. Seine Textur ist fein und gleichmäßig.
Eigenschaften
Das Gewicht des getrockneten Holzes schwankt stark zwischen 480 und 640 kg/m^2. Das Holz weist eine nur mittelgroße Biege- und Druckfestigkeit und einen sehr geringen Widerstand gegen Schlagbeanspruchung auf. Das Trocknen ist sehr schwierig; der Prozess muss ständig überwacht werden, da das Holz eine deutliche Tendenz zeigt sich an den dunkleren Stellen zu spalten. Schlecht getrocknetes Holz kann sich vor allem bei breiten Brettern nach der Verarbeitung stark verziehen. Es lässt sich mit sämtlichen Werkzeugen sehr gut bearbeiten und sauber zu einer sehr glatten Oberfläche hobeln oder profilieren. Brasilkiefer lässt sich gut verkleben. Das Splintholz ist anfällig gegen den Kernholzkäfer und den Gewöhnlichen Nagekäfer. Das Holz ist nicht dauerhaft und nur mäßig aufnahmefähig für Holzschutzmittel. Splintholz hingegen ist für Konservierungsmittel durchlässig.
Verwendung
Die Brasilkiefer ist das wichtigste Exportholz Brasiliens; es wird nur Holz der höheren Güteklassen verschifft. Wegen der unterschiedlichen lieferbaren Abmessungen und des astfreien Materials verwendet man das Holz für Innenausbauten, insbesondere für Treppen. Man findet es zu Kastenmöbelgestellen, Schubkastenseiten, Ladenmöbeln verarbeitet und im Fahrzeugbau. Örtlich wird es auch im Tischler- und Drechslerhandwerk, im Möbelbau und als Bauholz genutzt. Wegen der unterschiedlichen Abmessungen und der guten Bearbeitbarkeit eignet sich das Holz der Brasilkiefer gut für Hobbytischler und -drechsler. Allerdings muss man sorgfältig auf den Feuchtegehalt des Materials achten. Das Holz wird auch zu Sperrholz und zu Dekorfurnieren verarbeitet.

Buxus sempervirens
Familie: Buxaceae

BUCHSBAUM

Verbreitung
Der Buchsbaum gehört zu den sehr wenigen immergrünen Laubbäumen, die in mildem gemäßigtem Klima gedeihen. Er ist in Großbritannien, auf dem europäischen Festland, in Nordafrika, im Nahen Osten und in Westasien heimisch. Nach seiner Herkunft nennt man ihn Abessia-Buchsbaum, Iranischer, Persischer oder Türkischer Buchsbaum. Der kleine Baum erreicht eine Höhe von 6 – 9 m. Importierte Rundhölzer haben nur eine Länge von 0,9 – 1,2 m und einen Durchmesser von 10 – 20 cm.

Erscheinungsbild des Holzes
Das Holz weist eine helle, reine orangegelbe Färbung auf, ist mitunter geradfaserig, zeigt häufig jedoch – vor allem bei den kleinwüchsigen Bäumen in Großbritannien – einen unregelmäßigen Faserverlauf. Buchsbaum hat eine kompakte, sehr feine und gleichmäßige Textur.
Eigenschaften
Das getrocknete Holz wiegt zwischen 830 und 1140 kg/m^2. Buchsbaum trocknet sehr langsam; unaufgetrennte Rundhölzer neigen beim Trocknen stark zur Ausbildung von Oberflächen- oder Spaltrissen. Die Rundhölzer werden vor dem Trocknen gewöhnlich mit einer Kochsalz- oder Harnstofflösung getränkt und mit einem Querschnittflächenschutz versehen. Sie werden am besten halbiert und an einem überdachten Platz getrocknet. Buchsbaum ist ein sehr dichtes, hartes, dauerhaftes Holz, das Schneidwerkzeugen einen großen Widerstand entgegensetzt. Damit das Holz beim Bohren nicht ansengt, müssen die Schneidflächen stets scharf sein. Die unregelmäßig verlaufenden Fasern neigen beim Hobeln zum Reißen. Das Holz lässt sich ausgezeichnet drechseln und weist gute Dampfbiegeeigenschaften, eine große Steifigkeit, gute Druckfestigkeit und einen guten Widerstand gegen Schlagbeanspruchung auf. Beim Nageln muss es vorgebohrt werden. Buchsbaum lässt sich gut verkleben und ergibt gebeizt und poliert eine ausgezeichnete Oberfläche. Das Splintholz kann vom Gewöhnlichen Nagekäfer befallen werden. In das harte Kernholz dringen keine Konservierungsmittel ein.
Verwendung
Buchsbaum genießt wegen seiner feinen, glatten Textur und seiner ausgezeichneten Verwendbarkeit als Drechselholz einen hervorragenden Ruf. Das Holz wird u. a. zu Garnrollen, Webschiffchen, Seilblöcken, Krocketschlägern und Werkzeuggriffen verarbeitet. Besondere Verwendung findet es für Messinstrumente, Druckstöcke, Teile von Musikinstrumenten und für Schachfiguren. Es wird zudem für Bandeinlagen bei Intarsien und zur Restaurierung und Reparatur von Stilmöbeln verwendet.

Carpinus betulus
Familie: Betulaceae

HAINBUCHE

Verbreitung
In nährstoffreichen Böden der Tiefländer der gemäßigten Zonen Nordeuropas gedeihen etwa 20 Arten der Hain- oder Weißbuche. Der Baum ist zwar von Südschweden bis in den Nahen Osten anzutreffen, die wirtschaftlich interessanten Arten wachsen jedoch in Frankreich, in der Türkei und im Iran. In Großbritannien tritt die Hainbuche als Wald- und als Flurholz in Erscheinung. Sie erreicht eine Höhe von 15 – 25 m und besitzt einen hohlkehligen, meist astigen Baumschaft. Der Stamm ist in der Regel elliptisch statt rund. Sein Durchmesser beträgt 1,2 m.

Erscheinungsbild des Holzes
Splint- und Kernholz zeigen unterschiedslos eine mattweiße Färbung mit grauen Streifen und fleckigen Verfärbungen. Diese werden durch die breiten Holzstrahlen hervorgerufen, die im Radialschnitt eine gefleckte Maserung erzeugen. Die Fasern verlaufen meist unregelmäßig oder riegelwüchsig, die Textur ist fein und gleichmäßig.
Eigenschaften
Das Gewicht des getrockneten Holzes beträgt durchschnittlich 750 kg/m^2. Hain- oder Weißbuche trocknet ziemlich rasch, gut und mit wenig Verlust, „arbeitet" im Gebrauch jedoch beträchtlich. Das schwere, dichte Holz weist eine hohe Biege- und Druckfestigkeit, eine mittlere Steifigkeit, einen mittelgroßen Widerstand gegen Schlagbeanspruchung sowie eine ausgezeichnete Scher- und Spaltfestigkeit auf. Es ist ähnlich zäh wie Eschenholz und hat sehr gute Dampfbiegeeigenschaften. Hainbuche ist recht schwer zu bearbeiten, da das Holz dem Auftrennen einen starken Widerstand entgegensetzt; die Werkzeuge werden dabei mäßig stark gestumpft. Das Holz lässt sich sehr glatt polieren und gut verkleben; es nimmt Beize und Politur ohne weiteres an und ergibt eine ausgezeichnete Oberfläche. Das Splintholz wird häufig vom Gewöhnlichen Nagekäfer befallen, das Kernholz ist verderblich, aber durchlässig für Konservierungsmittel.
Verwendung
Hainbuche ist ein ausgezeichnetes Drechselholz und wird vor allem zu Trommelschlegeln, Schäften von Billardstöcken und zu Schwingkeulen verarbeitet. Man verwendet es auch für bewegliche Klavierteile, Klavichorde, Harfen und Musikinstrumententeile wie Violinenstege, für hölzerne Zahnräder, Riemenscheiben, im Mühlenbau, für Schlaghölzer und Holzpflöcke. Aufgrund seiner hohen Verschleißfestigkeit eignet sich das Holz für nicht zu stark beanspruchte Fußböden in Gewerbeeinrichtungen. Ausgewählte Stämme werden zu Dekorfurnieren verarbeitet.

Carya-Arten
Familie: Juglandaceae

HICKORY

Verbreitung
In den ausgedehnten Wäldern Ostkanadas und der Bundesstaaten im Osten der USA wachsen mehr als 20 Hickoryarten, doch werden davon nur vier wirtschaftlich genutzt: *C. glabra* Mill. (Ferkelnuss), *C. tomentosa* (Echte Hickory oder Spottnussbaum), *C. laciniosa* (Königsnuss) und *C. ovata* (Schuppenrindenhickory). Diese vier echten Hickoryarten sind von Ontario in Kanada bis Minnesota, Florida und Mexiko in Laubwäldern anzutreffen. Die Bäume erreichen je nach Art eine Höhe von 18–36 m. Ihr gerader zylindrischer Stammschaft hat einen Durchmesser von 0,6–0,9 m. *C. illinoinensis* ist unter dem Trivialnamen Pekannuss bekannt; der Handelsname der Art *S. aquatica* ist Water hickory.

Erscheinungsbild des Holzes
Das sehr helle graue, breite Splintholz, das man unter der Bezeichnung „weißes Hickoryholz" verkauft, wird in

der Regel dem Kernholz, dem rötlich braunen „roten Hickory", vorgezogen. Es ist meistens geradfaserig, gelegentlich aber auch wellig oder unregelmäßig gemasert und hat eine etwas grobe Textur.

Eigenschaften
Das Gewicht des getrockneten Holzes variiert von 700–900 kg/m², beträgt im Durchschnitt aber 820 kg/m². Hickoryholz muss sehr sorgfältig getrocknet werden; das verarbeitete Holz ist form- und dimensionsstabil. Es ist sehr dicht und zeichnet sich durch große Zähigkeit, Biege- und Druckfestigkeit, Steifigkeit sowie durch eine außergewöhnliche Schlagfestigkeit aus. Es hat hervorragende Dampfbiegeeigenschaften. Das Holz lässt sich maschinell nur schwer bearbeiten und stumpft die Werkzeuge mäßig stark. Es ist auch schwer zu verkleben, dafür aber sehr gut zu beizen und zu polieren. Hickoryholz ist nicht dauerhaft. Das Splintholz wird häufig vom Splintholzkäfer befallen, das Kernholz ist mäßig resistent gegen die Behandlung mit Konservierungsmitteln.

Verwendung
Hickoryholz eignet sich sehr gut für die Griffe von Schlagwerkzeugen (Hammer, Picke, Axt), für Radspeichen, Stühle und Leitersprossen. Es ist ein wertvolles Material für Holzbildhauer und Schnitzer. Man verwendet es auch für Sportgeräte (Golf-, Lacrosse- und Baseballschläger, Langbogen, als dünne Holzlagen bei Tennisschlägern und Skiern), für die Spitzen schwerer Angeln für die Seefischerei, für Trommelschlegel, für Schlagarme in der Textilindustrie und im Fahrzeugbau. Hickoryholz wird zu Schälfurnieren für Sperrholzdecklagen und Dekorfurnieren verarbeitet.

Castanea sativa
Familie: Fagaceae

EDELKASTANIENBAUM

Verbreitung
Dieser stattliche Baum ist im südwestlichen Europa beheimatet und wächst in Großbritannien, Frankreich, Deutschland, Nordafrika und Westasien. Unter günstigen Wachstumsbedingungen erreicht er eine Höhe von rund 30 m und mehr und einen Stammdurchmesser von 1,5 m. An weniger günstigen Standorten teilt sich der kurze Baumschaft in mehrere Hauptäste.

Erscheinungsbild des Holzes
Das Kernholz ist im Unterschied zum schmalen Splintholz strohfarben bis braun; es ähnelt farblich dem Ei-

chenholz. Das Holz weist auffallende Jahrringe, aber feinere Holzstrahlen auf und zeigt daher im Gegensatz zu Eichenholz im Radialschnitt keine Spiegeltextur. Die Fasern verlaufen gerade, oftmals – besonders bei Reifholz – auch spiralig. Die Textur ist grob. Viele Stämme weisen Ringrisse auf.

Eigenschaften
Das Gewicht des getrockneten Edelkastanienholzes beträgt durchschnittlich etwa 540 kg/m². Es lässt sich ziemlich schwer lufttrocknen, da es die Feuchte fleckenweise zurückhält und zum Zellkollaps oder zur Bildung wabenartiger Innenrisse neigt; auf eine Dampftrocknung im Trockenraum reagiert es nicht gut. Sein saurer Charakter neigt dazu metallene Verbindungselemente bei Feuchtigkeit korrodieren zu lassen; das im Holzgewebe enthaltene Tannin lässt bei Kontakt mit Eisen oder Eisenverbindungen blauschwarze Verfärbungen entstehen. Das Holz weist eine mittlere Dichte, eine geringe Biegefestigkeit, eine sehr geringe Steifigkeit und Schlagfestigkeit sowie eine mittlere Druckfestigkeit auf. Luftgetrocknetes Holz hat gute Biegeeigenschaften, wenn es frei von Astknoten ist. Es lässt sich manuell und maschinell zufrieden stellend bearbeiten, wobei es die Werkzeuge nur leicht stumpft. Es ist nagel- und schraubfest, lässt sich gut verkleben und ergibt gebeizt und poliert eine ausgezeichnete Oberfläche. Das Splintholz wird oftmals vom Splintholzkäfer und vom Gewöhnlichen Nagekäfer befallen. Das Kernholz ist dauerhaft und reagiert extrem resistent gegen die Behandlung mit Konservierungsmitteln.

Verwendung
Das Holz des Edelkastanienbaumes wird als Ersatz für Eichenholz im Möbelbau, außerdem für Sargbretter, für Haushaltgegenstände aus Holz, Küchenutensilien sowie zum Drechseln von Spazierstöcken, Schirmgriffen, Schalen usw. verwendet. Auch Einzäunungen und Tore stellt man daraus her. Für Öl-, Fruchtsaft- und Weinfässer nimmt man Dauben aus Edelkastanienholz. Ausgesuchte Stämme werden zu Schäldekorfurnieren verarbeitet.

Cedrus-Arten
Familie: Pinaceae

ZEDER (N)

Verbreitung
In der Bibel wird berichtet, dass König Salomo seinen Tempel mit Zedernholz aus dem Libanongebirge einrichten ließ. Die *Cedrus*-Arten sind echte Zedernhölzer; ihr Duft macht sie mit anderen „Zeder" genannten Weich- und Harthölzern unverwechselbar. *C. atlantica* Endl., die Atlaszeder, ist in Algerien und Marokko anzutreffen; *C. deodara* Roxb., die Himalaja- oder Deodarzeder, wächst im westlichen Himalaja und hat in Indien große Bedeutung; *C. libani* ist die berühmte Libanonzeder. Die Himalajazeder erreicht eine Höhe von etwa 61 m und einen Stammdurchmesser von rund 2,1 m. Höhe und Stammdurchmesser der Atlas- und der Libanonzeder variieren von 36,5–45,5 m bzw. bis zu 1,5 m. Die Parkwaldgehölze haben eine abgeflachte Krone und in Bodennähe weit ausladende Äste.

Erscheinungsbild des Holzes
Das harzreiche Kernholz mit seinem starken Zederndutt weist eine hellbraune Färbung und auffällig ausgebil-

dete Jahrringe auf. Das Holz der Himalajazeder ist geradfaserig, das der Atlas- und der Libanonzeder meistens astig und unruhig gemasert. Beide neigen zur Bildung von Rindeneinschlüssen im Holz. Zedernholz hat eine ziemlich feine Textur.

Eigenschaften
Das Gewicht getrockneten Zedernholzes beträgt durchschnittlich 560 kg/m². Das Holz trocknet leicht. Im verarbeiteten Holz ist eine mittelstarke natürliche Bewegung zu verzeichnen. Zedernholz hat eine mittlere Biegefestigkeit und weist bei allen anderen Festigkeitseigenschaften niedrige Werte auf. Aufgrund der Harzabsonderung lässt es sich nur schlecht dampfbiegen. Zedernholz ist mit sämtlichen Werkzeugen gut zu bearbeiten; auf die Schneidwerkzeuge wirkt es nur leicht stumpfend. Große Astknoten und Rindeneinschlüsse können die maschinelle Bearbeitung erschweren; die Schneidwerkzeuge sollten stets geschärft sein. Das dauerhafte Holz ist nagel- und schraubfest, es lässt sich gut beizen, lackieren, farbig anstreichen oder polieren und ergibt eine gute Oberfläche. Das Splintholz ist anfällig gegen den Kernholzkäfer und den Bockkäfer. Das Kernholz lässt kein Konservierungsmittel eindringen, das Splintholz ist für Schutzmittel mäßig durchdringungsfest bis durchlässig.

Verwendung
Die besten Güteklassen werden für Furniere, für den Innenausbau und für Türen verwendet. Holz geringerer Qualität nimmt man für Fußbodenbalken und setzt sie im Brücken- und Hausbau ein. Aus astigem Material werden Gartenmöbel hergestellt. Ausgesuchte Stämme werden zu Dekorfurnieren für Schränke und Täfelungen verarbeitet.

Chlorophora excelsa
Familie: Moraceae

IROKO

Verbreitung
Diese Art wächst in den feuchten halb immergrünen Wäldern des tropischen Afrika – von Sierra Leone im Westen bis Tansania im Osten. *C. regia* A. Chév. gedeiht in Westafrika und ist vom Senegal bis nach Ghana anzutreffen. Das Holz wird auch Mvule (Ostafrika), Odum (Ghana und Côte d'Ivoire), Kambala (Zaïre), Tule oder Intule (Moçambique) und Moreira (Angola) genannt. *C. excelsa* erreicht eine Höhe von 50 m und einen Stammdurchmesser von etwa 2,5 m; der Stammschaft ist astfrei und bis in eine Höhe von 21 m oder mehr zylindrisch. *C. regia* wird nicht ganz so groß.

Erscheinungsbild des Holzes
Das helle Splintholz unterscheidet sich deutlich vom

gelbbraunen Kernholz, das zu einem tieferen Braun mit helleren Gefäßlinien nachdunkelt. Das Holz zeigt typischerweise einen wechseldrehwüchsigen, gelegentlich auch unregelmäßigen Faserverlauf.

Eigenschaften
Getrocknetes Irokoholz wiegt etwa 640 kg/m^2. Das Holz trocknet gut, ziemlich schnell und mit etwas Verlust. Das dauerhafte, mitteldichte Material ist im Gebrauch form- und dimensionsstabil, hat eine mittelstarke Biege- und Druckfestigkeit, eine geringe Steifigkeit und Schlagfestigkeit und lässt sich mäßig gut biegen. Oftmals verbergen sich in der Maserung als „Stein" bezeichnete harte Einlagerungen von Kalziumkarbonat, die nur im umgebenden dunkleren Holz wahrnehmbar sind. Da sie die Werkzeugschneiden stark beschädigen können, sollte man nur mit Sägeblättern arbeiten, die mit Hartmetall bestückt sind oder gehärtete Zähne haben. Der bei maschineller Bearbeitung anfallende Staub kann Reizungen der Haut und der Nasenschleimhaut hervorrufen. Das Holz lässt sich zufrieden stellend nageln, schrauben und verkleben. Werden die Poren aufgefüllt, erhält das Holz eine ausgezeichnete Oberfläche. Irokoholz wird häufig vom Splintholzkäfer befallen. Das Kernholz ist sehr dauerhaft und im Gegensatz zum Splintholz äußerst widerstandsfähig gegen das Eindringen von Konservierungsmitteln.

Verwendung
Irokoholz wird zu ähnlichen Zwecken wie Teak und auch als Ersatz für Teak verwendet, fasst sich allerdings nicht so ölig wie dieses an. Es wird als Material für Möbel geschätzt und ist ideal für Bildhauer-, Schnitz- und Drechselarbeiten. Es wird im Schiffs-, Boots- und Fahrzeugbau (nicht für Biegeholzteile) und als Konstruktionsholz für Pfähle, Küstenbefestigungsbauten sowie für Parkbänke verwendet. Man nutzt es zudem für Parkettböden in Häusern mit Fußbodenheizung. Aus den Stämmen werden Schälfurniere zur Sperrholzherstellung und Dekorfurniere gewonnen.

Chloroxylon swietenia
Familie: Rutaneae

OSTINDISCHES SATINHOLZ

Verbreitung
Der kleine bis mittelgroße Baum hat die besten Wachstumsbedingungen in Sri Lanka, ist aber außerdem in Zentral- und Südindien zu finden. Man kennt ihn auch unter der Bezeichnung East Indian satinwood (USA, Großbritannien), Burutu (Sri Lanka) und Bhera, Behra oder Mutirai (Indien). Er erreicht eine Höhe von 14 bis 15 m, hat einen Stammdurchmesser von etwa 30 cm oder mehr und einen Baumschaft von bis zu 3 m Höhe.

Erscheinungsbild des Holzes
Das Splintholz unterscheidet sich farblich nur wenig

vom Kernholz des Baumes, das eine schöne goldgelbe Färbung hat. Das innere Kernholz dunkelt im Lauf der Zeit zu Goldbraun nach. Der Faserverlauf ist eng wechseldrehwüchsig, mitunter wellig und erzeugt im Radialschnitt eine drehwüchsige oder schmal gestreifte Zeichnung. Gummiringe können im Tangentialschnitt als dünne dunkle Kanäle erscheinen. Das Holz hat einen natürlichen Glanz und duftet, seine Textur ist fein und sehr ebenmäßig.

Eigenschaften
Das Durchschnittsgewicht des getrockneten Holzes beträgt etwa 980 kg/m^2. An der Luft muss das Holz langsam trocknen können, da es ansonsten zu Oberflächenrissen und zum Verziehen neigt, doch in der Kammer trocknet es gut und mit wenig Schwund. Im Gebrauch ist es form- und dimensionsstabil. Das schwere, dichte Material weist eine hohe Biege- und Druckfestigkeit, eine mittlere Steifigkeit und eine geringe Schlagfestigkeit auf, doch Festigkeit hat für die Endnutzung dieses Holzes nur wenig Bedeutung. Satinholz lässt sich maschinell schwer bearbeiten und wirkt auf die Schneidkanten der Werkzeuge stumpfend. Zum Nageln muss das Holz vorgebohrt werden. Es ist schwer verklebbar, lässt sich gut beizen und polieren. Werden die Poren gut ausgestrichen, erzielt man eine ausgezeichnete Oberfläche. Satinholz ist dauerhaft, aber resistent gegen die Behandlung mit Konservierungsmitteln.

Verwendung
Seit dem „Goldenen Zeitalter des Satinholzes" schätzt man dieses Holz sehr für Luxus- und Prunkmöbel sowie für den Innenausbau. Es eignet sich ausgezeichnet zum Drechseln, als Material für die Grundkörper und Griffe von Haarbürsten sowie für Jutespulen. Man sieht es bei Holzverkleidungen an Ladenmöbeln, in traditionellen Motiven, als Streifen und Bänder bei Einlegearbeiten. Ausgesuchte Stämme werden zu sehr schönen Dekorfurnieren mit einer Vielzahl gestreifter oder gesprenkelter Maserungen verarbeitet.

Dalbergia-Arten
Familie: Leguminosae

RIO-PALISANDER

Verbreitung
Rio-Palisander gehört seit Jahrhunderten zu den weltweit am meisten geschätzten Hölzern. *D. nigra* Fr. All. wird leider immer seltener. Es ist auch unter der Bezeichnung Rio rosewood (USA, Großbritannien), Palissandre Brésil (Frankreich) und Jacaranda (Brasilien) bekannt. Der Baum erreicht eine Höhe von etwa 38 m. Der Baumschaft ist unregelmäßig geformt. Das entsplintete Kernholz hat einen Durchmesser von 50 cm. *D. stevensonii* Standl. liefert das als Honduras rosewood bekannte Holz. Bäume dieser Art erreichen eine Höhe von 15–30 m und einen Stammdurchmesser von 1 m.

Erscheinungsbild des Holzes
Das Kernholz des Rio-Palisander weist eine sattbraune

Färbung mit gold- bis schokoladebraunen und violett bis purpurschwarzen Streifen auf. Es hebt sich deutlich von dem fast cremefarbenen Splintholz ab. Die Fasern verlaufen nahezu gerade bis wellig, die Textur ist grob und das Holz fasst sich ölig und körnig an. Es strömt einen mild aromatischen Duft aus. Honduras-Palisander hat rötliches bis purpurbraunes Kernholz mit unregelmäßiger schwarzer Zeichnung. Es ist geradfaserig und hat eine mittelfeine bis feine Textur.

Eigenschaften
Rio-Palisander hat getrocknet ein Gewicht von 850 kg/m^2, Honduras-Palisander etwa 930 bis 1100 kg/m^2. Beide Hölzer trocknen an der Luft ziemlich langsam, haben eine deutliche Neigung zum Reißen, sind im Gebrauch jedoch form- und dimensionsstabil. Beide weisen in allen Kategorien eine hohe Festigkeit, aber eine nur geringe Steifigkeit auf. Rio- und Honduras-Palisander haben gute Dampfbiegeeigenschaften. Sie lassen sich nicht übermäßig schwer bearbeiten, wirken auf Schneidkanten jedoch stark stumpfend. Das Verkleben ist problemlos, sofern man Epoxidharzklebstoff verwendet. Bei beiden Hölzern kann man eine glatte, glänzende Oberfläche erzielen. Beide Holzarten sind sehr dauerhaft, ihr Kernholz ist äußerst resistent gegen die Behandlung mit Konservierungsmitteln.

Verwendung
Seit über 200 Jahren schätzt man Palisander (Massivholz und Furnier) als Material zur Herstellung von Qualitätsmöbeln, Ladenmöbeln, Vertäfelungen in Konferenzzimmern, von Klaviergehäusen und Billardtischen. Gefragt ist er auch bei Holzschnitzern, Holzbildhauern und Drechslern. Spezielle Verwendung findet Palisander für Griffbretter an Musikinstrumenten, Xylophon-Klangstäbe oder für Marimbastäbe. Ausgesuchte Stämme werden zu sehr schönen Dekorfurnieren verarbeitet.

Dalbergia frutescens
Familie: Leguminosae

BOIS DE ROSE

Verbreitung
Dieser kleine, oftmals missgestaltete Baum wächst im Nordosten Brasiliens sowie in Bahia und Pernambuco. Sein Holz wird in Form von entsplinteten Rundhölzern exportiert, die eine Länge von 0,6 – 1,2 m und einen Durchmesser von 0,06 – 0,2 m haben. Andere Bezeichnungen für Bois de rose oder Bahia-Rosenholz sind Pau rosa, Jacaranda rosa, Pau de fuso (Brasilien) und Pinkwood (USA).

Erscheinungsbild des Holzes
Das sehr reizvolle rötlich gelbe Kernholz zeigt eine ausgeprägte gestreifte oder gefleckte Zeichnung in violettroten, lachsrosa und rosaroten Tönen. In diesem schönen Holz erscheint eigentlich die Farbe der rot-gelben Blüten wieder. Das reifende Holz neigt dazu seine ursprüngliche Lebendigkeit zu verlieren, bleibt aber trotzdem ein beeindruckend schönes Material. Der Faserverlauf ist aufgrund des spiraligen Wuchses in der Regel wechseldrehwüchsig und unregelmäßig, das Holz hat eine mittelfeine bis feine Textur und einen angenehm milden Duft.

Eigenschaften
Das getrocknete Kernholz hat ein Gewicht von etwa 960 kg/m^2. Es trocknet ziemlich leicht und ist im Gebrauch form- und dimensionsstabil. Es ist ein sehr hartes, dichtes und kompaktes Holz, das nach dem Auftrennen des Rundholzes allerdings leicht reißt. Das Schneiden ist etwas kostspielig, da sich das Holz extrem schwer bearbeiten lässt. Das Material ist spaltbar und neigt zum Splittern. Die Schneidflächen der Werkzeuge stumpfen beim Bearbeiten stark. Beim Nageln und Schrauben muss das Holz vorgebohrt werden, es lässt sich jedoch gut verkleben. Es besitzt einen sehr starken natürlichen Glanz und ergibt eine ausgezeichnete Oberfläche. Bahia-Rosenholz ist nicht dauerhaft, es ist resistent gegen Schädlings- und Pilzbefall und ist sehr resistent gegen die Behandlung mit Konservierungsmitteln.

Verwendung
Das historische Bois de rose wurde bereits zu Mobiliar für die französischen Könige Ludwig XV. und Ludwig XVI. sowie zu klassischen englischen Möbeln des 18. Jahrhunderts verarbeitet. Die Rundhölzer werden in der Regel zu Sägefurnieren für dekorative Kreuzbandmuster und für Bandeinlagen bei der Restaurierung und Reparatur von Antiquitäten verarbeitet. In Brasilien verwendet man das Holz zum Drechseln von Bürstengrundkörpern, Marimbastäben, Schatullen, für Schmuckkästen und Luxusgegenstände.

Diospyros-Arten
Familie: Ebenaceae

AFRIKANISCHES EBENHOLZ

Verbreitung
Die Bezeichnung Ebenholz umfasst alle *Diospyros*-Arten mit vorwiegend schwarzem Kernholz. Zum Afrikanischen Ebenholz gehören *D. crassiflora* Hiern und *D. piscatoria* Gurke, das vor allem im südlichen Nigeria, in Ghana, Kamerun und Zaïre vorkommt. Es wird nach dem Herkunftsland oder -hafen des Holzes beispielsweise Kamerun-Ebenholz, Knbi-Ebenholz, Gabun-Ebenholz, Madagaskar-Ebenholz oder Nigerianisches Ebenholz genannt. Als „weißes Ebenholz" bezeichnet man das Splintholz. Die kleinen bis mittelgroßen Bäume erreichen eine Höhe von 15–18 m und einen Stammdurchmesser von ca. 0,6 m.

Erscheinungsbild des Holzes
Das schwarze Kernholz war bereits im Alten Ägypten

sehr gefragt. Das Holz der Art *C. crassiflora* gilt als das „schwärzeste" unter den Ebenhölzern. Die anderen Arten haben sehr reizvolles schwarz und dunkelbraun gestreiftes Kernholz. Es ist in der Regel geradfaserig bis leicht wechseldrehwüchsig oder maserwüchsig, die Textur ist fein und ebenmäßig.

Eigenschaften
Das getrocknete Holz hat ein Gewicht von etwa 1030 kg/m^2. Ebenholz trocknet an der Luft ziemlich schnell, neigt jedoch zu Oberflächenrissen. Das künstliche Trocknen verläuft mit sehr wenig Verlust. Verarbeitet zeigt sich das Holz form- und dimensionsstabil. Es ist sehr dicht, hat in allen Kategorien sehr gute Festigkeitseigenschaften und lässt sich gut dampfbiegen. Ebenhölzer lassen sich manuell wie maschinell nur schwer bearbeiten, da sie die Schneidkanten der Werkzeuge stark stumpfen. Sie neigen auch zu Sprödigkeit; zum Hobeln maserwüchsiger Flächen an radial geschnittenem Holz wählt man am besten einen verkleinerten Schneidwinkel. Beim Nageln oder Schrauben muss das Holz vorgebohrt werden. Das Kernholz erfordert Sorgfalt beim Verkleben. Durch Polieren erzielt man eine schöne Oberfläche. Das Holz ist sehr dauerhaft und sehr resistent gegen die Behandlung mit Konservierungsmitteln.

Verwendung
Ebenholz wird seit jeher in der Holzbildhauerei und Holzschnitzerei verwendet und eignet sich auch ausgezeichnet zum Drechseln (Werkzeuggriffe, Besteckgriffe, Taschenmesser). Es wird u.a. zu Türdrehknäufen, Bürstengrundkörpern, zu Teilen von Billardstöcken und Reißschienen verarbeitet. Ebenholz spielt auch im Musikinstrumentenbau eine Rolle, wo man es u. a. für Klavier- und Orgeltasten, Griffbretter und Wirbel von Violinen, sowie für Teile von Gitarren verwendet. Es liefert außerdem Material zur Herstellung von Luxusmöbeln, für Marketeriearbeiten und Bandeinlagen und wird zu Sägefurnieren für die Reparatur von Antiquitäten verarbeitet.

Dyera costulata
Familie: Apocynaceae

JELUTONG

Verbreitung
Der Baum ist in ganz Malaysia und auf den Inseln Sumatra und Borneo weit verbreitet. Er erreicht eine Höhe von bis zu 60 m, sein gerader, zylindrischer Stammschaft kann bis zu 27 m lang werden und einen Durchmesser von 2,5 m haben.

Erscheinungsbild des Holzes
Das Splint- und das Kernholz weisen beim Einschlag die

gleiche cremeweiße Färbung auf, die dann zu einem blassen Strohgelb nachdunkelt. Oftmals auftretende Verfärbungen sind darauf zurückzuführen, dass das Holz nach dem Anzapfen wegen seines Milchsaftes von Pilzen befallen wurde. Es sieht schlicht aus, ist nahezu geradfaserig und hat eine feine und gleichmäßige Textur.

Eigenschaften
Das maserlose Holz besitzt einen starken natürlichen Glanz, zeigt im Tangentialschnitt jedoch schlitzförmige radiale Latexgänge, die gehäuft oder im Abstand von 1 m in Reihen auftreten. Aufgrund der ca. 6 mm breiten und 12 mm langen linsenförmigen Gänge oder Kanäle verbietet sich der Einsatz von Jelutong für große Flächen oder an Objekten, bei denen es besonders auf die optische Wirkung ankommt. Beim Zuschneiden in kleinere Abmessungen lassen sich die Defekte beseitigen. Das Gewicht des getrockneten Holzes beträgt etwa 460 kg/m^2. Jelutong trocknet ziemlich leicht und ohne Verlust, lässt sich allerdings nur schwer in dicken Stücken trocknen, ohne dass sich das Holz verfärbt. Verarbeitet schwindet es nur wenig. Das weiche, schwache und eher spröde Holz ist verderblich, weist in den meisten Kategorien eine nur geringe Festigkeit auf und hat schlechte Dampfbiegeeigenschaften. Das Holz lässt sich mit allen Werkzeugen leicht bearbeiten und wirkt dabei nur wenig stumpfend. Seine glatte Oberfläche lässt sich problemlos nageln oder schrauben. Jelutong ist leicht verleimbar und gut zu beizen. Durch Polieren oder Lackieren erzielt man eine gute Oberfläche. Das Holz ist nicht dauerhaft, ist dem Befall durch den Splintholzkäfer ausgesetzt, ist jedoch durchlässig für Konservierungsmittel.

Verwendung
Das leicht zu bearbeitende Jelutongholz ist ein ausgezeichnetes Material für die Holzbildhauerei, die Holzschnitzerei, den Modellbau, für Reißbretter, Holzschuhe und kunsthandwerkliche Arbeiten. Es wird auch für Zündhölzer, für leichte Zwischenwände, für den Innenausbau und Teile von Einbaumöbeln verwendet. Die Stämme können zu Rundschälfurnier für das Mittellagenmaterial von Flächentüren, Sperrholz und Mehrschichtplatten verarbeitet werden. Der Milchsaft wird zur Herstellung von Kaugummi gewonnen.

Entandrophragma cylindricum
Familie: Meliaceae

SAPELLI

Verbreitung
Sapelli ist in den tropischen Regenwäldern West-, Zentral- und Ostafrikas – von der Côte d'Ivoire über Ghana und Nigeria bis Kamerun und ostwärts bis Uganda, Zaïre und Tansania – weit verbreitet. An der Côte d'Ivoire ist es auch unter dem Namen Aboudikro bekannt. Der Baum erreicht eine Höhe von 45 – 60 m und einen Stammdurchmesser von etwa 1 m. Der Baumschaft ist bis in eine Höhe von 30 m astfrei.

Erscheinungsbild des Holzes
Das schmale Splintholz hat eine helle gelbweiße, das frisch eingeschlagene Kernholz eine lachsrosa Färbung, die zu einem rötlichen Braun nachdunkelt. Aus dem eng wechseldrehwüchsigen Faserverlauf ergibt sich im Radialschnitt eine ausgeprägte regelmäßige eng gestreifte Zeichnung. Welliger Faserverlauf sorgt für eine sehr dekorative Riegelmaserung mit einer feinen und gleichmäßigen Textur.

Eigenschaften
Das getrocknete Holz wiegt 560 – 690 kg/m^2, sein durchschnittliches Gewicht beträgt etwa 620 kg/m^2. Sapelli trocknet ziemlich rasch, neigt aber stark zum Verziehen. Im verarbeiteten Holz kommt es zu mittelstarker natürlicher Quell- und Schwindbewegung. Dichte, Biegefestigkeit und Schlagfestigkeit weisen mittlere Werte auf. Das Holz hat eine hohe Druckfestigkeit und eine geringe Steifigkeit und lässt sich nur schlecht dampfbiegen. Es ist manuell wie maschinell recht gut zu bearbeiten; der wechseldrehwüchsige Faserverlauf wirkt stumpfend auf die Schneidflächen. Sapelli lässt sich zufrieden stellend nageln und verkleben, das Beizen erfordert Sorgfalt.

Verwendung
Sapelli gilt weltweit als ein schönes Holz für die Herstellung hochwertiger Möbel und für die Kunsttischlerei, für den Innenausbau und den Außenholzbau, für Fensterrahmen, Laden-, Büro- und Bankeneinrichtungen, für Schaltertische und Volltüren. Es wird weit und breit im Boots- und Fahrzeugbau eingesetzt sowie für Klaviergehäuse und Sportgeräte verwendet. Das Holz ist ideal für dekorative Fußböden in Wohngebäuden und öffentlichen Einrichtungen. Aus den Stämmen werden Rundschälfurniere für Sperrholz hergestellt; ausgewählte Stämme verarbeitet man zu schönen gestreiften Dekorfurnieren für Möbel und Vertäfelungen.

Fagus-Arten
Familie: Fagaceae

BUCHE

Verbreitung
Die Buche wächst in den nördlichen gemäßigten Regionen Europas, Kanadas und der USA, in Westasien, Japan und Nordafrika. Sie wird die „Mutter des Waldes" genannt, da andere Laubbäume in Laubmischwäldern ohne sie nur schwer überleben würden, denn ihre Blätter unterdrücken den Unkrautwuchs und reichern den Boden mit Humus an. Die Trivialnamen der hier genannten Arten sind zum Teil Herkunftsnamen: *F. sylvatica* L. (Rotbuche), *F. grandifolia* Ehrh. (Amerikanische Buche), *F. orientalis* Lipsky (Türkische Buche) und *F. crenata* Bl. (Japanische Buche). Die Buche erreicht eine durchschnittliche Höhe von 45 m und einen Stammdurchmesser von 1,2 m.

Erscheinungsbild des Holzes
Das Holz ist sehr hell cremefarben bis rötlich braun und „verwittert" nach dem Dämpfen oftmals zu einem tie-

fen rötlich bronzenen Braun. Es ist typischerweise geradfaserig, weist breite Markstrahlen auf und hat eine feine, gleichmäßige Textur.

Eigenschaften
Das Holz der Japanischen Buche ist mit einem Trockengewicht von 620 kg/m^2 das leichteste Buchenholz, Slawonische Buche wiegt getrocknet etwa 670 kg/m^2, Rotbuche 720 kg/m^2 und Amerikanische Buche 740 kg/m^2. Der Trocknungsprozess muss mit besonderer Sorgfalt gesteuert werden, da das Holz ziemlich schnell und gut trocknet, dabei allerdings zum Reißen und Verwerfen neigt. Im verarbeiteten Zustand schwindet es. Bei Biegefestigkeit, Steifigkeit und Schlagfestigkeit weist Buchenholz mittlere Werte auf. Es hat eine hohe Druckfestigkeit und ist ein sehr gutes Biegeholz. Es kann mit allen Werkzeugen gut bearbeitet werden, lässt sich gut nageln, schrauben und verkleben und ergibt eine ausgezeichnete Oberfläche. Das Kernholz ist verderblich und anfällig gegen den Gewöhnlichen Nagekäfer und den Bunten Klopfkäfer. Das Splintholz wird häufig vom Bockkäfer befallen. Buche gilt als Holz, das Konservierungsmittel gut aufnimmt.

Verwendung
Buche ist vielleicht das bekannteste Allzweckholz, das im Möbelbau, im Innenausbau und entsprechend behandelt auch im Außenholzbau eingesetzt wird. Es ist ein gutes Drechselholz, man verarbeitet es zu Werkzeuggriffen, Bürstengrundkörpern, Haushaltwaren, Sportgeräten, Teilen von Musikinstrumenten und zu Fußböden in Wohngebäuden. Buche wird für Biegeholzteile und Böttcherwaren verwendet, für Gebrauchssperrholz und Innenschichtmaterial von Sperrholz rundgeschält und zu Dekorfurnieren verarbeitet.

Fraxinus-Arten
Familie: Oleaceae

ESCHE

Verbreitung
Die Esche gedeiht in ganz Nordamerika, Europa und in Japan. *F. americana* L. wird Weißesche genannt (Kanada), *F. pennsylvanica* Marsh. Grünesche (USA) oder Rotesche (Kanada); *F. excelsior* L. wird je nach ihrer Herkunft als English, French, Polish, Slavonian ash usw. (Großbritannien) bezeichnet. Die Esche erreicht eine Höhe von 25 – 36 m und einen Stammdurchmesser von 0,6 – 1,5 m.

Erscheinungsbild des Holzes
Die *F. pennsylvanica* weist eine graubraune Färbung

mit einem rötlichen Ton auf. Das Holz der europäischen Esche ist cremeweiß bis hellbraun und hat mitunter einen kräftigen dunkelbraunen bis schwarzen Kern, der unter der Handelsbezeichnung Olivesche gesondert verkauft wird. Das Eschenholz ist geradfaserig und hat eine grobe Textur; seine Jahrringe ergeben im Tangentialschnitt eine dekorative Zeichnung.

Eigenschaften
Das Gewicht des getrockneten Holzes ist artverschieden und beträgt bei *F. americana* 660 kg/m^2, bei *F. pennsylvanica* 690 kg/m^2 und bei *F. excelsior* 580 kg/m^2. Das Holz trocknet ziemlich rasch und mit wenig Verlust und schwindet im verarbeiteten Zustand mittelstark. Es hat eine mittlere Biege-, Druck- und Schlagfestigkeit sowie eine geringe Steifigkeit und ist ein ausgezeichnetes Biegeholz. Esche lässt sich manuell wie maschinell zufrieden stellend bearbeiten. Es empfiehlt sich das Holz beim Nageln vorzubohren. Es lässt sich gut verkleben. Durch Beizen und Polieren erzielt man eine gute Oberfläche. Eschenholz ist verderblich und nicht dauerhaft. Es ist anfällig gegen den Splintholzkäfer und den Gewöhnlichen Nagekäfer. Das Kernholz ist mäßig, schwarzes Kernholz gänzlich resistent gegen die Behandlung mit Konservierungsmitteln.

Verwendung
Esche, die zu den besten Biegehölzern gehört, wird in großem Umfang für die Herstellung von Stühlen, für die Möbeltischlerei und im Innenausbau verwendet. Sie liefert Spezialholz für gebogene Schirmgriffe, für Ladeneinrichtungen, für den Fahrzeugbau, für Stellmacherarbeiten und landwirtschaftliche Gerätschaften. Eschenholz wird auch im Bootsbau, z. B. zu Biegeteilen für Kanu- und Segelbootrahmen, verarbeitet, und für Sportgeräte, Tennis-, Hockey- und Baseballschläger, Billardstöcke und Gymnastikgeräte verwendet. Es ist ein ausgezeichnetes Drechselholz, aus dem man Werkzeuggriffe, Schaufel- und Kreuzhackenstiele herstellt. Das Holz wird auch zu Dekorfurnieren für Möbel und Vertäfelungen verarbeitet.

Guajacum-Arten
Familie: Zygophyllaceae

POCKHOLZ

Verbreitung
Das Holz dieses Baumes, das man im 16. Jahrhundert wegen der vermeintlichen Heilkraft seines Harzes „Lebensholz" nannte, gehört zu den härtesten und schwersten Nutzhölzern der Welt. Es stammt von drei Arten: von *G. officinale* L., die in Spanien Guayacan, in Frankreich Bois de gaïac, auf Kuba Guayacan negro und Palo Santo und in den USA Ironwood heißt, von *G. sanctum* L., die unter den Namen Guayacan blanco, Gaïac femelle oder Guayacancillo bekannt ist, und von *G. guatemalense* Planch, die in Nikaragua wächst. Alle drei Arten werden unter der Bezeichnung Lignum vitae exportiert. Sie sind vom südlichen Florida und von den Bahama-Inseln über Jamaika, Kuba und die Westindischen Inseln, von Mexiko bis Kolumbien und Venezuela verbreitet. Der kleine, langsam wachsende Baum erreicht eine Höhe von etwa 9 m und einen Stammdurchmesser von 0,25 – 0,45 m.

Erscheinungsbild des Holzes
Das Holz besitzt eine grünlich braune oder fast schwarze

Färbung, einen eng wechseldrehwüchsigen Faserverlauf und eine feine, gleichmäßige Textur.

Eigenschaften
Das getrocknete Holz hat ein Gewicht von 1230 kg/m^2. Es trocknet sehr langsam und schwer und neigt zum Reißen. Im verarbeiteten Holz kommt es zu mittelstarken natürlichen Bewegungen. Pockholz hat in sämtlichen Kategorien hervorragende Festigkeitseigenschaften; das gilt besonders für die Härte und die Druckfestigkeit. Es eignet sich nicht zum Biegen und ist wegen seines sehr großen Schnittwiderstandes maschinell schwer zu bearbeiten. Das Verkleben kann Schwierigkeiten bereiten, doch das Holz lässt sich gut polieren. Es ist extrem dauerhaft und resistent gegen die Behandlung mit Holzschutzmitteln.

Verwendung
Da das Holz wegen seines Ölgehalts wasserabweisend ist, eignet es sich ausgezeichnet für Schiffsausrüstungen wie Lagerblöcke und Lager für die Antriebswellen von Schiffsschrauben, Seilrollen und Jungfernblöcke und als Ersatzmaterial für metallene Axiallager. Pockholz wird überall dort, wo das Schmieren oder Ölen unmöglich oder nicht zuverlässig durchführbar ist, wie beispielsweise an Rädern, Führungen, Führungsrollen, Walzen und Rollenzügen sowie in der Textilindustrie an Baumwollentkörnungsmaschinen, als Glätthölzer und Walzen eingesetzt. Man verwendet es außerdem zum Matritzenschneiden. Pockholz wurde lange Zeit für die Holzbildhauerei und -schnitzerei bevorzugt und ist auch ein ausgezeichnetes Drechselholz. Man stellt daraus auch Hammerstiele und Beläge für Bowlingbahnen her.

Ilex-Arten
Familie: Aquifoliaceae

STECHPALME

Verbreitung
Von der Stechpalme gibt es etwa 175 unterschiedliche Arten; ihr Holz ist das „weißeste", das man kennt. In Großbritannien wächst *I. aquilolium* als kleiner Heckenbaum, der etwa 9 m hoch wird und einen 3 m langen Stamm von 0,5 m Durchmesser hat. Der Baum ist in Europa von Norwegen, Dänemark und Deutschland bis in den Mittelmeerraum und Westasien anzutreffen. Er erreicht eine Höhe von 25 m und einen Stammdurchmesser von 0,6 m. *I. opaca* ist in den USA verbreitet.

Erscheinungsbild des Holzes
Das Kernholz der Stechpalme ist weiß bis grauweiß,

weist mitunter einen leichten grünlich grauen Anflug auf und ist nur schwach oder gar nicht gemasert. Das Splintholz unterscheidet sich nicht vom Kernholz. Die Fasern neigen zu unregelmäßigem Verlauf, die Textur ist sehr fein und gleichmäßig.

Eigenschaften
Das Durchschnittsgewicht des getrockneten Holzes beträgt etwa 780 kg/m^2. Stechpalmenholz trocknet ziemlich schwer. Man trennt den Stamm am besten in klein dimensionierte Teile auf, die dann langsam an der Luft in einem beschwerten Stapel trocknen. Das trockene Holz ist im Gebrauch form- und dimensionsbeständig. Das schwere, dichte Material ist in allen Festigkeitskategorien robust, eignet sich allerdings nicht zum Dampfbiegen. Es hat einen hohen Schnitt- und Sägewiderstand und wirkt stumpfend auf die Werkzeuge, die vor allem beim Arbeiten mit der unregelmäßig verlaufenden Faser sehr gut geschärft sein sollten. Das Holz lässt sich gut drechseln, muss beim Nageln oder Schrauben vorgebohrt werden und ist gut zu verkleben. Es ergibt bei entsprechender Bearbeitung eine ausgezeichnete glatte Oberfläche. Die Stämme sind anfällig gegen den Bockkäfer und den Prachtkäfer. Das Kernholz ist verderblich, das Splintholz anfällig gegen den Gewöhnlichen Nagekäfer, kann jedoch mit Konservierungsmitteln behandelt werden.

Verwendung
Das Holz der Stechpalme ist nur in beschränktem Maß, in kleinen Abmessungen und schmalen Furnierbahnen erhältlich. Es wird vor allem als Ersatz- und Austauschholz für Buchsbaum eingesetzt. Schwarz gefärbt verwendet man es als Ebenholzersatz für Motive und Bänder in Marketeriearbeiten sowie als Fadeneinlagen bei der Reparatur von Antiquitäten und Stilmöbeln. Das Holz eignet sich ausgezeichnet für dekorative Drechselarbeiten und zum Gravieren. Es wird außerdem zu Teilen für Musikinstrumente, zu Klavier- und Orgeltasten, zu Teilen für Cembalos und Klavichorde und zu Billardstocken den verarbeitet.

Juglans nigra
Familie: Juglandaceae

BLACK WALNUT

Verbreitung
Black walnut oder der Amerikanische Nussbaum gehört zu den echten Walnussbäumen und ist auf dem gesamten nordamerikanischen Kontinent – vom südlichen Ontario in Kanada bis nach Texas und im Osten von Maine bis nach Florida – weit verbreitet. Andere Bezeichnungen sind Black American walnut, Virginia walnut (Großbritannien), Walnut, Canaletto, Black hickory nut, Walnut tree (USA) oder Canadian walnut (Kanada, USA). Er erreicht unter günstigen Bedingungen eine Höhe von 30 – 45 m und einen Stammdurchmesser von ca. 1,2 – 1,8 m.

Erscheinungsbild des Holzes
Das reizvoll aussehende Kernholz dunkelt zu einer satten dunkelbraunen bis purpurschwarzen Farbe nach. Es ist in der Regel geradfaserig, zeigt mitunter aber auch einen welligen oder maserwüchsigen Faserverlauf. Die Textur ist etwas grob, aber gleichmäßig.

Eigenschaften
Das getrocknete Holz hat ein Gewicht von etwa 640 kg/m^2. Die Trocknung muss mit Sorgfalt erfolgen, damit Risse und Verluste vermieden werden. Das verarbeitete Holz zeigt nur eine geringe natürliche Bewegung. Es weist eine mittlere Dichte, Biege- und Druckfestigkeit, eine geringe Steifigkeit und Schlagfestigkeit auf und hat gute Biegeeigenschaften. American walnut ist mit allen Werkzeugen gut zu bearbeiten und wirkt auf deren Schneiden stumpfend. Das Holz lässt sich gut nageln und schrauben und zufrieden stellend verkleben, problemlos beizen und polieren und ergibt eine ausgezeichnete Oberfläche. American walnut ist ein sehr dauerhaftes Holz. Das Splintholz ist etwas anfällig gegen den Splintholzkäfer. Das Kernholz ist im Gegensatz zum Splintholz resistent gegen die Behandlung mit Konservierungsmitteln; es ist auch widerstandsfähig gegen biologische Zerstörung durch Pilze und Insekten.

Verwendung
Das Holz aller Arten wird für Gewehrschäfte, Luxusmöbel, für den Innenausbau, den Bootsbau, für Musikinstrumente, Uhrkästen, zum Drechseln, Schnitzen und in der Holzbildhauerei verwendet. Es ist ein wichtiges Material zur Herstellung von Sperrholz. Ausgesuchte Stämme werden zu Dekorfurnieren für Möbel und Vertäfelungen verarbeitet. Die verwandten Arten *J. neotropica*, *J. columbiensis* und *J. australis* sind in Peru, Kolumbien, Ekuador, Venezuela, Argentinien und Mexiko zu finden, *J. sieboldiana* wächst in Japan.

Juglans regia
Familie: Juglandaceae

EUROPÄISCHER WALNUSSBAUM

Verbreitung

Der Walnussbaum hat seinen Ursprung zwar im Himalaja, im Iran, im Libanon und im Nahen Osten, doch kommen die Holzlieferungen heute vor allem aus Frankreich, Italien, der Türkei, aus Jugoslawien und Südwestasien. Er ist auch unter verschiedenen Herkunftsnamen bekannt. Unter günstigen Bedingungen erreicht er eine durchschnittliche Höhe von 25 – 30 m, einen Stammdurchmesser von 0,6 – 1,5 m und eine Stammlänge von 6 m.

Erscheinungsbild des Holzes

Das Kernholz zeigt in der Regel eine graubraune Färbung und unregelmäßige dunkelbraune Streifen, die

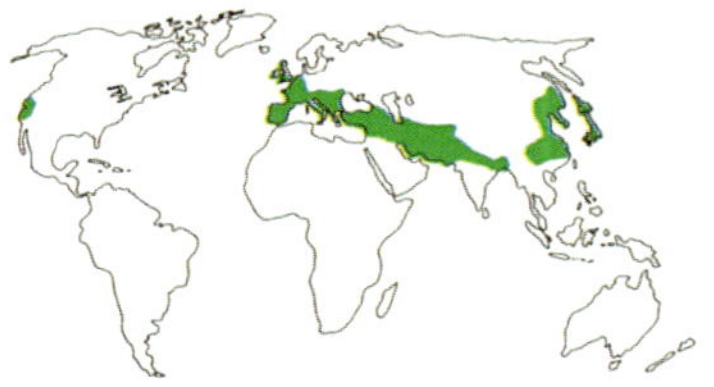

durch einen natürlichen welligen Faserverlauf noch betont werden. Dieses stark gemaserte Holz bildet oftmals einen zentralen Kern, der sich standortbedingt mehr oder weniger deutlich vom Rest des Kernholzes abhebt und bei den in Italien wachsenden Bäumen deutlicher ist als bei der English walnut, dagegen in Frankreich heller und „grauer" als bei den Walnussbäumen in Großbritannien hervortritt. Der Faserverlauf ist gerade bis wellig, die Textur ein wenig grob.

Eigenschaften

Das Durchschnittsgewicht des getrockneten Holzes beträgt ca. 640 kg/m^2. Kommt das Holz bei Feuchtigkeit mit Eisenverbindungen in Berührung, bilden sich blauschwarze Verfärbungen. Walnussholz trocknet gut, stärkeres Material neigt allerdings zum Reißen. Bei verarbeitetem Holz ist eine mittelstarke Schwindung zu verzeichnen. Das Holz weist eine mittlere Biegefestigkeit und Festigkeit gegen Schlagbeanspruchung, eine hohe Druckfestigkeit und eine geringe Steifigkeit auf. Es lässt sich sehr gut dampfbiegen. Walnussholz ist manuell wie maschinell gut zu bearbeiten, ist zufriedenstellend verleimbar und ergibt bei entsprechender Behandlung eine ausgezeichnete Oberfläche. Das Kernholz ist mäßig dauerhaft. Das Splintholz ist anfällig gegen den Gewöhnlichen Nagekäfer. Das Kernholz ist im Gegensatz zum Splintholz resistent gegen die Behandlung mit Konservierungsmitteln.

Verwendung

Das schöne Holz wird seit dem „Walnuss-Zeitalter" für Luxusmöbel, für den Innenausbau sowie für Bank-, Büro- und Ladeneinrichtungen verwendet. Es ist auch ein beliebtes Material für Gewehrschäfte, Sportgeräte, zum Drechseln und Schnitzen, für die Holzbildhauerei, für Zierleisten und kostspielige Inneneinrichtungen von PKW. Die sehr dekorativen Wurzel- und Maserknollenfurniere werden für Sperrholz, Türen und Vertäfelungen verwendet.

Khaya-Arten
Familie: Meliaceae

AFRIKANISCHES MAHAGONI

Verbreitung

Der Name Afrikanisches Mahagoni umfasst alle *Khaya*-Arten. Der größte Teil des Nutzholzes stammt von der Art *K. ivorensis* A. Chev., die in den küstennahen Regenwäldern Westafrikas von der Côte d'Ivoire bis Kamerun und Gabun auftritt und unter den Bezeichnungen Benin mahogany, Degema mahogany, Lagos mahogany und Nigerian mahogany bekannt ist. Die Art *K. anthotheca* (Welw.) C. DC. trifft man nicht im Küstengürtel Westafrikas, sondern in niederschlagsärmeren Gebieten an. Sie wächst in Uganda und Tansania und wird Krala (Côte d'Ivoire), Mangona (Kamerun), Munyama (Uganda), Mbaua (Moçambique), Mbawa (Malawi) und Mkaganzi (Tansania) genannt. *K. nyasica* Stapf. ex Bakerf. kommt in Uganda und Tansania vor. Die Bäume erreichen eine Höhe von 55 – 60 m und einen Stammdurchmesser von 1,2 – 1,8 m.

Erscheinungsbild des Holzes

Der Baum besitzt ein typischerweise rötlich braunes Kernholz. Der Faserverlauf kann gerade sein, ist für

gewöhnlich jedoch wechseldrehwüchsig und erzeugt im Radialschnitt eine streifige oder drehwüchsige Zeichnung.

Eigenschaften

Das Trockengewicht bei *K. ivorensis* beträgt durchschnittlich 530 kg/m^2, bei *K. anthotheca* 540 kg/m^2 und bei *K. nyasica* 590 kg/m^2. Das Holz trocknet ziemlich rasch und mit wenig Verlust und ist im Gebrauch form- und dimensionsbeständig. Es weist eine mittlere Dichte und Druckfestigkeit, eine niedrige Biegefestigkeit, eine sehr geringe Steifigkeit und geringen Widerstand gegen Schlagbeanspruchung auf und lässt sich sehr schlecht dampfbiegen. Mahagoniholz ist mit Handwerkzeugen wie auch mit Maschinen gut zu bearbeiten, lässt sich zufrieden stellend nageln und gut verkleben und ergibt durch Beizen und Polieren eine ausgezeichnete Oberfläche. Das Kernholz ist mäßig dauerhaft. Das Splintholz ist anfällig gegen den Splintholzkäfer und lässt sich nicht imprägnieren.

Verwendung

Afrikanisches Mahagoni ist ein sehr wichtiges Nutzholz für den Möbelbau, für Bürotische, Laden- und Bankeinrichtungen sowie für luxuriöse Treppen, Geländersprossen, Handläufe und Vertäfelungen, auch für Fußböden in Wohngebäuden, für den Boots- und den Fahrzeugbau. Die Stämme werden zu Schälfurnieren für Sperrholz, ausgewählte Exemplare auch zu Dekorfurnieren für Schränke und Vertäfelungen verarbeitet.

Liriodendron tulipifera
Familie: Magnoliaceae

TULPENBAUM

Verbreitung

Diesen großen Baum findet man im Osten der USA und Kanadas, wo sie Canary wood heißt. Weitere Bezeichnungen für den Tulpenbaum sind Canary whitewood (Großbritannien), Tulip tree (Großbritannien, USA) Poplar und Yellow poplar (USA). Die beiden zuletzt genannte Namen sind irreführend, da der Tulpenbaum nicht zur Gattung *Populus* (Pappel) gehört. Der prächtige Maserkropf des Baumes wird in Großbritannien als Green cypress burr verkauft. Der Tulpenbaum erreicht eine Höhe von 30 – 50 m und hat einen langen, astfreien Baumschaft von 1,8 – 2,5 m Durchmesser.

Erscheinungsbild des Holzes

Das breite Splintholz hat eine cremeweiße, das Kernholz eine hellbraune bis helle olivbraune Färbung und weist olivgrüne, dunkelgraue, schwarze, rötlich braune und rote Streifen und mitunter stahlblaue mineralische Verfärbungen auf.

Eigenschaften

Das Gewicht des getrockneten Holzes beträgt 500 bis 510 kg/m^2. Das Holz lässt sich künstlich problemlos und gut trocknen, an der Luft trocknet es mit etwas Verlust. Im Gebrauch „arbeitet" es kaum noch. Tulpenbaumholz weist eine mittlere Druckfestigkeit, eine geringe Biegefestigkeit, Steifigkeit und einen geringen Widerstand gegen Schlagbeanspruchung sowie mittelmäßige Dampfbiegeeigenschaften auf. Manuell und maschinell ist es leicht zu bearbeiten, es lässt sich gut nageln und schrauben, Klebeverbindungen halten gut. Durch Beizen, farbiges Lackieren oder Polieren erhält es eine gute Oberfläche. Das Kernholz ist nicht dauerhaft, es ist mäßig resistent gegen die Behandlung mit Konservierungsmitteln. Das Splintholz ist anfällig gegen den Gewöhnlichen Nagekäfer, nimmt Holzschutzmittel aber gut auf.

Verwendung

Das Holz ist ein bevorzugtes Material für den Modellbau, für die Holzbildhauerei und Holzschnitzerei. Man verwendet es für Innenteile von Möbeln, für Tischlerarbeiten, Türen, für trockene Böttcherware, als Verpackungsmaterial und für Paletten sowie für den Innenausbau von Booten. Tulpenbaumholz wird in großem Umfang zur Herstellung von Sperrholz und als Mittellagenmaterial für Stäbchenplatten eingesetzt. Man findet es als dekoratives Messerfurnier an Schränken, in Marketeriearbeiten und Vertäfelungen. Entsprechend behandelt wird es auch im Außenholzbau an Stellen eingesetzt, wo es keinen Kontakt mit dem Erdreich hat. Es wird außerdem zu Holzschliff und Holzmehl verarbeitet.

Lovoa trichilioides
Familie: Meliaceae

DIBÉTOU

Verbreitung
Der hoch wachsende Baum ist in Nigeria, Ghana, Kamerun, Zaïre und Gabun anzutreffen. Er ist auch unter den Bezeichnungen Benin walnut, Nigerian golden walnut, Nigerian walnut und Ghana walnut (Großbritannien), Apopo und Sida (Nigeria), Bibolo (Kamerun), Noyer d'Afrique und Noyer de Gabon (Côte d'Ivoire), Eyan (Gabun), Nvero und Embero (Äquatorialguinea), Alona wood, Congowood, Lovoa wood und Tigerwood (USA), Bombolu (Zaïre) und Dilolo (Frankreich) bekannt. Er erreicht eine Höhe von 45 m und einen Stammdurchmesser von 1,2 m. Der zylindrische, astfreie Baumschaft wird 18 m lang.

Erscheinungsbild des Holzes
Das Splintholz ist blass braun bis lederfarben und klar vom goldbraun-bronzefarbenen Kernholz abgegrenzt,

das schwarze, von „Gummikanälen" herrührende Adern aufweist. Die Fasern verlaufen wechseldrehwüchsig, mitunter spiralig und lassen im Radialschnitt eine schöne gestreifte Zeichnung entstehen. Das Holz hat eine mäßig feine Textur und einen natürlichen Glanz.

Eigenschaften
Das Gewicht des getrockneten Holzes beträgt durchschnittlich 560 kg/m². Das Holz trocknet ziemlich gut. Bereits vorhandene Risse können sich leicht erweitern, und das Holz kann sich etwas verwerfen, doch der Verlust ist unbedeutend. Das Holz „arbeitet" im Gebrauch nur wenig, ist also relativ form- und dimensionsstabil. Es weist eine niedrige Biegefestigkeit und einen geringen Widerstand gegen Schlagbeanspruchung, eine sehr geringe Steifigkeit, eine mittlere Druckfestigkeit und mäßig gute Dampfbiegeeigenschaften auf. Es lässt sich manuell wie maschinell gut bearbeiten, neigt beim Nageln allerdings zum Splittern und muss daher vorgebohrt werden. Wird es vor dem Einlassen geschliffen und abgezogen, erhält man eine ausgezeichnete Oberflächenqualität. Dibétou ist ziemlich dauerhaft; das Splintholz ist anfällig gegen den Splintholzkäfer und gegen Trockenholztermiten. Das Kernholz ist extrem, das Splintholz mäßig resistent gegen die Behandlung mit Konservierungsmitteln.

Verwendung
Dibétou ist ein dekoratives Holz, das in großem Umfang im Möbelbau, für Kantenschutzleisten und Massivholzkanten, für Billardtische und Stühle verwendet wird. Man findet es in Flächentüren, an dekorativen Innenausbauten, Vertäfelungen und auf den Fußböden von Wohngebäuden. Es eignet sich ideal zum Drechseln von Schalen und Lampenständern, wird zu Gewehrschäften, Innenverkleidungen an Autotüren und Dekorfurnieren verarbeitet.

Millettia laurentii
Familie: Leguminosae

WENGÉ und PANGA PANGA

Verbreitung
Der Baum ist in Zaïre, Kamerun und Gabun anzutreffen. Seinem Holz ähnelt das der sehr eng verwandten Art Panga panga *(Millettia stuhlmannii* Taub.*)*, die in Moçambique vorkommt. Beide sind auch unter den Bezeichnungen Palissandre de Congo (Kongo), Dikela, Mibotu, Bokonge und Tshikalakala (Zaïre), Awong (Kamerun), Nson-so (Gabun) und Panga panga (Moçambique) bekannt. Die Bäume erreichen eine Höhe von etwa 18 m und einen Stammdurchmesser von 0,6 m.

Erscheinungsbild des Holzes
Das Splintholz ist weißlich und unterscheidet sich

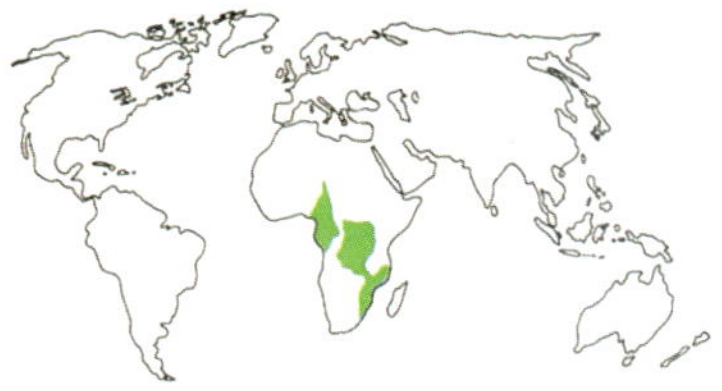

deutlich von dem dunkelbraunen Kernholz, das enge schwarze Aderungen sowie abwechselnd schmale weißliche Bänder von hellem und dunklem Parenchymgewebe und dadurch eine sehr schöne Zeichnung aufweist. Das Holz ist geradfaserig und hat eine unregelmäßige, grobe Textur.

Eigenschaften
Wengé wiegt getrocknet 830 – 1000 kg/m², Panga panga 800 kg/m². Beide Hölzer trocknen nur sehr langsam und erfordern dabei besondere Sorgfalt, damit während des Trocknungsvorgangs keine Oberflächenrisse entstehen. Im Allgemeinen ist der Verlust jedoch gering. Die Hölzer sind im Gebrauch form- und dimensionsstabil. Wengé weist eine hohe Biegefestigkeit und eine hohe Widerstandsfähigkeit gegen Schlagbeanspruchung auf. Es ist vor allem für seine Schlagfestigkeit und seine mittlere Steifigkeit bekannt. Es ist ein schlechtes Biegeholz, zeigt sich aber beständig gegen Abrieb. Das dauerhafte Holz lässt sich manuell wie maschinell problemlos bearbeiten, wenn man die Werkzeugschneiden sehr gut schärft. Beim Nageln muss vorgebohrt werden. Harzzellen in der Holzstruktur können das Verkleben und Polieren zwar erschweren, doch das Einlassen verhilft zu einer sehr guten Oberflächenqualität. Das Holz ist dauerhaft und extrem resistent gegen die Behandlung mit Konservierungsmitteln.

Verwendung
Wengé ist von Natur aus sehr abriebfest und eignet sich daher ausgezeichnet für Fußböden in öffentlichen Gebäuden oder an Orten mit starkem Besucherverkehr. Das Schokoladenbraun macht den Boden zwar dunkel, was für bestimmte Arten von Hotels, Veranstaltungsräumen und Konferenzzimmer aber nicht von Nachteil ist. Das Holz wird außerdem für alle Formen des Innenausbaus, des Außenholzbaus und als Konstruktionsholz verwendet. Es eignet sich sehr gut zum Drechseln und ist ideal für die Holzbildhauerei. Ausgewählte Stämme werden zu Dekorfurnieren für Schränke und Vertäfelungen verarbeitet.

Olea hochstetteri
Familie: Oleaceae

EAST AFRICAN OLIVE

Verbreitung
O. europaea, der Olivenbaum, wird im Mittelmeerraum wegen seiner essbaren Früchte und wegen des Olivenöls kultiviert und ist in der Regel klein und missgestaltet. Das East African olive genannte Nutzholz kommt aus Kenia, Tansania und Uganda und stammt von der Art *O. hochstetteri* Bak. Es ist in Kenia auch unter dem Namen Musheragi bekannt. Aus Tansania kommt das loliondo genannte Holz der Art *O. welwitschii* (Knobl.), Gilg. & Schellenb. und aus Kenia die Holzart Elgon olive. Die Olivenbäume erreichen eine Höhe von etwa 25 m, sie sind stark hohlkehlig und gekrümmt. Ihr Stammdurchmesser beträgt 0,45 – 0.75 m.

Erscheinungsbild des Holzes
Das Splintholz ist blass cremegelb und sehr schlicht, das Kernholz hingegen hat einen blassbraunen Untergrund mit sehr reizvollen unregelmäßigen mittel- bis dunkelbraunen Zeichnungen und schwärzlichen Streifen. Die Fasern verlaufen gerade bis flach wechseldrehwüchsig, die Textur ist sehr gleichmäßig.

Eigenschaften
O. hochstetteri hat ein Trockengewicht von durchschnittlich 880 kg/m², *O. weltitschii* wiegt getrocknet etwa 800 kg/m². Das Holz muss langsam an der Luft getrocknet werden, da sich besonders in stärkeren Teilen „einfache" oder wabenartige Innenrisse bilden können. Es lässt sich jedoch gut künstlich trocknen. Das verarbeitete Holz zeigt im Gebrauch beträchtliche natürliche Bewegungen. East African olive hat in jeder Kategorie ausgezeichnete Festigkeitseigenschaften. Das Splintholz lässt sich auch zu kleinen Radien biegen. Da das Kernholz Harz absondert, lässt es sich nur mäßig gut dampfbiegen. Der wechseldrehwüchsige Faserverlauf beeinträchtigt die maschinelle Bearbeitbarkeit stark. Das Holz weist einen hohen Schnittwiderstand auf und wirkt auf die Werkzeugschneiden stumpfend. Beim Nageln muss vorgebohrt werden. Das Holz lässt sich gut verkleben und ergibt bei entsprechender Behandlung eine ausgezeichnete Oberfläche. Das Kernholz ist mäßig dauerhaft und resistent gegen die Behandlung mit Konservierungsmitteln. Das Splintholz ist für Holzschutzmittel durchlässig.

Verwendung
Das sehr reizvolle Holz weist eine gute Abriebfestigkeit auf und lässt sich zu ausgezeichneten dekorativen Fußböden für öffentliche Gebäude verarbeiten. Es wird für Möbel und Vertäfelungen verwendet und eignet sich vorzüglich zum Drechseln, für Werkzeuggriffe, Teile von Ziergegenständen und für Schalen. Olivenholz ist ein beliebtes Material für die Holzbildhauerei und Holzschnitzerei. Aus den Stämmen werden auch Dekorfurniere hergestellt.

Peltogyne-Arten
Familie: *Leguminosae*

AMARANTH

Verbreitung
Amaranth ist von den tropischen Regionen Mexikos bis ins südliche Brasilien verbreitet. Wirtschaftlich bedeutend sind im karibischen Raum die Arten *P. pubescens* Bench., *P. porphyrocardia* Gnseb. und *P. venosa* (Vahl) Benth. var. *densiflora* (Spruce) Amsh. Sie sind in den USA unter den Bezeichnungen Amaranth oder Violetwood bekannt. Die aus Guayana stammende Art *P. venosa* ist auch im brasilianischen Amazonasgebiet sowie in anderen Gebieten Südamerikas von Bedeutung; man nennt sie Koroboreli, Saka oder Sakavalli (Guayana), Purperheart (Surinam), Pau roxo, Nazareno oder Morado (Venezuela), Tananeo (Kolumbien) und Amarante (Brasilien). Der halb immergrüne Baum erreicht eine Höhe von 38 bis 45 m und einen Stammdurchmesser von 0,6 – 1,2 m.

Erscheinungsbild des Holzes
Das Splintholz ist weiß bis cremefarben, das Kernholz färbt sich unter Lichteinwirkung leuchtend purpurn und

nimmt dann ein dunkles purpurrötliches Braun an. Die Fasern verlaufen in der Regel gerade, mitunter jedoch auch wellig oder wechseldrehwüchsig. Die Textur ist mittelfein bis fein und gleichmäßig.

Eigenschaften
Das Gewicht des getrockneten Holzes beträgt durchschnittlich etwa 860 kg/m². Amaranth trocknet ziemlich rasch und mit wenig Verlust. In verarbeitetem Zustand zeigt das Holz nur wenig natürliche Bewegung. Es weist eine hohe Steifigkeit, Biege- und Druckfestigkeit, einen mittelmäßig starken Widerstand gegen Schlagbeanspruchung und mittelmäßig gute Biegeeigenschaften auf. Amaranth ist etwas schwer zu bearbeiten und stumpft die Werkzeugschneiden mäßig bis stark ab. Beim Nageln muss das Holz vorgebohrt werden, doch es lässt sich gut verkleben und polieren. Spiritushaltige Anstriche nehmen dem Holz mitunter die purpurne Färbung. Das Splintholz ist anfällig gegen Insekten. Das Kernholz ist sehr dauerhaft und extrem resistent gegen die Behandlung mit Konservierungsmitteln; das Splintholz hingegen ist für Holzschutzmittel durchlässig.

Verwendung
Amaranth wird örtlich als Möbelholz, doch auch als Konstruktionsholz für schwere Beanspruchung im Außenbau – für Brücken, Gründungspfähle in Süßwasser, für Dock- und Hafenbauten eingesetzt und dient als Material für schöne Fußböden. Es wird in der Holzbildhauerei, in der Holzschnitzerei und zum Drechseln von Werkzeuggriffen und Ziergegenständen verwendet. Amaranth ist ein Spezialholz für den Bootsbau, für Turngeräte, Sprungbretter, Skier, für Stellmacherarbeiten, für Billardstöcke, große Chemikalienbehälter und Filterpressen. Es wird auch zu Dekorfurnieren verarbeitet.

Pericopsis elata
Familie: *Leguminosae*

KOKRODUA

Verbreitung
Dieser Baum ist an der Côte d'Ivoire, in Ghana, Zaïre und Nigeria zu finden. Seine territorial unterschiedlichen Namen lauten Assamela (Côte d'Ivoire), Kokrodua (Ghana und Côte d'Ivoire), Ayin oder Egbi (Nigeria), Andejen (Kamerun) und Afrormosia (Großbritannien). Er erreicht eine Höhe von 45 m und einen Stammdurchmesser von etwa 1 m.

Erscheinungsbild des Holzes
Das hell lederfarbene Splintholz hebt sich deutlich vom Kernholz ab, das bei frisch gefälltem Holz eine goldbraune Färbung hat, die durch Witterungseinflüsse nachdunkelt. Der gerade bis wechseldrehwüchsige Faserverlauf erzeugt im Radialschnitt eine gestreifte Zeichnung. Die Textur ist mäßig fein, das Holz fasst sich jedoch nicht so ölig an wie Teak. Wegen des hohen Tanningehalts treten beim Kontakt mit Eisen oder Eisenverbindungen in feuchter Umgebung mineralische Verfärbungen am Holz auf.

Eigenschaften
Das getrocknete Holz wiegt etwa 690 kg/m². Es trocknet langsam, aber gut und mit wenig Verlust. Das verarbeitete Holz zeigt eine außergewöhnlich geringe natürliche Bewegung. Es weist eine mittlere Steifigkeit, eine hohe Druckfestigkeit sowie eine mittlere Schlagfestigkeit auf und lässt sich mäßig gut dampfbiegen. Die wechseldrehwüchsigen Fasern können die maschinelle Bearbeitung beeinträchtigen. Da das Holz auf Werkzeugschneiden stumpfend wirkt, sollte man Sägen mit hartmetallbestückten Zähnen verwenden. Beim Nageln und Schrauben muss das Holz vorgebohrt werden. Kokrodua ist gut zu verkleben, seine Oberfläche lässt sich gut behandeln. Das Holz ist sehr dauerhaft, widerstandsfähig gegen Pilze und Termiten, jedoch extrem resistent gegen die Behandlung mit Konservierungsmitteln.

Verwendung
Kokrodua wurde ursprünglich in der Möbelindustrie als Ersatz- und Austauschmaterial für Teak genutzt und dort zu Rahmen und Einbaugegenständen, zu Leisten und Sichtflächen bei Vertäfelungen verarbeitet. Heute setzt man es in großem Umfang dort ein, wo ein sehr reizvolles, robustes, form- und dimensionsbeständiges und dauerhaftes Holz erforderlich ist. Es wird für Luxusmöbel, Stühle, Laden- und Büroeinrichtungen und für landwirtschaftliche Geräte verwendet. Kokrodua ergibt reizvolle Fußböden und liefert auch Material für den Außenholzbau, den Bootsbau und den Seebau. Ausgewählte Stämme werden zu Dekorfurnieren für Möbel, Flächentüren und Wandverkleidungen verarbeitet.

Picea abies
Familie: *Pinaceae*

FICHTE (N)

Verbreitung
Die Fichte ist mit Ausnahme Dänemarks und der Niederlande überall in Europa bis nach Westrussland anzutreffen. Sie erreicht eine Durchschnittshöhe von 36,5 m und einen Stammdurchmesser von 0,75 – 1,2 m. Die Fichten in den Gebirgen Rumäniens sind bis zu 61 m hoch und haben einen Stammdurchmesser von 1,5 – 1,8 m. Der Baum ist u.a. auch als European spruce (Großbritannien) sowie unter verschiedenen Herkunftsnamen bekannt.

Erscheinungsbild des Holzes
Die Farbe variiert von nahezu weiß bis zu einem hellen Gelbbraun. Das Holz besitzt einen natürlichen Glanz,

seine Jahrringe sind deutlich zu erkennen, die Fasern verlaufen gerade. Fichtenholz hat eine feine Textur.

Eigenschaften
Das getrocknete Holz wiegt durchschnittlich 470 kg/m². Fichtenholz trocknet schnell und gut, kann sich dabei allerdings etwas verwerfen. Es weist eine geringe Steifigkeit und eine geringe Widerstandsfähigkeit gegen Schlagbeanspruchung, eine mittlere Biege- und Druckfestigkeit auf und lässt sich sehr schlecht dampfbiegen. Gegenstände aus Fichtenholz „arbeiten" mittelstark. Das Holz lässt sich mit sämtlichen Werkzeugen gut bearbeiten, gut nageln und schrauben sowie zufrieden stellend verkleben. Durch Beizen, Farb- und Lackanstriche erzielt man eine gute Oberfläche. Das Splintholz ist anfällig gegen den Gewöhnlichen Nagekäfer, das nicht dauerhafte Kernholz lässt sich mit Konservierungsmitteln nur schwer imprägnieren.

Verwendung
Fichtendünnholz liefert den traditionellen Weihnachtsbaum. Das qualitativ beste Fichtenholz kommt aus den nördlichsten Regionen; Holz aus den gleichen geografischen Breiten hat jedoch je nach Höhenlage des Standortes unterschiedliche Qualitäten. Es wird als Material für den Innenbau, für Rahmenwerke, Fußböden in Wohngebäuden, allgemein im Zimmermannsgewerk, zur Herstellung von Kisten und Stiegen eingesetzt. Kleine Stämme werden als Rundholz für Masten, als Grubenholz und Längsträger verwendet. Die Fichten aus Mittel- und Osteuropa sowie aus den alpinen Gebieten Nordamerikas liefern für Resonanzböden von Klavieren und Keyboards sowie für Geigen-, Lauten- und Gitarrendecken ein ausgezeichnetes Spezialholz, dessen Resonanzeigenschaften unübertroffen sind. Fichtenholz wird auch zur Herstellung von Holzfaserstoffen, Papier und Sperrholz verwendet, und in Deutschland gewinnt man aus der Rinde Tannin.

Picea sitchensis
Familie: Pinaceae

SITKAFICHTE (N)

Verbreitung
Die Sitkafichte ist an der Pazifikküste Nordamerikas und von Westkanada bis nach Kalifornien anzutreffen. Sie erreicht eine Höhe von 38 – 53,5 m und einen Stammdurchmesser von 0,9 – 1,8 m. Manche Bäume werden bis zu 76 m hoch und haben einen Stammdurchmesser von 2,4 – 3,7 m.

Erscheinungsbild des Holzes
Das blass rosafarbene Splintholz geht in das hellrötlich braune Kernholz über, dessen Fasern meistens gerade, gelegentlich auch spiralig verlaufen. Das Holz hat eine ziemlich grobe, aber gleichmäßige Textur und ist geruchlos, harzfrei und nicht verderblich.

Eigenschaften
Das Trockengewicht des Holzes beträgt etwa 430 kg/m^2. Der Trocknungsprozess großer Stücke muss sorgfältig überwacht werden, da das Holz seine Feuchte ziemlich rasch abgibt und zum spiralförmigen Verziehen und zum Verwerfen quer zur Holzfaser neigt. Im verarbeiteten Holz kommt es zu einer mittelstarken natürlichen Bewegung. Es weist eine mittlere Biege- und Druckfestigkeit, Steifigkeit und Schlagfestigkeit auf. Der Quotient aus Festigkeit und Gewicht ist hoch, und das Holz lässt sich sehr gut dampfbiegen. Sitkafichte ist manuell wie maschinell leicht zu bearbeiten, ergibt eine saubere Oberfläche, lässt sich problemlos nageln und schrauben. Mit den verschiedenen Anstrichen erzielt man gute Ergebnisse, sofern dabei die Faser nicht aufgerichtet wird. Das Kernholz ist nicht dauerhaft und lässt sich nur schwer imprägnieren.

Verwendung
Die Festigkeit des Holzes hängt vom Standort und den Wachstumsbedingungen des Baumes ab; daher muss man das Material sorgfältig auswählen, wenn es zu Balken, Sparren und Kanthölzern verarbeitet werden soll. Aufgespaltene Rundhölzer verwendet man für Leiterholme. In Kanada wird Sitkafichte für den Innenausbau, für Böttcherwaren und zur Kistenherstellung verwendet. Der Baum liefert auch Spezialholz für den Bootsbau, für Ruder und Masten. Aus bestimmten Holzqualitäten werden wegen ihrer besonderen Eigenschaften Resonanzböden für Klaviere sowie zu Gitarren- und Violinendecken hergestellt. Die Stämme werden auch rundgeschält und liefern in dieser Form Mittellagenmaterial für Birken- und Douglasiensperrholz; Sitkafichtenholz selbst findet man bei Sperrholz nur selten als Vorderseite. Es wird für spezielle Schichtstoffplatten im Flugzeug-, Segelflugzeug- und Rennbootbau verwendet. Die Sitkafichte liefert weltweit den „weißesten" Faserstoff für Zeitungspapier.

Pinus monticola
Familie: Pinaceae

WESTERN WHITE PINE (N)

Verbreitung
Dieser Baum ist in den Bergwäldern Westkanadas und der westlichen USA von Meeresspiegelhöhe bis in Höhen von über 3000 m zu finden. Er kommt südwärts bis zum Kern River in Kalifornien und ostwärts bis in den Norden Montanas, am häufigsten jedoch im nördlichen Idaho vor. Er erreicht eine Wuchshöhe von 23 – 37 m und einen Stammdurchmesser von 1 m oder mehr. Western white pine ist auch unter dem Namen Idaho white pine und Gebirgsstrobe bekannt. Zu den eng verwandten Arten gehören *P. contorta* Dougl., die auch Contorta pine (Großbritannien) genannte Drehkiefer, und *P. banksiana* Lamb., die Bankskiefer, die man in Kanada und in den USA Princess pine und Banksian pine nennt.

Erscheinungsbild des Holzes
Das Splintholz der Western white pine ist weiß, das Kernholz nur wenig dunkler. Seine Farbe variiert von blassem Strohgelb bis zu rötlich braunen Tönen. An Längsschnitten erscheinen feine braune Linien, die von Harzgängen stammen. Das Holz ist geradfaserig und hat eine gleichmäßige Textur. In den USA und in Kanada wird als White pine oftmals die Gelbkiefer bezeichnet, obgleich zwischen beiden Unterschiede im Gewicht und in der Zeichnung existieren.

Eigenschaften
Das getrocknete Holz wiegt etwa 450 kg/m^2. Es trocknet ziemlich leicht und gut, verzieht sich oder reißt dabei wenig und hat eine etwas höhere Schwindquote als die Gelbkiefer. Das verarbeitete Holz zeigt eine nur geringe natürliche Bewegung. Das Nutzholz mit seiner geringen Dichte weist eher schlechte Festigkeitswerte auf und eignet sich nicht zum Biegen. Es lässt sich manuell wie maschinell gut bearbeiten, problemlos nageln und schrauben, gut verkleben und nimmt Farbe sowie Lacke gut an. Das Holz ist nicht dauerhaft, es ist anfällig gegen Käfer und mäßig gut imprägnierbar. Das Splintholz ist für Konservierungsmittel durchlässig.

Verwendung
Western white pine wird hauptsächlich im Innenausbau für Türen und Fenster, für Innenausstattungen, Einbaumöbel, Regale, leichte und mittlere Konstruktionssysteme eingesetzt. Sie liefert Spezialholz für den Möbel-, Boots- und Schiffbau, für Erzeugnisse der Modelltischlerei, für Reißbretter und für Haushaltwaren aus Holz. Die Stämme werden rundgeschält und dann für Sperrholz und als Mittellagenmaterial verwendet. Ausgesuchtes Holz liefert auch Dekorfurniere für Vertäfelungen.

Pinus palustris
Familie: Pinaceae

PITCH PINE (N)

Verbreitung
Pitch pine ist das schwerste wirtschaftlich genutzte Nadelholz. Das Verbreitungsgebiet von *P. palustris* und von *P. elliottii*, einer ähnlichen Holzart, zieht sich im Süden der USA in einem Bogen von Virginia über Florida bis zum Golf von Mexiko hin. Das Schwerholz wird mit dem Handelsnamen Pitch pine, das leichtere als Southern pine oder Südliche Kiefer bezeichnet. Beide Arten erreichen eine Wuchshöhe von 30,5 m und einen Stammdurchmesser von 0,6 – 0,9 m. Weitere Bezeichnungen für *P. palustris* sind Longleaf pine, Florida longleaf, Yellow pine oder Georgia yellow pine; für *P. elliottii* Slash pine, Longleaf yellow pine oder Long-

leaf (USA) sowie Gulf coast pitch pine oder Longleaf pitch pine (Großbritannien).

Erscheinungsbild des Holzes
Das cremerosafarbene Splintholz ist sehr schmal und sticht von dem gelblich roten bis rötlich braunen Kernholz ab, das besonders in schnell gewachsenem Holz breite, deutlich sichtbare Zuwachsringe zeigt. Es ist sehr harzreich und besitzt eine grobe Textur.

Eigenschaften
Das Gewicht des getrockneten Holzes variiert von 660 bis 690 kg/m^2. Das Holz trocknet gut und mit wenig Verlust und ist im Gebrauch form- und dimensionsbeständig. Es weist eine hohe Biege- und Druckfestigkeit sowie große Steifigkeit und eine mittlere Widerstandsfähigkeit gegen Schlagbeanspruchung auf. Wegen seines Harzgehalts eignet es sich nicht zum Biegen. Pitch pine lässt sich manuell wie maschinell problemlos bearbeiten; allerdings kann das Harz Messer und Sägezähne verkleben. Das Holz bietet Nägeln und Schrauben festen Halt, ist gut zu verkleben und lässt sich zufrieden stellend mit farbigen und anderen Anstrichen versehen. Pitch pine ist mäßig dauerhaft, mitunter findet man Käferfraß vor. Das Kernholz ist schwer zu imprägnieren, das Splintholz hingegen ist für Konservierungsmittel durchlässig.

Verwendung
Das Holz wird für schwere Konstruktionssysteme, im LKW- und Waggonbau, Schiffbau, Außenholzbau, für Pfahlwerke und Hafenanlagen, im Brückenbau, für Deckplanken und chemische Behälter verwendet. Holz geringerer Güteklassen setzt man im Innenausbau, für Fußböden in Wohngebäuden, zur Herstellung von Stiegen und Paletten ein. Das Holz sondert große Mengen Harz ab und liefert den größten Anteil der Weltproduktion von Harz und Terpentin.

Pinus ponderosa
Familie: Pinaceae

GELBKIEFER (N)

Verbreitung
Die Gelbkiefer ist in den trockeneren Gegenden des Südens von British Columbia sowie von Montana, vom Westen Nebraskas und von Texas bis Mexiko und nach Westen bis zur Pazifikküste anzutreffen. Der Baum erreicht eine Höhe von 30,5 m und einen Stammdurchmesser von etwa 0,6 m, kann jedoch auch bis zu 52 m hoch werden und einen Stammdurchmesser von 1,2 m haben. Die Gelbkiefer ist auch unter den Bezeichnungen Western yellow pine (USA und Australien), Bird's eye pine, Knotty pine, British Columbia soft pine (Kanada) und Californian white pine (USA) bekannt.

Erscheinungsbild des Holzes
Reifholzbäume besitzen einen sehr breiten, blassgelben Splintholzteil, der weich, harzfrei und von gleichmäßiger Textur ist. Das Kernholz ist orangefarben bis rötlich braun und weist im Längsschnitt deutlich sichtbare Harzkanäle auf. Es ist beträchtlich schwerer als das Splintholz.

Eigenschaften
Das Trockengewicht des Holzes beträgt 510 kg/m². Gelbkiefer trocknet problemlos, gut und mit wenig Verlust; der breite Splintholzteil ist allerdings anfällig gegen Pilze und Blaufärbung, wenn das Holz zur Lufttrocknung nicht sorgfältig gestapelt wird. Im verarbeiteten Holz kommt es nur zu geringer natürlicher Bewegung. Gelbkiefer weist eine mittlere Biege- und Druckfestigkeit, eine geringe Steifigkeit und Schlagfestigkeit auf und lässt sich schlecht dampfbiegen. Das Holz ist manuell und maschinell gut bearbeitbar, allerdings verkleben Schneiden und Sägen durch das abgesonderte Harz. Es lässt sich zufrieden stellend kleben, problemlos nageln und schrauben und zeigt bei Farb- und Lackaufträgen gute Ergebnisse, wenn die harzige Oberfläche vorbehandelt wird. Das Kernholz der Gelbkiefer ist nicht dauerhaft und mäßig resistent gegen die Behandlung mit Konservierungsmitteln, das Splintholz hingegen ist durchlässig.

Verwendung
Das wertvolle Splintholz setzt man in den USA in der Modelltischlerei ein. Das Kernholz wird für Küchenmöbel, im Hochbau, für Fensterrahmen, Türen, Zimmerarbeiten sowie zur Herstellung von Verpackungskisten, Stiegen und Paletten verwendet. Aus behandeltem Holz stellt man Schwellen, Masten und Pfosten her. Die Stämme werden auch zu Schälfurnieren und zu Messerfurnieren für Vertäfelungen aus Kieferastholz verarbeitet.

Pinus strobus
Familie: Pinaceae

WEYMOUTHSKIEFER (N)

Verbreitung
Diese Spezies ist von Neufundland bis zur Grenze von Manitoba und ins nördliche Georgia verbreitet. Die Weymouthskiefer kann eine Höhe von 45,5 m und einen Stammdurchmesser von etwa 1,5 m erreichen, wird im Durchschnitt jedoch nur 30,5 m hoch und hat dann eine Stammdicke von 0,6–0,9 m. Sie ist auch unter den Bezeichnungen White pine, Eastern white pine, Cork pine, Soft pine (Kanada und USA), Northern white pine, Northern pine (USA) sowie Quebec yellow pine, Quebec pine, Weymouth pine (Großbritannien) bekannt.

Erscheinungsbild des Holzes
Das Splintholz ist weiß, die Färbung des Kernholzes variiert von einem hellen Strohbraun zu einem hellen rötlichen Braun. Es ist nicht besonders harzreich. Die Harzkanäle erscheinen im Längsschnitt als dünne braune Linien, die Zuwachsringe hingegen sind unauffällig. Das Holz ist geradfaserig und hat eine sehr feine und gleichmäßige Textur.

Eigenschaften
Das Trockengewicht des Holzes variiert von 390 bis 420 kg/m². Weymouthskiefer trocknet ziemlich schnell und gut; bei der Lufttrocknung muss darauf geachtet werden, dass sich das Splintholz nicht verfärbt. Das Holz schwindet extrem wenig und ist im Gebrauch sehr form- und dimensionsbeständig. Es weist bei allen Festigkeitseigenschaften nur schwache Werte auf und eignet sich auch nicht als Biegeholz. Es ist manuell und maschinell leicht zu bearbeiten, hält Nägel und Schrauben gut und lässt sich gut verkleben. Bei entsprechender Behandlung erzielt man eine ausgezeichnete Oberfläche. Gelbkieferholz ist anfällig gegen den Gewöhnlichen Nagekäfer. Das Kernholz ist nicht dauerhaft und nur schwer zu imprägnieren, das Splintholz dagegen ist für Konservierungsmittel durchlässig.

Verwendung
Mit seinem Schwindverhalten und seiner ausgezeichneten Form- und Dimensionsbeständigkeit im Gebrauch eignet sich das Holz der Gelbkiefer besonders gut für sehr feine Detailarbeiten im technischen Modellbau, für Reißbretter, Türen und ähnliche Erzeugnisse der Ausstattungstischlerei. Es wird auch in der Holzbildhauerei, Holzschnitzerei und Kunsttischlerei, zur Möbelherstellung, für Regale und für den Innenausbau verwendet. Gelbkiefer liefert zudem Spezialholz für Teile von Gitarren u. a. Saiteninstrumenten, für Orgelteile, für den Schiff- und Bootsbau sowie für den Leichtbau. Jungholz hat eine gröbere Textur und ist in der Regel astig. Es wird zu Zündhölzern, Verpackungsbehältern und Holzmehl verarbeitet.

Pinus sylvestris
Familie: Pinaceae

KIEFER (N)

Verbreitung
Das Verbreitungsgebiet dieses häufig anzutreffenden Baumes zieht sich von der andalusischen Sierra Nevada und den Bergen Westspaniens über die Meeralpen und Pyrenäen, den Kaukasus und das Westsiebenbürgische Gebirge bis nach Westsibirien hin. Unter guten Standortbedingungen erreicht die Kiefer eine Höhe von 39,5–42,5 m und einen Stammdurchmesser von 0,6–0,9 m.

Erscheinungsbild des Holzes
Das astige Holz hat schwach harziges, blass rotbraunes Kernholz, das sich von dem helleren cremeweißen bis gelben Splintholz abhebt und deutlich markierte Jahrringe aufweist. Die Textur variiert von feinringigem

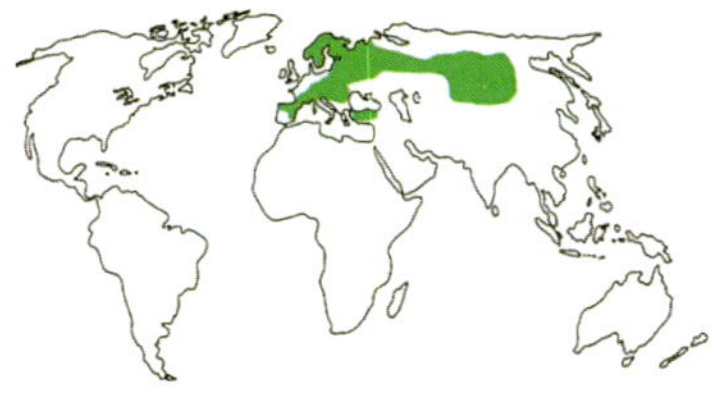

Holz, das man in Nordrussland findet, bis zu gröberem und dichterem Holz aus Nordeuropa.

Eigenschaften
Das Gewicht des getrockneten Holzes beträgt etwa 510 kg/m². Das Holz trocknet ziemlich rasch und gut, neigt allerdings zur Blaufärbung. Es ist im Gebrauch form- und dimensionsbeständig. Kiefer weist eine niedrige Steifigkeit und eine geringe Widerstandsfähigkeit gegen Schlagbeanspruchung, eine geringe bis mittlere Biege- und Druckfestigkeit auf und ist ein sehr schlechtes Biegeholz. Das Holz ist manuell wie maschinell gut zu bearbeiten, hält Nägel und Schrauben gut, kann wegen seines Harzgehalts aber schwer verklebbar sein. Es lässt sich beizen, mit Farb- und Lackanstrichen versehen und ergibt eine gute Oberfläche. Kiefernholz ist anfällig gegen den Gewöhnlichen Nagekäfer. Es ist nicht dauerhaft und mäßig resistent gegen die Behandlung mit Holzschutzmitteln. Das Splintholz ist für Konservierungsmittel durchlässig.

Verwendung
Holz der besten Güteklassen wird für Möbel, im Innenausbau, zum Drechseln und für Fahrzeugkarossen verwendet. Holz anderer Güteklassen setzt man im Hausbau und für Rahmenwerke ein. Behandeltes Kiefernholz wird in großem Umfang für Eisenbahnschwellen, Telegrafenmasten, Pfähle und Grubenstempel verwendet. Die Stämme liefern Material für die Sperrholzherstellung und für Dekorfurniere. Aus Kiefernholz gewinnt man außerdem Holzstoff zur Herstellung von Papieren für den Künstlerbedarf.

Prunus-Arten
Familie: Rosaceae

KIRSCHBAUM

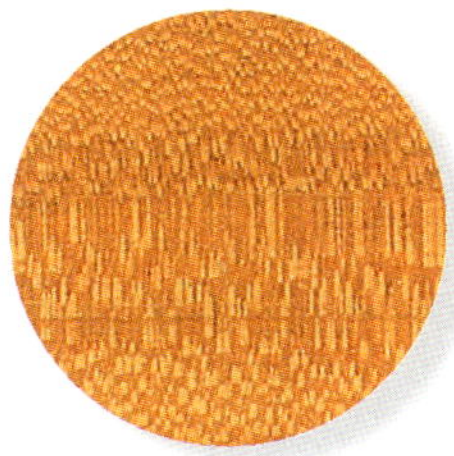

Verbreitung
P. avium L. *(Cerasus avium* Moench*)*, der Kirschbaum, wird auch als Gean, Mazzard, Cherry oder Wild cherry (Großbritannien) bezeichnet. Er ist in Europa beheimatet und auch in den Bergen Nordafrikas anzutreffen. Das Holz der Art *P. serotina* Ehrh. wird American cherry, Black cherry (Kanada und USA) und Cabinet cherry (USA) genannt. Die Art *P. s.* findet man von Ontario bis Florida und von North und South Dakota bis Texas. Der Kirschbaum erreicht eine Höhe von 18 – 25 m und einen Stammdurchmesser von etwa 0,6 m. Die American cherry wird bis zu 30,5 m hoch.
Erscheinungsbild des Holzes
Das cremerosafarbene Splintholz der Art *P. avium* zeich-

net sich deutlich vom hellrötlich braunen Kernholz ab, das zu Rotbraun nachdunkelt. *P. serotina* hat eine dunklere rotbraune Färbung und weist schmale braune Markflecken und kleine Harzgallen auf. Beide Hölzer sind geradfaserig und haben eine recht feine, gleichmäßige Textur.
Eigenschaften
Das Trockengewicht von *P. avium* beträgt 610 kg/m^2, von *P. serotina* 580 kg/m^2. Das Holz trocknet ziemlich schnell, neigt aber stark zum Verziehen und Schrumpfen. Gegenstände aus Kirschbaumholz „arbeiten" mittelstark. Das Holz weist eine mittlere Biege- und Druckfestigkeit, eine mittlere Widerstandsfähigkeit gegen Schlagbeanspruchung sowie eine geringe Steifigkeit auf und eignet sich sehr gut zum Biegen. Es ist manuell und maschinell gut zu bearbeiten und wirkt dabei auf die Werkzeugschneiden stumpfend; riegelwüchsiges Holz neigt beim Hobeln allerdings zum Reißen. Das Holz lässt sich gut nageln und schrauben sowie leicht verkleben; gebeizt und poliert ergibt es eine ausgezeichnete Oberfläche. Das Splintholz ist anfällig gegen den Gewöhnlichen Nagekäfer, aber nahezu immun gegen den Splintholzkäfer. Das mäßig dauerhafte Kernholz ist resistent gegen die Behandlung mit Konservierungsmitteln.
Verwendung
Das sehr reizvoll gemaserte und gefärbte Kirschbaumholz wird zur Herstellung von Möbeln, für die Holzbildhauerei und Holzschnitzerei, zum Drechseln dekorativer Haushaltgegenstände, von Spielzeugen und Musikinstrumententeilen verwendet. American cherry setzt man im Modellbau, zur Herstellung von Tabakspfeifen, für Bootseinrichtungen und für Druckstöcke ein. Beide Holzarten werden zur Sperrholzherstellung rundgeschält und zu Dekorfurnieren für Möbel und Vertäfelungen verarbeitet.

Pseudotsuga menziesii
Familie: Pinaceae

DOUGLASIE

Verbreitung
Dieses Nadelholz ist auch unter den Bezeichnungen British Columbia pine oder Columbian pine (Großbritannien) und Oregon pine (USA) bekannt. Es ist in British Columbia, Washington und Oregon, von Wyoming bis in das südliche New Mexico und westwärts bis an die Pazifikküste stark verbreitet. Die Douglasie wurde auch nach England, Australien und Neuseeland eingeführt. Die in Kanada und in den USA wachsenden Bäume erreichen eine Höhe von 91,5 m, im Durchschnitt 45,5 bis 61 m, und einen Stammdurchmesser von 0,9 – 1,8 m. Der Baumschaft ist auf zwei Drittel seiner Länge astfrei und liefert damit einen hohen Anteil Nutzholz, das frei von Astknoten und anderen Wuchsfehlern ist.
Erscheinungsbild des Holzes
Das Splintholz hat eine etwas hellere Färbung als das

hellrötlich braune Kernholz. Im Tangentialschnitt und auf Rundschälfurnieren ist eine markante Jahrringzeichnung zu sehen. Die Fasern verlaufen meistens gerade, oftmals aber auch wellig oder spiralig. Die Textur ist mittelfein und gleichmäßig.
Eigenschaften
Das Gewicht des getrockneten Holzes beträgt 530 kg/m^2. Das Holz trocknet ziemlich rasch und gut; es verzieht sich dabei nur wenig, die Astknoten neigen allerdings zum Reißen und Ausfallen. Aus den Harzkanälen kann Harz austreten und an Längsschnitten in Form feiner brauner Linien sichtbar werden. Das Holz der Douglasie ist im Gebrauch form- und dimensionsstabil, besitzt eine hohe Biegefestigkeit, Steifigkeit und Druckfestigkeit, eine mittlere Widerstandsfähigkeit gegen Schlagbeanspruchung und lässt sich nur schlecht dampfbiegen. Es ist manuell wie maschinell problemlos zu bearbeiten. Die Werkzeuge sollten stets sehr scharf sein, da das Holz auf die Schneiden stumpfend wirkt. Douglasie wird häufig von Käfern befallen, ist mäßig dauerhaft und resistent gegen die Behandlung mit Konservierungsmitteln.
Verwendung
Das Holz der Douglasie ist weltweit die wichtigste Materialquelle für die Sperrholzproduktion. In Form fester, großer Balken wird es als Konstruktionsholz für schwere Beanspruchung, für laminierte Holzbögen, Dachstühle und Träger verwendet. Douglasie wird zudem im Innenausbau und im Außenholzbau, für Dock- und Hafenbauten, als Seebauholz, im Schiffbau und als Grubenholz eingesetzt und dient als Material für Eisenbahnschwellen, Fässer und Tanks für Chemiebetriebe, Brauereien und Brennereien. Ausgewählte Stämme werden zu Dekorfurnieren für Vertäfelungen verarbeitet.

Pterocarpus soyauxii
Familie: Leguminosae

AFRIKANISCHES PADAOUK

Verbreitung
Dieser Baum ist in Zentralafrika und im tropischen Westafrika anzutreffen. Er erreicht eine Höhe von etwa 30,5 m und einen Stammdurchmesser von 0,6 – 1 m. Der Baum hat breite Brettwurzeln und einen geteilten Schaft.
Erscheinungsbild des Holzes
Frisch aufgetrennt besitzt das Kernholz eine sehr

charakteristische leuchtend blutrote Färbung, die zu einem dunklen Purpurbraun mit roten Streifen nachdunkelt. Es hebt sich deutlich vom strohfarbenen Splintholz ab. Die Fasern verlaufen gerade bis wechseldrehwüchsig, die Textur variiert von mäßig bis sehr grob.
Eigenschaften
Das getrocknete Holz wiegt 640 – 800 kg/m^2. Es trocknet sehr gut und mit minimalem Verlust. Es ist sehr dicht, weist eine hohe Biege- und Druckfestigkeit, eine mittlere Steifigkeit und Widerstandsfähigkeit gegen Schlagbeanspruchung auf, eignet sich allerdings nicht zum Dampfbiegen. Im Gebrauch ist das Afrikanische Padaouk außerordentlich form- und dimensionsbeständig. Es lässt sich manuell und maschinell gut bearbeiten, hält Nägel und Schrauben problemlos und ist einfach und gut zu verkleben. Durch Polieren erzielt man eine ausgezeichnete Oberfläche. Das Holz ist sehr dauerhaft und für seine Fäulnisbeständigkeit berühmt. Es ist mäßig resistent gegen die Behandlung mit Holzschutzmitteln.
Verwendung
Afrikanisches Padaouk ist sehr bekannt als Farbstoff lieferndes Holz, wird jedoch in großem Umfang auch zur Herstellung von Luxusmöbeln und im Innenausbau eingesetzt. Es ist ein ausgezeichnetes Drechselholz, aus dem Messer- und Werkzeuggriffe sowie Ziergegenstände hergestellt werden. Afrikanisches Padaouk eignet sich gut als Material für die Holzbildhauerei und Schnitzerei, weitere besondere Einsatzgebiete sind Mess- und Nivellierinstrumente. Es ist ein ideales Material für den Bootsbau. In Afrika stellt man daraus Paddel, Ruder und landwirtschaftliche Geräte her. Das abriebfeste Holz ergibt sehr schöne Beläge für Fußböden in Gebäuden mit starkem Besucherverkehr und eignet sich aufgrund seiner Dimensionsbeständigkeit besonders für Räume mit Fußbodenheizung. Ausgewählte Stämme werden zu Dekorfurnieren für Möbel und Vertäfelungen verarbeitet.

Quercus-Arten
Familie: Fagaceae

ROTEICHE

Verbreitung
Die Roteiche wächst im Osten Kanadas und der USA, ist auch im Iran (Persische Eiche) anzutreffen, hat jedoch nicht die wirtschaftliche Bedeutung wie die Weißeiche. Die wichtigsten Arten sind *Q. rubra*, die Roteiche oder Northern red oak (Kanada, USA) und *Q. falcata* var. *falcata*, die Sicheleiche oder Southern red oak, Spanish oak (USA). Die Roteiche ist in Kanada weiter verbreitet als in den USA. Sie erreicht eine Wuchshöhe von 18 – 21,5 m und einen Stammdurchmesser von 1 m.

Erscheinungsbild des Holzes
Der Baum ähnelt äußerlich der Weißeiche; ausgenommen davon ist sein Kernholz, dessen Färbung von hellrötlich braun bis rötlich braun variiert. Die Fasern verlaufen meistens gerade; das Holz der Sicheleiche hat eine gröbere Textur als das der Roteiche. Die Maserung beider Hölzer ist weniger reizvoll als die der Weißeiche mit ihren großen Markstrahlen. Die Hölzer weisen eine sehr unterschiedliche Qualität auf; die Roteiche wächst relativ langsam und ist besser als die Weißeiche, die Sicheleiche hingegen wächst schneller und liefert härteres, schwereres Holz.
Eigenschaften
Das durchschnittliche Trockengewicht beider Holzarten beträgt 770 kg/m^2. Das Holz trocknet langsam. Sowohl bei natürlicher als auch bei künstlicher Trocknung ist zur Vermeidung von Verlusten Sorgfalt geboten. Gegenstände aus Roteiche „arbeiten" mittelstark. Das dichte Holz weist eine mittlere Biegefestigkeit und Steifigkeit, eine hohe Schlag- und Druckfestigkeit auf und lässt sich sehr gut dampfbiegen. Es wirkt mitunter stumpfend auf Werkzeugschneiden, die stets gut geschärft sein müssen. Beim Nageln und Schrauben muss vorgebohrt werden. Das Holz lässt sich unterschiedlich gut verkleben und ergibt gebeizt und poliert eine gute Oberfläche. Das Holz besitzt eine nur geringe Dauerhaftigkeit, ist mäßig resistent gegen die Behandlung mit Konservierungsmitteln und eignet sich nicht für den Außenbau.
Verwendung
Roteiche ist für die Herstellung von Dichtfässern zu porös; auch die mangelnde Dauerhaftigkeit des Holzes sowie Trocknungsprobleme beschränken die Einsatzmöglichkeiten. Sie eignet sich jedoch gut für Fußböden in Wohngebäuden, zur Herstellung von Einbaumöbeln, für den Innenausbau und den Fahrzeugbau. Die Stämme werden außerdem zur Sperrholzproduktion rundgeschält und zu Dekorfurnieren verarbeitet. Das Holz der *Q. castaneifolia*, der Persischen Eiche, ist undurchlässig und wird für Fassdauben verwendet.

Quercus-Arten
Familie: Fagaceae

EICHE

Verbreitung
Zur Gattung *Quercus* gehören mehr als 200 Arten. Die meisten Weißeichen sind in den gemäßigten Gebieten der nördlichen Hemisphäre anzutreffen; in wärmeren Klimazonen wachsen sie in den Bergwäldern. Weißeichen findet man in Europa, im Nahen Osten, in Nordafrika, im Osten der USA, im südöstlichen Kanada und in Japan. Die wichtigsten Eiche-Arten sind *Q. petraea*, die Trauben- oder Wintereiche, die auch Durmast oak (Großbritannien) heißt und unter verschiedenen Herkunftsnamen bekannt ist, sowie *Q. robur*, die Stieleiche oder Pedunculate oak (Großbritannien). In Amerika vorkommende Weißeiche-Arten sind *Q. alba*, die Amerikanische Weißeiche oder White oak (USA), *Q. prinus*, die Kastanieneiche oder Chestnut oak, *Q. lyrata*, die Leierförmige Eiche oder Overcup oak, und *Q. michauxii*, die Korbeiche oder Swamp chestnut oak. Die Art *Q. mongolica* ist in Japan heimisch. Die Weißeichen gleichen sich alle in ihren Eigenschaften. Sie erreichen Wuchshöhen von 18 – 30 m und Stammdurchmesser von 1,2 – 1,8 m.

Erscheinungsbild des Holzes
Das Splintholz ist etwas heller als das Kernholz, das eine helle lohfarbene oder gelbbraune Färbung und in der Regel einen geraden, oft aber auch unregelmäßigen oder riegelwüchsigen Faserverlauf aufweist. Wegen der breiten Markstrahlen zeigt es im Radialschnitt eine charakteristische Spiegeltextur. Die Textur ist mäßig grob.
Eigenschaften
Das Gewicht beträgt 720 – 750 kg/m^2. Das getrocknete Holz der Wolhynischen, Slawonischen und Japanischen Eiche beträgt 660 – 672 kg/m^2. Das Holz trocknet an der Luft sehr langsam und neigt dabei zu durchgehenden und zu radialen, geraden Rissen. Die dichten Hölzer weisen eine hohe Festigkeit, eine geringe Steifigkeit und Widerstandsfähigkeit gegen Schlagbeanspruchung auf und lassen sich sehr gut dampfbiegen. Durch Metallkorrosion können sie verblauen. Die Eichenhölzer lassen sich maschinell zufrieden stellend bearbeiten und ausgezeichnet oberflächenbehandeln. Sie sind dauerhaft, jedoch anfällig gegen Käferbefall und sehr resistent gegen die Behandlung mit Holzschutzmitteln. Das Splintholz ist für Konservierungsmittel allerdings durchlässig.
Verwendung
Helle Eichenhölzer gehören zu den beliebtesten Hölzern der Welt. Sie sind ideal für den Möbelbau. Englische Eiche wird im Bootsbau, für Dock- und Hafenbauten, im Fahrzeugbau, für luxuriöse Innenausbauten und Außenholzbauten sowie für Fußböden verwendet. Eichenholz eignet sich ausgezeichnet für die Kirchenbildhauerei und -schnitzerei und auch zur Herstellung von Fässern. Eichenholz liefert außerdem schöne Dekorfurniere.

Shorea-Arten
Familie: Dipterocarpaceae

MERANTI/SERAYA/LAUAN

Verbreitung
In Südostasien ist eine große Anzahl *Shorea*-Arten anzutreffen, die die Holzarten Meranti, Seraya und Lauan liefern. Meranti kommt in Westmalaysia, Sarawak und Indonesien, Seraya in Sabah und Lauan auf den Philippinen vor. Diese Hölzer unterscheiden sich in Farbe und Dichte und werden folgendermaßen gegliedert: Light red meranti, Light red seraya und White lauan, Dark red meranti, Dark red seraya und Red lauan. Die Bäume erreichen Wuchshöhen von 60 – 70 m und Stammdurchmesser von 1 – 1,5 m.

Erscheinungsbild des Holzes
Aufgrund der Artenvielfalt können hier nur sehr allgemeine Angaben gemacht werden. Die Hölzer der ersten Gruppe haben eine blassrosa bis rote Färbung, die der zweiten Gruppe sind mittel- bis dunkelrotbraun und zeigen weiße streifige Harzschlieren. Beide weisen einen wechseldrehwüchsigen Faserverlauf und eine etwas grobe Textur auf.
Eigenschaften
Die hellroten Hölzer der ersten Gruppe wiegen getrocknet durchschnittlich 550 kg/m^2, die dunkelroten Hölzer 670 kg/m^2. Der Trocknungsprozess verläuft ziemlich rasch und ohne nennenswerte Verluste. Die Hölzer beider Gruppen sind im Gebrauch form- und dimensionsstabil, wobei die hellroten Arten viel schwächer als die dunkleren sind. Beide weisen eine mittlere Biege- und Druckfestigkeit, eine geringe Steifigkeit und Schlagfestigkeit auf und sind schlechte Biegehölzer. Sie lassen sich manuell und auch maschinell gut bearbeiten, zufrieden stellend nageln und schrauben, problemlos verkleben und ergeben mit Porenfüller behandelt eine gute Oberfläche. Die hellroten Hölzer sind nicht, die dunkelroten mäßig dauerhaft und lassen sich nicht imprägnieren.
Verwendung
Die hellroten Hölzer werden für den Innenausbau, für leicht beanspruchte Tragwerke, für Fußböden in Wohngebäuden, minderwertige Möbel und Rahmensysteme im Innenbau verwendet. Die dunkelroten Hölzer nutzt man zu ähnlichen Zwecken und darüber hinaus im Außenholzbau, für Schalungen, zur Herstellung von Ladenmöbeln und im Bootsbau. Die Stämme beider Holzgruppen liefern Material für die Sperrholzproduktion und werden zu Dekorfurnieren für Schränke und Vertäfelungen verarbeitet.

Taxus baccata
Familie: Taxaceae

EIBE (N)

Verbreitung
Die Eibe ist in Algerien, im Nahen Osten, im Kaukasus, dem nördlichen Iran, im Himalaja, in Myanmar und ganz Europa verbreitet. Sie erreicht eine Wuchshöhe von 12–15 m, besitzt einen kurzen, spiralförmig verzogenen oder hohlkehligen Baumschaft und besteht häufig auch aus mehreren senkrechten Trieben, die zu Mehrfachstämmen zusammengewachsen sind.

Erscheinungsbild des Holzes
Die Farbe des Kernholzes variiert von Orangebraun mit dunkleren purpurfarbenen Streifen bis Purpurbraun mit dunkleren malvenfarbenen oder braunen Flecken und traubigen Rindeneinschlüssen. Die unregelmäßige Wuchsform lässt Holz mit unterschiedlich breiten Jahrringen entstehen, die zusammen mit den schmalen Zonen dichten Spätholzes eine sehr dekorative Holzzeichnung ergeben.

Eigenschaften
Eibenholz gehört zu den schwersten und dauerhaftesten Nadelhölzern, die wirtschaftlich genutzt werden. Sein Trockengewicht beträgt 670 kg/m^2. Das Holz trocknet ziemlich schnell und gut; der Verlust ist dabei gering, wenn man durch sorgfältige Steuerung des Prozesses die Bildung von Rissen oder die Vergrößerung bereits vorhandener Risse vermeidet. Das Verziehen des Holzes ist vernachlässigbar. Eibenholz ist im Gebrauch form- und dimensionsstabil. Das harte, kompakte und elastische Holz weist eine mittlere Biege- und Druckfestigkeit, eine geringe Steifigkeit und Widerstandsfähigkeit gegen Schlagbeanspruchung auf. Geradfaseriges luftgetrocknetes Holz gehört zu den besten Biegehölzern, auch wenn es zu Trocknungsrissen neigt. Eibe ist mit den meisten manuellen und maschinellen Verfahren bearbeitbar, reißt jedoch leicht an unregelmäßigen, maser- oder riegelwüchsigen Zonen. Beim Nageln muss vorgebohrt werden. Das ölhaltige Holz bereitet beim Verkleben mitunter Probleme, lässt sich aber zufrieden stellend beizen und ergibt eine ausgezeichnete Oberfläche. Eibenholz ist dauerhaft, jedoch nicht immun gegen den Gewöhnlichen Nagekäfer. Es ist resistent gegen die Behandlung mit Konservierungsmitteln.

Verwendung
Eibenholz war viele Jahrhunderte lang ein hoch geschätztes Material für die Langbogen der englischen Bogenschützen. Es ist ein ausgezeichnetes Drechsel- und Schnitzholz und wird zur Herstellung von Stilmöbeln, im Innenausbau und Außenholzbau, für Gartenmöbel, Zäune und Torpfosten verwendet. Eibenholz wird auch zu sehr dekorativen Messerfurnieren und Maserknollenfurnieren verarbeitet.

Tectona grandis
Familie: Verbenaceae

TEAK

Verbreitung
Teak ist in Myanmar heimisch und in ganz Indien, in Thailand, Indonesien und auf Java stark verbreitet. Der Baum wurde auch nach Malaysia, auf Borneo und den Philippinen, im tropischen Afrika und in Mittelamerika eingeführt. An günstigen Standorten erreicht er eine Wuchshöhe von 40–45 m und einen Stammdurchmesser von 1,8–2,4 m, wird im Durchschnitt jedoch nur 9–11 m hoch und hat dann einen Stammdurchmesser von 0,9–1,5 m.

Erscheinungsbild des Holzes
Der Teakbaum aus Myanmar hat schmales, blass gelbbraunes Splintholz und dunkel goldbraunes Kernholz, das zu mittel- oder dunkelbraun nachdunkelt. Andere Typen haben eine sattbraune Hintergrundfärbung mit dunkel schokoladenbrauner Zeichnung. Teak aus Myanmar ist meistens geradfaserig, indisches Teakholz von der Malabarküste dagegen weist einen welligen Faserverlauf auf. Die Textur ist grob und ungleichmäßig, und das Holz fühlt sich ölig an.

Eigenschaften
Das Trockengewicht beträgt 610–690 kg/m^2, im Durchschnitt 640 kg/m^2. Das Holz trocknet recht langsam und „arbeitet" im Gebrauch wenig. Teak weist eine mittlere Biegefestigkeit, eine geringe Steifigkeit und Schlagfestigkeit, eine hohe Druckfestigkeit auf und ist ein mäßig gutes Biegeholz. Es ist manuell und maschinell leidlich gut zu bearbeiten und wirkt dabei stumpfend auf die Werkzeugschneiden, die stets scharf sein müssen. Der bei maschineller Bearbeitung entstehende Holzstaub kann zu schweren Hautreizungen führen. Das Holz muss beim Nageln vorgebohrt werden; es lässt sich gut verkleben und ergibt eine ausgezeichnete Oberfläche. Teakholz ist sehr dauerhaft.

Verwendung
Teakholz genießt aufgrund seiner Festigkeit und Dauerhaftigkeit, seiner Stabilität auch bei schwankender Luftfeuchtigkeit und wegen seines ausgesprochen dekorativen Holzbildes einen guten Ruf. Einige der sehr zahlreichen Verwendungszwecke sind der Möbelbau, Schiff- und Bootsbau sowie die Herstellung von Decksaufbauten, Geländern, Bollwerken, Rudern und Masten. Teak wird auch für hochwertige Türen, Treppen und Täfelungen sowie im Außenholzbau für Dock- und Hafenbauten, Brücken, für den Küstenschutz sowie für Gartenmöbel verwendet. Aufgrund seiner guten Chemikalienbeständigkeit eignet sich das Holz für Labortische, Lüftungskanäle und Fässer. Teak liefert Material für alle Sperrholz-Güteklassen und für Dekorfurniere.

Thuja plicata
Familie: Cupressaceae

RIESENLEBENSBAUM (N)

Verbreitung
Der Baum ist auch unter den Bezeichnungen British Columbia red cedar (Großbritannien), Giant arbor vitae (USA) und Red cedar (Kanada) bekannt. Er ist von Alaska südwärts bis Kalifornien und in östlicher Richtung von British Columbia und Washington bis Idaho, Montana und in die nördlichen Rocky Mountains verbreitet. Der Riesenlebensbaum wurde in Großbritannien und Neuseeland kultiviert. Er erreicht eine Höhe von 46–76 m und einen Stammdurchmesser von 0,9–2,5 m.

Erscheinungsbild des Holzes
Das weiße Splintholz hebt sich deutlich vom Kernholz ab, dessen Färbung von dunklem Schokoladenbraun in der Mitte bis zu einer lachsrosafarbenen äußeren Zone variiert und zu einem einheitlichen rötlichen Braun nachdunkelt. Das getrocknete Holz verwittert durch klimatische Einflüsse zu einem Silbergrau, das bei Schindeln, Windbrettern und Holzhäusern einen besonders reizvollen Anblick bietet. Das Holz ist harzfrei, geradfaserig und lässt die Jahrringgrenzen deutlich erkennen. Es hat eine grobe Textur und ist etwas spröde.

Eigenschaften
Das Trockengewicht beträgt 370 kg/m^2. Dünne Stücke trocknen problemlos und mit wenig Verlust, stärkere hingegen erfordern eine sorgfältige Steuerung des Trocknungsprozesses. Bei schwankender Luftfeuchtigkeit „arbeitet" das Holz nur wenig, und im Gebrauch ist es form- und dimensionsstabil. Es weist in allen Kategorien eine nur geringe Festigkeit auf und lässt sich sehr schlecht dampfbiegen. Manuell und maschinell ist es problemlos zu bearbeiten und stumpft die Werkzeugschneiden dabei nur wenig. Die Schneiden sollten stets sehr scharf sein. Das Holz lässt sich relativ gut nageln; die Nägel müssen allerdings galvanisiert sein oder aus Kupfer bestehen, da die Säurehaltigkeit des Holzes Metalle bei Feuchtigkeit korrodieren lässt und im Holz dadurch schwarze Flecke erscheinen. Es ist problemlos zu verkleben und lässt sich in feinsten Tönungen beizen, ohne auszubleichen. Durch Polieren erzielt man eine ausgezeichnete Oberfläche. Das Splintholz ist anfällig gegen den Splintholzkäfer. Das Kernholz ist dauerhaft und resistent gegen die Behandlung mit Konservierungsmitteln.

Verwendung
Dieses Nadelholz wird in großem Umfang für Gewächshäuser und Schuppen, Schindeln, Wetterschalungen und vertikale Außenverkleidungen verwendet. Man stellt daraus auch Bienenkästen, Pfosten und Zäune her.

Triplochiton scleroxylon
Familie: Triplochitanaceae

OBECHE

Verbreitung
Dieser Baum ist in ganz Westafrika verbreitet. Man nennt ihn auch Aréré (Nigeria), Wawa (Ghana), Samba (Côte d'Ivoire) und Ayous (Kamerun, Zaïre). Er erreicht eine Wuchshöhe von 45 – 55 m und einen Stammdurchmesser von 0,9 – 1,5 m. Der zylindrische Baumschaft ist bis in eine Höhe von 25 m astfrei.

Erscheinungsbild des Holzes
Das Splintholz unterscheidet sich kaum vom Kernholz,

das eine cremegelbe bis blass strohgelbe Färbung hat. Die Fasern verlaufen wechseldrehwüchsig und lassen im Radialschnitt eine gestreifte Zeichnung entstehen. Die Textur ist mäßig grob, aber gleichmäßig. Das Holz besitzt einen natürlichen Glanz.

Eigenschaften
Obeche hat ein Trockengewicht von 380 kg/m^2. Es trocknet sehr schnell und problemlos, neigt dabei nicht zum Reißen oder zur Verbreiterung vorhandener Risse, kann sich allerdings etwas verziehen. Im Gebrauch „arbeitet" das Holz nur wenig. Obeche weist eine niedrige Biege- und Druckfestigkeit, eine sehr geringe Steifigkeit und Schlagfestigkeit auf und lässt sich mäßig gut bis schlecht dampfbiegen. Es ist manuell und maschinell leicht zu bearbeiten und stumpft die Werkzeugschneiden dabei nur leicht. Für die Bearbeitung empfehlen sich scharfe Schneiden mit einem verkleinerten Keilwinkel. Das Holz lässt sich problemlos nageln, hält die Nägel allerdings schlecht. Es ist gut verklebbar, muss zur Erzielung einer guten Oberfläche leicht mit Porenfüller behandelt werden. Das Holz hat eine geringe Dauerhaftigkeit und neigt in feuchter Umgebung bei Kontakt mit Eisenverbindungen zu blauen Verfärbungen. Das Splintholz ist anfällig gegen den Splintholzkäfer. Das Kernholz ist verderblich und resistent gegen die Behandlung mit Konservierungsmitteln, das Splintholz dagegen ist durchlässig.

Verwendung
Dort, wo Dauerhaftigkeit und Festigkeit eine relativ geringe Rolle spielen, wird Obeche zur Herstellung von Weißholzmöbeln und Einbaumöbeln, für Geländer im Innenbau, für Gleitschienen und Auskleidungen von Schubkästen, im Innenausbau, für Zierleisten, für Resonanzböden von Orgeln und für den Modellbau verwendet. Das Holz wird rundgeschält als Deckfurnier und Rückenfurnier für Sperrholz eingesetzt und zu dekorativ gestreiften Furnieren verarbeitet. Bläuebefallene Obeche ist besonders in der Marketerie begehrt.

Ulmus-Arten
Familie: Ulmaceae

RÜSTER

Verbreitung
Die zur Gattung *Ulmus* gehörenden Baumarten sind überall in den gemäßigten Zonen Europas, Westasiens; Nordamerikas und Japans weit verbreitet. *U. procera*, die Englische Ulme, wird auch Red elm oder Nave elm genannt; weitere Arten sind die in Europa häufige *U. carpinifolia*, die Feldulme, French elm oder Flemish elm, *U. hollandica* oder Dutch elm und *U. glabra*, die Bergulme, Wych elm, Scotch elm, Mountain elm oder White elm. Die europäischen Rüstern (oder Ulmen) erreichen durchschnittliche Wuchshöhen von 38 – 45 m und Stammdurchmesser von 1 – 1,5 m. *U. glabra* wird 30 – 38 m hoch und kann einen Stammdurchmesser von 1,5 m erreichen.

Erscheinungsbild des Holzes
Das Kernholz hat in der Regel eine mattbraune, oftmals rötlich getönte Färbung und hebt sich deutlich von dem blasseren Splintholz ab. Das Kernholz zeigt ausgeprägte, unregelmäßige Wachstumsringe, die dem Holz eine recht grobe Textur verleihen. Riegelwuchs und unregelmäßiger Wuchs lassen eine sehr reizvolle Maserung entstehen. Das Holz der Art *U. glabra* hat eine grünliche Tönung. Die auf dem europäischen Kontinent wachsenden Rüstern haben meistens einen geraderen Faserverlauf.

Eigenschaften
Das Trockengewicht der Art *U. laciniata* beträgt etwa 550 kg/m^2, das der Art *U. glabra* 670 kg/m^2. Das Holz trocknet recht schnell und neigt stark zum Verwerfen. Es weist eine niedrige Biege- und Druckfestigkeit, eine sehr geringe Steifigkeit und Widerstandsfähigkeit gegen Schlagbeanspruchung auf. Die Rüsternarten sind sämtlich sehr gute Biegehölzer. Das Hobeln und Sägen kann Probleme bereiten, doch das Holz lässt sich gut nageln und zufrieden stellend verkleben und ergibt eine gute Oberfläche. Das Splintholz ist anfällig gegen den Splintholzkäfer und den Gewöhnlichen Nagekäfer. Rüster besitzt nur geringe Dauerhaftigkeit und ist mäßig resistent gegen die Behandlung mit Konservierungsmitteln, das Splintholz hingegen ist durchlässig.

Verwendung
Die Rialto-Brücke in Venedig steht auf Rüsternpfählen. Rüsternholz wird im Boots-, Schiff- und Fahrzeugbau, für Dock- und Hafenbauten, Wetterschalungen, Sportgeräte, landwirtschaftliche Geräte, für Leitersprossen, Särge und die Sitze von Windsor-Stühlen verwendet. Das Holz ergibt reizvolle Fußböden. Es eignet sich für Fleischerhackblöcke und zum Drechseln von Schalen. Rüsternholz wird zu Dekorfurnieren sowie zu Maserknollenfurnier für Schränke und Täfelungen verarbeitet.

Ulmus americana
Familie: Ulmaceae

AMERIKANISCHE RÜSTER

Verbreitung
In Ostkanada und in den USA wachsen fünf Baumarten der Gattung *Ulmus. U. americana* L., die Amerikanische Rüster oder Weißulme, ist von Neufundland westwärts bis Saskatchewan sowie in den östlichen und mittleren Gebieten der USA anzutreffen. Sie ist auch unter den Bezeichnungen Water elm und Swamp elm bekannt. *U. fulva* Michx., die Rotulme, ist auch als Soft elm, Red elm und Slippery barked elm bekannt und kommt im Flusstal des Sankt-Lorenz-Stroms vor. *U. thomasii* Sarg., die Felsenulme, wird auch als Cork elm, Hickory elm und Cork bark elm bezeichnet und ist im Süden Quebecs und Ontarios bis in die USA verbreitet. Rüstern erreichen eine durchschnittliche Höhe von 15 bis 25 m und einen Stammdurchmesser von 0,3 – 1,2 m.

Erscheinungsbild des Holzes
Das Kernholz hat eine mittel- bis hellrötlich braune Färbung, das Splintholz ist blasser. Das Holz der Felsen-

ulme ist geradfaserig und hat eine mäßig feine Textur. Die Amerikanische Rüster zeigt mitunter einen wechseldrehwüchsigen Faserverlauf sowie eine grobe und recht faserige Textur.

Eigenschaften
Das Trockengewicht der Amerikanischen Rüster beträgt 580 kg/m^2; das der Rotulme ist etwas schwerer. Das Holz der Felsenulme wiegt getrocknet 620 – 780 kg/m^2. Das Holz trocknet problemlos und mit minimalem Schwund. In Amerika heimische Rüstern weisen eine mittlere Biege- und Druckfestigkeit und eine sehr geringe Steifigkeit auf. Die Amerikanische Rüster besitzt eine hohe, die Felsenulme gar eine sehr hohe Widerstandsfähigkeit gegen Schlagbeanspruchung. Sie lassen sich alle sehr gut dampfbiegen. Das Holz ist ziemlich einfach zu bearbeiten; es wirkt nur mäßig stumpfend auf die Werkzeugschneiden. Es nimmt Nägel auf ohne zu reißen, ist problemlos zu verkleben und ergibt eine ausgezeichnete Oberfläche. Das Splintholz ist anfällig gegen den Splintholzkäfer, dafür aber resistent gegen Pilzbefall. Rüsternholz ist nicht dauerhaft und mäßig resistent gegen die Behandlung mit Konservierungsmitteln.

Verwendung
Die Amerikanische Rüster wird im Boots- und Schiffbau für Achtersteven, Spanten, Aussteifungen, Dollborde, Kimmungsplanken, Kiele, Randleisten u. a. Unterwasserbauteile, auch für Teile an Dock- und Hafenbauten verwendet. Aus dem Holz werden außerdem Radkörper, Schlagflächen für Eishockeyschläger, landwirtschaftliche Geräte, Schaukelstühle, Sportgeräte, Biegeholzteile für den Fahrzeugbau und Leitersprossen hergestellt. Das Holz eignet sich ausgezeichnet zum Drechseln und wird zu Dekorfurnieren und Maserknollenfurnieren verarbeitet.

WERKSTATT UND WERKZEUGE

Wo immer Sie mit dem Holzhandwerk beginnen, werden Sie den Wunsch haben eine für die Herstellung von Möbeln geeignete Werkstatt einzurichten. Dabei ist auf eine gute Gestaltung der Arbeitsbedingungen durch Heizung, Belüftung und Beleuchtung sowie auf die Anordnung von Werkbank und Maschinen zu achten. Da es in einer kleinen Werkstatt für die unterschiedlichen Tätigkeiten keine speziellen Arbeitsplätze geben kann, muss jede Stelle für mehrere Arbeitsgänge genutzt werden.

UNTEN: Die Auswahl und die Anwendung der richtigen Werkzeuge für die unterschiedlichen Arbeitsgänge sind wichtig für das Gelingen eines Projekts.

Die Werkstatt

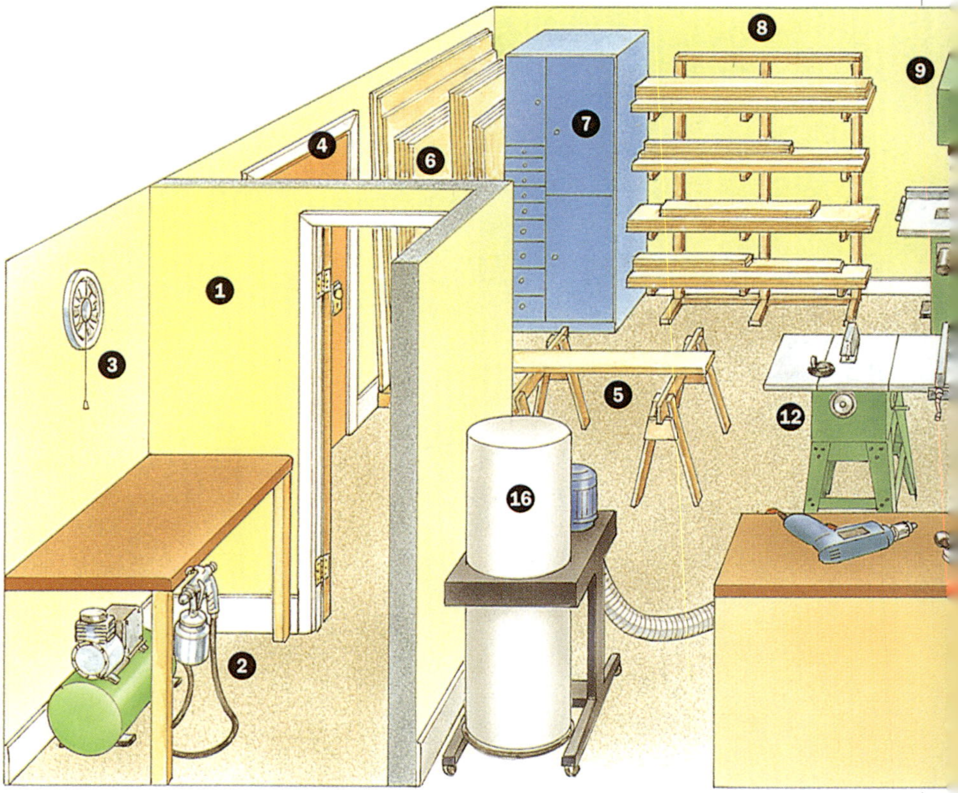

Zeichnen Sie einen maßstabsgerechten Plan von Ihrer Werkstatt und schneiden Sie aus Pappe die Grundrisse der Werkbank und der Maschinen aus. Markieren Sie die Lage der Türen, Fenster und Netzsteckdosen und probieren Sie aus, welcher Platz für die einzelnen stationären Arbeitsmittel der günstigste ist.

Bei der Einrichtung einer Werkstatt sind bestimmte Dinge zu bedenken: Bretter aus Holzwerkstoffen oder Massivholz sind schwer und nehmen viel Platz weg. Werkzeuge und andere Materialien sollten in bequemer Reichweite aufbewahrt werden. Rund um die Maschinen muss genügend Raum bleiben, denn Sie müssen Ihr Material ungehindert durch Sägen und Hobelmaschinen führen können, und bei den meisten anderen Maschinen ragt das Material beim Bearbeiten an dieser oder jener Seite über. Sorgen Sie auch dafür, dass sich die einzelnen Maschinen nicht behindern.

Der Materialeingang

Holz kann bis zu 5 m lang sein, typische Maße für Bretter aus Holzwerkstoffen sind 1120 mm x 2440 mm. Platten in handelsüblicher Größe kann man im Freien oder bereits beim Lieferanten zerteilen. Diese Materialien müssen bei gleichbleibender Temperatur und Luftfeuchtigkeit in der Werkstatt gelagert werden, damit sie trocken bleiben.

Die Lagerung

Lacke, Beschläge, Leim und andere Hilfsmaterialien können in Regalen, Schubladen und Schränken aufbewahrt werden. Es lohnt durchaus sich Zeit für die Planung und Herstellung von Unterbringungsmöglichkeiten zu nehmen. Haben Sie keine großen Vorräte zu lagern, bringen Sie sie in der Werkstatt in einem sicheren, möglichst feuerfesten Schrank unter.

Die Werkbank

Wichtig ist eine robuste, stabile Werkbank. Stellen Sie sie nach Möglichkeit an einem Platz mit Tageslicht, d.h. an einem Fenster auf. Steht ein solcher Platz nicht zur Verfügung, müssen Sie für eine gute künstliche Beleuchtung sorgen.

Harte Fußböden werden sehr unbequem, wenn man beim Arbeiten längere Zeit stehen muss. Legen Sie deshalb den Arbeitsbereich vor Ihrer Werkbank mit einer Gummimatte aus.

Zuschnitt und Zusammenbau

Damit Sie auch größere Projekte in Angriff nehmen können, lassen Sie Platz für ein paar Holzböcke, auf denen das Material zum Anreißen und Vorschneiden abgelegt wird, sowie genügend Raum zum Zusammenbau von Schränken. Berücksichtigen Sie sowohl die Höhe als auch die Grundfläche großer Gegenstände wie z. B. Anrichten oder Tische.

Die Oberflächenbehandlung

Bei der Wahl der Oberflächenbehandlung müssen Sie sich möglicherweise nach Ihrem Arbeitsumfeld richten. Wird das Objekt lackiert, brauchen Sie eine gute Entlüftung; man braucht sie schon beim Arbeiten mit dem Pinsel, beim Aufsprühen des Lackes aber ist sie absolut lebensnotwendig. Verwenden Sie Öle, breiten Sie die zum Auftragen benutzten Lappen am besten im Freien aus und lassen Sie sie dort trocknen. Im Bündel liegende ölige Lappen können sich nämlich selbst entzünden.

Die Staubabsaugung

Beim Sprühen muss die Luft staubfrei sein. Durch maschinelles Bearbeiten und Schleifen von Holz entsteht viel Staub. Sorgen Sie nach Möglichkeit dafür, dass sämtliche Maschinen an einen Staubabsauger angeschlossen sind. Tragen Sie beim Sprühen oder bei staubintensiven Arbeiten eine Gesichtsschutzmaske.

Die Beleuchtung

Einer der wichtigsten Punkte beim Einrichten einer Werkstatt ist die Beleuchtung. Am besten ist gutes natürliches Licht, das von sorgfältig platzierten künstlichen Lichtquellen unterstützt wird. Dabei sind Wolframlampen den Leuchtstofflampen vorzuziehen; über der Werkbank und einigen Ihrer Maschinen sollten zusätzlich einzelne Punktstrahler angebracht werden.

Die Werkstatteinrichtung

1 Raum für die Oberflächenbehandlung
2 Kompressor und Spritzpistole
3 Entlüfter
4 Haupteingang
5 Holzböcke
6 Bretter und Platten aus Holzwerkstoffen
7 Kleine Einbau- und Verbrauchsteile
8 Holzlagerregal
9 stationäre Säge
10 Werkzeugwand
11 Werkbänke
12 Tischkreissäge
13 Dickenhobelmaschine
14 Säulenbohrmaschine
15 Elektrowerkzeuge
16 Staubabsauganlage

In der Werkstatt

- Sorgen Sie jederzeit für eine gute Be- und Entlüftung der Werkstatt.
- Tragen Sie stets eine Staubschutzmaske oder eine Gesichtsmaske, wenn Sie in staubiger Luft arbeiten.
- Halten Sie Ordnung; damit sparen Sie Zeit und beugen Unfällen vor.
- Bewahren Sie brennbare Chemikalien, Lacke usw. an einer kühlen, sicheren Stelle auf.

Die Heizung

Beheizen Sie Ihre Werkstatt so, dass die Temperatur knapp unter der des Ortes liegt, an dem das zu bauende Möbelstück schließlich stehen wird. Es ist schon vorgekommen, dass fertige Möbel, die aus einer kalten und feuchten Werkstatt in eine beheizte Umgebung kamen, durch das „Arbeiten" des Holzes ruiniert worden sind.

Der Abfall

Beim Tischlern fallen oftmals kleine Holzstücke und andere Materialien an, die sehr gut für nachfolgende Arbeiten genutzt werden können. Es lohnt sich alles, was von halbwegs ansehnlicher Größe ist, an einem gesonderten Platz in bequemer Reichweite aufzubewahren.

Hobelspäne, Sägemehl und andere Holzabfälle, die nicht weiter zu verwenden sind, gehören in den Abfall. Kehren Sie Ihre Werkstatt jeden Tag aus, denn auf dem Boden umherliegende Abfälle sind potenzielle Gefahrenquellen.

Sicherheit am Arbeitsplatz

Halten Sie Ihren Arbeitsplatz stets in Ordnung. Hängen Sie einen Feuerlöscher und einen Erste-Hilfe-Kasten an eine Wand, an der beide für jeden, der die Werkstatt betritt, gut sichtbar sind. Installieren Sie außerdem einen Rauchmelder.

Die Auslieferung

Sorgen Sie dafür, dass die fertigen Möbelstücke problemlos aus der Werkstatt heraus in ein Auto, einen Anhänger oder Lieferwagen transportiert und an ihren Bestimmungsort gebracht werden können. Große Stücke muss man eventuell in Teilen fertigen und ausliefern und erst am Bestimmungsort zusammenbauen.

Der Gesundheits- und Arbeitsschutz

Es gibt kein Thema, das in den letzten Jahren mehr in den Blickpunkt der Öffentlichkeit geraten ist als der Gesundheits- und Arbeitsschutz. Die Popularität des holzbearbeitenden Handwerks und die steigende Zahl derer, die sich damit beschäftigen, hat zwangläufig auch zu mehr Unfällen am Arbeitsplatz geführt. Für Industrie- und Ausbildungseinrichtungen existieren zwar inzwischen entsprechende Gesetze, doch Hobbyhandwerker, die in der Regel allein arbeiten, lässt man hier nach eigenem Ermessen vorgehen.

Gesundheits- und Arbeitsschutz sind vor allem eine Angelegenheit des gesunden Menschenverstandes, und keine noch so umfangreiche Gesetzgebung, keine Schutzvorrichtung an den Maschinen kann verhindern, dass sich jemand einen Finger absägt oder mit einem abrutschenden Stecheisen einen Nerv durchtrennt. Die Hersteller liefern stets klar verständliche Anleitungen für die sichere Benutzung ihrer Werkzeuge und Ausrüstungen. Lesen Sie diese Anweisungen sorgfältig durch, ehe Sie ein Arbeitsmittel benutzen.

Die sichere Werkstatteinrichtung

Nutzfläche und Arbeitswege

Die Maschinen müssen so aufgestellt werden, dass man zwischen ihnen ausreichend Bewegungsfreiheit hat. Sie brauchen rund um die Maschinen viel Platz, damit ein Werkstück ungehindert an einer Seite in die Maschine eingelegt und an der anderen Seite wieder herausgenommen werden kann. Die Geräumigkeit muss im Verhältnis zur Größe und zur Art der zu fertigenden Objekte stehen. Zur Herstellung kleiner Spielzeuge braucht man weniger Platz als zum Bau von Möbelstücken. Da das Holz in großen Längen geliefert wird und Sie während der Arbeit von einer Maschine zur anderen gehen (und sich immer wieder bücken und strecken oder irgend etwas anheben müssen), planen Sie am besten so viel Platz wie nur möglich ein.

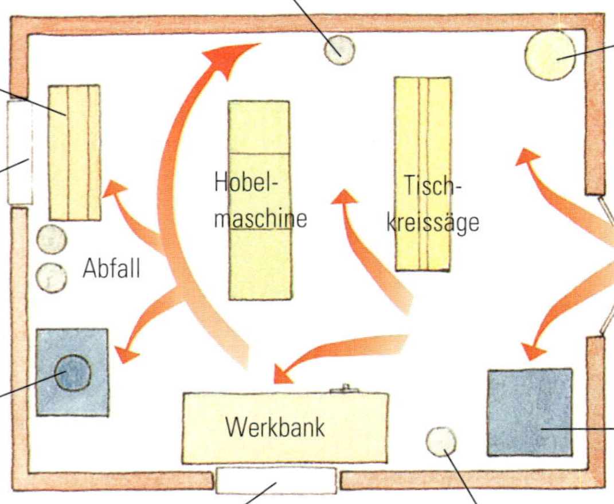

Oben: Ordnen Sie die Arbeitstische und Maschinen so an, dass Sie sich ungehindert von einem Arbeitsplatz zum anderen bewegen können.

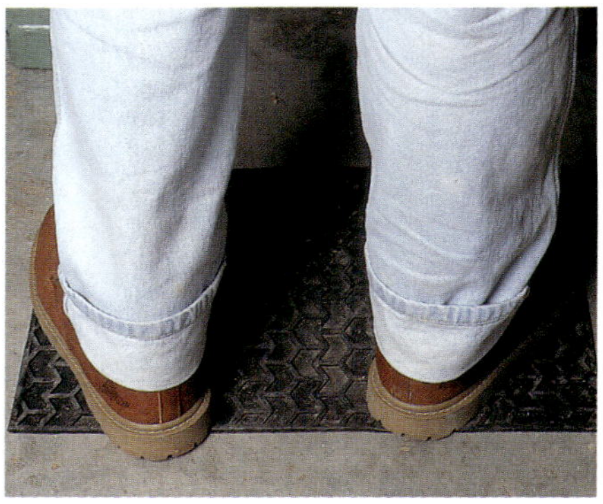

Oben: Eine Gummimatte entlastet die Wirbelsäule bei zu langem Stehen und wirkt zudem rutschhemmend.

Tipps

Viele Arbeitsunfälle werden durch glatte Fußböden verursacht. Wenn Sie ohnehin Sorge haben vielleicht gar vor einer Drehbank auszurutschen, sollten Sie überlegen, ob Sie nicht einen rutschfesten Belag auf den Boden aufbringen. Eine preisgünstige Variante ist das Überstreichen bestimmter Stellen mit einem gummiartigen Haftmittel, das dann mit scharfem trockenem Sand bestreut wird. Ist der Sand festgetrocknet, kehren Sie die noch losen Körnchen einfach ab. Halten Sie die Arbeitswege in Ihrer Werkstatt sauber, damit Sie nicht fehltreten oder ausrutschen. Lassen Sie nie Abfälle herumliegen und räumen Sie heruntergefallene oder versehentlich verstreute Gegenstände sofort wieder auf.

Der Fußboden

Der Fußboden muss stabil, trocken, verschleißfest, feuerbeständig, leicht zu reinigen, für das Auge angenehm sowie tritt- und rutschfest sein. Die meisten Holzwerker bevorzugen eine feste Betonplatte, die an bestimmten Stellen mit verschiedenen Zusatzanstrichen oder -belägen versehen ist. Abhängig von Ihren Vorlieben und Bedürfnissen – und natürlich von der Höhe Ihres Bankguthabens – kann ein Betonfußboden farbig gestrichen oder mit in der Industrie üblichem Material verkleidet, mit Gummi-, Kork- oder Vinylfliesen ausgelegt oder gar mit Schmaldielung aus Hartholz versehen werden. Arbeiten Sie längere Zeit an einer Stelle stehend wie beispielsweise an der Werkbank oder der Drehbank, legen Sie dort eine elastische Matte aus, die die Wirbelsäule entlastet.

Fußbodenbeläge
Vinylbelag mit einer Unterseite aus trittelastischem Material (oben); unbeschichtete Korkfliese (Mitte); Gummifliese (unten).

Die Wände

Saubere, helle Wände tragen zu einem sicheren Arbeitsumfeld bei. Eine Werkstatt kann zwar aus allem möglichen Material von der Betonplatte bis zum Holzrahmenwerk gebaut sein, doch die Innenwände müssen trotzdem glatt, hellfarbig, feuerbeständig, trocken und insgesamt leicht zu reinigen und instand zu halten sein. Die meisten Holzwerker bevorzugen für Wände und Decken weiß gestrichene Gipskarton- oder Sperrholzplatten. Auf eine an der Wand hängende Pinwand aus Faserstoff oder Kork kann man Entwürfe, Telefonnummern usw. notieren. Mit Latten verkleidete Flächen eignen sich gut zum Anbringen von Regalen. Manche Holzwerker finden Lochplatten zum Aufhängen der Werkzeuge nützlich; allerdings müssen die dazugehörigen Haken wirklich fest sitzen, damit sie nicht herausfallen, wenn Sie ein Werkzeug herunternehmen.

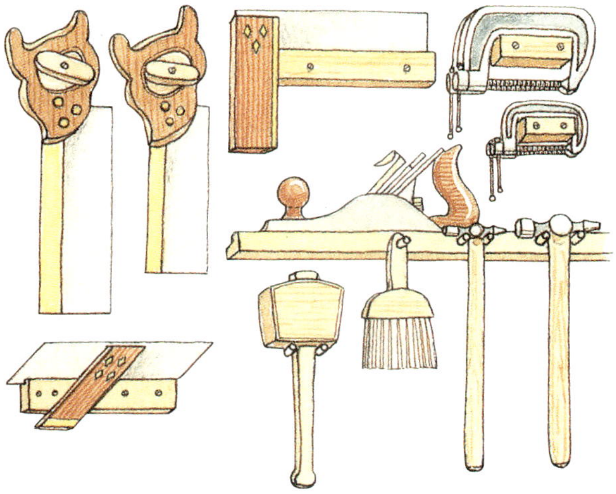

LINKS: Versehen Sie Ihre Werkzeugwand mit übersichtlich angeordneten kleinen Halterungen und Konsolen, damit alles gut sichtbar und bequem zu erreichen ist.

RECHTS: Bewahren Sie alle schweren Gegenstände in Regalen und Ablagefächern auf.

Belüftung und Fenster

Sorgen Sie im Interesse Ihrer Gesundheit und Sicherheit stets für saubere Luft. Die Werkstatt muss durch das Öffnen der Fenster und über ein Luftfiltersystem be- und entlüftet werden. In Projektierungsvorschriften wird meistens empfohlen für die Fläche der zu öffnenden Fenster 20 Prozent der Gesamtnutzfläche einzuplanen. Wenn Sie Dämpfe und abgestandene Luft abziehen lassen wollen, brauchen Sie ein Überdruck-Ventilationssystem. Als gut und kostengünstig hat sich erwiesen, außerhalb der Werkstatt einen Ventilator so anzubauen, dass durch ihn ein rasch fließender Luftstrom direkt in die Werkstatt hinein- und durch Fenster sowie Entlüftungsöffnungen wieder hinausgelangt. Ansonsten können Sie im Sommer die Türen öffnen und bei viel Sonne und frischer Luft arbeiten. Im Winter sparen Sie Heizkosten, indem Sie die Fenster geschlossen halten und einen an der Decke angebrachten Umluftfilter einschalten.

Durch die Türen und Fenster muss die Luft herein- und durch Lüftungsventilatoren wieder hinausgelangen. Sie muss trocken und unverbraucht sein.

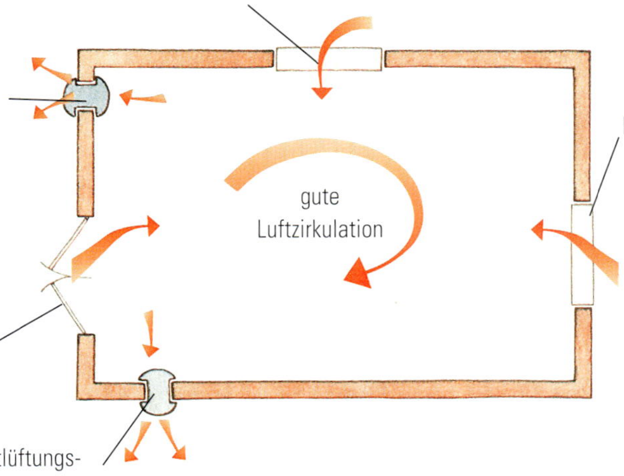

Eine Werkstatt im Erdgeschoss. Die hier eingebaute Holzfeuerungsanlage mit Boiler und Heizkörpern ist eine rundum gute Sache. So entsorgen Sie Ihr Abfallholz und haben gleichzeitig eine beheizte Werkstatt. Planen Sie in Ihrem Werkstattentwurf ausreichend Platz für die Brennstofflagerung ein.

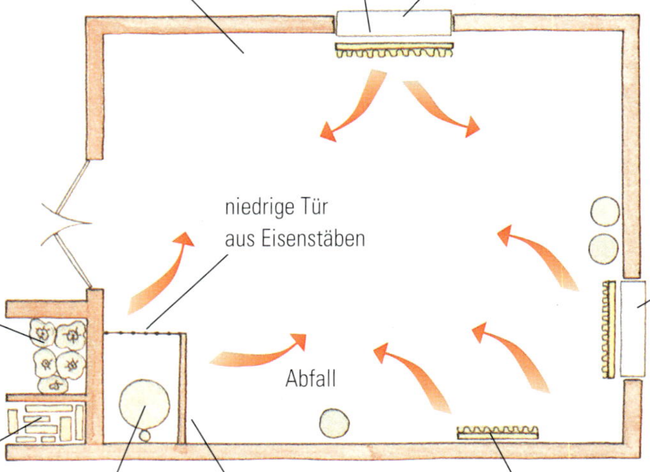

Die Beheizung

Ihre Werkstatt muss natürlich auch beheizt werden, denn kalte Finger und Zehen verringern die Reaktionsschnelligkeit. Öl- und Elektroheizungen sowie Holzfeuerungsanlagen, die den Heizsystemen in Wohnhäusern ähneln, eignen sich auch für eine Werkstatt. Bedenken Sie unabhängig von der Anlage, die Sie nutzen, dass Sie mit einer Heizung zwei Ziele verfolgen: Sie können im Warmen arbeiten, und das Problem der Kondensation, die an Werkzeugen und Maschinen so viel Schaden anrichtet, wird ausgeschaltet. Müssen Sie provisorische Raumheizer benutzen, meiden Sie mit Gas oder Öl betriebene Geräte, denn diese geben Wasserdampf ab und sind in einer Werkstatt mit geschlossenen Türen und Fenstern eine potenzielle Gefahr für eine Kohlenmonoxidvergiftung.

LINKS: Eine schlecht beleuchtete Drehbank kann zur Gefahr werden.

RECHTS: Bringen Sie eine Lampe zur indirekten Beleuchtung des Arbeitsplatzes an, damit dort Blendlicht und Schatten vermieden werden.

Die Beleuchtung

Maschinen und Arbeitsflächen müssen idealerweise so aufgestellt sein, dass an ihrem Standort eine ausgewogene Mischung von Tages- und Kunstlicht herrscht. In fensterlosen Werkstätten muss man in diesem Punkt besonders sorgfältig planen um eine angemessene künstliche Beleuchtung ohne Schatten zu schaffen. Bestimmte Aufgaben sowie Rechts- oder Linkshändigkeit des Handwerkers verlangen unter Umständen zusätzliche Beleuchtungsvarianten. Insgesamt soll ein Beleuchtungsniveau geschaffen werden, das Blendlicht und Schatten ausschließt. An einer Drehbank beispielsweise, die vor einem Fenster steht und von der Decke her beleuchtet wird, brauchen Sie zu Ihrer Rechten möglicherweise zusätzliche Lampen an beweglichen Halterungen, damit auch direkt auf die zu bearbeitende Stelle Licht fällt.

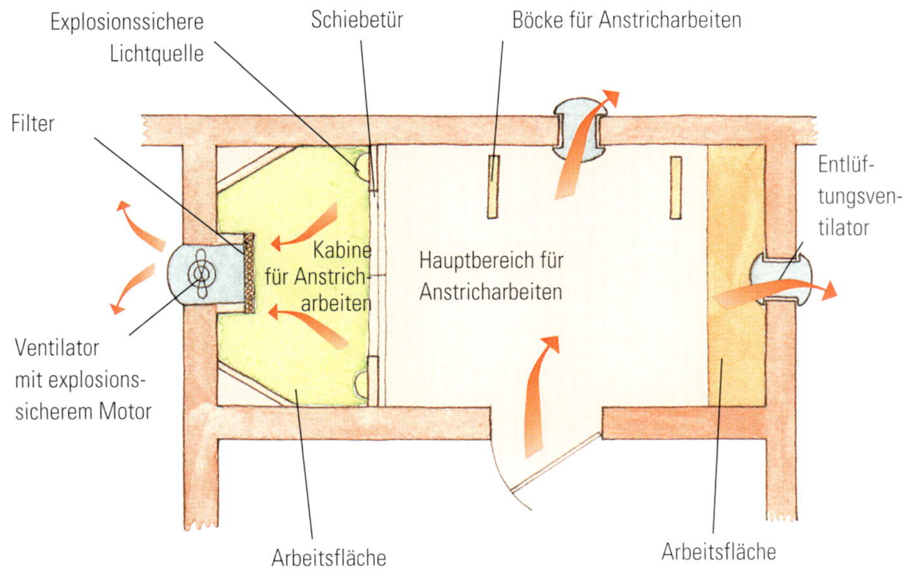

Teilen Sie einen Bereich für Anstricharbeiten mit dem Pinsel und der Spritzpistole ab.

Der Bereich für Anstricharbeiten

Wenn Sie vorhaben sich ausgiebig mit der Holzbearbeitung zu beschäftigen, sollten Sie auch über einen gesonderten kleinen, sauberen und staubfreien Bereich für die Oberflächenbehandlung verfügen. Teilen Sie dazu entweder einen Bereich der Werkstatt ab und statten Sie ihn mit einer Überdruck-Ventilation aus, damit die Luft von dort nach außen strömt, oder richten Sie einen separaten Raum ein. Ventilatoren, die in einem Bereich angebracht sind, in dem mit der Spritzpistole gearbeitet wird, müssen explosionssicher sein.

Das Arbeiten mit der Spritzpistole verlangt große Sorgfalt und Vorsicht.

Die Sicherheit der elektrischen Anlage

Das Verlegen der Leitungen

Elektrische Leitungen müssen stets in gutem Zustand und ordnungsgemäß isoliert sein. Ist die Installation um die 25–30 Jahre alt, muss sie durch neue isolierte Kabel ersetzt werden. Lassen Sie die Arbeiten von einem qualifizierten Elektriker ausführen. Legen Sie entsprechend Ihrem Werkstattplan zusammen mit dem Fachmann fest, wo die Leitungen verlaufen und die Netzsteckdosen für 220 Volt und Starkstromanschlüsse angebracht werden sollen, damit Sie später bequem arbeiten können. Vielleicht lassen Sie die elektrischen Leitungen in aufgesetzten Kabelkanälen verlegen. Dann lässt sich das System später nach Ihren Wünschen schnell und sicher verändern; ein noch größerer Vorteil ist der, dass Sie an die Wände problem- und gefahrlos Regale oder Maschinen montieren können. Für manche Maschinen kommt vielleicht auch eine Verlegung der elektrischen Leitung an die Decke infrage.

Schlecht geplante elektrische Anlage

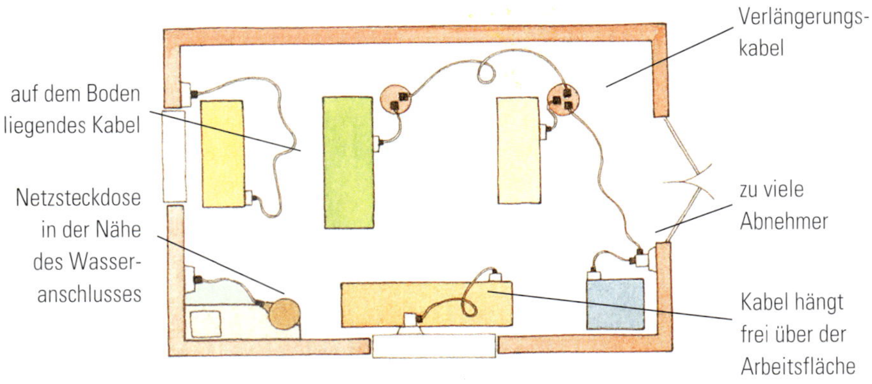

Schätzen Sie Ihren Bedarf an elektrischen Anschlüssen ein und planen Sie die elektrische Anlage so, dass ausreichend Platz für eine Erweiterung bleibt.

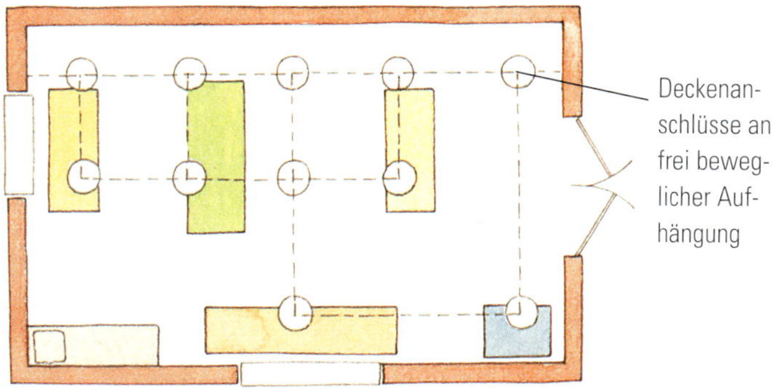

Gut geplante elektrische Anlage

Der Überlastschalter

Die Funktionsweise von Überlastschaltern muss man als Laie nicht bis ins Einzelne verstehen. Es soll hier genügen zu sagen, dass Überlastschalter die wichtigste Methode zu Ihrem eigenen Schutz und zum Schutz Ihrer Maschinen vor Schäden durch elektrischen Strom sind. In der Praxis unterbricht ein solcher Schalter den Stromkreis, wenn die Anlage überlastet ist oder wenn es zu einem Zwischenfall wie dem versehentlichen Durchtrennen eines Elektrokabels kommt. Lassen Sie sich vom Elektriker Überlastschalter und elektrische Anschlüsse nach Ihrem Bedarf einrichten.

Erst den Stecker ziehen ...

Zu den häufigsten Unfallursachen zählt die Tatsache, dass wir uns für bestimmte Dinge nicht etwas mehr Zeit nehmen und sie auf nicht sichere Art und Weise erledigen. Das trifft vor allem auf den Umgang mit elektrischem Strom und auf das Einrichten von Maschinen zu. Wenn Sie einen Bohrer oder eine Schneide auswechseln müssen, trennen Sie die Maschine immer erst vom elektrischen Strom, indem Sie den Netzstecker ziehen. Riskieren Sie nicht, dass sich die Maschine zufällig einschaltet, während Sie Ihre Hände noch mittendrin haben. Wann immer etwas an einer Maschine einzurichten oder zu verändern ist, ziehen Sie erst den Netzstecker und legen das Kabelende an eine gut sichtbare Stelle, damit Sie immer sehen, dass die Maschine nicht am Netz angeschlossen ist.

Optimale Sicherheit vor Unfällen mit elektrischem Strom ist nur garantiert, wenn Sie den Netzstecker ziehen und gut sichtbar ablegen.

Der Körperschutz

Zum Gesundheits- und Arbeitsschutz gehört auch die Vorsorge gegen Schäden, die durch Staub und Lärmbelastung drohen. Wichtig beim Arbeiten in der Holzwerkstatt sind Augen- und Gehörschutz; sie sollten daher stets getragen werden. Außer der Atemschutzmaske sollten Sie eine Einrichtung nutzen, die den Staub bereits am Ort seines Entstehens aufnimmt. Die Lärmbelastung kann durch Schallisolierungen einzelner Einrichtungsgegenstände und natürlich der Werkstatt selbst minimiert werden.

Atem- und Gesichtsschutzmaske

Die Atem- und Gesichtsschutzmaske

Die leichte und bequeme Atem- und Gesichtsschutzmaske ist eine ziemlich neue Entwicklung. Bei dieser Mehrzweckmaske wird durch einen auswechselbaren Filter ein sanfter staubfreier Luftstrom in die Wölbung vor dem Gesicht geblasen. Die Maske arbeitet mit einer Batterie, die man separat am Gürtel oder in die Maske eingesetzt tragen kann. Die Batterie reicht für einen vollen Arbeitstag. Das Visier hat einen abnehmbaren Schutzüberzug aus durchsichtigem Kunststoff.

Schutzbrillen

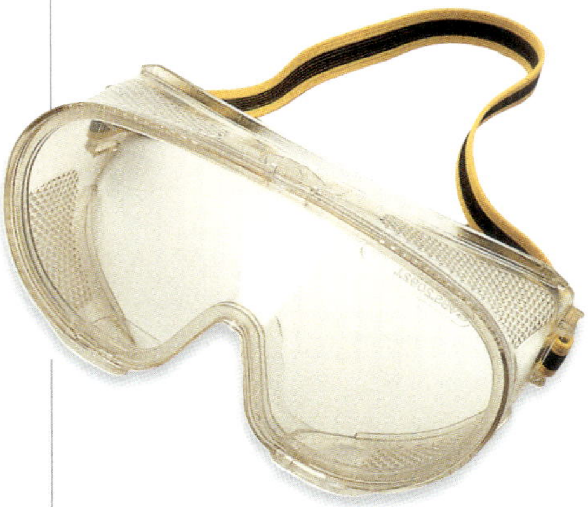

Die Schutzbrille

Das Aufsetzen der Schutzbrille oder eines Visiers vor Arbeitsbeginn sollte Ihnen so rasch wie möglich in Fleisch und Blut übergehen. Die häufigsten Verletzungen, die sich Holzwerker zuziehen, sind Augenverletzungen. Tragen Sie deshalb bei der Arbeit in der Holzwerkstatt stets einen Augenschutz.

Staubschutzmaske

Die Staubschutzmaske

Bei einer Staubschutzmaske lohnt es sich immer die bestmögliche Qualität zu kaufen. Manche Fabrikate sind weniger wirksam als andere, besonders wenn sie sich nicht genau der Nasenform ihres Trägers anpassen. Suchen Sie auf jeden Fall ein Modell aus, zu dem auch eine Nasenklemme gehört.

Zeigen Sie Disziplin und tragen Sie die Staubschutzmaske wirklich. Es hat nicht viel Sinn, eine solche Maske zu kaufen und sie dann nur in irgendeinem Schubfach liegen zu lassen. Sie werden sie anfangs vielleicht als störend empfinden, doch sie ist eine wesentliche Form des Arbeitsschutzes und ein wichtiger Ausrüstungsgegenstand, an dessen Benutzung Sie sich gewöhnen.

Der Gehörschutz

Um Langzeitschäden Ihres Gehörs zu vermeiden, sollten Sie beim Arbeiten mit Elektrowerkzeugen wie Sägen und Oberfräsen stets Ohrstöpsel oder Ohrschützer tragen. Die weichen, gepolsterten Ohrschützer sind im Handel preiswert zu haben, und es sollte Ihnen zur Gewohnheit werden sie aufzusetzen.

Ohrschützer

Gesundheitsschädigendes Holz

Manche Hölzer zeigen bei Berührung, beim Einatmen des Holzstaubes, bei Kontakt mit manchen Lebensmitteln, mit den Augen und den Nasenschleimhäuten usw. eine toxische Wirkung.

- Benutzen Sie stets eine Atemschutzmaske; prüfen Sie zuvor, ob sie zum Schutz vor Holzstaub geeignet ist. Tragen Sie außerdem eine Schutzbrille oder eine Gesichtsschutzmaske.
- Sorgen Sie bei Innenarbeiten oder überhaupt beim Arbeiten in geschlossenen Räumen für ausreichende Be- und Entlüftung.
- Sind Sie bezüglich der gesundheitsschädigenden Wirkung eines zu bearbeitenden Holzes nicht sicher, überprüfen Sie das vor Arbeitsbeginn. Es lohnt nicht ein Risiko einzugehen.

Tipps

Lassen Sie Chemikalien und Klebmittel nie in direkten Kontakt mit Ihrer Haut oder Ihren Augen kommen. Tragen Sie stets Schutzhandschuhe und eine Schutzbrille, wenn Sie damit hantieren. Geraten versehentlich Spritzer einer schädigenden Substanz auf Ihre Haut oder in Ihre Augen, waschen Sie die Stelle sofort mit viel kaltem Wasser ab und suchen Sie nötigenfalls auch einen Arzt auf.

Das Arbeiten mit Werkzeugen

Häufiges Bücken und Heben

Beim Heben eines schweren Holzklotzes wie etwa eines großen Rohlings für eine Drechselarbeit oder eines kleinen Baumstamms sollten Sie folgendermaßen vorgehen: Hocken Sie sich mit geschlossenen Knien hin, legen Sie die Arme um die Mitte der Last und drücken Sie Ihren Oberkörper nach oben, indem Sie die Beine langsam wieder strecken.

Versuchen Sie einen schweren Gegenstand aus einer gebückten Haltung, mit auseinander gestellten Knien, krummem Rücken und ohne Muskelspannung hochzuheben, handeln Sie sich gesundheitliche Probleme ein. Müssen Sie bei Ihrer Arbeit viel heben oder sich sehr oft bücken, tragen Sie lieber einen Stützgürtel für den Rücken, der Ihnen zusätzlichen Schutz gegen Verletzungen bietet.

Das Heben von Brettern und Platten

Müssen Sie schwere Bretter oder Platten aus Holzwerkstoffen wie beispielsweise eine Sperrholzplatte, eine Spanplatte oder eine mittelschwere Faserplatte von 6 mm Stärke vom Boden auf die Werkbank heben, gehen Sie ein hohes Risiko ein, wenn Sie versuchen das allein zu tun. Haben Sie in Ihrer Werkstatt allerdings keinen Mitarbeiter, schlingen Sie einen langen stabilen Gurt als Griff um die Last, nehmen eine stabile aufrechte Position ein und manövrieren die Last mit ruhiger Hub- und Gleitbewegung auf die Werkbank hinauf.

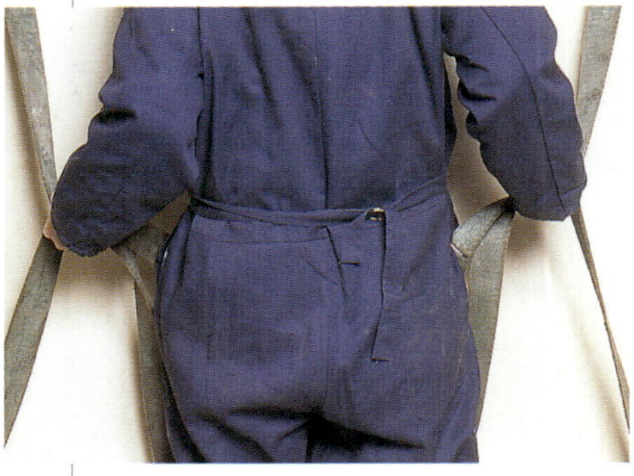

Legen Sie die Gurte so um die Last, dass sich der Hubpunkt in einer für Sie bequemen Höhe befindet.

Streckbewegungen

Wenn Sie sich – unabhängig von Ihrer Körpergröße – bei der Arbeit strecken müssen, dann machen Sie etwas falsch. Hier besteht nämlich nicht nur die Gefahr, dass Sie stürzen oder sich eine Rückenverletzung zuziehen; die Gefahr potenziert sich vielmehr, sobald dabei eine Maschine im Spiel ist. Halten Sie beispielsweise ein Stück Holz mit gestreckten Armen an eine Tischkreissäge, kann es schnell passieren, dass Sie mit dem Sägeblatt in Berührung kommen. Stellen Sie wiederholt fest, dass Sie bei bestimmten Arbeitsgängen in gestreckter Haltung stehen, müssen Sie überlegen, was der Grund dafür ist. Ist das Regal zu hoch? Ist die Werkbank zu breit? Ist Ihre Bewegungsfreiheit eingeschränkt? Schaffen Sie das Problem aus der Welt, indem Sie ein paar Stufen anbringen, das Regal niedriger machen oder eine andere geeignete Lösung finden.

Das Arbeiten mit Handwerkzeugen

Schleifen Sie Ihre Handwerkzeuge stets gut, denn so lassen sie sich leichter und damit sicherer führen. Die Arbeitsverfahren haben sich inzwischen so weiterentwickelt, dass man Schnitte stets vom Körper weg führt. Denken Sie an diese Regel und gehen Sie beim Arbeiten mit einem Werkzeug nie irgendwelche Risiken ein.

Stemm- und Stechwerkzeuge

Am häufigsten von allen Handwerkzeugen für die Holzbearbeitung werden Stemmeisen, Stecheisen und Stechbeitel benutzt; sie werden auch am häufigsten falsch eingesetzt und sind am anfälligsten für Beschädigungen. Wollen Sie sich neue Stemm- und Stechwerkzeuge zulegen, schauen Sie nach handgeschmiedeten Klingen aus Werkzeugstahl mit voll geschliffenen, gebrauchsfertigen Schneiden. Klingen aus Werkzeugstahl bleiben länger scharf. Die Schutzvorrichtungen, die in der Regel mit den Werkzeugen mitgeliefert werden, sollen sowohl Sie als auch die Schneidkanten schützen; verlieren Sie sie also nicht. Bewahren Sie Ihre Stemm- und Stechwerkzeuge an einem niedrig gelegenen Platz und nie hoch oben auf einem Regal auf, wo sie nur schwer zu erreichen sind, herabfallen und Sie verletzen sowie ihre empfindlichen Schneidkanten beschädigen können.

OBEN: Arbeiten Sie beim Ausstechen zu Ihrer Sicherheit mit beiden Händen; eine Hand presst das Werkzeug ins Holz, die andere hält und führt es.

LINKS: Stecken Sie nach getaner Arbeit eine Schutzkappe aus Kunststoff auf die rasiermesserscharfe Fase.

Das Arbeiten mit Elektrowerkzeugen

Die meisten modernen Elektrowerkzeuge sind heute mit einer Vielzahl von Schutzvorrichtungen ausgerüstet, die der Sicherheit des Arbeitenden dienen. Ignorieren Sie diese Dinge nicht, sondern benutzen Sie sie möglichst oft. Erscheint Ihnen eine solche Vorrichtung zu umständlich oder kompliziert, nehmen Sie sie nicht einfach ab und lassen die Maschine ungeschützt laufen. Setzen Sie sich mit dem Kundendienst der Herstellerfirma in Verbindung, der Ihnen eventuell weiterhelfen kann. Möglicherweise haben Sie die Schutzvorrichtung einfach nicht ordnungsgemäß installiert oder vielleicht ist sie defekt. Sagt sie Ihnen auch richtig angebracht nicht zu, schauen Sie sich die zahlreichen anderen Vorrichtungen im Handel an. Dort finden Sie unterschiedliche Modelle, die auch bei Werkzeugvorführungen zu sehen sind.

Arbeiten Sie nie mit einer Schutzvorrichtung in Sperrstellung (oben links). Passen Sie die Höhenführungsblenden der Größe des Werkstückes an (oben rechts). Schutzblenden und andere Schutzvorrichtungen ersetzen zwar niemals Vorsicht und gesunden Menschenverstand, doch sie haben für die Sicherheit am Arbeitsplatz trotzdem einen sehr großen Wert.

Der sichere Umgang mit Elektrowerkzeugen

- Befolgen Sie stets die Anweisungen des Herstellers.
- Tragen Sie bei der Arbeit an einer Maschine keine lose sitzende Kleidung und binden Sie Ihr Haar nach hinten.
- Halten Sie Ihre Hände stets in sicherer Entfernung von beweglichen oder schneidenden Kanten.
- Tragen Sie vor allem beim Arbeiten an der Tischfräse oder an der Hobelmaschine Ohrschützer und eine Schutzbrille.
- Nehmen Sie sich vor umherliegenden Kabeln in Acht, wenn Sie manuell geführte Maschinen benutzen.
- Schalten Sie stets den Netzhauptschalter aus, bevor Sie eine Maschine einrichten.
- Lesen Sie im Zweifelsfall die Betriebsanleitung oder informieren Sie sich anderweitig, ehe Sie mit einem unbekannten Werkzeug arbeiten.
- Vergewissern Sie sich, dass alle Elektrowerkzeuge und Maschinen ordnungsgemäß ans Netz angeschlossen und isoliert sind, ehe Sie sie benutzen.
- Arbeiten Sie nie ohne Schutzvorkehrungen. Eine der unleugbaren Gesetzmäßigkeiten in der Holzbearbeitung ist nämlich die, dass immer etwas schief gehen kann.

Befolgen Sie beim Arbeiten mit Elektrowerkzeugen stets die Anweisungen des Herstellers.

Abfall und Sauberkeit

Die wahrscheinlich größte Gefahr in der häuslichen Werkstatt droht durch Feuer. Fegen Sie Staub und Holzspäne am Ende des Arbeitstages stets weg und entsorgen Sie die Abfälle sorgfältig.

Die Abfalltrennung

In einer Holzwerkstatt anfallende Späne und Schnittholzreste sind nicht nur Abfälle schlechthin, sondern bergen auch gewisse Gefahren. Einerseits polieren heruntergefallene Späne den Fußboden regelrecht, so dass er gefährlich glatt wird. Außerdem kann man leicht über umherliegende Holzreste stolpern. Es ist daher eine gute Praxis in der Werkstatt eine Stelle einzurichten, an der die Abfälle sortiert – in Material, das für kleine Objekte verwendet werden kann, in Stücke, die sich beispielsweise noch zur Herstellung von Dübeln eignen, und Holzreste, die weggeworfen werden müssen.

Ölige Lappen

Mit Motorenöl, Lösungsmitteln, Schellackpolitur, Öllack, Leinöl, Pinselreiniger u.ä. getränkte Lappen sind gefährlich. Sie können, bei einer bestimmten Temperatur und in einem abgeschlossenen Raum gelagert, zu schwelen beginnen und sich spontan entzünden. Schaffen Sie die Lappen aus der Werkstatt, sobald Sie sie nicht mehr brauchen. Werfen Sie sie mit Wasser befeuchtet in einen offenen Abfallbehälter aus Metall. Lassen Sie sie nie in einem Abfallbehälter aus Kunststoff oder in einer zugebundenen Plastiktüte liegen, denn das vergrößert die Gefahr, dass sich Dämpfe bilden und ein Brand ausbricht. Für eine zwischenzeitliche Lagerung öliger Lappen gibt es im Handel spezielle luftdicht schließende Metallbehälter.

Trennen Sie Ihre Werkstattabfälle – Kehricht in den Müllsack, Bruch- und Spaltstücke in die Abfalltonne und Schnittholzreste je nach Größe in Regale und Kisten.

Achten Sie darauf, dass auch alle Ihre kleinen Elektrowerkzeuge mit Absaugstutzen und Staubfangbeutel versehen sind.

Mit einem tragbaren Unterdruckabsauger können Sie den Holzstaub an den einzelnen Maschinen entfernen.

Das Entfernen von Holzstaub

Dem feinen Holzstaub, der beim Arbeiten in der Werkstatt entsteht, sollten Sie sich nur begrenzt aussetzen. Den Gesundheits- und Arbeitsschutzbestimmungen zufolge würden Sie bereits die Unbedenklichkeitsgrenze überschreiten, wenn Sie sich pro Tag länger als eine Viertelstunde in einem Raum von der Größe einer durchschnittlichen Garage aufhielten, in dessen Luft man zuvor einen gehäuften Teelöffel Holzstaub gepustet hätte. Halten Sie sich im Interesse Ihrer Gesundheit und Sicherheit an die folgenden Faustregeln:

- Reduzieren Sie die Menge des anfallenden Holzstaubes bereits an der Quelle, indem Sie mit Staubfiltern ausgerüstete Maschinen benutzen und/oder Ihr Holz besser spanend bearbeiten und weniger Staub entstehen lassen.
- Saugen Sie möglichst viel Holzstaub mit einem Unterdrucksystem ab.
- Tragen Sie eine Staubschutzmaske bzw. eine Atemschutzmaske.

Das Verhalten im Gefahrenfall

Telefon

Ein Telefon in der Werkstatt hat Vor- und Nachteile. Einerseits kann sein Schrillen selbst zur Gefahr werden, vor allem dann, wenn Sie gerade an einer schnell laufenden Maschine arbeiten, doch andererseits können Sie damit im Notfall rasch Hilfe holen. Stellen Sie den Apparat an einer günstigen Stelle, doch immer weit genug entfernt von den Maschinen auf und legen Sie eine Liste mit den Notrufnummern dazu.

Nach einem Arbeitsunfall – blutend und bewegungsunfähig unter einem schweren Gegenstand liegend oder mit in der Maschine eingeklemmten Fingern – möchten Sie wahrscheinlich nicht stundenlang auf Hilfe warten müssen, nur weil Sie niemanden benachrichtigen können und keiner weiß, wo Sie sich aufhalten. Teilen Sie deshalb einem Freund oder jemandem aus Ihrer Familie mit, was Sie vorhaben und wie lange Sie in Ihrer Werkstatt zu bleiben beabsichtigen.

Augenverletzungen

Ist Ihnen ein Fremdkörper ins Auge eingedrungen, vermeiden Sie das Auge oder das Augenlid zu reiben, den Fremdkörper etwa mit einem Gegenstand oder mit Hilfe einer Augenspülung zu entfernen. Legen Sie einfach eine sterile Kompresse auf das geschlossene Auge, befestigen Sie sie mit Heftpflaster und suchen Sie sofort einen Arzt oder eine Notfallstation auf. FAHREN SIE NICHT SELBST AUTO, sondern lassen Sie sich von jemandem fahren.

Schnittwunden und Splitter

Für einen Werkstattbesitzer ist es nur eine Frage der Zeit, wann er sich einen Knöchel aufschrammt, sich an einem Stechwerkzeug schneidet, einen Splitter unter dem Fingernagel hat oder sich beim Arbeiten irgendeine andere Verletzung zuzieht. Es ist gut auf einen solchen Fall mit einem ausreichend bestückten Erste-Hilfe-Kasten vorbereitet zu sein. Der Kasten sollte Bandagen, Mullbinden, eine Schere, eine Pinzette, eine sterilisierte Nadel und eine Tube oder Flasche mit einem Antiseptikum zum Bestreichen der Wunde enthalten.

Erste-Hilfe-Kasten

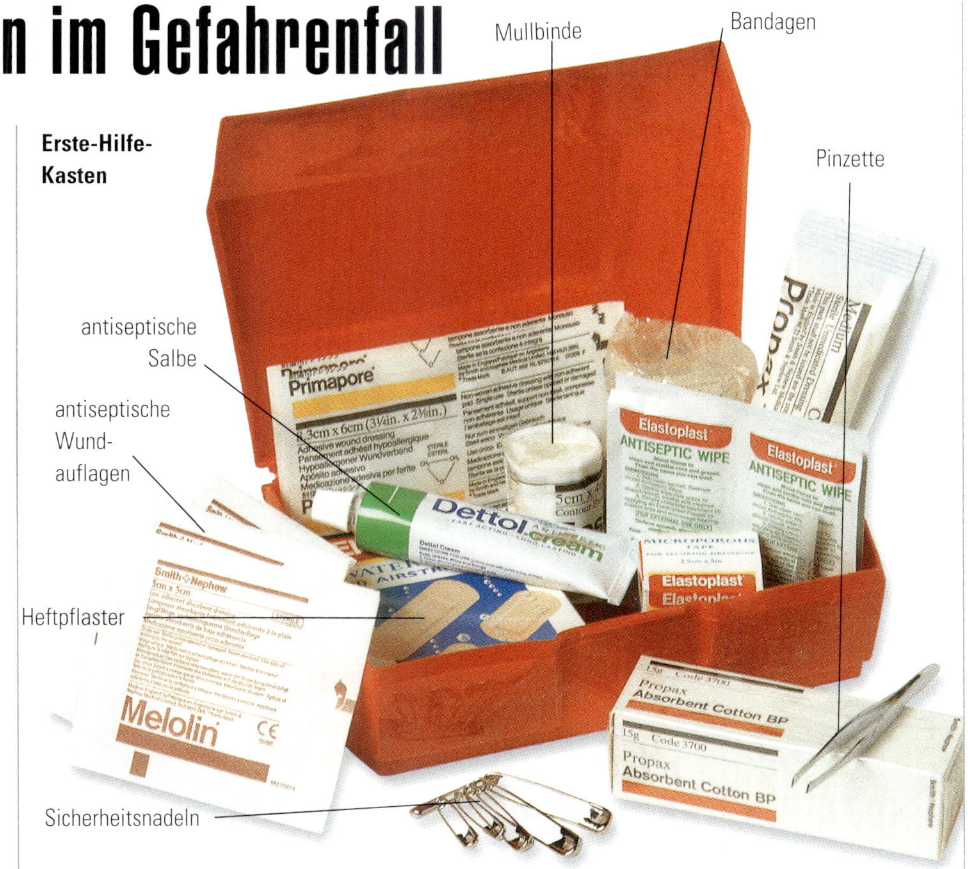

Hinweistafel zu Erste-Hilfe-Maßnahmen

Unfälle und Verletzungen sind in einer Werkstatt nichts Ungewöhnliches. Bringen Sie deshalb an einer Wand gut sichtbar eine Hinweistafel zu Erste-Hilfe-Maßnahmen an, machen Sie sich selbst mit den empfohlenen Maßnahmen vertraut und notieren Sie die Telefonnummern der nächsten Arztpraxis oder Notfallstation.

Feuerlöscher

In jeder Werkstatt muss es mindestens einen Trockenhandfeuerlöscher, einen Eimer Wasser, einen Eimer Sand und eine Brandschutzdecke geben. Schalten Sie im Gefahrenfall, wenn beispielsweise ein Eimer mit Klebmittel in Flammen aufgeht, zunächst den elektrischen Strom ab und halten Sie dann die Flammen mit Sand oder dem Feuerlöscher oder mit beiden unter Kontrolle. Gießen Sie keinesfalls Wasser auf Maschinen, die ans Stromnetz angeschlossen sind. Bringen Sie zur besseren Absicherung an mehreren Stellen in der Werkstatt Feuerlöscher an.

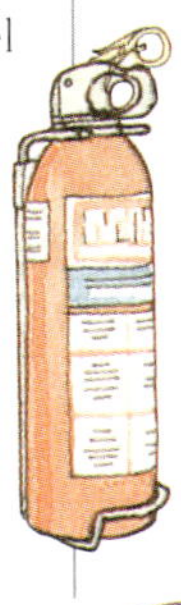

Sorgen Sie dafür, dass Ihre Feuerlöscher in Ordnung und leicht erreichbar aufgestellt sind.

Halten Sie Ihren Rauchmelder stets sauber, damit er voll funktionsfähig bleibt.

Rauchmelder

Rauchmelder gehören unbedingt in eine Werkstatt – vor allem dann, wenn Ihnen die Brandgefahr besondere Sorge bereitet. Das ist sicherlich umso mehr der Fall, wenn sich die Werkstatt direkt in Ihrem Haus befindet. Der Handel bietet rasch reagierende, sichere und preisgünstige Geräte zum Anzeigen von Rauchentwicklungen an. In eine durchschnittliche Werkstatt von der Größe einer großen Garage gehören drei Rauchmelder – einer in die Mitte des Raumes, einer möglichst weit von der Tür entfernt und einer neben die Tür.

Die Werkbank

Zu den ersten Dingen, die Sie benötigen, wenn Sie mit der Holzbearbeitung beginnen, gehört eine Werkbank. Die Bank muss robust und stabil gebaut und schwer genug sein, damit sie beim Hobeln oder Sägen nicht vibriert. Oftmals ist es auch von Nutzen, wenn man die Bank am Boden oder an der Wand verankert.

Ein wesentlicher Teil der Werkbank ist die Zange. Sie brauchen eine der nachfolgend genannten Arten: Die integrierte Zange hat hölzerne Spannbacken, die durch Drehen einer Schraubenspindel bewegt werden. Sie ist häufig an der Vorderseite der Werkbank montiert; am Ende der Bank befindet sich eine zweite.

Größer als die integrierten Zangen sind Metallschraubstöcke. Sie brauchen eine Vorrichtung mit mindestens 230 mm langen Spannbacken und einer Öffnungsweite von bis zu 305 mm, vorzugsweise mit einem Schnellspanngriff. Die Spannbacken eines solchen Schraubstockes müssen mit einem Besatz aus Hartholz versehen werden, der Ihr hölzernes Werkstück schützt.

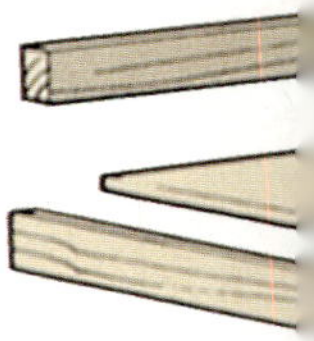

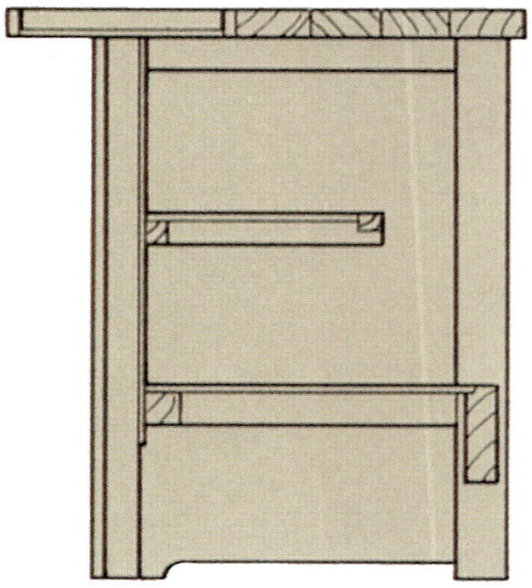

Für eine Werkbank (oben links und rechts) gibt es keine genormten Maße; die Abmessungen hängen vom verfügbaren Platz und der bevorzugten Arbeitshöhe ab.

Die Oberfläche ist mit quadratischen Zapfenlöchern für Bankhaken versehen (rechts). In die Löcher im rechten Bein der Werkbank steckt man einen Zapfen, der das hintere Ende eines langen, in die Vorderzange an der linken Seite eingespannten Holzstückes hält (oben rechts).

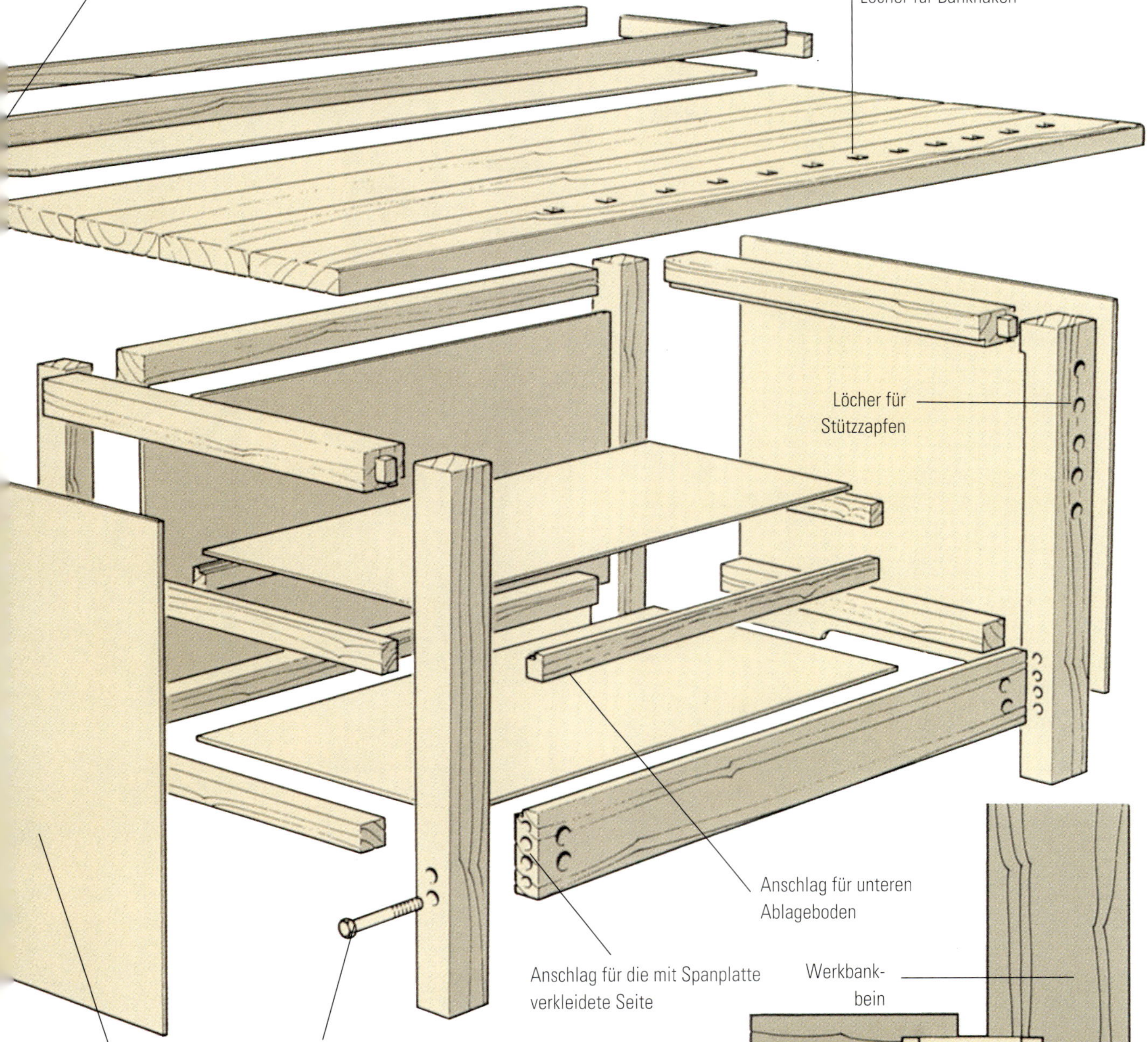
Beilade
Löcher für Bankhaken
Löcher für Stützzapfen
Anschlag für unteren Ablageboden
Anschlag für die mit Spanplatte verkleidete Seite
alle Verkleidungen und feststehenden Teile sind verschraubt
Spanplatte

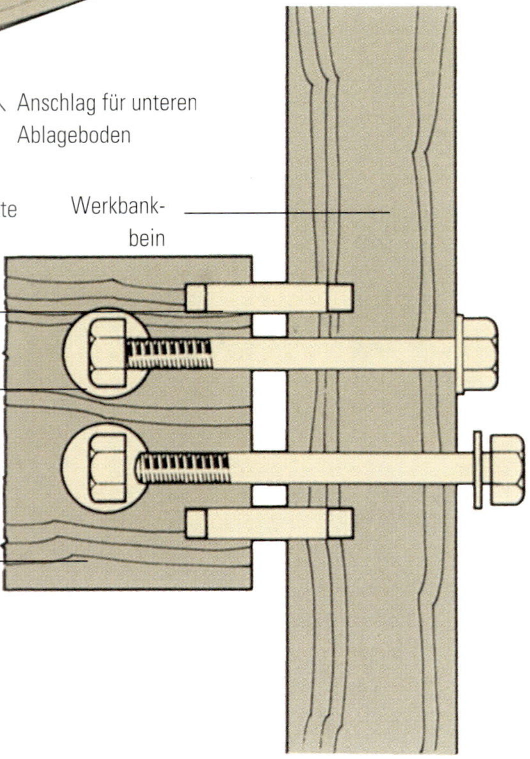
Werkbank-bein
Dübel, die ein Ver-drehen verhindern
Zugangs-löcher für Mut-tern und Zwi-schenlagen
vordere Querleiste

Transportable Klapp-Werkbank (Workmate)

Der Workmate ist ein vorzüglich konstruiertes Arbeitsmittel, das nur wenig Platz beansprucht, wenn es gerade nicht gebraucht wird, das jedoch mit seinen Spannbacken und den „Bankhaken" aus Kunststoff, kleinen Blöcken, zwischen denen das Werkstück flach auf der Werkbank liegt, ungünstig geformte Werkstücke halten oder stützen kann. Zur zusätzlichen Stabilisierung beim Hobeln stellt man einen Fuß auf die Stufe. Diese vielseitige Werkbank kann auch runde Werkstücke von großem oder kleinem Durchmesser halten. Schwere Hammerschläge verträgt sie aufgrund ihrer leichten Konstruktion allerdings nicht.

Rechts: An der hinteren Längsseite der Werkbank befindet sich die Beilade, eine Vertiefung, in der Werkzeuge abgelegt werden können. Die Ablage unter der Arbeitsplatte ist für Holzstücke und große Ausrüstungsgegenstände gedacht. Die stabile Arbeitsfläche besteht aus Buchenholz.

Oben: Ein leichter, preisgünstiger Schraubstock.

DIE WERKZEUGE

Die in diesem Kapitel vorgestellten Werkzeuge sind als Grundausstattung gedacht, mit der Sie Ihre Arbeit an den Projekten in diesem Buch beginnen können. Werkzeuge zur Holzbearbeitung sind Präzisionsinstrumente; ihr Kauf, ihre Aufbewahrung und Benutzung erfordern Sorgfalt, wenn sie lange halten sollen. Kaufen Sie stets die besten Werkzeuge, die Sie sich leisten können; man spart meistens an der falschen Stelle, wenn man sich billige Arbeitsmittel zulegt.

UNTEN: Allein die Grundausstattung kostet viel Geld, doch wenn Sie Ihre Werkzeuge sorgfältig behandeln, halten sie ein Leben lang.

Handwerkzeuge

Die meisten Geräte zur Holzbearbeitung werden von Hand geführt – die Holzarbeit selbst ist ja auch eine manuelle Tätigkeit. Werkzeuge, die nicht von einer äußeren Energiequelle, sondern von Muskelkraft betrieben werden, bezeichnet man als Handwerkzeuge. Sie bevorzugen vielleicht ein elektrisch betriebenes Werkzeug, wenn die Zeit knapp ist, doch gibt es Gelegenheiten, bei denen es schneller und effizienter mit einem Handwerkzeug vorangeht – wenn die Maschinen dafür beispielsweise erst eingerichtet werden müssen. Handwerkzeuge sind wichtig beim Messen und Anzeichnen, da diese Aufgaben kein Elektrowerkzeug (mit Ausnahme spezieller Roboter) erledigen kann.

Manche Holzbearbeiter ziehen es vor Handwerkzeuge zu benutzen und das Holz, das sie verwenden, mit ihren Händen zu fühlen.

Handwerkzeuge sind auf jeden Fall ein wesentlicher Teil der Ausrüstung eines jeden Holzbearbeiters; zu den größten Freuden dieser Handwerker gehört es sich mit der Zeit eine ganze Sammlung persönlicher Werkzeuge aufzubauen.

Ein wichtiger Teil der Ausrüstung ist der Anschlagwinkel. Man benutzt ihn zum Anreißen und zur Überprüfung rechtwinklig verlaufender Linien. Der Winkel ist in verschiedenen Größen erhältlich.

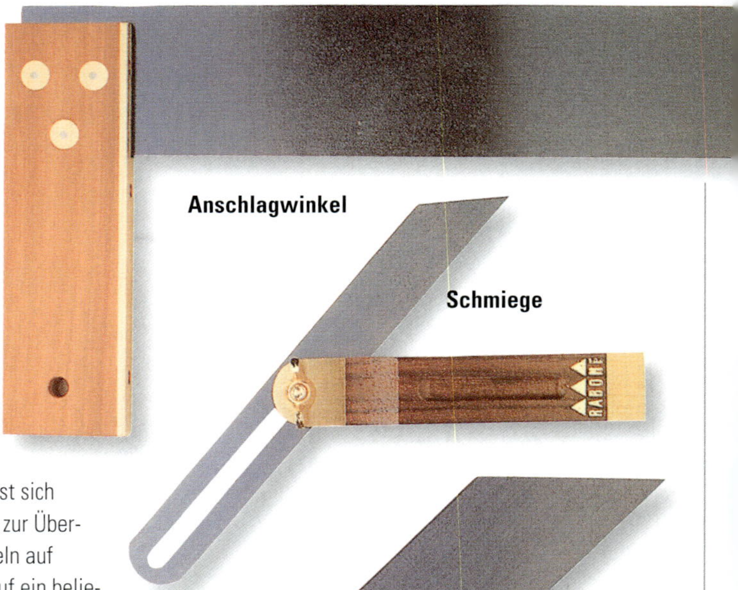

Anschlagwinkel

Schmiege

Eine Schmiege lässt sich zum Anreißen und zur Überprüfung von Winkeln auf einem Holzstück auf ein beliebiges Winkelmaß einstellen.

Gehrungsmaß

Das Gehrungsmaß mit seiner im Winkel von 45° eingestellten Zunge wird zum Anreißen und zur Winkelkontrolle benutzt.

Anreißmesser

Ein Anreißmesser, das genaueste Anreißwerkzeug, wird beim Markieren meistens an einem Lineal entlanggeführt.

Laubsägen benutzt man zum Ausschneiden von Rundungen und dekorativen Mustern. Ihr Sägeblatt kann bis zu 30 Zähne auf einen Zentimeter haben.

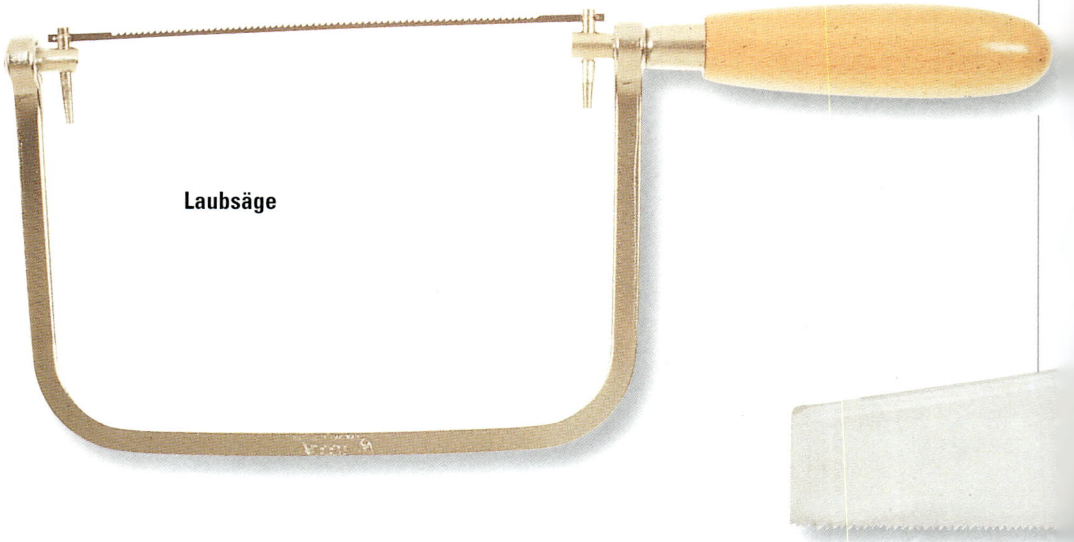

Laubsäge

Ein Streichmaß aus Buchenholz dient zum Anreißen paralleler Linien. Dabei wird der Kopf fest gegen die Kante des Werkstückes gedrückt und die Anreißspitze über dessen Oberfläche gezogen.

Streichmaß

Ein Zapfenstreichmaß besitzt eine einzelne feststehende und zwei bewegliche Anreißspitzen, die man auf die Breite eines Lochbeitels einstellen kann. Der Kopf wird mit der Feststellschraube an Ort und Stelle gehalten.

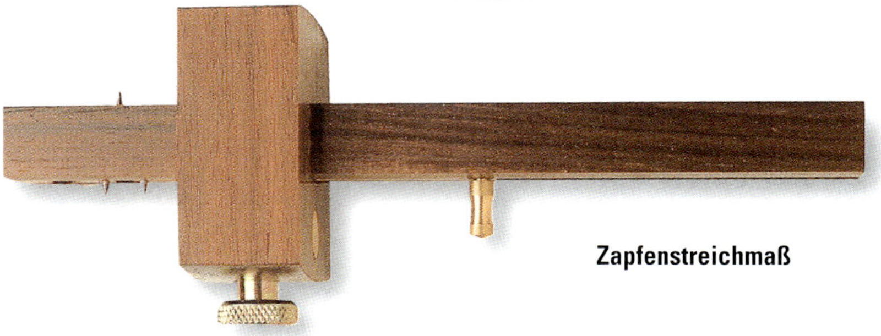

Zapfenstreichmaß

Die beste Allzwecksäge für gerade Schnitte ist die Rückensäge. Rückensägen sind in der Regel 30 cm lang und haben auf 25 mm 13 – 15 Zähne. Eine Zinkensäge (rechts) ist eine kleine Rückensäge für feinere Arbeiten. Diese Sägen sind ca. 20 cm lang und auf 25 mm mit 16 – 22 Zähnen bestückt.

Zinkensäge

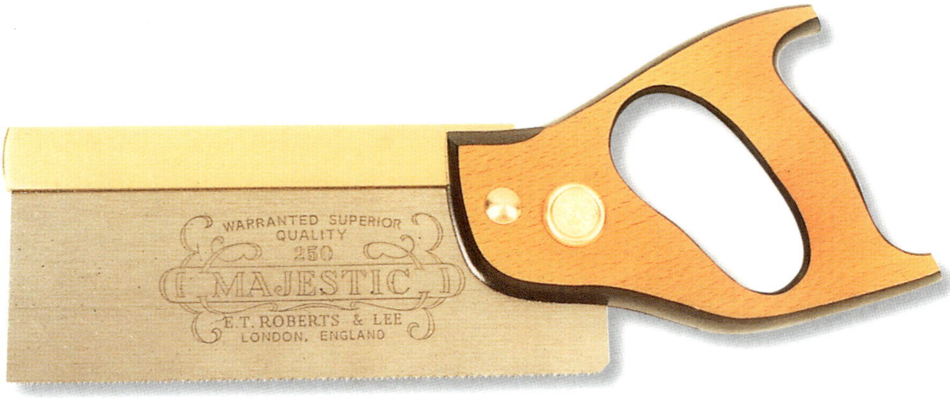

Rückensäge

Handsägen gibt es als Längs- oder Querschnittsägen oder als Allzwecksägen zum Schneiden gerader Linien längs oder quer zum Faserverlauf. Die Sägen sind ca. 660 mm lang und haben auf 25 mm 6 – 8 Zähne.

Handsäge

Tischlerstechbeitel gibt es in Größen von 3–38 mm. Sie sind leichte, vielseitige Werkzeuge, die allerdings nicht durch Schläge mit dem Holzklüpfel vorgetrieben werden sollten.

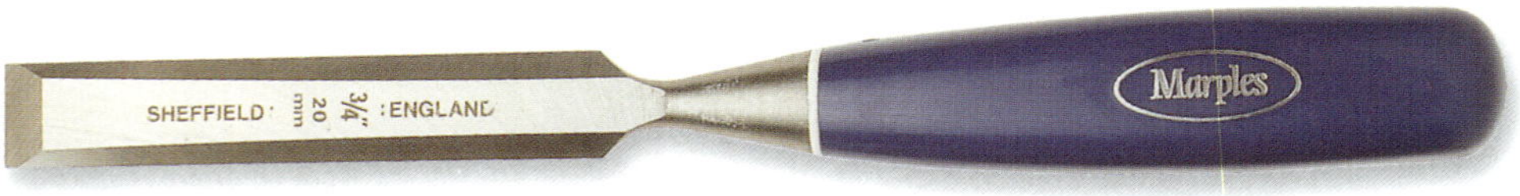

Tischlerbeitel

Stemmeisen gibt es in den gleichen Größen wie Tischlerstechbeitel, sind jedoch robuster als diese.

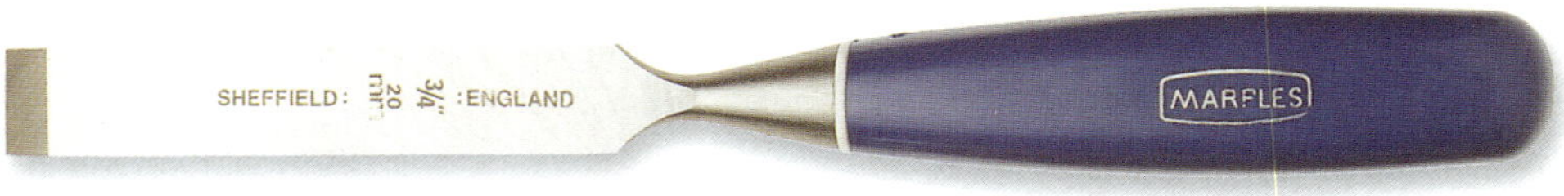

Stemmeisen

Zum Ausstechen tiefer Nuten oder Zapfenlöcher braucht man einen Lochbeitel. Dieses robuste Werkzeug ist in Größen von 3–12 mm erhältlich.

Lochbeitel

Nagelkopfversenker oder Senkstift

Klauenhammer

Tischlerhammer

Holzklüpfel

Schlagwerkzeuge braucht man für viele Zwecke. Mit einem Holzklüpfel (ganz links) beispielsweise werden Stemmwerkzeuge ins Holz getrieben. Hämmer (links) benutzt man um Verbindungen zusammenzufügen oder zu nageln. Klüpfel bestehen in der Regel aus Buchenholz, einem sehr zähen Material; Schläge mit dem Klüpfel federn mehr als mit dem Hammer, der für härtere Schläge benutzt wird. Es gibt unterschiedliche Arten von Hämmern, die sich jeweils für leichte oder schwere Arbeiten eignen.

Handbohrmaschinen

Eine Handbohrmaschine guter Qualität ist auch heute noch ein wichtiges Werkzeug für den Holzbearbeiter. Ausführliche Informationen dazu finden Sie auf den Seiten 137–144.

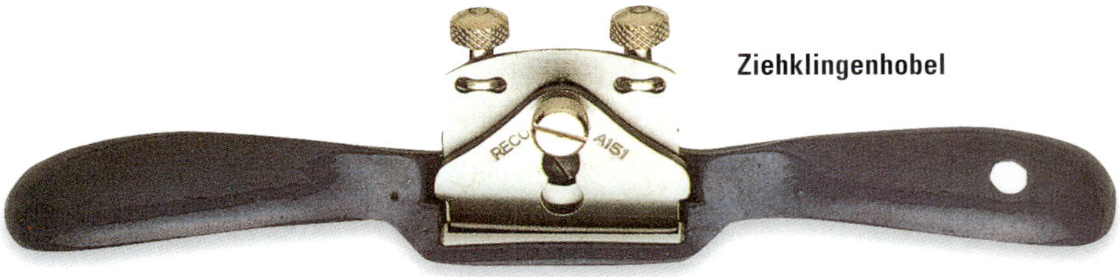

Ziehklingenhobel

Als Werkzeug für die präzise Bearbeitung von Holz ist der Ziehklingenhobel mit flacher oder gerundeter Sohle kaum zu schlagen.

Putzhobel

Der etwa 225 mm lange stählerne Putzhobel mit seiner feinen Einstellung des Hobeleisens ist ein wichtiges Werkzeug zur Endbearbeitung von Holz.

Hirnholzhobel

Der kleinere Hirnholzhobel mit dem flacher eingestellten Hobeleisen wird bei feinen Arbeiten eingesetzt.

Der Schlichthobel mit 345 – 388 mm Länge dient zum Planhobeln von Holzflächen und winkligen Bestoßen von Kanten. Durch sein zusätzliches Gewicht lässt er sich besser führen.

Schlichthobel

Schraubendreher

Handschraubendreher werden zwar zunehmend durch elektrische ersetzt, sind aber trotzdem noch immer nützliche Werkzeuge. Sie sind in verschiedenen Ausführungen und Größen – vom Schraubendreher mit flach geschliffener Spitze bis zum Pozidriv – erhältlich. Wichtig ist für jede Arbeit die richtige Spitzenbreite zu wählen. Das Werkzeug muss überdies gut in der Hand liegen. Schraubendreher mit ovalem oder knollenförmigem Griff lassen sich im Allgemeinen am einfachsten handhaben.

Bügelzwingen

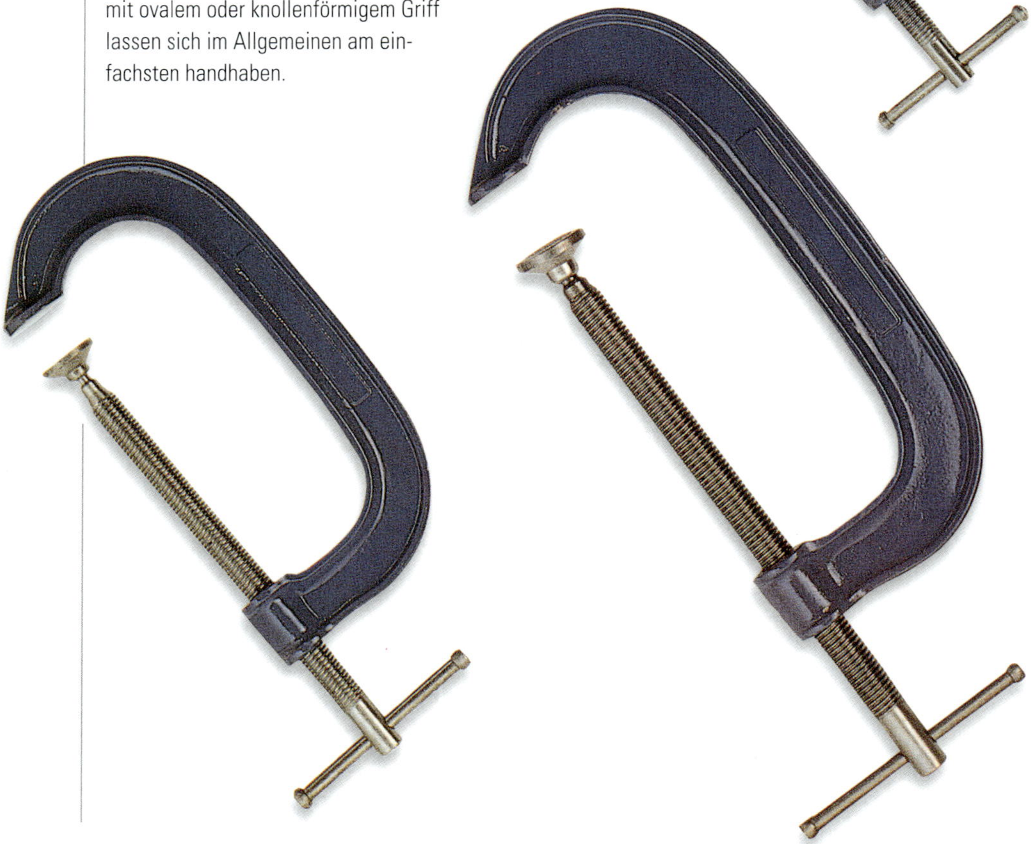

Oftmals möchte man bei einem Arbeitsgang vier Hände haben um ein Werkstück festhalten zu können. Hier hilft Ihnen ein Satz Bügelzwingen, die es in Größen von 25 – 300 mm gibt und die bemerkenswert vielseitig einsetzbar sind.

Spannknecht

Beim Spannknecht sitzen Druck- und Gleitbacken auf einer Stahlschiene, beim Rohrspanner, der nach dem gleichen Prinzip funktioniert, auf einem Stahlrohr. Sie sind in Größen von 460 mm – 1,2 m erhältlich.

Elektrowerkzeuge

Die Entwicklung von Elektrowerkzeugen hat in den letzten Jahrzehnten das Wesen der Holzbearbeitung verändert. Diese Werkzeuge nehmen solch mühsamen Arbeiten wie dem Bohren und Hobeln nicht nur den Charakter der Plackerei; die Technik bietet vielmehr auch neue Möglichkeiten der Gestaltung beispielsweise mit der Oberfräse. Die Entwicklung des Aluminiumgusses, des Formgusses für Kunststoffe und der Siliziumchip-Technologie hat das Elektrowerkzeug von der einfachen tragbaren Bohrmaschine oder dem Bohrzubehör angefangen ein gutes Stück vorangebracht. Ebenso bedeutsam sind die Verbesserung der Elektromotoren und der Schneidwerkzeuge; hartmetallbestückte Sägeblätter sind nur ein Beispiel dafür. Seit einiger Zeit kann der Holzbearbeiter auch auf eine Vielfalt bequemer und kompakter kabelloser Akku-Werkzeuge zurückgreifen.

Bohrständer mit Bohrmaschine

Eine in den Bohrständer eingesetzte elektrische Handbohrmaschine ermöglicht genaueres Bohren.

Spiralbohrer

Für allgemeine Arbeiten werden Holzbohrer verwendet, die es in Größen von 0,5 – 12 mm, mit und ohne Zentrierspitze gibt.

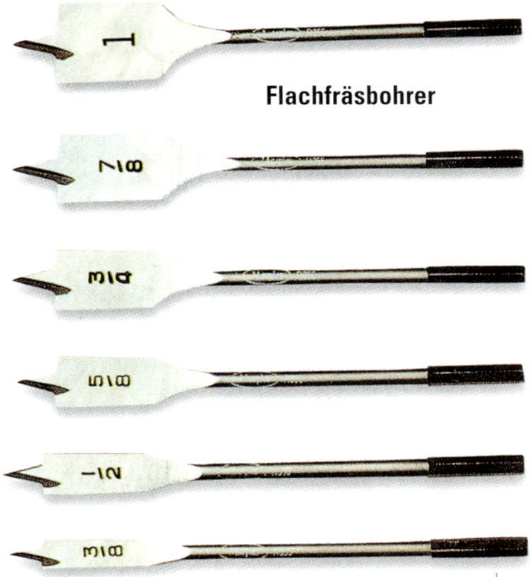

Flachfräsbohrer

Mit Flachfräsbohrern können trotz des geringeren Schaftdurchmessers von nur 6 mm auch größere Löcher gebohrt werden. Die Bohrer gibt es in Größen von 6 – 38 mm.

Die elektrische Handbohrmaschine war das erste Werkzeug, das nicht mit Muskelkraft betrieben wurde. Inzwischen gibt es wohl nur noch wenige Hobbywerkstätten, in denen man ohne dieses Arbeitsmittel auskommt. Bohrmaschinen mit Netzanschluss und mit einer Bohrfutter-Spannweite von 13 mm sollten eine Leistung von etwa 550 Watt haben. Zum Spannen des Bohrfutters wird ein gezähnter Spannfutterschlüssel oder ein Schnellspanner benutzt.

Elektrische Handbohrmaschine

Kabellose Bohrmaschine mit verschiedenen Bohrern

Die Akku-Bohrmaschine mit Schnellspann-Bohrfutter, die es für Spannungsbereiche von 3,6 – 24 Volt gibt, kann zwar nie die Leistung einer Maschine mit Netzanschluss bringen, ist in der Handhabung jedoch sicherer und bequemer.

Technische Verbesserungen haben dazu geführt, dass Akku-Ladegeräte nicht mehr 16 Stunden, sondern nur noch fünf Minuten brauchen um kabellose Elektrowerkzeuge wieder betriebsbereit zu machen. Manche Ladestationen stellen sogar den Ladezustand des Akkus fest, leeren den Akku nötigenfalls vollständig und laden ihn wieder gleichmäßig auf. Es gibt auch Ladegeräte, an die Akkus unterschiedlicher Elektrowerkzeuge angeschlossen werden können.

Elektrische Oberfräse

Die Oberfräse, eines der vielseitigsten Elektrowerkzeuge, ist im Grunde genommen ein Elektromotor mit einer scharfen rotierenden Schneide am Ende. Verschiedene Führungseinrichtungen – hier ein Parallelanschlag – erlauben das Schneiden von Nuten und Verbindungen in ein Werkstück und das Fräsen von Holz zu verschiedenen Formen. Oberfräsen sind mit einer Leistung von 400 – 2000 Watt erhältlich.

Fräsköpfe

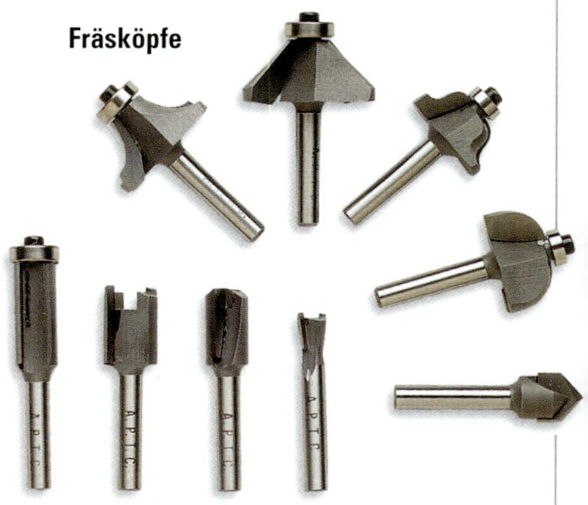

Fräser bestehen entweder aus Hochleistungsschnellstahl (HSS) oder aus länger haltbarem Hartmetall. Ihr Schaftdurchmesser beträgt 6 mm, 9 mm oder 12 mm.

Die elektrische Stichsäge ist ein vielseitiges handgeführtes Werkzeug, mit dem man gerade, gekrümmte oder gewinkelte Schnitte ausführen kann. Das Sägeblatt bewegt sich von oben nach unten; effektiver arbeitet eine Säge mit Pendelhub, bei der das Blatt bei der Vertikalbewegung zusätzlich nach vorn geschoben wird. Für die unterschiedlichen Materialarten gibt es jeweils passende Sägeblätter zu kaufen.

Stichsäge

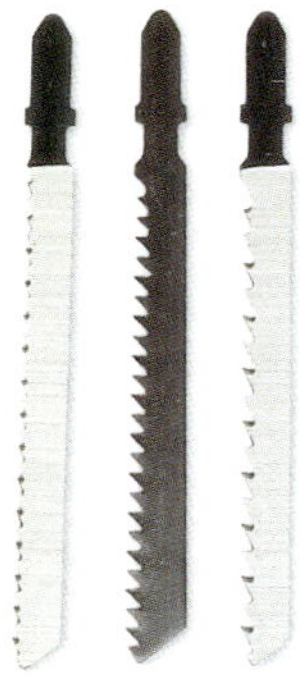

Sägeblätter für die Stichsäge

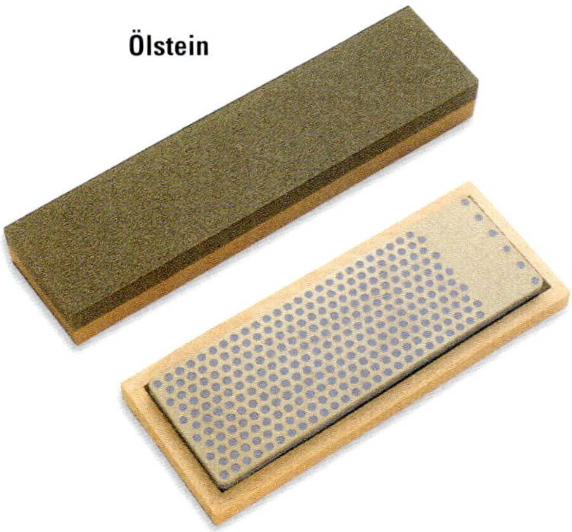

Ölstein

Der Kombinations-Ölstein (links) besitzt jeweils eine grobe und eine mittelfeine oder eine mittelfeine und eine feine Oberfläche. Der geölte Abziehstein wird zum Schärfen von Stemm- und Stechwerkzeugen und zum Glätten von Werkzeugschneiden benutzt. Die Schleiffläche des Diamantsteins besteht aus gitterartig angeordneten, in Kunststoff eingelassenen haltbaren Diamantpartikeln.

Elektrische Handkreissäge

Die elektrische Handkreissäge dient zum Schneiden von Massivholz oder Holzwerkstoffen. Für Schnitte parallel zur Werkstückkante kann ein Parallelanschlag angebracht werden. Zum Nutenfräsen lässt sich das Sägeblatt auf unterschiedliche Schnitttiefen einstellen. Für Winkelschnitte längs und quer zur Faser wird die Grundplatte schräg gestellt. Sägeblätter gibt es mit einem Durchmesser von 130 – 225 mm.

Exzenterschleifer

Der Exzenterschleifer ist mit einer selbsthaftenden Schleifscheibe ausgerüstet, die exzentrische Kreisbewegungen ausführt und daher keine Schleifspuren hinterlässt. Dieser Schleifer eignet sich zum Bearbeiten ebener und gerundeter Werkstücke.

Schwingschleifer

Für den Schwingschleifer verwendet man je nach Größe der Schleifplatte Schleifpapier, dessen Größe nur die Hälfte oder ein Drittel der handelsüblichen Bogen beträgt. Das Schleifpapier wird auf die gepolsterte Schleifplatte gespannt. Die Platte bewegt sich elliptisch. Drücken Sie das Gerät beim Schleifen nicht auf das Werkstück, sondern lassen Sie sein eigenes Gewicht wirken.

Einen Bandschleifer benutzt man für Hochleistungs-Schleifarbeiten. Bandschleifer arbeiten mit 75 mm oder 100 mm breiten Endlos-Schleifbändern.

Bandschleifer

Lamellofräsmaschine

Mit der Lamellofräsmaschine werden für die vielseitig anwendbare Verbindung mit Lamellofedern Nutschlitze in Massivholz oder Holzwerkstoffplatten gefräst. Das Gerät arbeitet mit einem kleinen Kreissägeblatt, das zum Ausfräsen elliptischer Vertiefungen in das Werkstück abgesenkt oder „eingetaucht" wird. In die Vertiefungen werden dann Lamellos aus gepresstem Holz eingeklebt.

INSTANDHALTUNG DER WERKZEUGE

Das Schärfen der Säge geht in drei aufeinander folgenden Arbeitsschritten vor sich: Abrichten des Sägeblattes, Formfeilen der Sägezähne, Schränken der Sägezähne.

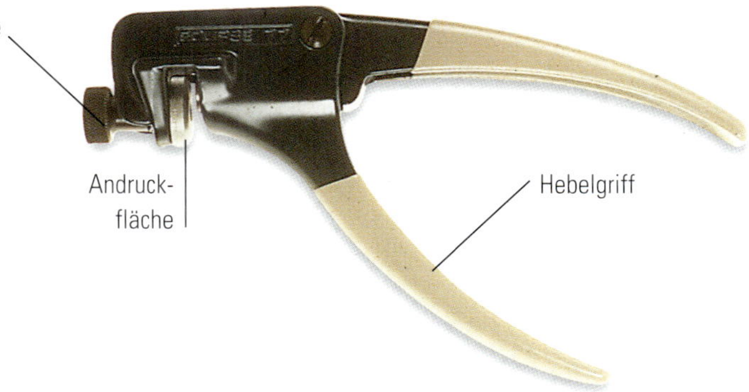

Schränkzange, mit der die Sägezähne problemlos im richtigen Winkel gebogen werden.

Das Schärfen einer Säge

1 Beim Abrichten werden die Sägezähne auf gleiche Höhe gefeilt. Klemmen Sie das Sägeblatt zwischen zwei Holzstücke, die in die Zange Ihrer Werkbank eingespannt sind, und bringen Sie mit einer Flachfeile alle Zähne auf gleiche Höhe. Zum Abrichten des Sägeblattes brauchen Sie nur einige wenige Feilenstriche.

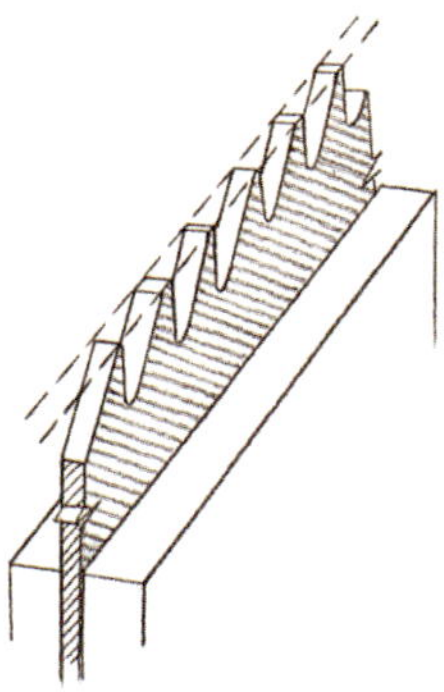

Abrichten einer Längsschnittsäge

2 Durch das Formfeilen erhalten alle Sägezähne den richtigen Anschräg- oder Schneidewinkel. Zum Formfeilen benutzt man eine 60°-Dreikantfeile. Der Feilwinkel, d. h. der Winkel, in dem die Feile beim Schärfen zum Sägeblatt gehalten wird, hängt von der Art der zu schärfenden Säge ab. Längsschnittsägen werden im Winkel von 90° gefeilt; die Feile wird also rechtwinklig zum Sägeblatt gehalten. Eine Querschnittzahnung wird im Winkel von ca. 45° gefeilt. Feilen Sie, an der Spitze des Blattes mit dem ersten von Ihnen weggebogenen Zahn beginnend, zunächst nur jeden zweiten Sägezahn zurecht. Haben Sie das Ende des Sägeblattes erreicht, drehen Sie das Blatt um und bearbeiten dann die restlichen Zähne. Bei Querschnittsägen ist die Zahnbrust jeweils um etwa 12° nach hinten abgeschrägt.

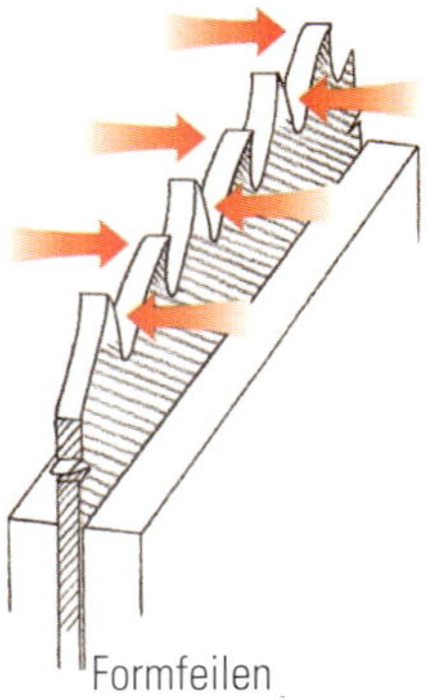

Formfeilen einer Längsschnittsäge

3 Beim Schränken biegt man die Sägezähne um ein bestimmtes Maß abwechselnd nach links und rechts, damit der Sägeschnitt verbreitert wird und das Sägeblatt in der Schnittfuge frei beweglich ist. Das Schränken führt man am besten mit einer Schränkzange aus. Die geöffneten Backen der Zange werden auf den Zahn gesetzt und die Hebelgriffe zusammengedrückt. Dabei wird der Zahn in einem bestimmten Winkel aus der Sägeblattebene herausgedrückt. Benutzen Sie zum Sägen frischen Holzes ein Sägeblatt mit großer Schränkung, für gut getrocknetes Hartholz ein Blatt mit kleiner Schrankweite.

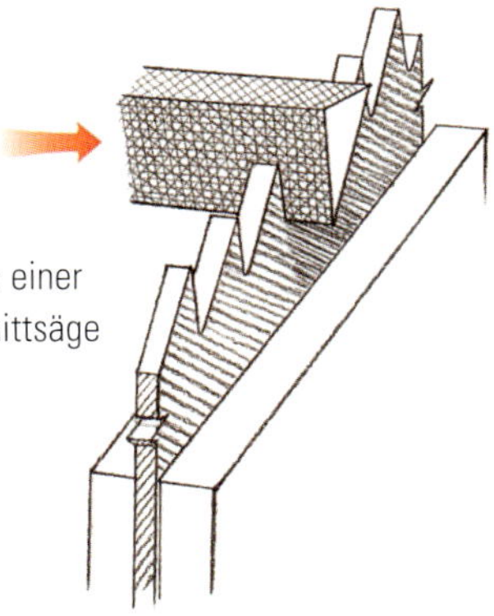

Schränken einer Längsschnittsäge

Das Schärfen von Stemm- und Stechwerkzeugen

Das Entfernen von Kerben

Weist die Schneide eines Stemm- oder Stechwerkzeuges Kerben auf, muss sie plan geschliffen werden. Kleine Scharten lassen sich in der Regel mit einer Feile oder einem groben Abziehstein ausbessern, bei tiefer gehenden Beschädigungen dagegen muss man die Schneide an der Schleifscheibe erneuern. Das Schleifen an der Scheibe erfolgt in drei Arbeitsschritten – dem Planschleifen zur Entfernung der Kerben, dem Abziehen der Spiegelseite (Rückseite der Klinge) und dem Anschleifen der ersten Fase. Richten Sie zum Planschleifen der Vorderkante die Werkzeugauflage so ein, dass sie horizontal (im Winkel von 180°) zur Oberfläche der Schleifscheibe liegt. Legen Sie die Werkzeugklinge mit der Fase zuoberst auf die Auflage und schleifen Sie sie. Bewegen Sie dabei das Werkzeug seitlich hin und her, bis die Vorderkante auf die Tiefe der größten Kerbe zurückgeschliffen ist. Legen Sie die Klinge danach wieder mit der Fase zuoberst flach auf einen Abziehstein und ziehen Sie die Spiegelseite mit einigen kreisförmigen Bewegungen ab. Arretieren Sie die Werkzeugauflage schließlich in einem Winkel von etwa 25° zur Schleifscheibe, legen Sie die Klinge mit der Fase flach gegen die Scheibe und schleifen Sie die Schneide gerade so viel, dass der Fasewinkel entsteht. Bewegen Sie das Werkzeug beim Schleifen wieder hin und her. Benutzen Sie einen Schleifbock, achten Sie darauf, dass Sie nicht zu viel Metall abschleifen und dass sich der Stahl nicht überhitzt. Tragen Sie dabei eine Schutzbrille.

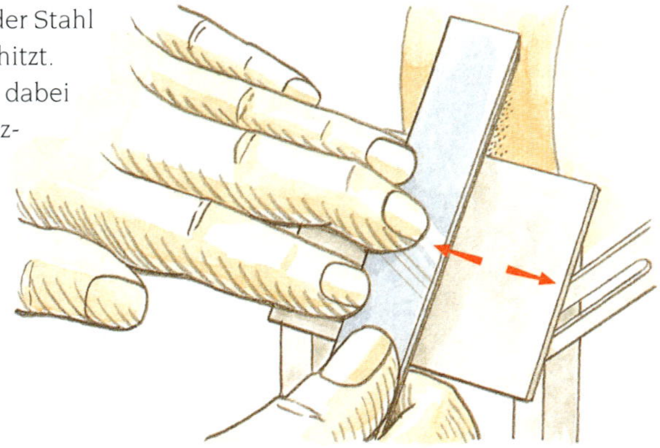

Legen Sie die Fasenseite der Klinge auf den Stein und bewegen Sie die Klinge hin und her. Achten Sie darauf, dass der Stahl beim Schleifen nicht überhitzt wird.

Das Abziehen mit der Abziehlehre

Nach dem Schleifen auf dem Stein wird die Fase zum Polieren auf einem Abziehstein abgezogen. Zählen Sie sich zu den Anfängern, sollten Sie für diese Arbeit eine Abziehlehre benutzen. Legen Sie die Klinge mit der Fase nach unten in das breitenverstellbare Bett ein, stellen Sie den Winkel ein, bei dem die Fase flach auf dem Stein aufliegt. Beträufeln Sie den Stein mit etwas dünnflüssigem Maschinenöl und schieben Sie die Klinge dann auf dem Stein vor und zurück. Mit einiger Erfahrung kann man auf die Abziehlehre auch verzichten. Manche Holzwerker vertreten die Auffassung, dass sich die Koordination von Auge und Hand ohne diese Hilfe besser entwickelt.

Halten Sie die Abziehlehre fest und gerade, damit die Werkzeugschneide mit gleichmäßigen, kontrollierten Bewegungen über den Stein geführt wird.

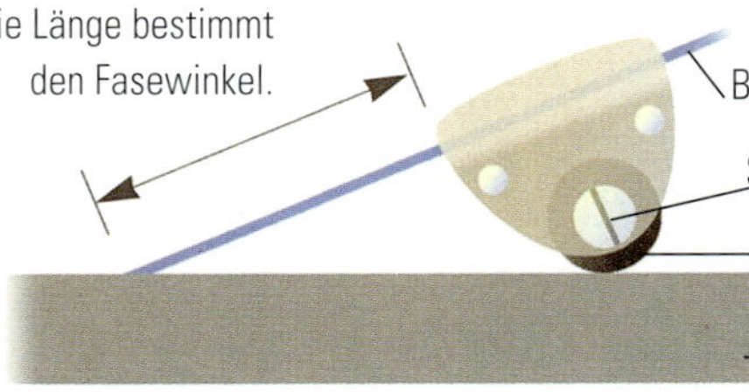

Oben: Seitenansicht einer Abziehlehre. Mit Hilfe dieser Lehre erzielt man eine gerade, ebene Kante. Lesen Sie in der Gebrauchsanleitung nach, wie weit die Werkzeugklinge zum Anschleifen des richtigen Fasewinkels aus der Abziehlehre herausstehen muss.

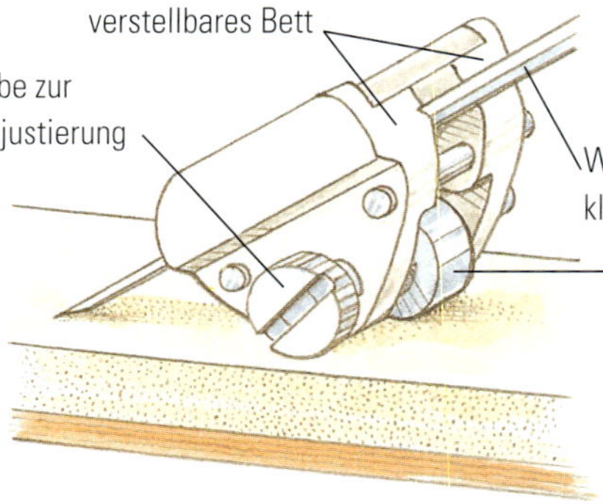

Legen Sie die Werkzeugklinge mit der Fase nach unten in die Lehre ein, ziehen Sie die Stellschraube leicht an, damit die Klinge festsitzt, stellen Sie die Lehre auf den richtigen Winkel zwischen Abziehstein und Schneide fein ein und ziehen Sie die Schraube dann fest an.

Das Abziehen auf dem Diamantstein

Viele Holzbearbeiter empfehlen zum Schärfen den Diamantstein. Die Hersteller behaupten, dass diese Steine bis zu 95% schneller schärfen als die herkömmlichen Öl- oder Wassersteine. Diamantsteine gibt es mit extra groben bis extra feinen Partikeln; sie können für alle Schärfarbeiten vom Schleifen bis zum feinen Abziehen benutzt werden.

Künstlicher Kombinations-Ölstein

Die blaue Farbe des Diamantsteins zeigt an, dass es sich um einen Stein mit feinen Partikeln handelt.

1 Nicht wenige Holzwerker vertreten die Auffassung, dass für das richtige Schärfen eines Beitels das Abziehen der Klingenrückseite – nach dem Schleifen der Werkzeugschneide und vor dem Abziehen der ersten Fase – wesentlich ist. Es soll die Spiegelseite glätten und alle Spuren des Schleifgrates entfernen. Ideal dafür ist ein Diamantstein, denn diese Steine sind außergewöhnlich eben.

2 Legen Sie den Beitel flach auf den Stein, drücken Sie ihn mit den Fingerspitzen an und führen Sie ihn kreisförmig über den Stein. Bei richtigem Druck und exakter Haltung genügen einige Bewegungen (oben).

3 Nach dem Anschleifen der ersten Fase ist das viel gescholtene Abziehen der zweiten Fase an der Reihe. Ich sage gescholten, weil dieser Arbeitsschritt verschiedentlich als Zeitvergeudung, als wenig Erfolg versprechend und heikel beschrieben wird. Besprenkeln Sie den Stein mit einigen Tropfen Wasser, setzen Sie die Beitelklinge mit der Fase nach unten so auf den Diamantstein, dass die gesamte Fase auf dem Stein aufliegt. Heben Sie den Beitelgriff leicht an, so dass vor der Klinge eine Wasserperle erscheint. Ziehen Sie die Klinge nun mit einer vorsichtigen Bewegung auf sich zu. Wenn Sie die Klinge dann gegen das Licht halten, ist entlang der Schneide eine zweite Fase als dünne helle Linie zu sehen (links).

Tipp

Neue Stemm- und Stechwerkzeuge erscheinen an der Spiegelseite glatt, wenn man sie aus der Verpackung nimmt, doch die meisten weisen auf dem Stahl diagonal verlaufende Spuren auf, die von der maschinellen Bearbeitung herrühren. Ziehen Sie die Klingenrückseite über einen Diamantstein oder über ein Stück feines Schleifpapier, das über ein Stück dickes Glas gespannt ist, damit es eine wirklich ebene Oberfläche ergibt. Wenn Sie ein Bandmaß im Winkel von etwa 90° an die abgezogene Fläche halten, müssen Sie die Zahlen erkennen, die von dem polierten Stahl reflektiert werden.

Die Instandhaltung der Hobel

Das Zerlegen eines Hobels

Der für die Holzbearbeitung ganz wesentliche Bankhobel gehört zu den Werkzeugen, die in der Werkstatt am stärksten beansprucht werden und entsprechend gepflegt werden müssen. Seine ordnungsgemäße Funktionstüchtigkeit hängt nicht allein von der Schärfe des Hobeleisens, sondern von der Einstellung sämtlicher Teile ab. Beim Einstellen müssen die einzelnen Bestandteile richtig und ausgewogen aufeinander abgestimmt werden.

Zerlegen Sie den Hobel zunächst in seine Bestandteile.

1 Heben Sie den Spannhebel an und ziehen Sie die Messerklappe nach hinten heraus. Ziehen Sie die Klappe und das Hobeleisen nach oben in Richtung Griff und lockern Sie es nach vorn und oben, damit die Feststellschraube freigegeben wird.

2 Lockern Sie die Klappenschraube und trennen Sie die Klappe und das Hobeleisen voneinander, indem Sie die Klappe drehen, damit sie rechtwinklig zum Hobeleisen liegt. Schieben Sie die Klappe so weit in Richtung Schneide, dass der Schraubenkopf durch das Loch im Hobeleisen passt.

3 Lösen und entfernen Sie die Schraube an der Rückseite der Messerplatte sowie die beiden Schrauben an der Vorderseite und heben Sie die Messerplatte (Frosch) ab.

4 Drehen Sie die Schraube zur Einstellung des Hobeleisens, so dass das Eisen den Y-förmigen Stellhebel freigibt.

5 Lösen und nehmen Sie schließlich die Schraube, die den vorderen Griffknopf mit der Hobelsohle verbindet, sowie die beiden Schrauben, die den hinteren Griff am Sohlenende halten, ab.

Das Läppen des Eisens und der Klappe

Als Läppen bezeichnet man das Glätten, das Entfernen von Rost und das Abziehen von Hartmetallwerkzeugen. Es wird auf einem Läppbrett, d.h. auf einer Platte aus ebenem Material – z. B. auf einem Brett oder einer Glasscheibe – ausgeführt, auf das ein Bogen feines Schleifpapier mit der Schleifseite nach oben aufgebracht ist. Als Schleifmittel gut geeignet sind Siliciumkarbid, Granat oder Aluminiumoxid. Ich befestige das Schleifpapier meistens mit doppelseitig klebendem Band. Befestigen Sie das Schleifpapier auf einer Glasscheibe, legen Sie unter das Glas ein Brett, damit die Scheibe nicht bricht.

1 Beträufeln Sie das Läppbrett mit einigen Tropfen Öl, legen Sie darauf die Klappe mit der Oberseite nach oben und läppen Sie die unterseitige Kante an der Unterseite, so dass sie eine vollkommen glatte Oberfläche erhält. Die Kante muss plan sein, damit sie lückenlos auf dem Hobeleisen aufliegt und keine Späne zwischen Klappe und Eisen gelangen.

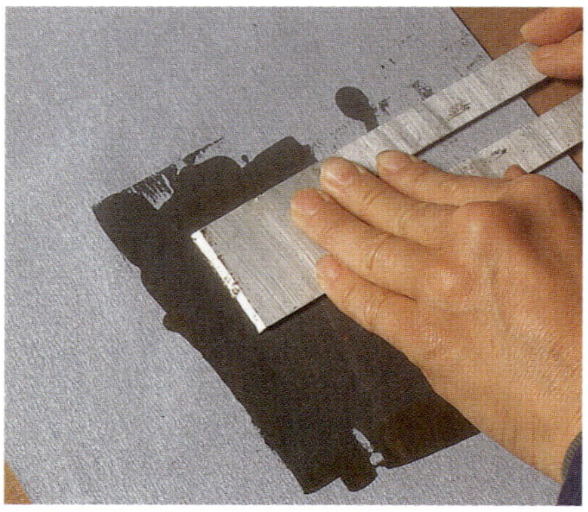

2 Läppen Sie beide Seiten des Hobeleisens, bis das Metall frei von Unebenheiten und glatt poliert ist. Drücken Sie das Eisen während des gesamten Arbeitsganges flach auf das Läppbrett.

Das Läppen der Hobelsohle

Nicht nur das Hobeleisen, sondern auch der Hobelkörper selbst muss geläppt werden, damit seine Sohle eben und glatt ist. Messerplatte, Griffknopf und hinterer Handgriff sollten dabei am Hobelkörper befestigt sein. Entfernen Sie mit einem Bausch feiner Stahlwolle und Lösungsbenzin sämtliche Rost- und Harzspuren von der Sohle. Färben Sie die Sohle und die Seiten des Hobels zur Kontrolle mit Filzstift ein. Geben Sie einige Tropfen Leichtöl auf das Läppbrett und ziehen Sie die Hobelsohle darauf vor und zurück. Fahren Sie damit fort, bis keine Farbe mehr zu sehen ist und die ganze Sohle glänzt. Wiederholen Sie den Vorgang mit den Hobelseiten.

Das Säubern der Messerplatte

Entfernen Sie zunächst mit einem Pinsel Staub und Holzreste aus den Ecken und Ritzen der Messerplatte. Achten Sie dabei vor allem auf die Stelle hinter dem Seiteneinstellhebel. Ölen Sie diesen Hebel sowie den Y-förmigen Hebel zur Tiefeneinstellung des Eisens leicht, damit beide leicht beweglich sind. Setzen Sie die Messerplatte so an ihren Platz zurück, dass sie ganz kurz hinter dem Hobelmaul beginnt, und ziehen Sie die drei Schrauben an. Setzen Sie die Einstellschraube für das Hobeleisen ein; sie muss in den Y-förmigen Hebel passen. Achten Sie darauf, dass die Vorderkante der Messerplatte bündig im Hobelmaul liegt.

Lässt sich der Hebel für die Seiteneinstellung nicht mehr bewegen, wird er wahrscheinlich von einem Gemisch aus Holzstaub und Öl blockiert, das sich zwischen Hebel und Messerplatte festgesetzt hat. Säubern Sie die Stelle mit einem kleinen Pinsel.

Das Abziehen des Hobeleisens

Das Hobeleisen hat genau wie ein Beitel zwei Fasen – die erste Fase oder den Keilwinkel und die zweite Fase oder den Abziehwinkel. Das Abziehen des Hobeleisens erfolgt auf ungefähr die gleiche Weise wie beim Beitel.

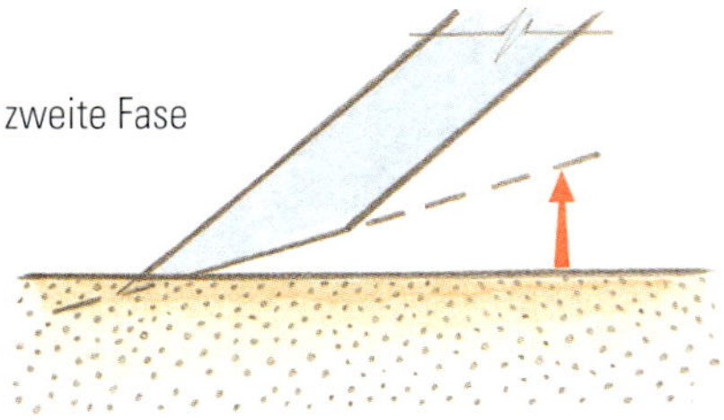

Die zweite Fase wird abgezogen, indem man das Eisen mit der ersten Fase flach auf den Abziehstein legt, die Klinge leicht anhebt und nur die Vorderkante der Fase abzieht.

1 Ziehen Sie zunächst die erste Fase auf einen Winkel von etwa 25° ab und heben Sie das Eisen dann in einem Winkel an, der nur etwas größer als der Keilwinkel ist, und ziehen Sie die zweite Fase ab. Benutzen Sie eine Abziehlehre, wenn Sie bei der Einhaltung der Winkel ganz sicher gehen wollen.

2 Setzen Sie den Hobel wieder zusammen und stellen Sie die Tiefenstellschraube für das Eisen ein. Schieben Sie den Hebel zur seitlichen Einstellung nach links oder rechts, damit die Schneide des Eisens schließlich parallel zum Hobelmaul liegt.

Das Schärfen einer Ziehklinge

Das Wichtige an einer Ziehklinge ist nicht die Art und Weise wie man sie benutzt – das lernt sich leicht durch die empirische Methode –, sondern wie sie geschärft wird. Die Ziehklinge schneidet mit einem winzigen Grat an der Klingenkante. Wird der Grat durch den Gebrauch des Werkzeugs abgerundet, schneidet die Ziehklinge nicht mehr richtig. Um die Klinge wieder zu schärfen, spannen Sie sie in den Schraubstock und feilen die Längskanten rechtwinklig ab. Setzen Sie die Ziehklinge dann mit der Kante rechtwinklig auf den Abziehstein und führen Sie sie in geradliniger Bewegung vor und zurück, bis die gefeilte Kante gerade, glatt und sauber ist. Legen Sie die Ziehklinge nun mit der flachen Seite auf den Stein und entfernen Sie den leichten Grat, der zuvor an der Klinge entstanden ist. Spannen Sie die Ziehklinge zuletzt mit der Schneidkante nach oben in den Schraubstock ein und fahren Sie mit dem Ziehklingenstahl oder mit dem gerundeten Teil eines anderen Werkzeuges aus gehärtetem Material wie z. B. mit dem Rücken einer Hohlbeitelklinge einige Male schräg erst an der einen, dann an der anderen Längskante entlang um den Grat auszubilden. Haben Sie die Ziehklinge richtig geschärft, ist die Schneidkante an den Ecken nach oben gebogen.

1 Feilen Sie zunächst die eine, dann die andere Längskante der Ziehklinge mit der Flachfeile rechtwinklig und sauber ab.

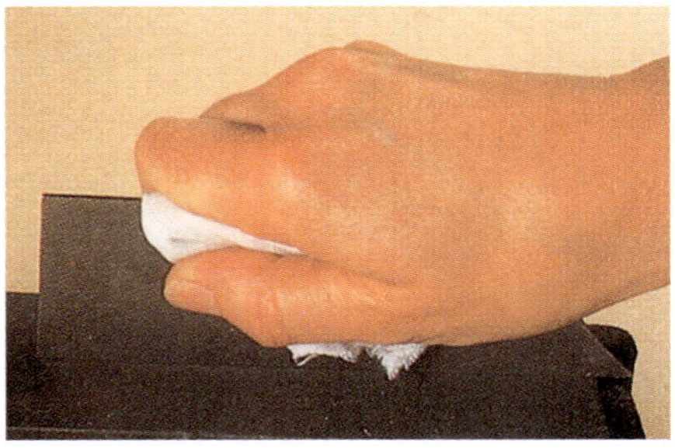

2 Ziehen Sie die gefeilte Kante auf einem Abziehstein mit mittelfeiner Körnung ab, damit eine glatte Kante entsteht. Halten Sie die Ziehklinge dabei mit einem Stück Stoff fest, damit Sie sich nicht verletzen.

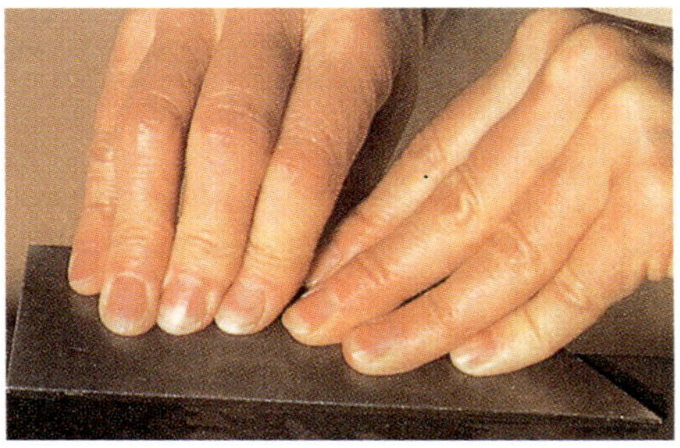

3 Entfernen Sie den kleinen Grat.

4 Fahren Sie mit dem runden Teil eines Werkzeuges aus gehärtetem Material oder mit dem Ziehklingenstahl erst an einer, dann an der anderen Seite der Kante entlang um den Grat auszubilden.

5 Mit einer gut geschärften Ziehklinge kann man die besten Oberflächen erzielen, die viel glatter als gehobelte oder geschliffene Flächen sind.

Die Oberfräse

Die tägliche Reinigung

Die Oberfräse verschmutzt schnell, da in den Luftansaugstutzen und in die Federung Holzstaub gelangt, da sich an der Sohle und den Säulen Harz absetzt usw. Schon ein wenig Staub und Schmutz kann die ordnungsgemäße Funktion eines so empfindlichen Werkzeuges beeinträchtigen. Säubern Sie die Oberfräse also routinemäßig von jeglichem Staub und Schmutz, so wie Sie vielleicht Ihr Auto nach einer längeren Ausfahrt aufräumen und putzen. Entfernen Sie zunächst die groben Verschmutzungen gründlich mit dem Staubsauger. Nehmen Sie sich dann die Zeit alle kleinen Ecken und Ritzen mit einem Pinsel vom Staub zu befreien. Polieren Sie die Säulen und sorgen Sie stets dafür, dass alle blanken Teile glänzen. Besprühen Sie die verschiedenen beweglichen Teile nach der Reinigung mit etwas Leichtöl und reiben Sie das ganze Werkzeug mit einem fusselfreien Tuch ab.

Entfernen Sie Staub und Harzansammlungen gründlich und polieren Sie die blanken Teile.

Sprühen Sie etwas Leichtöl auf die aufeinander liegenden Flächen, damit sich die verschiedenen Teile reibungslos bewegen können.

Verwenden Sie zum Entfernen von Harzspuren KEINE SCHLEIFMITTEL, sondern nur milde Lösungsmittel.

Kontrolle der Spannzange

Die Spannzange der Oberfräse muss in regelmäßigen Abständen auseinander genommen, sorgfältig geprüft und wieder zusammengebaut werden. Diese Mühe ist erforderlich, da Sie eventuell vorhandene Risse nicht ohne weiteres erkennen können. Eine defekte Spannzange birgt ein hohes Unfallrisiko. Seien Sie stets übervorsichtig und tauschen Sie die Teile aus, die Ihnen verdächtig vorkommen.

Eine verdächtig aussehende Spannzange muss sofort ausgetauscht werden.

Prüfung auf Harz- und Schmutzablagerungen

Achten Sie stets darauf, dass Ihre Fräsköpfe in Ordnung sind und keine Harzablagerungen aufweisen. Harz ist eine klebrige Substanz, die manche Hölzer absondern. Setzt sich diese Substanz an den Fräsköpfen fest, bildet sie einen schwarzen glasurartigen Belag, der zum Überhitzen des Fräskopfes führt. Ist dieser Fall einmal eingetreten, ergibt sich daraus eine ganze Kette von Problemen – der Schaft lässt sich nur schwer in die Spannzange einsetzen, der Fräskopf neigt dazu aus der Bahn zu laufen, der Harzbelag versengt das Holz beim Fräsen usw. Hier kann schnell Abhilfe geschaffen werden, wenn Sie das Harz mit einem Herdreiniger entfernen. Tragen Sie auf den sauberen Fräskopf einen Schutzfilm aus leichtem Maschinenöl auf. ACHTUNG: Verwenden Sie zum Reinigen des Schafts oder der Klemmhülse niemals ein Schleifmittel.

Das Schärfen

Stellen Sie bei genauerem Hinsehen fest, dass die Schneidkante des Fräskopfes stumpf ist – vielleicht weil Sie damit einen Holzwerkstoff bearbeitet haben, der stumpfend wirkenden Kunstharzleim enthält –, können Sie die Schneidkanten durch vorsichtiges Abziehen leicht anschleifen. Die Betonung liegt hier auf „leicht". Stellen Sie zunächst fest, ob Ihr Fräskopf aus Hochleistungsschnellstahl oder aus Hartmetall besteht. Handelt es sich um einen Hartmetallbohrer, nehmen Sie einen kleinen Diamantstein und streichen damit der Reihe nach über alle Schneidkanten des Fräskopfes. Zum Schärfen eines HSS-Fräskopfes dient ebenfalls ein kleiner Diamantstein, der hier allerdings viel vorsichtiger benutzt werden muss. Kommen Sie nicht an die anderen Teile und achten Sie darauf, dass alle Schneidkanten gleichmäßig abgezogen sind. Wenn Sie beim Arbeiten an der Oberfräse trotz aller Vorsicht feststellen, dass der Fräskopf aus der Bahn läuft oder Schwingungen erzeugt, lassen Sie ihn im Interesse Ihrer Sicherheit von einem Fachmann schärfen.

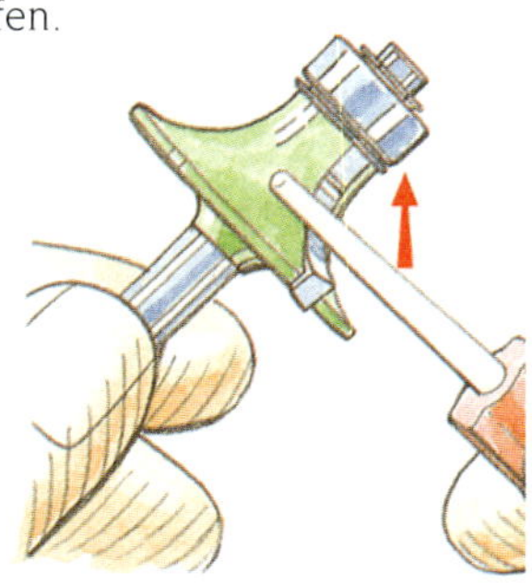

Ziehen Sie die Schneidkanten ab, bis die Flächen glänzen. Behandeln Sie beim Abziehen stets beide Kanten.

GRUNDTECHNIKEN

ENTWURF, SKIZZE UND MONTAGE

Der Messstock

Ein Messstock (Ablängstab) ist ein sauberes Stück Holz, auf das alle Abmessungen und Einzelheiten im Maßstab 1:1 abgetragen werden, die zum Entwurf für ein Möbelstück gehören. Diese Methode reicht bis in die Zeit zurück, als die Benutzung von Papier als Beschreibstoff noch nichts Alltägliches war und die Möbeltischler das Lesen und Schreiben vielleicht kaum oder gar nicht beherrschten. Auch heute noch benutzen Schreiner, Stuhlmacher und Zimmerleute Messstöcke zum Übertragen von Maßen. Der Stab wird entweder nach einer Konstruktionszeichnung oder direkt nach einem zu kopierenden Möbelstück markiert und beschriftet.

Das Arbeiten mit Messstöcken

Der Vorteil von Messstöcken besteht darin, dass die Herstellung eines Gegenstandes auch ohne Abmessen und Rechnen funktioniert. Ein Beispiel soll das verdeutlichen: Sie möchten eine im Museum stehende Aussteuertruhe nachbauen. Alles, was Sie zu tun haben, ist die Truhe zu skizzieren, dann (nachdem Sie den Museumsdirektor um Erlaubnis gebeten haben) Ihre Messstöcke an das Möbel zu halten und darauf die verschiedenen Breiten und Höhen mit Bleistift zu übertragen. Am besten nehmen Sie dafür drei Messstöcke – einen für die Höhe, einen für die Breite der Vorderseite und einen für die Tiefe. Ist die Truhe mit ungewöhnlichen Verbindungen oder ausgefallenen Details o. ä. versehen, wird all das natürlich auf den Messstock geschrieben. Notieren Sie sich alle notwendigen Einzelheiten und Anmerkungen. Sind Sie wieder in der Werkstatt, legen Sie die Messstöcke auf das gewünschte Holz und tragen die Maße direkt davon ab oder stecken Sie mit dem Stechzirkel ab.

Legen Sie den Messstock direkt an das Möbelstück und übertragen Sie darauf die Abmessungen der verschiedenen Bauteile.

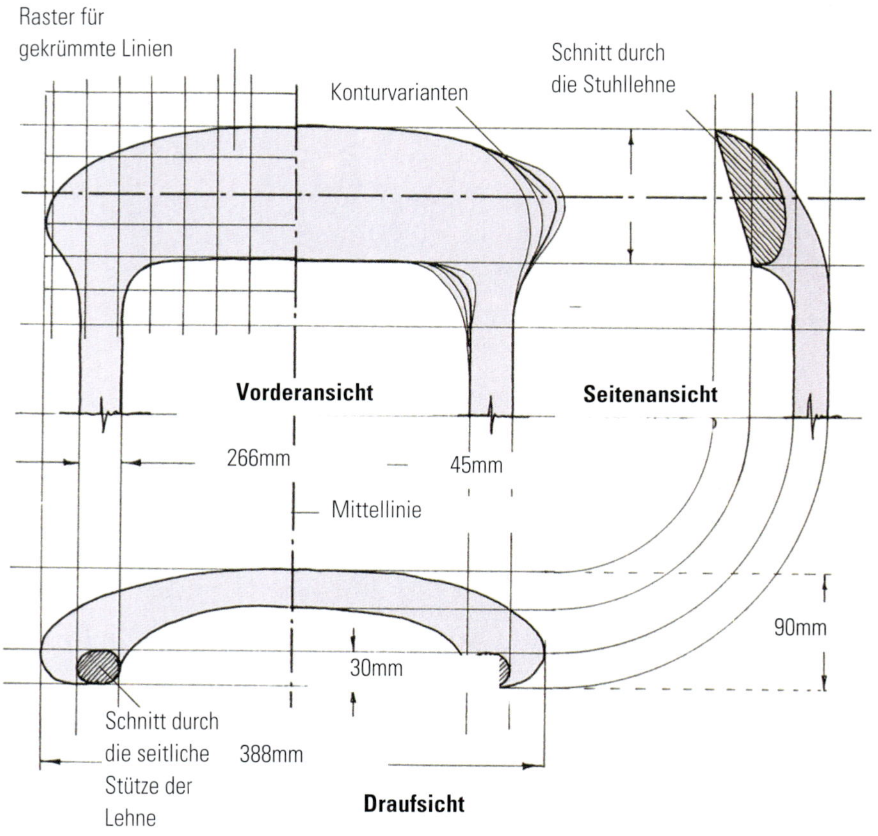

Konstruktionszeichnung für eine Stuhllehne

Das Berechnen der Abmessungen

Haben Sie vor sich eine Konstruktionszeichnung liegen, schauen Sie sich zu allererst die Abmessungen an. Sie sind in Millimetern, Zentimetern und Metern angegeben und stehen in der Zeichnung zwischen Bemaßungspfeilen. Manche Zeichnungen sind in einem bestimmten Maßstab angefertigt, d.h. dass beispielsweise 1 cm in der Zeichnung 1 m im Original entspricht. Sie müssen also die Maßangaben auf die Originalabmessungen umrechnen. In manchen Fällen wird auch auf ein Raster gezeichnet, bei dem ein Kästchen in Wirklichkeit z. B. einer Fläche von 1 cm^2 entspricht. Auch hier müssen die Rasterkästchen in die Maße der einzelnen Teile umgerechnet werden, damit Sie wissen wie viel Sie abmessen und zuschneiden müssen.

Das Lesen einer Zeichnung

Mit Ausnahme der einfachsten Gegenstände muss für jedes Projekt eine präzise maßstäbliche Zeichnung angefertigt werden, ehe man mit dem Bau eines Möbelstückes beginnt. Anhand der Zeichnung können Sie die Proportionen, Abmessungen und Konstruktionselemente überprüfen.

Für das Zeichnen von Entwürfen gibt es Grundregeln, nach denen die Konstrukteure aller Fachgebiete, auch Möbelgestalter, arbeiten. Haben Sie diese Regeln verstanden und sich zu Eigen gemacht, geht Ihnen das Zeichnen rascher von der Hand, werden mögliche Missverständnisse zwischen Gestalter und Hersteller ausgeschaltet.

Die Methoden und Regeln des Entwurfszeichnens sollen hier am Beispiel eines Wandschränkchens erläutert werden.

Die Einzelheiten der Verbindungsstelle können akkurat ausgearbeitet werden.

Für ein genaues Arbeiten muss diese Verbindung später gesondert in Originalgröße gezeichnet werden.

Das Auseinanderziehen der Konstruktionselemente macht alle versteckten Einzelheiten sichtbar. Die Darstellung in auseinander gezogener Anordnung kann zur Ausarbeitung der Proportionen verwendet werden.

Faustskizzen und 3-D-Projektionen

Fast alle Gestalter und Konstrukteure beginnen zunächst mit Faustskizzen, die sie dann zu immer genaueren Zeichnungen ausarbeiten. Selbst wenn Sie keine Fertigkeiten im Entwurfszeichnen besitzen, können Sie diesen Prozess mit Hilfe der Regeln und elementarer Projektionsmethoden trotzdem nachvollziehen.

Mit Hilfe von Projektionen kann man einen dreidimensionalen Gegenstand auf einer ebenen Fläche, z. B. auf einem Blatt Papier, darstellen. Die auseinander gezogene Darstellung des Wandschränkchens ist eine verfeinerte Darstellung einer isometrischen Projektion, folgt jedoch noch bestimmten Grundregeln, an die sich jeder mit Hilfe einer Reißschiene und eines 30°/60°-Zeichendreiecks halten kann. Sämtliche vertikale Linien werden vertikal, alle anderen Linien auf 30° von der Horizontalen abweichenden Geraden gezeichnet.

Maßstabgetreue Zeichnungen

Die meisten Zeichnungen müssen maßstäblich verkleinert angefertigt werden, wenn sie nicht überdimensional groß ausfallen sollen. Der gewählte Maßstab, den man stets auf der Zeichnung vermerkt, sollte der Größe des zu zeichnenden Objekts angemessen sein.

Auch bei der Wahl des Maßstabs gibt es Regeln, an die sich die meisten Gestalter halten. Einzelne Möbelstücke stellt man bei metrischen Maßangaben für gewöhnlich im Maßstab 1:5 dar, d. h. 1 cm oder 10 mm auf der Zeichnung entsprechen 5 cm oder 50 mm im Original.

Für größere Möbelstücke oder ganze Räume ist ein Maßstab von 1:20 üblich.

Kleine Gegenstände und Einzelheiten können in ihrer Originalgröße oder sogar größer dargestellt werden. Oftmals werden Verbindungen, Zierleisten und andere Details neben der maßstäblichen Zeichnung des gesamten Objekts dargestellt. Auch eine Zeichnung mit der Darstellung mehrerer Gegenstände in unterschiedlichen Maßstäben ist nichts Ungewöhnliches.

Bei der Angabe der Abmessungen werden der Klarheit wegen sämtliche Zahlen zwischen Maßhilfslinien geschrieben. Die Maßzahlen müssen so stehen, dass man sie von der unteren rechten Ecke der Zeichnung lesen kann.

Die Maßangaben müssen hinreichend vollständig sein, damit daraus eine komplette Zuschnittliste erarbeitet werden kann.

Für genaue maßstäbliche Zeichnungen bedient man sich im Allgemeinen der Projektionsmethode 1 und der Projektionsmethode 3. Bei beiden Methoden wird die Vorderansicht, rechts oder links daneben die Seitenansicht und darüber oder darunter eine Draufsicht gezeigt.

Projektionsmethode 1

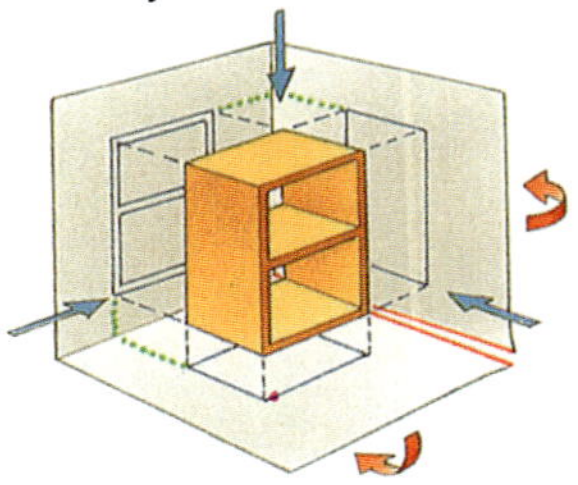

Bei der Projektionsmethode 1 stellt man sich das Objekt in einer rechtwinkligen Raumecke schwebend vor; das Objekt wird auf die drei hinter ihm befindlichen Flächen projiziert.

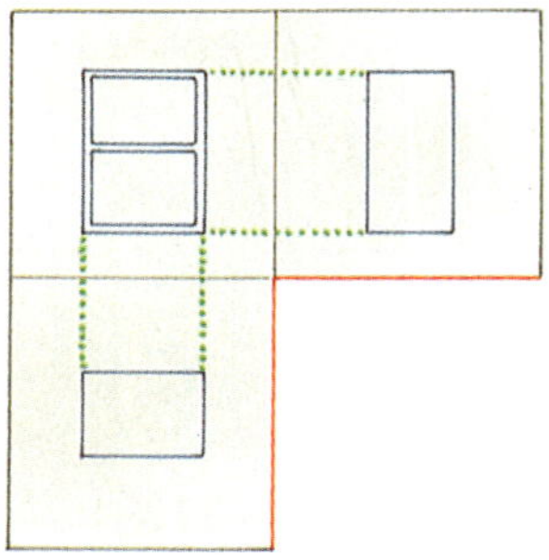

Denkt man sich die Raumecke entlang der roten Linie aufgeschnitten und zu einer Ebene aufgeklappt, erhält man eine zeichnerische Darstellung des Objekts nach der Projektionsmethode 1.

Projektionsmethode 3

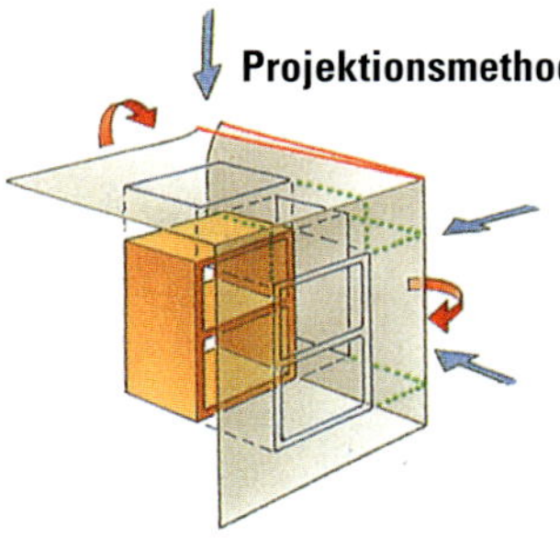

Bei der Projektionsmethode 3 stellt man sich vor, dass jede Ansicht des Objekts nach vorn auf die Flächen einer gläsernen Raumecke projiziert wird.

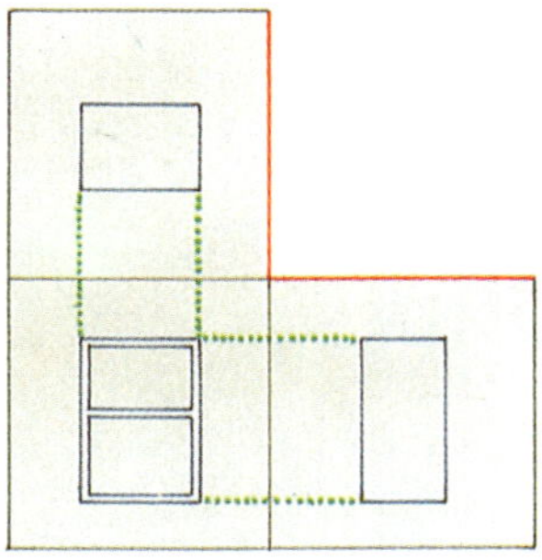

Die durchsichtige Raumecke wird in Gedanken aufgeschnitten, flach aufgeklappt und ergibt so die Zeichnung.

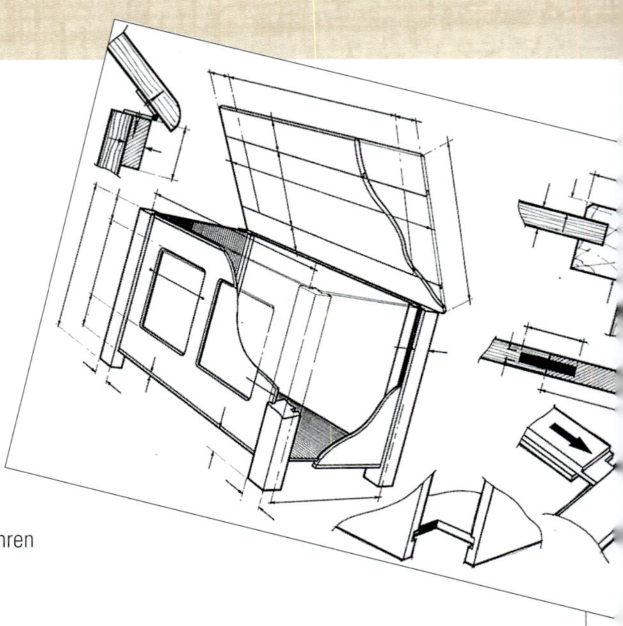

Rechts: Die 3-D-Schnittzeichnung mit Detaildarstellungen zeigt, wie komplizierte oder besonders ausgeformte Bauteile zusammenpassen.

Die Projektionsmethode 3

Die Projektionsmethode 3 ist *ein* Verfahren zum Anfertigen einer Zeichnung.

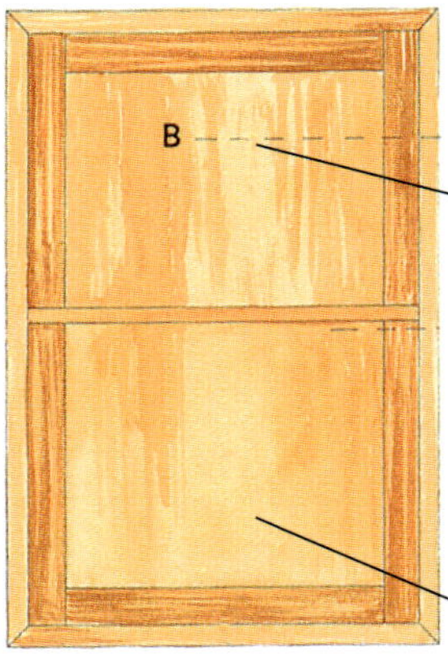

Die hier eingezeichnete Linie B-B bezieht sich auf Innendetails, die in der Draufsicht dargestellt sind.

Mit Hilfe der Vorderansicht können die genauen Innen- und Außenabmessungen des Objekts gezeigt werden

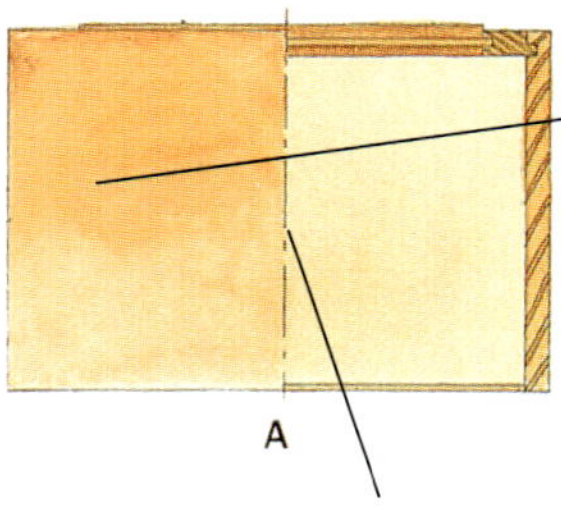

Schnittansichten eines Objekts zeigen die inneren Konstruktionsdetails. Der Seitenschnitt wurde durch die Mittellinie oder A-A vorgenommen.

Schnitte durch massives Holz werden mit „Faser"-Linien gekennzeichnet.

Die Draufsicht zeigt hier auch einen Halbebenenschnitt durch B-B (unten).

Eine Detailzeichnung verdeutlicht, wie die Bauteile der Rückseite zusammenpassen und das Schränkchen an der Wandleiste befestigt wird.

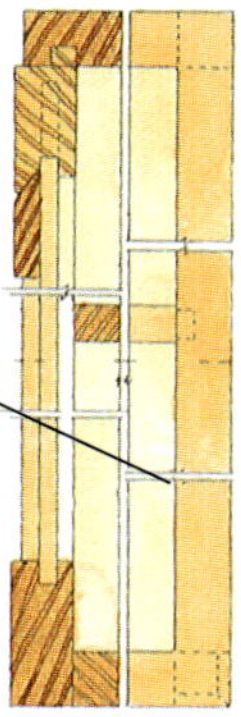

Unterbrochene Linien zeigen, wo man die Originalgröße der Zeichnung „verdichtet" hat um Teile auszulassen, die keine detaillierte Darstellung verlangen.

Das Wiedergeben einer Idee auf Papier

1 Mit etwas Übung gelingt Ihnen eine frei Hand gezeichnete perspektivische Skizze ohne weiteres. Verwenden Sie als Zeichengerät nach Belieben einen Filzstift oder einen Bleistift mit weicher Mine (z. B. Härte 2B).

2 Die Hand zeichnet Linien von Natur aus mit makellosem Schwung; das Handgelenk dient dabei als „Drehpunkt". Drehen Sie das Papier also ständig, damit Sie jede Linie problemlos ziehen können.

3 Aus feinen Linien entsteht rasch ein Bild des geplanten Objekts. Ziehen Sie die Umrisslinien stärker nach. Die Vorderkanten werden in der Regel verstärkt. (In den meisten Entwurfszeichnungen sind drei Linienarten zu finden: eine blasse Projektionslinie, die Umrisslinie und die Maßhilfslinie.

Das Zeichnen von Kreisen

1 Perspektivische Kreise oder Krümmungen können im Raster gezeichnet werden, was sich mitunter als sehr hilfreich erweist. Ziehen Sie die Kreislinie zunächst in einem quadratischen Kästchen. Zeichnen Sie dieses Kästchen dann schräg auf und tragen Sie den Kreis ein. Drehen Sie das Papier dabei und lassen Sie Ihre Hand sich ganz natürlich bewegen.

Nach einer gewissen Zeit können Sie perspektivische Kreise auch ohne Hilfsmittel zeichnen.

2 Denken Sie daran, dass ein Kreis in der Perspektive als Ellipse erscheint, deren lang gestreckter Bogen im rechten Winkel zur Wandung des darzustellenden zylindrischen Körpers verläuft. Runde Massivkörper kann man schraffieren um der Zeichnung räumliche Tiefe zu verleihen. Denken Sie sich dazu eine Anzahl Punkte, die in gleichen Abständen auf dem Kreisumfang verteilt sind und verlängern Sie diese – in ihrer Anordnung ebenfalls perspektivisch betrachteten – Punkte mit senkrecht nach unten verlaufenden Linien.

Der richtige Stift

Wichtig für das Anreißen oder Anzeichnen ist der richtige Stift, ganz gleich, ob Sie zum Abmessen einen Messstock, ein Stahllineal oder andere Hilfsmittel benutzen. Zweckmäßig sind gut sichtbare und genaue Linien; Flächen, die als „Abfall" abgetrennt werden sollen, werden deutlich schraffiert.

Holzwerker benutzen zum Anzeichnen oder Anreißen traditionell einen Bleistift oder ein Anreißmesser; heute nimmt man dazu immer häufiger Kugelschreiber. Eine Bleistiftmine wird beim Zeichnen stumpf und macht die Linien breiter und ungenauer (wenn es sich nicht gerade um einen Stift mit harter Mine handelt, dessen Linien aber schlecht sichtbar sind). Die genauesten Ergebnisse erzielt man mit einem Anreißmesser. Es hinterlässt auf dem Holz allerdings Kerbspuren, die hinterher nur schwer zu entfernen sind, und erlaubt keine Fehler, die ja bei Anfängern hin und wieder vorkommen.

Die wichtigste Grundregel beim Messen und Anreißen lautet: „Kontrollieren, kontrollieren und nochmals kontrollieren."

Das Anreißen rechtwinklig verlaufender Linien

1 Zum Anzeichnen von Linien rechtwinklig zur Materialkante benutzt man ein Anreißmesser und einen Anschlagwinkel.

2 Der Holzschenkel des Anschlagwinkels (die Schenkel sind im Winkel von 90° fixiert) wird mit allen Fingern einer Hand fest gegen die Materialkante gehalten. Markieren Sie mit dem Anreißmesser eine Linie; drücken Sie das Messer dabei fest an die Stahlschiene des Anschlagwinkels.

3 Verlängern Sie die Linie über die Kanten hinweg rund um das Materialstück; legen Sie dabei den Anschlagwinkel wie beschrieben an dem Punkt an, an dem die Linie an der Kante endet.

Das Ablängen

Beim Zurechtsägen von Holz auf ein bestimmtes Längenmaß (siehe Besäumen von Holz, S. 78) beginnt man am besten an einer frisch „besäumten" Kante. Messen Sie von einer Kante der Querseite mit dem Lineal etwa 6 mm ab, damit Sie Ihre neue Ausgangslinie erhalten. (Halten Sie den Mindestabstand von 6 mm ein, damit sich die Fasern beim Sägen nicht aufspalten, denn dann lässt sich die Säge nur schwer führen.) Legen Sie das Lineal bei 0 an diese Linie an und messen Sie die erforderliche Länge ab. Halten Sie das Stahllineal dabei mit gespreizten Fingern fest an Ort und Stelle.

Das Abmessen und Anreißen paralleler Linien

1 Parallele Linien abmessen und anreißen kann man auf verschiedene Art. Am einfachsten ist es mit Bandmaß und Stift an beiden Enden des Brettes zwei Punkte zu markieren. Sie können anstelle des Bandmaßes natürlich auch ein Stahllineal oder Messstöcke benutzen.

2 Mit Stahllineal und Stift ziehen Sie eine Linie zwischen den beiden abgemessenen Punkten. Halten Sie das Lineal wieder mit gespreizten Fingern fest, damit es nicht verrutscht. Ziehen Sie die Linie entlang der Linealkante bis zum Ende des Lineals durch.

Das Messen und Anreißen

Der erste Schritt bei der Holzbearbeitung ist das Messen. Nehmen Sie ein Projekt in Angriff, müssen Sie sich von Anfang an immer wieder bestimmter Mess- und Anreißmethoden bedienen. Das gilt nicht nur für die Vorbereitung des Materials und das Übertragen der Abmessungen, sondern auch wenn Sie Schnittlinien festlegen oder prüfen, ob die Breitflächen und Kanten Ihres Materials gerade und plan sind. Ist das benötigte Material angeliefert, beginnt die wichtige Phase, in der Sie eine ganze Reihe von Werkzeugen und Verfahren zur Übertragung der Maßangaben von der Werkzeichnung auf das Holz einsetzen müssen. Wie wichtig beim Arbeiten mit Holz Präzision ist, bringt ein traditioneller Spruch treffend zum Ausdruck: „Man muss dreimal messen, ehe man einmal schneidet."

Traditioneller viergliedriger Zollstock aus Buchsbaum und Messing

Lineale

Der traditionelle viergliedrige Zollstock aus Buchsbaum und Messing gilt in der Holzbearbeitung seit langer Zeit als das beste Universalmesswerkzeug. Natürlich gibt es dazu Alternativen – längere Gliedermaßstäbe, Klapplineale, Bandmaße und vieles andere mehr. Trotzdem ist der viergliedrige Zollstock noch immer das wirtschaftlichste, am einfachsten zu handhabende und vielseitigste Messwerkzeug für die Holzbearbeitung.

Teilen Sie ein Brett nach folgender Methode in mehrere – in unserem Beispiel in sieben – gleich breite Abschnitte. Legen Sie das Lineal schräg auf das Brett, so dass der Nullpunkt genau auf der einen Kante und ein Teilstrich, dessen Zahl sich durch 7 dividieren lässt, auf der Kante gegenüber liegt. Ziehen Sie am Lineal entlang eine Linie quer über das Brett und markieren Sie darauf in gleichmäßigen, von den Teilstrichen vorgegebenen Abständen sechs Punkte. Nehmen Sie nun ein Streichmaß oder ein langes Lineal und ziehen Sie über die gesamte Brettlänge durch die markierten Punkte verlaufende parallele Linien. Damit ist das Brett in sieben gleich breite Abschnitte unterteilt. Bei diesem Verfahren spielt die Breite des Brettes keine Rolle.

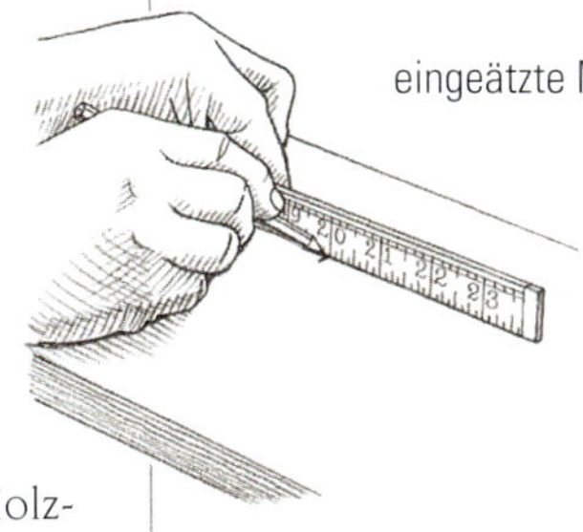
Der traditionelle Zollstock aus Buchsbaum ist auch heute noch ein Werkzeug höchster Qualität. Setzen Sie den Zollstock mit der Schmalseite auf das Werkstück, damit Sie die Abmessungen präzise anzeichnen können.

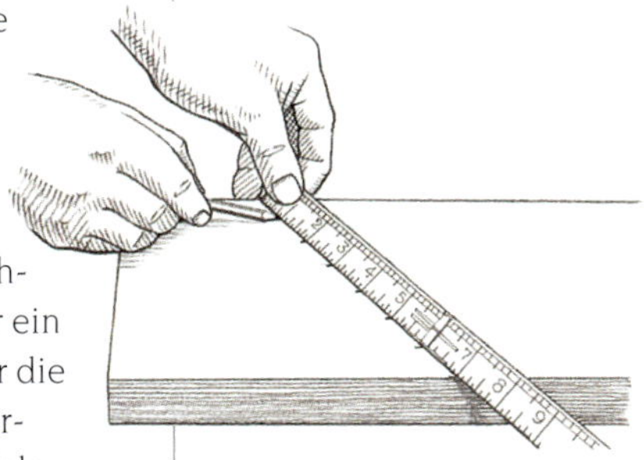
Die Teilstriche 0 und 7 müssen genau auf den Brettkanten liegen.

Lineale aus rostfreiem Stahl

Tipps

Die Maßeinteilungen variieren von einem Lineal zum anderen häufig. Es ist also wichtig, dass Sie für ein Objekt immer dasselbe Lineal benutzen. Arbeiten Sie an einem Gegenstand eine Woche lang und messen Sie an einem Tag mit einem Stahllineal, an einem anderen Tag aber beispielsweise mit einem Lineal aus Buchsbaumholz usw., kann es durchaus passieren, dass die einzelnen Bauteile für diesen Gegenstand am Ende nicht zusammenpassen.

Messstöcke

Zu den einfachsten und traditionellen Methoden der Übertragung von Maßen von der Werkzeichnung auf das Holz oder von einem Stück Holz auf ein anderes gehört das Arbeiten mit dem Messstock oder Ablängstab (siehe S. 66). Wollen Sie eine Kopie eines bereits existierenden Gegenstandes wie z. B. einer Stuhlsprosse herstellen, legen Sie einfach einen Messstock an die Sprosse, schneiden mit dem Messer eine Kerbe als Längenmarkierung ein, übertragen auch alle anderen Längen und nehmen diese später direkt vom Messstock ab. Wenn Sie am Ende der Arbeit den Ablängstab mit allen Details beschriften und an einer Schnur an die Wand hängen, haben Sie beim nächsten Mal auch ohne Lineal oder Originalsprosse die Maße parat. Ordentlich beschriftete Messstöcke sparen Ihnen eine Menge Zeit und Mühe. Diese Methode ist in mancherlei Hinsicht präziser als das Arbeiten mit einer Anzahl Lineale, deren Einteilungen je nach Material leicht voneinander abweichen können.

Bandmaße

Zu den am häufigsten verwendeten Messwerkzeugen gehört das flexible Rollbandmaß (auch Rollmaßband genannt). Zum Messen legt man das abgewinkelte Ende an die Kante des Werkstückes und zieht das handtellergroße Gehäuse so, dass das Federstahlband gerade herausgezogen wird und stabil bleibt.

Das Rollbandmaß ein ist ein unentbehrliches Arbeitsmittel.

Anreißmesser

Die Schnittlinie, d. h. jene Linie, an der man mit einer Säge oder einem Beitel entlangschneidet oder -sticht, wird am besten mit einem Messer markiert. Natürlich kann das erste Anzeichnen auch mit einem Bleistift mit harter Mine erfolgen. Haben Sie die Schnittlinie festgelegt, muss die entsprechende Bleistiftlinie mit dem Messer nachgezogen werden. Eine mit dem Messer gezogene Anreißlinie macht nicht nur die Lage der Schnittlinie deutlicher sichtbar; die durchtrennten Fasern geben dem Sägeblatt oder der Beitelschneide auch gleich eine Ansatzlinie vor und verringern die Gefahr, dass die Holzfasern reißen.

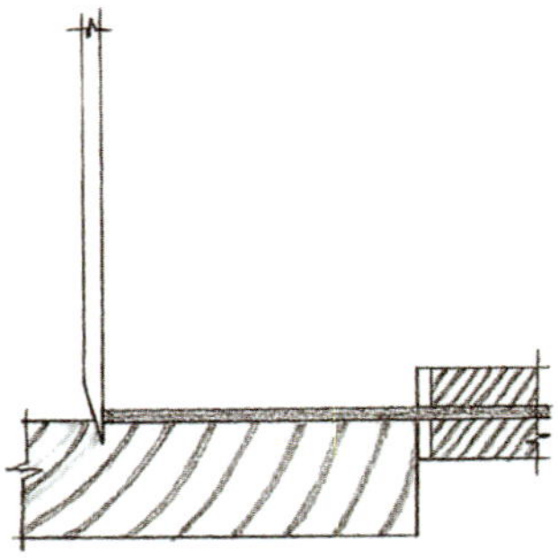

Beim Anreißen wird die flache Seite des Anreißmessers genau an die Winkel- oder Linealkante gesetzt.

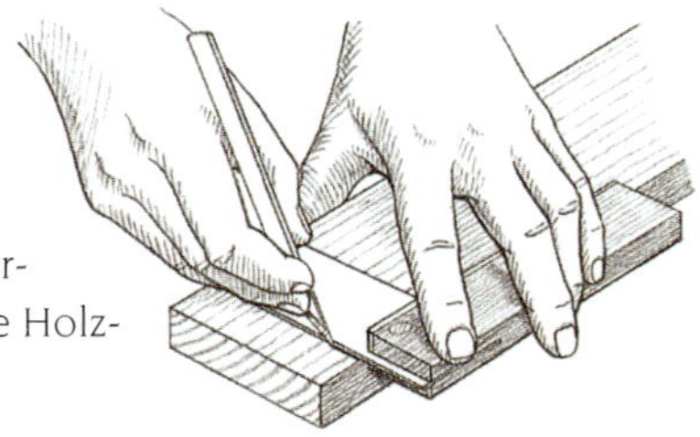

Halten Sie beim Anreißen den Anschlagwinkel mit der linken Hand fest an das Werkstück gedrückt.

Klassische Kombination aus Anreißmesser und Reißnadel

Japanisches Anreißmesser

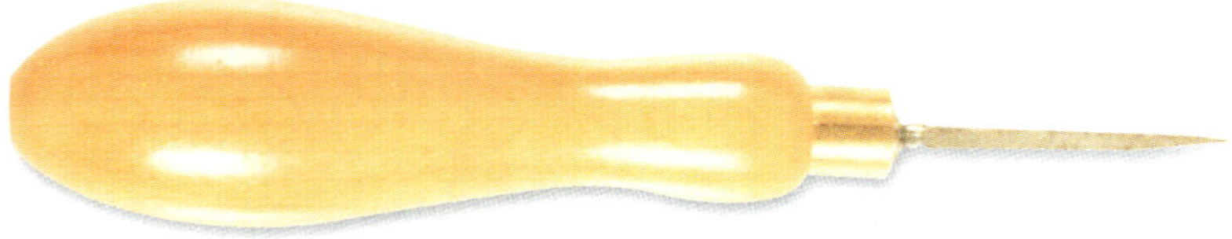

Vierkant-Ahle

Anreißmesser gibt es in allen Formen und Größen; die allerbesten Messer sind jedoch die mit nur einseitig gefaster Klinge, deren abgeflachte Seite dicht an einem Richtscheit oder Lineal entlanggezogen werden kann.

Holzhandwerker in aller Welt halten japanische Anreißmesser für die besten Anreißwerkzeuge. Diese Messer, die es gesondert für Links- und Rechtshänder sowie für beide Varianten in einem gibt, haben eine äußerst scharfe Schneide und eine hohl geschliffene Fase. Legen Sie zum Anreißen den Anschlagwinkel oder das Stahllineal an die zu markierende Linie, setzen Sie die flache Seite des Anreißmessers genau an die Winkel- oder Linealkante und ziehen Sie das Messer mit einer einzigen Bewegung und ohne abzusetzen in Ihre Richtung.

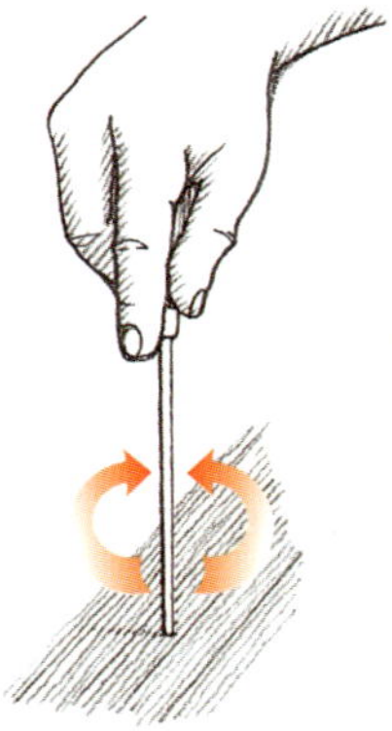

Der Vorstecher ist das ideale Werkzeug zum Vorstechen von Nagel- und Schraublöchern in Weichholz.

Reißnadeln und Ahlen

Die Reißnadeln, Vorstecher oder einfach Ahlen genannten spitzen Werkzeuge werden zum Anreißen und Vorstechen von Löchern benutzt. Die als Reißnadel bezeichnete Grundform besitzt eine 12,5 cm lange nadelartige Spitze und einen kugelförmiges Heft. Beim Arbeiten mit der Reißnadel sitzt das Heft im gewölbten Handteller, ist der Zeigefinger am Werkzeug entlang gestreckt. Entweder zieht man die Reißnadel um eine Linie anzureißen oder dreht sie auf der Stelle um einen genau positionierten Ansatzpunkt für den Bohrer oder einen Nagel vorzustechen.

Eine Variante ist die Ahle mit breiter, meißelartig abgeflachter Spitze, mit der man durch Drehen des Werkzeuges Löcher in stark gemasertes Hartholz sticht. Die Spitze muss dabei quer zur Faser aufgesetzt werden, damit das Holz nicht entlang der Faserrichtung reißt, sondern die Fasern durchtrennt werden. Ahlen kommen in vielen Werkstätten zunehmend aus dem Gebrauch, da Elektrobohrmaschinen und -schrauber sowie Schrauben mit Schneidspitze einfacher und schneller zu handhaben sind. Für feinere Arbeiten ist die Ahle jedoch nach wie vor ein wichtiges Werkzeug.

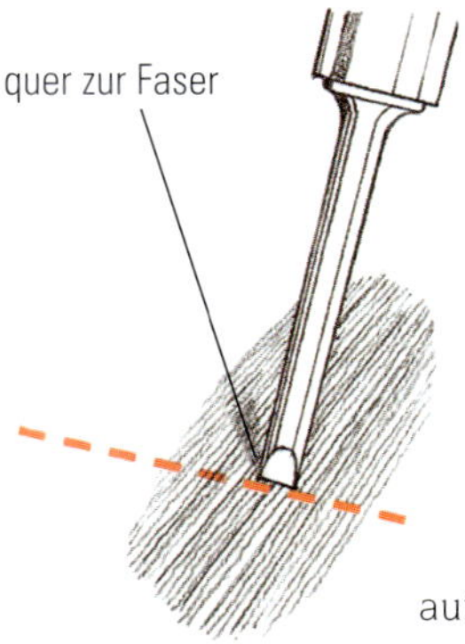

Beim Markieren mit einer Ahle mit breiter, abgeflachter Spitze setzt man die Ahle stets quer zur Faser an und dreht sie dann.

Tipps

- Stellen Sie sich aus einem Stück von einem Bügelsägeblatt oder der Klinge eines defekten Handwerkermesser Ihr eigenes Präzisions-Anreißmesser her. Schneiden Sie aus zwei Hartholzstücken (Eiche o.ä.) einen Griff zurecht und verbinden Sie die Stücke fest mit kleinen Schrauben und Muttern, die Sie beiderseits im Holz versenken.
- Es gibt auch einstellbare japanische Anreißmesser mit Zwillingsklinge zu kaufen, mit denen man ohne abzusetzen parallel verlaufende Linien anreißen kann. Sie sind ideal zum Vorschneiden furnierter Flächen, die mit Bandeinlagen verziert werden sollen.

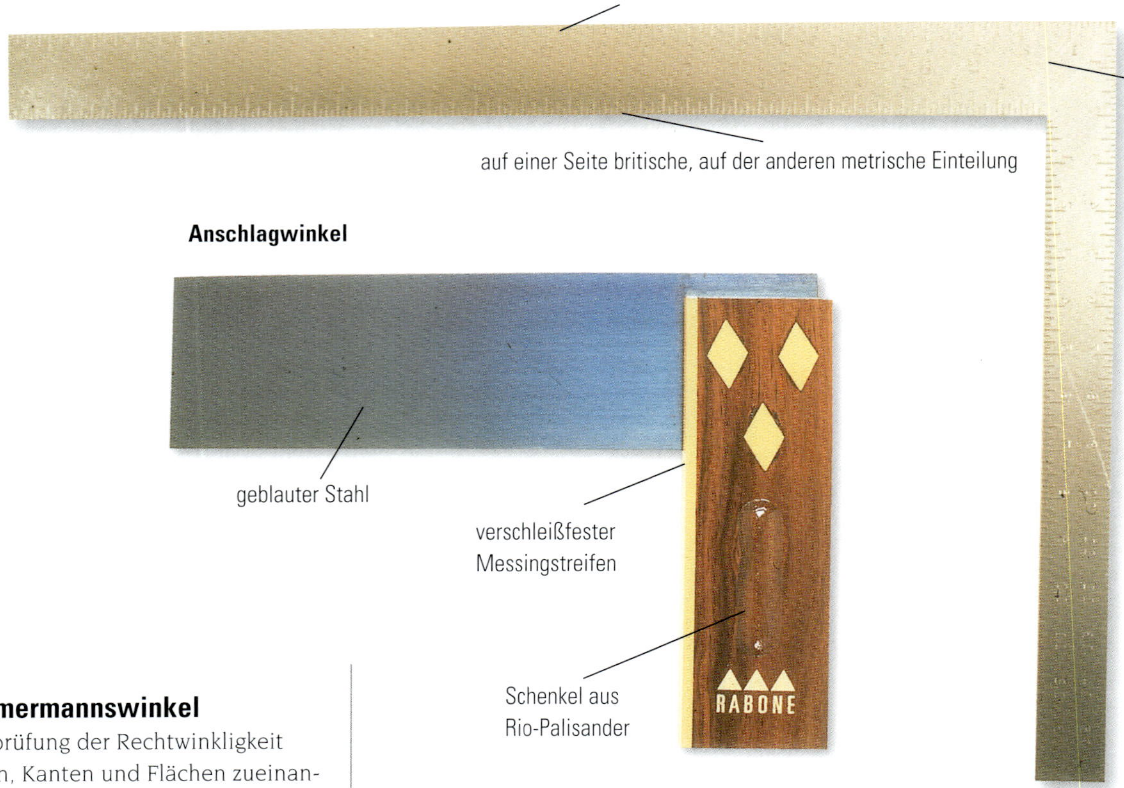

Der Zimmermannswinkel

Zur Überprüfung der Rechtwinkligkeit von Linien, Kanten und Flächen zueinander braucht ein Holzbearbeiter stets irgendeinen Winkel. Der einfachste, der Zimmermannswinkel, besteht aus einem L-förmigen Stück Stahl, das mit verschiedenen Maßeinteilungen versehen ist. Den Zimmermannswinkel verwendet man hauptsächlich bei großen Werkstücken wie Tischplatten, Kastenmöbelrahmen, Türen usw. Der Stahlwinkel ist sehr robust, genau und einfach zu handhaben. Hinzu kommt, dass die nicht geringen Abmessungen des Werkzeugs – die Zunge ist 40 cm, das Blatt 60 cm lang – einen hohen Präzisionsgrad garantieren. Anfänger auf dem Gebiet der Holzbearbeitung, die vorhaben größere Stücke zu bauen und auf der Suche nach einem geeigneten Winkel sind, sollten daran denken, dass längere Schenkel über eine größere Länge auf dem Werkstück aufliegen und so eine größere Genauigkeit erzielt werden kann.

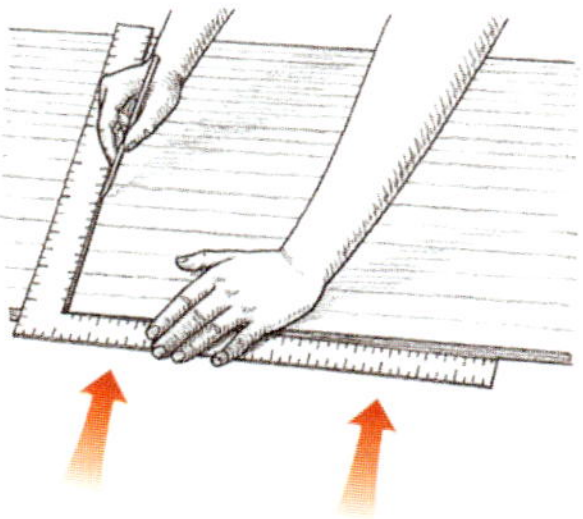

Legen Sie den langen Schenkel dicht an die Seitenkante des Holzes.

Halten Sie den Anschlagwinkel so, dass der Anschlag direkt am Werkstück anliegt.

Anschlagwinkel

Der bekannte Anschlagwinkel mit seinem stählernen Blatt und dem Griff oder Anschlag aus Rio-Palisander, die mit zierenden Einlagen und Nieten aus Messing zusammengehalten werden, ist vor allem für die Arbeit an der Werkbank bestimmt. Er ist genau das richtige Werkzeug, wenn Sie rechtwinklig zu Kanten und Flächen verlaufende Linien anzeichnen wollen. Hobeln Sie die gute Seite Ihres Werkstückes zunächst plan und die Kante rechtwinklig ab und kennzeichnen Sie beide als Anlegefläche bzw. Anlegekante. Drücken Sie dann den Anschlag fest gegen die Kante und reißen Sie dicht an dem Stahlblatt entlang Ihre Linien an. Ein Anschlagwinkel höchster Qualität hat ein L-förmiges Blatt, dessen einer Schenkel im Holz des Griffes steckt. Bei nicht so hochwertigen Modellen ist das Metallblatt auf dem Holz befestigt. Fällt ein solches Werkzeug zu Boden, kann sich das Blatt verbiegen oder lockern.

Schmiege

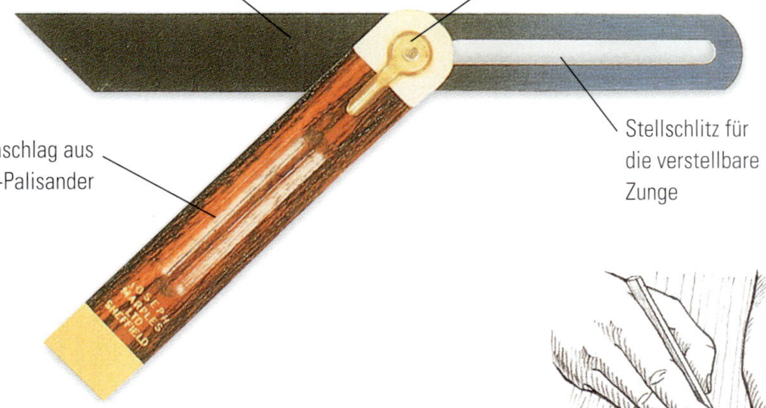

Die Schmiege

Die Schmiege ist ein Werkzeug zum Anreißen und Prüfen von Winkeln. Die verstellbare Zunge der Schmiege ist entweder drehbar am hölzernen Anschlag befestigt oder mit einem Schlitz versehen, in dem sie auf einem Zapfen entlanggeschoben werden. Zum Anreißen eines Winkels wird der Feststellhebel (oder die Feststellschraube) gelockert, die Zunge mit Hilfe eines Winkelmessers im gewünschten Winkelmaß eingestellt und der Hebel wieder arretiert. Dann kann der Winkel auf das Werkstück übertragen werden.

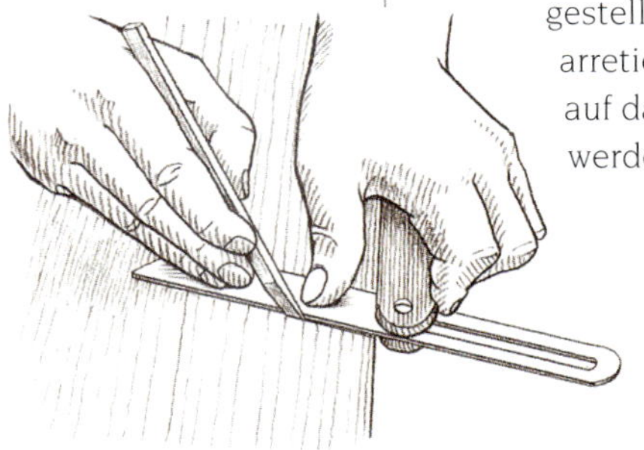

Drücken Sie den Anschlag der Schmiege beim Anreißen stets fest an die Kante des Werkstückes.

Streichmaße

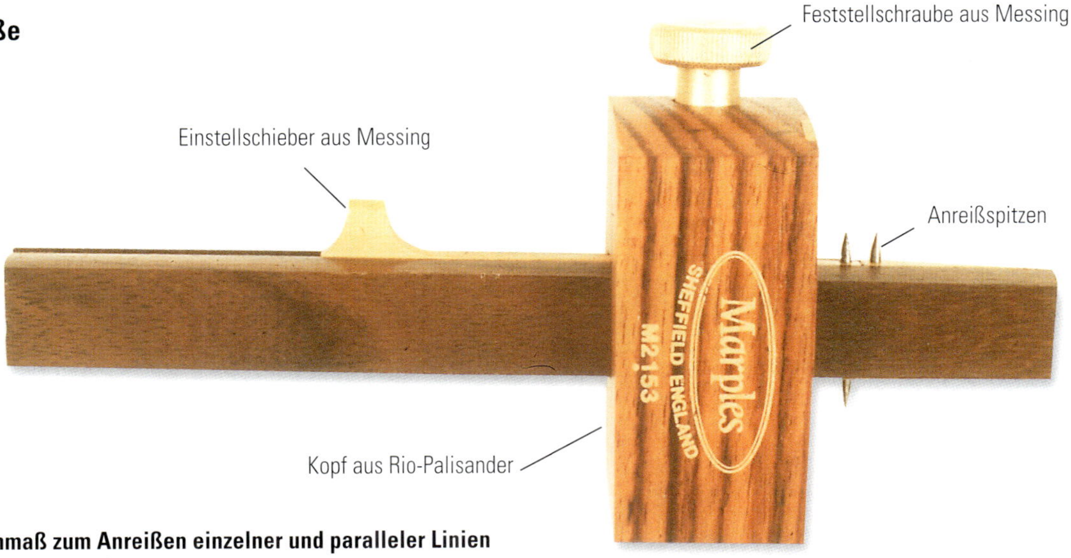

Zapfenstreichmaß zum Anreißen einzelner und paralleler Linien

Das Einstellen eines Streichmaßes

Ein Streichmaß mit einer Anreißspitze lässt sich auf zwei Arten justieren: Man stellt den Abstand von der Werkstückkante entweder direkt mit Hilfe eines Lineals ein oder besser noch nach einer Markierung auf einem Stück Abfallholz. Angenommen, Sie wollen eine Linie im Abstand von 25 cm von der Werkstückkante anreißen und dazu das Streichmaß nach der zuletzt genannten Methode einstellen. Nehmen Sie ein rechtwinkliges Zeichendreieck und einen Bleistift und bringen Sie 25 cm von der Holzkante eine Markierung an. Lockern Sie dann die Stellschraube, stechen Sie die Anreißspitze in die Markierung, schieben Sie den Kopf fest an die Holzkante, ziehen Sie die Schraube wieder an und reißen Sie zum Überprüfen der Einstellung schließlich auf einem Stück Abfallholz eine Probelinie an.

Das Arbeiten mit einem Zapfenstreichmaß

Das Maß ist mit zwei Anreißstiften – einem festen und einem beweglichen – ausgerüstet. Stellen Sie vor dem Anreißen den Abstand zwischen beiden Stiften auf die Breite Ihrer Lochbeitelschneide ein. Justieren Sie den Anschlagkopf so, dass beide Stifte den gleichen Abstand von der Mittellinie des auszustemmenden Schlitzes oder des auszusägenden Zapfens haben. Wenn die Einstellung korrekt ist, drücken Sie den Kopf des Zapfenstreichmaßes fest an die Kante Ihres Werkstückes und ziehen das Zapfenstreichmaß mit einer gleichmäßigen Bewegung über das Holz.

Das Arbeiten mit einem Schneidstreichmaß

Angenommen, Sie wollen von einer 3 mm dicken Platte oder von einem Stück Furnier einen 25 mm breiten Streifen abschneiden. Ziehen Sie zuallererst die Klinge des Schneidstreichmaßes messerscharf ab, setzen Sie sie wieder ein und stellen Sie den Kopf auf einen Abstand von 25 mm von der Klinge ein. Legen Sie dann das Furnier so auf ein Holzbrett, dass seine Außenkante bündig mit der Kante der Unterlage abschließt. Drücken Sie den Kopf des Schneidstreichmaßes fest gegen das Brett und ziehen Sie das Streichmaß wie gewohnt an der Kante entlang. Wiederholen Sie den Arbeitsschritt, bis der Furnierstreifen abgetrennt ist.

Verständliche Symbole

Da Projekte mitunter aus Dutzenden Teilen bestehen, ist es sehr wichtig sie mit verständlichen und eindeutigen Symbolen zu kennzeichnen. Markieren Sie Anlegeflächen und -kanten mit Flächen- und Kantenzeichen (siehe S. 99) und machen Sie mit Dreiecken deutlich, wie die Teile bestimmter Baugruppen zusammenzusetzen sind. Liegen zusammengehörende Teile in der gleichen Reihenfolge wie später am fertigen Objekt, zeigt ein solches Dreieck stets an, was oben oder unten ist. Kommen die Teile durcheinander, baut man das Dreieck einfach wieder in der richtigen Reihenfolge auf.

Auf jedem Teil eines Objekts – hier auf jedem Brett, aus dem die Holzplatte zusammengesetzt werden soll – müssen zwei Linien von einem Dreieck zu sehen sein.

Stechzirkel

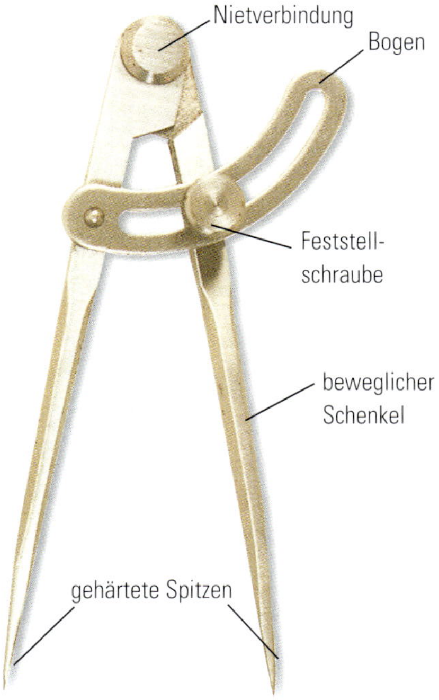

Bogenzirkel

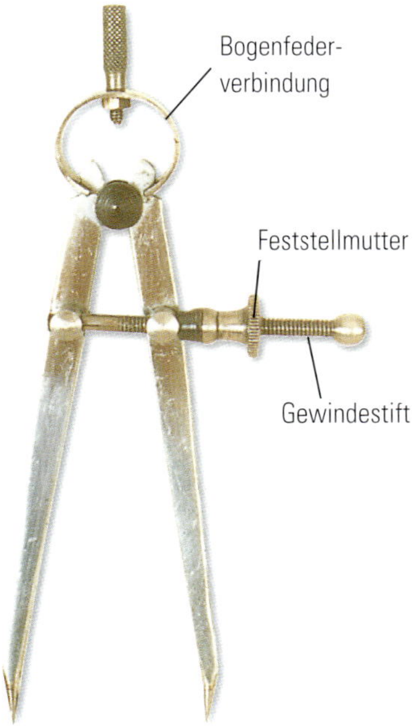

Federspitzzirkel

Das Anreißen eines Sechsecks

Stechzirkel verwendet man vor allem zum Abnehmen von Maßen von einem Lineal, zum Übertragen von Maßen und zum Anreißen von Kreisen und Bögen. Wollen Sie sich einen Stechzirkel zulegen, wählen Sie ein Modell mit einer Schraubengewinde-Einstellung und einer Feststellschraube.

1 Stellen Sie den Stechzirkel mit den beiden Spitzen auf den gewünschten Radius ein.

2 Stechen Sie den Zirkel in Ihr Werkstück ein und reißen Sie den Kreis an.

3 Stechen Sie die Zirkelspitzen in die Kreisumfangslinie ein und tragen Sie darauf rundum den Radius ab, so dass Sie sechs Schnittpunkte erhalten.

4 Verbinden Sie die Schnittpunkte mit einem Lineal nacheinander zu einem Sechseck.

Tipps

- Kaufen Sie keinen kleinen, billigen Zirkel, der keinen Feststellmechanismus hat. Stoßen Sie damit versehentlich an die Werkbank, geht das eingestellte Maß verloren.
- Arbeiten Sie auf der später verdeckten Werkstückseite, damit die Einstich- und Anreißspuren des Zirkels nicht die gute Materialseite verderben.
- Halten Sie die Zirkelspitzen mit Schleifpapier oder einem kleinen Schleifstein scharf, doch verändern Sie dabei nicht deren Position zueinander.

Das Zurichten von Rauware

Nach dem Auftrennen der Baumstämme in Bretter, dem Trocknen und dem Transport zum Holzlagerplatz ist das Holz noch nicht gebrauchsfertig. Die sägerauen Bretter aus der Sägemühle müssen zugerichtet oder geglättet und plan gehobelt, ihre Kanten begradigt werden. Mitunter hobelt man sie bereits im Sägewerk oder auf dem Holzplatz beidseitig maschinell auf eine bestimmte Materialstärke. Vor der Verarbeitung müssen jedoch die beim Auftrennen und bei der Grobbearbeitung, beim Trocknen, Lagern und durch Witterungsbedingungen entstandenen Holzfehler behoben werden.

Die hier dargestellten hauptsächlichen Fehler im Holz sind Mulden- oder Querverwerfung, Längsverwerfung der Breitfläche, Längsverwerfung der Schmalfläche und Verdrehung oder Windschiefe. Alle diese Fehler sind Trocknungsschäden, bei denen sich die geraden Kanten oder ebenen Flächen der Bretter verzogen haben.

Fehler, die für das Auge nicht ohne weiteres erkennbar sind, werden deutlich, wenn man ein langes Stahllineal oder Richtscheit quer oder längs auf ein Brett aufsetzt und das Ganze dann auf Lücken zwischen Holz und Richtscheit kontrolliert. Mit dem Lineal werden Bretter auch beim Planhobeln auf Ebenheit überprüft. Mit Richtleisten prüft man Bretter auf Windschiefe. Dabei werden die geraden Leisten parallel zueinander quer auf die Brettenden gelegt, dann visiert man die Oberkanten der beiden Leisten an um festzustellen, ob sie in einer Flucht liegen, ob das Brett also eben oder ob es windschief ist.

Das Zurichten von Rauware ist ein Vorgang, bei dem Material abgetragen wird, bis das Holz glatt, eben und gerade ist und die gewünschte Stärke hat. Es gibt zwei Möglichkeiten, Fehler im Holz zu beheben um schließlich verwendbares Material zu erhalten. Die Wahl der Methode richtet sich nach der Größe des Fehlers.

Leichte Fehler behebt man, indem man die erhöhten Stellen abhobelt, bis das Brett gerade und eben ist und überall die richtige Dicke hat. Bei schwereren Holzfehlern wird das Holz vor dem Hobeln kürzer oder schmaler gesägt, damit der Fehler möglichst gering gehalten und weniger Material vertan wird.

Das Zurichten von sägerauem Holz erfolgt manuell wie maschinell im Grunde auf die gleiche Weise. Dabei ist der erste Arbeitsschritt, das Planhobeln der Gutseite, der wichtigste, ganz gleich ob er von Hand oder mit der Maschine ausgeführt wird, denn bei den folgenden Schritten dient diese stets als Bezugs- oder Anlegefläche. Sie wird als solche mit einem Flächenzeichen markiert. Die erste rechtwinklig zur Bezugsfläche gehobelte Kante macht man mit einem Kantenzeichen als Bezugs- oder Anlegekante kenntlich. Von der Bezugsfläche bzw. -kante ausgehend erfolgt dann die Schnittbearbeitung oder das Anreißen von Verbindungen.

Das Abrichten von Holz

Da bei der Holzbearbeitung Genauigkeit eine große Rolle spielt, muss ein Werkstück zunächst akkurat vorbereitet und auf eine bestimmte Stärke gebraucht werden. Diesen Arbeitsgang nennt man Abrichten. Sägeraues und vorgehobeltes Holz muss abgerichtet werden – nicht zuletzt wegen der wahrscheinlich vorhandenen Verdrehungen und Verwerfungen, die vor allem an nicht vollständig getrocknetem Nadelholz auftreten.

Ein Stück Schnittholz ist abgerichtet, wenn sämtliche Breitflächen eben, benachbarte Flächen im Winkel von 90° und gegenüberliegende Flächen parallel zueinander liegen.

Das Abrichten erfolgt von Anfang bis Ende entweder mit Hand- oder mit Elektrowerkzeugen; letztere arbeiten viel schneller. Es ist vorteilhaft beim Abrichten zunächst mit Handwerkzeugen zu arbeiten, ganz gleich, wie mühsam das auch sein mag; die Mühe macht Ihnen nämlich die Notwendigkeit bestimmter Fertigkeiten und präzisen Arbeitens deutlich.

Muldenverwerfung. Das Brett ist quer zur Faserrichtung nicht eben, die hoch stehenden Kanten müssen auf eine Ebene mit der Mitte gebracht werden.

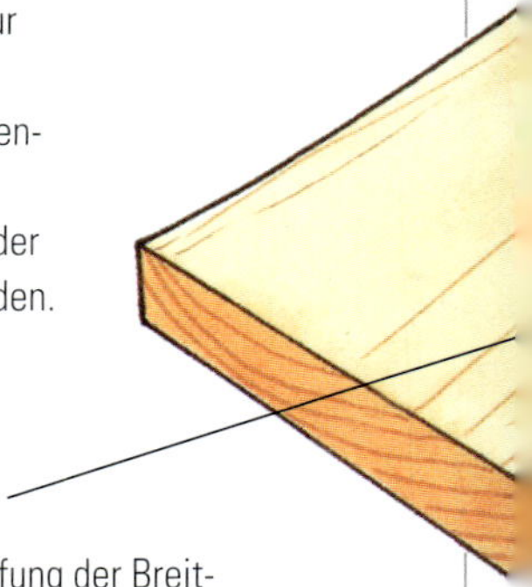

Längsverwerfung der Breitfläche. Das Brett ist längs der Breitfläche nicht eben, die beiden hoch stehenden Enden müssen bis auf die Ebene der Mitte weggehobelt werden.

Häufige Holzfehler

Unbearbeitete Rauware ist nicht glatt, eben oder gerade und kann noch nicht verarbeitet werden, selbst wenn sie auf dem Holzlagerplatz bereits maschinell auf Dicke gehobelt wurde.

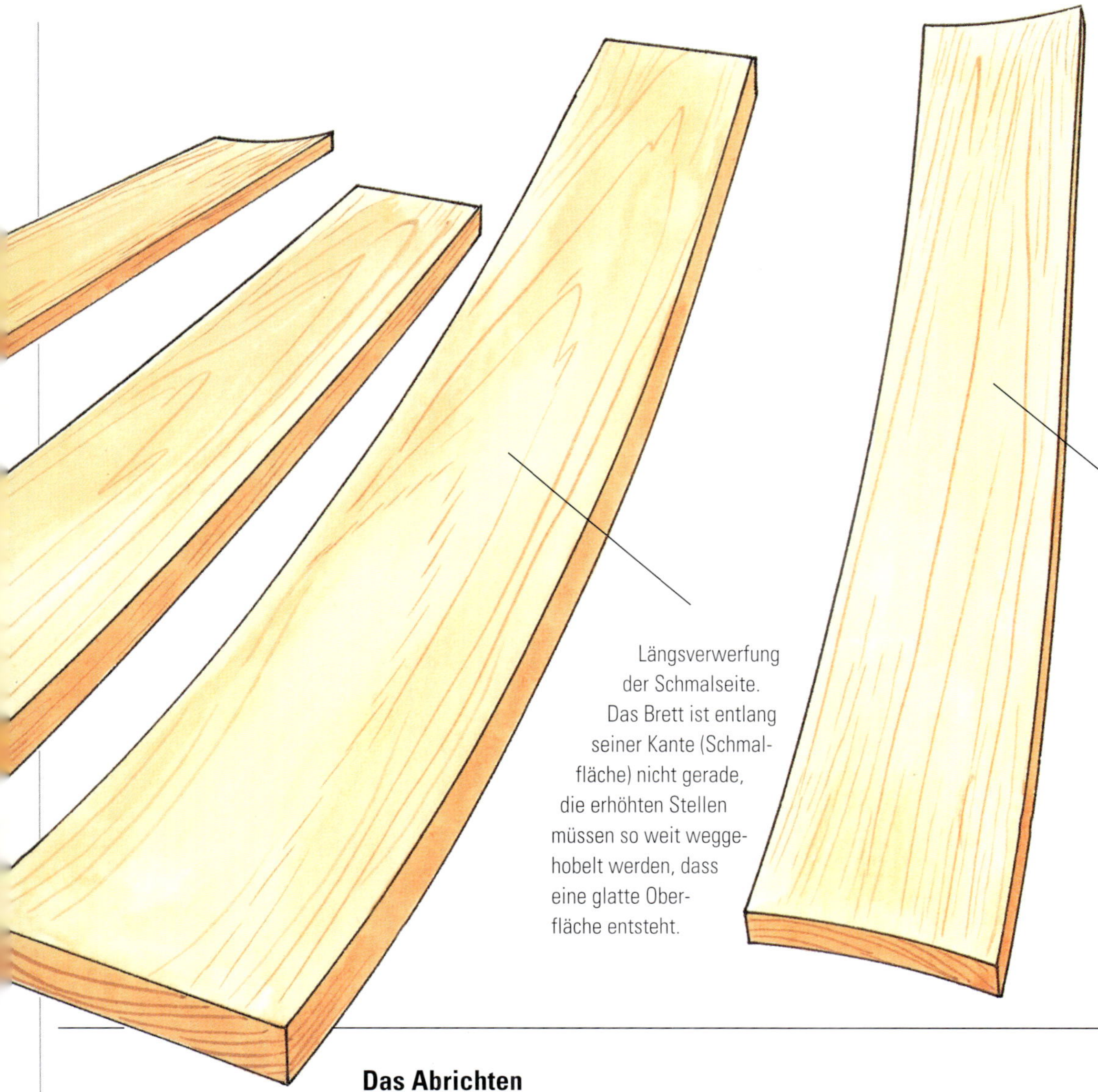

Längsverwerfung der Schmalseite. Das Brett ist entlang seiner Kante (Schmalfläche) nicht gerade, die erhöhten Stellen müssen so weit weggehobelt werden, dass eine glatte Oberfläche entsteht.

Windschiefe. Die Enden des Brettes liegen nicht in einer Ebene, die erhöhte Ecke auf der einen Brettseite und die nach unten verzogene Ecke auf der anderen Seite müssen weggehobelt werden.

Das Abrichten

1 Wählen Sie die beste Seite – die Gutseite – Ihres Werkstückes und hobeln Sie sie plan und glatt ab (siehe Abschnitt über das Hobeln auf S. 97–112). Halten Sie das Holz mit Anschlägen oder Bankhaken auf der Werkbank fest und kontrollieren Sie Ihre Arbeit mit dem Richtscheit oder Lineal. Markieren Sie die erste abgerichtete Seite mit einem Flächenzeichen, das bis an die beste Kante reicht. Nach den Flächenzeichen richtet man sich später beim Messen und beim Anlegen des Anschlagwinkels.

2 Spannen Sie das Werkstück in die Bankzange ein und hobeln Sie die beste Kante rechtwinklig (im Winkel von 90°) zur Gutseite ab. Prüfen Sie die Genauigkeit Ihrer Arbeit mit einem Anschlagwinkel und einem Stahllineal. Markieren Sie die beste Kante mit einem winkligen Kantenzeichen, dessen Spitze nach der Gutseite zeigt und an deren Flächenzeichen anschließt.

3 Stellen Sie ein Streichmaß mit Hilfe des Stahllineals auf die gewünschte Werkstückbreite ein. Spannen Sie das Holz schräg in die Bankzange ein und reißen Sie mit dem Streichmaß die Breite an. Ziehen Sie den Anreißstift dabei in flachem Winkel und drücken Sie den Kopf fest gegen die Bezugskante. Reißen Sie die Linie über die Kanten hinweg rund um das Werkstück an.

Das Abrichten von Holz (Fortsetzung)

4 Schraffieren Sie den abzunehmenden Teil des Werkstücks, spannen Sie das Holz dann in die Bankzange ein und hobeln Sie es auf die gewünschte Breite. Stellen Sie kurz vor der Anreißlinie den Hobel so ein, dass er nur noch feine Späne abnimmt. Haben Sie die Linie fast erreicht, lässt sich an jeder Kante ein feiner Holzspan abziehen, der andeutet, dass bis zur Linie nur noch einige wenige Hobelstriche erforderlich sind. Die Kante müsste dann theoretisch perfekt rechtwinklig zur Gutseite sein.

5 Stellen Sie das geringste Dickenmaß des Werkstückes fest und justieren Sie das Streichmaß entsprechend um die gewünschte Materialstärke anzureißen. Ziehen Sie die Anreißlinie rund um das Werkstück. Bei etwas Übung können Sie Zeit sparen und das Werkstück beim Anreißen gleich in der Hand behalten. Hobeln Sie das Holz nun auf Dicke. Prüfen Sie nach einigen Strichen stets den noch verbliebenen Abstand zur Anreißlinie.

6 Reißen Sie das Holz mit Anschlagwinkel, Stahllineal und Anreißmesser auf Länge an. Legen Sie die Nullmarke des Lineals an ein Ende des Werkstückes und messen Sie 6 mm ab. Das ist die kleinstmögliche Materialbreite, die man mit einer Rückensäge problemlos abtrennen kann. Legen Sie das Lineal nun mit der Nullmarke an die 6-mm-Linie und messen Sie von dort die erforderliche Länge ab. (Lassen Sie am anderen Ende mindestens 6 mm Holz übrig.)

7 Legen Sie den Anschlagwinkel mit dem Holzschenkel an die Bezugskante. Setzen Sie das Anreißmesser an die erste Markierung, schieben Sie den Winkel bis zum Messer und reißen Sie quer über das Holz eine Linie an. Setzen Sie die Messerspitze an das Ende der Linie und verlängern Sie diese rund um das Werkstück. Halten Sie dabei stets den Anschlagwinkel fest an der Bezugskante bzw. an der Bezugsfläche, denn nur so treffen Anfang und Ende der Linie im selben Punkt zusammen.

8 Schraffieren Sie mit Bleistift oder Kugelschreiber die abzusägenden Werkstückenden. Spannen Sie zusätzlich eine Sägelade in die Bankzange und trennen Sie mit der Rückensäge auf der Abfallseite der Risslinie die Werkstückenden ab. Sägen Sie das Holz mit gleichmäßigen Schüben und Zügen durch. Prüfen Sie, ob der Schnitt wirklich bis zur Lade durchgeht, ehe Sie die abgesägten Enden abnehmen.

9 Bestoßen Sie zuletzt nötigenfalls die Hirnschnittfläche. Damit an den Kanten keine Fasern abreißen, spannen Sie zusätzlich ein Stück Abfallholz fest zwischen Bank und hintere Werkstückkante. Hobeln Sie sacht und mit gleichmäßiger Bewegung über beide Flächen hinweg. Achten Sie beim Einspannen darauf, dass die Hölzer möglichst niedrig in der Bankzange sitzen; das verbessert den Halt und verringert das Vibrieren des Werkstücks.

DAS SÄGEN

Bevor ein Holzwerkstück abgehobelt, angerissen, gefügt, verziert oder anderweitig bearbeitet werden kann, muss es zunächst aus einem sägerauen Brett zugeschnitten werden. Dafür gibt es alle Arten von Sägen, von denen jede einem speziellen Zweck dient. Da das Sägen bei der Holzbearbeitung eine wichtige Rolle spielt, sollte man sich eine ansehnliche Sammlung hochwertiger Handsägen zulegen und sich mit den verschiedenen Sägetechniken vertraut machen.

Unten: Probieren Sie eine Säge vor dem Kauf möglichst immer erst aus um festzustellen, ob Griff, Gewicht und Balance der Säge Ihren Wünschen entsprechen.

Handsägen

Es gibt bei der Holzbearbeitung für fast jede Sägeaufgabe eine spezielle Säge. Die Sägeblätter von Handsägen verjüngen sich zur Spitze hin und weisen im Allgemeinen oberhalb der Sägezähne eine gleichmäßige Materialstärke auf, die das Klemmen der Säge verhindert.

Längsschnittsägen

Die Längsschnittsäge ist speziell für das Sägen längs der Faser bestimmt. Ihre Zähne sind im Winkel von 90° zum Sägeblatt gefeilt, die Zähne haben also eine fast senkrechte Zahnbrust und sind zudem nicht seitlich angeschliffen. In der Praxis wirken die Sägezähne wie eine Reihe winziger Beitel; jeder Zahn schneidet direkt in die Faser ein und trägt wie ein Stechbeitel den Abfall in Form von Spänen oder Holzfasern ab. Für das Sägen parallel zur Holzfaser – beim Teilen eines Brettes oder eines Holzblocks der Länge nach – ist die Längsschnittsäge genau das richtige Werkzeug.

Querschnittsägen

Die Querschnittsäge benutzt man zum Sägen quer zur Faser. Ihre Zähne sind im Winkel von etwa 65° zum Sägeblatt gefeilt. Die schräg angefeilten Zähne durchtrennen die Holzfasern zunächst, indem sie beiderseits der Schnittfuge schneiden, und tragen dann den Abfall in Form feiner Holzpartikel ab. Zur Fertigung unterschiedlich großer Objekte braucht ein Holzhandwerker eine ganze Auswahl an Querschnittsägen.

Das Arbeiten mit der Längsschnittsäge

Soll ein Werkstück längs zum Faserverlauf gesägt werden, verwenden Sie dazu eine Längsschnittsäge, die folgende Eigenschaften hat: rechtwinklig zum Sägeblatt gefeilte Zähne, einen durchgeformten Holzgriff, der gut in der Hand liegt, einen am Blatt ausreichend befestigten Griff sowie ein geschliffenes, zur Spitze schmaler werdendes, flexibles Sägeblatt.

Wichtig beim Arbeiten mit der Längsschnittsäge ist, dass man das Werkstück in einer bequemen Höhe einspannt. In den meisten Fällen müssen Sie das Brett auf zwei Sägeböcke und so hoch legen, dass die Blattspitze beim Sägen nicht den Boden berührt. Positionieren Sie Ihr Werkstück in der Schräge und Höhe, bei der Sie direkt auf die angerissene Sägelinie schauen und gleichzeitig Ihre Schulter in eine Linie mit Ihrer Schub- und Zugbewegung bringen können.

Haben Sie alles zum Sägen vorbereitet und auf Ihrem Werkstück eine Schnittlinie angerissen, setzen Sie das Sägeblatt an der Abfallseite der Anrisslinie an; halten Sie es in flachem Winkel und legen Sie Ihren Zeigefinger in Richtung Sägeblatt ausgestreckt an den Griff. Ziehen Sie zur Markierung der Schnittfuge das Blatt an der Anrisslinie ein paar Mal über das Werkstück und führen Sie die Säge in immer längeren Bewegungen über das Holz, bis Sie schließlich mit der vollen Länge des Blattes sägen.

Haben Sie das Brett zu etwa zwei Dritteln längs durchgesägt, drehen Sie es auf den Sägeböcken um. Setzen Sie die Säge auf der Abfallseite der Anrisslinie an, wiederholen Sie den Arbeitsgang wie beschrieben und sägen Sie, bis Sie auf die erste Schnittlinie treffen.

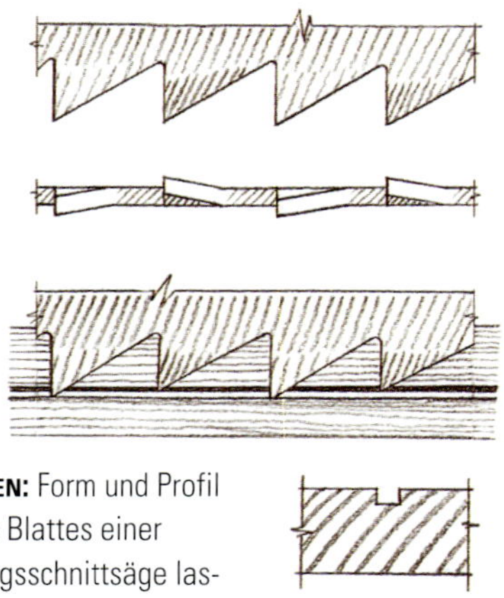

OBEN: Form und Profil des Blattes einer Längsschnittsäge lassen im Holz eine Schnittfuge wie vom Stechbeitel entstehen.

OBEN: Klassische Längsschnittsäge

Das Längssägen am Schraubstock

Beim Längssägen eines kurzen Brettes spannen Sie das Werkstück auf einer Seite und ein gleich starkes Stück Abfallholz auf die andere Seite der Spindel in den Schraubstock ein. Beginnen Sie mit dem Sägen wie oben beschrieben. Versuchen Sie nicht schnell oder mit Druck zu arbeiten; das Holz würde an der Schnittkante wie zerrissen aussehen und Sie würden das Blatt vielleicht ganz aus der Schnittfuge ziehen und riskieren, dass das Werkstück verdorben wird. Lassen Sie stattdessen das Gewicht der Säge wirken (rechts). Rücken Sie das Werkstück hin und wieder höher, damit Sie mit der Säge stets nahe an den Spannbacken arbeiten. Halten Sie Ihren ausgestreckten Zeigefinger als Führung am Griff, damit der Schnitt möglichst gerade nach unten geht.

Das Längssägen an der Werkbank

Das Längssägen an der Werkbank mit von oben geführter Säge ist eine rückenschonende Technik, wie altgediente Holzhandwerker behaupten. Hierbei wird zunächst das Holz mit der Breitseite flach auf die Werkbank gelegt und befestigt; das zu sägende Ende muss vor Ihnen liegen (oben). Setzen Sie die Säge zunächst so an, dass die Blattspitze von Ihnen weg weist, und markieren Sie die Schnittfuge in einigen Zügen mit flach gehaltener Säge. Drehen Sie dann die Säge um, so dass die Zähne von Ihnen weg zeigen und die Blattspitze nach unten gerichtet ist, fassen Sie den Griff mit beiden Händen und beginnen Sie zu sägen.

Das Längssägen auf dem Sägebock

Auch beim Längssägen auf dem Sägebock wird das Werkzeug von oben geführt. Mit dieser Methode können Sie genaue, saubere kurze Schnitte entlang der Faser ausführen. Legen Sie das Brett auf dem Sägebock so zurecht, dass Sie von oben auf die Anrisslinie schauen können. Setzen Sie Ihr Knie im Abstand von mindestens 10 cm von den Sägezähnen auf das Brett. Beginnen Sie mit dem Sägen in kniender Haltung, sägen Sie etwa bis zur Brettmitte und stehen Sie dann auf, drehen Sie Brett und Säge, sodass die Zähne nun von Ihnen weg weisen und an der Anrisslinie liegen und sägen Sie das Brett durch.

Tipps

- Beginnt das Holz beim Sägen zu vibrieren, ändern Sie die Lage des Werkstückes im Schraubstock oder auf dem Sägebock. Der Abstand zwischen den Spannbacken bzw. der Auflage und der Sägestelle muss kurz sein.
- Sie können sich auch anders hinstellen um die Ausrichtung der Säge zu ändern. Frisst sich die Säge im Holz fest, klemmen Sie einen kleinen Keil in die Schnittfuge und/oder reiben Sie das Sägeblatt mit einer Wachskerze ein.

UNTEN: Klassische Quersäge

Das Arbeiten mit der Querschnittsäge

Querschnittsägen sind speziell zum Sägen quer zur Faser bestimmt. Schauen Sie sich eine Seite des Sägeblattes einmal genau an, werden Sie feststellen, dass jeder Sägezahn schräg angefeilt ist und an beiden Kanten eine Fase hat. Das gleiche finden Sie natürlich auch auf der anderen Seite des Blattes. Obwohl es alle möglichen Arten von Querschnittsägen – von der riesigen Zweimannsäge mit einem Griff an jedem Ende bis zu Miniatursägen – gibt, sind ihnen doch bestimmte Gemeinsamkeiten eigen: Sie weisen die gleiche Zahnanordnung auf und dienen hauptsächlich zum Sägen quer zur Faser. Eine typische Querschnittsäge ist eine große Universalsäge mit geradem Rücken von 56 – 66 cm Länge und mit fünf Zahnspitzen auf 2,55 cm.

Die Arbeitshaltung am Sägebock

Zum Abtrennen eines Brettendes legen Sie das Brett so auf den Sägebock, dass sich die Anrisslinie auf der rechten Seite des Sägebocks befindet. Stellen Sie sich neben den Sägebock und setzen Sie Ihr Knie auf das Holz, damit das Werkstück fest an Ort und Stelle gehalten wird.

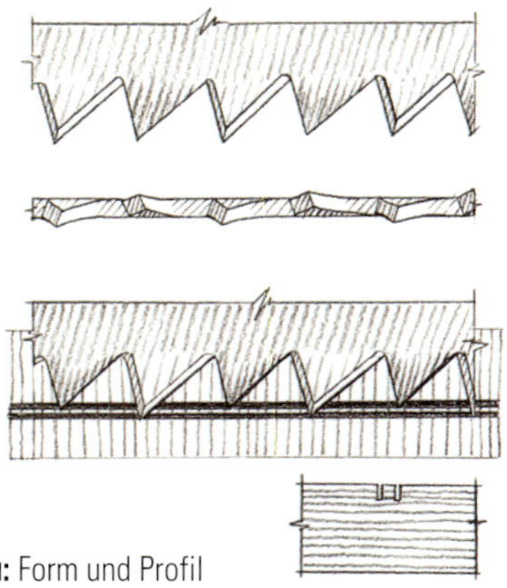

OBEN: Form und Profil der Zähne einer Querschnittsäge sind so gestaltet, dass die Holzfasern beiderseits der Schnittfuge durchtrennt werden.

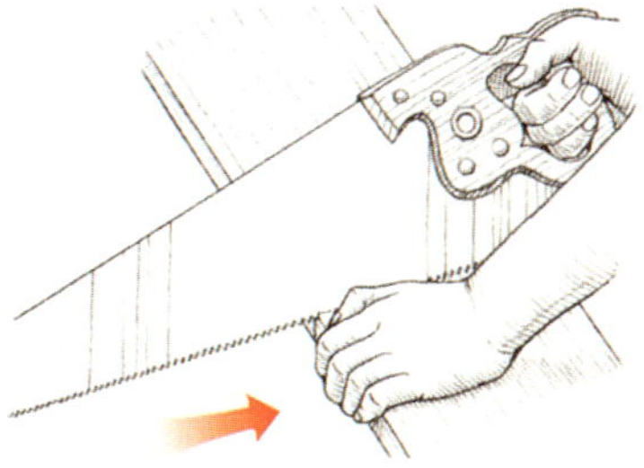

OBEN: So beginnt man den Sägeschnitt.

Der Anschnitt

Setzen Sie die Säge an der Abfallseite der Anrisslinie an. Fassen Sie das Holz mit der linken Hand und führen Sie das Sägeblatt mit dem Daumennagel. Führen Sie zunächst die hintere Mitte des Blattes mit einigen vorsichtigen Zügen über den Anfang der Anrisslinie und sägen Sie danach mit der vollen Blattlänge weiter.

Das Beenden des Sägeschnitts

Sind Sie mit dem Sägeblatt bis etwa 5 cm vor dem Schnittende angekommen und fällt das abzutrennende Holzstück schon fast von allein ab, legen Sie die linke Hand stützend um das Abfallstück und führen die Säge in immer leichteren Stößen, bis das Holz vollends durchgesägt ist.

Der kleine Fuchsschwanz

Der kleine Fuchsschwanz ist gewissermaßen eine verfeinerte Version der universell einsetzbaren Querschnittsäge. Die kleineren Zähne dieser Säge für die Möbeltischlerei hinterlassen eine feinere Schnittfuge. Das Blatt der Säge ist meistens zwischen 51 und 61 cm lang und hat etwa sieben Zahnspitzen auf 2,55 cm. Der kleine Fuchsschwanz eignet sich gut zum Aussägen großflächiger Verbindungen.

Das Zusägen von Paneelen mit dem geschweiften Fuchsschwanz

1 Viele altgediente Holzhandwerker arbeiten auch gern mit dem geschweiften Fuchsschwanz. Die Bezeichnung ist vom Rücken der Säge abgeleitet, der längsseits leicht geschwungen ist. Diese Rückenform und das feiner gezahnte Blatt tragen dazu bei, dass die Säge außerordentlich leicht zu führen ist. Ein kleiner Fuchsschwanz hat in der Regel ein geringeres Gewicht als ein Fuchsschwanz mit geradem Rücken (rechts).

2 Die geschweifte Blattform erhöht die Flexibilität des Blattes, so dass das Werkzeug auch zum Sägen relativ stark gekrümmter Linien benutzt werden kann. Legen Sie Ihr Werkstück auf zwei Sägeböcke, sägen Sie auf der Abfallseite der Anrisslinie, biegen Sie das Blatt und führen Sie es an der angerissenen gekrümmten Linie entlang.

Wenn die Säge klemmt

Wenn die Säge wiederholt klemmt, reiben Sie zur Verminderung der Reibung mit einer Wachskerze im Zickzack über das Blatt.

Tipps

Werfen Sie eine alte Säge mit Holzgriff nicht weg, nur weil der Griff gerissen oder abgebrochen ist. Fertigen Sie mit Hilfe der noch vorhandenen Teile eine Pappschablone an und stellen Sie aus einem Stück Abfallholz – Buche oder anderes Hartholz – einen neuen Griff her. Schneiden Sie dazu an einer Bandsägemaschine oder mit der Stichsäge das Rohprofil zu und feilen Sie es dann zur endgültigen Form zurecht. Überziehen Sie das Holz zum Schutz vor Staub und Schmutz mit einer Lackschicht.

Oben: Klassische Rückensäge mittlerer Länge

1 Nach dem Anreißen der Linien einer Verbindung spannen Sie das Werkstück im Winkel von etwa 45° in den Schraubstock und sägen an der Anrisslinie entlang bis zur Brüstungslinie. Drehen Sie das Werkstück im Schraubstock um und wiederholen Sie den Arbeitsgang auf der anderen Seite der Verbindung. Mit diesem Verfahren können Sie die Genauigkeit der Schnittfuge rund um die Verbindung kontrollieren, denn das Sägeblatt neigt beim Sägen entlang der Faser leicht dazu dem Faserlauf zu folgen und von der Linie abzuweichen. Zwischen den beiden schrägen Schnittfugen steht nun noch ein kleiner Holzrest.

Rückensägen

Rückensägen sind leicht an ihrer Rückenschiene aus Messing oder Stahl, dem geschlossenen Griff und dem 30–40 cm langen Blatt mit 12–14 Zahnspitzen auf 2,55 cm zu erkennen. Sie eignen sich sehr gut zum Aussägen von Verbindungen, zum Ablängen von Holz u. ä. Testen Sie eine Rückensäge vor dem Kauf nach Möglichkeit immer erst auf ihr Gewicht und ihre Balance. Da diese Säge sicherlich das meistbenutzte Werkzeug in Ihrer Werkzeugkiste ist, lohnt es auch die komfortabelste Ausführung zu wählen. Kunststoffgriffe mit oftmals harten Profillinien machen langes Arbeiten mit der Säge für die Hand nicht so angenehm wie ein Holzgriff. Wichtig ist eine starke Rückenschiene; sie hält das kleine Blatt durch ihr Gewicht in der Schnittfuge und erlaubt ein effektives Arbeiten ohne übermäßigen Kraftaufwand. Prüfen Sie zum Schluss noch, ob der Griff mit hochwertigen Messingschrauben ordentlich befestigt ist.

2 Spannen Sie das Werkstück senkrecht in den Schraubstock und vervollständigen Sie den Längsschnitt bis zur Brüstungslinie.

3 Legen Sie das Werkstück schließlich an ein Anschlagbrett oder in eine Schneidlade, drücken Sie es fest gegen die Wange und sägen Sie an der Brüstungslinie entlang das überschüssige Stück Holz ab.

Das Sägen an der Sägelade

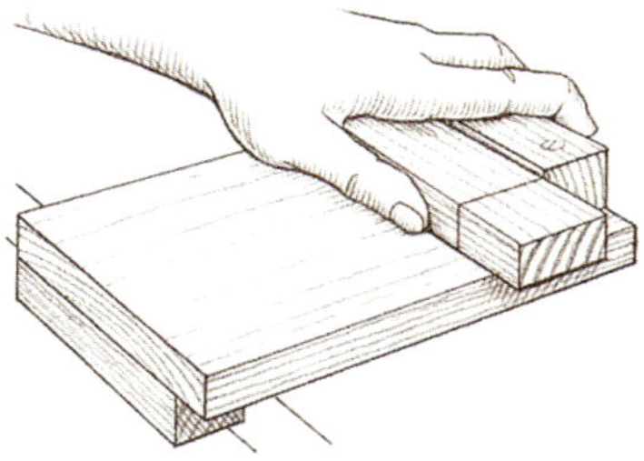

Spannen Sie das Anschlagbrett in den Schraubstock ein. Drücken Sie das Werkstück mit der linken Hand fest gegen die Anschlagleiste, setzen Sie die Säge auf der Abfallseite der Anrisslinie an und führen Sie die Sägeblattspitze mit einigen leichten Zügen über die Linie. Haben Sie die Schnittfuge festgelegt, arbeiten Sie bis zum Ende mit der vollen Länge des Sägeblattes weiter. Ist die Säge in gutem Zustand und wird das Werkstück fest gehalten, muss der Schnitt am Ende nur leicht versäubert werden.

Das Sägen in der Gehrungslade

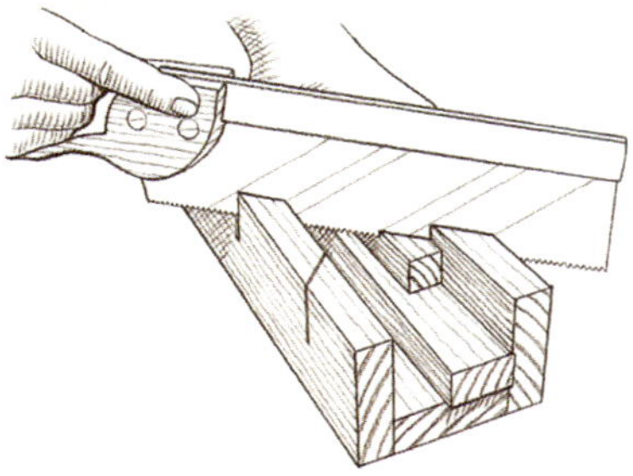

Überprüfen Sie zunächst, ob Ihre Rückensäge und die Gehrungslade zueinander passen, d. h. ob das Sägeblatt und die Einschnitte in der Lade die gleiche Breite haben. Spannen Sie dann die Schneidlade fest und nur so tief in den Schraubstock ein, dass die Oberkante der Basis übersteht. Legen Sie zunächst ein flaches Stück Abfallholz in die Lade und darauf das Werkstück und rücken Sie beides dicht an die hintere Wange. Halten Sie das Ganze mit der linken Hand fest, legen Sie das Sägeblatt in den Einschnitt der Lade und sägen Sie Ihr Werkstück durch.

Das Sägen am Anschlagbrett

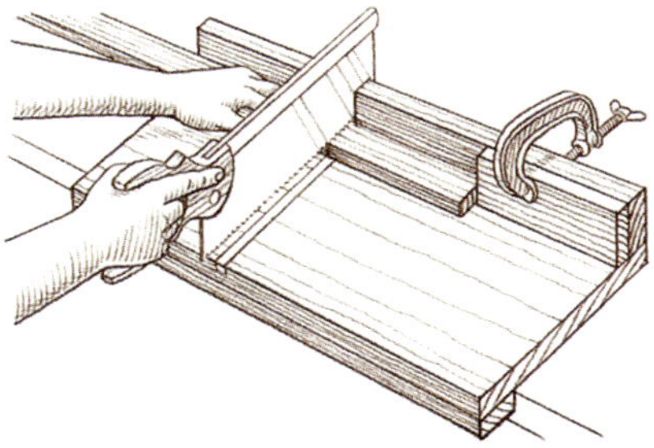

Zum Zuschneiden mehrerer kurzer Holzstücke benutzt man am besten eine Rückensäge und ein Anschlagbrett. Das Brett wird in den Schraubstock gespannt und der Anschlag auf die erforderliche Länge eingestellt. Legen Sie Ihr Werkstück an die hintere Leiste des Anschlagbrettes, schieben Sie es nach rechts und drücken Sie es fest gegen das Ende des Anschlagholzes. Setzen Sie die Säge in den Schlitz ein und sägen Sie das Werkstück durch.

Feinsägen

Diese Sägen sind das geeignete Werkzeug für feine Schnittfugen, insbesondere zum Sägen von Gehrungen und Zapfenverbindungen. Sie haben einen gedrechselten Griff und ein feines Blatt von etwa 25,5 cm Länge und mit 15–20 Zahnspitzen auf 2,55 cm. Beim Sägen wird der Griff mit der einen Hand gehalten, die Blattspitze wie eine große Raspel oder ein Hobel manchmal auch mit der anderen Hand geführt. Halten Sie den Zeigefinger wie beim Arbeiten mit anderen, größeren Sägen am Rücken des Sägeblattes. Anstelle einer Feinsäge kann man zwar oftmals auch eine kleine Zapfensäge benutzen, doch die Feinsäge ist trotzdem eine wertvolle Ergänzung Ihrer Sammlung von Handwerkzeugen.

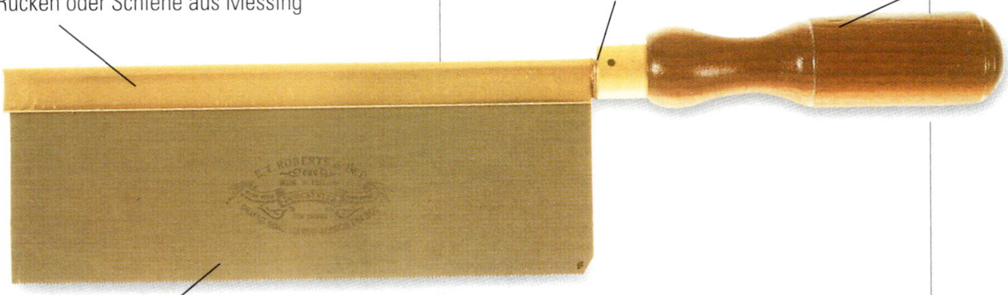

Oben: Manche Feinsägen sind so klein und zierlich, dass sie mit zwei Händen geführt werden müssen.

Oben: Halten Sie zur besseren Schnittführung den gestreckten Zeigefinger auf den Rücken der Säge.

Tipps

Arbeiten Sie nicht gern mit einer Säge mit geradem Griff, benutzen Sie eine Feinsäge mit gekröpftem Griff. Manche Hersteller bieten auch Sägen mit austauschbarem Blatt zum Sägen von Kunststoff, Metall und Holz an.

Zapfen- und Zinkensägen

Die kleinen Rückensägen, die man verschiedentlich auch als Zapfensägen und Zinkensägen bezeichnet, sind eigentlich kleine Längsschnittsägen. Ihr Blatt hat eine Länge von 30,5 – 40,5 cm und ist mit 12 – 14 Zahnspitzen auf 2,55 cm ausgerüstet. Diese Werkzeuge sind für das Sägen mit der Faser, d.h. auch für das Aussägen von Zapfen und Zinken ausgelegt.

Unten: Klassische Zinkensäge mit Längsschnittzahnung für weichere Holzarten.

Das Aussägen eines Zapfens

1 Spannen Sie das Werkstück im Winkel von 45° in den Schraubstock. Halten Sie mit der einen Hand die Säge, fassen Sie mit der anderen das Werkstück und führen Sie das Sägeblatt und sägen Sie so bis zur angerissenen Brüstungslinie. Wiederholen Sie den Arbeitsgang auf der anderen Seite des Werkstückes. Spannen das Holz dann senkrecht in den Schraubstock ein, setzen Sie das Sägeblatt in die Schnittfuge und sägen Sie beiderseits den noch verbliebenen Rest bis zur Brüstungslinie hinunter.

2 Spannen Sie zuletzt die Sägelade in den Schraubstock. Drücken Sie das Werkstück fest gegen den Anschlag, setzen Sie die Säge so auf der Abfallseite der Anrisslinie an, dass die Zähne genau an der Linie entlangschleifen, und sägen Sie das Holz bis zum Zapfen hinunter.

Oben: Der Griff der Zinkensäge ist so gestaltet, dass er ein bequemes Arbeiten ermöglicht. Legen Sie den ausgestreckten Zeigefinger zur optimalen Führung der Säge in die Aussparung oben am Griff.

Das Sägen von Schwalbenschwänzen

1 Nachdem Sie die Schwalbenschwänze mit Streichmaß und Schmiege auf dem Schwalbenschwanz-Werkstück angerissen haben, schraffieren Sie mit Bleistift die auszusägenden Verschnittflächen.

2 Spannen Sie das Werkstück in den Schraubstock und sägen Sie die einzelnen Schwalbenschwänze mit der Zinkensäge bis zur Brüstungslinie ein. Setzen Sie die Säge dabei stets auf der Abfallseite der Anrisslinie an.

3 Spannen Sie nun das Zinken-Werkstück in den Schraubstock ein. Legen Sie das Schwalbenschwanzbrett mit den eingesägten Linien bündig und im rechten Winkel darauf. Übertragen Sie die Abstände zwischen den Linien mit der Zinkensäge auf die Kante der Hirnschnittfläche des Zinkenbrettes. Ziehen Sie mit dem Anschlagwinkel von den angesägten Punkten ausgehend Linien bis zur Brüstungslinie.

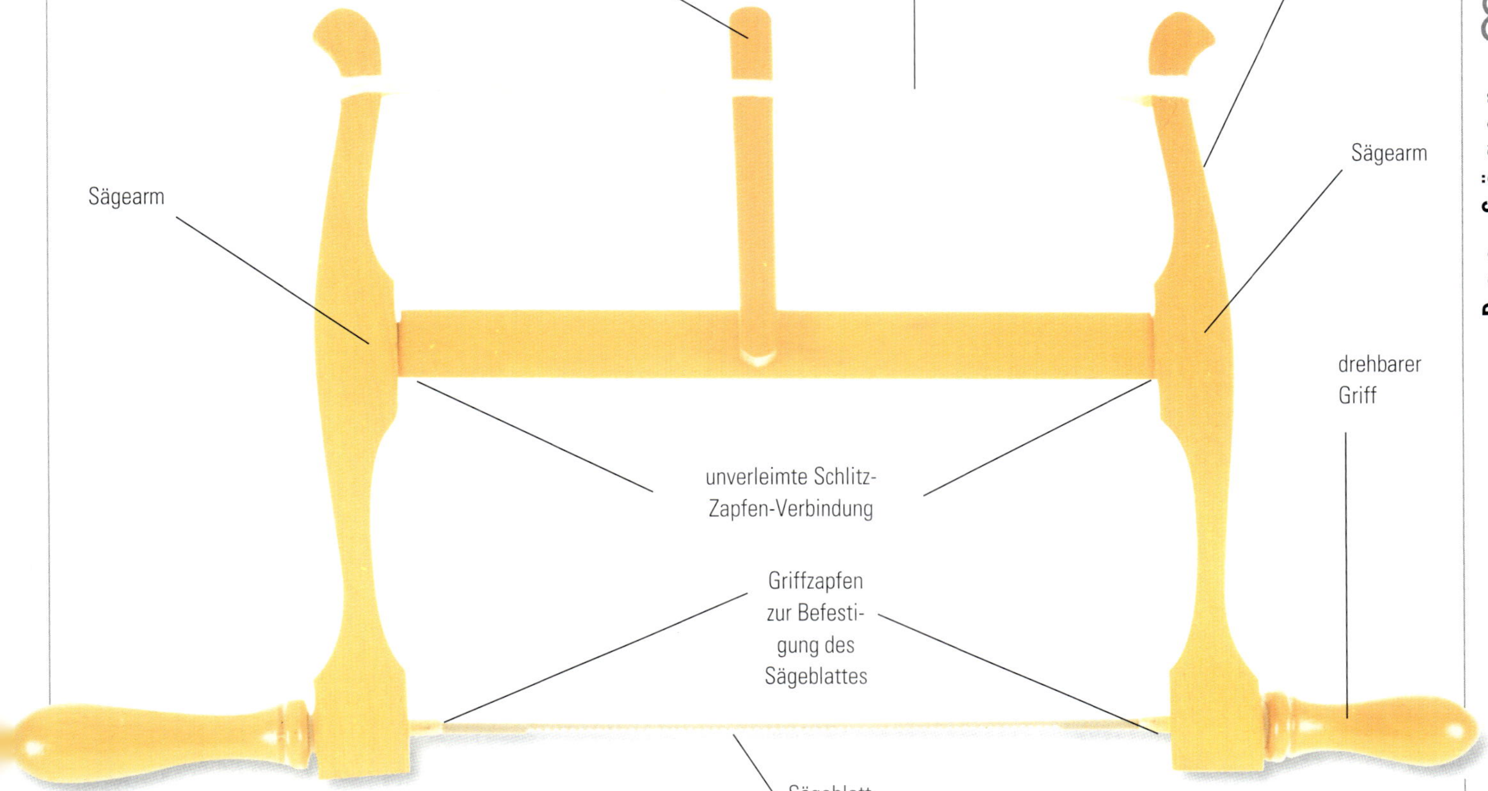

Gestellsägen

Auch wenn heute viele Sägearbeiten mit der elektrischen Stichsäge oder mit der Bandsäge erledigt werden, gehört die Gestell- oder Tischlersäge mit ihrem traditionellen H-förmigen Rahmen und dem flexiblen Sägeblatt mit etwa acht Zahnspitzen auf 2,55 cm wahrscheinlich zu den vielseitigsten Sägen, mit denen man auch Rundungen sägen kann. Die Säge kann durch Drehen der Griffe so eingestellt werden, dass sie in jeder Richtung arbeitet. Die Spannschnur mit dem Spannstock oder Knebel ermöglicht nicht nur ein rasches Auswechseln des Sägeblattes, sondern auch das Einstellen der richtigen Blattspannung.

Das Aussägen eines Stuhlsitzes

1 Spannen Sie zunächst das Sägeblatt, indem Sie die Spannschnur mit dem Knebel verdrehen, bis das Blatt einen hell klingenden Ton von sich gibt.

2 Halten Sie die Säge aufrecht und rechtwinklig zur Breitfläche des Werkstückes. Führen Sie mit der Säge zunächst einen geraden Schnitt bis zur Anrisslinie (oben).

3 Führen Sie die Säge mit beiden Händen, stützen Sie das Werkstück mit Ihrem Körper und drehen Sie den Rahmen der Säge so, dass er nach außen auf die Abfallseite der Anrisslinie zeigt.

4 Da die Anrisslinie sowohl mit der Faser als auch quer dazu verläuft, ändert sich beim Sägen der Rundungen die Schnittgeschwindigkeit.

5 Bereitet es Ihnen Schwierigkeiten direkt ins Hirnholz zu sägen, können Sie Ihre Arbeitsrichtung ändern, damit Sie nur mit der Faser schneiden.

Tipps

Lösen Sie nach Beendigung der Sägearbeit die Spannung an Rahmen und Sägeblatt, indem Sie den Spannstock etwas zurückdrehen. Kontrollieren Sie die Spannschnur regelmäßig auf Abnutzungserscheinungen und ersetzen Sie sie nötigenfalls.

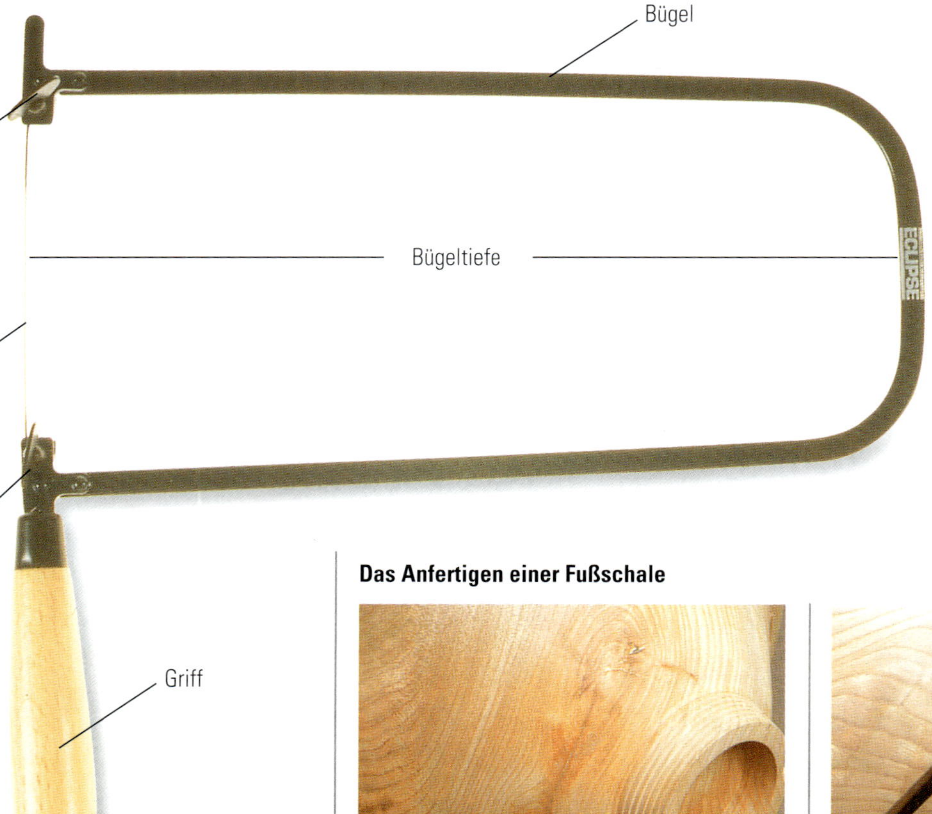

Bei Laubsägearbeiten legt man das Werkstück auf ein festgeschraubtes Stück Holz mit V-förmigem Einschnitt.

Links: Traditionelle Laubsäge mit tiefem Bügel und Holzgriff.

Laubsägen

Der tiefe bogenförmige Rahmen und das dünne Sägeblatt machen die Laubsäge zum idealen Werkzeug für das Ausschneiden komplizierter Rundungen aus dünnem Holz. Zum Aussägen durchgehender Löcher, von Puzzleteilen oder kleinen flachen Spielzeugfiguren ist sie genau das richtige Werkzeug.

Das Blatt wird mit Hilfe zweier Flügelschrauben festgeklemmt; der Bügel der Säge besitzt ausreichend Elastizität um das Sägeblatt unter Spannung zu halten. Zum Einsetzen eines neuen Blattes drücken Sie den Bügel mit Ihrem Körper gegen die Werkbank, bis sich das alte Blatt lockert und herausfällt. Setzen Sie dann die Enden des neuen Sägeblattes in die Klemmvorrichtungen ein, drehen Sie die Schrauben fest und lassen Sie den leicht zusammengedrückten Bügel wieder los.

Spannen Sie ein zu bearbeitendes Werkstück in den Schraubstock oder befestigen Sie es mit der Vorderseite nach unten so an der Werkbank, dass es übersteht und sägen Sie dann mit vorsichtigen Schub- und Zugbewegungen. Die meisten Holzhandwerker spannen das Blatt so ein, dass die Zähne zum Griff zeigen und die Säge auf Zug arbeitet. Auf diese Weise hat man bei dünnem Holz eine bessere Kontrolle über den Sägevorgang.

Das Anfertigen einer Fußschale

1 Der Zapfen dieser Schale wurde so lang gedreht, dass sich daraus drei Füße arbeiten lassen, die im richtigen Größenverhältnis zum Rest der Schale stehen. Die Aussparung in der Mitte muss so geformt werden, dass sie die Rundung des Schalenbodens fortsetzt.

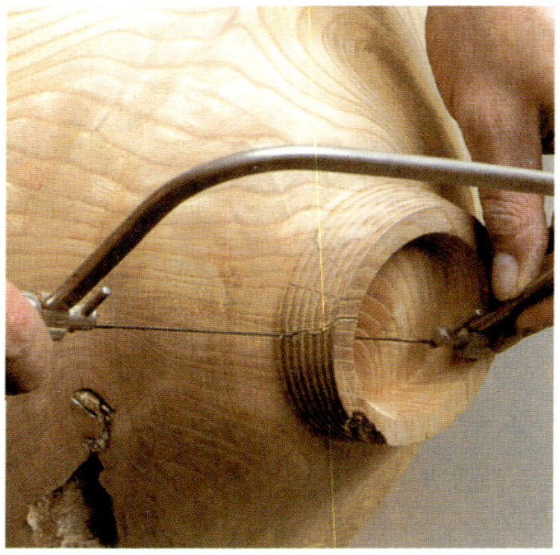

2 Sägen Sie mit der Laubsäge vorsichtig den Abfall zwischen den Schalenfüßen weg. Führen Sie das Sägeblatt durch einen imaginären Punkt in der Mitte, damit sämtliche Schnittflächen nach der Mitte ausgerichtet sind.

3 Entfernen Sie alles überschüssige Abfallholz, das beim Sägen stehen geblieben ist und glätten Sie die Zwischenräume zwischen den Füßen mit einer Raspel. Sie sehen nun, weshalb die zentrale Aussparung unbedingt der Schalenrundung folgen muss.

Bügelsägen

Die Bügelsäge ist für das Sägen enger Rundungen in bis zu 1,25 cm starkem Holz ausgelegt. Sie ist das geeignete Werkzeug zum Aussägen komplizierter Formen oder einzeln liegender Durchbrüche. Auch kleine Gegenstände wie Holzspielzeuge lassen sich mit dieser Säge herstellen. Das dünne, biegsame Sägeblatt kann rasch ausgetauscht werden, indem man einfach den Griff lockerschraubt um die Spannung zu lösen. Ein Sägeblatt wird so lange benutzt, bis es stumpf oder nicht mehr straff ist, und dann weggeworfen.

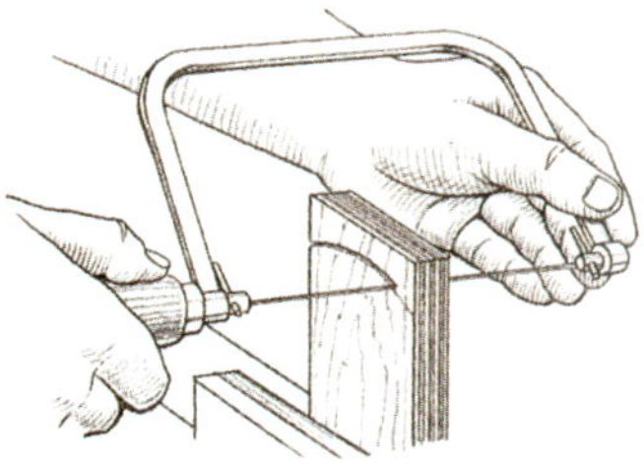

So wird eine Bügelsäge beim Sägen gehalten.

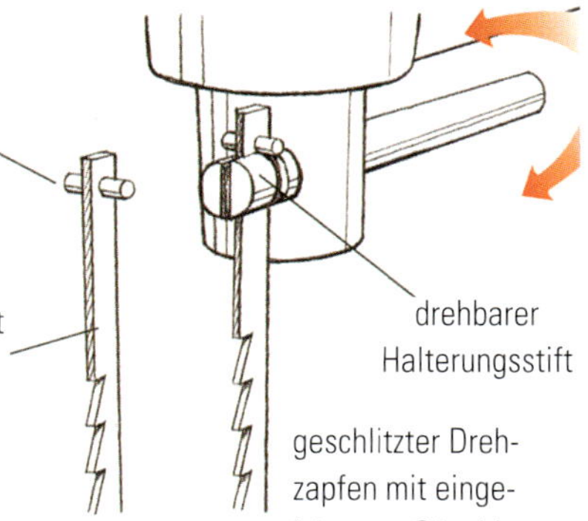

UNTEN: Traditionelle Bügelsäge mit Holzgriff.

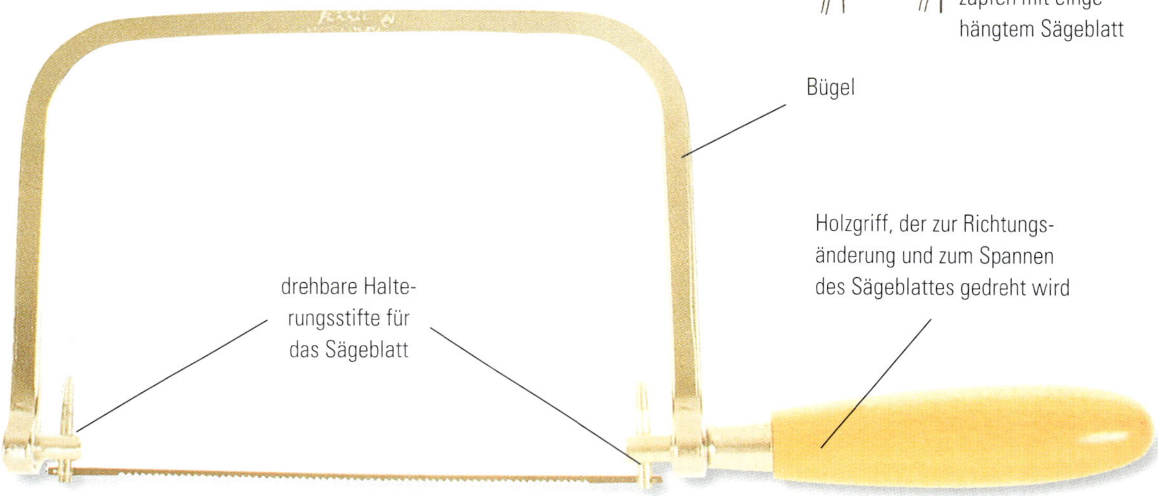

Das Aussägen von Schwalbenschwänzen mit der Bügelsäge

1 Die Bügelsäge ist ein leistungsfähiges, leicht handhabbares Werkzeug zum Aussägen der Abfallflächen von Schwalbenschwänzen. Sägen Sie zunächst jedoch alle Schrägen mit der Zinkensäge ein.

2 Nehmen Sie die Bügelsäge zur Hand, prüfen Sie, ob das Blatt so eingespannt ist, dass die Zähne vom Griff weg weisen und spannen Sie das Blatt langsam, bis es einen hell klingenden Ton von sich gibt, wenn man daran zupft. Beim Aussägen von Schwalbenschwänzen am Schraubstock empfiehlt sich das Arbeiten auf Stoß.

3 Setzen Sie das Blatt in eine der bereits mit der Zinkensäge geschnittenen Schrägen ein und sägen Sie das Abfallstück mit gleichmäßigen Bewegungen entlang der Brüstungslinie aus. Achten Sie darauf, dass Sie auf der Abfallseite der Anrisslinie sägen.

Elektrosägen

Zu den ersten wichtigen Anschaffungen für den Hobby-Holzhandwerker gehört eine Elektrosäge. Die kleinen bis mittelgroßen Tischsägen sind für die „Garagenwerkstatt" kompakt genug und arbeiten beim Ablängen und Zuschneiden von Massivholzbrettern oder Plattenwerkstoffen präzise.

Handsägen

Die meisten Sägearbeiten kann der Holzhandwerker mit der stationären Tischsäge ausführen. Eine Elektrohandsäge ist dennoch eine wertvolle Ergänzung Ihrer Werkzeugsammlung, denn damit kann man auch außerhalb der Werkstatt arbeiten.

Transportable Handsägen lassen sich in zwei Kategorien – in Kreis- und in Stichsägen – unterteilen. Zum Sägen von Rundungen brauchen Sie eine Stichsäge. Wählen Sie ein Modell, das mit Pendelhub und daher effektiver als eine Säge arbeitet, deren Blatt sich nur vertikal bewegt; das Modell sollte mit einem starken Motor (mindestens 300 Watt) ausgerüstet ist, so dass Sie auch Material mit 50 mm Dicke sägen können. Überzeugen Sie sich vor dem Kauf, dass das Gerät mit einer robusten Grundplatte ausgestattet ist; eine dicke Platte aus einer Legierung ist viel besser als eine billigere aus Gesenkstahl.

Das Arbeiten mit der Elektrostichsäge

Die elektrische Stichsäge hat ein kurzes Blatt mit nach oben zeigenden Zahnspitzen, das eine hin- und hergehende Schnittbewegung ausführt. Sie ist ein vielseitiges Werkzeug, mit dem man gerade und gekrümmte Linien ohne Unterbrechung sägen kann. Die Elektrostichsäge lässt sich einfach handhaben, wenn Sie erst einmal gelernt haben den Druck auf die Oberfläche des Werkstückes gegen die Aufwärtsbewegung des Sägeblattes konstant zu halten. Mit der Stichsäge können Sie (ähnlich wie mit der Bandsäge) enge Ausschnitte wie beispielsweise Kurven und schmale Schlitze sägen.

OBEN: Die Stichsäge ist ein vielseitiges Handwerkzeug zur Ausführung gerader, gekrümmter oder winkliger Schnitte. Für die Bearbeitung unterschiedlicher Werkstoffe gibt es jeweils geeignete Sägeblätter.

Das Arbeiten mit der Handkreissäge

Kreissägen benutzt man für gerade Schnitte quer oder längs zur Faser. Ihre Schnitttiefe lässt sich durch Höherstellen oder Absenken des Sägeblattes regulieren. Wird das Blatt in einem bestimmten Winkel eingestellt, kann man mit der Handkreissäge auch schräge Kanten schneiden. Die Säge eignet sich zum Freihandschneiden entlang einer markierten Linie. Setzen Sie dazu das Werkzeug an die Markierung. Schalten Sie den Motor ein, bevor das Sägeblatt Kontakt mit dem Werkstück hat.

Zum Ausführen von Schnitten parallel zur Werkstückkante wird ein Parallelanschlag benutzt.

Als Führung für gerade Schnitte wird eine Leiste mit Schraubzwingen in der gewünschten Position befestigt.

Rechts: Die Handkreissäge wird zum Sägen von Massivholz oder Holzwerkstoffen benutzt.

Tischkreissägen

Die Tischkreissäge ist eines der nützlichsten – und eines der gefährlichsten – Werkzeuge in der Werkstatt. Sie arbeitet schnell und kraftvoll und kann die unterschiedlichsten Schnitte mit großer Genauigkeit ausführen. Sie ist allerdings mit Respekt zu behandeln. Lesen Sie das Benutzerhandbuch dazu und halten Sie stets die Sicherheitsvorschriften ein.

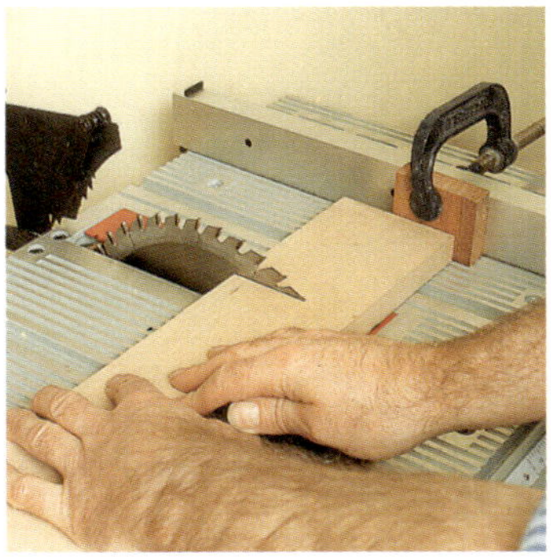

Eine Tischkreissäge wird für gerade Schnitte längs und quer zur Faser benutzt. Ihr Blatt ist höhen- und winkelverstellbar. Bei einem Sägeschnitt quer zur Faser wird die Anschlagleiste auf einen Winkel von 90° gestellt. Führen Sie das Werkstück und den Gleitanschlag mit beiden Händen. Den am Längenanschlag festgespannten Holzklotz benutzt man als Hilfsanschlag, wenn mehrere Bretter auf die gleiche Länge geschnitten werden sollen.

Achtung: Die Schutzeinrichtungen wurden hier nur zu Demonstrationszwecken entfernt (Abb. oben und rechts).

Die Tischkreissäge wird für Einzel- und für Wiederholungsschnitte längs der Faser (Längssägen) benutzt. Der Motor wird erst angeschaltet, wenn der Anschlag eingerichtet und festgestellt ist. Der Spaltkeil hinter dem Sägeblatt hält die Schnittfuge offen und verhindert so das Verklemmen und Zurückschlagen des Holzes. Benutzen Sie zum Führen des Werkstückes entlang der Anschlagleiste Schiebestöcke, die Sie leicht an der Bandsäge zurechtschneiden können.

Das Sägeblatt kann bis zu einem Winkel von 45° beliebig schräg gestellt werden. Ist der Gleitanschlag dabei auf 45° eingestellt, können auch gefaste Gehrungsschnitte ausgeführt werden.

Das Kreissägeblatt kann zum Schneiden von Nuten abgesenkt werden. Dabei wird der Längsanschlag als Führung benutzt. Zunächst schneidet man eine Kerbe, die durch ein leichtes Verstellen des Anschlages bei den Folgeschnitten auf die erforderliche Breite erweitert wird. Das ist besonders vorteilhaft beim Schneiden von Zapfenwangen.

Tipps

Stationäre Elektrokreissägen gibt es in zwei Ausführungen – als Tischkreissäge, bei der das Werkstück über den Tisch geschoben wird, und als Auslegerkreissäge, die man über das feststehende Werkstück führt. Obwohl sich beide Sägen zum Längs- und Quersägen eignen, benutzt man die Tischkreissäge am besten zum Längssägen und die Auslegerkreissäge zum Querschneiden.

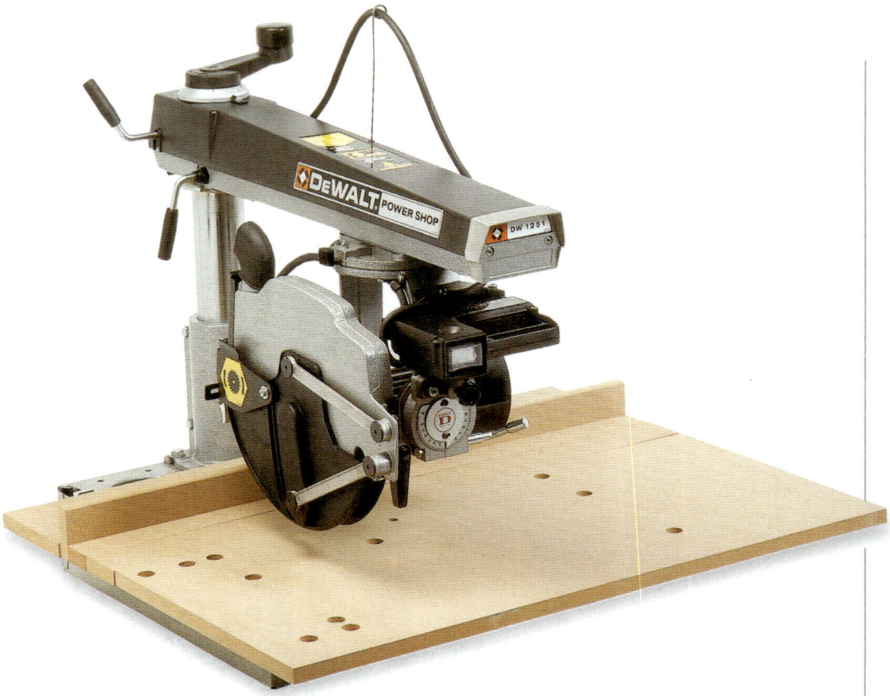

Oben: Die Auslegerkreissäge kann mehr als nur Nuten oder Falze schneiden.

Oben: Die Bandsäge ist ein außerordentlich nützliches Maschinenwerkzeug. Sie kann sowohl gerade als auch gekrümmte Linien sägen. Der Maschinentisch ist waagerecht eingestellt, er kann jedoch auch bis zu einer Schräge von 45° geneigt werden. Das Endlossägeband schneidet geräuscharm und effizient und verursacht weniger Lärm, weniger Abfall und weniger Staub als eine Kreissäge.

Bandsägen

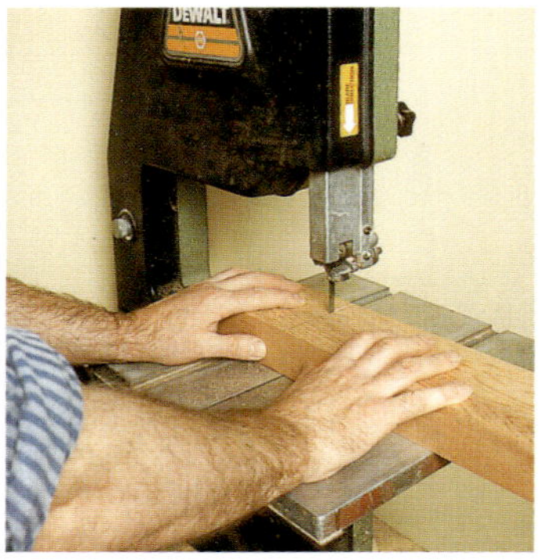

Eine Bandsäge ist ein geräuscharm und effizient arbeitendes Maschinenwerkzeug zum Ausschneiden gerade begrenzter und unregelmäßig geformter Werkstücke. Ihr Endlos-Sägeband läuft über zwei Bandsägerollen mit großem Durchmesser. Der Abstand zwischen Sägeblatt und Maschinenrahmen bestimmt die Länge der Werkstücke, die mit der jeweiligen Maschine quer zur Faser geschnitten werden können. Das Holzwerkstück liegt beim Sägen auf dem Sägetisch.

Die wirklich vielseitige Bandsäge kann Kreise oder andere Krümmungen entlang einer Markierung aussägen. Halten Sie beim Drehen und Vorschieben des Werkstückes Ihre Finger stets in sicherer Entfernung vom Sägeblatt.

Mit der Bandsäge kann man auch dicke Massivholzstücke zerteilen. Das Werkstück darf dabei allerdings nur langsam vorgeschoben werden, da zum Einen das Sägeblatt sehr empfindlich ist und da man zum Anderen Spänen und Sägemehl Zeit lassen muss aus der Schnittfuge zu fallen, damit ein Überhitzen des Blattes vermieden wird.

Auslegerkreissägen

Eine Auslegerkreissäge ist eine von oben arbeitende Kreissäge. Bei dieser Art Kreissäge liegt das Werkstück fest auf dem Tisch, der Schlitten mit Sägeblatt und Motor wird am Ausleger über das Holz gezogen. Sie wird hauptsächlich für Querschnitte benutzt, führt jedoch auch Längs-, Gehrungs- und Fasenschnitte aus. Zum Sägen von Nuten und Falzen kann das Sägeblatt höher oder tiefer gestellt werden. Zum Sägen drückt man das Werkstück an den Anschlag und richtet es mit der Schnittlinienmarkierung am Sägeblatt aus. Durch einfaches Bedienen von Einstellknöpfen kann der Schlitten zum Einsägen der Hirnfläche in einen beliebigen Winkel gebracht oder an einem Punkt festgestellt werden.

Die Auslegerkreissäge sollte nicht zum Längsschneiden von Brettern benutzt werden, da das gewisse Gefahren birgt. In manchen Ländern ist die Verwendung der Auslegerkreissäge für diesen Zweck sogar verboten, weil das Werkstück während des Längsschneidens vom Werktisch emporgehoben werden kann. Es empfiehlt sich zum Längschneiden von Brettern eine Tischkreissäge zu benutzen.

Elektrolaubsägen

Die Elektrolaubsäge gehört zweifellos zu den am leichtesten bedienbaren Maschinenwerkzeugen. Allein dieser Umstand verführt so manchen Holzhandwerker dazu, die Vorteile als selbstverständlich hinzunehmen und die Säge wie ein Spielzeug zu behandeln. Anfänger stellen ihre neue Elektrolaubsäge einfach auf die Bank, schalten sie ein und beginnen damit zu arbeiten. Was passiert? Die unbefestigte Säge hüpft auf der Werkbank herum und verdirbt das Werkstück. Man richtet für die Elektrolaubsäge am besten einen eigenen Maschinentisch ein, an dem man sie festschraubt um jegliches Vibrieren zu unterbinden. Manche Handwerker bevorzugen dafür eine lange Bank, an deren einem Ende die Säge befestigt ist und an deren anderem Ende sie während der Arbeit sitzen können. Nehmen Sie das richtige Sägeblatt und setzen Sie es so in die Säge ein, dass es oben und unten leicht drehbar ist. Das Blatt hat die richtige Spannung, wenn es beim Anzupfen einen hell klingenden Ton erzeugt.

OBEN: Die Laubsäge arbeitet mit preisgünstigen Wegwerf-Sägeblättern, die fein gezahnt sind und mit hin- und hergehender Bewegung schneiden. Sie wird zum Schneiden feiner, spitz zulaufender Ecken in bis zu 25 mm starkem Material benutzt.

Das Aussägen spitzer Winkel

Das richtige Aussägen spitzer Winkel mit der Laubsäge ist für Anfänger oftmals ein Problem. Sie arbeiten entweder zu langsam und versengen dabei das Holz oder ändern die Schnittrichtung zu rasch, wobei das Sägeblatt verdreht wird und bricht. Arbeiten Sie am besten nach folgenden Punkten:

- Soll das Holz beiderseits der Schnittlinie erhalten bleiben, verlangsamen Sie den Vorschub an den Winkeln und lassen dem Sägeblatt genügend Zeit sich rundum Platz zu schaffen; erst dann ändern Sie die Schnittrichtung.
- Ist das Holz innerhalb der Winkel nur Verschnitt, führen Sie das Sägeblatt zunächst mitten durch bis zur Winkelspitze, nehmen es wieder zurück und schneiden auf jeder Seite entlang der vorgezeichneten Linie bis zur Spitze.
- Je feiner die Sägezähne sind und je straffer das Sägeblatt gespannt ist, desto leichter geht das Sägen eines Winkels vonstatten.
- Versuchen Sie nie einen Winkel mit einem alten Blatt auszusägen.

Das Sandwich-Sägen

Nicht wenige Holzhandwerker nutzen die Laubsäge auch zur Herstellung von Spielzeugen oder anderen kleinen Holzgegenständen, die viele gleiche Teile aufweisen. Angenommen, Sie wollen aus 3 mm starkem Holz sieben Ziffern aussägen, die die gleiche Form haben, 75 mm hoch und 50 mm breit sind.

1 Schneiden Sie sieben Holzplättchen – für jede Form eines – zurecht. Übertragen Sie die Ziffernform auf ein Plättchen und schraffieren Sie die Abfallflächen. Legen Sie alle sieben Plättchen mit jeweils einem Streifen doppelseitigen Klebebandes dazwischen und dem markierten Teil zuoberst bündig aufeinander.

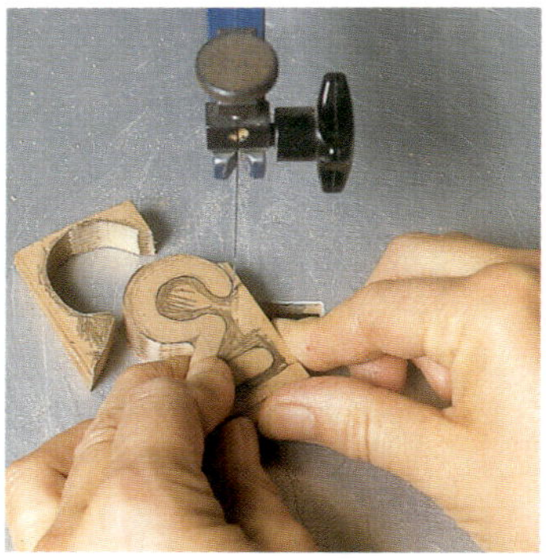

2 Setzen Sie ein neues Sägeblatt so ein, dass die Zahnspitzen nach unten zeigen, und spannen Sie es, bis es beim Anzupfen hell klingt. Wischen Sie den Arbeitstisch mit einem Lappen sauber und vergewissern Sie sich, dass die Säge in Ordnung ist. Drücken Sie den kleinen Holzstapel fest auf den Tisch und rücken Sie ihn mit gleichmäßigem Vorschub in die Säge. Führen Sie den Stapel so, dass das Sägeblatt stets an der vorgezeichneten Form entlangläuft. Behalten Sie die Vorschubgeschwindigkeit und den Druck Ihrer Finger auf den Holzstapel bei.

3 Nach dem Aussägen der Form lösen Sie die einzelnen Holzplättchen voneinander und entfernen das Klebeband. Haben Sie sich an die Arbeitsbeschreibung gehalten, sind die Schnittkanten so glatt, dass sie kaum noch abgeschliffen werden müssen.

Die Sägelehre

Der Bau einer Sägelehre

Die hier abgebildete Sägelehre ist ein einfaches, doch zuverlässiges und effizientes Hilfsmittel zum Zersägen eines Holzstückes in mehrere gleich große Teile. Die Grundplatte ist aus einer 12 mm starken Tischlerplatte geschnitten, die mit einer erneuerbaren streifenförmigen Hartholzeinlage geschützt wird. Die 45 mm hohe und 16 mm starke Wange besteht aus Buchenholz oder einem anderen Hartholz. Sie ist mit einem Gleitanschlag aus Hartholz versehen, der mit einer Vierkantholzschraube und einer Flügelmutter festgestellt wird.

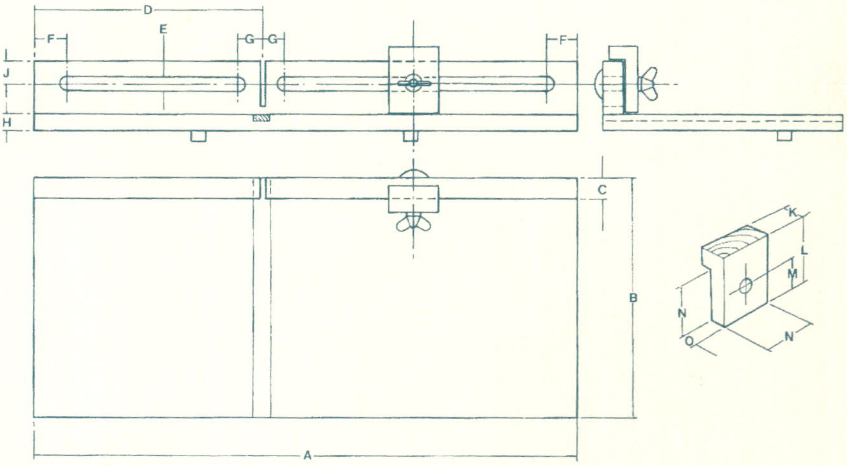

Gleitanschlag (Darstellung rechts auf die Hälfte verkleinert)

Abmessungen

A	450mm	H	12mm
B	200mm	J	21mm
C	16mm	K	18mm
D	187mm	L	58mm
E	10mm	M	24mm
F	25mm	N	45mm
G	19mm	O	10mm

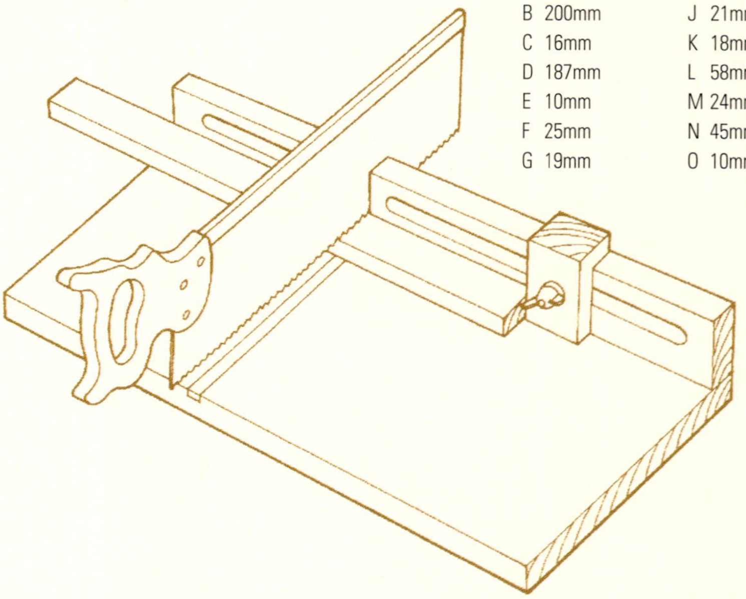

DAS HOBELN

Durch Abhobeln bereitet man das Holz zum akkuraten Anreißen und Ausschneiden von Verbindungen vor und glättet das Werkstück zur abschließenden Oberflächenbehandlung. Das Hobeleisen muss eine messerscharfe Schneide haben und sorgfältig eingestellt sein, damit es Späne in der erforderlichen Stärke abnimmt. Das Hobeln ist eine Fertigkeit, die einiger praktischer Erfahrung bedarf. Es wird also etwas dauern, bis Sie sich an das Werkzeug gewöhnt haben und sich mit der Technik des Schärfens, mit dem Einstellen des Eisens und dem richtigen Gebrauch des Werkzeugs vertraut gemacht haben.

UNTEN: Die Hobel zur Holzbearbeitung werden heute zwar meist aus Metall gefertigt, doch Form und Gestaltung haben sich in den letzten zweihundert Jahren nur wenig geändert.

Die Arbeitsabfolge

Beim Hobeln gibt es eine Reihenfolge der Arbeitsgänge, die man stets einhalten sollte. Zuerst wird die Gut- oder Bezugsseite, dann die Bezugskante gehobelt. Dann folgt das Abmessen sowie das Abhobeln eines Werkstückes auf Breite und schließlich das Dickenhobeln. Das Zuschneiden eines Teils auf Länge geschieht zu einem späteren Zeitpunkt.

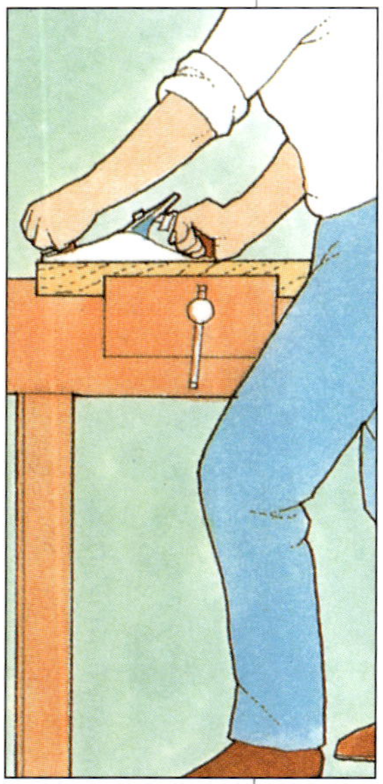

Die Wahl des Hobels

Ein langer Hobel gleitet über die hochstehenden Stellen hinweg und entfernt sie Schicht um Schicht, bis das Holz plan ist und ein einzelner langer Span abgenommen werden kann. Ein kleinerer Hobel dagegen folgt den Konturen der Oberfläche. Ein Putzhobel oder ein kleiner Schlichthobel sind für eine erste Anschaffung eine gute Wahl.

Bis Sie sich an das Arbeiten mit dem Werkzeug gewöhnt haben, stellen Sie den Hobel so ein, dass er vorerst nur feine Späne abnimmt. So gleitet er leichter über das Holz und lässt sich besser führen, als wenn Sie damit dicke Späne abhobeln.

Tipps

- Um sich mit Ihrem neuen Hobel vertraut zu machen, zerlegen Sie ihn am besten einmal in seine Einzelteile und sehen sich an, wie sie alle zueinander passen und aufeinander abgestimmt funktionieren.
- Neue Hobel weisen genau wie neue Stemm- oder Stechwerkzeuge unter anderem an der Schneide Unebenheiten und Kratzer auf, die beim Gießen und maschinellen Schleifen entstanden sind. Entfernen Sie die Unebenheiten mit einem Stück Schleifpapier, das auf eine ebene Fläche gespannt ist. Danach arbeitet der Hobel effizienter, und Sie werden gern damit hantieren.

Das Arbeiten mit dem Hobel

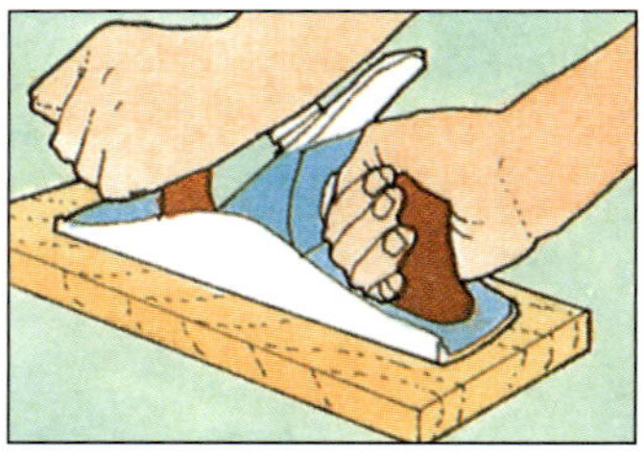

1 Stellen Sie zunächst fest, welche Seite des Brettes die bessere ist und Ihre Gut- oder Bezugsseite werden soll. Befestigen Sie das Brett auf einer stabilen waagerechten Fläche an einem Anschlag oder spannen Sie es in einen Schraubstock ein. Stellen Sie sich so, dass Schulter, Hüfte und Hobel eine Linie bilden und die Füße leicht auseinander gerückt sind.

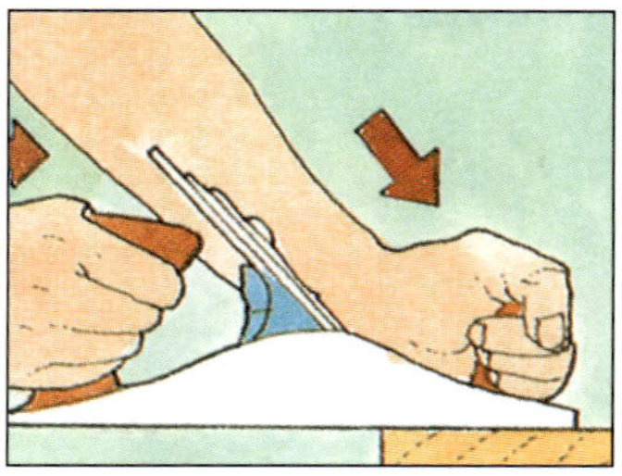

2 Bemühen Sie sich mit geschmeidiger Bewegung und gleichmäßigem Druck zu arbeiten. Am Anfang des Hobelstoßes liegt der Druck auf dem vorderen Griffknopf.

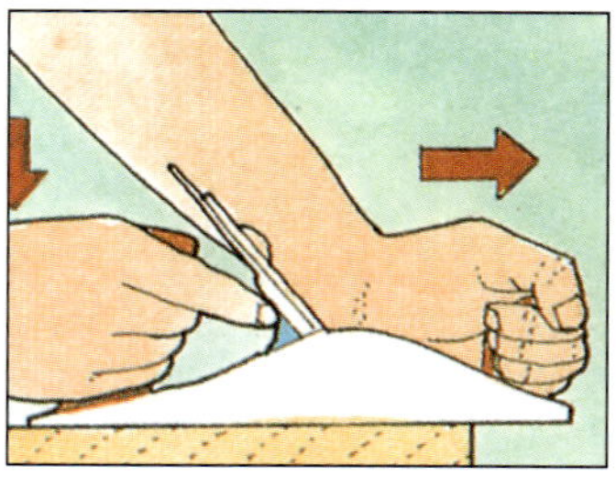

3 In der Mitte des Hobelstoßes ist der Druck gleichmäßig auf beide Griffe verteilt, und am Ende wird er auf den hinteren Griff verlagert. Heben Sie den Hobel erst vom Werkstück ab, wenn Sie die Schneide über das Brettende hinweg geschoben haben.

Das Abrichten des Holzes: Hobeln der Bezugsseite, der Bezugskante, auf Breite und Dicke

Betrachten Sie das Hobeln und das Prüfen auf Geradheit und Winkligkeit als *einen* Vorgang, denn das Eine hat ohne das Andere kaum Sinn. Unterbrechen Sie die Hobelarbeit öfter um das Werkstück zu kontrollieren. Legen Sie dabei den Hobel stets auf die Seite, damit die Schneide nicht beschädigt wird.

4 Unterbrechen Sie die Arbeit beim Abhobeln der Gutseite um das Holz der Breite nach sorgfältig auf Ebenheit und der Länge nach auf Geradheit zu prüfen.

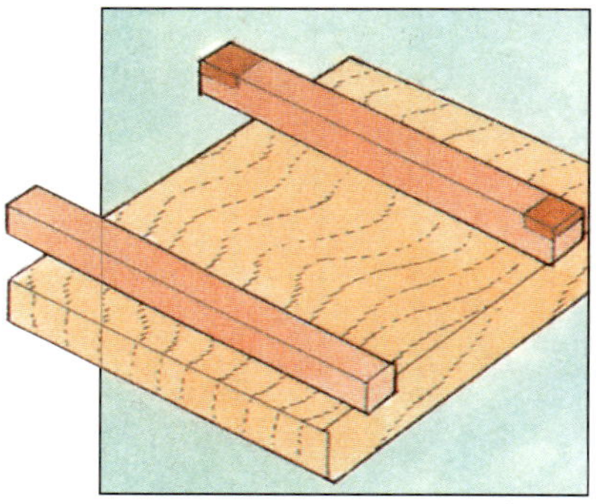

5 Zur Kontrolle des Brettes auf Windschiefe oder Verdrehung legen Sie auf jedes Ende eine Holzleiste und visieren die Oberkanten der Leisten an. Ist das Brett gerade, liegen die Oberkanten parallel zueinander.

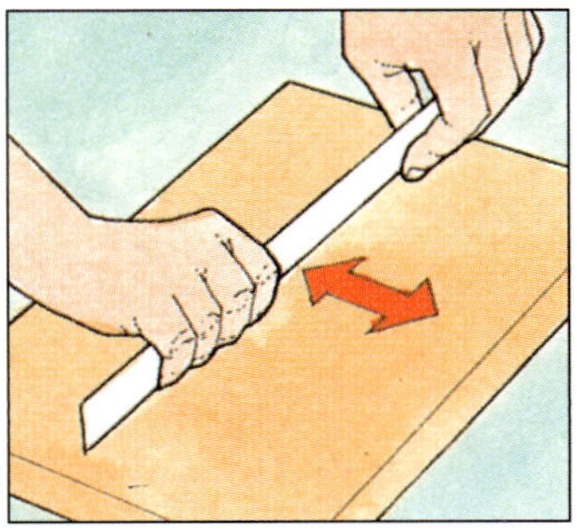

6 Legen Sie ein Stahllineal oder ein Richtscheit in Abständen längs zur Faser auf das Holz um festzustellen, ob die Oberfläche über die gesamte Länge eben ist. Zum Prüfen können Sie auch den Hobel seitlich neigen und die Sohle als Richtscheit benutzen.

Das Abhobeln der Kante

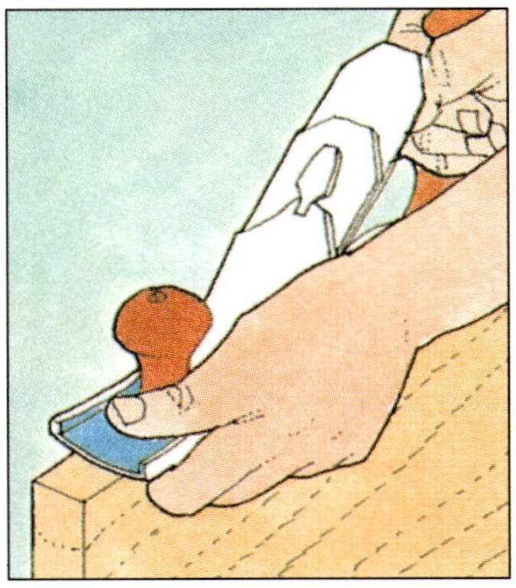

7 Zum Abhobeln der Bezugskante legen Sie das Werkstück an einen Bankhaken oder spannen es in den Schraubstock ein. Damit Sie den Hobel auf der schmalen Kante gerade und mittig halten können, legen Sie den Daumen vor dem Griffknopf auf die Sohle, fassen mit den Fingern um die Hobelseite an die Sohle und führen den Hobel.

8 Prüfen Sie mit Hilfe des Anschlagwinkels, ob die Kante über ihre gesamte Länge hinweg einen rechten Winkel mit der Bezugsseite bildet. Drücken Sie dabei den Holzschenkel fest auf die Bezugsseite und halten Sie das Werkstück gegen das Licht.

Das Kennzeichnen und Abhobeln der anderen Seiten

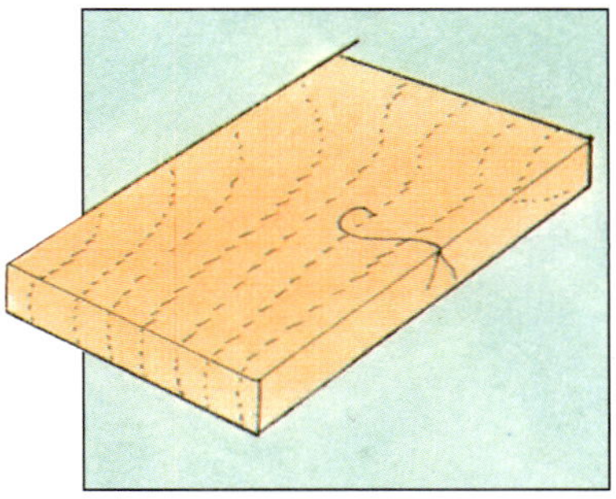

9 Haben Sie eine Fläche und eine Kante, die völlig gerade und zueinander rechtwinklig sind, markieren Sie sie mit dem geschwungenen Flächenzeichen und dem winkligen Kantenzeichen. Mit dieser Bezugsfläche bzw. Bezugskante ist es nun relativ einfach, das Holz auf die Breite und Dicke zu bringen, die Sie für Ihr Projekt brauchen.

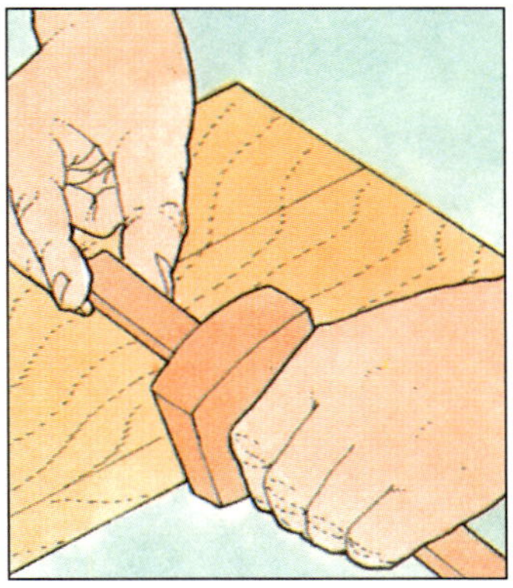

10 Reißen Sie mit dem Streichmaß von der Bezugskante ausgehend die Breite des Brettes an. Stellen Sie die Anreißspitze auf die Breite ein, drücken Sie den Kopf des Streichmaßes gegen die Bezugskante und ziehen Sie eine Linie. Drehen Sie das Brett um und markieren Sie die Breite auf der sägerauen, ungehobelten Seite. Drücken Sie den Anschlag des Streichmaßes dabei wieder fest gegen die Bezugskante. Hobeln bzw. sägen und hobeln Sie das Brett auf dieser Breite und kontrollieren Sie Ihre Arbeit öfter.

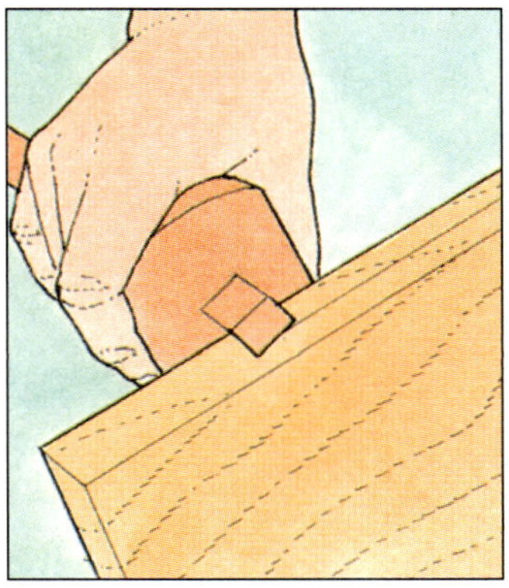

11 Zum Anreißen der Materialdicke drücken Sie den Kopf des Streichmaßes gegen die Bezugsseite und ziehen auf der Bezugskante sowie auf der gegenüberliegenden Kante jeweils eine Linie. Dann hobeln Sie das Brett bis auf diese Anrisslinien ab. Prüfen Sie das Brett öfter auf Ebenheit und Rechtwinkligkeit.

Das Planhobeln breiter Bretter

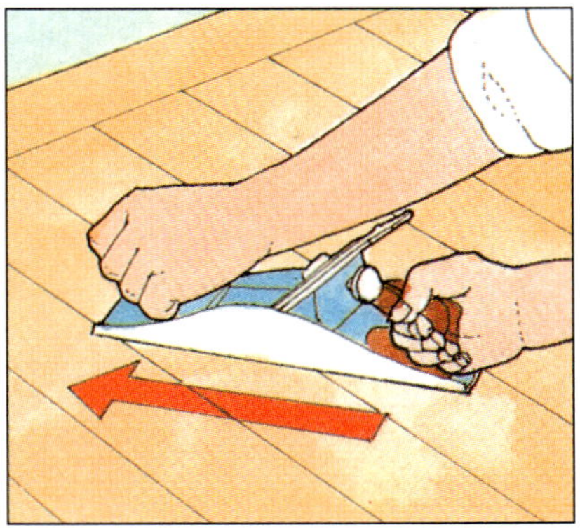

12 Hobeln Sie breite oder zusammengefügte Bretter über die gesamte Fläche in diagonal geführten, einander überlappenden Stößen mit der Faser und quer zur Faser plan. Nehmen Sie zum Schluss mit parallelen Hobelstößen in Faserrichtung nur noch feine Späne ab.

Tipps

Bevor Sie mit dem Putzhobel alle Spuren der maschinellen Bearbeitung von der Holzoberfläche entfernen, vergewissern Sie sich, dass die Ecken der Hobelschneide leicht abgerundet sind, damit sie auf dem Holz keine Spuren hinterlassen.

Handhobel

Bankhobel

RECHTS: Die Bestandteile eines zerlegten Bankhobels aus Metall.

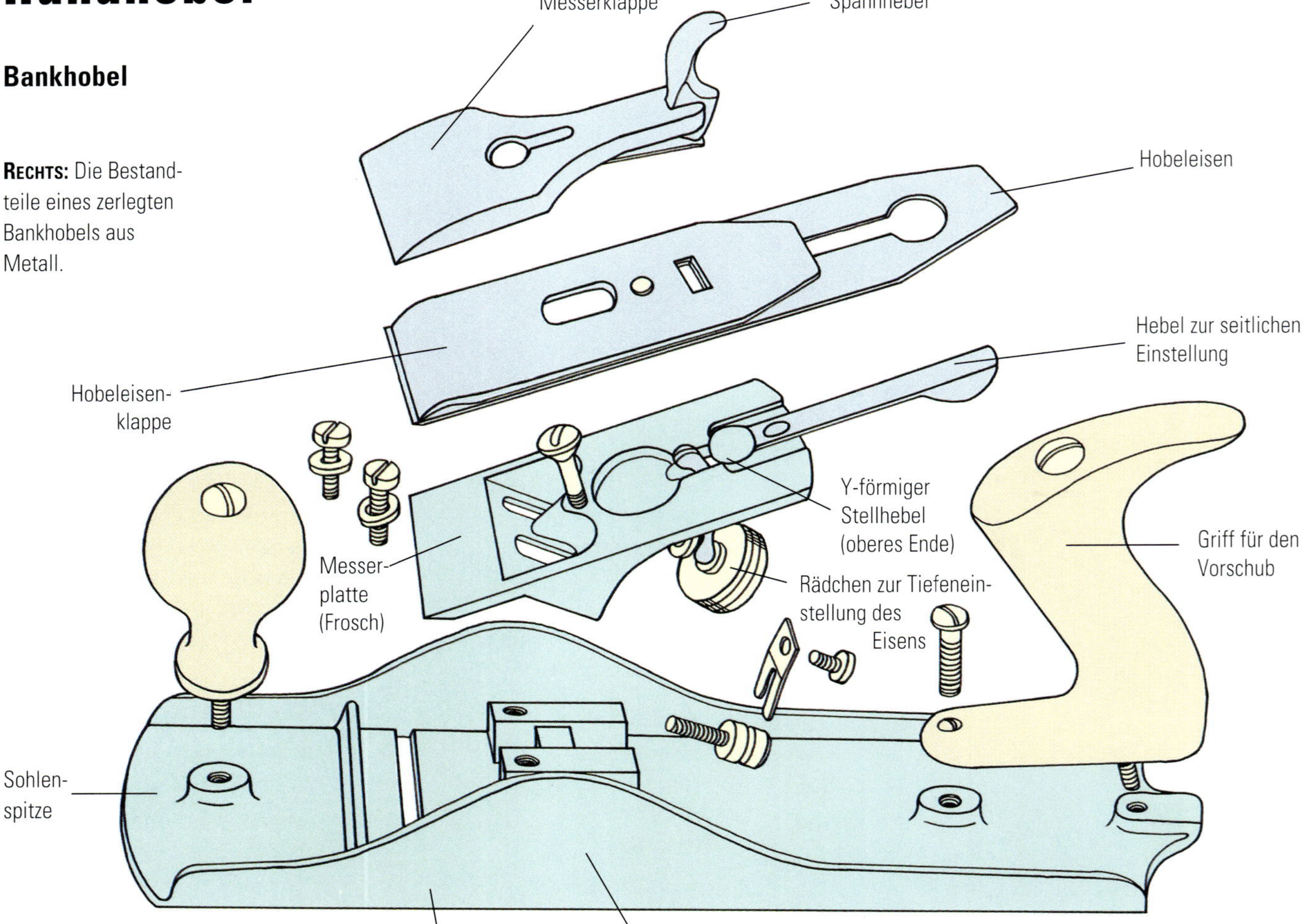

Die Einstellung

Die Arbeit mit einem modernen Bankhobel und dessen Handhabung bereitet dem Holzhandwerker zwar viel Freude, doch wird dieses Werkzeug oftmals falsch benutzt und schlecht gepflegt. Das hat unter anderem mit den zahlreichen beweglichen Einzelteilen und Einstellungsmöglichkeiten zu tun.

Das Einstellen der Maulöffnung

Ein Bankhobel nimmt bei breiter Maulöffnung zur Bearbeitung von Weichholz dicke Späne und bei schmaler Maulöffnung zum Abhobeln von Hartholz kleine, feine Späne ab. Zum Regulieren der Maulöffnung setzen Sie zunächst die Messerplatte mit den drei Schrauben ein und probieren dann die Tiefeneinstellschraube aus. Drehen Sie im Uhrzeigersinn, schiebt sich die Messerplatte nach vorn und verengt das Hobelmaul. Haben Sie die gewünschte Einstellung gefunden, ziehen Sie die beiden Befestigungsschrauben an der Messerplatte fest an.

Das Einstellen der Messerklappe und des Eisens

Wenn Sie einen Hobel in Aktion einmal aus der Nähe und gewissermaßen aus der Holzwurmperspektive betrachten könnten, würden Sie sehen, dass das unten liegende, angefaste Eisen die Schneidarbeit erledigt, während die darüber liegende Klappe die Späne bricht und von der Maulöffnung wegleitet. Sie würden auch erkennen, dass Hobeleisen und Hobeleisenklappe fest aufeinander sitzen müssen, damit sie nicht vibrieren oder rattern. Zum Einstellen der Eisen wird einfach die Befestigungsschraube gelöst, die Klappe nach hinten oder vorn geschoben und dann wieder festgeschraubt. Wählen Sie für grobe Hobelarbeiten einen größeren Abstand zwischen Klappe und Schneide und für feine Arbeiten einen kleineren Abstand zwischen beiden. Ist zwischen der Vorderkante der Hobeleisenklappe und dem Hobeleisen ein Spalt zu sehen, muss die Unterseite der Klappenkante abgeschliffen werden, damit sie lückenlos auf dem Eisen aufsitzt.

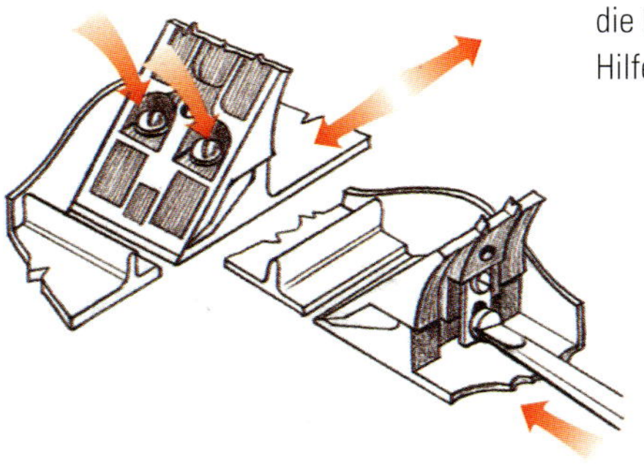

LINKS: Regulieren Sie die Maulöffnung mit Hilfe der drei Schrauben.

RECHTS: Klassischer Bankhobel aus Metall im Längsschnitt.

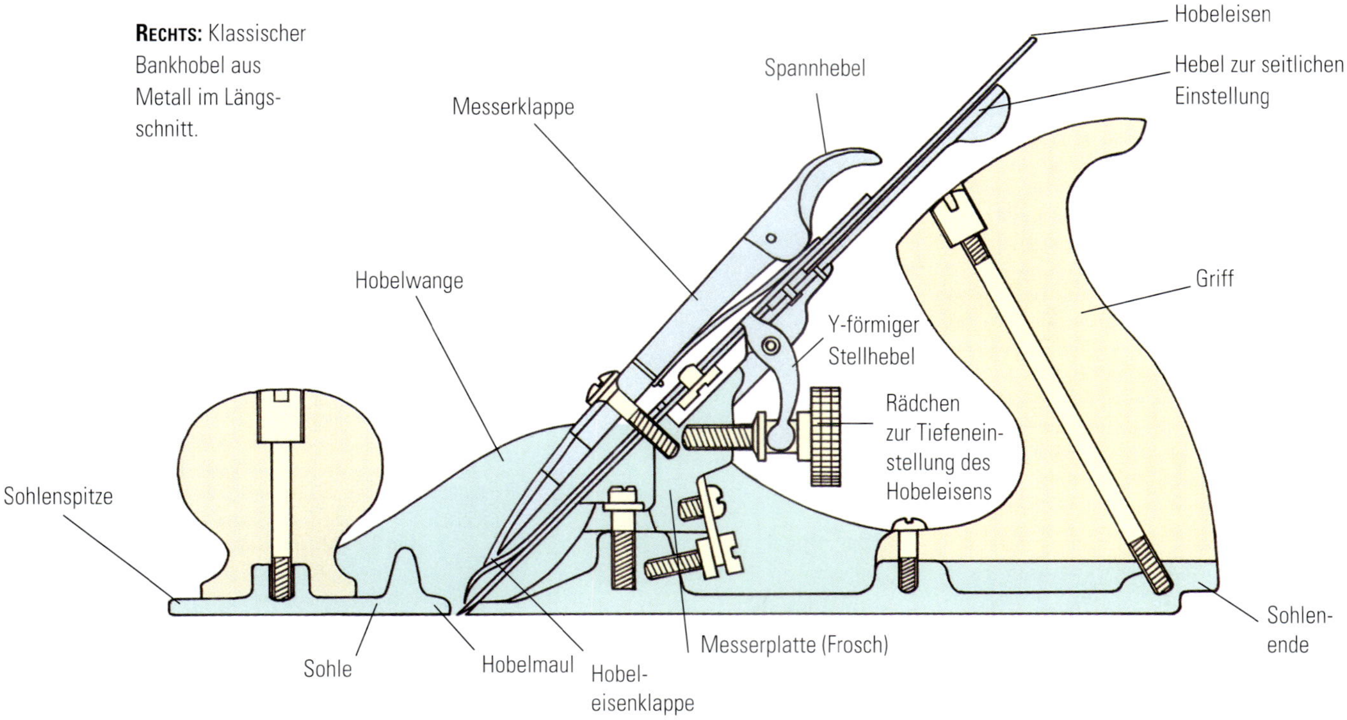

RECHTS: Bewegen Sie den Hebel zur seitlichen Einstellung nach links oder rechts, damit das Hobeleisen gerade im Hobelmaul liegt.

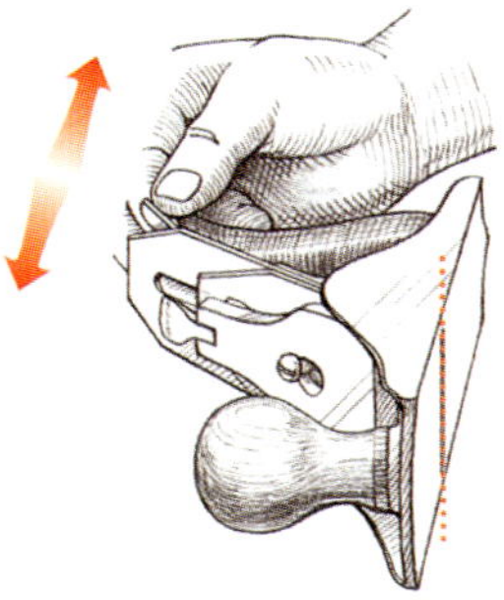

Das seitliche Einstellen des Eisens

Nach dem Einstellen der Messerplatte, des Hobeleisens und der Hobeleisenklappe setzen Sie das Ganze an seinen Platz im Hobelkörper. Drücken Sie dann den Hebel zur seitlichen Einstellung nach links oder nach rechts, damit die Schneide des Hobeleisens schließlich parallel zum Hobelmaul liegt.

RECHTS: Regulieren Sie die Schnitttiefe durch Vorschieben oder Zurückziehen des Hobeleisens.

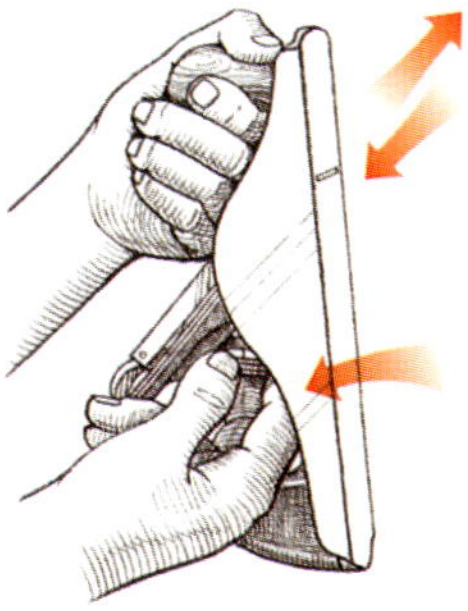

Das Einstellen der Schnitttiefe

Sind die Eisen montiert und parallel zum Hobelmaul eingestellt, schieben Sie die Messerklappe auf die dazugehörige Befestigungsschraube und stellen das Ganze so weit fest, dass Sie die Seiten- und Tiefeneinstellung noch regulieren können. Die Schnitttiefe wird einfach durch Drehen der großen Messingschraube – im Uhrzeigersinn für tiefere Schnitte, gegen den Uhrzeigersinn für einen flachen, glättenden Schnitt – verändert.

Das Arbeiten mit dem Bankhobel

Der Bankhobel wird beim Arbeiten mit zwei Händen gehalten. Zunächst wird das Werkstück an der Werkbank festgespannt, dann der Hobel mit der linken Hand am vorderen Griffknopf und der rechten am hinteren Griff aufgesetzt. Mit dem Gewicht der rechten Schulter wird der Hobel nach vorn geschoben und mit der linken Hand auf das Werkstück gedrückt. Der Hobel muss gut eingerichtet – die Schneide abgezogen, alle beweglichen Teile leicht geölt, die Sohle mit Kerzenwachs eingerieben – und das Holz sorgfältig ausgesucht sein.

Nun gilt es nur noch drei wichtige Punkte zu berücksichtigen, die beim Hobeln eine Rolle spielen: Die Höhe der Werkbank, die Schnitttiefe und die Stärke des Druckes, den Sie auf den vorderen Teil des Hobels ausüben. Die Höhe der Werkbank richtet sich nach Ihren eigenen Bedürfnissen, das richtige Einstellen der Schnitttiefe und der angemessene Druck beim Hobeln hingegen sind Dinge, die Sie durch die Praxis erlernen können. Die meisten Holzhandwerker stellen das Hobeleisen anfangs so ein, dass es gar nicht schneidet; dann drehen sie die Tiefenstellschraube ganz leicht im Uhrzeigersinn und führen den Hobel über ein Stück Holz, bis das Eisen schließlich feinste, papierdünne Späne abnimmt. Um herauszufinden, mit welchem Druck Sie den Hobel über das Werkstück führen müssen, probieren Sie am besten einige Hobelstöße. Sie werden dabei selbst merken, welcher Druck angemessen ist.

Raubänke

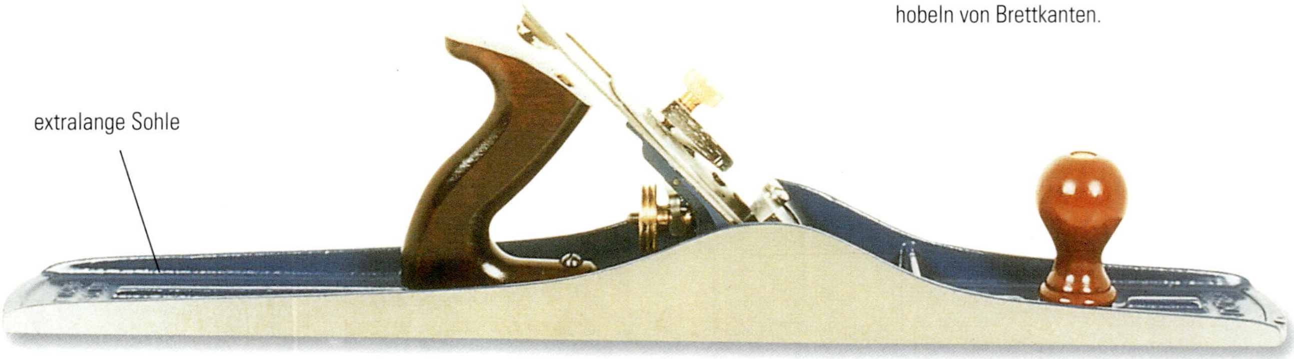

Unten: Die Raubank benutzt man zum Glatthobeln von Brettkanten.

Die Raubank, auch Langhobel genannt, ist speziell zum Planhobeln von Brettkanten bestimmt, die verleimt oder anderweitig stumpf aneinander gefügt oder miteinander verbunden werden sollen. Die Raubank unterscheidet sich von anderen großen Hobeln durch ihre 50 – 80 cm lange Sohle. Ein weiterer, nicht ganz so augenfälliger Unterschied besteht darin, dass das Hobeleisen der Raubank gerade geschliffen ist. Die Schneideisen der anderen großen Hobel sind unterschiedlich geschliffen; sie sind leicht gewölbt oder an den Ecken abgerundet, damit man mit ihnen breite Bretter glätten kann ohne befürchten zu müssen, dass die Schneiden am Werkstück störende Spuren hinterlassen. Zum Planhobeln können Sie natürlich auch andere große Hobel benutzen, deren Schneiden dann allerdings entsprechend geschliffen sein müssen.

Das Fügen

Brettkanten zu ebnen, der Länge nach gerade und zur Breitseite rechtwinklig stehende Schmalseiten abzuhobeln, damit die Bretter anschließend zu einer breiten Fläche oder einem breiten Brett stumpf zusammengesetzt werden können, nennt man Fügen. Man könnte hier natürlich fragen, weshalb sich der Handwerker dieser Mühe unterzieht und nicht einfach ein Brett in der gewünschten Breite nimmt.

Die Antwort ist einfach: Breite Bretter sind kostspielig, schwer zu bekommen und neigen stark zu Breitenschwindung, während schmale Bretter verhältnismäßig preiswert und einfach zu beschaffen sind und nur minimal schwinden oder sich verwerfen. Beim Fügen werden zunächst alle überstehenden Punkte abgetragen und so auf eine Ebene mit den flachen Stellen gebracht, dann hobelt man die Schmalseiten plan, damit die Bretter Kante an Kante lückenlos aneinander gesetzt werden können.

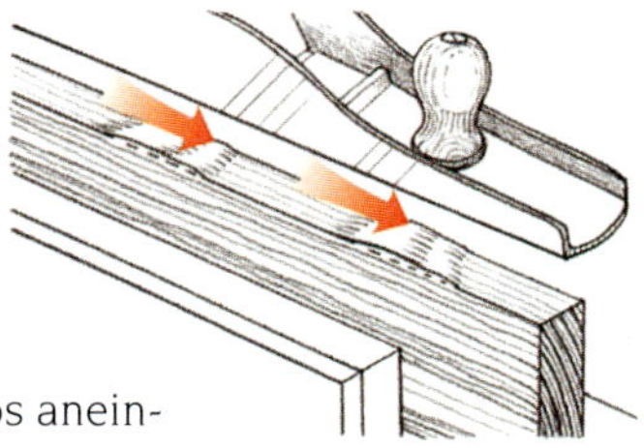

Links: Hobeln Sie die hoch stehenden Stellen ab. Machen Sie die Unebenheiten eventuell durch dünne Bleistiftkreuze kenntlich.

Das Fügen einer Brettkante

Zum Fügen einer Brettkante setzen Sie das Brett mit der Kante nach oben und einem Ende in Augenhöhe auf die Werkbank und schauen an der Kante entlang. Markieren Sie mit dem Bleistift alle höher liegenden Punkte. Spannen Sie das Brett in den Schraubstock ein und hobeln Sie die Bleistiftmarkierungen ab. Wiederholen Sie den Vorgang, bis die Kante einigermaßen eben erscheint. Haben Sie die auffälligsten Höcker beseitigt, hobeln Sie die Kante mit der Raubank plan. Arbeiten Sie langsam und sorgfältig, damit die Raubank schön über die noch vorhandenen Unebenheiten gleitet und nur diese Stellen abträgt. Prüfen Sie die Kante zum Schluss mit dem Richtscheit oder Anschlagwinkel.

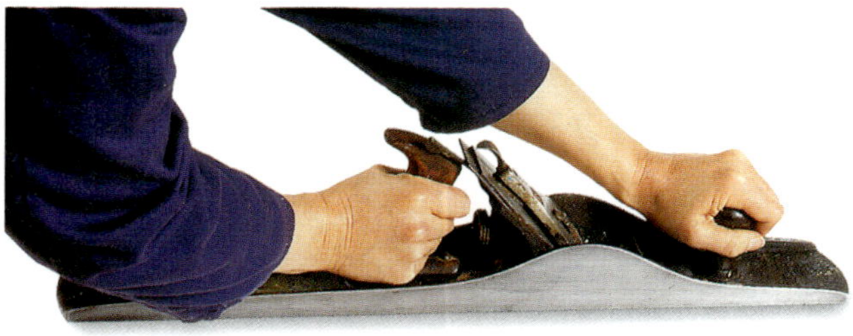

Links: Führen Sie die Raubank beidhändig, damit Sie gleichmäßige Hobelstöße zu Stande bringen. Die außergewöhnlich lange Sohle des Werkzeugs trägt die höchsten Stellen der Unebenheiten ab und schafft schließlich eine ebene Fläche, wenn man die Raubank mit geschmeidigen, gleichmäßigen Stößen führt.

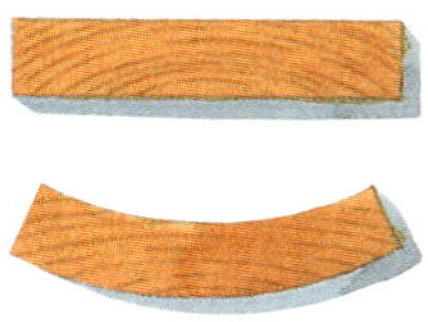

Das Fügen von Brettern

Zwei Bretter sollen Kante an Kante zu einem breiteren Brett oder einer Platte stumpf aneinandergefügt werden. Meistens sind die Brettkanten nach dem Fügen noch nicht ganz gerade; deshalb bearbeitet man sie am besten paarweise. Diese Methode wird auch Buchtechnik genannt.

1 Spannen Sie die beiden Bretter mit den Breitflächen aneinander liegend in den Schraubstock ein. Die zu fügenden Kanten zeigen nach oben, die Gutseiten nach außen. Setzen Sie die Raubank auf die Kanten und stellen Sie fest, wie viel Material etwa abgetragen werden muss (oben rechts).

2 Führen Sie die Raubank über das Holz, entfernen Sie zunächst die überstehenden Stellen und hobeln Sie die Brettkanten dann zu einer ebenen, geraden Fläche ab (rechts). Lassen Sie die Hobelsohle rechtwinklig über das Holz gleiten und verlagern Sie den Druck am Ende jedes Hobelstoßes auf den hinteren Griff.

3 Nehmen Sie die Bretter aus dem Schraubstock, klappen Sie Kante an Kante und die Gutseiten außen liegend wie die Seiten oder den Einband eines Buches auseinander.

4 Haben Sie die Bretter vollends auseinander geklappt und die Kanten aneinander gelegt, werden Sie feststellen, dass Sie mit dieser Methode in jedem Fall genau zusammenpassende Kanten erhalten (rechts). Die stumpfe Verbindung kann mit Lamellos, mit einer Einschubfeder oder mit Dübeln verstärkt werden, doch aufgrund der guten Passgenauigkeit der Kanten reicht auch Leim aus, der eine zuverlässige, feste Klebeverbindung schafft.

Tipps

Verarbeiten Sie keine Bretter mit Astknoten, die durch Gutseite und Kante verlaufen. Sie brechen beim Hobeln oftmals aus.

Putzhobel

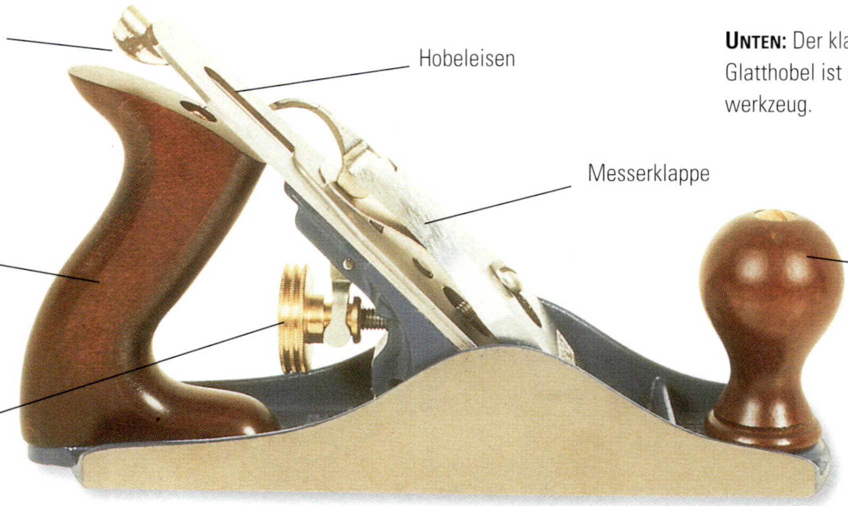

UNTEN: Der klassische Putz- oder Glatthobel ist ein gutes Universalwerkzeug.

Der Putzhobel wird verschiedentlich als guter Hobel für Anfänger, als guter Universalhobel und als ein Werkzeug bezeichnet, das man kauft, wenn man sich nur einen großen Hobel zulegen möchte. Obgleich eine Kante mit dem Putzhobel nicht so gut bearbeitet werden kann wie mit der Raubank und der Putzhobel auch zum Bestoßen von Hirnschnittflächen nicht so ideal wie ein Hirnholzhobel ist, erweist er sich doch im Vergleich zu jedem anderen Spezialhobel als vielseitiger. Seine Sohle hat eine Länge von 23 – 25,5 cm, sein Schneideisen ist gerade geschliffen. Es herrscht allerdings Uneinigkeit darüber, wie präzise das Eisen eines Putzhobels geschliffen und abgezogen werden soll. Manche Handwerker bevorzugen eine gerade Schneide mit scharfen, rechtwinkligen Ecken, andere wiederum sind für die gerade Schneide mit leicht abgerundeten Ecken und behaupten, mit gerundeten Ecken ließen sich Kratzer und Furchen im Werkstück vermeiden. Gehören Sie zu den Anfängern, beginnen Sie am besten mit einer gerade geschliffenen Kante und runden, sobald Sie damit Probleme haben, die Ecken der Schneide ab. Die erste Regel zum Gebrauch eines Putzhobels besagt, dass der Hebel zur seitlichen Justierung des Hobeleisens perfekt eingestellt sein muss, damit das Eisen parallel zum Hobelmaul liegt.

Das Glätten

Unter Glätten versteht man das Bearbeiten einer Brettseite mit dem Hobel zu einer ebenen Fläche. Mit dem Glätten oder Schlichten wird eine Fläche für eine abschließende Bearbeitung mit dem Ziehklingenhobel o.a. vorbereitet.

Das Einspannen des Holzes

Bevor Sie mit dem Glätten des Holzes beginnen, müssen Sie als Erstes überlegen, wie Sie das Werkstück halten und einspannen wollen. Das hängt zwar zu einem großen Teil von der Größe des Brettes ab, doch die meisten Holzhandwerker legen das Brettende an einen oder mehrere Bankhaken und die Seiten an Leisten an, die sie zuvor auf die Werkbank genagelt haben. Das Brett muss in jedem Fall völlig flach sein und so liegen, dass Sie mit der Faser arbeiten, und die Bankhaken dürfen nicht über die abzuhobelnde Fläche hinausragen.

Das Arbeiten mit dem Putzhobel

Ist das Werkstück ordentlich befestigt, stellen Sie die Schneide und die Tiefe auf den feinsten Schnitt ein und beginnen mit der Arbeit. Prüfen Sie, ob die Späne auch wirklich nur papierdünn sind. Fangen Sie am hinteren Brettende an und tragen Sie die hoch gelegenen Stellen ab. Führen Sie den Hobel schräg über das Holz; arbeiten Sie sich über die gesamte Länge des Brettes vor, indem Sie den Hobel immer wieder zurückführen und neu ansetzen. Ist die Oberfläche Ihrer Meinung nach glatt, setzen Sie der Breite nach ein Richtscheit auf und prüfen, ob zwischen Richtscheit und Holz irgendwo Licht durchscheint. Ist das der Fall, setzen Sie den Hobel nochmals an.

OBEN: Hobelrichtung.

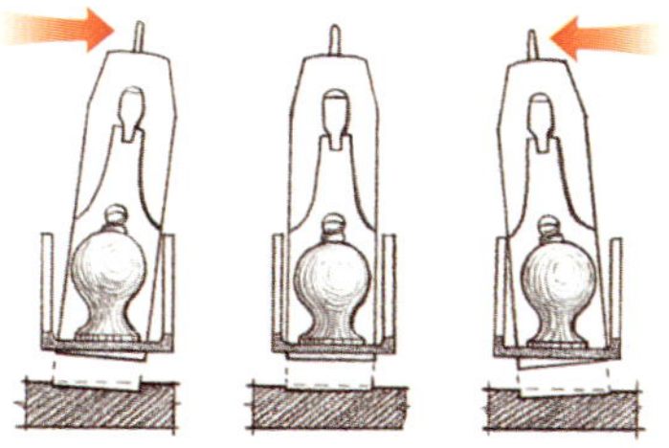

LINKS: Prüfen Sie, ob das Hobeleisen auch gerade sitzt. Ein schräges Eisen lässt eine unebene Oberfläche entstehen.

Der Vorgang des Glättens

1 Nehmen Sie sich genügend Zeit um den Hobel einzustellen. Vergewissern Sie sich, dass die Schneide des Hobeleisens parallel zum Hobelmaul liegt.

2 Beginnen Sie an dem am weitesten von Ihnen entfernten Ende des gut befestigten Werkstückes und führen Sie einige leicht schräge, scherende Hobelstöße aus.

Tipps

Mit einem modernen Elektrohobel kann man eine Oberfläche zwar rasch bearbeiten, doch seine Schneiden kerben sich schnell ein und hinterlassen dann auf dem Holz feine, in Faserrichtung verlaufende Grate. Diese Grate entfernen Sie am besten mit einem Putzhobel.

3 Prüfen Sie mit Hilfe des Anschlagwinkels, ob Breitfläche und Kante des Holzes eben und rechtwinklig zueinander sind.

4 Möchten Sie eine besonders glatte Oberfläche erhalten und erlaubt es die Länge des Holzes, hobeln Sie nicht über das Ende Ihres Werkstückes hinaus. Vermindern Sie stattdessen den Druck auf den vorderen Griffknopf, sobald Sie an das Endstück kommen, damit der Hobel dort aufhört Späne abzunehmen. So vermeiden Sie, dass das Werkstück am Ende rund gehobelt wird oder das Ende der Hobelsohle Spuren auf dem Holz hinterlässt.

Lassen Sie Holzspäne oder andere Abfälle nie auf dem Boden liegen. Gewöhnen Sie sich an den Fußboden regelmäßig zu fegen und die Abfälle sobald als möglich wegzubringen.

Hirnholzhobel

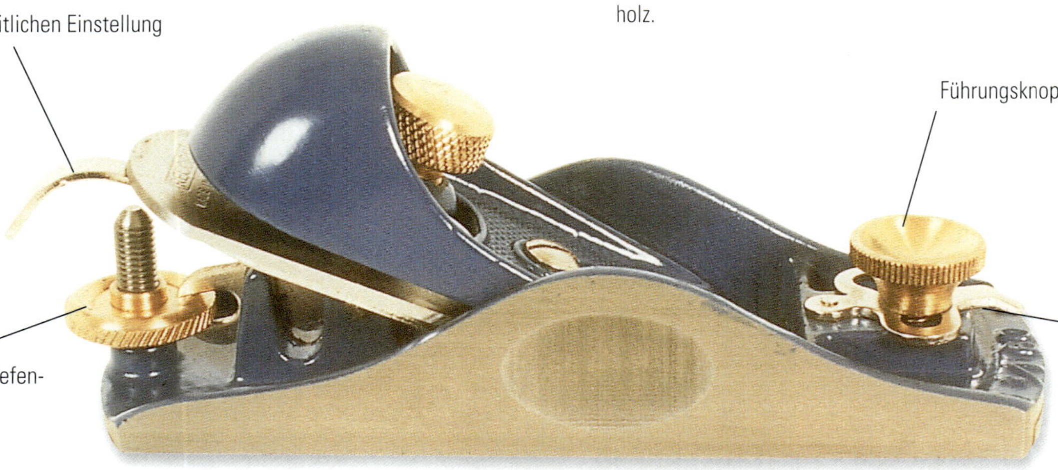

Unten: Hirnholzhobel mit flach liegendem Eisen zum Bestoßen von Hirn- und Schichtholz.

Hirnholzhobel oder Bestoßhobel waren ursprünglich zum Bestoßen der Hirnholzflächen von Fleischerklötzen bestimmt. Sie unterscheiden sich von den großen Bankhobeln in nahezu jeder Hinsicht. Ein Hirnholzhobel besitzt beispielsweise anstelle der Kombination aus Schneideisen und Klappe nur ein Schneideisen; außerdem liegt sein Eisen mit der Fase nach oben und in flachem Winkel im Hobelkörper. Der augenfälligste Unterschied besteht jedoch in der Größe: Der nur etwa 14–15,5 cm lange Hirnholzhobel passt nämlich in eine Hand. All das macht ihn zu einem Präzisionswerkzeug, das speziell zum Abhobeln von Hirnholzflächen bestimmt ist. Den Anfänger mag das vielfältige Angebot an Hirnholzhobeln vielleicht verwirren, doch die Modelle unterscheiden sich hauptsächlich durch die mehr oder weniger einfache Handhabung beim Einstellen und nicht in ihrer Funktionsweise. Sicherlich ist die Schneideneinstellung über ein Rädchen eine gute Sache, und auch ein Hebel zur seitlichen Justierung erleichtert das Einstellen des Eisens. Der einzige Unterschied, der die Funktion beeinflusst, ist der Einstellwinkel des Hobeleisens. Hier können Sie zwischen zwei Einstellungen wählen: Ein Eisen, das im Winkel von 20° zur Sohle liegt, eignet sich für „normales" Hobeln, während man den extraflachen Winkel von 12° für das Bestoßen von sehr hartem Holz oder von Holz mit kompliziertem Faserverlauf bevorzugt.

Das Arbeiten auf Zug

Das Arbeiten auf Zug ist eine einfache Technik, bei der der Hirnholzhobel verkehrt herum und mit beiden Händen gehalten und dann nicht gestoßen, sondern gezogen wird. Diese Methode ist besonders nützlich, wenn Sie eine Hirnholzfläche von der Seite zur Mitte bearbeiten möchten und den Hobel beispielsweise nicht ohne weiteres von der anderen Seite führen können. Wird der Hobel allerdings zu weit gezogen, splittern die Werkstückkanten sehr leicht. Das Ziehen des Hobels funktioniert nur, wenn Sie mit gut geschärfter Schneide arbeiten.

Das Scheren

Diese Technik ist ideal zum Bestoßen zähen Hirnholzes. Halten Sie den Hobel dabei fest in einer Hand, damit Sie alle Kraft Ihrer Schulter in den Hobelstoß legen können. Dann führen Sie den Hobel mit seitwärts gleitendem oder scherendem Stoß. Wenn die Schneide gut abgezogen ist und Sie die Faser richtig erwischen, können Sie eine seidig glatte Oberfläche erzielen, die nicht einmal mehr geschliffen werden muss. Da zu Beginn des Hobelstoßes nur ein kleiner Teil der Schneide mit dem Holz in Berührung kommt, wird der Hobel kaum rattern oder die Holzfasern zerreißen. Der Span wird vielmehr mit einem sauberen Schnitt abgenommen. Um auch mit wilden Holzmaserungen zurecht zu kommen, hobeln Sie probeweise mit unterschiedlichen Ansatzwinkeln, bis Sie den günstigsten Winkel gefunden haben.

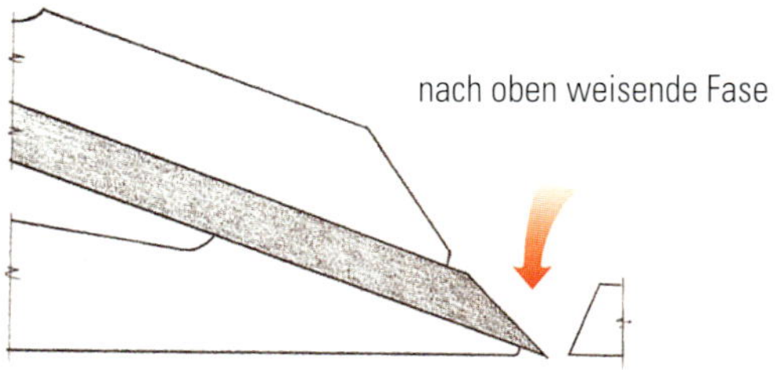

Rechts: Schneidenfase und Hobelmaul im Längsschnitt.

Das Scheren

1 Spannen Sie das Werkstück mit der Hirnholzfläche nach oben in den Schraubstock und befestigen Sie am Ende und am Anfang der zu bestoßenden Kante je einen Streifen Abfallholz. Die Holzstreifen müssen bündig an den Werkstückkanten anliegen (oben).

2 Drehen Sie den Hobel um, damit Sie die Sohle vor Augen haben, schieben Sie dann das Hobeleisen etwas nach vorn und führen Sie zur Probe einen Hobelstoß aus. Wiederholen Sie den Vorgang nötigenfalls, bis der Hobel schließlich ganz feine Späne abnimmt (oben Mitte).

Das Verleimen von Rissen

Risse, die beim Bestoßen der Hirnholzfläche im Werkstück entstehen, lassen sich sehr leicht reparieren. Streichen Sie mit einem schmalen Streifen Zeitungspapier einfach etwas Leim in einen solchen Riss und pressen Sie das Holz danach mit einer Schraubzwinge zusammen oder umwickeln Sie es fest mit Klebeband. Handelt es sich bei dem Werkstück um ein besonderes Projekt oder ein unersetzbares Stück Holz, verwenden Sie einen schnell bindenden Kleber um die Reparatur zu beschleunigen. Verleimen Sie den Riss sofort, damit sich dessen Flächen makellos zusammenfügen lassen. Ist ein Stück Holz ganz abgebrochen oder muss das Werkstück noch geschliffen werden, verwenden Sie einen harzfreien Klebstoff.

3 Stellen Sie nötigenfalls die seitliche Lage des Eisens (oben) anders ein.

4 Bei richtig eingestelltem Hobel und einer guten Hobeltechnik erhalten Sie schließlich eine völlig glatte und fast polierte Oberfläche (oben).

5 Sind die Abfallholzstreifen richtig angesetzt und befestigt, können beim Abhobeln nur sie und nicht das Werkstück einreißen oder anderweitig beschädigt werden (oben).

Falzhobel

Ein Falzhobel ist speziell zum Ausschneiden einer Fuge oder eines Falzes entlang einer Brettkante bestimmt. Das besondere Merkmal dieses Hobels sind die mit einer Öffnung versehenen Wangen; sie ermöglichen den Einsatz eines Eisens, das über die gesamte Breite des Hobelkörpers reicht. Mit einem solchen Hobeleisen können rechtwinklige Falze oder Fugen bis zur Breite der Hobelsohle geschnitten werden. Der Falzhobel wird fast wie ein großer Bankhobel gehandhabt; der einzige Unterschied besteht darin, dass man den Hobel beim Ausschneiden eines Falzes meistens an einem am Werkstück befestigten Holzstreifen oder an einem Anschlag entlangführt.

OBEN: Falzhobel mit den typischen Wangenöffnungen.

Falzhobel mit Anschlag

Dieser schöne Hobel ist mit einem verstellbaren Seiten- und Tiefenanschlag und einem seitlich angebrachten Vorschneider ausgerüstet. Er schneidet bis zu 38 mm breite und 64 mm tiefe Falze. Die Merkmale, die diesen Hobel zu einem Spezialwerkzeug machen, sind die Vorschneider, mit deren Hilfe auch Hirnschnittflächen bearbeitet werden können, und die abgerundete Vorderseite mit einem zusätzlichen Maul, in das man das Eisen zum Hobeln abgesetzter Falze einsetzt. Bevor Sie mit dem Hobeln beginnen, spannen Sie zunächst das Werkstück in den Schraubstock. Stellen Sie dann den Seitenanschlag auf die gewünschte Falzbreite und den Tiefenanschlag auf die gewünschte Falztiefe ein. Setzen Sie den Hobel am vorderen Brettende an, drücken Sie den Anschlag fest gegen die Brettkante und führen Sie den Hobel nach vorn. Setzen Sie den Hobel immer weiter hinten an und führen Sie immer längere Hobelstöße, bis der Falz schließlich die gewünschte Länge und Tiefe hat.

OBEN: Dieser Spezialhobel verfügt nicht nur über einen verstellbaren Seiten- und Tiefenanschlag und einen Vorschneider, sondern auch über eine zweite Positionierungsmöglichkeit für das Eisen. Mit dem im vorderen Hobelmaul eingesetzten Eisen kann man abgesetzte Falze hobeln.

Eckensimshobel

Eckensimshobel oder Bullnose-Eckensimshobel sind ideal zum Glätten, Nachschneiden und Feinbearbeiten. Da das Hobeleisen wie beim Falzhobel über die gesamte Breite der Sohle reicht und manche Hobel auch eine bewegliche Nase haben, sind Eckensimshobel speziell zum Nachschneiden von Falzen und breiten Zapfenaussparungen geeignet.

Eckensimshobel werden zwar in einer Vielzahl von Ausführungen angeboten – manche davon mit vielen zusätzlichen Elementen und Verschönerungen –, doch bestehen die wesentlichen Unterschiede zwischen den Modellen in der Einfachheit der Einstellung und nicht in der eigentlichen Funktion. Wie bei allen flach eingesetzten Eisen liegt auch hier die Fase oben.

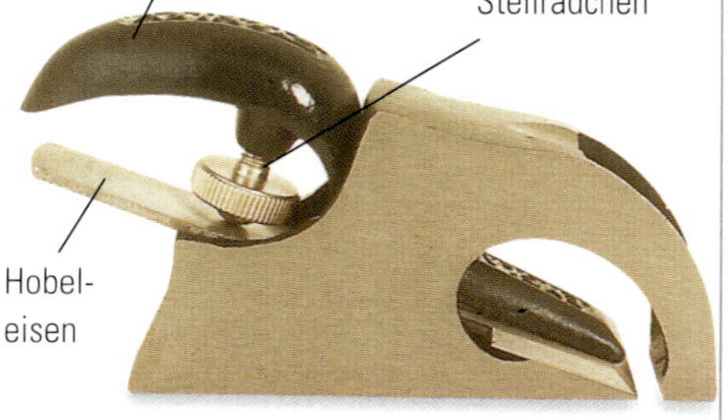

OBEN: Feinbearbeitung einer Hirnholzfläche mit dem Eckensimshobel.

Hirnholzsimshobel

Den Hirnholzsimshobel kann man fast als kleinen Falzhobel bezeichnen, da bei diesem Hobeltyp die Maulöffnung ebenfalls bis zu den Wangen erweitert ist und das Eisen über die gesamte Sohlenbreite reicht. Das Hobeleisen wird mit der Fase nach oben und in einem flachen Winkel von etwa 20° eingesetzt. Der Hirnholzsimshobel ist speziell für die Feinbearbeitung von Hirnholzabsätzen sowie von Hirnholzflächen in kunstvollen Verbindungen an Möbeln geeignet.

Oben: Klassischer Hirnholzsimshobel, das ideale Werkzeug zum Hobeln von Absätzen und Nachschneiden von Verbindungen.

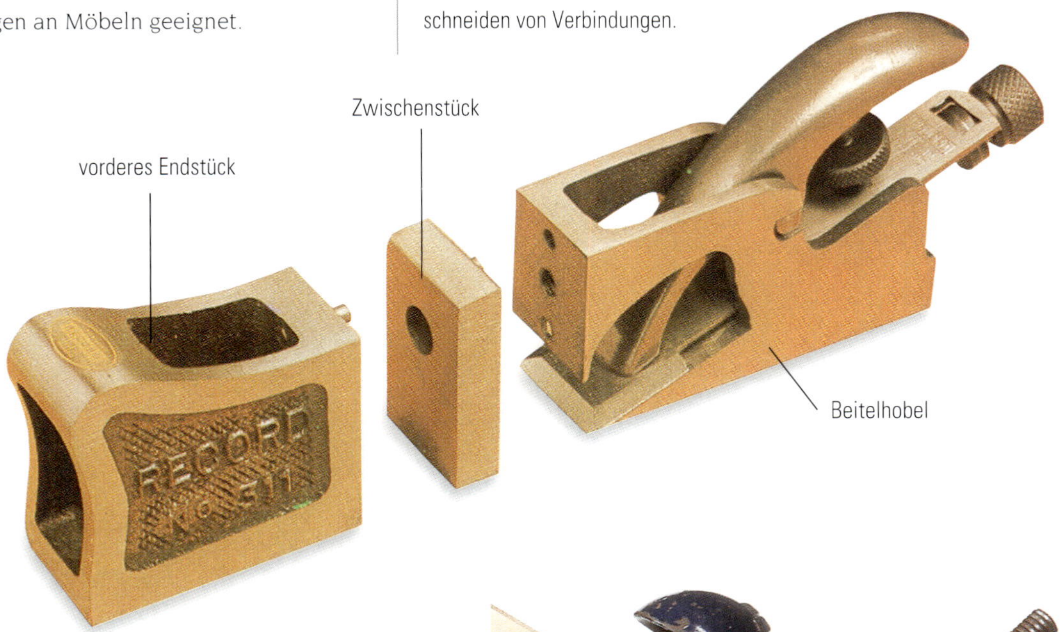

Links: Der 3-in-1-Hobel ist eine verstellbare Kombination aus Hirnholzsimshobel, Eckensimshobel und Beitelhobel.

Schiffhobel

Der Schiffhobel ist zum Hobeln konkav oder konvex geformter Flächen bestimmt.

Der Einsatz des Schiffhobels

Der Schiffhobel ist ein unentbehrliches Werkzeug für Holzhandwerker, die an einem Objekt mit gewölbten Flächen arbeiten. Er ist das ideale Arbeitsmittel für Tische mit runder Platte, geschwungene Fensterbrüstungen, Möbel mit geschwungenen Teilen, Türbögen und andere Gegenstände, für deren Bearbeitung ein Hobel mit ebener Sohle nicht geeignet ist. Natürlich können Sie großen konvexen Krümmungen an einem traditionellen Möbelstück wie beispielsweise einem Windsorstuhl oder einer Truhe mit gerundetem Deckel auch mit der Ziehklinge den letzten Schliff geben; an diesen Stücken sehen „freie" Schwünge durchaus vorteilhaft aus. Bei konventionellen Möbeln jedoch, die mit besonderen Hobeln bearbeitet oder furniert werden sollen, kann man nur den Schiffhobel einsetzen.

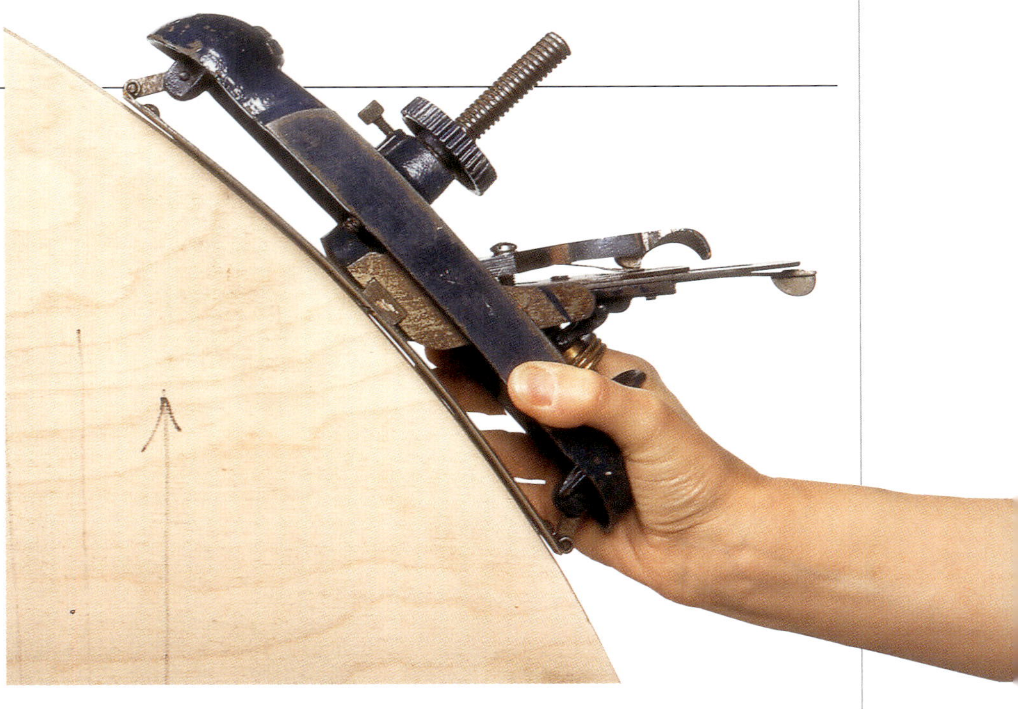

Oben: Die biegsame Sohle des Schiffhobels lässt sich problemlos für die Bearbeitung konkaver oder konvexer Flächen einstellen. Arbeiten Sie stets in Faserrichtung, damit Sie nicht direkt ins Hirnholz schneiden.

Elektrohobel

Stoßladen

Eine wertvolle Ergänzung Ihres Hobelsatzes ist die Stoßlade. Sie besteht aus zwei Brettern – meist Buchenholz –, die so zusammengesetzt sind, dass sie einen Falz bilden.

Es gibt zwei Arten von Stoßladen: eine zum Hobeln im Winkel von 90°, und die andere für 45°. Das zu hobelnde Holz wird quer über das obere Brett an einen Anschlag gelegt. Die Hirnholzfläche glättet man mit einem Hirnholzhobel, der auf der Seite liegend, an dem oberen Brett entlang geführt wird.

Viele Holzhandwerker bauen sich ihre eigenen Stoßladen und Hilfsmittel zum Hobeln im Winkel von 90° und 45°. Die Maße können ganz nach den individuellen Ansprüchen gewählt werden.

Oben: Mit dem Dickenhobel kann man Holz glatt hobeln und dann mit Hilfe des Anschlags die Kanten rechtwinklig abrichten …

… Im Dickenhobel wird Holz parallel zu den bereits abgerichteten Oberflächen über eine automatische Zuführung maschinell bearbeitet. Bei manchen Modellen schwingt der Tisch zur Oberflächenbearbeitung frei, wenn der Dickenhobel in Aktion ist. Prüfen Sie vor dem Kauf einer dieser Maschinen, ob sie sich problemlos vom Hobelmodus zum Dickenhobelmodus umschalten lässt. Bei manchen Maschinen ist in die Unterseite des Tisches eine Absaughaube eingebaut, die beim Wechsel des Arbeitsmodus nicht entfernt werden muss.

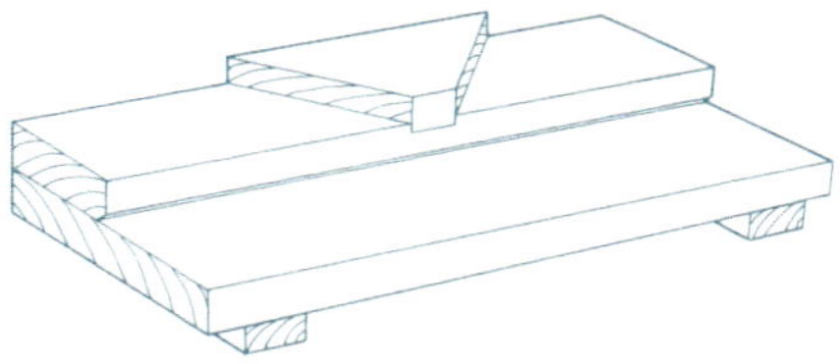

Gehrungen kann man hobeln, indem man entweder einen 45°-Holzkeil an den Anschlag auf dem oberen Brett der Stoßlade setzt oder besser noch eine spezielle Gehrungs-Stoßlade baut. Der Gehrungsanschlag, der zwei Kanten im Winkel von 45° hat, wird in der Mitte des oberen Brettes befestigt.

Der Dickenhobel

In der Dickenhobelmaschine können die Oberflächen von Seiten und Kanten eines Holzwerkstückes (auf dem oberen Tisch der Maschine) bearbeitet werden. Bei diesem Arbeitsgang führt der Bediener der Maschine das Holz von Hand zu. Darüber hinaus lassen sich auf dem unteren Tisch der Maschine gegenüberliegende Seiten und Kanten glätten und parallel abrichten; die Materialzuführung erfolgt dabei automatisch. Es lohnt sich ein Stück Holz, das bereits auf beiden Seiten glatt und auf Dicke gehobelt ist, nochmals durch die Maschine laufen zu lassen, damit auch die letzten kleinen Unebenheiten entfernt werden. Bei Tätigkeiten dieser Art sind Elektrowerkzeuge der reinen Handarbeit nämlich weit überlegen.

Das Arbeiten mit einer elektrischen Abricht- und Dickenhobelmaschine

1 Stellen Sie sich in leichter Schrittstellung seitlich und in Reichweite des Ein-/Ausschalters an die Maschine und richten Sie die Höhe des Einlauftisches auf einen Feinschnitt ein. Stellen Sie die Messerwalzenabdeckung so ein, dass das Holzwerkstück darunter durchgeschoben werden kann. Der Abdecksteg ist eine wichtige Schutzvorrichtung, die verhindert, dass Ihre Finger mit der schnell rotierenden Messerwalze in Berührung kommen.

2 Schalten Sie die Maschine ein und schieben Sie das Werkstück über die Messerwelle. Für den Vorschub sorgt lediglich der Daumen der rechten Hand, die anderen Finger drücken das Holz an beiden Enden von oben auf den Einlauftisch.

3 Drücken Sie das Holz beim Vorschub über die Messerwalze gleichbleibend auf den Einlauftisch. Folgen Sie dem Werkstück mit den Fingern der rechten Hand über den Abdecksteg hinweg um den Druck und den Vorschub konstant zu halten. Manche Holzhandwerker halten das Werkstück wegen der größeren Reibung und der besseren Kontrolle über das Holz beim Passieren der Messerwalze lieber mit der Handfläche. Wichtig dabei ist, dass Sie stets an den Arbeitsschutz denken und Ihre Finger von der Messerwalze fern halten.

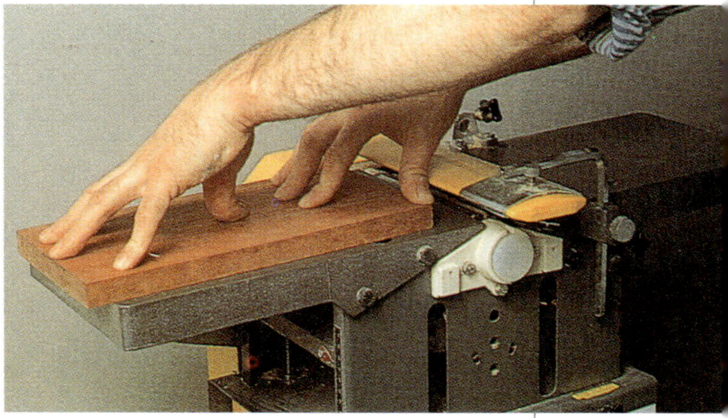

4 Führen Sie das Brett gerade bis zum Ende des Tisches durch. Durch Ihre seitliche Arbeitsposition an der Maschine haben Sie das Werkstück vor allem bei großen Maschinen am Einlauf- und am Auslauftisch in gleichermaßen guter Reichweite. Bei einer kleineren Maschine wie der hier abgebildeten, die am häufigsten bei Hobby-Holzwerkern zu finden ist, spielt das keine so große Rolle. Kleinere Bretter müssen mit Schiebestöcken bewegt werden, damit die Finger des Maschinenführers nicht in Kontakt mit der Messerwalze kommen.

Tipps

Achten Sie beim Kauf eines Elektrohobels darauf, dass das Gerät einen stabilen Führungsanschlag besitzt. Dieser sollte idealerweise an zwei Stellen befestigt sein, damit er dem Werkstück stabilen Halt gibt.

Das Abhobeln von Kanten mit der Elektrohobelmaschine

1 Stellen Sie den Führungsanschlag ein und überprüfen Sie, ob er auch wirklich rechtwinklig zum Maschinentisch steht. Verschieben Sie den Abdecksteg so weit, dass er die Messerwalze bis zum Werkstück hin bedeckt. Schieben Sie das Werkstück am Anschlag entlang über die Messerwalze und führen Sie einige leichte Schnitte aus. Fassen Sie dabei nicht in den ungeschützten Teil der Welle. Prüfen Sie das Werkstück mit dem Anschlagwinkel auf Genauigkeit und stellen Sie den Winkel des Führungsanschlags nötigenfalls neu ein. Schalten Sie stets die Stromzufuhr ab, ehe Sie die Maschine neu einrichten. Probieren Sie eine Neueinstellung immer erst an einem Stück Abfallholz aus, ehe Sie das eigentliche Werkstück bearbeiten.

2 Zum Hobeln einer schrägen Kante wird zunächst der verstellbare Führungsanschlag mit Hilfe einer Schmiege auf den gewünschten Winkel eingerichtet. Arbeiten Sie dann wie in Punkt 1 beschrieben weiter. Achten Sie darauf, dass das Holz lückenlos an der Maschine anliegt. Verlassen Sie sich nicht auf die Markierungen am Anschlag, wenn Sie einen korrekten Gehrungswinkel erzielen wollen, sondern überprüfen Sie den Winkel des Führungsanschlags mit einem Winkelmesser oder einem anderen Messgerät.

Parallelschnitte mit dem Dickenhobel

1 Prüfen Sie die Dicke Ihres Holzwerkstückes und stellen Sie den Tisch des Dickenhobels auf die Schnitttiefe – maximal 1,5 mm – ein. Schieben Sie das Werkstück auf den Hobeltisch. Die automatischen Einzugwalzen erfassen das Holz und führen es unter der Messerwalze hindurch. Da bei Maschinen aus Aluguss die natürliche Reibung zwischen dem Metall und dem Holz stärker ist, verwenden Sie etwas Talkum oder ein anderes Mittel, damit das Werkstück nicht stecken bleibt.

2 Arbeiten Sie in mehreren Durchgängen um die gewünschten Abmessungen zu erhalten; drehen Sie bei jedem Durchgang den Stellgriff um einige Grade. Nach einiger Zeit werden Sie ohne weiteres einschätzen können, wie weit der Griff zu drehen ist. Für den letzten Durchgang wird der Griff nur noch einmal ganz leicht gedreht. Maschinen mit einem simplen Griffmechanismus anstelle einer Justierschraube sind in der Regel einfacher einzurichten und zu handhaben. Lassen Sie ein Werkstück mehrere leichte Schneiddurchgänge durchlaufen anstatt in einem Durchgang einen einzigen starken Schnitt zu führen und prüfen Sie das Holz beim Arbeiten in regelmäßigen Abständen auf seine Dicke.

Elektrische Handhobelmaschinen

Eine elektrische Handhobelmaschine ist ein vielseitiges Werkzeug, mit dem man Holz rasch abhobeln kann. Mit diesem Werkzeug lassen sich auch besonders lange und schwere Bretter bearbeiten, die für eine Abricht- und Dickenhobelmaschine zu klobig sind. In einem solchen Fall trägt man das zu bearbeitende Holz nicht an eine ortsfeste Maschine, sondern lässt es an Ort und Stelle und nimmt eine Hobelmaschine mit an das Werkstück. Führen Sie die Maschine mit fester Hand, denn die Hobelmesser ziehen diese beim Einschalten kräftig nach vorn, sobald sie auf das Holzwerkstück treffen.

Die Handhobelmaschine kann umgedreht, an einem speziellen Tisch befestigt und so als preiswerte kleine Abrichthobelmaschine eingesetzt werden. Bauen Sie dazu einen Führungsanschlag an, können Sie Ihr Holz auch ohne weiteres winklig schneiden.

UNTEN: Handhobelmaschinen sind so leicht, dass man sie im Haus oder in der Werkstatt problemlos von einer Stelle zur anderen tragen kann.

Das Arbeiten mit einer elektrischen Handhobelmaschine

1 Die Handhobelmaschine eignet sich besonders zum schnellen Abhobeln von Holz quer zur Faser. Die Fasern sind in dieser Richtung schwach und brechen leicht. Hobeln Sie zum Abschluss noch einmal in Faserrichtung über das Werkstück.

2 Eine Handhobelmaschine lässt man am besten mit beiden Händen geführt über die Holzfläche gleiten, damit die Ebenheit des Materials erhalten bleibt. Die Schnitttiefe wird mit einem Justierknopf eingerichtet, der den vorderen Teil der Hobelsohle tiefer oder höher stellt. Zum Wechseln der Hobelmesser lösen Sie die Imbusschraubverbindungen an der Messerwalze.

DAS FRÄSEN

Oberfräsen sind die vielseitigsten elektrischen Handwerkzeuge. Eine Oberfräse ist faktisch nichts weiter als ein leistungsstarker Motor, der mit hoher Geschwindigkeit einen Fräskopf antreibt. Sie wird zum Schneiden von Nuten, Verbindungen, Zierkanten und sogar für Reliefschnitzereien eingesetzt. Sind Schnitttiefe und Führungsanschlag entsprechend eingestellt, können Sie eine beliebige Anzahl präziser Verbindungen herstellen. Probieren Sie die Einstellungen stets erst an einem Stück Abfallholz aus.

UNTEN: Die Elektrooberfräse ist das ideale Werkzeug zum Ausschneiden sauberer Verbindungen und Zierkanten.

Elektrische Oberfräsen

Als modernes Werkzeug zur Holzbearbeitung ist die elektrische Oberfräse dank ihrer zahlreichen Einsatzmöglichkeiten nahezu beispiellos und wahrscheinlich das vielseitigste Arbeitsmittel in der Werkstatt, das nur noch von Ihrer eigenen Phantasie und Kreativität übertroffen wird.

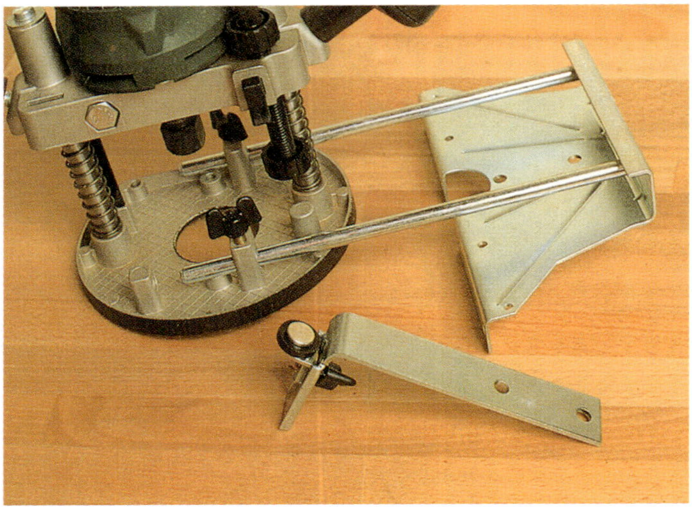

LINKS: Die einfachste Führungseinrichtung ist der in der Oberfräse integrierte verstellbare Parallelanschlag. Er wird zum Fräsen von Nuten und Falzen eingesetzt, die parallel zur Werkstückkante verlaufen.

Die elektrische Oberfräse ist im Grunde genommen ein Elektromotor mit einem scharfkantigen rotierenden Schneidwerkzeug am Ende der Motorspindel. Ihre einfachste Funktion besteht darin, ein Loch zu einer Nut zu erweitern. Dazu senkt man den Fräskopf in das Holz und zieht das Werkzeug wie ein Streichmaß an einem verstellbaren Führungsanschlag entlang über das Werkstück. Vergrößern Sie die Auswahl der Schneidwerkzeuge auf Profilfräsköpfe verschiedener Größe und Art und erweitern Sie die Funktion des Anschlags, indem Sie andere Führungseinrichtungen benutzen, kann die Oberfräse noch mehr leisten als nur Nuten und Falze auszuschneiden.

Die Oberfräse profiliert Kanten, schneidet Holz zu beliebigen Formen, schneidet Verbindungen, erzeugt glatte Flächen und kann noch vieles mehr. Trotz der Einfachheit ihres Aufbaus ist die Oberfräse ein sehr kompliziertes formgebendes Werkzeug. Der Vorgang des Fräsens wird im Wesentlichen von drei Faktoren bestimmt – von der Größe der Oberfräse, von der Vielfalt der Fräsköpfe und von der Art der Führungselemente.

Die Größe der Oberfräse

Oberfräsen gibt es hauptsächlich in drei Größen, die durch den Durchmesser der Spannzange und die Leistungsaufnahme des Motors bestimmt werden: Kleine Oberfräsen mit einem Spannzangendurchmesser von 6 mm haben eine Motorleistung von 400 – 750 Watt (etwa eine Pferdestärke), Oberfräsen mit einer 9-mm-Spannzange eine Leistung von 750 – 1300 Watt und Oberfräsen mit einer 12-mm-Spannzange eine Leistung bis zu 2000 Watt.

Die Größe der Fräsköpfe

Fräsköpfe gibt es mit den Schaftdurchmessern 6 mm, 9 mm und 12 mm. Mit Hilfe von Spannzangeneinsätzen können auch Fräsköpfe mit kleinerem Schaftdurchmesser in größeren Oberfräsen benutzt werden.

Für größere und stabilere Spannzangen gibt es zwar eine umfangreichere Auswahl an Fräsköpfen, doch beruht die Vielseitigkeit der Oberfräse nicht auf der großen Anzahl von Schneidwerkzeugen – es reicht vielmehr eine Hand voll Grundprofile, mit denen man unterschiedliche Zwecke erfüllen kann.

Die Fräsköpfe bestehen aus Hochleistungsschnellstahl (HSS) oder haben hartmetallbestückte (HM-)Stahlschneiden. Letztere sind zwar kostspieliger, dafür aber viel haltbarer.

Das Einspannen

Ist der gewünschte Fräskopf in die Spannzange der Oberfräse eingesetzt, braucht man meistens zwei Maulschlüssel um das Futter festzuziehen. Moderne Oberfräsen verfügen oftmals auch über eine Spindelblockierung, so dass zum Austausch oder Einspannen eines Fräsers nur ein Maulschlüssel erforderlich ist. Das Festziehen und Lockern der Spannzange mit zwei Maulschlüsseln erfordert etwas Geschick. Umfassen Sie mit einer Hand beide Schlüssel und drücken Sie fest zu.

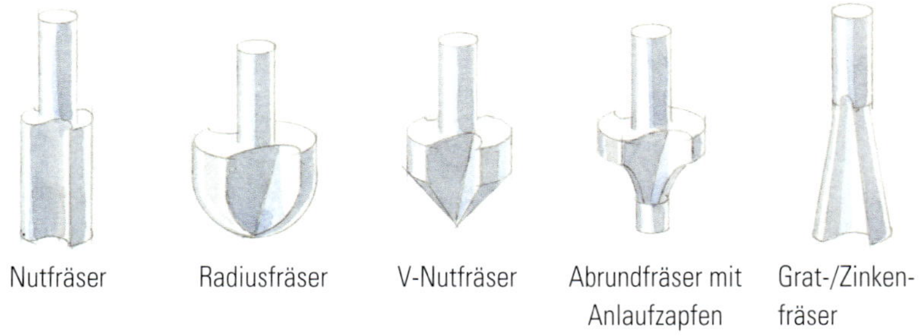

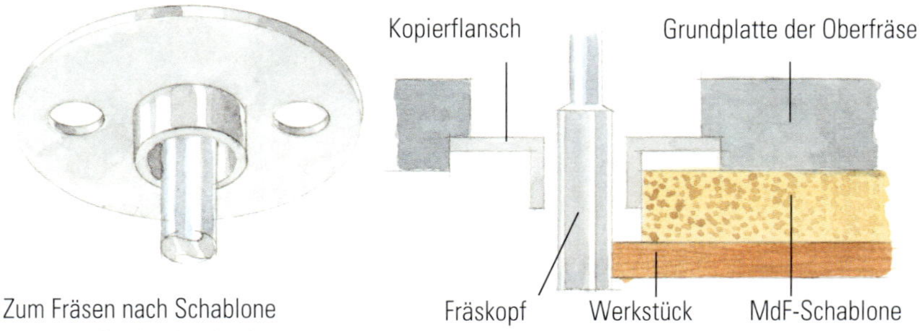

OBEN: Zum Fräsen nach Schablone können manche Fräsköpfe mit einem Kopierflansch benutzt werden. Mit dieser bewährten Methode erzielt man sehr akkurate Schnitte.

Das Einsetzen eines Fräskopfes

1 Ziehen Sie die Spannzange mit einem Maulschlüssel an, damit der Schaft des Fräskopfes fest sitzt. Zum Einsetzen und Befestigen eines Fräsers wird die Spindel bei manchen Oberfräsen über den Aus-/Einschalter, bei anderen mit einem Metallstift blockiert.

2 Lässt sich die Frässpindel nicht anders arretieren, behelfen Sie sich mit zwei Maulschlüsseln. Halten Sie mit dem einen die Spindel und ziehen Sie mit dem anderen die Spannzange fest. Halten Sie beide Schlüssel in V-Position, damit Sie sie mit einer Hand fassen können.

Führungseinrichtungen

- Die einfachste Führungseinrichtung ist der verstellbare Parallelanschlag, der an der Oberfräse angebracht wird. Man setzt ihn zum Fräsen parallel zur Werkstückkante verlaufender Nuten und Falze ein. Der Anschlag dient außerdem zum Ausschneiden von Schlitz-Zapfen-Verbindungen.
- Weitere Führungseinrichtungen sind der Rollanschlag, der Schnitte parallel zu konkaven oder konvexen Kanten ermöglicht, sowie Kopierflansche, die man zum Fräsen nach Schablone benutzt.

Die ersten Schritte beim freihändigen Fräsen

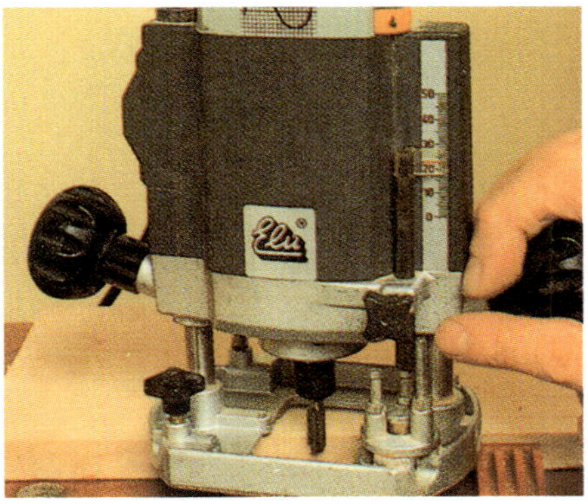

1 Um ein Gefühl für die Oberfräse zu bekommen, versuchen Sie einmal flache Nuten freihändig zu fräsen. (Ein einfaches Namensschild ist fürs Erste eine gute Übung.) Stellen Sie zunächst mit dem Tiefenbegrenzer den Fräskopf auf die gewünschte Schnitttiefe ein. Eine goldene Regel dazu lautet, dass man in einem Durchgang nicht tiefer als bis zum halben Durchmesser des Fräsers schneidet. Die modernsten Oberfräsen sind mit einem Dreistufen-Anschlag zum Vorwählen der Frästiefen ausgestattet. Arbeiten Sie anfangs nur mit dem Nutfräser, bis Sie mit der Technik richtig vertraut sind.

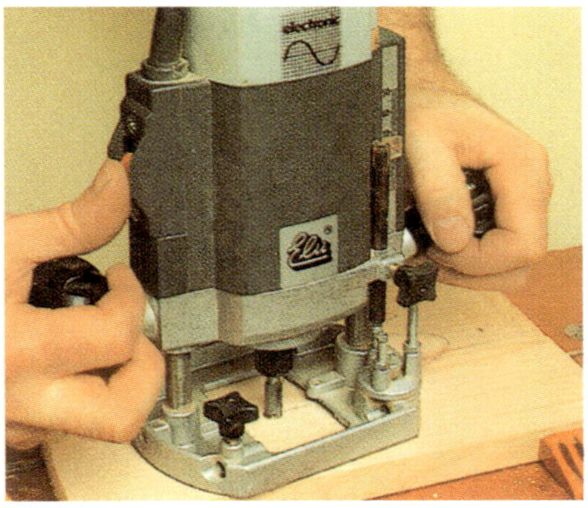

2 Wichtig ist, dass sich der Ein-/Ausschalter in Reichweite Ihrer Finger befindet. Setzen Sie den Fräskopf an die Stelle, an der die erste Nut gefräst werden soll. Schalten Sie die Maschine erst jetzt ein und senken Sie den Fräser bis zum Tiefenanschlag sicher und langsam in das Holz. Beginnen Sie gleichzeitig mit dem horizontalen Vorschub und führen Sie die Oberfräse freihändig über die markierte Linie. Lassen Sie den Fräser durchgängig arbeiten. Der Vorschub muss immer gegen die Drehrichtung des Fräskopfes erfolgen. Üben Sie auf beide Handgriffe der Maschine gleichmäßigen Druck aus und halten Sie die Grundplatte stets fest auf dem Werkstück.

3 Lösen Sie am Ende eines Durchganges die Tiefenarretierung (entweder über den Handgriff oder mit einem Klemmhebel), so dass der Fräskopf aus dem Werkstück gezogen wird. Entscheidend bei dieser einfachen Übung im Freihandfräsen ist nicht das Einhalten der markierten Linie, sondern die praktische Erfahrung beim Führen der Maschine. Vermeiden Sie nach Möglichkeit das Holz anzusengen. Sengspuren entstehen oftmals, wenn man in der Bedienung der Oberfräse noch unerfahren ist und den Vorschub beim Wechsel der Arbeitsrichtung, beim Fräsen von Rundungen oder Ecken verlangsamt. An solchen Punkten arbeitet man automatisch vorsichtiger und damit langsamer, doch das erhöht das Risiko das Material anzusengen, weil der Fräskopf dann länger an ein und derselben Stelle rotiert.

Das Arbeiten mit der Oberfräse

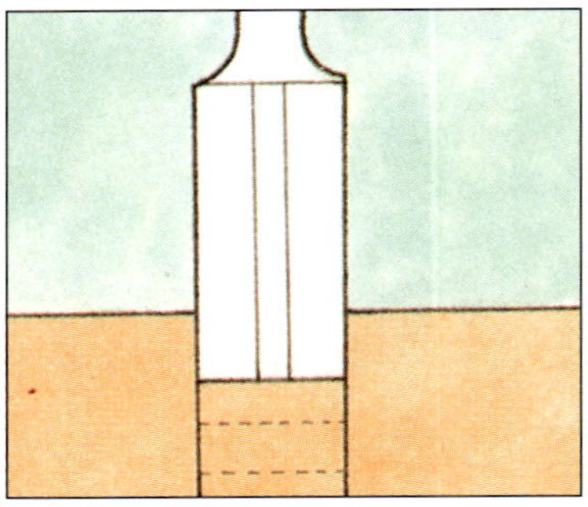

1 Um das Holz nicht anzusengen und die Lebensdauer der Fräsköpfe zu verlängern, fräsen Sie nicht in einem einzigen tiefen Schnitt; führen Sie lieber mehrere flache Schnitte aus. Die Schnitttiefe je Durchgang sollte den halben Durchmesser des Fräsers nicht überschreiten. Es gibt spezielle Spiralfräsköpfe, die das Ausreißen der Kanten vermindern und den anfallenden Holzstaub schnell entfernen; sie sind ideal zum Fräsen tiefer Nuten.

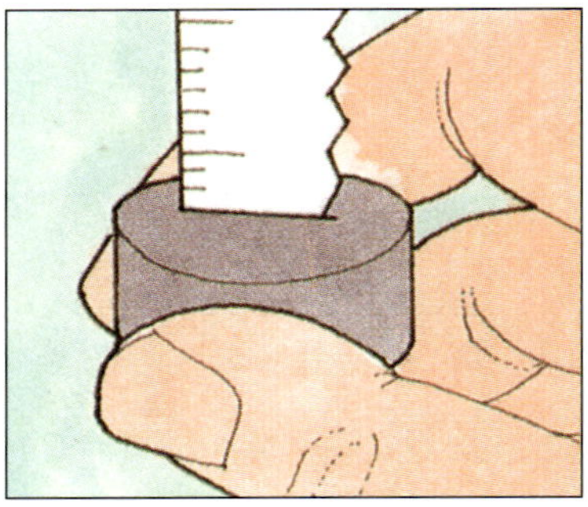

2 Die meisten Oberfräsen sind mit einem Mehrstufen-Tiefenanschlag versehen, so dass Sie die jeweils erforderlichen Schnitttiefen vorwählen und einstellen können. Bei manchen Maschinen wird die Schnitttiefe über ein Gewinde, bei anderen über eine Feineinstellung des Tiefenanschlags reguliert. Ein so hoher Genauigkeitsgrad ist beim Freihandfräsen kaum gefragt, doch für eine ortsfeste Oberfräse, mit der man komplizierte Profile und Verbindungen schneidet, spielt er schon eine wichtige Rolle.

3 Da sich der Fräskopf im Uhrzeigersinn dreht, neigt die Maschine beim Fräsen dazu nach links zu ziehen. Liegt der Führungsanschlag beim Ausschneiden einer Nut rechts, drückt der Linksdrall der Oberfräse den Anschlag fest gegen das Werkstück. Achten Sie stets darauf, dass vor Beginn eines Arbeitsdurchganges sämtliche Feststellschrauben an Tiefen- und Parallelanschlag fest angezogen sind; mangelhaft befestigte Teile können sich aufgrund der hohen Drehzahl des Motors lösen.

4 Der Fräskopf muss vor dem Einschalten der Maschine in einer Position über dem Werkstück arretiert sein. Setzen Sie die Oberfräse mit der Grundplatte an die Stelle, an der Sie mit dem Fräsen beginnen wollen. Schalten Sie die Maschine ein. Die vertikale Bewegung des Fräsers erfolgt entweder über einen Drehgriff oder durch das Betätigen eines Hebels an der Motorbasis. Prüfen Sie, ob sich der Fräskorb leicht absenken lässt. Ist das nicht der Fall, müssen eventuell die Führungssäulen entstaubt werden.

5 Lösen Sie mit dem Drehgriff die Tiefenarretierung und senken Sie den Fräskopf bis zum Tiefenanschlag ins Holz. Schieben Sie die Oberfräse zum ersten Fräsdurchgang nach vorn. Bewegen Sie die Maschine mit gleichmäßiger Geschwindigkeit über das Werkstück. Ein zu rascher Vorschub kann den Motor überlasten, eine zu langsame Bewegung kann das Holz versengen und den Fräskopf beschädigen. Mit einiger praktischer Erfahrung erkennen Sie am Geräusch des Motors das richtige Vorschubtempo.

6 Lösen Sie am Ende eines Schnittes den Handgriff zur Tiefeneinstellung, damit der Fräskopf aus dem Holz gezogen wird. Schalten Sie danach die Maschine ab. Lassen Sie den Fräskopf immer erst völlig zum Stillstand kommen, bevor Sie ihn an der nächsten Stelle ansetzen oder die Maschine vom Netz trennen. Der Holzstaub, der sich in der ausgefrästen Nut gesammelt hat, muss eventuell mit einem Werkstattstaubsauger entfernt werden. Überprüfen Sie in regelmäßigen Abständen, ob der Fräskopf in die Spannzange gerutscht ist und setzen Sie ihn nötigenfalls wieder richtig ein.

Das Fräsen mit dem Parallelanschlag

Der Parallelanschlag gehört zur Standardausrüstung der Oberfräse. Er ist breitenverstellbar und wird beim Fräsen von Nuten, Falzen, Kantenprofilen und Fasen (mit dem V-Nutfräser) benutzt. Bringen Sie für diese und andere Arbeitsgänge einen Streifen Abfallholz am Parallelanschlag an. Holzhandwerker fertigen sich in der Regel ihre eigenen Holzanschläge für die Oberfräse und auch für andere Werkzeuge wie beispielsweise die Kreissäge an.

Um eine einfache Kantenfase zu fräsen stellen Sie den Fräser auf die gewünschte Tiefe ein, arretieren den Tiefenanschlagmechanismus und ziehen die Oberfräse am Werkstück entlang. Der Parallelanschlag muss dabei wie der Anschlag eines Streichmaßes stets an der Werkstückkante anliegen. Der Anschlag zum Nutenfräsen wird mit zwei Schrauben an der Oberfräse eingestellt. Die Nut wird zuerst markiert und dann stufenweise in mehreren Durchgängen ausgefräst. Das verlängert die Lebensdauer des Fräskopfes und überlastet kleine Oberfräsen nicht. Es ist immer günstiger mehrere flache Schnitte anstatt eines einzigen tiefen Fräsdurchgangs auszuführen.

Das Fräsen mit einer Führungsleiste

Als Führungsleiste beim Fräsen kann eine auf das Werkstück geklemmte Leiste dienen. Messen Sie zunächst den Abstand zwischen der Grundplattenkante der Oberfräse und dem Fräskopf und befestigen Sie dann die Leiste mit Zwingen im gleichen Abstand vom gewünschten Schnitt. Drücken Sie die Grundplatte beim Fräsen fest gegen die Leiste. Mit dem Nutfräser, V-Nutfräser oder Radiusfräser können unterschiedliche Profilnuten gefräst werden.

Das Fräsen nach Schablone mit Kopierflansch

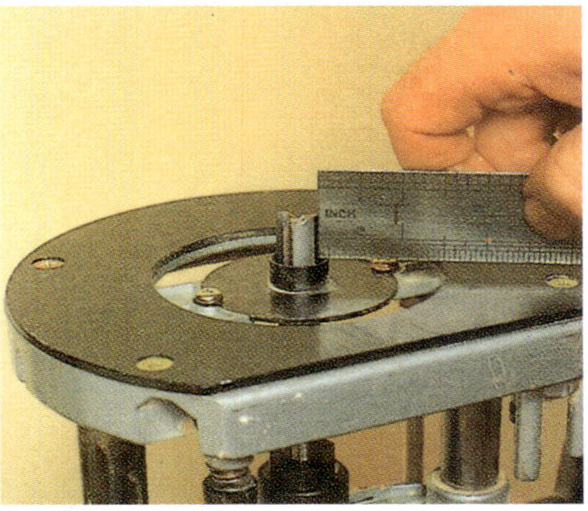

1 Beim Fräsen können Sie einen Kopierflansch als Distanzstück zwischen dem Fräskopf und einer Schablone zum Schneiden von Nuten oder zur Bearbeitung von Kanten benutzen. Ein Kopierflansch ist eine mit einer Anlaufbuchse versehene Metallscheibe, die mittig an die Grundplatte der Oberfräse geschraubt wird. Für die unterschiedlichen Fräskopfdurchmesser gibt es Kopierflansche mit passendem Buchsendurchmesser. Im Allgemeinen lässt man zwischen Fräskopfkante und Buchse einen Abstand von 2–3 mm.

2 Der Kopierflansch läuft an der Außenkante Ihrer Schablone entlang und überträgt das Profil auf die Kante des Werkstückes. Befestigen Sie die Schablone mit doppelseitigem Klebeband auf dem etwas größer zugeschnittenen Werkstück (Zwingen eignen sich ebenfalls, behindern aber die Oberfräse und müssen daher beim Fräsen versetzt werden). Hier wird eine sägeraue Kante mit einem langen Nutfräser glatt und rechtwinklig zur Breitfläche gefräst. Damit die Maschine nicht überlastet wird, fräsen Sie das abzutragende Material nicht mit einem Mal, sondern in mehreren Durchgängen bis zur gewünschten Tiefe aus. Für lange Fräsköpfe braucht man in der Regel eine sehr leistungsfähige Oberfräse.

Das Arbeiten mit dem Fräskorb im Bohrständer

1 Manche Oberfräsen, deren Fräskorb in einem Fräsvorsatz mit einer Standardmanschette von 43 mm Durchmesser sitzt, kann man auch zum einfachen Bohren oder Fräsen (horizontale Nuten) benutzen. Lösen Sie den Fräskorb vom Unterbau und setzen Sie ihn in die passende geschlossene 43-mm-Manschette eines Bohrständers ein.

2 Mit Oberfräse und Fräskopf erzielt man viel sauberere Bohrlöcher als mit einem Holzbohrer oder einem Flachfräsbohrer. Da der Holzabfall beim Bohren mit dem Fräser nicht so einfach wie beim Fräsen entfernt wird, müssen Sie darauf achten, dass das Holz nicht ansengt. Ein Bohrständer mit Neigekopf macht die Oberfräse noch vielseitiger – beispielsweise zum Bohren schräger Dübellöcher – einsetzbar.

Das Arbeiten am Frästisch

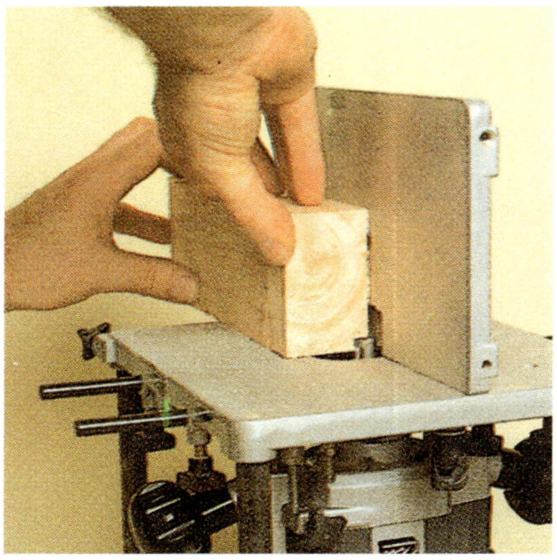

1 Die meisten Oberfräsen lassen sich in einen speziellen Frästisch einsetzen und so in eine kleine Unterfräse verwandeln. Man fixiert die Position und Höhe des Fräskopfes und führt das Holzwerkstück an einem passenden Führungsanschlag entlang über den Frästisch. Drücken Sie das Holz beim Fräsen fest gegen Tisch und Anschlag und achten Sie dabei auf Ihre Finger.

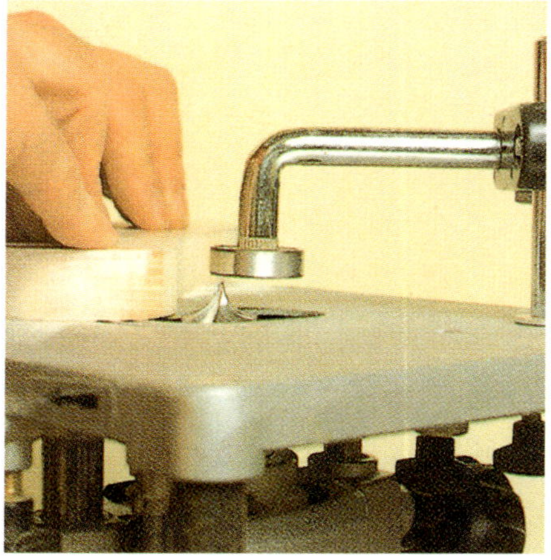

2 Zum Profilieren konvex oder konkav geformter Werkstücke wird der Frästisch mit einer Führungsrolle ausgerüstet. Die Rolle hat die gleiche Funktion wie ein Führungsanschlag; sie führt das Werkstück in einem eingestellten Winkel an den Fräskopf. Das Holz muss nach dem Fräsen geschliffen werden.

Das Fräsen von Falzen, Fasen und Kantenprofilen

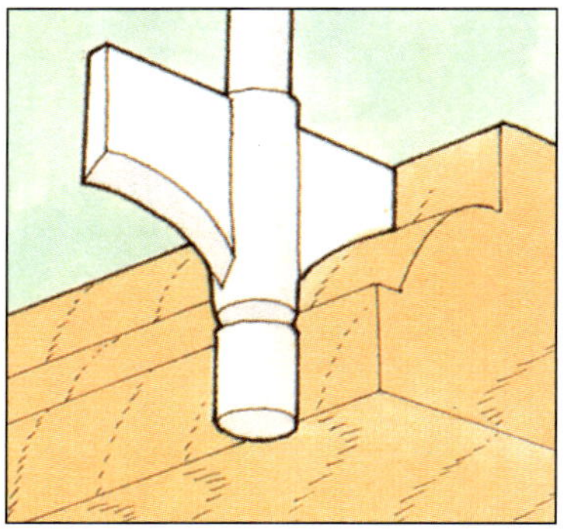

1 Kehl- und Kantenfräser sind mit einem Anlaufzapfen versehen, der unterhalb des rotierenden Fräskopfes an der Werkstückkante entlang läuft, so dass man zum Fräsen keinen weiteren Führungsanschlag braucht.

2 Ist die zu bearbeitende Kante eines nicht zu breiten Werkstückes gerade, setzt man als Führung für die Oberfräse den Parallelanschlag an die gegenüberliegende Kante.

3 Zum Fräsen von Formen und Kanten benutzt man eine Schablone und einen Kopierflansch. Der Flansch wird an die Grundplatte der Oberfräse geschraubt. Seine Führungsbuchse läuft beim Fräsen an der Schablonenkante entlang. Die Größe des Kopierflansches richtet sich nach dem Durchmesser des Fräskopfes. Zwischen Fräskopf und Führungsbuchse sollte ein Abstand von 3 mm liegen.

4 Stellen Sie eine Schablone aus einer MdF-Platte oder aus Sperrholz her. Schneiden Sie Ihr Holzwerkstück grob und etwas zu groß zu und befestigen Sie darauf die Schablone mit doppelseitigem Klebeband. Führen Sie die Buchse des Kopierflansches an der Schablonenkante entlang. Arbeiten Sie nötigenfalls in mehreren Durchgängen um die Werkstückkante in die gewünschte Form zu bringen.

Tipps

Zu den in einer Werkzeugbox erhältlichen Oberfräsen-Sets gehört auch eine Anzahl von Profilfräsern mit Anlauflager; die auswechselbaren Lager haben unterschiedliche Größen. So können Sie die Lager passend zur jeweiligen Fräsarbeit einsetzen. Nehmen Sie das Anlauflager stets ab, wenn Sie einen Fräser abziehen, damit die runde Kante nicht versehentlich beschädigt wird. Haben Sie im Umgang mit der Oberfräse etwas Erfahrung gesammelt, können Sie sich als nützliches Zubehör einen Frästisch bauen. Nehmen Sie für das Tischgestell 18 mm starkes Sperrholz und für die Platte ein melaminbeschichtetes Brett, das beim Vorschub des Werkstückes die Reibung zwischen Tischfläche und Holzwerkstück reduziert. Setzen Sie die Oberfräse verkehrt herum an einen zentralen verschiebbaren Abschnitt. Bringen Sie an dem Tisch einen stabilen Anschlag und ein Verbindungsstück an, das den Anschluss einer Absaugeinrichtung möglichst nahe am Fräskopf ermöglicht.

Das Ausschneiden eines Zapfens mit der Oberfräse

1 Zum Ausschneiden eines Zapfens mit der Oberfräse brauchen Sie einen Parallelanschlag und einen Nutfräser. Markieren Sie an Ihrem Holzwerkstück zwei Punkte, die die Einstellung des Parallelanschlags und der Schnitttiefe anzeigen. Setzen Sie die Oberfräse auf das Werkstück – der Fräskopf steht dabei knapp über der Holzoberfläche – und stellen Sie den Parallelanschlag auf die richtige Breite ein. Stellen Sie den Tiefenanschlag auf die Schnitttiefenmarkierung ein.

2 Führen Sie die Oberfräse an der Werkstückkante entlang; fräsen Sie den auszuschneidenden Teil zunächst nur auf halbe Tiefe aus. Schieben Sie den Fräser zurück und bis zur Brüstungslinie vor. Stellen Sie nun den Tiefenanschlag auf die volle Tiefe ein und führen Sie die Oberfräse über das Holz. Achten Sie darauf, dass die Grundplatte der Maschine auf dem Werkstück aufliegt und nicht etwa gekippt ist und der Fräskopf dann nicht in der gewünschten Bahn schneidet. Drehen Sie das Werkstück um und fräsen Sie die andere Zapfenwange aus.

Sengspuren

Sengspuren sind für den Holzhandwerker ein Problem, das beim Arbeiten mit der Oberfräse häufig auftritt. Sie können unterschiedliche Ursachen haben – stumpfe Fräsköpfe, Harzablagerungen auf den Fräsern, wechselnde Vorschubgeschwindigkeit oder eine zu große Schneidtiefe in einem Arbeitsgang. Unabhängig von der Ursache müssen Sie zunächst wissen, dass beim Fräsen entstandene Sengspuren nahezu unmöglich abzuschleifen sind. Sengspuren lassen sich am besten durch einen zusätzlichen Arbeitsgang entfernen. Verändern Sie Ihr Projekt ein wenig, sägen Sie die betreffende Kante ab und führen Sie die Oberfräse nochmals daran entlang. Ist das nicht möglich, lassen Sie die Maschine einen etwas tieferen Schnitt fräsen, der über die angesengte Stelle verläuft und die Brandspuren entfernt. Funktioniert auch das nicht, setzen Sie einen etwas größeren Fräskopf ein und führen über dem ersten einen zweiten Schnitt.

Mit dem Herausschneiden der Sengspuren ist das unmittelbare Problem zwar gelöst, doch nun müssen Sie die Ursachen feststellen, damit Sie Schwierigkeiten dieser Art künftig vorbeugen können. Sind die Schneidkanten Ihrer Fräsköpfe stumpf, weil Sie damit eventuell einen Holzwerkstoff bearbeitet haben, der stumpfend wirkenden Harzleim enthält, müssen Sie sie durch vorsichtiges Abziehen wieder leicht schärfen. Die Betonung liegt hier auf dem Wort „leicht". Stellen Sie zunächst fest, ob der Fräser aus Hochleistungsschnellstahl (HSS) oder aus Hartmetall (HM) besteht. Für Hartmetallschneiden nehmen Sie einen kleinen Diamant-Abziehstein, mit dem Sie der Reihe nach über alle Schneidkanten des Fräskopfes streichen. Zum Schärfen eines HSS-Fräskopfes dient ebenfalls ein kleiner Diamantstein, der hier allerdings viel vorsichtiger benutzt werden muss. Kommen Sie nicht an die Führungszapfen oder Anlaufringe und achten Sie darauf, dass alle Schneidkanten gleichmäßig abgezogen werden. Wenn Sie beim Arbeiten an der Oberfräse trotz aller Vorsicht feststellen, dass der Fräskopf aus der Bahn läuft oder Schwingungen erzeugt, lassen Sie ihn im Interesse Ihrer Sicherheit von einem Fachmann schärfen.

Das Herstellen einer Gleitfläche

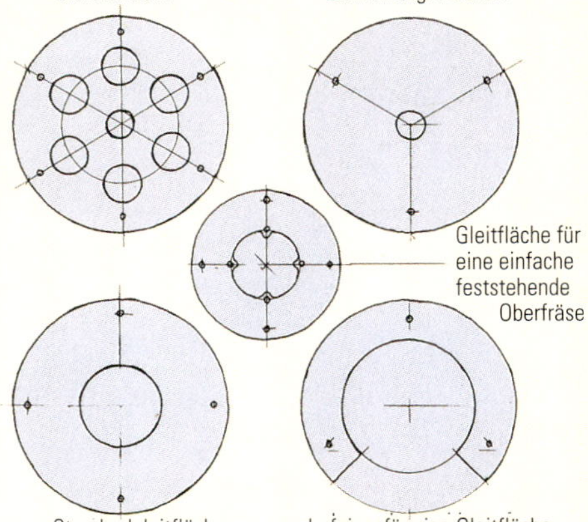

Eine Gleitfläche ist eine dünne Schicht aus sehr glattem Kunststoff, die an der Grundplatte der Oberfräse angebracht ist und auf der die Oberfräse leicht über das Werkstück rutscht. Manche Oberfräsen sind allerdings mit einer Gleitfläche ausgestattet, die den Blick auf das Werkstück versperrt, da sie entweder aus undurchsichtigem Material besteht oder die Aussparung für den Fräser so klein bemessen ist, dass man den Arbeitsvorgang nicht beobachten kann. Das wird besonders dann zum Problem, wenn Sie freihändig fräsen; in diesem Fall müssen Sie die Standardgleitfläche gegen eine andere gekaufte oder eine individuell hergestellte ersetzen.

Der Austausch einer Standardgleitfläche gegen eine selbst hergestellte hat den Vorteil, dass Sie sich diese Unterlage nach Ihren speziellen Bedürfnissen herrichten können, während die Standardgleitfläche meistens nur den Minimalanforderungen entspricht. Sie können durchsichtiges Acryl verwenden, die Gleitfläche mit großen Öffnungen versehen o. a. Unabhängig vom Aussehen des Endprodukts werden Sie feststellen, dass es die Arbeit erleichtert, wenn Sie den Fräsvorgang am Werkstück gut beobachten können. Ist die Gleitfläche Ihrer Oberfräse mit Schrauben befestigt, übertragen Sie die Abstände zwischen den Schraublöchern einfach auf das selbst gefertigte Teil, schrauben die alte Gleitfläche ab und ersetzen sie durch Ihr eigenes Modell. Ist die gelieferte Gleitfläche fest mit der Grundplatte verbunden, lassen Sie sie an Ort und Stelle und befestigen die neue Unterlage besser mit doppelseitigem Klebeband an der alten.

Am Fräsvorsatz der Maschine befestigter Tiefenanschlag.

Drei unterschiedlich lange, höhenverstellbare Schrauben dienen als „Anschläge".

Diese Schrauben sind an einem Revolveranschlag befestigt. Durch Drehen des Revolveranschlags in eine andere Position wird eine der drei voreingestellten Schnitttiefen ausgewählt.

Sicherungsmuttern verhindern, dass sich die Schrauben nach dem Einstellen bewegen.

Die Gleitfläche wird an die Grundplatte der Oberfräse geschraubt. Ziehen Sie die Schrauben nicht zu fest an, damit das Gewinde nicht überdreht wird.

Oben: Schalten Sie die Maschine stets aus und ziehen Sie den Netzstecker, bevor Sie eine Einstellung vornehmen.

Sie werden bei der Überprüfung Ihrer Fräser vielleicht feststellen, dass sich auf dem Metall Harz abgelagert hat. Harz ist eine klebrige Substanz, die von manchen Hölzer abgesondert wird. Setzt sich diese Substanz an den Fräsköpfen fest, bildet sie einen schwarzen glasurartigen Belag, der zum Überhitzen des Fräskopfes führt. Ist dieser Fall einmal eingetreten, ergibt sich daraus eine ganze Kette von Problemen – der Schaft lässt sich nur schwer in die Spannzange einsetzen, der Fräskopf neigt dazu aus der Bahn zu laufen, der Harzbelag versengt das Holz beim Fräsen usw. Hier kann schnell Abhilfe geschaffen werden, wenn Sie das Harz mit einem Herdreiniger entfernen. Tragen Sie auf den sauberen Fräskopf einen Schutzfilm aus leichtem Maschinenöl auf.

ACHTUNG: Verwenden Sie zum Reinigen des Schafts oder der Spannzange niemals ein Schleifmittel.

Oftmals entstehen durch eine Änderung der Vorschubgeschwindigkeit Brandspuren auf dem Werkstück. Verlangsamen Sie den Vorschub, halten Sie die Maschine an oder bewegen Sie die Oberfräse nur stockend, dreht sich der Fräser auf der Stelle, erwärmt das Harz in Ihrem Werkstück und sengt das Holz an. Man kann die optimale Vorschubgeschwindigkeit nur schwer bestimmen, da der Fräsvorgang von so vielen unterschiedlichen Faktoren beeinflusst wird. Eine Rolle spielt beispielsweise der Zustand des zu bearbeitenden Holzes (hart, weich, zäh, feucht usw.), der Faserverlauf im Verhältnis zur Schnittrichtung, Größe und Leistung der Oberfräse, Form und Art des Fräskopfes, Tiefe und Breite des Schnitts sowie die Schnittführung (gerade Kante, äußere oder innere Ecke, Rundung usw.). Bei all dem gilt die goldene Regel: Je schneller, desto besser. Natürlich darf Ihr Projekt nicht gefährdet werden, doch im Allgemeinen verursacht ein schneller Vorschub weniger Probleme als zu langsames Fräsen. Sind Sie unsicher, führen Sie mit einem Abfallstück derselben Holzart und mit demselben Fräser, der bei dem eigentlichen Werkstück eingesetzt werden soll, einen Probedurchgang durch. So erlangen Sie mit der Zeit mehr Sicherheit in der Handhabung der Oberfräse. Bewegen Sie die Maschine stets gegen die Drehrichtung des Fräskopfes, d. h. so, dass die zu bearbeitende Werkstückkante links vom Fräser liegt, wenn Sie die Oberfräse nach vorn schieben.

Sengstellen können auch entstehen, wenn Sie für einen Durchgang eine zu große Schnitttiefe eingestellt haben. Einen tiefen Schnitt führt man am besten in zwei oder drei Arbeitsgängen und nicht mit einem Mal aus. Das lässt sich einfach durch Einstellen des Revolveranschlags bewerkstelligen. Dieser besteht aus einer Anzahl Schrauben – meist drei –, die an der Oberseite der Grundplatte angebracht sind. Bei genauerem Hinsehen werden Sie feststellen, dass die Schrauben, die alle drei ihre eigene Feineinstellung haben, unterschiedlich hoch stehen. Zum Fräsen wird der Tiefenanschlag abgesenkt und auf die gewünschte Schnitttiefe eingestellt. Der Abstand zwischen dem unteren Ende des Anschlags und dem oberen Schraubenende entspricht der Schnitttiefe. Wollen Sie einen Schnitt in drei Durchgängen ausführen, fräsen Sie, bis der Tiefenanschlag auf der ersten Schraube aufsitzt, dann stellen Sie den Revolveranschlag für den nächsttieferen Schnitt ein usw. Mit dem Revolveranschlag können Sie die Abfolge der Schnitttiefen bereits im Voraus planen.

Das Fräsen einer Kaschierungsnut

Eine schlecht gearbeitete Stoßfuge lässt sich auf verschiedene Weise kaschieren. Eine Möglichkeit ist das Ausfräsen einer Ziernut, die genau auf dem Stoß verläuft. Diese Nut hat zwar nicht viel mit der eigentlichen Konstruktion zu tun, erweckt aber wenigstens den Eindruck, als sollten die zusammengefügten Bretter so und nicht anders aussehen. Die Nut kann eine einfache V-Form oder eine eher dekorative Form erhalten. Gehen Sie folgendermaßen vor:

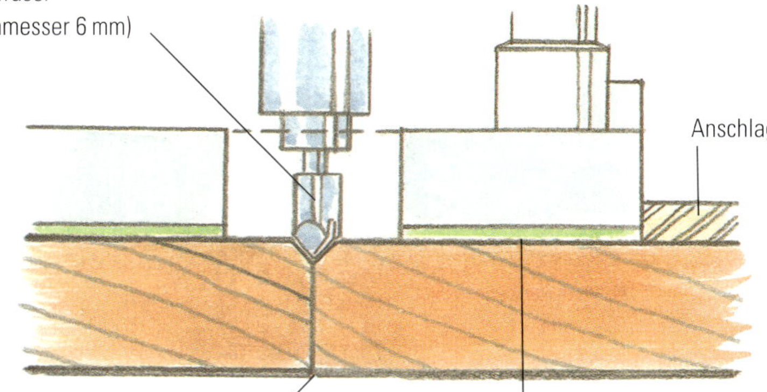

1 Wählen Sie einen passenden Fräskopf aus und befestigen Sie das Werkstück mit Schraubzwingen fest an der Werkbank. Klemmen Sie eine Führungsleiste so auf das Werkstück, dass sie parallel zur Stoßfuge liegt und der Fräskopf der Oberfräse beim Vorschub entlang der Leiste genau über der Fuge steht. Nehmen Sie sich genügend Zeit zum Abmessen und Einstellen und kontrollieren Sie, ob die Einstellung auch korrekt ist. Setzen Sie dann die Oberfräse an die Führungsleiste und senken Sie den Fräser ab um nochmals zu prüfen, ob das Zentrum des Fräsers genau über der Fuge liegt. Sie können dafür auch spezielle Führungsscheite mit Spannvorrichtungen an beiden Enden kaufen. Sie sind ideal zum präzisen Nutfräsen in der Mitte eines Brettes. Spannen Sie das Führungsscheit parallel zu der zu fräsenden Nut über die Brettkanten und richten Sie es wie beschrieben ein. Da man für diese Führung keine gesonderten Zwingen an den Enden benötigt, lässt sie sich auch problemlos an schwierigen Stellen anbringen, an denen die Zwingengriffe vielleicht das Arbeiten mit der Oberfräse behindern.

2 Haben Sie sich davon überzeugt, dass das Führungsscheit genau an der richtigen Stelle liegt, stellen Sie den Tiefenanschlag für den Fräser ein. Schalten Sie die Maschine ein und beginnen Sie mit dem Fräsen. Sie können nun eigentlich nichts mehr falsch machen, wenn Sie die abgeflachte Seite der Grundplatte während des Fräsvorgangs fest an der Kante des Führungsscheits entlangführen.

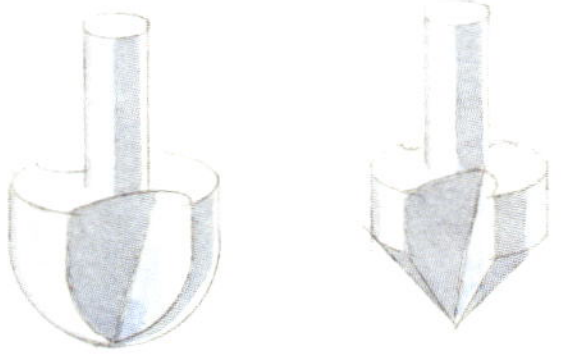

Radiusfräser V-Nutfräser

Oben: Typische Oberfräse mit 3-Schrauben-Revolveranschlag. Ziehen Sie jedesmal, wenn Sie mit der Oberfräse arbeiten, die Sicherungsmuttern fest nach, da sie sich lockern und bei starker Beanspruchung der Maschine abfallen können.

Fräsen einer Nut für eine Bandeinlage

1 Suchen Sie zunächst eine passende Bandeinlage aus. Wählen Sie dann einen Fräskopf der passenden Breite und führen Sie an einem Stück Abfallholz einen Probefräsgang durch um die Schneidtiefe festzustellen. Die Nut sollte ein wenig flacher sein als die Bandeinlage, damit der Einlagestreifen etwas erhöht in Ihrem Werkstück liegt. Außerdem muss der Streifen ziemlich genau in die Nut passen. Haben Sie alles vorbereitet, befestigen Sie eine Führungsleiste auf den zusammengefügten Brettern und fräsen die Nut aus.

2 Stellen Sie die Oberfräse beiseite, nehmen Sie die Führungsleiste ab und entfernen Sie die Späne und den Holzstaub. Setzen Sie die Bandeinlage in die Nut ein. Passt alles gut, muss der Streifen leicht überstehen. Sind Sie mit dem Ergebnis zufrieden, ziehen Sie die Einlage wieder aus der Nut; bestreichen Sie ihn mit Leim und legen Sie ihn dann wieder in die Nut ein.

3 Drücken Sie die Bandeinlage mit der Hammerfinne fest in die Nut hinein.

4 Wischen Sie mit einem leicht angefeuchteten Tuch allen überschüssigen Kleber ab.

5 Nehmen Sie zum Schluss eine gut geschärfte Ziehklinge zur Hand und schaben Sie den etwas überstehenden Einlagestreifen bis auf die Oberfläche Ihres Werkstückes ab. Schaben Sie dann noch einmal über die gesamte Fläche um sämtliche Leimspuren zu beseitigen. Die Fläche muss am Ende glänzen.

Tipps

- Manche Hersteller bieten für Hobbyhandwerker ganze Sätze von Nutfräsern mit kleinem Durchmesser an. Gehen Sie mit den Fräsköpfen vorsichtig um, denn die schmalen Klingen zerbrechen leicht.
- Schützen Sie die neue Bandeinlage mit Schleifgrund oder einer hellen Politur, wenn Sie das Material rundum beizen. Decken Sie das Holz zu beiden Seiten der Einlage mit Kreppband ab und tragen Sie mit einem kleinen Malpinsel den Schleifgrund auf.

Eine alternative Methode zum Ausschneiden exakter Zapfenlöcher

1 Bringen Sie an der Oberfräse einen Parallelanschlag an und schrauben Sie an den Anschlag ein Stück Holz. Das Holzstück muss mindestens 25 mm breiter sein als der Fräskopf lang ist. Sitzt der Anschlag fest am Werkstück und der Fräskopf genau über der Stelle, an der das Zapfenloch entstehen soll, senken Sie den rotierenden Fräser in das Holz und führen ihn darin vor und zurück, bis die gewünschte Frästiefe erreicht ist. Halten Sie den Anschlag zur genauen Steuerung des Fräsers die ganze Zeit fest gegen das Holz gedrückt. Die Breite des Zapfenloches entspricht dem Durchmesser des Fräskopfes. Die Frästiefe wird vom Tiefenanschlag der Oberfräse bestimmt. Entfernen Sie bei jedem Fräsdurchgang etwas Abfall und halten Sie die Maschine an, wenn der Motor plötzlich anders klingt oder das Holz zu brennen beginnt, denn dann fräsen Sie mit einem Durchgang zu tief und überlasten damit Motor und Fräskopf. Fräsen Sie das ganze Zapfenloch aus, schalten Sie die Maschine aus und ziehen Sie erst dann den Fräskopf aus dem Werkstück heraus (rechts). Entfernen Sie mit dem Staubsauger allen Holzstaub aus dem Zapfenloch.

1

2 Ist das mit einem Zapfenloch zu versehende Werkstück so schmal, dass Sie nicht mit dem Parallelanschlag der Oberfräse arbeiten können, legen Sie es zwischen zwei gerade Abfallstücke. Die Breite des Zapfenloches kann von Hand gefräst werden, Sie können aber auch mit Hilfe von Anschlaghölzern verhindern, dass der Frässchnitt über die markierten Linien hinausläuft (rechts).

3 Da der Fräskopf ein Zapfenloch mit gerundeten Enden schneidet, müssen Sie die beiden Enden entweder mit einem Beitel gerade ausstemmen oder die Enden des Zapfens rundschleifen, damit beide Teile der Verbindung richtig zusammenpassen. Viele Holzhandwerker halten Letzteres für einfacher. Runden Sie die Kanten mit einer Raspel oder einer Feile grob ab und schleifen Sie die Rundung dann mit einem Stück Sandpapier glatt (oben). Ein eckig ausgestemmtes Zapfenloch verleiht der Verbindung allerdings eine größere Festigkeit als ein rundes. Beide Teile der Verbindung werden – ganz gleich, ob rundgeschliffen oder eckig ausgestemmt – gleichmäßig mit Leim bestrichen und wie üblich ineinander gesteckt und zusammengespannt.

Tipps

- Beim Fräsen schmaler Werkstücke kann es leicht passieren, dass man die Oberfräse versehentlich etwas ankippt. Arbeiten Sie deshalb mit Sorgfalt und stützen Sie die Grundplatte so gut wie möglich ab.
- Beim Ausfräsen eines Zapfenloches können Sie die Oberfräse auch von beiden Seiten mit je einem Seitenanschlag stützen.

Das Herstellen einer Überblattung mit der Oberfräse

Eine Überblattung ist eine Verbindung zweier Teile, die beide auf halbe Dicke geschnitten wurden. Die Verbindung hat dann die gleiche Materialstärke wie der Rest des Werkstückes.

Bei einer Überblattung ist zwar eine relativ große Klebefläche vorhanden, doch die Verbindung ist nicht so stabil wie bei Schlitz und Zapfen. Die Überblattung wird in der Regel bei Schränken, Türen und sonstigen nicht tragenden Konstruktionen angewendet. Man setzt sie auch als Gestaltungselement ein und nutzt dabei den Kontrast zwischen quer- und längsgeschnittenen Flächen, wie es sich beispielsweise beim stark gemaserten Holz der Südlichen Kiefer (rechts) anbietet.

Die Verbindungselemente lassen sich nach jeder Methode zuschneiden, die auch für Gratnuten oder Zapfen angewendet wird. Im Grunde genommen besteht die ganze Arbeit darin den Verschnitt abzutragen und die Verschnittreste auszustemmen, damit die Verbindung passgenau wird.

Zum Entfernen des Verschnitts oder zum Ausputzen der Verbindungsteile, die zuvor grob ausgesägt worden sind, können Sie auch die Oberfräse benutzen.

1 Zum Ausfräsen einer Überblattung brauchen Sie einen Nutfräser und einen Führungsanschlag.

2 Zum Einrichten des Führungsanschlags bestimmen Sie zunächst den Abstand zwischen der Schneide des Fräskopfes und der Kante der Grundplatte. Der Abstand variiert, denn er ist abhängig vom Durchmesser des Fräskopfes, den Sie verwenden. Falls Sie nicht immer dieselbe Oberfräse und einen Fräser vom gleichen Durchmesser benutzen, prüfen Sie vor jeder Arbeit die Abmessungen nach. Nach dem Anreißen der Brüstungslinien für die Verbindung richten Sie den Führungsanschlag für die Oberfräse ein. Messen Sie dazu von der Brüstung einen Abstand ab, der dem zwischen der Grundplattenkante und dem Fräskopf entspricht. Ziehen Sie als Hilfe zum Anlegen des Führungsanschlags an der Stelle eine gerade, zur Werkstückkante rechtwinklige Linie. Es ist wichtig, dass der Anschlag genau rechtwinklig zur Werkstückkante liegt.

3 Beim Fräsen am Brettende lässt sich die Oberfräse nur schwer gerade halten. Spannen Sie deshalb als Behelf ein Stück Holz vor Ihr Werkstück auf die Werkbank, das die Oberfräse zu Beginn des Fräsvorganges stützt.

Tipps

- Benötigen Sie für ein Projekt mehrere Zapfenteile, schneiden Sie sie alle mit einem Mal zu. Markieren Sie die Zapfenbrüstungen und legen Sie alle Werkstücke Seite an Seite auf die Werkbank. Spannen Sie eine Anschlagleiste so über die Werkstücke, dass der Fräser das Material an den markierten Zapfenbrüstungen abträgt. Führen Sie den Fräser zunächst an der Leiste entlang über sämtliche Werkstücke und entfernen Sie dann den Rest des Verschnitts.
- Schneiden Sie sich eine Auswahl an Schablonen aus MdF-Material zu, nach denen Sie mit Oberfräse und Kopierflansch Vertiefungen für eingelassene Türscharniere herstellen oder andere übliche Fräsarbeiten erledigen.
- Damit die Oberfräse nicht kippen kann, schneiden Sie sich eine tropfenförmige Vergrößerungsplatte zu, die Sie an die Grundplatte montieren. Benutzen Sie zum Befestigen die beiden Schraublöcher. Bringen Sie zur Stabilisierung der Oberfräse am schmalen Ende der Verlängerungsplatte einen Holzgriff an.

4 Tragen Sie den restlichen Verschnitt stufenweise ab. Beginnen Sie damit am Ende des Brettes und gehen Sie mit dem Fräser immer weiter in Richtung Anschlagleiste. Arbeiten Sie langsam und bewegen Sie die Oberfräse so, dass der Fräskopf stets in Richtung der zu fräsenden Fläche rotiert. Bewegen Sie die Maschine mit der Drehrichtung, kann sie sich mit einer gefährlichen Schlingerbewegung aus der Bahn ziehen. Auf die gleiche Weise kann der Verschnitt aus der Mitte eines Brettes abtragen werden; dazu brauchen Sie nur zu beiden Seiten der Verbindung eine Führungsleiste aufzuspannen.

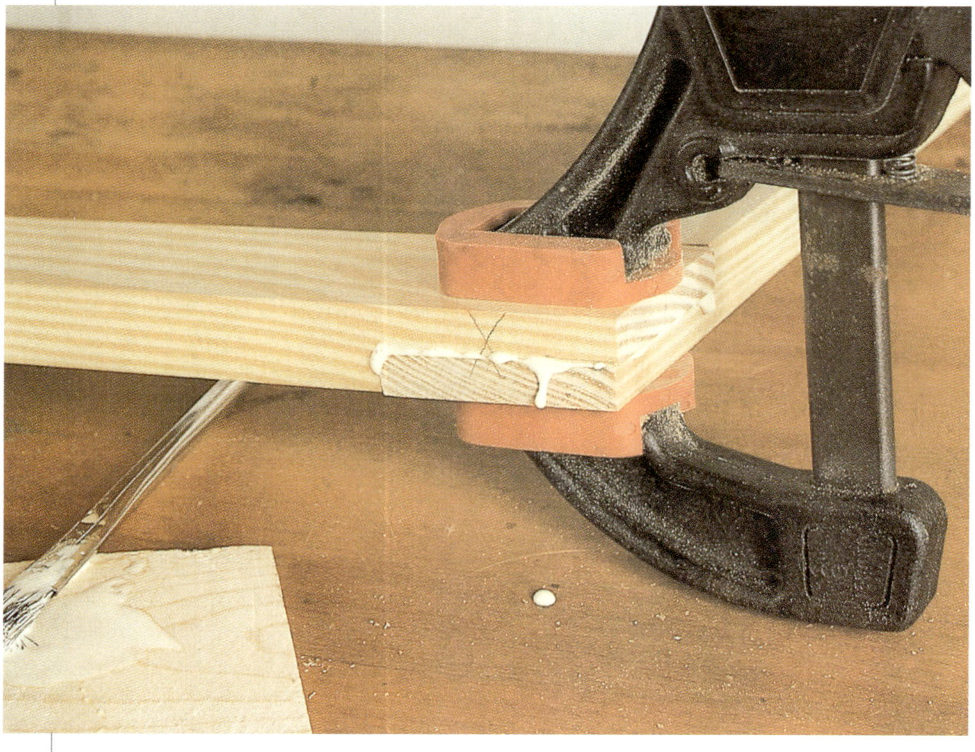

5 Beim Zusammensetzen der Verbindungsteile müssen Sie die beiden Klebeflächen zusammenzwingen, damit eine haltbare Verbindung entsteht.

Alternative Methode

- Günstig für das Ausfräsen von Verschnitt oder zum Fräsen von Zapfen und Überblattungen ist ein Frästisch. Dort können Sie das Werkstück flach auflegen oder ein paar Zwingen anbringen, mit denen das Werkstück festgespannt wird.
- Arbeiten Sie an einem Frästisch stets von rechts nach links, so dass Sie gegen die Drehrichtung des Fräskopfes fräsen. Andernfalls kann Ihnen das Werkstück aus der Hand gezogen werden. Drücken Sie das Werkstück fest gegen den Führungsanschlag, wenn Sie es über den Fräskopf führen.

Das Herstellen einer abgesetzten Gratverbindung mit der Elektrooberfräse

1 Die Gratnut wird stufenweise – zuerst mit einem Nutfräser und dann mit einem Zinkenfräser – ausgeschnitten. Das verlängert die Lebensdauer beider Werkzeuge. Setzen Sie zunächst einen Nutfräser mit kleinem Durchmesser in die Oberfräse ein. Legen Sie eine Leiste als Führungsanschlag bereit. Setzen Sie die Oberfräse mit dem Fräskopf über der auszuschneidenden Gratnut auf das Holz. Spannen Sie die Führungsleiste fest gegen die abgeflachte Seite der Grundplatte. Kennzeichnen Sie mit dem Bleistift die Stelle, an der die Nut enden soll. Tragen Sie nun in mehreren flachen Fräsdurchgängen den Verschnitt fast bis zur gewünschten Tiefe ab.

2 Wechseln Sie den Nutfräser gegen einen Zinkenfräser passender Größe aus. Stellen Sie den Tiefenanschlag nun so ein, dass der Fräskopf den Profilschnitt mit der gewünschten Tiefe in einem Durchgang fräst.

3 Fräsen Sie die Gratnut in einem Durchgang; drücken Sie dabei die Oberfräse fest gegen die Führungsleiste. Heben Sie den Fräser am Ende des Schnitts nicht aus dem Holz heraus, sondern ziehen Sie ihn in der soeben gefrästen Gratnut zurück.

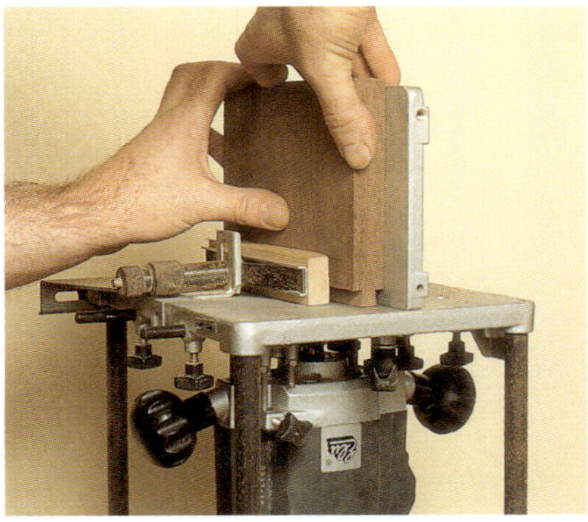

4 Setzen Sie die Oberfräse kopfüber in einen Frästisch ein und stellen Sie mit demselben Zinkenfräser die Gratfeder her.

5 Entfernen Sie mit einer Zapfensäge den abgesetzten Teil; sägen Sie zunächst entlang der Faser und dann quer dazu. Der abgesetzte Teil muss hier abtragen werden, da die Gratnut am anderen Verbindungsteil nicht über die gesamte Breite des Werkstücks reicht.

6 Runden Sie das Ende der Gratfeder mit einem scharfen Beitel ab, damit es richtig in die ausgefräste Gratnut passt.

7 Schieben Sie die beiden Teile, die nun fertig zum Verkleben sind, vorsichtig ineinander. Da breite Bretter zum Verwerfen neigen und das Auseinandernehmen trockener Verbindungen dann schwierig wird, müssen die beiden Teile möglichst rasch miteinander verleimt werden.

Grundhobel

Grundhobel gibt es in verschiedenen Größen; sie sind speziell zum Glätten der Basis von durchgehenden und abgesetzten Nuten, von Aussparungen für Schlösser und Scharniere u. ä. bestimmt. Bevor Sie mit dem Grundhobel arbeiten, legen Sie zunächst mit einigen Sägeschnitten die Breite der Nut fest und stellen dann das fußförmig gekröpfte Hobeleisen auf feinste Spanabnahme ein. Je nach Werkstückbreite öffnen oder schließen Sie das Hobelmaul und stellen dann den Tiefenanschlag ein. Fassen Sie das Werkzeug schließlich mit beiden Händen und führen Sie es in gleichmäßigen Stößen über Ihr Werkstück.

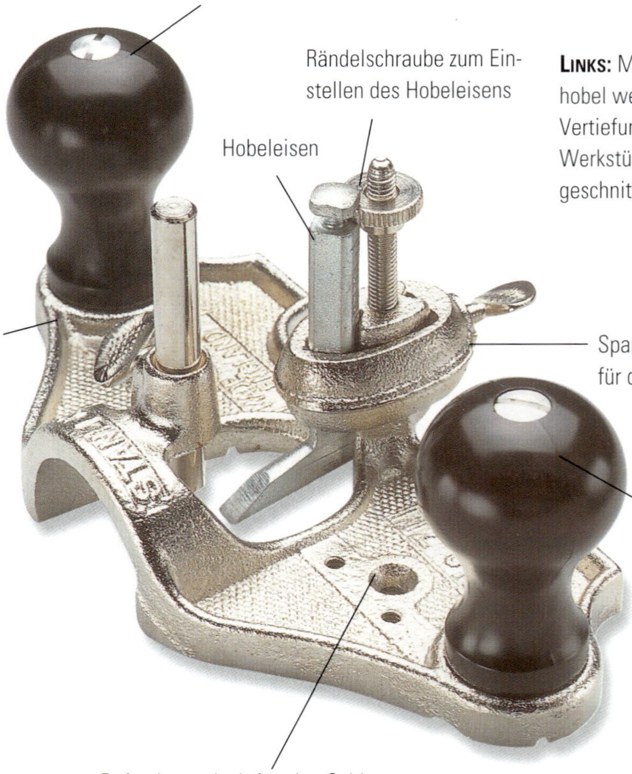

LINKS: Mit dem Grundhobel werden Nuten oder Vertiefungen parallel zur Werkstückoberfläche ausgeschnitten.

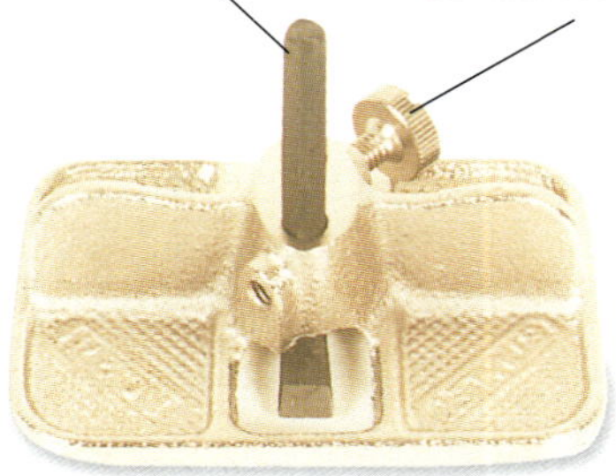

OBEN: Miniatur-Grundhobel für feine Arbeiten wie Schnitzwerk, Schriften, das Schneiden schmaler Nuten in furnierte Werkstücke und für Einlegearbeiten.

Tipps

Nach Auffassung vieler Holzhandwerker, die im Umgang mit Handwerkzeugen erfahren sind, eignet sich zum Schneiden flacher Nuten für feine Bandeinlagen nur ein kleiner Grundhobel oder vielleicht noch ein Furnieradernhobel. Inzwischen gibt es jedoch ein oder zwei Elektrowerkzeuge, die diese Arbeiten ebenfalls ausführen können. Manche so genannte „elektrische Multi-Miniaturwerkzeuge" beispielsweise fräsen Nuten von weniger als 1,5 mm Breite.

1 Stellen Sie das Hobeleisen auf feinste Spanabnahme und den Tiefenanschlag auf die erforderliche Schnitttiefe ein. Die Schneide des Grundhobels muss so scharf wie nur möglich sein, da man die Holzfasern sonst zerreißt statt sie in Form von Spänen abzutragen und die Nut keine glatte, saubere Oberfläche erhält.

2 Fassen Sie das Werkzeug fest mit beiden Händen und führen Sie einige Schnitte nach vorn aus; drücken Sie den Hobel beim Vorschub auf beiden Seiten fest auf das Werkstück. Achten Sie darauf, dass Sie nicht von der vorgesehenen Schnittführung abkommen und die ausgehobelte Vertiefung an den Seiten beschädigen. Überprüfen Sie in regelmäßigen Abständen die erreichte Schnitttiefe.

STEMMEN & STECHEN

Anfänger neigen zu unsachgemäßem Umgang mit dem Beitel, da sie sich meistens noch nicht auf die Auswahl des richtigen Werkzeugs für bestimmte Arbeiten verstehen. Stemm- und Stechwerkzeuge gibt es in unterschiedlichen Formen, die jeweils für spezielle Aufgaben bestimmt sind. Erst der Einsatz des richtigen Beitels ermöglicht ein effektives Arbeiten.

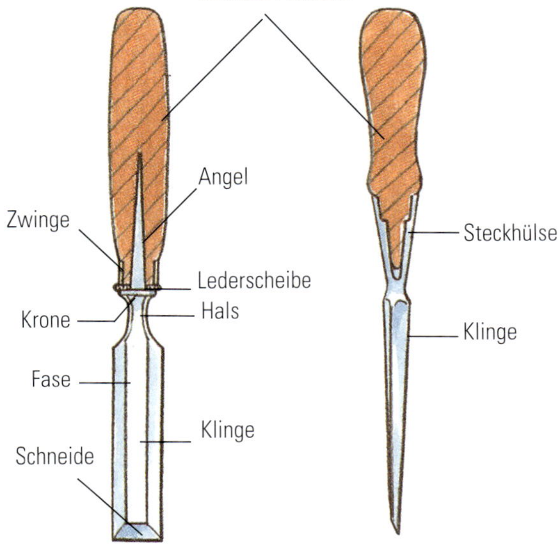

Tischlerbeitel mit Angel

Traditioneller Lochbeitel mit Steckhülse

Der Aufbau eines Beitels

Der Beitel im Allgemeinen ist ein Werkzeug mit einem Heft am einen Ende und einer langen, flachen, mit einer Schneide versehenen Klinge am anderen Ende. Es gibt zwar viele „Beitelfamilien", doch nur drei Grundtypen – den Beitel mit Angel, die vom Angelring bis in den Holzgriff hineinreicht, den modernen Beitel mit kurzem Schaft, der in einen gegossenen Kunststoffgriff übergeht und den Beitel, dessen Heft von einer Steckhülse umgeben ist. Länge und Form der Klinge sowie die Art und Weise, in der die Klinge in das Heft eingepasst ist, bestimmen die Qualität und die Haltbarkeit des Werkzeugs.

Häufig benutzte Beitelarten

Unter den Dutzenden Beitelarten, die alle für spezielle Aufgaben vorgesehen sind, gibt es drei Typen, die häufig benutzt werden – das Stemmeisen, den Beitel mit Seitenfase und den Lochbeitel.

Stemmeisen

Stemmeisen: Das Stemmeisen mit seiner rechteckigen, seitlich ungefasten Klinge ist so stabil, dass es mit einem Klüpfel vorgetrieben werden kann. Es ist ein universelles Stemmwerkzeug für alltägliche Aufgaben bei der Holzbearbeitung.

Tischlerbeitel

Tischlerbeitel: Der Tischlerbeitel, auch Stechbeitel (mit Seitenfase) genannt, ist mit einer an beiden Seiten gefasten Klinge versehen. Mit diesem Werkzeug können auch enge Stellen ausgestochen werden, ohne dass sich die Klinge verkeilt.

Lochbeitel

Lochbeitel: Charakteristisch für den Lochbeitel ist die schwere, seitlich ungefaste Klinge, die sich über die gesamte Länge von der Vorder- zur Rückseite verjüngt. Es gibt zwei Arten von Lochbeiteln – einen mit breiter, schwerer Klinge zum Ausstemmen tiefer Löcher und für das Arbeiten an schwerem Rahmen- und Balkenwerk und eine leichtere Ausführung für allgemeine Tischlerarbeiten.

Das Arbeiten mit einem Beitel

Es gibt drei elementare Arten mit dem Beitel Holz abzutragen – das senkrechte Abstechen, das waagerechte Abstechen und das Ausstemmen, bei dem der Beitel mit dem Klüpfel vorgetrieben wird.

Das senkrechte Abstechen: Zwingen Sie das Werkstück flach auf der Werkbank fest. Fassen Sie das Stecheisen so mit der rechten Hand, dass es im rechten Winkel zu Ihrem Unterarm steht. Legen Sie die linke Hand mit dem Handteller nach oben und dem Zeigefinger an der Markierung auf das Werkstück. Steuern Sie die Schnittführung mit dem Daumen der linken Hand, den Sie dazu um die Beitelklinge legen. Drücken Sie den Beitel mit einer aus der rechten Schulter kommenden Bewegung in das Holz.

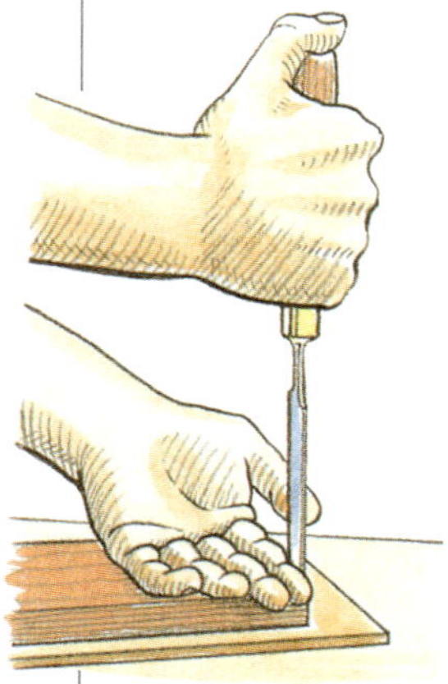

Richten Sie den Beitel mit den Fingern der linken Hand an der Markierung aus, fassen Sie das Heft mit der rechten Hand und drücken Sie das Werkzeug kräftig in das Holz.

Das waagerechte Abstechen: Spannen Sie das Werkstück in den Schraubstock oder befestigen Sie es mit Schraubzwingen flach auf der Werkbank. Nehmen Sie den Beitel so in die rechte Hand, dass das Ende des Hefts in Ihrer Handfläche liegt und der Zeigefinger zur Klinge zeigt. Halten Sie die linke Hand mit den Knöcheln nach unten, so dass der Zeigefinger an der Seite des Werkstücks liegt, und legen Sie den Rücken der Beitelklinge auf die Fingerkuppen der linken Hand. Halten Sie die Klinge zwischen Daumen und Zeigefinger und setzen Sie die Schneide an die Markierung. Führen Sie den Stoß ins Holz aus der Schulter heraus.

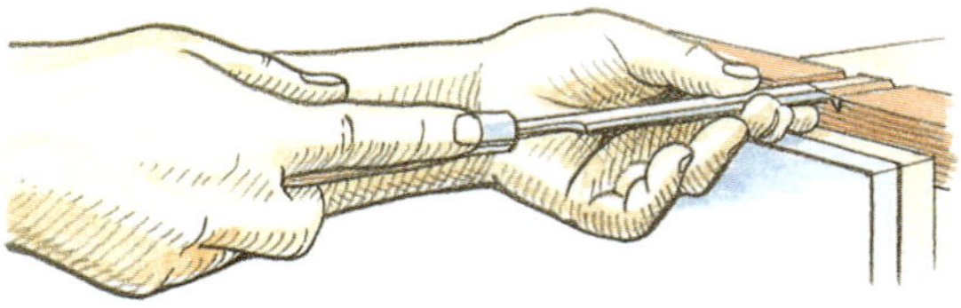

Richten Sie mit der einen Hand die Klinge an der Markierung aus und steuern Sie mit der anderen Hand den von der Schulter kommenden Stoß.

Der Vortrieb mit dem Klüpfel: Spannen Sie das Werkstück mit Schraubzwingen flach auf die Werkbank. Legen Sie die Finger der linken Hand in bequemem Griff um das Heft des Beitels. Setzen Sie die Schneide mit der rechten Hand auf die Markierung. Nehmen Sie dann den Klüpfel in die rechte Hand und schlagen Sie damit auf das hintere Ende des Beitelhefts. Wichtig bei diesem Arbeitgang ist, dass die Schneide genau auf die Markierung aufgesetzt wird.

Setzen Sie die Beitelklinge auf die Markierung und treiben Sie sie mit einem vorsichtigen Schlag des Klüpfels ins Holz.

Das Arbeiten quer zur Faser

1 Mit dem Beitel kann Holz auch quer zur Faser durchtrennt werden, wenn man mit dem Klüpfel etwas nachhilft. Beim Ausschneiden eines Zapfenloches oder einer ähnlichen rechtwinkligen Vertiefung wird das Holz im Allgemeinen zuerst quer zur Faser durchtrennt, damit das Material nicht reißt.

2 Nachdem Sie die Fasern quer durchtrennt haben, können Sie den Verschnitt längs zur Faser ausstechen, ohne dass das Holz reißt. Lockern Sie die Fasern mit einigen Schnitten, ehe Sie die Vertiefung schließlich bis zur Markierungslinie ausstechen.

3 Halten Sie beide Hände hinter der Beitelschneide. Mit der einen Hand übertragen Sie die Kraft, mit der anderen führen Sie den Beitel. Die führende Hand ist wichtig zur Steuerung des Werkzeugs. Hier sind die Finger fest um die Beitelklinge gepresst, der Zeigefinger ruht an der Werkstückkante und wirkt praktisch als Tiefenanschlag.

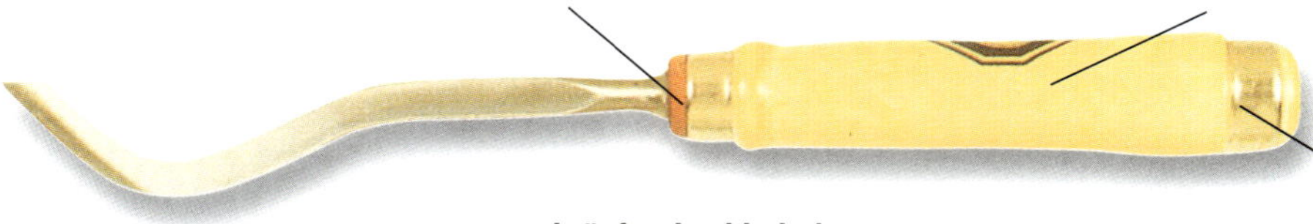

gekröpfter Lochbeitel

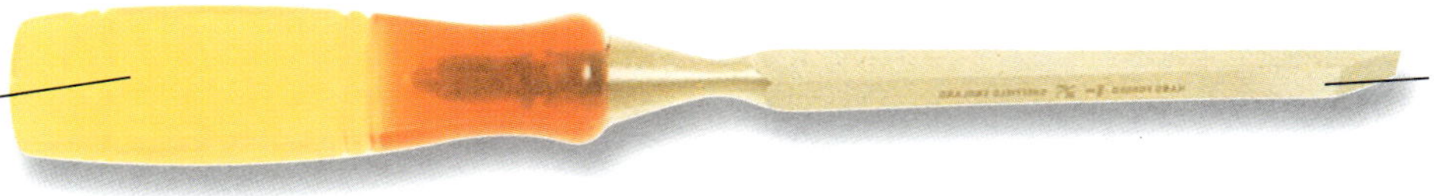

Schlitzbeitel für tiefe Löcher

Lochbeitel

Lochbeitel werden, wie der Name bereits sagt, hauptsächlich zum Ausstemmen von Zapfenlöchern und Schlitzen benutzt. Das Werkzeug ist mit einer schweren Klinge, einem Heft aus Vollholz, einer Lederscheibe zwischen Heft und Krone und/oder zwischen Angel oder Steckhülse, mitunter auch mit einer Metallzwinge rund um das Ende des Hefts versehen und eignet sich daher für starke Beanspruchung. Das Heft verträgt wiederholte Schläge mit dem Klüpfel, die von der Lederscheibe wie von einem Stoßdämpfer gemildert werden. Die schwere Klinge verhindert, dass das Werkzeug beim Hin- und Herdrehen und Stemmen beschädigt wird. Lochbeitel gibt es in vier Grundformen – als breites Stecheisen, als Schlitzbeitel, als schweres Stemmeisen und als gekröpften Beitel (Schlosskastenbeitel).

Das breite Stecheisen

Dieser Beitel mit seiner starken Klinge und dem schweren Holzheft ist vor allem zum Ausstemmen breiter und tiefer Löcher gedacht. Er eignet sich sehr gut zum Ausschneiden großer Vertiefungen in Hartholz.

Der Schlitzbeitel

Der Schlitzbeitel ist mit einer schmalen Klinge und einem verhältnismäßig zierlichen Holzheft ausgestattet. Man benutzt ihn für leichte Arbeiten wie das Ausstechen kleiner Vertiefungen in leicht zu schneidendem Nadelholz.

Das schwere Stemmeisen

Dieses Werkzeug mit seiner flachen Klinge und dem hölzernen Heft, das am hinteren Ende mit einer Metallzwinge versehen ist, wird speziell bei der Bearbeitung von Hartholz eingesetzt.

Der gekröpfte Beitel

Das auch Schlosskastenbeitel genannte Werkzeug mit seiner starken Klinge, seiner gekröpften Klinge und seinem Holzheft ist zum Ausstechen von Schlosssenken an schweren Sicherheitstüren gedacht. Die gekröpfte Klinge eignet sich besonders gut zum Ausschneiden und Ausheben von Spänen aus tiefen Stemmlöchern.

Das maschinelle Stemmen

Mit einer Hohlmeißelstemmmaschine kann man problemlos arbeiten, wenn das Werkstück ordentlich ausgerichtet und festgespannt ist. Das Ausrichten und das Befestigen spielen bei dieser Arbeit eine wichtige Rolle; nehmen Sie sich deshalb genügend Zeit dafür.

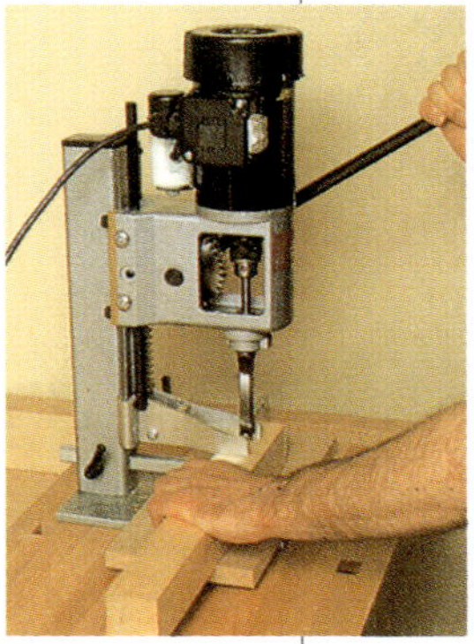

Das Ausstemmen eines Zapfenloches

1 Reißen Sie zunächst mit Bleistift, Lineal, Anschlagwinkel und Streichmaß das Zapfenloch an und spannen Sie das Werkstück dann flach auf Ihre Arbeitsfläche. Schneiden Sie mit Lochbeitel und Klüpfel zu Beginn eine kleine V-förmige Kerbe in die Mitte des auszustemmenden Zapfenloches.

2 Stellen Sie sich an das eine Ende des Werkstückes und setzen Sie den Beitel so in die Kerbe, dass die Fase von Ihnen weg weist. Stemmen Sie den Abfall – von der Mitte in Richtung der hinteren Begrenzungslinie arbeitend – mit immer tiefer gehenden, rund 6 mm voneinander entfernten Schnitten aus. Etwa 1,5 mm vor der Begrenzungslinie drehen Sie das Werkstück um und wiederholen den Arbeitsgang wieder von der Mitte ausgehend an der anderen Hälfte des Zapfenloches.

3 Hat das blinde Zapfenloch die erforderliche Tiefe bzw. haben Sie ein durchgehendes Zapfenloch geschnitten, indem Sie das Werkstück umgedreht und auch an der gegenüber liegenden Seite angerissen und bearbeitet haben, stechen Sie die Enden mit einigen scharfen Schnitten und ohne den Klüpfel zu benutzen sauber aus.

Schmaler Langbeitel mit Seitenfase

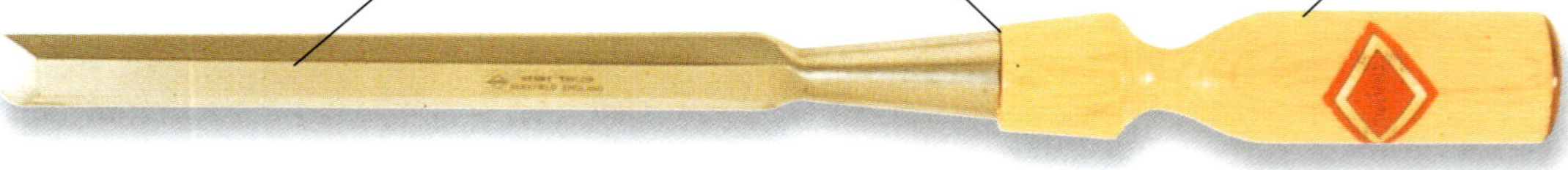

Stechbeitel mit Seitenfase

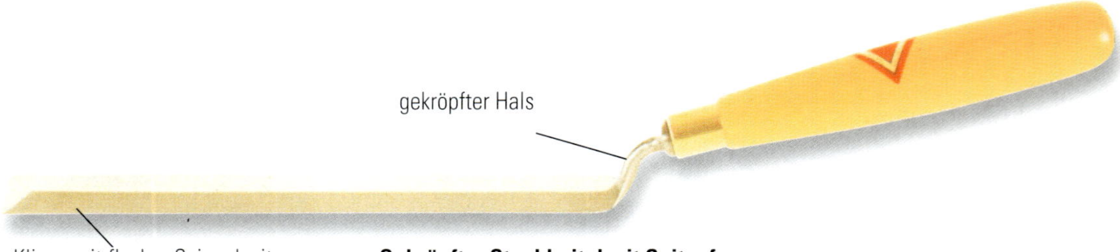

Gekröpfter Stechbeitel mit Seitenfase

Tischlerbeitel

Tischlerbeitel oder Stechbeitel unterscheiden sich vom geraden Universalbeitel durch ihre beidseitig gefaste Klingenoberseite. Sie sind so gestaltet, dass man mit einer Hand das Werkzeug hält und mit der anderen in das Werkstück sticht. Die Seitenfase macht es möglich den Beitel auch zum Ausstechen schwer zugänglicher Stellen wie beispielsweise bei hinterschnittenen Gratverbindungen einzusetzen.

Wenn Sie als Anfänger für Ihre Arbeit einen guten Universalbeitel suchen, dann ist der Tischlerbeitel das Richtige für Sie. Tischler- oder Stechbeitel gibt es in vielen Ausführungen – mit Kunststoffgriff, Beitel mit Griff in einer Steckhülse, japanische Beitel mit gefaster, im Querschnitt dreieckiger Klinge u.v.m. Möchten Sie sich ein gutes, wertvolles Werkzeug anschaffen, das nach europäischen Traditionen gefertigt ist, können Sie mit einem englischen Beitel mit achteckigem Buchsbaumgriff („London Pattern"), mit langer Klinge und einer Lederscheibe zwischen Krone und Heft nichts falsch machen. Auch wenn der Tischlerbeitel auch leicht mit dem Klüpfel vorgetrieben werden kann, ist er doch vor allem als zweihändig zu führendes Werkzeug für feine, genaue Verbindungen und nicht für schwere Zimmermannsarbeiten gedacht. Bei der Arbeit wird er mit einer Hand gehalten, vorgetrieben und bewegt und dabei mit der anderen Hand gestützt und ausgerichtet.

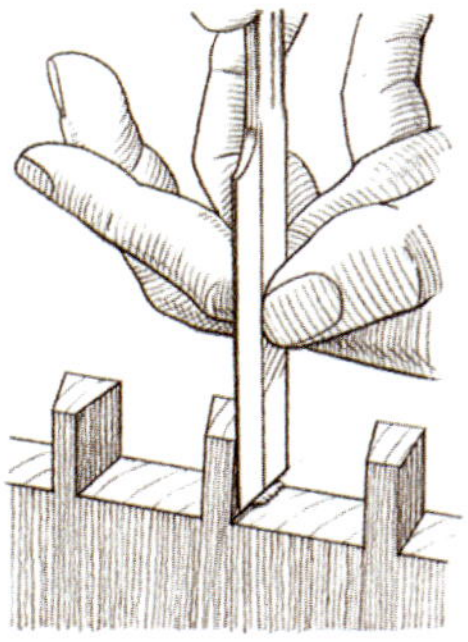

Die Form des Tischlerbeitels ermöglicht auch das Nachputzen eines Grates.

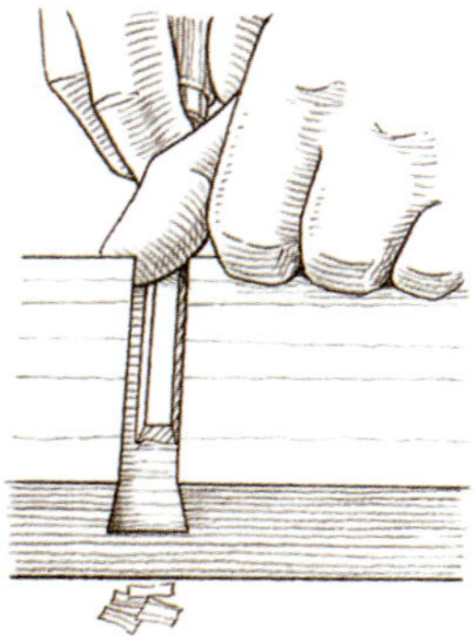

Das Ausstechen feiner Späne mit dem seitlich gefasten Tischlerbeitel.

Ziehklingenhobel

Der Ziehklingenhobel ist ein Hobel mit kurzer Sohle und einem flügelförmigen Griff auf jeder Seite. Er ist vor allem zum Nachputzen und zum Formen von Holzkanten geringer Stärke bestimmt. Zum feinen Nachbearbeiten einer Tischplattenkante oder zum Ausbilden der Kantenfase an einem dekorativ geschwungenen Bord oder einer Konsole ist er das richtige Werkzeug. Ziehklingenhobel gibt es in vier Grundformen – als traditionelle Ausführung in Holz mit einem Hobelkörper aus Buchenholz und einem geraden Schneideisen, als Metallausführung mit gerader Klinge und je nach Modell mit oder ohne Stellschraube; als Metallhobel zum Bearbeiten von Werkstücken mit konvexem Querschnitt und wiederum als Metallausführung zum Nachputzen konkaver Formen. Beim Arbeiten mit dem Ziehklingenhobel hält man das Werkzeug mit beiden Händen, setzt es quer zur Dicke des Holzes im rechten Winkel auf und stößt es dann wie einen Hobel über das Werkstück. Mitunter ist es allerdings vorteilhafter den Ziehklingenhobel wie bei einem scherenden Schnitt schräg über das Holz zu führen und/oder das Werkzeug umzudrehen und wie ein Ziehmesser zu ziehen. Unabhängig davon wie Sie den Hobel führen und welche Art Ziehklingenhobel Sie benutzen, gilt stets der Grundsatz, dass mit der Faser oder „bergab" gearbeitet wird.

Konvexer/konkaver Ziehklingenhobel

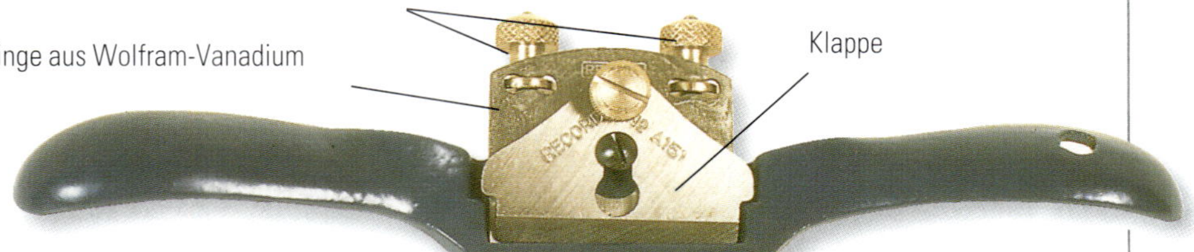

Ziehklingenhobel mit flacher Sohle zur Bearbeitung konkaver Flächen

Ziehklingenhobel mit flacher oder gewölbter Sohle zur Bearbeitung konvexer oder konkaver Flächen

Das Werkzeug muss rechtwinklig zum Holz gehalten werden.

Das Feinbearbeiten einer Armlehne

Überprüfen Sie zunächst, ob die Schneide des Ziehklingenhobels auch wirklich messerscharf ist. Stellen Sie die Klinge parallel zum Hobelkörper oder zum Hobelmaul ein. Spannen Sie das Werkstück mit der zu bearbeitenden Kante zuoberst in den Schraubstock ein. Fassen Sie den Ziehklingenhobel fest mit beiden Händen und legen Sie die Daumen in die kleinen Vertiefungen oder Wölbungen des Rahmens beiderseits der Klinge. Stellen Sie sich an ein Ende des Werkstückes, setzen Sie den Hobel quer auf das Holz und ziehen Sie Ihre Ellbogen bis an die Hüfte zurück. Schieben Sie den Ziehklingenhobel nach vorn, bis Sie merken, dass die Klinge zu schneiden beginnt und strecken Sie dann die Arme um den Schnitt zu vollenden.

1 Schneiden Sie zunächst die sägerauen Flächen bis auf die angerissene Linie herunter. Stellen Sie sich so bzw. richten Sie das Werkstück so ein, dass Sie stets in Faserrichtung arbeiten. Geben Sie Acht, dass Sie dabei nicht die relativ kurzen Fasern am gebogenen Ende der Armlehne abreißen. Runden Sie die Kanten der Armlehne mit einem hölzernen Ziehklingenhobel ab.

2 Ziehen Sie neue Anrisslinien, tragen Sie den Verschnitt mit einem geeigneten Ziehklingenhobel ab und markieren Sie neu, bis Sie die richtige Form erreicht haben.

Flachschnitzmesser mit gerader Klinge und angeschrägter Schneide

Flachschnitzmesser mit schräger Schneide

Flachschnitzmesser mit doppelseitig gebogener Klinge

zweischneidiges Hakenmesser

einschneidiges Hakenmesser

Messer

Das Messer gehört zu den ältesten Werkzeugen der Menschheit. Wer es auch immer als Erster entdeckte, dass man mit einem Feuersteinsplitter schneiden kann, hat einen der größten technologischen Durchbrüche überhaupt in die Wege geleitet.

Ein Messer kann man auf verschiedene Weise führen: Sie können die Hand um das Heft legen und mit von Ihnen weg weisender Schneide große flache Schnitte ausführen; die Ellbogen fest an den Körper drücken und beide Hände mit dem Messer vor die Brust nehmen, so dass Sie die Schnittführung stärker steuern können; die Klinge mit dem einen Daumen steuern, während Sie in Richtung des anderen Daumens schneiden; und das Messer mit einem Daumen vorschieben, wenn die Klinge zur Feinbearbeitung eines Werkstückes sehr genau gesteuert werden soll. Welches Messer man für die unterschiedlichen Arbeiten am besten benutzt, soll im Folgenden erläutert werden.

Flachschnitzmesser

Flach- oder Kerbschnitzen ist eine Schmucktechnik, bei der in die Oberfläche eines Holzwerkstückes flache dreieckige Vertiefungen eingeschnitten werden. Es gibt drei Grundformen von Schnitzmessern – Messer mit kurzer Klinge und langem Griff, die auf Schub schneiden; Messer mit angeschrägter Klinge, die wie ein Stecheisen benutzt werden; und Messer, mit denen man auf Zug schneidet.

Krummmesser

Das Krummmesser, das traditionell von den Eingeborenen der amerikanischen Nordwestküste benutzt wurde, ist das richtige Werkzeug zum Aushöhlen von Gefäßen. Das lange Messer hat eine gekrümmte Klinge und einen gegenläufig gebogenen Griff. Es wird wie ein Dolch gefasst, so dass der Daumen zum Griffende zeigt, und dann durch den Druck des Daumens hebelartig bewegt. Dabei wird das zu entfernende Material in kleinen Stücken herausgeschnitten.

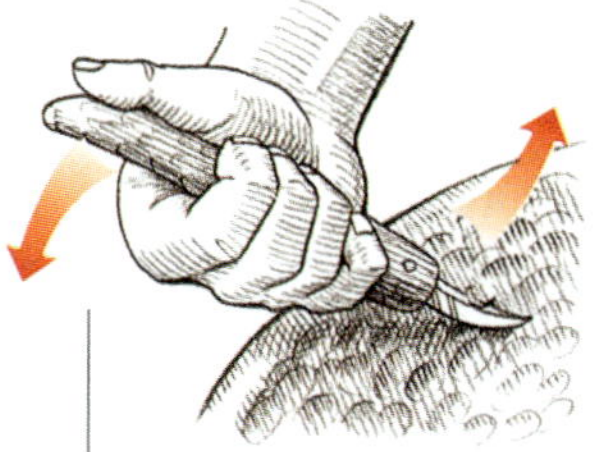

Handhabung eines Krummmessers

Jagdmesser

Das Jagdmesser mit seiner langen, einschneidigen Klinge ist ein Universalmesser und taugt zu vielen Arbeiten. Damit kann man Holz schnitzen und spalten, Dübel anspitzen und all die anderen in einer Werkstatt anfallenden Arbeiten ausführen, die mit dem Schneiden, Schaben und Spalten von Holz zu tun haben. Mit seiner feststehenden, durch den Griff reichenden Klinge, die das Jagdmesser zu einem robusten, zuverlässigen Werkzeug macht, ist es vielen anderen Messern überlegen.

Hackmesser

Das traditionelle Hackmesser hat eine schwere durchgehende Klinge mit starkem Rücken und angenietetem Griff. Das Messer ist ein Mittelding zwischen Messer und Axt. Beim Arbeiten mit dem Hackmesser setzt man die Klinge auf die Hirnfläche eines Werkstückes und treibt das Messer mit einem Hammerschlag auf den Messerrücken in das Holz. Die Schläge werden von dem dicken Griff gedämpft. Das Hackmesser eignet sich für alle groben Arbeiten.

Hackmesser

Klappmesser

Gehören Sie zu den Holzhandwerkern, die stets auf der Suche nach Treibholz, nach besonderen Stecken aus Heckengehölzen, kleinen Stöcken und interessant geformten Holzstücken aus dem Wald sind, und brauchen Sie vielleicht ein gutes traditionelles Taschenmesser, das man für vielfältige Arbeiten benutzen kann, dann ist das Klappmesser genau das Richtige für Sie.

Schnitzmesser

Ein echtes schwedisches Schnitzmesser muss man als Holzhandwerker einfach haben. Die aus dem berühmten Mora-Stahl gefertigte Klinge lässt sich problemlos schärfen. Vor allem Holzschnitzer behaupten, dass ein solches Schnitzmesser das allerbeste Werkzeug zum Schnitzen von Figuren, Löffeln, Schalen u. ä. ist.

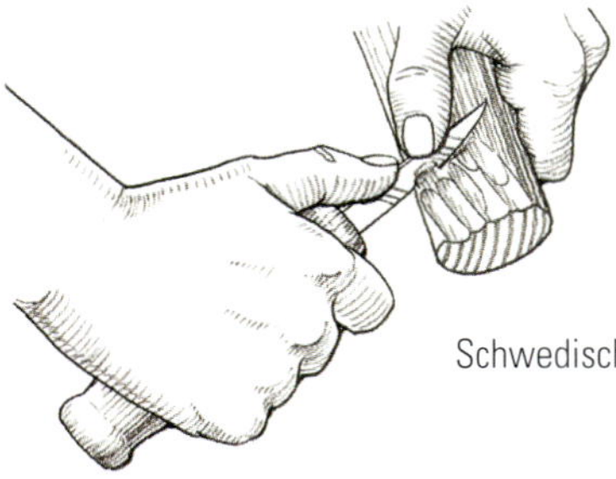

Schwedisches Schnitzmesser.

Taschenmesser

Ein kleines Taschenmesser, das man einfach bei sich trägt und immer zur Hand hat, ist ein wunderbares Werkzeug für kleine Anreiß-, Nachputz-, Schnitz- und Schneidarbeiten, die in den meisten Werkstätten anfallen. Halten Sie Ausschau nach einem kleinen, etwa 10 cm langen englischen Modell mit zwei Klingen und Horngriff, das noch aus der Zeit vor der Erfindung des rostfreien Stahls stammt.

Das Schnitzen eines Bratenwenders

Für dieses Projekt brauchen Sie lediglich ein gutes scharfes Messer und ein Stück glattfaseriges, leicht zu schnitzendes Material wie Linden-, Kirsch- oder Pflaumenholz. Ehe Sie mit der Arbeit beginnen, machen Sie zunächst einige Schnitzproben an einem Stück Abfallholz. Hinterlässt die Klinge grobe, raue Schnittstellen, ist entweder die Holzqualität mangelhaft oder/und Ihr Messer stumpf. Auch wenn Sie etwas fahrig sind, weil Sie vielleicht gerade jemandem das Schnitzen und die Handhabung eines Schnitzmessers beibringen wollen, denken Sie stets an das Sprichwort: „Ein stumpfes Messer ist ein gefährlicher Freund." Mit ungeschärften Messern, die mit viel Kraft geführt werden müssen, passieren viel häufiger Arbeitsunfälle als mit gut geschärften Werkzeugen, die sehr effizient schneiden. Ein gutes Messer ist scharf genug, wenn Sie sich damit die Haare auf ihren Armen abrasieren können.

Tipps

Das ideale Werkzeug zum Schärfen der Klinge eines Schnitz- oder Taschenmessers ist ein kleiner Diamant-Abziehstein. Diese Steine schleifen in kurzer Zeit allerdings viel Metall ab. Benutzen Sie deshalb einen Stein mit feiner Körnung und ziehen Sie jede Klingenseite stets nur wenige Male darüber.

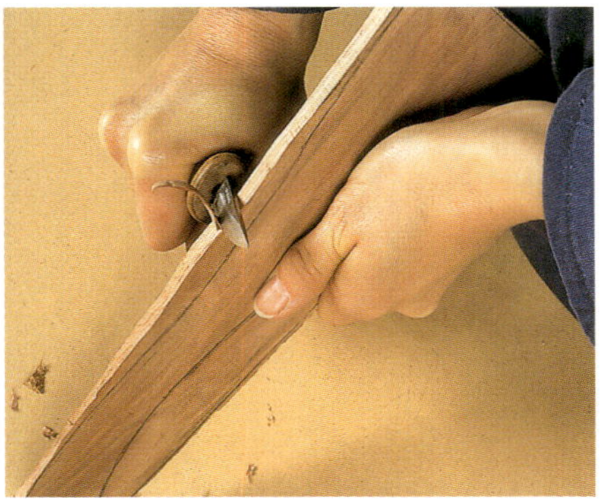

1 Stützen Sie das Werkstück auf die Werkbank und entfernen Sie mit langen Schnitten den Großteil des Abfallholzes.

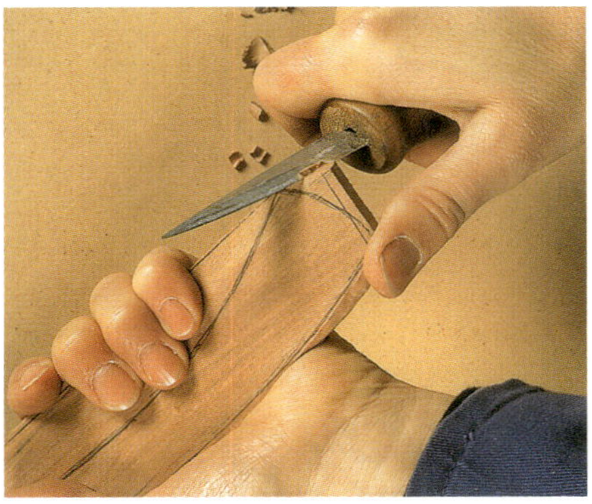

2 Haben Sie die groben Konturen des Werkstückes zugeschnitten, arbeiten Sie mit etwas kürzeren, schälenden Schnitten die Feinheiten der Form heraus. Drücken Sie dabei das Werkstück mit dem Daumen gegen das Messer.

3 Führen Sie das Messer zur genauen Steuerung des Schnittes mit beiden Händen. Setzen Sie beide Daumen auf den Messerrücken und drücken Sie das Messer in Schnittrichtung.

4 Drücken Sie die Vorderkante des Bratenwenders fest gegen den Bankanschlag und schrägen Sie sie mit einem scharfen Messer Ihrer Wahl nach vorn ab. Polieren Sie den fertigen Bratenwender zum Schluss mit etwas Speiseöl.

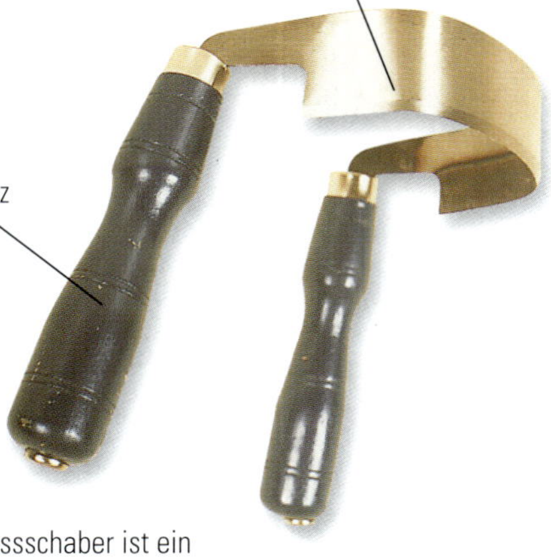

Der Fassschaber ist ein ideales Werkzeug zum Ausschneiden von Hohlformen.

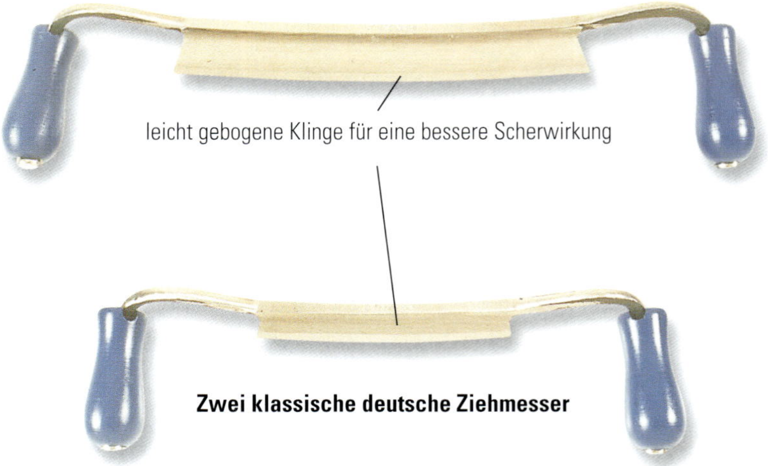

Zwei klassische deutsche Ziehmesser

Ziehmesser

Ziehmesser in ihren zahlreichen Varianten sind nichts weiter als einseitig angefaste Klingen mit einem Griff an jeder Seite. Es gibt universell einsetzbare Ausführungen mit gerader Klinge, Messer mit leicht gebogener Klinge, mit denen man Oberflächen glättet und Messer mit U-förmiger Klinge, die so genannten Fassschaber, zum Ausarbeiten von Hohlformen. Die besten Ziehmesser haben gut in der Hand liegende, leicht schräg stehende Holzgriffe, die auf der durchgehenden, an den Griffenden gestauchten Angel sitzen. Mit einem solchen Werkzeug lässt es sich wunderbar effizient und sicher arbeiten.

Bei dem beidhändig geführten ziehenden Schnitt können Sie nicht nur Ihr gesamtes Körpergewicht einsetzen; Ihre Arbeitshaltung – Unterarm und Hände bilden eine Linie – sorgt dafür, dass Sie sich mit dem Ziehmesser kaum verletzen können. Beabsichtigen Sie Objekte wie Windsor-Stühle, Bootsteile oder große Holzschalen herzustellen, brauchen Sie mehrere Ziehmesser.

Das Arbeiten mit dem Ziehmesser

Befestigen Sie zunächst das Werkstück im Schraubstock oder mit einer Zwinge. Fassen Sie das Ziehmesser mit beiden Händen und setzen Sie die gefaste Schneide auf das Werkstück auf. Nehmen Sie einen sicheren Stand ein, neigen Sie das Messer leicht und ziehen Sie es dann mit einem scherenden Schnitt auf sich zu. Sie werden rasch feststellen, dass Sie durch unterschiedliche Ansatzwinkel und/oder den mehr oder weniger starken Einsatz Ihres Körpergewichts vom feinsten Abschälen des Holzes bis zur tiefgehenden groben Spanabnahme mit dem Ziehmesser alles ausführen können. Was die Lage der gefasten Klingenseite angeht, behaupten manche „Experten", dass es nur eine Möglichkeit gebe. Halten Sie sich jedoch besser an die allgemeine Regel, nach der die Fase bei genauen und glättenden Schnitten nach unten und beim Abtragen dicker Verschnittspäne nach oben gehalten wird. Der Fassschaber wird fast auf die gleiche Weise benutzt wie ein Ziehmesser mit gerader Klinge. Der einzige Unterschied besteht darin, dass man damit nicht lange und tiefe, sondern kurze, flache Schnitte führt. Beim Ausarbeiten von Hohlformen wird stets von der Seite her zum Hirnholz in der Mitte geschnitten.

Halten Sie Unterarme und Hände beim Arbeiten mit dem Ziehmesser in einer stützenden Linie und tragen Sie den Holzabfall in mehreren kurzen, flachen Schnitten ab.

Fassen Sie das Ziehmesser stets mit beiden Händen. So können Sie die Schnitte besser steuern und sicherer führen.

Das Herstellen eines Stuhlbeins aus Frischholz

Für dieses Probeprojekt benötigen Sie ein Stück Frischholz, ein gutes, scharfes Ziehmesser und eine Möglichkeit das Holz zu befestigen, während Sie daran arbeiten. Zum Befestigen eignet sich die Bankzange recht gut. Unter „Frischholz" versteht man das Holz eines frisch geschlagenen Baumes mit einem Stammdurchmesser von 25–35 cm. Das benötigte Holzstück erhalten Sie, wenn Sie den Stamm mit Keil und Vorschlaghammer mittig spalten und dann die Hälften in Viertel und weiter teilen, bis Sie keilförmige Stücke von 7,5–10 cm Breite, gemessen an der Umfangslinie, haben.

1 Spannen Sie das grob zugeschnittene Holz so in die Bankzange oder den Schraubstock ein, dass zunächst das eine Ende bequem zu bearbeiten ist. Fassen Sie das Ziehmesser fest mit beiden Händen. Setzen Sie es schräg und mit der Fase zum Holz zeigend auf und ziehen Sie es in Ihre Richtung. Am besten arbeitet es sich, wenn Sie nur wenig Verschnitt abnehmen, das Holz etwas drehen, wieder etwas Material abtragen, das Holz erneut drehen usw.

2 Haben Sie das eine Ende zu einem runden Querschnitt zurechtgeschnitten, wiederholen Sie den Arbeitsgang am anderen Ende.

DAS BOHREN

Bei der Bearbeitung von Holz muss man immer wieder für unterschiedliche Zwecke Löcher bohren. Die traditionelle Bohrwinde, ein Handwerkzeug, ist zu Gunsten der elektrischen Handbohrmaschine inzwischen in gewissem Grade verdrängt worden; zum Bohren von Löchern mit großem Durchmesser eignet sich die Elektrobohrmaschine auch wirklich besser. Unabhängig davon muss stets der richtige Bohrer eingesetzt werden, damit saubere, genaue Bohrlöcher entstehen.

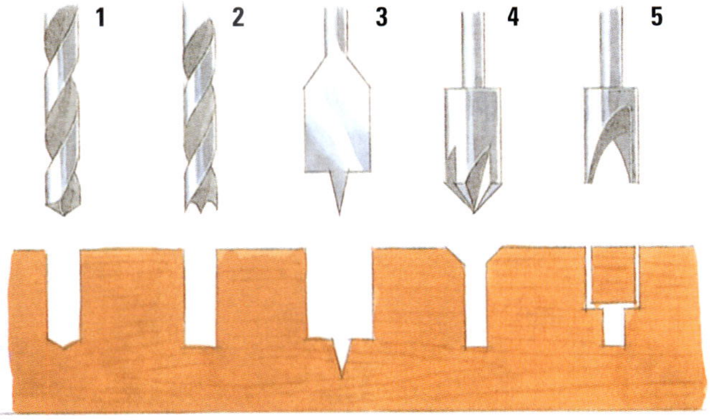

Spiralbohrer und Flachfräsbohrer

1 Spiralbohrer für kleine Löcher; auch zum Abtragen von Verschnitt und zum Vorbohren von Schraublöchern
2 Dübelbohrer für Dübellöcher mit flachem Grund
3 Flachfräsbohrer zum schnellen Ausschneiden großer Löcher
4 Versenker zum kegelförmigen Aufbohren von Löchern für versenkte Schrauben, die bündig mit der Werkstückoberfläche sitzen sollen
5 Dübel- oder Scheibenschneider zum zerstörungsfreien Ausschneiden von Holzdübeln und -plättchen, mit denen dann Schrauben- und Nagelköpfe verdeckt werden sollen

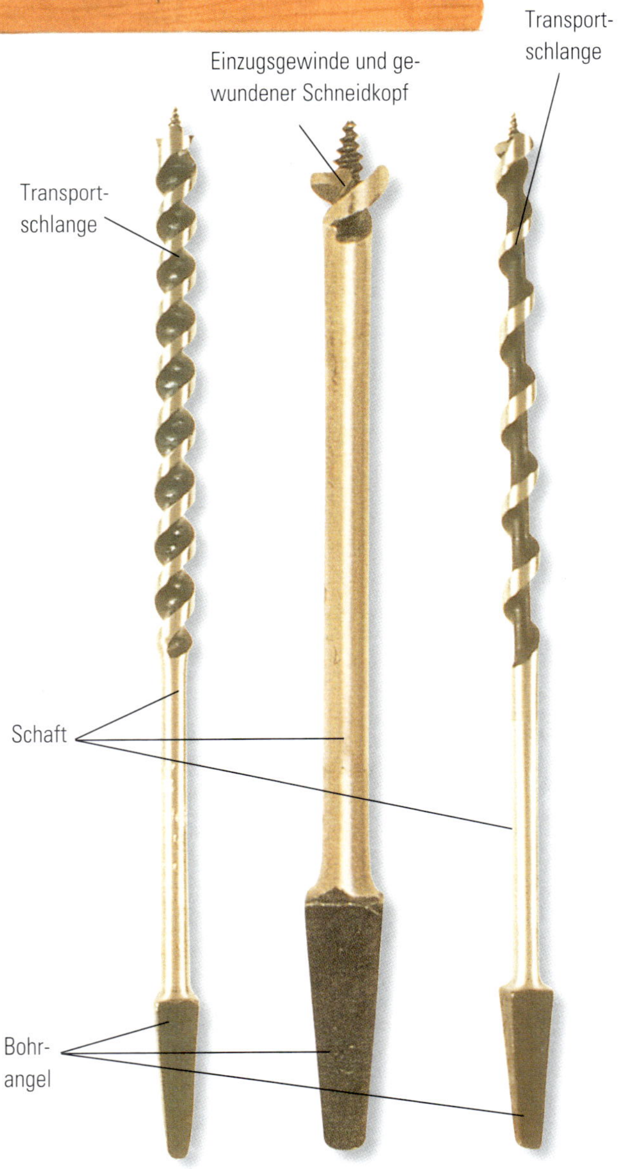

Jennings-Bohrer (rechts), Zentrumbohrer (Mitte) und Irwin-Bohrer können mit einer traditionellen Bohrwinde benutzt werden.

Handbohrmaschinen

Der Drehbohrer, auch Drillbohrer genannt, wird zum Bohren kleiner Löcher in dünnem Holz benutzt.

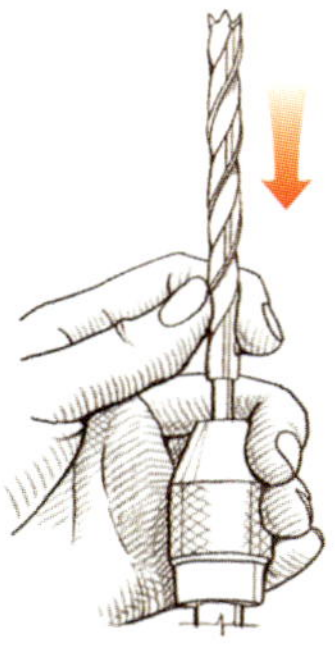

Einsetzen des Bohrers in das Schraubenfutter

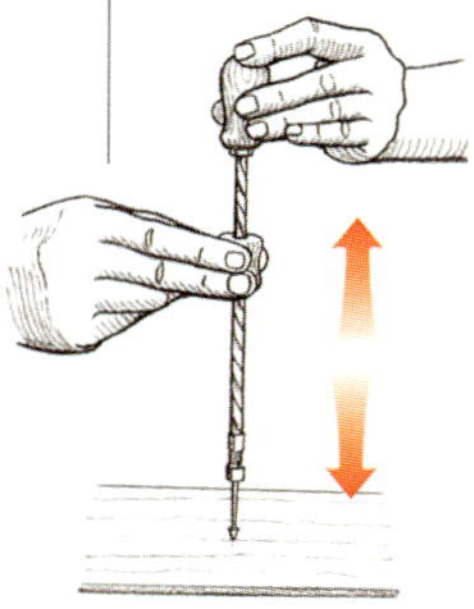

Handhabung des Drehbohrers

Spiralbohrer

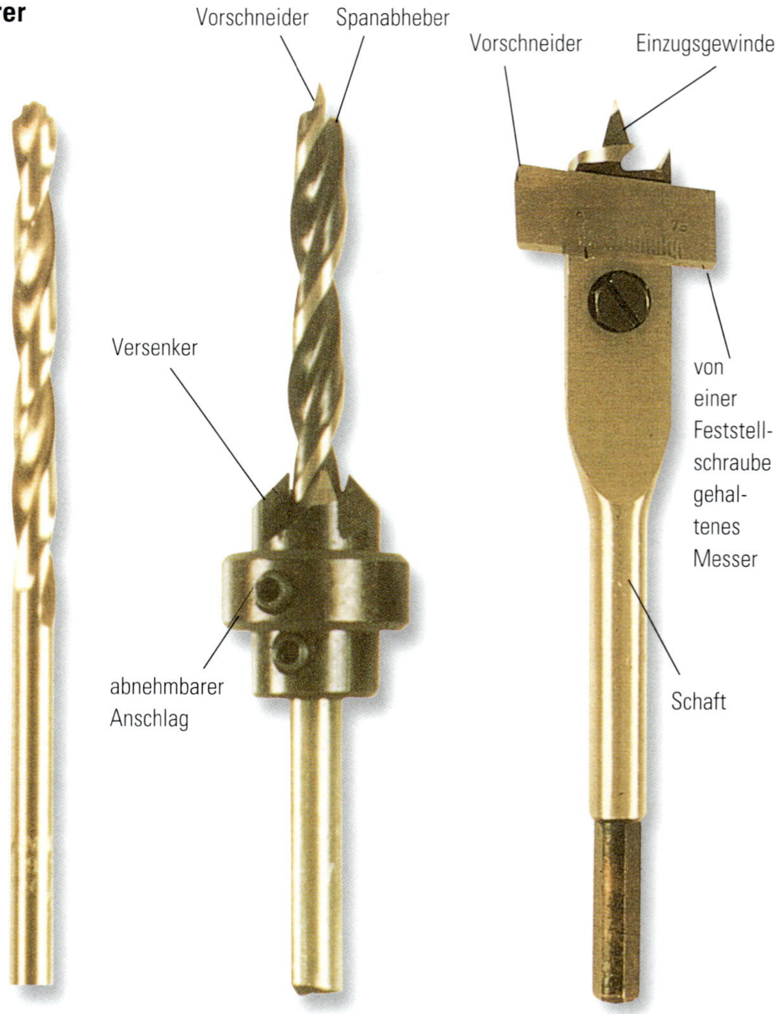

Holzspiralbohrer (oben)

Kombinierter Bohrer
Bohrer mit Vorschneider, Spanabheber und Versenker, mit dem man gleichzeitig senken und bohren kann.

Verstellbarer Zentrumbohrer
Verstellbarer Bohrer mit patentiertem rutschfestem Messer.

Reibahlen, Aufreiber und Hohlkegelbohrer

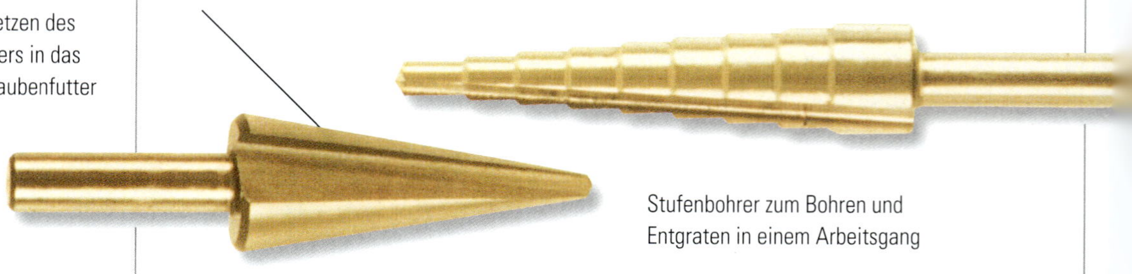

Stufenbohrer zum Bohren und Entgraten in einem Arbeitsgang

Kegelförmiger Schälbohrer

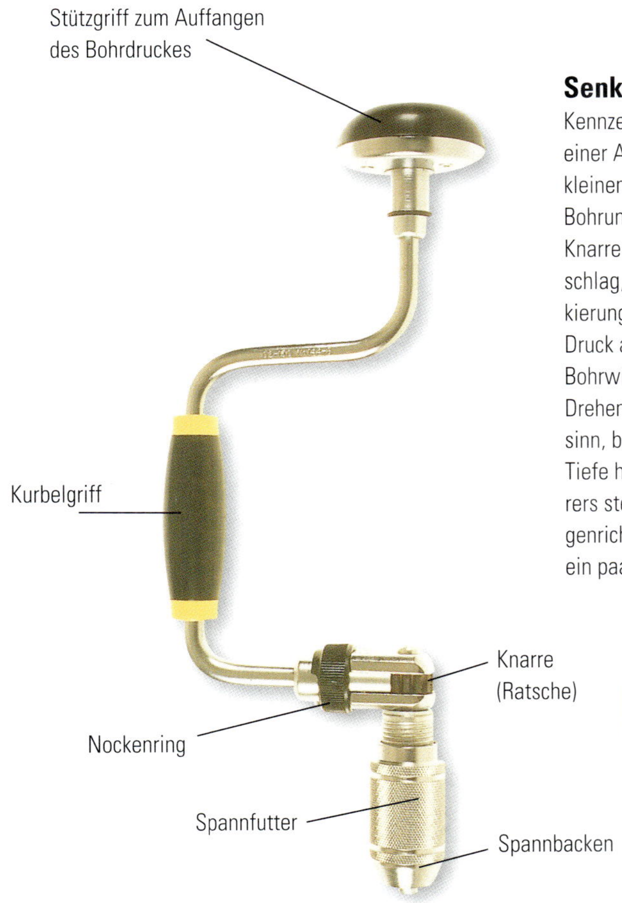

Das Spannfutter dieser Bohrwinde kann Bohrer mit Vierkant- und mit Rundschaft aufnehmen.

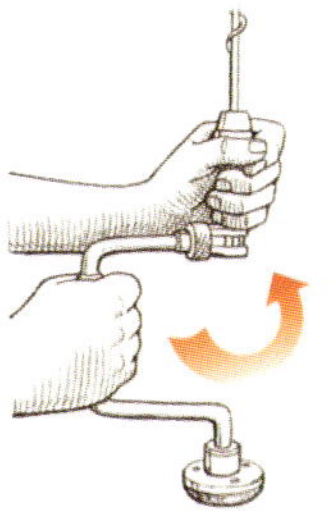

Zum Einspannen des Bohrers halten Sie das Spannfutter fest und drehen die Kurbel gegen den Uhrzeigersinn.

Senkrechtes Bohren

Kennzeichnen Sie am Werkstück mit einer Ahle, einem Anreißer oder einem kleinen Bohrer den Mittelpunkt der Bohrung. Zum Bohren drehen Sie die Knarre im Uhrzeigersinn bis zum Anschlag, setzen den Bohrer in die Markierung und üben auf den Stützgriff Druck aus. Achten Sie darauf, dass die Bohrwinde wirklich senkrecht steht. Drehen Sie nun die Kurbel im Uhrzeigersinn, bis das Bohrloch die gewünschte Tiefe hat. Zum Herausziehen des Bohrers stellen Sie die Knarre auf die Gegenrichtung ein und drehen die Kurbel ein paar Umdrehungen zurück.

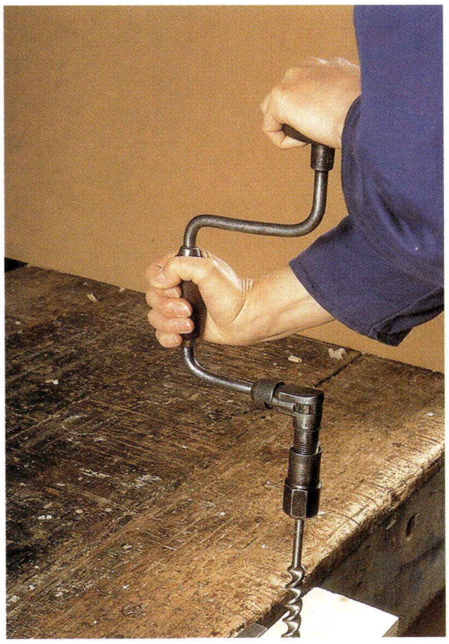

Waagerechtes Bohren

Nach dem Ankörnen des Bohrloches und dem Einstellen der Knarre wie oben beschrieben setzen Sie den Bohrer an der Markierung an. Halten Sie den Stützgriff mit der Hand und Ihrem Körper, drücken Sie dabei mit Ihrem Körpergewicht gegen die Bohrwinde und kontrollieren Sie gleichzeitig, ob der Bohrer wirklich waagerecht ausgerichtet ist.

Handbohrmaschine mit einem Zahnrad aus Druckguss

Der Aufbau einer Bohrwinde

Bohrwinden gibt es mit einem Schwung zwischen 150 mm und 300 mm sowie mit oder ohne Knarre (Ratsche). Der Schwung bezeichnet den Durchmesser des von der Kurbel beschriebenen Kreises. Der Knarrenmechanismus ermöglicht auch das Bohren in Ecken und Winkeln, die nicht ausreichend Platz für die volle Umdrehung der Kurbel bieten.

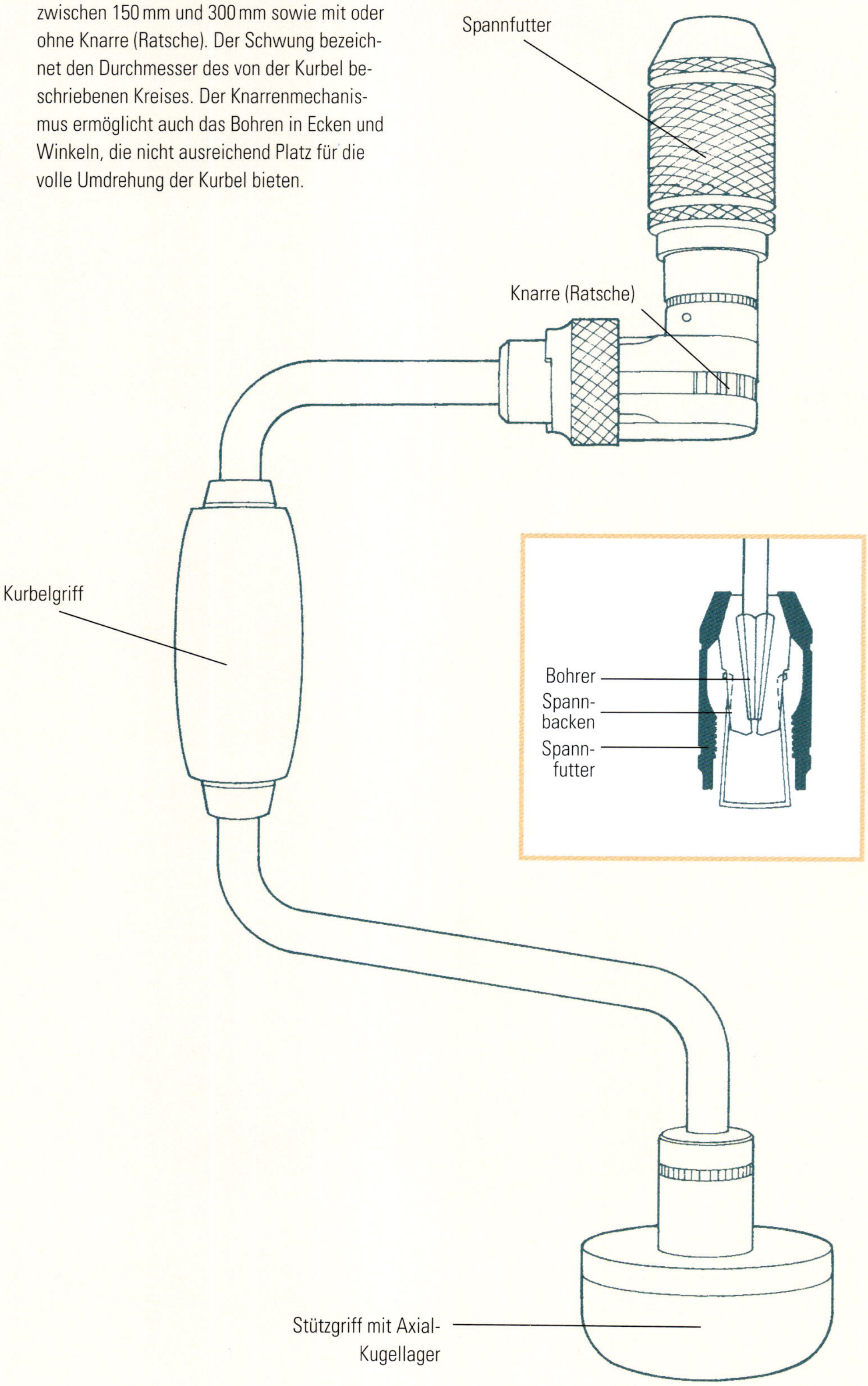

Der Querschnitt des Spannfutters zeigt, wie der Vierkantschaft des Bohrers in den Spannbacken sitzt.

Die Herstellung und Benutzung eines Tiefenanschlags

1 Zum Bohren eines Loches von 12,5 mm (1/2 Zoll) stecken Sie einen mit 12,5 mm beschrifteten Tiefenanschlag auf den Bohrer und setzen diesen so in das Bohrfutter ein, dass 12,5 mm seiner Länge über den Tiefenanschlag hinausragen.

2 Der Tiefenanschlag verhindert, dass der Bohrer tiefer als 12,5 mm in das Werkstück eindringt.

Tipp

Ein Tiefenanschlag zum Bohren lässt sich auch auf andere Weise rasch herstellen. Umwickeln Sie den Bohrer an der richtigen Stelle einfach mit einigen Schichten Kreppband. Es gibt auch kleine Anschlagringe zu kaufen, die auf den Bohrer geschoben und mit einer kleinen Madenschraube an Ort und Stelle gehalten werden. Sie lassen sich mitunter jedoch nur schwer am richtigen Punkt befestigen.

Das Bohren eines tiefen Loches mit dem Schlangenbohrer

1 Spannen Sie das Werkstück so in den Schraubstock oder die Bankzange, dass sich das zu bohrende Loch in bequemer Arbeitshöhe befindet, und drehen Sie die Kurbel einige Male, bis das Einzugsgewinde des Bohrers fasst. Der Bohrer muss bereits in der Anfangsphase des Arbeitsgangs möglichst gerade gehalten werden. Auf einen Bohrer mit scharfem Gewinde braucht man selbst bei Hartholz nur leichten Druck auszuüben.

2 Überprüfen Sie die Ausrichtung des Bohrers per Augenmaß und mit dem Anschlagwinkel um sicher zu gehen, dass der Bohrer wirklich horizontal schneidet. Halten Sie dazu den Holzschenkel des Anschlagwinkels fest gegen das Werkstück und die Stahlschiene an den Bohrer. Stellen Sie fest, ob Schiene und Bohrer gleichermaßen rechtwinklig zum Werkstück stehen. Wiederholen Sie die Überprüfung nach einigen Drehungen der Kurbel immer wieder. Möglicherweise müssen Sie den Bohrer neu ansetzen um ein schräg gebohrtes Loch zu korrigieren.

3 Prüfen Sie mit einem Lineal oder einem markierten Dübel die Tiefe der Bohrung. Entfernen Sie zuvor alle Holzreste vom Bohrgrund, damit Sie ein exaktes Messergebnis erhalten. Bohren Sie ein durchgehendes Loch, ziehen Sie den Bohrer aus dem Werkstück, sobald das Einzugsgewinde auf der gegenüberliegenden Seite austritt, und setzen den Bohrer zur Fertigstellung des Loches noch einmal auf der anderen Seite an.

Eine Einsatzmöglichkeit für den Drillbohrer

1 Nach der Übertragung Ihres Entwurfs auf das Holz bohren Sie mit dem Drillbohrer ein kleines Loch durch das auszusägende Holzstück. Halten Sie den Bohrer senkrecht und arbeiten Sie mit leichter, gleichmäßiger Bewegung.

2 Stecken Sie das Ende eines Laubsägeblattes durch das Loch und spannen Sie es in die Säge ein. Die Spitzen der Sägezähne müssen in Richtung des Griffs, d. h. nach unten zeigen.

3 Arbeiten Sie mit beiden Händen; eine Hand hält und führt das Werkstück, damit das Sägeblatt stets an der angerissenen Linie bleibt, die andere Hand fasst den Sägegriff.

Elektrische Bohrmaschinen

Elektrische Handbohrmaschine

Wählen Sie beim Kauf einer elektrischen Handbohrmaschine ein Gerät mit Rechts-/Linkslauf (zum Ausdrehen von Schrauben) und mit mehreren vorwählbaren Drehzahlbereichen, das mit unterschiedlichen Bohrern arbeiten und in unterschiedlichen Materialien eingesetzt werden kann.

Die in einen Bohrständer eingesetzte Bohrmaschine ermöglicht ein gleichmäßiges, genaues Arbeiten. Stellen Sie den Tiefenanschlag ein und befestigen Sie den Ständer an der Werkbank, bevor Sie mit der Arbeit beginnen.

Das Arbeiten mit der elektrischen Handbohrmaschine

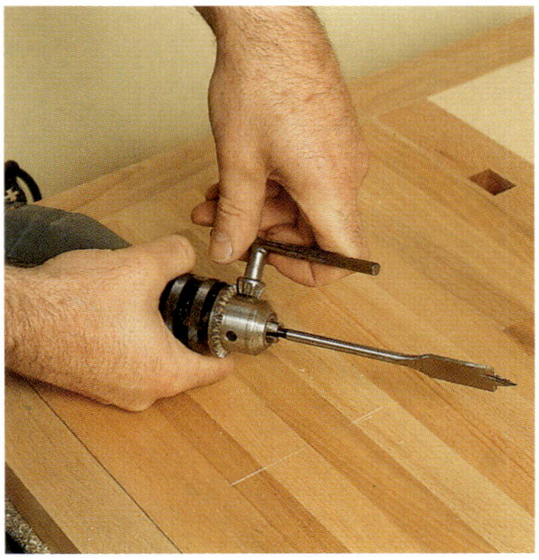

1 Setzen Sie den erforderlichen Bohrer – hier einen Flachfräsbohrer – in das Bohrfutter ein und spannen Sie ihn an den drei dafür vorgesehenen Vertiefungen mit dem Bohrfutterschlüssel fest.

2 Die Mitte einer Bohrstelle wird in der Regel mit einem Kreuz gekennzeichnet. Soll eine Bohrung in Hirnholz angebracht werden, arbeitet man vorzugsweise mit einem Bohrer, der eine deutlich ausgeformte Zentrierspitze besitzt.

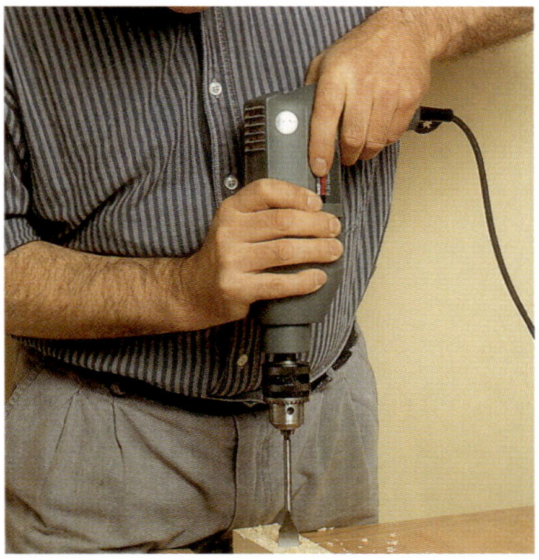

3 Fassen Sie das Gehäuse der Bohrmaschine mit bequemem Griff und stellen Sie sich so, dass Sie von oben auf das Werkstück schauen. Setzen Sie den Bohrer auf das Werkstück und beginnen Sie zu bohren. Ziehen Sie den Bohrer hin und wieder aus dem Holz um die Späne aus dem Bohrloch zu holen, die sich ansonsten meist zusammenballen und erhitzen.

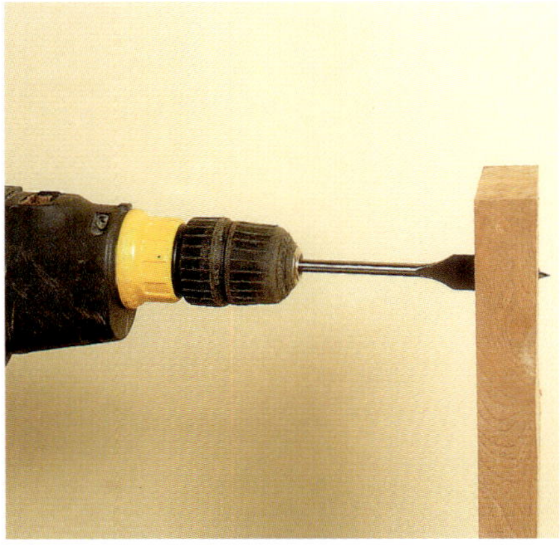

4 Bohren Sie ein durchgehendes Loch, halten Sie die Maschine an, sobald die Zentrierspitze des Flachfräsbohrers die andere Seite des Werkstücks durchstößt. Drehen Sie das Werkstück um und bohren Sie das Loch von der anderen Seite her fertig. Damit verhindern Sie, dass das Holz an der Bohrstelle ausbricht.

Das Arbeiten am Bohrständer

1 Setzen Sie die Bohrmaschine in den Bohrständer ein, überprüfen Sie den festen Sitz der Maschine und spannen Sie mit Hilfe des Spannfutterschlüssels den gewünschten Bohrer ein.

2 Legen Sie zum Bohren durchgehender Löcher ein Stück Abfallholz unter Ihr Werkstück. Bei einer Blindbohrung (nicht durchgehende Bohrung) stellen Sie den Tiefenanschlag am Bohrständer ein. Halten Sie das Werkstück mit einer Hand flach auf dem Tisch, damit es nicht, wie es vor allem bei Flachfräsbohrern mit großem Durchmesser passiert, durch den rotierenden Bohrer mitgezogen wird. Schalten Sie die Maschine an und senken Sie den Bohrer langsam in das Holz.

3 Senklöcher (zum Versenken von Schraubenköpfen bündig zur Werkstückoberfläche oder tiefer) erzielen Sie durch eine entsprechende Einstellung des Tiefenanschlags.

Versenker

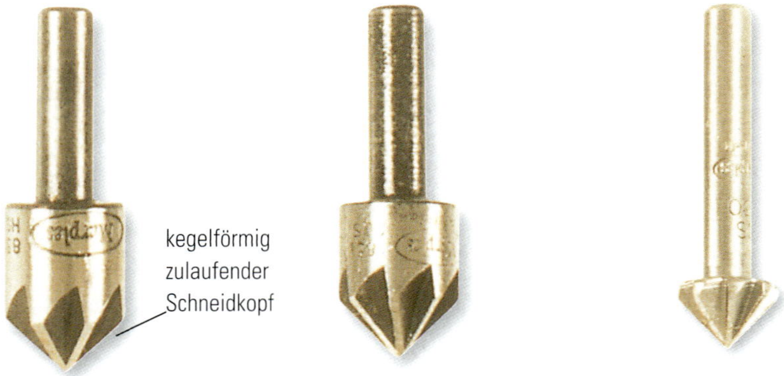

Versenker unterschiedlicher Größe und Ausführung

Ein Versenker ist ein dem Aufreiber ähnelndes Werkzeug, mit dem kegelförmige Vertiefungen in ein Werkstück getrieben werden. Es gibt zwei unterschiedliche Arten von Versenkern – den Versenker als Handwerkzeug, das zum Erweitern einer Bohrung rasch in eine Richtung oder hin- und hergedreht wird, und den Versenker, der in eine Bohrwinde eingesetzt wird. Die mit der Bohrwinde benutzten Versenker gibt es als konische Krauskopfbohrer und in der viel älteren flachen V-förmigen Ausführung. Im Allgemeinen gilt, dass das Senkloch umso glatter und sauberer wird, je mehr Schneiden der Bohrer besitzt und je größer die Drehgeschwindigkeit ist.

Das Arbeiten mit dem Versenker

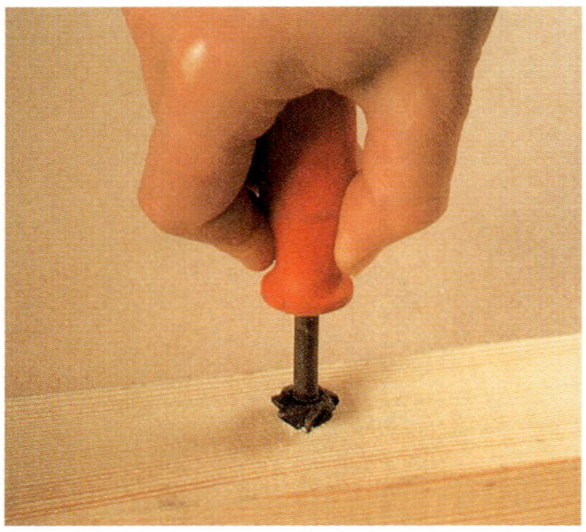

1 Drehen Sie den Versenker einige Male schnell im Holz.

2 Ist das Senkloch richtig ausgearbeitet, sitzt der Schraubenkopf etwas unterhalb der Werkstückoberfläche im Holz.

Löffelbohrer

Der Löffelbohrer ist wie ein Hohlbeitel gewölbt und an der vorderen Kante wie ein Löffel geformt. Er gehört zu den ältesten Bohrerarten. Für die traditionelle Holzbearbeitung gibt es spezielle Löffelbohrer wie beispielsweise Ausführungen für Bürstenmacher, für Stuhlbauer und für Böttcher. Auch andere Bezeichnungen für dieses Werkzeug – halbelliptischer Löffelbohrer, Hohlbohrer – beruhen auf der Form des Bohrers. Ungewöhnlich an einem Löffelbohrer ist der Umstand, dass die Schneide nicht wie beim Spiralbohrer ins Holz gezogen wird, sondern dass das Schneiden einfach durch den Druck nach unten erfolgt. Diese Funktionsweise macht den Löffelbohrer besonders wertvoll für die Herstellung von Windsor-Stühlen, denn dabei müssen Löcher in flachem Winkel gebohrt und gleichzeitig die Schneidgeschwindigkeit beim Eindringen des Bohrers ins Holz und beim Austritt aus dem Werkstück genau gesteuert werden.

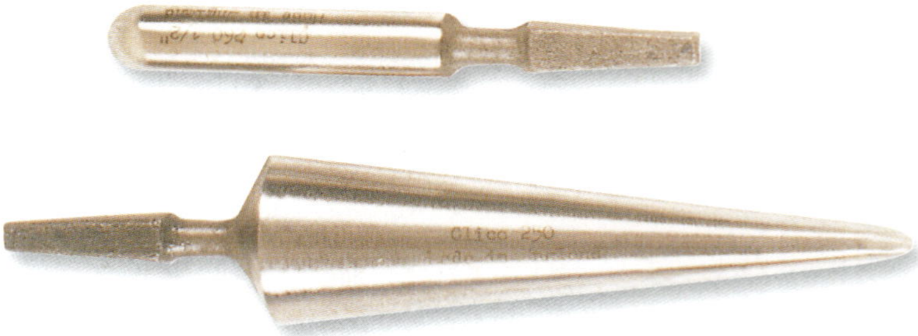

OBEN: Der Löffelbohrer hat gegenüber den meisten anderen Bohrern den Vorteil, dass man mit ihm senkrecht und auch schräg bohren kann.

DAS SCHLEIFEN UND SCHABEN

Das Glätten eines Holzwerkstückes vor der abschließenden Oberflächenbehandlung bezeichnet man als Schleifen. Es wäre allerdings nicht korrekt, die Tätigkeit des Schleifens nur auf diesen Zweck beschränkt zu betrachten, denn sie ist darüber hinaus auch eine manuell oder maschinell ausgeführte Technik zum Formen von Holz. In der Praxis der Holzbearbeitung gibt es viele Fälle, bei denen sich ein Werkstück nur schwer mit anderen Werkzeugen formen lässt, wenn also beispielsweise Beitel oder Hobel die Fasern nur abreißen oder ein gewünschter Umriss mit der Säge nur grob ausgeschnitten und danach mit Schleifkörpern feinbearbeitet wird.

Körnungsübersicht

Korngruppe	Körnung		Anwendung
sehr grob	50 60	1 1/2	starke Ausformarbeiten
grob	80 100	0 2/0	Formgebung – mit Schleifband, -scheibe, Schwingschleifer und manuell
mittelfein	120 150 180	3/0 4/0 5/0	Formgebung und Oberflächenbehandlung – mit Schleifband, -scheibe, Schwingschleifer und manuell
fein	220 240 280	6/0 7/0 8/0	Oberflächenbehandlung – mit Elektroschleifern und manuell
sehr fein	320 360 400 500 600	9/0	abschließende Oberflächenbehandlung, Abtragen scharfer Kanten, Zwischenschliff bei mehreren Lackschichten – manuell

Beim Schleifen werden durch die Wirkung vielfach scharf „gezähnter" Schleifmittel wie beispielsweise Glassand feine bis feinste Späne abgetragen. Auch mit Feilen, Raspeln oder speziellen Elektrowerkzeugen und deren Zubehör kann man ein Werkstück schleifen.

Zum Schleifen eines Werkstückes kann man manuelle wie auch maschinelle Methoden anwenden, wobei letzteres im Allgemeinen rascher und effizienter vonstatten geht. Für diese Arbeit benutzt man hauptsächlich Schleifpapier (Bogen oder Rollen), auf das ein Schleifmittel ein- oder mehrschichtig aufgetragen ist. Die Größe der Schleifpartikel nennt man Körnung, die jeweils mit einer Nummer bezeichnet wird. Bei Schleifarbeiten werden in der Regel Schleifmittel verschiedener Korngruppen benutzt; man beginnt mit einer gröberen Körnung und geht zu immer feineren Korngrößen über, bis das Holz glatt ist und keine Schleifspuren mehr zu sehen sind.

Handschleifklötze (Auswahl)

Das manuelle Schleifen und Formen mit einem Schleifstab

1 Verwenden Sie bei dieser Arbeitsmethode mit Aluminiumoxid beschichtetes Schleifpapier; hier sitzen die Schleifmittelpartikel fest auf dem Tragkörper, so dass man das Papier auch um leicht gewölbte Flächen legen kann, ohne dass sich dabei zu viele Partikel von ihrem Untergrund lösen. Traditionelles „Sandpapier" dagegen verliert seine Schleiffähigkeit schnell.

2 Wickeln Sie das Schleifpapier um einen selbst hergestellten Stab zum Holzformen. Legen Sie die Ränder zu einer scharfen Kante um, die gut an dem Stab anliegt. Haben Sie regelmäßig viele schwierige Formen zu schleifen, stellen Sie sich mehrere Formstäbe oder -klötze auf einmal her, damit Sie die Reste des abgenutzten Schleifpapiers verwenden können.

3 Spannen Sie das Werkstück in den Schraubstock und führen Sie den Schleifstab mit beiden Händen wie eine Feile über das Holz. Wechseln Sie das Schleifpapier, sobald es nicht mehr richtig schleift und sich besonders beim Schleifen harzhaltigen Holzes mit Holzstaub zusetzt. Arbeiten Sie mit einem Schleifklotz, führen Sie diesen flach über die Oberfläche des Werkstücks, damit ein möglichst großer Teil der Schleifpartikel Kontakt mit den Holzfasern hat. Achten Sie darauf, dass Sie nicht die Ecken des Werkstücks rund schleifen.

4 Schneiden Sie sich zum exakten Ausformen runder Teile einen Streifen grobes Schleifpapier zurecht und ziehen Sie es wie in der Abbildung gezeigt über das Werkstück. Führen Sie das Schleifpapier stets vertikal über das Holz, damit Sie eine glatte, ebenmäßige Oberfläche erzielen. Auch bei schmalen Teilen müssen Sie Schleifmittel unterschiedlicher Körnung einsetzen; um das Entstehen von Schleifspuren zu vermeiden, beginnen Sie mit einer groben und gehen dann zu einer feineren Körnung über.

Das Herstellen einer kleinen Schleiftrommel für die Bohrmaschine

Wenn Sie gern drechseln, stellen Sie sich eine Schleiftrommel – einen zylindrischen Schleifklotz – her, den Sie in Verbindung mit der Elektrobohrmaschine benutzen können.

1

Setzen Sie ein Stück leicht zu bearbeitendes Holz in die Drechselbank ein und drehen Sie es zu einem Zylinder ab. Schneiden Sie in die Mitte des Zylinders eine Vertiefung, deren Form der abzuschleifenden Kantenkontur entspricht. Drehen Sie an einem Zylinderende einen Zapfen aus, mit dem die Schleiftrommel in das Spannfutter der Bohrmaschine eingesetzt werden kann.

2

Befestigen Sie mit Kreppband und doppelseitigem Klebeband eine Schicht Schleifpapier an der Schleiftrommel. Passen Sie das Papier der Vertiefung

richtig an. Die entstehenden Falten beeinträchtigen die Schleifqualität nicht.

3

Bohren Sie zum Schluss ein Loch durch die Trommel und bringen Sie einen Stützzapfen für das untere Trommelende an. Beim Schleifen führen Sie die rotierende Trommel an der Werkstückkante entlang.

Für die genauere Bearbeitung gerader Kanten möchten Sie sich vielleicht einen Spindelschleifer zulegen. Die Motorspindel tritt unter dem Tisch aus. Das Werkstück wird um die rotierende, mit Schleifpapier umwickelte Schleifspindel geführt.

Das Arbeiten mit dem Handschleifklotz

1 Zum Abschleifen ebener Flächen benutzt man in der Regel einen Korkschleifklotz. Legen Sie ein Stück Schleifpapier (Körnung 120–180) um den Klotz, spannen Sie das Werkstück in den Schraubstock oder befestigen Sie es auf der Werkbank, drücken Sie den Schleifklotz fest auf das Werkstück und führen Sie ihn in Faserrichtung über das Holz. Der Druck wird verstärkt und der Klotz besser gesteuert, wenn Sie mit beiden Händen arbeiten.

2 Schleifen Sie nach Möglichkeit stets in Faserrichtung, da ansonsten Kratzspuren auf dem Holz entstehen.

Tipps

Der Handel bietet auch Gummischleifklötze an, die mit einem abnehmbaren Fuß und verborgenen Stiften zur sicheren Befestigung des Schleifpapiers an den Klotzenden ausgerüstet sind. Diese Klötze schonen die Hände bei längerem Arbeiten, da das Schleifpapier nicht auf den Griffstellen liegt.

3 Scharf geschnittene Kanten hölzerner Objekte sollte man in der Regel nicht unbearbeitet lassen. In einem abschließenden Arbeitsgang glättet und rundet man sie leicht mit feinem Schleifpapier (Körnung 400). Arbeiten Sie mit gleichmäßigem Schliff und lassen Sie an jeder Kante eine winzige Fase entstehen. Das verringert die Gefahr, dass man sich an den Kanten später feine Splitter einzieht. Zum Entfernen scharfer Kanten kann mitunter auch ein Hirnholzhobel, niemals aber ein Elektroschleifer benutzt werden, der für diese Arbeit zu stark ist.

Das Schleifen runden Tischkante

Angenommen, Sie wollen eine kleine runde Sperrholztischplatte mit einem Durchmesser von 610 mm herstellen und die Kante vor dem Aufkleben eines Furnierstreifens abschleifen. Die Kante muss zum Furnieren völlig glatt sein.

Nehmen Sie ein quadratisches Stück Sperrholz und legen Sie die Mitte fest, indem Sie die beiden Diagonalen einzeichnen. Markieren Sie die Kreislinie und sägen Sie die Tischplatte aus. Nehmen Sie dann ein 25 mm starkes Stück Holz von 150 mm Kantenlänge, bohren Sie durch dessen Mitte ein 6 mm breites Loch und befestigen Sie das Holz in der Mitte der Tischplattenunterseite.

Spannen Sie einen Stab von 6 mm Durchmesser in die Werkzeugauflage Ihrer Drechselbank und stecken Sie das ganze Werkstück auf den Stab. Bringen Sie an der Planscheibe der Drechselbank eine Schleifscheibe an und befestigen Sie mit einer Zwinge einen Block am Bett, damit die Tischplatte waagerecht und ihre Kante rechtwinklig an der Schleifscheibe liegt.

Sie müssen die Tischplatte nun gegen die Schleifscheibe drehen. Schalten Sie den Drehbankmotor ein und drehen Sie die Platte langsam, bis die Kante zufrieden stellend glatt geschliffen ist.

Surform®-Werkzeuge

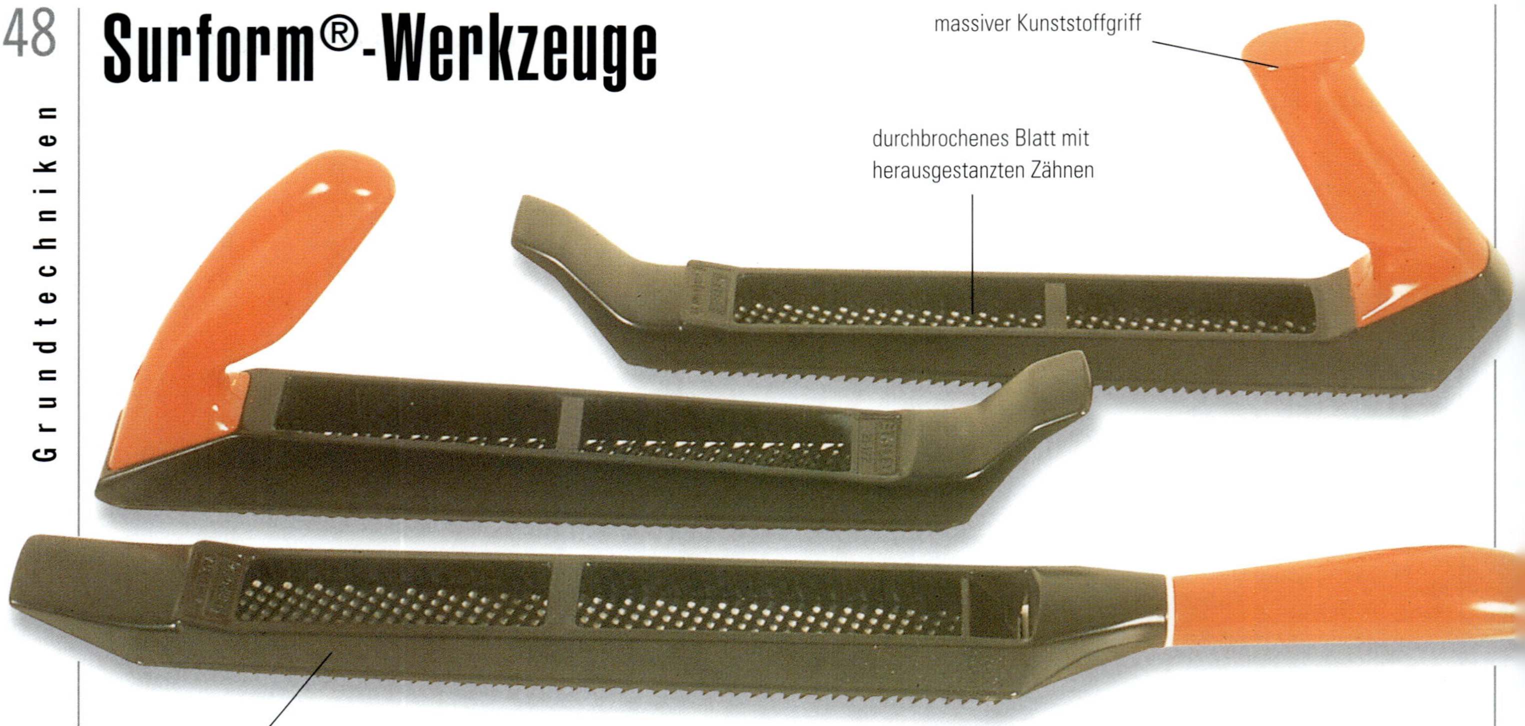

Manche Holzhandwerker benutzen für ihre Arbeit anstelle der traditionellen Raspeln und Feilen inzwischen nur noch Surform®-Werkzeuge. Diese Arbeitsmittel sind der Form nach eine Kombination aus Feile und Hobel. Die durchbrochenen Blätter mit den herausgestanzten Zähnen sorgen dafür, dass die abgetragenen Späne die Werkzeugoberfläche nicht verstopfen, sondern herausfallen. So kann man Holz einfacher und schneller schneiden und formen, muss das Werkzeug aber mit Vorsicht und etwas Fingerspitzengefühl benutzen.

Oben: Surform®-Standardfeile (oben), Surform®-Hobelfeile (Mitte), Surform®-Flachfeile (unten).

Raspeln

Die Raspel stellt man sich am besten als eine große Version der Feile vor. Feilen und Raspeln sehen nahezu gleich aus – sie bestehen aus Stahlstäben unterschiedlicher Formen, Längen und Querschnitte, ihr Blatt ist mit einem Zahnmuster aufgeraut. Mit der Feile kann Metall und Holz, mit der Raspel nur Holz bearbeitet werden. Die Raspel wird mit beiden Händen gehalten, wobei eine Hand den Holzgriff und die andere das vordere Ende des Blattes fasst; sie wird über das Werkstück gezogen oder geschoben, gedreht oder schräg geführt. Mit der Raspel erzielt man wie auch mit anderen Schneidwerkzeugen die besten Ergebnisse, wenn man entweder mit der Faser oder leicht schräg dazu arbeitet. Raspeln sind vor allem für den Holzschnitzer unentbehrlich.

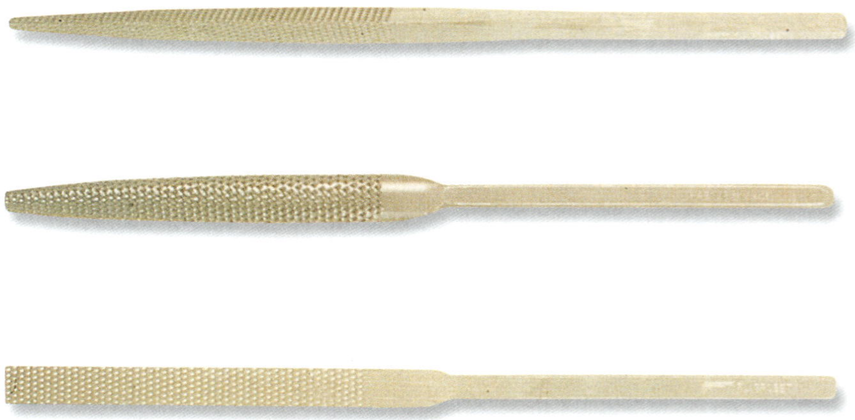

Oben: Holzschnitzerraspeln mit angeschmiedetem Griff.

Bildhauerraspeln

Bildhauerraspeln sind kleine doppelendige Raspeln. Mit ihrer Länge von 180 – 205 mm, den gleich geformten Enden, dem gleichen Querschnitt und der gleichen Zahnung eignen sie sich vorzüglich für die Holzschnitzerei. Die gekrümmten, spitz zulaufenden Enden ermöglichen es schmale, enge Stellen zu bearbeiten, die man ansonsten nicht erreicht. Sie sind besonders wertvolle Werkzeuge für die Reliefschnitzerei; mit ihnen bearbeitet man den tiefer liegenden Hintergrund. Bildhauerraspeln werden in der Mitte gehalten; der Zeigefinger liegt auf dem Blatt. Man benutzt sie so wie den Rücken eines Löffels zum Glätten einer Fläche. Mit den rund, oval, quadratisch, dreieckig oder wie eine Messerschneide geformten Raspeln und durch bewußte Änderung der Arbeitsrichtung kann man eine ganze Palette unterschiedlicher Struktureffekte erzielen.

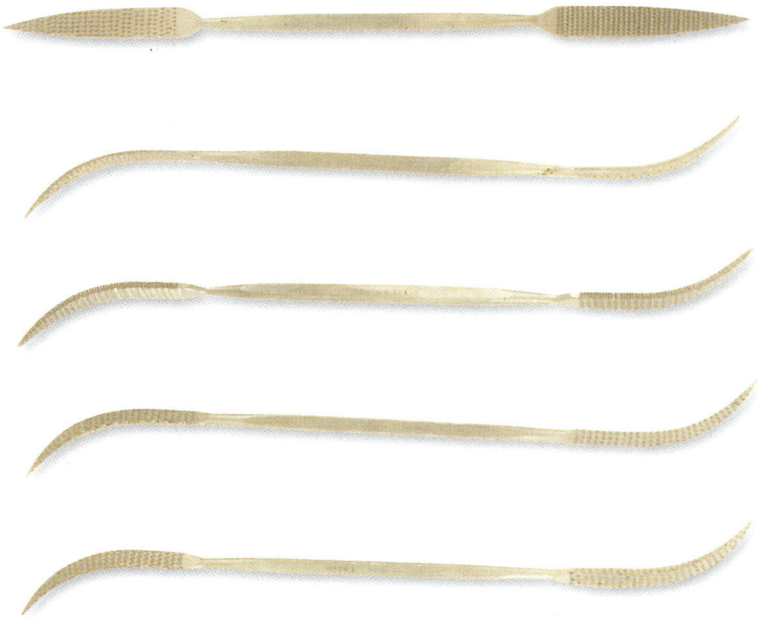

Oben: Bildhauerraspeln mit geschwungenen Klingen eignen sich gut zur Bearbeitung schwer zugänglicher Stellen.

Der Adernschneider

Der Adernschneider oder Profilziehhobel ist meistens ein selbst gefertigtes Werkzeug, das zum Formen kleiner Zierstäbe, Profile und Nuten benutzt wird. Es besteht aus zwei genau gleichen, zusammengeschraubten L-förmigen Holzstücken, zwischen denen eine Stahlklinge sitzt. Die Klinge wird zum Gegenstück der gewünschten Profil- oder Nutform gefeilt und geschliffen. Viele Holzhandwerker stellen sich Ihre Adernschneider aus alten Streichmaßen her. Beim Arbeiten mit dem Adernschneider wird der hölzerne Anschlag fest gegen das Werkstück gedrückt und die Klinge vor und zurück geführt. Das Werkzeug eignet sich sehr gut zum Schneiden flacher Nuten für Bandeinlagen und zum Ausformen kurzer Profilstücke mit kleinem Querschnitt.

Unten: Ein moderner Adernschneider zum Schneiden von Profilstäben und von Nuten für Bandeinlagen.

Rechts: Zum Ausschneiden eines Profils ziehen Sie den Adernschneider an der Werkstückkante entlang.

Der Kratzklotz

Der Kratzklotz ist eine Art Kreuzung zwischen einem Streichmaß und einem Adernschneider. Er besteht aus einem mittig sitzenden Holzschaft und einem Kopf oder Anschlag; zu diesem Werkzeug gibt es eine Anzahl Profilklingen, die in den Holzschaft eingesetzt werden. Zum Arbeiten mit dem Kratzstock wählen Sie zunächst eine Klinge aus und klemmen diese etwa im gewünschten Abstand in den Holzschaft. Stellen Sie den Anschlag genau in die richtige Position und drücken Sie ihn fest gegen die Werkstückkante. Bewegen Sie den Kratzklotz auf dem Werkstück abwechselnd vor und zurück.

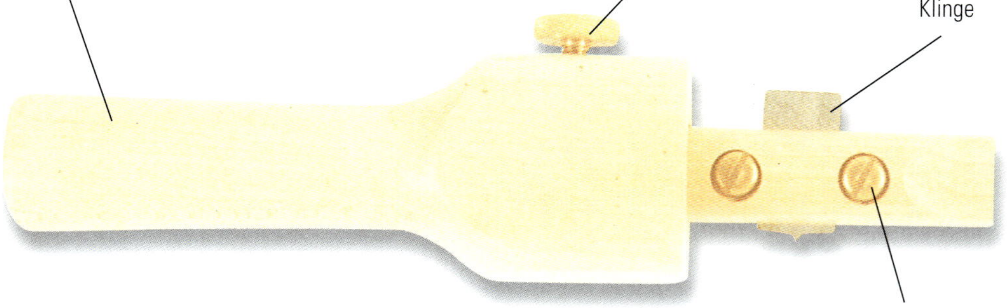

Oben: Kratzstock für feine Arbeiten. Er wird mit Klingenrohlingen geliefert, die Sie nach Ihren Wünschen formen können.

1 Setzen Sie die gewünschte Klinge korrekt ausgerichtet und in der richtigen Tiefe ein. Messen Sie den Abstand zwischen Klingenspitze und Anschlag, stellen Sie den Anschlag ein und drehen Sie ihn fest. Probieren Sie das Klingenprofil an einem Stück Abfallholz aus.

Die Werkzeuge werden in der Regel mit einer Packung Profilklingen oder mit Klingenrohlingen verkauft, die sie mit Profilen nach Ihren Wünschen versehen können. Zusätzliche Klingen können Sie sich aus einem kaputten Sägeblatt selbst herstellen.

2 Setzen Sie den Kratzstock im richtigen Winkel auf das Werkstück auf und führen Sie das Werkzeug in mehreren aufeinander folgenden Durchgängen über das Holz, bis die Klinge keine Späne mehr abträgt. Diese Technik muss zunächst an einem Stück Abfallholz geübt werden, damit man einen gleichmäßigen Schnitt erzielt. Der Anschlag muss während des Schnittes stets fest gegen die Holzkante gedrückt werden, da die Fasern die Klinge ansonsten aus der Bahn laufen lassen.

Kratzklötze

Kratzklötze gehören zu den Werkzeugen, deren Nützlichkeit von den Holzhandwerkern meistens unterschätzt wird. Dabei ist ein kleines Profil an einem Schranktürrahmen oder am Deckel einer Schmuckschatulle mit einem so einfachen Werkzeug oftmals schneller und leichter geschnitten als mit einer zeitaufwändig einzurichtenden Oberfräse.

Rechts: Zur Bearbeitung von Profilen werden geschwungene Ziehklingen verwendet. Da die Schneide um die gesamte Ziehklinge herumläuft, kann man jeden Klingenabschnitt benutzen.

Ziehklingen

Ziehklingen, die wie Sägeblätter aus Federstahl hergestellt werden, benutzt man zum Feinbearbeiten von Holzflächen vor der abschließenden Oberflächenbehandlung. Es gibt zwei Grundformen der Ziehklinge – die 150 mm lange und 75 mm breite rechteckige Ausführung, mit der man ebene Flächen bearbeitet, und das nierenförmige Modell in verschiedenen Größen, das zur Bearbeitung konkaver Hohlformen benutzt wird. Darüber hinaus gibt es kleinere rechteckige Ziehklingen, mit denen man auch an enge Stellen gelangt. Die Ziehklinge wird mit beiden Händen geführt, mit den Daumen leicht gebogen und dann entlang der Faser gezogen oder geschoben. In manchen Fällen setzt man sie schräg auf die zu bearbeitende Fläche auf. Der winzige Grat an der Klingenrückseite wirkt wie ein Hobel und darf bei der Bewegung des Metalls über das Holzwerkstück nur hauchdünne Streifen abtragen. Leider müssen diese Werkzeuge häufig nachgeschliffen werden, damit sie effizient arbeiten. Ziehklingen werden bevorzugt von Möbel- und Kunsttischlern sowie von Holzschnitzern benutzt, die glatte Oberflächen erzielen möchten ohne dafür Schleifpapier einsetzen zu müssen. Ziehklingen sind auch ideale Werkzeuge zum Glätten wilder Maserungen.

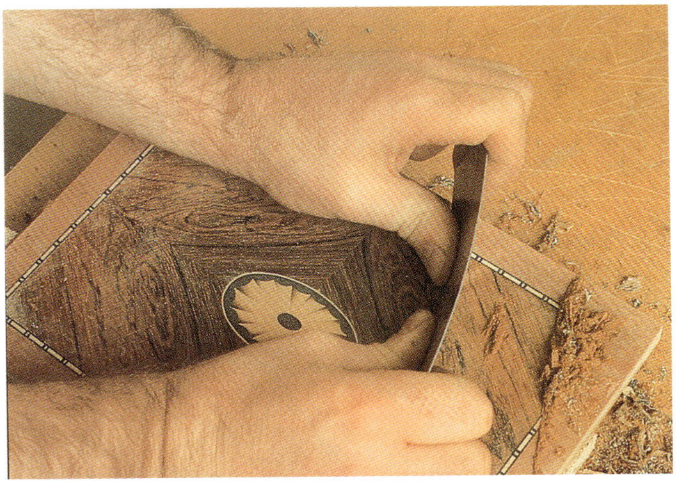

Links: Mit einer gut geschliffenen Ziehklinge erzielt man eine Oberfläche, die um ein Vielfaches glatter als eine gehobelte oder eine mit Schleifpapier bearbeitete Fläche ist.

Links: Der beidhändig geführte Ziehklingenhobel wird wie eine Ziehklinge benutzt, ist jedoch viel bequemer zu handhaben, denn er belastet die Daumen nicht so stark. Da die Klinge schräg gehalten wird, kann man durch eine Änderung der Klingenwölbung mittels einer dafür vorgesehenen Schraube die Schneidtiefe steuern.

So wird der Ziehklingenhobel gehalten.

Elektroschleifer

Das Arbeiten mit dem Schwingschleifer

Ein Schwingschleifer ist das ideale Werkzeug zum Glattschleifen großer Platten. Die Schleifmaschine ist mit einer gepolsterten Schwingplatte ausgerüstet, die mit Schleifpapier bespannt wird. Üben Sie beim Arbeiten keinen starken Druck auf das Gerät aus, sondern lassen Sie das Gewicht des Schleifers wirken. Führen Sie den Schwingschleifer in leichten kreisenden Bewegungen auf dem Werkstück hin und her.

Links: Für einen Schwingschleifer benutzt man Schleifblätter, deren Abmessungen der Hälfte oder einem Drittel der handelsüblichen Schleifbogen entsprechen. Sie werden auf die gepolsterte Schwingplatte gespannt. Das Gerät wird in elliptischen Bewegungen und ohne zusätzlichen Druck über das Werkstück geführt.

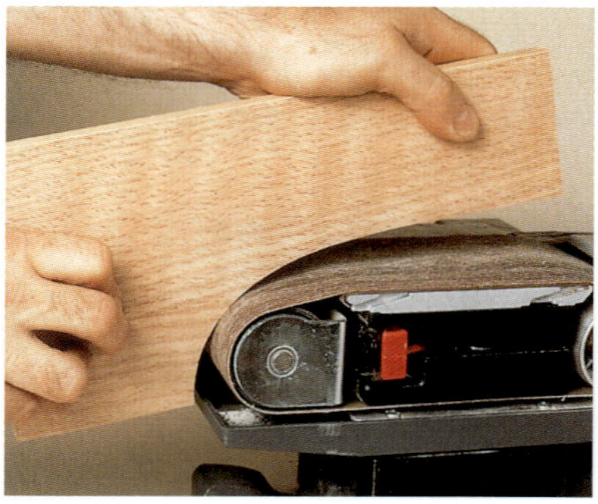

1 Ein Bandschleifer ist mit einem 75 oder 100 mm breiten umlaufenden Schleifband ausgerüstet, das über zwei Rollen geführt wird und über ein flaches Bett läuft. Er schleift schneller als andere Elektroschleifgeräte. Damit das Gerät nicht stellenweise zu viel Material abträgt oder an den Werkstückkanten kippt, muss es mit festem Griff geführt werden.

2 Das Schleifband lässt sich rasch wechseln. Lösen Sie die Spannung, indem Sie den seitlichen Spannhebel umlegen, nehmen Sie das alte Band ab, schieben Sie das neue über die beiden Rollen und spannen Sie es mit dem Hebel. Der richtige Bandlauf wird mit einem Regelknopf eingestellt.

3 Zum Schleifen flacher oder gewölbter Formen kann der Bandschleifer auch auf die Seite gelegt werden. Achten Sie darauf, dass das Gerät an der Werkbank sicher befestigt ist und Sie das Werkstück festhalten, wenn Sie es an das Schleifband führen.

Unten: Ein Bandschleifer ist zum Schleifen großer Flächen mit einem 75 oder 100 mm breiten umlaufenden Schleifband ausgerüstet.

Rechts: Dieser Elektroschleifer mit schmalem Schleifband kann Holz sehr rasch in eine bestimmte Form bringen. Spannen Sie das Werkstück zuvor in den Schraubstock. Steuern Sie die Spitze des Werkzeugs, die die Schleifarbeit erledigt, mit fester Hand.

DAS KLEBEN, SCHRAUBEN UND NAGELN

Das Einspannen, Befestigen und sonstige Stabilisieren eines Holzwerkstückes spielt für das Gelingen einer Arbeit bekanntermaßen eine wichtige Rolle. Erstaunlich viele Projekte scheitern allerdings, wenn es an das Montieren der Einzelteile geht. In der Regel führt der Holzhandwerker die verschiedenen Montage- und Verbindungstechniken – das Nageln, Kleben usw. – mit zu wenig Achtsamkeit und Sorgfalt aus, so dass das Werkstück mitunter sogar reißt, sich verzieht, fleckig wird oder andere Mängel aufweist. Da es inzwischen viel mehr ausgefeilte Montagetechniken als je zuvor gibt, ist es von Vorteil mit den modernen Verfahren Schritt zu halten.

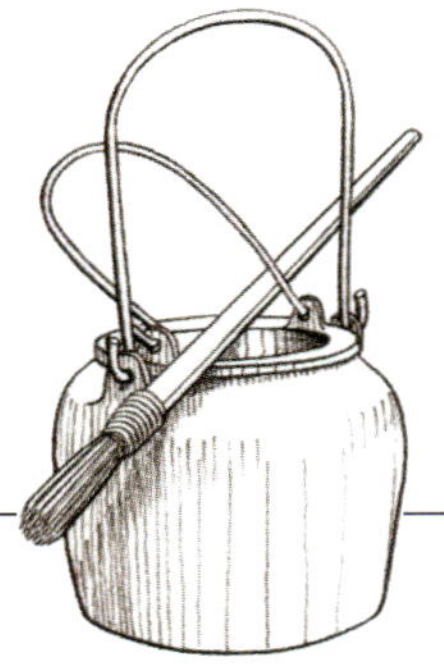

Das Kleben

Bei der Holzbearbeitung müssen Fügeteile zum überwiegenden Teil geklebt werden. Die modernen Kleber sind so schnell und einfach handhabbar, zuverlässig und stark, dass man diese Verbindungstechnik unbedingt beherrschen sollte.

Die Arbeitsvorbereitung

Nachdem Sie den richtigen Kleber ausgewählt und sich davon überzeugt haben, dass Sie mit allem vertraut sind, was man über das Ansetzen des Klebstoffes, die Quellzeit, über Arbeitsschutzmaßnahmen u. a. wissen muss, führen Sie zunächst eine Art Generalprobe durch, bevor Sie mit dem eigentlichen Kleben beginnen. Dabei bereiten Sie alles vor und proben Sie alles außer dem Leimauftrag. Suchen Sie sich zunächst einen sauberen, staubfreien Platz in Ihrer Werkstatt, an dem Sie ungestört arbeiten können. Prüfen Sie, ob die zu verbindenden Flächen ebenfalls sauber und staubfrei sind und legen Sie sie dann aneinander. Brauchen Sie einen Holzklüpfel, legen Sie ihn bereit. Schneiden Sie ein paar Holzstücke zurecht, die zum Schutz der Werkstückoberfläche unter die Schraubzwingen geklemmt werden. Zwingen Sie die Verbindungsteile fest. Überlegen Sie, ob Sie irgendwelche Abfallbehälter, Lappen oder Schutzhandschuhe brauchen; das Benötigte sollte sich dann in Reichweite befinden. Gehen Sie den Arbeitsgang von Anfang bis Ende durch, bis das Werkstück komplett und festgespannt daliegt. Haben Sie alles überprüft und sind Sie mit der Abfolge der Arbeitsschritte zufrieden, nehmen Sie die Zwingen ab, legen die einzelnen Elemente des Werkstückes in der richtigen Anordnung aus und beginnen mit dem Kleben.

Klebstoffarten

Der Handel bietet eine Vielzahl von Klebstoffen an. Welchen Sie davon brauchen, hängt von Ihren Vorstellungen ab. Möchten Sie einen Leim, bei dem Sie das Werkstück irgendwann auch wieder auseinander nehmen können oder soll die Klebeverbindung ewig halten und praktisch haltbarer als das Holz selbst sein? Die folgende Liste soll Ihnen helfen, unter den verfügbaren Klebstoffen den für Ihre Zwecke passenden zu finden.

Glutinleim (für Warmklebverfahren)
Für den aus tierischen Eiweißstoffen gewonnenen Glutinleim, der warm verarbeitet wird, benötigen Sie einen Leimkocher. Der Klebstoff zieht schnell an, ist durchsichtig, nicht feucht- oder nassfest, enthält keine toxischen Substanzen, kann geschliffen werden und eignet sich gut zum Restaurieren von Antikmöbeln.

Glutin-Kaltleim
Spezialglutinleime lassen sich auch kalt verarbeiten. Man trägt den Kaltleim direkt aus der Tube oder Büchse auf. Er zieht nur langsam an, ist durchsichtig, ungiftig, kann geschliffen werden, bindet langsam ab und eignet sich gut für komplizierte Montagen.

Kaseinleim
Der aus den Eiweißbestandteilen der Milch hergestellte Leim wird mit kaltem Wasser vermischt. Er ist undurchsichtig, ungiftig und lässt sich gut bei niedriger Umgebungstemperatur und auf ölhaltigen exotischen Hölzern verarbeiten.

Weißleim
Dieser Polyvinylacetat-Klebstoff wird aus chemischen Produkten auf Erdölbasis hergestellt. Er wird gebrauchsfertig geliefert und direkt aus der Kunststoffflasche aufgetragen. Weißleim ist durchsichtig, ungiftig und gut geeignet für Holz-Inneneinrichtungen. Er wird beim Schleifen allerdings gummiartig weich und verklebt das Schleifpapier, ist für Heimwerkerarbeiten aber universell einsetzbar.

Gelbleim
Dieser Leim, ebenfalls ein Polyvinylacetat-Klebstoff, ähnelt dem Weißleim. Er wird aus der Kunststoffflasche heraus direkt auf das Werkstück aufgetragen. Er bindet schnell ab, ist nahezu durchsichtig, ungiftig, kann geschliffen werden und eignet sich gleichermaßen gut für den Innen- und Außenholzbau.

Harzleim
Der braune Klebstoff ist als Pulver erhältlich und muss mit Wasser angerührt werden. Beachten Sie, dass das Pulver giftig ist. Harzleimfugen neigen zu Sprödigkeit, lassen sich aber gut schleifen. Harzleim ist universell einsetzbar.

Das Kleben einer Schwalbenschwanzverbindung

1 Eine Schwalbenschwanzverbindung weist viele Beleimflächen auf. Man verwendet daher am besten einen Klebstoff mit längerer Gebrauchsdauer wie z. B. Harnstoffkleber. Probieren Sie zunächst aus, ob die Verbindung richtig passt.

2 Mischen Sie den Klebstoff aus vier Teilen Leimpulver und einem Teil Wasser an. Schütten Sie das Pulver in ein Gefäß und geben Sie dazu in kleinen Mengen das Wasser – nie umgekehrt.

3 Damit keine Klumpen entstehen, rühren Sie zunächst mit wenig Wasser eine dicke Paste an, die Sie mit dem restlichen Wasser nach und nach verdünnen.

4 Der Leim hat die richtige Konsistenz, wenn er wie Honig von einem Holzstab abläuft. Lassen Sie die Flüssigkeit einige Minuten lang ruhen. Die Gebrauchsdauer von Harnstoffkleber beträgt 10–20 Minuten; danach dickt der Leim ein und wird unbrauchbar.

5 Tragen Sie den Leim mit einem Holzspatel dünn auf die Beleimflächen beider Verbindungsteile auf.

6 Fügen Sie die Verbindungsteile mit leichten Hammerschlägen zusammen. Legen Sie in Höhe der Brüstungslinie zwischen Werkstück und Hammer einen Streifen Abfallholz auf.

UNTEN: Ist an einer Klebestelle etwas Leim ausgetreten, warten Sie bis der Leim gummiartig angetrocknet ist und nehmen den Tropfen dann mit einem scharfen Beitel ab.

7 Legen Sie den Holzstreifen zwischen die Zinken und drücken Sie das Schwalbenschwanzstück mit leichten Hammerschlägen bis zur Brüstungslinie des Zinkenstücks hinunter.

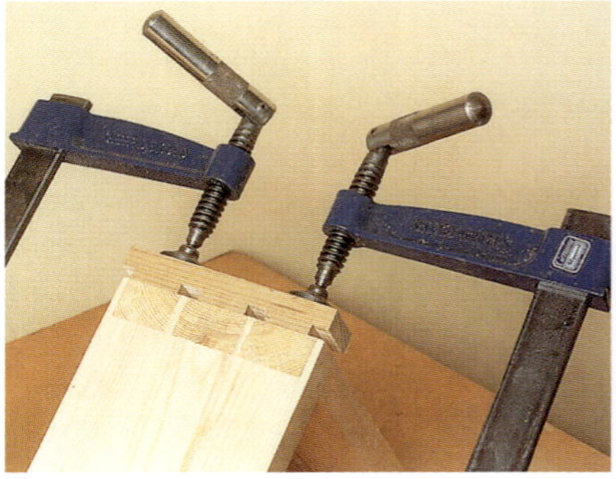

8 Legen Sie zwischen Zwingen und Werkstück einen Holzblock mit Aussparungen, die das leichte Hervorstehen des Materials an den Verbindungsstellen berücksichtigen. Prüfen Sie die Verbindung mit dem Anschlagwinkel und lassen Sie den Aufbau mindestens acht Stunden lang stehen.

Das Lösen von Klebeverbindungen mit Dampf

Der warm zu verarbeitende Glutinleim ist sehr nutzerfreundlich. Sein Geruch ist zwar etwas unangenehm, doch wenn Sie erst mit seinen positiven Eigenschaften vertraut sind, werden Sie sich davon nicht mehr stören lassen. Glutinleim ist billig und einfach herzustellen, enthält keine toxischen Stoffe, ist haltbar, lässt sich schleifen, füllt die Klebfugen gut aus, verbindet sich gut mit ölhaltigem Holz, und die Klebestellen lassen sich mit Wasser reinigen. Seine beste Eigenschaft ist der Umstand, dass er sich nach dem Trocknen auch wieder völlig auflösen lässt. Missfällt Ihnen also eine Klebeverbindung, weichen Sie den Leim einfach mit Dampf auf und erneuern die Stelle.

Tipps

Nach dem probeweisen Zusammenbau wissen Sie, was wohin gehört und wie der Arbeitsablauf aussieht. Decken Sie nun alle Stellen rund um die zu verklebende Verbindung, die nicht mit Leim bestrichen werden sollen, mit Kreppband ab.

Tragen Sie den Klebstoff mit einem feinen Spitzpinsel sorgfältig auf alle Beleimflächen auf. Legen Sie die Teile zusammen, prüfen Sie ihre korrekte Ausrichtung und Winkligkeit und spannen Sie sie mit Leimzwingen fest. Warten Sie, bis die Klebschicht abgebunden hat, ehe Sie das Kreppband entfernen und die Flächen feinbearbeiten.

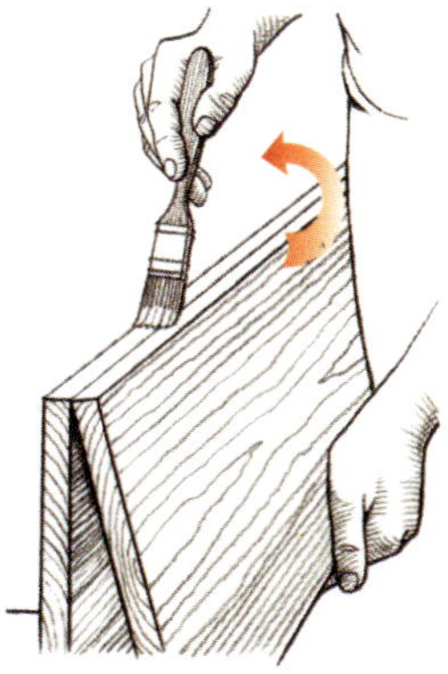

Oben: Halten Sie die Bretter aneinander, damit Sie den Klebstoff auf beide Kanten gleichzeitig auftragen können.

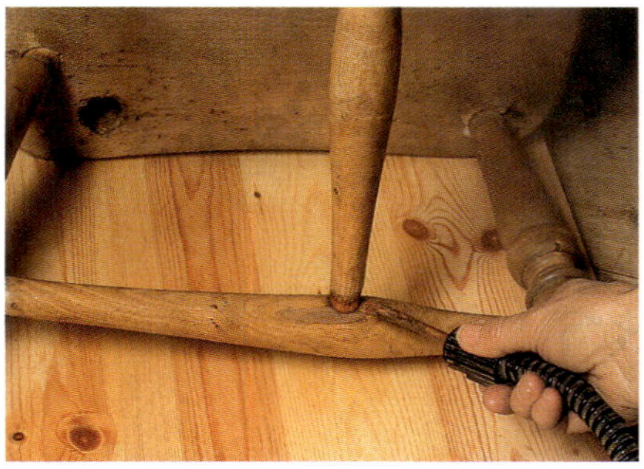

1 Weichen Sie den Leim mit Dampf auf. Am besten eignet sich dazu ein Dampfgerät zum Ablösen von Tapeten, das mit einer spitz zulaufenden Düse versehen ist. Richten Sie den vollen Dampfstrahl auf und in die Verbindungen. Haben Sie das Gefühl, dass diese sich zu bewegen beginnen, lösen Sie die Verbindung durch leichte Schläge mit dem Gummihammer. Versuchen Sie nicht, die einzelnen Teile auseinander zu drehen oder zu biegen, bevor der Leim weich ist, denn dabei kann das Holz brechen. Haben Sie Geduld und geizen Sie nicht mit Dampf.

2 Kennzeichnen Sie die einzelnen Teile vor dem Auseinanderbauen mit dem Bleistift, damit Sie später genau wissen, was wohin gehört und wie es montiert wird. Nehmen Sie sich die Zeit alle Leimreste von den Zapfenlöchern und den Streben abzuschaben. Führen Sie zum Schluss eine Probemontage durch um sicher zu gehen, dass Sie die richtige Reihenfolge für den Zusammenbau kennen.

Ein Ersatz für den Bandspanner

Eine gute Möglichkeit einen Stuhl oder einen anderen unregelmäßig geformten Gegenstand zu spannen ist der Bandspanner. Es besteht aus einem etwa 50 mm breiten Gurt, an dessen einem Ende sich ein Sperrklinkenmechanismus mit Auslösehebel und Sperrmutter befindet.

Haben Sie keinen Bandspanner zur Hand, bedienen Sie sich der folgenden Notlösung.

Schlingen Sie ein Seil oder einen Gewebestreifen mehrmals von einem Stuhlbein diagonal zum anderen, verknoten Sie das Seil, stecken Sie einen Stab als Knebel in die Schlinge und drehen Sie ihn, bis sich die lockere Schlinge spannt und allmählich alles zusammenzieht. Vergleichen Sie hin und wieder die Diagonalen, bis sie mehr oder weniger übereinstimmen, stellen Sie dann den Knebel fest, so dass er sich nicht bewegen kann (siehe unten). Das Spannen mit einem solchen Knebelspanner eignet sich gut zum Einpressen der Stegleisten in die Stuhlbeine. Bei dieser Methode müssen Sie lediglich darauf achten, dass Sie das Seil nicht zu sehr zusammenwinden und den Stuhl zerbrechen, und dass sich der Knebel nicht plötzlich löst und Sie verletzt. Tragen Sie deshalb bei dieser Arbeit am besten eine Schutzbrille.

Links: Der Knebelspanner eignet sich sehr gut zum Zusammenziehen eines Stuhlrahmens.

Das Schrauben und Nageln

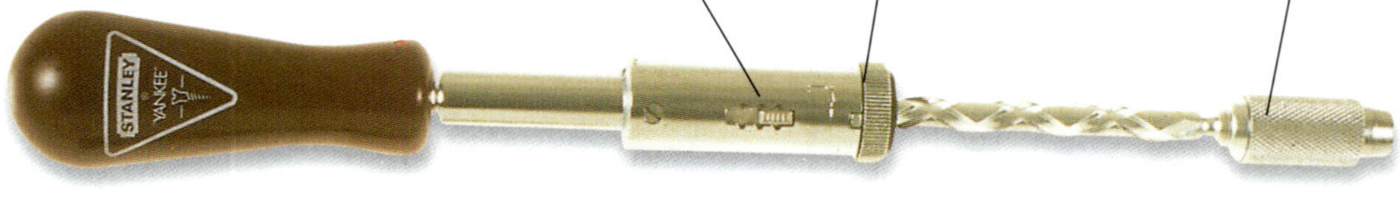

OBEN: Drillschraubendreher, der mit mehreren Schraubereinsätzen geliefert wird.

OBEN: Knarrenschraubendreher

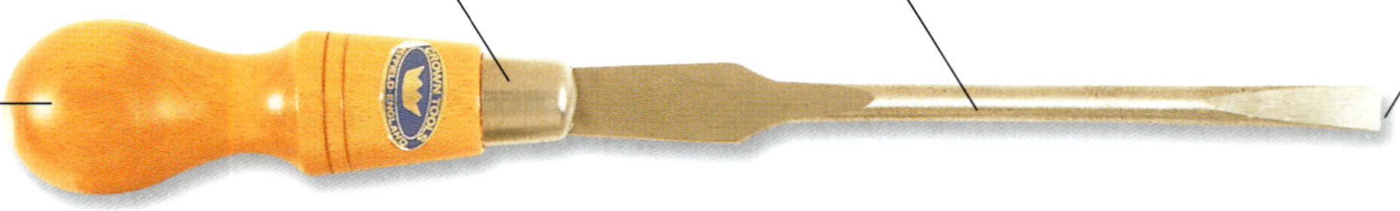

OBEN: Traditioneller Werkstattschraubendreher

Schraubendreher

Der Schraubendreher gehört zu jenen Werkzeugen, die einfach für alles benutzt werden – angefangen vom Umrühren der Farbe bis zum Ausstemmen von Zapfenlöchern. Er ist dennoch ein Arbeitsmittel, das entscheidenden Einfluss auf die Oberflächenqualität eines Werkstückes hat. Mit dem falschen Schraubendreher kann man entweder die Schraube beschädigen, das Holz rundum zerkratzen oder beides.

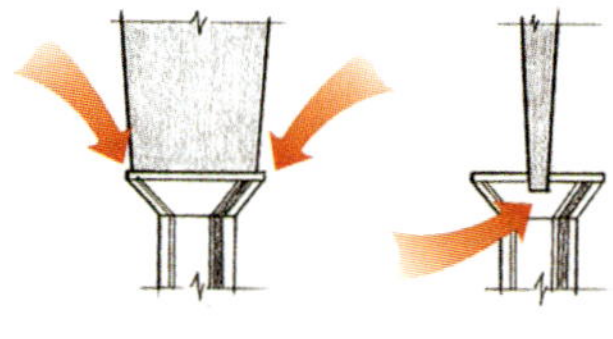

Die Klingenspitze des Schraubendrehers muss in Länge und Breite genau in den Schraubenschlitz passen.

Damit ein Schraubendreher seine Aufgabe richtig erfüllen kann, muss seine Klingenspitze zum Schraubenkopf und sein Heft genau in Ihre Hand passen. Die meisten Holzhandwerker sind sich einig darüber, dass es keinen besseren als den traditionellen Werkstattschraubendreher mit seinem ovalen Holzheft gibt. Es sind heute jedoch so viele Arten von Schrauben auf dem Markt – Phillips-, Pozidriv-, Klauenkopf- und Torx-Schrauben, um nur einige zu nennen – dass man gut beraten ist sich eine Auswahl an Werkstattschraubendrehern für die traditionellen geschlitzten Schrauben und einen Drillschraubendreher mit einem Spannfutter und verschiedenen Schraubereinsätzen für die anderen Schraubenarten zuzulegen. Bei der Auswahl eines Schraubendrehers für eine bestimmte Schraube müssen Sie darauf achten, dass die Klingenspitze genau in den Schraubenschlitz passt. Sie darf nicht so breit sein, dass sie an beiden Seiten der Schraube herausragt und vielleicht das Werkstück zerkratzt, noch darf sie so schmal sein, dass sie sich auf der Stelle hin- und herdreht und den Schraubenkopf beschädigt.

Holzschrauben

Der Holzschraubenkopf sitzt entweder bündig zur Oberfläche oder auf der Oberfläche, der Schaft ist lang und glatt, das am Kern befindliche Gewinde hat einen flachen Steigungswinkel, der Kern verjüngt sich zur Spitze hin.

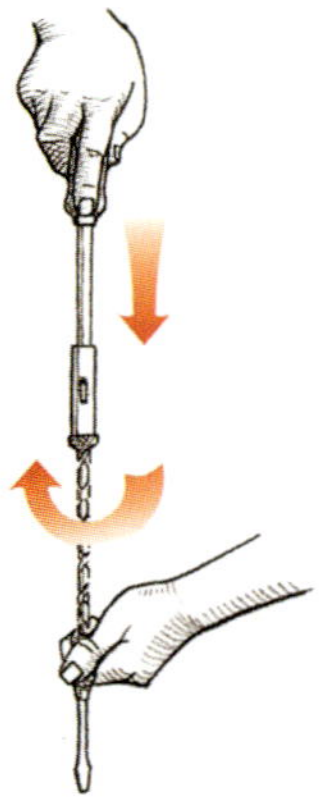

LINKS: Der Drillschraubendreher mit Spannfutter und verschiedenen Schraubereinsätzen ist ein gutes Universalwerkzeug.

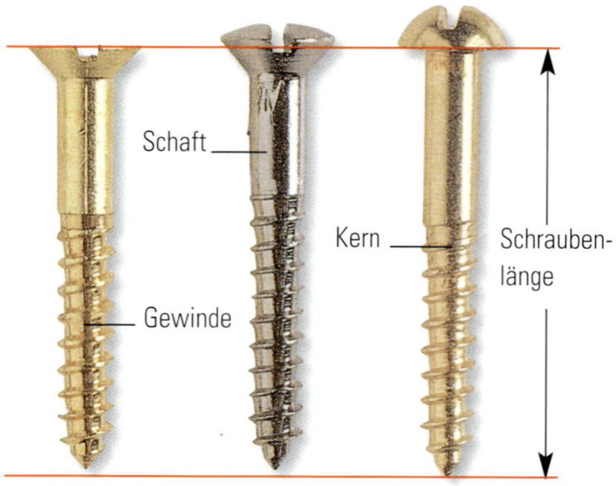

Das Eindrehen einer Senkkopfschraube

1 Bohren Sie im Werkstück ein Loch mit kleinem Durchmesser vor.

2 Erweitern Sie die Bohrung mit einem Bohrer, der den gleichen Durchmesser wie die einzudrehende Schraube hat.

3 Bohren Sie das Loch mit einem Versenker kegelförmig und so weit auf, dass der Schraubenkopf darin Platz findet. Verwenden Sie eine Messingschraube, tauchen Sie diese in Bienenwachspolitur, damit sie nicht reißt, und drehen Sie sie in das vorgebohrte Loch ein.

Hämmer

Ein Holzhandwerker braucht mindestens drei Hämmer – einen Klauenhammer, einen kleinen Tischlerhammer und einen Warrington-Hammer. Wie bei den Hobeln gibt es auch hier für jede Arbeit einen speziellen Hammer, und natürlich gibt es auch hier gute und schlechte Werkzeuge. Dieses Arbeitsmittel wird oftmals unsachgemäß behandelt und nicht gepflegt; dabei kann von einem guten Hammer die Qualität einer Arbeit abhängen.

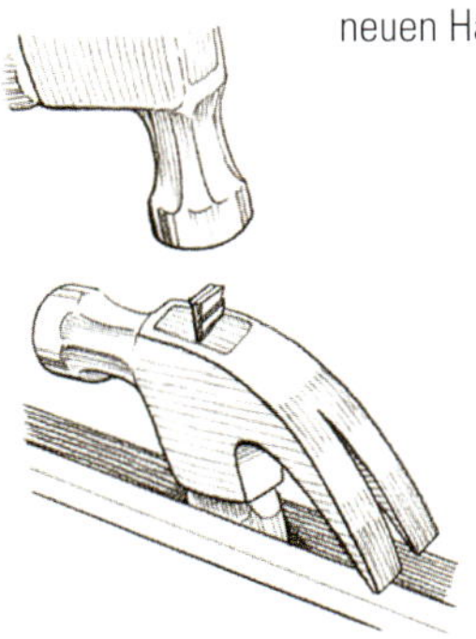

Das Verkeilen eines neuen Hammergriffs.

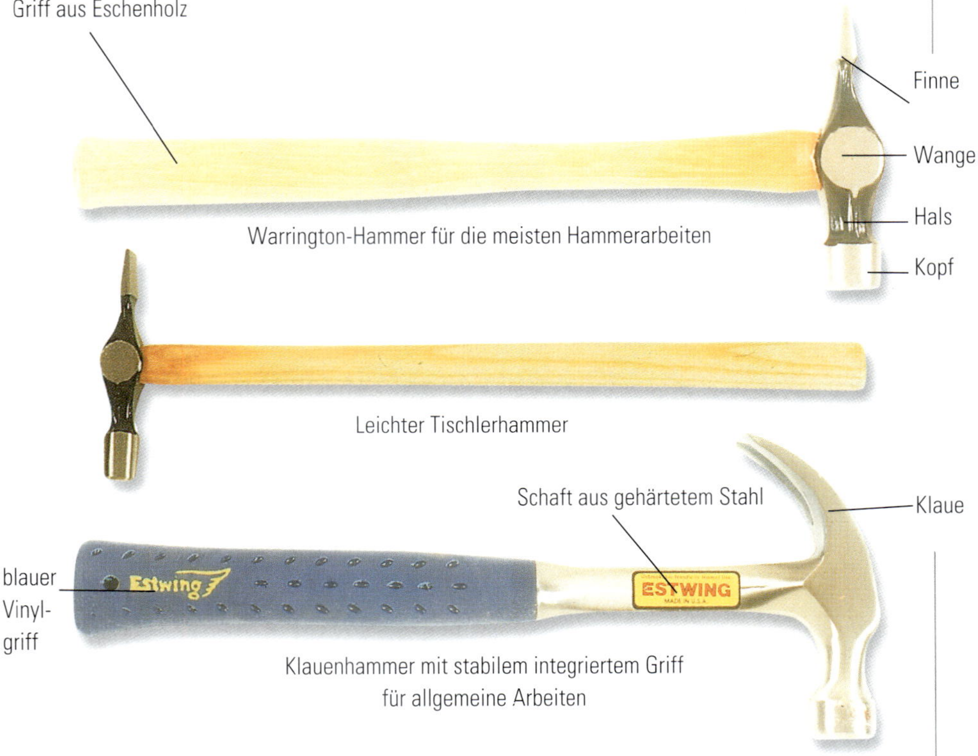

Warrington-Hammer für die meisten Hammerarbeiten

Leichter Tischlerhammer

Klauenhammer mit stabilem integriertem Griff für allgemeine Arbeiten

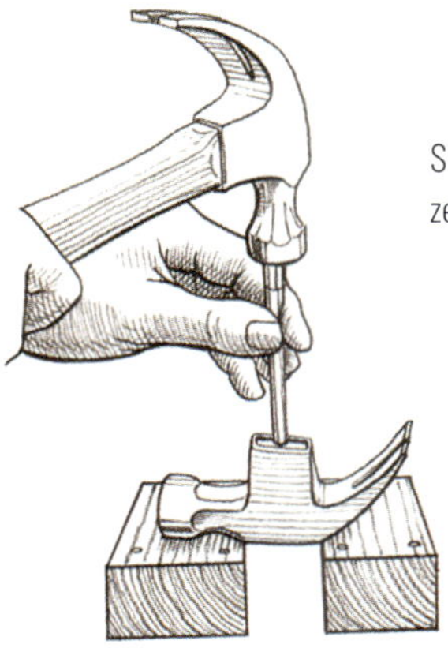

So entfernt man die Reste eines zerbrochenen Hammerstiels.

Der Klauenhammer
Der Klauenhammer, den man auch Zimmermannshammer nennt, wird zum Einschlagen langer Nägel benutzt. Dieses Werkzeug gibt es in drei Gewichtsgrößen – als 450 g, 600 g und 750 g schweren Hammer. Charakteristisch für den Klauenhammer ist die gehärtete und polierte Hammerfinne und der weichere Kopf sowie die Klauenform, die es dem Holzhandwerker ermöglicht selbst die krummsten Nägel aus einem Werkstück herauszuziehen. Wenn Sie die Wahl haben, nehmen Sie einen Hammer mit verlängertem Stielloch. Hammergriffe gibt es in verschiedenen Materialausführungen – in Holz, Stahl, Fiberglas u. a. –, doch die meisten Holzhandwerker bevorzugen einen Griff aus Hickoryholz, das die Schläge dämpfen soll, ohne dabei zu stark zu federn.

Halten Sie den Hammer am Stielende um eine größtmögliche Hebelwirkung zu erzielen.

Der Warrington-Hammer
Der Warrington-Hammer gilt schon seit langem als das beste Werkzeug des Möbeltischlers. Dieser Typ existiert in sechs Gewichtsgrößen von 170 g bis 450 g. Er besitzt eine schmale, flach geschliffene Finne und einen geschmiedeten, polierten Kopf.

Der leichte Tischlerhammer
Der leichte Tischlerhammer mit einem Gewicht von 100 g ist lediglich die leichte Version des Warrington-Hammers, besitzt aber einen viel längeren, schlankeren Stiel. Er ist das richtige Werkzeug für kleine, feinere Holzarbeiten wie Bilderrahmen oder kleine Spielzeugfiguren.

Das Arbeiten mit dem Tischlerhammer
Auch ein Tischlerhammer ist ein nützliches Werkzeug für so manche Heimwerkertätigkeit rund um das Haus, bei der ein paar eher zarte Hammerschläge genügen. Eine solche Arbeit ist beispielsweise das Befestigen einer schmalen Leiste am Fensterrahmen. Wollen Sie mit dem Tischlerhammer einen Drahtstift in eine dünne Leiste schlagen, setzen Sie zunächst den Nagel an und fixieren ihn mit der Hammerfinne im Holz. Das kann recht schwierig sein, doch reichen schon einige gut gezielte Schläge, die den Drahtstift an der gewünschten Stelle ins Holz treiben. Sitzt der Stift an der richtigen Stelle, drehen Sie den Hammer um. Nun können Sie den Nagel mit einigen weiteren Schlägen mit dem Hammerkopf problemlos einschlagen.

Das Ausziehen von Nägeln mit dem Klauenhammer

1 Ziehen Sie den zu entfernenden Nagel mit der Klaue zunächst etwa 25 mm weit aus dem Holz.

2 Legen Sie dann zur Verstärkung der Hebelwirkung und zum Schutz der Werkstückoberfläche ein dickes Stück Abfallholz unter den Hammer und hebeln Sie den Nagel heraus.

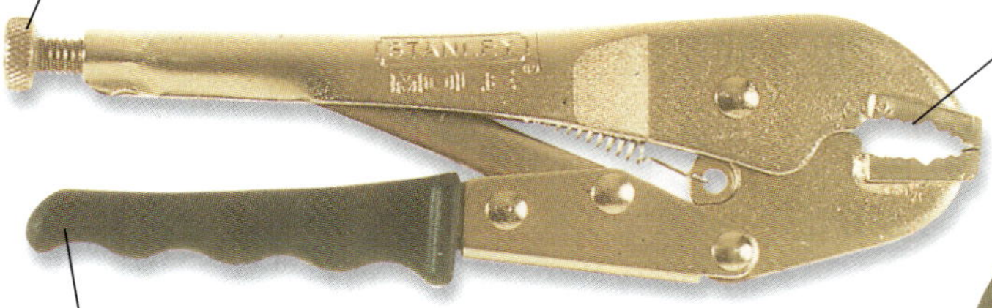

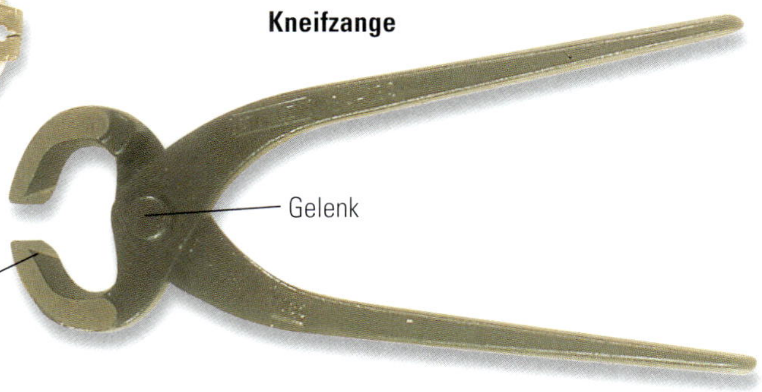

Zangen

Der Holzhandwerker braucht zum Ausziehen und Halten von Nägeln, zum Formen von Drahtstücken, zum Reparieren von Werkzeugen, zum Begradigen und Biegen stets irgendwelche Zangen. Unabhängig davon, welche Zange Sie für Ihre nächste Arbeit zur Hand haben müssen, soll Ihnen die folgende Übersicht einige dieser Werkzeuge vorstellen.

Kombizangen

Jeder Holzhandwerker sollte mindestens zwei gute Kombizangen besitzen. Legen Sie sich am besten eine große, universell einsetzbare Kombizange zum Festhalten, Drehen, Biegen und Schneiden grober Teile sowie eine Zange mit langen Klemmbacken zu, mit der man an engen Stellen arbeiten und abgebrochene Schrauben aus einem Werkstück ziehen kann. Eine gute Qualität haben Zangen aus hochwertigem Kohlenstoffwerkzeugstahl.

Kneifzangen

Die Kneifzange ist ein oft und für alle möglichen Zwecke benutztes Werkzeug, das man in verschiedenen Formen und Größen erhält. Diese Zange ist ideal zum Herausziehen krummer Nägel aus einem Werkstück. Fassen Sie dazu den Nagel mit den Klemmbacken und bewegen Sie die Zange auf den gerundeten Backen von einer Seite zur anderen, so dass sie zu einem sehr effizienten Hebel wird.

Tipps

- Wollen Sie eine Flach- oder eine Kombizange an einem runden Werkstück benutzen, ohne dessen Oberfläche zu beschädigen, umwickeln Sie das Werkstück mehrmals mit Kreppband.
- Schleifen Sie die Vorderkanten der Klemmbacken flach, damit Sie den aus dem Holz vorstehenden Nagel so tief wie möglich fassen können.
- Kneifzangen sind ideal zum Entfernen alter Nägel aus alten Möbelstücken. Zum Polstern eines Stuhls oder Sofas lohnt jedoch die Anschaffung eines Nagelhebers. Dieses einfache Werkzeug besitzt einen Holzgriff und ist wie ein Schraubendreher geformt, hat aber eine eingekerbte Klingenspitze, mit der kleine Polsternägel aus dem Holz gezogen werden.

Fassen Sie den Nagel so tief, dass die Kneifzange auf dem Werkstück aufsitzt.

Das geschlitzte, klauenartige Ende des Zangengriffs dient zum Herausheben von Nägeln.

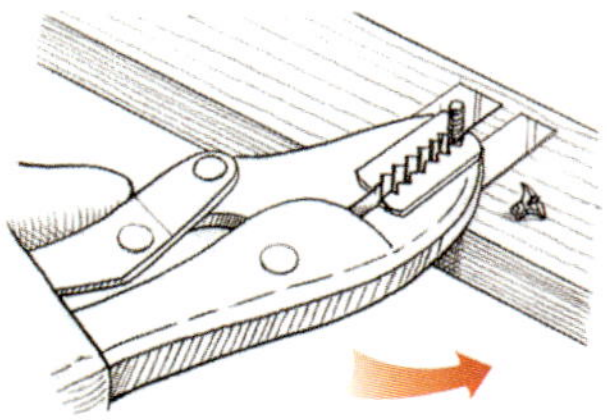

Das Herausziehen einer abgebrochenen Schraube mit einer Gripzange.

Gripzangen

Diese Zangen, bei denen Spannweite und Spanndruck eingestellt werden können, sind so bekannt, dass man sie kaum beschreiben muss. Es soll daher die Bemerkung genügen, dass der Fixierungsmechanismus das Werkzeug außerordentlich nützlich zum Festhalten und Drehen flacher und profilierter Materialien macht. Die Gripzange eignet sich besonders zum Fixieren runder Objekte wie Bolzen und Stangen und zum Herausziehen abgebrochener Schrauben.

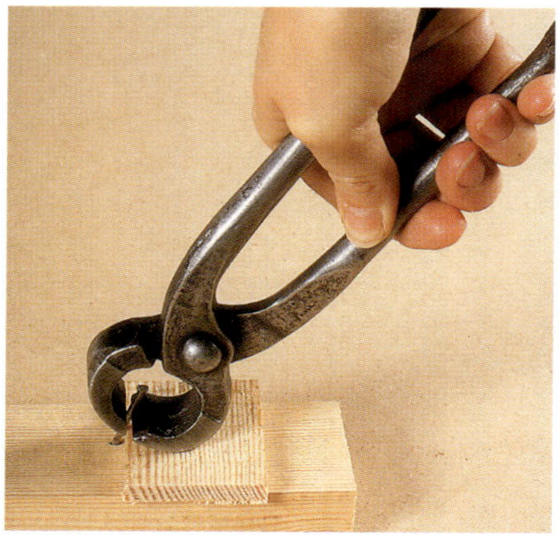

Drücken Sie die Zangengriffe wie einen Hebel nieder, so dass die gerundeten Backen wie ein Hebeldrehpunkt wirken.

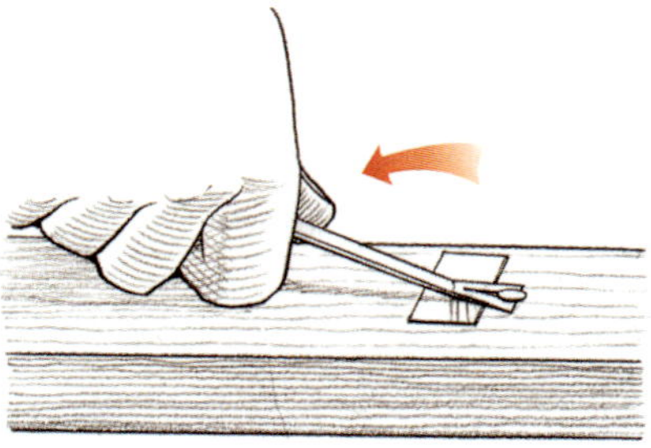

Handhabung eines Nagelhebers.

Nagelheber

Nagelheber gibt es in vielen Formen und Größen; manche Ausführungen sind mit einem Holzgriff versehen und ähneln einem Schraubendreher, andere sind aus Schwarzblech gemacht und wie ein Kükenfuß geformt. Mit diesem Werkzeug lassen sich tief eingeschlagene Nägel anheben.

Schraubenausdreher

Schraubenausdreher gibt es in allen Varianten; die einfachste Ausführung ähnelt entfernt einem Dübel- oder Scheibenschneider. Der gezähnte Hohlzylinder am einen Ende des Werkzeugs wird über die Schraube gesetzt und einige Male gedreht, damit der Rest der abgebrochenen Schraube freigelegt wird. Dann wird der Schraubenstumpf mit einer Kombizange mit langen Klemmbacken gefasst und entfernt.

Verstellbarer Maulschlüssel

Ein verstellbarer Maulschlüssel von guter Qualität ist das ideale Werkzeug für einen Holzhandwerker, der mit gelegentlich sehr großen Muttern und Bolzen zu tun hat, sich aber keinen kostspieligen vollständigen Satz großer Schraubenschlüssel zulegen möchte. Ein großer Maulschlüssel wird beispielsweise benötigt, wenn man das Vierbackenspannfutter einer älteren Drechselbank löst und dabei die Antriebswelle festhalten muss. Hin und wieder müssen Sie vielleicht auch unter die Werkbank kriechen und die starken Vierkantschraubenmuttern festziehen, die den Schraubstock halten. Es gibt also immer Arbeiten, für die ein verstellbarer Maulschlüssel recht nützlich ist.

Oben: Patentierter Nagelzieher, mit dem alles, vom kurzen, kopflosen Dübelnagel bis zum 125 mm langen Nagel, aus einem Werkstück herausgezogen werden kann.

HOLZVERBINDUNGEN

Die Gestaltung von Holzverbindungen

Oben: Eine einfache Verbindung zweier Ausgangselemente ist die Mittelverbindung in Form einer T-Überblattung.

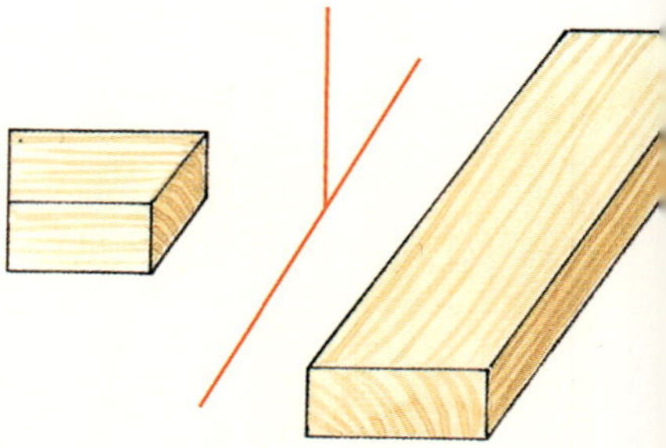

Rechtwinklige Schnitte entstehen, wenn sich das Sägeblatt im Winkel von 90° zur Holzoberfläche befindet bzw. wenn der Schnitt im 90°-Winkel zur Holzkante verläuft.

Eine L-förmige „Stufe" an der Stirn- oder Längskante des Holzes bezeichnet man als Falz. Die Tiefe und Breite des Falzes lässt sich je nach Bedarf variieren.

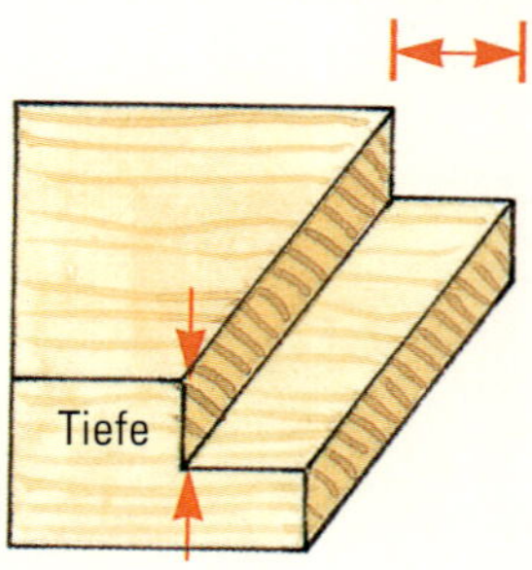

Grundlagen

Jede Holzverbindung besteht aus mindestens zwei Ausgangselementen. Zwei dieser Elemente passen zusammen und greifen mechanisch ineinander oder erzeugen Klebflächen, an denen zwei Teile miteinander verbunden werden. Sobald ein Werkstück etwas komplexer ausfällt, werden die Grundelemente modifiziert und verstärkt, um die Haltbarkeit oder die Art der Verbindung zu optimieren. Die Ausgangselemente bilden jedoch immer die Bausteine einer Verbindung.

Die Elemente oder Teile lassen sich grob in zwei Kategorien einteilen. Gesägte Teile entstehen, indem das Holz mit der Hand- oder Elektrosäge am Ende oder an der Kante geschnitten wird. Gefräste Teile sind das Ergebnis eines Verfahrens, das aus mehreren Schritten besteht. Zunächst wird das Element abgemessen und anschließend entfernt man das überstehende Material, bis schließlich die aus dem Holz herausgearbeitete Form übrig bleibt.

Zur Herstellung von Breitenverbindungen, Eckverbindungen auf Gehrung, sechseckigen Kastenverbindungen oder konischen Formen – um nur einige Beispiele zu nennen – wird ein gesägtes Teil, egal ob rechtwinklig oder auf Gehrung, stumpf mit dem jeweiligen Anschlussstück verbunden. Sägen ist die schnellste und gebräuchlichste Methode, um die Holzenden oder -kanten in die entsprechende Form zu bringen, doch es gibt noch andere Verfahren. Das Hobeln von Hand, die maschinelle Herstellung von Verbindungen oder das Fräsen sind ebenfalls anwendbare Techniken.

Gefräste Teile gibt es in einer Vielzahl von unterschiedlichen Formen: der „L"-förmige Falz, verschieden geformte Stemmlöcher oder Ausklinkungen sowie die Längs- oder Quernut. Diese „U"-förmigen Auskerbungen mit geradem Nutgrund unterschiedet man danach, ob sie parallel zur Faser (Längsnut) oder quer zur Faser (Quernut) des Holzes geschnitten werden. Mit Hilfe verschiedener Verbindungstypen werden diese Elemente mit anderen zusammengefügt und bilden so Verbindungen, die für unterschiedliche Zwecke geeignet sind. Ein rechtwinklig zugeschnittenes Teil und ein Stemmloch ergeben eine Zapfenverbindung zur Verbindung von Tischzargen und -beinen. Aus einer Quernut und einem rechtwinklig zugeschnittenen Teil entsteht ein stumpf eingelassener Fachboden. Ein Falz und eine Ausklinkung erzeugen eine Überblattung für die T-förmige Mittelverbindung von Holzteilen, und so weiter.

Gesägte Teile

Bei einem Gehrungsschnitt steht entweder das Sägeblatt nicht im rechten Winkel zur Holzoberfläche oder der Schnitt verläuft nicht rechtwinklig zur Holzkante.

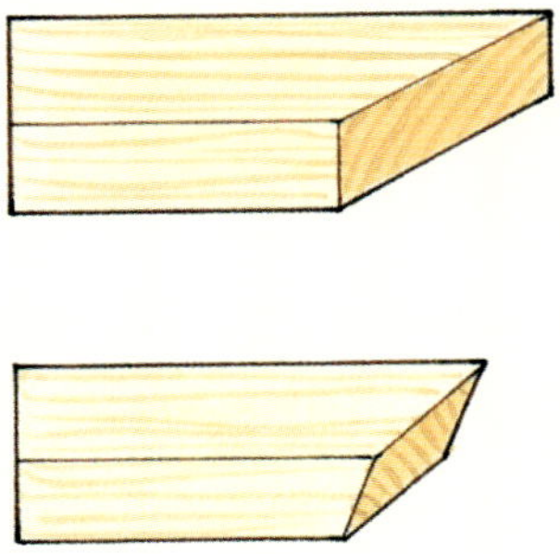

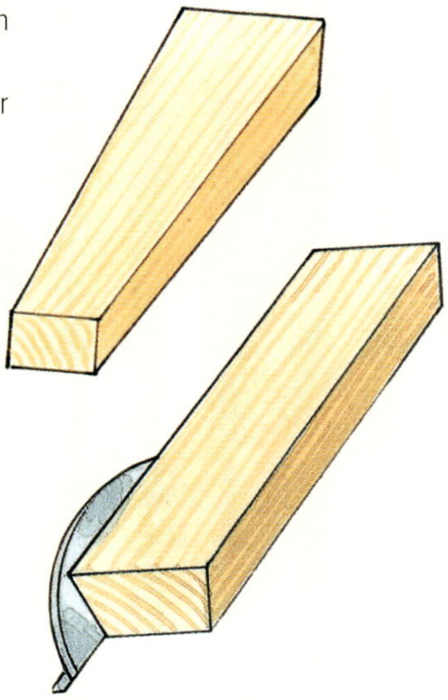

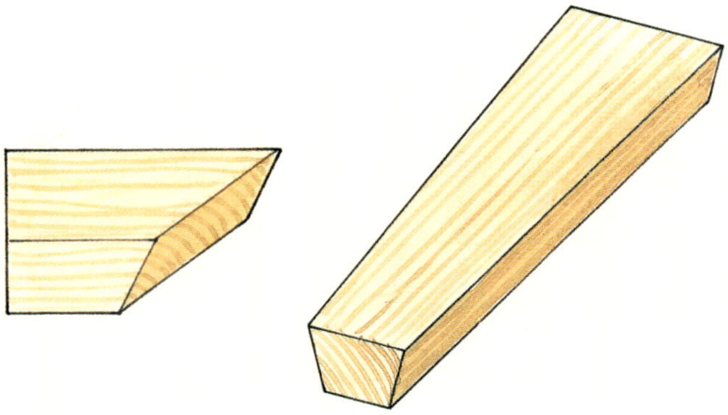

Bei einem kombinierten Gehrungsschnitt befinden sich weder das Sägeblatt, noch der Schnitt im rechten Winkel, sondern in einem beliebigen anderen Winkel oder einer Kombination aus Blattwinkel und Schnittwinkel.

Gefräste Teile

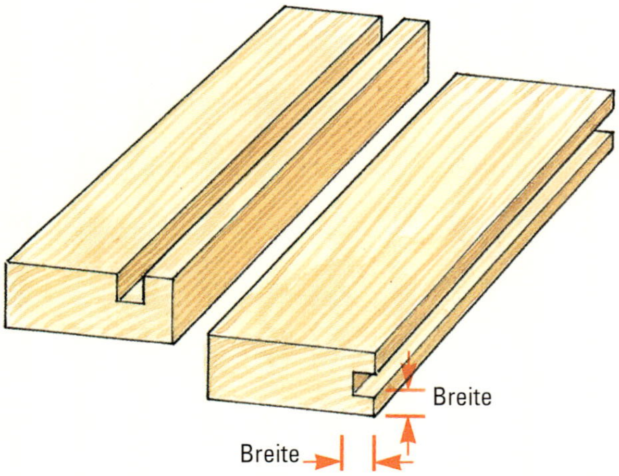

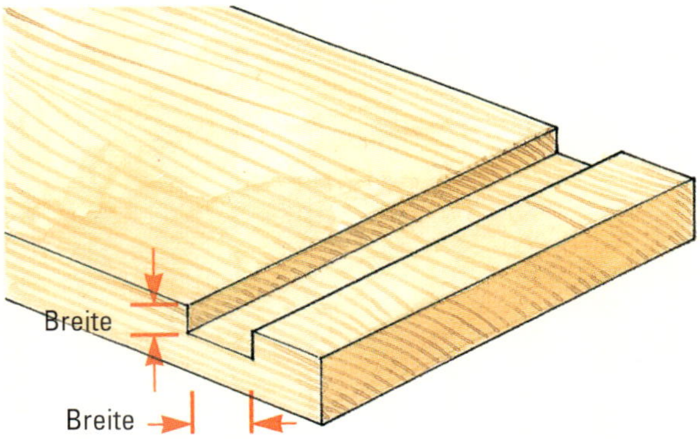

Eine U-förmige Nut mit flachem Nutgrund, die quer zur Faser verläuft, bezeichnet man als Quernut.

Nutgrund, die längs zur Faser auf der Brettseite oder -kante verläuft, bezeichnet man als Längsnut.

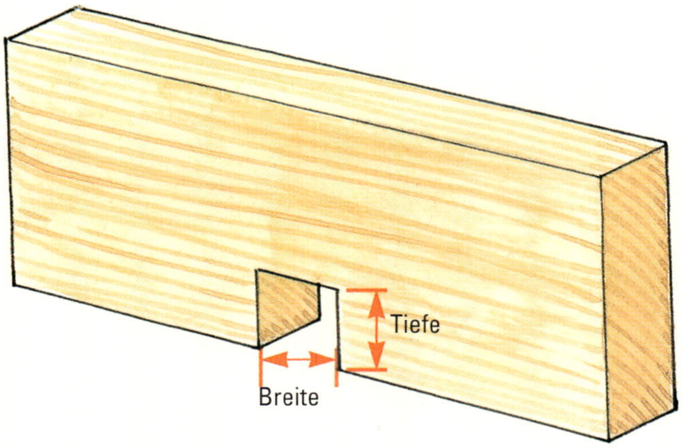

Eine Quernut in der Kante eines Brettes bezeichnet man als Ausklinkung, und diese ist gewöhnlich tiefer als eine Quernut in der Brettseite.

Einige Kniffe für die Herstellung stramm sitzender Holzverbindungen

1 Stramme Verbindungen erfordern ein hohes Maß an Sorgfalt und Genauigkeit beim Anreißen. Dabei ist die Wahl des Anreißwerkzeugs von entscheidender Bedeutung. Für die anspruchsvolle Möbeltischlerei eignet sich ein Anreißmesser aufgrund seiner exakten Linie am besten.

2 Der Abfall (die wegzuschneidenden Bereiche) werden mit einem mittelharten bis weichen Bleistift angezeichnet. Die Schraffur ist die beste Art der Kennzeichnung, da sie gut sichtbar ist.

3 Viele Hobbytischler verwenden zum Anreißen einen Bleistift. Ein harter Bleistift erzeugt zwar eine exakte Linie, ist jedoch schwer zu erkennen. Der Strich eines weichen Bleistifts ist zwar kräftiger, doch wird der Stift zunehmend stumpf, wodurch die Genauigkeit beeinträchtigt wird. Ein wirkungsvolles modernes Mittel zum Anreißen ist der Kugelschreiber – er hinterlässt eine kräftige und gleichmäßige Linie.

4 Ein Stahlmaßstab sorgt für höchste Genauigkeit. Bei Feinarbeiten ist es erforderlich, halbe Millimeter abzumessen. Dabei ist das Anreißmesser dem Bleistift vorzuziehen, da letzterer nicht exakt genug ist.

5 Eine stramme Verbindung wird vom Federungsvermögen oder „Nachgeben" des Holzes beeinflusst. Daher ist beim Abmessen der Verbindung eine geringfügige Zugabe einzurechnen. Wie groß diese sein muss, hängt von der Größe der Verbindung, der Holzart und dem Härtegrad des Holzes ab. Als Faustregel für Hölzer mittlerer Härte sollten ca. 0,5 mm zugegeben werden.

6 Wichtig ist, an welcher Stelle der Linie gesägt wird. Hier kommt der halbe Millimeter Zugabe ins Spiel, den man jedoch nicht tatsächlich abmisst, sondern man sägt lediglich genau auf der Linie bzw. knapp daneben, so dass die Linie nach dem Sägen noch zu sehen ist. Darin besteht der eigentliche Trick beim Zuschneiden einer stramm sitzenden Verbindung. Die Linie dient dabei als Bezugspunkt für die Säge.

7 Diese Regel gilt für Linien und Schnitte, die parallel zur Faser verlaufen. Dabei spielt das Federungsvermögen des Holzes eine Rolle. Bei Linien, die quer zur Faser verlaufen – zum Beispiel Brüstungslinien für Verbindungen – wird der Schnitt gewöhnlich rechts der Linie gesetzt, da das Holz quer zur Faser nicht so stark nachgibt (rechts). Aus diesem Grund werden Brüstungslinien generell mit dem Anreißmesser angezeichnet.

Das Material Holz und die Gestaltung von Verbindungen

Bei der Gestaltung von Holzverbindungen besteht der wichtigste Grundsatz darin, dass Vollholz hinsichtlich seiner exakten Abmessungen nicht konstant ist. Die Zellstruktur des Holzes lässt sich vereinfacht mit einem Bündel Stroh vergleichen, das in Reaktion auf Veränderungen der relativen Luftfeuchte Wasserdampf aufnimmt und abgibt, um ein Feuchtigkeitsgleichgewicht mit der Umgebung herzustellen. Diese ständigen Schwankungen im Feuchtigkeitsgehalt des Holzes führen dazu, dass das Material quer zur Faser und in geringem Maße auch in der Länge quillt und schwindet. Wird dieses Phänomen bei der Planung nicht berücksichtigt, kann das Arbeiten des Holzes zum Verbindungsbruch bis hin zur Zerstörung das Materials führen.

Holz besitzt bestimmte Festigkeiten und Schwachstellen, die einen Einfluss auf die Gestaltung von Verbindungen haben. Quer zur Faser lässt sich Holz nur mit Mühe brechen, während die Wahrscheinlichkeit einer Bruchstelle parallel zur Faser wesentlich größer ist. Lässt man beim Fräsen am Rand zu wenig Holz stehen, so ist die Haltbarkeit der Verbindung nicht gewährleistet.

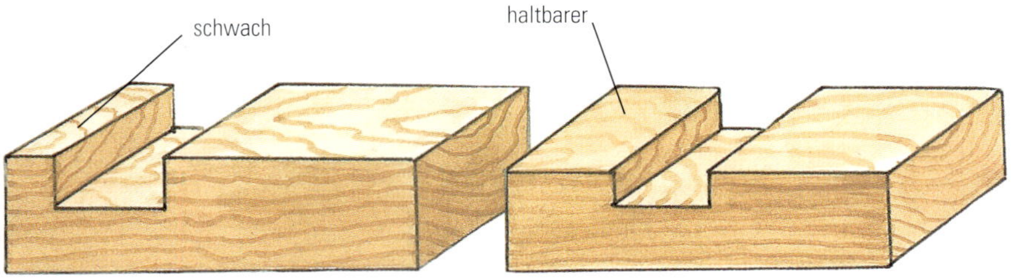

Die Nut sollte nicht tiefer sein als die Breite am verbleibenden Ende.

Die Auswahl einer Verbindung

Eine Lehrmeinung besagt, ein Handwerker sollte anhand der Ausführung planen. Eine andere behauptet hingegen, die Planung bilde die Grundlage für die Ausführung. In Wirklichkeit besteht zwischen beiden eine Wechselwirkung. Die Planung schreibt vor, welche Verbindungen möglich sind oder sie wird dahingehend verändert, dass Verbindungen zur Überwindung der Schwächen eines Bauteils eingesetzt werden können.

Bevor nun Hölzer mit ihrem jeweiligen Faserverlauf verbunden und in einem Bauteil eingesetzt werden, ist es erforderlich, die Kräfte zu analysieren, denen die Verbindung ausgesetzt ist. Dazu braucht man keinen Ingenieurabschluss, sondern lediglich ein wenig Kenntnis über die mechanischen Beanspruchung von Verbindungen sowie die entsprechende Problemlösung.

Wie im Fall des Quellens und Schwindens sind potenzielle Probleme im Zusammenhang mit der Beanspruchung eines Werkstücks vorhersehbar und – mit Hilfe einer geeigneten Verbindung – leicht zu lösen.

Die Auswahl einer Verbindung wird gleichermaßen von Nutzen, Wirtschaftlichkeit und Ästhetik eines Bauteils beeinflusst. Bestimmte Bauarten dienen scheinbar vor allem der Demonstration handwerklichen Könnens, während bei anderen der Gesamteindruck entscheidend und die Fügetechnik nicht sichtbar ist. Kunstvoll ausgeführte Verbindungen sind zeitraubend in der Herstellung und nicht immer für die Konstruktion erforderlich oder im Hinblick auf die Funktionalität ökonomisch gerechtfertigt. Die Auswahl an sichtbaren und verdeckten Verbindungen ist groß und bietet für jeden Geschmack etwas.

Einsatz von Hirnleisten zur Aussteifung von Breitenverbindungen

Diese unverleimte Vollholz-Breitenverbindung wird mit Hilfe einer Hirnholzgratleiste ausgesteift. Ein in der Mitte befestigter Dübel hält die Fläche eben und lässt die Verbindung bei Änderungen der Feuchtigkeit in der Breite arbeiten.

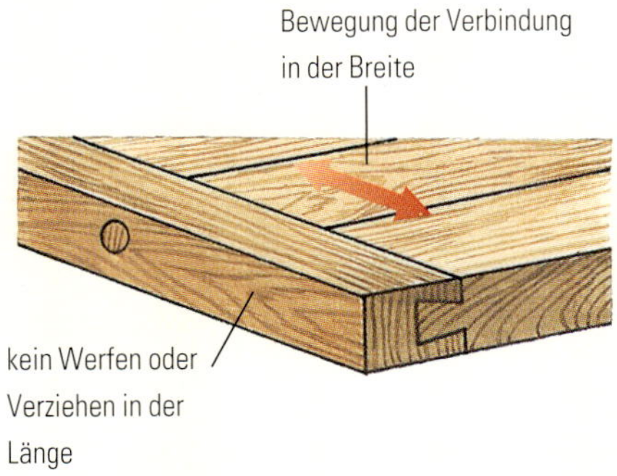

Quer zur Faser angebrachte Leisten oder Schubkastenführungen werden an einer Stelle fixiert. Für die anderen Schrauben verwendet man Langlöcher, so genannte Schwundschlitze.

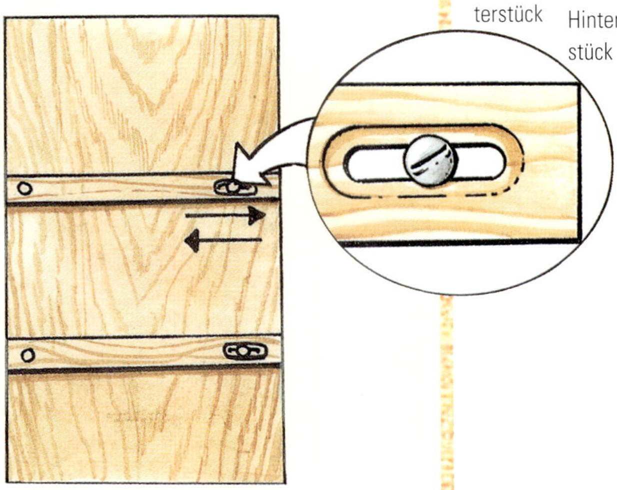

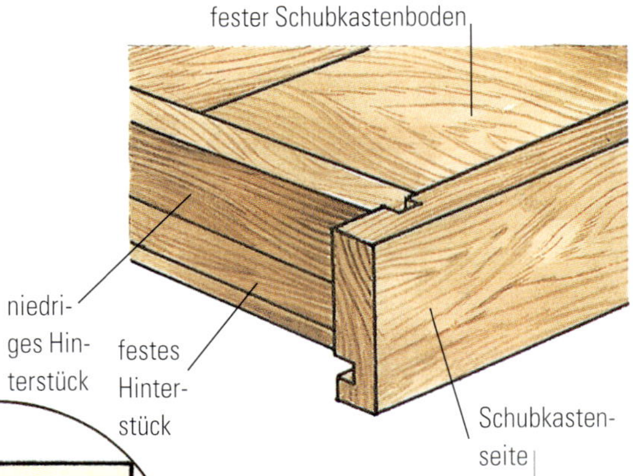

Klassische Schubkastenbauweise

Bei der klassischen Konstruktion weist das Hinterstück keine Nut für den Boden auf. Dadurch kann sich das Querholz unter dem niedrigen Hinterstück ausdehnen. Außerdem kann darüber Luft entweichen, damit es beim Schließen nicht am Schubkastengehäuse entlang schabt.

Auf Verbindungen wirkende Kräfte

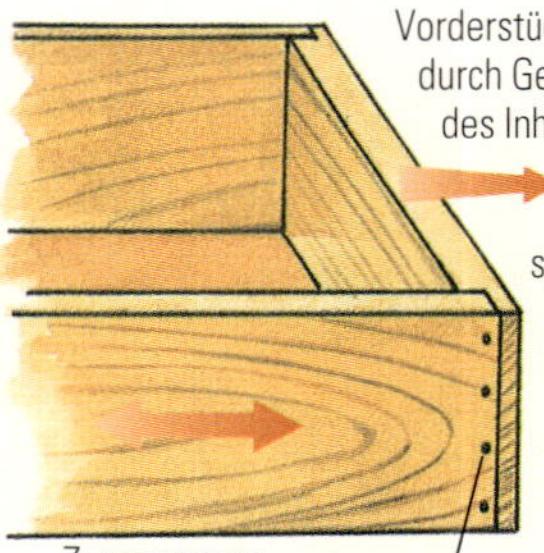

Zugspannung

Zugkräfte lassen sich am besten durch einen mechanischen Widerstand gegen die Kraft überwinden, die auf die Verbindung wirkt. Dies kann entweder die Verbindung selbst sein oder eine Verstärkung in Form von Keilen oder Nägeln bzw. Dübeln.

Druckspannung

Druckkräfte lassen sich dadurch eliminieren, dass die Teile so bemessen werden, dass sie unter einer Last nicht einknicken. Dazu verwendet man Holzarten, deren Dichte groß genug ist, dass sie an der Fuge nicht zusammengedrückt werden.

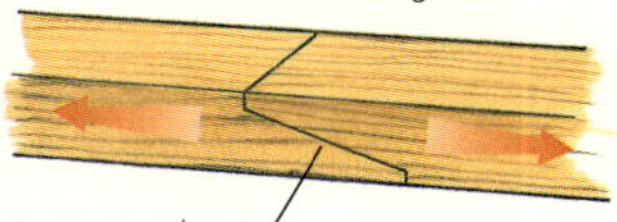

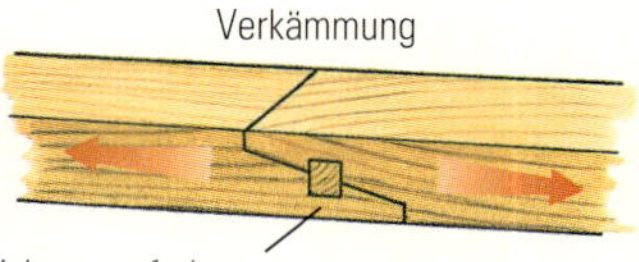

Scherspannung

Scherkräfte können eine Rolle spielen, wenn das Material für die Art der Belastung ungeeignet ist. Meistens bezieht sich die Scherspannung jedoch auf Schub-/Zugbeanspruchungen an Verleimungen. Solche Kräfte lassen sich mechanisch durch Dübel oder Verstärkungsschrauben verringern.

Breitenverbindungen und Anschäftungen

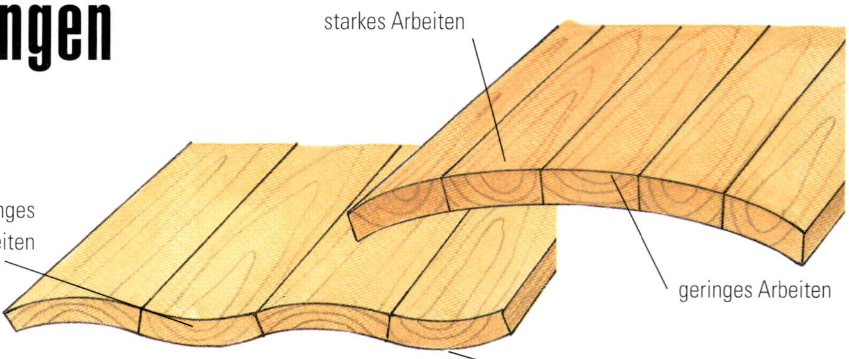

Breitenverbindungen

Leider sind Breitenverbindungen nicht ganz problemlos im Hinblick auf das Arbeiten des Holzes. Doch diese Probleme beziehen sich mehr auf die Teile an sich als auf die Verbindung. Bei der Verleimung von Breitenverbindungen sind einige Faktoren zu berücksichtigen. Es ist eine Frage des persönlichen Geschmacks und wird unter Tischlern viel diskutiert, ob bei verleimten Vollholzflächen alle Bretter mit der Kernholzseite nach oben anzuordnen sind oder ob die Flächen mit wechselnden Seiten geleimt werden sollten. Der größere Feuchtigkeitsverlust an den Hirnholzkanten der Bretter kann zu Schwund, Rissen oder Verbindungsbruch führen. Dies lässt sich durch eine hohle Fuge verhindern. Bei der Rahmen-Füllungskonstruktion sind die Stirnkanten der verleimten Platte automatisch verdeckt, doch bei Tisch- oder anderen Platten ist das Anbringen einer Kantenleiste aus optischen Gründen oder zu Aussteifungszwecken gut zu überlegen, da es sich hier um eine Hirnholzkonstruktion handelt.

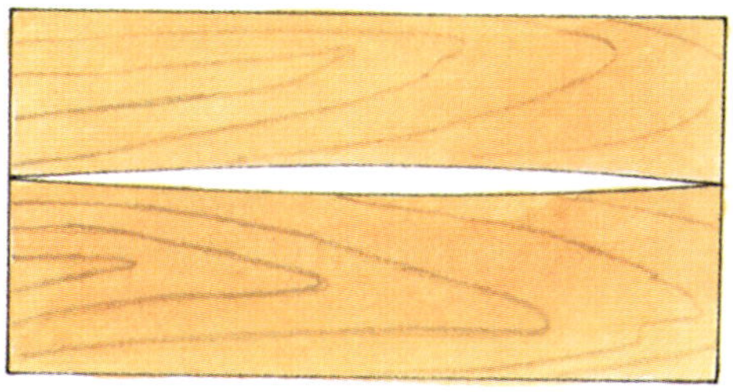

Oben: Spannt man eine hohl gefügte Verbindung mittels Zwingen, so ist ein Feuchtigkeitsverlust zu erwarten, der an den Enden zum Schwinden führt. Dies verringert die Beanspruchung von Holz und Verleimung, statt sie zu erzeugen.

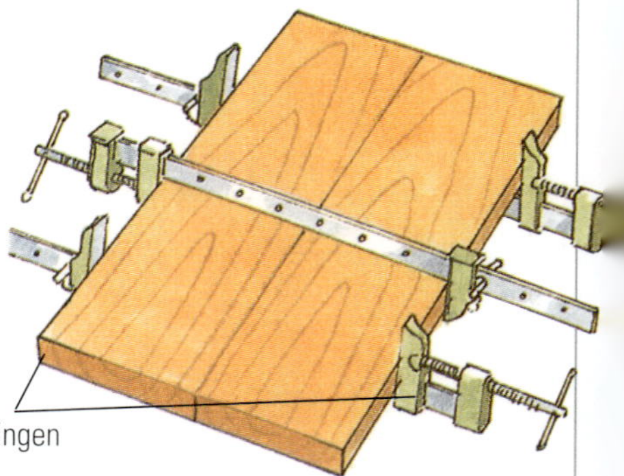

Oben: Oben und unten angebrachte Zwingen gleichen den Druck an den Kanten aus.

Eine Handschraubzwinge (Schwanenhals) verhindert das Werfen und Verziehen der Teile.

Das Arbeiten des Holzes und das Verleimen von Breitenverbindungen

Breitenverbindungen mit nach oben angeordneten Kernholzseiten arbeiten als Einheit. Verleimte Platten mit abwechselnd angeordneten Brettseiten verformen sich in entgegengesetzter Richtung. Dabei entsteht ein Waschbretteffekt, der schwerer niederzuhalten ist.

Der Einsatz von Zwingen schafft hier Abhilfe. Unter Zwingen drückt die hohle Fuge von 1 mm die Enden fest zusammen. Dabei entsteht ein Feuchtigkeitsverlust und durch das Schwinden der Enden wird die Beanspruchung auf Holz und Verleimung verringert, statt sie zu erzeugen.

Das Spannen von Breitenverbindungen

Zum Spannen von Eckverbindungen benötigt man keine teuren Zwingen; für das Spannen von Breitenverbindungen sind jedoch Maßnahmen nötig, um die Fläche eben zu halten – wie zum Beispiel abwechselnd oben und unten angebrachte Zwingen oder der Einsatz von Handschraubzwingen (Schwanenhals) bzw. darüber gespannte Zulageleisten an den Enden.

Die stumpfe Leimfuge

Die stumpfe Leimfuge ist haltbar genug für die meisten verleimten Breitenverbindungen. Sie ist eine der wenigen Breitenverbindungen, die etwas hohl gefügt bzw. vorgespannt werden können, damit der spätere Hirnholzschwund die Fuge nicht zerstört. Alles was man für diese Verbindung braucht ist ebenes, gerades Holz. Der Schlüssel zum Erfolg liegt im Wissen um die exakte Oberflächenbearbeitung und das Zuschneiden des Holzes.

Gefederte Fugen

Lose Querholzfedern sind eine schnelle und einfache Methode, um Breitenverbindungen zu verstärken. Benutzt man die markierte Seite als Bezugsgröße, lässt sich eine exakte Verbindung mit perfekter Fluchtung mit einem Minimum an Berechnung und Planung herstellen. Die Federung trägt außerdem dazu bei, die Bretter zusammenzuhalten, bis der Leim getrocknet ist. Bei sehr starkem Holz werden Doppelfedern eingesetzt, wobei beide Seiten als Bezugsgröße dienen.

Für die Federn eignen sich künstliche Materialien besonders gut. Handelsüb-

Die stumpfe Leimfuge

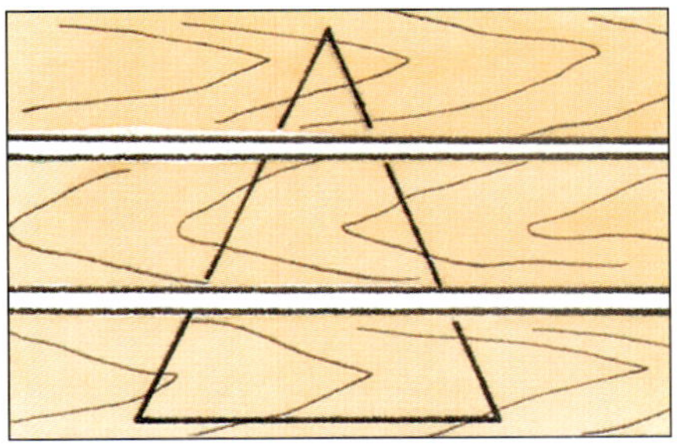

1 Das Material wird mit 6 mm Zugabe auf die endgültige Breite zugeschnitten, anschließend abgelängt oder erst nach dem Verleimen auf Länge geschnitten. Nach Maserbild anordnen und zusammenzeichnen.

2 Durch das grobe Längssägen lässt sich das Material besser handhaben. Schneiden Sie die Kanten auf das endgültige Maß, dabei werden Anschlussbretter abwechselnd gedreht, um eine Schrägstellung des Sägeblattes durch schräg gesägte Bretter zu vermeiden.

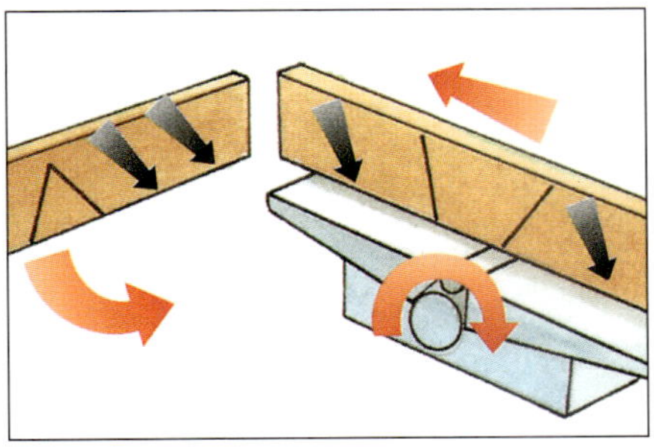

3 Bei der endgültige Dimensionierung auf der Abrichte werden die Bretter immer in Faserrichtung bearbeitet, um ein Aufreißen des Holzes zu vermeiden. Dabei werden die Brettseiten zur Vermeidung von nicht-rechtwinkligen Kanten nicht gedreht, sondern man verwendet einen exakten Anschlag, um einen optimalen Faserverlauf zu gewährleisten.

4 Anschlusskanten werden zusammen eingespannt und leicht mit dem Putzhobel bearbeitet, um die Maschinenspuren zu beseitigen und um eine hohle Fuge von ca. 1 mm auszuarbeiten. Auf einer ebenen Fläche die Zwingen bereitlegen und die Bretter passend sortieren. Zur Leimangabe die Bretter im Stapel auf Kante stellen und anschließend mit Schraubzwingen einspannen, wobei die Kanten durch Zulageleisten zu schützen sind.

Vor dem Einsetzen sind Federn auf ihre Passung zu prüfen. Sitzt eine Feder zu locker, hält die Verbindung nicht. Sitzt sie dagegen zu stramm, übt sie Druck auf die Nut aus, wenn sie durch die Leimfeuchte gequollen ist. Um die Verbindung zusammenzufügen, wird zunächst an Nuten und Feder Leim angegeben. Anschließend setzt man die Teile zusammen und spannt die Platte mit Hilfe von Zwingen.

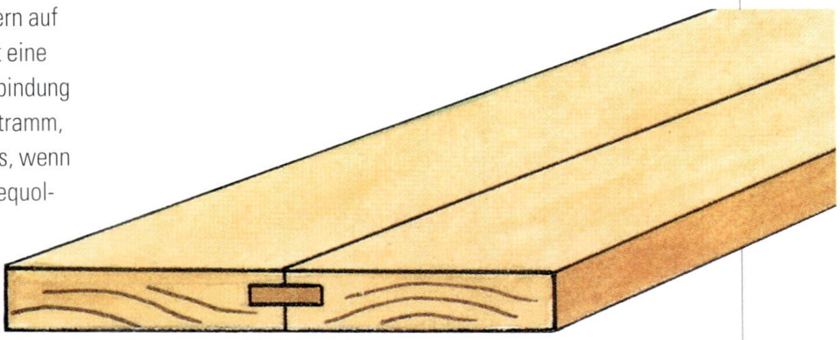

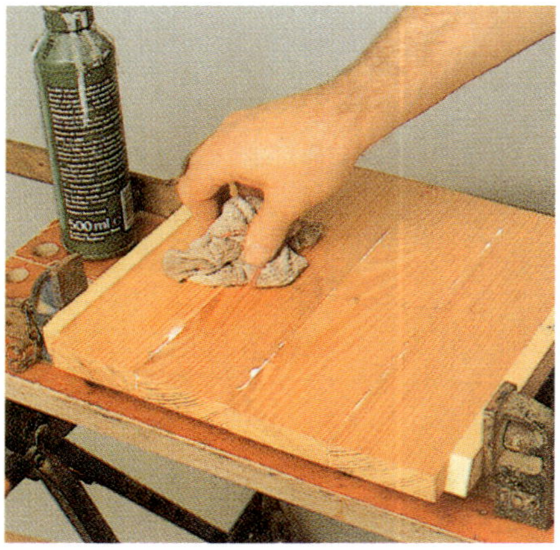

Oben: Überschüssiger Leim ist vor dem Trocknen mit einem feuchten Lappen zu entfernen.

liche Hartfaserplatten stimmen am genauesten mit den Standardbreiten der Fräswerkzeuge überein. Bei weniger präzisem Sperrholz sind unter Umständen zwei Arbeitsgänge zum Ausarbeiten der Nut erforderlich. Dazu ist ein kleinerer Fräser zu wählen, damit die Feder stramm sitzt. Die Stärke einer Vollholzfeder ist so zu wählen, dass sie der Größe des Fräsers entspricht oder man erweitert die Nut entsprechend dem zur Verfügung stehenden Federmaterial, sofern dies die Proportionen der Verbindung erlauben.

Nut und Feder

Eine angefräste Feder funktioniert ähnlich wie eine Fuge mit eingesetzter loser Feder. Sie dient zur Verstärkung und Ausfluchtung der Verbindung, erfordert bei der maschinellen Herstellung jedoch etwas mehr Berechnung. Die Bretter müssen etwas breiter geschnitten werden, damit die Feder angearbeitet werden kann. Auch ohne speziellen Nutenfräser lassen sich mit der Tischsäge und einem Sägeblatt mit Räumzahn (der dazu dient, den Nutgrund zu ebnen) akzeptable Verbindungen herstellen. Gebogenes Holz führt dazu, dass die Verbindung nicht fluchtend oder die Feder ungleichmäßig gerät, sofern man keine Hilfsmittel wie z. B. Druckfedern (vom Hirnholz her mehrfach eingesägte Holzteile, die dazu dienen, das zu bearbeitende Holz gegen die Führung zu drücken – siehe Schritt 2 unten) verwendet. Benutzen Sie einen hohen Anschlag aus Holz zur Stabilisierung bzw. um zu vermeiden, dass der Fräser die Metallführung berührt.

Es lohnt sich durchaus, den Mehraufwand für Nut und Feder zur Herstellung einer Breitenverbindung auf sich zu nehmen. Für eine Nut- und Federverbindung sollte man sich außerdem entscheiden, wenn die Hirnholzkante sichtbar sein soll, bei klebstofffreien Verbindungen (z. B. Dielungen), bei Schrankrückwänden oder bei Vertäfelungen, wo die angefräste Feder einer gespundeten Verbindung durch das Schwinden des Holzes sichtbar würde. Auch bei Korpusecken können Nut und Feder angefräst werden – die Feder ist dabei oft versetzt.

Handgehobelte aufgeriebene Verleimung

Breitenverbindungen können von Hand gehobelt und anschließend ohne Zwingen verleimt werden, indem man die beleimten Kanten aufeinander reibt. Allerdings können solche Verbindungen nicht hohl gefügt werden, da ohne Zwingendruck kein Kontakt zwischen den Kanten entstehen würde. Diese Art der Verbindung eignet sich nur für Längen unter 90 cm, daher ist eine Stoßlade dafür einsetzbar. Man benötigt Klebstoffe, die gut haften.

Profilierte Nut-und-Feder-Verbindungen

Im Innenausbau ist es üblich, Nut-und-Feder-Verbindungen mit einem Profil zu versehen. Bei Möbeln in Rahmenbauweise sorgt ein solches Detail für optischen Reiz und ermöglicht eine klebstofffreie Verbindung, um das Arbeiten des Holzes in der Breite auszugleichen.

Nut und Feder

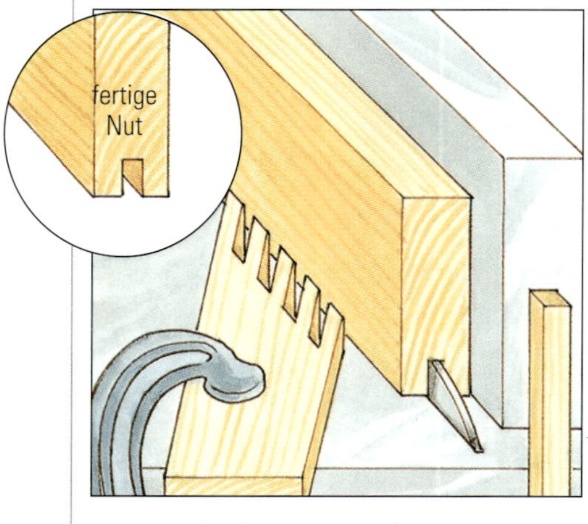

1 Der Räumzahn des Sägeblattes wird auf die Hälfte der Materialdicke eingestellt und die Führung wird im Abstand von einem Drittel der Materialdicke zum Sägeblatt justiert. Setzen Sie einen Nutschnitt und drehen Sie anschließend das Brett, um die Nut zu verbreitern.

2 Stellen Sie das Sägeblatt etwas niedriger ein, damit die Feder nicht zu lang wird und ziehen Sie die Führung ein wenig heran, da die Feder etwas schmaler sein muss als die Nut. Für den zweiten Arbeitsgang das Brett drehen.

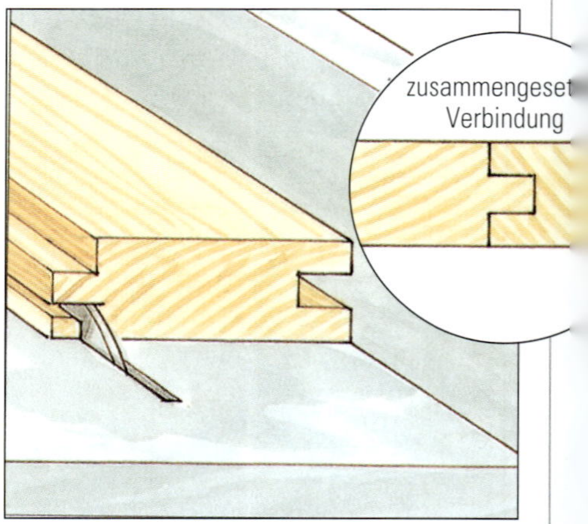

3 Zunächst wird die Passung der Feder getestet. Danach senkt man das Sägeblatt etwas ab, um die Feder fertig zu stellen. Zum Schluss wird die Verbindung wie dargestellt zusammengesetzt.

Handgehobelte aufgeriebene Verbindungen

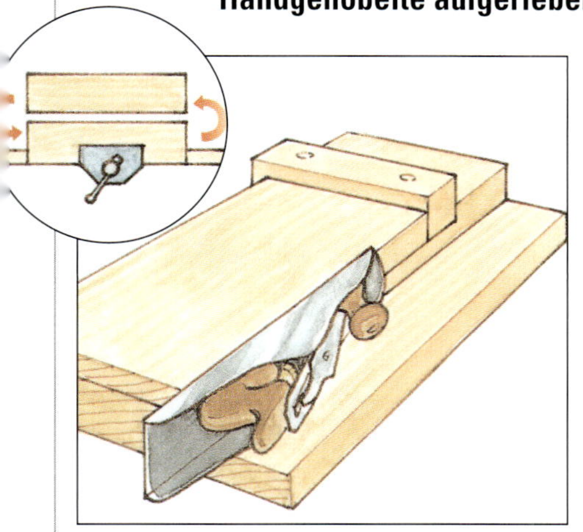

1 Die Kanten beider Bretter hobeln und prüfen, ob sie gerade sind. Dazu die Bretter im Schraubstock gegeneinander drehen, um Unebenheiten festzustellen, die zu einer instabilen Verbindung führen würden.

2 Die Rechtwinkligkeit der Kanten überprüfen und sämtliche Abweichungen korrigieren, indem der Hobel mit dem Fingerknöchel gegen das Brett gedrückt wird, um die erhabene Stelle zu ebnen, bevor die gesamte Kante gehobelt werden kann.

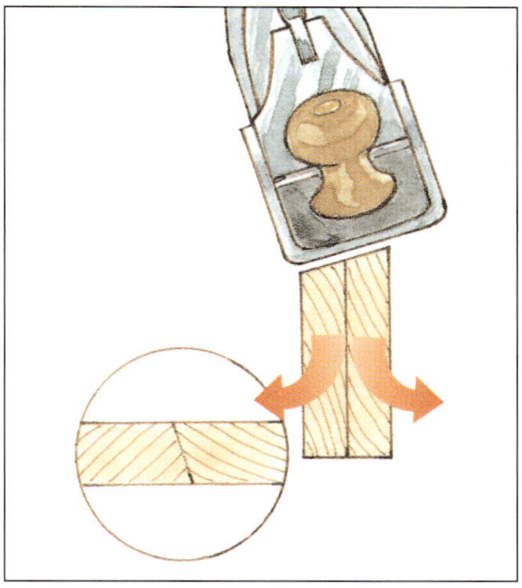

3 Eine andere Möglichkeit ist das gleichzeitige Hobeln beider Kanten im Schraubstock. Wenn man die Kanten nicht rechtwinklig hobelt, gleichen sich die Winkel der beiden Kanten aus und passen anschließend in der Breite fluchtend zusammen.

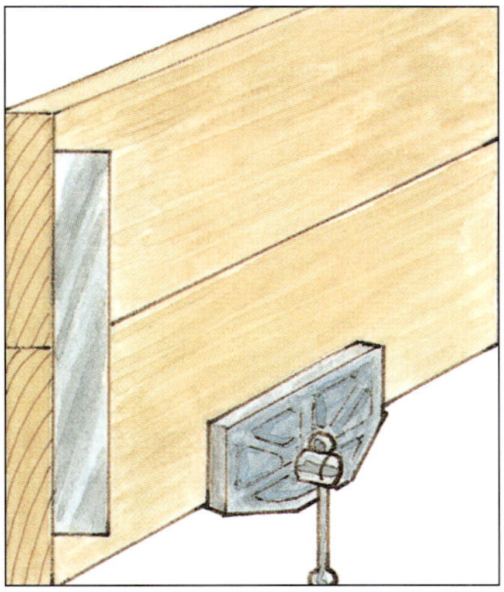

4 Dünne Bretter sollte man zum Reiben flach auflegen, stärkere hingegen in den Schraubstock einspannen – das obere Brett wird zum Verleimen während des Hin- und Hergleitens auf das untere gedrückt, bis die Saugwirkung eintritt.

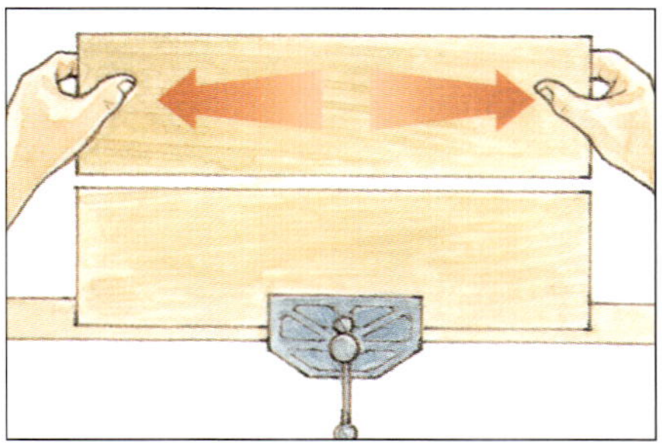

5 Dünne Bretter, die auf diese Weise verleimt wurden, sollten bis zur vollständigen Trocknung nicht berührt werden. Stärkere Bretter sind, sobald dies möglich ist, aus dem Schraubstock zu entfernen und zum vollständigen Trocknen gegen ein Stützelement zu lehnen.

Tipps

- Nach Überprüfung der Bretter auf Bündigkeit – falls nötig Korrekturen mit Hammer und Unterlegklötzchen vornehmen – wird überschüssiger Leim mit einem feuchten Lappen entfernt. Dieser Vorgang ist sehr wichtig und spart im Anschluss unnötigen Aufwand.
- Die Verbindung so lange eingespannt lassen, bis der Leim komplett ausgehärtet ist. Das kann unter Umständen über Nacht dauern, vor allem bei feucht-kaltem Wetter, wenn der Kleber längere Zeit zum Abbinden benötigt.

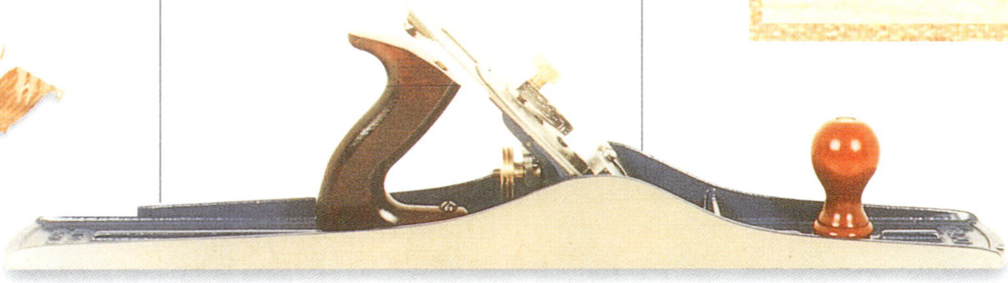

Die Schäftung

Der flache Winkel einer einfachen Schäftung (die man auch als Schäftverleimung bezeichnet) gibt Längsfasern als Fügeflächen für haltbare Verleimungen frei. Einfache Verleimungen mit einem Neigungsverhältnis von 1:8 verbinden die Einzelteile zu einer Einheit, deren Haltbarkeit – so besagt es die Theorie – so stark ist wie die eines Einzelbretts. Wie bei Breitenverbindungen gibt es keine perfekte Lösung, wie die Wachstumsringe der Vollholzteile ausgerichtet sein sollten – ob entgegengesetzt oder in gleicher Richtung verlaufend. Es gibt Schäftungen, die mehr sind als einfache Verleimungen. Dabei werden zwar auch Längsfasern verleimt, doch in Anlehnung an ihre Fachwerkvorfahren spielen dabei auch Verstärkungen eine Rolle, um die Verbindung zusammenzuhalten. Werden Schäftungen zu statischen Zwecken eingesetzt, sollte ein weiteres Element direkt oder in der Nähe für Stabilität sorgen oder, wenn erforderlich, eine optisch weniger ansprechende Verbindung verdecken. Als optisches Gestaltungselement eingesetzt, stellen sorgfältig von Hand gearbeitete Schäftungen die anspruchsvollsten und beeindruckendsten Beispiele für Holzverbindungen dar.

Oben: Eine einfache und trotzdem wirkungsvolle Schäftung. Schäftungen wurden häufig für Fachwerkbauten verwendet, wenn es darum ging, lange Holzteile zusammenzufügen. Die Fuge ist nicht so deutlich sichtbar wie bei anderen Verbindungen, da die Schnittlinie diagonal statt im rechten Winkel zur Faser verläuft.

Die Dickenschäftung

Die Dickenschäftung ist zwar optisch nicht besonders ansprechend, stellt jedoch eine sehr nützliche Art der Verbindung dar. Um eine besonders haltbare Verleimung zu erzielen, sollte Epoxidharzkleber eingesetzt werden. Generell sollte man bei Verleimungen zunächst eine Leimschicht als Grundierung auftragen, die von den Fasern absorbiert wird und die Hohlräume ausfüllt, damit die nächste Schicht auf der Klebfläche verbleibt.

Diese Schäftverleimung kann mit einer Neigung versehen werden. Dies ist z. B. am Wirbelkopf einer Gitarre der Fall, der sich an den Gitarrenhals anschließt. Hier werden beide Teile mit der Gehrung nach oben zusammengesetzt. Dabei wird eine Gehrung auf die Rückseite der anderen geleimt, wobei ein Winkel entsteht. Die Teile des gewünschten Winkels sollten zuvor als Seitenriss in natürlicher Größe gezeichnet werden, um die entsprechenden Gehrungswinkel zu ermitteln.

Die Breitenschäftung

Die Breitenschäftung schräg zum Faserverlauf stellt ebenfalls eine zweckmäßige Art der Längenverbindung dar. Sie wird verwendet, um ein zu kurzes Brett zu verlängern, indem man es zunächst diagonal teilt, die Schäftkanten am Schnittwinkel etwas gegeneinander reibt, verleimt und nach dem Trocknen auf Breite schneidet. Mit Hilfe einer Doppelfeder lässt sich der steile Winkel, der für eine nur verleimte Verbindung nötig ist, durch mechanische Verstärkung und eine weitere Klebfläche verringern. Für die Verleimung empfiehlt es sich, zunächst eine Leimschicht als Grundierung aufzutragen, um zu verhindern, dass zu wenig Leim angegeben wird.

Tipps

- Verwenden Sie eine Schmiege, um auf den Teilen für eine Breitenschäftung einen 8:1-Winkel exakt anzuzeichnen.
- Schäftungen müssen an den Anschlussflächen mit einer gleichmäßigen Leimschicht versehen werden, damit ein starker Verbund entsteht. Für den Leimauftrag verwendet man einen Leimroller.

Die Dickenschäftung

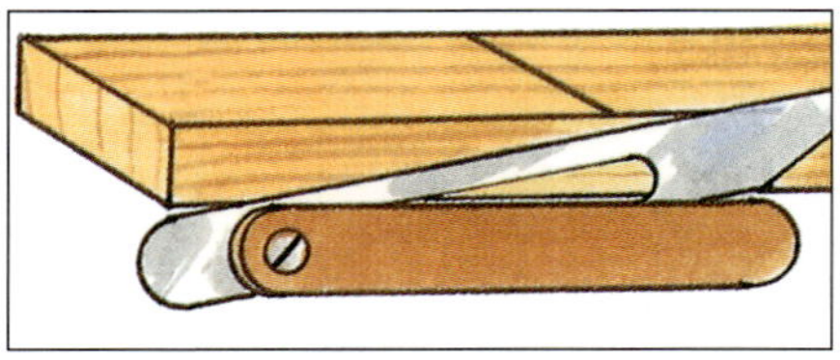

1 Vom Ende jedes Brettes aus wird das Achtfache der Dicke abgemessen und rechtwinklig auf der Brettseite angerissen. Mit der Schmiege stellt man einen 1:8-Winkel ein und reißt diesen deutlich auf beiden Kanten an.

2 Wenn die Größe des Materials es nicht zulässt, eine spitz zulaufende Gehrung mit der Säge zu schneiden und mit dem Hobel zu glätten, beginnt man in der oberen Ecke und hobelt die Gehrung komplett bis zur Risslinie.

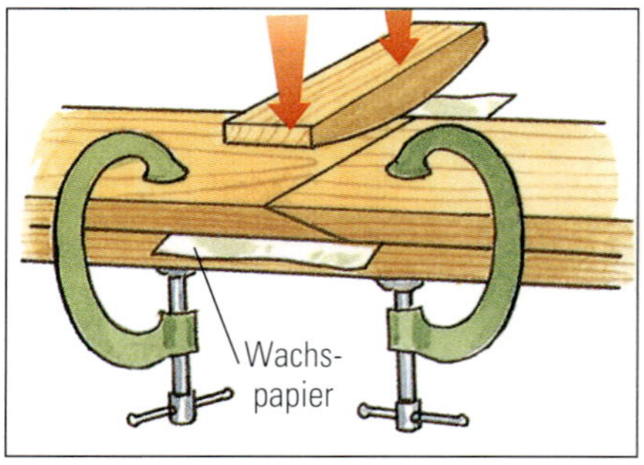

3 Legen Sie Wachspapier an die Stellen, wo Leim austreten könnte, sichern Sie die Teile gegen Verrutschen und spannen Sie die Verbindung mit Zwingen oder verwenden Sie eine gewölbte Leiste, um in der Mitte Druck auszuüben.

Überblattungen

Die Breitenschäftung

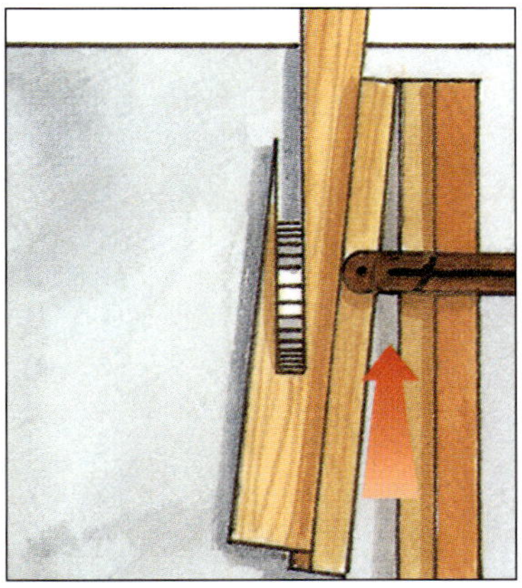

1 Um eine haltbare Verleimung zu erhalten, wird eine Gehrung in der achtfachen Dicke des Brettes angezeichnet. Für nichttragende Bauteile und gut verleimbares Holz stellt man den Anschlag auf einen beliebigen Winkel unter 20 Grad ein.

2 Leim angeben und ein Verbindungselement mit einer Zwinge an einer antihaftbeschichteten Spannvorrichtung befestigen, das Anschlussteil dagegen pressen und beides mit der Spannvorrichtung verbinden, bis die Fuge trocken ist.

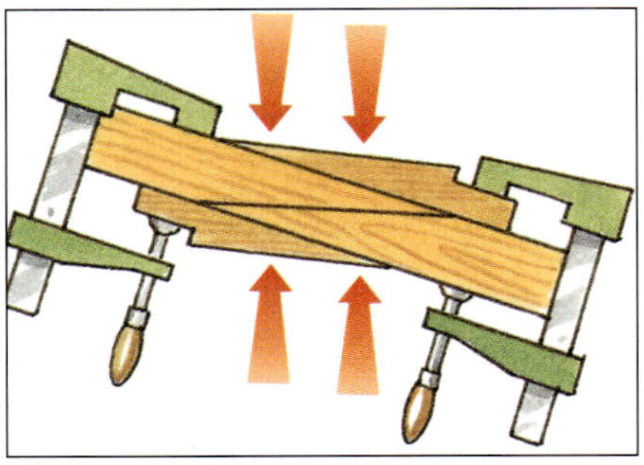

3 Es ist ebenfalls möglich, die eingekerbten Verschnittstücke (auf Gehrung vom Werkstück abgetrennt) als Zulagen einzusetzen, wodurch eine plane Fläche zum Ansetzen der Zwingen entsteht. Um ein Verrutschen zu verhindern, gibt man zwischen die Teile einen Dübel, eine Lamellofeder oder einen Senkkopfnagel.

Überblattungen bestehen im Wesentlichen aus Ausklinkungen oder Falzen. Eine Überblattung in der Brettseite ist eine Rahmenverbindung, die für Bilderrahmen oder für Rahmen-Füllungskonstruktionen verwendet wird. Überblattungen in der Brettkante werden in der Hälfte der Materialbreite ausgeklinkt. Man verwendet sie z. B. für kreuzweise überblattete Sprossenverbindungen. Die großen Längsfaser-Klebflächen von Rahmenüberblattungen sorgen zwar für haltbare Verleimungen, verhindern jedoch nicht das Arbeiten des Holzes. Bei der Kantenüberblattung ist der Längsfaser-Kontakt minimal und durch die tiefen Ausklinkungen ist das Holz geschwächt, wodurch eine solche Verbindung ohne Verstärkung nicht sehr stabil ist.

Aus diesem Grund sind Kantenüberblattungen nur für geringe Beanspruchungen geeignet oder müssen aus Sperrholz gefertigt werden, dessen kreuzweiser Faserverlauf für zusätzliche Stabilität sorgt. Rahmenüberblattungen treten in zwei Grundformen auf: Ecküberblattungen sind zur Hälfte der Holzdicke ausgeklinkte Falze am Ende eines Brettes und Mittelüberblattungen sind Ausklinkungen, die an einer beliebigen Stelle des Brettes angebracht werden (außer am äußersten Ende, wenn eine Brüstung fehlt, so dass ein Falz entsteht). Ecküberblattungen und Mittelüberblattungen (Falze und Ausklinkungen) bilden in verschiedenen Kombinationen alle grundlegenden Eck- und Mittelverbindungen in L-, T- und Kreuzform.

Überblattungen

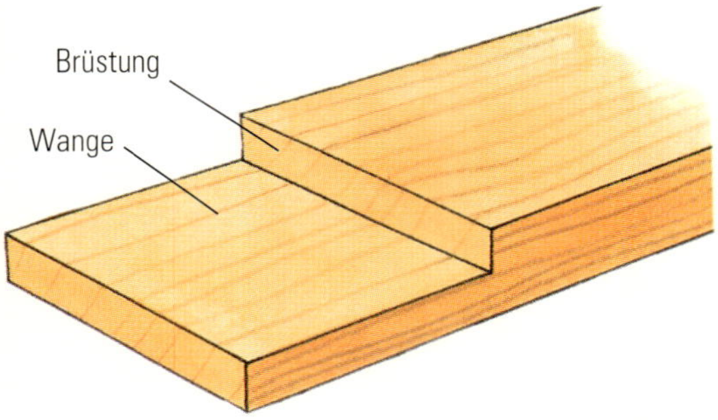

e Ecküberblattung besitzt eine Brüstung und be- nt aus einem tiefen Falz, zur Hälfte der Material- ke ausgeklinkt ist.

Eine Mittelüberblattung wird an einer beliebigen Stelle des Brettes aus der Brettseite ausgeklinkt.

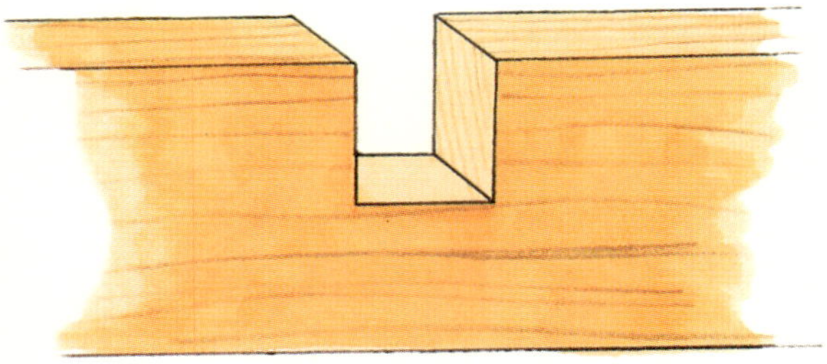

Eine tiefe Ausklinkung aus der Brettkante bildet eine Hälfte einer Kantenüberblattung.

Formen der Überblattung

Überblattungen, die aus der Brettseite ausgeklinkt werden und in L-, T- oder Kreuzform mi einander verbunden werden, bezeichnet man als Rahmenve bindungen. Sie lassen sich aus gezeichnet verleimen und durc die Brüstungen wird ein Verbie gen verhindert.

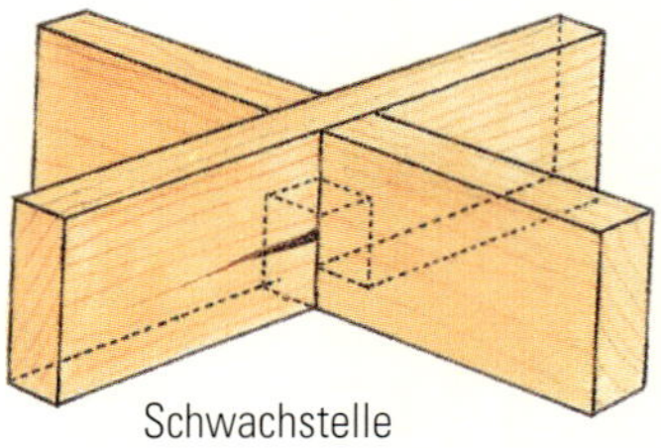

Eine in die Brettkante geschnittene Überblattung bezeichnet man als Kantenüberblattung. Dabei treten jedoch Materialschwächen auf und es fehlt an Klebkraft, wenn Hirnholz ohne Verstärkung stumpf auf das Gegenstück stößt.

Der Einsatz von Überblattungen
Rechtwinklige und schräge Überblattungen eignen sich gut als Verbindungen für dekorative Sprossenfenster, Türen, Gartenmöbel und Gartenlauben.

Arbeiten mit der Oberfräse

Ein selbstgebauter Winkelanschlag dient bei der Herstellung einer Endüberblattung als Führung für die Oberfräse, während das überstehende Holzende als Auflagefläche für die Grundplatte der Oberfräse dient und später abgeschnitten wird.

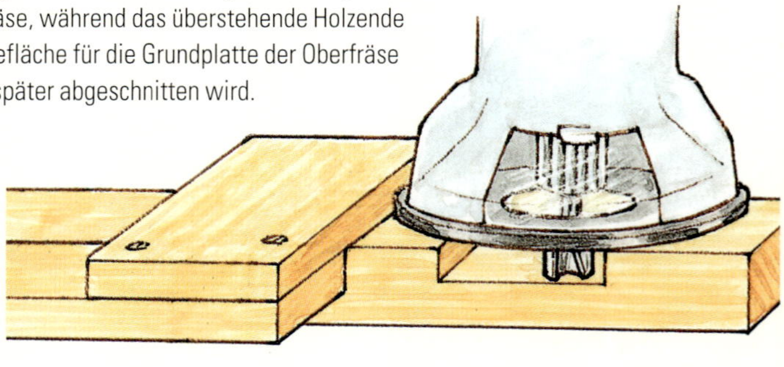

Um eine Nut in mehreren Arbeitsgängen zu fräsen, verwendet man einen Anschlag als Führung für den Nutenfräser. An der Brüstungslinie wird ein Klotz als Stopper angebracht, der zusätzlich als Auflage für die Oberfräse dient.

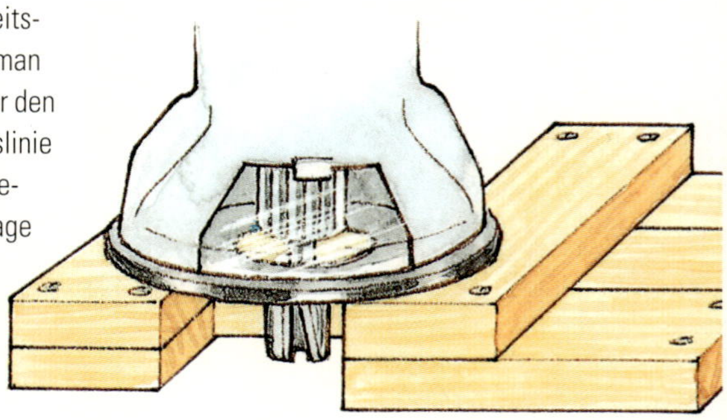

Die Herstellung einer Kreuzüberblattung von Hand

1 Nach dem Zuschneiden des Holzes wird die Breite der Auskerbungen auf dem jeweiligen Stück mit Bleistift oder Kugelschreiber angerissen.

2 Mit einem Anschlagwinkel, den man auf der Breitseite anlegt, werden die Risslinien über die Brettseite und auf den Kanten bis zur Hälfte verlängert.

3 Das Streichmaß wird exakt auf die Hälfte der Holzdicke eingestellt, um die Tiefenlinien anzureißen. Dabei wird der Anschlag des Streichmaßes gegen die Brettseite gedrückt. Der Abfall wird mit einer Schraffur gekennzeichnet.

4 Das Holz wird fest in den Schraubstock eingespannt und mit der Feinsäge schneidet man neben der Risslinie im Abfall bis auf die Tiefenlinie.

Tipps

Wenn Sie Verbindungen von Hand herstellen, ist es wichtig, dass Sie immer die passenden Werkzeuge griffbereit haben. Schärfen Sie das passende Stemmeisen und prüfen Sie die Schärfe Ihrer Säge. Im Handel werden auch kleinere Anschlagwinkel angeboten, die sich gut zum Anreißen kleiner, komplizierter Verbindungen eignen.

5 Nach dem zweiten Schnitt wird der zwischen den Schnitten liegende Abfall herausgestemmt, wobei die Breite der Ausklinkung sorgfältig mit dem Gegenstück abzugleichen ist. Von einer Seite beginnend arbeitet man bis zur Mitte; anschließend wird das Werkstück gedreht und die Arbeit von dieser Seite fortgesetzt, um ein Absplittern der Hirnholzfasern zu verhindern. Der Einsatz eines Holzhammers erleichtert das Stemmen.

6 Mit dem Stemmeisen wird vorsichtig eine Führungskante angeschrägt, die das Zusammenfügen der Verbindung erleichtert. Auf diese Weise ist weniger Druck erforderlich und beide Teile gleiten leichter ineinander.

7 Anschließend wird die Verbindung mit einer Zwinge gespannt. Sitzt sie zu stramm, arbeitet man die Seitenkanten mit dem Hobel nach. Das Hobeln ist hier dem Stemmen vorzuziehen, da quer zum Faserverlauf ein exaktes Stemmen kaum möglich ist und die Abweichungen recht gering sein dürften.

Mittelüberblattungen

Es gibt verschiedene Methoden, um den Abfall zwischen den Brüstungen einer Mittelüberblattung zu entfernen. Das leichteste Verfahren besteht darin, entweder von Hand oder maschinell dicht nebeneinander mehrere Kerbschnitte bis zur Hälfte der Materialdicke zu einzusägen. Dadurch wird das Material geschwächt und lässt sich leicht herausbrechen. Die Wangen werden mit dem Stemmeisen, mit dem Handhobel oder mit der Oberfräse nachgearbeitet.

Bei wahrscheinlich keiner anderen Verbindung muss so viel Holzabfall entfernt werden. Ein Nutenfräser erledigt dies zwar recht effektiv, doch einige dieser Geräte hinterlassen keinen vollständig ebenen Nutgrund bzw. die äußeren Zähne erzeugen bei jedem Fräsgang tiefere Rillen, die dann an der Leimfuge sichtbar sind.

Beim Einsatz solcher Fräser wird bis oberhalb der Mittellinie gefräst und die Ausklinkung anschließend von Hand oder maschinell nachgearbeitet.

Ecküberblattungen

Wenn man eine Ecküberblattung mit einer zweiten verbindet, entsteht eine Rahmenverbindung in L-Form. Setzt man sie mit einer Mittelüberblattung zusammen, erhält man eine Überblattung in T-Form.

Wangen und Brüstungen klinkt man durch Fräsen aus, wobei der Abfall zuvor mit der Säge eingekerbt oder vollständig weggefräst werden kann. Ein Frästisch erleichtert zwar das Arbeiten, doch in den meisten Fällen ist das Fräsen von Hand ebenso möglich. Wenn mehrere Teile auf die gleiche Weise zu bearbeiten sind, empfiehlt sich die Anfertigung einer Hilfsvorrichtung, um sich das permanente Ein- und Ausspannen der Führungen zu ersparen.

T-förmige Mittelüberblattung auf Gehrung

Wenn man beim Anreißen nicht genau aufpasst, kann es leicht passieren, dass der Gehrungswinkel einer Mittelüberblattung in die falsche Richtung geneigt ist. Die Radialarmkreissäge ist nur eine Methode, um diese Verbindung herzustellen. Unter Verwendung eines Winkelanschlags einfach von Hand fräsen.

Eingelassene Verbindungen

Eingelassene Verbindungen, die auch häufig als eingenutete Verbindungen bezeichnet werden, sind haltbar und einfach in der Herstellung. Dabei wird in das vertikale Element eine Quernut geschnitten, in die ein horizontales Anschlussstück eingesetzt wird. Diese Verbindung findet man häufig im Schrankbau, wo sie für Fachböden verwendet wird, beispielsweise bei Frisierkommoden oder Bücherschränken.

In ihrer einfachsten Form besteht die eingelassene Verbindung aus einer flachen Nut, die über die gesamte Breite des Holzes verläuft und in die ein Gegenstück mit rechtwinkliger Kante stumpf eingelassen wird. Eine Variante dieser Verbindung sind die abgesetzte Form, bei der die Nut nicht die gesamte Breite des Holzes einnimmt, so dass die Verbindung von vorn unsichtbar bleibt. Eine weitere Form ist die Gratverbindung für maximale Haltbarkeit bei Zugbelastung. Diese Verbindungen werden heute in der Regel maschinell mit der Oberfräse hergestellt.

Herstellung einer L-förmigen Ecküberblattung mit der Radialarmkreissäge

In diesem Beispiel wird die Herstellung einer L-Überblattung gezeigt. Die Vorgehensweise ist jedoch auf alle anderen Überblattungen übertragbar. Die Radialarmkreissäge wird vorwiegend für Schnitte quer zum Faserverlauf eingesetzt. Dabei werden mehrere Schnitte dicht nebeneinander quer zur Faser gesetzt. Dabei ist es nicht nötig, das Abfallholz herauszustemmen.

1 Nach dem Anreißen der Länge und Tiefe der Ausklinkung und der Einstellung des Sägeblatts (achten Sie darauf, dass der Schnitt zentriert ist), werden mit der Säge mehrere Schnitte dicht nebeneinander gesetzt.

2 Die schmalen brüchigen Holzstreifen werden entfernt, indem das Teil auf die Arbeitsplatte der Werkbank geschlagen wird. Anschließend sägt man die Oberfläche mit der Radialarmkreissäge plan.

3 Die so hergestellte Verbindung sollte vollkommen bündig sein. Unter Umständen sind geringfügige Nacharbeiten der Fügeflächen mit der Radialarmkreissäge erforderlich.

Durchgängig eingelassene Verbindungen

Eine durchgängig eingelassene Verbindung besitzt nur wenig Festigkeit gegen Schrägverziehung und eine noch geringere Stabilität gegen Zugspannung. Daher muss die gesamte Konstruktion berücksichtigt werden, wenn man sich für diese Verbindung entscheidet. Durch das Zusammenschlagen erfüllt die Verbindung sowohl mechanisch als auch optisch ihre Funktion. Jedoch geht diese Passung leicht verloren, wenn das eingelassene Stück mit Sandpapier geschliffen wird. Da hier keine Brüstung vorhanden ist, die Abweichungen an der Quernutkante verdecken könnte, spielt hier die Genauigkeit des eingelassenen Holzstücks eine besonders große Rolle.

Ist die Nut tiefer als die Hälfte der Holzdicke, wird das Material dadurch geschwächt. Eine Tiefe von einem Drittel der Materialdicke ist vollkommen ausreichend. Werden Schubkastenführungen in Vollholz eingenutet, so handelt es sich dabei um eine Verbindung von Quer- und Langholz. Die Führungsleisten werden vorn am Korpus verschraubt, hinten mit einem als Schwundschlitz bezeichneten Langloch versehen. Es erfolgt keine Verleimung, damit das Holz arbeiten kann. Führungsleisten oder Rahmen von Schubkästen sind hinten etwas kürzer zu gestalten, da ansonsten diese Langholzteile durch das Schwinden der Seitenteile Druck ausüben. Sind die Führungsleisten oder Schubkastenrahmen dagegen aus Sperrholz gefertigt, so können sie verleimt werden.

Die Herstellung einer Mittelüberblattung von Hand

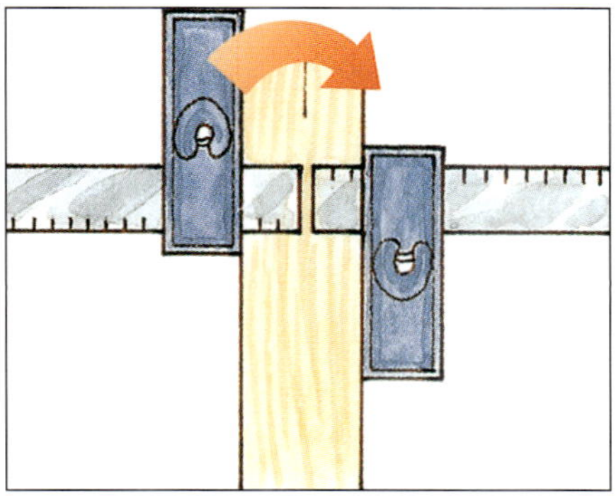

1 Auf dem Hirnholz wird in der Nähe der Mitte eine Linie angerissen. Anschließend wird der Winkel umgedreht und dieses Maß erneut angerissen. Danach legt man die Zunge des Winkels exakt auf die Mitte dieser beiden Markierungen und reißt diese Linie auf den Längs- und Hirnholzkanten an.

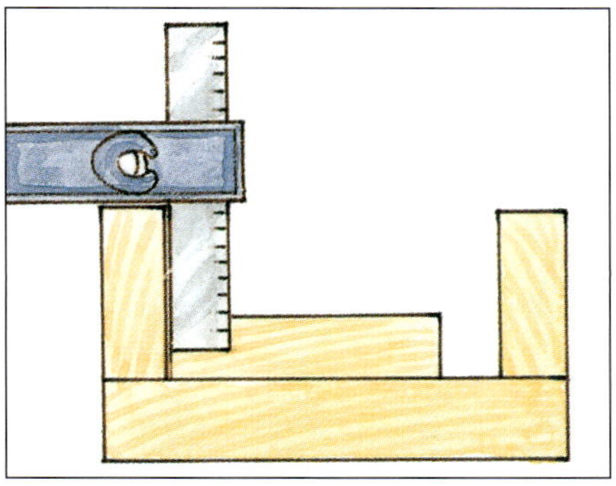

2 Das Holz wird in eine Gehrungsschnittlehre gelegt und wenn nötig befestigt. Die Zunge des Winkels wird kurz vor der Mittellinie am Ende des Holzstücks arretiert.

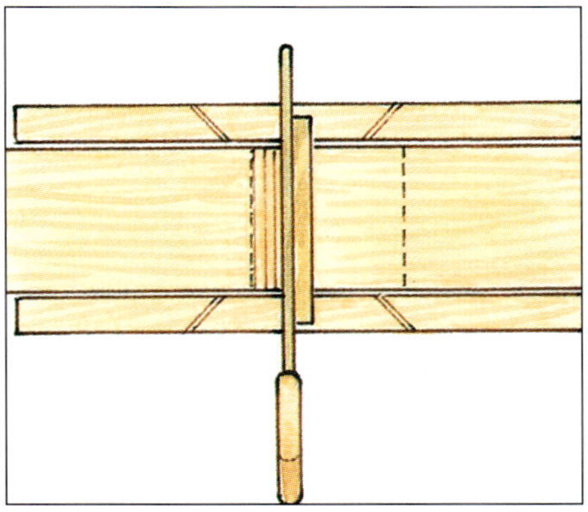

3 Die Ausklinkung wird in der Breite des einzusetzenden Holzstücks angerissen. Mit mehreren Schnitten sägt man das Abfallholz quer zur Faser ein.

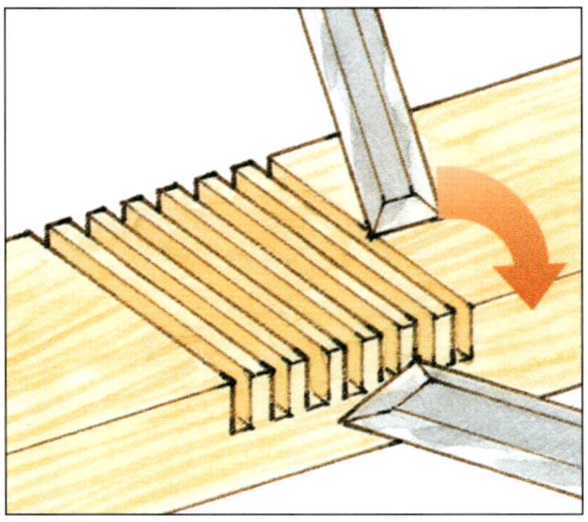

4 Mit dem Stemmeisen das überstehende Holz entfernen und sorgfältig die Unebenheiten auf dem Grund der Aushebung und Sägespuren an den Brüstungen beseitigen.

Die Herstellung einer Endüberblattung mit Bandsäge und Oberfräse

Den Frästisch mit einem Nutenfräser ausrüsten und die Kante eines Verschnittstücks fräsen, anschließend wird das Stück gedreht und erneut gefräst. Dabei wird der Fräser angehoben, bis die Schnitte mittig sind. Die Fuge wird gesäubert, indem das Holzstück über dem im Frästisch eingespannten Fräser hin und her bewegt wird.

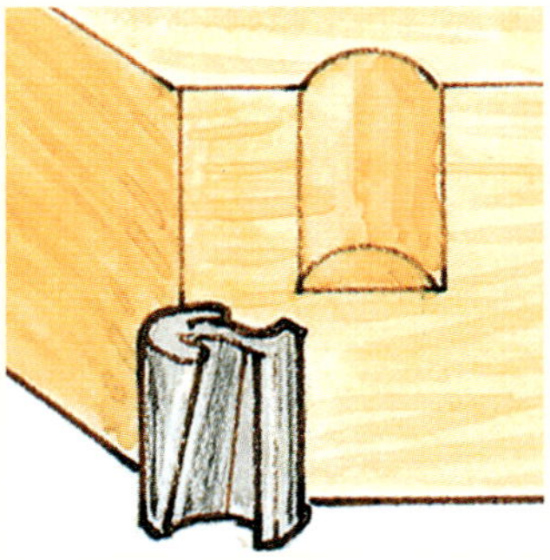

LINKS: Über die Holzbreite wird eine Brüstungslinie rechtwinklig angerissen, auf der Kante eine Mittellinie angezeichnet und neben der Brüstung im Abfall ein Kerbschnitt eingesägt. Zum Ausklinken der Wange befestigt man einen Stopper für die Schnitttiefe.

Die Herstellung einer durchgängig eingelassenen Verbindung von Hand

1 Schneiden Sie das Holz sorgfältig zu. Die Lage der Verbindung auf dem Werkstück wird durch Dickenlinien gekennzeichnet. Zum Anreißen verwendet man Anreißmesser, Bleistift oder Kugelschreiber.

2 Mit Hilfe eines großen Anschlagwinkels werden die Risslinien verlängert. Falls der Winkel zu kurz ist, kann daran ein Lineal angelegt werden.

3 Mit dem Anschlagwinkel verlängert man die Linien auf der anderen Seite bis zu einem Drittel der Materialdicke (üblicherweise), um die Tiefe der auszuklinkenden Nut anzureißen. Mit einem Streichmaß kennzeichnet man diese Linie auf beiden Seiten des Werkstücks. Der zu entfernende Holzabfall wird mit einer Schraffur versehen.

4 Das Werkstück wird mit ein bis zwei Zwingen an der Werkbank befestigt und mit einer Feinsäge sägt man die Nut ein. Für eine besonders sichere Führung der Säge können Sie den Griff mit beiden Händen umfassen. Probieren Sie beide Methoden aus, um herauszufinden, welche für Sie am besten geeignet ist.

5 Sägen Sie unmittelbar neben der Risslinie im Abfall, so dass die Linie erhalten bleibt. Dadurch entsteht eine gute Passung.

6 Das überstehende Holz wird mit Stemmeisen und Holzhammer entfernt. Die Fasern sollten sich durch die quer verlaufenden Sägeschnitte leicht heraustrennen lassen. Wenn man die Schrägkante des Stemmeisens verwendet, kann man tiefer in das Holz schneiden, ohne dass der Griff am Holz hängen bleibt. Allerdings erfordert diese Technik ein wenig Übung, da hierbei eine kleinere Fläche des Werkzeugs in Kontakt mit dem Holz kommt.

7 Das Ende des einzusetzenden Holzstücks wird geringfügig angefast, um eine Führungskante zu erzeugen, mit deren Hilfe sich beide Teile leichter zusammenfügen lassen. Zum Zusammenschlagen verwendet man einen Hammer und ein Zulageholz, um Beschädigungen zu vermeiden. Achten Sie darauf, dass die Kanten bündig sind.

ZAPFENVERBINDUNGEN

Grundlagen

Es gibt zwei verschiedene Arten von Zapfenlöchern und dementsprechend unterscheidet man auch die Zapfen nach zwei Typen. Ein durchgestemmter Zapfen wird mit einem durchgestemmten Zapfenloch verbunden. Ein blinder Zapfen gehört in ein blindes Zapfenloch, bei dem der Zapfen nicht durch-, sondern nur in das Gegenstück eingesteckt wird. Zapfenlöcher sind meist rechteckig oder rund bzw. lange Schlitze mir abgerundeten Enden.

Die am Zapfen befindlichen Brüstungen haben mehrere Funktionen. Sie erhöhen die Festigkeit gegen Schrägverziehung, um die Verbindung zu stabilisieren. Außerdem sorgen sie für den nötigen Abstand des Zapfens (und damit auch das Zapfenloch) zu den schwächeren Enden oder Kanten des Holzstücks, in dem sich das Zapfenloch befindet. Sie verdecken die Verbindung und dienen als eine Art Anschlag. Sowohl Zapfenbrüstung als auch Zapfenloch können angegehrt werden, um die einfache T- oder L-Form der Zapfenverbindung zu modifizieren.

LINKS: Der Zapfenschlitz ist eine Variante der Zapfenverbindung.

Bezeichnungen bei der Zapfenverbindung

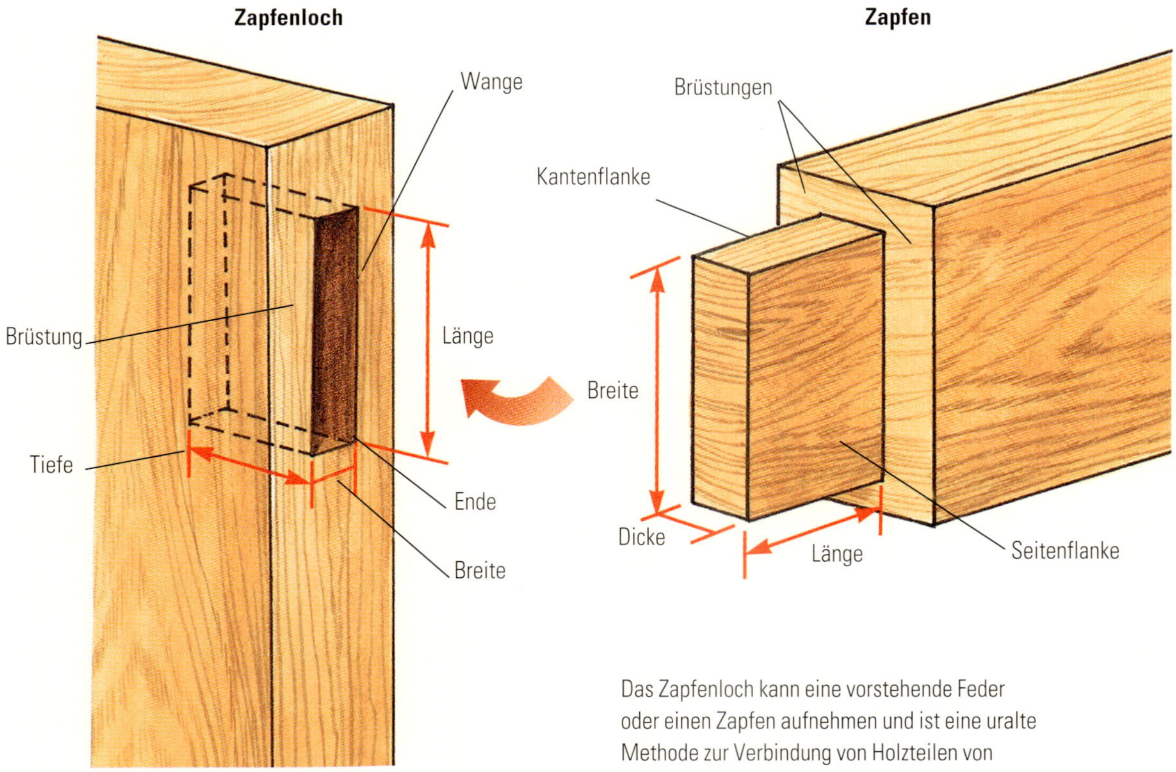

Das Zapfenloch kann eine vorstehende Feder oder einen Zapfen aufnehmen und ist eine uralte Methode zur Verbindung von Holzteilen von gleicher oder unterschiedlicher Dicke im rechten Winkel.

Zapfenlöcher

Blinde Zapfenlöcher

Die Breite eines Zapfenloches auf der Längskante beträgt gewöhnlich ein Drittel der Materialdicke. Dieses Maß kann allerdings etwas abweichen, da man die Größe des Zapfenloches meist nach dem Lochbeitel bemisst, dessen Breite einem Drittel der Holzdicke am nächsten kommt. Gestaltet man das Zapfenloch zu groß, werden dadurch die Wangen zu schmal und der Zapfen zu schwach. Aus diesem Grund sollte das angegebene Verhältnis als Richtmaß dienen.

Das präzise Stemmen eines Zapfenloches von Hand erfordert ein wenig Übung. Wenn man die Risslinien nach dem Abmessen etwas tiefer ausarbeitet, lassen sich die ersten Schnitte des Stemmeisens präziser platzieren, so dass das überstehende Holz sauber entfernt wird und eine gute Führung für das Stemmeisen entsteht. Wenn man leicht schräg arbeitet, lässt sich das Holz ebenfalls gut herausstemmen.

Die Länge des Zapfens muss etwas geringer sein als die Tiefe des blinden Zapfenloches und beträgt in der Regel ca. drei Viertel davon. Mit etwas Klebeband lässt sich der Lochbeitel in ein einfaches Tiefenmaß verwandeln. Ein von Hand gestemmtes Zapfenloch ist höchstwahrscheinlich am Grund nicht vollständig eben. Dies spielt jedoch keine Rolle, da der Leim ohnehin abfließen muss. Das Hirnholz des Zapfens ist als Klebfläche nicht geeignet, denn der Leim am Ende des Zapfens verleiht der Verbindung keinerlei Festigkeit. Man stellt immer zuerst die Zapfenlöcher her und passt an diese die Zapfen an, da sich ein Zapfen leichter korrigieren lässt als ein Zapfenloch. Blinde Zapfen, die zu locker sitzen, lassen sich mit etwas Furnier verstärken. Zapfenverbindungen sind die wichtigsten Verbindungen im Möbelbau. Da sie äußerst haltbar sind, lassen sie sich für Schränke und Stühle aller Art einsetzen. Nehmen Sie sich Zeit beim Anreißen – selbst ein rustikaler Gartenstuhl braucht sorgfältige Vorbereitung, um eine gute Passung zu erzielen.

Die Grundformen der Zapfenlöcher

Ein blindes Zapfenloch besitzt einen ebenen Grund, in das der Zapfen eingesteckt wird, so dass er vollständig von Holz umgeben und von der anderen Seite nicht zu sehen ist.

Ein durchgängiges Zapfenloch reicht über die volle Tiefe des Holzteiles. Der Zapfen wird durchgesteckt und ist auf der anderen Seite sichtbar.

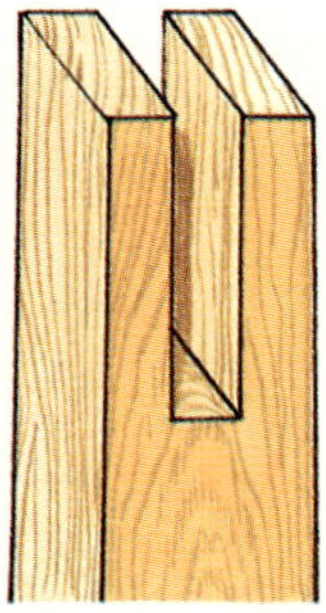

Der Zapfenschlitz ist eigentlich nichts weiter als eine tiefe Ausklinkung aus dem Hirnholz. Er findet bei der Schlitz- und Zapfenverbindung Anwendung.

Die Herstellung eines blinden Zapfenloches von Hand

1 Nach dem bündigen Abrichten der Brettseiten und -kanten wird der Umriss des Zapfenstücks auf dem Zapfenlochstück angezeichnet. Falls sich das Zapfenloch an einer Ecke befindet, lässt man vorübergehend einen Überstand stehen, um Rissbildung zu verhindern.

2 Bestimmen Sie die Länge des Zapfenloches innerhalb des Zapfenumrisses und damit die Maße der Brüstungen und reißen Sie die Enden des Zapfenloches im rechten Winkel zur abgerichteten Seite mit einem Messer an.

3 Die Anreißstifte des Zapfenstreichmaßes werden auf die Größe des Lochbeitels eingestellt, dessen Breite einem Drittel der Holzdicke am nächsten kommt. Für jede Zapfenlochwange mindestens ein Viertel des Holzes stehen lassen.

4 Ausgehend von der markierten Seite wird der Anschlag des Zapfenstreichmaßes so eingestellt, dass die Breite des Zapfenloches zwischen den Querlinien angerissen werden kann.

5 Das Zapfenlochstück wird mit einer Zwinge über einem Bein der Werkbank befestigt. Setzen Sie den Lochbeitel im Winkel von 90° am Holz an. Neben dem Werkstück wird ein Winkel angelegt, um die Rechtwinkligkeit überprüfen zu können.

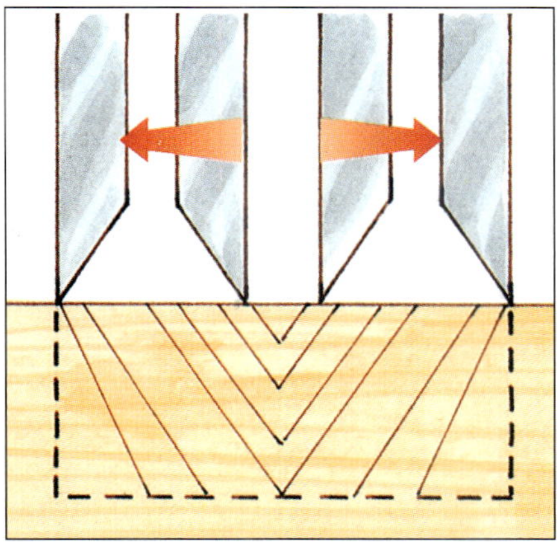

6 Beginnen Sie, indem Sie in der Mitte des angezeichneten Zapfenloches eine kleine Kerbe ausstemmen. Nach und nach wird diese Kerbe verlängert und verbreitert, bis die gewünschte Größe erreicht ist. Anschließend wird das Zapfenloch nachgearbeitet und geputzt, bis die Kanten rechtwinklig sind.

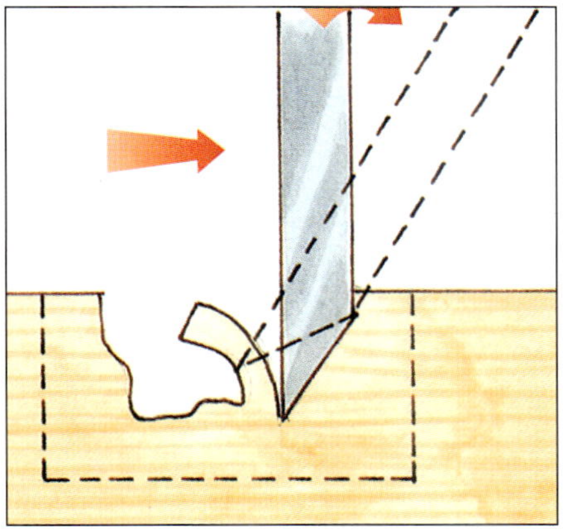

7 Es ist auch möglich, die Holzspäne der Länge nach aus dem Zapfenloch herauszustemmen, bis die gewünschte Tiefe erreicht ist. Anschließend wird das Zapfenloch geputzt, bis die Kanten rechtwinklig sind.

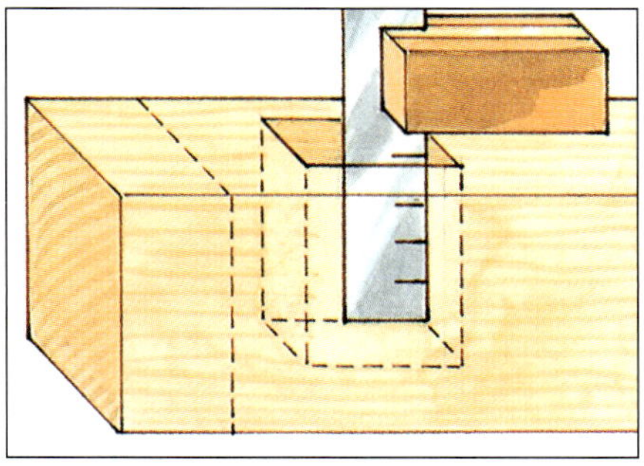

8 Arbeiten Sie den Grund des Zapfenloches nach, indem Sie das überstehende Holz mit dem Lochbeitel herausstemmen. Mit dem Winkel prüft man, ob die Wangen eben und rechtwinklig zur Brettseite sind.

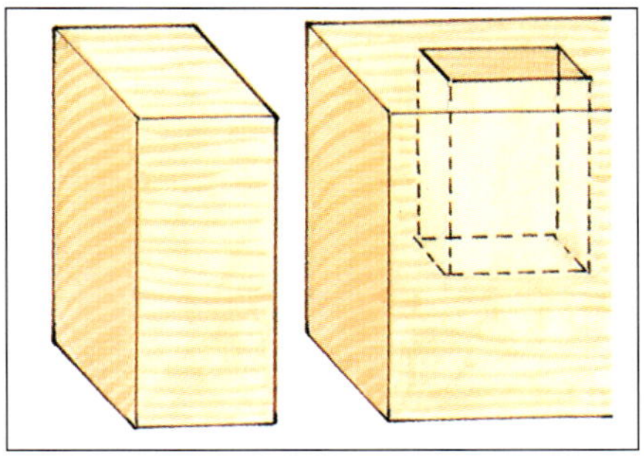

9 Die Kanten säubern, entgraten und eventuelle Beschädigungen beseitigen. Die Verbindung verleimen und zum Schluss den Überstand absägen.

Andere Methoden für die Herstellung blinder Zapfenlöcher

Arbeiten Sie das Zapfenloch mit der Oberfräse aus. Dazu wird das Holzteil in den Schraubstock eingespannt und bündig mit einem weiteren Brett verbunden, das zur Stabilisierung und als Auflage für die Fräse dient.

Setzen Sie in die Oberfräse einen geeigneten Fräser ein und justieren Sie den Tiefenanschlag anhand der Holzmarkierungen. Das Fräslineal wird so eingestellt, dass der Fräser exakt mit den Risslinien übereinstimmt und die obere Zwinge ist so zu positionieren, dass das Holz leicht darunter hindurchgleiten kann.

Zapfenverbindungen

Die Herstellung eines einfachen Zapfens

Bezüglich des optimalen Fertigungsablaufs für das Sägen eines Zapfens gehen die Meinungen auseinander. Eine Lehrmeinung besagt, dass der Zapfen geschwächt werden könnte, wenn man zuerst die Brüstungen sägt, indem dabei die Längsfasern beschädigt werden könnten, falls man zu tief sägt. Schneidet man zuerst die Wangen, bleibt schlimmstenfalls eine kleine Einkerbung an der Holzkante zurück, die nach dem Zusammenfügen noch sichtbar ist.

Andererseits sägt man oft die Brüstungen zuerst, wenn ein Teil an beiden Enden gezapft werden soll, da durch die Brüstungen die Länge bestimmt wird. Für eine zu kurz geratene Brüstung gibt es keine Korrektur, eine Wange lässt sich dagegen ausgleichen. Daher ist es sinnvoll, den entscheidenden Schnitt als erstes zu setzen, bevor man zu viel Arbeit investiert.

Die Länge eines Zapfens sollte etwas geringer sein als die Tiefe des entsprechenden Zapfenloches, damit der Leim abfließen kann. Ein durch den Leim aufgequollener Zapfen verhält sich in einem blinden Zapfenloch wie ein Kolben. Wenn der Leim nicht abfließen kann, wird er verdichtet, so dass unter Spannung Rissbildungen im Holz möglich sind.

Die Führungskante des Zapfens wird mit Schleifpapier leicht angefast, damit beide Teile leichter zusammengesetzt werden können. Bei einem durchgestemmten Zapfen gibt man in der Länge einen geringen Überstand zu, damit die angefasten Kanten auf der anderen Seite nicht kürzer sind als die Brüstungen des Zapfenloches. Nach dem Verleimen wird der Überstand mit dem Hobel oder mit Schleifpapier entfernt, es sei denn, er soll aus dekorativen Gründen stehen bleiben.

Sollen mehrere gleichartige Zapfen hergestellt werden, schneidet man die Hölzer zu, spannt sie zusammen und reißt die Brüstungen in einem Arbeitsgang auf allen Teilen gleichzeitig an. Dies ist besonders wichtig für die Stabilität eines Werkstücks, wenn die Teile zu ein und demselben Rahmen gehören, z. B. für gegenüberliegende Seiten eines Tisches oder gegenüberliegende Beinpaare.

Zapfen-Grundformen

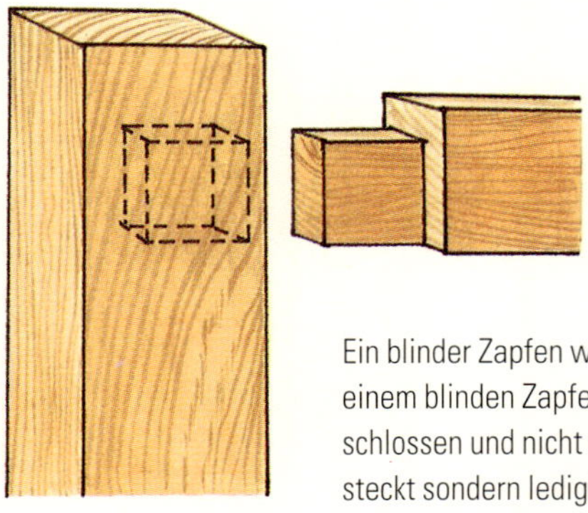

Ein blinder Zapfen wird von einem blinden Zapfenloch umschlossen und nicht durchgesteckt sondern lediglich in das Zapfenloch eingesteckt.

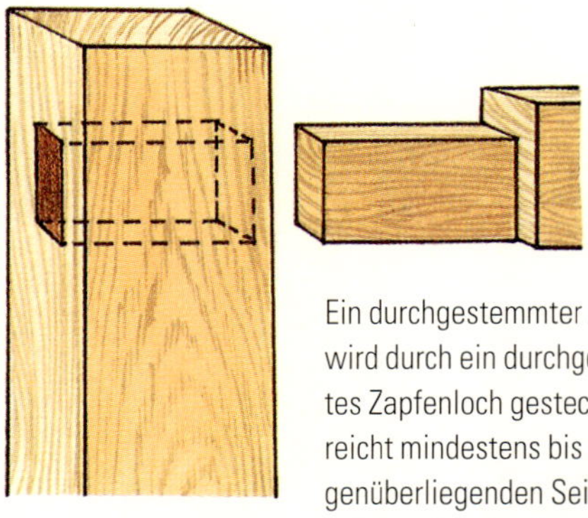

Ein durchgestemmter Zapfen wird durch ein durchgestemmtes Zapfenloch gesteckt und reicht mindestens bis zur gegenüberliegenden Seite und gelegentlich darüber hinaus.

Die Herstellung eines einfachen Zapfens von Hand

1 Von der abgerichteten Kante wird eine Brüstung im rechten Winkel über die Brettseite angerissen. Anschließend wird diese Linie auf alle Kanten und Seiten des Teiles übergewinkelt und die Länge des Zapfens in Übereinstimmung mit der Tiefe des Zapfenloches angezeichnet.

2 Das Zapfenstreichmaß wird mit einer geringfügigen Zugabe auf die Breite des Zapfens eingestellt. Dann arretiert man die Führung und reißt Lage und Form des Zapfens an.

3 Die Brüstungslinien werden vertieft, und mit einem Stemmeisen arbeitet man im Abfall eine kleine Kerbe entlang der Brüstungslinie aus, die später als Führung für die Säge dient.

4 Das Werkstück und die Halteleiste eines Bankhakens zwischen Daumen und die übrigen Finger klemmen und mit dem Zeigefinger die Säge stabilisieren. Anschließend die Brüstung bis zur Zapfenlinie einsägen.

5 Das Zapfenstück hochkant und schräg nach vorn geneigt einspannen. Die Säge an den mit dem Streichmaß angerissenen Linien entlang führen, wobei an der oberen Ecke des eingespannten Zapfens begonnen wird. Die Säge mit dem Daumen stabilisieren, damit der Schnitt im Abfall des Holzes verläuft.

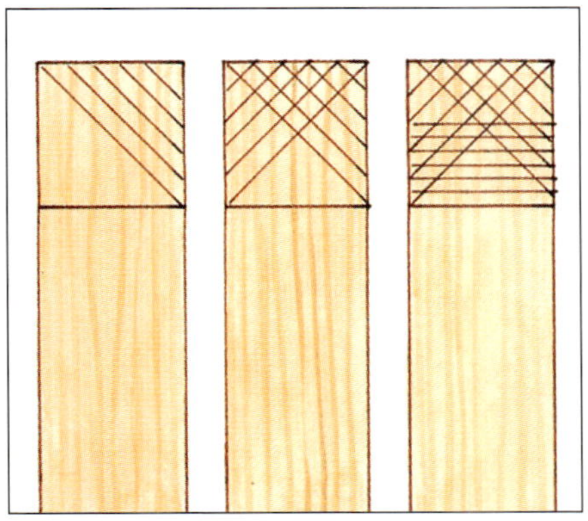

6 Nachdem dieser Schnitt die Zapfenbrüstung erreicht hat, wird das Werkstück umgedreht und der andere Brüstungsschnitt erfolgt auf die gleiche Weise. Die Kerbe des ersten Schnitts dient dabei als Führung für den zweiten Schnitt. Danach spannt man das Werkstück vertikal ein und entfernt mit der Säge den restlichen Holzabfall.

7 Der Zapfen wird an das Zapfenloch angelegt, um die Schnittlinie für die dritte Brüstung anzureißen, wobei als Bezugsgröße immer das für den jeweiligen Zapfen bestimmte Zapfenloch dient. Für diese und andere Formen der Zapfenverbindung ist es sinnvoll, den Holzabfall mit einer Bleistiftschraffur zu kennzeichnen, damit man nicht versehentlich ein Zapfenloch bis zur Brüstungslinie ausarbeitet.

8 Die dritte Brüstung bis zur Risslinie einsägen. Dabei vorsichtig vorgehen, um nicht in die Seitenbrüstungen zu sägen. Anschließend in Faserrichtung des Zapfens sägen und den Abfall entfernen.

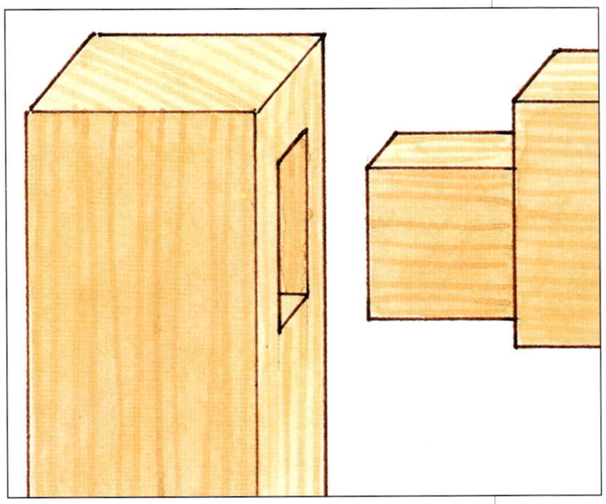

9 Mit dem Stemmeisen – oder mit einem Falzhobel – den Zapfen putzen, bis er sich in das Zapfenloch schieben lässt.

Tipps

- Eine Oberfräse eignet sich hervorragend für die Herstellung mehrerer identischer Zapfen. Sie können sich eine Fräsvorrichtung aus MDF-Platte selbst herstellen, die als Auflage für die Oberfräse für die zu fräsende Fläche dient. Diese Vorrichtung kann mit einem Anschlag versehen werden, der die genaue Fräsbreite vorgibt.
- Der Zapfen sollte bereits mit Säge passend zugeschnitten werden. Erliegen Sie nicht der Versuchung, einen rauen Zapfen mit Schleifpapier zu bearbeiten – dadurch können die Kanten abgerundet und die Passung beeinträchtigt werden.

Die Sicherung von Zapfen gegen Zugspannung

Wenn die Last eines Bauteils die Zapfenverbindung unter Zugspannung setzt, hält einzig und allein die Verleimung die Verbindung zusammen, es sei denn, die Verbindung wurde verstärkt. Die häufigsten Methoden zur Erhöhung der Festigkeit einer Verbindung gegen Zugspannung sind Dübeln, Verkeilen oder Einlasszapfen mit lösbar eingestecktem Keil.

Ein durchgestemmter Zapfen wird an der Seite, die aus dem Zapfenloch heraustritt, abgeschrägt und mit Kerbschnitten für einen oder mehrere Keil(e) versehen. Diese traditionelle Bauweise sorgt für dauerhafte Haltbarkeit. Treiben Sie Keile aus kontrastfarbigem Holz gegen die Faserrichtung des Zapfens, um ein Aufspalten zu verhindern. Der Keil darf nicht breiter sein als die Dicke des Zapfens. Zu breite Zapfen führen zu irreparablen Schäden an den Wangen des Zapfenloches. Für stärkere Keile benutzt man keinen Kerbschnitt, sondern arbeitet aus dem Zapfen flache V-förmige Einschnitte heraus. Eine andere Möglichkeit besteht darin, den Zapfen gar nicht einzukerben, sondern die Keile beidseitig an den Enden des Zapfenloches zu platzieren.

Verkeilte Zapfenverbindung

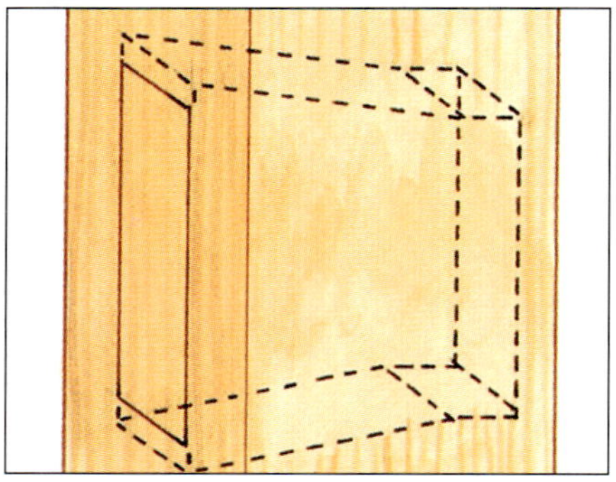

1 Oben und unten werden in der Zapfenlochlänge ca. 2 mm zugegeben und die schmalen Wangen nach vorn hin verjüngt. Den Zapfeneintritt etwas abflachen.

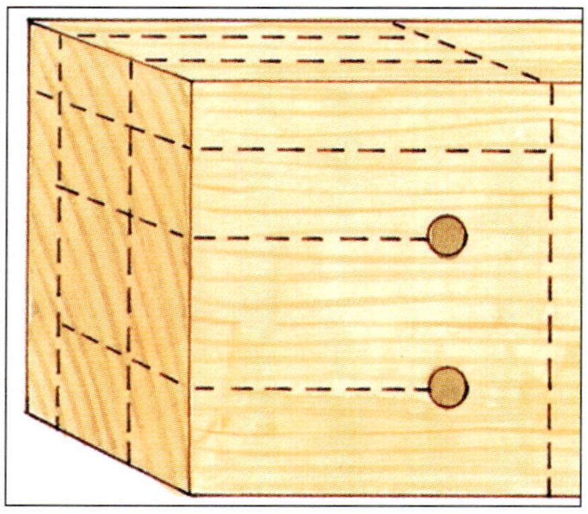

2 Zapfenwangen, -brüstungen und Lage der Keile anreißen und auf ca. einem Viertel der Zapfenlänge (von der Brüstung aus gemessen) ein kleines Loch bohren, um die Länge der Keilschlitze festzulegen.

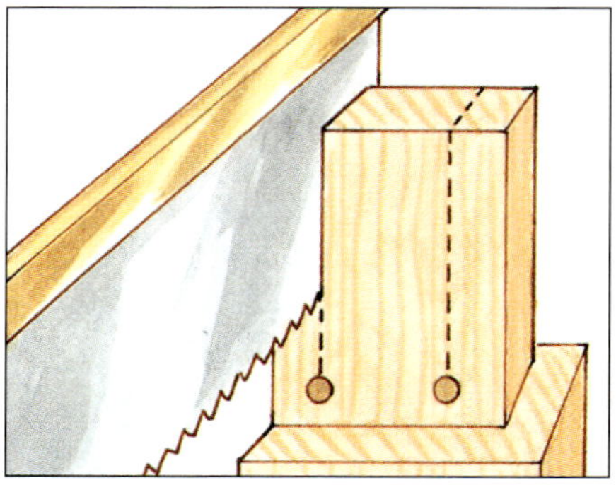

3 Zunächst werden die Zapfenwangen und -brüstungen gesägt und anschließend schneidet man den Zapfen bis zu den kleinen Löchern ein. Dadurch wird ein Aufspalten beim Einsetzen der Keile verhindert.

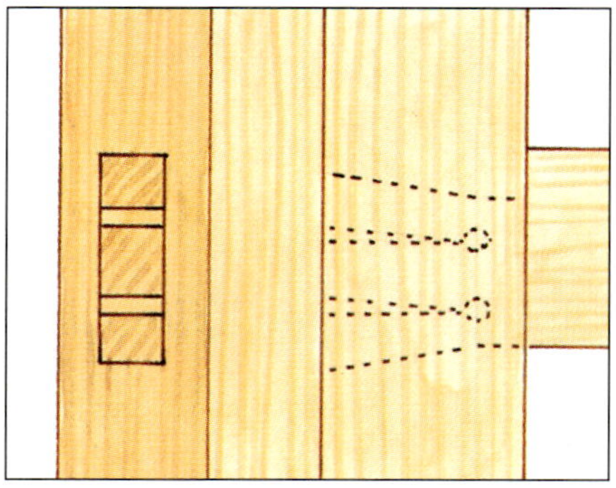

4 Verleimen Sie die Verbindung und spannen Sie die Verbindung mit Hilfe von Zwingen. Schlagen Sie anschließend die mit Leim bestrichenen Keile ein – immer abwechselnd, damit beide Keile gleichmäßig eindringen. Sobald der Leim getrocknet ist, werden die Zwingen von den Wangen entfernt. Danach wird die Verbindung bündig gehobelt oder mit Sandpapier geschliffen.

Gedübelte Zapfenverbindung

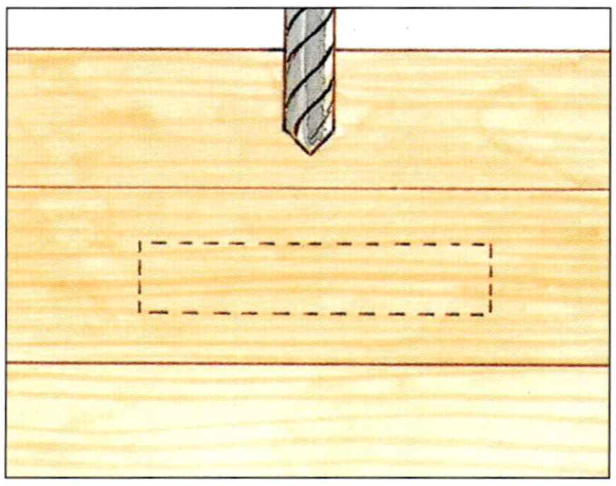

1 Um in der Mitte der Zapfenlochlänge ein Loch zu bohren, wird das Zapfenloch angerissen und von unten mit einem Zulageholz verstärkt. Die Bohrung bringt man in einem Abstand von ca. einem Viertel der Holzbreite von der Kante entfernt an.

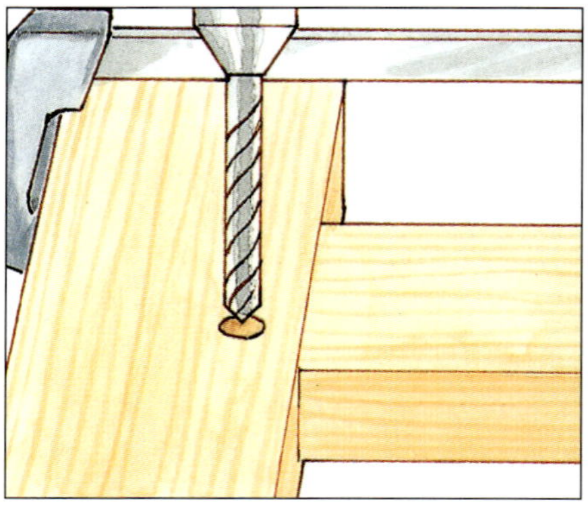

2 Nachdem Zapfen und Zapfenloch wie üblich hergestellt wurden, setzt man die Verbindung zusammen, spannt sie ein und führt den Bohrer in das Loch ein, um die Lage des Loches auf dem Zapfen zu markieren.

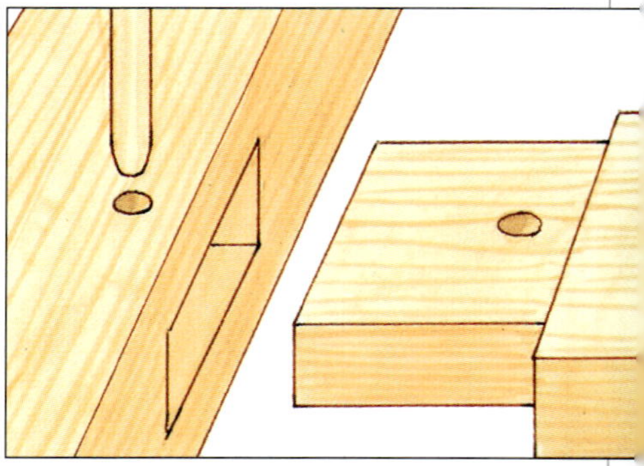

3 Die Bohrung im Zapfen wird abweichend von der Markierung ein wenig näher zur Brüstung positioniert. Zum Zusammensetzen der Verbindung wird ein konischer Dübel in das Loch eingesetzt, der die Verbindung zusammenzieht.

Besonders stabile Zapfenverbindungen

Die Kanten- und Seitenbrüstungen eines Zapfens erhöhen dessen Schrägverziehungsfestigkeit. Jedoch wird durch jede Brüstung die Materialstärke des Zapfens verringert und stattdessen durch das Hirnholz der Brüstung ersetzt, das eine schlechte Verleimbarkeit besitzt. Tiefe Kantenbrüstungen verkleinern die Klebfläche der Zapfenwange, so dass eine große Fläche anfällig für verdrehte Verwerfungen ist. Dadurch kann es leicht zu einer Zerstörung der Hirnholzverleimung kommen. Das Quellen und Schwinden des Holzes bzw. der Verbindung beansprucht ebenfalls die Verleimung.

Abgesetzte und Mehrfachzapfen tragen dazu bei, diese Probleme zu überwinden.

Das rechtwinklige Profil eines abgesetzten Zapfens (auch als Nutzapfen bezeichnet) passt genau in die Füllungsnut der Rahmenhölzer. Dadurch entsteht bei der Rahmen-Füllungskonstruktion kein Spalt an der Oberkante der Füllung. Noch wichtiger ist allerdings, dass das zweite flache Zapfenloch, in dem der Nutzapfen sitzt, die Kantenbrüstung aufnimmt, ohne dass dabei das Ende des Holzes geschwächt wird, falls der Zapfen sich dort befindet.

Abgesetzte Zapfen werden vor allem für Türrahmen, Fenster und in vielen anderen Bereichen der Bautischlerei eingesetzt. Professionelle Tischler verwenden zur Herstellung dieses Teils einer Zapfenverbindung oftmals ein Hochleistungsgerät, das man als Zapfenschneidmaschine bezeichnet. Diese ist mit Hochgeschwindigkeitsfräsern ausgestattet, mit denen man innerhalb weniger Sekunden den Holzabfall entfernen kann – selbst bei Hartholz.

Für die Heimwerkstatt genügt eine Oberfräse, die man an einen Frästisch montiert oder in Verbindung mit einer Fräsvorrichtung einsetzt.

Abgesetzter Zapfen (Nutzapfen)

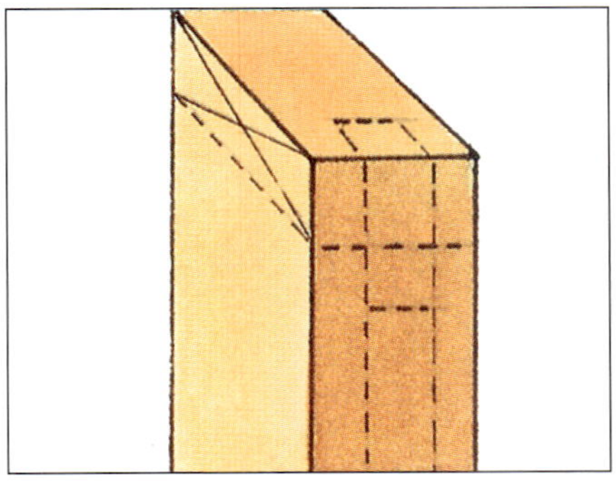

1 Die Breite des Zapfenlochs wird mit dem Zapfenstreichmaß auf der Kante und dem Überstand angerissen. Die Tiefe sollte mit der Breite des Zapfenloches übereinstimmen. Das Zapfenloch befindet sich in einem Abstand von der Abtrennlinie des Überstands, der ebenfalls der Breite des Zapfenlochs entspricht.

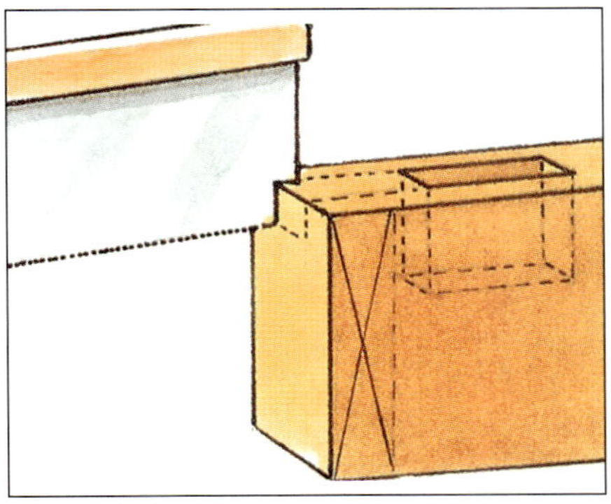

2 Nach dem Stemmen des Zapfenloches sägt man entlang der Linien auf dem Überstand bis zur dort angezeichneten Tiefe.

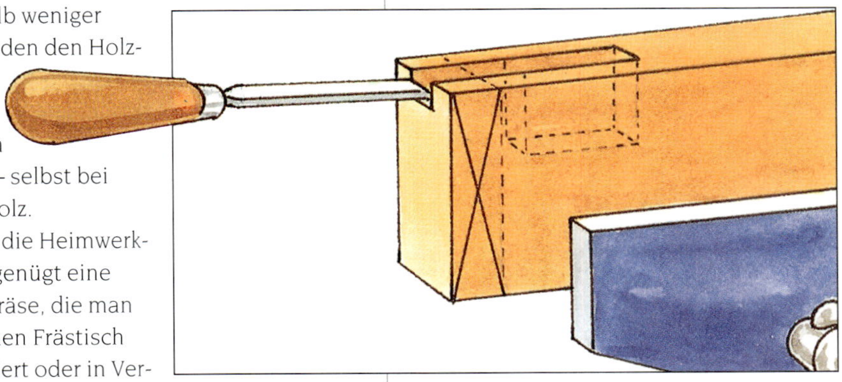

3 Mit dem Stemmeisen vorsichtig in das Hirnholz zwischen den beiden Sägeschnitten stechen, um den Holzabfall bis zur Tiefenmarkierung zu entfernen. Anschließend die Unterkante rechtwinklig nacharbeiten.

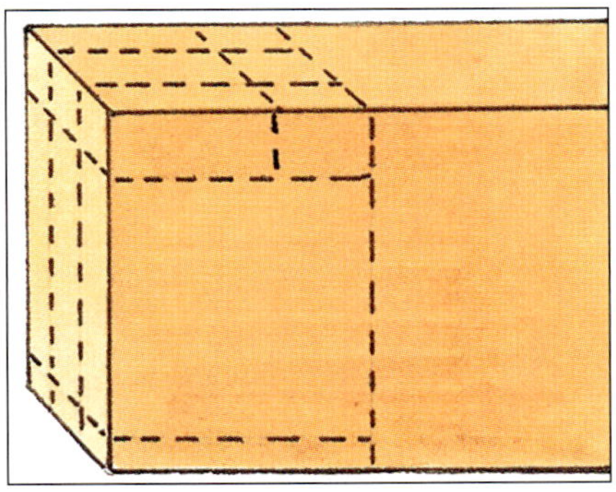

4 Den Zapfen so anreißen, dass er mit dem Zapfenloch übereinstimmt. An der Außenkante den Nutzapfen anzeichnen. Der Abstand von den Seitenbrüstungen stimmt dabei mit der Zapfendicke überein.

5 Der Nutzapfen bekommt keine Kantenbrüstung in. Sägen Sie lediglich die Absatzlinie entlang bis zum Zapfen. Anschließend werden die Seiten- und Unterkantenbrüstungen sowie die Zapfenwangen gesägt.

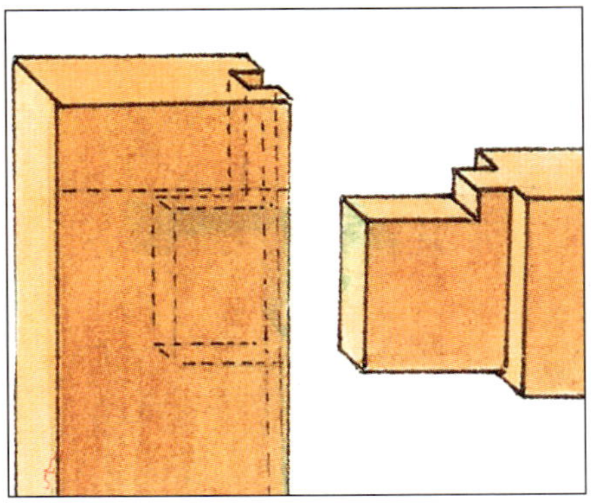

6 Prüfen Sie die Passung der Zapfenverbindung, wobei darauf zu achten ist, dass weder die Länge des Zapfens noch die des Nutzapfens ein Aufliegen der Brüstungen verhindern. Danach wird die Verbindung verleimt und der Überstand abgesägt.

Schräg abgesetzter Zapfen (schräger Nutzapfen)

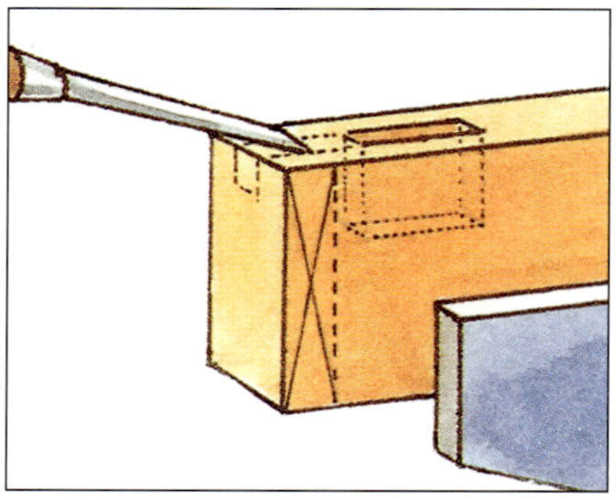

1 Das Zapfenloch wie für einen abgesetzten Zapfen anreißen und stemmen. Danach beginnend an der Abtrennlinie des Überstandes eine nach unten in Richtung des Zapfenloches geneigte Schrägkante ausarbeiten. Die Tiefe soll der Breite des Zapfenloches entsprechen.

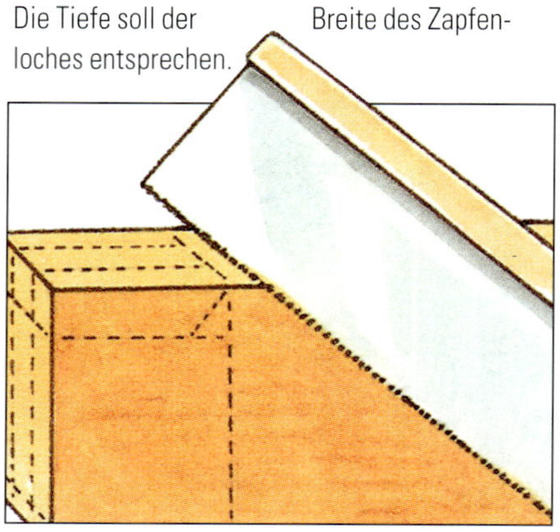

2 Den Zapfen anreißen und den ersten Sägeschnitt quer in die Oberkante setzen. Dabei eine Schrägkante von der Seitenbrüstungslinie ausarbeiten, deren Tiefe der Zapfendicke entspricht.

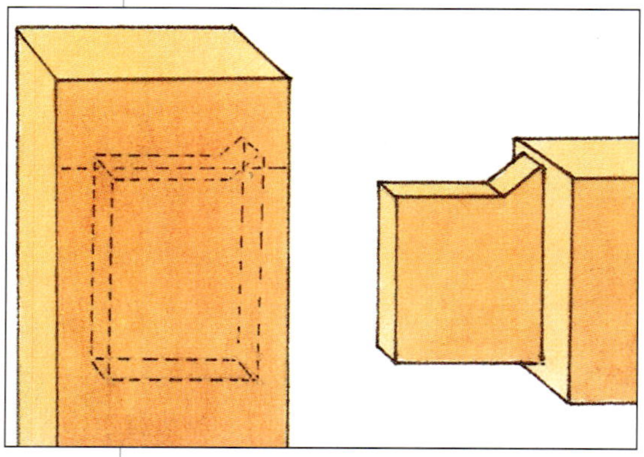

3 Die Schrägkante wird ein wenig von der Oberkante abgesetzt (entsprechend der Form des bereits ausgearbeiteten Zapfenlochs), damit der Nutzapfen nicht sichtbar ist, wenn das Werkstück nach dem Verleimen plan gehobelt oder geschliffen wird.

Zapfenverbindungen bei Rahmen-Füllungskonstruktionen

Wenn in einen Rahmen eine Füllung eingesetzt werden soll, kann man diese nuten oder mit einer Falzleiste einfälzen (verleisten). Dabei ist es wichtig zu wissen, wie dabei Zapfenloch und Zapfen zu gestalten sind.

Eine Nut verläuft mittig auf den Innenkanten des Rahmens, direkt über die Zapfenlöcher hinweg. Die Nutbreite beträgt ca. ein Drittel der Holzdicke und die Tiefe der Nut entspricht in etwa ihrer Breite, um die Festigkeit des Materials nicht zu beeinträchtigen. Die Breite des Zapfenloches und die Zapfendicke stimmen mit der Nutbreite überein. Legen Sie zuerst diese Breite fest und bemessen Sie danach die Wangen von Zapfenloch und Zapfen. Anschließend wird die Nuttiefe an der Stirnseite des Zapfenholzes angezeichnet; der Rest entfällt auf Zapfen und Nutzapfen. Dadurch werden Länge und Lage des Zapfenlochs bestimmt. Kennzeichnen Sie den Rahmenfalz an der Stirnseite des Zapfenstücks, um die Zapfenbreite zu ermitteln ebenso wie Länge und Lage des Zapfenloches. Für den Falz werden ca. zwei Drittel der Holzdicke entfernt, um Füllung und Falzleiste aufzunehmen. Die Zapfenbrüstung an der Vorderseite des Rahmens wird etwas abgesetzt, um die vorstehende Falzkante aufzunehmen.

Manche Rahmen besitzen an der Innenkante ein umlaufendes oder auf Gehrung abgesetztes Zierprofil. Nach dem Stemmen des Zapfenlochs wird ein Falz angearbeitet, dessen Tiefe der Breite des Zierprofils entspricht. Statt jedoch die Seitenbrüstung des Zapfens abzusetzen, um die vorstehende Falzkante des Zapfenlochstücks aufzunehmen, wird das Zierprofil zunächst bündig mit dem Zapfenloch und dem Falz entfernt und anschließend passend zum Zapfen auf Gehrung gearbeitet.

Zapfenverbindung mit Nut

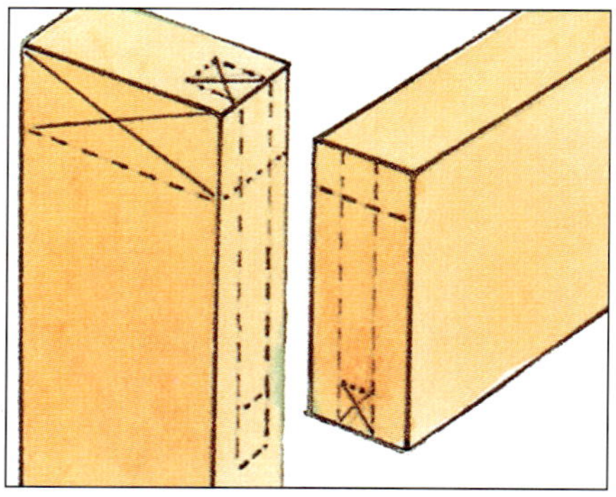

1 Legen Sie die Nutbreite für die Füllung fest, reißen Sie die Wangen des Zapfens und des Zapfenlochs an, markieren Sie deren Tiefe unter dem Zapfen, um die Zapfenbreite zu ermitteln und markieren Sie die Lage des Zapfenloches.

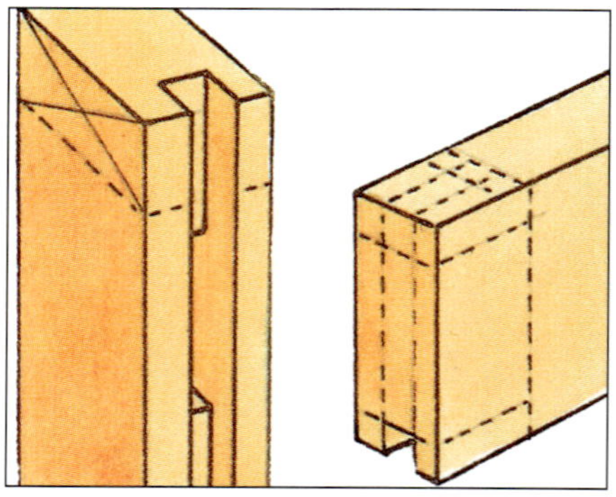

2 Stemmen Sie das Zapfenloch auf der Innennut der Teile und arbeiten Sie die darüber verlaufende Füllungsnut auf den Innenkanten aller Rahmenelemente aus. Anschließend wird der Zapfen so angerissen, dass die Länge des Nutzapfens die Nut ausfüllt.

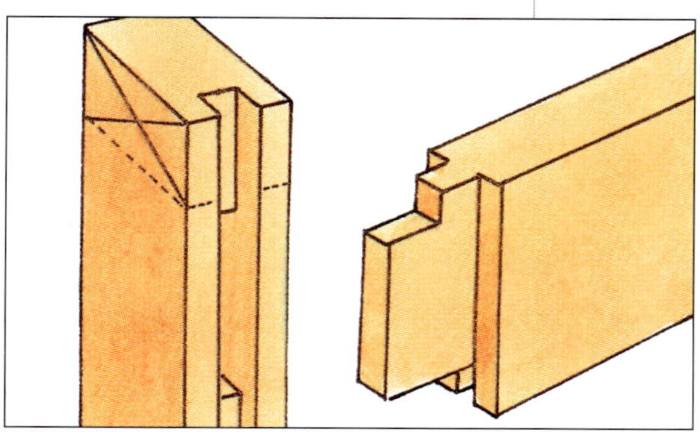

3 Zuerst wird die Brüstung des Nutzapfens gesägt, anschließend die Seitenbrüstungen und die Zapfenwangen. Verleimen Sie die Verbindung und sägen Sie den Überstand ab.

Zapfenverbindung mit Zierprofil

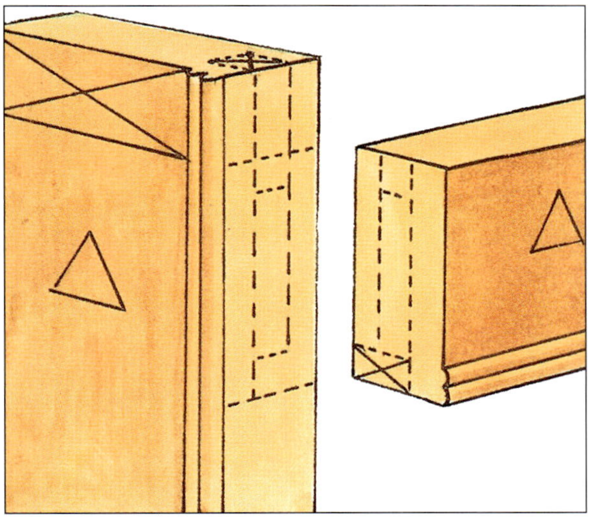

1 Das Holz wird an der Innenkante der Sichtseite mit einem Zierprofil versehen. Anschließend reißt man den Falz und das Zapfenloch für den abgesetzten Zapfen an, so dass sie bündig am der Zierprofil abschließen.

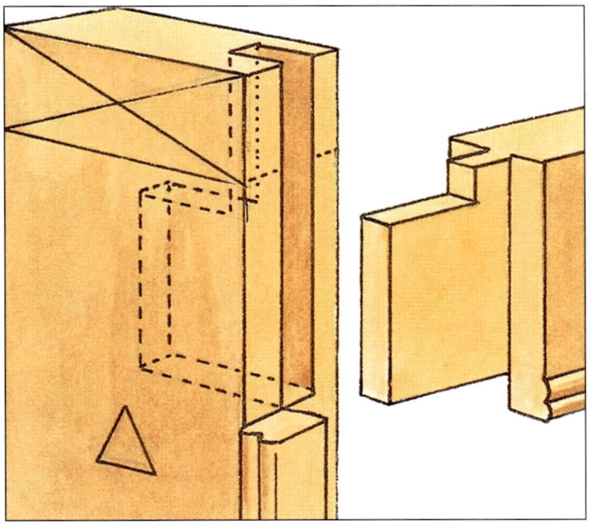

2 Das Zapfenloch ausstemmen und den Falz in Übereinstimmung mit dem Zierprofil anarbeiten. Anschließend den Zapfen fertig anreißen und aussägen. Danach das Zierprofil bündig mit dem Zapfenloch absägen.

3 Mit Hilfe einer 45°-Stoßlade wird die Gehrung des Zierprofils angearbeitet, die von Zapfenbrüstung und Zapfenloch abgewandt verläuft.

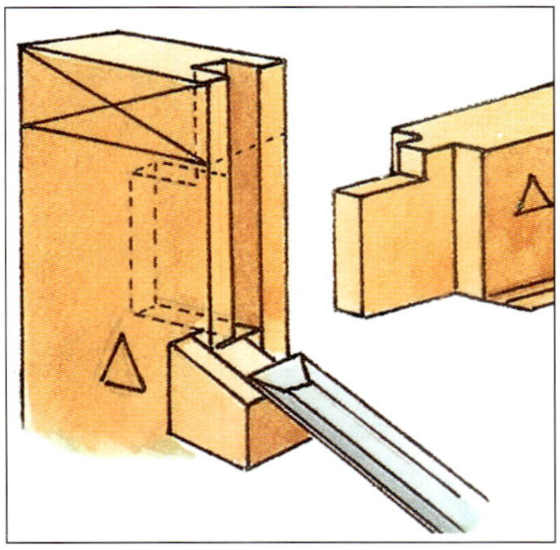

Tipps

- Lassen Sie immer einen Überstand von 25 mm an der Stirnseite des Werkstücks stehen. Dieser schützt die Rahmenecke vor dem Zusammensetzen vor Beschädigungen und bietet darüber hinaus einen breiteren Ansatz für die Zwingen. Benutzen Sie zum Entfernen der Überstände eine Feinsäge.
- Verwenden Sie möglichst Schnittholz und bemessen Sie die Verbindung entsprechend der Größe Ihres Stemmeisens.

Weitere Besonderheiten bei Rahmen-Füllungskonstruktionen

Bei Rahmen mit geteilten Füllungen gibt es gezapfte Mittelfriese bzw. Sprossen, die beidseitig mit Zierprofilen versehen sind. Um das Zierprofil umlaufend um die Füllung zu gestalten, geht man folgendermaßen vor: Sowohl bei einem genuteten als auch bei einem gefälzten Rahmen wird das Zierprofil am Zapfenloch abgesetzt und angegehrt, damit der Zapfen eingepasst werden kann. Die Länge zwischen den Zapfenbrüstungen wird um die Breite der abgesetzten Zierprofile erhöht. Außerdem ist die Länge um das Maß zu erhöhen, in dem die angegehrten Zapfenbrüstungen in die Zapfenlochstücke eingelassen werden, um spröde Bogenfriese zu vermeiden.

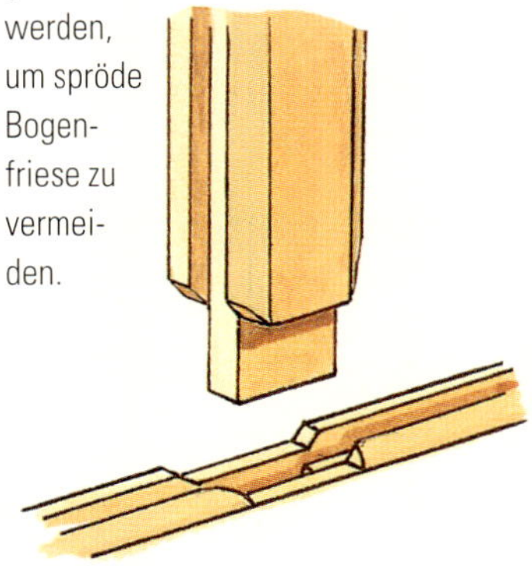

Ein Rahmenzierprofil zur Aufnahme mehrerer Füllungen wird wie die Nut an beiden Kanten des Mittelfrieses bzw. der Sprosse angearbeitet und ist auf Gehrung abzusetzen.

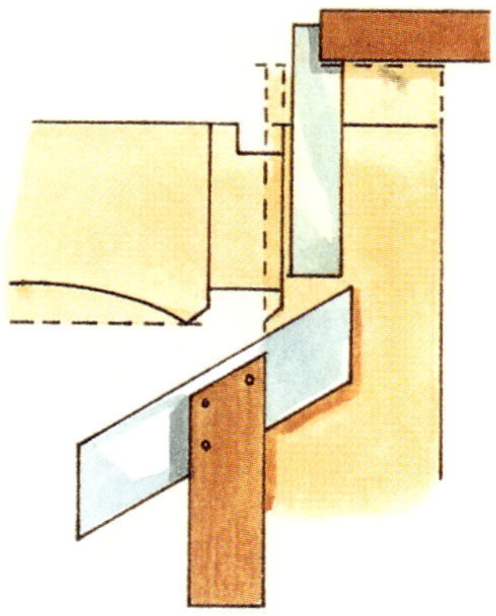

Zur Vermeidung von Sprödigkeit von Bogenfriesen wird die Zapfenbrüstung leicht angegehrt und in die Brüstung des Zapfenlochs eingepasst.

GEHRUNGEN

Gehrungen sind Schnitte, die nicht im rechten Winkel verlaufen. Aus ästhetischen Sicht betrachtet dienen Gehrungen dazu, einem Werkstück optische Geschlossenheit zu verleihen, indem die Maserung umlaufend gestaltet wird. Aus konstruktiver Sicht wirken Gehrungen auflockernd und schlagen eine Brücke zwischen eckigen und runden Formen.

Im Allgemeinen versteht man unter einer Gehrung einen Schnitt, der im Winkel von 45° verläuft. Allerdings treten 45°-Gehrungen nur bei rechtwinklig zusammengesetzten Verbindungen auf. Bei sechs- oder achteckigen Rahmen oder Kästen weichen die Winkel von diesem Maß ab.

Formen der Gehrung

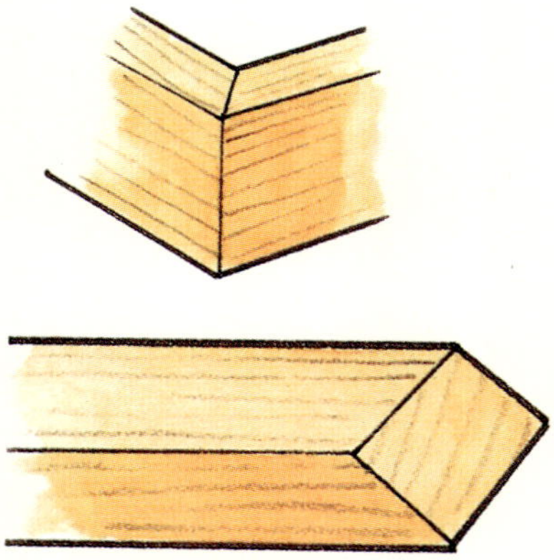

Auf Gehrung geschnittene Kasteneckverbindung im Winkel von 45°.

Der Winkel einer auf Gehrung geschnittenen Rahmeneckverbindung hängt von der Anzahl der Seiten ab. Der Gehrungsschnitt verläuft jedoch immer über die Breitseite des Brettes.

Die Gehrungswinkel einer solchen Längsholzgehrung hängt, wie bei allen anderen Gehrungen, von der Anzahl der Seiten ab.

Trichtergehrungen werden sowohl auf Gehrung geschnitten als auch konisch zusammengesetzt, d.h. eine solche Kastenverbindung ist nach oben hin trichterförmig erweitert. Diese Verbindung findet z. B. im Sargbau Anwendung.

Gehrungen

Es gibt drei Grundformen von Gehrungen. Wenn man diese miteinander kombiniert, ergibt sich noch eine vierte Variante. Bei Rahmengehrungen verläuft der Gehrungsschnitt über die Breite des Holzes, während das Sägeblatt im rechten Winkel zur Brettseite steht. Bei Kasten- und Längsholzgehrungen ist das Sägeblatt zur Brettseite hin geneigt. Der Schnitt für eine Kastengehrung verläuft im rechten Winkel zur Holzkante, während der Schnitt bei einer Längsholzgehrung parallel dazu erfolgt. Der vierte Typ ist die Trichtergehrung. Dabei verläuft die Gehrung quer oder längs zur Faser konisch bzw. verjüngt.

Die Klebfläche einer Längsholzgehrung besteht ausschließlich aus Längsfasern, während andere Gehrungen sich an der Hirnholzkante schlechter verleimen lassen. Aus diesem Grund müssen Gehrungsverbindungen verstärkt werden. Selbst wenn der Faserverlauf eine haltbare Verleimung verspricht, können die Teile durch den Zwingendruck verschoben werden. Dies lässt sich durch lose Federn oder andere mechanische Hilfsmittel verhindern, die in Kombination mit besonderen Spanntechniken eingesetzt werden.

Ungenau gearbeitete Gehrungsverbindungen sind kaum praktisch einsetzbar und nur schwer zu korrigieren. Es ist daher empfehlenswert, die verwendeten Maschinen sorgfältig einzustellen und Probestücke anzufertigen, bevor man das eigentliche Werkstück in Angriff nimmt. Da die Gehrungsanschläge an stationär betriebenen Maschinen häufig ungenau sind, gibt es einen florierenden Markt für Präzisionsgeräte und -vorrichtungen. Hinzu kommt eine Vielzahl von selbstgebauten Gehrungsladen und selbstentwickelten Methoden, die ein präzises Arbeiten ermöglichen sollen.

Die maschinelle Herstellungen von Gehrungen erzeugt zusätzliche Kräfte, die das Holz auf Zug oder Schub beanspruchen. Dadurch verrutscht es leicht während des Schneidens. Mit Hilfe von scharfen Sägeblättern, Niederhaltern sowie mit Anschlägen und Sandpapier versehene Gehrungsschnittladen lassen sich das Verrutschen und damit einhergehende Zwischenfälle vermeiden.

Die Herstellung von Gehrungen

Der Schnittwinkel für Rahmengehrungen wird ermittelt, indem man die 360° eines Kreises durch die Anzahl der Seiten teilt und anschließend das Ergebnis durch „2" dividiert. Je nach Winkel oder Kalibrierung der Maschine justiert man den Winkelanschlag, das Sägeblatt oder den Radialarm auf den Schnittwinkel bzw. auf dessen Komplementärwinkel (diesen erhält man, wenn man den Schnittwinkel von 90° subtrahiert) einstellt.

Um die Genauigkeit des Winkelanschlags zu verbessern, bringt man auf dem Sägetisch mit Hilfe eines Stellwinkels und ein wenig Geometrie dauerhafte Markierungen an. Zunächst sorgt man dafür, dass das Sägeblatt der Tischsäge parallel zu den Schlitzen des Winkelanschlags eingestellt ist. Dies lässt sich überprüfen, indem man den Abstand zwischen dem Schlitz des Winkelanschlags und einem Sägezahn misst – zunächst vorn und anschließend dreht man diesen Zahn mit dem Sägeblatt nach hinten. Nachdem der Winkelanschlag überprüft bzw. gemäß der Anleitung justiert wurde, benutzt man die abgebildete Methode, um die gebräuchlichsten Winkel zu markieren.

Verlängern Sie das Gehrungslineal mit einer Leiste bis zu einem auf der Winkelhalbierenden gekennzeichneten Punkt, arretieren Sie diese Einstellung und testen Sie den Schnitt anhand von Messwerkzeugen oder exakten Zeichnungen. Je weiter entfernt der Prüfpunkt auf der Winkelhalbierenden liegt, desto feinere Abstimmungen lassen sich am Winkelanschlag vornehmen. Setzen Sie mit dem Körner eine kleine Markierung in die Werkbank, sobald Sie die richtige Einstellung gefunden haben.

Maschineneinstellungen mit Hilfe der Geometrie

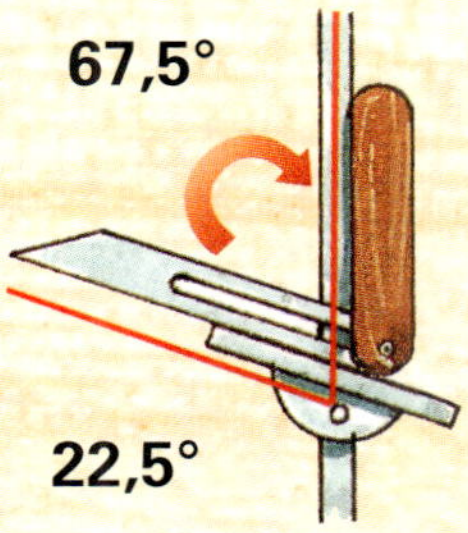

Wenn man einen 45°-Winkel halbiert, erhält man genau 22,5°. Übertragen Sie einen der gekennzeichneten Winkel oder Komplementärwinkel auf eine Schmiege, um die Neigung des Sägeblattes einzustellen.

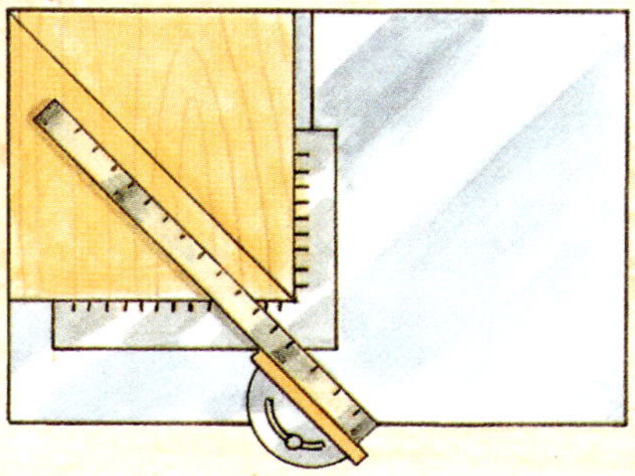

Um einen 45°-Winkel an der Tischsäge einzustellen, legt man einen rechten Winkel am Gehrungsschlitz an und halbiert den Winkel. Anschließend setzt man mit dem Körner eine Markierung auf der Linie, die man dann für die Einrichtung eines Gehrungsschneidlineals mit Hilfe einer Leiste verwendet.

Gehrungen und Mathematik

Der Winkelanschlag wird auf einen Schnittwinkel von 30° eingestellt.

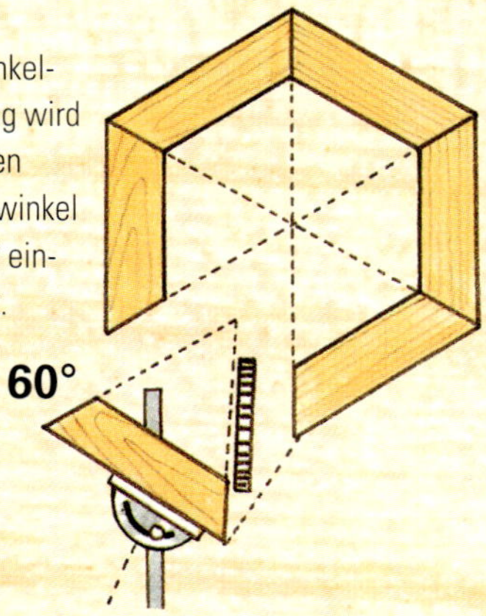

Die Formel zur Ermittlung des Gehrungsschnittwinkels lautet wie folgt: 360° geteilt durch die Anzahl der Segmente, dividiert durch zwei ergibt den Schnittwinkel.

Oben: Bei einer Gehrungseckverbindung wird der Faserverlauf umlaufend gestaltet, um eine geschlossene Wirkung zu erzeugen.

Rahmeneckverbindungen auf Gehrung

Ein einfacher Gehrungsrahmen besteht aus Hirnholz-Stoßfugen, deren Festigkeit durch die Verleimung erzeugt wird. Ein sehr leichter, mit Epoxidharz verleimter Rahmen hält zwar unter Umständen ein geringes Maß an Beanspruchung aus, doch die meisten Rahmen müssen aus Gründen der Festigkeit verstärkt werden.

Verstärkungen von Gehrungsrahmen sind entweder integraler Bestandteil der Verbindung oder werden nach der Verleimung angebracht. Lose Federn oder Längsfaserstöße (wie z. B. Überblattungen auf Gehrung) sind die gebräuchlichsten integrierten Verstärkungen.

Quernuten für lose Federn werden vor der Verleimung in die auf Gehrung geschnittenen Rahmenenden gearbeitet. Dabei hängt das Verfahren jeweils von der Länge der Rahmenteile ab. Kurze Teile lassen sich hochkant mit der Tischsäge oder mit einem Nutenfräser auf dem Frästisch bearbeiten. Sind die Teile länger, ist die seitliche Bearbeitung mit der Oberfräse oder einer Radialarmkreissäge günstiger.

Eine weitere Möglichkeit ist die Verstärkung durch Nägel, Federn oder von außen eingesetzte Schwalben (schwalbenschwanzförmige lose Federn) nach dem Verleimen. Werden Rahmen um eine Sperrholzplatte herum gebaut, wie zum Beispiel eine Tischplatte, bei der nicht das Risiko von jahreszeitlich bedingtem Arbeiten besteht, können die Rahmenteile mit der Platte verleimt werden, wodurch der Gehrungsrahmen stabilisiert wird.

Ähnlich wie bei der hier abgebildeten Technik mit der Radialarmkreissäge kann man von Hand zwei oder drei Kerben einsägen und kontrastfarbiges Furnier einleimen, was sehr dekorativ aussieht. Werden Nägel verwendet, so sind diese in die Rahmenseiten einzuschlagen, damit sie durch das Gewicht des Rahmens nicht wieder herausgezogen werden.

Überblattung auf Gehrung

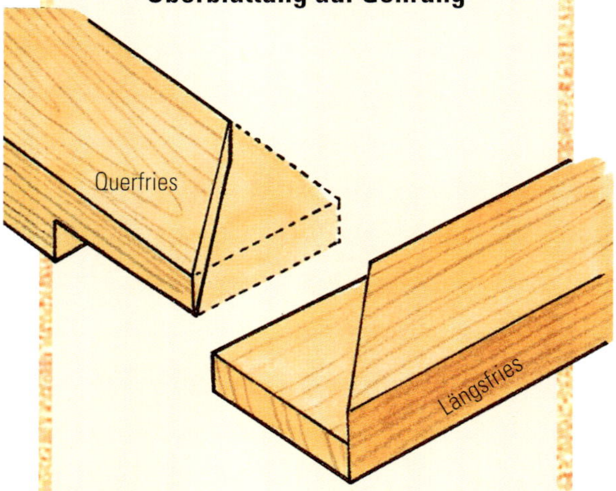

Klinken Sie Ecküberblattungen im Winkel von 45° aus den horizontalen Querfriesen aus, so dass diese mit den Brüstungen der Längsfriese zusammenpassen.

Die Herstellung eines Gehrungsrahmens von Hand

1 Reißen Sie einen Winkel von 45° an oder zeichnen Sie die Diagonale eines Quadrates, dessen Seitenlänge der Holzbreite entspricht und befestigen Sie dort ein Zulageholz als Führung für die Säge.

2 Das Werkstück auf eine Gehrungsstoßlade legen und mit einem Falzhobel o. ä. vorsichtig bearbeiten, um Sägespuren zu entfernen. Dabei wird eine Spielkarte zwischen Stoßlade und Werkstück geschoben, um Unebenheiten auszugleichen.

3 An den Hirnholzkanten wird kräftig Leim angegeben und anschließend spannt man den Rahmen wie abgebildet mit Hilfe einer selbstgebauten, justierbaren Vorrichtung (Rahmenzwinge), die dafür sorgt, dass die Rahmenteile unter Spannung nicht verrutschen.

Professionelle Rahmenbauer sägen Gehrungen fast auf Länge zu und setzen anschließend teure Maschinen zum Putzen der Fügeflächen ein. In der Hobbywerkstatt sind Handhobel, Gehrungsstoßlade und etwas Übung die beste Alternative.

Tipps

Wenn Sie sich eine Gehrungssäge anschaffen, achten Sie darauf, dass sie sich problemlos einstellen lässt. Die Schnittwinkel-Markierung sollte beweglich sein, damit sie nötigenfalls neu justiert werden kann. Durch den starken Motor und die Bewegung des Sägeblattes werden die exakten Einstellungen solcher Maschinen häufig verändert und müssen daher vor jeder Benutzung überprüft werden.

Kasteneckverbindungen auf Gehrung

Auf Gehrung geschnittene Kasteneckverbindungen sind, ebenso wie Gehrungsrahmen, auf Grund ihrer Hirnholzverleimungen in sich schwache Verbindungen. Daher werden sie in der Regel eher ergänzend als für tragende Verbindungen eingesetzt. Die meisten Arten der Verstärkung, die man für Rahmeneckverbindungen verwendet, lassen sich auch auf Kasteneckverbindungen übertragen. Eine Ausnahme bildet die dekorative von außen einzusetzende Schwalbe. Stattdessen lässt sich die so genannte falsche Schwalbenschwanzzinkung anwenden, die jedoch recht selten ist.

Bei einer L-Verbindung treffen zwei Hirnholzflächen aufeinander, so dass es schwer ist, einen Längsfaserkontakt herzustellen, außer durch Kombination mit der Fingerzinkung. Selbst mit Hilfe von innen eingesetzten Federn entsteht kein Längsfaserkontakt – außer bei sechs- oder achtseitigen Werkstücken, bei denen der Winkel größer ist als 120 Grad. Das Einsetzen von Federn an den Ecken sorgt für Längsfaser-Festigkeit bei Kasteneckverbindungen.

Durch die mit der Tischsäge herzustellende angefederte Kasteneckverbindung auf Gehrung erfolgt eine automatische Verzahnung der Verbindung, so dass die Festigkeit der Verleimung eine geringere Rolle spielt. Sie wird ihrer Aufgabe jedoch nur gerecht, wenn sie korrekt ausgerichtet ist, so dass sie der Zugspannung standhalten kann. Diese Verbindung wird häufig für Schubkästen eingesetzt, da sie die durch den Zug am Vorderstück ausgeübte Beanspruchung aushält und weder am Vorder- noch am Seitenstück Hirnholz sichtbar ist.

Bei der gefälzten Kasteneckverbindung auf Gehrung gibt es ebenfalls keine Längsfaser-Leimfläche. Die kleine Brüstung sorgt an der Verleimung für ein gewisses

Die Herstellung eines gefederten Gehrungsrahmens mit der Radialarmkreissäge

1 Mithilfe des Gehrungswinkels schneiden Sie jedes Teil an einem Ende auf Gehrung. Spannen Sie danach einen Anschlagklotz an das Schneidlineal, um die Länge für den abschließenden Schnitt einzustellen.

2 Bringen Sie die Säge in horizontale Lage, stellen Sie das Blatt auf ca. ein Drittel der Gehrungsfugenlänge ein und sägen Sie eine Kerbe in die bereits verleimten Ecken des Rahmens, indem Sie den Rahmen auf einer Höhenlehre am Sägeblatt vorbei führen.

3 Schneiden Sie Material für die Federn in der Stärke der Kerbe auf die passende Länge und leimen Sie die Federn ein. Nach dem Trocknen werden die Überstände abgesägt und mit Sandpapier geschliffen.

Die gefälzte Kasteneckverbindung auf Gehrung

1 Man verwendet für beide Teile Material von gleicher Dicke (oder für eine Seite dünneres Material, wie z. B. bei Schubkasten-Seitenstücken) und sägt eine Gehrung von 45 Grad.

2 Schneiden Sie das Schubkasten-Vorderstück zu und arbeiten Sie eine Kerbe quer über die Innenfläche, deren Breite der Dicke des Seitenstücks entspricht und bis zur Gehrung reicht.

3 Stellen Sie die Neigung des Sägeblattes auf 45 Grad ein, entfernen Sie den Überstand an der Innenseite des Vorderstücks und verleimen Sie beide Teile miteinander. Sobald der Leim getrocknet ist, werden von der Seite her Dübel eingesetzt, um die Verbindung zu verstärken.

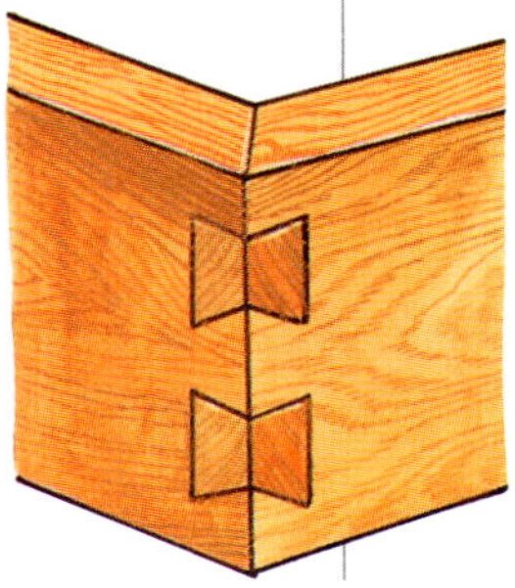

Rechts: Die „falsche Schwalbenschwanzzinkung" ist eine dekorative Variante zur Verstärkung von Kasteneckverbindungen.

Die angefederte Kasteneckverbindung auf Gehrung

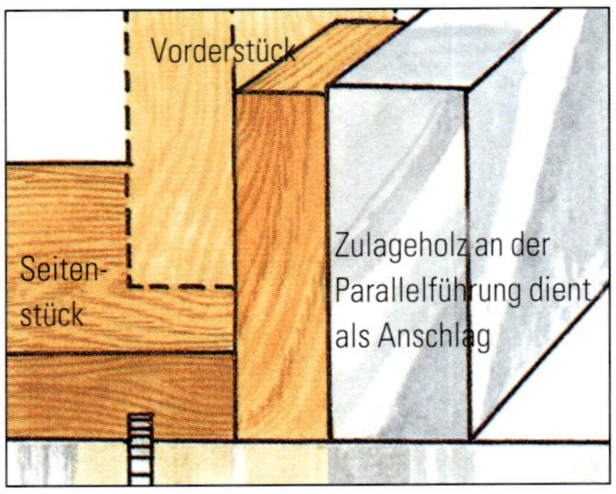

1 Das Sägeblatt fluchtend mit der Dicke des Vorderstücks und der Kerbe auf der Innenseite des Seitenstücks einstellen. Die Höhe des Sägeblatts beträgt ca. ein Drittel der Dicke des Seitenteils.

Maß an Abscher- und Schrägverziehungsfestigkeit. Die eigentliche Verstärkung kommt jedoch durch die Dübel, die von außen in die Verbindung eingesetzt werden bzw. indem die Verbindung in Längsfaserrichtung zusammengesetzt wird. Die gedübelte und gefälzte Kasteneckverbindung auf Gehrung wird in Japan gern für Schubkästen verwendet, da sie leicht herzustellen, haltbar und dekorativ ist, wenn man kontrastfarbige Dübel benutzt. Der Vorteil dieser Verbindung besteht darin, dass unterschiedliche Holzdicken zusammengesetzt werden können.

Die Breite der Federn in Kasteneck- und anderen Gehrungsverbindungen sollte ca. das Zweifache der Holzdicke betragen. Die Feder sollte innerhalb der Mittellinie der Verbindung liegen. Um die Quernuten für die Federn zu schneiden, legt man das Holz flach an die Tischsäge und arbeitet im gleichen Winkel wie beim Sägen der Gehrung. Wenn die Gehrung mit Hilfe eines Winkelanschlags flach gegen den Tisch geneigt wird, steht das Sägeblatt aufrecht im rechten Winkel. Die Federn lassen sich am besten mit der Oberfräse anarbeiten. Die Abbildungen mögen zwar etwas kompliziert erscheinen, diese Verbindung lässt sich jedoch recht einfach herstellen und zusammensetzen. Im Handel gibt es Fräser, mit denen man sowohl die Gehrung als auch die Nuten fräsen kann. Dazu wird die Oberfräse an einem Frästisch montiert, wobei darauf zu achten ist, dass das Werkstück sicher geführt wird, während es über den Fräser läuft.

2 Schneiden Sie mit der Tischkreissäge (oder der Fräsmaschine) bis auf eine Höhe, die der Dicke des Seitenstückes entspricht, eine Nut in das Vorderstück und lassen Sie dabei eine schmale Feder stehen, die in die bereits fertige Kerbe des Seitenteils passt.

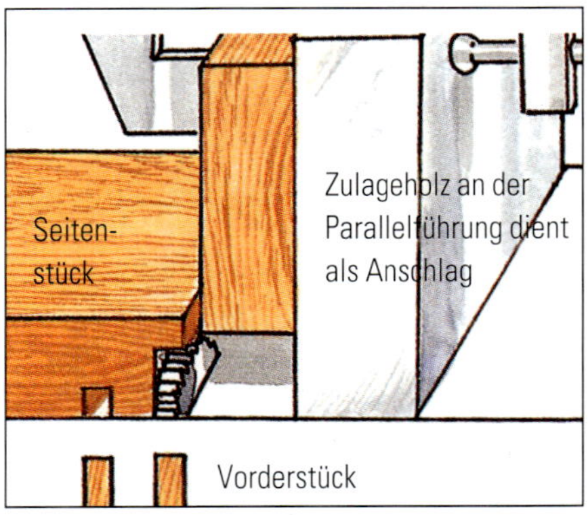

3 Befestigen Sie einen Anschlag an der Parallelführung, senken Sie das Nutsägeblatt zum Schneiden der Quernut auf zwei Drittel der Dicke ab und schneiden Sie einen Falz, so dass eine Feder stehen bleibt, die in die Quernut des Vorderstücks passt.

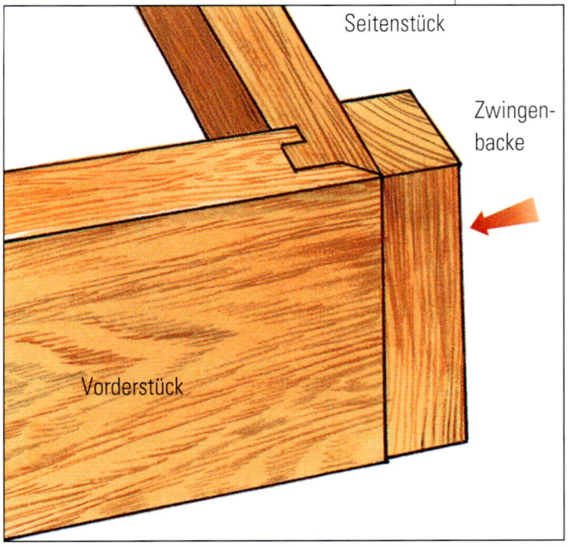

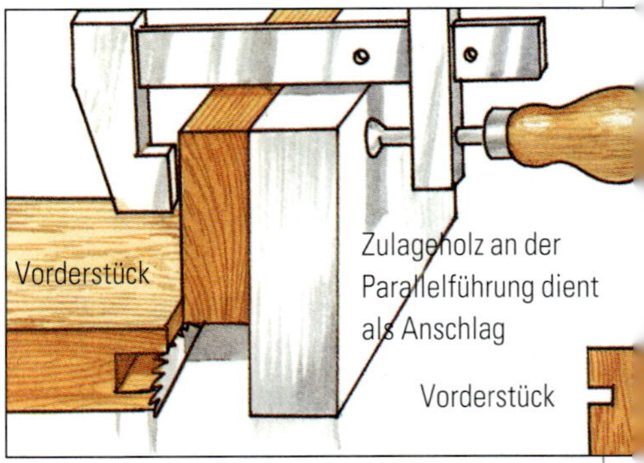

4 Ein normales Sägeblatt wird abgesenkt, um nur die schmale Feder im Vorderteil zu sägen, wobei deren Tiefe der Tiefe der Quernut entspricht, die ein Drittel tief in die Dicke des Seitenstücks geschnitten wurde.

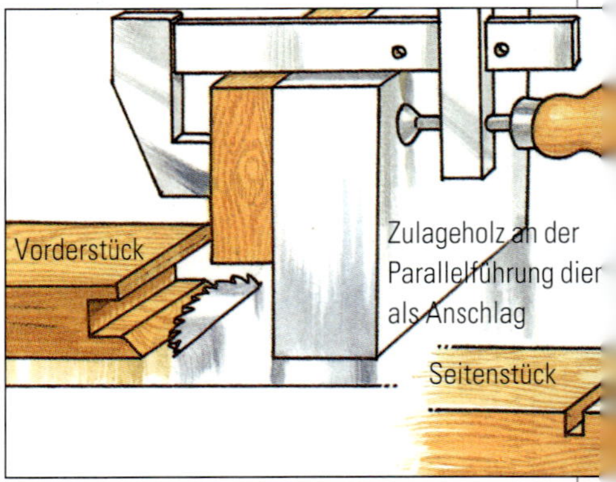

5 Die Neigung des Sägeblattes wird auf 45° eingestellt. An der Parallelführung wird ein Anschlag befestigt, um den Gehrungsschnitt der überstehenden Federn an Vorder- und Seitenstück vorzugeben.

6 Anders als bei den meisten Gehrungen muss bei der angefederten Gehrung nur in eine Richtung Druck ausgeübt werden. Mit Hilfe eines Zulageholzes wirkt der Druck jedoch direkt auf die Gehrung.

Längsholzgehrungen

Eine einfache Gehrungsfuge, die in Faserrichtung verläuft, verleiht dem Werkstück optische Geschlossenheit. Das liegt vermutlich daran, dass sich die Fugenlinie optisch so gut in das Material einfügt, dass die Einzelteile als einheitliches Ganzes wirken. Längsholzgehrungen werden z. B. für Schirmständer, Übertöpfe und Kaleidoskope verwendet. Der Faserverlauf von Längsholzgehrungen sorgt für haltbare Verleimungen, wenn auch das Spannen der Teile einige Tücken hat.

Eine aus sich heraus rechtwinklige Verbindung wie die gefälzte Kasteneckverbindung auf Gehrung mit ihrem Innenabsatz, auf den die Gehrung stößt und der die Verbindung an Ort und Stelle hält, ist eine gute Wahl für rechtwinklige Konstruktionen. Trotzdem trägt eine Gehrungszwinge dazu bei, die Außenecken der Gehrung fest anzudrücken. Diese Verbindung lässt sich auf dem Frästisch mit einem Nutenfräser und einem Fasenfräser herstellen. Der Einsatz einer Radialarmkreissäge ist hierbei auf Grund des Längssägens nicht ganz ungefährlich.

Die Längsholzgehrung mit umlaufender Maserung eignet sich besonders gut für selbst furnierte Sperrholzschränke, deren Rückwand sichtbar ist. Für die Rückwand verwendet man dabei Material aus der Mitte des Furnierblattes und fügt die Seitenstücke mit umlaufender Maserung an und ergänzt die Verblendung.

Längsholzgehrung mit umlaufender Maserung

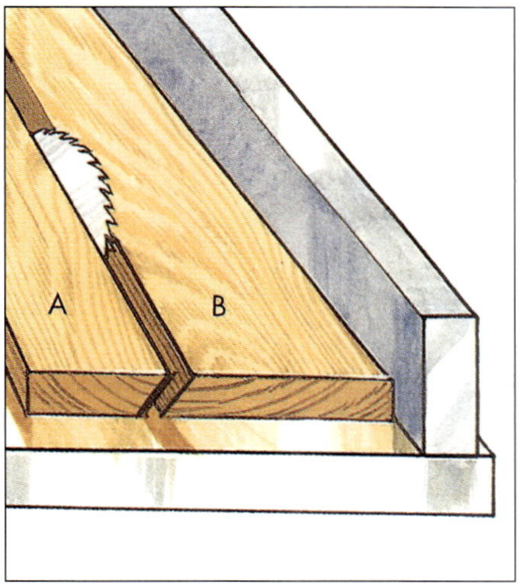

1 Die Neigung des Sägeblattes wird auf 45° eingestellt. Wenn die Gehrung in Richtung des Parallelanschlags geneigt sein soll, zeigt die Außenseite nach oben und umgekehrt.

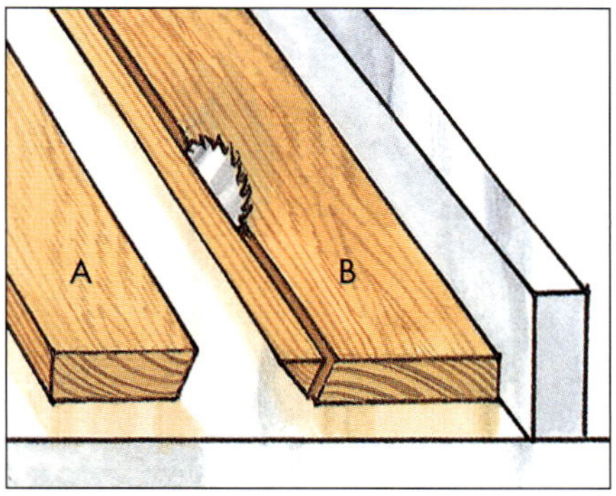

2 Drehen Sie das Brett über die Länge, so dass von der zunächst am Parallelanschlag anliegenden Kante ein Abfallstreifen mit dreieckigem Querschnitt abgesägt wird.

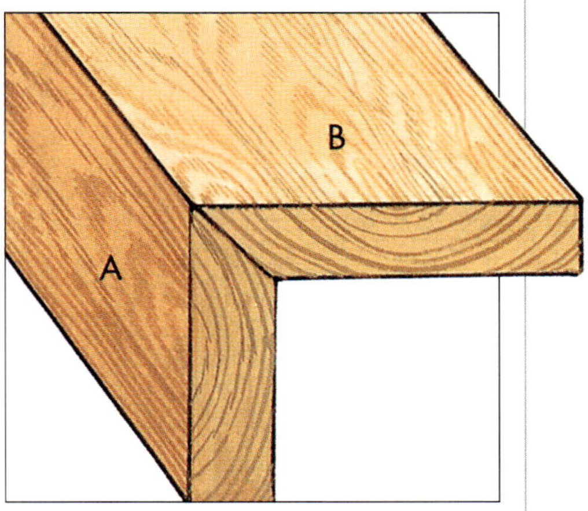

3 Drehen Sie das Brett wieder um und fügen Sie beide Teile zusammen, um eine nahezu perfekt umlaufende Maserung zu erhalten.

Gewölbte Breitenverbindungen

Bei der Herstellung von gewölbten Breitenverbindungen werden die einzelnen Segmente mit Gehrungen versehen, um sie kreisbogenförmig aneinander zu fügen, so dass eine geschlossene Fläche entsteht. Nach dem Abbinden des Leims wird diese Fläche glatt gehobelt.

Schlechte Oberflächenvorbereitung

Eine haltbare Verleimung entsteht, indem frisch und sauber gehobelte Passflächen passend aneinander gefügt werden. Sowohl Wölbungen als auch Auskehlungen verhindern den vollständigen Kontakt, der erforderlich ist, damit der Leim haftet. Die Unebenheiten einer grob gesägten Oberfläche verhindern, dass der Leim einen gleichmäßigen Film bildet und erschwert das straffe Spannen von Verbindungen, damit eine unsichtbare Leimfuge entsteht. Stumpfe Hobelmesser führen zu einer glasigen Oberfläche, die sich schlecht verleimen lässt. Exotische Hölzer enthalten Oberflächenstoffe, die besondere Klebstoffe bzw. eine vorherige Behandlung mit Aceton erfordern.

Die gefälzte Längsholzgehrung

1 Die Innenseite des Brettes wird mit einer Kerbe versehen, wobei der Abstand zwischen Parallelführung und Außenseite des Sägeblattes der Holzdicke entspricht und die Höhe des Sägeblattes auf die Hälfte der Holzdicke eingestellt wird.

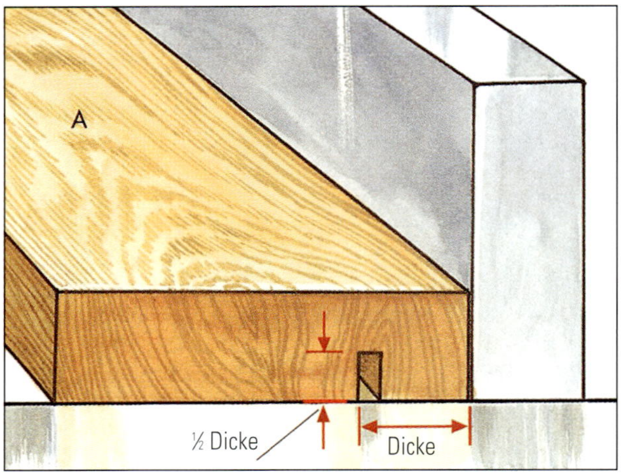

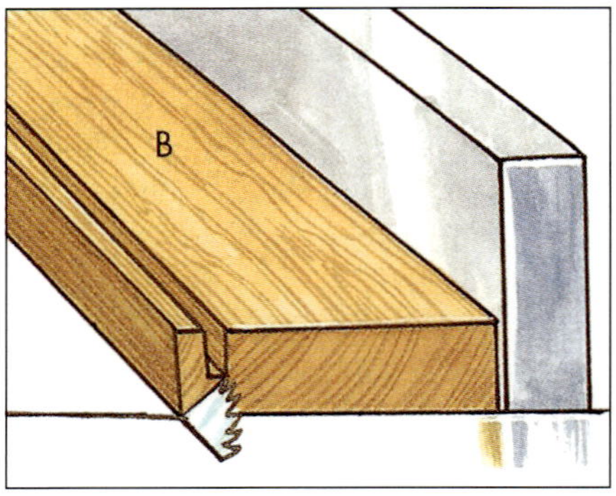

4 Drehen Sie das zweite Brett über die Länge, so dass die Innenseite nach oben zeigt und neigen Sie das Sägeblatt auf 45°, um den Abfall von der Kerbe zu entfernen.

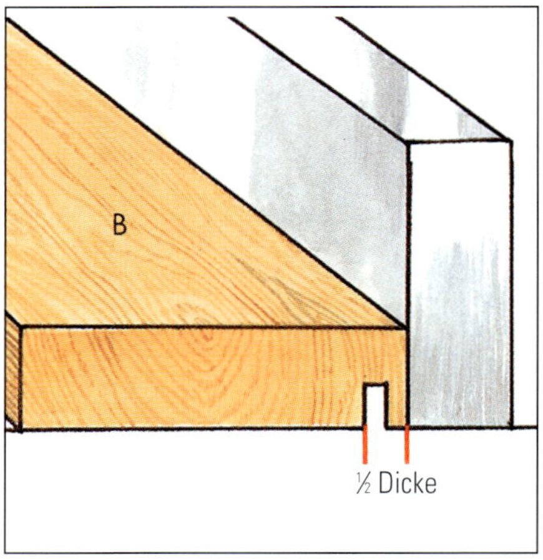

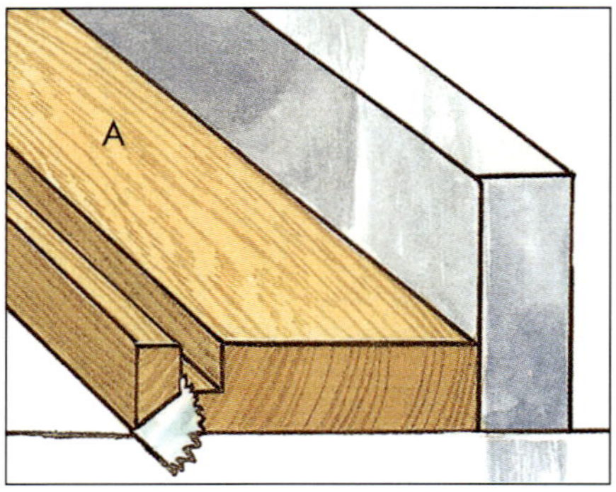

2 Stellen Sie den Parallelanschlag so ein, dass der Abstand zur Innenseite des Sägeblattes der halben Holzdicke entspricht und sägen Sie eine weitere Kerbe. Danach erfolgt die Einstellung des Parallelanschlags so, dass der Abfall zwischen den beiden Kerben herausgesägt werden kann.

3 Ohne die Höhe des Sägeblattes zu verändern, wird der Parallelanschlag wieder so eingestellt, dass der Abstand zur Blattaußenseite der halben Dicke entspricht, um die Innenseite des zweiten Teiles mit einer Kerbe zu versehen.

5 Drehen Sie das erste Brett mit der Innenseite nach oben und sägen Sie den Abfall im gleichen 45°-Winkel ab, so dass die Gehrung bis direkt an die Nut heranreicht.

6 Als Hilfsmittel für die Verleimung setzt man zwei Schnitte in ein langes Kantholz, um eine Ecke herauszusägen und setzt einen Kerbschnitt in die Innenecke des Zulageblocks, um zu vermeiden, dass dieser durch überschüssigen Leim an der Gehrung festklebt.

DIE SCHWALBENSCHWANZVERBINDUNG

Die Schwalbenschwanzzinkung gilt häufig als das Paradebeispiel für anspruchsvolle Handwerkskunst. Dabei greifen die beiden Teile ineinander und verleihen dem Werkstück dadurch ein hohes Maß an mechanischer Festigkeit. Eine Schwalbenschwanzverbindung besteht aus Schwalbenschwänzen (oder kurz: Schwalben) und ähnlich geformten Aussparungen, die ineinander gesteckt werden. Am bekanntesten ist sie wahrscheinlich als Kasteneckverbindung. Die Teile zwischen den Aussparungen bezeichnet man als Zinken. Diese passen wie ineinandergreifende Zapfen in die Zwischenräume der Schwalben. Die konisch zulaufenden Schwalben steifen die Verbindung gegen Zugspannung aus und sorgen für eine hohe mechanische Festigkeit.

Verwendung einer Schablone

Bei der Arbeit mit Schablone und Bleistift reißt man die Lage der Schwalbenschwänze auf einem Teil an. Schraffieren Sie immer den Abfall. Der Neigungswinkel der Schwalben beträgt in der Regel ca. 1:7 und kann auch mit der Schmiege angezeichnet werden.

Die Herstellung offener Zinken

Die Zinken einer Schwalbenschwanz-Eckverbindung sollten an ihrer breitesten Stelle ca. halb so breit gestaltet werden wie die Holzdicke oder etwas breiter und die Schwalben sollten bei gleichmäßiger Teilung zwei- oder dreimal so breit sein wie die Zinken. Bei der variablen Aufteilung sind die Schwalben in der Mitte breiter als an den Rändern der Verbindung, damit dort die Klebfläche der Zinken vergrößert wird. Auf diese Weise wird die Verbindung dort verstärkt, wo es nötig ist und Verwerfungen quer zur Faser, die durch das Trocknen des Holzes entstehen, werden verhindert. Bei der Planung ist zu berücksichtigen, dass die Kernholzseite nach außen zeigen sollte, um die Trocknungswirkung auszugleichen – Schubkästen klemmen, wenn die Seitenteile sich nach außen wölben.

Die halben Zinken an beiden Außenseiten einer Schwalbenschwanz-Eckverbindung müssen nicht unbedingt halb so breit sein wie die anderen Zinken. Man bezeichnet sie als halbe Zinken, weil nur eine Seite den Neigungswinkel der Schwalben besitzt. Häufig sind sie an ihrem breiten Ende so breit wie die anderen Zinken oder sogar breiter. Korrekt gearbeitete Schwalbenschwanz-Eckverbindungen enden mit halben Zinken, damit eine Klebfläche für die Schwalbe vorhanden ist.

Je höher das Verhältnis für den Neigungswinkel der Zinken und Schwalben, desto geringer ist die Gefahr, dass die Ecken ausbrechen. Ein Verhältnis von weniger als 1:5 führt zu einer Schwächung der Ecken, vor allem bei groben Hölzern. Höhere Winkelverhältnisse führen zu einer flacheren Keilform und werden daher für Harthölzer eingesetzt, die nicht so stark schwinden oder für Weichholz unter geringer Spannung. Bei sehr feinen Arbeiten schrumpfen die Zinken gelegentlich bis auf Punktgröße zusammen. Die Breite der Zinken spielt jedoch für die Stabilität der Verbindung eine wesentlich geringere Rolle als Schwalben, die an ihrer schmalsten Stelle zu dünn und schwach sind.

Die Zinken können mit der Tischsäge ausgearbeitet werden. Dazu hält man das Holzteil vertikal im Winkel von 1:5 an eine aus Holzverschnitt hergestellte Führung, die an einem Gehrungsanschlag befestigt wurde. Der Anschlag wird so weit geneigt, bis das Sägeblatt im Neigungswinkel der Zinken auf das Holzstück trifft, wenn man das Sägeblatt bis zur angezeichneten Linie absenkt. Führen Sie zunächst alle Schnitte in eine Richtung aus und drehen Sie das Brett für die anderen Schnitte.

Offene Zinken

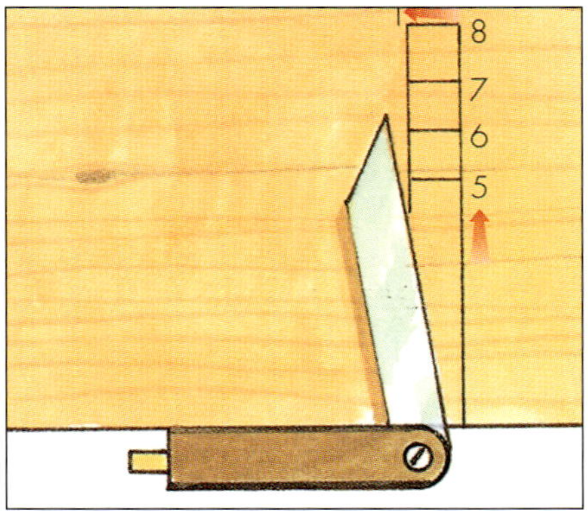

1 Unter Berücksichtigung der Holzsorte und -art wird die Schmiege an der Werkbankkante angelegt und der Neigungswinkel der Schwalben in einem Verhältnis zwischen 1:5 und 1:8 eingestellt (oben).

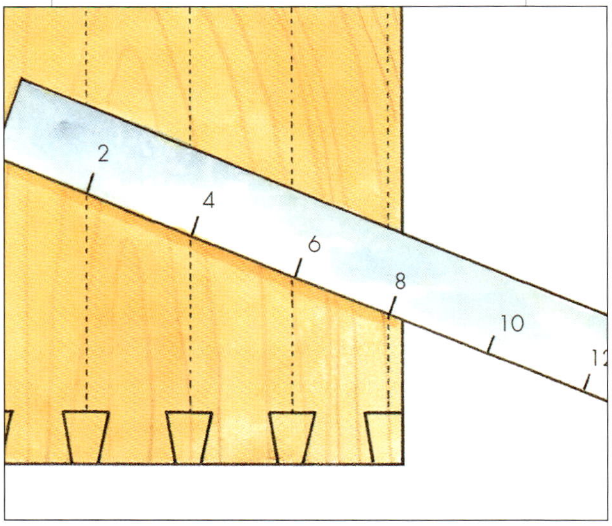

2 Fertigen Sie eine Zeichnung an, um die Größe der Schwalben zu ermitteln. Mit Hilfe eines schräg angelegten Lineals lassen sich auf einfache Weise gleichmäßige Abstände für die Mittellinien der Zinken sowie die Aufteilung der Schwalben festlegen (rechts).

3 Das Holz abrichten und mit Sandpapier schleifen, das Streichmaß mit einer geringfügigen Zugabe auf die Dicke des Schwalbenstücks einstellen und das Ende des Zinkenstücks auf den Brettseiten und -kanten anreißen.

8 Das Werkstück umdrehen und den verbleibenden Abfall in kleinen Schritten zur Querlinie hin herausstemmen, bis die Zinken komplett herausgearbeitet sind.

4 Mit der Innenseite des Brettes nach vorn werden die Mittellinien der Zinken angerissen und links und rechts der Mittellinien trägt man die Hälfte der breitesten Stelle der Zinken an. Mit einem Messer werden anschließend die Winkel angerissen und mit dem Bleistift der Abfall markiert.

6 An der vorderen Ecke auf der Abfallseite der Zinkenlinien beginnend sägt man Seite und Stirnkante des Brettes bis zur Hälfte ein, um anschließend mit waagerecht gehaltener Säge bis zur Querlinie hinunter zu sägen.

9 Die Zinken innen putzen und dabei darauf achten, dass die Wangen plan und rechtwinklig sind. Das Hirnholz ist ebenfalls plan zu bearbeiten bzw. mit einer leicht V-förmigen Einkerbung zu versehen.

5 Rechtwinklig werden die Zinkenlinien mit einem Messer auf beide Brettseiten bis zur Querlinie verlängert. Der Abfall ist deutlich zu kennzeichnen.

7 Das Werkstück über einem Bein der Werkbank mit einem Zulageholz als Anschlag auf der Querlinie fest spannen. Mit dem Stemmeisen die Hälfte des Abfalls im rechten Winkel zum Hirnholz herausstemmen.

Zapfenarten

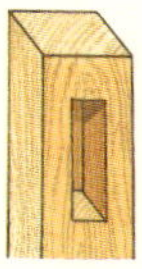

Ein **blindes Zapfenloch** endet kurz vor dem Austritt auf der gegenüberliegenden Werkstückseite. Der dazugehörige Zapfen ist im Holz eingeschlossen.

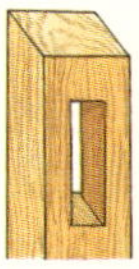

Ein **durchgehendes Zapfenloch** reicht bis auf die gegenüberliegende Werkstückseite, an der der Zapfen sichtbar wird.

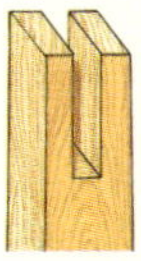

Der **Zapfenschlitz** ist eine tiefe Ausklinkung aus dem Hirnholz; er wird in durchgehenden Zapfenquerverbindungen oder in Schlitz-Zapfen-Rahmenverbindungen verwendet.

Offene Schwalben

Um die Schwalben anhand der Zinken anzureißen, wird mit dem Streichmaß die Dicke des Zinkenstücks um das Ende des Schwalbenstücks herum angerissen. Das Zinkenstück wird mit der Seite an die Querlinie angelegt, so wie die Verbindung zusammengesetzt werden soll. Falls nötig, mit Zwingen befestigen. Die Umrisse der Zinken auf den Innenseite des Schwalbenstückes anreißen, dabei muss das Anreißmesser dicht an den Zinken entlang geführt werden.

Wie bei allen Handsägearbeiten kann man als Sägeführung kleine Fasen in den Hirnholz-Abfall stemmen oder eine lange flache Kerbe entlang der Linie ausarbeiten. Dazu kann das Brett leicht geneigt werden, da dies unter Umständen die Ausführung vertikaler Schnitte erleichtert. Eine andere Möglichkeit zur Ausrichtung der Säge ist das Anbringen eines leichten Kerbschnitts an der hinteren Ecke.

Wenn man die Schwalben mit der Tischsäge herstellen möchte, wird das Sägeblatt im Neigungswinkel der Schwalben gekippt und das Werkstück vertikal gegen einen rechtwinkligen Winkelanschlag gedrückt. Zuerst schneidet man dabei alle Schwalbenflanken, die in eine Richtung zeigen und dreht anschließend das Brett, um die anderen Flanken zu sägen. Es ist auch möglich, die Schwalben vorsichtig mit der Bandsäge zu schneiden, wobei das Brett flach auf dem Tisch liegt.

Wenn das Streichmaß etwas reichlich auf die Dicke eingestellt wird, stehen die Enden der Verbindung leicht über und können so nach dem Verleimen mit Sandpapier bündig geschliffen werden. Viele Tischler bevorzugen diese Methode. Ein anderes Verfahren besteht darin, die Dicke so knapp einzustellen, dass die Enden leicht vertieft in den Aussparungen sitzen, so dass zum Schluss die gesamte Brettseite gehobelt oder geschliffen werden muss. Bei eingepassten Schubkästen ist die Endbreite entscheidend.

Wenn man sich dafür entscheidet, die Enden überstehen zu lassen, erschwert dies das Spannen. Die überstehenden Enden verhindern, dass die Schwalben durch die Zwingen mit direktem Druck in die Aussparungen geschoben werden. Allerdings helfen hier kammähnliche Zulagen, die man mit einspannt, um Druck auf die Schwalben auszuüben. Da sich die Klebfläche jedoch zwischen Schwalben und Zinken befindet, sollte der eigentliche Druck an der Breitseite der Verbindung anliegen, nachdem die Teile mit Hilfe anderer Zwingen zusammengespannt wurden.

Hilfsmittel zum Anreißen

Ein weiteres selbst gebautes Hilfsmittel für das Anreißen einer Schwalbenschwanzzinkung dient dazu, den Neigungswinkel der Schwalben und Zinken zu bestimmen und die Linien auf die Hirnholzkante und die andere Brettseite überzuwinkeln.

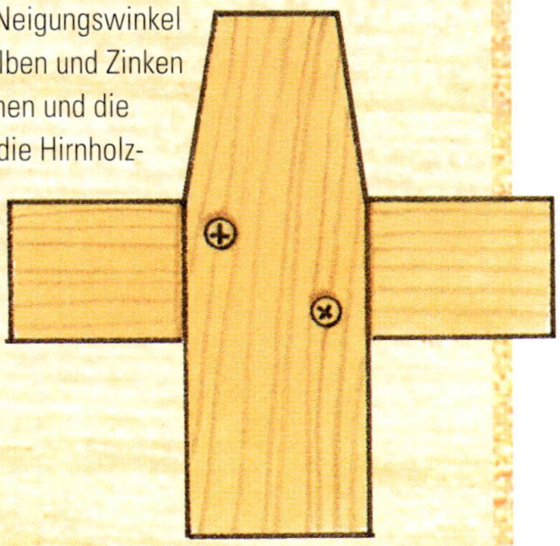

Offene Schwalben

1 Das Streichmaß reichlich auf die Dicke des Zinkenstückes einstellen und dieses Maß an den Seiten und Kanten des Schwalbenstückes anreißen. Zuvor ist das Brett plan zu hobeln, rechtwinklig zuzurichten und mit Sandpapier zu schleifen.

2 Die Breitseite der ausgeschnittenen Zinken wird an die Querlinie gehalten oder mit Zwingen befestigt, um die Umrisse der Zinken auf dem Schwalbenstück anzureißen.

3 Die angezeichneten Schwalbenlinien werden auf die Stirnseite des Brettes übergewinkelt und die Lage der Zinken ist als Abfall zu kennzeichnen.

4 An der vorderen Ecke beginnend, setzt man die Säge auf der Abfallseite der Zinkenlinie an und führt sie gleichmäßig durch Brettseite und -ende. Dabei kann das Brett bei Bedarf leicht gekippt werden, wenn die Säge vertikal geführt werden soll. Versuchen Sie nur so viel Druck auszuüben, wie zum Führen der Säge durch das Werkstück benötigt wird und überprüfen Sie regelmäßig, dass Sie unmittelbar neben der Bleistiftlinie arbeiten.

5 Stemmen Sie den Abfall mit einem schmalen Stemmeisen heraus und gehen Sie dabei genauso vor wie bei den Zinken. Halten Sie das Stemmeisen leicht schräg, wenn das Hirnholz leicht unterschnitten sein soll. Bei der Herstellung von Verbindungen ist es generell wichtig, gut geschärfte Werkzeuge zu verwenden, um zu vermeiden, dass die Holzfasern aufreißen und dadurch die Kanten der Schwalben rau werden.

6 Es ist auch möglich, den Abfall nahe der Linie mit einer feinen Bogensäge zu entfernen und anschließend das Hirnholz bis zur Querlinie zu putzen. Dazu wird das Werkstück hochkant in den Schraubstock eingespannt. Kontrollieren Sie regelmäßig (auch auf der Rückseite), dass Sie mit der Säge nicht über die Risslinie geraten.

7 Arbeiten Sie die Zwischenräume zwischen den Schwalben nach. Dazu kann man, wenn nötig, spezielle Lochbeitel mit schräg sitzender Schneide verwenden, mit denen man auch die schwer zugänglichen Bereiche unter den Schwalben erreicht. Um ein Ausreißen des Holzes auf der Rückseite zu verhindern, legt man das Werkstück flach auf die Werkbank und platziert dahinter ein Zulagebrett.

8 Nach dem Verleimen stehen die Schwalben und Zinken leicht über, da die Querlinie etwas breiter als die Materialdicke angerissen wurde. Benutzen Sie eine Feile oder einen Schleifklotz, um die Überstände bündig mit der Oberfläche des Brettes zu gestalten. Achten Sie darauf, parallel zur übrigen Fläche zu arbeiten, um nicht die nagelneue Eckverbindung abzurunden.

9 Nach dem Verleimen stehen die Schwalben und Zinken leicht über, da die Querlinie etwas breiter als die Materialdicke angerissen wurde. Benutzen Sie eine Feile oder einen Schleifklotz, um die Überstände bündig mit der Oberfläche des Brettes zu gestalten. Achten Sie darauf, parallel zur übrigen Fläche zu arbeiten, um nicht die nagelneue Eckverbindung abzurunden.

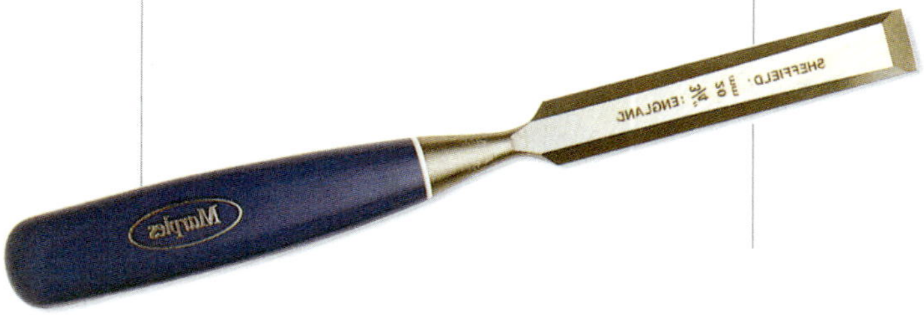

Verdeckte Schwalbenschwanzverbindungen

Der Hauptunterschied zwischen der verdeckten und der offenen Schwalbenschwanzzinkung besteht darin, dass bei der verdeckten Variante die Verbindung insgesamt oder teilweise unsichtbar ist. Zu den verdeckten Zinkungen gehören die halb verdeckte Schwalbenschwanzzinkung und die Gehrungszinkung.

Bei der Herstellung von verdeckten Schwalbenschwanzzinkungen gibt es unterschiedliche Auffassungen darüber, ob man zuerst die Schwalben oder die Zinken herstellt. Bei der für die offene Zinkung vorgestellten Methode arbeitet man zuerst die Zinken aus, mit deren Hilfe anschließend die Schwalben angerissen werden. Manche Tischler arbeiten genau umgekehrt. In der Praxis entscheidet die Länge der Teile darüber, welches Verfahren angewandt wird, da sich das kürzere leichter als Schablone handhaben lässt. Normalerweise sind beide Varianten möglich. Bei der halb verdeckten und der Gehrungszinkung sind die Schwalben kaum als Anreißschablone zu verwenden, da sie sich unter dem Verdeck befinden.

Für halb verdeckte Schwalben muss man mit dem Streichmaß zwei verschiedene Maße anreißen, während für offene Schwalben ein Maß ausreicht, falls nicht die Dicke der beiden Teile unterschiedlich ist. Beim Anreißen einer halb verdeckten Zinkung bestimmt das auf dem Hirnholz angerissene Maß nicht nur die Länge der Schwalben, sondern ebenso die Haltbarkeit der Verbindung, da diese von der Klebfläche und der mechanischen Festigkeit abhängt. Dieses Maß darf am Schwalbenstück niemals zu knapp angerissen oder die Schwalben falsch danach ausgerichtet werden, da sonst die Verbindung nicht stramm sitzt.

Bei einer Gehrungszinkung werden Schwalben- und Zinkenstück zunächst auf die gleiche Weise vorbereitet. Zwei Teile von gleicher Dicke werden an der Innenseite mit einem Falz versehen, der ca. zwei Drittel der Dicke zur gegenüberliegenden Brettseite hin und ca. ein Drittel des Abstands bis hinunter zur innen angerissenen Linie beträgt. Breite und Tiefe des Falzes sollten sich an einem Punkt entlang der Brüstungslinie im Winkel von 45 Grad treffen, die an der Kante des Werkstückes angerissen wurde. Anschließend werden die Zinken auf dem Falz angelegt und diese als Schablone für das Anreißen der Schwalben verwendet.

Bei verdeckten Zinkungen befinden sich die Zinken oder Schwalben auf dem Verdeck, so dass die Verbindung entgegen der Zugspannung ausgerichtet werden kann und trotzdem verdeckt ist. Beim Anreißen wird festgelegt, ob die Hirnholzfläche an der Seite oder oben sichtbar ist.

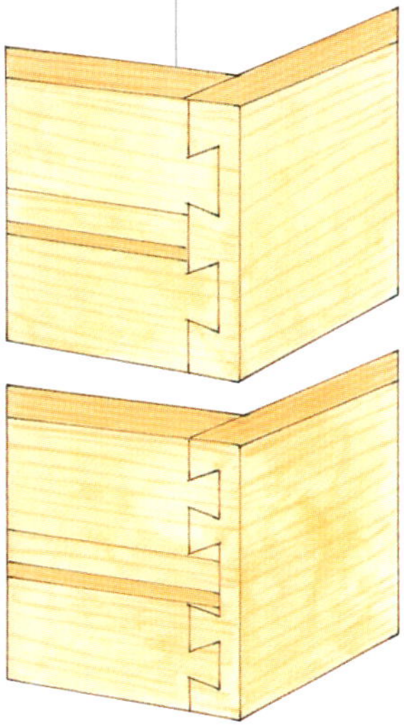

Links: Bei seitlich hängenden Schubkästen mit halb verdeckten Zinken legt man die Führungsnut so an, dass das Schubkasten-Vorderstück als Anschlag dient.

Die halb verdeckte Schwalbenschwanzzinkung

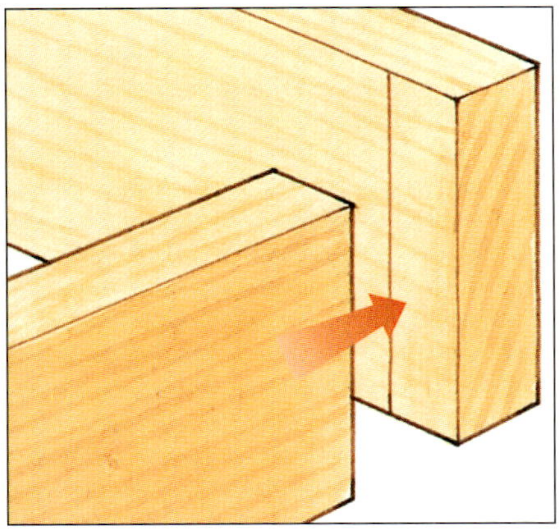

1 Mit einem Schubkasten als Vorlage richtet man das Holz rechtwinklig zu und schleift es mit Sandpapier. Das Streichmaß wird auf die Dicke des Seitenstücks eingestellt. Dieses Maß reißt man an der Innenseite des Vorderstückes an.

2 Das Streichmaß wird auf ca. zwei Drittel der Dicke des Vorderstückes eingestellt, und dieses Maß überträgt man auf die Hirnholzfläche ebenso wie auf beide Seiten und Kanten am Ende des Seitenstücks.

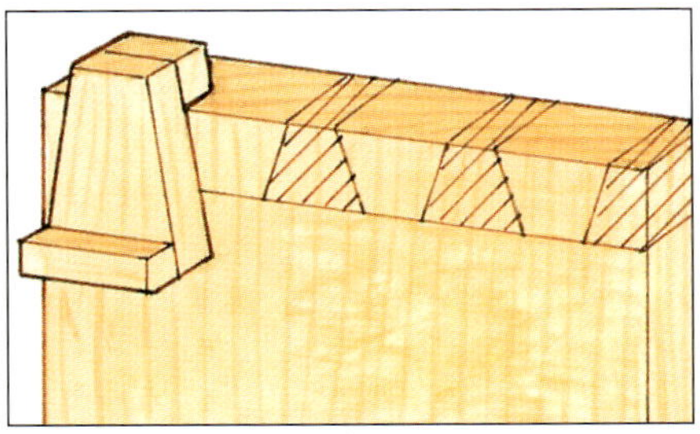

3 Legen Sie an der Außenseite des Seitenstücks die Zwischenräume und Größe der Schwalben fest und verwenden Sie eine Schablone, um die Neigungswinkel der Schwalben anzureißen. Die Linien werden auf die Hirnholzkante übergewinkelt.

4 Nach dem Sägen und Ausstemmen der Schwalben legt man beide Teile wie zum Zusammensetzen aneinander, so dass die Schwalben exakt an der Hirnholz-Risslinie des Vorderstücks anliegen und reißt die Umrisse der Schwalben auf der Hirnholzkante des Vorderstücks an.

5 Kennzeichnen Sie die Schwalben auf dem Vorderstück als Abfall und sägen Sie beginnend an der vorderen Ecke schräg die Zinken ein, bis die Kerbe beide angerissenen Querlinien erreicht, jedoch nicht darüber hinaus.

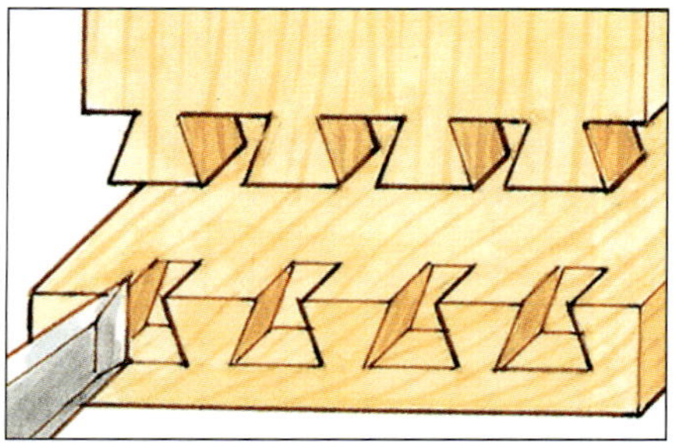

6 Stemmen Sie das Abfallholz aus den Kerben des Hirnholzes heraus. Führen Sie dabei das Stemmeisen vorsichtig an den Zinkenflanken entlang, um in die inneren, ungesägten Ecken zu gelangen. Prüfen Sie anschließend die Passung der Verbindung und schlagen Sie diese dann mit dem Holzhammer und einem Stück Holzverschnitt als Zulage zusammen. Diese Verbindung ist eine der gebräuchlichsten bei Antikmöbeln und lohnt daher durchaus den Aufwand, wenn Sie vorhaben, alte Möbel aufzuarbeiten oder eigene Stücke anzufertigen.

Die Gehrungszinkung

1 Reißen Sie auf der Innenseite jedes Teiles exakt die Holzdicke an und ziehen Sie eine Linie im Winkel von 45° von jeder Kante aus. Anschließend arbeiten Sie einen Falz von ca. einem Drittel in Richtung der Risslinie auf der Brettseite an, der jedoch nicht über die Winkellinie hinaus gehen darf.

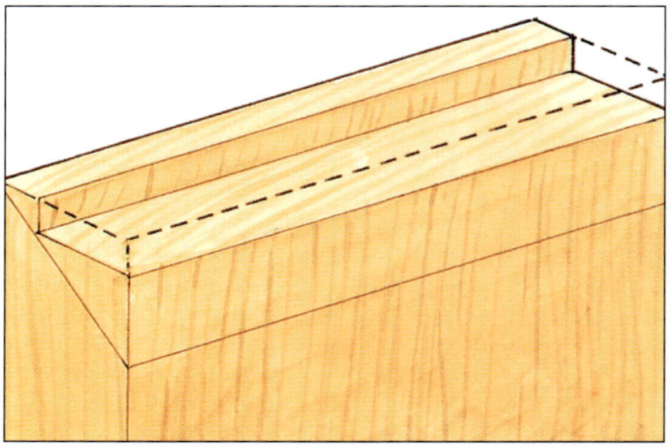

2 Reißen Sie die Zinken mit einer Schablone an und lassen Sie bei den halben Zinken so viel Holz stehen wie bei auf Gehrung abgesetzten Eckzinken. Arbeiten Sie die Aussparungen mit einem schmalen Stemmeisen aus und sägen Sie die Brüstung (oder das Verdeck) auf Gehrung. Stellen Sie das Zinkenstück fertig, indem Sie mit einem sehr scharfen Stemmeisen die vorstehende Kante am äußeren Ende der Brüstung abtrennen – gehen Sie dabei sehr vorsichtig vor, um nicht die Zinken zu beschädigen. Nach diesem Arbeitsschritt sollte die Gehrung exakt 45° betragen. Mit einem Simshobel wird die Oberfläche abschließend geglättet.

3 Das Zinkenstück wird exakt an der angerissenen Querlinie des Schwalbenstücks angelegt. Mit einem scharfen Messer reißt man die Form der Zinken an. Diese Linien werden auf das Hirnholz übergewinkelt. Zum Schluss wird die Brüstung wie am Zinkenstück auf Gehrung gearbeitet.

Die Hoffmann-Schwalbe und andere Spezialfedern

Die Schwalbenschwanzform ist für lose Federn sehr beliebt und ist ein klassisches Qualitätsmerkmal. Ebenso präzise, hochwertig und dekorativ ist die Schwalbenverbindung, um zwei Teile exakt und dauerhaft zusammenzufügen. Lose Schwalbenschwanzfedern sind in Deutschland unter dem Namen Hoffmann-Schwalbe bekannt.

Bei auf Gehrung gearbeiteten Kasteneckverbindungen gibt es die so genannte falsche Schwalbenschwanzzinkung, die jedoch in unseren Breiten sehr selten vorkommt. Aus Gründen der Festigkeit werden die dazu verwendeten, von außen eingesetzten Federn aus dem Längsholz geschnitten. Sie können aus kontrastfarbigem Holz gefertigt werden, aber auch mit Federn der gleichen Holzart erzielt man Farbunterschiede, da nach dem Beschneiden die Hirnholzflächen sichtbar sind.

Eingeschobene Gratleisten werden bei verleimten Breitenverbindungen wie Tischplatten oder Türen unverleimt in eine Gratnut eingelassen. Solche Leisten ermöglichen das Arbeiten des Holzes, halten die Fläche jedoch eben.

Die Hoffmann-Schwalbe ist genauso leicht (oder schwer) einzupassen wie eine maschinell hergestellte Gratfeder. Die Einschnitte sind recht einfach herzustellen, doch das Anpassen der Schwalben erfordert zahlreiche Versuche mit Holzverschnitt. Sobald die richtigen Einstellungen für die Oberfräse oder Tischsäge gefunden sind, ist die Herstellung der Federn problemlos. Wie bei anderen Federn verläuft die Faser bei Hoffmann-Schwalben aus Gründen der Festigkeit über die Breite.

Links: Hoffmann-Schwalben aus dunklem Holz

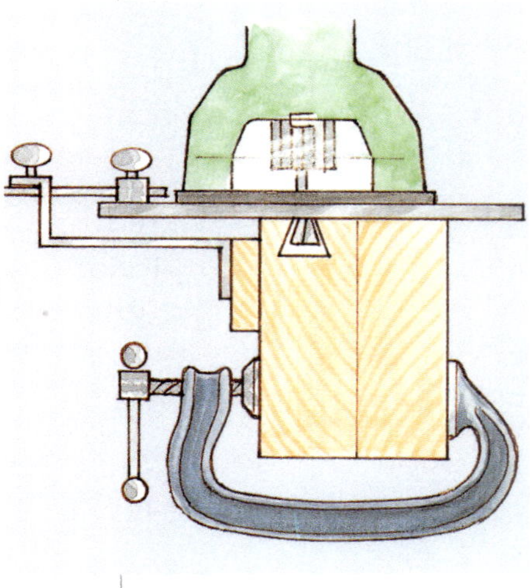

Rechts: Mit der Oberfräse werden schwalbenförmige Einschnitte oder sogar Federn aus Längs- und Stirnkanten gefräst, indem man Zulageholz als Auflage für die Oberfräse festspannt und den Schnitt am Kantenanschlag der Oberfräse ausrichtet.

Falsche Schwalbenschwanzzinkung

1 Die Schwalben-Einschnitte in Kasteneckverbindungen werden mit Hilfe einer V-förmigen Zulage mit einer durchgehenden Quernut als Durchlauf für den Fräser ausgearbeitet. Um alle Ecken zu bearbeiten wird der Rahmen gedreht, d. h. alle Rahmenecken werden nacheinander in die Vorrichtung geschoben und gefräst.

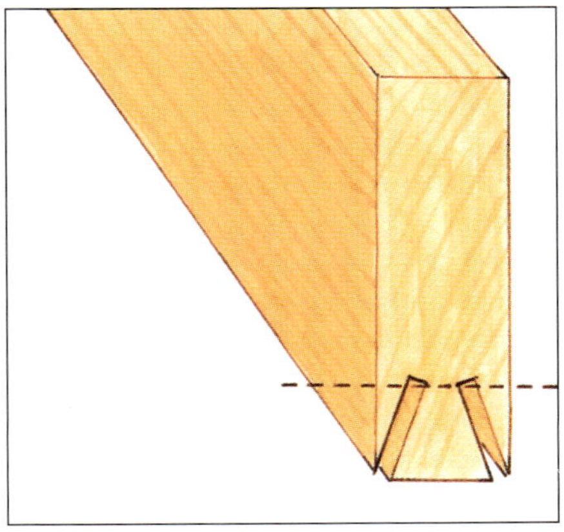

2 Das Blatt der Tischsäge wird auf den Neigungswinkel der Schwalbe eingestellt. In eine Latte werden an der Kante in Faserrichtung zwei Kerben gesägt, um die Schwalbenform zu entwickeln, die in die zuvor gefrästen Aussparungen passt. Anschließend wird die Feder abgesägt.

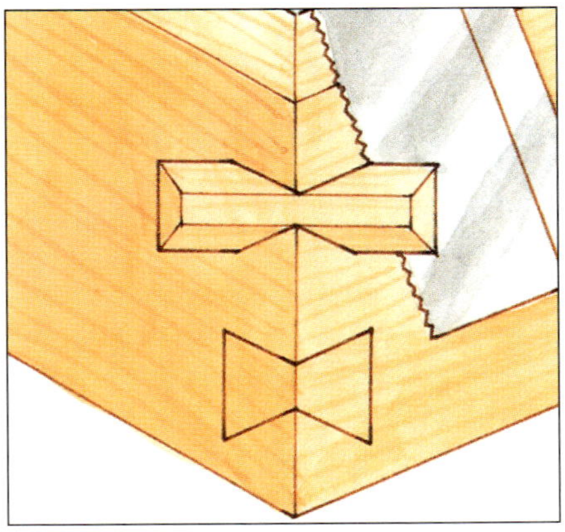

3 Setzen Sie kurze, mit Leim bestrichene Abschnitte der Federleiste in die Schwalben-Einschnitte ein. Sägen Sie die Enden nach dem Trocknen des Leims bündig ab und schleifen Sie die Fläche mit Sandpapier nach.

Tipps

Im Fachhandel und -versand werden Spezialsägen mit einem dünnen, flexiblen Sägeblatt und ohne Rücken angeboten. Damit lassen sich Hoffmann-Schwalben relativ einfach zuschneiden.

Die Hoffmann-Feder als Längsverbingung

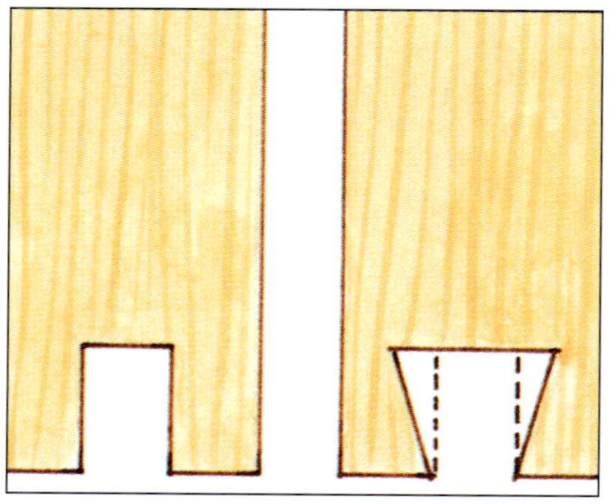

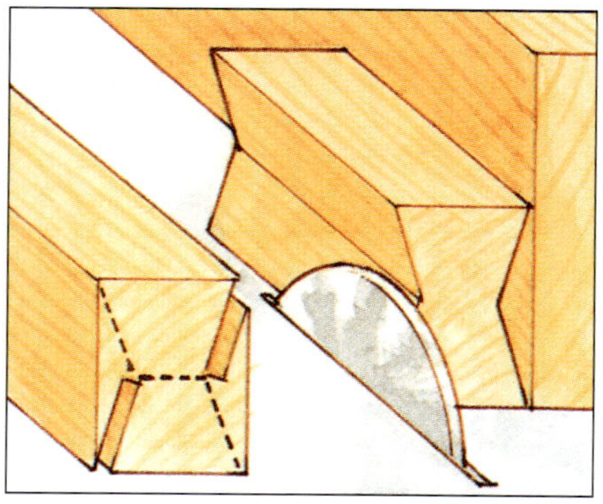

1 Mit der Oberfräse oder Tischsäge wird eine Nut hergestellt, wobei bereits so viel Abfall wie möglich im Inneren der Schwalbenform entfernt werden sollte (oben links). Anschließend fräst man die Schwalben-Aussparung mit einem Schwalbenschwanz-Zinkenfräser (oben rechts).

2 Aus einem Hochkant-Brett stellt man die in die Aussparungen passenden Schwalben her. Stellen Sie Neigung und Tiefe des Blattes der Tischsäge ein und sägen Sie die ersten beiden Winkelschnitte. Anschließend dreht man das Brett über die Länge und führt die restlichen Schnitte aus.

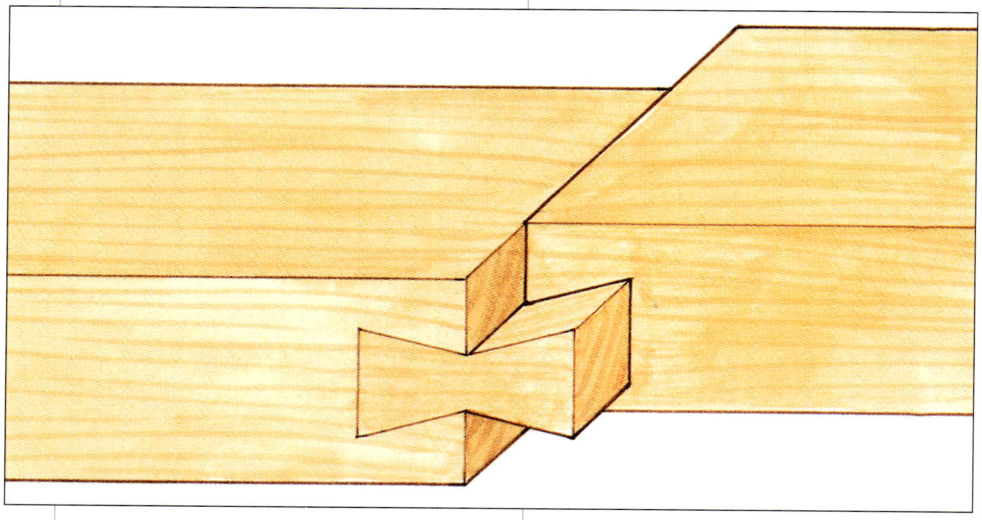

3 Prüfen Sie die Passung der Feder. Wenn sie zu stramm sitzt, arbeitet man sie leicht mit einem Falzhobel oder Schleifklotz nach. Danach werden die Teile entweder zusammengeschlagen oder mit Hilfe einer Zwinge zusammengezogen. Es kann leicht passieren, dass die Fluchtung der Teile ungenau ist und dadurch die Schwalbe beschädigt wird. Arbeiten Sie langsam und legen Sie die Teile flach auf die Werkbank, um die Verbindung zusammenzusetzen. Mit einer unter einem Frästisch montierten Oberfräse lassen sich die Teile für diese Verbindung am leichtesten herstellen.

Tipps

Die Gehrungen einer Schwalbe lassen sich leichter präzise schneiden, wenn als Material Hartholz wie z. B. Eiche oder Felsenahorn verwendet wird.

Die Hoffmann-Feder als Rahmeneckverbindung

Gehen Sie bei der Herstellung zunächst wie bei

1 der Längsverbindung vor. Schneiden Sie die Leite anschließend in „Scheiben" mit einer Stärke von ca. einem Drittel der Holzdicke, in das die Feder eingelegt werden soll. Berücksichtigen Sie dabei eine geringfügige Zugabe, da die Verbindung nach dem Verleimen plan gehobelt wird.

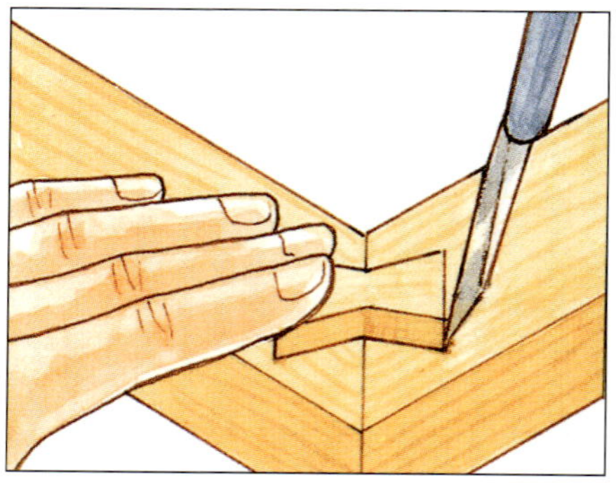

2 Legen oder spannen Sie die einzulegende Schwalbe auf die entsprechende Stelle quer über die Verbindung und umreißen Sie die Schwalbenform mit einem Messer. Dabei wird der Griff des Messers von der Schwalbe weg geneigt, die Klinge liegt direkt an.

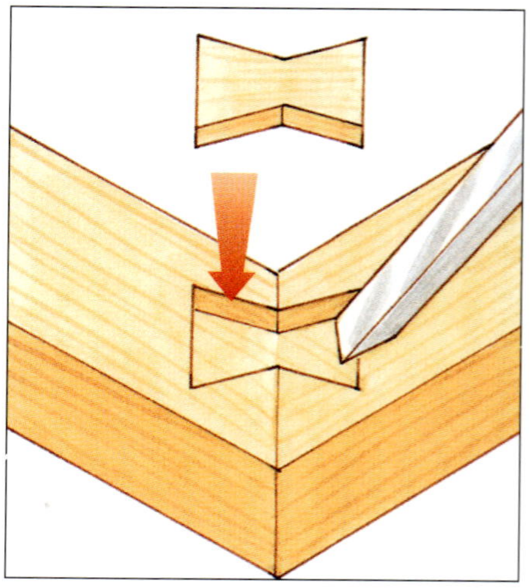

3 Vertiefen Sie die angerissene Kerbe und stemmen Sie die Form der Schwalbe mit der Schrägseite des Stemmeisens nach unten heraus. Leimen Sie die Schwalbe ein und hobeln Sie die Verbindung plan, sobald der Leim trocken ist.

DÜBEL UND FORMFEDERN (Lamellofedern)

Im Laufe der Zeit sind moderne Varianten traditioneller Verbindungen entstanden, mit denen man das Ziel verfolgt, die Herstellung zu beschleunigen oder neue Materialien einzusetzen. Sowohl Dübel als auch Formfedern sind Nebenprodukte der Industrie. Damit lassen sich Tischlerarbeiten innerhalb kürzerer Zeit herstellen, indem die zeitraubende Anpassung von Verbindungsteilen entfällt. Sie stellen eine Alternative dar, die im Repertoire eines jeden Tischlers einen festen Platz haben sollte.

Dübel

Dübelverbindungen sind schnell und einfach herzustellen. Man verwendet dazu kleine Holzstifte (Dübel) statt handgesägte Holzteile. Dieses System ist sehr haltbar und vielseitig und erfordert nur wenige Geräte. Dübel sind für beliebige Konstruktionen, wie z. B. L-, T-, oder X-Verbindungen einsetzbar und werden häufig anstelle von Zapfenverbindungen verwendet. Damit die Fuge haltbar ist, benutzt man mehrere Dübel statt eines einzelnen Zapfens.

Die Verbindung besteht aus zwei Teilen, die stumpf oder auf Gehrung zusammengefügt werden sowie eine Reihe von sorgfältig auszurichtenden Bohrungen, um die hölzernen Dübel aufzunehmen. Normalerweise werden Dübel aus Buchen- oder Eschenholz gefertigt und in unterschiedlichen Längen sowie drei verschiedenen Durchmessern angeboten: 6, 8 und 10 mm. Außerdem gibt es Dübel, die mit Rillen oder Riffeln versehen sind, die eine gleichmäßige Verteilung des Leims ermöglichen. Ohne diese Rillen kann ein Dübel unter Umständen wie ein Kolben wirken, der den Leim am Grund des Bohrlochs zusammendrückt. Die schnellste und genaueste Methode zur Herstellung von Dübelverbindungen ist der Einsatz spezieller Markierstifte oder einer Bohrlehre. Beide Hilfsmittel werden in gut sortierten Baumärkten angeboten.

UNTEN: Handelsübliche Dübel für Standard-Bohrergrößen.

10 mm (3/8in) 8 mm (5/16in) 6 mm (1/4in)

OBEN: Handelsübliche Spiraldübel sorgen dafür, dass überschüssiger Leim oder Luft aus der Bohrung entweichen kann. Dadurch wird vermieden, dass beim Zusammensetzen der Verbindung hydraulischer Druck entsteht. Dübel mit Längsrillen verhindern, dass der gesamte Leim von den Wänden des Bohrlochs gestreift wird und lassen sich leicht einsetzen.

OBEN: Die Verdübelung ist ein einfaches und kostengünstiges Verfahren zur Verstärkung einer stumpfen Eckverbindung mit geringer Beanspruchung.

Markierhilfe

Eine einfache Alternative zu Markierstiften ist die Verwendung kleiner Nägel als Markierhilfe. Dazu werden die Nägel eingeschlagen und die Köpfe mit der Kombizange oder dem Seitenschneider abgekniffen. Drücken Sie nun beide Werkstücke passgenau zusammen und markieren Sie so die Anschlusslöcher. Danach werden die Nägel mit der Zange wieder herausgezogen.

Herstellung einer Dübelverbindung mit Hilfe von Markierstiften

1 Nach dem korrekten Zuschneiden der Hölzer wird auf der Hirnholzkante die Mittellinie mit Hilfe von Anschlagwinkel, Stahlmaßstab und Streichmaß angerissen. Wählen Sie die Markierstifte mit dem passenden Durchmesser aus und bringen Sie die Bohrungen in der entsprechenden Größe an. Um ein zu tiefes Eindringen des Bohrers zu verhindern, benutzt man Klebeband bzw. spezielle Tiefenanschläge, die an den Bohrer geschraubt werden können.

2 Bei der Herstellung einer solchen Verdübelung ist es besonders wichtig, einen speziellen Dübelbohrer mit Zentrierspitze zu verwenden. Auf diese Weise lässt sich die Bohrung präzise an der Markierung ausrichten.

3 Um die Markierungen auf dem Anschlussbrett anzubringen, werden spezielle Markierstifte in die Bohrungen eingesetzt.

4 Mit den Spitzen der Markierstifte kennzeichnet man auf dem Anschlussbrett die Lage der Bohrungen. Bei einer T-Verbindung kann man mit dem Winkel eine Hilfslinie anreißen und daran das erste Teil anlegen. Anschließend werden beide Teile zusammengedrückt oder -geschlagen.

5 Mit der Bohrmaschine werden die Bohrungen angebracht. Dabei ist darauf zu achten, dass gerade gebohrt wird, was manchmal gar nicht so einfach ist. Danach gibt man Leim an die Dübel, in die Dübellöcher und die Brettkanten und spannt das Werkstück mit Zwingen zusammen.

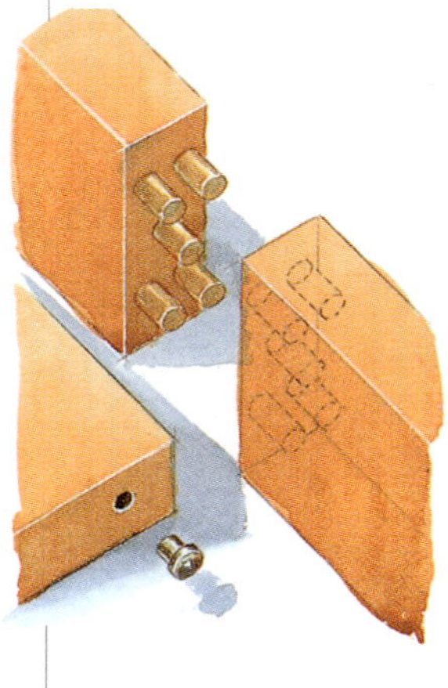

Oben: Der Einsatz mehrerer Dübel anstelle eines einzelnen ist das moderne Äquivalent zur Zapfenverbindung. Kleine Zentrierstifte aus Messing dienen dazu, die Verbindung zu sichern.

Der Einsatz einer Bohrlehre

1 Markieren Sie die Lage der Dübel durch Anreißen einer Linie mit Hilfe des Anschlagwinkels quer über das Holz. Unabhängig von der Qualität des verwendeten Werkzeugs ist dieser Vorgang von entscheidender Bedeutung. Die goldene Regel der Holzbearbeitung lautet: zweimal messen und einmal sägen. Befestigen Sie die Bohrlehre an der Werkbank und spannen Sie anschließend das Werkstück ein, so dass es mittig am Bohrloch der Bohrlehre ausgerichtet und die Risslinie sichtbar ist.

2 Mit dem passenden Dübelbohrer und aufgesetztem Tiefenanschlag bohrt man vorsichtig und gerade durch das Führungsloch der Bohrlehre hindurch in das Holz. Um die anderen Bohrungen auf die gleiche Weise anzubringen, wird das Brett entsprechend versetzt.

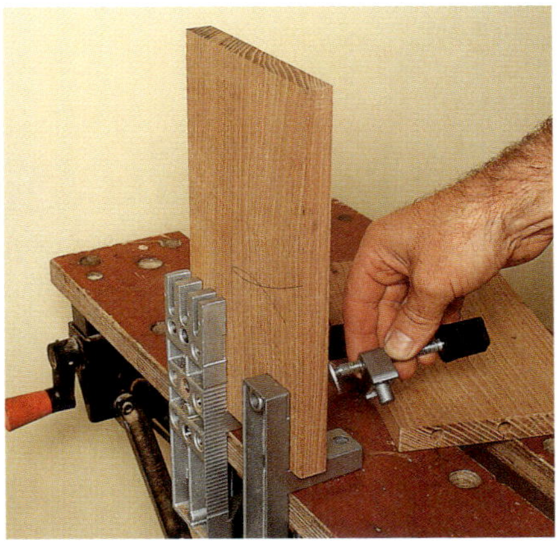

3 Anschließend spannt man das andere Teil in die Bohrlehre ein, so dass die angezeichneten Markierungen mit dem Bohrloch der Bohrlehre fluchten.

4 Setzen Sie nacheinander die Bohrungen. Die Zwingen der Bohrvorrichtung müssen dabei jedes Mal verändert werden.

5 Die Dübelverbindung sollte jetzt genau zusammenpassen und kann verleimt werden.

Tipps

- Wenn man Dübel mit speziellem Durchmesser oder aus besonderem Holz benötigt, kann man diese in der entsprechenden Länge auch selbst herstellen. Dazu spannt man ein Stück starke Stahlplatte im Schraubstock ein und bohrt ein Loch mit genau dem Durchmesser, der für den Dübel gewünscht wird. Schneiden Sie ein Stück des entsprechenden Holzes annähernd auf dieses Maß und schlagen Sie es mit dem Hammer durch die Stahlplatte, um es abzurunden. Anschließend auf Länge schneiden.
- Für Werkstücke, bei denen die Enden der Dübel zum Schluss sichtbar sind, gibt es die Möglichkeit, als Dübelmaterial kontrastfarbiges Holz zu verwenden, was recht attraktiv wirken kann.

Anreißen

Unterschätzen Sie nie, wie wichtig es ist, vor dem Bohren eindeutige und exakte Markierungen auf Ihrem Werkstück anzubringen. Es ist durchaus sinnvoll, sich in dieser wichtigen Arbeitsphase die Zeit zu nehmen noch einmal sorgfältig nachzumessen, ehe man unnötig Holz verschwendet.

Gedübelte Eckverbindung auf Gehrung

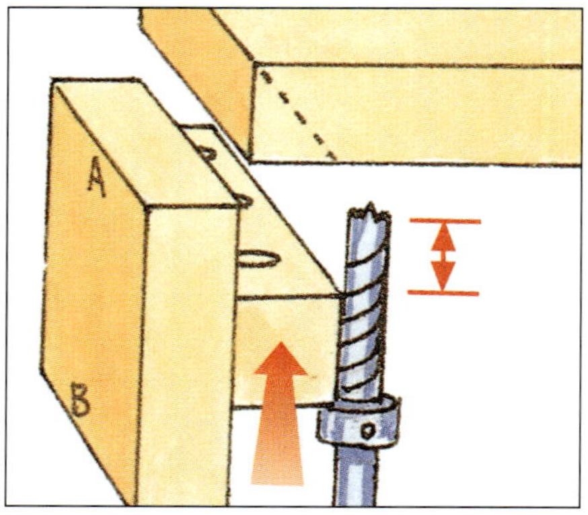

1 Schneiden Sie die Teile in der benötigten Länge zu, stellen Sie eine Bohrlehre für die in der Gehrung anzubringenden Dübellöcher her, stellen Sie den Tiefenanschlag des Bohrers auf die gewünschte Tiefe ein und nageln Sie die Lehre vorübergehend an.

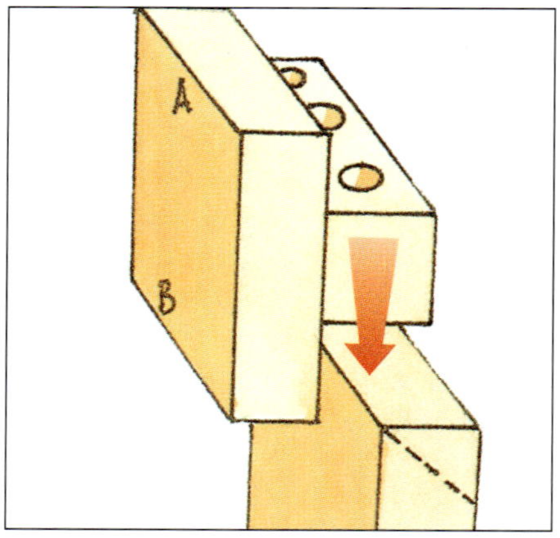

2 Bohren Sie durch die andere Seite der Lehre die entsprechenden Löcher in das zweite Teil und sägen Sie anschließend beide Stücke auf Gehrung, ohne dabei die Länge zu verändern.

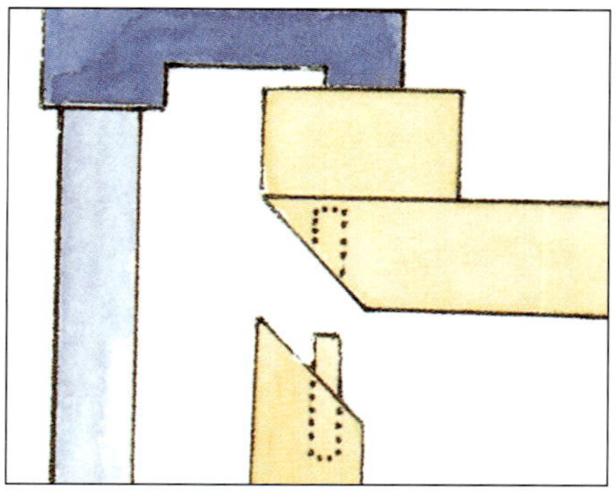

3 Geben Sie Leim in die Bohrungen und an die Dübel und setzen Sie die Dübel in eines der Teile ein. Setzen Sie danach das andere Teil auf die Dübel und spannen Sie das Werkstück mit Zwingen.

Formfedern (auch Lamellofedern oder Lamellen genannt)

Oben: Eine Lamelloverbindung lässt sich mit Hilfe eines dafür vorgesehenen Elektrohandgerätes rasch herstellen.

Die Lamelloverbindung ist eine relativ neue Art der Holzverbindung. Sie wurde entwickelt, um künstliche Materialien wie Sperrholz oder Spanplatten miteinander zu verbinden, erfreut sich jedoch mittlerweile auch für Massivholzverbindungen großer Beliebtheit.

Lamellofedern sind dünne, annähernd elliptisch geformte Blättchen aus gepresstem Buchenholz und dienen dazu, Elemente miteinander zu verbinden, ähnlich wie lose Zapfen, Dübel oder lose Federn. Lamelloverbindungen werden meist mit Hilfe eines tragbaren Elektrogerätes hergestellt, das man als Lamello-Maschine bezeichnet. Dieses Gerät sieht aus wie ein kleiner Winkelschleifer mit einem Sägeblatt aus Hartmetall. Die Hauptfunktion dieser Maschine besteht darin, mit dem auf eine bestimmte Tiefe eingestellten Sägeblatt Schlitze zum Einstecken der Lamellofedern zu erzeugen. Jeder der halbrunden Schlitze nimmt eine Hälfte der Formfeder auf.

Die Lamellofedern selbst bestehen aus gepresstem Buchenholz und werden aus Gründen der Festigkeit so geschnitten, dass die Faser diagonal verläuft. Es gibt drei Standardgrößen (0, 10, 20), die für alle Geräte geeignet sind. Einige Maschinen stellen größere Schlitze her und andere besitzen ein vom Standardmaß abweichendes Sägeblatt für kleinere, dünnere Lamellofedern. Mit Spund- und Nutfräsern, die man in Oberfräsen oder Laminatschneider einsetzen kann, lassen sich Schlitze für besondere, runde Lamellofedern herstellen.

Für Lamellofedern benötigt man spezielle Klebstoffe auf Wasserbasis, wie z. B. aliphatische Harze. Das Ziel besteht darin, dass die leicht gepresste Feder durch die Flüssigkeit aufquillt und dadurch fest in der Fuge sitzt. Lamelloverbindungen schneiden bei Festigkeitstests außerordentlich gut ab.

Auf dem Markt werden heute Lamello-Maschinen mit unterschiedlichen Leistungsmerkmalen und allen Preislagen angeboten. Beim Kauf sollte man auf folgendes achten: Komfortable Handhabung und Justierung des Anschlags sowie Winkel- und Gehrungseinstellung.

Bei den meisten Lamello-Maschinen liegen Brettseite oder Hirnholzkante zur Positionierung des Schlitzes am Anschlag der Maschine an. Der Abstand zwischen Sägeblatt und Anschlag lässt sich geringfügig verändern. Bei der variabelsten Blatthöhenverstellung wird der Anschlag mit Hilfe einer Zahnstange nach oben und unten in Bezug auf das Sägeblatt verschoben. Allerdings wird in der Praxis diese stufenlose Verstellung nicht sehr häufig benötigt, wenn man bedenkt, dass man meist mit handelsüblichen Holzdicken arbeitet.

Bei allen Geräten liegt der Anschlag im rechten Winkel an der zu bearbeitenden Fläche an. Manche Anschläge lassen sich auch in einem beliebigen Winkel dazwischen anlegen, was recht praktisch für die Herstellung von Gehrungen ist, die außerhalb des 45°-Winkels liegen. Als Führung dient ebenfalls die flache Grundplatte des Gerätes.

Die Lamello-Maschine
Die einklappbare, gefederte Grundplatte der Lamello-Maschine umschließt ein kleines Kreissägeblatt, mit dem sich am Ende eines Holzstücks Schlitze von unterschiedlicher Tiefe sägen lassen. In diese bogenförmigen Einschnitte werden die Lamellofedern eingesetzt.

Größe 0

Größe 10

Größe 20

Rechts: Mit allen Lamello-Maschinen lassen sich Lamellenschlitze in drei Standardgrößen herstellen. Andere Größen, Formen und Typen sind herstellerspezifisch bzw. mit der Fräse gearbeitet.

Stumpfe Rahmeneckverbindung

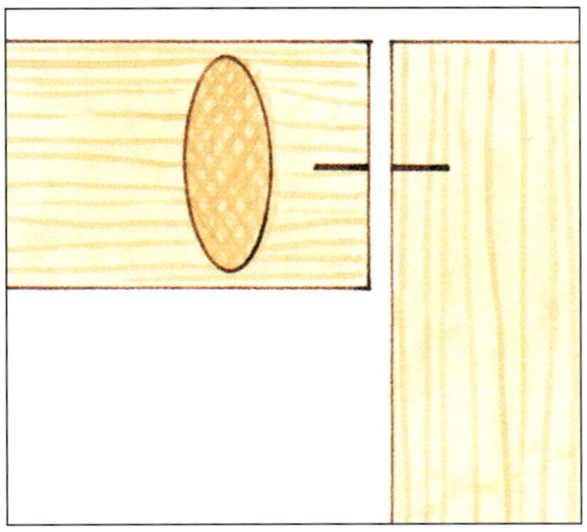

1 Schneiden Sie die Teile auf Länge und ordnen Sie diese so an, wie die Verbindung zusammengefügt werden soll. Wählen Sie die größte Lamellofeder aus, die für das Material geeignet ist und markieren sie deren Mitte auf beiden Teilen mit einem weichen Bleistift.

2 Legen Sie den 90°-Winkelanschlag oben oder unten am Werkstück an und richten Sie das Sägeblatt mittig am Material aus. Stellen Sie die Säge anhand der Markierungen auf die Größe der Lamellofeder ein und arbeiten Sie die Schlitze aus.

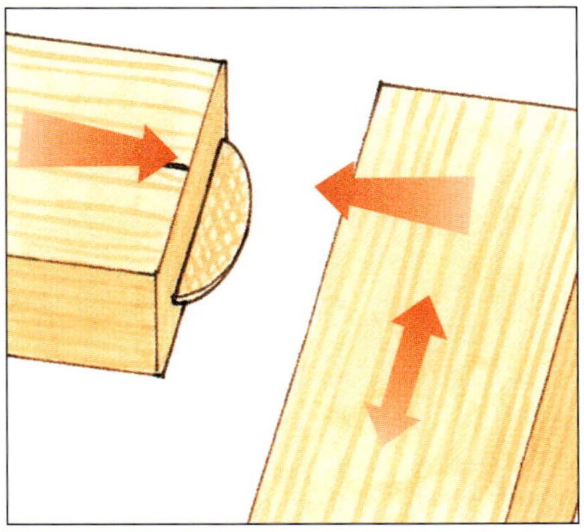

3 Geben Sie Leim in die Schlitze und an die Umgebungsfläche, jedoch nicht auf die Lamellofeder. Setzen Sie eine Feder ein und fügen Sie die Verbindung zusammen. Benutzen Sie dabei das Spiel in den Schlitzen, um die Teile fluchtgerecht auszurichten.

T-Verbindung mit Formfeder

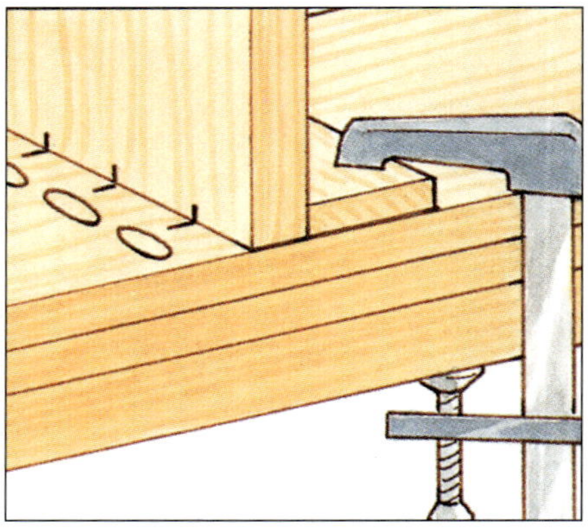

1 Spannen Sie eine Führungsleiste quer über eines der Teile. Benutzen Sie diese Führung, um das andere Teil daran auszurichten, so dass eine Reihe von Lamellofedern angeordnet werden kann, deren Lage auf beiden Werkstücken markiert wird.

2 Stellen Sie den Anschlag der Lamello-Maschine so ein (oder entfernen Sie ihn komplett), dass der Kopf des Gerätes sich im rechten Winkel zur Grundplatte befindet. Richten Sie die Grundplatte vertikal an der Führung aus und sägen Sie die Schlitze auf den Markierungen direkt an der Kante der Führungsleiste.

3 Spannen Sie das zweite Teil fest und benutzen Sie die Werkbank zur fluchtgerechten Ausrichtung der Schlitze. Geben Sie anschließend Leim an, setzen Sie die Lamellofedern ein, fügen Sie die Verbindung zusammen und spannen Sie das Werkstück mit Zwingen.

Abgesetzte L-Verbindung

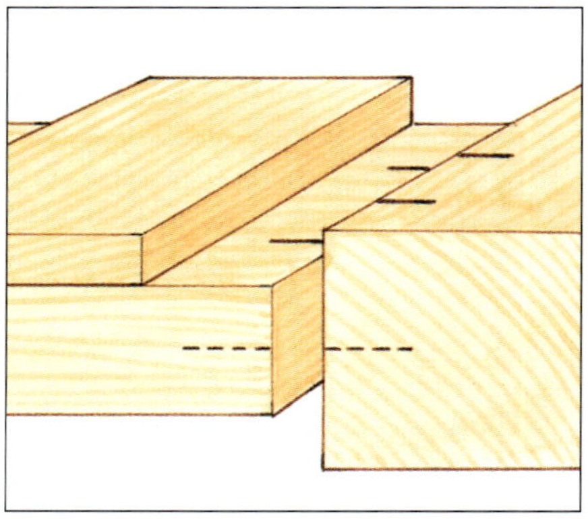

1 Markieren Sie die Lage der Lamellofedern und legen Sie auf das dünnere Teil eine Zulage, deren Dicke der Höhe des Absatzes entspricht. Diese Höhe dient als Auflage für den Anschlag der Lamello-Maschine, um die Schlitze auf der Mitte des dünnen Teils zu sägen.

2 Legen Sie die Zulage auf das dünne Teil unter den Anschlag und schneiden Sie die Schlitze an den angezeichneten Markierungen.

3 Ohne die Höheneinstellung des Sägeblattes zu verändern werden anschließend die Schlitze auf den Markierungen des dickeren Teils angebracht. Nach der Leimangabe setzt man die Verbindung zusammen und spannt sie wie gewohnt mit Zwingen.

Der Anordnung der Lamellofedern

Ein Abstand der Lamellofedern von 50 – 80 mm ist ausreichend. Bei Rahmenkonstruktionen mit sehr dickem Querschnitt können die Lamellofedern in der Breite auch doppelt eingesetzt werden. Allerdings sollte diese Verbindung nur für Mittelfriese eingesetzt werden und nicht als Ersatz für Zapfenverbindungen an den Rahmenecken dienen.

Die Lamello-Maschine ist auch verwendbar, um aus dem Holz Nuten als Verankerung für andere Verbindungsarten auszuarbeiten.

Der Einsatz von Formfedern bei Gehrungsstößen

1 Um besonders haltbare Gehrungsverbindungen herzustellen, ist der Anschlag so einzustellen, dass sich die Mitte der Lamellofeder geringfügig näher an der Innenkante der Platte befindet. Spannen Sie die Platte in den Schraubstock ein und richten Sie das Gerät sorgfältig an den Markierungen beider Teile aus.

2 Eine Alternative ist die Verwendung des Gehrungsanschlags der Lamello-Maschine in Verbindung mit der Gehrungskante des anderen Teils. Dieser wird sicher und im rechten Winkel am Werkstück befestigt. Wenn Gehrungsverbindungen mit dem Gehrungsanschlag hergestellt werden, können am Sägeblatt feine horizontale Einstellungen vorgenommen werden. Beachten Sie, dass sich an der Grundplatte zahlreiche Markierungen befinden.

3 Verleimen Sie die Verbindung mit PVAC-Leim. Zur Leimangabe benutzt man einen dünnen Holzstreifen, um alle Flächen zu erreichen. Bedenken Sie, dass Spanplatten den Leim absorbieren; tragen Sie ihn daher großzügig auf und gehen Sie beim Arbeiten zügig vor. Setzen Sie die Verbindung mit Hilfe von Hammer und Zulageholz zusammen und verwenden Sie zum Spannen Türspanner. Für große Flächen sollte ein synthetischer Leim verwendet werden.

Lösbare Holzverbindungen

LINKS: Der durchgestoßene Zapfen mit längsseitigem Keilschloss wird seit Jahrhunderten für zerlegbare Möbel verwendet.

Möbelstücke, die sich in ihre Einzelteile zerlegen lassen, sind Teil einer Tradition, die von den Feldzugmöbeln der Römischen Antike bis zu den auf Böcken stehenden „Reisetischen" des Mittelalters reicht. Letztere waren so konstruiert, dass man sie täglich auf- und abbauen konnte. Bei der Planung großer Möbelstücke ist das Gewicht und die Transportfähigkeit zu berücksichtigen, selbst wenn es nur um den Weg von der Werkstatt zum Bestimmungsort geht. Hobbytischler, die Spaß am Bau von Massivholzmöbeln haben, die sich in kleinere und leichtere Komponenten zerlegen lassen, werden feststellen, dass diese leimlose Bauweise aus alter Zeit auch heute noch nützlich ist.

Der durchgestoßene Zapfen ist eine haltbare, sichtbare Verbindung, die dem Verziehen und Werfen des Holzes standhält. Allerdings muss diese Verbindung in die Gesamtkonstruktion integriert werden. Die lösbare Gratnutverbindung wiederum ist verdeckt und gestattet das unkomplizierte Zerlegen und Zusammensetzen von Möbeln – vor allem dann, wenn die Fuge gewachst wurde. Die Tatsache, dass das Vollholz arbeitet, lässt sich bei dieser Verbindung jedoch nicht durch Lockern oder Befestigen eines Keils ausgleichen. Aus diesem Grund eignen sich lösbare Gratnutverbindungen vor allem für kurze Längen bzw. für formstabiles Sperrholz.

In die mit eckigen oder runden Löchern versehenen Zapfen werden die Schlosskeile eingesetzt. Es ist wichtig, dass die Keillöcher in der Zarge etwas in den Stollen zurückgesetzt werden, damit der Keil beide Teile fest zusammendrückt, vor allem wenn das Holz schwindet. An der Stirnseite des Zapfens muss hinter dem Keilloch mindestens einen Finger breit Holz stehen bleiben, da ansonsten der Druck des Keils auf den Zapfen zu groß ist und das Holz reißt. Gelegentlich wird das Ende des Keillochs etwas angeschrägt, damit der Keil besser sitzt.

Wenn die Zargen stark genug sind, können die Zapfen mit einem längsseitigen Keilschloss versehen werden, wobei die Vergehensweise die gleiche ist wie bei einem breitseitigen Keilschloss.

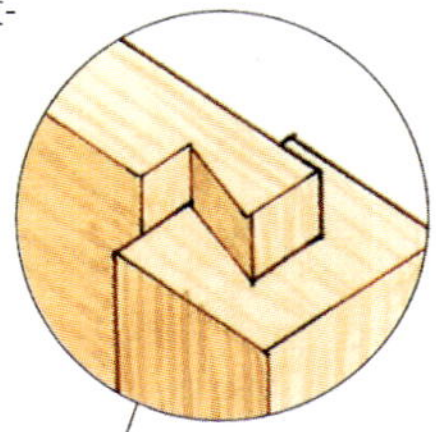

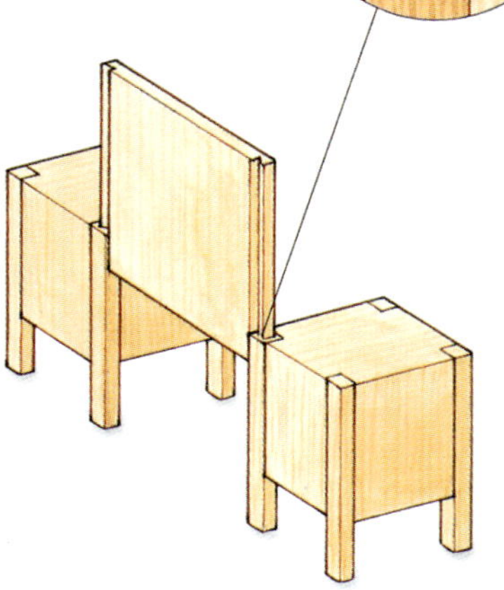

Um den Transport, z. B. bei Umzügen, zu erleichtern, wendet man die unverleimte einseitige Gratverbindung an, bei der große unhandliche Möbelstücke in ihre Einzelteile zerlegt werden können. So lässt sich der Schreibtisch auf diese Weise in seine Frontplatte, die Schrankteile und die Schreibplatte zerlegen.

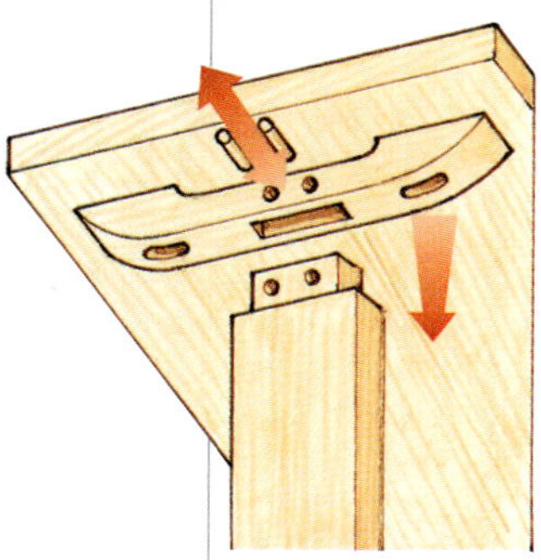

Lösbare Stifte an einer gestemmten Zapfenverbindung befestigen den Zapfen, können jedoch auch entfernt werden, um das Möbelstück für Transportzwecke zu zerlegen.

Durchgestoßener Zapfen mit breitseitigem Keilschloss

1 Stellen Sie einen besonders langen durchgestemmten Zapfen her, der ausreichend weit übersteht, dass ein Keilloch hineingestemmt werden kann. Stecken Sie den Zapfen durch den Stollen und markieren Sie den aus dem Zapfenloch ragenden Überstand.

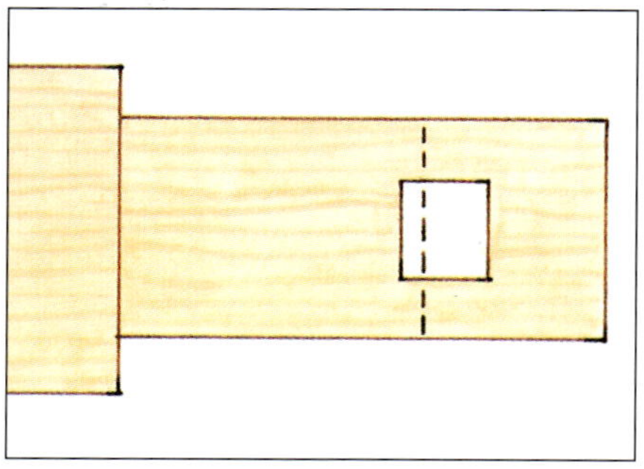

2 Reißen Sie auf dem Zapfen ein Keilloch an, das etwas über der auf der Zapfenseite angezeichneten Linie liegt. Achten Sie darauf, dass an der Stirnseite des Zapfens hinter dem Keilloch genug Holz stehen bleibt, um ein Reißen zu verhindern.

3 Fertigen Sie einen Keil an, dessen Außenseite nach unten leicht verjüngt ist und setzen Sie diesen in das Keilloch des Zapfens ein, so dass er gegen den Stollen drückt und den Zapfen festzieht.

Verkeilter Weißschwanz

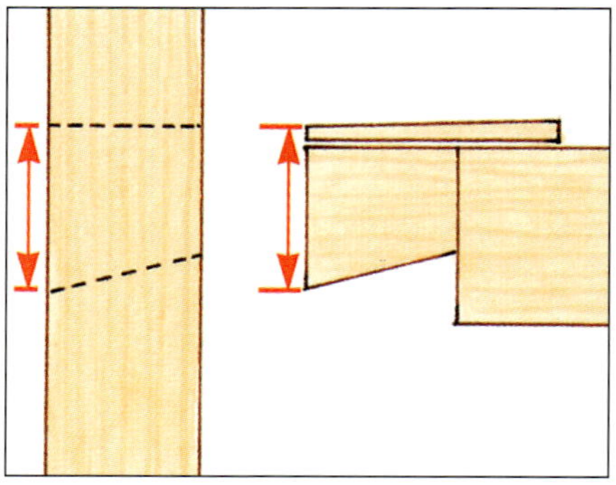

1 Bemessen Sie das durchgestemmte Zapfenloch für einen verkeilten Weißschwanz so, dass es lang genug ist, um einen Keil aufzunehmen. Die Unterseite wird schwalbenschwanzförmig abgeschrägt.

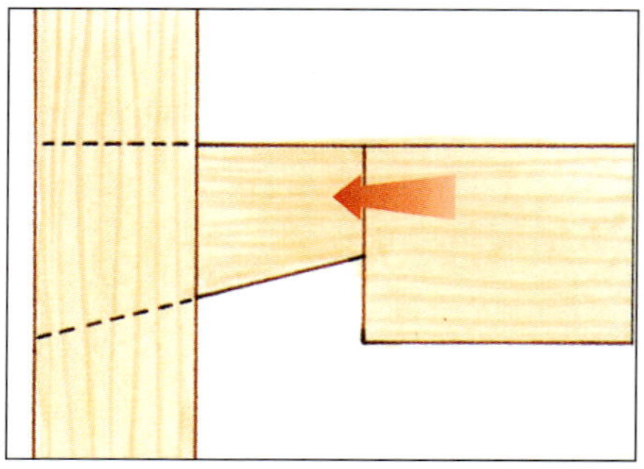

2 Achten Sie darauf, dass der Zapfen in das Zapfenloch geschoben werden kann, indem seine Oberkante mit der Oberseite des Zapfenloches fluchtet.

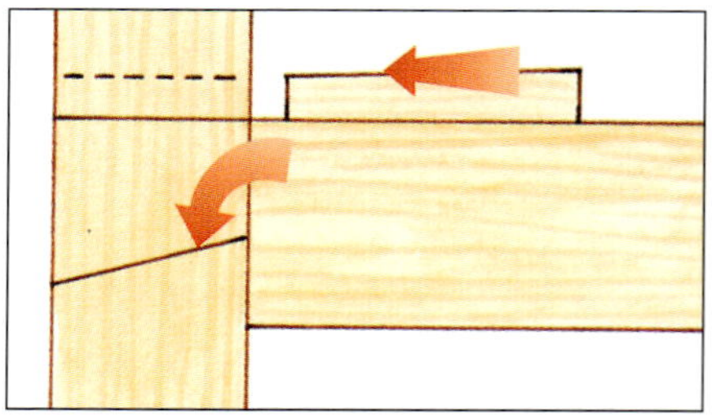

3 Stecken Sie den Zapfen ein und drücken Sie ihn nach unten, so dass die beiden Schrägen aufeinander liegen. Schieben Sie danach den konischen Keil ein, so dass er bündig mit dem Zapfenende abschließt.

OBERFLÄCHENBEHANDLUNG

Vorbereitung

Jede Oberflächenbehandlung ist nur so gut wie ihre Vorbereitung. Eine glatte, saubere Fläche ist besonders wichtig, da durch den Anstrich jeder noch so kleine Fehler zusätzlich verstärkt wird. Untersuchen Sie das Werkstück mit Händen und Augen sorgfältig nach Mängeln – schon bald werden Sie in der Lage sein, intuitiv zu beurteilen, ob eine Oberfläche ausreichend vorbereitet ist.

Pinselarten

Pinsel bilden einen wichtigen Bestandteil sämtlicher Arbeiten für die Oberflächenbehandlung. Die meisten Hersteller bieten eine breite Palette von Ausführungen für die unterschiedlichsten Anwendungen an. Für die Borsten und Haare werden verschiedene Materialien verwendet, die sowohl synthetischer als auch natürlicher Art sein können. Es gibt eine Vielzahl von Bezeichnungen für die unterschiedlichen Pinselarten. Generell gilt, je höher der Preis, desto besser ist die Qualität von Pinsel und Borsten. Auf lange Sicht ist es empfehlenswert, sich hochwertige Pinsel anzuschaffen. Feinstes Haar hat natürlich seinen Preis und kommt vor allem von Dachs, Pferd, Zobel, Kamel und Schwein.

Naturhaarpinsel erzeugen eine gleichmäßige Oberfläche und verfügen über eine Elastizität, die dazu führt, dass die aufzutragende Substanz an den Pinselhaaren haftet. Die teuersten Ausführungen sind Künstler- und Rundpinsel aus Zobelhaar, mit denen sich jedoch auch die besten Ergebnisse erzielen lassen.

Pinselpflege

- Bewahren Sie Ihre Pinsel in einem Plastikbeutel auf.
- Reinigen Sie Pinsel hängend in einem Pinselständer mit Pinselreinigungsflüssigkeit.
- Betrachten Sie die Pinsel als Werkzeuge. Eine pflegliche Behandlung zahlt sich durch jahrelange Verwendbarkeit aus.

Modler
Diesen Pinsel verwendet man für den Auftrag von Lasuren für Marmorierungen oder Effekte. Er besteht aus Schweinehaar.

Dachsvertreiber
Diesen Pinsel setzt man ein, um Marmorierungen und andere Effekte weicher zu machen. Sie werden aus Dachshaar hergestellt.

Feine Drahtbürste
Diese eignet sich für das Aufrauen des Holzes, bevor ein Kalkanstrich aufgetragen wird, sowie zum Abbeizen von Zierprofilen und Schnitzereien.

Schulmalpinsel
Diesen Pinsel benutzt man für Ausbesserungen sowie für die Imitation von Maserungen. Er wird in den Größen 2 bis 10 angeboten und ist aus Kamelhaar, Zobelhaar oder synthetischen Fasern gefertigt.

Kielpinsel
Dabei handelt es sich um kleine Pinsel, die für Ausbesserungsarbeiten eingesetzt werden.

Anschusspinsel
Dieser Pinsel eignet sich für den Auftrag von Beizen, Farben oder Polituren. Er ist in den Größen 2 bis 20 lieferbar und besteht aus Schweine- oder Zobelhaar.

Flach- oder Malpinsel
Dieser Pinsel dient zum Auftrag von Beizen, Lacken, Grundierungen und Lasuren. Er wird aus Schweine- oder Pferdehaar hergestellt.

Schablonierpinsel (Stippler)
Dieser Pinsel ist aus groben Schweineborsten gefertigt und wird für die dekorative Tupfentechnik auf Holz und anderen Oberflächen eingesetzt.

Graspinsel oder -bürste
Diese werden aus Pflanzenfasern hergestellt und eignen sich besonders zum Bleichen, da gewöhnliche Pinsel nicht säurebeständig sind und dazu neigen, bei Säurekontakt ihre Borsten zu verlieren.

Schablonierpinsel mit langen Haaren
Dieser Pinsel ist ein Spezialpinsel für Schablonierarbeiten. Er sieht aus wie ein Rasierpinsel und wird mit tupfenden Bewegungen geführt.

Schrägstrichzieher
Diesen Pinsel benutzt man für Zierprofile und Kanten. Er ist aus Schweinehaar hergestellt.

Mattierpinsel
Dieser Pinsel wird aus kurzem Schweinehaar gefertigt und für das Mattieren von Oberflächen eingesetzt.

Schläger oder Einschläger
Dieser Pinsel wird für Effekte und Marmorierungen verwendet und besteht aus Schweinehaar.

Unebenheiten und Kratzer

Schäden in der Oberfläche können entweder durch Druck auf die Fasern (wie z. B. bei Beulen und Dellen) oder durch das Aufbrechen der Fasern durch Zerkratzen entstehen. Diese Fehler müssen vor dem Schleifen beseitigt werden. Bei tiefen Dellen oder Kratzern ist es besser sie durch Aufqellen zu beseitigen, statt zu versuchen, sie durch das Schleifen zu beheben. Starkes Schleifen mit Sandpapier führt oft zu einer ungleichmäßigen Oberfläche. Bei furnierten Teilen kann es sogar zu Beschädigungen des Furniers kommen.

Dellen gleicht man aus, indem man die Fasern des Holzes mit Hilfe von Wärme und Wasserdampf zum Quellen bringt. Durch die Ausdehnung der Fasern erzielt man eine Glättung der Oberfläche. Diese Methode führt jedoch nicht zum Erfolg, wenn die Fasern stark beschädigt sind, vor allem bei besonders tiefen Kratzern quer zur Faser. Durch das Aufquellen lässt sich jedoch zumindest die benötigte Menge der Füllmasse oder der erforderliche Schleifaufwand reduzieren, um eine Fläche für die Oberflächenbehandlung vorzubereiten.

Beseitigung einer Delle mit dem Bügeleisen

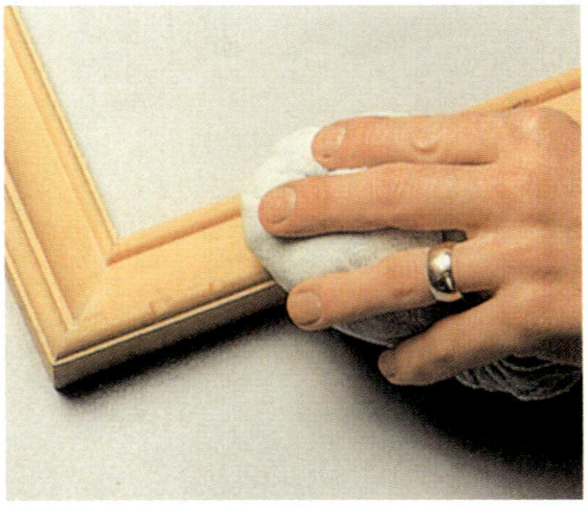

1 Bevor man beginnt eine Delle „auszubügeln", ist zu prüfen, ob eventuell vorhandene Farbreste vollständig entfernt wurden.

2 Feuchten Sie die Fläche um die Delle mit einem nassen Tuch an. Achten Sie immer darauf, dass Wasser und Tuch sauber sind, da sich Holz leicht verfärben lässt. Benutzen Sie ein sauberes weißes Stoffstück – keines, das schon einmal zum Beizen benutzt wurde.

Nach dem „Ausbügeln" der Delle muss die betreffende Fläche trocknen und anschließend mit feinem Sandpapier geschliffen werden.

3 Legen Sie das feuchte Tuch über die Delle und drücken Sie dieses mit dem Bügeleisen an. Das Bügeleisen muss dazu auf eine sehr hohe Temperatur eingestellt werden, damit der Dampf nicht entweicht, bevor er in das Holz eindringen konnte. Halten Sie das Bügeleisen angedrückt, bis kein Dampf mehr entsteht. Heben Sie anschließend Bügeleisen und Stoff an, um die Delle zu untersuchen. Falls sie noch immer vorhanden ist, wird der Vorgang wiederholt, wobei das Tuch jedes Mal erneut zu befeuchten ist.

Das Beizen von Holz

Beizmittel bestehen aus Farbstoffen, die in einem Medium gelöst werden und dienen dazu, das Holz einzufärben. Die Beize zieht in die Fasern ein und versieht das Holz mit einer Tönung – anders als pigmentierte Anstrichstoffe, die eine feste Schicht auf der Oberfläche bilden.

Das Medium, in dem der Farbstoff gelöst wird, bestimmt die Eigenschaften des Beizmittels, wie z. B. Trocknungszeit, Kompatibilität und Verteilung. Durch die Anwendung eines Beizmittels wird die Maserung hervorgehoben und das Erscheinungsbild des Holzes verbessert. Eine Beize sollte sich leicht auftragen lassen, mit dem Überzug kompatibel sein und innerhalb einer angemessenen Zeit trocknen. Darüber hinaus sollte die Farbe im Laufe der Zeit nicht verblassen. Beizmittel eignen sich besonders für die Holzveredlung und dienen dazu, eine unansehnliche Oberfläche optisch aufzuwerten.

Wasserbeizen

Wasserbeizen werden im Handel in Pulver- oder Kristallform angeboten und lassen sich in Wasser auflösen. Solche Beizmittel setzt man schon seit Jahrhunderten ein. Ursprünglich wurden dafür Farbstoffe verwendet, die man aus Bäumen oder Pflanzen gewann. Heute sind sie die preiswertesten aller Beizmittel und können per Katalog bei Farbenherstellern bestellt werden. Auch wenn die ursprünglichen Naturfarbstoffe nicht mehr verwendet werden, sollten die synthetischen Alternativen in keiner Werkstatt fehlen.

Die gebräuchlichsten Farbstoffe sind Van Dyck-Braun, Mahagoni und Nigrosin (schwarz). Diese Farbstoffe lassen sich mischen, um verschiedene Farbtöne herzustellen. Durch Veränderung des Verhältnisses zwischen Wasser und Pulver lässt sich die Intensität der Farbe beeinflussen. Wasserbeizen sollten vor der Anwendung immer auf einem Stück Abfallholz getestet werden. Prüfen Sie dabei auch, welche Wirkung der Auftrag eines Überzugs hat.

Der Einsatz von Wasserbeizen

Die Beize wird mit einem Lappen oder einem Pinsel aufgetragen. Sie werden feststellen, dass sich ein Pinsel am besten für Zierprofile, Kanten und Schnitzereien eignet und dass ein Lappen die meiste Farbe aufnehmen kann. Feuchten Sie das Holz vor dem ersten Farbauftrag an, um eine gleichmäßige Verteilung zu ermöglichen. Reiben Sie die Beize in die Fasern, wobei der Farbrand immer feucht bleiben muss.

Für eine Tischplatte benötigen Sie etwa 250 ml Beize, wobei man die Menge immer reichlich bemessen sollte, damit sie auch wirklich für das gesamte Werkstück reicht. Tragen Sie die Beize großzügig auf, jedoch sollte sie nie direkt auf die Oberfläche gegossen werden. Wasserbeize trocknet langsam, so dass Sie genügend Zeit haben, den Überschuss mit einem Lappen oder Papierhandtuch abzuwischen. Nach dem Trocknen werden hellere Bereiche ein zweites Mal behandelt.

Tipps für das Beizen

- Obwohl gebeizte Flächen nach dem Trocknen heller erscheinen, werden sie durch den Auftrag eines Überzugs dunkler. Aus diesem Grund sollte die Wirkung auf einem Stück Abfallholz oder an einer verdeckten Stelle zunächst getestet werden.
- Denken Sie daran, dass eine Fläche durch einen weiteren Farbauftrag immer abgedunkelt werden kann, wohingegen ein Aufhellen ohne den Griff zum Bleichmittel nicht möglich ist.
- Eine dunkle Beize wirkt auf hellem Holz stärker als auf dunklem.
- Achten Sie darauf, dass der Farbrand beim Auftrag der Beize immer feucht bleibt, da die Fläche sonst fleckig wird.
- Entscheiden Sie vorab, auf welche Weise Sie das Beizmittel auftragen möchten, damit die Farbfläche gleichmäßig gelingt.
- Wenn man das Werkstück leicht mit Wasser befeuchtet, erhält man einen Eindruck von der Wirkung, die entsteht, wenn vor oder nach dem Beizen ein farbloser Überzug aufgetragen wird.
- Farbabstimmungen sollten allmählich erfolgen. Versuchen Sie nicht, den perfekten Ton auf Anhieb zu finden. Stattdessen sollte man nach und nach einzelne Farbschichten übereinander legen.

Die Anwendung von Wasserbeizen

1 Wasserbeizen werden im Handel in Pulverform angeboten. Sie werden in Wasser im gewünschten Verhältnis aufgelöst. Um eine dunklere Beize zu erhalten, fügt man mehr Pulver hinzu und für eine hellere Farbe erhöht man den Wasseranteil.

2 Tragen Sie die Beize mit einem Lappen auf. Gehen Sie dabei großzügig vor und halten Sie die Oberfläche immer feucht, damit eine gleichmäßige Farbverteilung entsteht. Verteilen Sie die Beize mit kreisförmigen Bewegungen. Für das Beizen von Zierprofilen, Kanten und Schnitzereien benutzt man am besten einen Pinsel. Dabei ist ebenso wie bei ebenen Flächen darauf zu achten, dass der Farbrand immer feucht bleibt.

Ölbeizen

Diese Farbstoffe kann man sowohl fertig gemischt als auch in Pulverform kaufen. Dabei werden die Farbstoffe in Naphtha oder ähnlichen Kohlenwasserstoff-Lösungsmitteln gelöst. Sie werden nach Holzfarben eingeteilt und mit Namen wie „Mahagoni dunkel" oder „Eiche hell" bezeichnet. Dennoch können sämtliche dieser Farbstoffe für alle Holzarten verwendet werden und dienen lediglich als allgemeine Anhaltspunkte.

Der Einsatz von Ölbeizen

Ölbeizen führen zwar nicht zum Aufquellen der Fasern, greifen jedoch tiefliegende und raue Fasern (wie z. B. bei Buchenholz) an und erzeugen dabei dunkle Flecken. Daher ist es besonders wichtig, raue Partien besonders sorgfältig vorzubereiten. Ölbeizen sind bequem in der Anwendung und dringen tief ins Holz ein.

Spiritusbeizen

Diese Beizmittel sind in vergälltem (denaturiertem) Alkohol gelöste Ölbeizen. Sie werden von Profis wegen ihrer breiten Farbpalette bevorzugt.

Die Farbstoffe werden nach ihrer Farbe bezeichnet (z. B. gelb und grün), außer Bismarckbraun, das eher zum Rot tendiert. Sie lassen sich mit Pinsel, Lappen oder Farbspritzpistole auftragen und eignen sich auch zum Tauchen. Aufgrund der Alkoholbasis können sie zur Farbabstimmung und Ausbesserung für die Schellackpolitur gemischt werden.

Spiritusbeizen trocknen sehr schnell. Daher eignen sie sich besonders gut zum Spritzen. Außerdem kann das Holz nahezu umgehend mit einem Überzug versehen werden. Allerdings verursacht die schnelle Trocknung Schwierigkeiten beim Auftrag und kann unter Umständen zu einem fleckigen Ergebnis führen. Spiritusbeizen eignen sich besonders gut für Gegenstände, wie z. B. Spielzeug, die klein genug sind, um sie in einen kleinen Tauchtank oder -behälter zu tauchen. Ein Nachteil der Spiritusbeize besteht darin, dass ein nachträglich aufgetragener Schellacküberzug unter Umständen die Beize angreift und eine Farbänderung bewirkt.

Die Versiegelung von Intarsien vor dem Beizen

1 Durch das Beizen kann der Farbkontrast von Intarsien verloren gehen. Um dies zu verhindern, trägt man eine weiße oder helle Politur auf, um die Intarsien vor dem Beizen zu versiegeln.

2 Mit einem Künstlerpinsel Größe 6 malt man vorsichtig die Intarsien aus, wobei unbedingt darauf zu achten ist, dass die Fläche vollständig bedeckt wird. Danach mindestens 15 Minuten trocknen lassen.

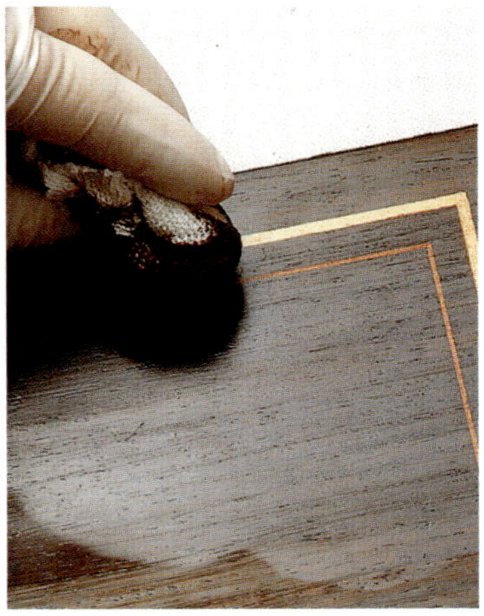

3 Sobald die Versiegelung getrocknet ist, wird die Beize über die gesamte Fläche hinweg aufgetragen. Verwenden Sie dazu entweder eine Wasser- oder Ölbeize, jedoch kein Produkt auf Alkoholbasis. Denaturierter Alkohol würde die Politur auflösen und dadurch die Versiegelung zerstören. Verreiben Sie die Beize gleichmäßig. Der Auftrag erfolgt zunächst mit kreisförmigen Bewegungen und abschließend mit geraden Zügen. Trocknen lassen.

4 Wenn die Beize vollständig getrocknet ist, sehen Sie, dass die unversiegelte Fläche des Werkstücks die neue Farbe angenommen hat, während der versiegelte Bereich unverändert geblieben ist.

Der Einsatz von Spiritusbeizen

Spiritusbeizen gibt es im Handel in Pulverform, als Anilinfarbstoff. Die Farbe lässt sich mischen, um den gewünschten Farbton zu erhalten – eine größere Farbstoffmenge führt zu einem dunkleren Ton. Tragen Sie die Beize sparsam auf, da sie sonst durch die Politur entfernt wird. Zum Tauchen verbleibt das Teil ca. fünf Minuten im Tank. Es ist sinnvoll, der Beize eine kleine Menge Schellackpolitur zuzusetzen, um die Spiritusbeize auf dem Holz zu „fixieren".

Pigmentbeizen

Diese Art der Beize besteht aus fein vermahlenen Pigmenten, die in einem Medium suspendiert werden. Pigmente lösen sich, anders als Farbstoffe, nicht auf. Sie verleihen dem Holz eine halb deckende Farbe und sind gut geeignet, um Holz von minderer Qualität aufzuwerten. Pigmentbeizen sorgen für einen intensiveren Farbton und verbessern die Optik eines Werkstücks.

Der Einsatz von Pigmentbeizen

Pigmentbeizen werden gebrauchsfertig in einer Reihe von Farbtönen angeboten und sind großzügig mit einem Pinsel oder Lappen aufzutragen. Überschüssige Beize ist zu entfernen, da die Farbe andernfalls fleckig und deckend wirkt.

Wachsbeizen

Wachsbeizen werden – gebrauchsfertig in verschiedenen Farben – als Weichwachs verkauft und direkt auf das Holz bzw. auf eine vorhandene Beizung aufgetragen. Sie können nicht unter einem Polyurethan- oder Lacküberzug verwendet werden, da sie die vollständige Trocknung der Deckschicht verhindern würden.

Der Einsatz von Wachsbeizen

Wachsbeizen werden wie eine Wachspolitur mit einem Lappen aufgetragen, wobei das Wachs in das Holz gerieben wird. Vor dem Glanzpolieren am besten über Nacht trocknen lassen.

Das Bleichen von Holz

Bleichmittel setzt man ein, um die Farbe des Holzes aufzuhellen. Dies ist einerseits aus rein ästhetischen Gründen bei neuem oder älterem, nachgedunkeltem Holz erwünscht und daher eine Geschmacksfrage. Bleichmittel finden jedoch andererseits auch bei der Entfernung von Fehlern und Flecken Verwendung oder wenn es darum geht, dunklere Komponenten an andere Teile eines Werkstücks anzupassen. Bleichen ist eventuell auch erforderlich, um die Farbe von abgebeiztem Holz abzuschwächen oder um Tinten- oder Wasserflecke zu entfernen.

Es gibt eine Vielzahl von unterschiedlichen Bleichmitteln. Haushaltsprodukte sind zwar auch für Holz verwendbar, es ist es jedoch günstiger, entweder selbst ein Bleichmittel durch das Mischen von Oxalsäure und Wasser herzustellen oder eine spezielle Holzbleiche zu kaufen (als Zweikomponenten-Packung angeboten), die stärker mit der Oberfläche reagiert. Für das letztgenannte Produkt benötigt man ein Neutralisationsmittel, um die chemische Reaktion zu stoppen und um dafür zu sorgen, dass keine Bleichrückstände einen Überzug schädigen. Eine 50-prozentige Lösung aus Weißweinessig ist das traditionelle Neutralisationsmittel für Zweikomponentenbleiche. Zusätzlich benutzt man reichlich Wasser zur Reinigung der Oberfläche.

Da Bleichmittel leicht mit Metallen reagieren (man verwendet sie, um die Auswirkungen von Eisenfeilspänen auf Holz zu beseitigen), müssen für solche Chemikalien immer Behälter aus Glas, Plastik oder Steingut benutzt werden. Da es sich dabei um Gefahrstoffe handelt, sind die Herstellerhinweise sorgfältig zu lesen und die Sicherheitsvorschriften einzuhalten. Bewahren Sie Bleichmittel für Kinder unzugänglich auf und benutzen Sie dafür niemals Lebensmittelbehälter, um eine mögliche Verwechslung auszuschließen.

Die Einsatz von Zweikomponenten-Bleichmitteln

1 Tragen Sie den Inhalt von Packung A (oder 1) mit einem Pinsel auf. Achten Sie darauf, Behälter und Pinsel deutlich sichtbar zu markieren, um eine Verwechslung der beiden Komponenten zu verhindern. Tragen Sie beim Arbeiten Schutzhandschuhe und überziehen Sie das Teil mit einer gleichmäßigen Schicht der Substanz.

2 Fünf Minuten nach dem ersten Auftrag wird das Werkstück mit dem Inhalt von Packung B (oder 2) behandelt. Dazu verwendet man ebenfalls einen Pinsel und trägt Handschuhe. In dieser Phase erscheint die Oberfläche zunächst etwas dunkler. Durch die Reaktion der beiden Chemikalien wird das Holz aufgehellt, wobei manchmal etwas Schaum entsteht. Lassen Sie die Bleiche einwirken, bis der gewünschte Effekt eintritt.

3 Sobald das Teil die gewünschte Farbe angenommen hat, muss die Reaktion neutralisiert werden. Tragen Sie dazu mit einem sauberen Pinsel eine 50-prozentige Lösung aus Essig und Wasser auf.

4 Nach dem Trocknen hat das gebleichte Objekt eine gleichmäßige, blassere Farbe als zuvor.

Porenfüllstoffe

Einige Holzarten, wie z. B. Eichenholz besitzen eine offene Faserstruktur, die eine vollständig glatte Oberfläche, wie sie z. B. für die Schellackpolitur charakteristisch ist, kaum ermöglichen. Bei diesen Hölzern müssen die offenen Poren mit einem feinen Pulver ausgefüllt werden, das als Paste oder in flüssiger Form aufgetragen wird. Durch das Ausfüllen der Poren wird gleichzeitig der Auftrag der Politur beschleunigt, da die Poren nicht mehr mit Politur ausgeglichen werden müssen. Letzteres ist eine Alternative, die jedoch wesentlich zeitaufwändiger ist.

Ursprünglich bestanden Porenfüller aus gebranntem Gips, der mit Wasser und Pigment gemischt wurde. Diese Gipsfüller verfärbten sich jedoch weiß und wurden dadurch in den Poren sichtbar. Moderne Porenfüllstoffe bestehen daher aus einer Mischung aus Füllkörpern, Bindemittel, Pigment und Lösungsmittel. Es gibt eine Vielzahl von Varianten, die jeweils auf spezielle Anwendungen zugeschnitten sind – unterschieden werden sie nach dem eingesetzten Bindemittel.

Porenfüller werden in zahlreichen Farben angeboten. Für den Anfang reicht ein kleines Sortiment von Mahagoni, Nussbaum und Eiche hell aus. Öl- oder Pigmentbeizen lassen sich mit einem neutralen Porenfüller mischen, um die gewünschte Farbe zu erhalten.

Verwenden Sie Sackleinen oder einen anderen groben Stoff zum Auftragen des Füllstoffes und reiben Sie ihn mit kreisförmigen Bewegungen in die Holzporen. Arbeiten Sie nicht in Faserrichtung, da der Füllstoff sonst nicht in den Poren hält. Entfernen Sie überschüssigen Porenfüller entgegen der Faserrichtung mit einem Stück Sackleinen.

Der Auftrag von Porenfüllstoffen

1 Bereiten Sie die zu behandelnde Oberfläche durch Schleifen und (wenn gewünscht) Beizen vor. Entfernen Sie Staub und Schmutz, damit der Porenfüller gut in den Poren haftet. Tragen Sie pastösen Porenfüller mit einem Stück Sackleinen auf. Formen Sie aus dem Stoff einen handgroßen Ballen und tauchen Sie diesen kräftig in den Porenfüller, so dass er gut damit getränkt ist.

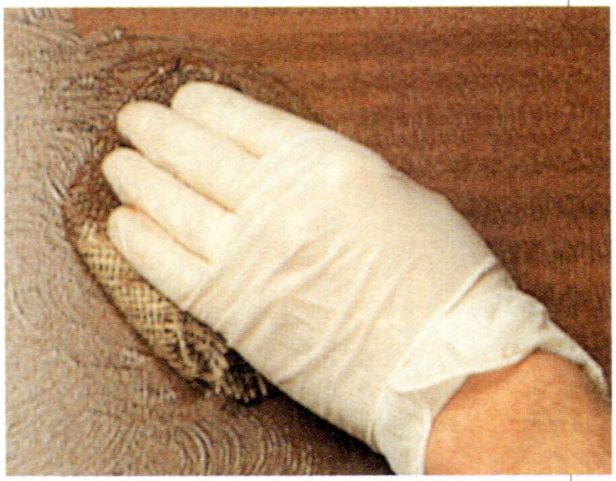

2 Reiben Sie den Ballen in kreisförmigen Bewegungen über die Oberfläche und achten Sie darauf, dass er immer reichlich befeuchtet ist. Schieben Sie den Füllstoff sanft in die Poren und tragen Sie mehr davon auf als tatsächlich benötigt wird, bis die gesamte Fläche damit bedeckt ist. Entfernen Sie den überschüssigen Porenfüller mit einem sauberen Stück Sackleinen, wobei Sie quer zur Faser arbeiten. Bei Produkten, die mit Lösungsbenzin verdünnt werden, benutzt man dazu einen mit Lösungsbenzin getränkten Lappen. Die ausgefüllte Oberfläche verliert ein wenig von ihrer Maserung. Schleifen Sie die Fläche vorsichtig, um eventuell noch überschüssigen Porenfüller zu entfernen.

DIE WICHTIGSTEN TECHNIKEN

Den meisten Hobbytischlern ist als Oberflächenbehandlung nur die Klarlackierung bekannt, mit der sie jedes ihrer selbstgebauten Stücke überziehen. Lack ist zwar für bestimmte Zwecke sehr gut geeignet, doch es gibt Fälle, in denen eine Schellackpolitur oder die Behandlung mit Öl oder Wachs günstiger und überraschend einfach umzusetzen sind.

Die Schellackpolitur

Das einfache Prinzip der Schellackpolitur besteht darin, mit dünnen Schichten aus transparenter oder farbiger Politur eine glänzende Oberfläche zu erzeugen.

Die Schellackpolitur in ihren vielen Varianten ist wahrscheinlich auf Mahagoni am beliebtesten, da sie bemerkenswert gut auf das feinringige Holz abgestimmt ist und das attraktive Maserbild durch die „Tiefe" der Politur zusätzlich betont wird. Hölzer wie Nussbaum, Rosenholz und nordamerikanische Platane (Sykomore) sind ebenfalls geeignet. Bei Eiche ist dies weniger der Fall; diese wird gewöhnlich gewachst.

Der Auftrag der Schellackpolitur

Nach dem Auftrag einer Grundierung, dem leichten Anschleifen der Oberfläche (um Unebenheiten zu beseitigen) und der Entfernung des Schleifstaubs kann mit dem Aufbau der Politur begonnen werden. Beginnen Sie den Auftrag mit geradlinigen Bewegungen, zunächst in Faserrichtung und anschließend entgegengesetzt. Üben Sie dabei einen leichten, gleichmäßigen Druck aus. Der Druck entspricht in etwa dem, den man zum Verputzen von Wänden oder zum Bestreichen eines Toasts mit Butter benötigt. Nachdem die Oberfläche zwei- oder dreimal behandelt wurde, setzt man die Arbeit mit kreisförmigen Bewegungen fort, um die Politur zu glätten. Versuchen Sie auch dabei einen gleichmäßigen Druck beizubehalten – man neigt dazu, stärker aufzudrücken, wenn sich die Hand auf den Körper zu bewegt. Arbeiten Sie in Kreisen mit einem Durchmesser von ca. 125 bis 150 mm und achten Sie darauf, dass die Kreisfläche vom Polierballen vollständig erfasst wird. Für größere Werkstücke, wie z. B. Tischplatten benötigt man entsprechend größere Polierballen; bei kleineren Stücken genügen kleinere Ballen.

Die Herstellung eines Polierballens für die Schellackpolitur

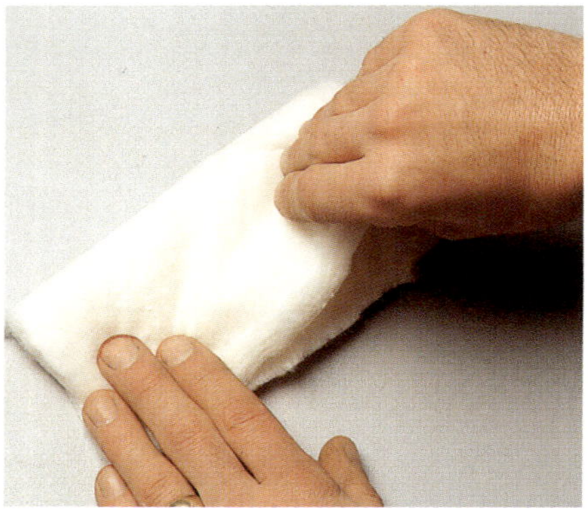

1 Zum Auftragen einer Schellackpolitur benutzt man einen Polierballen. Dazu faltet man ein ca. 8 x 8 cm großes Stück Lagenwatte in der Mitte (Baumwolle ist ebenfalls verwendbar, doch damit erzielt man ein weniger gutes Ergebnis).

Wenn Sie bemerken, dass der Polierballen nicht mehr so leicht gleitet und zu „reißen" beginnt (d. h. etwas stärker an der Oberfläche haftet), wird der Druck ein wenig erhöht. In diesem Stadium saugt die Oberfläche die Politur stark auf, so dass der Ballen häufig neu mit Politur getränkt werden muss, sobald die Fläche zu trocknen beginnt. Setzen Sie den Politurauftrag fort und bewegen Sie dabei den Ballen in einer Kombination aus Kreisen und „Achterschlingen". Wichtig ist, dass der Polierballen immer in Bewegung bleibt.

Halten Sie den Ballen von noch weichen Politurflächen fern. Prüfen Sie, ob die Schicht noch klebt und wenn dies der Fall ist, lassen Sie diese einige Minuten aushärten. Sobald die Fläche an allen Stellen glänzt, schließt man die Behandlung mit geraden Bewegungen in Faserrichtung ab und lässt das Werkstück trocknen.

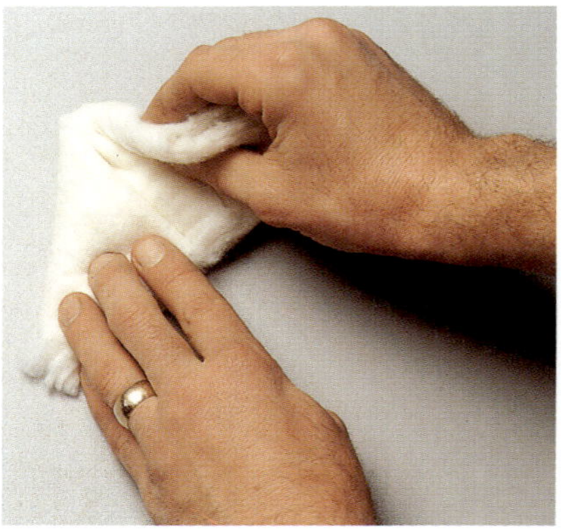

2 Klappen Sie die geschlossenen Kanten der Watte bis zur Mitte, so dass ein Dreieck entsteht, das aussieht wie ein spitzer Hut.

3 Falten Sie die langen Enden des Dreiecks zur Mitte und schlagen Sie diese ein.

4 Bringen Sie die Watte anschließend in eine Birnenform. Es ist wichtig, dass die Unterseite glatt ist, wenn sie zwischen den Fingern gehalten wird. Das Ziel besteht darin, einen festen Kern für den Polierballen zu produzieren.

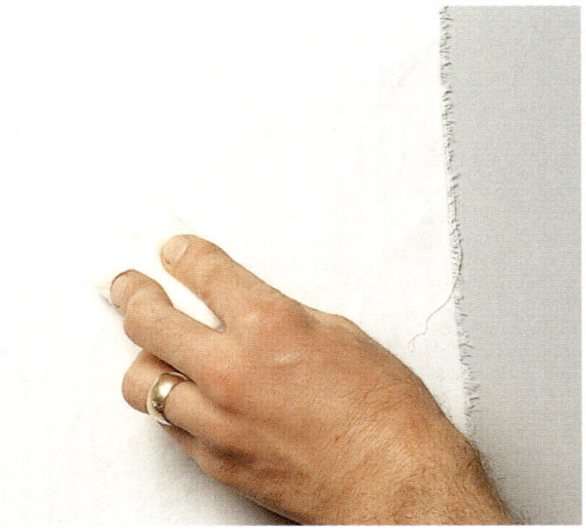

5 Legen Sie den Wattekern schräg auf die Ecke eines weißen Stoffstückes aus Baumwolle (ca. 5 x 5 cm groß), so dass die glatte Unterseite der Watte nach unten zeigt. Der Stoff darf nicht gestärkt oder gefärbt sein.

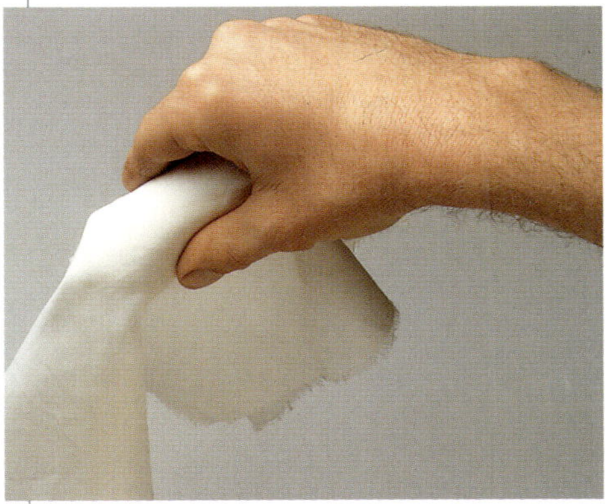

6 Drehen Sie den Stoff um und halten Sie den Kern zwischen Daumen und Zeigefinger, so dass der Stoff an beiden Seiten herunter hängt. Falten Sie den Stoff an der Spitze.

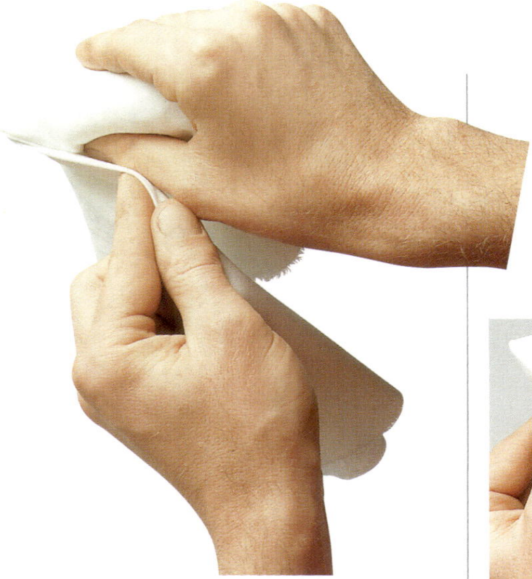

7 Falten Sie den Soff nochmals und schlagen Sie die Enden unter dem Wattekern ein, so dass eine Spitze entsteht.

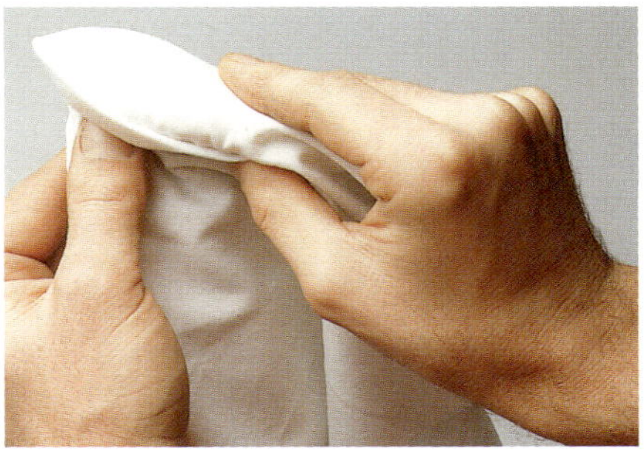

8 Legen Sie den überhängenden Stoff über den Kern und drehen Sie ihn ein, damit der Ballen eine kompakte Form erhält.

9 Zum Schluss müssen alle losen Enden eingedreht sein.

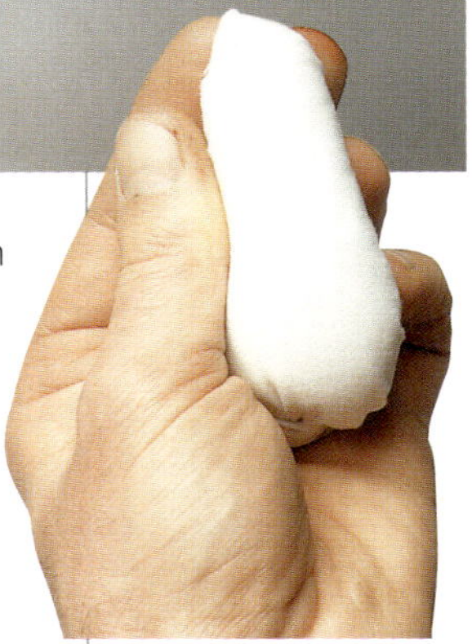

10 Zum Polieren hält man den Ballen zwischen Daumen und die anderen Finger. Wenn er nicht benutzt wird, muss der Polierballen in einem verschlossenen Behälter aufbewahrt werden, um ein Austrocknen zu verhindern.

Tipps

Wenn die Politur auf den Ballen gegeben wird, muss diese durch den Kern aufgenommen werden, darf jedoch nicht bis zur Polierfläche des Ballens tropfen. Die Politur wird in den Ballen hineingeträufelt (dabei hält man ihn in der Hand und stützt ihn mit dem Zeigefinger). Anschließend wird er vorsichtig ausgedrückt.

Auftragen der Grundpolitur

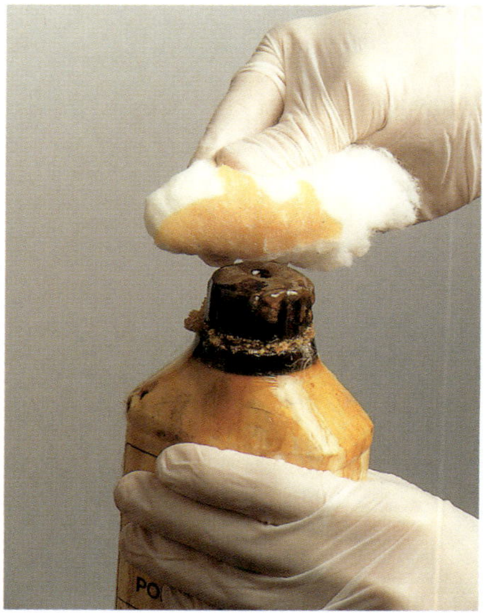

1 Der Auftrag einer ersten Schellackschicht wird als Grundauftrag oder Grundpolitur bezeichnet. Dazu benutzt man ein Stück Watte, das zuvor als Kern eines Polierballens diente (frische Watte hinterlässt Fusseln auf der Oberfläche). Tränken Sie dieses mit Politur aus einem bruchsicheren Behälter, dessen Deckel mit einem kleinen Loch oder Schlitz versehen wurde, um kleine Mengen zu entnehmen. Für den Grundauftrag benötigt man eine Politurmenge von ca. 2 Teelöffeln. Überschüssige Politur wird durch Ausdrücken der Watte entfernt. Sie muss sich feucht anfühlen, jedoch nicht tropfnass.

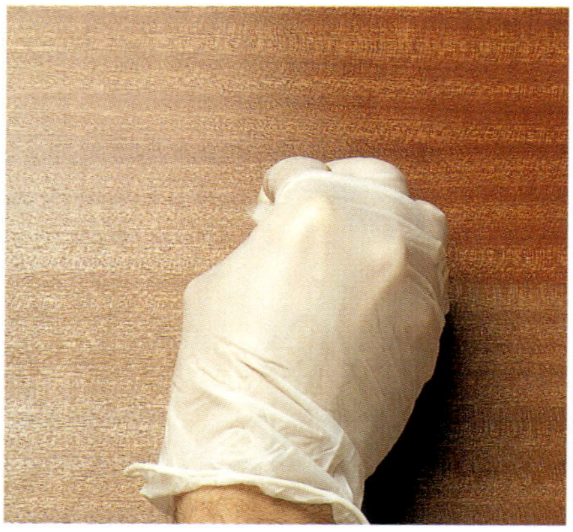

2 Tragen Sie die Politur mit dem Wattebausch in Faserrichtung auf. Üben Sie bei den ersten zwei oder drei Lagen keinerlei Druck aus. Setzen Sie anschließend den Politurauftrag in engen Kreisen fort und erhöhen Sie den Druck mit fortschreitender Trocknung der Watte. Sobald der Wattebausch völlig ausgetrocknet ist, wird er erneut mit Politur getränkt. Setzen Sie die Behandlung der Oberfläche fort, bis sie zu klebrig für einen weiteren Politurauftrag ist. Anschließend trocknen lassen.

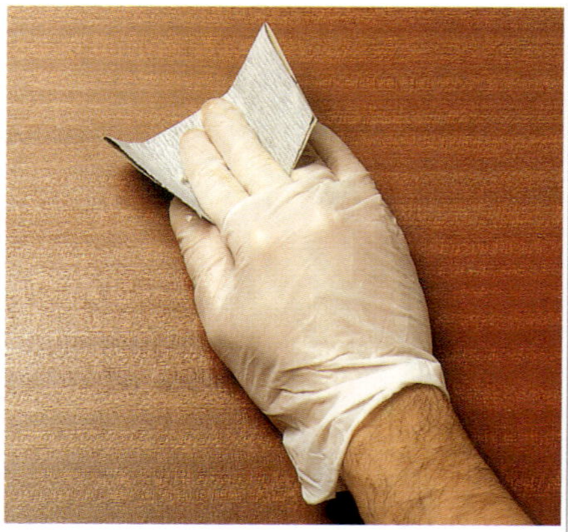

3 Nach dem Trocknen der Schellackschicht fühlt sich die Oberfläche rau an. Sie wird mit einem mit Stearat beschichteten feinen Siliciumcarbid-Schleifpapier (Korn 320) leicht angeschliffen.

Bewegungsmuster für den Politurauftrag mit dem Polierballen

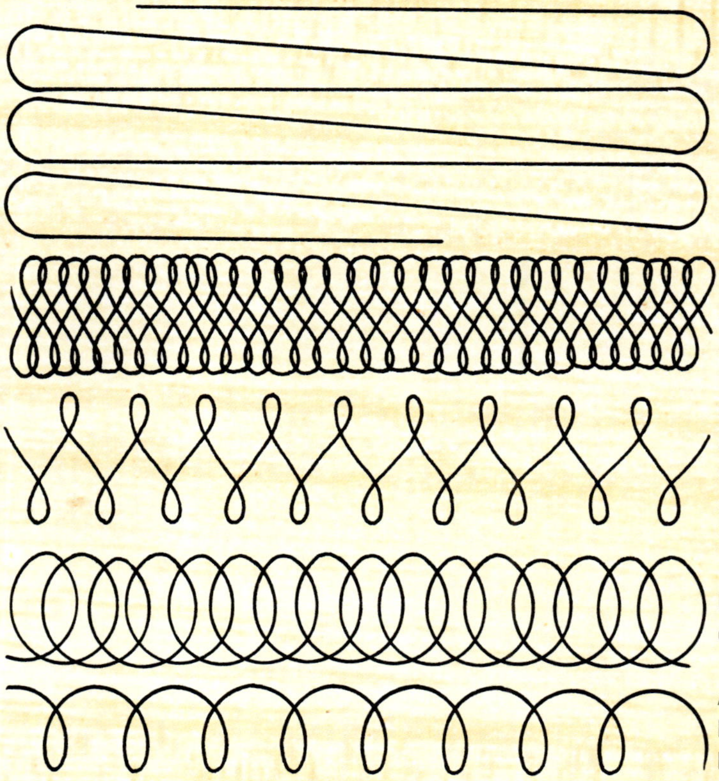

Geradlinige Bewegungen müssen in Faserrichtung erfolgen

Überlagerte Achterschlingen zum Auspolieren

Auseinandergezogene Achterschlingen für die gleichmäßige, streifenfreie Verteilung der Politur

Überlagerte Kreise für eine glatte Oberfläche

Auseinandergezogene Kreise für die anfängliche Verteilung der Politur

Farbabstimmung

Nach dem Trocknen der Politur werden sämtliche Farbabweichungen sichtbar. Holzdübel an Stühlen erscheinen unter Umständen zu hell und an Verbindungen von furnierten Teilen treten möglicherweise Farbunterschiede auf. Um sich einen Gesamteindruck von der Farbwirkung zu verschaffen, treten Sie am besten einen Schritt zurück und betrachten das Möbelstück mit etwas Abstand.

Verwenden Sie für die Farbanpassung Spiritusbeizen, die Sie unter die Politur mischen. Gehen Sie mit diesen Beizmitteln jedoch vorsichtig um, da die Farben sehr intensiv sind und für Tönungen nur in stark verdünnter Form anzuwenden sind. Denken Sie immer daran, dass es leichter ist eine Fläche abzudunkeln, als sie aufzuhellen (da sich zusätzliche Farbschichten schnell auftragen, jedoch kaum entfernen lassen) – geben Sie daher beim Mischen die Farbe allmählich zu. Tragen Sie die Farbe mit einem Lappen oder Pinsel auf.

Defekte wie Äste, Leimspuren und Reste von Porenfüller müssen mit Hilfe von Pigmenten ausgebessert und kaschiert werden. Achten Sie jedoch darauf, dass die Farbe an diesen Stellen nicht zu dick aufgetragen wird und nehmen Sie, wenn nötig, einen Künstlerpinsel zu Hilfe, um die Holzmaserung zu imitieren.

Tipps für die Schellackpolitur

- Sorgen Sie dafür, dass der Polierballen stets ausreichend – jedoch nicht überreichlich – mit Politur getränkt ist.
- Gehen Sie sparsam mit Leinöl um – verwenden Sie es lieber häufiger und dafür in kleinen Mengen.
- Versuchen Sie bei der Arbeit mit dem Polierballen einen gleichmäßigen Druck auszuüben.
- Arbeiten Sie in einer staubfreien Umgebung.
- Um überschüssige Politur aus dem Polierballen zu entfernen, wird dieser einfach auf eine saubere Fläche gedrückt.
- Versuchen Sie während des Polierens die Temperatur in Ihrer Werkstatt konstant bei 18°C zu halten.

Das Deck- oder Nachpolieren

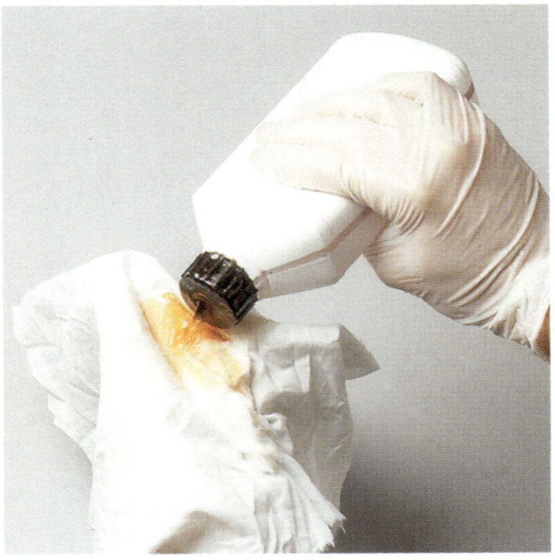

1 Nachdem die Oberfläche grundiert und leicht angeschliffen wurde, ist es Zeit, Politur mit Hilfe eines Polierballens aufzutragen. Dieses Verfahren bezeichnet man als Deck- oder Nachpolieren. Tränken Sie dazu den Polierballen mit Politur, indem Sie die Stoffschicht des Ballens öffnen und die Politur auf den Kern gießen, bis er vollgesogen ist. Überschüssige Politur wird auf Papier oder einem Holzstück ausgepresst.

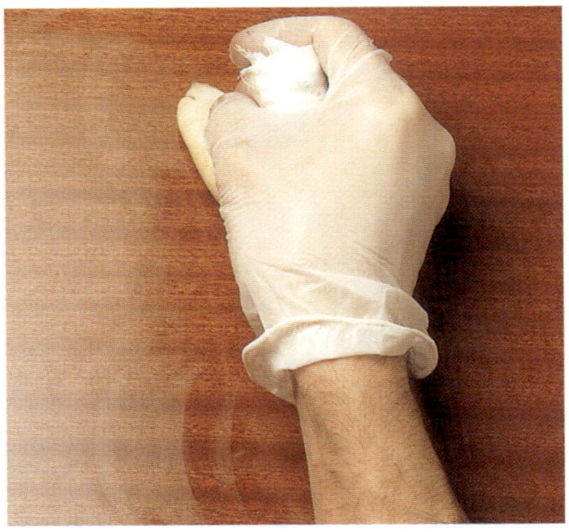

2 Die Politur wird mit geradlinigen Zügen in Faserrichtung aufgetragen. Dies wird vier- bis fünfmal wiederholt. Anschließend beschreibt man mit dem Polierballen kreisförmige Bewegungen. Wenn der Ballen austrocknet, wird zunächst der Druck erhöht und anschließend ist er erneut mit Politur zu tränken. Bewegen Sie den Polierballen sowohl in Achterschleifen als auch kreisförmig.

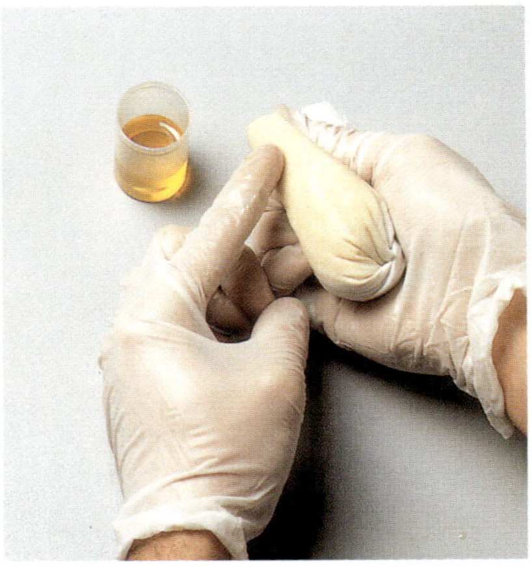

3 Nachdem vier oder fünf Schichten aufgetragen wurden, beginnt die Oberfläche klebrig zu werden. Jetzt muss Leinöl auf den Polierballen gegeben werden. Tauchen Sie dazu einen Finger in das Öl und verreiben Sie es auf der Polierfläche des Ballens. Arbeiten Sie anschließend weiter in kreisförmigen Zügen.

4 Durch das Deckpolieren sollte die Oberfläche bereits glatt sein, trotzdem wird der Polierballen weiterhin kreisförmig, in Achterschleifen und geradlinigen Zügen nach oben und unten über das Werkstück bewegt. Tränken Sie den Ballen erneut, wenn er auszutrocknen beginnt – dies sollte sparsam, aber häufig erfolgen.

Das Auspolieren

Die Oberfläche kann jetzt abschließend behandelt werden – dazu benutzt man den Polierballen, den man in einem verschlossenen Behälter griffbereit hat. Tragen Sie Politur auf und arbeiten Sie diese in die Oberfläche ein. Wenn der Polierballen zu „reißen" beginnt, verreibt man ein wenig Leinölfirnis auf der Unterseite, damit der besser gleitet. Dadurch bleiben auf der Oberfläche Schlieren zurück. Sobald die Fläche mit einer gleichmäßigen Politurschicht überzogen ist, reibt man den Ballen „trocken", indem man ihn nur noch mit Spiritus tränkt und glättet auf diese Weise die Oberfläche.

Abschließend wird noch einmal Politur auf den Ballen gegeben und in geradlinigen Zügen in Faserrichtung von einem Ende zum anderen gearbeitet. Sobald die Fläche glänzt, lässt man die Politur trocknen.

Die Ölentfernung

Wenn eine Hochglanzoptik entstehen soll, tränkt man den Polierballen lediglich mit Spiritus und bearbeitet damit die Fläche in geradlinigen und kreisenden Zügen. Der Polierballen muss sich kalt anfühlen und darf nicht zu nass sein. Der Alkohol dient dazu, die letzten Ölreste zu entfernen und eine hochglänzende Oberfläche zu erzeugen.

Das Mattieren

Seidenmatte oder matte Oberflächen sind beliebt, da sie dem Möbelstück eine natürlichere Optik verleihen. Statt die Fläche mit dem spiritusgetränkten Ballen zu bearbeiten, mattiert man das Teil nach dem Trocknen mit Bimsmehl oder feiner Stahlwolle und Wachs. Das Bimsmehl kann direkt auf die Oberfläche aufgetragen und mit einer Schuhbürste eingearbeitet werden. Arbeiten Sie in Faserrichtung und benutzen Sie für Zierprofile und Ecken einen Pinsel.

Bei der Arbeit mit Stahlwolle und Wachs ist es wichtig, nicht zu viel Wachs zu verwenden. Sobald die Fläche getrocknet ist, werden Rückstände mit einen sauberen, weichen Lappen entfernt, so dass eine seidenmatte Oberfläche entsteht.

Es ist wichtig, dass die Stahlwolle fein ist: entweder 000 oder 0000. Testen Sie sie vorab an einem Probestück, um herauszufinden, welche Sorte sich am besten eignet. Gelegentlich ist die Qualität 0000 so fein, dass sie die Fläche eher zum Glänzen bringt.

Schellack-Polituren

Das Verfahren bezeichnet man als Schellackpolitur, doch die Produkte werden verschieden bezeichnet und sind für unterschiedliche Anwendungen geeignet.

French Polish
French Polish ist orange und wird hauptsächlich für Mahagoni verwendet.

Knopflack
Knopflack hat eine goldbraune Farbe.

Rubin- oder Granatschellack
Rubin- oder Granatschellack ist dunkelbraun und ist empfehlenswert für die Aufarbeitung von alten Möbeln.

Weiße Schellackpolitur
Weißer Schellack ist gebleicht und von milchig-weißer Farbe. Man benutzt ihn für helle Hölzer wie z. B. Esche und nordamerikanische Platane (Sykomore).

Farblose Schellackpolitur
Farbloser Schellack ist gebleicht und entwachst.

Das Mattieren mit Bimsmehl

1 Geben Sie das Bimsmehl in eine flache Schale. Gehen Sie dabei vorsichtig vor, um das Pulver nicht zu verschütten.

2 Reiben Sie das Möbelstück in Faserrichtung mit Bimsmehl ein. Achten Sie darauf, dass alle Bereiche bedeckt und gleichmäßig behandelt werden. Bimsmehl ist sauber zu halten und trocken aufzubewahren.

Der Einsatz von Farben

Holz kann entweder mit Hilfe von Pigmenten oder Farbstoffen farbig gestaltet werden. Der Unterschied zwischen beidem besteht darin, dass Farbstoffe in einem Lösungsmittel gelöst werden und in die Holzfasern eindringen, während Pigmente in Suspension verwendet werden und eine Schicht auf den Fasern des Holzes bilden. Aus diesem Grund sinken Pigmente auf den Boden von Farbdosen, nachdem sie mit einer Flüssigkeit gemischt wurden. Man verwendet sie, um Defekte oder Äste zu kaschieren oder um eine polierte Oberfläche auszubessern. Farbstoffe sind die farbgebenden Stoffe von Beizmitteln und lassen sich in Alkohol (wie bei Anilinfarben der Fall) oder anderen Lösungsmitteln wie Wasser oder Öl lösen.

Farbstoffe und Beizmittel

Farbstoffe werden Teil des Holzes und man verwendet sie dazu, um Hölzer aneinander anzupassen. Da sie nicht decken, bleibt die Maserung sichtbar. Das Ziel besteht hierbei darin, mit Hilfe der Farben die dem Holz eigene Farbe zur Geltung zu bringen. Dies kann zum einen bedeuten, dass mit Hilfe einer roten Beize ein warmer Ton erzeugt wird oder dass rote Nuancen durch die Verwendung von Grün reduziert werden. In manchen Fällen wird ein Stück komplett mit Farbe versehen, während gelegentlich nur kleinere Partien zu behandeln sind. Letzteres kommt vor allem beim Aufarbeiten vor oder wenn innerhalb eines Möbelstücks Einzelteile nicht zusammen passen. Dies ist z. B. häufig bei Tischbeinen oder -zargen der Fall, wenn sie aus einer anderen Holzcharge stammen als die Tischplatte. Dadurch können die Farben voneinander abweichen, was sich jedoch durch Beizen korrigieren lässt.

Das Mischen von Farben für die Farbanpassung

1 Um neue oder aufgearbeitete Teile eines Möbelstücks farblich anzupassen, mischt man Spiritusbeizen mit Schellackpolitur und denaturiertem Alkohol und erhält eine nichtdeckende Farbe, unter der die Maserung sichtbar bleibt. Zum Mischen der Farben eignen sich alle Behälter mit Ausnahme von Lebensmittelverpackungen.

2 Mischen Sie einen Farbton, indem Sie nach und nach kleine Farbmengen zugeben. Verwenden Sie einen Künstlerpinsel der Größe 6, um die Farben im Verhältnis 50:50 mit Spiritus und Schellackpolitur zu mischen. Achten Sie darauf, dass die Farbe sorgfältig mit dem Spiritus und der Schellackpolitur vermischt wird.

Das Ölen von Holz

Ölen ist eine der ältesten Arten der Konservierung und Oberflächenbehandlung von Holz. Ursprünglich benutzte man dazu Leinöl, das aus Flachs gewonnen wird und oxidativ trocknet. Heute werden Öle für die Holzbehandlung immer beliebter, da sich geölte Möbel unkompliziert aufarbeiten und pflegen lassen. Außerdem bleibt anders als bei Lackanstrichen und Spritzlackierungen die Textur des Holzes sichtbar.

Zwar sind Öle nicht so widerstandsfähig wie modernere Mittel für die Oberflächenbehandlung und geölte Flächen verschmutzen auch leichter. Trotzdem sind sie nicht so empfindlich wie z. B. mit Schellack behandelte Möbel. Teak- und Holzöl trocknen schneller als Leinöl und stellen die einfachste Oberflächenbehandlung von Holz dar.

Wenn das Holz gebeizt werden soll, so muss dies vor dem Ölen geschehen. Verwenden Sie dazu eine Wasserbeize. Ölbeizen sind in diesem Fall zu vermeiden, da sie mit dem Schlussüberzug reagieren und zu einem fleckigen Farbergebnis führen.

Leinöl

Eine Oberflächenbehandlung mit Leinöl ist relativ einfach umzusetzen. Allerdings besitzt es eine recht lange Trocknungszeit und bei unbehandeltem Holz sind mehrere Anstriche erforderlich. Während des komplexen Vorgangs der oxidativen Trocknung nimmt rohes Leinöl an Masse zu, trocknet jedoch nicht so schnell wie Leinölfirnis. Leinölfirnis ist teilweise oxidiert und trocknet innerhalb eines Tages – im Vergleich zu reinem Leinöl, das zum Trocknen drei Tage benötigt, jedoch auch widerstandsfähiger gegen äußere Einflüsse ist. Dennoch eignen sich weder Leinöl noch Leinölfirnis für die Außenanwendung.

Tragen Sie das Öl mit einem Lappen auf und reiben Sie es in das Holz. Danach muss es mindestens 24 Stunden trocknen. Sie können versuchen, Leinöl für die Grundierungen zu gleichen Teilen mit Lösungsbenzin zu mischen, damit der Überzug besser in das Holz eindringt und schneller trocknet. Als nächstes trägt man Ölschichten auf, bis auf der Holzoberfläche ein Film entsteht. Durch An-

Sicherheit

Öle erzeugen beim Trocknen durch die Oxidation Hitze. Ölgetränkte Lappen auf der Werkbank oder im Papierkorb stellen daher eine Brandgefahr dar. Solche Lappen sind deshalb vor dem Wegwerfen in einen Wassereimer zu tauchen. Wenn man sie über Nacht darin einweicht, können sie gefahrlos entsorgt werden.

Die Behandlung dieser Holzkassette mit Öl bringt die schöne natürliche Patina des Holzes gut zur Geltung.

wärmen wird die Zähflüssigkeit des Leinöls verringert und sein Eindringen in das Holz gefördert. Es ist jedoch sehr leicht entzündlich, daher lässt es sich am sichersten erwärmen, wenn man es in einen Gefäß füllt und dieses in einen Topf mit sehr heißem Wasser stellt. Bevor die nächste Ölschicht aufgetragen wird ist zu prüfen, ob die vorherige Lage trocken ist. Dazu wischt man einfach mit der Hand über die geölte Fläche und prüft, ob Öl daran haften bleibt. Sobald Sie mit dem Ergebnis zufrieden sind, reiben Sie die Fläche mit einem weichen Lappen ab.

Teak- und Holzöl

Teak- und Holzöl trocknen schneller als Leinöl und bilden einen widerstandfähigeren Film auf der Oberfläche. Teaköl erzeugt einen leichten Glanz, während Holzöl eine natürlichere, mattere Oberfläche hinterlässt und daher besser für neue Stücke geeignet ist. Leinöl sollte eher für alte Möbel verwendet werden. Manche dieser Öle sind leicht eingefärbt. Alle enthalten Trockenstoffe und teilweise Tungöl, um die Schutzwirkung zu verbessern. Im Handel ist reines Tungöl (auch als chinesisches Holzöl bezeichnet) beziehbar, das aus den Samen des chinesischen Tungbaumes gewonnen wird. Es wird ähnlich wie Teak- und Holzöl angewandt und erzeugt eine dauerhafte Schutzschicht auf Gartenmöbeln aus Hartholz.

Die Behandlung mit Öl

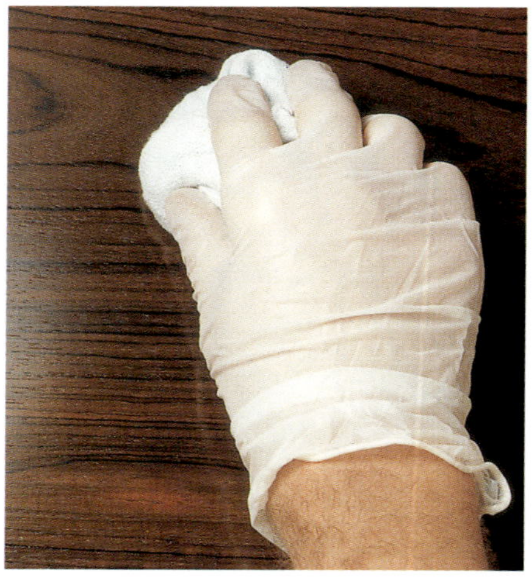

1 Tränken Sie einen weichen Lappen mit ausreichend Öl, um eine einheitliche feuchte Schicht auf die Fläche auftragen zu können. Anschließend wird das Öl gleichmäßig auf der gesamten Oberfläche verrieben. Es ist wichtig, dass die Fasern vollständig befeuchtet wurden, da andernfalls ein fleckiges Ergebnis erzielt wird. Arbeiten Sie zunächst mit kreisförmigen Bewegungen, gehen Sie dann zu geradlinigen Zügen über.

2 Lassen Sie das Öl über Nacht trocknen. Manche grobporige Hölzer saugen das meiste Öl auf, so dass nur wenig davon auf der Oberfläche zurückbleibt. Schleifen Sie die Fläche mit einem feinen mit Stearat beschichteten Schleifpapier (Korn 320) leicht an. Tragen Sie weitere Schichten auf, bis die Oberfläche die gewünschte Beschaffenheit aufweist. Jede Schicht muss über Nacht trocknen und zwischen den einzelnen Arbeitsgängen leicht angeschliffen werden. Drei bis vier Ölschichten sind normalerweise ausreichend.

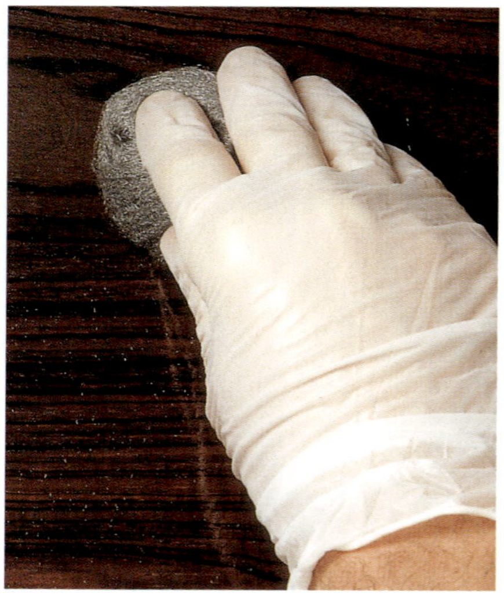

3 Nach dem Trocknen reibt man die Fläche mit einem handtellergroßen Stück feiner Stahlwolle (0000) ab und bringt sie zum Glänzen. Dabei arbeitet man in Faserrichtung, übt gleichmäßigen Druck aus und bearbeitet auf diese Weise das gesamte Möbelstück, um eine Seidenmattoptik zu erzielen. Abschließend reibt man die Oberfläche mit einem sauberen weichen Lappen ab, um den Staub zu entfernen.

Das Wachsen von Holz

Wachsen ist eine traditionelle Methode, um Holz zu schützen und optisch aufzuwerten. Bienenwachs benutzte man schon im alten Ägypten und englische Möbel aus der Zeit Jakobs I. (17 Jh.) waren ebenfalls mit Wachs behandelt. Auch heute ist Wachsen noch die gebräuchlichste Methode zur Oberflächenbehandlung von Eichenholz. Lediglich die Einführung der Schellackpolitur minderte die Beliebtheit und Verbreitung des Holzwachses ein wenig. Gewachstes Holz besitzt eine natürliche Optik. Ähnlich wie bei geölten Möbeln ist die Oberfläche niemals „fertig", d. h. durch ständiges Berühren wird die Beschaffenheit im Laufe der Jahre kontinuierlich verbessert und die Patina verstärkt.

Bienen- und Karnaubawachs sind die traditionellen Bestandteile von Möbelwachsen und werden schon sehr lange verwendet. Beides zusammen wird oft mit Terpentin gemischt und dabei erwärmt, wodurch harte, jedoch gut verarbeitbare Wachse entstehen.

Wie bei allen anderen Methoden ist eine sorgfältige Vorbereitung des Holzes wichtig. Tragen Sie vor dem Wachsen zwei dünne Schichten Schellack-Schnellschliffgrund auf, um das Holz zu schützen und die Poren auszufüllen. Schleifen Sie zwischen und nach dem Auftrag der beiden Schnellschliffgrund-Schichten mit feinem Siliciumcarbid-Schleifpapier.

Tipps für das Wachsen

- Grundieren Sie die Fläche vor dem Wachsauftrag mit Schellack-Schnellschliffgrund.
- Achten Sie darauf, dass die gewachste Fläche vor der weiteren Verarbeitung trocken ist.
- Benutzen Sie Wachs in kleinen Mengen.
- Tragen Sie das Wachs gleichmäßig auf.
- Die endgültige Oberflächenbeschaffenheit hängt stärker vom Polieren als vom Wachsauftrag ab.

Das Wachsen

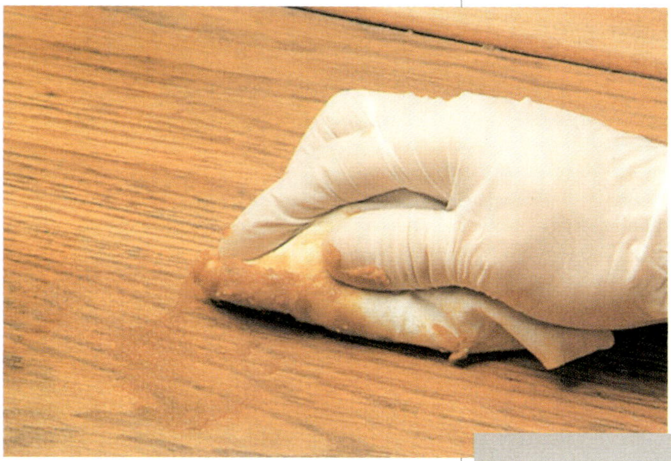

1 Tragen Sie das Wachs mit einem weichen Lappen in dünnen Schichten auf. Nehmen Sie das Wachs mit dem Lappen auf und verreiben Sie es großzügig auf dem Holz mit kreisförmigen Bewegungen. Zum Ende hin sollten die Bewegungen in Faserrichtung erfolgen. Wachsen Sie die gesamte Fläche gleichmäßig und sorgfältig.

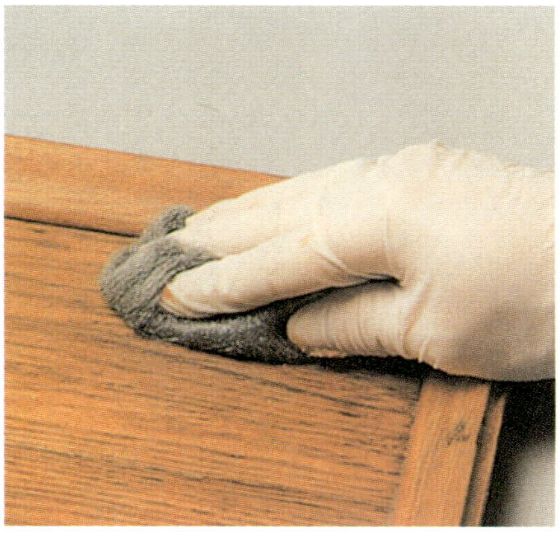

2 Lassen Sie das Holz ca. 15 Minuten trocknen und tragen Sie anschließend mit Stahlwolle (000) in Faserrichtung weitere Wachsschichten auf. Bringen Sie die Schichten nach und nach auf und lassen Sie jede Schicht über Nacht trocknen. Vier bis fünf Wachsschichten sollten genügen.

3 Um eine glänzende Optik zu erhalten, wird die Oberfläche mit einem weichen Lappen poliert. Wenden Sie dabei nicht zu viel Druck auf, da sonst die Wachsschicht beschädigt werden könnte.

4 Nach dem Wachsen tritt die natürliche Schönheit des Holzes sichtbar zu Tage.

Das Lackieren von Holz

Lackierungen schützen die Holzoberfläche und werden von Tischlern und Zimmerleuten als Oberflächenbehandlung favorisiert. Sie eignen sich für Holz, das ständigen Beanspruchungen ausgesetzt ist, wie z. B. Treppen, Fenster und Türen. Lacke gibt es in einer Vielzahl von Varianten mit unterschiedlichen Eigenschaften und Anwendungsgebieten. Anders als Polituren bilden Sie eine Schicht auf der Holzoberfläche. Einige Produkte schützen das Holz besonders gut vor Wasser und andere trocknen sehr schnell. Heute unterscheidet man sie anhand ihrer Harzbestandteile, von denen Polyurethan der bekannteste ist. Lacke werden mit dem Pinsel aufgetragen und im Handel als Glanz-, Matt- und Seidenmattprodukte angeboten. Matt- und Seidenmattlacke enthalten ein Mattierungsmittel, das eine unregelmäßige Oberfläche erzeugt, die das Licht weniger direkt reflektiert als eine glänzende. Eine Mattlackierung wird der Natur des Holzes besser gerecht als eine glänzende Oberfläche, deren Reflexionsvermögen die Maserung eher verbirgt.

Tipps für das Lackieren

- Füllen Sie den Lack in eine Büchse um und befestigen Sie quer darüber einen Draht, an dem Sie überschüssigen Lack abstreichen können.
- Achten Sie darauf, dass Ihre Werkstatt staubfrei ist. Sprühen Sie Wasser auf den Boden und überprüfen Sie, dass sich an Ihrer Kleidung weder Staub noch Haare befinden.
- Benutzen Sie zum Lackieren qualitativ hochwertige Pinsel. Der Einsatz von billigen Pinseln führt zu unbefriedigenden Ergebnissen.
- Prüfen Sie die Härte einer Lackierung, indem Sie einen Daumennagel hineindrücken.

Der Lackauftrag

Für das Auftragen von Lack gibt es spezielle Pinsel, deren Anschaffung durchaus die zusätzlichen Kosten wert ist. Bringen Sie den Lack zunächst entgegen der Faserrichtung auf und verteilen Sie ihn gleichmäßig über die gesamte Fläche. Danach ziehen Sie den Pinsel mit sehr wenig Drück diagonal über die Fläche. Abschließend arbeitet man in Faserrichtung mit sehr geringem Druck. Auf diese Weise bleiben die wenigsten Pinselspuren zurück.

Die Herstellung einer Mattlackierung

1 Man erzielt mit Glanzlack eine bessere Mattlackierung als mit handelsüblichen Mattlacken. Tragen Sie dazu Glanzlack wie gewohnt auf. Nach dem Trocknen wird die Oberfläche mit feiner Stahlwolle (000) abgerieben. Dadurch entstehen sehr feine Kratzer, die das Reflexionsvermögen der Fläche verringern. Arbeiten Sie dabei immer in Faserrichtung und gehen Sie vorsichtig zu Werke.

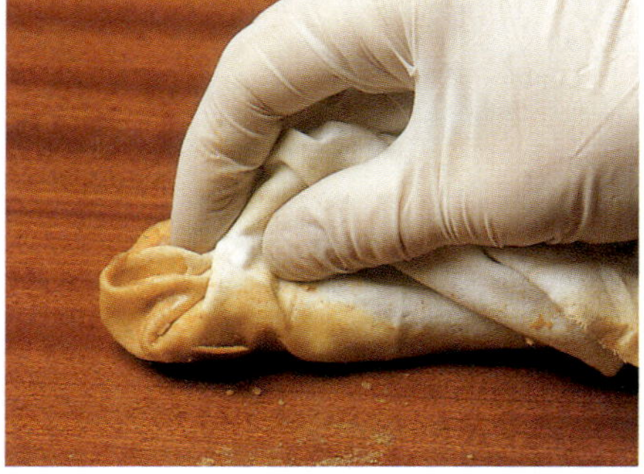

2 Nach dem Abreiben mit Stahlwolle trägt man mit einem weichen Lappen Wachs in Faserrichtung auf. Verwenden Sie nicht zu viel Wachs, da sich die Fläche sonst später schwer polieren lässt.

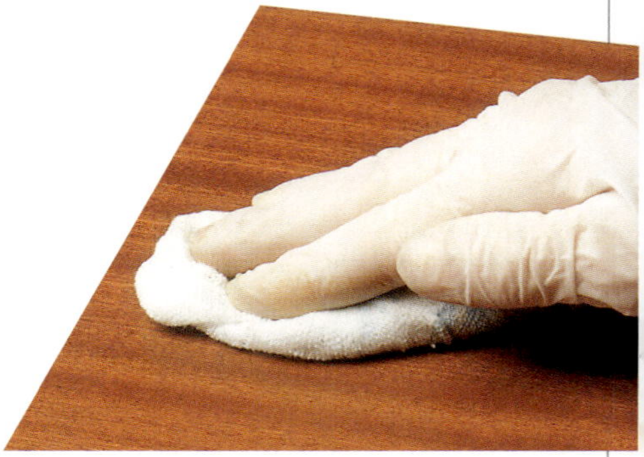

3 Lassen Sie die gewachste Oberfläche ca. eine Stunde trocknen. Anschließend wird sie mit einem sauberen, weichen Lappen poliert. Reiben Sie dabei in Faserrichtung. Dadurch entsteht eine mattglänzende, farbintensive Optik.

ANLEITUNGEN ZUM BAUEN

Kleiner Tisch

Die Techniken und Verfahren, die bei der Herstellung dieses kleinen Tisches angewandt werden, lassen sich auf viele andere Werkstücke übertragen, die auf einer Stollen- bzw. Rahmenkonstruktion beruhen. Das Design dieses Tisches ist klassisch und zeitlos. Um ihn zu bauen werden viele Verfahren angewandt, die als Grundlage für weitere Projekte dienen: Auswahl und Zuschneiden des Holzes, Messen und Anreißen, Anfertigung der Verbindungen, Herstellung einer Rahmeneckverbindung auf Gehrung sowie die Oberflächenbehandlung.

Später, wenn Ihre Werkzeugausrüstung umfangreicher geworden ist, können Sie die Anwendung von Elektrohandgeräten oder Maschinen in Erwägung ziehen. Im Moment sollten Sie jedoch in den sauren Apfel beißen, diese grundlegenden Verfahren von Hand auszuführen. Die Arbeit mit Handwerkzeugen ist eine wichtige Voraussetzung, um ein Gefühl für das Material zu entwickeln.

Die Holzauswahl

Die Auswahl des Holzes wird bestimmt von Kriterien wie Farbe, Bearbeitbarkeit, Verfügbarkeit und Preis. Für die ersten Schritte im Möbelbau ist Hartholz dem Weichholz vorzuziehen. Weichholz ist nicht empfehlenswert, da es sich nicht immer leicht sägen oder stemmen lässt. Für den Bau dieses Tisches verwenden wir geradfaserigens Holz. Dies erleichtert das Anreißen, da Sie nicht auf die Maserung achten oder Defekte kaschieren müssen.

Farbe

Wählen Sie ein Holz aus, das am besten dorthin passt, wo der Tisch stehen soll. Als hellere Hölzer eignen sich Eiche, Buche oder Ahorn; eine mittlere Farbe besitzen Mahagoni- oder Teakholz und wenn man dunkles Holz bevorzugt, sind Amerikanisch Nussbaum oder Wenge zu empfehlen.

Bearbeitbarkeit

Wählen Sie ein Holz aus, das sich gut bearbeiten lässt. Es sollte weder zu weich zum Sägen oder Stemmen, noch zu hart bzw. spröde sein. Gut bearbeiten lassen sich feinjährige Hölzer.

Links: Der Bau eines Tisches mag für einen Anfänger zunächst zu schwierig erscheinen, doch die eingesetzten Verbindungen dürften Hobbytischlern aller Niveaustufen vertraut sein.

Schnittliste

Anzahl	Rohmaß	Fertigmaß
4	BEINE 560 mm x 40 mm x 40 mm	480 mm x 30 mm x 30 mm
4	OBERE ZARGEN 305 mm x 50 mm x 25 mm	240 mm x 45 mm x 20 mm
4	UNTERE ZARGEN 305 mm x 40 mm x 25 mm	240 mm x 30 mm x 20 mm
4	RAHMENTEILE FÜR TISCHPLATTE 406 mm x 80 mm x 25 mm	350 mm x 75 mm x 20 mm

+ Abdeckband, Oberflächenbehandlungsmittel, Klebstoff, Dübel, Schrauben und Material für den Tischplatten-Einsatz

Explosionszeichnung

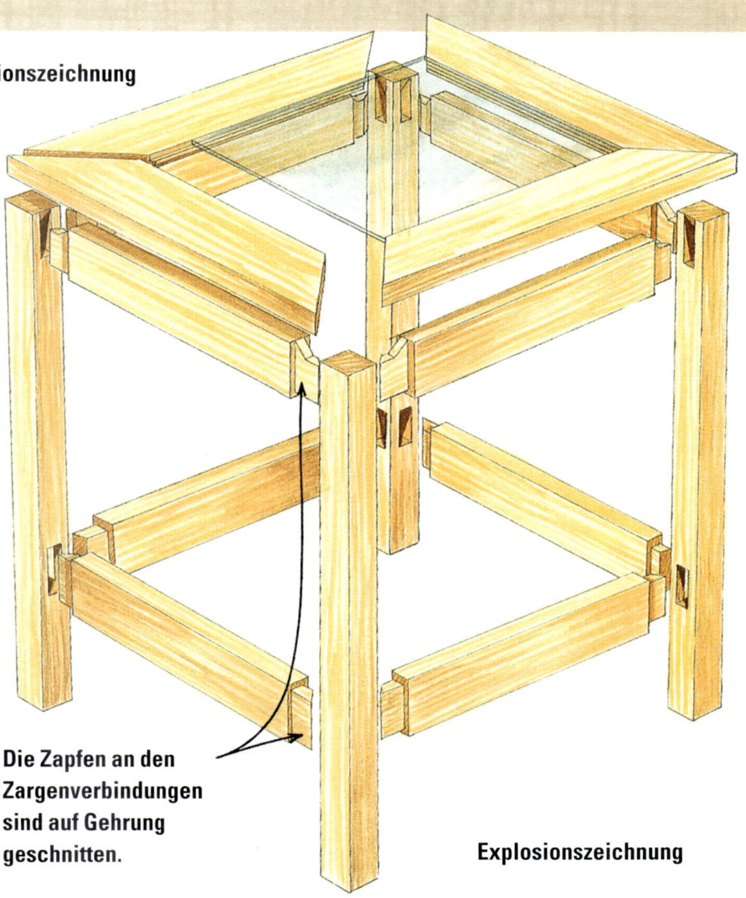

Konstruktionszeichnungen

Die auf dieser Seite abgebildeten Zeichnungen zeigen die einzelnen Ansichten und Schnittzeichnungen sowie eine Explosionsdarstellung des fertigen Möbelstücks.

Konstruktionszeichnung

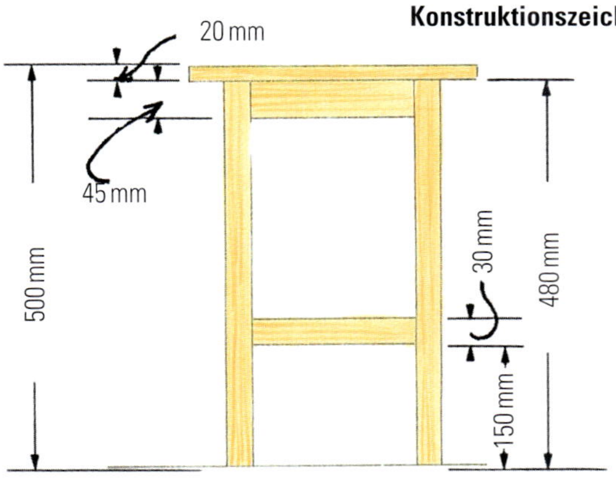

Vorderansicht

Seitenansicht

Explosionszeichnung

Vertikalschnitt

Maßstab 1:11

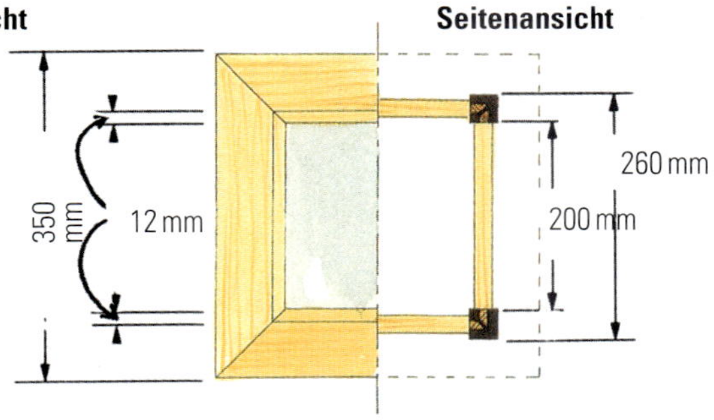

Holzkauf

1 Kaufen Sie das Holz als Schnittware. In den Rohmaßen sind Zugaben für die Bearbeitung enthalten. Die Länge von 240 mm für die Zargen sieht ein Maß von 200 mm zwischen den Zapfenbrüstungen vor, plus 20 mm an jeder Seite für die Zapfen. Es werden zwei Bretter in unterschiedlichen Dicken benötigt: 40 mm und 25 mm.

Anreißen und Zuschneiden der Einzelteile

2 Zeichnen Sie die Einzelteile auf der Schnittware mit Kreide an und rechnen Sie dabei eine Zugabe für die Sägeschnitte ein (rechts).

3 Sägen Sie die angerissenen Komponenten mit dem Fuchsschwanz aus dem entsprechenden Brett.

4 Hobeln Sie alle Teile und kennzeichnen Sie jeweils die Seiten und Kanten.

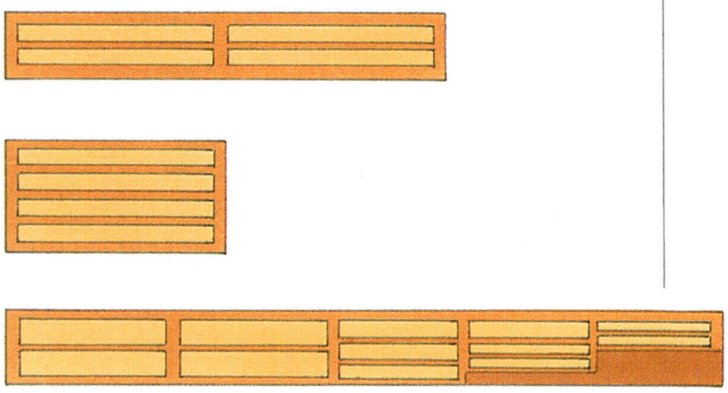

Anreißen der Beine für das Untergestell

5 Reißen Sie alle vier Tischbeine zusammen an. Ordnen Sie dazu die Beine so an, dass die Güteseiten nach oben und die Gütekanten zu Ihnen hin zeigen. Spannen Sie die Hölzer mit einer Schraubzwinge zusammen.

6 Markieren Sie mit dem Bleistift die Länge der Beine und die Lage der Zargen. Anschließend wird die Länge der Zapfenlöcher angerissen. An den unteren Zargenenden befindet sich oben und unten eine kleine Zapfenbrüstung von 3 mm. Die oberen Zargenenden besitzen unten eine Zapfenbrüstung und oben einen schräg abgesetzten Nutzapfen. Ein Nut- oder Beizapfen ist ein abgesetzter, verkürzter Bereich eines Zapfens. Er dient dazu, die Verbindung zu sichern und ein Verdrehen des Rahmens zu verhindern.

7 Markieren Sie mit dem Bleistift den Abfall der Zapfenlöcher. Anschließend wird oben und unten an den Beinen – dort wo sich die Zapfenlöcher befinden – im Abstand von 3 mm innen neben den Bleistiftmarkierungen für die Lage der Zargen mit dem Messer eine Linie angerissen.

Überwinkeln der Risslinien

8 Nehmen Sie die Schraubzwinge von den Beinen ab und verlängern Sie die Bleistiftlinien von den Güteseiten auf die Gütekanten. Anschließend übertragen Sie die mit dem Messer angerissenen Linien von den Enden der Zapfenlöcher und kennzeichnen mit dem Bleistift den Abfall. Sie haben nun vier Tischbeine, an deren acht Innenseiten die Verbindungen angezeichnet sind. Verlängern Sie nun noch auf allen Seiten und Kanten oben und unten die Schnittlinien zum Ablängen der Beine.

Anreißen der Zapfenlöcher

9 Stellen Sie die Anreißstifte des Zapfenstreichmaßes auf die Breite des Lochbeitels ein. Richten Sie dann das Zapfenstreichmaß so aus, dass die Zapfenlöcher mittig auf den Beinen ausgerichtet sind. Dazu reißen Sie die Punkte von einer Seite an, drehen dann das Zapfenstreichmaß und reißen von der anderen Seite an, um eventuelle Diskrepanzen auszugleichen. Bringen Sie die Markierungen auf der Güteseite und -kante an (unten).

10 Markieren Sie die acht Zargen des Tischuntergestells – vier obere und vier untere. Spannen Sie den oberen Zargensatz zusammen und reißen Sie die Länge an den vier Gütekanten mit einem Messer an (oben). Markieren Sie die Länge von 200 mm zwischen den Zapfenbrüstungen und geben Sie an jedem Ende 20 mm für die Zapfen zu. Die Gesamtlänge beträgt demzufolge 240 mm. Nehmen Sie die Zwingen ab.

11 Spannen Sie nun die unteren Zargen zusammen und wiederholen Sie den beschriebenen Vorgang. Benutzen Sie die Schnittlinien zum Ablängen auf einer der oberen Zargen als Vorlage zum Anreißen auf den unteren Zargen. Auf diese Weise erreicht man, dass beide Zargensätze identisch sind.

12 Prüfen Sie die Risslinien und verlängern Sie diese über die drei anderen Seiten jeder Zarge (rechts). Legen Sie dazu immer einen Winkel an der Brettseite oder -kante an.

13 Schneiden Sie die Zargen exakt auf Länge. Anschließend werden mit dem Zapfenstreichmaß die Zapfen auf allen Seiten angerissen, indem der Anschlag des Zapfenstreichmaßes mittig an den Zargen ausgerichtet wird. Dabei wird die Einstellung der Anreißstifte auf den Lochbeitel beibehalten. Danach werden die Brüstungen und Nutzapfen mit einem Streichmaß an den Zapfenseiten markiert. Kennzeichnen Sie mit dem Bleistift den wegfallenden Abfall. Überprüfen Sie nochmals sämtliche Risslinien.

Tipps

- Bei der Bearbeitung von Hartholz werden Stemmeisen schnell stumpf. Schärfen Sie diese daher regelmäßig, um ein Ausreißen der Holzfasern zu verhindern.
- Lagen Sie einen Anschlagwinkel auf die Zargenseite, um ihn als Führung für vertikale Bohrungen zu verwenden.

Stemmen der Zapfenlöcher an den Beinen

14 An den Tischbeinen sind 16 Zapfenlöcher zu stemmen. Denken Sie daran, das Stemmeisen an der Brüstungslinie anzusetzen und nicht an den Bleistiftmarkierungen für die Lage der Zargen (oben).

15 Spannen Sie das Werkstück in den Schraubstock ein und stemmen Sie bis an die Linien den Abfall aus den Zapfenlöchern.

16 In die acht Zapfenlöcher für die oberen Zargen wird nun die Aussparung für den Nutzapfen gesägt. Dazu ist die Säge an den Enden der Zapfenlöcher anzusetzen (oben).

17 Stemmen Sie den Abfall aus der Aussparung für die Nutzapfen heraus. (oben).

Sägen der Zapfen an den Zargen

18 Es gibt acht abgesetzte Zapfen mit Nutzapfen und Brüstung sowie acht Zapfen mit zwei Brüstungen. Sägen Sie alle Zapfenstücke auf die gleiche Weise bis zur Brüstung ein. Anschließend wird die Schrägkante des Nutzapfens geschnitten (oben).

19 Spannen Sie alle Teile flach ein, um die lange Brüstung zu sägen (oben).

Anbringen der Bohrungen für die Senkschrauben

20 Zeichnen Sie zwei Bohrungen für die Senkschrauben an den Unterseiten der oberen Zargen an. Diese dienen der Befestigung des Tischplattenrahmens. Bei einem so kleinen Tisch wie diesem wäre es problematisch, die oberen Zargen erst nach der Verleimung des Rahmens mit den Bohrungen für die Senkschrauben zu versehen.

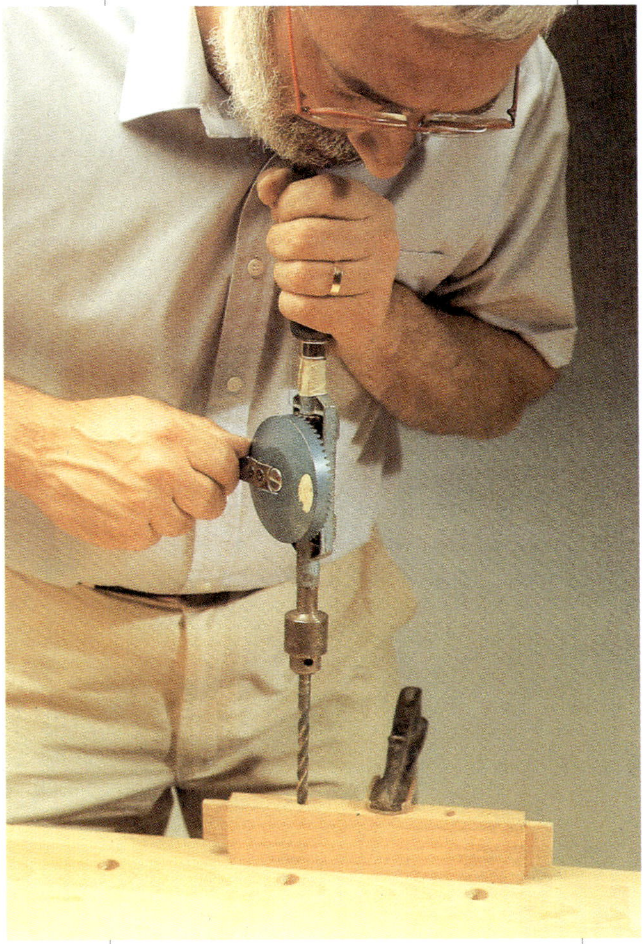

21 Wenn eine Tischplatte mit relativ breiten Zargen verschraubt werden soll, benötigt man Senkschrauben. Wenn man einfach durch die Zarge ein normales Loch bohren würde, so dass der Schraubenkopf auf der Unterseite der Zarge sitzt, wären dazu extrem lange Schrauben erforderlich. Aus diesem Grund bohrt man von der Unterseite der Zarge aus ein Loch, das bis zu einer bestimmten Tiefe einen größeren Durchmesser hat als der Schraubenkopf. Die Schraube sitzt dann in einer zuvor festgelegten Tiefe in diesem Loch, was den Einsatz kürzerer Schrauben ermöglicht. Zeichnen Sie die Lage der Schraube sorgfältig an, bohren Sie das versenkte Loch und versenken Sie die Schraube bis zur gewünschten Tiefe.

Nummerieren und Zusammensetzen aller Verbindungen

22 Versehen Sie alle Verbindungen mit Zahlen oder Buchstaben und setzen Sie sorgfältig jeden Zapfen in das entsprechende Zapfenloch. Mit ein wenig Übung wird es Ihnen gelingen, die Zapfen und Zapfenlöcher auf Anhieb passend zu arbeiten, am Anfang ist es jedoch sehr wahrscheinlich, dass Sie nochmals mit dem Stemmeisen nacharbeiten müssen, damit die Verbindungen sitzen (oben).

23 Es ist üblich, dass die Zargen wie in diesem Fall an allen vier Seiten auf gleicher Höhe liegen. Demzufolge treffen die Zapfen an den Ecken aufeinander. Aus diesem Grund ist es erforderlich, die Zapfen an den Enden auf Gehrung zu schneiden, damit sie zusammen in das Zapfenloch passen. Prüfen Sie die diesbezüglichen Markierungen mehrfach vor dem Sägen.

Oberflächenbehandlung der Innenseiten

24 Es ist gleich soweit, dass das Untergestell zusammengesetzt werden kann, doch bei dieser Bauart ist es günstig, zuvor die Innenseiten zu streichen. Bearbeiten Sie daher die vier Seiten jeder Zarge und die beiden Innenseiten der Beine mit der Ziehklinge und mit Schleifpapier. Anschließend werden alle Verbindungsflächen mit Abdeckband abgeklebt, damit durch die gewählte Oberflächenbehandlung die Verleimung nicht beeinträchtigt wird. Tragen Sie nun das entsprechende Mittel auf.

Spannen der Seiten

25 Entfernen Sie das Abdeckband. Setzen Sie die beiden Rahmen „trocken" (d. h. ohne Leim) zusammen und testen Sie, ob alle Verbindungen passig sind (oben).

26 Prüfen Sie, ob der Rahmen rechtwinklig und gerade ist. Legen Sie an den Innenwinkeln einen Anschlagwinkel an.

27 Messen Sie die Diagonalen nach, um festzustellen, dass sie gleichlang sind. Wenn alles stimmt, wird Leim angegeben und der Rahmen mit Türspannern eingespannt. Dabei verwendet man kleine Zulageklötzchen, die zwischen die Außenseite der Beine und die Zwingen geklemmt werden, um Schäden am Holz zu vermeiden.

Prüfen der Rechtwinkligkeit

28 In dieser Phase ist es besonders wichtig, erneut zu prüfen, dass der Rahmen rechtwinklig und nicht verzogen ist. Falls der Rahmen nicht rechtwinklig sein sollte, lässt sich dies durch Veränderungen an den Zwingen beheben. Allerdings wäre ein solcher Mangel bereits durch das „trockene" Zusammensetzen zu Tage getreten.

Entfernen von überschüssigem Leim

29 Wenn der Rahmen korrekt gespannt ist, wird überschüssiger Leim entfernt. Dies erfolgt entweder mit einem feuchten Lappen, solange der Leim noch nass ist oder man wartet, bis der Leim einen gelförmigen Zustand annimmt und entfernt ihn mit dem Stemmeisen.

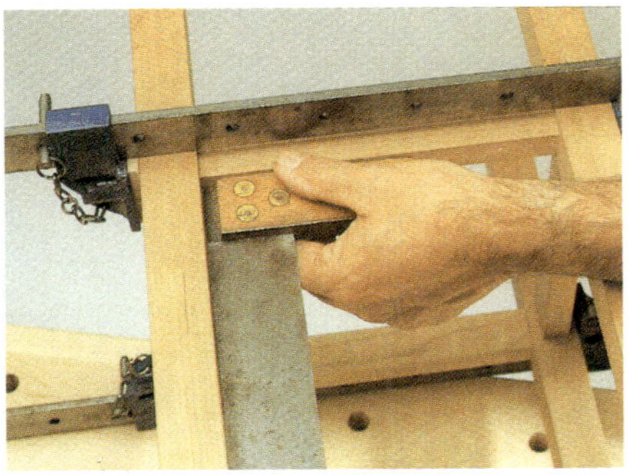

30 Spannen Sie nun den gesamten Rahmen wieder „trocken" zusammen, prüfen Sie, dass alle Verbindungen passig sind und dass das Werkstück in alle Richtungen rechtwinklig ist (oben).

31 Dieser Vorgang ist etwas komplizierter als das Zusammensetzen der einzelnen Rahmen. Wenn Sie jedoch die Zwingen wie abgebildet anordnen, dürfte es keine Probleme geben (oben).

32 Sobald alles wie gewünscht zusammenpasst, wird die Konstruktion wieder auseinandergenommen, Leim angegeben und der verleimte Rahmen gespannt. Benutzen Sie kleine Zulagen aus Weicheholz, um Schäden am Werkstück zu vermeiden und achten Sie darauf, dass die Metallteile der Zwingen das Holz nicht berühren, da sonst Flecken entstehen können. Entfernen Sie überschüssigen Leim von den Verbindungsstellen, damit das Möbelstück durch den Leim nicht fleckig wird.

33 Sobald der Leim ausgehärtet ist, werden die Zwingen entfernt. Danach sägt man vorsichtig oben und unten die Überstände an den Beinen ab und hobelt diese Hirnholzflächen plan (oben).

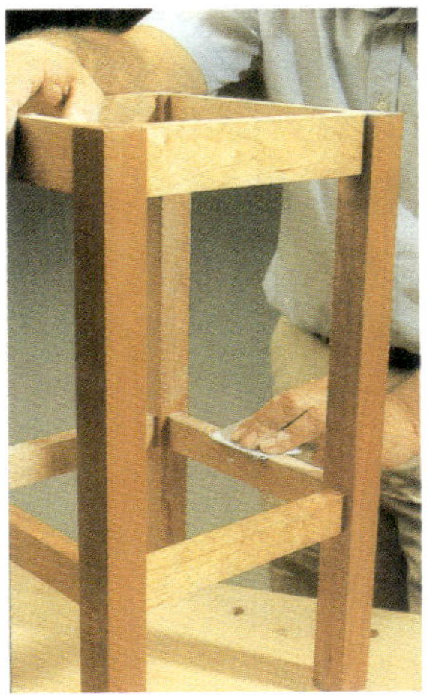

34 Bearbeiten Sie die Außenseiten des Rahmens mit einer Ziehklinge und Schleifpapier (oben). Schleifen Sie immer in Faserrichtung, um ein Zerkratzen der Oberfläche zu verhindern. Verwenden Sie zum Schleifen einen Schleifklotz, damit der Schliff plan wird und die Ecken nicht abgerundet werden.

35 Prüfen Sie die bereits behandelten Oberflächen und versehen Sie das gesamte Werkstück mit dem gewünschten Anstrich (oben). Wenn Sie einen strapazierfähigen Lack auftragen möchten, wird der Lack zuvor mit ca. zehn Prozent Lösungsbenzin versetzt. Man trägt damit mindestens zwei dünne Schichten auf, um zu verhindern, dass der Schlussanstrich beim Trocknen Läufer bildet. Schleifen Sie die Fläche vor dem Auftragen der zweiten Schicht leicht an. Eine andere Möglichkeit ist der Einsatz von Schnellschliffgrund, gefolgt von einer farblosen Wachspolitur, die mit Hilfe eines Nylonballens aufgetragen und anschließend mit einem weichen Lappen poliert wird.

Anreißen des Tischplattenrahmens

36 Die vier Rahmenteile für die Tischplatte wurden bereits plan gehobelt. Reißen Sie an den Ecken die Gehrungen an und sägen Sie präzise an dieser Linie entlang. Leimen Sie dreieckige Verschnittstücke an die Ecken, um das Zusammensetzen zu erleichtern. Anschließend werden die Gehrungen gehobelt, so dass alle Seiten zusammenpassen. Dazu werden die Rahmenteile aneinander gelegt, um die Gehrungskanten sorgfältig auf Passung zu arbeiten (oben).

Ausfälzen des Tischplattenrahmens

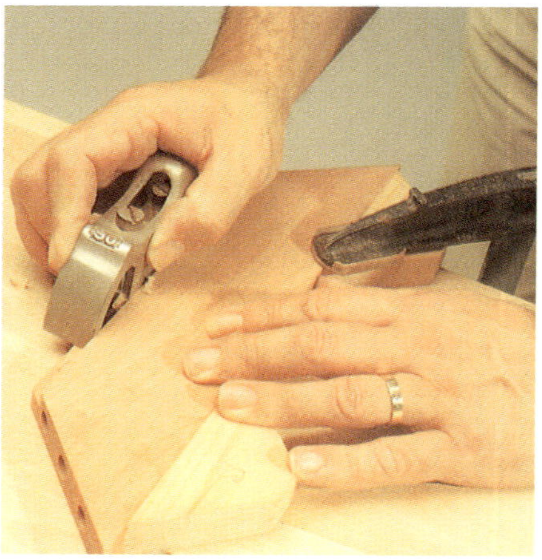

37 Dies kann vor oder nach dem oben beschriebenen Arbeitsgang ausgeführt werden, muss jedoch erfolgen, bevor der Rahmen zusammengesetzt und verleimt wird. Der Falz wird 6 mm tief ausgearbeitet, um einen furnierten Sperrholzeinsatz bzw. eine Glas- oder Spiegelplatte aufnehmen zu können. Benutzen Sie dafür entweder einen Falz- oder einen Simshobel (oben).

Bohrungen für die Dübel

38 Der Tischplattenrahmen kann mit Hilfe von losen Federn oder Formfedern (Lamellofedern) verbunden werden. Die sicherste Methode sind Dübel, da hierbei die Verbindung nicht verrutschen kann, während der Rahmen gespannt wird.

39 Reißen Sie mit dem Streichmaß auf jeder Gehrung längs eine Mittellinie an. Spannen Sie anschließend alle vier Rahmenteile fluchtend im Schraubstock ein. Markieren Sie die Mittelpunkte der Bohrlöcher, indem Sie eine Linie quer über die vier Enden zeichnen, die auf jedem Teil die Mittellinie schneidet (oben).

40 Markieren Sie die Lage der Bohrungen mit Hilfe eines Senkstiftes (oben).

41 Setzen Sie die Bohrungen für die Dübel. Achten Sie darauf, dass Sie die Bohrmaschine senkrecht halten (oben).

42 Schneiden Sie die Dübel auf Länge. Passen Sie diese in die Dübellöcher ein und setzen Sie die Verbindung „trocken" zusammen. An dieser Stelle sind unter Umständen letzte Korrekturen an den Gehrungsflächen erforderlich.

Zusammensetzen des Rahmens

43 Es ist möglich, diesen Rahmen mit vier Türspannern zu spannen, wobei diese Methode besser für Dübel geeignet ist als für lose Federn oder Formfedern, da bei letzteren die Verbindung verrutschen kann. Zu bevorzugen ist das Anleimen von dreieckigen Verschnittstücken an die Außenecken des Rahmens (oben).

44 Nachdem der Rahmen komplett zusammengesetzt wurde, sorgen die Dreieckszulagen dafür, dass der Zwingendruck im rechten Winkel auf die Verbindungsfläche wirkt.

45 Wenn die Verbindung in „trockenem" Zustand passig sitzt, wird Leim angegeben und der Rahmen mit Zwingen gespannt.

46 Nachdem der Leim ausgehärtet ist, werden die Zwingen abgenommen und die Dreiecksklötze mit dem Stemmeisen oder der Säge entfernt.

47 Hobeln Sie alle Außenflächen (oben).

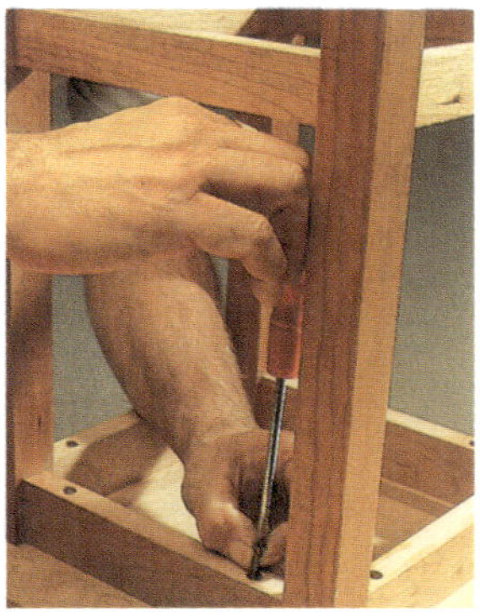

48 Verschrauben Sie das Untergestell mit dem Tischplattenrahmen (oben).

49 Bearbeiten Sie den Rahmen mit Ziehklinge und Schleifpapier und behandeln Sie die Oberfläche.

Einlegen des Rahmeneinsatzes

50 Wenn Sie eine Glas- oder Spiegelfüllung einlegen möchten, sollten Sie zuvor aus Karton eine exakte Schablone anfertigen, da es sehr schwierig ist, Glas anzupassen – noch dazu mit einer leichten Bearbeitungszugabe.

51 Wenn Sie sich für eine Einlegeplatte in Holzoptik entscheiden, schneiden Sie ein Stück 6 mm starkes Sperrholz zu, das auf der einen Seite furniert ist (oben).

52 Der fertige Tisch (oben) – eine ansprechende Ergänzung für jede Wohnungseinrichtung.

Hängeschränkchen

Dieser kleine Wandschrank wirkt äußerlich täuschend einfach. Die Schrankseiten werden mit Deckeln und Boden durch eine Gehrungszinkung verbunden. Die Zinken und Schwalben sind durch die Gehrung völlig unsichtbar. Der Bau dieses Schränkchens ist ein echter Test für präzises Anreißen und Arbeiten. Die Rückwand besteht aus einer Platte, die in einen genuteten, gezapften Rahmen eingelegt wird.

Ein Falz an den Außenkanten sorgt dafür, dass der Rückwandrahmen in eine entsprechende Nut am Schrankkorpus eingepasst wird. Der Fachboden ist in die Seiten eingenutet. Schließlich erhält das fertige Schränkchen eine geschickte Aufhängung in Form einer an der Wand befestigten, angegehrten Tragleiste, auf der die obere, ebenfalls angegehrte Zarge sitzt.

Rechts: Beim Bau dieses Möbelstücks kommt die Gehrungszinkung sowie die eingenutete Verbindung vor. Als Anfänger sollten Sie sich für dieses Projekt viel Zeit nehmen – mindestens drei oder vier Wochenenden.

Schnittliste

Anzahl	Rohmaß	Fertigmaß
2	SEITEN 610 mm x 280 mm x 25 mm	560 mm x 250 mm x 20 mm
1	DECKEL 432 mm x 250 mm x 25 mm	380 mm x 250 mm x 20 mm
1	BODEN 305 mm x 40 mm x 25 mm	380 mm x 235 mm x 20 mm
1	FACHBODEN 380 mm x 250 mm x 20 mm	356 mm x 230 mm x 12 mm
2	FÜR SENKRECHTE RAHMENTEILE (LÄNGSFRIESE) 610 mm x 45 mm x 25 mm	565 mm x 38 mm x 20 mm
2	QUERFRIESE 406 mm x 60 mm x 25 mm	356 mm x 50 mm x 22 mm
1	HALTELEISTE 305 mm x 45 mm x 12 mm	280 mm x 35 mm x 10 mm
1	RÜCKWAND Spanplatte 480 mm x 305 mm x 6 mm	

+ Abdeckband, Oberflächenbehandlungsmittel, Leim, 2 Schrauben für Schrankrückwand, Beschläge für Wandleiste

Die Holzauswahl

Für dieses Schränkchen sind nahezu alle hochwertigen Möbelharthölzer einsetzbar. Wählen Sie ein Holz aus, das weder zu hart, noch zu weich ist. Ahorn, Esche oder Buche sind als helle Hölzer verwendbar; Mahagoni wäre als rötliche Variante geeignet und wer es eher dunkler mag, entscheidet sich für Nussbaum. Weichholz ist nicht empfehlenswert, da für auf exakte Passung gearbeitete Verbindungen präzise Schnitte wichtig sind.

Holzkauf

1 Die meisten Teile für dieses Möbelstück lassen sich aus 25 mm starker Schnittware zuschneiden.

2 Zeichnen Sie auf der Schnittware mit einem Stück Kreide alle Komponenten an und sägen Sie diese sorgfältig zurecht.

Konstruktionszeichnungen

Die auf dieser Seite abgebildeten Zeichnungen zeigen die einzelnen Ansichten und Schnittzeichnungen sowie eine Explosionsdarstellung des fertigen Möbelstücks.

Explosionszeichnung

Die Rückwand wird von unten in die Nuten in Seiten und Oberboden geschoben

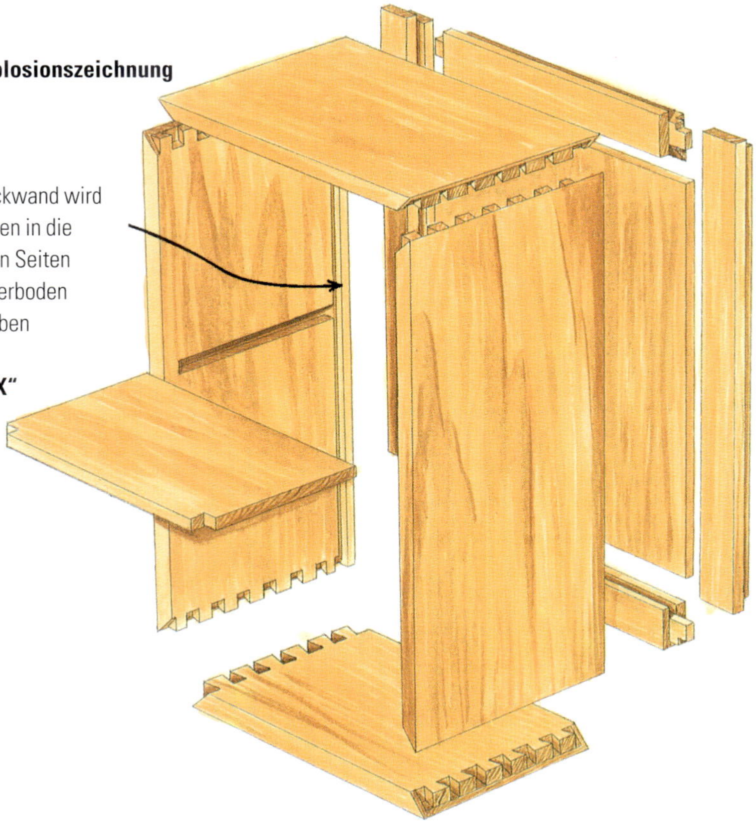

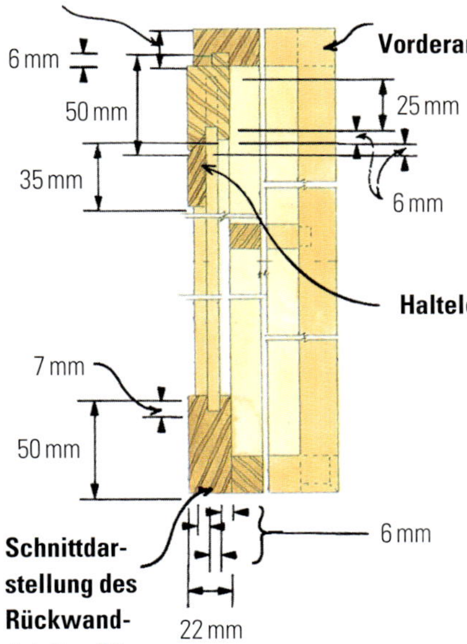

Schnittdarstellung des Rückwanddetails „Z"

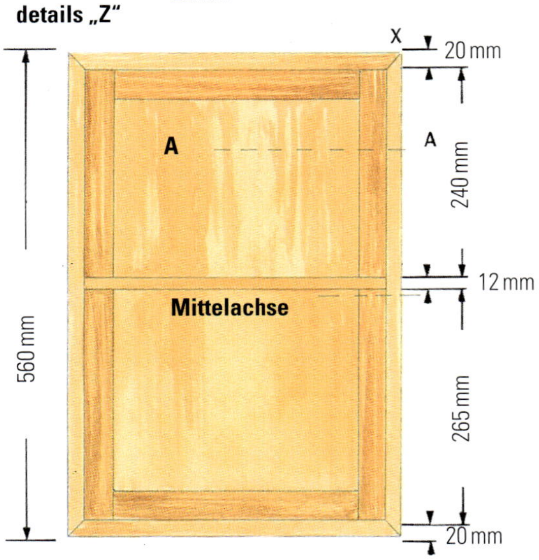

Vorderansicht

Vertikalschnitt durch Mittelachse

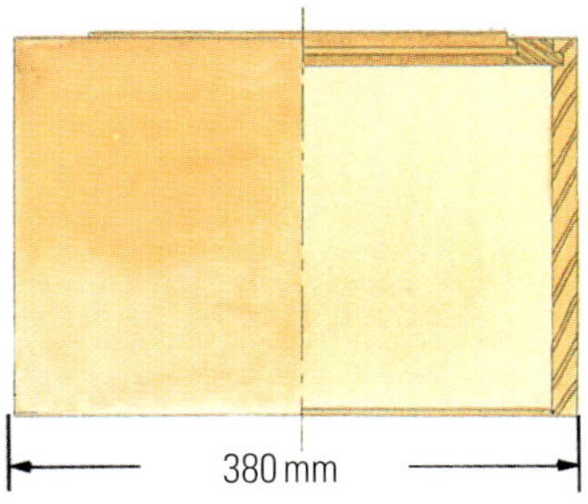

Halber Horizontalschnitt A-A

Maßstab 1:9

Hobeln der Komponenten

3 Hobeln Sie die Güteseiten und -kanten und bringen Sie Seiten- und Kantenmarkierungen an. Reißen Sie Breite und Dicke mit dem Streichmaß an und hobeln Sie die Teile auf die entsprechenden Maße.

Anreißen der Schrankteile

4 Reißen Sie die wichtigsten Schrankteile an: die beiden Seiten, Deckel und Boden. Aus der Zeichnung ist ersichtlich, dass der Boden etwas schmaler ist als die anderen drei Korpuselemente. Das liegt daran, dass die Rückwand vom Boden her in die genuteten Seitenteile eingeschoben wird.

5 Zeichnen Sie mit dem Bleistift die Gesamtlängen und die Länge zwischen den Zapfenbrüstungen an. Überprüfen Sie alle Risslinien, bevor Sie zu sägen beginnen.

6 Fräsen Sie die Nuten für die Rückwand in die Seiten und den Deckel. Mit einer Oberfräse ist dies schnell erledigt, andernfalls benutzen Sie einen Nut- oder Spundhobel (oben).

Eckverbindungen

7 Für diesen Schrank eignet sich eine Gehrungsverbindung mit Dübeln, losen Federn oder Formfedern. Man kann auch die offene, halb verdeckte, verdeckte Schwalbenschwanzzinkung oder die Gehrungszinkung einsetzen. In unserem Projekt wollen wir uns an die Gehrungszinkung heranwagen. Diese Verbindung sollten Sie unbedingt zunächst an einem Probestück üben, bevor Sie diese am eigentlichen Werkstück ausführen.

8 Besondere Aufmerksamkeit erfordert das Anreißen der rückseitigen Verbindung zwischen den beiden Seiten und dem Boden, da an dieser Stelle die Verbindung nicht auf Gehrung sondern im rechten Winkel aufeinander trifft.

9 Zeichnen Sie an den Innenseiten die Verdecke an und markieren Sie an den Kanten die Gehrungen. An beiden Verbindungsteilen wird an den Stirnseiten ein Falz angearbeitet. Stehen bleiben die Zinken und Schwalben. Es ist üblich, dass sich die Schwalben an den Seiten und die Zinken an Boden und Deckel des Schrankes befinden.

10 Zuerst werden die Zinken angerissen und ausgearbeitet. Zeichnen Sie an beiden Zinkenstücken – Boden und Deckel – auf den Hirnholzkanten die Zinken an (oben).

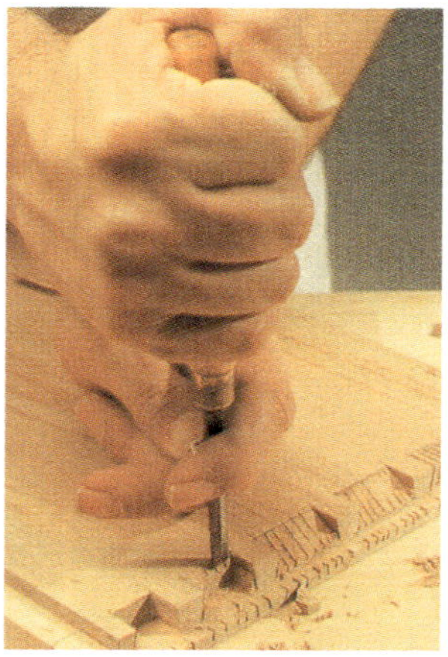

11 Zum Ausarbeiten der Zinken schneidet man diese zunächst mit der Säge ein und entfernt den Abfall anschließend mit dem Stemmeisen (oben).

12 Kennzeichnen Sie jede Verbindung deutlich mit Zahlen oder Buchstaben. Zeichnen Sie die Umrisse der Zinken auf den Seiten an. Arbeiten Sie die Verbindung nacheinander an und ermitteln Sie anhand der Lage der Zinken die exakte Position der Schwalben. Markieren Sie den Abfall eindeutig mit dem Bleistift (oben).

13 Entfernen Sie den Abfall zwischen den Schwalben mittels Absatzsäge und Stemmeisen.

14 Die Bodenecken können jetzt als einseitig verdeckte Zinkung zusammengefügt werden, wobei die Zinkung an der verdeckten Gehrung nur teilweise zusammenpasst. Jedoch ist es in diesem Stadium möglich, die Passung zu überprüfen und Korrekturen vorzunehmen (oben).

15 Die Gehrungszinkung lässt sich so lange nicht passig zusammenfügen, bis die Verdecke auf Gehrung gearbeitet sind. Sobald die Gehrungen ausgearbeitet sind, kann die Verbindung zusammengesetzt werden (oben).

16 Setzen Sie in dieser Phase das Schränkchen „trocken" (ohne Leim) zusammen und überprüfen Sie die Passung der Verbindungen (oben).

Fachboden

17 Bei der Gesamtlänge des Fachbodens ist die Tiefe der Nut zu berücksichtigen. Reißen Sie eine Feder von 6 mm oben und unten an beiden Enden des Fachbodens an. Überprüfen Sie, dass die Brüstungslinie des Fachbodens Feder genau mit der von Boden und Deckel übereinstimmt (rechts).

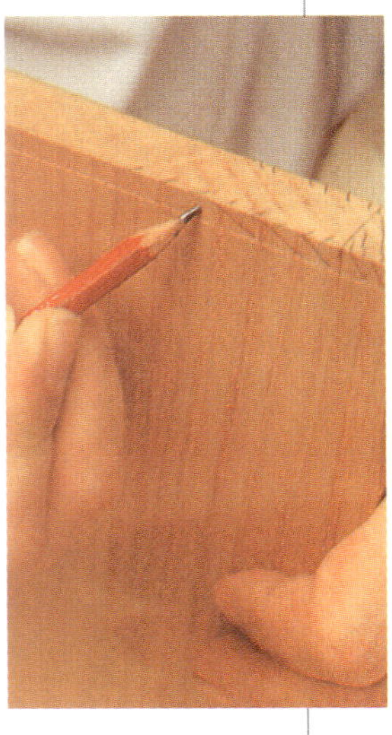

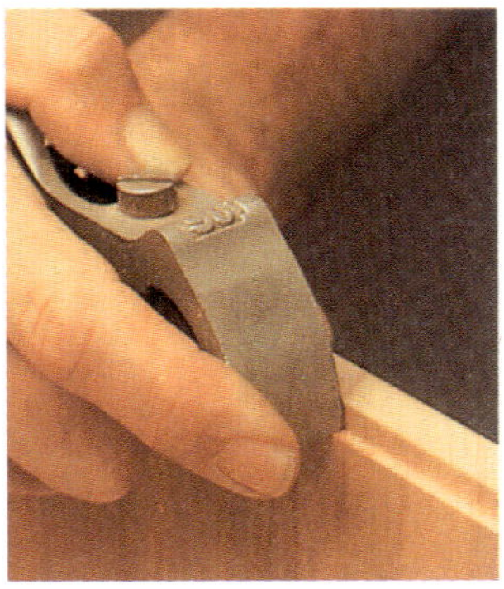

18 Sägen Sie die Brüstung und arbeiten Sie diese mit dem Simshobel nach (oben).

19 Nehmen Sie das Schränkchen wieder auseinander und reißen Sie die Quernuten an – zunächst mit Bleistift und anschließend mit dem Messer. Es ist empfehlenswert, die Feder zweiseitig anzuarbeiten, obwohl Fachböden auch stumpf eingelassen oder einseitig gegratet werden können.

20 Fräsen Sie die Quernuten in die Seiten. Überprüfen Sie das Brüstungsmaß. Reißen und schneiden Sie die Federn an, so dass sie in die Nuten passen (oben). Hier wurde eine Leiste parallel zur Lage der Quernut als Führung für die Oberfräse befestigt. Benutzen Sie einen Nutenfräser und achten Sie darauf, dass der Schaft des Fräsers fest im Spannfutter sitzt und die Frästiefe vor dem Einschalten eingestellt wurde. Fräsen Sie die Quernut in mehreren Arbeitsgängen und entfernen Sie die Späne.

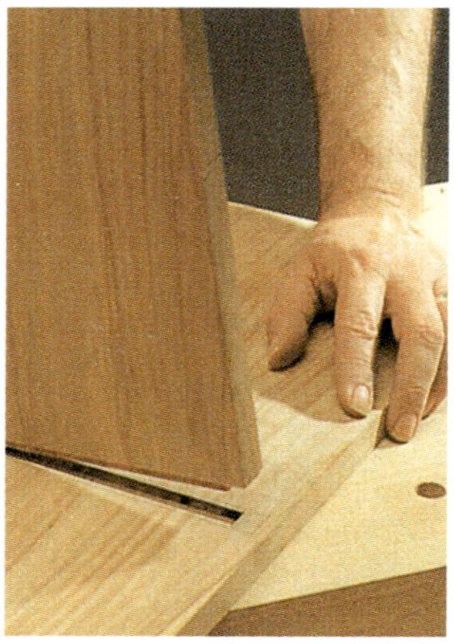

21 Setzen Sie den gesamten Korpus erneut „trocken" zusammen und prüfen Sie vorn und hinten Ecken und Diagonale auf Rechtwinkligkeit (oben).

22 Verwenden Sie Türspanner, um die bestmögliche Reihenfolge für den Zusammenbau zu ermitteln. Im Allgemeinen reicht es bei einem solchen Möbelstück aus, wenn die Zwingen seitlich angesetzt werden, um die Schwalben in die Zinken zu drücken.

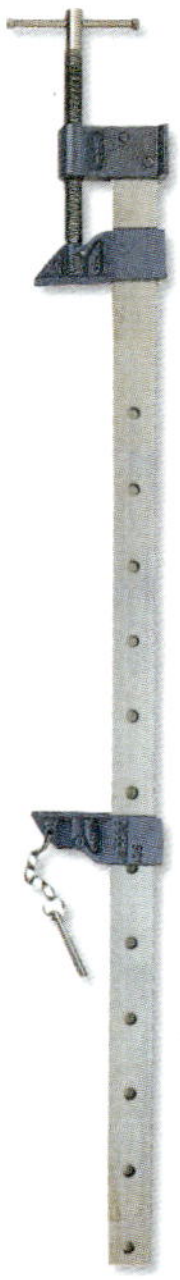

23 Nehmen Sie das Werkstück wieder auseinander und säubern Sie die Innenseiten und den Fachboden. Kleben Sie die Klebflächen der Verbindungen ab und behandeln Sie die Oberflächen der Innenseiten mit dem gewünschten Mittel.

24 Entfernen Sie das Abdeckband von den Verbindungsflächen, geben Sie Leim an und spannen Sie den Korpus mit Zwingen. Vergessen Sie nicht, ihn zuvor auf Rechtwinkligkeit zu prüfen.

25 Nach dem Aushärten des Leims wird die Außenseite des Werkstücks mit Sandpapier geschliffen und die Oberfläche behandelt (oben).

Der Rahmen für die Rückwand

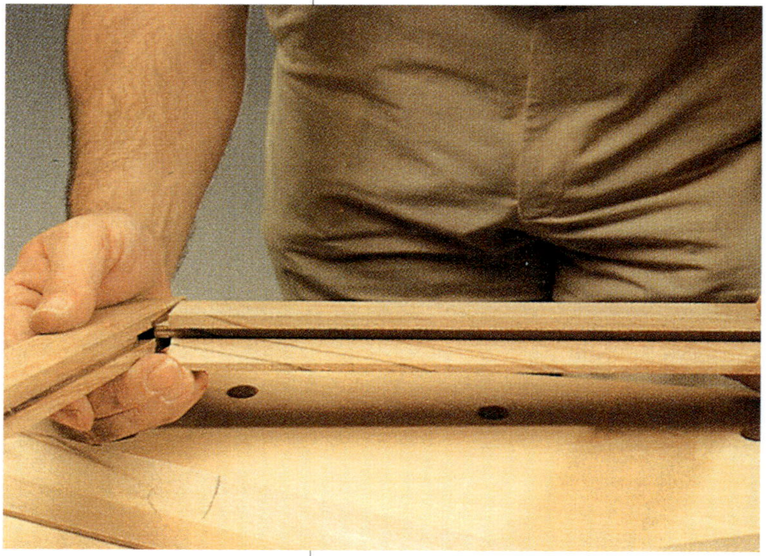

26 Reißen Sie die Elemente für die Rückwand an. Dabei handelt es sich um einen einfachen Rahmen, dessen vier Ecken durch Zapfen miteinander verbunden sind. Da der Rahmen mit einer Nut für die Sperrholzplatte versehen ist, sind die Nut- oder Beizapfen rechteckig abgesetzt, damit sie in die Nut passen (oben).

27 Arbeiten Sie die Nut für die Sperrholzplatte an der Innenkante der Rahmenelemente mit der Oberfräse aus. Beachten Sie, dass der obere Querfries etwas stärker ist als die beiden Längsfriese. Dies sorgt für den nötigen Abstand zwischen dem Korpus des Schränkchens und der Wand, um den oberen Querfries in die an der Wand befestigte Tragleiste einzuhängen (oben).

Tipps

- Um die Herstellung zu vereinfachen, kann man als Rückwand auch eine einfache Sperrholzplatte benutzen.
- Wenn der Fachboden verstellbar sein soll, verwendet man dazu eingelassene Lochschienen aus Metall sowie Bodenträger. Dies ist jedoch nur für größere Möbelstücke anwendbar.

28 Reißen Sie am oberen Querfries die Gehrung für die Auflage der Tragleiste an und arbeiten Sie diese mit dem Hobel aus. Denken Sie beim Anreißen daran, dass die Außenseite des oberen Querfrieses etwas über den übrigen Rahmen hervorsteht – werfen Sie zur Sicherheit nochmals einen Blick auf die Detailzeichnung. Überprüfen Sie vor der Bearbeitung noch einmal alle Maße.

29 Stemmen Sie die Zapfenlöcher und die abgesetzten Zapfen. Zuvor sind jedoch alle Risslinien nochmals zu kontrollieren.

30 Reißen Sie auf der Sperrholzplatte die Rückwand an. Überprüfen Sie die Maße, schneiden Sie die Platte zu und passen Sie diese in den Rückwandrahmen ein. Anschließend wird die Rückwand „trocken" zusammengesetzt, gespannt und auf Rechtwinkligkeit geprüft.

31 Der Rückwandrahmen ist ringsum an der Außenkante ausgefälzt, damit er in die am Schränkchen ausgearbeitete Nut eingeschoben werden kann. Arbeiten Sie nun diesen Falz an (oben).

32 Wenn alles passt, wird die Rückwand eingeleimt und der Rahmen auf Rechtwinkligkeit und Fluchtung geprüft. Entfernen Sie die Zwingen nach dem Abbinden des Leims. Prüfen Sie anschließend, ob sich die Rückwand in den Schrank einschieben lässt.

33 Streichen Sie nun alle Teile des Schränkchens und der Rückwand. Schieben Sie die Rückwand wieder in den Korpus ein. Denken Sie daran, dass der mit der Gehrung versehene Querfries sich oben an der Rückwand befindet. Befestigen Sie die Rückwand mit zwei Schrauben am Boden.

34 Stellen Sie die Tragleiste her und hobeln Sie diese so auf Gehrung, dass sie mit dem oberen Querfries zusammenpasst. Befestigen Sie die Tragleiste an der Wand (oben).

35 Der fertige Wandschrank vereint in sich eine Reihe von klassischen Techniken des Möbelbaus (links).

Schrank- und Regalbau

Form und Größe

Schränke gibt es in einer Vielzahl von Formen und Größen in Abhängigkeit davon, was darin aufbewahrt werden soll und wie viel Platz zur Verfügung steht. Große Schränke stehen auf dem Boden und dienen als Bücher-, Kleider- oder Geschirrschrank. Hängeschränke müssen sicher befestigt werden. Dazu eignet sich eine Tragleiste. Diese wird an die Wand geschraubt, um den Schränk darin einzuhängen.

auf dem Boden stehendes Bücherregal

Hängeregal

Links: Dieser Raumteiler wurde aus bemalter MDF-Platte gefertigt. Er wurde auf geschickte Weise mit Fachböden versehen und erhält so eine zusätzliche Funktion.

Setzkasten-Regal (unten rechts) – die Fachböden dienen als wichtiges gestalterisches Element.

Rechts: Der Innenraum eines Schrankes kann auf unterschiedlichste Weise gestaltet werden. Fachböden lassen sich in Anzahl und Größe variieren oder mit Schubkästen kombinieren.

Fachböden können entweder fest eingepasst oder höhenverstellbar sein (rechts).

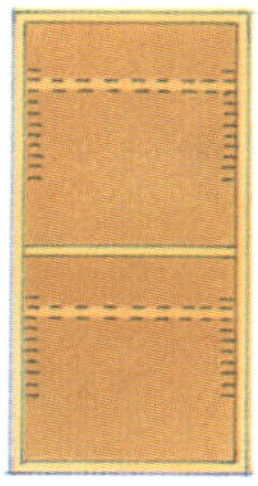

Oben: Erstellen Sie eine maßstäbliche Zeichnung der Frontansicht, um eventuell Änderungen an den Proportionen Ihres Schrankentwurfs vorzunehmen. Ein sehr breites Schrankelement muss möglicherweise in der Mitte gestützt werden, während ein Hochschrank unter Umständen nicht sicher steht und daher in der Wand zu verankern ist.

Türarten

Eine Einzeltür, die sich durch ein einfaches Scharnier öffnen lässt, stellt die Grundform einer Tür dar (rechts). Zweiflügelige Türen (unten) basieren auf dem gleichen Prinzip, besitzen jedoch aufgrund der durchbrochenen Front eine völlig andere optische Wirkung.

Schiebetüren (oben) sind bei Platzmangel sehr nützlich, allerdings ist dabei immer nur eine Hälfte des Schrankes zugänglich. Faltschiebetüren (links) ermöglichen den Zugang zum gesamten Schrankinneren. Als Führung für solche Türen wird ein besonderes Rollgleitersystem benötigt.

Oben: Diese elegante Vitrine wurde von einem Museum in Auftrag gegeben. Die nach unten verjüngten Beine sind aus gebleichtem, sandgestrahltem Eichenholz gefertigt und die Fachböden bestehen aus patiniertem Kupfer.

Stuhl

Der traditionelle Stuhlbau erfordert ein hohes Maß an handwerklichen Fertigkeiten. Die größte Herausforderung besteht dabei darin, dass die Anatomie des menschlichen Körpers sich nur schwer mit rechten Winkeln verträgt. Moderne Stuhlgestalter begegnen diesem Problem durch die Verbindung von geraden Elementen mit vorgeformten gewölbten Komponenten – wie es bei diesem Stuhl ebenso der Fall ist.

Bei diesem Projekt werden erstmals gerundete Formen eingesetzt. Ein gewölbter Stuhlsitz und eine ebensolche Lehne werden an einem Rahmen befestigt, dessen gerade Rahmenelemente durch Zapfen miteinander verbunden sind.

Die Holzauswahl

Im Stuhlbau werden häufig Buchen-, Eschen- und Eichenholz verwendet, da das Holz über eine gewisse Flexibilität verfügen muss. Buche setzt man vor allem für Polsterstühle ein, da es Heftklammern und -zwecken aufnimmt, ohne zu reißen. Die Wahl des Holzes für einen Einzelstuhl hängt davon ab, was im Handel verfügbar ist und wo Ihr Stuhl stehen soll. In einem späteren Projekt könnten Sie mehrere dieser Stühle herstellen.

Links: Ein gewölbter Stuhlsitz ist wesentlich bequemer als eine gerade Form.

Explosionszeichnung

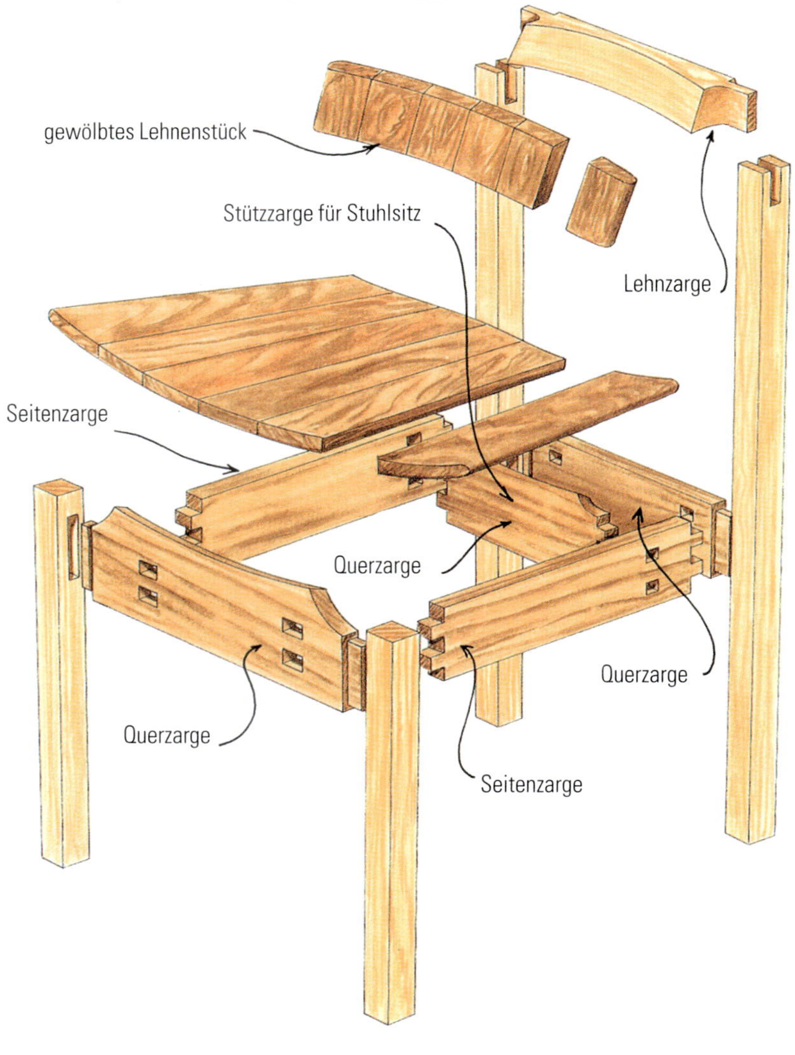

Rechts: Eine perspektivische Explosionsdarstellung des fertigen Stuhls. Das Stuhluntergestell ist einfach mit Zapfen verbunden.

Holzkauf

1 Es wird Holz in zwei Größen benötigt. Die Beine werden aus 38 mm und die Zargen aus 25 mm starkem Holz gefertigt. Der Stuhlsitz und das gewölbte Lehnenstück haben eine Dicke von 25 mm und die Lehnzarge ist 38 mm stark.

Hobeln der Elemente

2 Sägen Sie die einzelnen Komponenten zu, hobeln Sie die Güteseiten und -kanten auf Breite und Dicke und geben Sie in der Länge etwas zu.

Kennzeichnen der Elemente

3 Versehen Sie alle Komponenten auf der Güteseite und -kante mit Bleistiftmarkierungen.

Herstellung des Untergestells

4 Beginnen Sie mit dem Bau des Untergestells, bevor Sie Stuhlsitz und -lehne in Angriff nehmen. Reißen Sie die Elemente für das Untergestell an und schneiden Sie diese zu.

Tipps

- Bei einem solchen gewölbten Möbelstück ist es sinnvoll, ein Modell des Stuhlsitzes aus Karton oder Sperrholz zu bauen, anhand dessen man testen kann, ob die Proportionen optisch und funktional stimmen.
- Versuchen Sie darauf zu achten, dass Faserverlauf und Farbe der zusammengehörigen Elemente übereinstimmen – ein farblich abweichendes Stuhlbein zerstört die Symmetrie des Möbelstücks.

Schnittliste

Anzahl	Rohmaß	Fertigmaß
2	BEINE HINTEN 711 mm x 38 mm x 38 mm	686 mm x 30 mm x 30 mm
2	BEINE VORN 432 mm x 38 mm x 38 mm	380 mm x 30 mm x 30 mm
2	SEITENZARGEN 457 mm x 85 mm x 25 mm	432 mm x 75 mm x 22 mm
3	QUERZARGEN 457 mm x 130 mm x 25 mm	zwei je 406 mm x 115 mm x 22 mm eine 280 mm x 115 mm x 22 mm

FÜR SITZFLÄCHE UND LEHNE

Anzahl	Rohmaß	Fertigmaß
1	LEHNZARGE 380 mm x 38 mm x 38 mm	368 mm x 38 mm x 38 mm
6	VERTIKALE LEISTEN AUS MASSIVHOLZ GESÄGT Aus einem Stück können mehrere Leisten zugeschnitten werden. 457 mm x 75 mm x 45 mm	
1	GEWÖLBTES LEHNENSTÜCK 380 mm x 75 mm x 45 mm	

+ Leim, Schrauben, Abdeckband, Oberflächenbehandlungsmittel

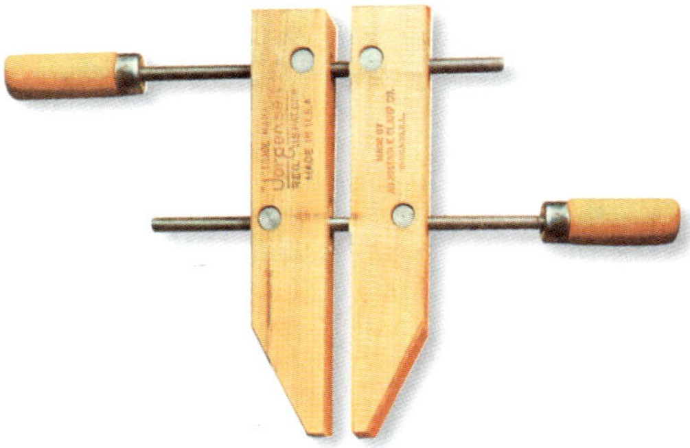

5 Die beiden Seitenzargen und die Stützzarge für den Stuhlsitz werden als H-förmiger Rahmen miteinander verbunden. Die Stützzarge ist breiter als die Seitenzargen, da dort die Wölbung des Stuhlsitzes ausgeformt werden muss. Reißen Sie diese Bogenform und die Zierrundungen an den Seiten an und sägen Sie diese aus (im Abfall sägen). Die Oberfläche wird später gehobelt, wenn das Untergestell verleimt ist. Glätten Sie die Auskehlungen mit einem Schabhobel (Sitzhobel) und einer Ziehklinge (rechts).

6 Die Stützzarge für den Stuhlsitz wird mit den Seitenzargen durch je zwei Fingerzapfen verbunden. Fingerzapfen sind ein dekoratives Detail und stellen eine haltbarere Verbindung dar als ein einzelner großer Zapfen. Reißen Sie Fingerzapfen und Zapfenlöcher mit Bleistift an, überprüfen Sie die Maße, vertiefen Sie die Risslinien mit einem Messer und sägen bzw. stemmen Sie anschließend die Zapfen und Zapfenlöcher aus.

7 Glätten Sie alle geraden Oberflächen (oben). Das Foto zeigt eine Ziehklinge, die in einen Ziehklingenhobel eingespannt wurde. Diese Vorrichtung sorgt für den richtigen Winkel und ermöglicht ein komfortableres Arbeiten.

Konstruktionszeichnungen

Die unten abgebildeten Zeichnungen zeigen die einzelnen Ansichten und Schnittdarstellungen. Beachten Sie die Varianten der Zapfenverbindung, die den Zargen unter der Sitzfläche Festigkeit verleihen. Überblattungen werden an der Lehne eingesetzt, um die Lehnzarge mit den nach oben verlängerten Hinterbeinen zu verbinden. Die aus Leisten zusammengesetzte Sitzfläche besteht aus Massivholz. Man könnte den Stuhlsitz jedoch auch aus Sperrholz fertigen.

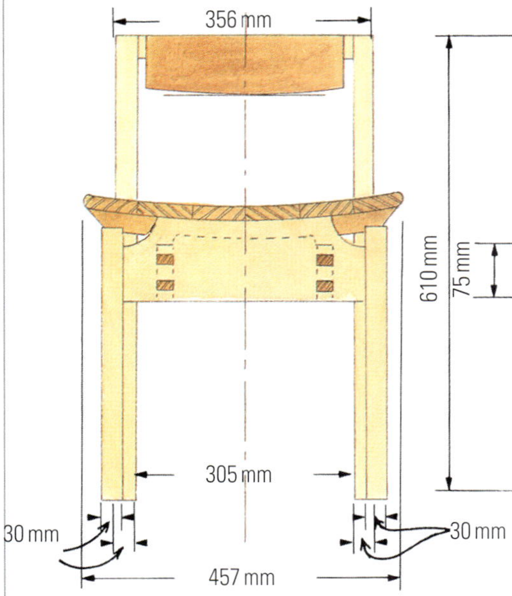

Vorderansicht

Maßstab 1:10,5

Vertikalschnitt durch Mittelachse

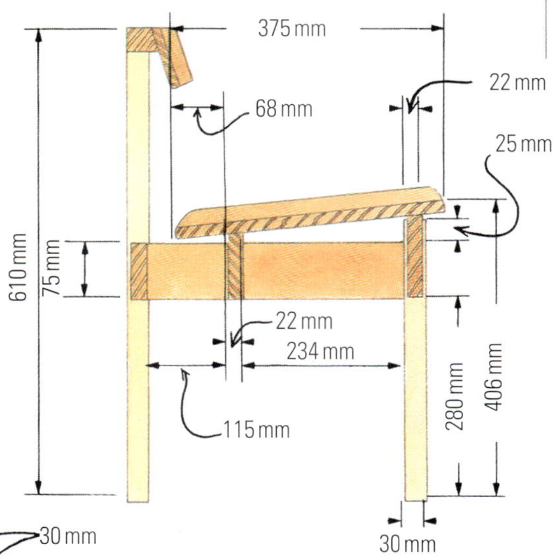

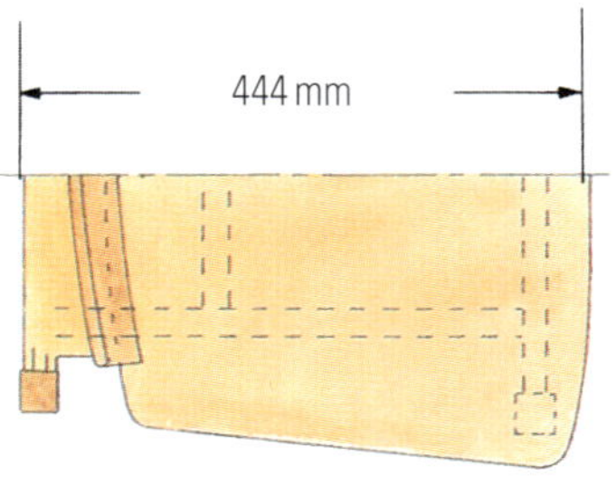

Halber Grundriss

8 Setzen Sie den H-förmigen Rahmen „trocken" (d. h. ohne Leim) zusammen. Ein kleines Zulageholz wird zwischen Rahmenkonstruktion und Holzhammer gelegt, um Schäden am Holz zu vermeiden und um die Kräfte auf die gesamte Verbindung zu verteilen.

12 Reißen Sie 4 x 2 Fingerzapfen an den Seitenzargen sowie die entsprechenden Zapfenlöcher an Vorder- und Hinterzarge an.

10 Vorder- und Hinterzarge werden ebenfalls durch zwei Fingerzapfen mit den beiden Seitenzargen des H-Rahmens verbunden. Fingerzapfen eignen sich hervorragend für eine solche Konstruktion, da sie eine größere Klebfläche aufweisen als ein einzelner Zapfen. Außerdem ist die mechanische Festigkeit größer.

13 Setzen Sie den H-Rahmen mit Vorder- und Hinterzarge „trocken" zusammen (oben).

Die Stuhlbeine

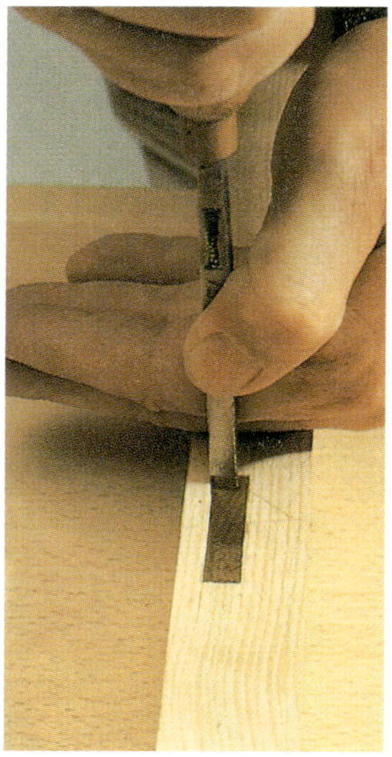

9 Es ist günstig, in dieser Phase in die vordere und hintere Sitzflächenauflage die Löcher für die versenkten Schrauben zu bohren, die später den Stuhlsitz halten werden (oben).

11 Aus der Vorderzarge muss die gewölbte Form des Stuhlsitzes ausgearbeitet werden. Zeichnen Sie die Rundung an und sägen Sie diese aus. Die exakte Nachbearbeitung erfolgt später. Reißen Sie an Vorder- und Hinterzarge die Zapfen an, die mit den Beinen verbunden werden und arbeiten Sie diese an. Beachten Sie, dass die Länge zwischen den Brüstungen bei beiden Zargen unterschiedlich ist.

14 Reißen Sie die Vorderbeine an. Markieren Sie die Zapfenlöcher und stemmen Sie diese aus (oben). Schärfen Sie zuvor das Stemmeisen, damit die Zapfenlöcher exakt gestemmt werden können.

15 Verbinden Sie die Beine „trocken“ mit der Vorderzarge und gehen Sie analog mit den Hinterbeinen und der Hinterzarge vor (rechts). Achten Sie darauf, die Kanten der Verbindungselemente durch das wiederholte Zusammensetzen nicht abzurunden. Testen Sie den Sitz der Verbindung und arbeiten Sie (falls überhaupt nötig) nur so viel nach, dass eine stramme Passung gewährleistet ist.

16 Schneiden Sie die Vorderbeine und das untere Ende der Hinterbeine auf Länge. Setzen Sie alle genannten Elemente „trocken“ zusammen. Das Untergestell sollte jetzt vollständig sein, mit Ausnahme der nach oben verlängerten Beine, an denen die Lehne noch fehlt (rechts).

Tipps

Auf welche Art Sie auch immer Ihr Werkzeug sortieren – Ihre Türspanner und sonstigen Zwingen sollten Sie griffbereit in der Nähe der Werkbank aufbewahren, um sie zum Zusammensetzen von Werkstücken immer gleich parat zu haben. Häufig werden mehr Zwingen benötigt als ursprünglich gedacht und dann ist es wichtig sie anzusetzen, bevor der Leim beginnt fest zu werden.

Runden der Zargen

17 Nehmen Sie ein Lineal, legen Sie es quer über Vorderzarge und hintere Stützzarge und markieren Sie den Winkel, der mit dem Schabhobel an der Rundung dieser beiden Zargen auszuarbeiten ist (oben).

Zusammensetzen des Rahmens

18 Auch wenn die Beine jetzt mit dem Rahmen verbunden sind, werden sie in diesem Stadium noch nicht verleimt. Schleifen Sie den Rahmen für den Stuhlsitz mit Sandpapier ab und verleimen Sie dieses aus fünf Elementen bestehende Untergestell, indem Sie zuerst den H-Rahmen zusammenfügen und anschließend Vorder- und Hinterzarge einsetzen (oben).

Die Herstellung des Stuhlsitzes

19 Die Sitzfläche wird aus sechs miteinander in gewölbter Form verleimten Leisten zusammengesetzt. Bereiten Sie diese Teile vor, zeichnen Sie die Leisten zusammen und markieren Sie an den Kanten die Winkel.

20 Erstellen Sie aus Verschnittstücken ein Formmodell für die Wölbung der Sitzfläche, ordnen Sie darauf die Leisten an und prüfen Sie während des Hobelns, dass die Winkel zur gewünschten Wölbung führen. Unter Umständen ist es für das Zusammensetzen hilfreich, wenn Sie vier solcher Formmodelle anfertigen – jeweils zwei Stück mit einer Innenrundung und zwei einer Außenrundung. Ein Paar vorn und hinten erleichtert später das Spannen. Der Stuhlsitz muss während des Spannens über die gesamte Breite auf den Formmodellen aufliegen, da andernfalls der Druck ungleichmäßig auf das Holz verteilt wird, wodurch Verformungen auftreten können.

21 Wenn die Brettchen „trocken" zusammenpassen, werden sie verleimt. Kleben Sie dazu auf die Unterseite der Wölbung Abdeckband, so dass die Verbindung von unten bereits zusammenhält und geben Sie den Leim von oben an. Wenn Sie anschließend den Stuhlsitz auf die nach innen gewölbten Formmodelle setzen, werden dabei alle Fugen geschlossen.

22 Spannen Sie den Stuhlsitz quer über die Wölbung der Sitzfläche. An dieser Stelle sind die nach innen und außen ausgeschnitten Formmodelle hilfreich. Befestigen Sie diese mit Hilfe von Leimzwingen unter leichter Spannung vorn und hinten am Stuhlsitz und setzen Sie kleine Türspanner quer über der Sitzfläche an. Dabei sollte ein ausreichender Druck entstehen, um die Verleimung zu spannen.

24 Zeichnen Sie die von vorn nach hinten verlaufende Verjüngung an sowie die leichten Wölbungen vorn und hinten und arbeiten Sie diese mit der Säge aus (oben). Hobeln Sie die Kanten und runden Sie die beiden Seiten ab. Schleifen Sie den Stuhlsitz komplett mit Sandpapier.

23 Entfernen Sie den Leim bevor er trocknet. PVAC-Leim lässt sich in dieser Phase mit einem feuchten Lappen wesentlich leichter entfernen als später, wenn er bereits fest geworden ist. Außerdem vermeidet man dadurch Leimflecken auf dem Holz. Nach dem Aushärten des Leims werden die Zwingen abgenommen. Die Sitzfläche kann außen mit einen herkömmlichen Hobel bearbeitet werden, für die Innenseite benötigt man jedoch einen Schabhobel (oben).

Tipps

Es ist manchmal schwierig, mit dem Schabhobel quer zum Faserverlauf zu arbeiten. Versuchen Sie daher den Hobel diagonal gegen die Faser anzusetzen, um die Oberflächenfasern abzuscheren. Halten Sie die Klinge scharf und schaben Sie bei jedem Arbeitsgang nur dünne Späne ab.

25 Setzen Sie den Stuhlsitz auf das bereits zusammengefügte Untergestell. Falls nötig, ist die Rundung der vorderen und der hinteren Sitzauflage entsprechend anzupassen (oben). Dies ist der wahrscheinlich schwierigste Teil der Montage. Nehmen Sie sich daher genügend Zeit und arbeiten Sie die Rundungen nicht allzu stark nach. Überprüfen Sie die Passung regelmäßig.

26 An dieser Stelle ist es sinnvoll, den Stuhlsitz anzubringen und zu verschrauben. Möglicherweise muss er zwar für die Endbearbeitung nochmals abgenommen werden, aber auf diese Weise lässt sich der Stuhl besser handhaben (oben).

Endbearbeitung

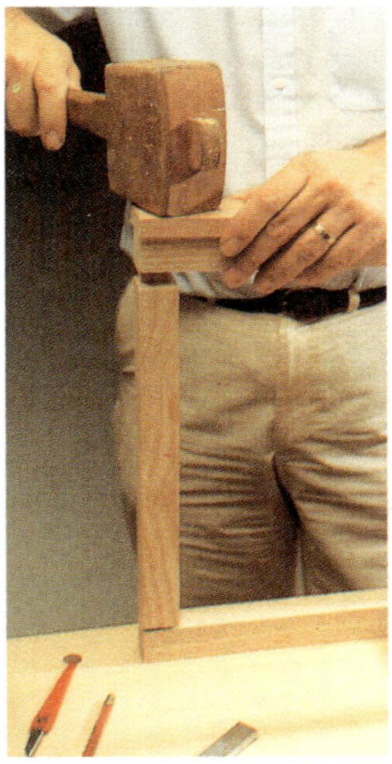

27 Die Hinterbeine sind mit einer Zwinge „trocken" am Sitzrahmen befestigt. Markieren Sie die Lehnzarge sowie die Überblattungen, mit denen diese an den verlängerten Hinterbeinen befestigt wird. Zeichen Sie außerdem die Rundung an, in die das gewölbte Lehnenstück eingesetzt wird (oben).

28 Stellen Sie die Überblattungen her und passen Sie diese ein, ohne sie jedoch bereits zu verleimen. Arbeiten Sie die Rundung in der Lehnzarge aus. Reißen Sie die Teile für das Lehnenstück an und schneiden Sie diese zu. Da diese gleich mit der Rundung der Lehnzarge verleimt werden, müssen sie nicht zuvor einzeln zusammengefügt werden. Bringen Sie als erstes das Mittelstück an und ergänzen Sie danach die übrigen Teile des Lehnenstücks (oben).

Tipps

Die einzelnen Brettchen, aus denen das gewölbte Lehnenstück besteht, sind sehr klein und daher leicht zu beschädigen. Geben Sie auf der Rückseite jedes Stücks eine gleichmäßige Leimschicht an und achten Sie darauf, dass der Leim vollständig ausgehärtet ist, bevor die endgültige Form herausgearbeitet wird. Am besten ist es, sie über Nacht trocknen zu lassen.

29 Markieren Sie das Profil an der Unterseite der Lehnzarge, arbeiten Sie dieses aus und runden Sie die Seiten des Lehnenstücks ab (oben). Die Lehne ist ein stark beanspruchter Teil des Stuhles. Deshalb ist es wichtig, dass das Lehnenstück fluchtgerecht ausgerichtet sowie gleichmäßig und durchgehend gewölbt ist. Die Rundung der Seiten kann mit Raspel und Feile ausgearbeitet und mit Schleifpapier geglättet werden.

30 Hobeln Sie die Unter- und Oberkante des Lehnenstücks bündig mit der Lehnzarge (oben). Benutzen Sie beim Hobeln des Hirnholzes Ihre Finger als Führung für das Werkzeug. Entfernen Sie bei jedem Arbeitsgang nur eine dünne Spanschicht.

Tipps

- Falls Sie sich die Anfertigung eines Stuhlsitzes aus Massivholz noch nicht zutrauen, können Sie stattdessen dafür auch ein Sperrholz-Formteil verwenden.
- Versuchen Sie für Sitz und Lehne als Blickfang kontrastfarbige Hölzer einzusetzen.

Zusammenbau

31 Bearbeiten Sie alle Komponenten mit Schleifpapier. Verleimen Sie die Vorderbeine mit der Vorderzarge, die Hinterbeine mit der Hinterzarge und die Lehne mit den nach oben verlängerten Hinterbeinen (oben). Prüfen Sie, dass die Lehne exakt horizontal ausgerichtet ist, indem Sie den Stuhl auf eine ebene Fläche stellen.

32 Es ist denkbar, als nächstes Projekt einen kompletten Satz dieser Stühle zu bauen (links). Wenn Sie sich dazu entschließen, ist es sinnvoll, die einzelnen Elemente in Serie zu fertigen. Dabei werden alle identischen Teile (z. B. die Beine) in einem Arbeitsgang hergestellt. Auf diese Weise wird sichergestellt, dass die Maße tatsächlich übereinstimmen.

Stuhlgestaltung

Die Sitzflächen von Stühlen können aus Rohr, Binsen, Stoff, Holz, Leder oder sonstigen formbaren Materialien gefertigt werden. Bevor Sie den Bau eines Stuhles in Angriff nehmen, ist es unter Umständen empfehlenswert, zunächst ein Modell der Sitzfläche aus Karton oder Sperrholz zu bauen, um die Proportionen zu kontrollieren.

Stuhlgrößen Die folgenden Maße bilden die Grundlage für eine Reihe von Gestaltungsvarianten und müssen für Personen, deren Größe oder Körperbau vom Durchschnitt abweichen, entsprechend angepasst werden. Wenn Sie einen Stuhl entwerfen, der zu einem bestimmten Tisch passen soll, ist darauf zu achten, dass der Stuhl an diesen Tisch herangeschoben werden kann.

h = Sitzhöhe 392 – 430 mm. Dieses Maß dient generell als Ausgangspunkt.
b = Beckenauflage 150 mm. Dieser Bereich trägt das Körpergewicht.
t = Sitztiefe 343 – 380 mm.
n = Sitzneigung ca. 25 mm oder 5 – 8 Grad.
m von l = Mitte der Lenden 200 mm. Der Abstand zwischen der Sitzhinterkante und der Mitte der Lendenwirbelsäule ist die Stelle, an dem die Rückenstütze benötigt wird.
l = Lendenregion 100 mm. Die Form sollte der Krümmung der Lendenwirbelsäule entsprechen.
a = Armhöhe ab Sitzhinterkante 237 mm.
s = Sitzbreite 475 – 500 mm zwischen den Armen.

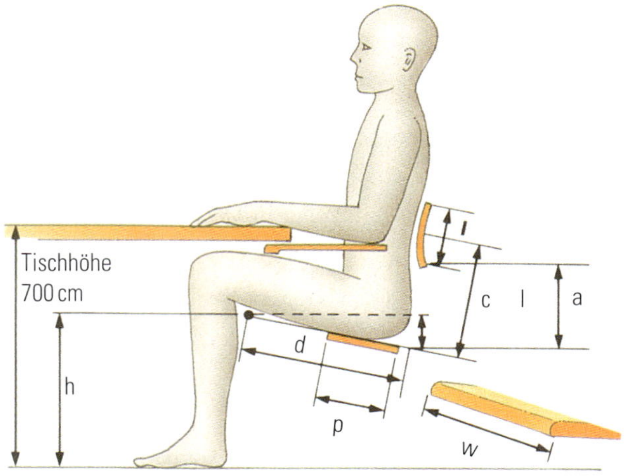

Der Schwerpunkt des Körpers
Die beste Sitzposition für Tätigkeiten wie Essen, Schreiben oder Computerarbeit ist mit aufrechtem Rückgrat, wobei sich der Schwerpunkt vom Schädel entlang der Wirbelsäule zum Becken hin zieht.

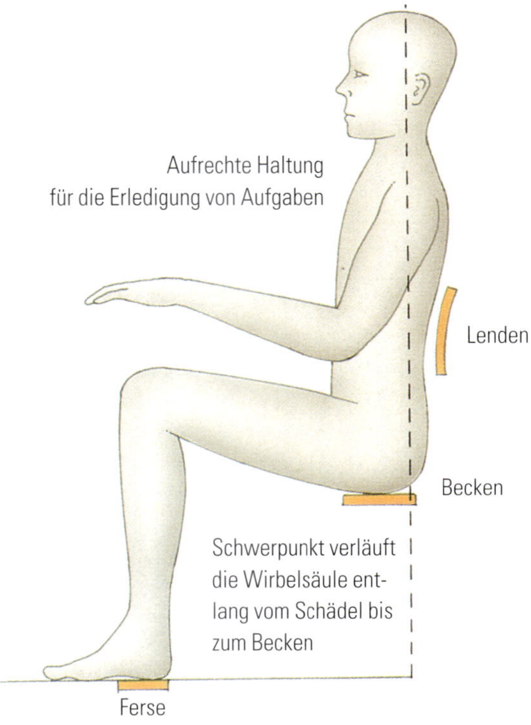

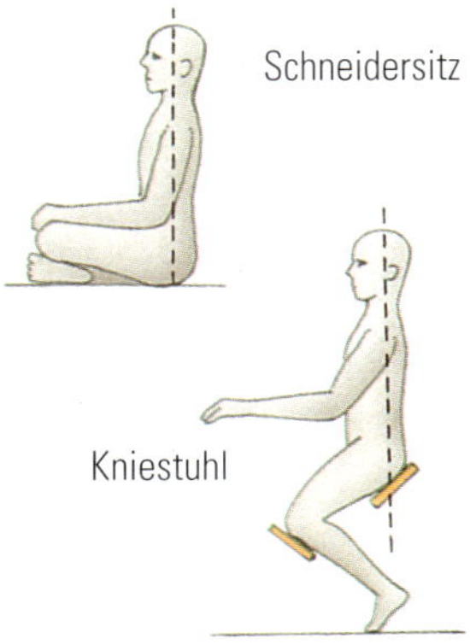

Rechts: Dieser aufregende Phönixstuhl stammt aus der Werkstatt von John Makepeace und wurde aus beschichteter Stechpalmenrinde, Ulmenholz sowie gebleichtem und angekohltem Eichenholz hergestellt.

Oben: Hans Wegner ist einer der produktivsten und konsequentesten Designer Skandinaviens. Er gestaltete klassische, zeitlose Möbelstücke (z. B. Chinastuhl, oben), die auch heute – 50 Jahre nach ihrer Entwicklung – noch aktuell sind.

Der Bau einer Werkbank

Diese Werkbank ist mit zwei Hobelbankzangen bzw. Schraubstöcken ausgerüstet. Wählen Sie aus der breiten Angebotspalette die für Ihre Zwecke am besten geeigneten Modelle aus.

Eine Werk- oder Hobelbank muss robust und stabil sein. Die Größe sollte an den jeweiligen Nutzer (vor allem was die Höhe angeht) und die Art der daran auszuführenden Arbeiten angepasst werden. Sie sollte über so viel Stauraum und zahlreiche Spannmöglichkeiten verfügen wie möglich. Ein weiteres verbreitetes Detail ist eine Vertiefung an der Rückseite – eine so genannte Banklade – zur Ablage von Werkzeugen, damit diese auf der Arbeitsplatte nicht stören. Manche Werkbänke sind allerdings so gebaut, dass man von beiden Seiten daran arbeiten kann.

Traditionell werden Werkbänke aus Hartholz wie z.B. Buche hergestellt. Im Handel sind zahlreiche solcher Modelle beziehbar – diese sind jedoch auch nicht ganz billig. Wer seine Werkbank selbst baut, kann sie genau auf seine individuellen Anforderungen zuschneiden. Die hier vorgestellte Werkbank besteht aus Sperrholz und einfachem Weichholz. Das Sperrholz sorgt für das nötige Gewicht und die damit verbundene Stabilität. Diese entspricht durchaus dem klassischen Vorbild, kostet jedoch wesentlich weniger.

Ein besonders nützliches Detail ist die vorn etwas überstehende Arbeitsplatte, was zu Befestigungszwecken sehr günstig ist.

Eine kleinere Hobelbank eignet sich hervorragend für die Handbearbeitung kleinerer Werkstücke. Sobald Sie jedoch mit Elektrogeräten und größeren Holzplatten hantieren, reichen Platz und Auflagefläche oft nicht mehr aus. Diese Werkbank wurde speziell für solche Bedürfnisse entwickelt. Sie besitzt eine große Arbeitsfläche mit einem anpassungsfähigen Spannsystem sowie ausreichend Stauraum darunter, wo Sie Ihre Elektrogeräte und Zubehör sicher lagern können. Der Rahmen wird aus Stabilitätsgründen mit Zapfen verbunden und für die Platte werden mehrere Lagen Sperrholz verwendet. Der Bau dieser Werkbank ist unkompliziert, vor allem dann, wenn Sie über eine Reihe von Elektrogeräten verfügen.

Die ersten Schritte

Schneiden Sie zunächst die Rahmenkomponenten zu und reißen Sie die Verbindungen an. Die Länge der Zapfen beträgt 40 mm und die Zapfenlöcher sind 12,5 mm breit. Das Zapfenloch für die obere Zarge muss in mindestens 12,5 mm Abstand von der Oberkante der Beine liegen.

Ausrüstungsdetails

Die Backen der Hobelbankzangen bestehen aus 30 mm starkem Eichenholz. Dieses wurde verleimt und mit Bohrungen für eine einfache Spannvorrichtung versehen. Sie können stattdessen jedoch auch spezielle Bankhaken einsetzen.

Die Oberfläche der Arbeitsplatte wird mit mehrere Schichten Holzöl behandelt und eventuell mit einer Wachsschicht versehen. Diese verleiht der Werkbank eine schöne Optik und sorgt dafür, dass sich Leimspritzer in Zukunft leicht entfernen lassen.

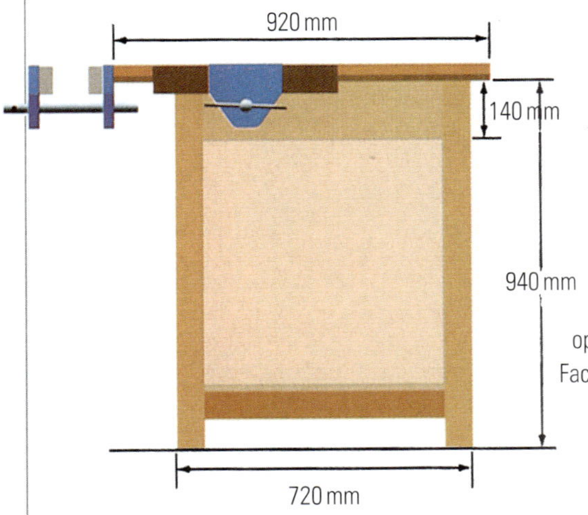

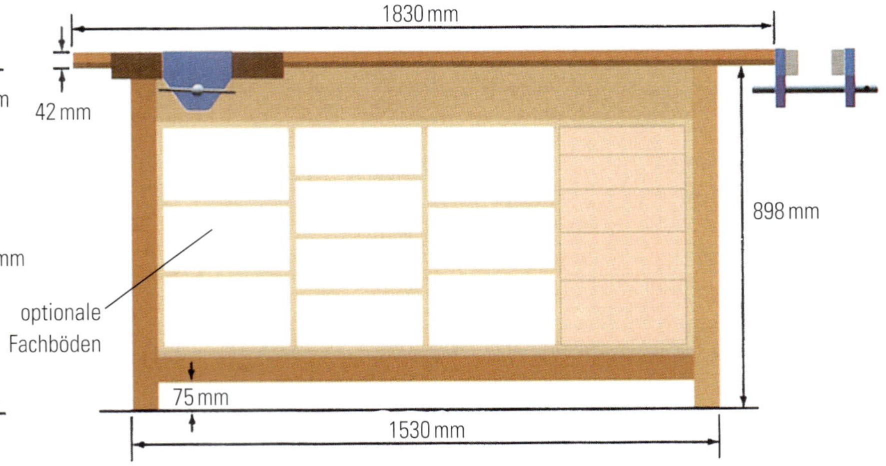

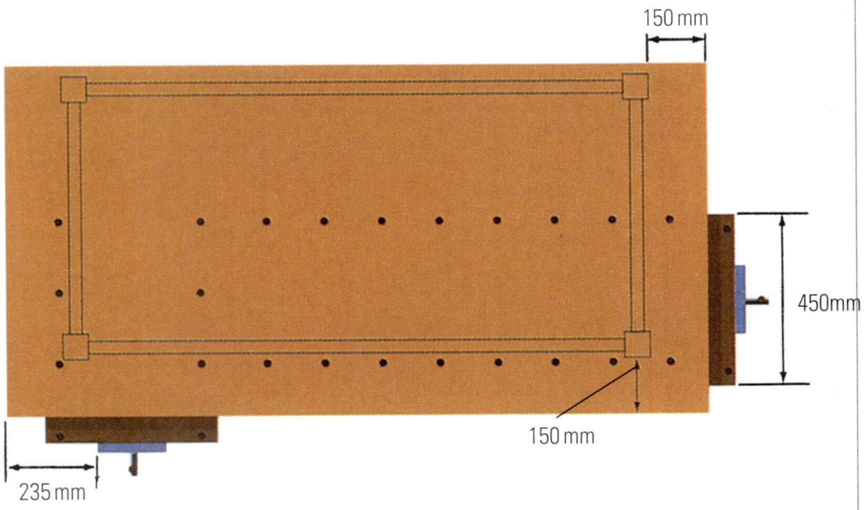

Konstruktions-zeichnungen
Die Zeichnungen für die Werkbank (oben und links) sind nicht bemaßt. Die genauen Abmessungen hängen von der verfügbaren Fläche und der bevorzugten Arbeitshöhe ab.

Schnittliste

2 Sperrholzplatten 6 mm
Kiefern- oder Fichtenholz in folgenden Abmessungen:
6 x 38 mm x 4,5 m
3 x 38 mm x 4,5 m
3 x 75 mm x 4,5 m
Schrauben 12 x 75 mm
Schrauben 8 x 38 mm
Nägel
Leim
Hobelbankzangen
1 Satz Bankhaken

Benötigte Elektrogeräte

Oberfräse 12 mm
Oberfräse 6 mm
Band- oder Dekupiersäge
Führungsleistensatz
Handhobelmaschine
Schwingschleifer

1 Das Fräsen der Zapfenlöcher erfolgt mit Hilfe einer leistungsstarken Oberfräse (12,5 mm) und einem Nutenfräser mit großer Eintauchtiefe. An den Außenkanten des Beines wird jeweils eine Parallelführung angelegt. Ein Verschnittstück des gleichen Materials wird als Auflage für die Oberfräse am oberen Ende des Beines benötigt. Fräsen Sie die benötigte Tiefe in mehreren Arbeitsgängen. Benutzen Sie ein Stemmeisen, um die Kanten des Zapfenlochs rechtwinklig auszuarbeiten. Wenn Ihnen keine 12-mm-Oberfräse zur Verfügung steht, setzen Sie einen langen Fräser in eine 6-mm-Maschine ein. Versuchen Sie jedoch nicht mehr als 3 mm Holz pro Arbeitsgang zu entfernen, um Fräser und Motor der Oberfräse nicht übermäßig zu beanspruchen. Unabhängig davon, welches Modell Sie einsetzen, sollten Sie in jedem Fall eine Staubabsaugung benutzen, um den feinen Frässtaub aufzufangen.

2 Die Zapfen werden ebenfalls mit der Oberfräse hergestellt. In diesem Fall genügt ein kleines 6-mm-Modell, das außerdem leichter zu handhaben ist. Sie benötigen dabei keine besondere Vorrichtung. Benutzen Sie einen Nutenfräser und einen seitlichen Parallelanschlag. Stellen Sie den Anschlag so ein, dass Sie bis an die Risslinie fräsen. Stellen Sie die maximale Eintauchtiefe ein und arbeiten Sie quer zur Faserrichtung in mehreren Arbeitsgängen von einer Kante zur anderen, bis Sie die Risslinie erreicht haben. Achten Sie darauf, dass die Oberfräse an den Kanten nicht kippt und halten Sie während des letzten Frägangs die Grundplatte fest an die Seitenführung gedrückt. Sie können auch eine Erweiterung für die Auflage der Oberfräse einsetzen, um das Gerät bei der Arbeit zu stabilisieren. Arbeiten Sie die Zapfen mit einem Hobel- oder Schleifgerät auf Gehrung, damit die Länge maximal ausgenutzt werden kann, um damit der Verbindung zusätzliche Festigkeit zu verleihen. Die abgeschrägten Kanten der Zapfen treffen jeweils in der Mitte der Beine aufeinander – daher ist es wichtig, dass sie exakt gearbeitet sind.

3 Markieren Sie die Lage der Hobelbankzangen auf den Zargen. Da die Arbeitsplatte vorn und an den Seiten 150 mm übersteht, muss nur die Schienenkonstruktion der Schraubstöcke durch die Zargen hindurchgeführt werden. Sägen Sie diese Aussparungen mit der Band- oder Dekupiersäge (rechts) aus. Gestalten Sie diese Ausschnitte jedoch nicht zu groß, da dies die Stabilität der Zarge beeinträchtigt. Da diese Hobelbankzangen sehr schwer sind, ist es möglicherweise leichter, zum Anbringen dieser Metallteile die Werkbank auf die Seite zu kippen. Schmieren Sie die Schraubgewinde, damit sich die Spindel leichter bedienen lässt.

4 Setzen Sie den Rahmen „trocken" (d. h. ohne Leim) zusammen und überprüfen Sie alle Verbindungen. Zerlegen Sie die Bank wieder und nehmen Sie eventuell nötige Nacharbeiten vor. Spanngurte sind gut geeignet, um das Gestell der Werkbank unten zusammenzuziehen. In diesem Stadium können Sie Dübellöcher anreißen und bohren, um die Verbindungen zusätzlich zu verstärken. Dazu eignen sich handelsübliche Dübel, die in die Verbindungen an den Beinen eingesetzt werden.

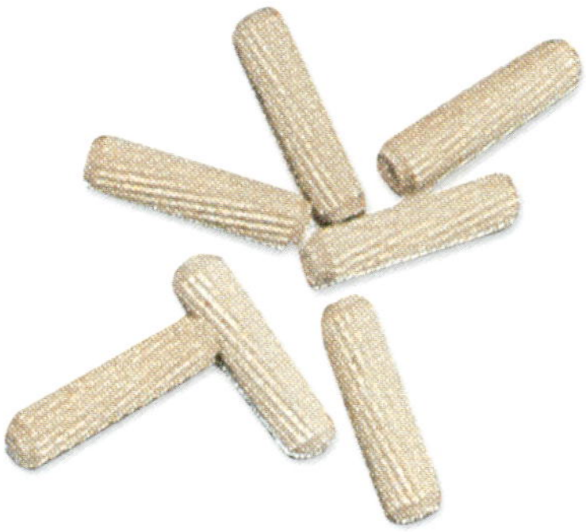

5 Geben Sie reichlich Leim an und schneiden Sie die überstehenden Enden mit einer Feinsäge ab. Am einfachsten ist es, den Rahmen in zwei Etappen zu verleimen. Zunächst werden die Beine mit den kurzen Zargen verbunden und vollständig eingepasst, bevor zum Schluss die langen Zargen eingesetzt werden. Messen Sie dabei die Diagonalen nach. Beide Diagonalen müssen genau übereinstimmen, wenn die Werkbank rechtwinklig ausgerichtet ist. Lassen Sie den Leim über Nacht vollständig aushärten. Auf dem Foto ist der aus Stabilitätsgründen angegehrte Zapfen zu sehen (oben). Der Rahmen ist nunmehr komplett, so dass der untere Fachboden eingebaut werden kann.

6 Nachdem der Leim getrocknet ist, werden die Zwingen abgenommen und eventuell entstandene Spuren vom Rahmen entfernt. Mit dem Schwingschleifer ist dies schnell erledigt, da er leistungsstark und auf vertikalen Flächen leicht zu handhaben ist. Diese Variante ist mit einem eigenen Staubsack sowie einer perforierten Platte ausgestattet, um ein sauberes Arbeiten zu ermöglichen.

7 Der Fachboden wird aus 18 mm starkem Sperrholz gefertigt. Mit einer kabellosen Handkreissäge kombiniert mit einem Führungsleistensatz ist das Zerteilen der großen Platten eine Leichtigkeit. Die Säge ist leicht genug, dass sie mit einer Hand geführt werden kann. Die Führungsleiste dient zusätzlich als Auflage für die Säge am Anfang und Ende des Schnittes. Auf diese Weise werden alle Platten zugeschnitten.

8 Der Fachboden wird mit den unteren Zargen verschraubt und schließt bündig mit der Kante ab. Klinken Sie die Ecken mit der Dekupiersäge aus. Sollte der Boden etwas überstehen, lässt sich die Kante mit einer Oberfräse versäubern, die mit einem kugelgelagerten Kantenfräser ausgerüstet wird. Die mit der Oberfräse nicht zugänglichen Stellen werden mit einem scharfen Stemmeisen mit breiter Klinge nachgearbeitet. Diese Werkbank lässt sich auch dahingehend abwandeln, dass drei oder vier zusätzliche Fachböden oder Schubkästen zwischen dem unteren Fachboden und der Arbeitsplatte angebracht werden. Fertigen Sie die Teile aus einer 18-mm- MDF-Platte und versiegeln Sie diese mit einem speziell für MDF-Platte vorgesehenen füllenden Grundiermittel oder Klarlack als Schutz gegen Verschmutzungen. Verstauen Sie dort Ihre Elektrogeräte nebst Zubehör.

9 Schneiden Sie als nächstes das Sperrholz für die Arbeitsplatte zu. Die Arbeitsplatte besteht aus 2 Lagen 18-mm-Sperrholz, das mit einem hochwertigen Klebstoff zu verleimen ist. Legen Sie die Platte nach dem Verleimen beiseite, damit der Leim vollständig aushärten kann.

10 Die Arbeitsplatte wird von oben mit zwei 50 mm langen 12er Schrauben mit den Zargen verschraubt. Diese sind tief einzuschrauben und in die Platte zu versenken. Ein Akkuschrauber ist dabei eine große Erleichterung. Für die Rückwand verwendet man 6 mm starkes Sperrholz und verschraubt sie einfach mit der oberen und unteren Zarge. Passen Sie diese so fest wie möglich an.

11 Säubern Sie die Kanten mit einem Elektrohobel und achten Sie dabei auf Rechtwinkligkeit. Es ist empfehlenswert, dazu einen Seitenanschlag zu verwenden. Jetzt können die Hobelbankzangen angebracht werden. Benutzen Sie M10 Schraubenbolzen und versenken Sie die Köpfe unter die Oberfläche. Lassen Sie das Druckbrett etwas ein, damit es bündig mit der Werkbankkante abschließt.

12 Die Arbeitsplatte wird zum Schluss mit einer Lage 6 mm starkem Sperrholz versehen, die aufgenagelt wird, um die Verschraubungen zu verdecken. Sie lässt sich später unkompliziert auswechseln, falls sie zu stark beschädigt ist. Für die Bankhaken werden in regelmäßigen Abständen Bohrungen mit dem entsprechenden Durchmesser angebracht. Achten Sie darauf, dass die Löcher senkrecht bzw. leicht in Richtung der Hobelbankzangen geneigt sind.

13 Die fertiggestellte Werkbank ist groß genug, um daran auch mit Elektrogeräten arbeiten zu können.

SPEZIELLE TECHNIKEN

VERSCHLUSSMECHANISMEN

Besonders kreative und geschickte Möbeltischler lassen sich hin und wieder raffinierte Verschlussmechanismen für Schranktüren oder Holzschatullen einfallen, ohne auf die üblichen Metallscharniere oder -schlösser zurückzugreifen. Ein Scharnier aus der Massenproduktion oder ein unpassender Griff kann natürlich den Gesamteindruck eines mit viel Sorgfalt gebauten Möbelstückes nachteilig beeinflussen.

Bänder und Scharniere sind bewegliche und verbindende Glieder zwischen Türen, Deckeln oder Klappen und Schränken oder Kisten. Bänder ermöglichen in der Regel das Ausheben von Türen, Scharniere dagegen nicht. Bei der Auswahl von Scharnieren und Bändern ist der Zweck, die optische Ausführung und die Konstruktionsweise des Werkstücks ausschlaggebend. Wenn Sie eine schlichte Schranktür bauen, ist ein gestanztes Stahlscharnier oder ein messingplattiertes Scharnier, das einfach auf die Oberfläche geschraubt wird, meist völlig ausreichend. Für eine aufwändig gearbeitete Schatulle sollten Sie jedoch ein speziell dafür angefertigtes Gussmessingscharnier vorziehen.

Der optische Eindruck, die Belastbarkeit, die Größe und spezifische Funktionen, sowie auch die handwerklich-technischen Möglichkeiten des Tischlers sind wichtige Faktoren bei der Auswahl eines geeigneten Scharniers, Schlosses oder Beschlages. Zum Einbau bzw. zur Befestigung von Scharnieren oder Schlössern sollte man Werkzeuge guter Qualität und bewährte Techniken einsetzen, denn nichts ist ärgerlicher, als eine schief hängende und klemmende Tür oder ein Schloss, das nicht richtig schließt.

Möbelschlösser

Es gibt unterschiedliche Arten von Schlössern. Je nach Bauart der Tür unterscheidet man zunächst zwischen linken und rechten Schlössern. Von der Türstärke hängt es dann ab, ob das Schloss aufgeschraubt, eingelassen oder eingesteckt wird. Darüber hinaus gibt es spezielle Stangenschlösser für hohe Türen, Einbohrschlösser für runde Aussparungen sowie Schlösser für Schubladen, Klappen und für Schiebetüren, darunter auch für solche aus Glas.

Schlösser und Scharniere – eine Auswahl

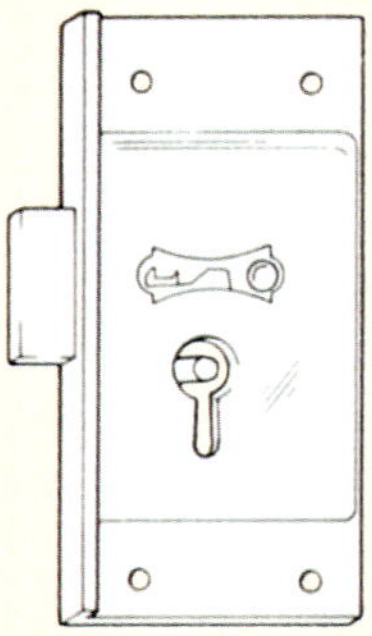

Schrankschloss mit Verriegelung

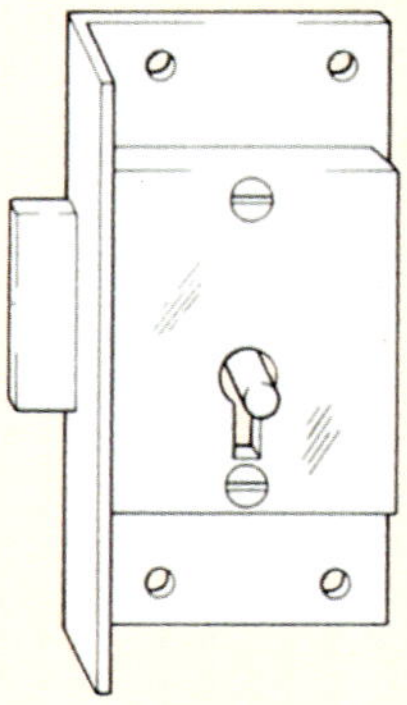

Einfaches Schrankschloss

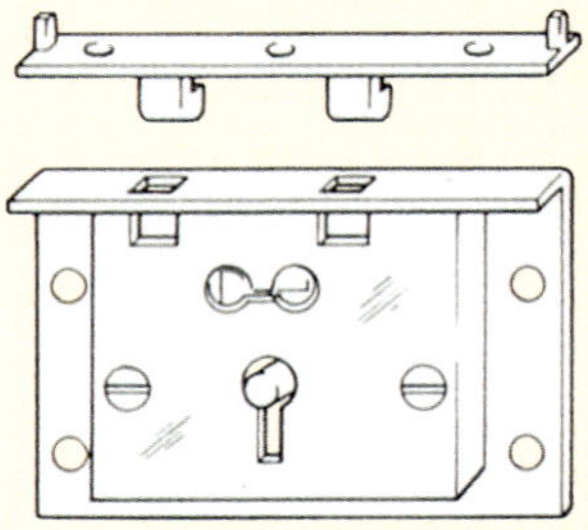

Kastenschloss aus Messing

Vitrinenschloss aus Messing

Scharniere werden meist zusammen mit den passenden Schrauben verkauft. Sollte das einmal nicht der Fall sein, ist bei der Auswahl der Schrauben darauf zu achten, dass die Köpfe bündig mit den Scharnierplatten abschließen.

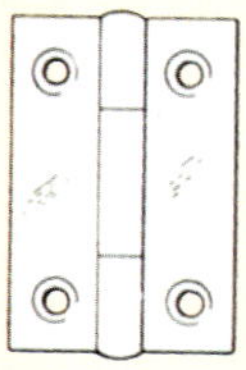

Schatullenscharnier

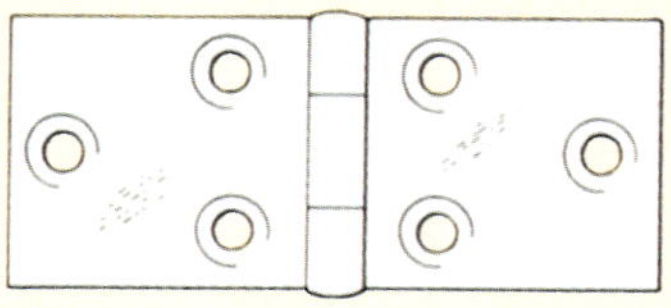

Breites Scharnier

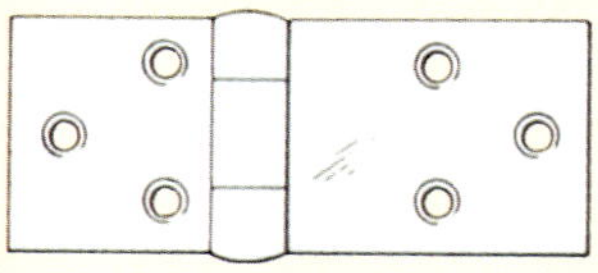

Tischband

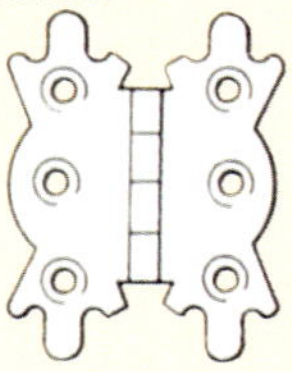

Dekorscharnier

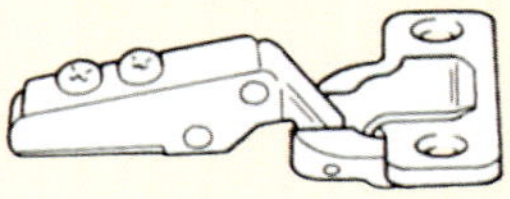

Topfband

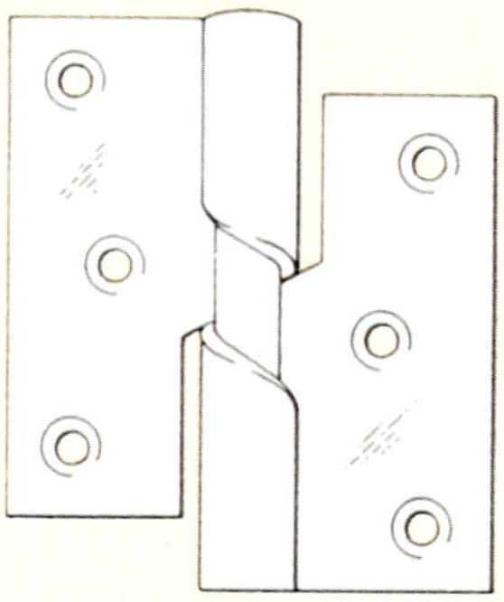

Aushebescharnier

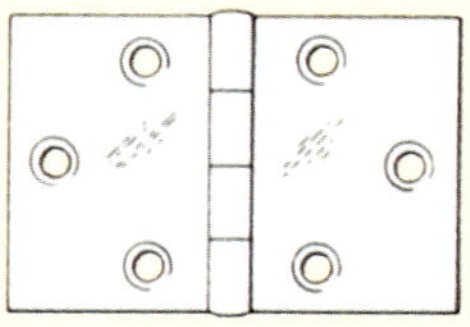

Klappenscharnier

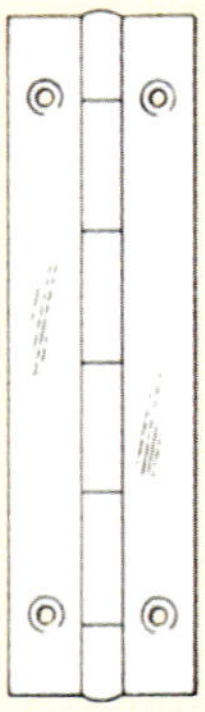

Stangenscharnier (Klavierband)

Beschläge

Für aufwändig gearbeitete Schatullen sollte man kleine Scharniere aus Feinguss verwenden.

Spezialversandhändler haben auch Beschläge aus Gusseisen und Stahl im Angebot.

Einlassen eines Messingscharniers in eine kleine Schatulle

1 Fixieren Sie die Schatulle fest auf der Werkbank. Dazu benötigen Sie eine Schraubzwinge, die Sie in den Schraubstock einspannen. Ein Holzblock zwischen dem Kopf der Zwinge und der Schatulle sorgt dafür, dass der Druck gleichmäßig verteilt und somit das Holz der Schatulle beim Anziehen der Zwinge nicht beschädigt wird. Markieren Sie mit einer scharfen Anreißnadel die Länge der Scharniere auf dem Holz.

2 Die Scharniere sollten sich etwas weiter am Rand als in der Mitte befinden. Achten Sie außerdem darauf, dass der Abstand vom Rand auf beiden Seiten gleich ist. Mit einem Anschlagwinkel zieht man nun Linien, die die ungefähre Breite des Scharniers und dessen ungefähre Dicke markieren.

3 Stellen Sie ein Zapfenstreichmaß auf die Breite des Scharniers ein. Nehmen Sie das Maß dazu vom Scharnier selbst ab. Beachten Sie, dass dabei die Spitze der Anreißnadel genau auf die Mitte des Drehzapfens gestellt wird. Die Tiefe des Scharniers wird auf die gleiche Art und Weise eingestellt. Dabei muss man sehr sorgfältig vorgehen, damit das Ober- und das Unterteil der Schatulle am Ende genau übereinander liegen.

4 Reißen Sie die Breite der Aussparung für das Scharnier an, wobei Sie sich an den markierten Bleistiftlinien orientieren sollten. Danach stellen Sie das Streichmaß auf die Tiefe der Aussparung für das Scharnier und reißen auch diese auf dem Rand der Schatulle an. Schattieren Sie den herauszuarbeitenden Bereich.

5 Legen Sie nun den Deckel genau neben die Schatulle und markieren Sie die Länge des Scharniers auf dem Rand des Deckels, indem Sie die entsprechenden Linien sorgfältig verlängern. Bei größeren Kästen empfiehlt es sich, beide Teile mit Hilfe von Schraubzwingen zu fixieren, bevor man die Position des Scharniers auf den Deckel überträgt. Bemühen Sie sich, die Anrisslinien nicht länger zu ziehen als erforderlich, so dass auf der Schatulle später keine Kratzspuren zu sehen sind.

6 Durchtrennen Sie nun mit Hilfe von Stecheisen und Klüpfel die Holzfasern mit einer Reihe von flachen, parallel angesetzten Schnitten (in Abständen von etwa 2 mm). Beginnen Sie dabei in der Mitte und arbeiten Sie zu den Kanten hin, wobei Sie das Stecheisen jedes Mal wieder sorgfältig ansetzen.

7 Nun stechen Sie rechtwinklig dazu die bereits durchtrennten Holzfasern ab. Danach ist die Fläche zu glätten, wobei man entlang der Faser arbeitet.

8 Zum Abschluss säubern Sie die Kanten der Aussparung quer zur Holzfaser.

Fräsen einer Aussparung für ein Scharnier

1 Die Aussparung für ein Scharnier kann man auch mit Hilfe einer Oberfräse und einem Falzfräser herstellen. Das Anreißen erfolgt entweder mit dem Streichmaß oder aber man hält das Scharnier gegen den Fräser, um die Tiefe der Aussparung einzustellen. Eine dritte Möglichkeit ist eine Probefräsung in einem Restholzstück. Ein Nachteil bei der Arbeit mit der Oberfräse besteht darin, dass die Ecken immer rund werden und man diese deshalb mit einem Stecheisen nacharbeiten muss.

2 Wenn Sie eine Oberfräse verwenden, muss die durch die Form des Fräsers entstandene Rundung mit einem Stecheisen begradigt werden. Ganz zum Schluss glättet man die Kanten der Aussparung, wobei man quer zur Faser arbeitet. Für die meisten kleinen Scharniere genügt ein 6 mm breites Stecheisen. Achten Sie darauf, dass die Schneide ganz scharf ist, so dass der Bereich um die Aussparung in keinem Fall beschädigt wird. Üben Sie nur wenig Druck aus und spannen Sie die Schatulle fest ein, so dass sie während des Arbeitens nicht verrutschen kann.

Einlassen eines Scharniers

1 Legen Sie das Scharnier in die Aussparung und markieren Sie die Position des mittleren Loches. Dann bohren Sie das Führungsloch. Dabei ist der Bohrer ein ganz kleines Stück weiter außen anzusetzen, als der markierte Mittelpunkt, damit das Scharnier straff sitzt.

2 Nachdem alle vier Aussparungen so vorbereitet sind, fährt man mit einem sehr fein eingestellten Hobel über die aneinander stoßenden Kanten der beiden Schatullenhälften, so dass dort eine leichte Fase entsteht, die dafür sorgt, dass sich die Schatulle leicht schließen und öffnen lässt. Danach können Sie die Scharniere aufschrauben.

3 Verwenden Sie dazu unbedingt einen genau passenden Schraubendreher, sonst besteht die Gefahr, dass dieser abrutscht und das Scharnier oder im schlimmeren Fall das Werkstück zerkratzt. Bei hartem Holz empfiehlt es sich, zuerst eine Stahlschraube einzudrehen, um das Führungsloch etwas zu erweitern, und erst danach die passende Messingschraube. Messingschrauben sind weniger stabil als Stahlschrauben und können unter Umständen brechen, wenn sie in hartes Holz gedreht werden.

4 Bohren Sie nun die Führungslöcher für die übrigen Schrauben (links). Drehen Sie dann alle Schrauben ein. Es sieht besser aus, wenn die Schlitze aller Schrauben in die gleiche Richtung weisen (oben).

5 Die Schatulle sollte so fest schließen, dass höchstens ein dünnes Blatt Papier, das etwa der Dicke der noch aufzutragenden Lackschicht entspricht, zwischen die beiden Hälften passt. Wenn die Aussparungen für das Scharnier korrekt angerissen und dann sorgfältig ausgearbeitet wurden, sollten das Unterteil und der Deckel ganz genau übereinander liegen. Wie Sie auf dem Foto sehen, stehen die Gelenke des Scharniers etwas hervor.

6 Geringfügige Abweichungen an der Vorderkante und an den Seiten können mit Schleifpapier ausgeglichen werden. Das ist jedoch wirklich nur bei ganz geringen Verschiebungen möglich. Versuchen Sie niemals ein schief angeschraubtes Scharnier auf diese Weise zu korrigieren. Stattdessen sollten Sie die Befestigungsschrauben noch einmal lösen und das Scharnier neu einpassen.

Schlösser

Einlassen eines Schlosses

1 Die verschiedenen Teile des Schlosses werden nacheinander markiert und die entsprechenden Aussparungen ausgearbeitet. Als Erstes legt man das Schloss auf das Holz, um seinen Umriss anzureißen.

2 Ziehen Sie die markierten Linien mit Hilfe eines Kombinationswinkels weiter, genau so wie beim Anreißen der Aussparung für das Scharnier, so dass ein Rechteck entsteht. Führen Sie die Anreißnadel mit leichtem Druck, so dass die Holzfasern an der Oberfläche zerschnitten werden. Falls Sie häufiger Schlösser oder Scharniere in kleinere Gegenstände einbauen, sollten Sie sich einen kleinen Anschlagwinkel (75 mm oder 100 mm) kaufen.

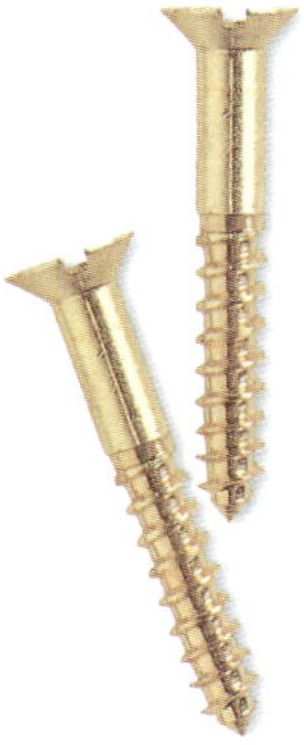

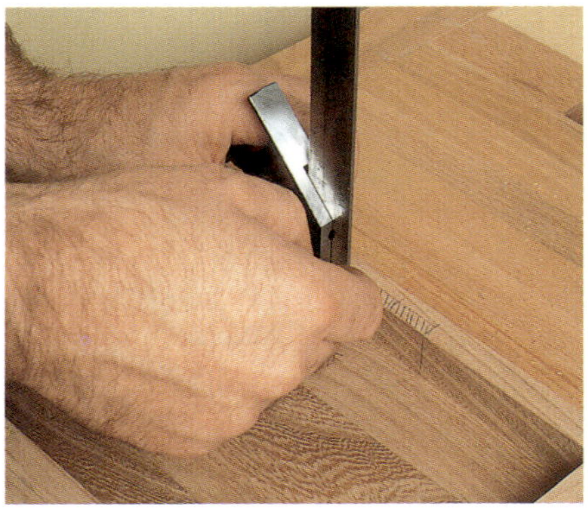

3 Verwenden Sie die Tiefenlehre des Kombinationswinkels, um die seitlichen Begrenzungslinien nach unten weiter zu führen.

4 Mit einer Zinkensäge sägen Sie das Holz nun quer zur Faser bis zur angezeichneten Tiefe ein.

5 Halten Sie das Schloss gegen das Holz und markieren Sie die verschiedenen Komponenten des Schlosses.

6 Die flache Aussparung arbeitet man aus, indem man das Holz quer zur Faser aussticht (oben). Der schwierigste Teil der Arbeit besteht darin, in Anbetracht des begrenzten Bewegungsspielraumes den Boden der Aussparung gerade entlang der Faser auszustechen. Hier werden zuerst die senkrechten Einstiche am Rand vorgenommen (links).

Einbau der Falle

1 Mit Hilfe eines Zapfenstreichmaßes und eines Anschlagwinkels überträgt man die Position des Schlüsselloches auf das Holz.

2 Das Loch für den Schlüssel sollte etwas größer gebohrt werden, als der Durchmesser des Schlüssels ist. Dann nimmt man eine Bügelsäge zur Hand, spannt das Blatt auf einer Seite aus, fädelt es durch das Loch, spannt es wieder ein und führt vorsichtig die senkrechten Schnitte aus. Die Kanten säubert man mit einem schmalen Stecheisen.

3 Stecken Sie nun das Schloss in die Aussparung und überprüfen Sie, ob es genau bündig abschließt. Da Sie nur einen sehr begrenzten Bewegungsspielraum haben, sollten Sie zuerst einen Nagel mit abgeflachter Spitze einschlagen, statt ein Führungsloch zu bohren.

4 Befestigen Sie das Schloss mit kleinen Schrauben und überprüfen Sie, ob sich der Schlüssel gut im Schloss drehen lässt.

5 Die Falle muss so sorgfältig in den Deckel eingelassen werden, dass sich der Schlüssel leicht drehen lässt. Markieren Sie den Umriss der Falle mit Hilfe eines Anschlagwinkels und eines Zapfenstreichmaßes.

6 Gehen Sie beim Ausarbeiten der Aussparung für die Falle so vor, wie beim Einlassen von Scharnieren.

7 Bohren Sie die erforderlichen Führungslöcher und befestigen Sie die Falle mit kleinen Schrauben, wobei Sie darauf achten sollten, dass alle Kanten bündig mit der Holzoberfläche abschließen. Aus optischen Gründen kann man die aufeinander liegenden Randflächen des Deckels und der Schatulle wie die Kanten auf der Rückseite mit einem Schlichthobel leicht abfasen.

BIEGEN UND FORMEN VON HOLZ

Meist werden bei der Holzbearbeitung und im Möbelbau gerade Bretter oder Leisten verwendet, denn diese sind leicht verfügbar, einfach zu vermessen und zu verbinden. Rundungen machen ein Möbelstück jedoch interessanter und können bei Stühlen zum Beispiel auch die Ergonomie verbessern.

Bis sich die Formen und Kurven eines Baumes herausgebildet haben, dauert es seine Zeit, manchmal mehrere hundert Jahre, und so muss man auch beim Biegen und Formen von Holz Geduld haben und vor allem die Techniken beherrschen. Geschwungene und gebogene Formen kann man durch Aussägen, Stemmen oder Hobeln herstellen, man kann das Holz jedoch auch biegen, winden und zu eleganten und komplexen Formen verleimen.

Geschwungene Formen lassen ein Möbelstück interessanter wirken und es gibt in der Geschichte viele Beispiele für das kreative und kunstvolle Formen von Holz, wobei sich die Stile verschiedener Meister zum Teil erheblich unterscheiden. Das Spektrum reicht dabei vom berühmten englischen Holzschnitzer Grinling Gibbons, der im 18. Jahrhundert lebte, bis zu modernen Designern, wie John Makepeace.
In manchen Zweigen des Handwerks, zum Beispiel im Bootsbau und Musikinstrumentenbau, hat das Formen und Biegen von Holz einen besonderen Stellenwert und eine lange Tradition.

Holz kann man mit unterschiedlichen Techniken formen und biegen, zum Beispiel durch Dampfbiegen, Einkerben und Verleimen oder einfach durch das Herausarbeitens eines Bogens aus einem massiven Holzstück. Schließlich gibt es noch die jahrhundertealte Methode, so lange nach dem Stück Holz zu suchen, das in der Natur so gewachsen ist, wie wir es für ein bestimmtes Objekt brauchen, der besonders beim Bau von Möbeln aus Wildholz große Bedeutung zukommt.

Für diesen eleganten Notenständer wurde gebogenes Schichtholz aus Walnuss verwendet. Seine Oberfläche wurde mit chinesischem Tung-Öl behandelt.

Dieses Pult kann Lasten bis zu 10 kg tragen und wurde aus Wengeholz, einem zentralafrikanischem Laubholz gebaut. Die Formteile bestehen aus verleimten Sägefurnierblättern.

Die Unterkonstruktion des niedrigen Tisches aus Englischer Eiche wurde aus dünnem Eichenschichtholz gebaut.

Formen von Massivholz

Meist ist es nicht möglich, beim Formen von Massivholz dem natürlichen Verlauf der Holzfasern zu folgen. Trotzdem darf dieser aus Gründen der Stabilität nicht ganz außer Acht gelassen werden. Das Holzstück auf dem folgenden Foto ist besonders an der Oberseite sehr instabil, da die Fasern dort nur sehr kurz sind.

Dort, wo die Häkchen aufgezeichnet sind, sorgt die Länge der Holzfasern für ausreichende Stabilität, die Kreuze jedoch zeigen die Schwachstellen an. Beim Aussägen von geschwungenen Holzstücken sollten Sie darauf achten, dass diese möglichst keine Bereiche mit kurzen Fasern aufweisen, denn dort kann das Holz leicht brechen.

Tipp

- Holz mit dichten, in sich verschlungenen Fasern ist besonders stabil und deshalb zum Aussägen oder Ausstemmen von geschwungenen Formen geeignet.
- Die Verbindung zwischen einem geraden und einem daran angesetzten geschwungenen Element kann man mit Dübeln oder Lamellofedern verstärken. Gehen Sie beim Anreißen sehr sorgfältig vor und achten Sie darauf, dass die Dübel nicht zu lang sind und die Enden möglicherweise auf der andere Seite des Werkstückes heraus schauen.

Eine relativ einfache und Material sparende Möglichkeit, ein gekrümmtes Holzstück herzustellen, besteht darin, am Ende ein zusätzliches Stück anzuleimen, wobei man jedoch darauf achten muss, dass die Holzmaserung in diesem angesetzten Stück der Maserung des geraden Stückes ähnlich ist. Auf dem Foto oben ist dargestellt, wie man zwei solche Teile zusammensetzt und aussägt.

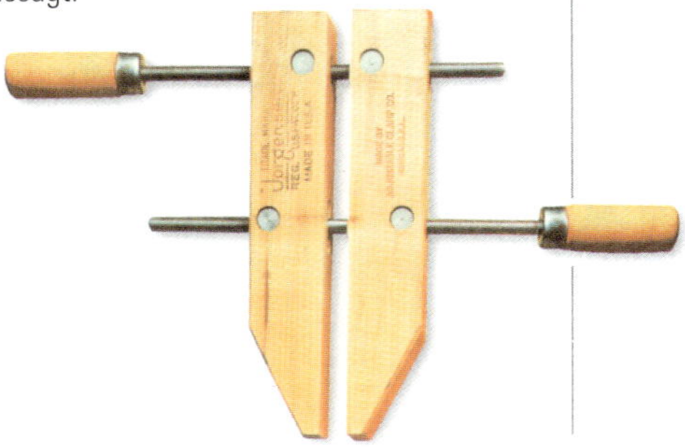

Formen mit einem Ziehklingenhobel

1 Die grobe Form von Krümmungen kann man mit verschiedenen Sägen ausarbeiten. Danach glättet man die Sägefläche mit einem Ziehklingenhobel mit flachem Profil, den man in Richtung der angezeichneten Pfeile führt, so dass man immer mit der Faser schneidet. Den Ziehklingenhobel hält man mit beiden Händen jeweils zwischen dem Daumen und den anderen Fingern. Drehen Sie das Werkstück im Schraubstock jeweils so, dass Sie stets mehr oder weniger horizontal arbeiten können.

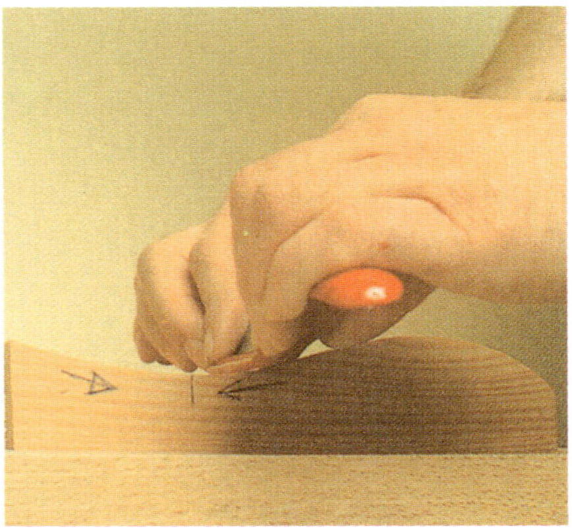

2 Zum Glätten konvexer Flächen verwendet man einen Ziehklingenhobel mit konvexem Profil. Auch durch Abschleifen kann man eine raue Oberfläche glätten. Beachten Sie die Pfeile, die die Hobelrichtung anzeigen (immer mit der Faser).

Dreidimensionale geschwungene Formen aus Massivholzstücken

1 Nachdem man den Umriss des geschwungenen Stuhl- oder Tischbeines auf zwei nebeneinander liegenden Holzstücken angezeichnet hat, kann man die grobe Form aussägen. Das ideale Werkzeug dafür ist eine Bandsäge.

2 Dann spannt man das Bein in den Schraubstock oder fixiert es mit Zwingen auf der Werkbank und formt es mit Hilfe eines Ziehklingenhobels oder eines Hohlbeitels. Halten Sie das Hohleisen wie einen Meißel und schneiden Sie die Holzfasern in Richtung der Maserung ab. Achten Sie darauf, dass das Hohleisen immer rasiermesserscharf ist.

Zusammengesetzte Bögen

1 Aus mehreren massiven Teilen zusammengesetzte Bögen werden für unterschiedliche Zwecke verwendet. Früher hat man die geschwungenen Fronten von Schubladen so gebaut und danach furniert. Um einen solchen zusammengesetzten Bogen herzustellen, muss man das entsprechende Bogensegment zuerst aufzeichnen, auf ein Stück Holz übertragen und dieses aussägen. Das erste Stück dient dann als Schablone für all die anderen Segmente des Bogens.

3 Hier wurden mehrere identische Massivholzsegmente direkt aufeinander geklebt. Zwischen die Massivholzteile kann man beispielsweise dünnere Sperrholzplatten kleben und so einen dekorativen Effekt erzielen.

2 Die Segmente werden mit der Bandsäge ausgesägt und danach miteinander verklebt. Dazu bestreicht man eine Fläche dünn und gleichmäßig mit Leim und drückt dann die Gegenfläche darauf, um eventuelle Luftblasen und überschüssigen Leim herauszupressen. Je sorgfältiger die Segmentstücke ausgesägt wurden, um so weniger müssen die Kanten später geglättet bzw. nachgeformt werden.

Tipp

- Beim Aufbau eines Bogens aus Segmentstücken sind die Fugen wie bei Ziegelmauerwerk immer versetzt anzuordnen.
- Verwenden Sie möglichst astarmes Holz, da sich Äste in der Oberfläche schlecht abschleifen oder hobeln lassen.

Halbkreisformen

1 Bei dieser Methode sägt man identische Segmente zurecht, die man zu einem Halbkreis oder zu einem ganzen Kreis zusammensetzt. Dazu zeichnet man die gewünschte Form zuerst auf ein Blatt Papier, teilt den Kreis in die erforderliche Anzahl von Segmenten und wandelt die gebogenen Stücke in Trapeze um, wie oben auf der Skizze zu sehen ist. Die Maße der Trapeze überträgt man mit Hilfe eines Stahllineals und einer Schmiege auf das Holz.

2 Dann wird das Holz gehobelt und zersägt, wobei die schrägen Seiten besonders sorgfältig anzureißen und auszusägen sind, damit alles genau zusammenpasst. Die Segmente werden nun miteinander verklebt. Dabei ist es meist ausreichend, die Segmente aneinander zu drücken, man benötigt also keine Zwingen. Die Verbindungsflächen müssen jedoch ganz glatt sein. Nach dem Zersägen werden sie deshalb mit einem Hobel auf den exakten Winkel gebracht. Legen Sie den Halbkreis zum Trocknen auf ein Stück Papier, damit er nicht an der Werkbank kleben bleibt.

3 Wenn der Leim getrocknet ist, können Sie mit einem Bleistift den Außendurchmesser markieren und die äußere Kante mit einem Stecheisen oder mit Sandpapier abrunden.

4 Zum Abrunden kann man auch einen Hobel verwenden. Da bei einem auf diese Art zusammengesetzten Bogen alle Außenflächen Hirnholzflächen sind, hobelt man immer gegen die Holzfaser, so dass sich die Fasern leicht durchtrennen lassen. Spannen Sie das Werkstück dazu in den Schraubstock und drehen Sie es immer so, dass Sie mit dem Hobel etwa horizontal arbeiten können.

5 Die innere Rundung glättet man mit Schleifpapier oder mit einem Hohlbeitel. Arbeiten Sie mit dem Hohlbeitel immer entlang der Maserung und stechen Sie dabei nur ganz flach ein, damit keine tiefen Kerben entstehen, die auch in der fertigen Oberfläche noch zu sehen sein könnten. Schleifpapier sollten Sie um ein Rundholz wickeln und die Fläche dann in Querrichtung bearbeiten. Man kann auch entsprechend geformte Raspeln oder Feilen verwenden, die sich ebenfalls zum Glätten von Oberflächen eignen. Lackieren oder schützen Sie das Werkstück mit einem Produkt Ihrer Wahl. Achten Sie dabei darauf, dass alle Flächen gründlich versiegelt werden, so dass nirgends Feuchtigkeit eindringen kann, die zur Ausdehnung des Holzes führen könnte.

Biegen

Nicht immer ist es möglich, gebogene oder geschwungene Elemente aus Massivholz herzustellen, da die kurzfaserigen Bereiche des Holzes nicht sehr stabil sind.

Das Biegen von Massivholz und Schichtholz in der häuslichen Werkstatt ist in der Regel auf eine Ebene begrenzt. Zwar ist es theoretisch möglich, Holz mit Hilfe von Dampf in verschiedenen Ebenen zu biegen, dazu benötigt man jedoch moderne Maschinen. Im Folgenden werden deshalb mehrere Methoden zum Biegen von Holz in einer Ebene beschrieben.

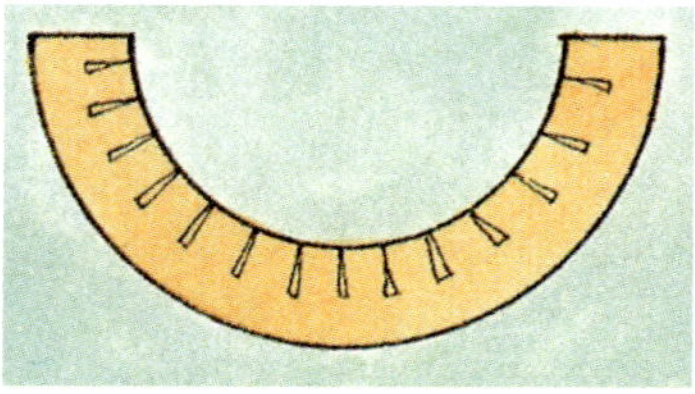

Kerbverfahren

Mit dem Kerbverfahren kann man dünne Massivholzbretter oder -leisten und Faserplatten biegen. Dazu sägt man das Holz auf einer Seite in regelmäßigen Abständen bis zu einer bestimmten Tiefe ein, so dass sich das Brett oder die Leiste dann soweit biegen lässt, dass die Spitzen der Sägekerben wieder zusammen kommen.

Tipp

- Tragbare Kappsägen haben oft dünnere Sägeblätter als die normalen Kreissägen und können für Kerbschnitte in der Werkstatt oder auf der Baustelle verwendet werden.
- Eine Sockelleiste oder ein Brett mit einer Querkrümmung lässt sich meist wieder richten, wenn man längs der Rückseite eine kleine Kerbe einsägt und dann das Brett vorsichtig gerade drückt.

Kerbverfahren

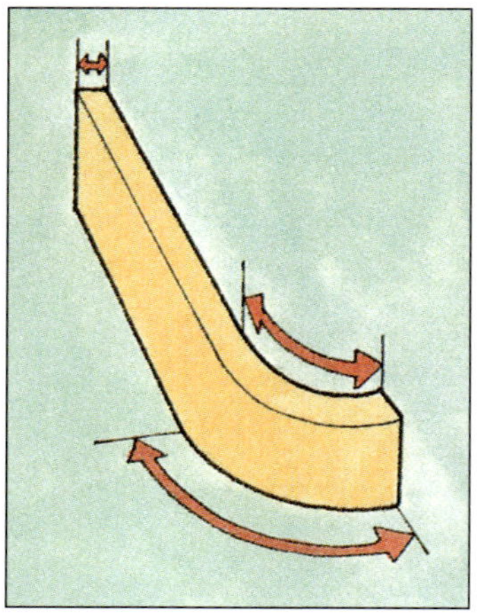

1 Diese Methode erfordert eine vorherige genaue Berechnung der Abstände zwischen den Kerben und der Kerbentiefe sowie eine Zeichnung im Maßstab von 1:1.

2 Um den erforderlichen Abstand zwischen den Kerben zu berechnen, markieren Sie den Punkt, an welchem die Biegung beginnen soll und sägen dort die erste Kerbe ein, wobei mindestens ein Drittel der Holzstärke stehen bleiben muss. Von dieser ersten Kerbe aus messen und markieren Sie die Länge der Biegung. Achten Sie beim Einsägen der Kerben darauf, dass sie alle die gleiche Tiefe haben und genau parallel zueinander verlaufen, so dass die Biegung gleichmäßig wird und das Holzstück sich nicht verdreht.

3 Spannen Sie das eine Ende der Leiste fest ein, dann ziehen Sie das andere Ende so weit nach oben, bis sich die Kerbe schließt. Legen Sie einen Keil darunter und messen Sie den Abstand zwischen der Werkbank und der Unterseite der Leiste an der zweiten Markierung. Dieser Abstand entspricht dem Abstand, den die Kerben voneinander haben müssen.

4 Mit einer Auslegersäge kann man die Kerben sehr präzise sägen, sie werden jedoch relativ breit – es sei denn, man verwendet ein besonders dünnes Sägeblatt. Markieren Sie vorher Sie den Abstand zwischen den Kerben mit Bleistift auf der Führungsleiste. Auslegersägen sind für wiederholte Querschnitte ausgezeichnet geeignet. Das Werkstück muss beim Sägen fest gegen den Anschlag gedrückt werden.

5 Eine andere Methode besteht darin, das Werkstück zwischen zwei Leisten zu spannen, die als Tiefenanschlag dienen und die Kerben per Hand zu sägen. Wenn Sie eine elektrische Kreissäge einsetzen wollen, benötigen Sie ein besonders dünnes Sägeblatt, sonst werden die Kerben zu breit.

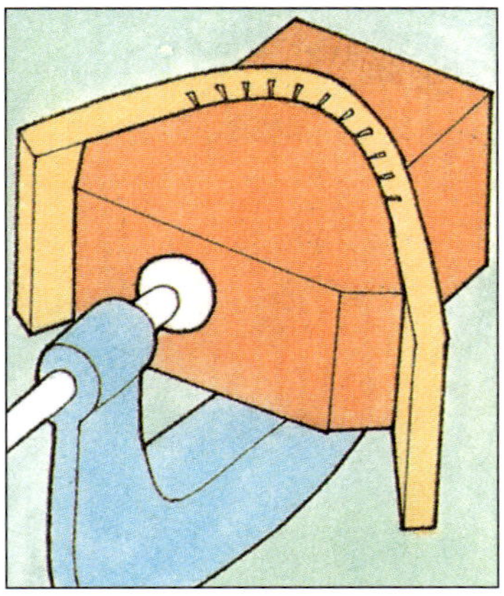

6 Um der Leiste oder dem Brett die gewünschte Biegung zu verleihen benötigen Sie eine entsprechende Form. Legen Sie zwischen die Formteile und die Leiste eine Lage Papier, damit das Werkstück nicht mit den Formteilen verklebt. Ein auf solche Art gebogenes Brett ist nicht besonders stabil. Um die Stabilität zu erhöhen müssen auch die Hohlräume, die durch die Kerben entstanden sind, mit Leim gefüllt werden. Die Biegung lässt sich weiter stabilisieren, indem man eine dünne Sperrholzplatte auf die eingekerbte Seite klebt.

Schichtholz biegen

Gebogene Formteile lassen sich auch herstellen, indem man dünne Sperrholzstreifen oder Platten miteinander verleimt und in eine Form spannt.

Für diese Zwecke werden oft dickere Furniere – meist aus Pappelholz – verwendet. Die Fasern aller Sperrholzstreifen müssen dabei in Biegungsrichtung verlaufen. Furnierblätter kann man theoretisch selbst aus Massivholz sägen, was allerdings recht unwirtschaftlich ist, da dabei etwa genau so viel Abfall entsteht, wie verwendbares Material. Wenn Sie sich trotzdem dazu entschließen, sollten Sie beim Sägen der dünnen Blätter besonders auf die Arbeitssicherheit achten! Außerdem benötigen Sie einen Dickenhobel, um die Furnierblätter oder -streifen zu glätten.

Schichtholz zu biegen ist nicht sehr kompliziert, man muss jedoch unbedingt vorher die gewünschte Form in voller Größe aufzeichnen und die Ansatzpunkte der Zwingen genau planen, besonders dann, wenn das fertige Stück mehrere Biegungen aufweisen soll.

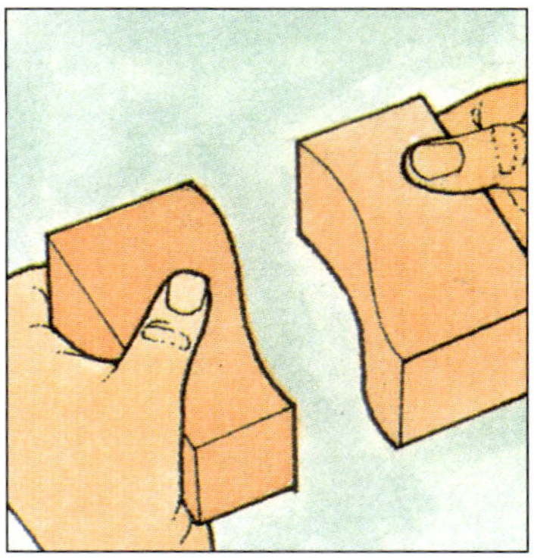

1 Stellen Sie aus Spanplatten oder MDF-Platten die benötigten Formen her. Reißen Sie die gewünschte Biegung sorgfältig an und denken Sie dabei auch an die Dicke des Werkstückes. Es ist wichtig, dass die gesamte Länge des laminierten Werkstückes mit der Form in Kontakt ist wenn beide Teile zusammengespannt werden.

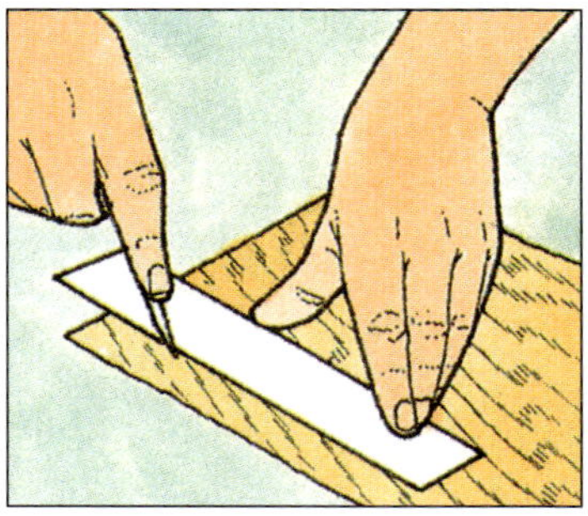

2 Sägen Sie die Form und die Furnierstreifen etwas breiter aus, als das fertige Werkstück werden soll, damit eventuell die Kanten noch etwas bereinigt werden können. Schneiden Sie die Streifen entlang der Faser. Verwenden Sie dazu ein scharfes Furniermesser und ein Lineal. Die oberste Schicht kann auch aus einem Schmuckfurnier bestehen.

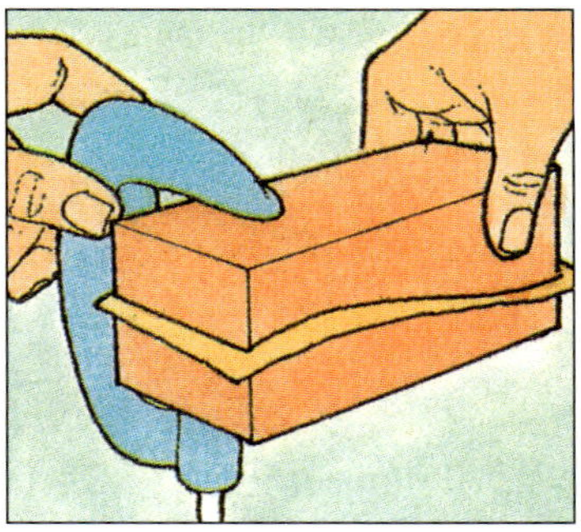

3 Bevor Sie den Leim (Kunstharzklebstoff) auftragen, sollten Sie das Werkstück probehalber zwischen die Formen spannen um die Position der Zwingen festzulegen und zu überprüfen, ob der Streifen über die gesamte Länge fest eingespannt ist.

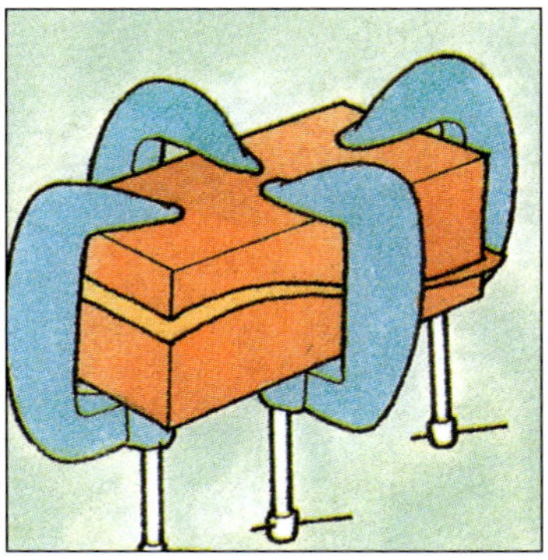

4 Legen Sie auf beiden Seiten gewachstes Papier zwischen das Schichtholz und die Form, damit das Werkstück nicht an den Schablonen festklebt. Legen Sie das Werkstück nun zwischen die Klemmen und ziehen Sie diese fest an, wobei Sie in der Mitte beginnen sollten, so dass überschüssiger Leim an den Seiten austreten kann. Wenn der Leim ausgehärtet ist, nimmt man die Klemmen ab und glättet die Randflächen des Werkstücks mit einem Hobel.

Dampfbiegen

1 Bauen Sie aus Sperrholz oder Spannplatten eine Form, um die das gedämpfte Holz gespannt wird. Wenn Sie zur Befestigung Schraubzwingen verwenden, sollten Sie dafür in der Form entsprechende Aussparungen aussägen. Fertigen Sie sich dann aus dünnem Stahlblech eine Biegehilfe und schrauben Sie auf jeder Seite einen Griff an.

2 Zum Dampfbiegen benötigen Sie natürlich Wasserdampf, der in diesem Fall von einem Dampfkochtopf erzeugt wird, sowie einen Behälter, der groß genug ist, um die zu biegenden Werkstücke aufzunehmen. Das kann beispielsweise eine Kiste aus Sperrholz oder ein Kunststoffrohr sein, das auf jeder Seite mit einer Holzscheibe verschlossen wird. An einem Ende wird der Schlauch eingeführt, durch den der Wasserdampf in die Kiste oder das Rohr gelangt. Die Dampfkammer sollte unbedingt isoliert werden, damit die Temperatur darin so hoch wie möglich bleibt. Ein Kunststoffrohr kann man beispielsweise mit einer Dämmmatte und mit Aluminiumfolie umwickeln. Statt mit einem Dampfkochtopf kann man Dampf auch mit einem Dampf-Tapetenablöser erzeugen.

3 Sägen Sie aus Holz zwei runde Bretter, die als Verschlüsse für die Dampfkammer dienen. Stellen Sie die Dampfkammer etwas schräg auf, so dass das Kondenswasser am niedrigeren Ende in einen Eimer ablaufen kann.

4 Nun nehmen Sie den oberen Deckel (in welchem der Schlauch steckt) ab und schichten das Holz in der Kammer auf (Abstandshalter verwenden!). Stecken Sie den Deckel wieder auf und schalten Sie den Dampferzeuger an, so dass die Kammer nun konstant mit Wasserdampf gefüllt ist. Als Faustregel können Sie sich merken, dass es etwa eine Stunde dauert, bis sich eine 25 mm dicke Holzleiste oder ein 25 mm dickes Brett biegen lässt. Das Dampfbiegen von Holz erfordert etwas Erfahrung, weshalb Sie erst einmal mit einem Reststück experimentieren sollten, um die Biegeeigenschaften des von Ihnen ausgewählten Holzes festzustellen.

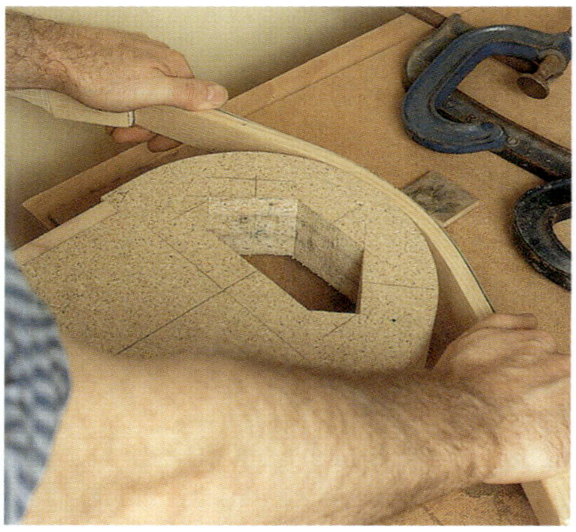

5 Wenn das Holz genügend lange dem Wasserdampf ausgesetzt war, sollten Sie es schnell auf die Form legen, die Biegehilfe darüber spannen und es in einem Zug in die gewünschte Form bringen. Das Stahlband sorgt dafür, dass auf der Oberseite keine Fasern ausbrechen.

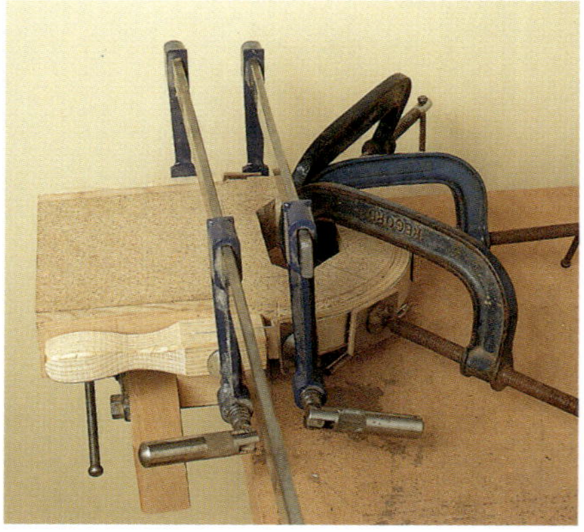

6 Nun fixieren Sie alles mit Zwingen und lassen das Holz mehrere Tage trocknen. Dabei sollten Sie unbedingt Geduld haben, denn zu zeitig abgenommene Zwingen können das Ergebnis Ihrer Bemühungen verderben.

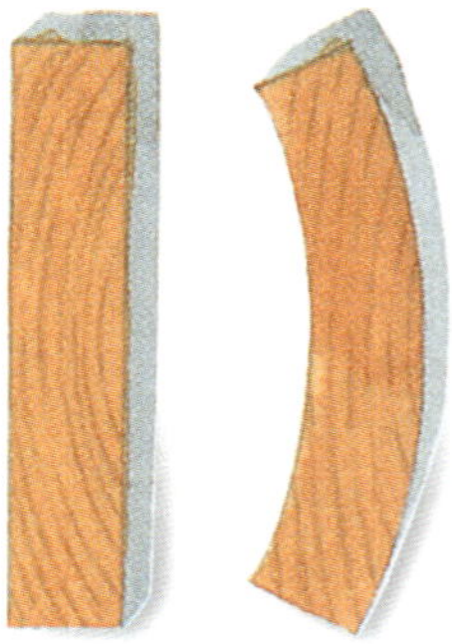

Biegen von Furnierblättern

1 Da auch die dickeren Furnierblätter sehr flexibel sind, können damit beim Biegen relativ kleine Radien erzielt werden. Will man ein Formteil aus Schichtholz herstellen, werden in der Regel für die unteren Schichten Furnierblätter aus Buche und für die obere Schicht ein Schmuckfurnier verwendet. Damit das Werkstück nicht an der Form festkleben kann, legt man auf beiden Seiten ein Stück Plastikfolie zwischen Werkstück und Form.

2 Nachdem man jeweils eine Seite der Furnierblätter mit Leim bestrichen hat, schichtet man sie übereinander, legt sie zwischen die Formen und spannt sie fest ein, wobei darauf zu achten ist, dass sich der Druck der Zwingen gleichmäßig verteilt. Man lässt den Leim in warmer Umgebung über Nacht aushärten.

Tipp

Sie können selbst dünne Furnierblätter herstellen, indem Sie mit einer Bandsäge dünne Streifen von einer Massivholzleiste oder von einem Brett absägen. Achten Sie darauf, dass der Anschlag rechtwinklig zum Sägeblatt eingestellt ist, so dass die Streifen alle gleich dick werden.

Biegen in einem Mikrowellenofen

1 Kleinere Holzstücke kann man auch in einem gewöhnlichen Mikrowellenofen biegen. Damit man mit dieser Methode den gewünschten Erfolg erzielt, sollte man zuerst etwas experimentieren. Das Holzstück muss feucht gehalten werden, deshalb wickelt man es in einen nassen Lappen oder steckt es in einen stabilen Plastikbeutel, in den man etwas Wasser gießt und den man dann fest verschließt.

2 Stellen Sie den Mikrowellenofen auf die höchste Stufe ein und lassen Sie eine 3 mm dicke Holzleiste etwa 3 bis 5 Minuten darin. Dann nehmen Sie die Leiste schnell heraus, legen sie in die Form und spannen alles fest zusammen. Bis das Werkstück vollständig trocken ist, dauert es mehrere Stunden.

Verdrehen von Holzstücken

Beim Verdrehen eines Holzstückes drückt man die beiden Enden eines Brettes in die jeweils entgegengesetzte Richtung. Probieren Sie das zunächst an einem dünnen Stück Sperrholz aus. Hier wurden mehrere Schichten dünnes Sperrholz in Zwingen gespannt und verdreht, um die Einfachheit dieser Methode zu demonstrieren. Um die Zwingen in der gewünschten Position zu halten, baut man sich eine einfache Vorrichtung. Die obere Zwinge kann man beispielsweise an einem stabilen Holzstück befestigten, das unten in den Schraubstock gespannt wird. Wenn man die Sperrholzblätter mit genügend Leim bestrichen hat, reicht der Druck, der durch die Verdrehung erzeugt wird, bereits aus, damit alles fest zusammenklebt. Auch hier ist es wichtig, die Zwingen nicht zu zeitig abzunehmen. Zum Schluss werden die Kanten mit einem Schabhobel gesäubert und glatt geschliffen.

Holzstühle mit gebogenen Lehnen und Beinen

Rechts: Dieser Esszimmerstuhl ist in natur oder schwarz lackiert erhältlich, wobei die Polsterung entweder farblich auf das Holz abgestimmt ist oder einen Kontrast dazu bildet.

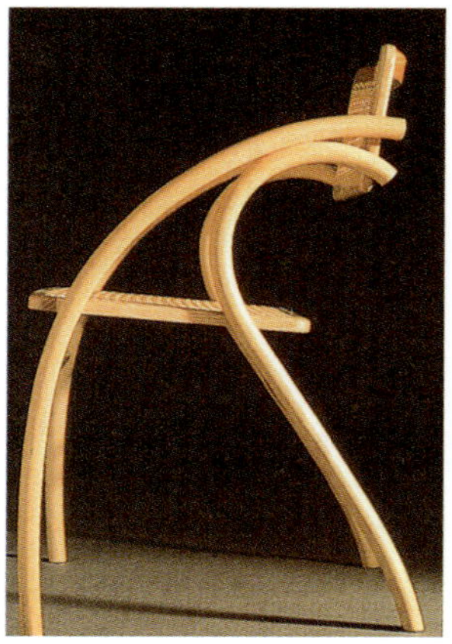

Oben: Das zum Bau dieses Stuhles verwendete Schichtholz aus Esche wurde mit Biegetechniken in die gewünschte Form gebracht.

Oben: Die Form dieses klassischen Wiener Caféhausstuhls aus dem 19. Jahrhundert wird durch Dampfbiegen erzielt. Der Rand der Sitzfläche besteht aus einem durchgehenden Sperrholzstück, das kreisrund gebogen wird.

Links: Dieser praktische Stuhl, dessen Design östliche und westliche Einflüsse verbindet, wurde aus Buchenfurnier gebaut.

Oben: Der Windsor-Stuhl ist wahrscheinlich der bekannteste englische Stuhl, er wurde etwa in der Mitte des 18. Jahrhunderts zum ersten Mal gebaut. Heute werden viele Stühle mit gedrechselten Elementen als „Windsor-Stühle" bezeichnet, doch der ursprüngliche Windsor-Stil schließt auch das Dampfbiegen von Eschenholz und Eibenholz ein. Die Füße sowie die Stäbe der Lehne werden gedrechselt und mit der Sitzfläche verzapft.

DRECHSELN

Das Schöne am Drechseln ist, dass man bereits nach sehr kurzer Zeit erkennen kann, wie das fertige Werkstück einmal aussehen wird. Ein Rohling lässt sich mit einer Schrupprröhre und einem scharfen Drechselstahl in Minuten formen, während man bei anderen Holzarbeiten, wie beim Schnitzen, viel mehr Geduld aufbringen muss, bevor das Werkstück langsam die gewünschte Form annimmt.

Die drei wichtigsten Dinge beim Drechseln sind das Schärfen der Werkzeuge, das Drechseln selbst und die Oberflächenbehandlung des fertigen Werkstückes. Will man gute Ergebnisse erzielen, sollte man allen drei Arbeitsphasen genügend Aufmerksamkeit widmen. Der interessanteste Teil ist natürlich das Abheben der Späne und das Herausschälen kunstvoller Formen aus dem Holz, jedoch ist das ohne gut geschärfte Werkzeuge nicht möglich. Eine geeignete und sorgfältig aufgebrachte Politur, ein Wachs oder Öl bringen ein Drechselstück nicht nur erst richtig zur Geltung, sondern schützen es auch vor wechselndem Raumklima und vor Verschmutzung.

Hohlformen: Manchmal kann man mit unterschiedlich dunklen Beizen sehr schöne Effekte erzielen und die natürliche Maserung von hellen Hölzern betonen, wie man hier an den vorderen vier Vasen sehen kann.

Drechseln ist ein fesselndes Handwerk, dass zugleich die Hände und Kopf beansprucht, bei dem man sich einen scharfen Blick bewahren muss und seine Fantasie spielen lassen kann. Das Vergnügen, dass die Arbeit mit dem vielseitigen und ausdrucksvollen Werkstoff Holz und das Gestalten von Formen macht, wenn man noch dazu weiß, dass die selbst hergestellten Stücke eine nützliche Verwendung finden, ist wohl kaum zu übertreffen.

LINKS: Das Design dieser Flasche kombiniert drei unterschiedliche Holzarten, so dass ein interessanter Kontrast zwischen dem Hals und dem Flaschenkörper entsteht.

OBEN: Ein ideales Projekt für Anfänger: Ein Griff für einen Klingelzug oder eine Rolloschnur verziert mit parallelen Nuten.

OBEN: Beim Drechseln von kleinen Schatullen mit Deckel haben Sie Gelegenheit, Ihre Werkzeuge besser kennen und beherrschen zu lernen.

OBEN: Viele Küchenutensilien wurden früher aus Holz hergestellt. Dieser Spatel ist ein einfaches Projekt zum Längsdrechseln.

Die Drechslerwerkstatt

Dem Thema Werkstatteinrichtung wurden bereits ganze Bücher gewidmet und die verschiedenen Möglichkeiten reichen von einer vollständig ausgestatteten Profiwerkstatt nur für die Holzbearbeitung bis zu einem Küchentisch mit Bohrmaschine, an der man selbst kleine Schüsseln drechseln kann.

In diese Werkstatt fällt viel natürliches Licht und sie ist zusätzlich mit mehreren feststehenden und beweglichen künstlichen Lichtquellen ausgestattet. Die Werkstatt ist sehr geräumig und es gibt genügend Lagermöglichkeiten für Holz und Werkzeuge.

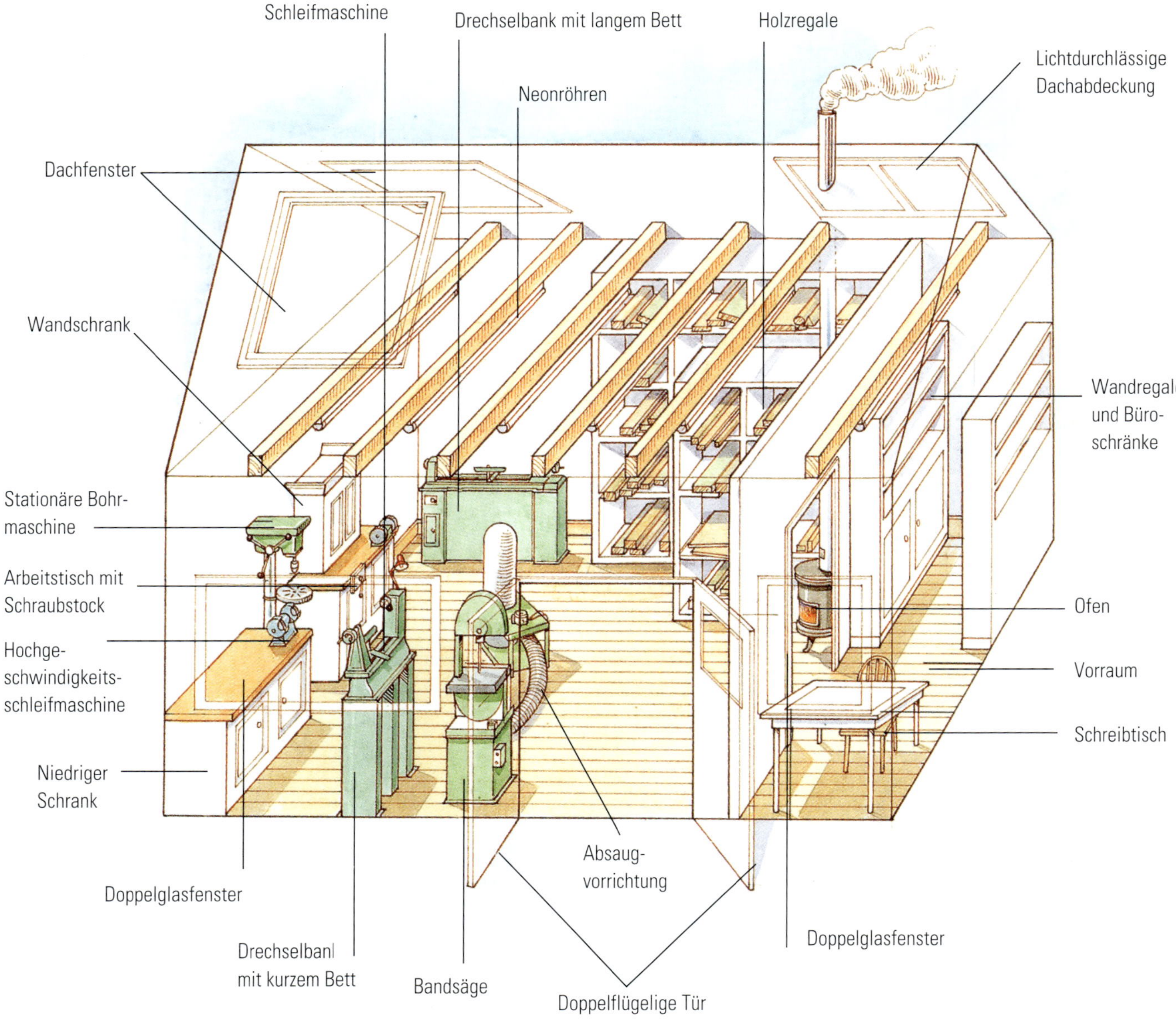

Den meisten Hobbydrechslern dient die Garage als Werkstatt, wobei die Drechselbank meist an einer Wand steht und der übrige Platz zwischen Werkzeug, Auto und all den anderen Utensilien, die sich in einer Garage meist so finden, geteilt werden muss. Das zwingt Sie zwar dazu, regelmäßig aufzuräumen und den vorhandenen Platz möglichst gut zu nutzen, ist jedoch keine ideale Lösung. Die Zeichnung oben zeigt, wie eine Drechslerwerkstatt eingerichtet sein sollte. Wenn Sie die Einrichtung einer eigenen Werkstatt planen, sollten Sie vorher eine maßstabgerechte Zeichnung anfertigen und den Grundriss der Maschinen, Schränke usw. aus Papier ausschneiden, so dass Sie mit der Anordnung der größeren Elemente experimentieren können. Für die Einrichtung einer Werkstatt sollten Sie beachten:

- Wenn möglich ist die Drechselbank in der Nähe einer natürlichen Lichtquelle aufzustellen, also vor einem Fenster oder unter einem Dachfenster. Auf der Drechselbank oder in der Nähe der Drechselbank sollte sich eine verstellbare Lampe befinden. Achten Sie auch darauf, dass der Rest der Werkstatt gut beleuchtet ist.
- Die Drechselbank ist außerdem so aufzustellen, dass der Drechsler überall ge-

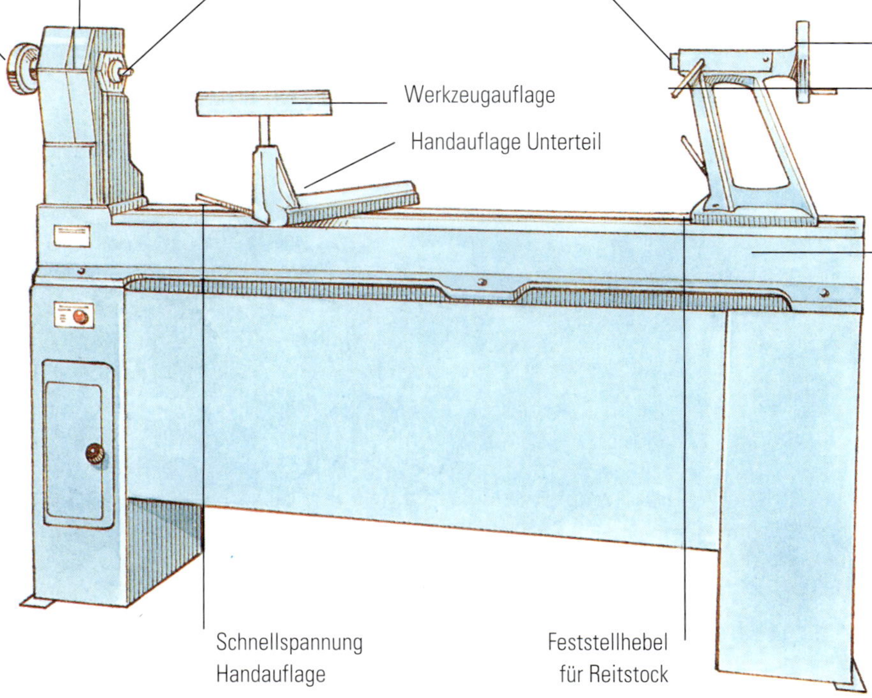

OBEN: Zeichnung einer soliden, feststehenden Drechselbank mit großem Drehzahlbereich für den Dauerbetrieb.

nügend Bewegungsfreiheit und ausreichend Platz für die Drechselwerkzeuge hat, denn die richtige Körperhaltung ist beim Drechseln ganz besonders wichtig (s. S. 276). Wenn Sie sich nicht frei bewegen können, sollten Sie die Einrichtung Ihrer Werkstatt unbedingt überdenken.

- Steckdosen für stationäre und bewegliche Elektrowerkzeuge kann man niemals genug haben. Sie sollten diese jedoch von einem qualifizierten Elektriker installieren lassen und niemals die Stromkreisläufe überlasten.
- Wenn Sie häufig drechseln möchten und sich die Werkstatt innerhalb der Wohnung befindet oder direkt an die Wohnung angrenzt, empfiehlt es sich, über eine Schalldämmung nachzudenken.
- Drechseln in kalter Umgebung ist nicht nur unangenehm, sondern kann durchaus gefährlich werden, da unsere Reflexe und unsere Aufmerksamkeit bei niedrigeren Temperaturen herabgesetzt sind. Deshalb ist die Wärmedämmung und eine ausreichende Beheizung der Werkstatt besonders wichtig. Wenn Sie genügend Platz und einen Schornstein zur Verfügung haben, lohnt es sich vielleicht, einen Verbrennungsofen für die Späne anzuschaffen. Damit schlagen Sie gleich zwei Fliegen mit einer Klappe: Der Abfall wird entsorgt und trägt gleichzeitig zur Heizung der Werkstatt bei.
- Alte Küchenschränke eigenen sich ausgezeichnet als Werkzeugschränke. Manche tiefen Schränke kann man in der Mitte zersägen und zwei Regale daraus bauen.
- Wenn Sie sich hochwertige, also auch teure Werkzeuge gekauft haben, wäre es unvernünftig, diese einfach herumliegen zu lassen, denn sie könnten leicht beschädigt werden. Die sichere Aufbewahrung der Werkzeuge sollte deshalb Priorität haben.

Die Drechselbank

Bevor Sie sich eine eigene Drechselbank kaufen, sollten Sie so viele Drechselbänke wie möglich ausprobieren: bei Freunden, vielleicht in einem Drechselkurs an der Volkshochschule oder auch bei Fachmessen, die eine günstige Gelegenheit sind, sich über die verschiedenen Arten von Drechselbänken und deren Einsatzmöglichkeiten zu informieren.

Nachdem Sie gesehen haben, welche unterschiedlichen Varianten es gibt, sollten Sie sich darüber klar werden, was Sie in erster Linie drechseln möchten und wie viel Platz Sie zur Verfügung haben. Wenn Sie nur kleinformatige Teile herstellen wollen, brauchen Sie natürlich keine riesige, fest stehende Drechselbank. Will man jedoch vor allen Dingen Schüsseln drechseln, nutzt einem eine kleine Drechselbank mit einem Drehdurchmesser von 150 mm überhaupt nichts. Die

Drechselwerkzeuge

Es gibt buchstäblich hunderte von Drechselwerkzeugen und dem Anfänger fällt die Auswahl der ersten Werkzeuge meist schwer. Im Prinzip benötigt man zu Anfang lediglich sechs Werkzeuge (siehe Seite 276). Mit diesen sechs Drechselstählen können Sie alle in diesem Buch beschriebenen Projekte ausführen.

Drechselstähle bestehen entweder aus Werkzeugstahl (WS), aus Chrom-Vanadium (CV), aus Hochleistungs-Schnell-Stahl (HSS) oder sind mit Hartmetall bestückt (HM). Der Vorteil von HSS-Werkzeugen besteht darin, dass die Schneiden eine längere Standzeit haben, also weniger oft geschärft werden müssen und demzufolge länger halten. HM-Drechselstähle dagegen zeichnen sich besonders durch große Haltbarkeit im Dauereinsatz aus. WS- und CV-Werkzeuge sollten Sie nur für Arbeiten mit weichem Holz verwenden.

Mit wachsender Erfahrung werden Sie sicher etwas experimentierfreudiger und werden dann Ihren Werkzeugsatz nach und nach um bestimmte Drechseleisen mit speziellen Funktionen erweitern.

Arbeitstechniken
Eine gute Beleuchtung und eine bequeme Arbeitshaltung sind wesentliche Voraussetzungen für sicheres Arbeiten.

meisten Drechsler entscheiden sich am Ende für eine Bank mit drehbarem Spindelstock, mit der man sowohl das eine als auch das andere tun kann. Dazu muss die Drechselbank außerdem einen großen Drehzahlbereich haben, denn zum Drechseln großer Schüsseln braucht man eine langsame Drehzahl und zum Längsdrechseln eine höhere (300 bis 370 Umdrehungen pro Minute). Es sollten sich etwa fünf oder sechs verschiedene Drehzahlen einstellen lassen.

Je stabiler, d. h. schwerer eine frei stehende Drechselbank ist umso besser. Sie sollten deshalb überprüfen, ob der Fußboden Ihrer Werkstatt den sich daraus ergebenden statischen Belastung gewachsen ist. Drechselbänke, die man auf der Werkbank montiert, sind natürlich nur so solide wie die Bank, auf der sie stehen. Die ideale Lösung besteht in diesem Fall darin, eine massive Werkbank speziell für die Drechselbank zu bauen; die Spitzen sollten sich dabei etwa auf der Höhe Ihrer Ellenbogen befinden.

Generell gilt für die Anschaffung von Werkzeugen und Maschinen, dass Sie immer die beste Qualität kaufen sollten, die Sie sich leisten können. Das heißt jedoch nicht zwangsläufig, dass alle billigeren Drechselbänke nutzlos sind – einige sind von erstaunlich guter Qualität und für den Anfänger durchaus geeignet. Oft lohnt es sich im Anzeigenteil von Fachzeitschriften oder im Internet nach gebrauchten Drechselbänken zu suchen. Möglicherweise erfahren Sie auch von einem Bekannten, dass jemand eine nicht mehr genutzte Drechselbank billig abgibt. Bevor Sie sich die Drechselbank anschauen, sollten Sie sich eine Checkliste anfertigen. Bei der Inspektion müssen Sie auf den allgemeinen Zustand der Maschine sowie auch auf viele Details achten. Wenn beispielsweise schon die sichtbaren Drähte in schlechtem Zustand sind, wie wird dann erst der Rest aussehen? Kaufen Sie niemals eine Drechselbank, ohne sie wirklich ausprobiert zu haben und testen Sie die unterschiedlichen Drehzahlen, die Funktion des Spannfutters etc. selbst. Bei frei stehenden Drechselbänken stellt sich außerdem die Frage, wie der Transport in Ihre Werkstatt erfolgen soll und ob dieser im Preis enthalten ist oder nicht.

Körperhaltung

Die Körperhaltung beim Drechseln ist sehr wichtig, steht man nicht entspannt, ermüdet man schnell und die Aufmerksamkeit lässt nach. Außerdem kann eine falsche Körperhaltung zu Rücken- oder Nackenschmerzen führen.

Beim Längsdrechseln stellt man sich parallel zur Drechselbank, die Füße schulterbreit auseinander, so dass man beim Hin- und Herführen des Drechselstahls möglichst nur den Oberkörper bewegen muss und die Füße auf dem Boden stehen bleiben. Der Griff des Werkzeuges sollte sich immer neben Ihrer Hüfte und niemals vor dem Körper befinden. Das Werkzeug ist als Verlängerung des Arms zu betrachten (so wie beispielsweise Skier die Verlängerung der Beine bilden) und so zu halten, dass Sie stets die größtmögliche Kontrolle darüber haben. Eine bequeme Arbeitshaltung hängt in wesentlichem Maße auch von der Höhe der Drechselbank bzw. der Höhe der Spitzen ab. Diese sollten sich in Ellenbogenhöhe oder etwas darüber befinden, wenn der Unterarm in entspannter Haltung vor dem Körper gehalten wird. Eine Drechselbank auf der Werkbank ist so nah wie möglich an der vorderen Kante der Werkbank zu befestigen.

Werkzeugsatz für Anfänger
Für den Anfänger sind die hier gezeigten sechs Werkzeuge, sowie ein Schaber zum Glätten der Oberfläche (S. 283) völlig ausreichend.

Mittelpunkt

Um einen Rohling sicher einzuspannen, muss man zunächst einmal seinen Mittelpunkt bestimmen. Das ist ganz wichtig, damit er sich gleichmäßig dreht und nicht infolge der auftretenden Fliehkräfte aus der Drechselbank fliegt. Soll das Werkstück, z. B. ein Stuhlbein oder ein Kerzenständer, einen Abschnitt mit quadratischem Querschnitt enthalten, muss dieser natürlich auch um die Achse zentriert sein.

1 Es gibt alle möglichen Spezialwerkzeuge um den Mittelpunkt eines Rohlings festzustellen, bei einem Werkstück mit quadratischem Grundriss besteht die einfachste Methode darin, mit Bleistift und Lineal die Eckpunkte diagonal zu verbinden, wobei der Schnittpunkt der Diagonalen den Mittelpunkt darstellt, den man mit einem Körner oder einer Ahle markiert.

Einspannen eines Rohlings zwischen Spitzen

Beim Längsdrechseln wird der Rohling zwischen die Mitnehmerspitze in der Antriebsspindel und die mitlaufende Spitze im Reitstock gespannt. Es gibt verschiedene Arten von Mitnehmerspitzen in unterschiedlichen Größen, z. B. Dreizackmitnehmer, Vierzackmitnehmer oder spezielle Mitnehmer, bei denen das Werkstück durch den Reibungswiderstand gehalten wird (Friction Drive Centres).

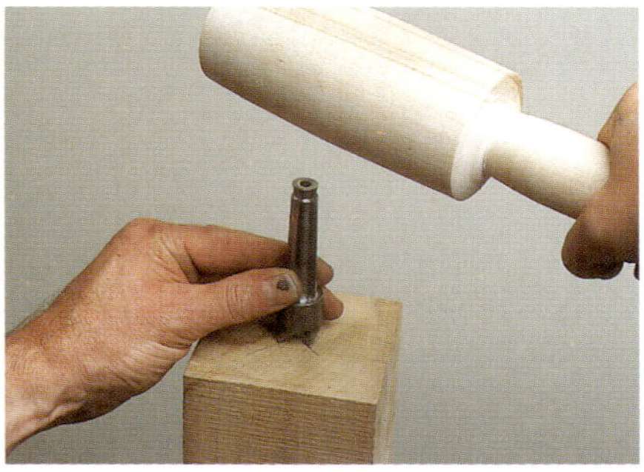

1 Dreizack- oder Vierzackmitnehmer müssen in das Holz eingeschlagen werden. Nachdem Sie den Mittelpunkt markiert haben, stellen Sie den Rohling auf eine feste Unterlage stellen, platzieren die Spitze des Mitnehmers auf dem markierten Mittelpunkt und schlagen ihn mit mehreren gezielten Schlägen des Holzhammers fest ein.

2 Ein Friction Drive-Mitnehmer muss nicht wie ein Dreizack- oder Vierzackmitnehmer eingeschlagen werden. Stecken Sie die Spitze einfach in die mit der Ahle vorgestochene Vertiefung im Mittelpunkt des Rohlings. Diese Mitnehmer haben für Anfänger den Vorteil, dass sich das Werkstück nicht weiter dreht, falls der Drechselstahl zu tief schneidet oder hängen bleibt.

3 Nachdem man den Rohling auf die Triebstockspitze gesteckt hat, schiebt man den Reitstock so weit heran, dass sich die Reitstockspitze kurz vor dem Werkstück befindet. Dann stellt man den Reitstock fest und drückt die Spitze in das Werkstück, indem man das Handrad dreht. Sitzt der Rohling fest, dreht man das Handrad ein kleines Stück zurück, damit die Lager nicht zu stark beansprucht werden.

4 Wenn das Werkstück eingespannt ist, stellt man die Werkzeugauflage parallel dazu und etwa auf die gleiche Höhe wie die Spitzen. Dann dreht man das Werkstück mit der Hand, um zu überprüfen, ob alle Seiten mindestens 6 mm von der Auflage entfernt sind.

5 Vor dem Einschalten des Motors kontrolliert man noch einmal, ob alle Teile fest sitzen, damit es beim Drechseln zu keinen Unfällen kommt.

Schrauben- und Backenfutter

Rohlinge für Schalen können unterschiedlich aufgespannt werden: Sie können das Querholz direkt auf das Schraubenfutter schrauben oder es auf eine Sperrholzscheibe kleben, die dann auf das Futter geschraubt wird. Zwischen die Sperrholzscheibe und den Rohling legt man eine Lage Zeitungspapier, so dass sich das Drechselstück nach Fertigstellung leicht abtrennen lässt. Eine der einfachsten Spannmethoden ist die Verwendung eines Schraubenfutters, oder die Befestigung der Holzschraube in einem Backenfutter.

1 Schraubenfutter und Dreibackenfutter gibt es in verschiedenen Größen. Wenn die Schraube des Schraubenfutters für eine flache Schale zu lang ist, legt man eine geeignete Sperrholzscheibe unter das Werkstück. Werden tief gerillte Schrauben mit Parallelgewinde verwendet, braucht die Schraube in einem 50 bis 75 mm dicken Rohling für eine Schale nur etwa 25 mm tief zu sitzen, um eine ausreichende Befestigung zu gewährleisten. Die Oberfläche der Unterlegscheibe muss ganz leicht konkav sein, um etwas Raum zu schaffen für die Holzfasern, die um das Gewinde herum herausgezogen werden.

Tipp

- Wenn Sie regelmäßig drechseln, lohnt es sich, in eine Bandsäge zu investieren, mit der Sie die Rohlinge auf die gewünschte Form zurechtsägen können. Wenn man dabei die Ecken des Zylinders gleich etwas abfast, erspart man sich viel Arbeit beim Schruppen.
- Vor dem Einsetzen des Futters sollten Sie alle Flächen von Holzstaub säubern. Überprüfen Sie außerdem, ob alle Befestigungsschrauben straff angezogen sind, bevor Sie mit der Arbeit am Werkstück beginnen.

2 In der Gebrauchsanweisung zum Spannfutter wird in der Regel die empfohlene Lochgröße genannt. Markieren Sie die erforderliche Einschraubtiefe mit Klebeband auf dem Bohrer und achten Sie beim Bohren darauf, dass das Loch genau senkrecht wird.

3 Schrauben Sie den Rohling so auf das Schraubenfutter, dass es ganz fest auf der Unterlegscheibe aufliegt. Damit die Bohrung in der Mitte des Rohlings genau senkrecht wird, können Sie einen Anschlagwinkel als Führungshilfe anlegen. Überprüfen Sie ansonsten von der Seite, ob der Bohrer genau rechtwinklig zur Holzoberfläche steht. Der richtige Sitz des Rohlings ist sehr wichtig, denn jede Unwucht kann zu unerwünschten Schwingungen führen und das Werkstück aus seinem Sitz lösen.

Vierbackenfutter

Will man die Innenseite einer Schüssel aushöhlen, gibt es zwei Möglichkeiten, diese zu befestigen: entweder man arbeitet auf der Unterseite eine Vertiefung aus, in die man das Backenfutter spannt (Spreizmodus) oder man arbeitet einen Zapfen heraus, den die Backen des Spannfutters greifen (Klemmmodus).

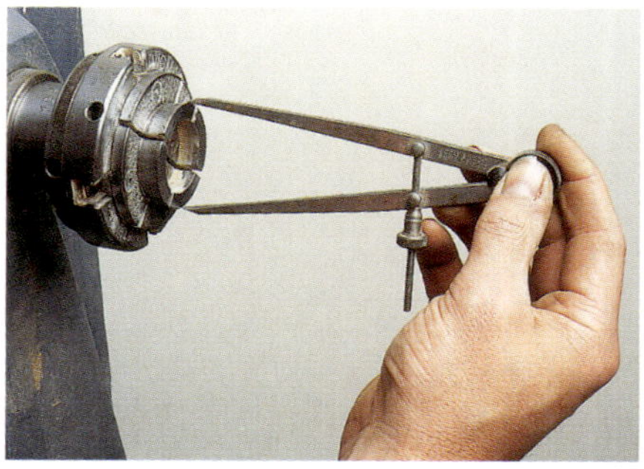

1 Die kreisförmige Vertiefung sowie der Zapfen müssen ganz präzise herausgearbeitet werden, damit das Werkstück fest eingespannt werden kann. Ein Vierbackenfutter greift das Werkstück optimal, wenn die Backen nur leicht geöffnet sind und einen kompletten Kreis formen, denn dann ist der gesamte Außenrand jedes Segmentes in Kontakt mit dem Holz.

2 Übertragen Sie das vom Spannfutter abgenommene Maß mit Hilfe eines Stechzirkels auf die Unterseite des Rohlings, wobei Sie darauf achten müssen, dass die äußere Spitze des Zirkels nicht mit dem drehenden Werkstück in Kontakt kommt.

3 Arbeiten Sie die Vertiefung mit der Spitze des Drehmeißels aus. Für eine Schale dieser Größe ist eine Vertiefung von 6 mm bereits ausreichend.

4 Mann kann die Vertiefung mit konzentrisch angeordneten Kehlen dekorieren, um ihren eigentlichen Zweck zu verbergen. Eine solche Verzierung darf jedoch nicht die feste Einspannung gefährden. Bevor Sie die Schale auf das Spannfutter stecken, ist die Vertiefung sorgfältig von Holzstaub und Spänen zu befreien, die den Sitz des Werkstückes beeinträchtigen könnten.

Tipp

- Die Backen des Spannfutters müssen fest an den Seiten der im Boden der Schale ausgearbeiteten Aussparung anliegen, diese muss deshalb sehr sorgfältig angezeichnet und ausgeschnitten werden.
- Querdrechseln ist schwieriger als Längsdrechseln, da die auf das Werkzeug wirkenden Kräfte viel größer sind. Beginnen Sie also erst damit, wenn Sie die wichtigsten Techniken des Längsdrechselns sicher beherrschen.

Planscheiben

Eine Planscheibe mit einem Durchmesser von 10 cm ist alles, was Sie zum Aufspannen der meisten Werkstücke für das Querdrechseln benötigen und diese Planscheiben werden meist zusammen mit der Drechselbank geliefert. Sie sorgen für einen sicheren Halt größerer Werkstücke, bei denen man gegen die Faser arbeitet.

1 Legen Sie die Planscheibe genau über den markierten Mittelpunkt, den Sie durch die Öffnung in der Mitte sehen müssten. Bohren Sie kleine Führungslöcher bevor Sie die Schrauben eindrehen, besonders wenn der Rohling aus sehr dichtem oder schwerem Hartholz besteht.

2 Zur Befestigung von Hirnholzstücken auf Planscheiben sollten Sie etwas längere und dickere Schrauben verwenden, da kleinere weniger gut greifen. Bei größeren Rohlingen kann es nötig sein, zusätzlich noch einige Löcher in die Planscheibe zu bohren, damit ein sicherer Halt des Werkstückes gewährleistet ist.

Schrupppröhre

Die Schrupppröhre ist eine breite Röhre, die man meist als Erstes verwendet, um den Rohling beim Längsdrechseln in die grobe Form zu bringen, z. B. von der Quaderform in die Zylinderform. Die Schrupppröhre sollte immer nur beim Längsdrechseln und nicht beim Querdrechseln benutzt werden.

Schrupppröhren haben eine breite und tiefe U-förmige Kehle und eine relativ dicke Wand, die die entstehende Reibungswärme gut abführen kann, da man zu Anfang in kurzer Zeit große Holzmengen abdreht. Sie sind meist gerade geschliffen, damit man auch mit den Kanten arbeiten kann. Die Schneide hat einen Winkel von etwa 45°. Für den Anfänger empfiehlt sich eine Breite von 19 mm, weitere übliche Breiten sind 32 mm und 44 mm.

1 Wenn das Werkstück länger sein sollte als die Werkzeugauflage, müssen Sie diese jeweils so einstellen, dass die Röhre nicht herunterfallen kann. Die Auflage sollte sich parallel zum Werkstück und etwa auf der Höhe der Spitzen befinden. Um die erforderlichen Bewegungen einzuüben, empfiehlt es sich, zuerst einen Versuch ohne Werkstück durchzuführen. Legen Sie die Schrupppröhre auf die Auflage – etwa 5 cm vom Ende des Rohlings entfernt, wobei sich der Griff tief unten neben ihrem Körper befinden sollte. Drehen Sie die Schneide leicht nach links und halten Sie die Röhre so, dass Sie in Schnittrichtung zum Reitstock zeigt. Halten Sie den Stahl der Schrupppröhre auf der Auflage fest und schieben Sie das Werkzeug gleichzeitig etwas nach vorn in Richtung des Reitstocks.

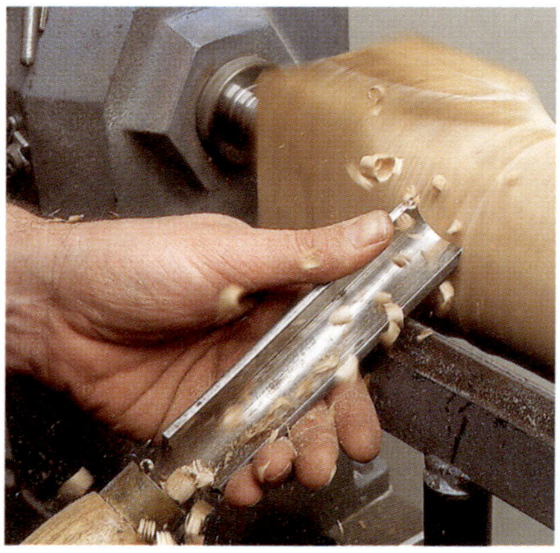

2 Überprüfen Sie, dass sich das Werkstück frei drehen kann und dass alles fest eingespannt ist. Schalten Sie dann den Motor an und beginnen Sie die Bewegung wie in Punkt 1 beschrieben. Heben Sie den Schaft der Schrupppröhre ganz langsam an, bis Sie ein klopfendes Geräusch hören, das dadurch entsteht, dass der untere Teil der Schneide die Ecken des Rohlings berührt. Schieben Sie die Klinge langsam zum Werkstück hin, bis sie zu schneiden beginnt und die ersten Späne entstehen, dann führen Sie die Röhre über die Werkzeugauflage, wobei der Winkel stets gleich bleiben sollte. Lassen Sie die Späne so lange fließen, bis die Röhre das rotierende Holz nicht mehr berührt, dann beginnen Sie wieder von vorn. Fahren Sie so fort, bis der Rohling in eine zylindrische Form gebracht ist. Beginnen Sie jeden Schnitt etwas weiter in Richtung der Antriebsspindel. Wenn das Reststück noch etwa 5 cm lang ist, hören Sie auf.

3 An diesem Punkt sollten Sie die Schnittrichtung ändern, denn es ist sicherer, vom Ende des Werkstücks aus zu schneiden als in Richtung des Endes, da der Drechselstahl sich dabei leichter verhakt. Üben Sie das Drechseln eines Zylinders an mehreren Holzstücken – das ist keine Materialverschwendung, denn fast alle Werkstücke, die Sie zwischen Spitzen drechseln, müssen zunächst in eine zylindrische Form gebracht werden.

4 Sie können eine Schrupppröhre auch zum Schlichten verwenden. Hier zeigt die Kehle etwas in Richtung des Werkstückes statt vom Werkstück weg und der Winkel, mit dem die Röhre angesetzt wird, ist sehr flach, so dass nur ein dünner Span abgehoben wird. Mit dieser Technik erzielt man eine fast ganz glatte Oberfläche.

Abstechstähle

Zusätzlich zu ihrer eigentlichen Funktion, dem Abtrennen von fertig gestellten Werkstücken vom Abfallstück, können Abstechstähle auch für viele andere Zwecke verwendet werden. Es gibt sechs Typen von Abstechstählen, die jeweils alle für bestimmte Aufgaben vorgesehen sind:

Abstechstähle mit dem Standardquerschnitt in Breiten von 3 und 6 mm, wobei für Anfänger ein 3 mm breiter Abstechstahl zu empfehlen ist; Stähle mit rhombusförmigem Querschnitt, die in der Mitte 5 mm breit sind; kehlförmige Abstechstähle mit einer ebenfalls 5 mm breiten Kehle entlang der Unterseite des Werkzeuges; Stähle mit einem 10 mm breiten quadratischen Querschnitt, einseitig angeschliffene, rhombusförmige Stähle mit 10 mm breitem Querschnitt sowie superdünne (2 mm) Stähle.

1 Der Abstechstahl in der Standardausführung sollte immer so verwendet werden, dass man mit der Schneide schabt. Man hält ihn rechtwinklig zum Werkstück. Beginnen Sie den Schnitt, indem Sie das Werkzeug fast waagerecht auflegen und stechen Sie das Holz mit kurzen Stößen vorsichtig ab. Um das Werkzeug von der Schnittstelle zu entfernen, senken Sie das Heft.

2 Ein Abstechstahl kann auch zum Ausschneiden von Nuten mit ebenem Grund, den so genannten Platten, verwendet werden. Den Durchmesser überprüft man dabei mit einem Außentaster.

Formröhren

Es gibt zwei Arten von Formröhren: Die Spindelformröhre ist die englische Form und aus einem Rundstahl mit flacher Flute gefräst. Aufgrund der starren Form ist diese Röhre besonders für tiefer liegende Kehlen in Langholz geeignet. Die europäische Formröhre ist eine flach geschmiedete Röhre und eignet sich besonders zum Schneiden von schönen Kehlen und Rundstäben. Diese Formröhren sind zwar teurer, aber die Anschaffung lohnt sich, da sie leichter zu handhaben sind. Wie bereits gesagt, werden Formröhren meist zum Formen von Hohlkehlen und Halbstäben verwendet, erfahrene Drechslerhände können damit jedoch noch viele andere Formen herstellen.

Formröhren sind üblicherweise in Breiten von 3 mm bis 19 mm in 3-mm-Schritten erhältlich. Als Werkzeug für den Anfänger empfehlen wir die eine europäische Formröhre mit einer Breite von 12 mm. Es ist sehr schwierig mit der Formröhre eine Kehle zu schneiden, die eine geringere Breite als das Werkzeug selbst und deshalb gibt es Formröhren in so vielen unterschiedlichen Breiten.

1 Um einen Halbstab zu erhalten, muss man links und rechts davon zunächst eine Hohlkehle drechseln. Beim Drechseln einer Kehle ist zu beachten, dass man das Holz immer mit der Faser schneidet, also jeweils von außen nach innen. Nachdem Sie mit einem Bleistift die Breite der Kehlen und des dazwischen liegenden Rundstabs markiert haben, drechseln Sie mit der Formröhre von der Außenkante ausgehend bis zur Mitte der Kehle und beginnen dann erneut an der anderen Außenkante.

2 Wenn Sie am Grund der Hohlkehle angelangt sind, sollte die Flute fast ganz flach liegen, so dass nur noch ganz dünne Späne abgehoben werden. Um die Schneide vom Werkstück zu entfernen, senken Sie das Heft der Röhre.

3 Hier sehen Sie wie anschließend an eine Hohlkehle ein Halbstab entsteht.

Drehmeißel

Der Drehmeißel hat für einen Drechsler die gleiche Bedeutung wie der Handhobel für einen Möbeltischler: Mit ihm nimmt man feine Späne ab, um eine glatte, saubere Oberfläche zu erzielen, die kaum oder gar nicht mehr weiter behandelt werden braucht. Zwar ist der Drehmeißel etwas schwieriger zu handhaben als die bereits genannten Drechselwerkzeuge, doch wenn man den Umgang mit diesem Werkzeug einmal beherrscht, lässt sich damit sehr effizient arbeiten. Die Schneide des Drehmeißels unterteilt man in drei Bereiche: die spitzwinklige Seite, die Mitte und die stumpfwinklige Seite.

Drehmeißel gibt es als Standardausführung und in ovaler Form. Der Ovalmeißel hat keine scharfen Ecken, die sich eventuell in Kerben auf der Werkzeugauflage verfangen könnten und gleitet demzufolge sehr gut über die Auflage. Er hat einen dünneren Querschnitt als ein Standardmeißel und eignet sich besonders für feine Arbeiten. Für allgemeine Drechselarbeiten sollten Anfänger jedoch einen 19 mm breiten Standardmeißel verwenden. Beide Meißelarten gibt es in Breiten von 12 mm, 19 mm, 25 mm und 32 mm und die Schneide ist im Winkel von 30° angeschliffen.

1 Der Meißel dient in erster Linie zum Schlichten von Werkstücken, das heißt zur Herstellung glatter und ebener Oberflächen. Halten Sie den Meißel dazu etwa im Winkel von 45° an das Werkstück, wobei sich die Werkzeugauflage ein kleines Stück höher als der Mittelpunkt des Werkstückes befinden sollte. Man schlichtet mit dem unteren Drittel der Schneide, wobei die Spanabnahme schabend erfolgt und der Meißel langsam über die Werkzeugauflage gleitet.

2 Hier kann man die schabende Arbeitsweise gut erkennen. Es entstehen keine Drechselspäne mehr, sondern fast nur noch Schleifspäne.

3 Die spitzwinklige Seite wird zum Ausschneiden von V-förmigen Nuten verwendet. Legen Sie dazu den Drehmeißel auf den Rücken, so dass die Spitze unten und dicht am Werkstück liegt.

Schalenröhre

Schalenröhren werden heute oft so geschliffen, dass eine fingernagelförmige Schneidenform entsteht. Der Anschliff erfolgt in einem Fasenwinkel von 45°. Dann dreht man die Röhre auf der Schleifscheibe bis die Fase und die Röhreninnenseite zu einer scharfen Schneide zusammenlaufen. Die Kanten des Schliffes sind weit herum gezogen, damit sie beim Drehen enger Profile nicht stören.

Auf der Außenseite einer Schale werden diese Röhren über die Oberfläche gezogen und nicht geschoben wie eine normal geschliffene Formröhre. Auf der Innenseite einer Schüssel werden sie so eingesetzt wie die Standard-Formröhre. Das Problem für den Anfänger besteht vor allem im Anschleifen der speziellen Schneidenform. Dafür sind entweder viel Erfahrung oder kostspielige Hilfsmittel erforderlich.

Abhängig von der Menge der Schalen, die Sie drechseln möchten, brauchen Sie wahrscheinlich mehrere Schalenröhren, die in unterschiedlichen Winkeln angeschliffen sind, um verschiedene Formen herauszuarbeiten. Schalenröhren werden aus einem Rundstahl mit tiefer Flute gefräst, die der Klinge die erforderliche Steifheit verleiht, denn beim Innendrehen von Schalen muss die Röhre oft in ziemlich großem Abstand von der Handauflage schneiden und deshalb besonders stabil sein. Die im Vergleich zur Formröhre massivere Klinge kann auch die Reibungswärme, die beim Entfernen großer Holzmengen entsteht, besser abführen. Schalendrehröhren sind in Breiten von 6 mm, 10 mm, 12 mm und 19 mm erhältlich.

1 Bei der Schalenröhre ist es im Gegensatz zur Formröhre beim Längsdrechseln wichtiger, dass die Schneide schabt. Halten Sie den Griff möglichst weit unten in Höhe Ihrer Hüfte und gehen Sie bei jeder Bewegung mit dem Körper mit.

2 Die Werkzeugauflage sollte sich so nah es geht am Werkstück befinden, so dass der Klingenüberhang möglichst gering ist. Zum Drechseln der Außenform einer Schüsseln muss man demzufolge die Auflage mehrfach verstellen; man kann also die Gesamtfläche nicht in einem Zug bearbeiten.

3 Vor der Endbearbeitung empfiehlt es sich, die Schalenröhre neu anzuschleifen, damit die Oberfläche möglichst glatt wird und später nur noch wenig beschliffen werden braucht.

Schaber

Im Großen und Ganzen sind Schaber relativ ineffiziente Werkzeuge, wenn es um die Abnahme großer Materialmengen bei Hirnholzstücken, wie zum Beispiel Schalen, sowie beim Längsdrechseln geht. Man braucht sie jedoch zum Aushöhlen von Hirnholz oder bei der Arbeit mit sehr hartem und dichtem Holz. Dabei muss der Motor der Drechselbank mit hoher Drehzahl laufen und der Schaber muss sehr scharf sein. Der so genannte MultiTip-Schaber mit aufschraubbaren Wechselklingen ist ein multifunktionales Werkzeug für viele Quer- und Hirnholzarbeiten innen und außen und wahrscheinlich der einzige Schaber, den Sie benötigen werden.

Bei der Bearbeitung von Hirnholz sollten Schaber erst ganz zum Schluss vor dem Schleifen eingesetzt werden. Das Werkzeug wird dabei im Winkel von etwa 45° an das Werkstück gehalten, wodurch ein sehr sauberer Schnitt möglich wird.

1 Verwenden Sie einen schmalen Schaber mit abgerundetem Ende und stellen Sie die Auflage etwas höher als die Mittelachse des Werkstücks ein. Führen Sie ziehende Schnitte vom Mittelpunkt nach außen aus.

2 Die Innenseite eines hohlen Werkstückes glättet man, indem man das Werkzeug dem Profil des Werkstücks folgend vom Grund nach außen zieht und dabei nur ganz flach schneidet.

3 Bei der Bearbeitung der Außenseite einer Schüssel sollten Sie die gerade Kante der Klinge schräg zum Schaft einstellen, wobei der Schaber etwa auf der Höhe der Mittelachse anzulegen ist und vom Mittelpunkt der Schüssel nach außen geführt wird.

4 Die Innenseite der Schüssel wird auf die gleiche Art und Weise bearbeitet. Dabei wird das Werkzeug jedoch von außen nach innen, also wie immer mit der Faser geführt.

Hohldrechseln

Unabhängig von der Größe des Rohlings erfolgt das Aushöhlen immer in denselben Arbeitsschritten. Man muss dabei anders vorgehen, als beim Aushöhlen von Schüsseln. Bei einer Schüssel schneidet man vom Rand ausgehend bis zum Mittelpunkt in einem Zug, das ist jedoch bei einer hohlen Form nicht möglich, da Sie die meiste Zeit über nicht sehen, was das Werkzeug gerade tut. Gehen Sie deshalb vor wie im Folgenden beschrieben:

1 Nachdem Sie die äußere Form gedrechselt haben, legen Sie die Tiefe der Aushöhlung fest, indem Sie im Mittelpunkt ein Loch bohren, das so groß wie möglich sein sollte, um Schrupparbeit einzusparen.

2 Ausdrehhaken sind so konstruiert, dass die Spitze des Hakens auf gleicher Linie wie der gerade Teil des Schaftes liegt. Deshalb muss die Werkzeugauflage weit genug von der Öffnung des Werkstücks entfernt sein, so dass nur der gerade Teil des Werkzeugschaftes darauf liegt. Da sich der Auflagepunkt des Werkzeuges sehr weit weg von der Schneide befindet, wirken auf den Ausdrehhaken sehr große Kräfte.

3 Beginnen Sie damit, den Bereich unmittelbar hinter der Öffnung auszuhöhlen, indem Sie Span für Span von der Mitte nach außen abschälen, bis die endgültige Wandstärke erreicht ist. Die Innenfläche dieses Wandbereichs ist gleich anschließend zu schlichten, da das Werkstück später zu zerbrechlich sein wird, um diesen Arbeitsschritt noch auszuführen.

4 Danach arbeitet man zuerst die Mitte des nächsten Bereiches aus, um mehr Platz zum Manövrieren des Werkzeuges zu haben. Entfernen Sie die Späne möglichst oft, denn wenn sich innerhalb des Werkstücks zu viele ansammeln, kann der Ausdrehstahl hängen bleiben und das Werkstück zerbrechen.

5 Schlichten Sie alle Innenwände im zweiten Bereich, bevor Sie weiterarbeiten. Die Wanddicke ist regelmäßig mit einem Greifzirkel zu überprüfen.

6 Fahren Sie mit dem Aushöhlen in der beschriebenen Art und Weise fort. Wenn der Durchmesser wieder kleiner wird, ziehen Sie das Werkzeug zu sich hin (mit der Faser), wobei Sie dem Profil des Werkstückes folgen (oben und rechts).

Bohren auf der Drechselbank

Es gibt zwei grundlegende Methoden, auf der Drechselbank zu bohren. Im ersten Fall wird der Bohrer im Bohrfutter in der rotierenden Antriebsspindel befestigt und das Werkstück gegen den Bohrer geschoben. Diese Methode wird bei Werkstücken angewandt, die vor dem Drechseln gebohrt werden müssen, wie zum Beispiel Werkzeugschäfte. Bei der zweiten Methode rotiert das Werkstück, das in einem Spannfutter steckt. Das Bohrfutter wird am Reitstock montiert und dieser dann in Richtung Werkstück geschoben.

1 Stellen Sie den Mittelpunkt des Rohlings fest und markieren Sie ihn mit einer Ahle. Stecken Sie den Bohrer in das Bohrfutter und dieses in die Antriebsspindel. Halten Sie den Rohling zwischen Bohrer und Reitstock, wobei der Bohrer genau auf den Mittelpunkt des Werkstücks weisen muss. Schieben Sie den Reitstock soweit heran, bis das Werkstück an seinem Platz gehalten wird. Stellen Sie dann die Werkzeugauflage so ein, dass der Rohling genau darauf liegt.

2 Stabilisieren Sie das Werkstück mit einer Hand und schalten Sie mit der anderen Hand den Motor an, dann schieben Sie den Reitstock nach vorn, bis das Loch in der erforderlichen Tiefe gebohrt ist.

3 Für die zweite beschriebene Methode sind besonders Forstnerbohrer geeignet. Der Motor sollte dabei relativ langsam laufen. Stellen Sie die Drehzahl auf etwa 500 U/min.

4 Kontrollieren Sie, ob der Bohrer fest im Bohrfutter sitzt, bevor Sie den Motor anschalten. Als provisorischen Tiefensteller kann man Klebeband verwenden, das man um den Bohrer wickelt. Schieben Sie den Reitstock an das Werkstück heran und stellen Sie ihn fest, dann schieben Sie den Bohrer durch Drehen des Handrads langsam in das sich drehende Werkstück, bis das Loch in der erforderlichen Tiefe gebohrt ist. Sie sollten den Bohrer beim Bohrvorgang öfter einmal herausziehen, damit er nicht zu heiß wird und damit die Späne aus dem Bohrloch entfernt werden, bevor sie sich verklemmen.

Tipp

- Achten Sie immer darauf, dass das Werkstück beim Bohren ganz fest sitzt, denn ungewünschte Schwingungen können dazu führen, dass der Bohrer abbricht oder nicht gerade bohrt.
- Die Spitze des Bohrers kann man mit kleinen Metallfeilen nachschärfen.

Oberflächenbehandlung

Wie man die Oberfläche eines Werkstücks behandelt, richtet sich in erster Linie nach dessen vorgesehenem Verwendungszweck. Für Gegenstände, die mit Lebensmitteln in Kontakt kommen oder von kleinen Kindern benutzt werden, darf man natürlich nur ungiftige Produkte verwenden. Dafür eignet sich ganz besonders Paraffinöl, denn es ist giftfrei, farblos und wird nicht ranzig. Es empfiehlt sich mit verschiedenen Produkten zu experimentieren, um eine Vorstellung vom optischen Effekt der jeweiligen Oberflächenbehandlung zu bekommen. Vergessen Sie dabei jedoch nicht, dass auch die beste Politur nicht wieder gutmachen kann, was man bei der Endbearbeitung der Oberfläche versäumt hat.

Schellackpolitur

Politur sollte man nur für kleinere Werkstücke verwenden, da es schwierig ist eine gleichmäßige Färbung zu erzielen.

1 Reiben Sie bei still stehender Drechselbank mit einem nicht fusselnden Tuch das Werkstück mit der Politur ein und achten Sie darauf, dass diese möglichst gleichmäßig auf der ganzen Fläche verteilet wird.

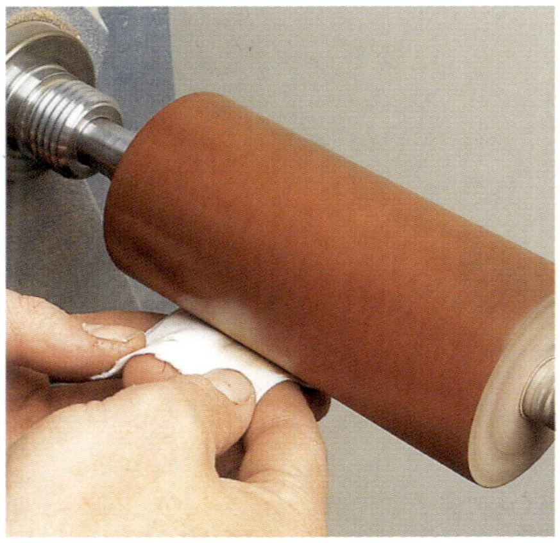

2 Schalten Sie nun die Drechselbank an und halten Sie das noch feuchte Tuch mit immer stärker werdendem Druck gegen das Werkstück, bis der gewünschte Oberflächenglanz erreicht ist und keine Streifen oder Linien mehr zu sehen sind.

Öle

Die meisten Öle für die Endbehandlung von Holzoberflächen basieren auf Tung-Öl, einem natürlichem Öl aus dem Samen des asiatischen Tungbaumes, das in das Holz einzieht. Sie enthalten meist auch Harze und Trockenöle, so dass die fertige Oberfläche nicht so leicht zerkratzt. Zwei oder drei Aufträge sind ausreichend um dem Holz einen warmen Glanz zu geben, ohne dass es dabei seinen angenehmen Griff verliert. Außerdem kann das Werkstück später problemlos nachgeölt werden.

Öl trägt man am besten mit einem Pinsel auf. Bestreichen Sie das gesamte Werkstück mit reichlich Öl und lassen Sie es eine Weile einziehen, bevor Sie die Überstände abnehmen. Richten Sie sich dabei immer nach den Hinweisen des Herstellers.

Paraffinöl

Paraffinöl ist ein ungiftiges Produkt zur Oberflächenbehandlung von Gegenständen, die mit Lebensmitteln in Kontakt kommen oder von Kindern benutzt werden.

1 Schleifen Sie das Werkstück wie gewöhnlich ab, wobei Sie mit grobkörnigem Papier beginnen und mit feinkörnigem enden. Dann bestreichen Sie die gesamte Oberfläche mit Paraffinöl. Dabei sollte der Motor ausgeschaltet sein und das Werkstück per Hand gedreht werden.

2 Schalten Sie nun den Motor wieder ein und schleifen Sie die Oberfläche noch einmal mit Schleifpapier der Körnung 320 oder 400 ab, damit das Paraffinöl in die Oberfläche eingerieben wird. Das Werkstück ist somit gut vor Verschmutzung und Feuchtigkeit geschützt.

Flämmen

Das Flämmen von Holzoberflächen ist eine spezielle Technik, mit der man erstaunliche Effekte erzielen kann, auch wenn Sie sich vielleicht im ersten Moment nicht vorstellen können, die Oberfläche einer mit viel Mühe gedrechselten Schüssel zu versengen. Hölzer mit offenen oder groben Fasern, wie zum Beispiel Eiche, Esche oder Süßkastanie eignen sich zum Flämmen besser als Hölzer mit feinen und dichten Fasern oder mit gewellter Maserung.

1 Beim Flämmen wird die Holzoberfläche mit einer Lötlampe angesengt, damit sie schwarz, alt und verwittert aussieht. Diese Technik sollte jedoch niemals bei dünnwandigen Schalen oder anderen dünnwandigen Werkstücken angewendet werden, da in diesem Fall die Gefahr besteht, dass das Werkstück vollständig verbrennt.

2 Beim Flämmen der Oberfläche verbrennt der weiche Sommerwuchs schneller als der Winterwuchs. Wenn man dann den Ruß mit einer feinen Drahtbürste entfernt, entsteht eine Reliefwirkung, sowie ein Kontrast zwischen hellen und dunklen Abschnitten.

3 Will man bestimmte Bereiche zusätzlich betonen, schneidet man im Nachhinein schmale Kehlen ein, die wieder hell erscheinen – in diesem Fall entlang des oberen Randes der Schüssel.

4 Manche Bereiche kann man beim Flämmen auch aussparen, hier wurde der Fuß der Schale im natürlichen Holzton belassen. Das schafft einen schönen Kontrast und außerdem können Sie dort das Werkstück signieren und mit dem Herstellungsdatum versehen.

5 Die Technik des Flämmens empfiehlt sich wirklich nur für grob strukturierte Hölzer mit offenen Fasern, wie zum Beispiel Eiche, bei denen sich der Sommer- und Winterwuchs stark voneinander unterscheiden.

Schärfen

Da Drechselwerkzeuge sehr intensiv beansprucht werden, muss man sie viel öfter schärfen als andere Handwerkzeuge. Für den Laien ist es oft schwierig, eine Schneide einseitig und im richtigen Winkel anzuschleifen, ohne dass sich der Schneidenstahl beim Schärfen erhitzt und damit in seiner Gebrauchsfähigkeit eingeschränkt wird. Im Folgenden werden drei verschiedene Schärftechniken vorgestellt.

Schleifen mit einer Nassschleifmaschine

Zwar dauert das Schleifen mit einer Nassschleifmaschine relativ lange, doch kann sich der Schneidenstahl dabei nicht überhitzen. Die langsam laufenden Schleifscheiben sind aus feinem Material, wodurch die Schneide viel schärfer wird, als bei anderen Schleifmethoden. Die passende Schleifvorrichtung bzw. Schleifstütze hilft Ihnen dabei, das zu schleifende Werkzeug genau im richtigen Winkel anzulegen.

1 Es ist nicht einfach, Drechseleisen mit schräger Schneide zu schleifen, ohne dabei den Schneidenstahl zu überhitzen oder den Winkel der Fase zu verändern. Mit einer Nassschleifmaschine mit großer Schleifscheibe und einer entsprechenden Schleifvorrichtung wird das Schleifen solcher Eisen jedoch auch dem Laien möglich.

2 Nach dem Schleifen wird das Eisen abgezogen, um den beim Schleifen aufgeworfenen Grat zu entfernen. Zum Abschluss kann man die Fase polieren, damit die Schneide noch schärfer wird.

Schärfen an der Drechselbank

Das Praktische an dieser Schleifmethode ist die Tatsache, dass Sie genau auf die Schleifscheibe schauen und somit sehen können, ob Sie die Schneide im richtigen Winkel angelegt haben. Moderne Drechselwerkzeuge haben oft eine flache Schneide statt einer konkaven, da die Hersteller die Schneiden auf flachen Schleifgurten schärfen.

1 Das einfachste Schleifsystem können Sie sich in Ihrer Werkstatt selbst herstellen oder als preisgünstigen Satz kaufen. Es besteht aus zwei 10 mm dicken MDF-Platten mit einem Durchmesser von 14 cm mit selbst haftenden Schleifscheiben in drei verschiedenen Körnungen (80, 150 und 320), sowie einer Lederscheibe, die alle auf einer zentralen Schraube montiert werden.

Sie können sich auch ein Schraubenfutter anfertigen, das in die Spannbacken ihrer Drechselbank gespannt wird, damit Sie die Scheiben schneller wechseln können ohne jedes Mal das Backenfutter öffnen und schließen zu müssen.

2 Kleben Sie das Leder mit Kontaktkleber auf eine Seite der Scheibe und die Schleifscheibe mit 320-er Körnung auf die andere Seite. Das sind die Flächen, die am häufigsten genutzt werden. Vor dem Aufschrauben der Scheibe sollten Sie ein wenig Sekundenkleber in das Loch drücken, um den Sitz noch fester zu machen.

3 Stellen Sie nun die Werkzeugauflage rechtwinklig zur Schleifscheibe und so niedrig wie möglich. Legen Sie das zu schärfende Werkzeug – hier ist es eine 19 mm breite Schrupppröhre – so auf die Drechselauflage, dass die Fase parallel zur Schleifscheibe liegt. Schleifen Sie möglichst im unteren Teil der Scheibe, so dass sich die Scheibe immer von Ihnen weg dreht. Stellen Sie die Drechselbank auf eine mittlere Drehzahl.

LAUBSÄGEARBEITEN

Laubsägearbeiten in dünnem Holz mit der elektrischen Laubsäge

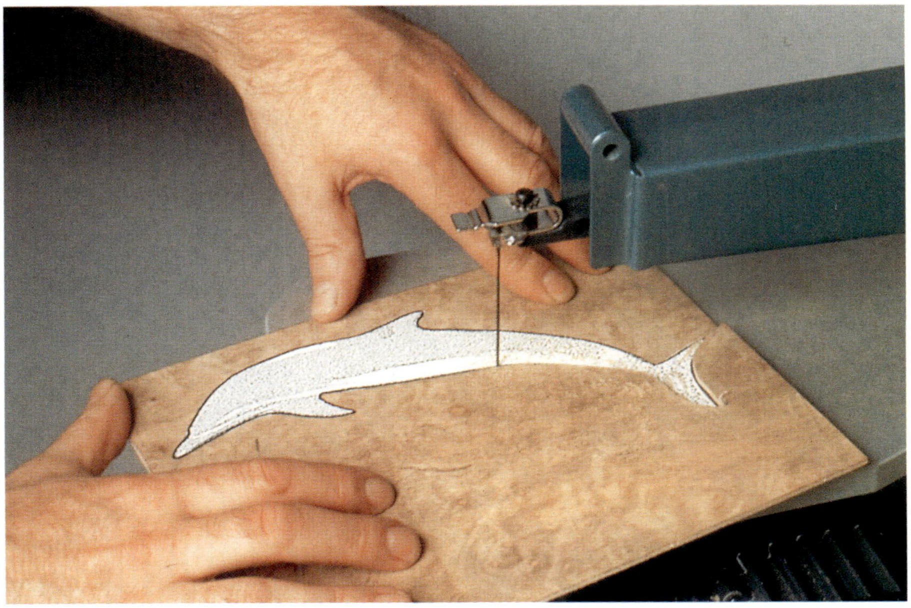

Zeichnen Sie die gewünschte Form auf ein Stück dünnes Sperrholz, z. B. 3 mm starkes furniertes Sperrholz. Jemand, der noch nicht über sehr viel Erfahrung verfügt, sollte zu Anfang dünnes Sperrholz und ein fein gezahntes Sägeblatt verwenden, mit dem man auch spitze Ecken sägen kann.

Bei sehr spitzen Winkeln empfiehlt es sich, das Blatt zurück zu führen und den Schnitt von der anderen Seite neu anzusetzen. Wenn Sie sich die Bauchflosse des Hais anschauen, können Sie sich sicher vorstellen, dass es ziemlich schwierig ist, das Sägeblatt in einem solchen spitzen Winkel zu drehen. Setzt man den Schnitt jedoch an der unteren Spitze der Flosse neu an, fällt das Abfallstück ganz von selbst heraus, wenn sich beide Schnitte in der spitzen Ecke treffen.

Setzen Sie das Sägeblatt so ein, dass die Zähne nach unten zeigen. Das Holz hat die Tendenz nach oben zu springen, deshalb sollte der größte Teil des Werkstücks immer plan auf dem Sägetisch aufliegen und Sie sollten das Werkstück stets fest andrücken. Achten Sie darauf, dass Ihre Finger sich in gebührendem Abstand zum Sägeblatt befinden und pusten Sie beim Sägen die Sägespäne weg, falls die Laubsäge nicht mit einer Abzugsvorrichtung ausgestattet ist. Eine solche Abzugsvorrichtung besteht meist aus einem Kunststoffschlauch, der in der Nähe des Sägeblatts befestigt und mit einem Gebläse verbunden ist.

Aussägen von Ausschnitten

1 Um in einem Holzstück eine Aussparung auszusägen geht man folgendermaßen vor: Zuerst wird ein Loch durch den auszusägenden Ausschnitt gebohrt. Dann spannt man das Sägeblatt auf einer Seite aus, fädelt es durch das Loch und spannt es wieder in die Säge. Wie immer sollten Sie den auszusägenden Abschnitt vorher schattieren, um Fehler zu vermeiden. Es kann sonst ganz schnell passieren, dass man das falsche Stück aussägt, besonders, wenn es sich um ein kompliziertes Muster handelt.

Laubsägearbeiten in dickerem Holz mit der elektrischen Laubsäge

1 Zum Aussägen von Formen aus stärkerem, z. B. 18 mm dickem Sperrholz sollten Sie ein Sägeblatt mit mittelgroßer Zahnung verwenden, da fein gezahnte Blätter in dickerem Holz schnell zerbrechen. Drücken Sie das Werkstück fest auf den Tisch und führen Sie das Sägeblatt langsam entlang der auszusägenden Linie. Gehen Sie dabei behutsam vor und üben Sie niemals zu viel Druck aus, denn dann würde sich das Sägeblatt überhitzen und im schlimmsten Fall zerbrechen.

2 Enge Wendungen sind besonders langsam auszusägen, sonst besteht dort ebenfalls die Gefahr, dass sich das Blatt überhitzt oder zerbricht. Die Oberfläche, die ein Laubsägeblatt hinterlässt, ist erstaunlich glatt und es muss kaum noch nachgearbeitet werden. Das ist ein großer Vorteil, wenn man Spielzeug aus Sperrholz herstellt.

Die Laubsäge

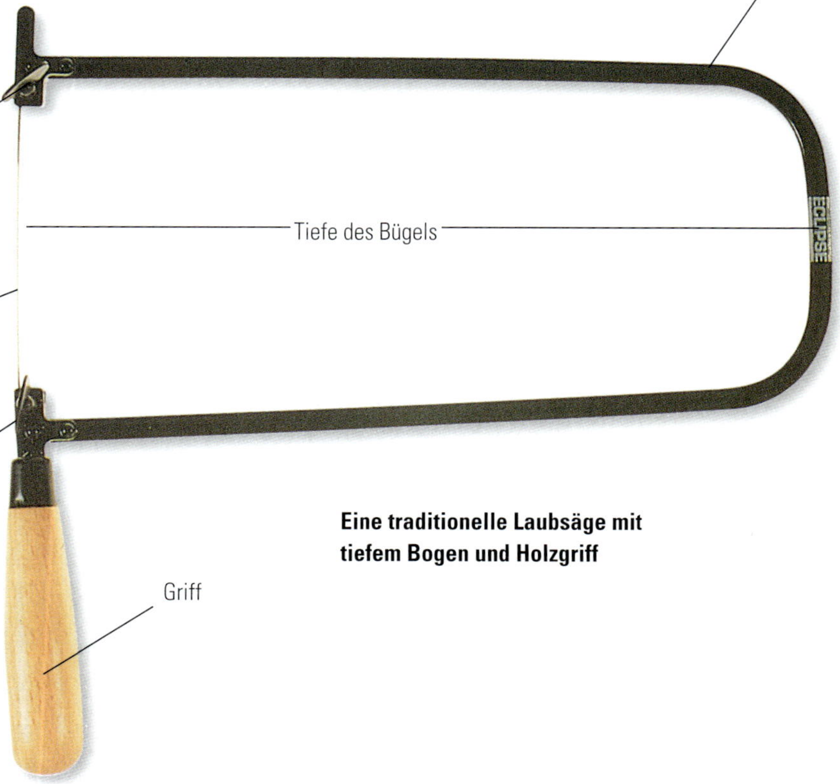

Eine traditionelle Laubsäge mit tiefem Bogen und Holzgriff

Das dünne Sägeblatt und der bügelförmige Rahmen der Laubsäge erlauben das Aussägen komplizierter und kurviger Muster aus dünnem Holz. Ob Sie Puzzle herstellen möchten oder komplizierte Aussparungen vornehmen wollen, die Laubsäge ist das richtige Werkzeug dafür.

Handhabung der Laubsäge

Das Blatt einer Bügelsäge wird lediglich durch ein paar Umdrehungen der Flügelschraube befestigt, denn der federnde Metallbügel sorgt bereits für die nötige Spannung. Um ein neues Sägeblatt einzuspannen, drücken Sie den Bügel mit ihrem Körper gegen die Seite der Werkbank, bis sich das alte Sägeblatt lockert und herausfällt. Dann fädeln Sie die Enden des neuen Blattes durch die Bohrungen, ziehen die Flügelschrauben fest und lassen den Rahmen zurückspringen.

Zum Aussägen eines Werkstückes spannen Sie das Holz in den Schraubstock oder befestigen es so an der Arbeitsplatte, dass es an einer Seite übersteht. Nun bewegen Sie das Sägeblatt vorsichtig hin und her. In der Regel spannt man das Sägeblatt so ein, dass die Zähne in Richtung Griff zeigen, denn dann sägt man auf Zug, was eine bessere Kontrolle beim Sägen von dünnem Holz ermöglicht.

Laubsägearbeit in der Rückenlehne eines Stuhls

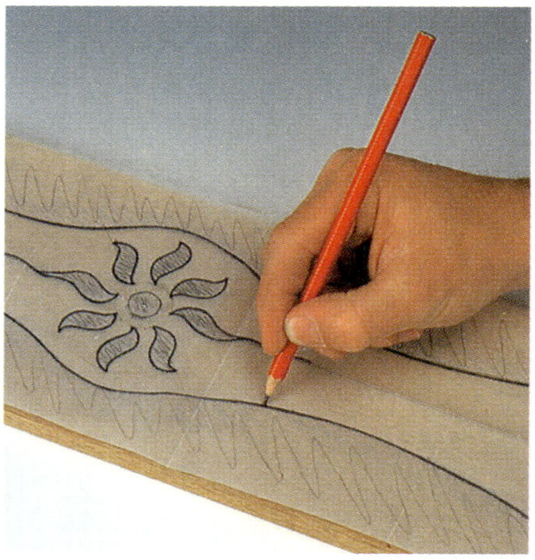

1 Nachdem Sie die Kontur und die auszusägenden Aussparungen aufgezeichnet haben, nehmen Sie einen Bogen Pauspapier und übertragen den Entwurf mit einem Bleistift auf das Holz.

2 Bohren Sie Löcher mit einem Durchmesser von 3 mm in der Mitte einer jeden Aussparung. Sägen Sie den groben Umriss mit einer elektrischen Säge oder einer Handsäge aus.

KANTENPROFILE

3 Nachdem Sie das Werkstück sicher in den Schraubstock gespannt haben, nehmen Sie die Laubsäge, lösen ein Ende des Sägeblattes, führen das Sägeblatt durch eines der Löcher, spannen es wieder ein und beginnen mit der Arbeit. Die gleichen Schritte wiederholen Sie für alle anderen auszusägenden Teile.

Früher beließ man die Kanten von Möbelstücken, zum Beispiel von Tischplatten, Regalen oder Kommoden nur selten rechteckig, sondern profilierte sie in der einen oder anderen Weise. Diese manchmal sehr aufwändig gestalteten Profile wurden nicht nur aus optischen Gründen angebracht, sondern auch des besseren Griffes wegen. Profile finden sich ebenfalls an vielen anderen Holzgegenständen oder Bauteilen, wo sie ausschließlich ästhetischen Zwecken dienen, wie zum Beispiel an Bilder- oder Fensterrahmen.

Bei furnierten Spanplatten, die heute häufig im Möbelbau verwendet werden, ist es unumgänglich, die spröden Schmalflächen dieses billigen Massivholzersatzes mit Leisten, so genannten Massivholzanleimern, zu verstärken. Es empfiehlt sich, das vor dem Furnieren zu tun und für die Anleimer das gleiche Material wie für das Deckfurnier zu verwenden, so dass sie optisch mit dem Furnier verschmelzen. Solche Anleimer sind mindestens 6 mm dick und können somit ähnlich wie die Kanten von Massivholz profiliert werden.

Früher wurden Profile mit speziellen Profilhobeln, zum Beispiel Rundstabhobeln, Viertelstabhobeln oder Karnieshobeln herausgearbeitet. Viele dieser hölzernen Profilhobel sind heute Sammlerstücke und bei Hobbytischlern aller Altersgruppen gleichermaßen beliebt und begehrt. Wirklich verwendet werden sie allerdings nur noch selten, denn die Oberfräse hat in den meisten Fällen die Aufgaben dieser Hobel übernommen. Mit einer Oberfräse und den entsprechenden Fräsern kann man unzählige Profile herstellen. Weitere Informationen dazu finden Sie auf den Seiten 113 bis 128.

Stuhl mit runder Lehne und Laubsägearbeit.

Tipp

Das Schwierige an Laubsägearbeiten besteht darin, beim Aussägen von sehr spitzen Winkeln das Sägeblatt so zu führen, dass es erstens nicht zerbricht und zweitens das Holz durch die starke Reibung nicht zu heiß wird. Dazu geht man wie folgt vor: Sägen Sie bis in den Winkel hinein und erhöhen Sie dann die Geschwindigkeit der Schnitte, während Sie gleichzeitig den Bügel neu ausrichten, so dass das Blatt in der gewünschten Richtung schneidet.

Verschiedene Kantenprofile

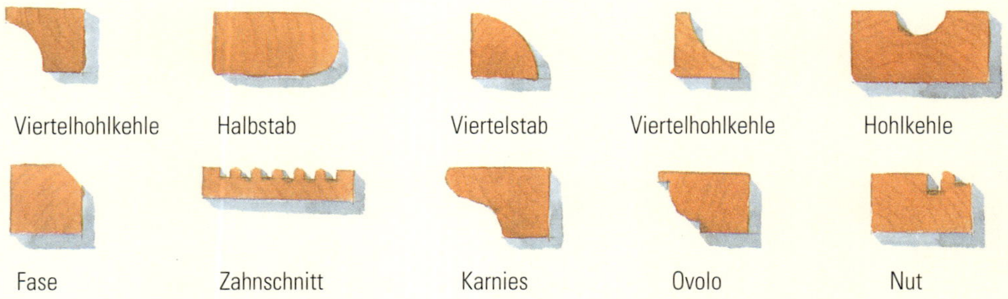

Einige der traditionell im Möbelbau verwendeten Profile sind im Fachhandel erhältlich. Natürlich können sie auch in der Werkstatt mit Hilfe einer Oberfräse hergestellt werden.

Die heute gebräuchlichen Kantenprofile sind nicht so detailliert und es werden generell nur wenige Arten von Profilen verwendet. Auch diese sind im Holzhandel erhältlich.

Für beide hier dargestellten Profile wurde der gleiche Fräser verwendet. Der Radius der Kurve ist in beiden Fällen identisch, die unterschiedlichen Profile entstehen dadurch, dass der Fräser an verschiedenen Stellen angesetzt wurde.

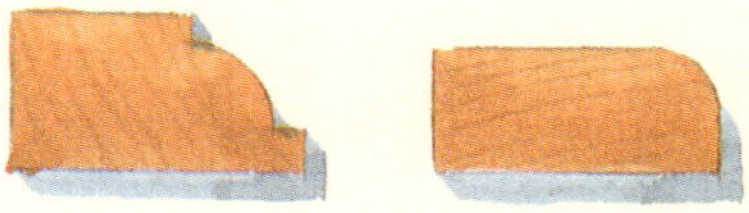

Kantenausführung

1 Die einfachste Kante ist eine „rechteckige" Kante. Eine solche kann mit einem Handhobel oder einer Hobelmaschine hergestellt werden.

2 Will man erreichen, dass ein dickeres Brett dünner und weniger massiv wirkt, schrägt man die Kanten ab. Dazu zeichnet man mit Hilfe eines Streichmaßes die entsprechenden Linien an und hobelt das Holz schräg bis zu diesen Linien ab.

3 Alle scharfen Kanten sollten mit sehr feinem Schleifpapier leicht gebrochen werden, so dass man sich nicht daran schneiden kann. Auch optisch wirken gebrochene Kanten günstiger.

Anbringen von Massivholzanleimern

1 Überprüfen Sie, ob die Kanten der Spanplatte gerade sind und im rechten Winkel zueinander verlaufen. Dafür verwendet man einen Anschlagwinkel, wobei darauf zu achten ist, dass der hölzerne Schenkel des Winkels fest an der Oberfläche der Platte anliegt.

2 Sägen Sie die Anleimer auf die erforderliche Länge. Sie sollten geringfügig dicker sein als die Spanplatte. Sägen Sie die Enden auf Gehrung und kleben Sie die Leisten an. Bis der Leim trocken ist, werden sie mit Papierklebeband fixiert.

3 Mit einem Handhobel hobelt man die Kanten nun bündig mit der Platte ab. Arbeiten Sie dabei immer von außen nach innen, damit die Holzfasern nicht absplittern. Nach dem Furnieren können die Kanten genau wie die Kanten eines Massivholzbrettes profiliert werden, vorausgesetzt, die verwendeten Anleimer sind breit genug.

Profilieren von Kanten

1 Die ideale Voraussetzung für das Abrunden von Brettkanten oder das Profilieren von Holz ist eine Fräse, die unter der Werkbank montiert wird. Der hier zu sehende Fräser hat einen Anlaufring zur Führung des Werkstückes beim Fräsvorgang. Schieben Sie das Brett einfach langsam in die Richtung, in die sich der Fräser dreht. Damit die Schnittkante möglichst glatt wird, sollten Sie die Rundung bzw. das Profil in mindestens zwei Gängen fräsen. Im ersten Arbeitsgang entfernen Sie den Großteil des Materials und im zweiten Gang wird nur ein ganz dünner Span abgenommen und die Kante somit geglättet.

2 Mit einer unter der Werkbank montierten Fräse kann man Nuten oder andere Profile auch in der Mitte eines Brettes ausschneiden. Dazu sollte man einen Anschlag verwenden und das Brett aus Gründen der Sicherheit nicht mit den Händen, sondern mit einer Schiebelade vorschieben (rechts).

FURNIERE

Furniere sind dünne Holzblätter, die für dekorative Zwecke oder zur Herstellung von Sperrholzplatten und gebogenen Formteilen verwendet werden. Ein Holz wird zu Furnierblättern für Schmuckfurniere aufgeschnitten, da es entweder sehr selten und zu teuer ist, um daraus massive Möbel zu bauen oder da seine Struktur es für Konstruktionszwecke ungeeignet macht. Die Furnierblätter werden auf eine stabile Unterlage geklebt und bilden so eine Oberfläche mit interessanten Farben, Formen und Mustern. Furnier ist deshalb nicht in erster Linie als ein Ersatzstoff zu betrachten und furnierte Möbel sind nicht unbedingt von schlechterer Qualität als Massivholzmöbel.

Schmuckfurniere sind meist dünner (0,6 bis 1,0 mm) als Furnierplatten, die zur Herstellung von Sperrholz oder von laminierten Formteilen verwendet werden (2,5 mm bis 3,5 mm).

Herstellung von Furnierblättern

Ein erfahrener Furnierhersteller muss in der Lage sein, schon bei der Betrachtung des unzersägten Stammes die Wahrscheinlichkeit einzuschätzen, daraus ein wertvolles oder interessant gemustertes Furnier zu erhalten und er muss genau wissen, wie er den Stamm zersägt, um die größtmögliche Zahl an wertvollen Furnierblättern zu erhalten. Manche Holzarten ergeben große Furnierblätter, bei Holz mit ungewöhnlicher Maserung sind die Furnierblätter meist relativ klein. Es gibt drei grundlegende Furnierarten: das Messerfurnier, das Schälfurnier und das Sägefurnier.

Sägefurnier

Vor der Entwicklung der Schälmaschinen um 1700 wurden alle Furniere durch Zersägen des Holzes hergestellt. Heute wird die Methode des Sägens nur bei speziellen Holzarten eingesetzt, die schwierig zu schälen oder mit dem Messer zu schneiden sind, oder wenn eine bestimmte Maserung nur durch Sägen erzielt werden kann.

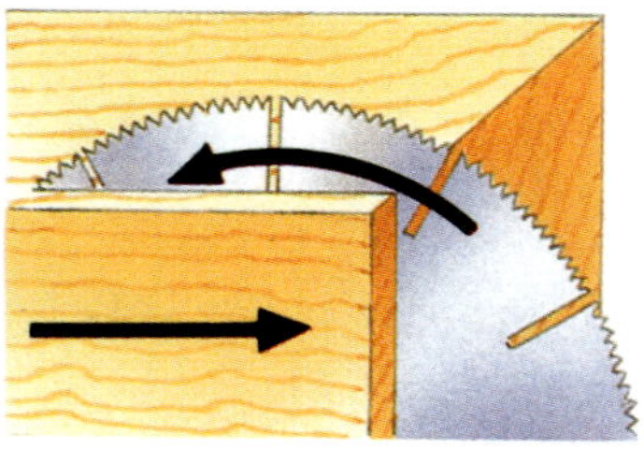

Das Sägen von Furnierblättern ist sehr abfallintensiv, denn bis zu 50 % des jeweiligen Baumstammes werden dabei in Sägespäne verwandelt.

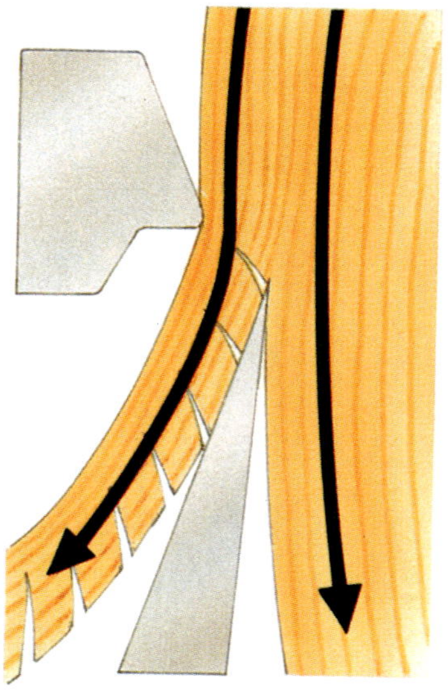

Messer

Der Abstand zwischen Messer und Druckbalken wird auf die gewünschte Furnierstärke eingestellt.

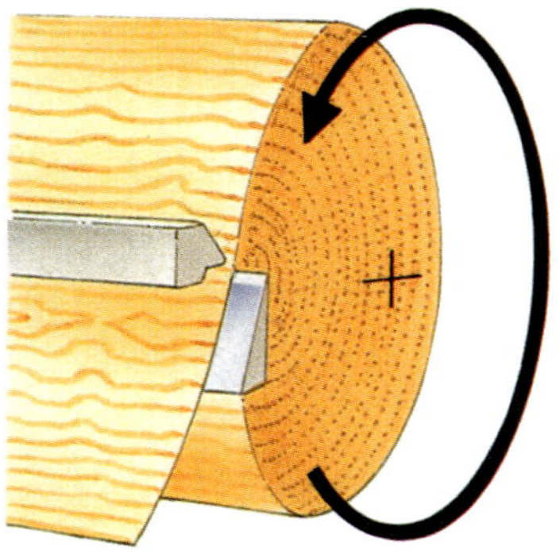

Wenn man den Stamm außerhalb des Mittelpunktes, also exzentrisch einspannt, erhält man ein breiteres Furnier mit einer dekorativen Maserung.

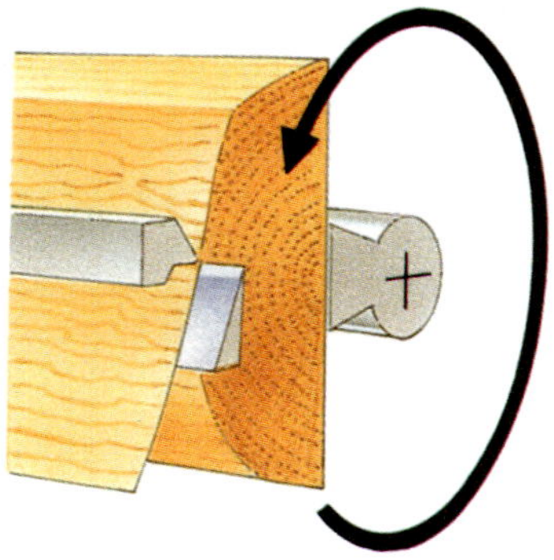

Furnierblätter, die aus einem halbrunden Stamm geschnitten werden, sind schmaler, haben jedoch eine ähnliche Maserung wie Furniere von einem exzentrisch eingespannten Stamm.

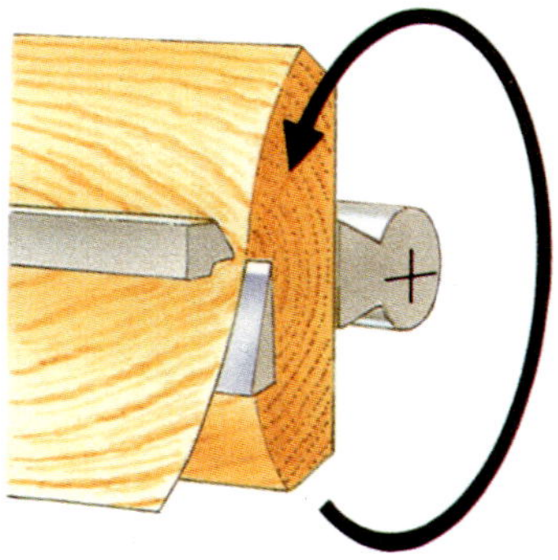

Spannt man den Stamm so ein, dass das Kernholz nach außen zeigt, erhält man eine ausdrucksvolle Maserung, zum Beispiel Fladern.

Schälfurnier

Das Holz wird zuerst weich gemacht, indem man es wässert oder mit Wasserdampf behandelt. Dann wird der Stamm mittig so eingespannt, dass er sich gegen das Messer dreht, welches man auf die gewünschte Dicke einstellt. Der Druckbalken sorgt dafür, dass das Furnier gleichmäßig abgetrennt wird. Damit kein Endlosfurnier entsteht, wird der Stamm von Zeit zu Zeit längs um einige Zentimeter eingeritzt, so dass nach jeder Umdrehung ein Furnierblatt abfällt, das so breit ist, wie der jeweilige Stammumfang in diesem Moment.

Diese Methode ist besonders geeignet,

um große Furnierblätter für Sperrholz und Schichtholz herzustellen, sie wird ebenfalls zum Schneiden von bestimmten Schmuckfurnieren genutzt, beispielsweise um den Vogelaugeneffekt im Ahorn zu erzeugen.

Da beim Schälen der Schnitt tangential durch die Jahresringe geht, erhält man ein Furnier mit einer sehr charakteristischen Maserung.

Messerfurnier

Mit dieser Methode werden dekorative Hartholzfurniere hergestellt. Nach dem Aufschneiden des Stammes in Längsrichtung wird die Maserung bewertet, um festzustellen, wie viele Schnitte interessante und wertvolle Furnierblätter ergeben. Der Stamm wird dann in mehrere Blöcke, so genannte Flitche geteilt, die auf einem Führungsbrett befestigt werden. Wenn sich das Führungsbrett nach unten bewegt, wird das Holz gegen das Messerblatt und den Druckbalken gedrückt, wodurch das Furnierblatt abgeschnitten wird.

Der Holzblock kann auf mehrere Arten eingespannt werden, so dass unterschiedliche Maserungen entstehen.

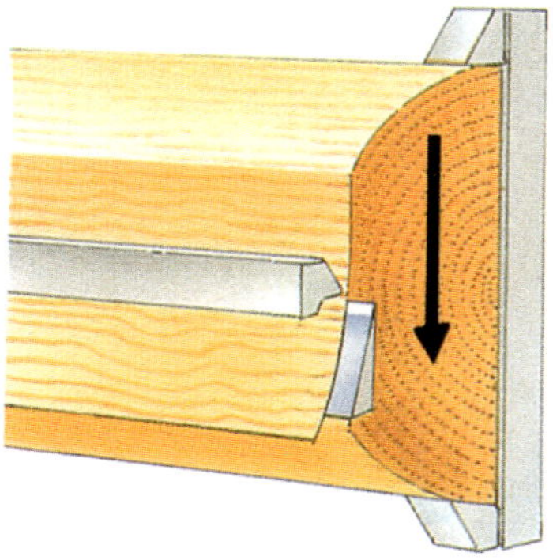

Das Messern ist die am häufigsten angewandte Art der Furnierherstellung und liefert Furnierblätter mit schöner Maserung.

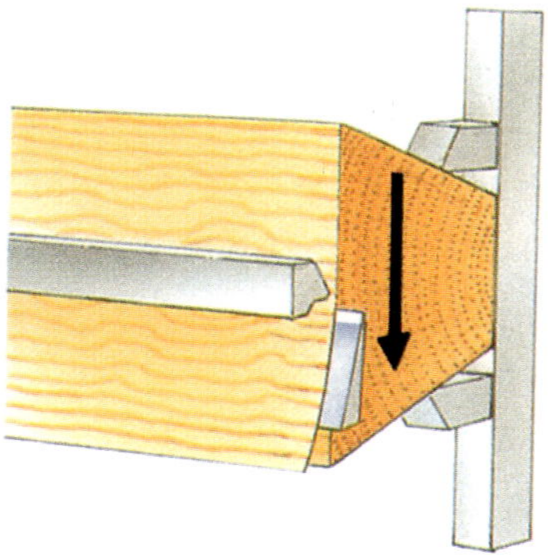

Mit der Methode des Messerns können Furnierblätter auch aus einem Viertelstamm tangential geschnitten werden. Dabei entstehen schmale, doch sehr schöne Furniere.

Furnierarten

Schmuckfurniere werden so geschnitten, dass man die attraktiven Merkmale der jeweiligen Holzart möglichst maximal ausnutzt. Furnierblätter werden in der Reihenfolge gestapelt, in der sie geschnitten wurden, damit man beim Furnieren von größeren Flächen ein fortlaufendes Furnierbild erhält. Wenn Sie für eine Arbeit mehrere Furnierblätter benötigen, müssen Sie diese also immer nacheinander aus der Packung nehmen.

Furnierblätter können industriell gefärbt werden. Im Handel sind ebenfalls Adern, Friese und fertige Motive für Einlegearbeiten erhältlich.

Furnieradern sind dünne Streifen, die verwendet werden um unterschiedliche Furnierflächen gegeneinander abzugrenzen. Friese sind etwas breitere, dekorative Randstreifen. Achten Sie beim Einkauf immer darauf, dass Sie genügend Furnierblätter für ein bestimmtes Projekt zur Verfügung haben, denn Sie werden später wahrscheinlich nicht mehr genau den gleichen Farbton und eine passende Maserung finden.

Im Handel sind auch fertige Intarsienmotive erhältlich, die man in eine Furnierfläche einlegen oder in einem Marketerie-Projekt verwenden kann. Wenn möglich sollte die Intarsie von gleicher Dicke sein wie das Furnier, so dass beim Anleimen der Druck auf alle Bereiche gleich ist. Früher wurden auch andere Materialien, wie beispielsweise Perlmutt oder Messing für Einlegearbeiten verwendet.

Furniere, Adern und Intarsien

1 Espenholz
2 Gefärbte Kiefer
3 Afrikanisches Olivenholz
4 Olivesche
5 Brasilianisches Rosenholz
6 Kirschbaum
7 Zebrano
8 Pomelle
9 Verschiedene Intarsienmotive
10 Gemusterte Adern und Friese

Furnieren

In den meisten Fällen möchte ein Tischler für die Herstellung von Möbelstücken oder Ähnlichem natürlich massives Holz verwenden, manche Holzarten sind jedoch zu teuer oder zu brüchig um daraus größere Gegenstände herzustellen. Deshalb greift man dann auf die Technik des Furnierens zurück.

In der Industrie werden Furniere in einer hydraulischen Presse mit heißen Platten aufgebracht. Der Tischler verwendet für diesen Zweck eine Handpresse oder Furnierzwinge. Die hier beschriebene Technik zeigt, wie man eine Platte mit Hilfe einer einfachen, selbst hergestellten Andruckvorrichtung furniert. Furnier kann auch per Hand aufgebracht werden, indem man es mit einem speziellen Kleber bestreicht und das Furnier dann mit dem Furnierhammer aufreibt. Das ist eine Technik, die sehr viel Erfahrung erfordert und meist nur bei der Restaurierung von Möbeln angewandt wird.

Furnieren einer Platte

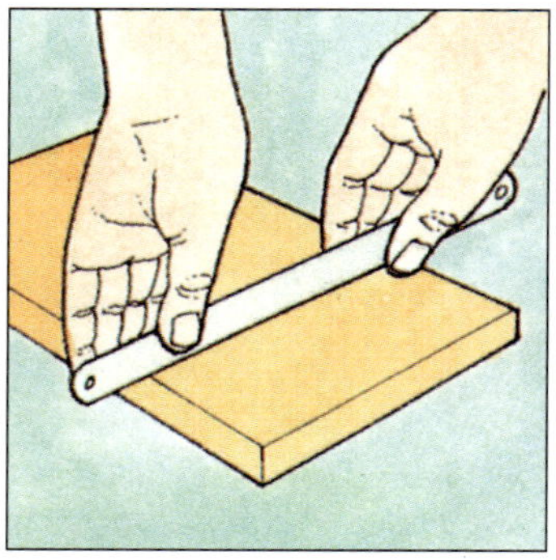

1 Wie bei vielen anderen Arbeiten ist auch beim Furnieren die sorgfältige Vorbereitung des Untergrundes ein wichtiger Schlüssel zum Erfolg. Die zu furnierende Fläche muss eben und sauber sein. Man kann die Oberfläche leicht mit einem Sägeblatt aufrauen, um eine bessere Haftung des Klebers zu erreichen.

Tipp

Furnierblätter mit vielen Masern enthalten oft kleine Löcher oder Risse. Bringen Sie das Furnier in der gewohnten Art und Weise auf und füllen Sie diese Bereiche mit Holzspachtel, der passend zum umgebenden Furnierbereich eingefärbt ist. Schleifen Sie die Fläche glatt und schützen Sie die furnierte Oberfläche mit einer Politur oder einem anderen Produkt Ihrer Wahl.

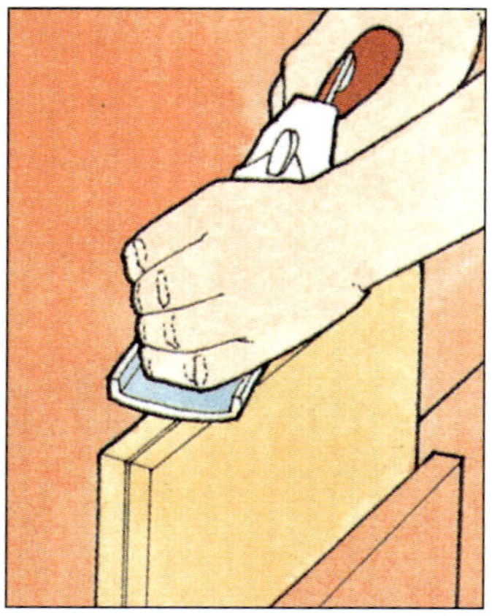

2 Wenn man zwei oder mehrere Furnierblätter zusammenfügen möchte, müssen die aneinander stoßenden Kanten ganz genau zusammenpassen. Spannen Sie die Furnierblätter deshalb zwischen zwei Bretter und hobeln Sie die Kanten glatt.

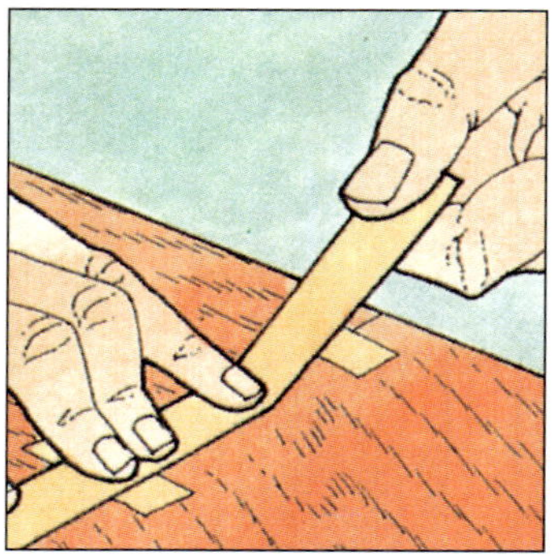

3 Die Furnierblätter werden mit Hilfe von Papierklebeband verbunden. Transparentes Klebeband wäre noch günstiger, da man die Verbindungsstelle darunter erkennen kann, es muss jedoch ein spezielles Klebeband sein, das leicht wieder zu entfernen ist, ohne dass beim Abziehen die Holzfasern angehoben werden.

4 Das Furnier ist nun so zuzuschneiden, dass an allen Kanten ein Überstand von etwa 12 mm bleibt. Markieren Sie die Schnittlinie mit einem Bleistift.

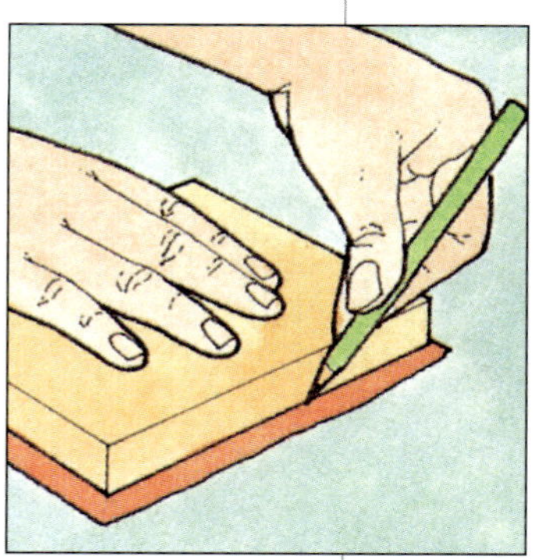

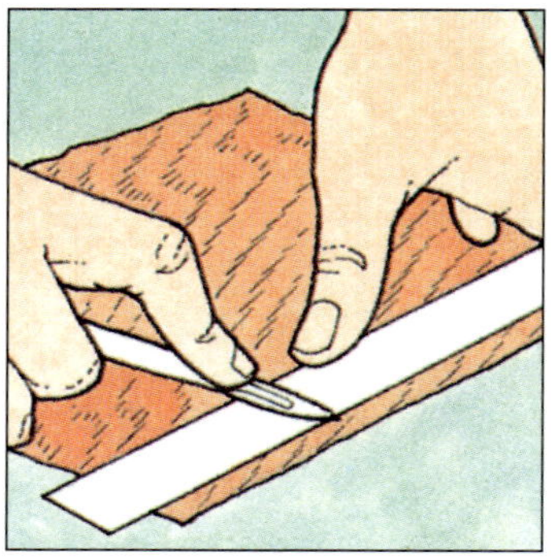

5 Zum Schneiden des Furniers verwendet man ein scharfes Universalmesser, das man möglichst ohne Abzusetzen entlang eines schweren Metalllineals zieht. Der Schnitt sollte etwa 3 mm außerhalb der Bleistiftmarkierung entlang führen. Schneiden Sie zuerst quer zur Faser, da es dort am wahrscheinlichsten zu Rissen kommen kann.

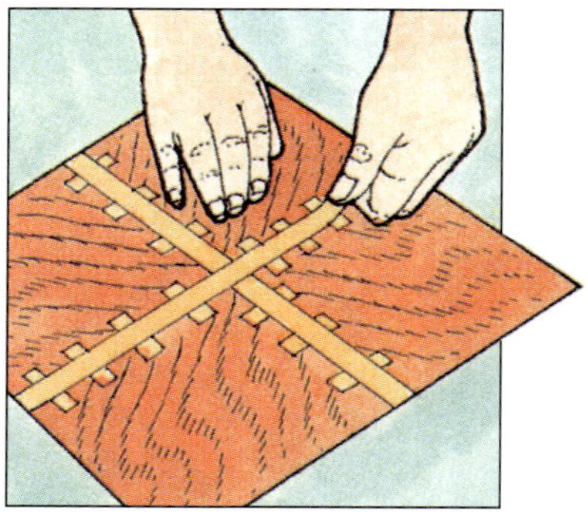

6 Nun legt man die zu verbindenden Furnierblätter flach auf den Boden. Es ist wichtig, dass alle aneinander stoßenden Kanten ganz gerade sind. Schieben Sie die Blätter genau zusammen und verbinden Sie die Stöße mit kleinen Stücken Fugenband. Wenn alles genau passt, kleben Sie nun noch Fugenband über die gesamte Länge des Stoßes.

7 Bauen Sie sich eine Furnierpresse aus zwei dicken Brettern oder Spanplatten (mindestens 25 mm dick), die größer sein müssen, als die zu furnierenden Bretter. Leimholz ist als Zulage nicht geeignet.

8 Es empfiehlt sich, die Innenseiten der Zulagen zu glätten und zu wachsen, denn bei manchen Furnieren kann etwas Leim austreten und das Furnier würde dann mit der Zulage verkleben. Aus dem gleichen Grund sollten Sie immer auch ein Stück Papier oder Kunststofffolie zwischen die Zulagen und das Furnier legen.

9 Zum Furnieren verwendet man speziellen Furnierleim aus dem Fachhandel. Kontaktkleber ist für Holzfurniere nicht geeignet, er wird nur für Oberflächen aus Kunststoff oder Linoleum benutzt. Für metallische Materialien, Fliesen und Mosaike benötigt man einen speziellen Kleber.

Tragen Sie den Leim nur auf die Grundplatte und nicht auf das Furnierblatt auf. Es empfiehlt sich, zum Auftragen eine Rolle zu verwenden, so dass ein Leimfilm von gleichmäßiger Dicke entsteht (rechts).

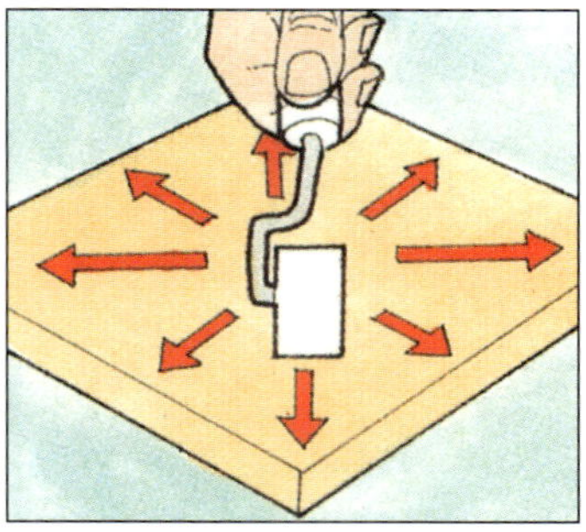

10 Legen Sie das Furnier auf und drücken Sie es zuerst per Hand an. Dann wird es mit einer kleinen Andruckrolle angepresst, wobei man ausgehend von der Mitte in alle Richtungen arbeitet, damit eventuelle Luftblasen sowie überschüssiger Leim herausgedrückt werden.

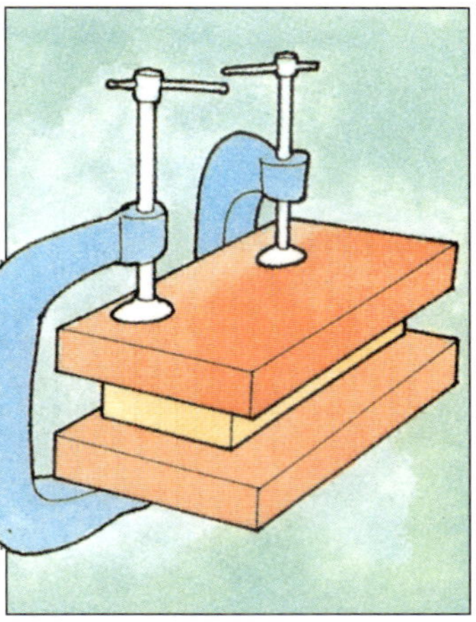

11 Um ein gutes Ergebnis zu erzielen, muss der Druck gleichmäßig verteilt werden. Bei kleineren Werkstücken genügen dazu einfache Schraubzwingen. Für größere Platten gibt es Schraubzwingen mit sehr tief reichenden Auslegearmen, die dafür sorgen, dass auch in der Mitte der Platte genügend Druck ausgeübt wird. Hat man solche Zwingen jedoch nicht zur Verfügung, kann man sich mit Unterlagen aus Restholzstücken behelfen.

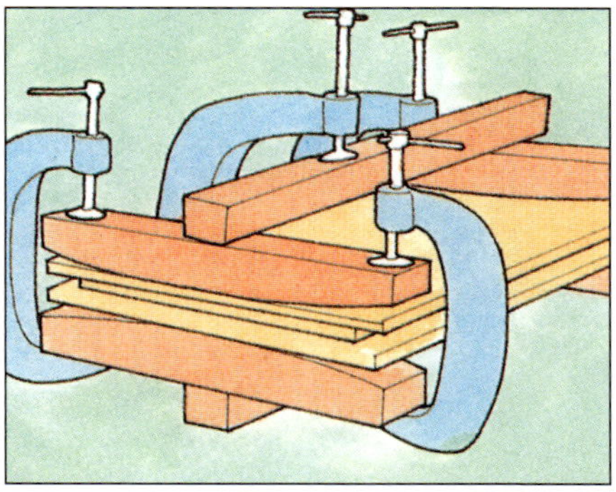

12 Sägen Sie die Restholzstücke auf der einen Seite leicht gewölbt zu. Wenn Sie die Zwingen anziehen, wirkt der Druck zuerst auf die Mitte der Platte.

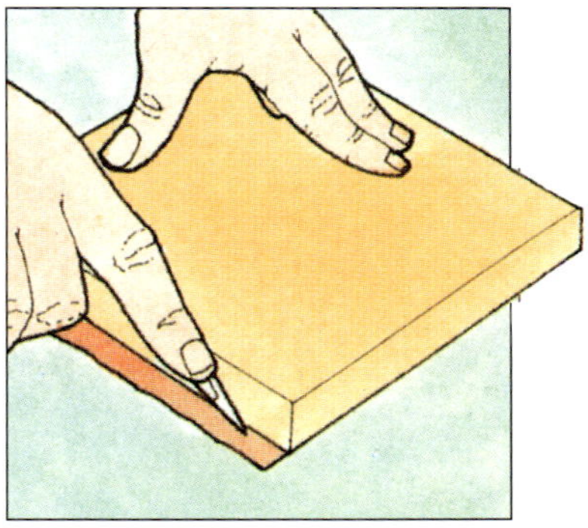

13 Lassen Sie den Leim vollständig trocknen, bevor Sie die Furnierpresse wieder öffnen. Die Trocknungszeit hängt von der Art des verwendeten Leims ab, doch empfiehlt es sich, die Zwingen erst am nächsten Tag abzunehmen, es sei denn, Sie haben einen speziellen Leimzusatz verwendet, der den Leim schneller erhärten lässt. Die Raumtemperatur sollte während des Trocknungsprozesses 16 bis 21 °C betragen.

Schneiden Sie die Ränder zum Schluss mit einem scharfen Universalmesser ab. Entfernen Sie eventuelle Reste von Papierklebeband mit etwas warmem Wasser und schleifen Sie die Oberfläche vor der Endbehandlung leicht ab.

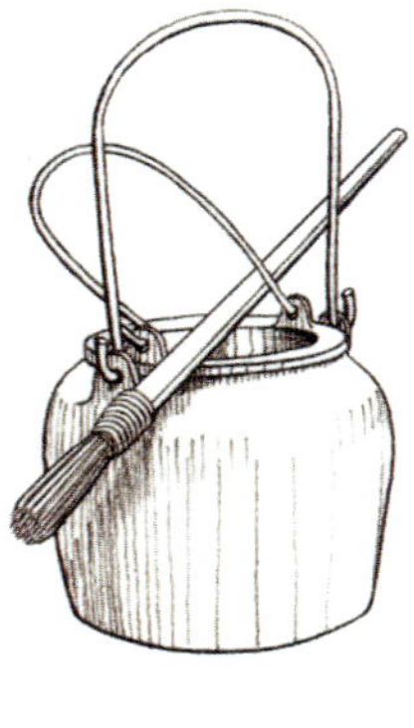

Furnieren einer Spanplatte mit Massivholzkanten

1 Das Furnierblatt, das etwas größer als die Grundplatte sein sollte, legt man verkehrt herum auf eine ebene Holztafel und darauf die zur furnierende Platte. Markieren Sie den Umriss der Platte.

2 Mit einem Stahllineal und einem scharfen Universalmesser schneiden Sie das Furnier zu und zwar jeweils 3 mm breiter als die markierte Linie. Es ist wichtig, dass man erst die Schnitte quer zur Faser ausführt, da das Furnier dabei leichter aufsplittern kann. Legen Sie das Messer im flachen Winkel an und üben Sie mit dem Zeigefinger etwas Druck aus. Ziehen Sie das Messer dann langsam und gleichmäßig durch das Furnier und seien Sie besonders an den Ecken vorsichtig, wo es am leichtesten ausbricht. An diesen Stellen sollte das Blatt des Messers fast horizontal geführt werden.

Zum Durchtrennen der Holzfasern eines dünnen Furnierblattes wird nur die Spitze des Messers benutzt und diese kann schnell stumpf werden. Sie sollten deshalb eine ausreichende Anzahl von Ersatzklingen vorrätig haben und die Klinge wechseln, sobald die Spitze nicht mehr richtig schneidet oder die Kante des Furniers bricht.

3 Nun bestreichen Sie die Trägerplatte mit Furnierleim. Manche Tischler rauen die Trägerplatte mit Hilfe eines Zahnhobels oder mit einem Sägeblatt auf, um eine bessere Haftung zu erzielen, bei den modernen Klebern ist das jedoch in der Regel nicht notwendig. Der hier verwendete Spachtel ist ein Zahnspachtel, mit dem man den Leim gleichmäßig verteilen kann.

4 Nun wartet man einige Minuten, bis der Leim schon etwas getrocknet ist und legt dann das Furnierblatt auf die Trägerplatte. Damit vermeidet man, dass Leimflecke durch das Furnier drücken und sich das Furnier infolge zu starker Feuchtigkeit verbiegt. Es kann bei einem dünnen Furnierblatt immer passieren, dass an manchen Stellen etwas Leim hindurchsickert. Deshalb sollten Sie das fertig furnierte Brett grundsätzlich erst abschleifen und trockenen Leim und Schmutzflecken entfernen, bevor Sie die Fläche polieren oder lackieren.

5 Legen Sie die furnierte Trägerplatte zwischen zwei größere Zulageplatten und spannen Sie beide mit Hilfe von Zwingen so zusammen, dass der Druck gleichmäßig verteilt ist. Lassen Sie alles über Nacht oder mindestens zwei Stunden bei etwa 15 °C trocknen.

6 Wenn das furnierte Brett trocken ist, wird das überstehende Furnier sorgfältig mit einem scharfen Universalmesser abgeschnitten. Legen Sie auf einer Seite eine Leiste unter das Brett, so dass der Druck auf die Schnittstelle verstärkt wird. Das furnierte Brett kann nun beschliffen oder mit dem Schabhobel bearbeitet werden.

Tipp

Wenn Sie ein dekoratives Furnier für den Deckel einer Holzschatulle oder ein anderes besonderes Werkstück aussuchen, sollten Sie sich genügend Zeit nehmen, um ein Blatt mit einem wirklich interessanten Furnierbild zu finden.

Aufbringen von Furnieren, Motiven und Friesen auf ein flaches Brett

1 Beim Furnieren kann man interessante Effekte erzielen. Hier hat man eine so genannte Kreuzfuge aufgeklebt, die durch wechselseitiges Stürzen von aufeinander folgenden Furnierblättern entsteht. In der Mitte wurde eine Intarsie eingelegt und ringsherum ein Fries aufgebracht, das durch Adern von der Hauptfläche abgetrennt ist.

2 Schneiden Sie die vier Rechtecke sorgfältig zu und verbinden Sie die Stöße mit Furnierband. Auch alle eventuell vorhandenen Risse im Furnier sind mit Furnierband abzukleben. Das Furnierband wird vor dem Aufkleben angefeuchtet (man kann es anlecken) und später entfernt, indem man es wiederum anfeuchtet.

3 Dekorative Intarsien sind im Fachhandel in vielen unterschiedlichen Formen und Größen erhältlich. Dieses ovale Motiv wird jetzt verkehrt herum auf den Mittelpunkt des Furniers gelegt.

4 Mit einem spitzen Anreißmesser schneidet man nun die Form der Intarsie aus dem Furnier. Dann wird das Motiv in die Öffnung gelegt und mit Furnierband befestigt. Das fertig zusammengesetzte Furnierbild wird schließlich auf die Trägerplatte geleimt und in die Furnierpresse gelegt.

5 Als Randbegrenzung des furnierten Brettes werden schmale Furnierstreifen quer zur Holzmaserung geschnitten. Wenn nötig sind mehrere Friesstücke aneinander zu setzen und mit Furnierband zu verbinden. Dann beschneidet man die Kanten des furnierten Brettes so, dass ein umlaufender, überall gleich breiter Rand entsteht. Man legt die Friese auf das Brett und schneidet die Gehrungen vorsichtig durch die übereinander liegenden Streifen hindurch. Dann werden die Friese einzeln aufgeleimt und eingespannt.

6 Gemusterte oder kontrastfarbige Adern können eine furnierte Fläche optisch erheblich interessanter machen. Nachdem das Randfries aufgeleimt und getrocknet ist, kann man die Adern einlegen. Mit einer Oberfräse fräst man dazu schmale Nuten in das Brett (siehe Fräsen, S. 122). Gehen Sie mit schmalen Fräsern sehr vorsichtig um, denn sie sind sehr zerbrechlich. Die Tiefe der Nut sollte etwas weniger als 2 mm betragen.

7 Nun werden die durch den Fräser entstandenen runden Ecken mit einem Stecheisen begradigt (siehe auch S. 129 bis 144). Die Gehrungen auf den Adern markiert man ebenfalls mit dem Stecheisen. Dann legen Sie die Adern auf ein Brett und schneiden sie auf die erforderliche Länge.

Mit einem kleinen Furnierspachtel gibt man etwas Weißleim in die Nuten, legt die Adern vorsichtig ein und drückt sie mit der Finne eines schmalen Hammers leicht an.

8 Wenn alle Teile des Furnierbildes aufgeleimt sind, ist das Werkstück bereit für die Endbearbeitung. Diese sollte am besten mit einer Ziehklinge erfolgen. Nachdem man das Fugenband angefeuchtet hat, schabt man es vorsichtig ab, wobei die Schönheit des darunter liegenden Furnierbildes zum Vorschein kommt. Führen Sie die Ziehklinge immer mit der Faser oder diagonal dazu, damit die Oberfläche schön glatt wird. Nach dem Glätten ist das furnierte Brett bereit für die abschließende Oberflächenbehandlung.

Marketerie

Marketerie ist eine Dekorationstechnik, bei der Ornamente aus Holz, Schildplatt oder Metall außerhalb des Werkstücks zu einem Bild zusammengestellt und danach als Ganzes auf die Oberfläche des Werkstücks aufgeleimt werden. Bei Intarsien werden die Verzierungen im Gegensatz zur Marketerie in vorher geschaffene Vertiefungen eingelegt. Es gibt viele unterschiedliche Methoden ein Bild zusammenzusetzen, hier wird die „Fenstermethode" demonstriert.

Zeichnen Sie dazu die Umrisse des Bildes auf, drehen Sie die Zeichnung um und befestigen Sie den oberen Rand mit Klebeband an einem ebenen Brett, das als Schneidunterlagen dient. Zuerst setzt man den Hintergrund zusammen, indem man die wichtigsten Elemente auf Furnierblätter zeichnet, ausschneidet und diese dann verbindet. So entsteht eine komplette Fläche, aus welcher dann die Fenster für die Elemente des Vordergrundes ausgeschnitten werden. Alle Teile werden aus umgekehrt liegenden Furnierblättern geschnitten, denn die Passform der Teile ist dort am besten, wo sie mit der dünnen Spitze der konischen Schneide des Messers durchtrennt werden.

Marketerie erfordert viel Geduld und große Sorgfalt beim Ausschneiden. Dieses Bild in stark kontrastierenden Farben ist ein Projekt für Anfänger. Erfahrene Künstler jedoch können mit der Technik der Marketerie angefangen von detaillierten ländlichen Szenen bis zu Kopien von Fotografien und Ölgemälden fast alles darstellen.

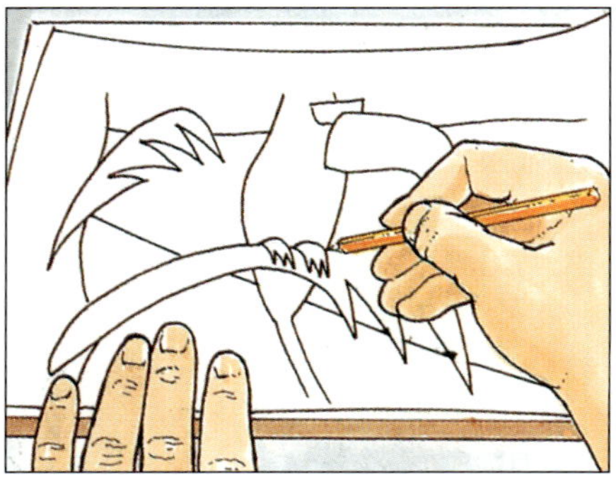

1 Zeichnen Sie den Umriss des gewünschten Motivs auf Zeichenpapier. Für die ersten Projekte sollte man ein relativ einfaches Motiv wählen.

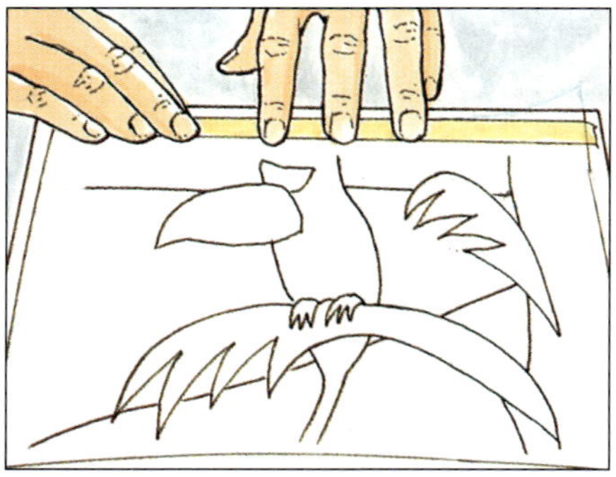

2 Drehen Sie die Zeichnung um und befestigen Sie den oberen Rand mit Klebeband auf der Schneidunterlage. Die Zeichnung muss sich anheben lassen, sie darf also nur an der oberen Kante befestigt sein.

Hintergrund anlegen

3 Legen Sie ein Stück hellblaues Furnier, das groß genug für den Himmel ist, unter die Zeichnung und pausen Sie die Horizontlinie auf dieses Furnierstück. In diesem Bild ist das ein relativ schmaler Streifen.

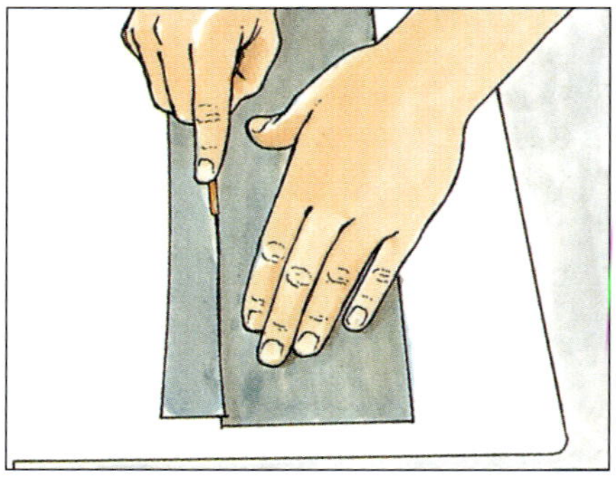

4 Schneiden Sie nun mit einem Universalmesser entlang dieser Linie, wobei der Schnittwinkel relativ flach sein sollte. Die Linie muss natürlich wirken, sollte also nicht genau gerade sein.

5 Nun legen Sie dieses Stück über einen Streifen dunkelblauen Furniers, der groß genug für das Meer ist und schneiden das dunkelblaue Furnier entlang des Randes durch. Führen Sie dabei das Messer dicht am Rand des hellblauen Stücks entlang.

6 Überprüfen Sie die Passform, verreiben Sie etwas Leim auf die aneinander stoßenden Kanten und verbinden Sie beide Teile mit Furnierband, wobei Sie erst einige kurze Stücke rechtwinklig zur Naht aufkleben und dann ein langes Stück längs der Naht darüber kleben. Reiben Sie mit dem Griff eines Messers oder eines ähnlichen Werkzeuges über die Verbindungsstelle um festzustellen, ob beide Teile bündig sind.

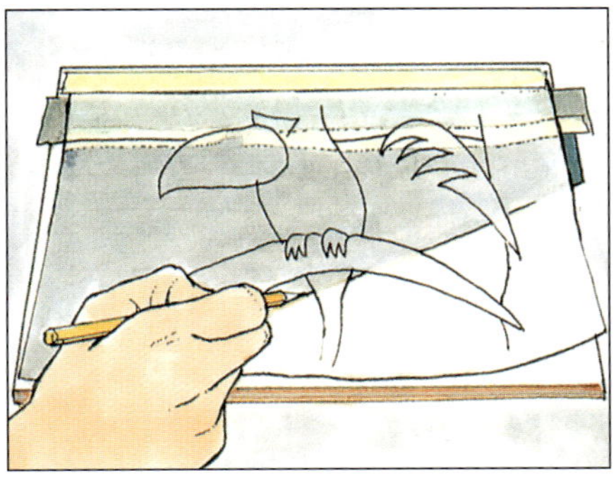

7 Legen Sie den Hintergrund nun wieder unter das Zeichenpapier und pausen Sie die „Küstenlinie" durch. Gehen Sie im Weiteren so vor, wie bereits beschrieben, damit die Linie möglichst natürlich wirkt.

8 Schneiden Sie das dunkelblaue Furnier entlang dieser Linie durch. Dann legen Sie ein Stück gelbes Furnier darunter, schneiden es entlang der „Küstenlinie" ab und verbinden die Teile wie oben beschrieben mit Leim und Furnierband.

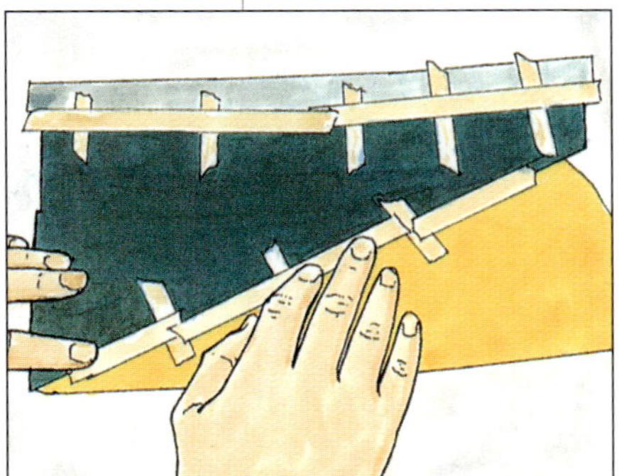

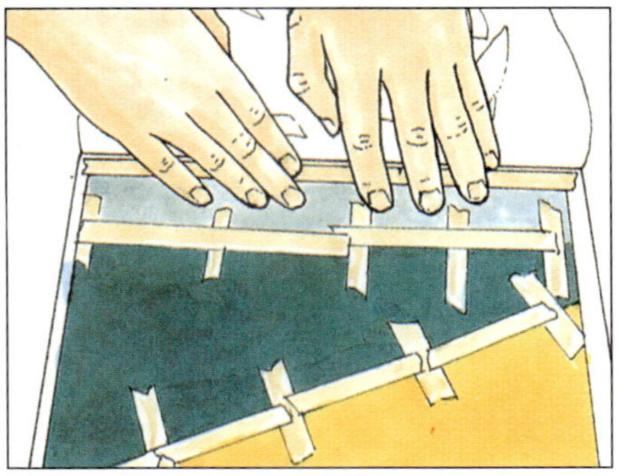

9 Wenn alles trocken ist, hobelt man die Kanten rechtwinklig ab, belässt die Fläche insgesamt jedoch etwas größer als die Grundplatte. Kleben Sie die Oberkante des Hintergrunds mit Klebeband unter die Zeichnung oben an die Schneidunterlage. Beide müssen sich leicht nach oben und unten falten lassen.

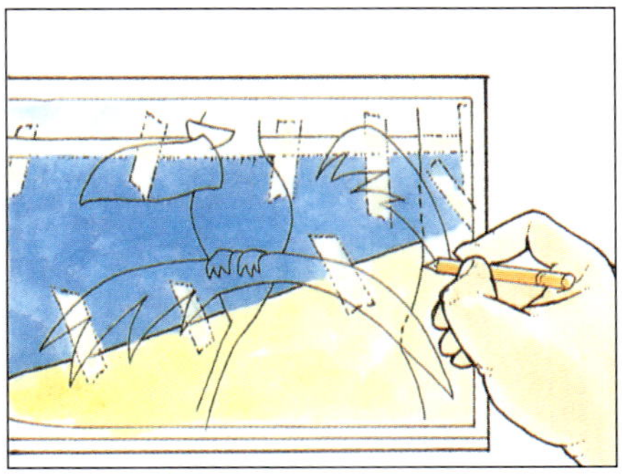

10 Da der Palmenstamm nicht in ein „Fenster" passt, wird er wie ein Teil des Hintergrundes behandelt. Sein Profil wird auf den Hintergrund gepaust, ausgeschnitten und dann schneidet man ein Stück des gewählten Furniers passend zu. Schließlich befestigt man den Stamm mit Leim und Fugenband wie oben beschrieben.

Das Bild einpassen

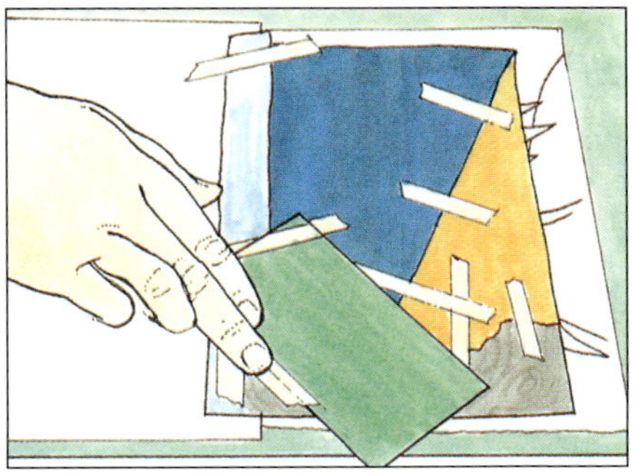

11 Pausen Sie den oberen kleinen Zweig auf den Hintergrund und schneiden Sie seine Form sorgfältig aus. Legen Sie vorher eine neue Klinge in das Messer. Kleben Sie ein Stück grünes Furnier von unten über dieses „Fenster".

12 Nun drehen Sie alles wieder um und schneiden durch das Fenster den Zweig aus. Ziehen Sie das grüne Furnier wieder heraus und schneiden Sie sorgfältig alle Stellen nach, an denen das Furnier noch nicht vollständig durchtrennt war.

Tipp

Mit der Technik der Marketerie kann man ebene Oberflächen mit Motiven verzieren – beispielsweise den Deckel eines Schmuckkästchens oder die Vorderseite einer Truhe. Verwenden Sie zum Schutz der Marketeriearbeit eine farblose Politur. Eine dunkle Politur würde die Furniere ebenfalls dunkler machen, so dass das Motiv weniger gut zur Geltung käme.

13 Schieben Sie das Blatt vorsichtig hinter das Fenster und überprüfen Sie die Passform. Dann streichen Sie etwas Leim auf die Kanten und drücken es an seinen Platz. Befestigen Sie es zusätzlich mit Fugenband und fahren Sie wie in Punkt 6 beschrieben mit dem Schaft eines Messers über die Fugen. Wiederholen Sie die Schritte 11 und 12 für den Vogelkörper.

Einpassen des Schnabels

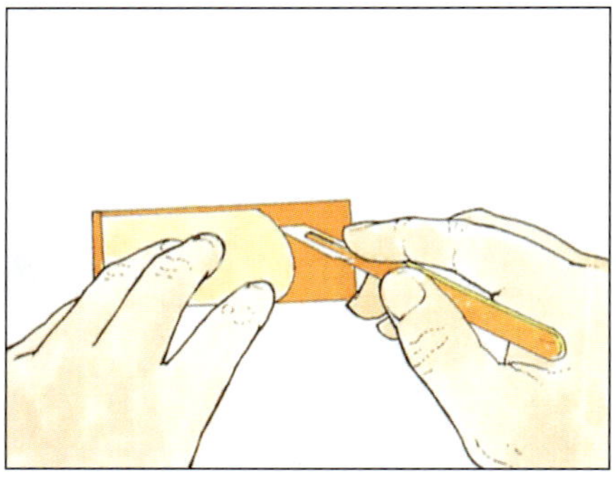

14 Fertigen Sie sich aus 1,5 mm starkem Birkensperrholz oder einem ähnlichen Werkstoff eine Schablone an, die die Form der Verbindungsstelle des Schnabels mit dem Kopf des Vogels widerspiegelt. Schneiden Sie diese Form aus einem Stück orangenfarbenen Furniers aus.

Tipp

Marketerie ist ein komplizierter Prozess. Sie brauchen dazu eine gute natürliche Lichtquelle oder eine Lampe, die den Arbeitsplatz direkt beleuchtet. Da die einzelnen Teile sehr klein sind und keine elektrischen Werkzeuge benötigt werden, kann ein Marketeriemotiv auch am Küchentisch, statt in der Werkstatt zusammengesetzt werden.

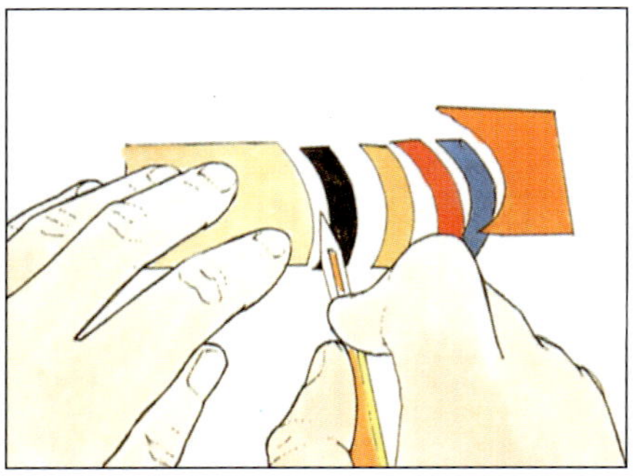

15 Mit Hilfe der Schablone schneiden Sie nun eine Reihe von schmalen Segmenten aus verschiedenfarbigen Furnieren und schließlich die Spitze des Schnabels aus dem orangefarbenen Furnier aus.

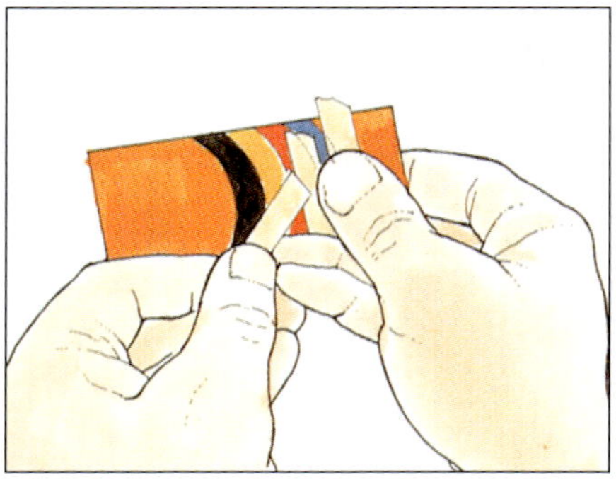

16 Verbinden Sie die Teile des Schnabels, indem Sie alle Kanten mit etwas Leim bestreichen und die Fugen dann mit Furnierband überkleben. Wenn der Leim getrocknet ist, können Sie das Furnierband entfernen. Schneiden Sie das Fenster für den Schnabel aus, legen Sie das vorbereitete Stück dahinter und fahren Sie fort wie in Punkt 12.

17 Entfernen Sie alle Furnierbandstücke und kleben Sie das komplette Bild auf eine etwas größere Trägerplatte. Achten Sie darauf, dass nun die richtige Seite oben liegt.

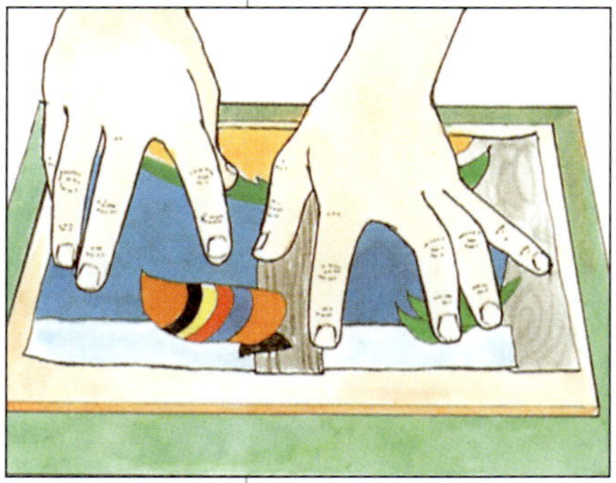

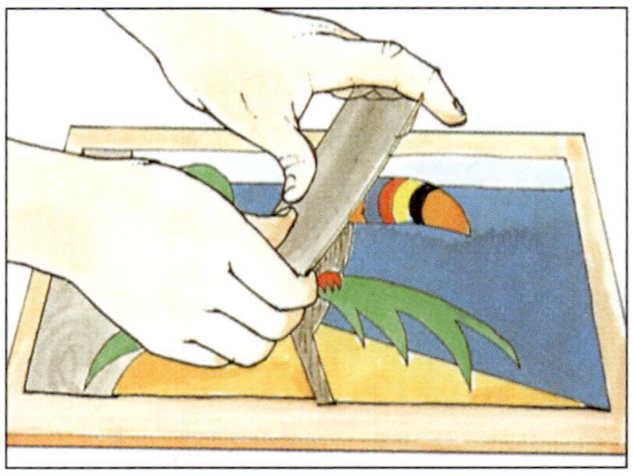

18 Wenn der Leim getrocknet ist, säubern und glätten Sie die Oberfläche mit einer Ziehklinge, wobei man niemals genau rechtwinklig zur Faser zu arbeiten sollte, da dabei die Holzfasern ausreißen könnten. Die Oberfläche darf nicht geschliffen werden, denn dann könnte sich farbiger Schleifstaub in den Holzfasern verfangen.

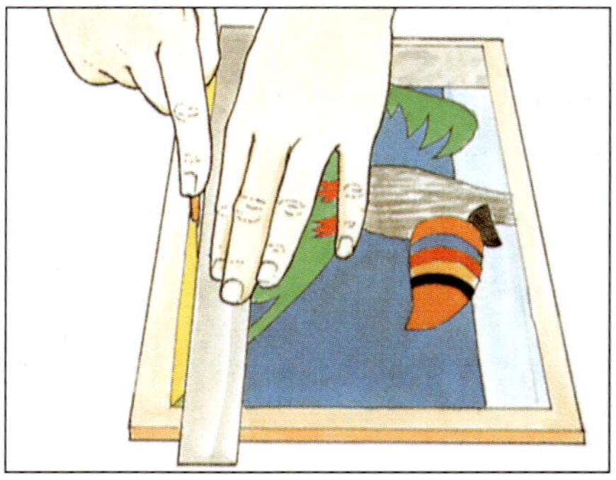

19 Nun schneidet man die Kanten genau rechtwinklig ab, so dass überall ein gleichmäßig breiter Rand entsteht. Sie können das fertige Motiv entweder als Bild aufhängen oder als Deckel für eine Schatulle verwenden.

Würfelmarketerie (Tunbridgeware)

Die Würfelmarketerie ist eine komplexe Technik der Verzierung von Schatullen oder Möbelstücken. Im 18. Jahrhundert wurde diese Technik vor allem in Tunbridge Wells in der englischen Grafschaft Kent praktiziert, deshalb auch der englische Name Tunbridgeware. Dabei wurde der gesamte zu verzierende Gegenstand mosaikartig mit einer Reihe identischer oder ähnlicher Scheiben belegt, die von einem vorher zusammengesetzten Block abgesägt wurden.

Der würfel- oder quaderförmige Holzblock wird aus schmalen Leisten mit quadratischem Querschnitt (1 mm oder 1,5 mm Seitenlänge) zusammengesetzt, so dass beim Aufschneiden viele Scheiben mit identischem Muster entstehen. Zum Bau des Blockes nimmt man Holzarten unterschiedlicher Farbe oder gefärbte Furniere. Ebenholz, Buchsbaum, Walnuss, Birne und Rosenholz beispielsweise sind geeignete Ausgangsmaterialien für diese Technik. In dem vorgestellten Projekt wurden Buchsbaum, Padauk sowie rot und schwarz gefärbte Furniere verwendet.

Im Folgenden wird die grundlegende Methode zur Herstellung eines solchen quaderförmigen Holzblockes beschrieben. Indem man das Muster innerhalb eines Blockes komplexer gestaltet und Tafeln unterschiedlicher Ausgangsblöcke kombiniert, kann man faszinierende Motive erstellen.

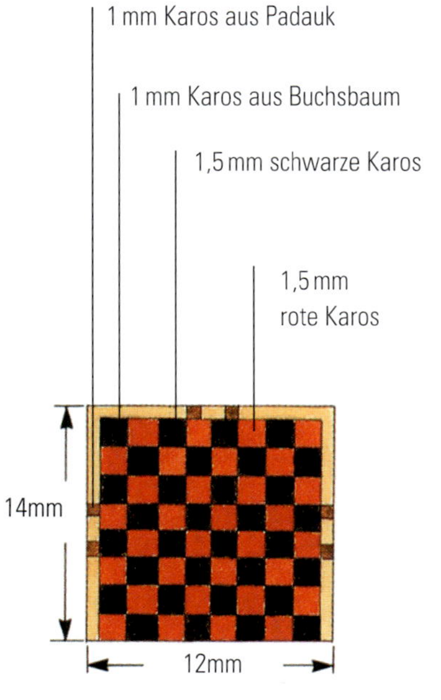

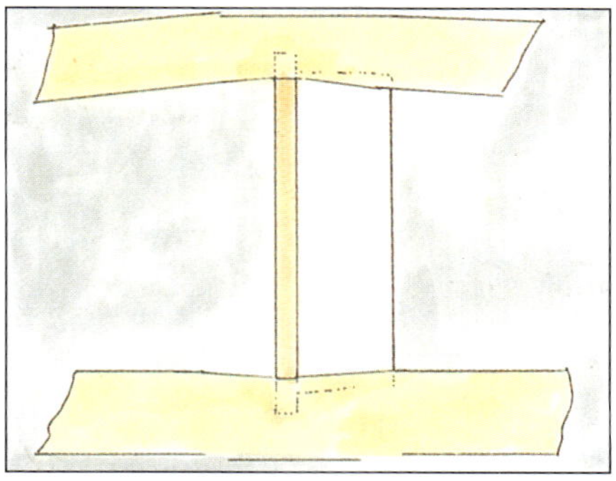

1 Kleben Sie ein Stück Wachspapier (25 mm x 80 mm) auf die Arbeitsfläche und befestigen Sie links darauf mit Klebeband ein Stück einer quadratischen Leiste aus Buchsbaum (Seitenlänge 3mm) oder einem ähnlichen Holz, die als Anschlag dient.

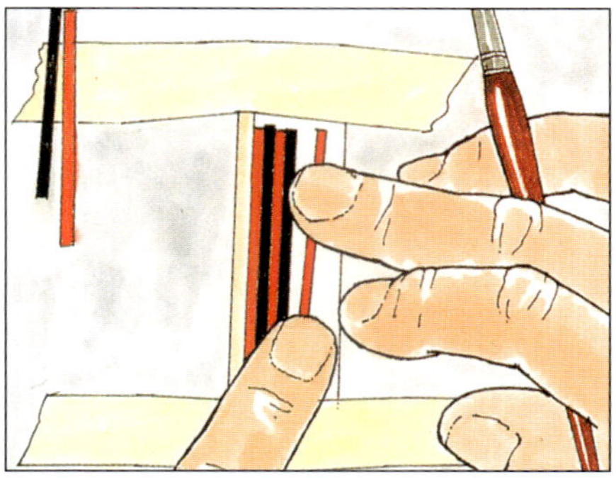

2 Schneiden Sie je 16 rote und schwarze Streifen mit quadratischem Querschnitt (Seitenlänge 1,5 mm) aus einem dreilagigen Furnier. Legen Sie einen roten Streifen gegen den linken Anschlag und streichen Sie etwas Weißleim, der mit 10 % Wasser verdünnt wurde, auf die rechte Kante. Dann legen Sie einen schwarzen Streifen dagegen und fahren so fort, bis 8 Streifen verklebt sind.

Links: Querschnitt durch den hier beschriebenen Würfel, der die erforderliche Anordnung der Streifen zeigt. Beachten Sie, dass nur an drei Seiten ein Rand vorhanden sein darf.

3 Wiederholen Sie diese Arbeitsschritte noch dreimal, bis Sie vier identische Felder haben. Schneiden Sie diese Felder in der Mitte durch.

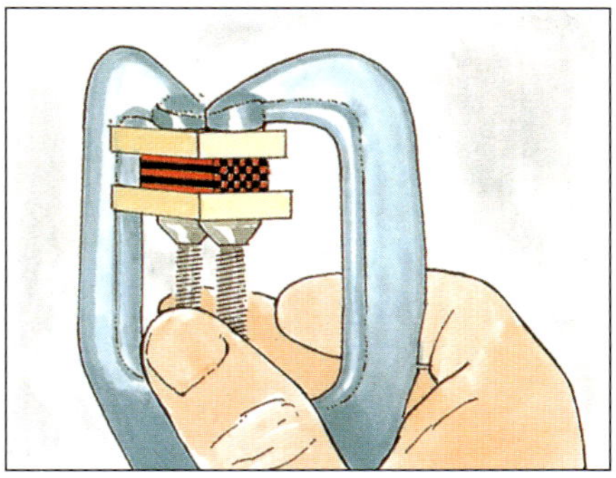

4 Verleimen Sie jeweils vier der rot/schwarzen Felder, wobei darauf zu achten ist, dass beide Enden perfekt ausgerichtet sind, und spannen Sie den so erhaltenen Quader zwischen zwei Restholzstücken ein. Wenn beide Quader getrocknet sind, verleimt man sie zu einem doppelt so großen Block mit quadratischer Stirnseite.

5 Diesen Block zum Aushärten des Leims zwischen zwei Holzstücke spannen. Dann hobelt man alle vier Seiten glatt und überprüft den rechten Winkel. Jetzt sind allerdings nur noch minimale Korrekturen möglich.

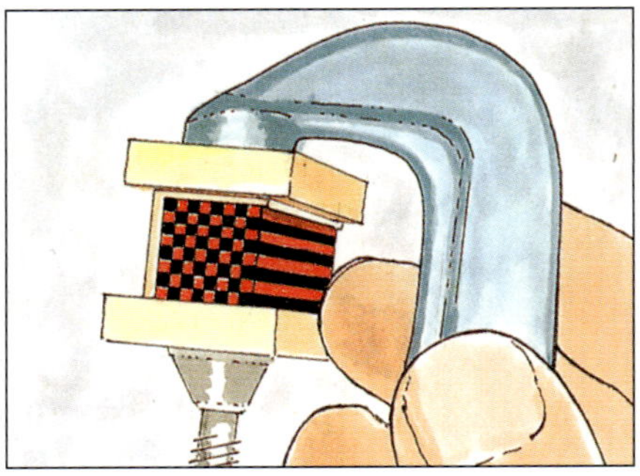

6 Nun leimen Sie nacheinander die vorbereiteten Randfelder aus Buchsbaum- und Padaukleisten an. Diese Felder sind jeweils 1 mm breiter als die Stirnseiten des Quaders, so dass sie um diesen Millimeter überstehen und das folgende Randfeld jeweils an die überstehende Kante des vorherigen stößt.

7 Wenn der Leim erhärtet ist, hobelt man die Kanten bündig ab und zersägt den Block in Scheiben von 2 mm Breite, die man als dekorative Elemente in eine Furnierfläche einlegen kann.

Mit der Würfelmarketerie kann man sehr komplexe Effekte erzielen. Das hier gezeigte Beispiel ist relativ einfach.

Parketterie

Parketterie ist eine alte Handwerkstechnik. Aus verschiedenen Furnierarten wird ein geometrisches Muster zusammengesetzt. Oft wird dazu wie in dem hier beschriebenen Projekt das gleiche Holz verwendet, wobei jedoch die Maserung der Streifen in unterschiedlicher Richtung verläuft.

Esche ist ein geeignetes Holz für die Parketterie, da sie eine sehr deutliche Maserung hat und der Kontrast zwischen Stücken mit unterschiedlichen Maserungsrichtungen sehr gut zu sehen ist. Eiche oder Rosenholz (für dunklere Flächen) wären ebenfalls geeignet.

Überlegen Sie sich, wie groß die einzelnen Rhomben sein sollen, damit das Muster auf dem betreffenden Werkstück gut zur Geltung kommt. Dann fertigen Sie sich zum Ausschneiden der Streifen eine Schablone aus Metall an. Sperrholz eignet sich als Schablone nicht, da es zu weich ist. Die einfachste Lösung für den ersten Versuch ist die Verwendung einer Metallleiste, die Sie bereits besitzen, z. B. eines Stahllineals. Mit der hier gezeigten grundlegenden Technik kann man viele schöne Effekte erzielen, man muss das Projekt vorher jedoch sorgfältig planen.

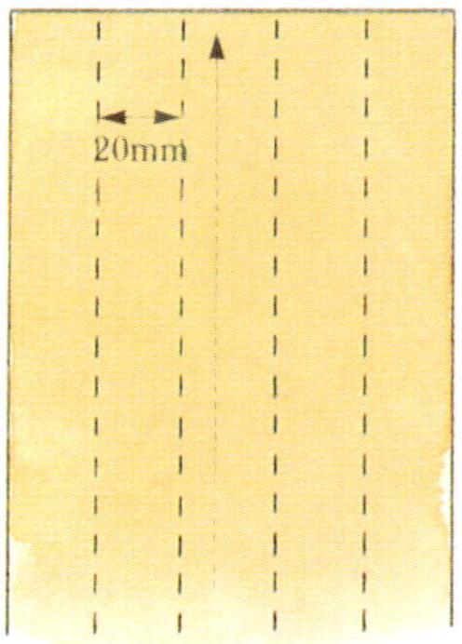

Der Pfeil zeigt die Richtung der Maserung an. Das Furnierblatt ist entlang der gestrichelten Linien zu zerschneiden. Arbeiten Sie dabei sorgfältig und präzise!

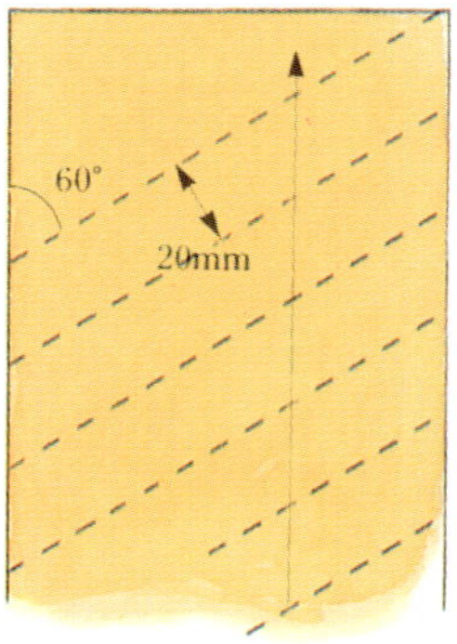

Die diagonalen Streifen, die im Winkel von 60° zur Maserrichtung anzureißen sind, müssen genauso präzise geschnitten werden.

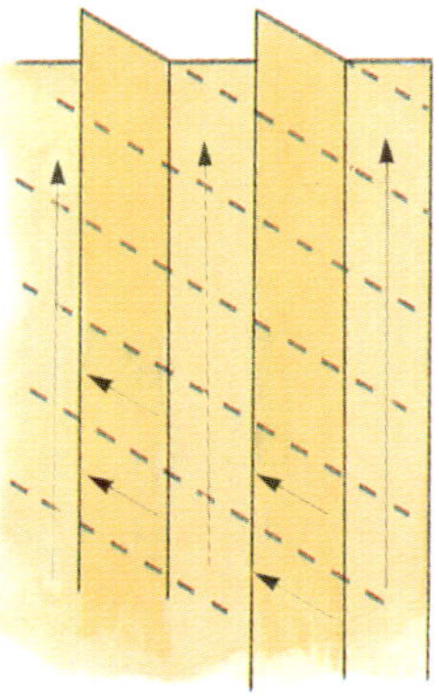

Machen Sie sich vor Beginn der Arbeiten einen detaillierten Plan und denken Sie daran, dass der Symmetrie bei dieser Technik die größte Bedeutung zukommt. Verwenden Sie zum Zuschneiden ein Stahllineal.

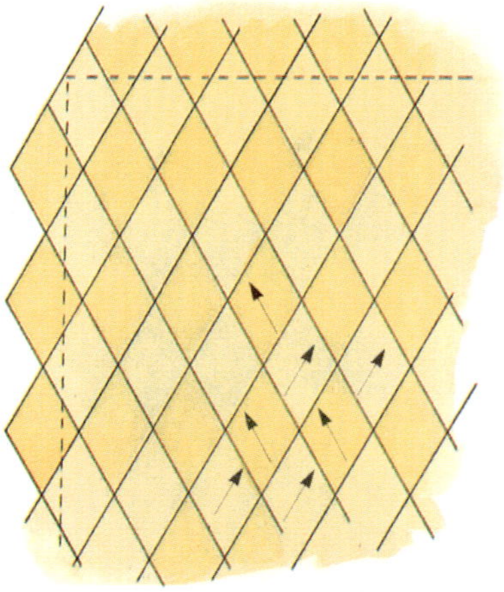

Die Wirkung der Parketterie beruht auf der unterschiedlichen Richtung der Holzmaserung. Eschenholz, das für dieses Projekt verwendet wurde, eignet sich besonders gut für diese Technik.

SCHNITZEN

Seit Jahrhunderten wird überall auf der Erde mit Begeisterung geschnitzt. Angefangen von Dingen des täglichen Bedarfs und dekorativen Mustern bis hin zu architektonischen Elementen und abstrakten Skulpturen. Schnitzen kann eine Kunst oder ein Handwerk sein, oft ist es beides.

Vorbereitungsarbeiten

Die praktischen Vorbereitungsarbeiten können sich auf eine Skizze beschränken, aber auch sorgfältig vermessene Pläne oder ein Modell beinhalten; für manche Projekte sind alle drei Vorbereitungsschritte erforderlich.

Die Skizzen, die detaillierten Zeichnungen und das Modell erleichtern es dem Schnitzer, das Objekt zu visualisieren und geben ihm alle grundlegenden Informationen, die er zum Schnitzen benötigt. Danach muss man versuchen zu erfühlen, was das Schnitzwerk gerade fordert und herausfinden, welches die günstigste Herangehensweise ist. Wenn Sie ein Motiv gewählt und die vorbereitenden Überlegungen abgeschlossen haben, sollten Sie einige vorläufige Skizzen und danach eine möglichst detaillierte Zeichnung im Maßstab 1:1 anfertigen. Bei manchen Objekten ist eine Ansicht ausreichend, je stärker jedoch die dritte Dimension des geplanten Schnitzwerkes ausgeprägt ist, desto mehr Ansichten sind nötig, um eine ausreichend genaue Vorstellung davon zu erhalten. Bei manchen Objekten empfiehlt es sich, wie ein Architekt zu arbeiten und eine Draufsicht sowie mehrere Aufrisse zu zeichnen.

Vergrößern einer Zeichnung

Möglicherweise sind Sie sich bei den ersten Skizzen über die endgültige Größe des Werkstücks noch nicht im Klaren. Dann kann entweder ein Fotokopierer helfen, die Skizze zu verkleinern oder zu vergrößern oder aber Sie teilen Ihr Skizzenblatt in Karos auf. Um zum Beispiel eine Zeichnung um das Vierfache zu vergrößern, zeichnet man ein Gitter in Abständen von 6,5 mm über die Zeichnung. Nun teilt man ein neues Blatt in Karos mit einer Seitenlänge von 25 mm und nummeriert die Karos auf beiden Blättern. Dann können Sie die Zeichnung Karo für Karo übertragen und somit ziemlich exakt vergrößern.

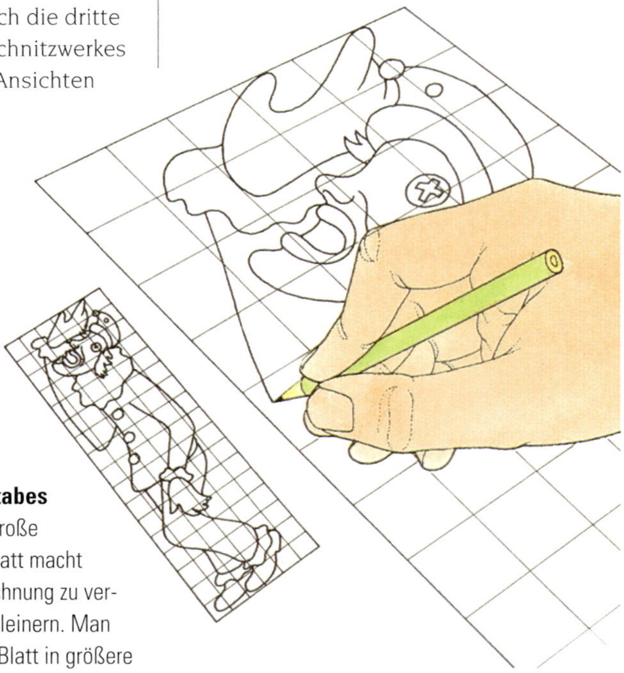

Ändern des Maßstabes
Ein in gleichmäßig große Karos unterteiltes Blatt macht es einfach, eine Zeichnung zu vergrößern oder zu verkleinern. Man unterteilt ein neues Blatt in größere oder kleinere Karos und überträgt die Zeichnung darauf.

Grinling Gibbons zugeschrieben
Dieser aus Lindenholz geschnitzte Kaminaufsatz ist ein typisches Beispiel für Grinling Gibbons Stil, der durch reiche und feingliedrige Verzierungen geprägt ist.

Motive

Die Natur ist eine reiche Quelle der Inspiration, wenn Sie jedoch Ihre Augen immer offen und Ihren Geist für Ideen empfänglich halten, werden Ihnen wahrscheinlich an allen möglichen Orten neue Einfälle für Schnitzwerke kommen. Um ein Schnitzwerk zu entwerfen, muss man ein gutes Vorstellungsvermögen haben und diese Fähigkeit kann man in erster Linie durch Zeichnen entwickeln. Auch Worte können den Entwurfsprozess unterstützen, besonders solche, die Bilder assoziieren. Sie sollten deshalb immer einen Skizzenblock und ein Notizbuch bei sich haben und sich angewöhnen, kleine Skizzen von Gebäuden, Maschinen, Menschen und Tieren zu machen oder sich bestimmte Details von Bildern, die Sie beeindrucken, zu notieren. Fotos sind ebenfalls eine wichtige Erinnerungshilfe und eine weitere Quelle der Inspiration. Auch Illustrationen in Büchern, Zeitschriften und Zeitungen wecken manchmal unsere Fantasie. Zur Entwicklung der dreidimensionalen Vorstellungskraft empfiehlt sich das Modellieren von Figuren oder Gegenständen aus Plastilin oder Ton.

Bestimmte zeichnerische Fähigkeiten sind für einen Schnitzer unabdingbar und außerdem können Ihnen Zeichnungen dabei helfen, die Natur und Struktur des Schnitzobjektes zu verstehen. Eine Zeichnung ist jedoch nicht zwingend erforderlich, ob man sie braucht, hängt ganz von der Erfahrung und Vorstellungskraft des Schnitzers und vom jeweiligen Motiv ab.

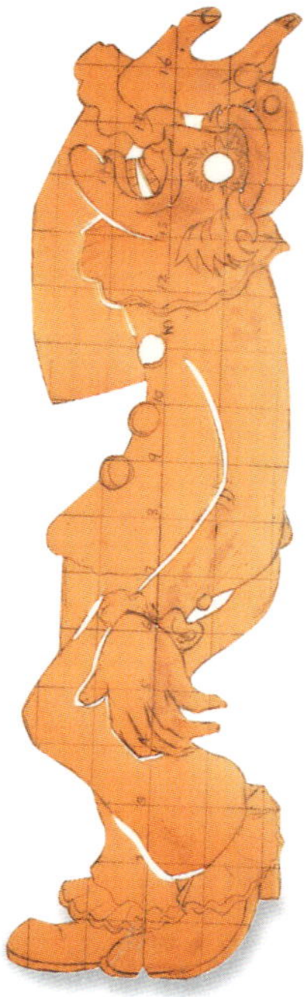

Schablonen
Schablonen kann man aus Papier, Pappe oder speziellen Materialien, die man im Bildhauerbedarf erhält, herstellen.

Modelle

Manche Schnitzer lehnen es ab, vor dem Schnitzen ein Modell anzufertigen, da sie der Meinung sind, dass Modellieren und Schnitzen zwei entgegengesetzte Prozesse darstellen: Modellieren bedeutet in erster Linie Hinzufügen und Schnitzen Wegnehmen. Außerdem würden formbare Materialien wie Lehm nicht so viel Disziplin erfordern wie Holz. Das Schnitzwerk, wird argumentiert, wäre eine Kopie eines Tonmodells, das nicht die Qualitäten einer direkten Schnitzarbeit aufweist. Diese Argumentation ist zwar nicht von der Hand zu weisen, jedoch ist es für den Laien oft nicht einfach, sich ein dreidimensionales Objekt innerhalb eines Holzstückes vorzustellen. Dann kann ein Modell in mindestens zweierlei Hinsicht eine enorme Hilfe sein. Erstens gibt ein grobes Modell dem Schnitzer die Möglichkeit, den Entwurf noch einmal zu durchdenken, Ideen auszuprobieren und solche zu verwerfen, die sich als nicht brauchbar erweisen. Zweitens kann ein Modell im Originalmaßstab dabei helfen, die Tiefe und die ungefähre Form des Schnitzwerkes auf dem Rohling anzuzeichnen und während des Schnitzens zu kontrollieren. Deshalb empfehlen wir Ihnen beim Modellieren bereits an den Schnitzprozess zu denken und sich vorzustellen, wie Sie die einzelnen Formen später schnitzen. Fertigen Sie nur ein grobes Modell an und arbeiten Sie die Feinheiten erst am richtigen Werkstück heraus.

Plastilin und Ton sind die gebräuchlichsten Materialien zum Modellieren und können immer wieder verwendet werden. Plastilin eignet sich für kleine Modelle und man kann damit relativ sauber arbeiten (allerdings ist es kaum mehr zu entfernen, wenn es aus Versehen in einen Teppich eingetreten wird). Aus Ton kann man Modelle aller Größen herstellen, für größere Modelle benötigt man jedoch eine innere Stütze, zum Beispiel ein Drahtgerüst.

Das Modellieren erfolgt in erster Linie mit den Fingern, jedoch sind einige Werkzeuge aus Buchsbaumholz oder Stahl recht nützlich (siehe Schritt 2 auf der nächsten Seite). Mit einem Käseschneider, der aus einem Draht mit zwei hölzernen Griffen an jedem Ende besteht, lässt sich ein Modell gut vom Grundbrett trennen. Werkzeuge können durchaus auch improvisiert werden: ein Stück eines Sägeblatts einer Metallbügelsäge eignet sich beispielsweise zum Abschaben und Glätten von Ton. Bleistifte, Holzstöckchen und alte Nagelfeilen sind ebenfalls praktische Helfer. Für dreidimensionale Formen sollte man sich einen drehbaren Ständer bauen, so dass man das Modell von verschiedenen Seiten betrachten kann.

Verwendung von Schablonen

Eine Schablone oder Silhouette des künftigen Schnitzwerkes (eventuell mit ausgeschnittenen Details) kann hilfreich sein, um die Grundform des Schnitzwerkes auf dem Holzblock zu markieren. Schablonen werden auf der Grundlage der genauen Zeichnungen aus Papier oder Pappe angefertigt. Schützen Sie Ihre Schablonen durch einige Schichten Schellack vor Feuchtigkeit.

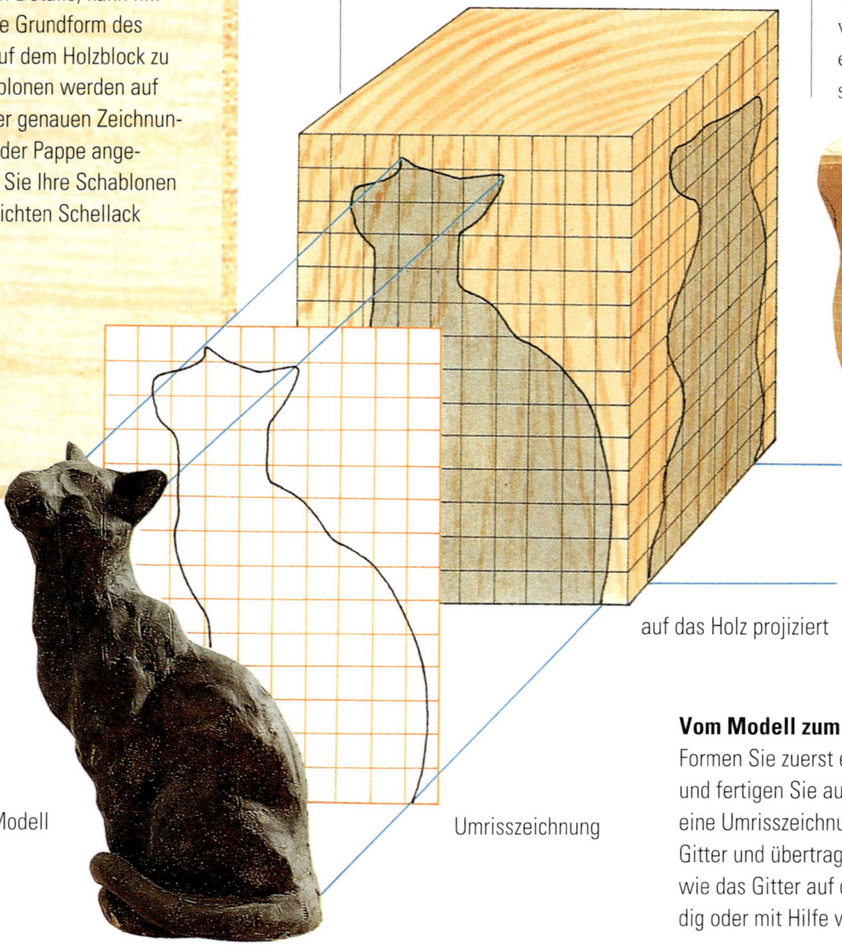

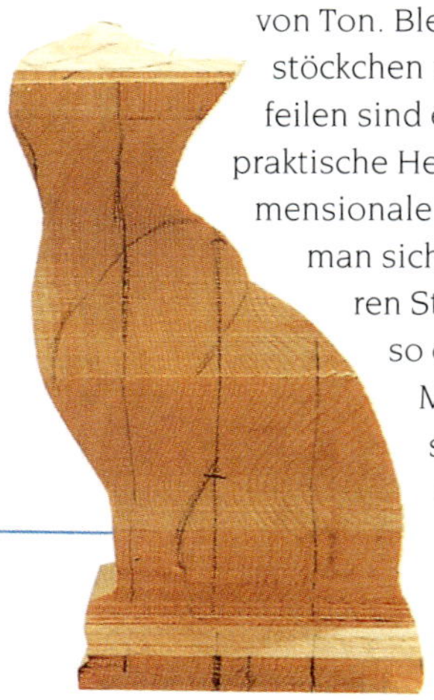

Vom Modell zum Schnitzwerk
Formen Sie zuerst ein Modell aus Ton oder Plastilin und fertigen Sie auf der Grundlage dieses Modells eine Umrisszeichnung an. Ziehen Sie darüber ein Gitter und übertragen Sie die Umrisszeichnung sowie das Gitter auf das Holzstück, entweder freihändig oder mit Hilfe von Kohlepapier.

Geeignete Holzarten

Manche Holzarten eignen sich zum Schnitzen besser als andere, ich glaube jedoch, dass man jedes verfügbare Holz einfach einmal ausprobieren sollte. Vielleicht wird ein Meisterstück daraus, doch selbst wenn das nicht der Fall ist, haben Sie etwas dabei gelernt. Ich bin sicher, dass viele gute Schnitzereien aus Holz entstanden sind, das man ursprünglich für ungeeignet hielt und dass ebenso viele schlechte Schnitzwerke aus perfektem Ausgangsmaterial hervorgegangen sind.

Es gibt viele Holzarten, die sich zum Schnitzen eignen, doch kann das Holz einer Spezies enorme Unterschiede aufweisen, abhängig davon, wo der betreffende Baum gewachsen ist. Die Liste auf der folgenden Seite ist deshalb als allgemeine Orientierung zu verstehen. Sie enthält die Holzarten, die von Schnitzern häufig verwendet werden und relativ einfach zu beschaffen sind. Achten Sie immer auf einen gleichmäßigen Faserverlauf und darauf, dass das Holz keine Knoten enthält. Vermeiden Sie Splintholz, jenes Holz, das sich zwischen der inneren Rinde und dem Kernholz befindet, sowie Holzstücke, die eingesunkene Bereiche aufweisen.

Rechts: Diese Skulptur mit dem Titel „Tragbares Modell" wurde aus Birnbaumholz geschnitzt.

Formen des Modells

Zwar ist Modellieren in erster Linie ein Prozess des Hinzufügens, jedoch kann es manchmal auch nötig sein, Material zu entfernen, wofür man Stücke eines Metallsägeblattes oder andere geeignete Werkzeuge verwendet. Dadurch wird das Modellieren zur idealen Vorarbeit des Schnitzens. Sie lernen dabei, Ihre Ideen dreidimensional zu sehen und können das Modell gegebenenfalls noch verändern. Ziel ist es, ein grobes Modell in Originalgröße zu schaffen, an dem man erkennen kann, wie die Formen angeordnet sind und ineinander übergehen und an dem man später die Maße der Schnitzerei kontrollieren kann.

1 Zeichnen Sie den Umriss des Motivs auf eine Stück kunststoffbeschichtete oder gestrichene Pappe. Fertigen Sie einen Steg an, der so tief ist, wie die Schnitzerei werden soll und zur Kontrolle der Tiefe des Modells dient.

2 Drücken Sie Ton auf die Umrissfläche und bauen Sie nach und nach die Formen auf. Sie können zu Anfang große Tonklumpen verwenden, diese sollten jedoch immer kleiner werden, je weiter Sie sich zur Oberfläche vorarbeiten, so dass Sie sie leicht mit dem Daumen und den anderen Fingern anpressen können.

3 Eine mögliche Herangehensweise wäre hier, zuerst das Gesicht zu modellieren und dann die Blätter. Besprühen Sie das Modell von Zeit zu Zeit mit Wasser und legen Sie eine Plastikfolie darüber, wenn Sie nicht daran arbeiten, damit der Ton feucht und formbar bleibt.

Einige zum Schnitzen geeignete Holzarten

Name	Merkmale
TULPENBAUM *(Liriodendron tulipifera)*	Auch als American Whitewood bekannt. Hat eine feine und gleichmäßige Struktur, gerade Fasern und einen seidigen Glanz. Die Farbe kann stark variieren – von blassem Grünweiß bis zu gräulichem Gelb, manchmal kann das Holz sogar dunkelbraun sein.
LINDE (*Tilia*-Arten)	Eines der besten Schnitzhölzer mit gleichmäßiger Struktur, weich, dicht und feinporig. Es eignet sich sowohl für Anfänger als auch für Spezialisten und war das Lieblingsholz der berühmten deutschen Schnitzer des 15. und 16. Jahrhunderts, wie Tilman Riemenschneider und Veit Stoß, sowie des ebenfalls berühmten englischen Bildhauers Grinling Gibbons. Man sieht kaum eine Maserung und die ursprünglich blasse Farbe kann bis zu einem angenehmen Hellbraun mit rosa Stich nachdunkeln. Es eignet sich besonders für sehr detaillierte und stark strukturierte Arbeiten
BUCHSBAUM *(Buxus sempervirens)*	Der Buchsbaum wächst nicht sehr hoch, deshalb gibt es dieses Holz nur in kleinen Abmessungen. Er hat ein hartes, gelbes Holz, das besonders für kleine Werkstücke, wie Griffe oder Knäufe verwendet wird. Es ist jedoch nicht einfach zu schnitzen.
KASTANIE (*Castanea*-Arten)	Äußerlich ähnlich dem Eichenholz, jedoch ohne sichtbare Markstrahlen. Weniger hart als Eichenholz und gut zu bearbeiten. Das Holz hat allerdings oft Risse, die entlang der Jahresringe verlaufen, achten Sie beim Kauf also besonders darauf.
EBENHOLZ *(Diospyros)*	Eine dichtes, dunkles oder schwarzes Holz, das meist nur in kleinen Dimensionen erhältlich und sehr schwer zu schnitzen ist.
STECHPALME (*Ilex*-Arten)	Die Stechpalme hat glattes, dichtfaseriges, weißes oder weiß-graues Holz. Sie eignet sich gut zum Schnitzen und daraus hergestellte Gegenstände ähneln solchen aus Elfenbein.
JELUTONG (*Dyera costulata*)	Offenporiges Holz mit geraden Fasern, sehr weich und deshalb leicht zu bearbeiten, jedoch relativ ausdruckslos. Deshalb wird es meist überstrichen. Häufig für Schaukelpferde verwendet.
POCKHOLZ (*Cuaiacum*-Arten)	Ein hartes und dichtes Holz, meistens dunkelbraun mit schwarzen Streifen, es kann manchmal auch hellbraun mit grünen Tönen sein. Schwierig zu schnitzen, kann jedoch sehr gut poliert werden.
MAHAGONI (*Swietenia*-Arten)	Die Bezeichnung Mahagoni wird für viele tropische Hölzer verwendet, jedoch nur Hölzer der Gattung Swietenia gelten als echtes Mahagoni. Meist rot-braun, das Holz kann jedoch auch blasse goldbraune bis zu dunkelrote Töne aufweisen. Die Struktur ist ebenfalls sehr unterschiedlich: Mahagoni aus Brasilien und aus Honduras eignet sich normalerweise sehr gut zum Schnitzen, afrikanisches Mahagoni kann einen schwierigen Faserverlauf haben.
EICHE (*Quercus*-Arten)	Eine große Familie mit amerikanischen, europäischen und japanischen Arten. Amerikanische Eiche kann blass oder rötlich aussehen, europäisches Eichenholz hat im frischen Zustand eine blasse rehbraune Färbung, die zu einem angenehmen Braun nachdunkelt. Japanische Eiche weist oft eine interessante Maserung auf. Eiche ist hart und eher für großformatige Schnitzereien geeignet. Verwenden Sie möglichst kein Splintholz, da es oft von Holzschädlingen befallen wird.
BIRNE *(Pyrus communis)*	Ein blasses gelb-rotes bis rosa-braunes Holz, das sich gut zum Schnitzen eignet. Es ist dicht und mäßig hart.
WEYMOUTHSKIEFER *(Pinus strobus)*	Ein relativ weiches, gelbliches Holz, das sich gut schnitzen lässt, jedoch müssen die Werkzeuge wie bei allen Weichholzarten sehr scharf sein und längere Fasen haben als Werkzeuge zur Bearbeitung von Hartholz.
BERGAHORN *(Acer pseudoplatanus)*	Ein weißes Holz der Ahorn-Familie mit dichten Fasern und relativ hart, deshalb nicht leicht zu schnitzen. Wird oft für Küchenutensilien verwendet.
WALNUSS (*Juglans*-Arten)	Dicht und dunkelbraun, gut zu schnitzen. Schnitzer bevorzugen meist das Walnussholz aus Italien und das Holz der amerikanischen schwarzen Walnuss.

Werkzeuge und Ausrüstung

Die Werkzeuge zum Holzschnitzen haben sich im Laufe der Jahrhunderte nur wenig verändert, wie man aus alten Bildern und Schnitzereien schließen kann. Eine mittelalterliche Sitzbank im Niedersächsischen Landesmuseum in Hannover zeigt einen Mönch, der mit einem runden Klüpfel arbeitet, wie er auch heute noch von Steinmetzen und Holzbildhauern verwendet wird. In einem Regal an der Wand hat er einige Blumeneisen hängen. Die Bank stammt aus dem Jahre 1285.

Traditioneller Klüpfel

Werkzeuge, die jeder Holzschnitzer benötigt sind Hohleisen, d. h. Stecheisen mit bogenförmiger Schneide und Balleisen, also Stecheisen mit gerader Schneide, sowie einen Klüpfel. Hohleisen und Balleisen gibt es in vielen verschiedenen Formen und Größen. Auf der folgenden Seite sind die wichtigsten davon abgebildet. Einige Hersteller liefern Eisen und Hefte separat. Sie bieten jedoch oft an, diese Hefte kostenfrei zu montieren. Es empfiehlt sich meist, dieses Angebot anzunehmen, denn ein Heft zu befestigen kann für den Laien schwierig sein.

Grundausstattung des Schnitzers

Im Folgenden sind die wichtigsten Schnitzwerkzeuge aufgelistet, die in der Grundausstattung vorhanden sein sollten:

Nummer/Art	Breite
1 Gerades Balleisen	13 mm
2 Schräges Balleisen	13 mm
3 Hohleisen (gerade)	20 mm
8 Hohleisen (gerade)	13 mm
9 Hohleisen (gerade)	16 mm
11 Ziereisen (gerade)	3 mm
11 Ziereisen (gerade)	5 mm
39 Geißfuß (gerade, Winkel etwa 60°)	6 mm
17 Hohleisen, längsgekröpft	10 mm
21 Hundsbeinmeißel	6 mm
22 Geschweifter Geißfuß	6 mm
31 Hohleisen, gekröpft	10 mm
65 Blumeneisen	8 mm
66 Blumeneisen	10 mm

Bildhauerklüpfel aus Pockholz (wenn möglich). Probieren Sie ihn vor dem Kauf aus und wählen Sie einen Klüpfel, der Ihnen gut in der Hand liegt.

Schnitzwerkzeuge

Balleisen und Hohleisen Ein Balleisen hat eine gerade Schneide, beim Hohleisen ist die Schneide konkav. Balleisen und Hohleisen sind die kräftigsten Werkzeuge mit denen der Großteil der Schnitzarbeiten ausgeführt wird. Die meisten Arbeiten, für die man einen Klüpfel verwendet, werden mit Ball- oder Hohleisen ausgeführt.

Gerade, gekrümmte und gekröpfte Eisen
Man unterscheidet Bildhauereisen weiterhin nach dem Längsprofil, wobei es gerade, gekrümmte, gekröpfte und verkehrt gekröpfte Eisen gibt. Die geraden Eisen sind die Universalwerkzeuge des Schnitzers, die gekrümmten und gekröpften eignen sich zum Schnitzen von Schüsseln und Hohlformen, wo gerade Eisen im Holz stecken bleiben würden, statt die Oberfläche zu glätten. Viele gekrümmte und gekröpfte Eisen sind ebenfalls robuste Eisen, die oft zusammen mit einem Klüpfel verwendet werden.

Geißfüße Diese Eisen haben eine dreieckige Schneidenform, was sie besonders nützlich für Schnitzereien mit vielen Details macht. Geißfüße sind die am schwierigsten zu handhabenden (und zu schleifenden) Werkzeuge des Bildhauers.

Hundsbeinmeißel Ein spezielles Eisen mit einem abgetreppten Längsprofil.

Blumeneisen Filigrane Eisen mit sehr dünnem Schaft und vorn ausgestellter Klinge für feine Arbeiten.

Formeneisen in der Schweiz und in Tirol
Sehr breite Eisen, die sich besonders für großflächige Arbeiten eignen und nur als gerade Eisen erhältlich sind.

Bestellung von Schnitzwerkzeugen Bei der Bestellung von Werkzeugen gibt man

Schnitzwerkzeuge, englische Form
Eine Auswahl englischer Schnitzeisen. Bei der Bestellung von Eisen ist zu beachten, dass sich die Nummerierung englischer und schweizerischer Eisen in manchen Fällen unterscheidet.

Schnitzwerkzeuge, schweizerische Form
Von oben nach unten: Hohleisen Nr. 8, Hohleisen Nr. 9, Schweizer Formeisen, gekröpftes Hohleisen, gerades Hohleisen, Blumeneisen, gerades Hohleisen, gerades Balleisen, gerades Balleisen mit schräger Schneide, Geißfuß, Ziereisen

in der Regel die Nummer an, welche die Grundform der Schneide (den Stich) bezeichnet, die Breite der Schneide in mm sowie die Form der Krümmung des Arbeitsstahls, also zum Beispiel Balleisen Nr. 1, 5 mm, gerade Form.

Werkzeugqualität und Pflege Für die Qualität der Werkzeuge ist vor allem die verwendete Stahlsorte und die Herstellungsmethode ausschlaggebend. Bildhauereisen werden meist im Gesenk geschmiedet und dann nachbearbeitet, d. h. entgratet, geglättet und gehärtet. Ein wichtiges Qualitätsmerkmal ist die Dicke der Klinge, die vom Scheitelpunkt aus symmetrisch verlaufen sollte. Besonders bei Geißfüßen ist es wichtig, dass die Schenkel gleichmäßig sind. Außerdem sollten die Ränder der Eisen an den Seiten nicht zu scharfkantig sein.

Der einwandfreie Zustand des Heftes ist ebenfalls sehr wichtig. Ist ein Heft rissig oder locker geworden oder hat es sich gespalten, muss es gewechselt werden. Besonders beansprucht wird das Heft bei der Arbeit mit dem Klüpfel. Die Hefte der Werkzeuge, die häufig in Verbindung mit dem Klüpfel verwendet werden, sollten deshalb durch einen Metallring am Ende geschützt werden, der das Aufspalten verhindert und die Abnutzung verringert.

Schnitzwerkzeuge sind sorgsam aufzubewahren, möglichst in einer speziellen Tasche, so dass die Klingen geschützt sind und nicht zusammenstoßen können.

Klüpfel

Obwohl die meisten Schnitzereien nur mit Handkraft ausgeführt werden, wobei eine Hand den Druck ausübt und die andere Hand das Werkzeug führt oder verhält, gibt es auch Situationen, in denen man einen Klüpfel benötigt. Zum Beispiel beim Herausarbeiten der groben Form, wenn man relativ große Holzmengen entfernen muss. Das geht mit Hohleisen und Klüpfel natürlich viel schneller als nur mit einem handgeführten Hohleisen. Bildhauerklüpfel sind rund und werden traditionell aus Buche oder aus Pockholz gefertigt. Heute gibt es auch ziemlich gute Klüpfel aus Nylon, sie sind jedoch meist nur für größere Schnitzarbeiten geeignet. Pockholz ist ein exzellentes Material für die Herstellung von Klüpfeln, denn dieses Holz ist sehr dicht und deshalb sind Pockholzklüpfel kleiner als solche aus Buchenholz. Es ist ganz wichtig, einen Klüpfel zu wählen, der Ihnen gut in der Hand liegt; deshalb sollten Sie ihn vor dem Kauf unbedingt ausprobieren.

Eines meiner Lieblingswerkzeuge ist ein kleiner Klüpfel mit einem Kopf aus weichem Eisen. Er schmiegt sich gut in die Hand und ich benutze ihn vor allem um kontrollierte Schnitte auszuführen, bei denen man das Schnitzwerkzeug nur ganz vorsichtig treiben darf, zum Beispiel bei Schnitzen von Buchstaben oder von Rundungen. Da dieser Klüpfel sehr klein ist, eignet er sich auch für Arbeiten in schlecht zugänglichen Bereichen größerer Schnitzereien.

Sicherheit in der Werkstatt

Wie die meisten handwerklichen Tätigkeiten birgt auch das Schnitzen bestimmte Gefahren. Deshalb ist es unumgänglich, ein paar grundlegende Arbeitsschutzregeln einzuhalten. Vor allen Dingen sollten Sie niemals vergessen, dass Schnitzwerkzeuge sehr scharf sind und diese demzufolge mit Respekt behandeln und sorgsam aufbewahren. Eine andere, weniger offensichtliche Gefahr ist der Holzstaub, der beim Sägen und Schleifen entsteht (vor allem wenn man mit Elektrowerkzeugen arbeitet) und der gesundheitsschädlich und in manchen Fällen sogar giftig sein kann. Alle Teile der Eibe, die als ein gutes Schnitzholz gilt, gelten beispielsweise als giftig.

Beachten Sie beim Schnitzen die folgenden Sicherheitshinweise:

- In jeder Werkstatt sollte ein Erste-Hilfe-Kasten vorhanden sein.
- Die Arbeitsfläche muss stabil sein.
- Achten Sie darauf, dass das Werkstück, an dem Sie gerade arbeiten, fest eingespannt ist, denn Sie brauchen beide Hände zum Schnitzen.
- Testen Sie die Schärfe der Werkzeuge immer an einem Stück Restholz und niemals an Ihren Fingern.
- Arbeiten Sie nur bei guter Beleuchtung.
- Der Fußboden um Ihren Arbeitsplatz sollte aufgeräumt sein und es dürfen keine Dinge herumliegen, auf denen man ausrutschen oder in denen man sich verfangen kann.
- Bei der Benutzung von Elektrowerkzeugen ist eine Atemschutzmaske und eine Schutzbrille zu tragen, bei lauten Werkzeugen auch ein Ohrenschutz.
- Lesen Sie die Sicherheitshinweise in der Bedienungsanleitung von Elektrowerkzeugen sorgfältig und folgen Sie diesen genau.
- Arbeiten, die viel Staub produzieren, sind möglichst unter freiem Himmel auszuführen. Wenn das nicht möglich ist, sollten Sie eine Abzugsvorrichtung verwenden. Tragen Sie bei solchen Arbeiten grundsätzlich eine Staubschutzmaske.
- Pusten Sie keinen Holzstaub aus Vertiefungen, wenn Sie keinen Augenschutz tragen.
- Entfernen Sie Holzsplitter sofort, manche Menschen reagieren allergisch darauf, besonders wenn es sich um Splitter von exotischen Harthölzern handelt. Suchen Sie einen Arzt auf, wenn Sie befürchten, sich durch einen Holzsplitter eine Infektion zugezogen zu haben.
- Schnitzen Sie niemals in Richtung Ihres Körpers.
- Schnitzen Sie niemals, wenn Sie müde sind oder sich nicht wohl fühlen.
- Bewahren Sie Ihre Werkzeuge sicher auf und legen Sie sie nach jeder Tätigkeit an ihren Platz zurück, denn wenn sie vom Arbeitstisch fallen, können sie beschädigt werden oder Sie verletzen.
- Reinigen Sie den Arbeitsplatz regelmäßig von Spänen um das Risiko eines Feuers zu minimieren.

Fixieren des Werkstückes

Zum Schnitzen braucht man beide Hände und deshalb muss das Werkstück fest auf der Werkbank fixiert werden. Es gibt abhängig von der Art der Schnitzerei unzählige Befestigungsmethoden. Ein Stück einer Zierleiste beispielsweise befestigt man einfach an beiden Enden mit Nägeln auf einer stabilen Unterlage, die man auf die Werkbank spannt. Eine zerbrechliche Laubsägearbeit klebt man auf ein größeres Brett, wobei man eine Lage Zeitungspapier darunter legt, damit sich das Werkstück später leicht wieder abtrennen lässt. Das Brett kann man dann mit zwei Schraubzwingen fixieren. Diese Methode eignet sich ebenfalls für die Fixierung von Reliefschnitzereien, da dabei alle Bereiche des Werkstücks ständig für den Schnitzer erreichbar sein müssen. Es ist auch möglich ein Werkstück auf ein Brett zu schrauben, wenn man ausschließen kann, dass die Schnitzwerkzeuge in die Nähe der Schrauben gelangen. Schnitzer, die mehrere ähnliche oder gleich große Arbeiten anfertigen, werden sich wahrscheinlich eine ganz individuelle Haltevorrichtung dafür konstruieren. Manchmal kann man ein Werkstück direkt in Schraubzwingen spannen oder mit einem Schnellspanner auf die Werkbank drücken, wobei man jedoch Restholzstücke unter die Auflageflächen der Zwingen legen oder diese anderweitig abpolstern sollte, damit das Holz keine Druckstellen bekommt. Zum Abpolstern eignen sich Kork, Leder oder weiches Holz. Eine sehr nützliche Befestigungsvorrichtung ist eine runde Grundplatte, auf der das Werkstück fixiert wird und die man dann beliebig drehen oder kippen und in der gewünschten Position feststellen kann. Das erleichtert

dem Schnitzer, die Schnitzerei aus verschiedenen Blickwinkeln zu betrachten.

Eine der einfachsten und effektivsten Befestigungsmethode besteht aus einem Stück Gurtstoff, einem Ledergurt oder Sisalgeflecht mit einem Steigbügel an einem Ende, das fest am entfernten Ende der Werkbank befestigt, über das Werkstück gespannt und von einem Fuß des Schnitzers gehalten wird.

Verschiedene Haltevorrichtungen

Abgesehen von den im Handel erhältlichen Spannvorrichtungen gibt es viele andere Möglichkeiten, ein Werkstück zu fixieren, wovon einige im Folgenden vorgestellt werden. Die Stellen am Werkstück, auf die beim Einspannen großer Druck ausgeübt wird, sollten grundsätzlich abgepolstert werden. Dafür können Sie Radiergummis oder Pappe verwenden. Auch die Holzreste, die beim Aussägen der groben Form übrig bleiben, sind ideale Unterlagen.

1&2 Zwei Methoden zum Fixieren dünner Bretter.

3 Variation für dickere Bretter. Je näher sich die Schrauben (in Bild 2 und 3) am Werkstück befinden, desto stärker ist der Halt.

4 Ein Kantholz, in dem eine V-förmige Kerbe ausgesägt wurde, hält einen Zylinder. Beachten Sie den Anschlag aus Hartholz. Damit eignet sich diese Vorrichtung auch zum Glatthobeln von zylindrischen Formen. Dazu spannt man sie in einen Schraubstock.

5&6 Zwei Methoden zur Fixierung von Kugeln zum Bohren. 5: Bohren Sie ein Loch mit dem Durchmesser der Kugel, das etwa dreiviertel so tief wie die Kugel ist. Dann sägen Sie den Holzblock in der Mitte durch. Wenn die Kugel nicht straff genug sitzt, hobeln Sie die Sägekanten etwas ab, so dass Sie im Schraubstock, wenn nötig, mehr Druck ausüben können.

7 Zerbrechliche Stücke werden auf ein Brett geklebt, wobei man eine Lage Zeitungspapier zwischen Brett und Werkstück legt. Das Brett wird dann mit Zwingen befestigt. Robustere Werkstücke können auch aufgeschraubt werden. Wenn man ein dickeres Grundbrett verwendet, kann man es direkt in den Schraubstock spannen.

8 Bankhaken

9 Bildhauer-Figurenschraube

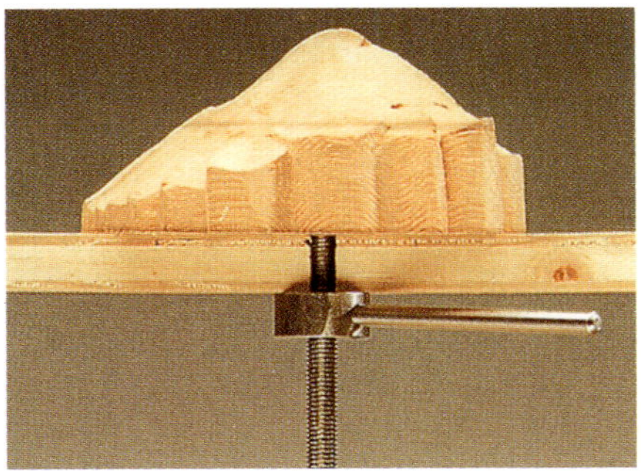

10 Hier sieht man das Prinzip der Bildhauer-Figurenschraube. Sie wird durch ein Loch in der Arbeitsplatte gesteckt und von unten festgezogen.

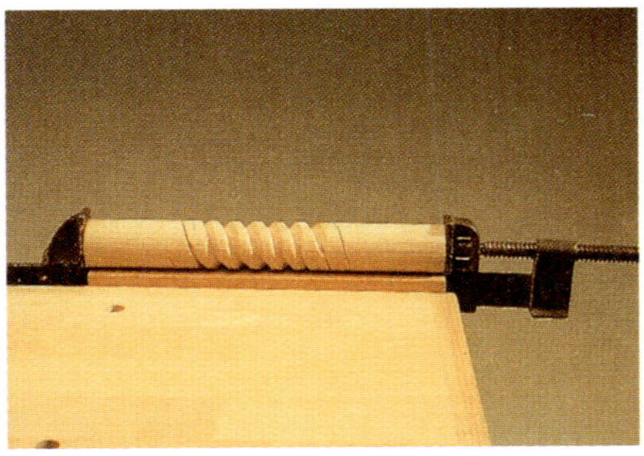

11 Ein Spannknecht hält ein langes zylinderförmiges Werkstück. Zwischen Werkstück und Andruckflächen wurden Unterlagen gelegt.

12 Ein Werkstück kann zusätzlich durch ein auf die Werkbank gespanntes Stück Restholz fixiert werden, damit es sich beim Schnitzen nicht dreht.

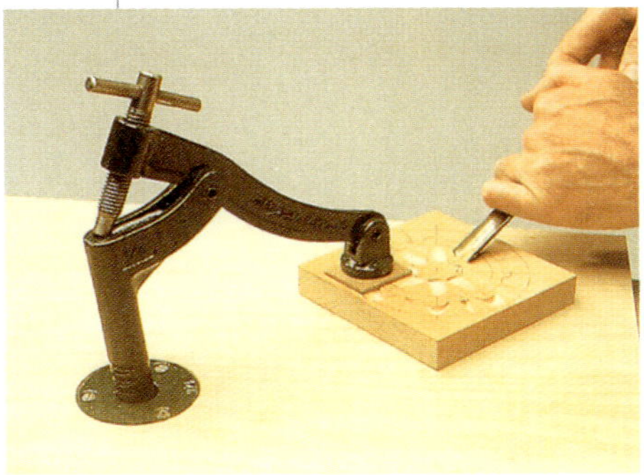

13 Schnellspanner oder Winkelhaken

Fehler im Holz oder beim Schnitzen

Man kann noch so vorsichtig und sorgfältig arbeiten, es wird immer einmal vorkommen, dass man entweder zu tief schneidet oder dass ein Stück der Schnitzarbeit abbricht. Manchmal passiert es auch, dass man erst während des Schnitzens einen Fehler im Material entdeckt, den man von außen nicht sehen konnte. In jedem dieser Fälle muss eine individuelle Lösung gefunden werden, abhängig vom beabsichtigten Zweck und von der geplanten Gestaltung der Oberfläche des Werkstücks.

Stücke, die beim Schnitzen abbrechen, können meist wieder angeleimt werden. Man sagt, dass manche Schnitzer früher absichtlich Stücke abgebrochen hätten, um sich besseren Zugang zu bestimmten Bereichen der Schnitzarbeit zu verschaffen. Deshalb sollten Sie vor dem Anleimen eines abgebrochenen Stückes erwägen, ob Sie die entstandene Situation nicht vorher noch zu Ihren Gunsten nutzen können. Sie müssen dabei jedoch unbedingt darauf achten, dass die Bruchflächen nicht verändert werden, damit sie später wieder nahtlos aneinander gesetzt werden können.

Ein zu tiefer Schnitt ist schwieriger zu reparieren. In der Regel besteht die einzige mögliche Lösung darin, die Fläche um den zu tiefen Schnitt ebenfalls tiefer zu schneiden.

Manchmal entstehen durch nachträgliche Trocknung Risse im Holz. Schneiden Sie in einem solchen Fall einen Langholzkeil aus der gleichen Holzart zu. Bestreichen Sie ihn auf beiden Seiten mit Weißleim und schlagen Sie ihn vorsichtig in den Riss, wobei Sie darauf achten müssen, den Riss nicht aufzutreiben. Der überstehende Teil wird mit einer kleinen Handsäge abgesägt. Schließlich schlichtet man die Stelle mit einem schmalen Stecheisen oder schleift die Oberfläche bündig mit der Umgebung ab.

Beim Verkleben einer Bruchstelle in einer flachen Schnitzerei müssen Sie unbedingt darauf achten, dass sich die Punkte, an denen das Werkstück eingespannt ist, auf ein und derselben Ebene befinden. Bauen Sie alles erst einmal auf, bevor Sie das Werkstück endgültig einspannen, um zu überprüfen, ob die Kräfte parallel wirken. Wenn der Leim ausgehärtet ist schleift man die reparierte Fläche vorsichtig ab.

Eine fehlende oder teilweise ausgebrochene Schnitzerei, z. B. ein Stück eines Bilderrahmens, ergänzt man, indem man die Konturen des fehlenden Teils auf ein entsprechend starkes Holzstück zeichnet (Richtung der Maserung beachten!), die Formen mit dem Schnitzeisen und eventuell mit der Laubsäge herausarbeitet und das Stück neu einpasst. Nach dem Verleimen und Abschleifen der Stöße wird die Oberfläche dem Original angepasst.

Reliefschnitzerei

Beim Reliefschnitzen unterscheidet man zwischen dem dreidimensionalen Hochrelief, dem Halbrelief und dem Flach- oder Basrelief. Je flacher das Relief ist, um so mehr ähnelt es einer Zeichnung. Um sich mit den verschiedenen Schnitztechniken vertraut zu machen, empfiehlt es sich, zunächst ein Flachrelief zu schnitzen.

Erste Arbeitsphase

1 Fertigen Sie ein Modell in Originalgröße an, an welchem Sie beim Schnitzen alle Maße überprüfen können.

2 Hobeln Sie die Oberfläche des Werkstückes glatt, so dass Ihre Zeichnung besser sichtbar ist.

3&4 Übertragen Sie den Umriss des Motivs mit einer Spitze auf das Holz. Sie können dazu auch Kohlepapier verwenden. Die Holzplatte sollte dann so aussehen, wie auf dem Foto auf Seite 315 oben.

Zweite Arbeitsphase

5 Bevor Sie mit dem Schnitzen beginnen, sollten Sie auf der Schmalseite des Werkstückes die Höhenlinien des flachen Hintergrundes, des schrägen Tisches und der unteren Kante des Tisches markieren.

6 Tragen Sie nun mit einem 13 mm breiten Hohleisen Nr. 6 den Hintergrund fast bis zur angezeichneten Linie ab. Solange noch viel Material abzutragen ist, können Sie mit Schnitten in verschiedenen Richtungen experimentieren um die Eigenschaften des Holzes besser kennen zu lernen.

Planung

Zeichnen Sie ein Gitternetz über die Entwurfszeichnung um diese zu vergrößern. Die maßstabgerechte Zeichnung übertragen Sie dann mit Hilfe einer Ahle auf das Werkstück (Arbeitsschritte 3 und 4).

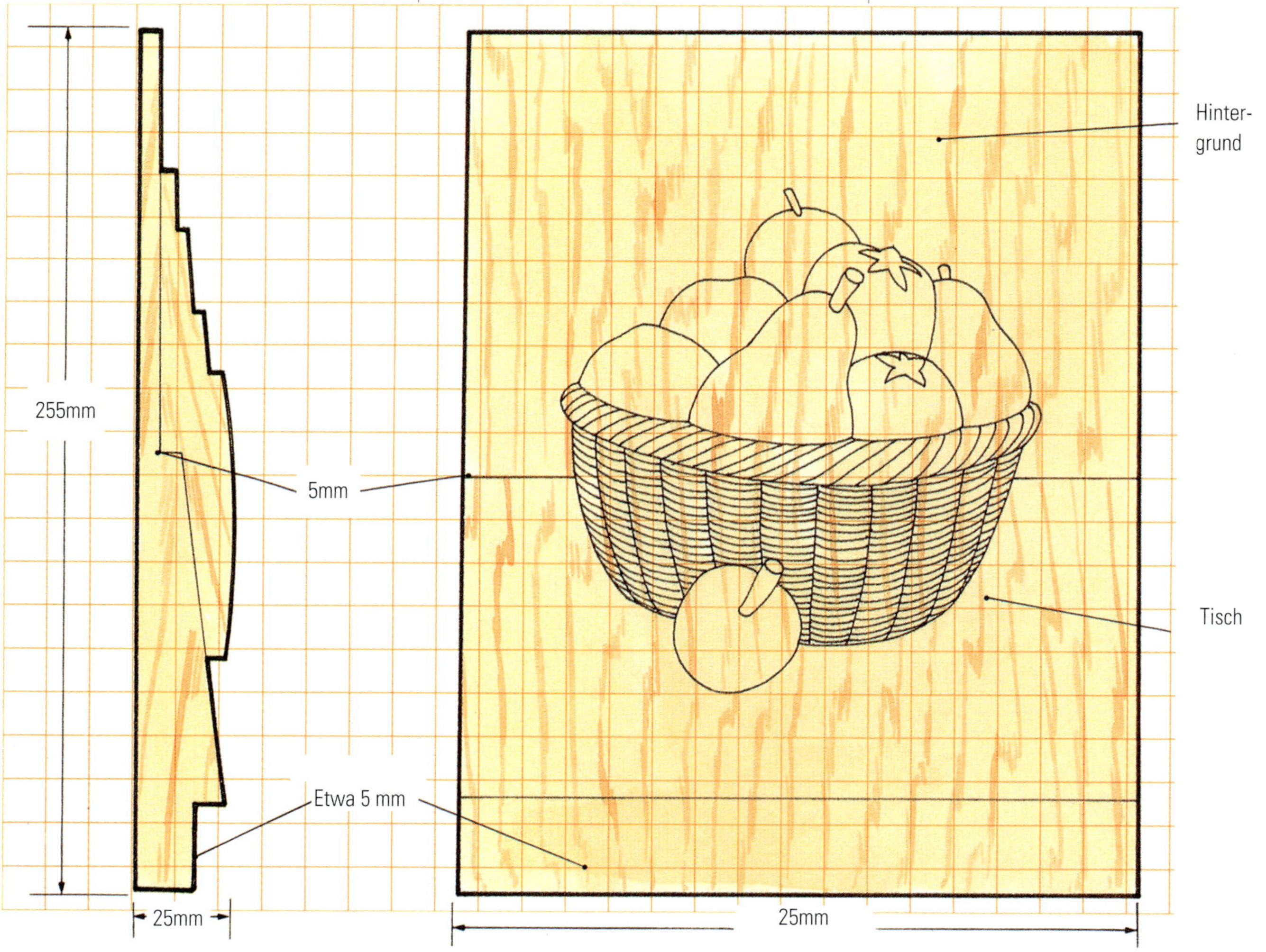

Erste Arbeitsphase
Die Zeichnung (oben) wurde auf das Holzstück übertragen (rechts). Außerdem hat der Schnitzer auf der Grundlage der Zeichnung ein Modell aus Plastilin angefertigt (unten).

Zweite Arbeitsphase (oben links)
Das Profil ist herausgearbeitet und Sie können nun mit der Anlage der Früchte beginnen.

Dritte Arbeitsphase (oben rechts)
Die grundlegenden Formen sind bereits zu erkennen.

Dritte Arbeitsphase

7 Beginnen Sie mit der Anlage der Früchte, indem Sie diese zu den Rändern hin in flachen Stufen immer tiefer schneiden. Dabei ist das Modell ganz wichtig, denn dort können Sie die relative Tiefe der verschiedenen Früchte erkennen. Verwenden Sie eine gerichtete Lichtquelle, wie zum Beispiel eine verstellbare Leselampe, um die Schnitzerei zu beleuchten. Stellen Sie in regelmäßigen Abständen das Modell hinter Ihre Arbeit und vergleichen Sie beide.

Vierte Arbeitsphase

8 Zeichnen Sie die Details auf dem Korb sorgfältig auf, denn die Form des fertig geschnitzten Korbs spielt eine wichtige Rolle in der Komposition.

9 & 10 Setzen Sie die Arbeiten an den Früchten fort und schnitzen Sie die Wellenlinien des Korbes.

Vierte Arbeitsphase
Die Komposition wurde überarbeitet und die Detailarbeiten haben begonnen.

Fünfte Arbeitsphase

11 Zeichnen Sie die Korbstruktur detailliert mit einem Bleistift ein, damit Sie eine klare Vorstellung vom fertigen Korb und Anhaltspunkte zum Schnitzen der feinen Linien haben.

12 Führen Sie entlang der mit dem Bleistift angezeichneten Linien feine Schnitte mit dem Hohleisen aus. Dabei sollten Sie sich die Form eines wirklichen Obstkorbes vorstellen und das Hohleisen so führen, als ob Sie eine dreidimensionale Skulptur schnitzen würden.

Fünfte Arbeitsphase
Durch das Herausarbeiten der Details und der Perspektive erhält die Schnitzerei größere Tiefe und wirkt realistischer.

Reliefschnitzerei
Die fertige Schnitzerei erinnert an ein gemaltes Stillleben.

Sechste Arbeitsphase

13 Tragen Sie die Fläche unter der Tischkante ab. Die Stufe sollte etwa 5 mm breit sein, so dass ein starker Schatten entsteht. Gestalten Sie die Oberfläche der Früchte mit kleinen, flachen Schnitten des Hohleisens. Die Struktur des Apfels, der vor dem Korb liegt, sollte etwas ausgeprägter sein und seine Ränder sind leicht zu unterschneiden, so dass er sich gut gegen den Korb abhebt.

Skulpturen schnitzen

Das Motiv für eine erste Arbeit im figürlichen Schnitzen könnte ein Mensch oder ein Tier sein. Zu Anfang sollte man sich auf eine einzelne Form mit nicht allzu vielen Details beschränken und erst später komplexere Kompositionen in Angriff nehmen. Der Schnitzer hier hat eine Katze als Modell gewählt.

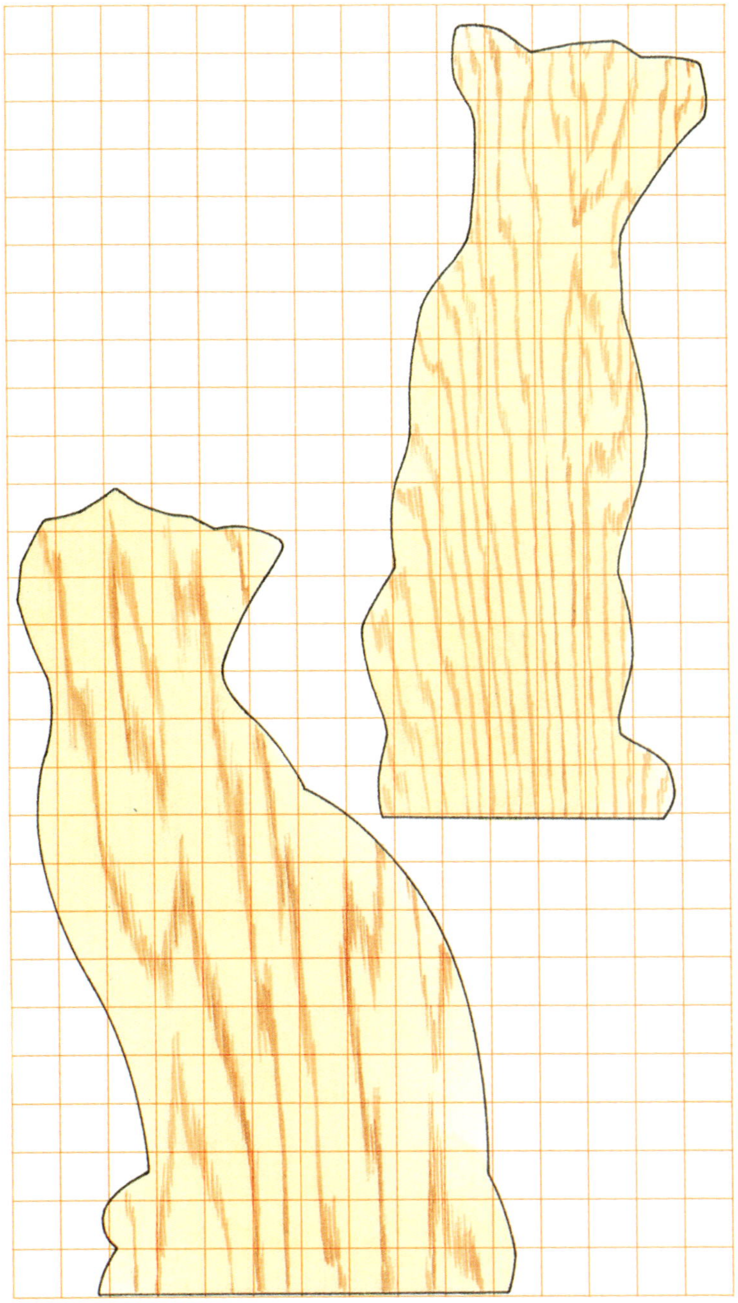

Vorbereitung

Projizieren Sie die Vorderansicht und die Seitenansicht des Modells auf ein Stück Pappe, wobei Sie vorgehen, wie auf Seite 306 beschrieben. Schneiden Sie beide Schablonen aus.

Arbeitsweise

Ein Holzstück mit starker Maserung könnte einer solchen Schnitzerei zum Vorteil gereichen, ist aber nicht unbedingt erforderlich. Für diese Katze hat der Schnitzer Kiefernholz verwendet. Die Abmessungen betragen 266 mm x 152 mm x 95 mm. Dabei ist ein Stück an der Unterseite eingerechnet, das zum Einspannen des Werkstücks in den Schraubstock dient. Die fertige Katze ist genau 203 mm hoch.

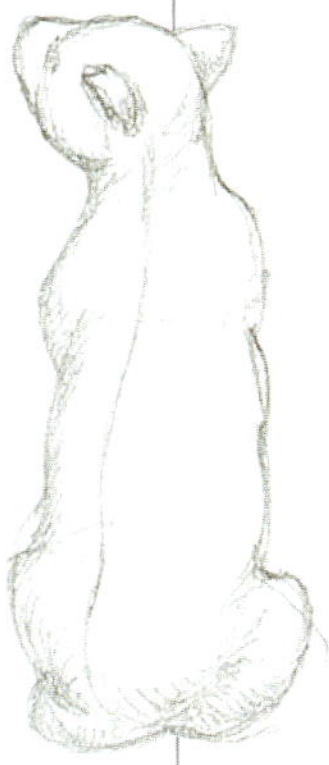

Erster Arbeitsschritt

1 Stellen Sie ein Modell aus Plastilin her. Wenn Sie damit zufrieden sind, fertigen Sie sich zwei Schablonen an, wobei Sie vorgehen wie auf Seite 306 beschrieben. Ziehen Sie die Grundlinie, auf der die Katze sitzt, 63 mm vom unteren Rand entfernt um das ganze Holzstück herum

Erster Arbeitsschritt
Modell aus Plastilin

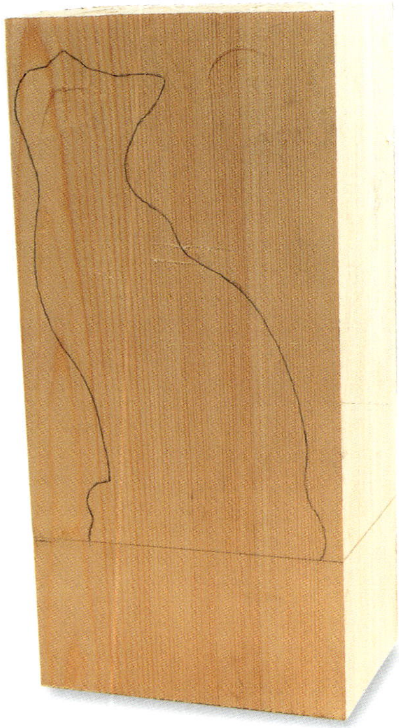

Zweite Arbeitsphase
Legen Sie die Schablone der Seitenansicht auf das Holzstück und zeichnen Sie das Profil nach.

Dritte Arbeitsphase
Das Profil wird herausgeschnitten.

Zweite Arbeitsphase

2 Sägen Sie zuerst vorn und hinten einige große keilförmige Stücke aus und schneiden Sie den Rand ringsherum in vielen kleinen Schnitten bis zur Umrisslinie ein.

Dritte Arbeitsphase

3 Stechen Sie dann den Verschnitt mit einem Balleisen quer zu den Einschnitten ab.

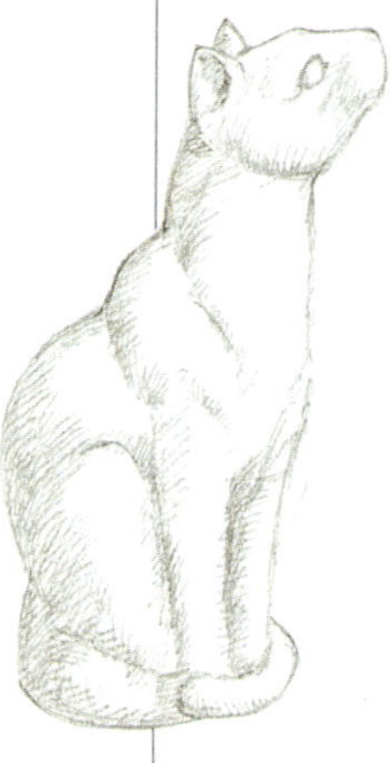

Vierte Arbeitsphase
Aussägen mit der Bandsäge

4 Zeichnen Sie nun das Profil der Vorderseite auf. Auf unebenen Flächen ist es günstiger statt Papier eine steife Schablone zu verwenden.

Vierte Arbeitsphase

5 Schraffieren Sie die Verschnittbereiche. Sägen Sie das Abfallholz mit einer Säge mehrmals ein und entfernen Sie den Verschnitt dann mit einem Balleisen, wie Sie das auch beim seitlichen Profil getan haben. Alternativ können Sie auch beide Profile mit der Bandsäge aussägen.

Tipps

Bei allen Skulpturen ist es wichtig, zuerst mit Hilfe einer Bandsäge die Profile herauszuarbeiten. Dann legt man die Grundform und die dominanten Merkmale an. Erst wenn die grundlegende Form fertig ist, sollte man mit der Arbeit an den Details beginnen.

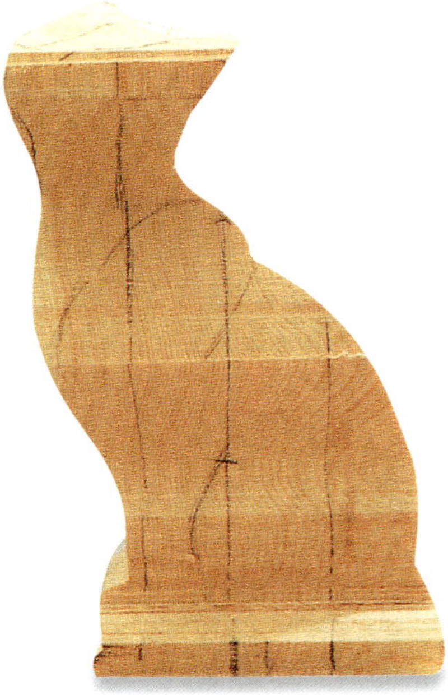

Fünfte Arbeitsphase
Vergleichen Sie das Profil mit dem Modell.

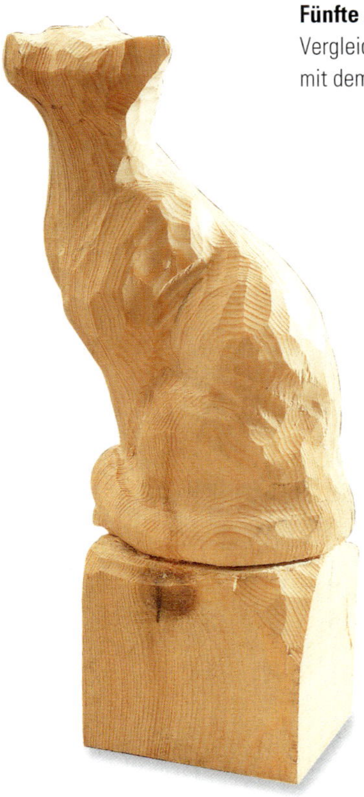

Sechste Arbeitsphase
Die Form der Katze ist bereits erkennbar, allerdings wirkt alles noch sehr grob.

6 Das Modell sorgt dafür, dass man immer die gewünschte Form vor Augen hat und es dient zum Überprüfen der Maße. Markieren Sie auf dem Werkstück die groben Formen sowie die Gitterlinien, das vereinfacht die Kontrolle der Abmessungen. Die wichtigsten Messstellen sollte man ebenfalls am Modell anzeichnen, zum Beispiel die obersten Punkte der Schultern. Außerdem ist es ganz wichtig, auf dem Modell sowie auf dem Werkstück die Mittellinie zu markieren. Die regelmäßige Orientierung an dieser Linie sorgt dafür, dass beide Seiten der Skulptur symmetrisch werden. Die Mittellinie ist auch ganz wichtig, um bestimmte Maße mit dem Greifzirkel zu überprüfen, deshalb sollten Sie diese Linie immer gleich nachziehen, wenn einmal ein Stück weggeschnitzt wird.

Tipps

- Fotografieren Sie ihr Werk aus verschiedenen Richtungen, damit Sie ein besseres Verständnis für die Gesamtform entwickeln. Betrachten Sie die Licht- und Schattenbereiche, die durch hohe und tiefe Punkte der Schnitzerei entstehen, ganz genau. Dabei hilft es, wenn Sie auf einer Seite eine gerichtete Lichtquelle aufstellen.
- Manche Schnitzer markieren Ihre Werkzeuge auf den Heften mit unterschiedlichen Farben, so dass sie diese immer schnell identifizieren können.

Siebente Arbeitsphase
Die Oberfläche wurde mit verschiedenen Riffelfeilen bearbeitet, wobei auch die Spuren der Schnitzwerkzeuge verschwinden.

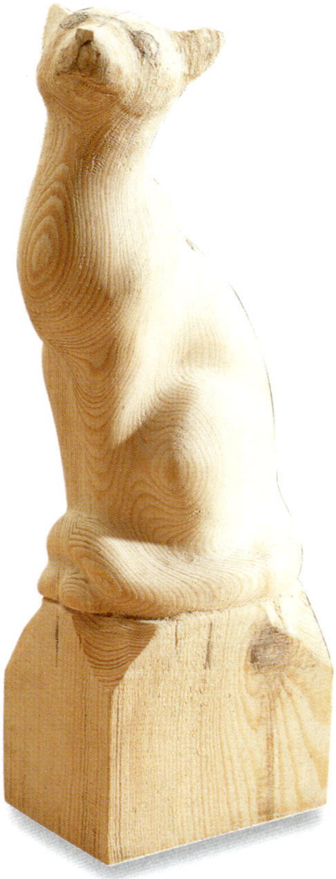

Sitzende Katze
Die glatte Oberfläche glänzt wie ein Katzenfell.

Fünfte Arbeitsphase

7 Entfernen Sie die Ecken und bearbeiten Sie andere noch unförmige Bereiche mit einem breiten und flachen Hohleisen, wie zum Beispiel Nr. 3 oder Nr. 4. Ihr Ziel in dieser Arbeitsphase ist es, die grobe Form der noch etwas klobig wirkenden Katze herauszuarbeiten.

8 Nun sind die Details, wie die Augen und der Fang an der Reihe. Ziehen Sie sich dazu zwei dünne Richtlinien: eine in der Mitte des Kopfes durch die Nase und eine zweite im rechten Winkel dazu durch den Mittelpunkt der Augen. Ihre Katze sollte nun etwa so aussehen, wie auf dem Foto oben.

9 Arbeiten Sie alle Details sorgfältig heraus und gestalten Sie die Oberfläche der Skulptur nach Ihren Vorstellungen.

Sechste Arbeitsphase

Die Figur mit sehr feinem Sandpapier abreiben und dreimal mit Frensh Polish behandeln.

Kerbschnitzen

Kerbschnitzen ist eine alte Handwerkstechnik zum Verzieren von Dingen des täglichen Gebrauchs, angefangen von kleinen Figuren über Frühstücksbrettchen bis hin zu Möbeln und Teilen der Holzkonstruktion von Häusern. Oft findet man in volkskundlichen Museen alte Truhen, Babywiegen und andere Gegenstände, die mit Kerbschnitzereien verziert sind. Das Kerbschnitzen ist eine unkomplizierte Schnitztechnik, bei der man relativ flache Schnitte ausführt und nur wenige Werkzeuge benötigt. Viele der Muster basieren auf einfachen geometrischen Formen.

Um eine Kerbe ins Holz zu schnitzen, sind zwei oder drei Schnitte in einem bestimmten Winkel erforderlich, die in der Regel mit der Spitze der Messerklinge ausgeführt werden. Je nach Schnittrichtung entsteht eine V-förmige Kerbe oder eine dreiseitige Vertiefung.

Man braucht für die meisten Arbeiten nur zwei Werkzeuge, ein Schnitzmesser und einen Stecher. Es ist nicht unbedingt erforderlich, spezielle Messer zu kaufen, denn die Schäfer oder Seeleute, die früher zum Zeitvertreib Holzgegenstände mit Kerbschnitzereien verziert haben, haben meist auch nur Taschenmesser oder Klappmesser verwendet.

Der Entwurf

Es empfiehlt sich zwar, mit geometrischen Mustern zu beginnen, später braucht man sich jedoch nicht mehr nur darauf beschränken. Viele der Kerbschnitzereien in Museen zeigen stilisierte, jedoch relativ frei gezeichnete Pflanzen und Tiere, sowie abstrakte Muster. Sie sollten deshalb auf natürlichen Formen beruhende traditionelle Motive studieren und versuchen, die Prinzipien der Stilisierung für Ihren eigenen Entwurf zu nutzen. Auf diese Art und Weise ist es theoretisch möglich, jedes beliebige Objekt – selbst Autos, Flugzeuge und Häuser als Vorlage für eine Kerbschnitzerei zu verwenden. In dem hier vorgestellten Projekt hat der Schnitzer ein Muster auf einer Truhe aus dem 16. Jahrhundert als Motiv gewählt und dieses nur leicht modifiziert. Es empfiehlt sich immer, das Motiv zuerst mit Lineal und Bleistift auf Papier zu zeichnen und dann erst auf das Holz zu übertragen.

Arbeitsweise

Zeichnen Sie das Muster zuerst in der gewünschten Größe auf Papier. Ziehen Sie dazu zwei konzentrische Kreise. Dann legen Sie die Eckpunkte des inneren Sechsecks fest, indem Sie mit dem Zirkel, der auf den Radius des inneren Kreises gestellt ist, auf der Kreislinie entlang wandern. Von diesen Punkten aus ziehen Sie die Bögen, die die Blütenblätter darstellen. Wenn Sie diese Bögen außerhalb des Zirkels weiterführen, ergeben ihre Schnittstellen den Einstechpunkt für den nach innen weisenden Bogen auf der Grundlinie der Dreiecke.

Werkzeug- und Materialliste

- Kerbschnitzmesser
- Druckbleistift
- Lineal
- Bogenzirkel (mit Feststellmutter)
- Stechzirkel mit gekrümmten Schenkeln
- Anschlagwinkel
- Kunststoff-Radiergummi (fakultativ)
- Feine Schleifmittel
- Einfach zu schnitzendes Holz (keine Kiefer)

Auch wenn diese Werkzeugliste ziemlich lang scheint, können die meisten Arbeiten einfach mit einem Schnitzmesser und einem Stecher ausgeführt werden. Spezielle Kerbschnitzmesser sind erst erforderlich, wenn Sie bereits alle grundlegenden Techniken beherrschen.

Halten des Werkstückes und Werkzeuges

Das Holzstück wird in der Regel in einer Hand gehalten und nach jedem Schnitt ein Stück weiter gedreht. Die Hand mit dem Messer schneidet immer in der gleichen Richtung und die Handhaltung wird kaum verändert. Halten Sie das Schnitzmesser so, dass die Schneide in Richtung Daumen zeigt und legen Sie den Zeigefinder um den Schaft.

Eine selbst gefertigte Werkzeugrolle, die verschiedene Schnitzmesser, einen feinen Schärfstein, ein Lineal und einen Zeichnerbleistift enthält.

Werkzeuge

Ein Kerbschnitzmesser braucht keine lange Klinge zu haben, denn zum Kerbschnitzen wird nur die Spitze des Messers benutzt. Allerdings sind kleine Klingen oft relativ dünn und verbiegen leicht. Eine 25 bis 38 mm lange Klinge, die man unten mit Isolierband umwickelt, so dass nur etwa 10 mm der Spitze sichtbar sind, ist als Grundwerkzeug ausreichend. Flache Holzgriffe geben dem Schnitzer die beste Kontrolle über das Werkzeug, ein runder Schaft könnte sich ungewollt in der Hand drehen. Der Stecher, mit dem man fast senkrechte, schräge Schnitte ausführt, ähnelt einem Stecheisen mit schräger Klinge. Er sollte eine etwa 25 mm lange und 13 mm breite Klinge haben, die im Winkel von 45° abgeschrägt ist. Die Fase der Schneide des Schnitzmessers sollte 10° und die des Stechers 30° betragen.

Schnitztechniken

Beim Schnitzen ist der Daumen immer in Kontakt mit dem Holz und das Gelenk des Ringfingers liegt ebenfalls auf der Holzfläche auf, so dass man die Schnitttiefe und den Schnittwinkel kontrollieren kann. Ziehen Sie die Spitze des Messer durch die Holzoberfläche, indem Sie die Außenkante des Daumens (in Höhe des Daumennagels) auf das Holz drücken und dann die Hand in Richtung des Daumens schließen, wobei das Messer jedes Mal etwa 6,5 mm entlang der Schnittlinie gezogen wird. Schieben Sie den Daumen um weitere 6,5 mm nach vorn, schließen Sie wiederum die Hand und so weiter. Längere Schnitte beginnen in der Regel flach, werden zur Mitte hin tiefer und zum Ende hin wieder flacher. Die Spitze des Messers muss sich leicht durch das Holz ziehen lassen. Wenn das Messer zu tief schneidet oder die Klinge stumpf ist, kann es leicht passieren, dass es weiter springt oder stecken bleibt, wobei Sie sich verletzen können. Der Zwischenraum zwischen der umwickelten Klinge und Ihrem Daumen sollte niemals größer als 6,5 mm sein, um die Gefahr zu begrenzen, die besteht, wenn das Messer doch einmal nach vorn springt.

Der Stecher wird wie ein Dolch gehalten und man verwendet ihn, um tiefe dreieckige Kerben zu schneiden, wobei man die ersten beiden Schnitte mit dem Stecher und den dritten mit dem Schnitzmesser ausführt. Stellen Sie die Spitze des Stechers dort auf die Linie, wo der Schnitt am tiefsten sein soll, dann drücken Sie ihn in das Holz und „rollen" die Klinge entlang der Linie, so dass Sie einen Schnitt erhalten, der schräg nach unten abfällt. Nachdem man einen zweiten solchen Einschnitt rechtwinklig zum ersten gemacht hat, schneidet man den Span mit Hilfe des Kerbmessers heraus.

Üben Sie das Kerbschnitzen zunächst auf einem Stück Restholz, bevor Sie mit Ihrem ersten Projekt beginnen. Halten Sie das Messer in einem Winkel von etwa 60° – ein steilerer Winkel würde dazu führen, dass die Schnitte zu tief geraten. Ist der Winkel kleiner, wirkt die Schnitzerei zu flach und leblos. Sind im Muster tiefere Schnitte vorgesehen, sollten Sie zuerst einen schmalen Span aus der Mitte der Form herausschneiden, damit der Druck auf das Messer bei den eigentlichen Schnitten nicht mehr so groß ist.

1 Beginnen Sie mit den tiefen Blütenblattformen. Halten Sie das Werkstück in Ihrer freien Hand und schneiden Sie zuerst ein Stück aus der Mitte heraus, bevor Sie die längeren Schnitte entlang der angezeichneten Linie ausführen. Drehen Sie das Werkstück so, dass Sie stets in der gleichen Richtung schneiden.

2 Führen Sie den ersten abschließenden Schnitt dicht entlang der angezeichneten Linie aus.

3 Für diese dreieckige Kerbe sind drei Schnitte erforderlich. Entfernen Sie wiederum zuerst einen kleinen Span aus der Mitte, damit die eigentlichen Schnitte leichter werden. Lernen Sie, das Werkstück so in der Hand zu drehen, dass Sie immer in der gleichen Richtung schneiden können. Dann werden die Schnitte immer gleich tief und gleich schräg.

4 Führen Sie den zweiten Schnitt entlang der langen Begrenzungslinie aus und entfernen Sie den Span. Säubern Sie den Grund der Kerbe von eventuell noch hervorstehenden Holzfasern. Normalerweise würde man jetzt erst die übrigen langen Blütenblätter herausarbeiten, bevor man mit den anderen Elementen fortfährt.

Erste Arbeitsphase
Die äußeren Ränder eines Blütenblatts sind fertig.

5 Beginnen Sie die zweite Serie von Schnitten entlang der angezeichneten Linie, womit Sie die fertige Form herausarbeiten.

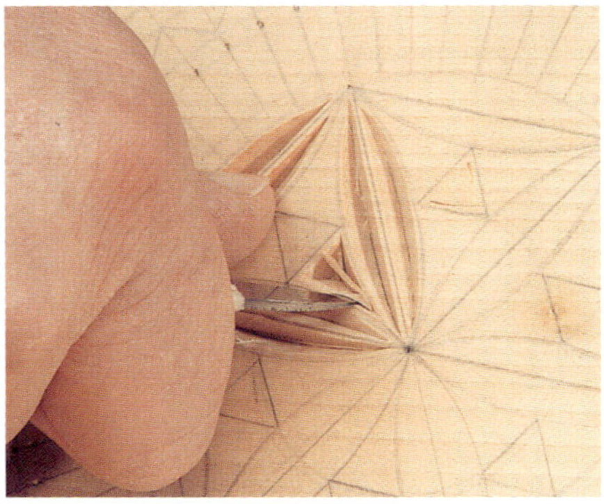

6 Wenn der dritte Einschnitt komplett ist, sollte der Span von allein herausfallen. Das Blütenblatt des Schnitzmusters sieht nun so aus, wie auf dem Foto unten.

Zweite Arbeitsphase
Das Blütenblatt ist fast komplett mit Ausnahme der mittleren dreieckigen Vertiefung.

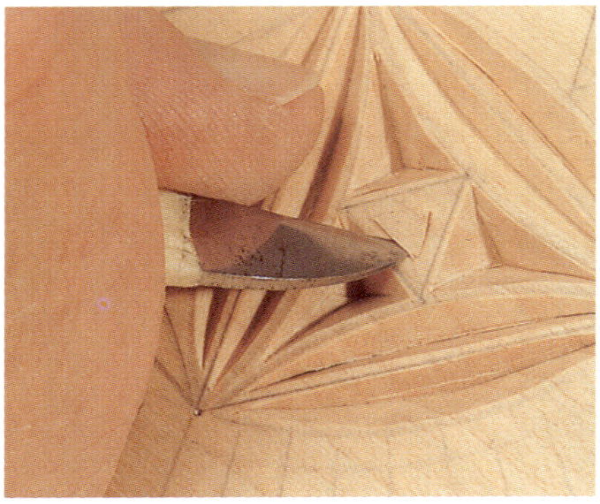

7 Schnitzen Sie die dreieckigen Vertiefungen in der Mitte auf dieselbe Art und Weise, indem Sie erst in der Mitte ein kleines Stück entfernen und dann die drei Schnitte entlang der Ränder ausführen.

Dritte Arbeitsphase (oben)
Das Blütenblatt ist nun vollständig.

Vierte Arbeitsphase (rechts)
Beide Kreise wurden begonnen. Stellen Sie die Kreise erst fertig, bevor Sie mit den nächsten Elementen fortfahren.

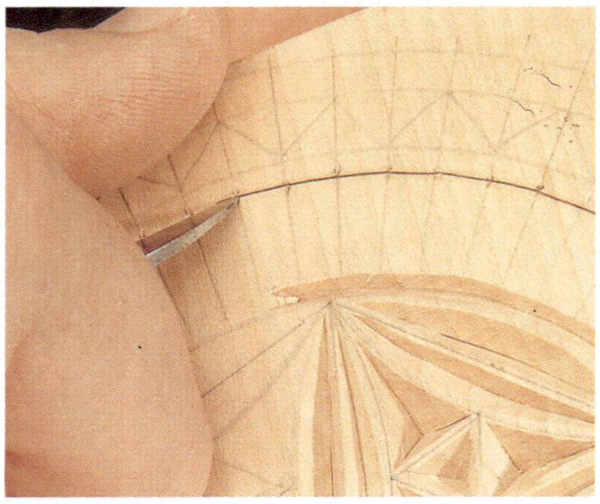

8 Um die beiden ringförmigen Kerben zu erhalten, muss man jeweils einen langen V-förmigen Span ausschneiden. Der Schnitt geht dabei nicht sehr tief, Sie brauchen hier also kein Holz aus der Mitte entfernen. Beim Kerbschnitzen sollte man nach Möglichkeit versuchen, die ersten Einschnitte immer ein Stück entfernt von benachbarten Schnitzereien zu beginnen, um das Risiko zu begrenzen, dass erhabene Teile des Musters abplatzen.

9 Nachdem der zweite Kreis gezogen ist, sollte der Span sauber herausfallen. Schnitzen Sie beide Kreise erst fertig, bevor Sie weitergehen.

10 Schnitzen Sie nun die strahlenförmigen Kerben zwischen den beiden konzentrischen Kreisen. Drehen Sie das Werkstück vor dem zweiten Einschnitt, mit dem die Kerbe entfernt wird, um.

11 Den äußeren Zackenring schnitzt man mit einem Stecher. Halten Sie den Stecher ähnlich einem Dolch und machen Sie damit zwei Einstiche etwa im rechten Winkel zueinander. Setzen Sie erst die Spitze auf und drücken Sie den Stecher dann ins Holz.

Fünfte Arbeitsphase
Um alle erforderlichen Schnitte zu zeigen, wurde hier ein Segment komplett fertig gestellt. Es ist jedoch günstiger, zuerst alle Elemente einer Art, z. B. alle Blütenblätter oder alle Zacken zu schnitzen, bevor man mit den nächsten fortfährt.

12 Wenn die erforderliche Tiefe erreicht ist, wird das Blatt des Stechers „abgerollt", bis der Schnittpunkt mit der nächsten Linie erreicht ist. Dadurch erhält man einen Schnitt, der schräg abfällt. Probieren Sie diesen Schnitt zuerst auf einem Stück Abfallholz aus.

13 Sind beide Einschnitte mit dem Stecher komplett, nehmen Sie ein Schnitzmesser zur Hand und entfernen vorsichtig den Span. Wenn er zu groß ist, um mit einem durchgehenden Schnitt abgehoben zu werden, schneiden Sie zuerst nur ein kleines Stück heraus. Ganz am Ende schleift man die Oberfläche des Werkstücks vorsichtig ab oder man entfernt die noch vorhandenen Bleistiftspuren mit einem Radiergummi.

Untersetzer
Die Kerbschnitztechnik bietet sich vor allem zum Verzieren von Möbeln und anderen Haushaltsgegenständen an, man kann beispielsweise auch Türrahmen damit dekorieren. Wenn Sie mehrere Möbel oder Bauteile in einem Raum mit Kerbschnitzerei verzieren, sollten Sie jedoch überall die gleichen grundlegenden Muster verwenden.

Schnitzen von Buchstaben und Schriften

Das Schnitzen von Buchstaben in Holz ist relativ unkompliziert, das Geheimnis des Erfolges liegt vor allem in der sorgfältigen Ausführung und in der Beachtung der Proportionen der Buchstaben. Eine Gruppe von im richtigen Abstand stehenden Buchstaben, die nicht sehr sorgfältig geschnitzt sind, wirkt dabei immer noch besser als perfekt geschnitzte Buchstaben, die zu eng zusammen oder zu weit auseinander stehen.

Überlegungen zum Entwurf

Beim Schnitzen von Buchstaben kommt den Abständen zwischen den Buchstaben und zwischen den Wörtern eine ganz entscheidende Bedeutung zu. Da wir Worte als Einheiten sehen, ist es die Form einer solchen Einheit und die Anordnung mehrerer solcher Einheiten, die von besonderer Wichtigkeit sind.

Es empfiehlt sich zunächst einmal nur mit Großbuchstaben zu arbeiten, bis Sie genügend Erfahrung gesammelt und bestimmte technischen Fertigkeiten entwickelt haben. Eine lange Folge von Buchstaben oder Wörtern gleich zu Anfang richtig zu malen und in angemessenen Abständen anzuordnen, ist schwierig, deshalb sollten Sie wie folgt vorgehen:

Wählen Sie eine Inschrift, die nur aus einem Wort besteht, und entscheiden Sie sich für eine Schriftform. Verwenden Sie entweder das Alphabet auf der Seite 335 oder suchen Sie sich eine andere, nicht allzu schwierige Vorlage. Legen Sie die Höhe der Buchstaben fest und zeichnen Sie zwei parallele Linien im entsprechenden Abstand auf ein Blatt Papier. Malen Sie jeden Buchstaben einzeln auf, bis Sie mit seinem Aussehen zufrieden sind. Wahrscheinlich müssen Sie noch eine oder zwei Hilfslinien ziehen, z. B. auf halber Höhe und zur Markierung der Breite der dicken Querbalken. Einige vertikale Hilfslinien helfen ebenfalls bei der Orientierung.

Zeichnen Sie sich auf ein Stück Papier vier senkrechte Balken: einen in voller Breite, einen dreiviertelbreit, einen halbbreit und den letzten viertelbreit und verwenden Sie diese Vorlage beim Malen der Schrift. Ein „O" reicht immer um Haaresbreite über die oberste und unterste Linie. Auch die untersten Punkte des „M", „N", „V" und des „W" sollten etwas unterhalb der Grundlinie liegen, die obersten Punkte des „A" und des „W" leicht oberhalb der obersten Linie.

Wenn alle Buchstaben zu Ihrer Zufriedenheit aufgemalt sind, schneiden Sie die die Buchstaben umschließenden Rechtecke aus. Ziehen Sie auf einem neuen Blatt wiederum zwei parallele Linien und ordnen Sie die Buchstaben so an, dass ein harmonisches Bild entsteht und die Inschrift gut lesbar ist. Möglicherweise ist es nötig, den einen oder anderen Buchstaben etwas anzupassen, damit er besser zum Nachbarbuchstaben passt. Ein „R" neben einem „T" könnte zum Beispiel einen längeren Anstrich haben als ein „R" neben einem „A". Kleben Sie die Buchstaben auf und hängen Sie den Entwurf an die Wand. Beurteilen Sie erneut die Abstände. Können Sie alle Wörter sofort lesen? Wenn Sie noch nicht zufrieden sind und weitere Veränderungen vornehmen möchten, legen Sie ein Blatt transparentes Zeichenpapier über den Schriftzug und kopieren Sie die Buchstaben, wobei Sie die Abstände je nach Erfordernis variieren. Es spielt keine Rolle, wenn diese Kopie nicht so sorgfältig gezeichnet ist wie das Original, denn Sie können am Ende immer auf Ihre besten Buchstaben zurückgreifen. Es empfiehlt sich außerdem, die Buchstaben zu schattieren um eine bessere Vorstellung vom endgültigen Bild zu erhalten. Der richtige Abstand zwischen den einzelnen Buchstaben ist sehr wichtig für ein harmonisches Bild, lassen Sie sich also Zeit mit der Anordnung.

Werkzeuge und Holz

- drei gerade Schnitzeisen Nr. 1 (18 mm, 13 mm und 6 mm)
- ein schräges Eisen Nr. 2 (10 mm)
- drei gerade Hohleisen Nr. 3, 4 und 6, alle 6 mm breit
- Schwarzes Kohlepapier
- Hartholz mit glatten Fasern und gleichmäßiger Färbung
- Lineal und Anschlagwinkel

Erhabene Buchstaben

Die Skizze unten zeigt den Unterschied zwischen eingravierten und erhabenen Buchstaben. Um ein Buchstabenrelief zu erhalten, muss man das Holz um die Buchstaben herum gleichmäßig tief abtragen. Normalerweise lässt man an den Seiten eine leichte Schräge stehen, damit die Buchstaben, besonders an den Enden, stabiler sind.

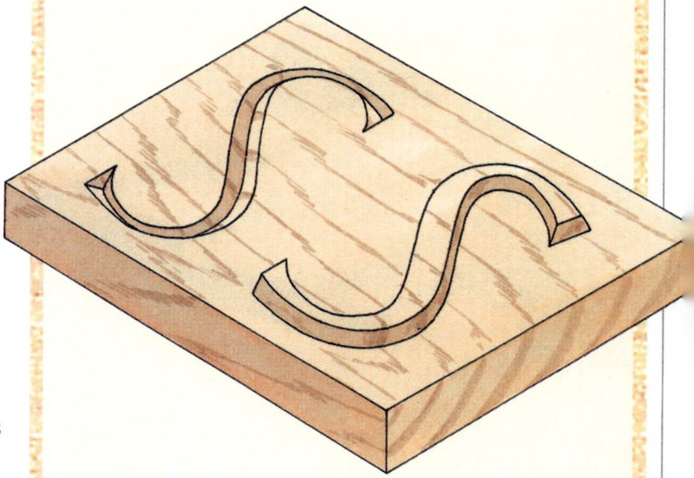

Aufmalen eines Buchstabens

Bevor man Buchstaben vom Papier auf das Holz überträgt, zieht man auf dem Holzstück einige Hilfslinien. Dann klebt man das Papier mit Hilfe von Abdeckband auf das Holz, wobei man darunter ein Stück Kohlepapier legt. Achten Sie darauf, dass die Hilfslinien auf dem Papier ganz genau über denen auf dem Holzstück liegen. Ziehen Sie die Buchstaben nun vorsichtig mit einem Kugelschreiber nach. Überprüfen Sie jeden Buchstaben, bevor Sie das Papier vollständig entfernen. Die mit dem Kugelschreiber durchgepausten Umrisse sehen möglicherweise etwas zittrig aus. Ziehen Sie deshalb alle Linien mit einem weichen Bleistift nach.

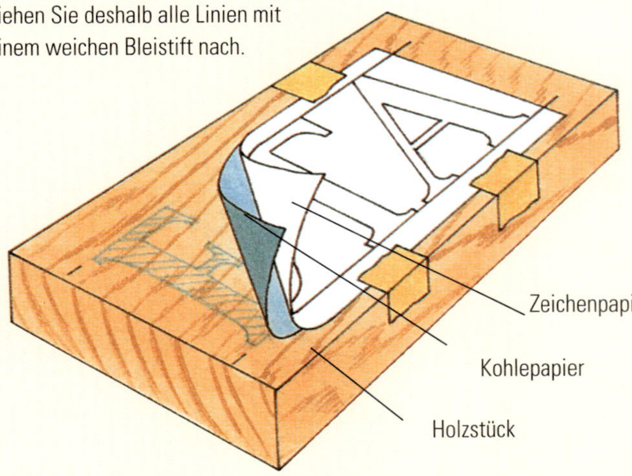

Schnitzen

Bei dem hier vorgestellten Projekt wurden die Buchstaben eingraviert. Es werden alle Schritte beschrieben, die erforderlich sind, um beliebige Buchstaben des Alphabets zu schnitzen. Zum Gravieren von Buchstaben gibt es zwei grundlegende Methoden. Im ersten Fall wird mit einem Balleisen, das man etwa im Winkel von 75° ansetzt, eine schmale V-förmige Kerbe ausgestochen, die dann erweitert wird, indem man der Linie des Buchstabens folgend abwechselnd von den Seiten Späne abhebt. Bei der zweiten Methode werden Hohleisen sowie auch Balleisen verwendet, um die Buchstaben zu formen und die Werkzeuge werden gleich flacher angesetzt. Viele Schnitzer stechen die Tiefenlinie in der Mitte der Buchstaben zuerst vertikal ein, bevor sie mit schrägen Schnitten von jeder Seite fortfahren, den Buchstaben zu formen. Die meisten Schriftenschnitzer entwickeln ihre ganz persönliche Methode, die oft eine Kombination der beiden beschriebenen Techniken darstellt.

Zum Schnitzen von erhabenen Schriften sollte man einen Fond wählen, der keine sehr feinen Striche oder Serifen beinhaltet. Zeichnen Sie die Buchstaben auf das Holz und arbeiten Sie den Verschnitt dazwischen auf die gleiche Art und Weise heraus wie beim Reliefschnitzen. Schrägen Sie die Kanten der Buchstaben leicht ab, das macht sie stabiler.

Wenn Sie häufig Schriften schnitzen, sollten Sie einige Hohl- und Balleisen speziell diesem Zweck widmen. Buchstaben kann man prinzipiell in jedem Holz schnitzen, doch Hartholz mit dichten Fasern und einer gleichmäßigen Färbung eignet sich besonders gut dazu. Wenn Die Maserung des Holzes nämlich zu stark ist, kann man die Buchstaben nur schwer erkennen.

Holzteller
Dieser Holzteller aus Kirschbaumholz wurde mit Olivenöl endbehandelt.

Buchstaben und Ziffern

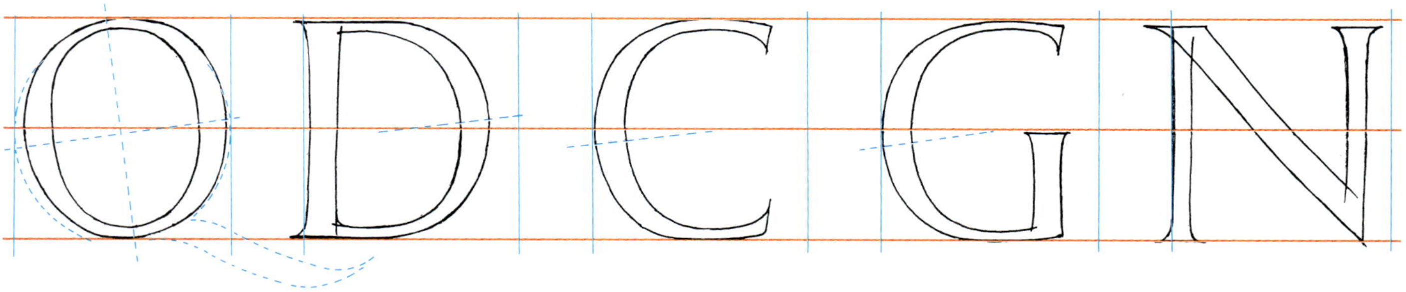

„O" („Q") Alle Buchstaben sollten auf der Grundlage des „O" entworfen werden, dessen Umriss nicht ganz kreisförmig ist. Die schmalsten Abschnitte sind etwa ein Drittel so breit wie die breitesten. Die Achse ist etwas nach links geneigt.

„D" („I") Der senkrechte breite Balken entspricht dem Buchstaben „I". Die Ränder des Balkens sind weder gerade, noch parallel, sondern leicht nach innen gekrümmt.

„C" und **„G"** werden aus der linken Hälfte des „O" entwickelt. Die oberen und unteren Abschnitte sind nur sehr leicht gerundet. Der vertikale Balken des „G" ist ein breiter Strich, der bis zur Mittellinie reicht.

„N" Die Längsbalken sind zwei Drittel so breit wie ein breiter Balken. Der breite Schrägbalken ist ganz leicht gekrümmt.

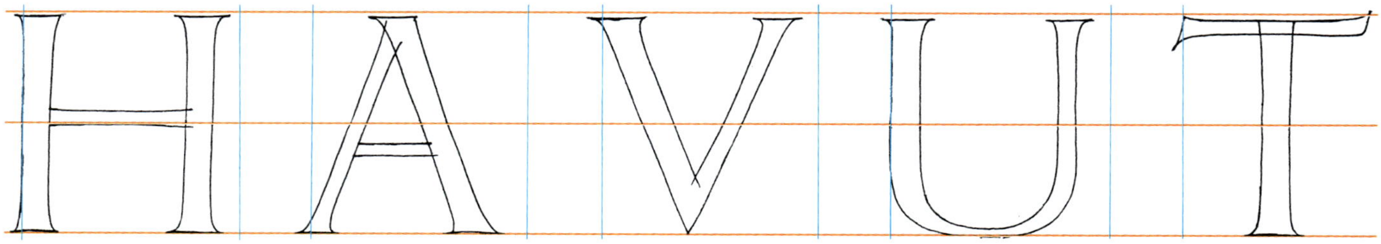

„H" Der Querbalken ist halbbreit und liegt auf der Mittellinie auf.

„A" Der linke Schrägbalken ist zwei Drittel so breit wie ein breiter Balken, der Querbalken ist halbbreit.

„V" Das „V" ist genauso breit wie das „A", die Diagonalen sind jedoch ganz leicht gekrümmt.

„U" Das „U" hat dieselbe Breite wie das „A" und das „V", der rechte Balken ist zwei Drittel so breit wie ein breiter Balken. Beginnen Sie mit dem Schnitzen der Rundung ganz unten.

„T" Der Querbalken ist halb so breit wie ein breiter Balken. Die Gesamtbreite des Buchstabens kann variiert werden, um einen gleichmäßigen Abstand zu den benachbarten Buchstaben zu erreichen.

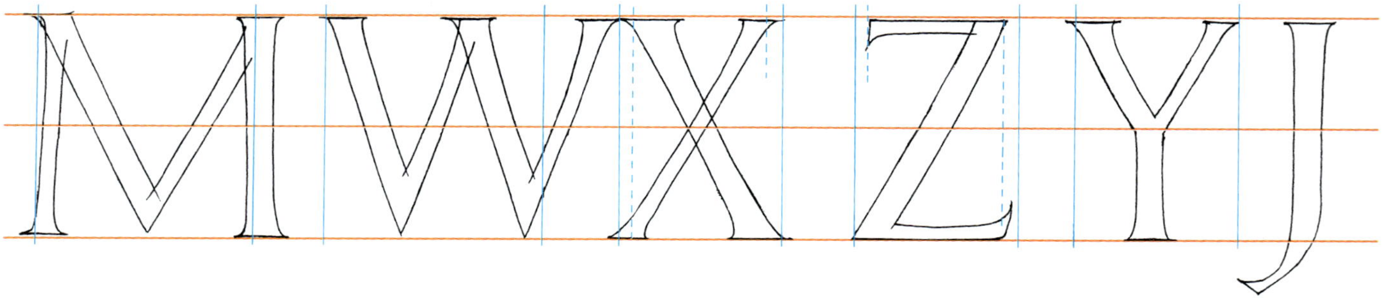

„M" Das „M" ist etwas breiter als hoch. Die beiden äußeren Balken sind leicht schräg und die inneren leicht gekrümmt.

„W" Kein doppeltes „V"! Alle vier Balken sind leicht gekrümmt, die schmalen sind zwei Drittel so breit wie ein breiter Balken. Wie beim „M" sollten die innen liegenden Dreiecke gleich groß sein.

„X" Das „X" ist zwei Drittel so breit wie hoch. Der obere Teil des Buchstabens ist schmaler als der untere und die Asymmetrie entsteht durch die unterschiedlichen Balkenbreiten.

„Z" Die Diagonale ist ganz leicht gekrümmt; die Querbalken sind halbbreit.

„Y" Die Verbindungsstelle der Schrägbalken liegt genau auf der Mittellinie. Der rechte Schrägbalken ist zwei Drittel so stark wie ein breiter Balken.

„J" Der einzige Buchstaben mit Unterlänge. Er kann Probleme bereiten, doch kann man die Form der Unterlänge verändern.

„E“ Doppelt so hoch wie breit. Die Querbalken sind halbbreit und unterschiedlich lang.

„F“ Beachten Sie, dass der mittlere Querbalken etwas niedriger liegt als beim „E“.

„L“ Der Querbalken ist länger als beim „E“.

„B“ Die Rundungen sind jeweils über dem Mittelpunkt am breitesten. Die Binnenräume sind ganz wichtig für die Wirkung des Buchstabens.

„R“ Die Rundung ist halb so hoch wie der Buchstabe. Der Winkel des Schrägbalkens ist variabel. Die rechte Version passt besser zum „K“ und viele finden diese Version leichter zu schnitzen.

„P“ Die Rundung ist tiefer und breiter als beim „R“ und beim „B“.

„K“ Die Proportionen sind wie beim „R“. Der obere Schrägbalken ist zwei Drittel so dick wie ein dicker Balken, ähnlich wie beim „Y“.

„S“ Das „S“ wird aus zwei ungleichen Kreisen geformt. Der obere ist der kleinere und beide sind leicht nach vorn geneigt.

Das **„&“** wird wie die „8“ aus zwei Kreisen zusammengesetzt, wobei jedoch der obere Kreis viel kleiner als der untere ist. Der geschwungene Schrägbalken ist ein breiter Balken.

Ziffern

„1“ Wie das „I“, nur der obere Rand ist abgeschrägt.

„2“ Der obere Teil ist aus dem „C“ entwickelt, jedoch umgekehrt, der Querbalken ist halbbreit mit einem Endstrich wie beim „L“.

„3“ Der Querbalken ist halbbreit und der Anstrich ist wie beim „T“. Der untere Teil ähnelt dem „S“.

„4“ Der Schrägbalken ist drei Viertel so breit wie ein breiter Balken; der Querbalken ist halbbreit und der Endstrich wie beim T.

„5“ Die Proportionen sind ähnlich wie bei der „3“.

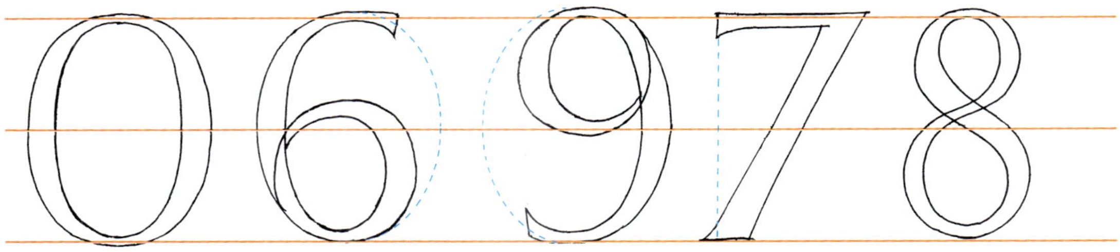

„0“ Viel schmaler als der Buchstabe „O“ und symmetrisch.

„6“ Die linke Seite wurde aus dem „O“ entwickelt; die Proportion der Rundung ist wie bei der „5“, der Anstrich wie beim „C“.

„9“ Aus der „0“ entwickelt, jedoch keine umgedrehte „6“, die Rundung ist viel kleiner als bei der „6“.

„7“ Der Querbalken ist halbbreit und der Anstrich wie beim „T“. Die Position des unteren Anstrichs in Bezug auf den oberen ist kritisch.

„8“ Aus zwei Kreisen wie das „S“ gebildet, aber ohne die Neigung nach vorn. Beachten Sie die Unterschiede in der Dicke zwischen den beiden Seiten jeder Rundung.

Buchstabe „I"

1 & 2 Wenn Sie den Buchstaben aufgezeichnet haben, reißen Sie die Mittellinie mit einem Stecheisen an. Der Balken des „I" ist ein Balken in voller Breite. Stechen Sie die Mittellinie mit einem 13 mm breiten Balleisen Nr. 1 bis zur vollen Tiefe ein. Hören Sie dabei kurz vor dem oberen und unteren Ende auf.

3 Stechen Sie nun die Enden des Balkens mit einem schrägen Balleisen Nr. 2 ypsilonförmig ein.

4 Ebenfalls mit dem Balleisen Nr. 2 sind danach die schräg abfallenden „Dreiecke" am oberen und unteren Ende des Balkens auszustechen.

5 Den größten Teil des Verschnitts entfernt mit einem Balleisen Nr. 1 und einem Klüpfel. Dabei führt man schräg nach unten gehende Schnitte aus. Beachten Sie, dass jeder Schnitt den vorhergehenden etwas überlappt, so dass eine glatte, leicht gekrümmte Oberfläche entsteht.

6 Bit dem gleichen Balleisen, aber ohne Klüpfel, glättet man nun alle eventuellen Unebenheiten. Achten Sie darauf, wie die Schneide des Eisens durch die Finger kontrolliert wird.

Tipp

Wählen Sie immer eine zum Werkstück passende Schrift. Der Name eines Kindes auf einem Schild für die Zimmertür kann in einer schlichten fetten Schrift geschrieben sein, die einfach zu lesen ist. Für Schilder mit Hausnamen oder Ähnliches kann man dekorativere Schriften wählen, die aber trotzdem aus einer Entfernung von mindestens 10 m erkennbar sein sollten.

7 Komplettieren Sie den Balken, indem Sie die kleinen Dreiecke ausschneiden, die an den Enden noch übrig sind. Achten Sie darauf, dass die Seiten glatt in die Ecken übergehen.

Die meisten Menschen sind in der Lage, die Grundlagen des Schriftenschnitzens zu erlernen, doch das Schnitzen schwieriger Schriften sowie das Einhalten der richtigen Abstände ist eine Kunst, zu deren Beherrschung es viele Jahre braucht.

Buchstabe „E"

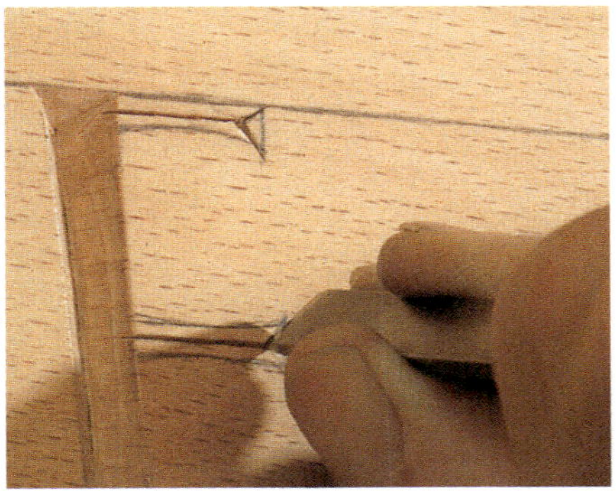

8 Beginnen Sie damit, den breiten Längsbalken zu schnitzen. Dann stechen Sie die Tiefenlinie der Querbalken aus. Denken Sie dabei daran, dass die Querbalken schmaler und deshalb auch weniger tief sind als der Längsbalken. Außerdem arbeitet man dort mit der Faser, man muss also sehr vorsichtig stechen. Führen Sie auch die kleinen ypsilonförmigen Einschnitte am Ende jedes Querbalkens aus.

9 Schneiden Sie die Enden jedes Querbalkens mit einem Balleisen Nr. 2 mit schräger Schneide aus.

10 Stechen Sie nun die Seiten der Querbalken aus. Oft ist es günstiger etwas diagonal zu schneiden anstatt ganz gerade nach unten. Führen Sie die Klinge dabei mit den Fingern.

11 Säubern und glätten Sie die Querbalken, indem Sie das Balleisen vorsichtig entlang der Grundlinie schieben. Achten Sie dabei jedoch darauf, dass es nicht verläuft. Sollte das passieren, ist der Schnitt sofort abzubrechen und von der anderen Seite neu anzusetzen.

Der fertige Buchstabe „E". Beachten Sie vor allem die Ausführung der Verbindungsstellen von Querbalken und Längsbalken.

Buchstabe „R"

12 Schnitzen Sie zuerst den breiten Längsbalken. Dann stechen Sie die Tiefenlinie des Schrägbalkens ein und schnitzen die Dreiecke an beiden Enden. Beginnen Sie nun auf der linken Seite des Schrägbalkens das Holz abzustechen, wobei Sie nach unten schnitzen sollten, um das Absplittern der Holzfasern zu vermeiden.

13 Mit einem Hohleisen Nr. 3 oder Nr. 4 (abhängig vom Radius der Kurve) sticht man nun die Rundung des „R" aus. Dabei setzt man das Eisen relativ flach an, stellt es im Verlauf des Schnitts jedoch steiler.

Tipp

Beim Schnitzen von erhabenen Schriften kann man den groben Abfall um die Schrift herum relativ schnell mit einer Fräse mit einem kleinen Falzfräser entfernen. Es empfiehlt sich, die Fläche um die Buchstaben herum mit einer Punze zu strukturieren – diese gibt es beispielsweise mit kreisförmigem oder rhombusförmigem Querschnitt.

14 Schnitzen Sie nun die Innenseite der Rundung mit einem 6 mm breiten Balleisen. Beginnen Sie unten über dem Schrägbalken und schnitzen Sie bis zur Mitte. Dann beginnen Sie oben am Längsbalken und schneiden nach unten zu bis zur Mitte. Die Schnitte sind überlappend auszuführen, um eine glatte Oberfläche zu erhalten.

15 Die äußere Hälfte der Rundung schnitzt man mit einem Hohleisen Nr. 3 oder Nr. 4. Beginnen Sie in der Mitte (dort ist der Schnitt am tiefsten) und schneiden Sie aufwärts bis zum obersten Rand des Längsbalkens.

16 Gehen Sie nun wieder zur Mitte zurück und schneiden Sie den unteren Bereich bis zur Verbindungsstelle mit dem Schrägbalken aus. Das Hohleisen hinterlässt wahrscheinlich kleine Bögen in der Holzoberfläche, die man zum Schluss vorsichtig glätten muss.

Es kann viele Jahre dauern, bis man die Kombination der geraden und geschwungenen Linien in diesem fertigen Buchstaben „R" perfekt beherrscht.

Buchstabe „G"

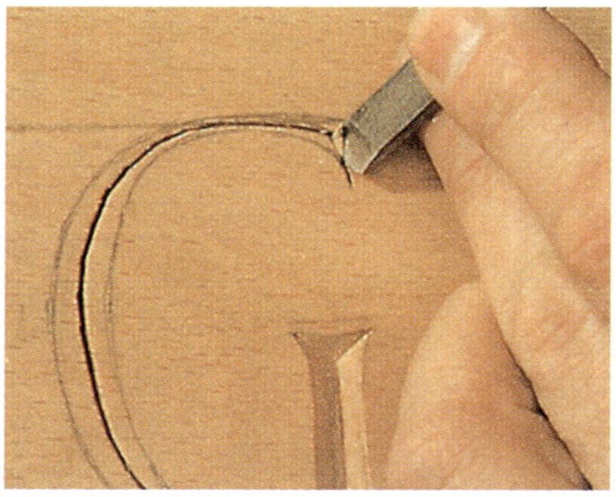

17 Stechen Sie zuerst die Tiefenlinie entlang des gesamten Buchstabens ein und schnitzen Sie dann den breiten Längsbalken.

18 Mit zwei Balleisen Nr. 1 (6 und 13 mm) schneidet man die innere Hälfte der Rundung aus, wobei man jeweils an den Enden beginnt und bis zur Mitte arbeitet.

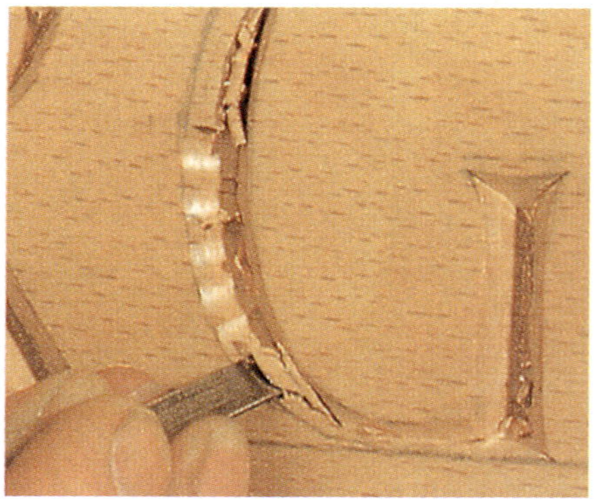

19 Die äußere Hälfte der Rundung schnitzt man mit einem Hohleisen Nr. 3. Die dadurch entstehenden Wellenlinien werden später mit einem Balleisen geglättet.

20 Nachdem die äußere Hälfte der Rundung grob herausgearbeitet ist, schnitzt man das obere schmale Stück des Buchstabens beginnend vom Ende nach links bis zum Anfang der Rundung. Das muss ganz vorsichtig mit einem Hohleisen Nr. 3 geschehen. Die Wellen können später geglättet werden.

21 Beginnen Sie damit, die Tiefenlinie entlang des gesamten Buchstabens auszustechen. Gehen Sie besonders dort, wo zwei Balken im spitzen Winkel aufeinander treffen, sehr sorgfältig vor.

Buchstabe „M"

22 Schnitzen Sie nun die beiden breiten Balken, doch hören Sie beim Schnitzen des schrägen Balkens kurz vor der unteren Spitze auf. Schnitzen Sie dann erst die rechte Hälfte des schmalen linken Längsbalkens. Beginnen Sie dabei an der oberen Verbindungsstelle und verwenden Sie ein breites Balleisen.

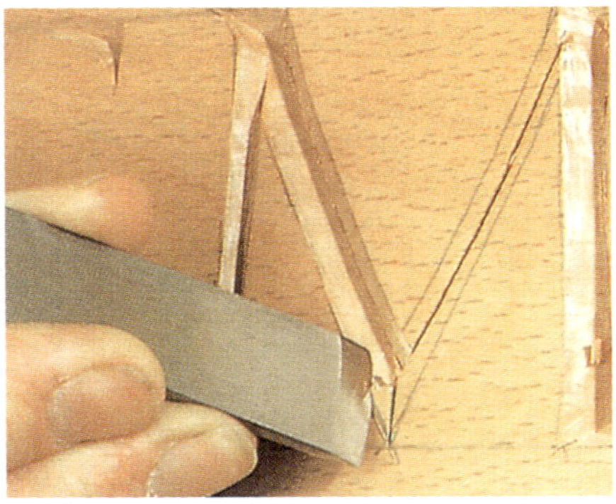

23 Wenn der linke schmale Längsbalken fertig gestellt ist, schneiden Sie die linke Seite der nach unten weisenden Spitze mit dem gleichen Balleisen aus.

24 Beginnen Sie die linke Seite des schmalen Schrägbalkens an der unteren Spitze und achten Sie darauf, dass die Verbindungsstelle sauber ausgeschnitten wird.

25 Komplettieren Sie den Buchstaben, indem Sie die rechte Hälfte des linken Schrägbalkens ausschneiden.

Beachten Sie besonders die Form der Spitze in diesem fertigen Buchstaben „M".

Buchstabe „S“

26 Stechen Sie die Tiefenlinie entlang des gesamten Buchstabens und die ypsilonförmigen Linien an den Enden ein.

27 Schnitzen Sie nun die inneren Rundungen, wobei Sie jeweils an den äußersten Punkten beginnen. Hören Sie mit dem Schnitzen auf, wenn das Balleisen quer zur Faser schneidet.

28 Beginnen Sie mit dem Schnitzen der äußeren Rundungen dort, wo Sie quer zur Faser schneiden und arbeiten Sie in Richtung Mitte.

29 Wenn Sie den geraden Teil in der Mitte des Buchstabens erreichen, tauschen Sie das Hohleisen gegen ein Balleisen. Schneiden Sie damit das gerade Stück aus bis Sie die innere Rundung erreichen.

30 Schnitzen Sie die beiden Dreiecke am Anfang und am Ende des Buchstabens.

31 Arbeiten Sie nun die restlichen Außenseiten der Rundungen heraus, indem Sie mit Schnitten quer zur Faser beginnen und bis zum oberen und unteren Ende jeder Rundung schneiden. Zum Abschluss schnitzt man die schmalen oberen und unteren Enden, wobei man oben von rechts nach links und unten von links nach rechts arbeitet.

Anfänger sollten sich zuerst an einem relativ einfachen Motiv erproben. Im Übrigen können einfache Motive manchmal genau so schön wie ein kompliziertes Design wirken.

Rechts: Mit der Technik des Buchstabenschnitzens kann man selbst die einfachsten Gegenstände wirkungsvoll verzieren.

Schriftenbeispiele

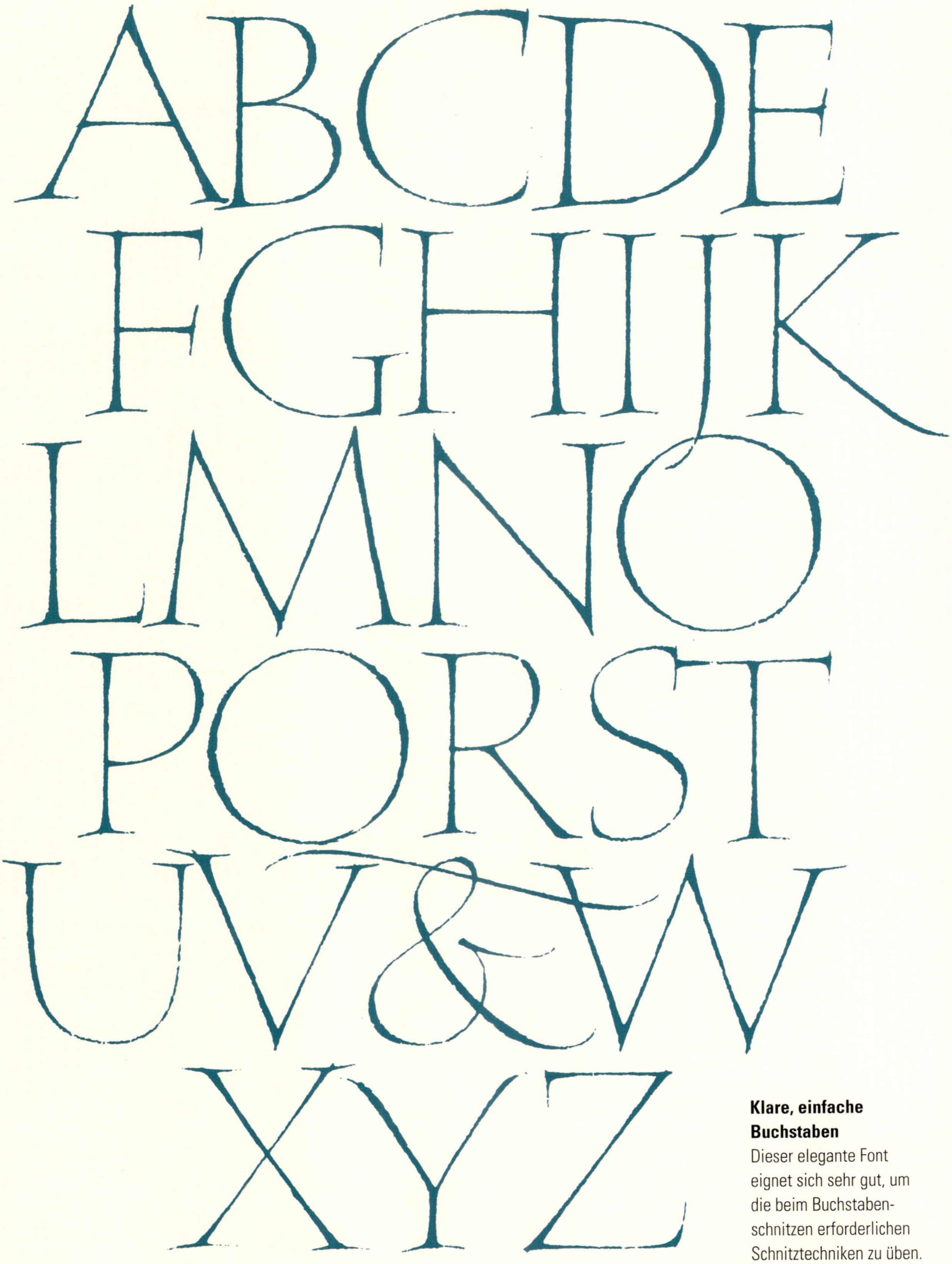

Klare, einfache Buchstaben
Dieser elegante Font eignet sich sehr gut, um die beim Buchstabenschnitzen erforderlichen Schnitztechniken zu üben.

Verzierte Buchstaben

Wenn Sie schon einige Erfahrung im Buchstabenschnitzen gesammelt haben, können Sie sich auch an etwas kompliziertere Formen wagen. Fotokopieren Sie diese Buchstaben und vergrößern Sie sie gegebenenfalls bis zur gewünschten Größe.

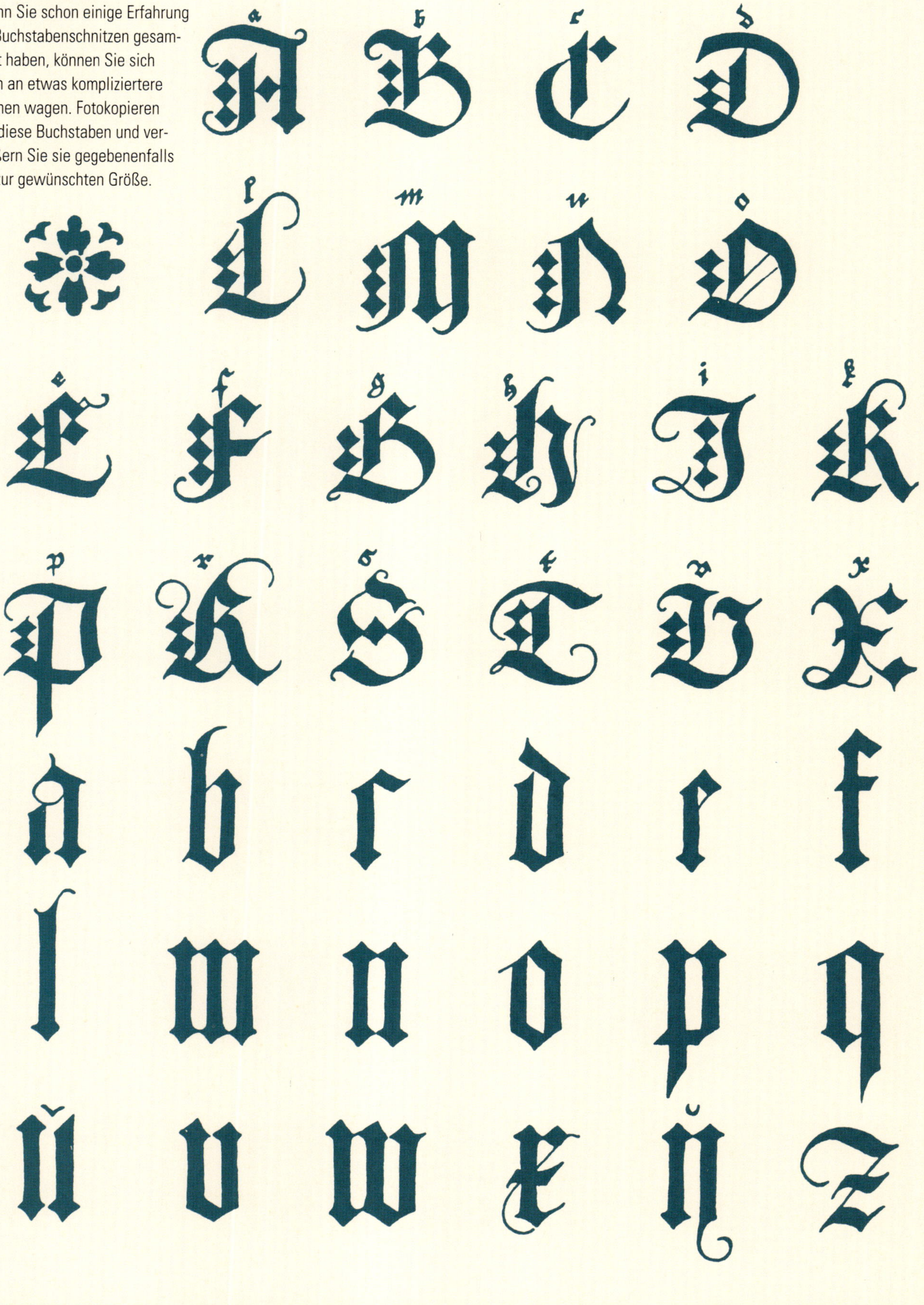

SPEZIELLE OBERFLÄCHENBEHANDLUNG

Stupfen

Das Stupfen oder Tupfen ist eine der einfachsten Effektmalereien auf Holz, Spanplatten, tapezierten oder verputzten Wänden. MDF-Platten eignen sich ganz besonders für diese Technik, da sie eine glatte Oberfläche haben und Farbe sehr gut annehmen.

Welchen Farbton man für den Hintergrund verwendet, hängt ganz von der gewünschten Wirkung ab, experimentieren Sie einfach mit verschiedenen Pastellfarben oder auch dunkleren Farben. Generell empfiehlt sich jedoch ein möglichst großer Helligkeitskontrast zwischen Untergrund und Lasurfarbe, da die Tiefenwirkung der Lasurtechnik hauptsächlich von der Intensität der vom Untergrund reflektierten Lichtstrahlen abhängt. Tragen Sie die Grundfarbe mit einem flachen Pinsel auf. Wenn die Farbe trocken ist, schleifen Sie die Fläche mit feinem Sandpapier ab. Zum Stupfen eignet sich zum Beispiel Latexfarbe, da diese sehr einfach aufzutragen ist. Gießen Sie die verdünnte Farbe in ein flaches Behältnis und mischen Sie sie gegebenenfalls mit anderen Latexfarben, um den gewünschten Farbton zu erhalten. Zum Stupfen verwendet man einen Naturschwamm oder eine spezielle Stupfbürste. Die Werkzeuge sind nur ganz leicht mit Farbe zu benetzen bzw. vorher auf einer Probefläche abzustreichen, bevor man mit der Gestaltung der eigentlichen Fläche beginnt.

Sie können zum Stupfen auch spezielle Lasuren verwenden, die es fertig gemischt im Handel gibt oder die Sie sich selbst herstellen können. Lasuren mischt man aus Pigmenten oder Farbstoffen, dem Bindemittel (bei Öllasuren meist Leinölfirnis) und einem Verdünnungsmittel (z. B. Terpentinöl), wobei der Anteil der Pigmente maximal 5% betragen darf. Das Verhältnis von Bindemittel und Verdünnungsmittel richtet sich nach der Härte und dem Saugvermögen des Holzes.

Die fertige Oberfläche sollte in jedem Fall mit einem Seidenmatt- oder Hochglanzlack versiegelt werden, der mit einem Flachpinsel aufgetragen wird. Polyurethan- oder Öllacke

können den Farbton verändern, deshalb empfiehlt es sich, einen Lack auf Wasserbasis zu verwenden. Außerdem trocknet ein solcher Lack schneller und ist weniger schädlich für Ihre Gesundheit und die Umwelt. Reinigen Sie die Pinsel danach mit reichlich Wasser.

Öllasur zum Stupfen

Zur Herstellung einer Öllasur benötigt man Künstlerölfarbe aus der Tube oder Pigmente, Leinölfirnis und Terpentinöl. Außerdem brauchen Sie einen Spachtel und einen Behälter zum Mischen.

Wählen Sie eine Farbe aus und geben Sie eine kleine Menge davon in den Behälter. Wenn gewünscht, können auch verschiedene Farben gemischt werden. Der Anteil der Pigmente an der Lasur darf höchstens 5 % betragen, dazu kommen 30 – 35 % Leinölfirnis und 60 – 65 % Ölfarbenverdünnungsmittel.

Tipps

- Probieren Sie die Effekte zuerst auf einem Stück Restholz aus.
- Die Lasur darf nicht zu nass sein.
- Tupfen Sie die Lasur vorsichtig auf. Nicht zu viel Druck ausüben!
- Vor dem Lackieren muss die Lasur unbedingt ganz trocken sein.
- Drehen Sie den Stupfpinsel ständig hin und her.
- Testen Sie die Wirkung der Stupftechnik auf unterschiedlichen Materialien.

Gestupfte Oberfläche

1 Grundieren Sie die Fläche – in diesem Fall eine MDF-Platte – und tragen Sie den Grundanstrich auf.

2 Sobald der Grundanstrich trocken ist, legt man mit einem flachen Pinsel eine dünne Schicht Lasurfarbe darüber. Streichen Sie dabei nur leicht über die Fläche. Denken Sie daran, dass die Lasur strukturiert werden muss, solange sie noch feucht ist. Zum Stupfen verwendet man eine spezielle Stupfbürste, einen Naturschwamm oder auch einen normalen Schwamm, in den man viele Löcher reißt, so dass seine Struktur dem eines Naturschwammes ähnelt.

Stupfen von Wänden und Bodenbelägen

Die Wand über dem Waschbecken wurde mit einer grauen Lasur gestupft. Eine so gestaltete Oberfläche wirkt tiefer und lebendiger als eine nur einfach grau gestrichene Wand. Die bisher beschriebenen Techniken kann man auch zur Verzierung uninteressanter Fußbodenbeläge nutzen. Im Fachhandel gibt es verschiedene Farben speziell für Linoleum- und Kunststofffußbodenbeläge. Streichen Sie die Grundfarbe mit einer Rolle oder einem Pinsel auf und lassen Sie sie über Nacht trocknen. Dann tragen Sie die Lasur auf und gestalten die Fläche nach Wunsch. Nach dem Trocknen muss der Boden mit mindestens zwei Schichten Fußbodenlack versiegelt werden. Die gleiche Technik kann auch bei Beton- und Holzfußböden angewandt. werden.

3 Halten Sie die Stupfbürste fest und stupfen Sie damit leicht über die Fläche, wobei Sie die Bürste ständig hin- und herdrehen sollten. Fahren Sie fort, bis die gesamte Oberfläche gleichmäßig strukturiert ist. Eine zusammenhängende Fläche sollte möglichst immer in einem Arbeitsgang gestupft werden, damit später keine Ränder zu sehen sind.

Maserieren

Bevor Sie versuchen, die Maserung einer Holzart zu imitieren, sollten Sie die betreffende Holzart gründlich studieren und sie mit anderen Holzarten vergleichen, um die Besonderheiten der Maserung zu erkennen. Sie werden dabei zum Beispiel feststellen, dass die Markstrahlen in Eichenholz eine einmalige Erscheinung sind (ihre Anordnung hängt davon ab, wie der Stamm aufgesägt wurde) und dass Mahagoni sehr charakteristische rote, braune und rosa Schattierungen aufweist.

Während des Maserierens sollten Sie immer ein Stück des zu imitierenden Holzes zum Vergleich bereithalten. Auch zum Maserieren werden Lasuren, also nicht deckende Farben, verwendet. Man kann sie in verschiedenen Holztönen kaufen oder selbst anmischen, z. B. eine Bierlasur aus abgestandenem Bier, Wasser und bis zu 5 % Pigmenten.

Eichenholzmaserierung

Nachdem man die Oberfläche geglättet und mit einer Schellack-Grundierung versehen hat, trägt man mit einem Flachpinsel die Grundfarbe auf. Will man eine Eichenholzmaserung imitieren, sollte der Grundanstrich beige sein. Lassen Sie den Grundanstrich trocknen und schleifen Sie ihn dann mit feinem Sandpapier ab.

Tipps

- Denken Sie beim Ausprobieren von Maserierlasuren daran, dass die feuchte Farbe nicht allzu schnell absorbiert werden darf, um den gewünschten Effekt zu erreichen.
- Führen Sie einige Arbeitsproben auf Restholzstücken aus.
- Gehen Sie mit den Lasurpinseln sorgfältig um, denn gute Pinsel sind nicht billig.
- Vielen im Handel erhältlichen Lasuren muss man noch Pigmente hinzufügen.

Einfache, offene Maserung

1 Nachdem Sie die Oberfläche geglättet und mit einer Schellack-Grundierung versiegelt haben, tragen Sie erst die Grundfarbe und danach die farbige Lasur mit einem flachen Pinsel auf. Bedecken Sie die gesamte Länge des Werkstücks mit langen, geraden Strichen.

2 Nun nehmen Sie einen Maserierkamm zur Hand und ziehen Sie ihn durch die Lasur. Denken Sie daran, dass die Maserung in einem Holzstück nicht immer geradlinig verläuft und auch Knoten und Fladern aufweist. Indem man den Kamm seitlich mal zu einer und mal zur anderen Seite kippt, erhält man eine ungleichmäßige Maserung.

3 Diese Maserung soll Kiefernholz imitieren. Beachten Sie, wie sich die Streifen annähern und wieder auseinander laufen und wie die Konturen verwischt wurden. Man kann die Tiefe der Maserung noch verstärken, indem man mehr als zwei Farbtöne verwendet. Wenn die Oberfläche vollständig getrocknet ist, schützt man sie mit einem Lack oder beizt sie.

Danach trägt man mit einem flachen Pinsel etwas eichenfarbige Lasur auf und geht dann noch einmal mit einem Dachshaarvertreiber darüber, um die Pinselspuren zu verwischen. Ziehen Sie nun einen Maserierkamm aus Stahl über die Oberfläche, so dass Streifen in der Lasur entstehen. Behandeln Sie die gesamte Oberfläche auf diese Art und Weise, wobei der Kamm immer in die gleiche Richtung zu ziehen ist. Nach jedem Strich muss der Kamm gesäubert werden.

Ziehen Sie nun den Kamm im Winkel von 30° erneut über die Fläche. Mit einem Dachshaarpinsel verwischen Sie die Linien etwas. Dann nehmen Sie einen langen, breiten Pinsel mit steifen Borsten, den so genannten Schläger. Man hält ihn ganz flach und schlägt damit über die Lasur, wodurch die gefleckte Erscheinung von Eichenholz imitiert wird.

Zum Simulieren der Markstrahlen hat man früher den Fingernagel verwendet, über den man ein Stück Stoff legte. Den gleichen Effekt erzielt man mit der Rückseite eines Kamms, die man ebenfalls in ein Tuch wickelt.

Wenn man mit der Struktur der Oberfläche zufrieden ist, lässt man sie trocknen und trägt zum Abschluss einen Seidenmatt- oder Hochglanzlack auf.

Mahagonimaserierung

Nachdem man den Untergrund wie bereits beschrieben vorbereitet hat, trägt man eine rosa-beige Grundfarbe auf. Wenn die Grundfarbe trocken ist, schleift man die Oberfläche leicht ab, entfernt den Schleifstaub und trägt die Mahagonilasur mit einem flachen Pinsel auf. Dabei ist auf einen abwechslungsreichen Auftrag zu achten. Man vertreibt die Pinselspuren und legt eine etwas dunklere Lasur darüber, die man ebenfalls vertreibt. Dann schlägt man die schmale Kante eines Pinsels mit groben Borsten seitlich auf die Lasur. Mit dieser Technik lassen sich die Poren von echtem Mahagoni gut imitieren.

Markstrahlenimitation
Hier wurde zuerst eine grau getönte Holzlasur aufgetragen und strukturiert. Danach wurden die Markstrahlen mit Hilfe eines Bleistifts, der in ein Tuch gewickelt wird, in die nasse Lasur geritzt.

Imitation eines glatten, dichtfaserigen Holzes

1 Wenn die Grundfarbe getrocknet ist, trägt man die Lasur mit langen geraden Strichen des Lasurpinsels auf. Achten Sie auf einen gleichmäßigen Auftrag.

2 Dann ziehen Sie einen Pinsel mit steifen Borsten (Schläger) über die Fläche, um die dicht aneinander liegenden, geraden Fasern nachzuahmen. Halten Sie den Pinsel lose und schlagen Sie die Borsten in Längsrichtung leicht auf die Fläche, um die Holzporen zu imitieren.

Marmorieren

Echter Marmor ist ein sehr schöner, aber auch sehr teurer Baustoff und deshalb verwundert es nicht, dass man immer wieder versucht hat, Marmorflächen zu imitieren. Der Marmormalerei kam besonders im Barock und Neobarock große Bedeutung zu. Damals gab man vielen aus Holz, Gips oder anderen Materialien gefertigte Architekturelemente durch Malerei das Aussehen von Marmor. In alten Villen und herrschaftlichen Häusern aus dieser Zeit findet man manchmal herausragende Beispiele gelungener Marmorimitationen, die man nur schwerlich von wirklichem Marmor unterscheiden kann.

Vorbereitung der Oberfläche

Da Glätte und Glanz wichtige Merkmale von Marmorflächen sind, ist die Vorbereitung des Untergrundes für das Marmorieren von entscheidender Bedeutung. Spachteln Sie die Oberfläche wenn nötig und schleifen Sie sie danach ganz glatt. Dann tragen Sie einen Vorlack auf Alkydharz- oder Öl-Alkydharz-Basis auf. Für die Marmorierung nimmt man weiße und farbige Lackfarben oder selbst zubereitete Öllasurfarben.

Auftragen der Lasur

Der nächste Schritt ist das Auftragen der Lasur, die noch im nassen Zustand strukturiert werden muss. Dabei unterscheidet man verschiedene Arbeitstechniken. Es ist zum Beispiel möglich, in den frischen Grundanstrich zu marmorieren. Diese Technik eignet sich besonders für Marmorarten mit markanten Adern. Eine zweite Möglichkeit ist das Marmorieren auf dem eingeölten Deckanstrich, das im Folgenden detailliert erläutert wird. Es eignet sich für farbig gesprenkelte und gewolkte Marmorarten. Schließlich gibt es noch die Möglichkeit mit Lasurfarben auf Deckanstrichen zu marmorieren, eine Technik die bei kräftig gefärbten Marmoren zur Anwendung kommt.

Die charakteristischen Adern werden mit einem Künstlerpinsel oder einer Feder aufgemalt. Halten Sie den Pinsel zwischen Zeigefinger und Daumen und ziehen Sie ihn mit unregelmäßigen Bewegungen über die Fläche. Die Adern werden dann seitlich und in der Hauptrichtung vertrieben und am Schluss stellenweise wieder schärfer nachgezogen.

1 Mit einem flachen Pinsel wird zuerst der Grundanstrich aufgetragen. Er muss nicht unbedingt weiß sein, sondern der Farbton richtet sich nach der Marmorart, die Sie imitieren möchten. Wenn der Grundanstrich getrocknet ist, schleift man die Fläche sorgfältig ab, so dass sie so glatt und eben wie möglich ist.

2 Reiben Sie die Oberfläche mit Leinöl ein, bevor Sie die Lasur auftragen. Dadurch fließt die Farbe besser und bleibt länger strukturierbar.

3 Tragen Sie die Lasur mit einem Lasurpinsel auf. Achten Sie dabei auf einen gleichmäßigen Auftrag. Es sollten so wenig wie möglich Pinselspuren zu sehen sein.

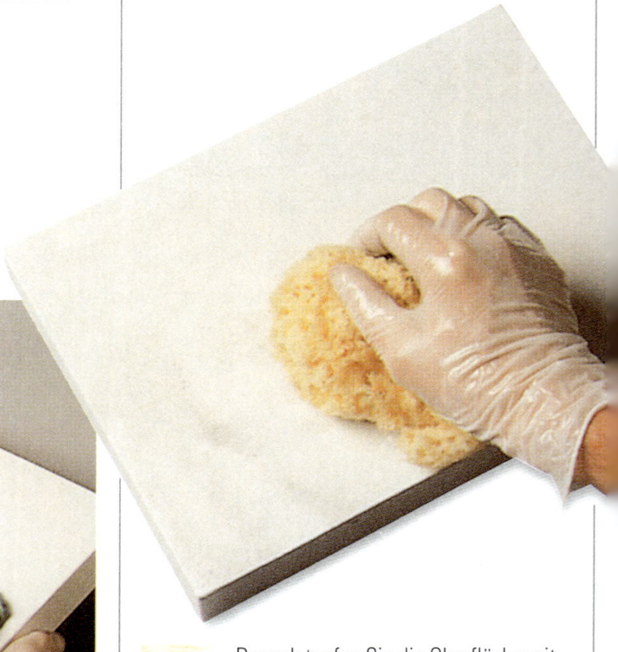

4 Danach tupfen Sie die Oberfläche mit einem Naturschwamm ab. Tupfen Sie dabei nur ganz vorsichtig, so dass Sie nicht allzu viel Farbe von der Oberfläche abnehmen. Durch das Tupfen wird die Lasur verteilt und man erzielt einen wolkigen Effekt, wobei gleichzeitig alle Pinselspuren entfernt werden.

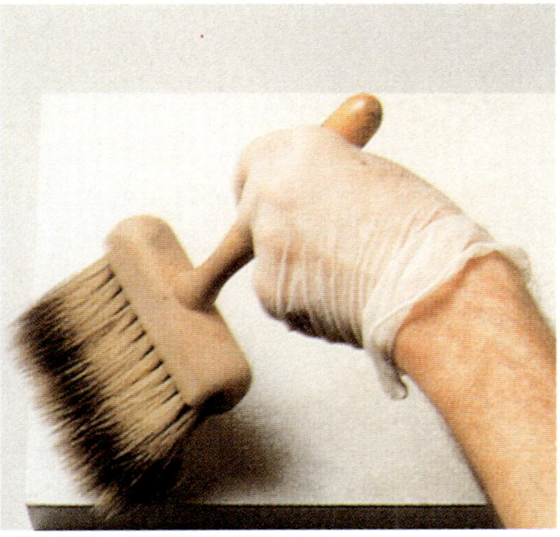

5 Schlichten Sie die Konturen, die der Schwamm hinterlassen hat mit einem Dachshaarvertreiber, mit dem Sie ganz leicht über die getupfte Farbe streichen, so dass diese sich mit dem Hintergrund verbindet.

6 Mit einem Künstlerpinsel zeichnet man nun die Adern ein. Rollen Sie den Pinsel dabei zwischen Daumen und Ringfinger um einen unregelmäßigen Verlauf zu erreichen. Schauen Sie sich vorher die Aderung einer richtigen Marmorplatte genau an und versuchen Sie, diese so gut wie möglich zu imitieren.

7 Nun werden die Adern wiederum mit dem Dachshaarpinsel vertrieben, damit die Übergänge möglichst nahtlos sind.

8 Das fertige Werkstück wird lackiert, um die Oberfläche vor Abnutzung zu schützen. Ein Acryllack eignet sich in der Regel am besten um ein marmoriertes Möbelstück oder eine Wand vor Kratzern zu schützen. Tragen Sie den Lack zweimal dünn auf, wobei Sie den Pinsel immer nur zu einem Drittel eintauchen sollten.

Imitation verschiedener Marmorarten

1 Grundanstrich in Himmelblau, Lasur mit rotem Ocker und Schwarz

2 Grundanstrich in Naturweiß und Rosa; gelbe und rote Lasur, Adern in Oxidrot

3 Grundanstrich in Naturweiß, Lasur Siena natur und gelber Ocker

4 Grundanstrich in Weiß, schwarze und weiße Lasur

5 Grundanstrich in Schwarz, Lasur mit Goldpigmenten

6 Grundanstrich in Dunkelgrün, weiße Lasur

Wickeltechnik

Eine alte Technik zur Gestaltung von stark strukturierten und bewegten Oberflächen auf Möbeln, Holzverkleidungen und Wänden ist die Wickeltechnik, wobei man einen Teil der noch nassen Farbe mit zusammengewickelten Tüchern abrollt, bevor diese trocknet, oder aber die zweite Farbe mit Hilfe eines zusammengewickelten Tuches oder Lederlappens aufrollt. Für diese Technik eignen sich alle glatten Untergründe, besonders MDF-Platten.

Schleifen Sie die Fläche nach dem Grundieren leicht ab, damit der Untergrund möglichst glatt wird. Dann tragen Sie den Grundanstrich mit einem feinfaserigen 10 cm breiten Farbroller auf. Acrylfarben haben den Vorteil, dass sie sehr schnell trocknen, Ölfarben haften jedoch besser am Untergrund. Für den Grundanstrich wählt man entweder eine neutrale Farbe, wie zum Beispiel Weiß oder Eierschale oder man mischt die Grundfarbe mit Künstlerölfarben. Bei der Wickeltechnik sollten Sie für beide Schichten dieselbe Art Farbe verwenden, also entweder Ölfarbe auf Ölfarbe oder wasserverdünnbare Farbe auf wasserverdünnbarer Farbe streichen.

Auftragen der Lasur

Bestreichen Sie die Oberfläche mit einer dünnen Schicht der Lasur. Wie bei allen Lasurtechniken müssen Sie dabei zügig arbeiten, denn sobald die Farbe zu trocknen beginnt, lässt sie sich nicht mehr strukturieren.

Zum Abrollen verwenden Sie ein zusammengewickeltes Baumwoll- oder Ledertuch oder eine spezielle Rolle, die es für diese Zwecke im Fachhandel zu kaufen gibt. Beim Zusammenwickeln der Tücher ist darauf zu achten, dass die Außenfläche sehr ungleichmäßig wird, um einen stark gewolkten Effekt zu erzielen wird. Sie sollten die Farbe möglichst diagonal in überlappenden Streifen abrollen, damit ein gleichmäßiges Bild entsteht.

Tipp

Lassen Sie niemals mit Lösungsmittel getränkte Lappen herumliegen, da viele Lösungsmittel leicht entflammbar sind, besonders bei heißem Wetter oder in einer warmen Werkstatt. Waschen Sie die Lappen in Seifenwasser aus oder lassen Sie sie über Nacht in einem Behälter mit Wasser und einem milden Lösungsmittel stehen. Dann breitet man sie flach zum Trocknen aus.

Gestaltung einer Fläche mit Wickeltechnik

1 Legen Sie mit einem flachen Pinsel in vorsichtigen Strichen die Lasur auf den Grundanstrich. Die Oberfläche muss gleichmäßig von der Lasur bedeckt sein. Dabei ist zügig zu arbeiten, da die Lasur nicht trocknen darf, denn dann lässt sie sich nicht mehr strukturieren. Sie haben etwa 20 Minuten zur Verfügung (bei manchen Ölfarben länger) um den gewünschten Effekt mit dem gewickelten Lappen zu erzielen.

2 Zum Wickeln können alle möglichen Materialien verwendet werden, z. B. Baumwolltücher, Kunststofffolie oder wie hier ein Papierhandtuch. In größeren Baumärkten gibt es inzwischen auch spezielle Roller für die Wickeltechnik zu kaufen. Das verwendete Material sollte jedoch in jedem Fall fusselfrei sein.

3 Rollen Sie das Papier oder den Lappen zu einer länglichen Rolle auf. Dabei ist wichtig, dass man das Material nicht zu fest zusammenrollt und dass die Oberfläche möglichst ungleichmäßig aussieht. Indem man das Tuch fester oder lockerer zusammenrollt, lassen sich unterschiedliche Effekte erzielen. Es lohnt sich also, vorher ein bisschen zu experimentieren.

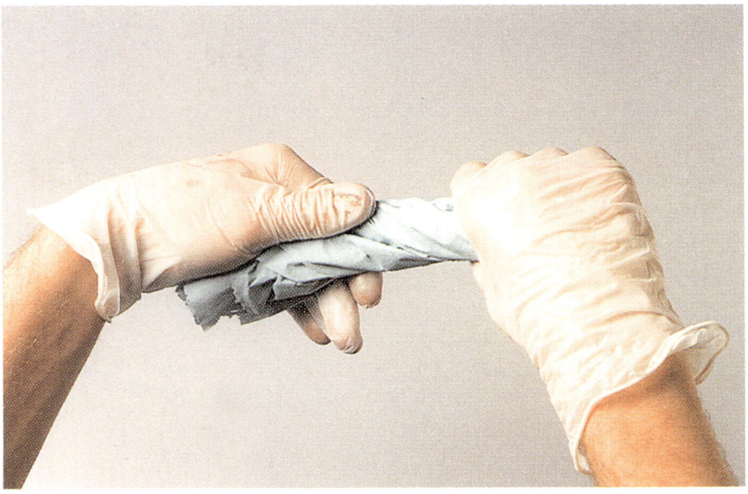

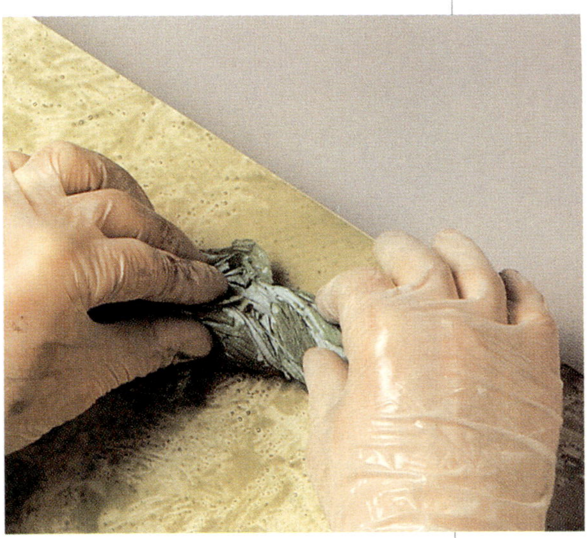

4 Halten Sie den Lappen in beiden Händen und rollen Sie ihn über die Oberfläche, wobei ein Teil der Farbe abgenommen wird. Mit einem Dachshaarvertreiber schlichtet man die Strukturen und lässt die Fläche trocknen, bevor man eventuell weitere Lasurschichten aufträgt.

5 Wenn ein glatter Randstreifen gewünscht wird, reibt man die Lasur entlang des Randes einfach wieder ab, solange sie noch feucht ist. Verwenden Sie dazu ein sauberes Tuch, welches Sie leicht in Testbenzin tränken. Nach vollständiger Trocknung der Lasur können Sie eine Schicht Seidenmatt- oder Hochglanzlack auftragen. Denken Sie dabei jedoch daran, dass Öl- und PUR-Lacke zu Farbänderungen führen können.

Mit Wickeltechnik gestaltete Verkleidung
Die Verkleidung um die Badewanne wurde mit der Wickeltechnik gestaltet. Die Wände wurden passend dazu mit derselben Technik dekoriert. Will man wie hier einen Streifeneffekt erzielen, klebt man die Bereiche, die nicht lasiert werden sollen, vorher ab.

Ebenholzimitation

Ebenholz ist ein nahezu vollkommen schwarzes Holz, das aus Afrika oder Indien kommt. Es ist sehr rar und teuer, deshalb wird es häufig imitiert. Zur Ebonisierung eignen sich verschiedene Holzarten, ganz besonders aber Birnbaum. Die schwarzen Tasten der Klaviatur beispielsweise, sind oft Ebenholzimitationen.

Das Ebonisieren führt zu einer ganz gleichmäßigen Oberfläche ohne Maserung. Jeder noch so kleine Mangel der Oberfläche wird dadurch besonders hervorgehoben und deshalb muss man den Untergrund sehr sorgfältig vorbereiten. Dabei ist unser Tastsinn oft hilfreicher als das Auge, fahren Sie also langsam mit den Fingerspitzen über die Holzfläche, um eventuelle Unebenheiten oder raue Stellen ausfindig zu machen. Ziel der Spezialbehandlung ist eine makellose, hochglänzende und tiefschwarze Oberfläche.

Vorgehensweise

Zum Beizen des Holzes verwendete man üblicherweise den Farbstoff Nigrosin, der im Fachhandel oder im Internetversand erhältlich ist.

Wenn die Beize getrocknet ist, trägt man eine weiße oder helle Politur auf, die man mit schwarzer Spiritusbeize vermischt. Zum Auftragen verwendet man einen Polierballen.

Um der Oberfläche eine größere Tiefe zu verleihen, folgt noch ein Auftrag weißer oder heller Politur, wobei man einige Tropfen Leinöl als Schmiermittel verwendet. Das Öl entfernt man anschließend mit vergälltem Alkohol. Tränken Sie den Polierballen damit und reiben Sie das Holz so lange ab, bis es einen tiefen Glanz erhält. Lassen Sie die so behandelte Fläche mindestens einen Tag lang trocknen, dann sieben Sie eine kleine Menge Bimssteinpuder über die gesamte Oberfläche und polieren diese mit einem weichen Lappen. Entfernen Sie das Puder sorgfältig aus allen Ecken und Kehlen.

Imitation an einer Schatulle

1 Ebenholz ist ein sehr dichtes Holz mit nur schwacher Maserung. Der Erfolg der Imitation beruht auf der sorgfältigen Vorbereitung des Untergrundes. Zuerst sind deshalb alle Löcher und Poren zu füllen und die Fläche ist glatt abzuschleifen.

Trocknungszeiten

- Wasserbeize braucht 40 Minuten um zu trocknen.
- Lassen Sie die erste Schicht Politur etwa 20 Minuten trocknen.
- Die Deckschichten brauchen zum Trocknen 8 Stunden.
- Die abschließende Politur muss 5 Stunden trocknen.
- Stellen Sie das Werkstück nach dem Auftrag der abschließenden Politur in einen staubfreien Raum oder decken Sie es ab, bis die letzte Schicht komplett getrocknet ist.

2 Beizen Sie das so vorbereitete Stück mit Nigrosin-Wasserbeize oder einer schwarzen Spiritusbeize. Tragen Sie die Beize feucht auf und arbeiten Sie sie in das Holz ein, bis es gleichmäßig gefärbt ist.

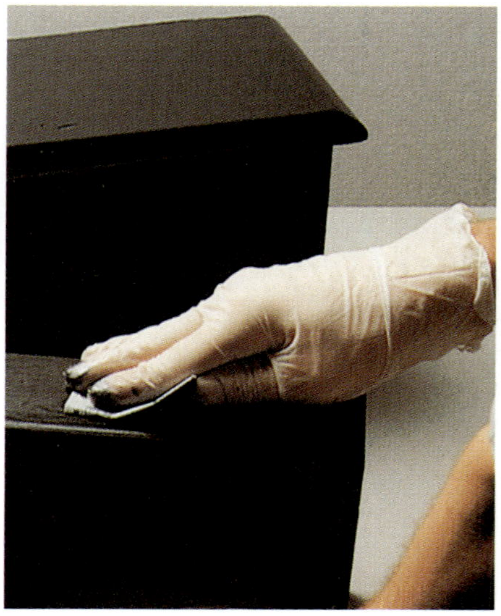

3 Wenn die Beize trocken ist, können Sie wahrscheinlich immer noch die offenen Poren der Holzoberfläche sehen und fühlen. Diese müssen nun noch gefüllt werden. Schleifen Sie die Oberfläche vorher leicht ab und fahren Sie dann mit einem speziellen Staubfangtuch darüber, um lose Partikel zu entfernen. Füllen Sie alle offenen Poren mit schwarzem Porenfüller. Reiben Sie den Porenfüller mit einem Stück Sackleinen in die Fläche ein. Drehen Sie das Sackleinen häufig, um immer eine saubere Oberfläche zur Verfügung zu haben und reiben Sie kräftig, damit der Porenfüller tief in die Holzporen gedrückt wird. Nehmen Sie danach den Überstand ab.

4 Wenn der Porenfüller trocken ist, schleifen Sie das Holz leicht ab und reiben es sauber. Jetzt trägt man die schwarze Politur auf. Verwenden Sie dazu eine in weißer Schellackpolitur gelöste schwarze Spiritusbeize. Mischen Sie die Politur und die Beize im Verhältnis von 1:10. Nehmen Sie mit dem Polierballen etwas von der Mischung auf und tragen Sie diese wie Französische Politur auf (siehe S. 219). Wenn die schwarze Politur komplett getrocknet ist, dämpft man den Glanz, indem man die Fläche leicht mit Siliziumkarbidpapier der Körnung 320 abschleift. Die Oberfläche sollte dann seidenmatt aussehen. Um die Oberfläche noch tiefer wirken zu lassen, kann man danach noch einmal weiße Politur auftragen. Geben Sie etwas Politur auf den Ballen und polieren Sie das Holz auf Hochglanz. Wer eine seidenmatte Oberfläche vorzieht, reibt das Holz zum Abschluss mit 000-Stahlwolle ab und trägt noch eine Wachspolitur auf.

5 Aus der Kiefernholzschatulle ist nun eine Ebenholzschatulle geworden. Gehen Sie jedoch sorgfältig damit um, denn jeder Kratzer verrät, dass es sich nur um ein Imitat handelt.

Krakelierung

Die Krakelierung ist eine nicht sehr komplizierte Technik auf der Basis eines speziellen Krakelierlacks oder Reißlacks, bei der die Farbe wie gerissen aussieht und abzublättern scheint. Sie wird angewandt, um Möbelstücke künstlich zu altern oder ihnen ein rustikales Aussehen zu geben. Mit kontrastierenden Farben kann man außerdem interessante Effekte erzielen. Manchmal wird die Reißlacktechnik auch eingesetzt um Leder zu imitieren.

Will man einen Kontrasteffekt erreichen, trägt man üblicherweise zuerst eine helle oder dunkle Grundfarbe (z. B. Acrylfarbe) auf. Darüber wird der Krakelierlack gestrichen. Wenn er trocken ist, streicht man die zweite Farbe (Kontrastfarbe) darüber. Schon während der Trocknung der zweiten Farbe entstehen dann die Risse und die untere Farbschicht scheint durch. Beim Arbeiten mit Krakelierlack ist zu beachten, dass die Farbe in der Richtung reißt, in welcher man den Krakelierlack aufstreicht.

Im Folgenden wird der Auftrag von Reißlack auf einen Grundlack beschrieben.

1 Nachdem man die Oberfläche vorbereitet und alle Bereiche, die nicht in Kontakt mit der Farbe kommen sollen, abgeklebt hat, trägt man mit einem Flachpinsel den Grundlack auf. Halten Sie den Pinsel dabei möglichst flach, damit keine Pinselspuren zu sehen sind.

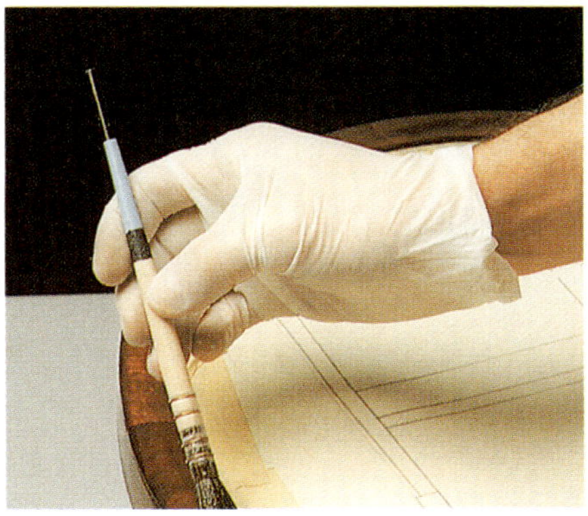

2 Sobald der Grundlack klebrig zu werden beginnt, streicht man den Reißlack darüber. Die Dicke des Auftrags sowie die Raumtemperatur während des Trocknungsprozesses ist ausschlaggebend für die Breite der entstehenden Risse. Je dicker man den Reißlack aufträgt und je höher die Raumtemperatur, desto größer werden die Risse.

3 Nach dem Trocknen (etwa 1 Stunde) kann man die Risse mit spezieller antikisierender Ölfarbe, die mit etwas Terpentin verdünnt wird, einfärben. Nach 2 bis 3 Stunden wischt man dann die überschüssige Ölfarbe mit einem leicht in Terpentin getränkten Lappen vorsichtig ab, achtet jedoch darauf, dass man die Risse dabei nicht wieder auswischt.

Tipps

- Es empfiehlt sich immer, eine neue Technik zuerst an einem Probestück zu testen, bevor man ein größeres Projekt beginnt.
- Ein trockener, warmer und staubfreier Arbeitsraum ist für den Erfolg der Krakeliertechnik sehr wichtig.
- Lassen Sie Reisslack etwa 60 Minuten trocknen.

Antikisieren

Techniken des Antikisierens oder künstlichen Alterns setzt man ein, um Möbelstücke oder Dekorationsgegenstände aus neuen Materialien alt wirken zu lassen, z.B. wenn man bei der Restaurierung eines Möbelstückes einen Teil ersetzen muss und dessen Aussehen dem Aussehen des alten Möbels angleichen möchte.

Trockenzeiten

- Wasserbeizen brauchen zum Trocknen etwa 40 Minuten.
- Schellackgrundierung hat eine Trocknungszeit von etwa 30 Minuten.

1 Füllen Sie einen kleinen Stoffbeutel mit Schrauben und Muttern und schlagen Sie damit mehrmals auf das Holz, um Dellen und Druckstellen zu erzeugen. Achten Sie dabei darauf, dass Sie den Beutel immer in einer anderen Richtung aufschlagen.

2 Danach tragen Sie eine Beize auf Wasserbasis auf. Reiben Sie die Beize vor allem in die entstandenen Dellen und Druckstellen, so dass diese dunkler erscheinen.

OBEN: Ein neues Brett aus Mahagoni (oben links) wird durch dunkle Farbtönung, Dellen und Kratzer künstlich gealtert (oben rechts). Es passt so viel besser in einen mit alten Möbeln eingerichteten Raum.

Künstlich gealterter Eckschrank
Dieser Eckschrank, der aus Recyclingmaterialien hergestellt wurde, ist in ein gutes Beispiel dafür, wie Dellen und Kratzer ein Möbelstück älter wirken lassen können.

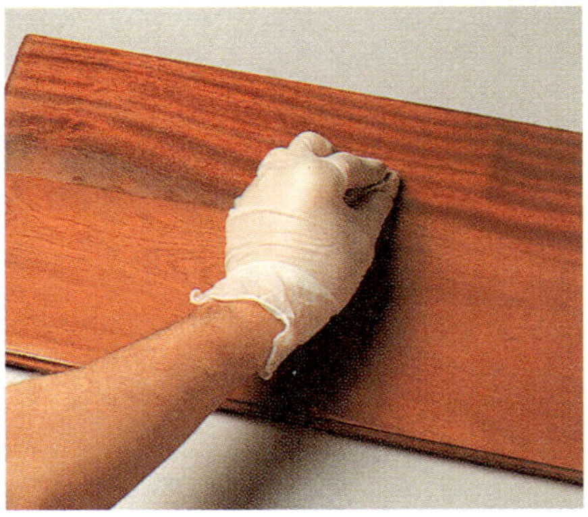

3 Wenn die Beize trocken ist, behandeln Sie die Oberfläche mit Schellackgrundierung. Tragen Sie die Grundierung mit einem weichen Tuch mit geraden Strichen entlang der Holzmaserung auf. Der Schellack schützt die Oberfläche, bildet jedoch keine deckende Schicht. Achten Sie auf einen gleichmäßigen Auftrag.

4 Oft haben heiße Tassen oder überlaufende Gläser ringförmige Spuren auf alten Tischen oder Schränken hinterlassen. Diese Spuren lassen sich leicht imitieren, indem man eine Blechbüchse mit heißem Wasser füllt, deren Boden befeuchtet und diese dann für 5 bis 10 Minuten auf die zu alternde Holzfläche stellt, so dass ein dunkler Ring entsteht.

5 Einmaliges Beizen ist oft nicht ausreichend um einem Holzstück einen Farbton zu geben, die der Wirkung des Alterns entspricht. Mischen Sie deshalb eine Spiritusbeize mit Pigmenten und French Polish und tragen Sie diese Mischung mit einem Pinsel auf. Reiben Sie die Flüssigkeit in das Holz ein, um eine dunklere Oberfläche zu erhalten.

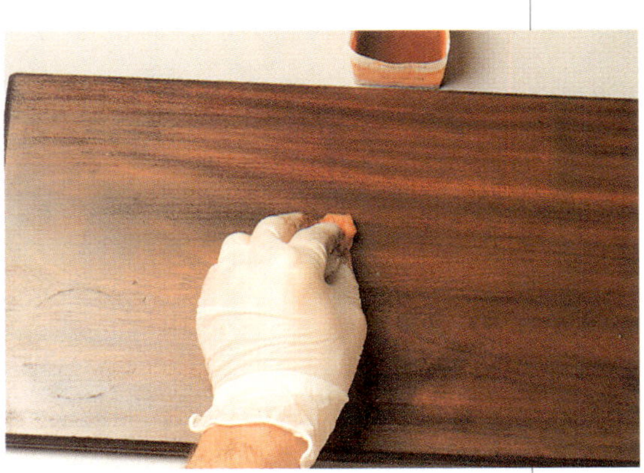

6 Wenn die Farbe getrocknet ist, tragen Sie mit dem Polierballen eine Schicht transparenter Politur auf. Beginnen Sie mit kreisförmigen Bewegungen und reiben Sie die Politur zum Abschluss in Richtung der Maserung in die Holzfläche ein. Ganz zum Schluss tragen Sie noch eine Schicht dunkler Wachspaste auf, um den Alterungseffekt noch zu verstärken.

Künstliche Alterung durch Abschleifen

Wenn man an einem Möbelstück die Farbe an den Stellen etwas abschleift, die im Laufe der Jahre am meisten beansprucht werden, erzielt man ebenfalls einen Alterungseffekt. Diese Technik wird häufig bei Imitationen alter Eichenmöbel verwendet, kann jedoch auch bei anderen Holzarten zur Anwendung kommen.

Beginnen Sie, indem Sie die Oberfläche wie gewöhnlich vorbereiten. Dabei sollten Sie das Holz jedoch nicht allzu glatt schleifen, denn Sie wollen ja, dass das betreffende Stück alt und gebraucht wirkt. Lassen Sie deshalb ruhig einige Kratzer und Dellen in der Oberfläche.

Lösen Sie etwas dunkelbraune Pigmente in Wasser auf und beizen Sie das Möbelstück damit. Wenn die Beize getrocknet ist, schleift man die Oberfläche leicht ab, denn durch die Feuchtigkeit haben sich die Holzfasern aufgestellt und die Oberfläche fühlt sich rau an. Dann beizt man das Holz noch einmal mit einer dunklen Ölbeize. Arbeiten Sie die Beize gut in die Faser ein und achten Sie darauf, dass die Ecken und Profilleisten dunkler werden als der Rest.

Fertigen Sie sich aus 000-Stahlwolle einen kleinen Ballen an, der genau in Ihre Hand passt. Bearbeiten Sie die zentralen Flächen so lange, bis die dunkle Beize fast abgerieben ist und dann verreiben Sie die Übergänge so, dass dunkle und hellere Bereiche möglichst nahtlos ineinander übergehen. Behandeln Sie die abgeschliffene Oberfläche schließlich noch mit Garnet Polish, einer dunkelbraunen Politur. Tragen Sie die Politur zuerst mit einem weichen Lappen auf und lassen Sie sie trocknen. Dann schleift man die Oberfläche mit Sandpapier der Körnung 320 leicht ab, entfernt den Schleifstaub und trägt eine weitere Schicht Politur auf.

Dunkeln Sie alle Bereiche, die eventuell zu sehr hervorstehen, mit einer Spiritusbeize mit wenig Pigmenten nach. Tragen Sie die Beize entweder mit einem weichen Lappen oder einem Pinsel auf.

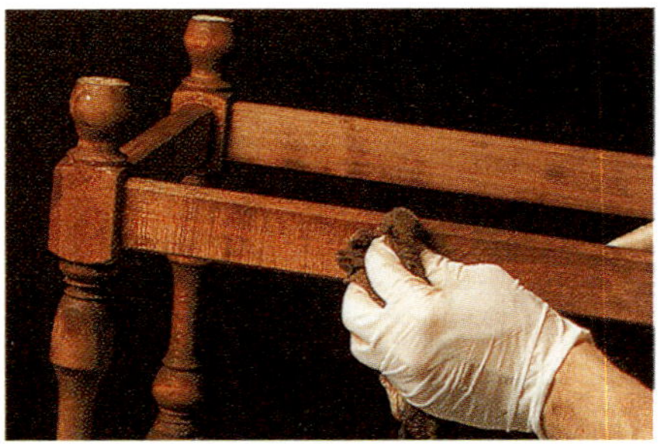

1 Glätten Sie die Oberfläche des Hockers und tragen Sie die Beize auf. In diesem Fall wurde eine dunkelbraune Wasserbeize verwendet. Sie dringt schnell ein und lässt sich gut in Ecken und Vertiefungen einarbeiten, so dass diese dunkler erscheinen. Reiben Sie die Beize auch in die profilierten Teile.

2 Nachdem der gesamte Hocker so behandelt wurde, nimmt man die überschüssige Beize ab und lässt das Holz trocknen. Dann schleift man es leicht ab und beizt es noch einmal mit einer dunklen Ölbeize. Beachten Sie die dunkleren Bereiche an den Beinen und den Ecken.

Tipps

- Es dürfen beim Abschleifen der Beize keine scharfen Linien entstehen, sondern dunklere und hellere Bereiche sollten nahtlos ineinander übergehen.
- Auf Tischplatten sollte man die Beize vor allem dort etwas abschleifen, wo gewöhnlich die Teller stehen, denn dieser Bereich wird über die Jahre hinweg am meisten beansprucht.
- Die unteren Querstreben an der Vorderseite von Stühlen zeigen in der Regel die stärksten Abnutzungsspuren, da man dort oft die Füße aufstellt.

3 Wenn die Beize getrocknet ist, schleift man sie mit 000-Stahlwolle oder mit einem Schleifpad teilweise wieder ab. Man beginnt dabei in der Mitte der Streben und arbeitet in Richtung der Ecken. Schleifen Sie in der Mitte etwas stärker als in den Ecken, so dass ein stufenloser Übergang von helleren zu dunkleren Bereichen entsteht. Zum Schluss trägt man eine mit French Polish vermischte Spiritusbeize auf und poliert die Oberfläche schließlich mit einer dunkelbraunen Politur (Garnet Polish).

4 Den fertigen Hocker reibt man mit weißer Politur (White Polish) ein, die man bis auf Halbglanz poliert. Dann trägt man noch eine Schicht Wachspolitur auf.

Kalken

Die Technik des Kalkens kommt häufig bei Holz mit offenen Poren (meist Eiche) zum Einsatz. Dabei wird eine so genannte Kalkpaste mit weißen Pigmenten in die Poren eingerieben. Vor der Weiterbehandlung des Holzes wird die Paste wieder von der Fläche entfernt, so dass nur die Poren weiß bleiben und somit ein interessanter Kontrast entsteht.

1 Zuerst öffnet man die Holzporen, indem man die Oberfläche mit einer Drahtbürste bearbeitet, die man in Faserrichtung führt. Danach beizt man das Holz in der gewünschten Farbe. Dabei sollte man jedoch keine Ölbeize verwenden, denn diese kann dazu führen, dass das Holz später fleckig wird. Lassen Sie die Beize trocknen.

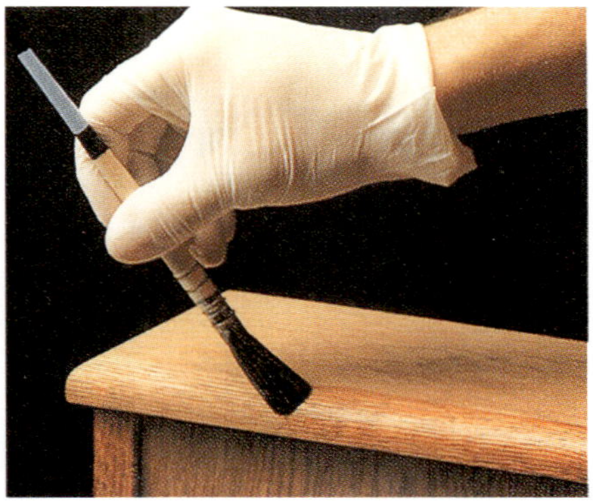

2 Versiegeln Sie die Beize mit einer matten oder weißen Politur, damit die Kalkpaste nicht fleckig auftrocknet. Lassen Sie die Politur möglichst über Nacht trocknen, denn sie muss vollständig ausgehärtet sein, bevor man mit der nächsten Arbeitsphase beginnt.

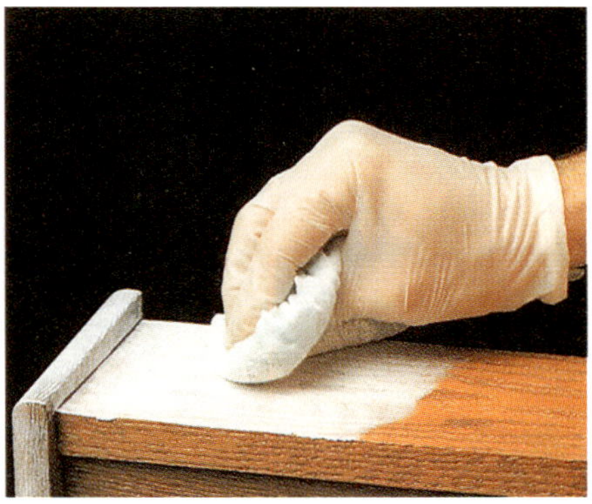

3 Glätten Sie die so behandelte Fläche mit einem flexiblen Schleifpad oder feinem Sandpapier der Körnung 320. Die so genannte Kalkpaste ist eine Mischung aus Wachs und weißen Pigmenten und es gibt sie fertig zu kaufen. Wenn gewünscht, können Sie auch andersfarbige Pigmente mit der Kalkpaste verrühren. Tragen Sie die Paste mit einem Lappen auf und arbeiten Sie sie dann mit einem Stück Sackleinen in die Poren ein. Arbeiten Sie dabei quer zur Faser.

4 Bevor die Paste trocknet, muss man den Überstand abnehmen. Dazu verwendet man ebenfalls ein Stück Sackleinen und arbeitet wiederum quer zu Faser. Achten Sie darauf, dass die Poren gleichmäßig gefüllt werden und die Paste nicht zu zeitig wieder abgewischt wird. Lassen Sie das Werkstück über Nacht trocknen und polieren Sie die Oberfläche dann mit einem weichen Tuch nach. Zum Schluss können Sie noch eine Politur auftragen.

Vergolden

Zum Vergolden verwendet man Blattgold und Vergolderleim auf Acrylharzbasis. Früher wurden reich verzierte Bilder- oder Spiegelrahmen oft mit Blattgold überzogen. Die zu vergoldenden Formen wurden meist aus Gips gearbeitet.

Dank der großen Vielzahl von Goldfarben und -pasten, die im Fachhandel erhältlich sind, ist es heute relativ einfach, beschädigte Vergoldungen auszubessern. Es gibt selbst Goldstifte, die man etwa so wie Wachsmalstifte verwendet. Nur wenige dieser Produkte enthalten jedoch wirkliches Gold, wenn es also unbedingt „echt" sein muss, sollten Sie auf Blattgold zurückgreifen. Die meisten Goldfarben und -pasten werden aufgerieben oder mit dem Pinsel aufgetragen, bei manchen Produkten ist es erforderlich, die Oberfläche vorher zu grundieren.

Transferblattgold

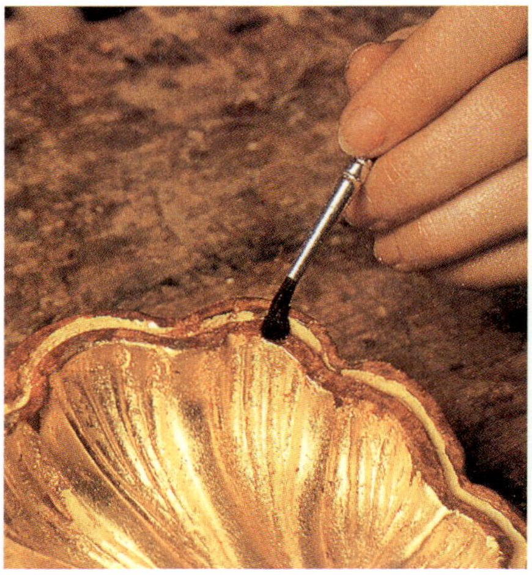

1 Bestreichen Sie die reparaturbedürftige Stelle mit der Grundierung und schleifen Sie die zu vergoldende Fläche ganz glatt. Tragen Sie eine dünne Schicht Vergolderleim auf die grundierte Fläche auf und warten Sie etwa eine halbe Stunde.

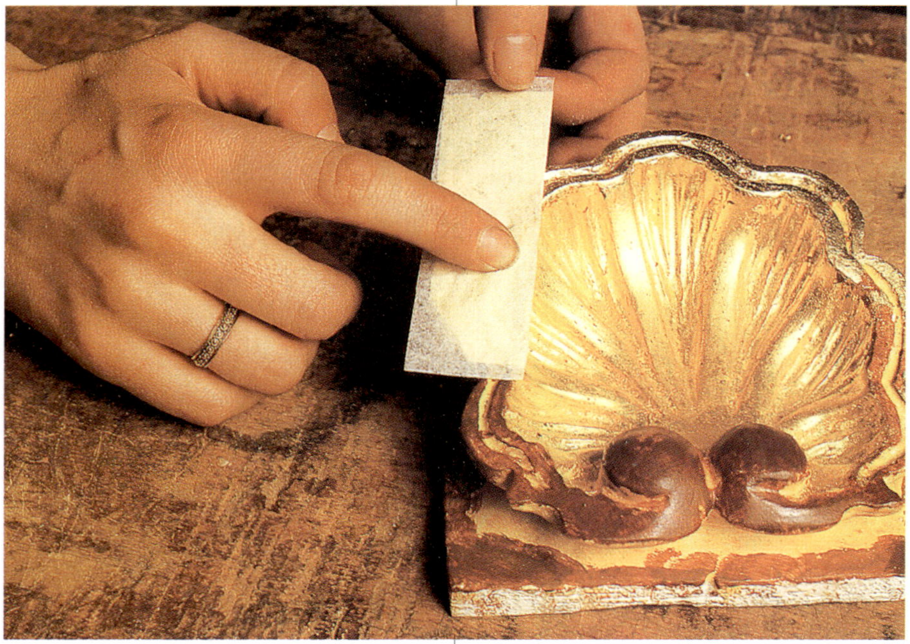

2 Transferblattgold ist Blattgold auf einer Trägerschicht aus Wachspapier. Wenn der Leim schon fast trocken ist, aber noch immer etwas klebt, presst man das Blattgold vorsichtig auf die Oberfläche des Werkstückes.

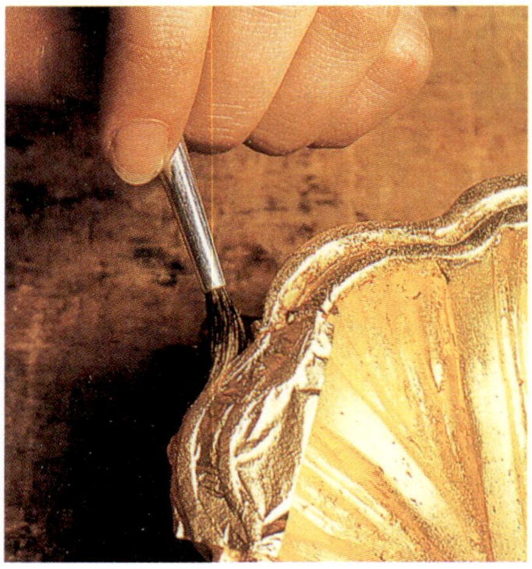

3 Mit einem sauberen Kamelhaarpinsel drückt man das Blattgold vorsichtig gegen den Leim.

4 Reiben Sie nun vorsichtig mit einem Wattebausch über die betreffende Stelle, bis das Blattgold fest auf der Oberfläche des Werkstückes haftet. Tauchen Sie den Wattebausch dann in etwas Spiritus, um damit eventuelle Flecken zu entfernen.

SPRÜHTECHNIKEN

In den meisten Fällen kann die Oberflächenbehandlung von Holz ausschließlich per Hand erfolgen. Manchmal gibt es jedoch Situationen, in denen es praktischer ist, Farbe, Beize oder Lack mit einer Spritzpistole aufzutragen. Die zwei wichtigsten Sprühmethoden sind Druckluftsprühen, wobei die Farbe oder Beize mit Hilfe von Druckluft zerstäubt wird und druckluftloses Sprühen, wobei die Farbe oder Beize selbst unter Druck gesetzt und dadurch zerstäubt wird.

UNTEN: Beim Sprühen ist es wichtig, dass die Bewegung der Hand flüssig ist und man die Spritzpistole immer parallel zur Oberfläche hält.

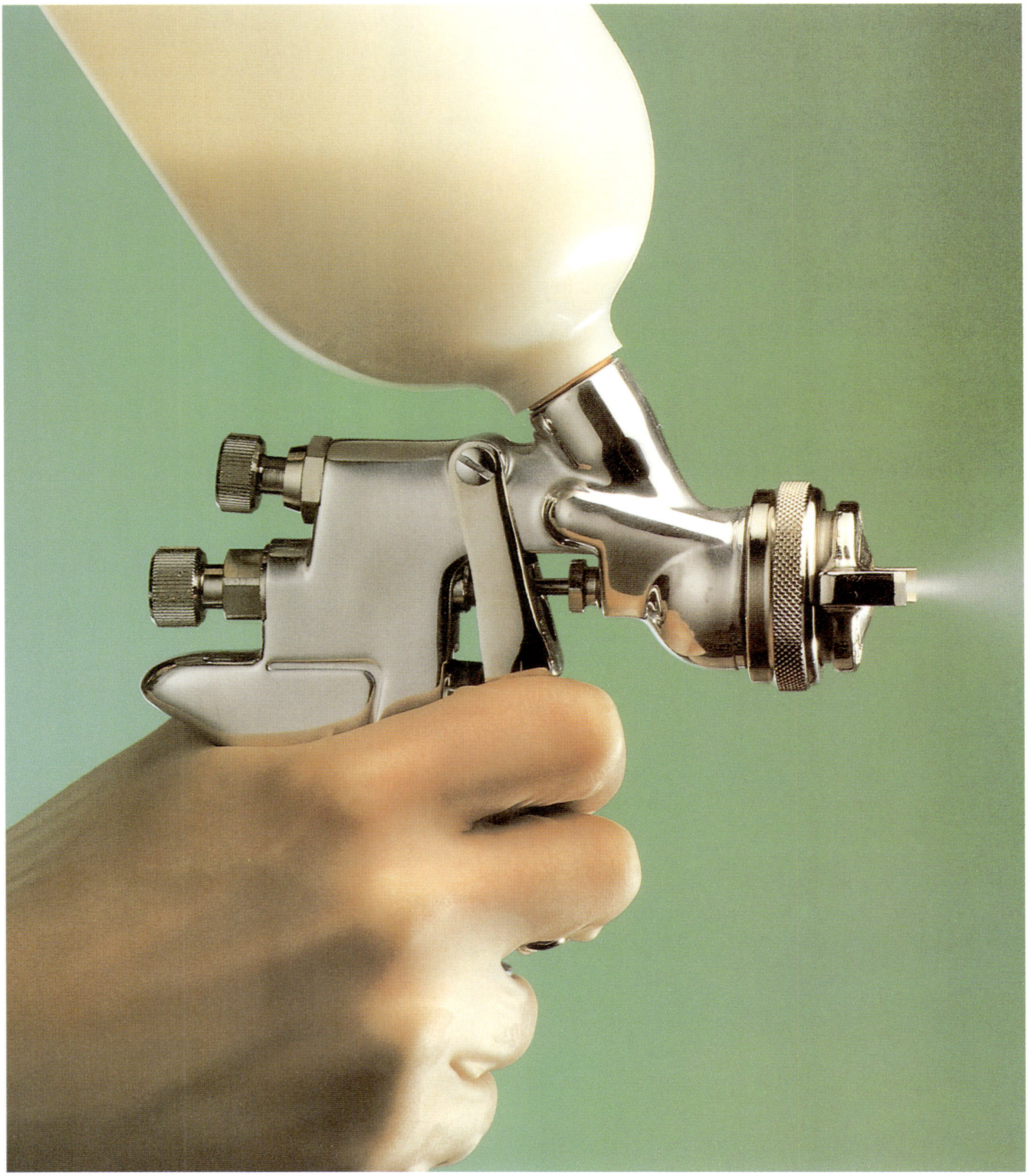

Spritzpistolen

Das wesentliche Merkmal, das die verschiedenen Spritzpistolen unterscheidet, ist die Lage des Farbbehälters im Verhältnis zur Sprühdüse und die Art und Weise, wie die Farbe aus dem Farbbehälter in die Sprühdüse gelangt.

Es gibt zwei grundlegende Typen von Spritzpistolen, solche, bei denen sich der Farbbehälter oben befindet und die Farbe durch die Schwerkraftwirkung bis zur Düse fließt. Diese nennt man Fließbecherspritzpistolen. Im Gegensatz dazu wird bei den Saugbecherspritzpistolen die Farbe aus einem Behälter, der sich unterhalb der Düse befindet, angesaugt. Für kleinere Projekt, z. B. zum Schablonieren, kann man auch Sprühflaschen verwenden; diese werden jedoch von professionellen Lackierern nur selten eingesetzt, es sei denn zum Ausbessern vor Ort.

Bei der Auswahl einer Spritzpistole kommt es auf die einfache Bedienung, die Wirtschaftlichkeit sowie darauf an, welche Materialien damit verarbeitetet werden können. Für die kleine Werkstatt ist besonders die Fließbecherspritzpistole geeignet. Fließbecherspritzpistolen sind einfach zu bedienen, wirtschaftlich (da auch kleine Mengen gemischt werden können) und können für die meisten Arten von Oberflächenbeschichtungen eingesetzt werden.

Saugbecherspritzpistolen sind weniger bequem zu handhaben, da der tiefer hängende Farbbehälter sie etwas unhandlich macht. Sie verbrauchen jedoch nur geringe Farbmengen und werden generell häufig zum Versprühen von Farben mit einem großen Anteil an Pigmenten (zum Beispiel für das Lackieren von Karosserieteilen und anderen metallischen Oberflächen) verwendet.

Beim Lackieren mit der Spritzpistole erhält man besonders glatte und widerstandsfähige Oberflächen, vorausgesetzt, die Spritzpistole wurde richtig gesäubert und gepflegt und die Farben sowie das Werkstück wurden ordnungsgemäß vorbereitet. Spraydosen sind schwieriger in der Anwendung als Spritzpistolen, da es dort keine Einstellmöglichkeiten gibt und die Farbe nicht so gleichmäßig zerstäubt wird.

Fließbecherspritzpistolen

Die meisten Holzbearbeiter, die sich für die Anschaffung einer Spritzpistole entscheiden, kaufen eine Fließbecherspritzpistole, da diese besonders einfach in der Anwendung ist. Die Farbe wird in einem Behälter, der oben auf die Pistole geschraubt wird, gemischt und auf Vorrat gehalten. Ein solcher Behälter fasst meist einen halben Liter Farbe, was ausreichend ist um beispielsweise beide Breitseiten einer 2 m langen Tischplatte jeweils mit einer Schicht Farbe zu besprühen.

Es ist beim Sprühen ganz wichtig, dass die Farbe nicht mitten in der Arbeit zur Neige geht, denn gesprühte Farbschichten trocknen innerhalb von Minuten und wenn man die Pistole beim Sprühen nicht ständig in Bewegung hält oder gar die Arbeit unterbricht, kann das zu einer ungleichmäßigen Beschichtung führen. Es gibt sicher nur wenige Fälle, wo man mehr als einen vollen Farbbecher für einen Auftrag benötigt, jedoch sollten Sie beim Abfüllen der Farbe immer großzügig sein, damit Sie nicht kurz vor Schluss feststellen müssen, dass die Farbe nicht mehr reicht.

Andererseits darf man den Farbbecher auch nicht zu voll machen, da in diesem Fall während des Sprühens Farbe auf das Werkstück tropfen könnte. Diese Tropfen sind nur schwer wieder zu entfernen (Schleifpapier) und man muss danach die ganze Fläche neu sprühen.

Beim Zusammenbau der Spritzpistole müssen Sie darauf achten, dass der kleine Kunststofffilter am Boden des Farbbechers eingesetzt ist, der dafür sorgt, dass kein Schmutz in die Düse gerät und diese blockiert. Während des Sprühens fließt die Farbe durch die Schwerkraft hinunter in die Pistole und wird in der Düse, in der sich viele kleine Löcher befinden, zerstäubt.

Solange der Kompressor arbeitet, ist die Spritzpistole ständig einsatzbereit, versprüht jedoch nur Farbe, wenn der entsprechende Hebel betätigt wird. Indem man am Abzughebel zieht, öffnet man die Luftventile und zieht die Verschlussnadel aus der Düse, so dass die Farbe heraus fließen kann. Das erste Anziehen des Griffes öffnet zuerst einmal die Luftdüsen und lässt die Farbe noch nicht austreten, ansonsten bestände die Gefahr, dass Farbe aus der Pistole auf das Werkstück tropft, bevor sie zerstäubt wird.

Bis man beim Farbspritzen eine wirklich glatte Oberfläche erzielt, ist schon etwas Übung erforderlich. Wenn Sie planen, die Spritzpistole häufiger einzusetzen, lohnt es sich, eine Sprühkabine zu bauen, so dass die übrige Werkstatt vor dem Farbennebel geschützt wird. Eine solche Sprühkabine lässt sich einfach aus ein paar Brettern zimmern, die man mit Kunststofffolie verkleidet. Arbeiten Sie niemals ohne eine spezielle Atemschutzmaske, die für diese Art Arbeiten geeignet ist und tragen Sie beim Arbeiten mit der Spritzpistole Schutzkleidung. Achten Sie außerdem auf einen gut belüfteten Arbeitsraum.

Tipps

- Achten Sie beim Kauf der Spritzpistole auf gute Qualität. Kaufen Sie die beste, die Sie sich leisten können.
- Nehmen Sie die Pistole in die Hand, um festzustellen, ob Sie bequem damit arbeiten können.
- Säubern Sie die Pistole immer sofort nach Verwendung und achten Sie darauf, dass die Düse niemals verstopft ist.
- Schmieren Sie alle Teile regelmäßig mit einem Universalöl.

LINKS: Schatteneffekte eignen sich besonders für solche Gegenstände wie Gitarren und Armaturenbretter, wo es darauf ankommt, dass Kunststoff, Metall und Holz optisch eine Einheit bilden.

Fließbecherspritzpistole
Diese Spritzpistole eignet sich sehr gut für den Heimwerker.

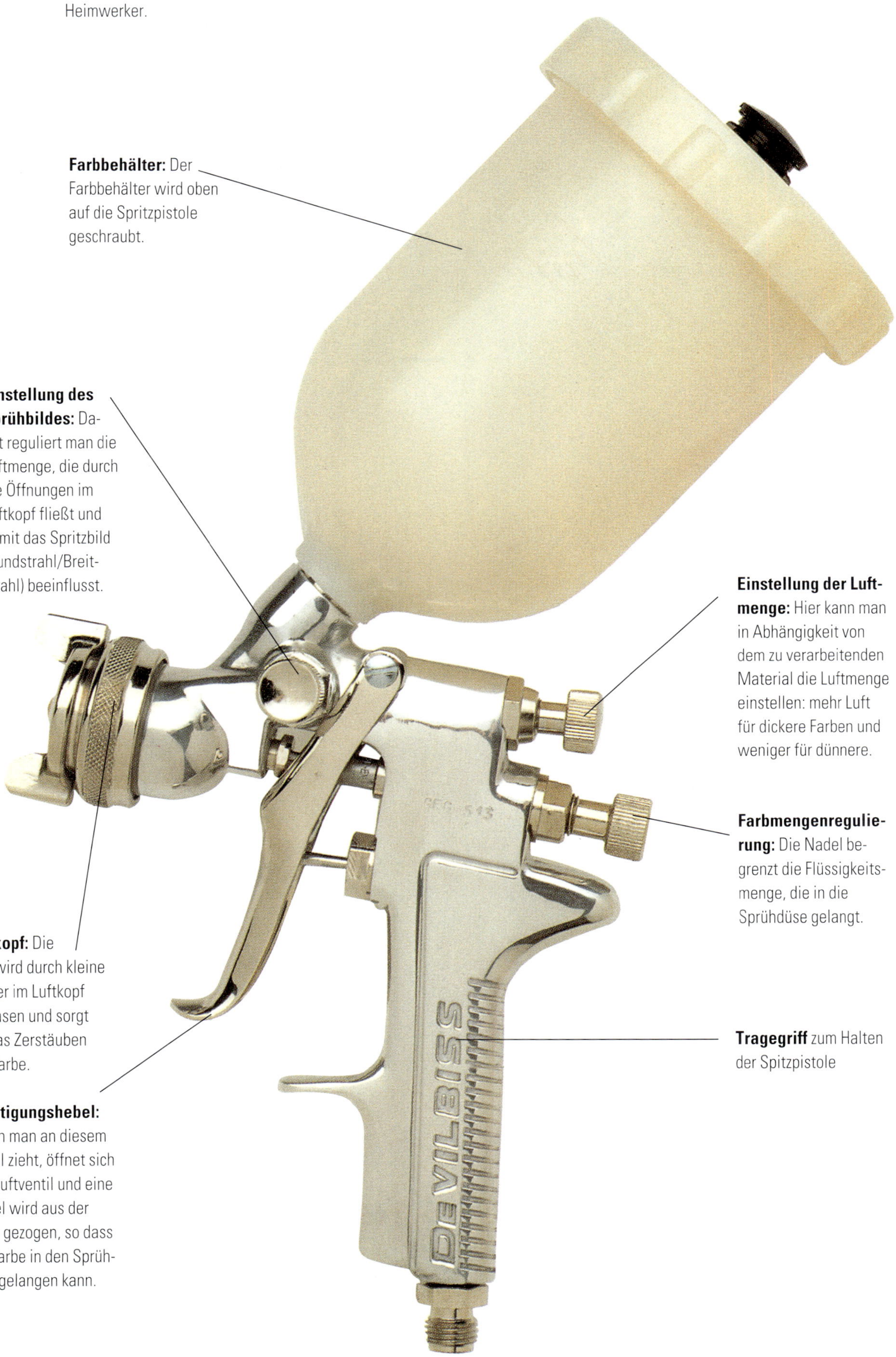

Farbbehälter: Der Farbbehälter wird oben auf die Spritzpistole geschraubt.

Einstellung des Sprühbildes: Damit reguliert man die Luftmenge, die durch die Öffnungen im Luftkopf fließt und damit das Spritzbild (Rundstrahl/Breitstrahl) beeinflusst.

Einstellung der Luftmenge: Hier kann man in Abhängigkeit von dem zu verarbeitenden Material die Luftmenge einstellen: mehr Luft für dickere Farben und weniger für dünnere.

Farbmengenregulierung: Die Nadel begrenzt die Flüssigkeitsmenge, die in die Sprühdüse gelangt.

Luftkopf: Die Luft wird durch kleine Löcher im Luftkopf geblasen und sorgt für das Zerstäuben der Farbe.

Tragegriff zum Halten der Spitzpistole

Betätigungshebel: Wenn man an diesem Hebel zieht, öffnet sich das Luftventil und eine Nadel wird aus der Düse gezogen, so dass die Farbe in den Sprühkopf gelangen kann.

Andere Arten von Spritzpistolen

Wenn Sie mit der Technik des Farbspritzens erst einmal experimentieren möchten, brauchen Sie nicht gleich große Investitionen zu tätigen. Sie können eine einfache elektrische Sprühpumpe oder auch eine Sprühflasche verwenden, selbst wenn der Farbauftrag damit nicht ganz so gleichmäßig gelingt wie mit einer Spritzpistole.

RECHTS: Elektrische Spritzpumpe – eignet sich für Farben, die schon fast die richtige Viskosität haben. Zu stark verdünnte Farben lassen sich damit nur schlecht verarbeiten.

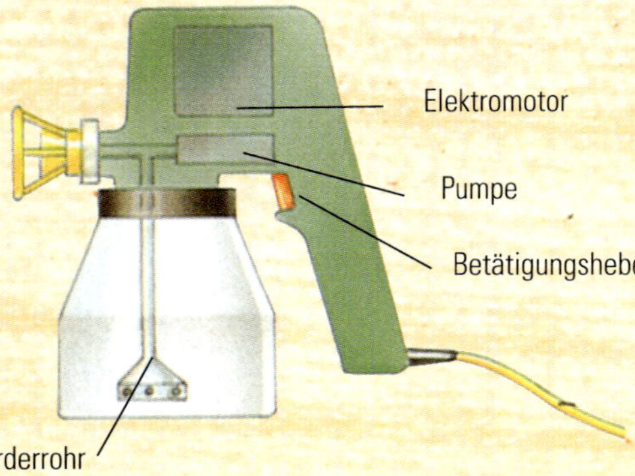

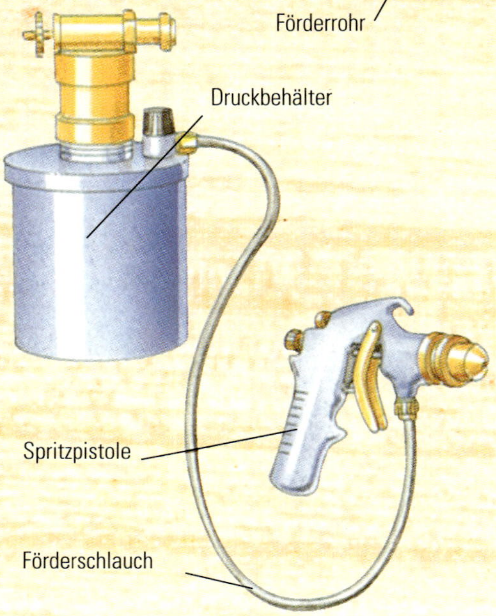

LINKS: Drucklose Spritzpistole – hier wird die Farbe selbst unter Druck gesetzt und bereits in zerstäubter Form aus der Düse gedrückt. Diese Systeme gibt es meist nur für größere Anwendungen in der Industrie, manche Hersteller bieten jedoch auch Modelle für kleinere Werkstätten an.

RECHTS: Sprühdose zum Aufsetzen auf Glasbehälter. Damit können Sie beliebige Materialien versprühen, die jedoch bereits die richtige Viskosität haben müssen.

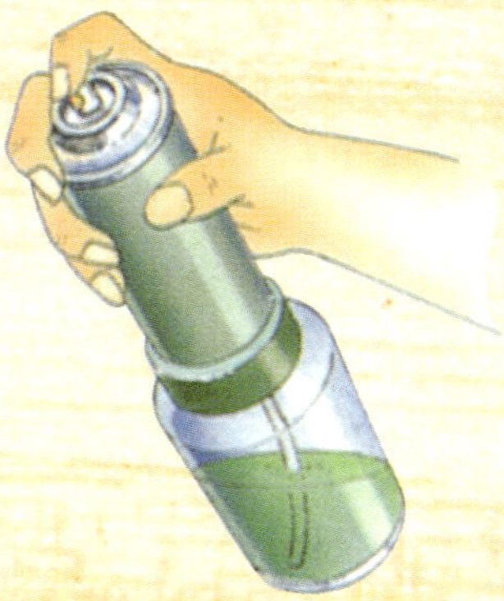

Saugbecherspritzpistolen

Saugbecherspritzpistolen sind ähnlich den Fließbecherspritzpistolen aufgebaut, jedoch wird die Farbe aus einem Farbbehälter angesaugt, der sich unter der Spritzpistole befindet. Die Düse einer Saugbecherspritzpistole steht weiter in den Luftkopf hinein als bei Fließbecherspritzpistolen oder Druckluftspritzpistolen. Wenn die Luft durch den Luftkopf strömt, entsteht ein Vakuum, wodurch die Farbe aus dem Farbbehälter angesaugt wird. Die Einstellmöglichkeiten sind fast dieselben wir bei der Fließbecherspritzpistole, allerdings ist die Anordnung der Düse, der Nadel und des Luftkopfes etwas anders. Ein Vorteil von Saugbecherspritzpistolen besteht darin, dass der Farbbehälter größer sein kann, als bei Fließbecherspritzpistolen. Deshalb braucht man ihn nicht so oft nachfüllen, was bei größeren Projekten Zeit spart. Es vereinfacht auch das Mischen verschiedener Farben, das in den meisten Fällen gleich im Farbbehälter erfolgen kann. Allerdings macht die Größe des Farbbehälters (der bei vielen Modellen im Gegensatz zu den Kunststofffarbbehältern bei Fließbecherspritzpistolen aus Metall besteht) die Spritzpistole relativ schwer. Wenn Sie einmal unaufmerksam sind, kann es auch passieren, dass der Farbbehälter an die besprühte Oberfläche stößt und dort unschöne Spuren hinterlässt.

Der Schlauch, der die Farbe aus dem Farbbehälter zur Düse befördert, ist immer gebogen, denn wenn die Spritzpistole nach vorn geneigt wird, wie das beim Sprühen häufig passiert, muss der Schlauch ebenfalls in Richtung der Vorderkante des Farbbehälters weisen, damit er auch wirklich Farbe ansaugt und keine Luft, denn dann würde der Farbauftrag ungleichmäßig.

Das Lackieren mit der Spritzpistole ist heutzutage nicht mehr auf Spezialwerkstätten beschränkt. Für interessierte Laien gibt es Spritzpistolen inklusive Anschlussschlauch und mit einem kleinen Kompressor zum Einstiegspreis und auch mit diesen Systemen kann man auf Holz und Holzwerkstoffen ausgezeichnete Ergebnisse erzielen.

Saugbecherspritzpistole
Diese Art Spritzpistole wird zum Versprühen von stark pigmentierten Farben empfohlen.

Einstellung des Sprühbildes: Damit reguliert man die Luftmenge und das Spritzbild (Rundstrahl/Breitstrahl).

Farbmengenregulierung: Die Nadel begrenzt die Flüssigkeitsmenge, die in die Sprühdüse gelangt.

Luftkopf: Die Luft wird durch kleine Löcher im Luftkopf geblasen und sorgt für das Zerstäuben der Farbe.

Betätigungshebel: Wenn man an diesem Hebel zieht, öffnet sich das Luftventil und eine Nadel wird aus der Düse gezogen, so dass die Farbe in den Sprühkopf gelangen kann.

Tragegriff zum Halten der Spitzpistole.

Einstellung der Luftmenge: Hier kann man in Abhängigkeit von dem zu verarbeitenden Material die Luftmenge einstellen: mehr Luft für dickere Farben und weniger für dünnere.

Farbbehälter: Dieser Behälter enthält die zu versprühende Farbe.

Umgang mit der Spritzpistole

Die Beliebtheit der Spritzpistole liegt nicht nur darin begründet, dass die fertige Oberfläche besonders glatt und belastbar ist, sondern auch in der Tatsache, dass das Auftragen von Farbe oder Lack mit der Spritzpistole viel wirtschaftlicher ist als per Hand. Das wichtigste Merkmal einer guten Ausführung ist in jedem Fall eine gleichmäßig Beschichtung der Oberfläche. Um das zu erreichen ist einige Übung erforderlich. Trotzdem werden Sie jedoch überrascht sein, wie schnell man mit der Sprühtechnik erste Erfolge erzielen kann und Sie werden die Vorteile eines Spritzsystems schon bald zu schätzen wissen.

Die wichtigen Variablen, mit denen es zu experimentieren gilt, sind die Düseneinstellung und die Luftdruckregelung sowie die Viskosität, also die Dicke, der verwendeten Farbe. Den Luftdruck sollte man niemals zu hoch einstellen, dass führt höchstens dazu, dass die zerstäubte Farbe nicht auf der zu beschichteten Fläche haften bleibt, sondern auf den Sprüher zurückprallt. Halten Sie den Luftdruck deshalb so gering wie möglich, allerdings nicht so gering, dass die Farbe Tröpfchen bildet. Wenn zuviel Farbe aus dem Behälter gefördert wird, beginnt sie zu verlaufen. Deshalb ist es immer günstiger, zwei dünne Aufträge hintereinander vorzunehmen als eine dicke Schicht aufzutragen.

Die Entfernung zwischen der Spritzpistole und der zu beschichtenden Oberfläche, sowie die weichen Bewegungen des Handgelenks sind ganz wichtig für einen gleichmäßigen Farbauftrag. Dabei zeigen sich die Fertigkeiten des Sprühers. Als Faustregel gilt (es sei denn, der Hersteller der Spritzpistole empfiehlt etwas anderes), dass man die Pistole etwa 20 cm von der Oberfläche entfernt halten sollte. Hält man sie zu dicht an die Fläche, verläuft die Farbe, hält man sie zu weit weg, verbreitet sich der Farbnebel zu stark.

Einstellung der Spritzpistole (links)
Mit Hilfe der Regulierschraube stellt man die Farbmenge ein.

Säubern der Spritzpistole

- Säubern Sie alle Teile der Spritzpistole mit Verdünnung. Achten Sie dabei besonders auf die Löcher im Luftkopf und auf die Düse. Es ist nicht erforderlich, die Düse zu entfernen, den Luftkopf sollte man jedoch abnehmen und gründlich reinigen.
- Säubern Sie die Innenseite der Spritzpistole mit einem Pinsel und achten Sie besonders darauf, dass keines der Löcher blockiert ist.
- Lassen Sie die Spritzpistole niemals über Nacht in der Verdünnung weichen, da die Dichtungen einlaufen könnten und das verschmutzte Lösungsmittel möglicherweise wichtige Luftöffnungen blockiert. Nach der Reinigung sollten Sie die Spritzpistole wieder zusammenbauen und alle beweglichen Teile ölen.

Oben: Um mehr Farbe zu fördern, lockert man den geriffelten Knopf und man zieht ihn an, um die Fördermenge zu begrenzen.

Ein Kinderstuhl ist ein ideales Projekt um Ihre Fertigkeiten im Farbsprühen zu trainieren.

RECHTS: Testen Sie den Farbfluss durch die Spritzpistole. Besprühen Sie zuerst ein Stück Restholz, bis Sie die optimale Einstellung gefunden haben. Wenn die Farbschicht sehr dick ist und zu verlaufen beginnt, ist die Fördermenge zu groß. Wenn die Oberfläche nicht feucht aussieht, kommt nicht genügend Lack aus der Düse.

Sicherheitsvorkehrungen

- Tragen Sie beim Sprühen immer eine Schutzbrille und eine Atemschutzmaske bzw. wenn möglich eine Vollmaske.
- Tragen Sie Schutzhandschuhe, wenn Sie mit säurehärtenden Reaktionslacken arbeiten.
- Die beste Arbeitsbekleidung zum Farbsprühen ist ein Overall.
- Sollte die Farbe aus Versehen auf Ihre Haut oder in Ihre Augen gelangen, waschen Sie diese sofort aus und suchen Sie einen Arzt auf, falls es zu Irritationen kommt.

Gleichmäßiger Auftrag

Einen gleichmäßigen Auftrag erreicht man durch weiche und fließende Bewegungen des Handgelenks, wobei die Spritzpistole stets parallel zur Oberfläche zu halten ist. Anfänger tendieren oft dazu, die Handgelenke ganz steif zu halten. Dann passiert es, dass der Teil des Werkstücks, der sich in Ihrer unmittelbaren Nähe befindet, sehr dick beschichtet wird (und die Farbe zu verlaufen beginnt) und die Bereiche, die sich weiter weg befinden, nur eine dünne Farbschicht erhalten. Der Trick ist jedoch, die Gelenke mit der Bewegung des Arms mitgehen zu lassen. Ihr Körper sollte dabei jedoch möglichst an einem Platz bleiben, denn wenn Sie hin und her laufen, beeinträchtigt das die gleichmäßige Handbewegung der Hand. Stehen Sie also möglichst still und bewegen Sie nur Ihre Arme, wobei die Handgelenke flexibel bleiben müssen – wie beim Bügeln oder beim Streichen einer Tür mit dem Pinsel.

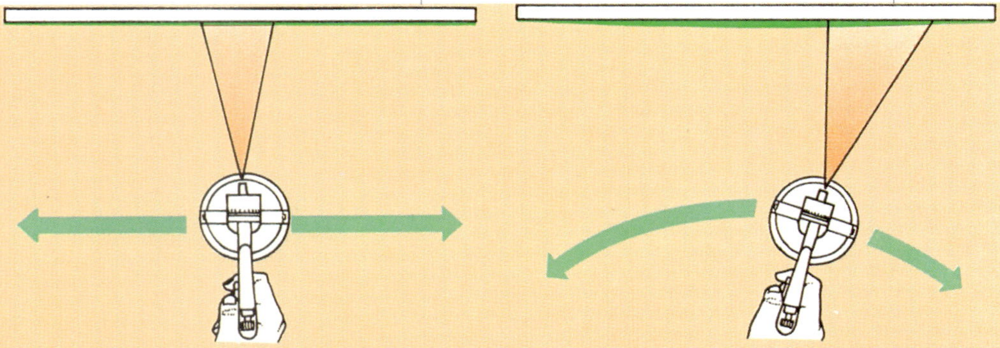

Sprühmethoden
RICHTIG: Halten Sie die Spritzpistole immer parallel zum Werkstück.

FALSCH: Das Hinundherschwingen der Spritzpistole führt zu einem ungleichmäßigen Auftrag.

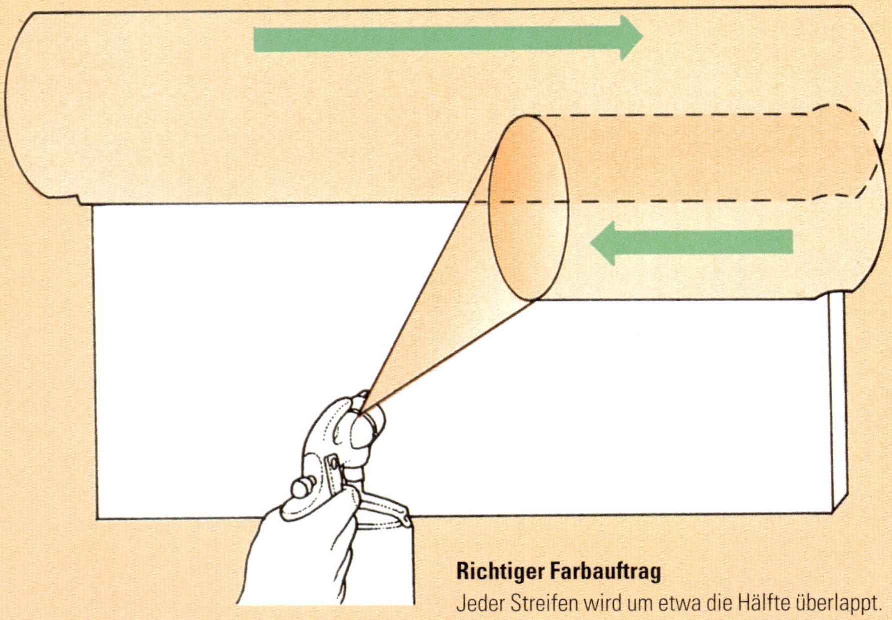

Richtiger Farbauftrag
Jeder Streifen wird um etwa die Hälfte überlappt.

Praktische Anwendung der Spritzpistole

Vorbereitung der Oberfläche zum Besprühen

Hinsichtlich der Vorbereitung der Oberfläche zum Besprühen gelten die gleichen Grundsätze wie beim Streichen. Die Fläche sollte möglichst glatt und ohne Schäden sein.

Wenn erforderlich sind deshalb zuerst alle Löcher und Vertiefungen mit einem geeigneten Holzkitt zu füllen. Dafür eignet sich besonders Holzkitt in Pastenform in der jeweiligen Holzfarbe. Damit kann man auch später noch Löcher schließen, die man möglicherweise bei der Vorbereitung der Holzfläche übersehen hat.

Werkstücke, die man besprühen möchte, sollte man vorher nicht mit Ölbeizen behandeln, denn Reaktionslacke reagieren manchmal mit solchen Beizen, wodurch sich die Holzfarbe radikal ändern kann, so dass zum Beispiel ein dunkles Eichenholz plötzlich rosenrot wird. Wasser- und Spiritusbeizen können jedoch vor dem Sprühlackieren verwendet werden. Denken Sie daran, dass Sie eine Holzfläche vor dem Auftragen einer Wasserbeize anfeuchten und danach die Fasern, die sich durch die Feuchtigkeit aufgestellt haben, abschleifen sollten. Wasserbeizen und Spiritusbeizen können zwar auch mit der Spritzpistole aufgetragen werden, die Ergebnisse sind dabei jedoch kaum besser als beim Auftrag per Hand.

Grundieren und Angleichen des Farbtons

Die meisten Holzarten muss man grundieren, bevor man den ersten Farbauftrag vornimmt. Die Art der Grundierung richtet sich nach der verwendeten Deckfarbe und der Holzart.

Nachdem die erste Schicht Farbe aufgesprüht ist, kann es erforderlich sein, Unregelmäßigkeiten im Farbton auszugleichen. Hirnholzstellen oder Holzdübel beispielsweise nehmen die Farbe stärker an und können nach dem ersten Farbauftrag dunkler erscheinen. Schauen Sie sich deshalb das Werkstück genau an, um zu entscheiden, an welchen Stellen noch etwas Farbe aufgetragen werden muss. Das Angleichen des Farbtons kann mit Hilfe von Spiritusbeizen erfolgen, die entweder mit dem Lack vermischt und aufgesprüht oder einfach mit einem Lappen auf die betreffenden Stellen aufgerieben werden. Alternativ kann man spezielle Abtönfarben für Sprühlacke verwenden. Sie sind sehr farbintensiv, geben Sie deshalb immer nur geringe Mengen zu.

Für Schatteneffekte sollte man ebenfalls die speziellen Abtönfarben für Sprühlacke verwenden.

Tipps

- Verwenden Sie keine Produkte auf der Basis von Schellack in einer Spritzpistole, da diese zur Bildung von dünnen Fäden neigen.
- Mehrere dünne Schichten sind generell günstiger als eine dicke.

Abbeizen eines Stuhls

1 Bevor dieser Stuhl zum Lackieren vorbereitet werden kann, muss man zuerst den alten Hochglanzlack entfernen. Es ist günstiger, dazu einen chemischen Abbeizer zu verwenden, statt die alte Beschichtung abzuschleifen.

Wie viele Aufträge?

Abhängig vom gewünschten Effekt oder dem erforderlichen Oberflächenschutz genügen ein oder zwei Aufträge. Zum beidseitigen Besprühen einer Platte für einen mittelgroßen Küchentisch benötigt man beispielsweise 850 ml für einen Auftrag, für einen Stuhl etwa 700 ml.

Die aufgesprühte Farbe trocknet sehr schnell (innerhalb von 20 Minuten), es dauert jedoch länger, bis sie vollständig erhärtet ist. Es ist wichtig, den zweiten Auftrag so schnell wie möglich nach dem ersten vorzunehmen und zwar sobald die Oberfläche so trocken ist, dass man sie berühren und leicht abschleifen kann.

2 Tragen Sie bei der Arbeit mit chemischen Abbeizern immer Schutzhandschuhe, einen Overall und eine Schutzbrille. Füllen Sie eine kleine Menge Abbeizer in eine Kanne ab. Wenn möglich sollte man das Abbeizen im Freien durchführen oder zumindest die Werkstatt dabei gut belüften.

3 Mit einem flachen Pinsel trägt man den Abbeizer auf die Fläche auf. Streichen Sie mit dem Pinsel nicht so viel hin und her, dass beschleunigt nur die Verdunstung und reduziert die Wirkung des Abbeizers.

4 Mit einem Spachtel versuchen Sie nun, die alte Farbschicht abzuheben. Arbeiten Sie dabei immer mit der Faser.

5 Schleifen Sie alle Farbreste, die sich noch auf der Oberfläche befinden, mit grober Stahlwolle ab. Tragen Sie dabei dicke Arbeitshandschuhe, da die Stahlwolle sehr scharf ist. Versuchen Sie niemals Stahlwolle von der Rolle abzureißen. Verwenden Sie stattdessen eine große alte Schere.

6 Tragen Sie nun eine zweite Schicht Abbeizer auf und entfernen Sie die Farbe aus Vertiefungen und Ecken mit einem kleinen Holzstück oder Holzspachtel. Verwenden Sie möglichst kein metallisches Werkzeug, da man damit das Holz leicht zerkratzt. Lesen Sie in den Verarbeitungshinweisen nach, ob der Abbeizer neutralisiert werden muss. Wenn das der Fall ist, folgen Sie der entsprechenden Anleitung.

LINKS: Der fertig abgebeizte Stuhl, der nun mit Sandpapier (erst grob, dann fein) bearbeitet werden kann.

Beizen mit der Spritzpistole

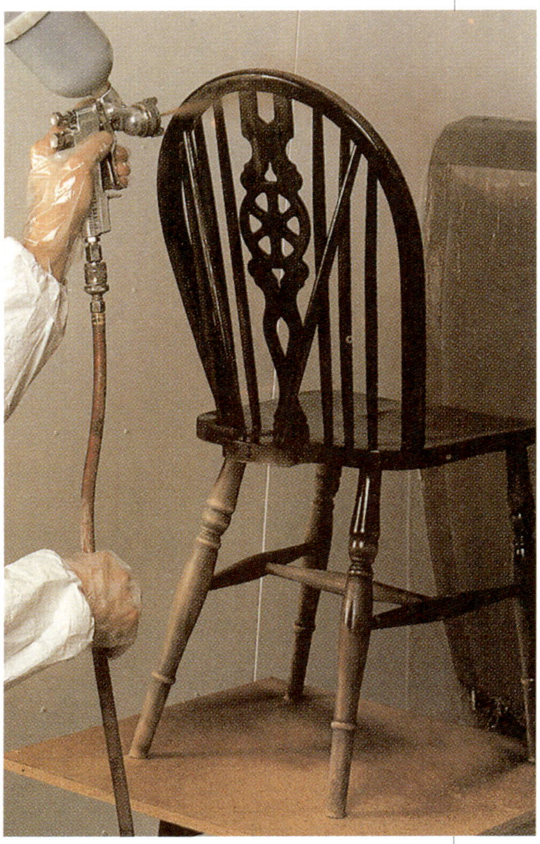

1 Spiritusbeizen können mit einer Spritzpistole verarbeitet werden, wenngleich der manuelle Auftrag in den meisten Fällen ein besseres Ergebnis zeigt. Verwenden Sie zum Sprühen eine Fließbecherspritzpistole, denn diese lässt sich am einfachsten handhaben. Stellen Sie den Druck auf etwas weniger als 2 bar und achten Sie auf einen gleichmäßigen Auftrag. Arbeiten Sie von der Innenseite der Beine nach außen. Dann besprühen Sie die Kanten und die Unterseite der Sitzfläche und zum Schluss erst die Lehne und die Sitzfläche.

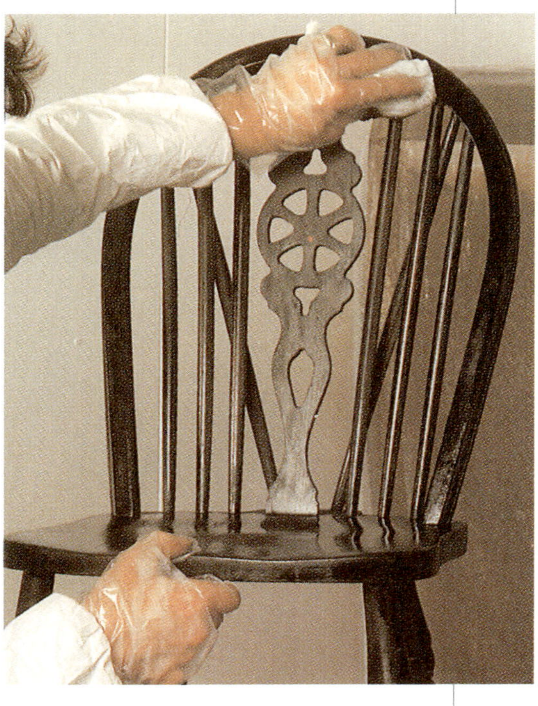

2 Generell ist es beim Beizen wichtig, die Beize gleichmäßig aufzutragen, sonst wird die Holzoberfläche fleckig. Reiben Sie überschüssige Beize, besonders um alle Verbindungsstellen herum, mit einem sauberen Lappen ab und lassen Sie die Beize trocknen.

Trocknungszeiten

- Die meisten im Sprühverfahren verarbeiteten Materialien trocknen innerhalb von 20 Minuten. Manchmal dauert es jedoch Stunden oder Tage, bis sie vollständig ausgehärtet sind.
- Säurehärtende Reaktionslacke benötigen 30 bis 90 Minuten zum Trocknen und können übersprüht werden, sobald Sie sich trocken anfühlen.
- Vorlackierungen brauchen in der Regel eine Trocknungszeit von etwa einer Stunde. Erst dann kann der zweite Auftrag vorgenommen werden.

Säurehärtende Reaktionslacke

Der wichtigste Nachteil von säurehärtenden Reaktionslacken besteht darin, dass die Erhärtung erst durch Zugabe eines Katalysators eintritt und die Trocknungszeit relativ lang ist. Als Härter dienen mineralische oder organische Säuren. Mit diesen Säuren muss man besonders vorsichtig umgehen und man sollte grundsätzlich Schutzhandschuhe und Schutzbrille tragen. Säurehärtende Reaktionslacke haben jedoch den Vorteil, dass sie sehr hart werden und widerstandsfähig gegen Wasser, viele Chemikalien und Lösungsmittel sind. Deshalb eignen Sie sich besonders für die Lackierung von Parkett, Sitzmöbeln, Tischplatten und Sportgeräten.

Säurehärtende Reaktionslacke sollte man nicht so dick auftragen wie andere Sprühfarben. Verringern Sie die Fördermenge etwas und bewegen Sie die Spritzpistole schneller. Tragen Sie immer zwei Schichten Lack auf. Das Verhältnis von Stammlack und Härter kann je nach Hersteller variieren. Die Zugabe von mehr Härter als empfohlen verkürzt jedoch niemals die Erhärtungszeit. Stattdessen kann der Lack spröde werden. Wenn Sie jedoch zu wenig Härter verwenden, wird der Lack überhaupt nicht hart. Deshalb empfiehlt es sich, den Anweisungen des Herstellers immer ganz genau zu folgen.

Da säurehärtende Lacke einen hohen Feststoffanteil haben, kann es erforderlich sein, sie mit einer geeigneten Verdünnung zu mischen, um einen gleichmäßigen Auftrag zu erzielen.

Die Trocknungszeit von säurehärtenden Lacken beträgt 30 bis 90 Minuten, abhängig von der Raumtemperatur. Wenn der Lack bei Berührung nicht mehr klebt, kann man die zweite Schicht auftragen. Die Härte der Beschichtung erhöht sich in den nächsten 7 Tagen noch weiter. Je härter der Lack ist, umso besser lässt er sich polieren. Warten Sie also mindestens 24 Stunden vor dem Polieren. Wenn Sie einen lackierten Tisch gleich in Gebrauch nehmen, sollten Sie während der ersten 7 Tage Platzdeckchen verwenden und alle Flecke sofort abwischen.

Grundieren mit der Spritzpistole

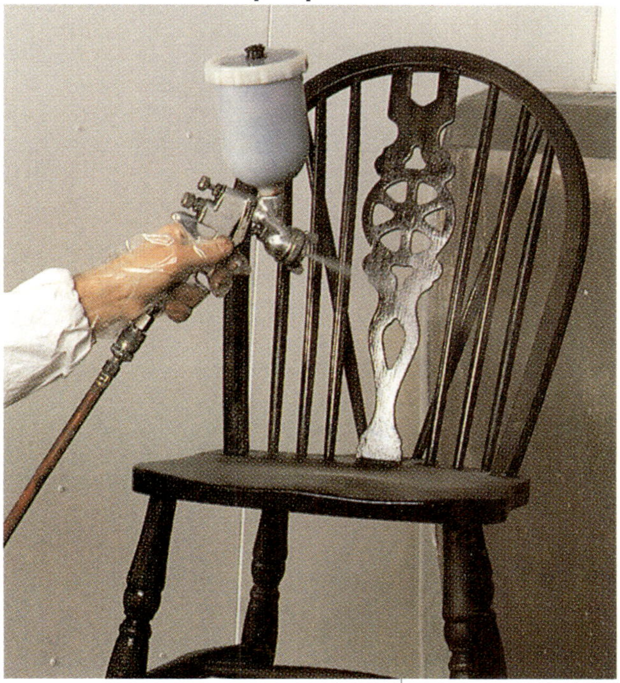

1 Verwenden Sie zum Grundieren eine Fließbecherspritzpistole. Stellen Sie den Druck auf etwas weniger als 2 bar. Sprühen Sie die Grundierung gleichmäßig auf und achten Sie darauf, dass alle Bereiche bedeckt werden. Beginnen Sie wiederum an den am wenigsten sichtbaren Stellen und grundieren Sie zum Schluss die Sitzfläche und die Lehne. Tragen Sie die Farbe nicht zu dick auf.

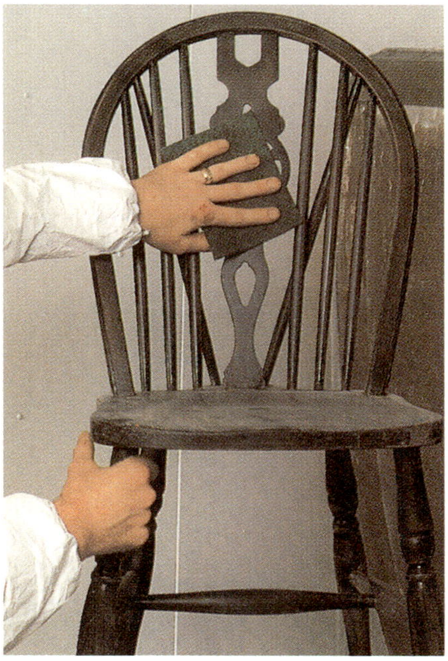

2 Lassen Sie die Grundierung etwa 20 Minuten bei Raumtemperatur trocknen. Die Oberfläche ist dann etwas rau und muss geglättet werden. Verwenden Sie dazu Siliziumkarbidpapier der Körnung 320. Man schleift immer in Faserrichtung und nur mit leichtem Druck. Seien Sie an den Kanten besonders vorsichtig und halten Sie das Schleifpapier flach in der Hand, wobei die beiden mittleren Finger es auf die Oberfläche drücken.

Vor- und Nachteile von säurehärtenden Lacken

Vorteile
- Säurehärtende Lacke sind sehr strapazierfähig.
- Sie sind widerstandfähig gegen Abrieb und viele Chemikalien.
- Sie trocknen klar auf ohne zu vergilben.

Nachteile
- Säurehärtende Lacke brauchen lange um zu trocknen und sind anfällig gegen feuchte Hitze.

Vorteile und Nachteile von Farblackierungen

Vorteile
- Es sind sehr viele unterschiedliche Farbtöne verfügbar.
- Farbige Lacke überdecken Verfärbungen im Holz.
- Mit Farben kann man spezielle Effekte erzielen.

Nachteile
- Pigmentierte Beschichtungen trocknen langsamer als zum Beispiel Klarlacke.
- Farben betonen Defekte im Holz, Fehler beim Sprühen sind auffälliger und die Farbschicht ist im nassen Zustand staubempfindlich.
- Die Oberfläche muss sehr sorgfältig vorbereitet werden.
- Vor dem Versprühen von Farblack muss die Spritzpistole besonders gut gereinigt werden.

Farben

Nitrolacke und säurehärtende Reaktionslacke gibt es auch als spezielle Effektlacke, z. B. mit Hammerschlageffekt.

Wasserverdünnbare Farben

Bei den meisten Sprühfarben ist das feste Element der Farbe in einem Lösungsmittel auf Erdölbasis gelöst, welches dann verdunstet. In manchen Farben sind bis zu 70% Lösungsmittel enthalten. Diese Lösungsmittel sind weder unserer Gesundheit noch der Umwelt zuträglich und deshalb werden in letzter Zeit immer häufiger Farben auf Wasserbasis verwendet, auch zum Spritzlackieren.

Sprühfarben auf Wasserbasis sind weniger farbintensiv als andere Sprühlacke. Zwar sind sie auch als Glanzlacke erhältlich, trotzdem wirken sie matter und natürlicher als andere Lacke. Deshalb werden sie oft für Weichholzmöbel im skandinavischen Stil eingesetzt. Wasserverdünnbare Sprühlacke sind als Einkomponenten- oder Zweikomponentenlacke erhältlich.

Vor dem Aufsprühen der wasserverdünnbaren Farbe sollte die Oberfläche grundiert werden. Vorher feuchtet man sie leicht an. Nach dem Trocknen werden die Holzfasern, die sich durch das Anfeuchten aufgestellt haben, abgeschliffen. Verwenden Sie keine Porenfüller wenn Sie mit wasserverdünnbaren Farben arbeiten, denn die Haftung ist dabei nicht immer ausreichend.

Die Fördergeschwindigkeit sollte beim Arbeiten mit wasserverdünnbaren Farben nicht sehr hoch sein. Die meisten Lösungsmittel verdunsten schon teilweise auf dem Weg zwischen Düse und der zu beschichtenden Oberfläche, Wasser jedoch nicht. Deshalb sollten Sie immer nur in dünnen Schichten sprühen und die Farbe nicht zu stark verdünnen um ein Verlaufen zu vermeiden.

Wasserverdünnbare Farben vertragen sich nicht mit lösungsmittelhaltigen Farben. Deshalb müssen die Spritzpistole und andere Werkzeuge absolut sauber sein, ansonsten kann es passieren, dass die Farbe schäumt.

Die Oberfläche braucht nach dem Aufsprühen eines wasserverdünnbaren Lackes nicht weiter behandelt zu werden. Wurde das Holz mit einer Wasserbeize behandelt, schleift man es hinterher mit 000-Stahlwolle ab und trägt ein Wachs auf. Reiben Sie das Wachs dabei in Maserungsrichtung mit gleichmäßigen Bewegungen ein, bis Sie eine seidenmatte Oberfläche erhalten.

Vorteile und Nachteile von wasserverdünnbaren Lacken

Vorteile

- Wasserverdünnbare Lacke sind weniger gesundheits- und umweltschädlich als lösungsmittelhaltige Lacke.
- Sie sind nicht brennbar.

Nachteile

- Wasserverdünnbare Lacke sind schwieriger zu verarbeiten, da sie schneller verlaufen.
- Sie sind kälteempfindlich und dürfen niemals zusammen mit lösungsmittelhaltigen Farben verwendet werden.
- Die Verwendung von Porenfüllern ist nicht zu empfehlen.

Angleichen des Farbtons und Endlackierung

1 Wenn die Grundierung getrocknet ist, wird der Stuhl leicht abgeschliffen und gründlich von Staub gesäubert. Dann entscheidet man, an welchen Stellen noch etwas Farbe aufgetragen werden muss. Verringern Sie den Druck dabei auf 1 bar.

2 Dort, wo Ihnen der Farbton noch nicht dunkel genug erscheint, sprühen Sie noch mehr Farbe auf. Arbeiten Sie von vorn nach hinten und besprühen Sie ganz zum Schluss die Rückseite der Lehne. Die Lehne muss meist stärker beschichtet werden als die anderen Teile des Stuhles. Beim diesem Sprühgang kommt es also nicht wie sonst darauf an, die Farbe gleichmäßig aufzutragen.

3 Nachdem der letzte Farbauftrag getrocknet ist, besprüht man den Stuhl mit Glanzlack. Erhöhen Sie den Druck dazu wieder auf etwas weniger als 2 bar und überlegen Sie sich vorher genau, in welcher Reihenfolge Sie die einzelnen Teile lackieren werden, damit Sie kein Teil vergessen. Beginnen Sie mit der Innenseite der Beine, lackieren Sie dann die Lehne und zum Schluss die Sitzfläche. Besprühen Sie immer die wichtigsten Teile zuletzt.

Links: Der fertig lackierte Stuhl.

Gesprenkelte Oberflächen

Eine der einfachsten Sprühtechniken ist das Sprenkeln von Oberflächen. Per Hand erzielt man diesen Effekt indem man mit den Fingern über die Borsten einer Zahnbürste oder eines steifen Pinsels streicht, den man vorher leicht in die Farbe getaucht hat. Das gleiche Ergebnis kann man bei Sprühen erzielen, wenn man den Luftdruck niedriger stellt, den Abzughebel immer wieder kurz anzieht und loslässt und den Abstand zwischen der Düse und der Oberfläche ständig variiert.

Als Hintergrund eignen sich vor allem Pastellfarben. Für die Sprenkel wählt man einen kräftigeren Farbton. Jedoch gibt es dafür keine strikten Regeln, Sie müssen selbst ein wenig experimentieren um herauszufinden, welche Farbkombinationen Ihnen am besten gefallen und zu dem betreffenden Objekt passen.

Für die Grundfarbe und für die Sprenkel kann eine beliebige Farbe verwendet werden. Achten Sie darauf, dass die Oberfläche glatt und staubfrei ist. Tragen Sie die Grundfarbe in zwei Arbeitsgängen auf und schleifen Sie die Fläche nach Trocknung des ersten Auftrags mit feinem Sandpapier ab.

Füllen Sie den Vorratsbecher dann mit der Farbe für die Sprenkel, die dieselbe Viskosität wie die Grundfarbe haben sollte. Verringern Sie den Druck, bis er gerade noch so ausreicht, um die Farbe zu zerstäuben. Testen Sie das an einer Probefläche. Variieren Sie den Druck auf den Hebel, je stärker Sie ihn anziehen, umso dichter werden die Sprenkel. Je dichter Sie die Spritzpistole an die Oberfläche halten, umso größer werden sie.

Schatteneffekte

Während man für die Sprenkeltechnik entweder Fließbecher- oder Saugbecherspritzpistolen verwenden kann, eignen sich für Schatteneffekte Fließbecherspritzpistolen besser, da diese leichter zu handhaben sind. Bis man die Technik der Schattierung gut beherrscht, dauert es einige Zeit, besonders die Gestaltung von dunkleren Bereichen in Ecken und Vertiefungen. In vielen Fällen sind Schattierung per Hand einfacher auszuführen als mit der Spritzpistole.

Beizen Sie das Werkstück zuerst mit einer Wasser- oder Spiritusbeize und zwar im hellsten gewünschten Farbton. Tragen Sie danach eine Schellackgrundierung auf und schleifen Sie die Fläche mit Siliziumkarbidpapier der Körnung 320 ab. Entfernen Sie den Schleifstaub.

Zum Schattieren verwendet man abgetönte Sprühlacke. Mischen Sie einen Farbton, der etwas dunkler als die Grundfarbe ist. Der Unterschied darf dabei jedoch nicht sehr stark sein, sonst erreicht man keine allmählichen Übergänge. Dunkeln Sie die Bereiche, die im Laufe der Zeit wahrscheinlich am ehesten verschmutzen, etwas nach. Auch alle Vertiefungen und innen liegenden Ecken sind etwas dunkler zu gestalten. Tragen Sie danach einen matten Nitrolack auf.

Die Sprenkeltechnik praktizieren

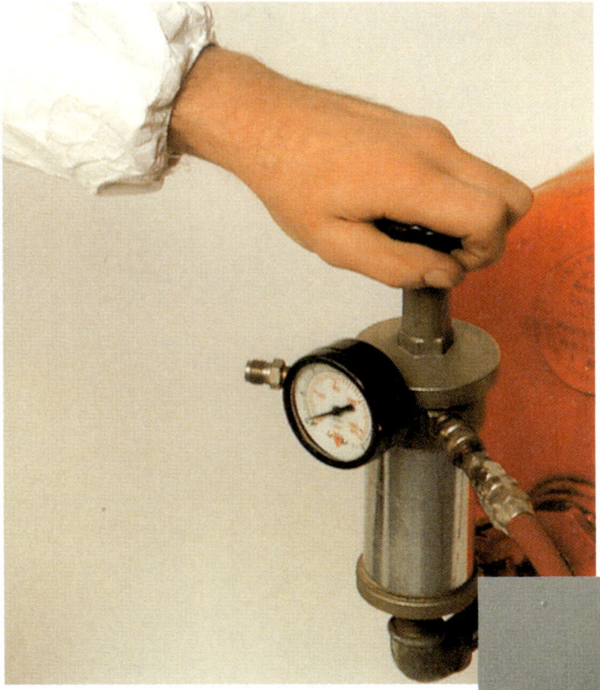

1 Verringern Sie den Luftdruck, bis er gerade noch ausreicht, um die Farbe zu zerstäuben. Testen Sie die Wirkung auf einer Probefläche oder der Seite der Sprühkabine. Die Farbe darf nicht zu dünn sein, ansonsten wird sie zu stark zerstäubt und die charakteristischen Sprenkel können nicht entstehen.

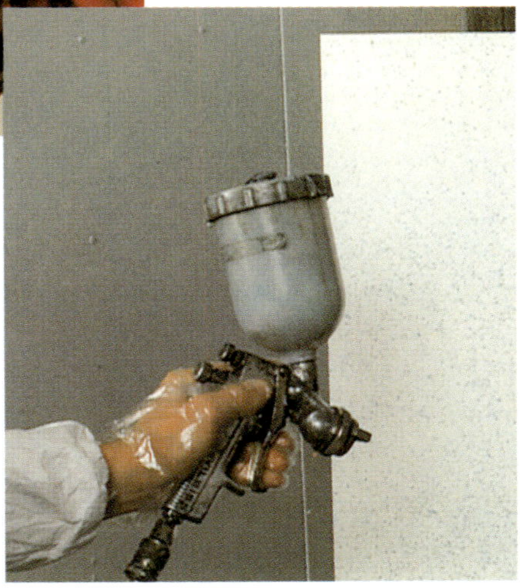

2 Ungleichmäßigkeit ist bei der Sprenkeltechnik nicht immer ein Nachteil. Wenn Sie jedoch eine gleichmäßig gesprenkelte Fläche bevorzugen, sollten Sie die Spritzpistole ständig in Bewegung halten. Indem Sie den Abstand der Düse von der zu besprühenden Oberfläche variieren, erhalten Sie größere oder kleinere Sprenkel. Je dichter Sie die Düse an die Oberfläche halten, umso größer werden die Sprenkel.

3 Die fertige Fläche mit feinen hellblauen Sprenkeln auf weißem Hintergrund. Für den Hintergrund eignen sich helle Farben am besten. Die Sprenkel können auch verschiedenfarbig sein.

Schattierung eines Gitarrenkörpers

Die Technik des Schattierens wird nicht nur zum künstlichen Altern von Möbeln oder Möbelteilen eingesetzt, sondern häufig werden damit auch Gitarren, Armaturenbretter und andere Holzoberflächen gestaltet, wenn man eine optische Einheit von Holz-, Kunststoff- und Metallteilen erreichen will.

Beizen und Lackieren

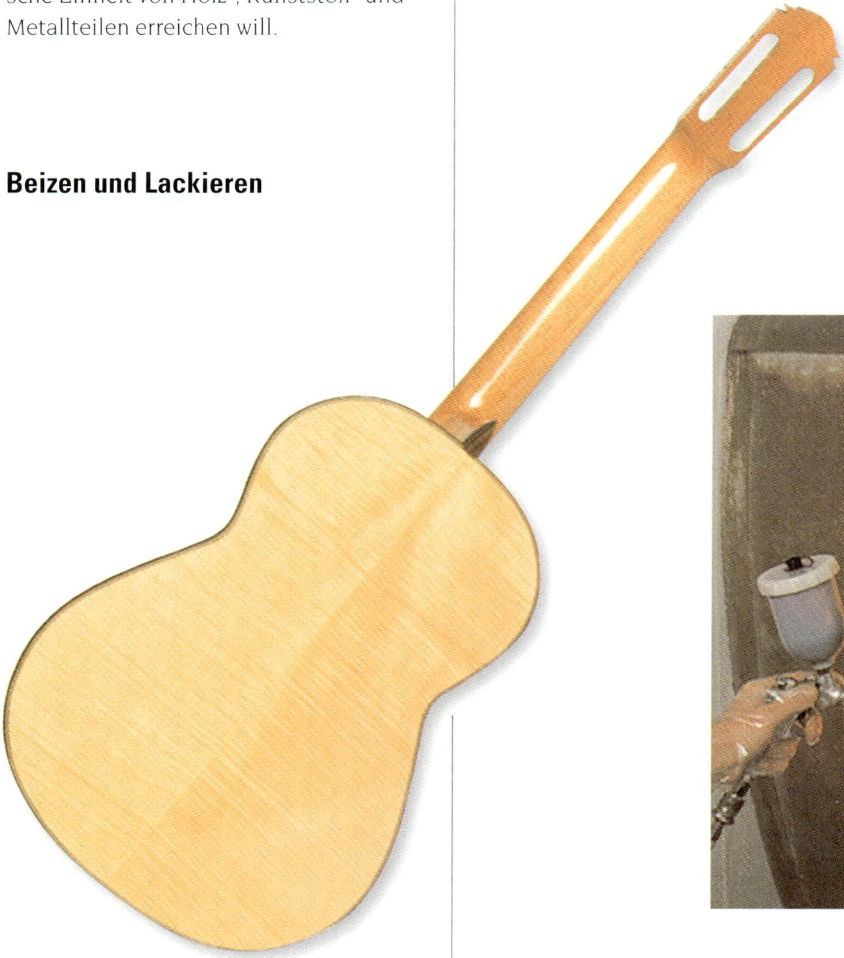

1 Die Technik des Schattierens wird sehr oft bei Gitarren und Armaturenbrettern angewandt. Bevor Sie mit dem Sprühen beginnen, ist die Oberfläche glatt abzuschleifen und alle Dellen oder Schadstellen sind auszubessern. Der letzte Schliff sollte mit feinkörnigem Siliziumkarbidpapier erfolgen. Schleifen Sie immer mit der Faser und halten Sie das Schleifpapier dabei flach in der Hand.

2 Tragen Sie eine Wasser- oder Spiritusbeize im hellsten gewünschten Farbton auf. Der Auftrag sollte so gleichmäßig wie möglich sein. Wenn möglich sollten Sie zum Auftragen eine Fließbecherspritzpistole verwenden.

3 Nun füllen Sie eine dunklere Sprühfarbe ein und bauen den Schatten langsam von den äußeren Rändern der Gitarre beginnend auf. Meist wird beim Schattieren der mittlere Bereich des Werkstückes hell gelassen und der Farbton wird zu den Rändern hin dunkler.

4 Nun wählen Sie eine noch dunklere Farbe und gestalten damit den äußeren Rand. Dabei ist darauf zu achten, dass der Übergang zwischen dem dunklen Rand und dem helleren Mittelteil möglichst stufenlos verläuft. Es darf keine offensichtliche Grenzlinie zwischen Hell und Dunkel geben.

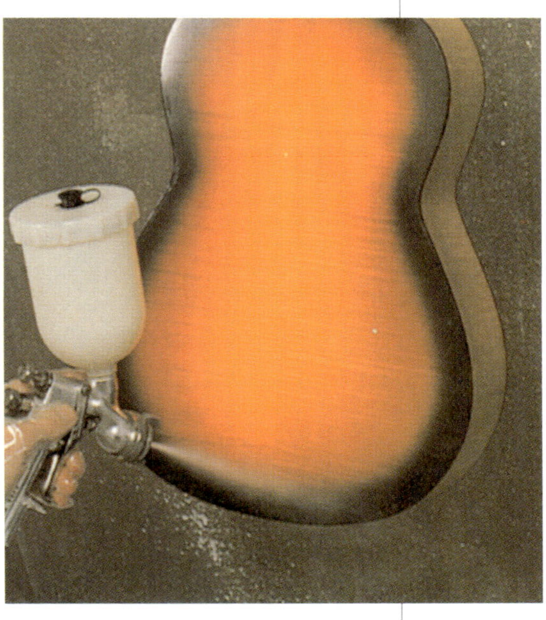

5 Schützen Sie die Oberfläche zum Schluss mit zwei Schichten Klarlack. Schleifen Sie die Fläche nach dem ersten Lackauftrag mit sehr feinem Schleifpapier ab. Armaturenbretter werden oft hochglänzend lackiert, man kann jedoch auch einen seidenmatten oder einen matten Lack verwenden. In diesem Beispiel wurde der Schatteneffekt als spezieller Dekorationseffekt eingesetzt, nicht zur künstlichen Alterung eines Möbelstücks.

Vor und nach der Hammerschlaglackierung
Ein ovales Brett vor und nach einer Hammerschlaglackierung, die in diesem Fall eine Zinnfläche imitieren soll. Der Effekt wird durch zwei Sprühgänge erreicht, wobei die zweite Schicht bereits aufgesprüht wird, wenn die erste noch nicht ganz trocken ist.

Hammerschlageffekt

Einen Hammerschlageffekt erreicht man in zwei Sprühgängen, die kurz nacheinander erfolgen. Die erste Beschichtung erfolgt mit einem Lack auf der Basis einer Aluminiumpaste, womit der Metalleffekt erzielt wird. Dieser Lack wird auf die sorgfältig vorbereitete Oberfläche gesprüht. Nach 5 bis 10 Minuten sprenkelt man bei geringem Druck ein geeignetes Lösungsmittel auf die Fläche wodurch der Hammerschlageffekt entsteht. Je geringer der Druck, um so großflächiger wird das Muster. Regeln Sie den Luftdruck mit der entsprechenden Druckluftschraube.

Reißlack

Ein Reißlackeffekt entsteht prinzipiell auf dieselbe Art und Weise wie beim Lackauftrag per Hand. Die Stärke der Risse hängt vor allem von der Dicke des Auftrags ab. Eine dicke Lackschicht führt zu breiteren Rissen. Der spezielle Effekt entsteht dadurch, dass der Reißlack nicht genügend Feststoffe enthält um die gesamte Oberfläche zu bedecken. In dem Maße wie das Lösungsmittel verdampft, werden die Feststoffe zusammengezogen und die Risse entstehen.

Nachdem Sie die Oberfläche vorbereitet haben, sprühen Sie die Grundfarbe auf und glätten diese nach dem Trocknen mit feinem Sandpapier. Diese Grundfarbe sieht man später durch die Risse im Oberlack hindurch, sie sollten sich also vorher über den Effekt der gewählten Farbkombination im Klaren sein. Testen Sie die Wirkung gegebenenfalls auf einem Restholzstück.

Lassen Sie die Grundfarbe etwa eine Stunde trocknen, bevor Sie den Reißlack auftragen. Tönen Sie diesen entsprechend ab, bis der gewünschte Farbton erreicht ist.

Stellen Sie nun den Luftdruck auf 1 bar. Die Risse werden unmittelbar nach dem Auftragen erscheinen, wenn sich das Lösungsmittel verflüchtigt hat. Wie beim Auftrag von Reißlack per Hand gilt auch hier, dass die Risse umso breiter und die Abstände zwischen ihnen umso größer werden, je dicker die Reißlackschicht ist. Bei großflächigen Gegenständen, wie zum Beispiel Tischplatten, sollten Sie den Lack also dicker aufsprühen.

Wenn der Reißlack getrocknet ist, trägt man noch eine Schicht glänzenden oder matten Nitrolack auf und lässt das Werkstück 10 bis 15 Minuten trocknen.

Vor und nach dem Reißlackauftrag
Dieses alte Regal wurde mit Reißlack besprüht, ein Effekt, der gut zu alten Möbelstücken passt, bzw. mit dem man Möbelstücke aus modernen Materialien älter wirken lassen kann. Hier wurde eine weiße Grundfarbe verwendet und der Reißlack blau abgetönt. Zum Schluss hat man das Regal mit einem matten Lack überzogen.

BEMALEN UND SCHABLONIEREN

Seit vielen Jahrhunderten schon werden Möbel, Türen und Wände mit Freihandmalereien und Schablonenmustern verziert. Das Aufmalen von sich wiederholenden Motiven mit Hilfe von Schablonen erfordert keine außergewöhnlichen künstlerischen Fähigkeiten, doch kann man damit einfachen oder alten Möbelstücken ein ganz neues Gesicht geben.

UNTEN: Schablonenmuster können, abhängig von der verwendeten Lasur, sehr unterschiedlich wirken.

Werkzeuge und Materialien

Im Folgenden sind die grundlegenden Werkzeuge und Materialien beschrieben, die für die folgenden Projekte benötigt werden. Man erhält sie in Fachgeschäften für Künstlerbedarf oder im Versandhandel.

Farben

Wasserverdünnbare Farben

Die Qualität moderner Farben auf Wasserbasis hat sich in den letzten Jahrzehnten kontinuierlich verbessert. Farben, die man mit Wasser verdünnt, sind nicht nur weniger schädlich für unsere Gesundheit und die Umwelt als lösungsmittelhaltige Farben, sie lassen sich auch problemlos verarbeiten. Wasserfarben trocknen sehr schnell und sind somit schon nach kurzer Zeit wieder überstreichbar. Auch lassen sich alle Werkzeuge mit Wasser oder Seifenwasser reinigen, so dass man auf schädliche Pinselreiniger verzichten kann. Nach dem Trocknen des Bindemittels, also des Wassers, ist die Farbschicht jedoch nicht mehr wasserlöslich. Farben auf Wasserbasis gibt es als matte, seidenmatte, glänzende und hochglänzende Lacke.

Acrylfarben

Die Pigmente in Acrylfarben sind mit einem Kunstharz gebunden. Acrylfarben werden häufig in Tuben angeboten und sind meist etwas teurer als Farben auf Wasserbasis. Das Acrylbindemittel in der Farbe sorgt dafür, dass diese beim Trocknen sehr hart und unempfindlich gegen Abrieb und Feuchtigkeit wird.

Abtönen

Künstler-Acrylfarben

Künstler-Acrylfarben eignen sich auch zum Abtönen von Lacken und Acryllasuren. Zum Lasieren und Maserieren von Holz gibt es spezielle Acrylharz-Holzlasuren.

Universalabtönpasten

Universalabtönpasten sind meist in Tuben oder Plastikflaschen erhältlich. Sie sind preisgünstig und können sowohl mit Farben auf Öl- als auch mit solchen auf Wasserbasis vermischt werden.

Lösungsmittel

Testbenzin

Testbenzin eignet sich als Lösungsmittel für alle Farben auf Ölbasis. Es wird zur Verdünnung dieser Farben und zum Reinigen der verwendeten Werkzeuge verwendet.

Vergällter Alkohol

Dieses Lösungsmittel nimmt man zum Verdünnen von Französischer Politur.

Geschirrspülmittel

Geschirrspülmittel eignet sich zum Abwischen von noch nicht vollständig getrockneten Acryllasuren. Man kann damit auch spezielle Effekte erzielen, indem man das Spülmittel beispielsweise auf eine Lasur tropft, wo es sich „einfrisst“.

Klebeband

Malerkrepp

ist das am häufigsten verwendete Abdeckband. Beim Abdecken von Flächen mit Malerkrepp ist darauf zu achten, dass alle Ränder besonders sorgfältig angerieben werden, damit die Farbe nicht darunter läuft. Auch sollte man immer vom Abdeckband weg streichen und nicht zum Abdeckband hin.

Ablösbarer Sprühkleber

Wenn man zum Fixieren einen ablösbaren Sprühkleber verwendet, lassen sich Verbindungen wieder lösen und man kann die aufgeklebten Teile mehrfach verschieben. Beachten Sie die Hinweise des jeweiligen Herstellers zur Verwendung des Sprühklebers.

Papierarten

Zeichenpapier

ist ein transparentes Papier, durch welches man die darunter liegende Zeichnung erkennen kann. Man verwendet es beispielsweise, um den Umriss eines Motives aus einem Buch oder einer Zeitschrift nachzuzeichnen und kann dann auf der Grundlage der Umrisszeichnung die Schablone anfertigen.

Sandpapier

Sandpapier gibt es in verschiedenen Körnungen. Papier mit grober Körnung verwendet man zum Abschleifen oder Anschleifen alter Farbschichten, feines Sandpapier zur Endbearbeitung eines Werkstücks oder zum Abschleifen von Farbe, wenn man einen Alterungseffekt will.

Schablonierpapier und Kunststofffolie

Schablonierpapier ist ein festes und wasserbeständiges Papier, das sich mit einem kleinen scharfen Messer gut schneiden lässt. Aufgrund seiner wachsartigen Beschichtung bleibt es auch nach wiederholter Verwendung noch stabil. Das geeignetste Material zum Schneiden von Schablonen ist jedoch feste, transparente Kunststofffolie.

Kohlepapier

Mit Hilfe von Kohlepapier kann man die Umrisse eines Motivs auf ein darunter liegendes Blatt oder auf Holz kopieren.

1 Schablonierpapier
2 Geschirrspülmittel
3 Radiergummi
4 Künstleracrylfarbe
5 Kohlepapier
6 Ablösbarer Sprühkleber
7 Klebeband mit geringer Haftung
8 Scharfe Klinge zum Ausschneiden der Schablonen
9 Zeichenpapier
10 Testbenzin
11 Transparente Kunststofffolie
12 Bandmaß
13 Sandpapier
14 Malerkrepp
15 Zirkel

Praktische Tipps

Die Projekte in diesem Buch wurden fast alle mit Acrylfarben auf Wasserbasis ausgeführt, da diese Farben schneller trocknen und man keine gesundheits- und umweltschädlichen Lösungs- und Reinigungsmittel benötigt.

Vor Beginn der Dekorationsarbeiten

Bevor man mit der eigentlichen Bemalung beginnen kann, sind einige Vorbereitungen erforderlich, unabhängig davon, ob das Werkstück vorher bereits behandelt wurde oder nicht.

Alte Farbschichten

Wenn sich auf dem Werkstück noch alte Farbschichten befinden, muss man erst einmal feststellen, um welche Art von Farbe es sich handelt. Wurde das Stück mit einer Ölfarbe gestrichen und soll die neue Bemalung mit Farben auf Wasserbasis erfolgen, muss man die harte, undurchlässige Oberfläche der Ölfarbe anschleifen, damit die Acrylfarbe haftet. Wenn die alten Farbschichten noch intakt sind und fest haften, genügt häufig ein leichtes Anschleifen. Das vollständige Entfernen der alten Farbe ist nur dann erforderlich, wenn sie schon abblättert, gerissen ist oder wenn bereits so viele Farbschichten aufgetragen wurden, dass Profile oder Schnitzereien nicht mehr richtig zu erkennen sind. Generell ist ein Neuanstrich mit Ölfarbe über einem Anstrich auf Wasserbasis kein Problem; Acrylfarben haften allerdings nur auf Acrylfarben.

Um festzustellen, um welche Art Farbe es sich bei einem alten Möbelstück handelt, streicht man an einer wenig sichtbaren Stelle etwas Acrylfarbe über die alte Farbschicht und lässt diese trocknen. Wenn man die Farbe nach dem Trocknen leicht abkratzen oder abziehen kann, wurde der alte Anstrich mit Ölfarben ausgeführt. Wenn jedoch die Acrylfarbe gut haftet und sich nur durch Abschleifen wieder entfernen lässt, handelt es sich bei der alten Farbe wahrscheinlich um eine wasserverdünnbare Farbe.

Unbehandelte Oberflächen

Auch wenn das betreffende Möbelstück noch unbehandelt ist, muss man auf eine saubere und staubfreie Oberfläche achten. Alle rauen Kanten schleift man mit Sandpapier ab. Möbel aus Massivholz kann man mit Testbenzin bearbeiten, um die Holzporen zu öffnen. Dazu gießt man etwas Testbenzin auf die Holzfläche und bürstet es in Maserungsrichtung mit einer Drahtbürste ein. Wenn man danach Acrylfarben verwenden möchte, muss man das Holz nach dieser Behandlung mit warmem Seifenwasser abwaschen. Möbel aus MDF-Platten eignen sich besonders gut zum Bemalen, denn die Oberfläche dieser Platten ist bereits relativ glatt und muss nur einmal grundiert werden.

Stellen Sie fest, ob es sich bei der alten Farbe um eine Ölfarbe oder eine Farbe auf Wasserbasis handelt.

Die Vorstreichfarbe versiegelt das Holz und sorgt dafür, dass der Deckanstrich schön gleichmäßig wird.

Ein Möbelstück verändert sein Gesicht

Der Charakter eines Möbelstückes lässt sich auf unterschiedliche Art und Weise verändern, zum Beispiel, indem man neue Beschläge anbringt oder zusätzliche Profile aufleimt. Dadurch kann man einem relativ modernen Möbelstück die Erscheinung eines älteren Möbels geben. Wenn man sich entscheidet, ein Möbelstück auf diese Weise künstlich zu altern, sollte man jedoch darauf achten, dass alle Verzierungen derselben Stilepoche entnommen werden.

Eine Holzfläche kann man alt und abgenutzt wirken lassen, wenn man sie dunkel beizt und leicht mit einem Nagel oder Stecheisen zerkratzt oder ihr Dellen zufügt. Dabei konzentriert man sich auf die Bereiche, die normalerweise besonders beansprucht werden, wie zum Beispiel die Ecken und Kanten und die Flächen um Knäufe oder Griffe.

Grundierung und erster Anstrich

Für Ölfarben gibt es spezielle Vorstreichfarben, die dünner als der Decklack und einfacher aufzutragen sind. Sie versiegeln die Oberfläche und verhindern damit, dass der Decklack vom Holz absorbiert wird und fleckig auftrocknet. Nach dem Vorstreichen ist nur noch ein Anstrich mit Decklack erforderlich.

Für Acrylfarben braucht man keine speziellen Vorstreichfarben, sondern diese Farben werden für den ersten Auftrag einfach mit etwas Wasser verdünnt. Die erste Farbschicht wird vom Holz aufgesogen und versiegelt die Oberfläche. Wenn sie trocken ist, kann der zweite Auftrag mit unverdünnter Farbe vorgenommen werden.

Hat das Möbelstück bereits einen Anstrich, der noch intakt ist, sollte man erst einmal feststellen, um welche Art von Farbe es sich handelt (Siehe S. 372). Das weitere Vorgehen richtet sich dann nach dem Ergebnis dieses Tests.

Wie erreicht man einen ungleichmäßigen Farbauftrag?

Es gibt viele Methoden, einen ungleichmäßigen Anstrich zu erreichen. Einige davon kommen bei einzelnen in diesem Buch vorgestellten Projekten zum Einsatz.

Einen ungleichmäßigen Farbauftrag erhält man beispielsweise, indem man die noch feuchte Farbe teilweise wieder abtupft.

Abschleifen

Nachdem man das Werkstück mit verdünnter Acrylfarbe vorgestrichen und einen zweiten Anstrich in derselben Farbe vorgenommen hat, streicht man die Oberfläche im dritten Arbeitsgang mit einer anderen Farbe. Wenn diese Schicht getrocknet ist, schleift man sie leicht wieder ab, so dass die darunter liegende Farbschicht teilweise hindurch scheint. Gehen Sie beim Schleifen vorsichtig vor, so dass der Effekt sehr natürlich wirkt und nicht etwa große Flächen der Grundfarbe sichtbar werden.

Abwischen

Streichen Sie die Oberfläche mit Acrylfarbe vor und tragen Sie eine zweite Schicht Acrylfarbe im gleichen Farbton auf. Beim dritten Anstrich verwendet man dann eine Kontrastfarbe, die man flächenweise in Richtung der Holzfaser verstreicht. Noch bevor die Farbe trocken ist, wischt man sie streifenförmig wieder ab, so dass die darunter liegende Farbschicht zum Vorschein kommt. Bei dieser Technik sind die Kontraste zwischen den Farben stärker und der Effekt nicht so subtil wie beim Abschleifen.

Wasser- auf Ölfarbe

Diese Technik bricht die bereits genannte Grundregel, dass man niemals eine Acrylfarbe über eine Ölfarbe streichen sollte. Streichen Sie das Holz mit einer Vorstreichfarbe auf Ölbasis und tragen Sie dann eine seidenmatte Ölfarbe auf. Wenn diese vollständig getrocknet ist, streicht man eine Acrylfarbe darüber. Nehmen Sie dabei reichlich Farbe und arbeiten Sie in Richtung der Holzfasern, so dass die Farbe dellenförmig auftrocknet. Lassen Sie die Farbe trocknen und reiben Sie dann mit einem in vergälltem Alkohol getränkten Lappen die Acrylfarbe dort ab, wo sie nur dünn aufgetragen ist. Der vergällte Alkohol löst die Acrylfarbe, die Ölfarbe bleibt jedoch intakt. Da die Acrylfarbe auf dem Ölanstrich nur schlecht haftet, muss man dann die Fläche danach noch zweimal mit einem Lack auf Ölbasis überstreichen.

Bienenwachs

Spezielle Effekte lassen sich auch erzielen, indem man Bienenwachs auf trockene Acrylfarbe tropfen lässt. Lassen Sie den Bienenwachs etwa 10 Minuten einwirken und nehmen Sie ihn dann mit einem Lappen wieder ab. Der Bienenwachs hat sich in der Zwischenzeit in die Acrylfarbe „eingefressen".

Nachdem man zwei Anstriche in kontrastierenden Farben aufgetragen hat, schleift man die Flächen und Kanten leicht ab, damit die untere Farbschicht teilweise hindurch scheint.

Kalken

Kalkpaste ist eine weiße wachsartige Paste, die man vor allem bei offenporigen Hölzern einsetzt. Zuerst öffnet man die Poren mit Hilfe von Testbenzin und einer Drahtbürste. Die Kalkpaste kann direkt auf das Holz aufgetragen werden oder aber erst, nachdem man das Holz gebeizt hat. Wurde das Holz mit einer Ölbeize behandelt, braucht man es nach der Behandlung mit Testbenzin nicht zu reinigen, wenn man jedoch eine Wasserbeize verwendet, muss man das Testbenzin gründlich mit Seifenwasser abwaschen. Acrylgrundfarben, die sich sehr gut als Anstrich vor dem Kalken eignen, sind Terrakotta, Blau, Grün und Schwarz. Wenn der Grundanstrich getrocknet ist, trägt man die Kalkpaste auf und arbeitet sie mit einer Bürste gut in die Holzporen ein. Nach fünf Minuten entfernt man den Überstand mit einem weichen Lappen. Das Ergebnis ist eine weiße Maserung auf einem farbigen Hintergrund.

Trockenbürsten

Das ist eine Technik, die man vor allem bei Möbeln mit Schnitzereien oder Profilen anwendet. Nachdem der Grundanstrich mit Acrylfarbe getrocknet ist, nimmt man eine Farbe in einem helleren Ton, die man mit feinem weißen Kalk andickt, um die Schnitzereien oder die Profile zu betonen. Dabei gibt man nur ganz wenig der dicken Farbpaste auf die Spitze eines Stupfpinsels, so dass die Borsten fast trocken sind und fährt damit vorsichtig über die Schnitzerei oder die Profile, so dass nur die erhabenen Teile durch die hellere Farbe betont werden.

Lasuren und Acryltünchen

Lasuren

Lasuren kann man auf der Grundlage von Ölfarben oder auch von wasserverdünnbaren Farben herstellen. Öllasuren müssen mit etwas Ölvorstreichfarbe vermischt werden, die als Bindemittel dient und dafür sorgt, dass die Öllasur mit dem Alter nicht vergilbt. Als Verdünnungsmittel verwendet man Testbenzin. Mischen Sie die Lasur entsprechend den Anweisungen des Herstellers. Den Farbton kann man ändern, indem man etwas Künstlerölfarbe oder Universalabtönpaste dazu gibt. Lasuren auf Wasserbasis sind meist fertig gemischt und können mit Künstleracrylfarbe oder Universalabtönpaste abgetönt werden. Abhängig davon, wie stark man die Lasur verdünnt, erhält man unterschiedliche Effekte.

Acryltünchen

Acryltünchen bestehen aus dünnen Schichten verdünnter Acrylfarbe. Es gibt kein feststehendes Rezept zur Verdünnung von Acryltünche, experimentieren Sie einfach, bis Sie den gewünschten Effekt erhalten. Wenn man Acryltünche mit Acryllasur versetzt, wird die Tünche transparenter und trocknet nicht so schnell auf.

Abschließende Oberflächenbehandlung

Decklacke

Decklacke auf Öl- sowie auf Wasserbasis gibt es als Mattlacke, Seidenmatt-, Glanz- und Hochglanzlacke. Decklacke schützen nicht nur die darunter liegende Bemalung sondern glätten auch die Oberfläche. Welchen Lack man aufträgt und ob man diesen eventuell noch leicht tönt, entscheidet man, nachdem die Bemalung fertig ist. Manche Motiv könnten unter Umständen von einer gelblichen Tönung profitieren, wenn sie dadurch wärmer und älter wirken. Lack lässt sich tönen, indem man ihn mit etwas Öl- bzw. Acrylfarbe im gewünschten Farbton versetzt.

Lackschichten schützen die Holzoberfläche und alle Gegenstände, die häufig in Gebrauch sind und starker Abnutzung unterliegen, sollten deshalb lackiert werden. Lack schützt Ihre Möbel auch vor den ultravioletten Strahlen im Sonnenlicht und dem damit verbundenen Ausbleichen, vor Wasserflecken, Kondensation und vor dem Abplatzen der Farbe. Alle Gegenstände, die von Kindern, Haustieren oder in der Küche benutzt werden, sind mit zwei Schichten Decklack zu überziehen. Es empfiehlt sich immer, die Wirkung des Decklacks erst auf einem Teststück auszuprobieren. Lacke auf Ölbasis haben manchmal einen Gelbstich, dadurch kann darunter liegendes Blau plötzlich grün erscheinen. Bei Lacken auf Wasserbasis soll es manchmal vorkommen, dass sie beim Trocknen milchig werden. Dieser unerwünschte Effekt kann durch ungünstiges Raumklima hervorgerufen werden, man sollte deshalb grundsätzlich in einem gut durchlüfteten und trockenen Raum arbeiten.

Polieren

Eine andere Möglichkeit des Oberflächenschutzes besteht im Polieren mit Schellack oder einem Nitrocelluloselack. Schellackpolituren sind in unterschiedlichen Tönen erhältlich von fast klar bis zu warmen goldenen Polituren. Eine Schellackpolitur lässt ein Werkstück wie lackiert aussehen und die dunkleren, reicheren Schellackpolituren lassen Holz älter und wärmer erscheinen. Nachdem man das Holz mehrmals mit stark verdünnter Politur grundiert hat, füllt man die Poren und schleift die Oberfläche mit feinstem Sandpapier oder 000-Stahlwolle ab. Dann erfolgt die Grundpolitur mit einem Ballen, den man in grobes Leinentuch wickelt und gleichzeitig in der Politur und in Alkohol tränkt. Zum Deckpolieren verwendet man die Politur unverdünnt und trägt sie mit einem Ballen mit feinem Leinenüberzug auf.

Wachsen
Wachs betont die Holzmaserung und gibt dem Holz bei mehrfachem Auftrag eine schöne matt glänzende Oberfläche, die jedoch nicht wasserfest ist. Zum Wachsen eignen sich vor allem Weichhölzer, Eiche, Obstbaumholz und Nussbaum. Man verwendet zum Wachsen üblicherweise eine Bienenwachslösung oder Antikwachs, das man fertig im Handel kaufen oder auch selbst herstellen kann. Man reibt die Wachslösung mit einem weichen Ballen kräftig in das Holz ein und bürstet das Holz nach dem Trocknen mit einer Rosshaarbürste nach. Dabei trägt man Wachs immer nur sparsam auf. Die Oberfläche darf in keinem Fall klebrig werden.

Ölen
Zum Ölen eignen sich vor allem Weichhölzer und Schnitzereien. Das Ölen bietet dem Holz nur wenig Oberflächenschutz, deshalb sollte man bei häufig verwendeten Gegenständen eine andere Art der Oberflächenbehandlung vorziehen.
Um beim Ölen eine leichte Tönung des Naturtons zu erreichen, kann man dem Öl etwas Lasurfarbe zusetzen. Geölte Flächen können anschließend noch gewachst werden. Man trägt das Öl mit einem Pinsel auf und wischt spätestens 10 Minuten nach dem Auftrag überschüssiges Öl ab. Dan reibt man die Oberfläche gleichmäßig mit einem Lappen ab.

Es gibt im Handel spezielle Antikisierflüssigkeiten, die dem Holz einen warmen Ton verleihen. Sie stellen jedoch keinen Oberflächenschutz dar, so dass das Werkstück danach noch lackiert werden muss.

Vergrößern und Verkleinern von Motiven

Ideen für schablonierte oder freihändig gemalte Motive findet man überall, in Büchern, Zeitschriften, auf Servietten, Geschenkpapier etc. Oft haben diese Motive jedoch nicht die passende Größe und man muss sie vergrößern oder verkleinern. Dazu kann man beispielsweise einen Fotokopierer mit Vergrößerungsfunktion verwenden. Wenn Sie jedoch kein solches Gerät verfügbar haben, lassen sich besonders Umrisszeichnungen leicht mit Hilfe eines darüber gelegten Gitternetzes vergrößern.

Messen Sie die Größe der Fläche, die für das Motiv auf dem Möbelstück vorgesehen ist, aus. Stellen Sie dann die Maße der Originalzeichnung fest. Teilen Sie beide Flächen in genau dieselbe Anzahl von Karos. Man zeichnet das Gitter entweder mit einem Bleistift über das Original oder legt ein Blatt transparentes Zeichenpapier darüber, auf welches man das Gitternetz zeichnet. Auf dem Möbelstück kann man das Gitter mit Hilfe von Kreidestrichen markieren. Nummerieren Sie die Karos auf beiden Gitternetzen in derselben Reihenfolge. Nun können Sie die Originalzeichnung Karo für Karo auf das größere Raster übertragen. Das ist zwar mühsamer als mit dem Fotokopierer, man erhält jedoch eine ziemlich genaue Reproduktion. Wenn Sie bereits etwas Erfahrung gesammelt haben, werden Sie vielleicht in der Lage sein, einfache Motive frei Hand zu zeichnen und zu vergrößern.

Links: Zum Vergrößern eines Motivs verwendet man einen Fotokopierer oder die Gitternetztechnik.

Schablonieren

Schablonieren ist eine sehr einfache Verzierungstechnik, die jeder – vom Anfänger bis zum kreativen und erfahrenen Farbenkünstler – zur Verschönerung von einfarbigen Oberflächen, sei es Tapete, Putz oder Holz, einsetzen kann. Viele Häuser amerikanischer Siedler wurden früher mit Hilfe der Schablonentechnik verziert. Der Hintergrund war dabei oft in einem blassen Farbton gehalten und die Motive hat man von Bildern abgezeichnet oder selbst entworfen. Heute kann man Schablonen in Baumärkten und im Künstlerbedarf kaufen oder selbst aus einer festen Kunststofffolie ausschneiden. Wenn man selbst keine besonderen zeichnerischen Fähigkeiten besitzt, verwendet man einen Fotokopierer, um die gewünschten Motive auf die erforderliche Größe zu bringen.

Rechts: Dieses einfache zweifarbige Muster belebt die weiße Treppe und findet sich in ähnlicher Form auf der bemalten Kommode wieder.

Ausschneiden von Schablonen

Für die Schablonen kann jedes wasserfeste und schneidbare Material verwendet werden, am besten eignet sich jedoch feste durchsichtige Kunststofffolie, von der man die Farbe leicht abwischen kann. Gehen Sie beim Ausschneiden des Motivs sorgfältig vor, denn solche Folie hat oft die Tendenz zum Splittern.

Der Rand um das ausgeschnittene Motiv sollte überall noch mindestens 5 cm betragen. Bei größeren Motiven kann ein breiterer Rand erforderlich sein. Denken Sie auch daran, dass die Kanten der Schablone möglichst parallel zum Muster verlaufen sollten, vor allem bei Schablonen für Bordürenmuster. Es empfiehlt sich, das Motiv zuerst in der Mitte auszuschneiden und die Kanten ganz zum Schluss entsprechend abzuschneiden.

Verwenden Sie zum Ausschneiden des Motivs ein rasiermesserscharfes Messer oder Skalpell. Als Schneidunterlage eignet sich eine Glasscheibe (die scharfen Kanten klebt man mit Abdeckband ab), die verhindert, dass die Schneide des Messers durch alte Einschnitte abgelenkt wird, was bei einem Unterlegbrett aus Holz oder einem ähnlichen Material durchaus passieren kann. Zum Ausschneiden des Umrisses wird nur die Spitze der Schneide verwendet, die regelmäßig nachgeschliffen werden sollte. Beginnen Sie mit einfachen, kleinen Motiven. Wenn das ausgeschnittene Motiv sehr groß ist, verliert die Schablone ihre Starrheit und das erschwert später den Farbauftrag. Bei komplexeren Motiven können Brücken notwendig sein, um der Schablone größere Stabilität zu verleihen. Die Brücken sollte man so dünn wie möglich schneiden, denn die dadurch entstehenden farblosen Bereiche müssen nach dem Abnehmen der Schablone nachgemalt werden. Für verschiedenfarbige Motive benötigt man mehrere Schablonen, die jedoch alle deckungsgleich sein müssen. Um sicher zu gehen, dass die nacheinander aufgelegten Schablonen genau an derselben Stelle liegen, kann man in den Ecken jeder Schablone Löcher stanzen, die beim Auflegen zur Orientierung dienen.

Ausschneiden der Schablone

1 Zeichnen Sie das gewünschte Motiv mit einem weichen Bleistift auf Zeichenpapier.

2 Übertragen Sie das Motiv auf die Kunststofffolie.

3 Schneiden Sie es mit einem scharfen, spitzen Messer sorgfältig aus.

4 Man legt die Schablone fest auf die zu verzierende Oberfläche und stupft das Motiv vorsichtig mit einem speziellen Stupfpinsel aus.

Schablonieren

Fast alle glatten Flächen, z. B. Tapete, Putz oder Holz, kann man mit der Technik der Schablonenmalerei verzieren. Die Fläche, also die Wand oder ein Möbelstück, erhält zuerst einen Grundanstrich in der gewünschten Farbe. Es empfiehlt sich, Holzflächen mit einem Mattlack oder einer Schellackgrundierung zu behandeln. Nach dem Trocknen des Grundanstrichs und dem Zwischenschliff kann man mit dem Schablonieren beginnen. Zuerst markiert man die Lage der Schablone und den Abstand zwischen den Motiven mit dünnen Bleistiftstrichen oder mit Kreide. Vergessen Sie jedoch nicht, diese Markierungen nach dem Trocknen des Musters und vor der Endlackierung zu entfernen! Beginnen Sie niemals mit dem Schablonieren, bevor der Grundanstrich nicht ganz trocken ist. Auch sollte man niemals beginnen, eine zweite Farbe zu stupfen, bevor die erste Farbe nicht vollständig getrocknet ist. Die Farbe trägt man am besten mit einem Stupf- oder Schablonierpinsel auf. Solche Pinsel haben kurze steife Borsten und ihre Form ähnelt der eines Rasierpinsels. Beim Aufstupfen der Farbe hält man den Pinsel senkrecht und stupft von innen nach außen. Nehmen Sie immer nur wenig Farbe auf, damit diese nicht unter die Ränder der Schablone läuft. Beim Aufkleben der Schablone (mit Malerkrepp) ist darauf zu achten, dass diese ganz flach aufliegt. Während des Stupfens sollten Sie immer ein geeignetes Werkzeug zur Hand haben, mit dem Sie bei Bedarf die Ränder der Schablone fest andrücken können, damit keine Farbe darunter gelangt.

Mischen Sie die gewünschte Farbe für das Muster. Seien Sie dabei nicht zu sparsam, denn es ist sehr schwer bei einer zweiten Mischung genau denselben Farbton zu erhalten. Die Farbe sollte außerdem nicht zu dünn sein, da ansonsten die Gefahr des Verlaufens besteht. Schütten Sie jeweils eine kleine Menge auf eine Mischpalette oder eine Glasscheibe und benetzen Sie den Pinsel immer nur ganz wenig mit Farbe.

Nachdem das Motiv ausgemalt ist, warten Sie noch etwa 30 Sekunden und nehmen die Schablone dann senkrecht in einem Zug ab. Dazu ist einige Übung erforderlich. Säubern Sie die Rückseite der Schablone gründlich von eventuellen Farbresten, bevor Sie sie wieder auflegen. Bei sich wiederholenden Motiven ist darauf zu achten, dass der Rand der Schablone beim Neuauflegen nicht etwa das schon gemalte Motiv verschmiert. Achten Sie bei Bordüren unbedingt darauf, dass der Abstand zwischen den Motiven und der Abstand zur nächsten Kante überall gleich ist. Wenn alle Motive aufgemalt und trocken sind, versiegelt man die Oberfläche mit Lack oder Schellackfirnis. Zum Versiegeln von Fußböden sollte man einen Polyurethanlack verwenden. Vorher sollte man jedoch testen, ob dieser eventuell mit den Schablonierfarben reagiert.

Kommode mit Schablonenmuster

1 Älteren Möbelstücken kann man durch einen neuen Grundanstrich und ein Schablonenmuster oft ein völlig neues Gesicht geben. Vor dem Auftrag der Grundfarbe ist die Holzfläche glatt zu schleifen und eventuelle Löcher oder Risse sind mit Holzkitt zu schließen. Als Grundfarben eignen sich besonders helle Pastellfarben.

Links: In Fachläden für Künstlerbedarf findet man eine große Auswahl fertiger Schablonen für die unterschiedlichsten Anwendungen.

2 Für dieses filigrane Muster benötigt man nur wenig Farbe. Geben Sie etwas Künstlerfarbe in flache Schälchen und testen Sie die Wirkung der Farbe zuerst auf weißem Papier. Legen Sie dann die Schablone auf und befestigen Sie diese mit Malerkrepp. Während des Aufstupfens der Farbe drückt man die Schablone zusätzlich mit den Fingern der anderen Hand fest an, so dass keine Farbe unter die Ränder laufen kann.

3 Wenn die Farbe schon etwas getrocknet ist, nimmt man die Schablone vorsichtig nach oben ab. Dabei sollten Sie ebenfalls darauf achten, die Farbe an den Rändern nicht zu verschmieren.

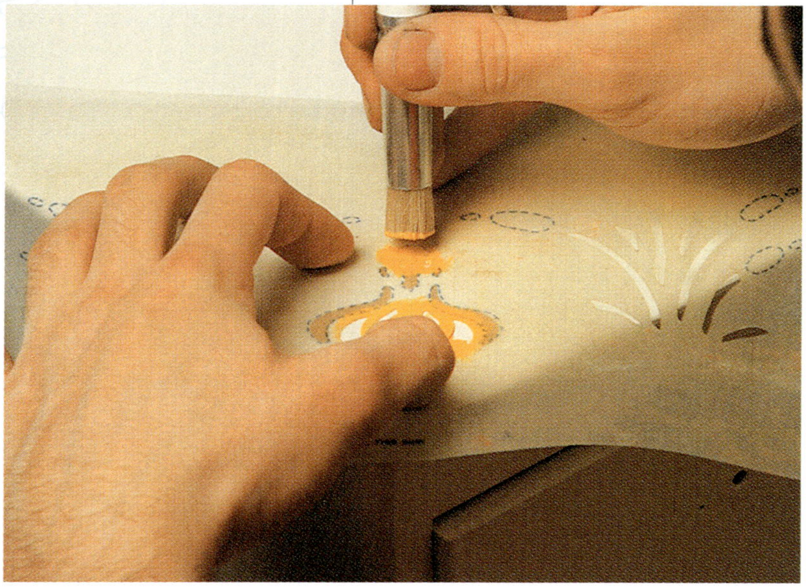

4 Nach vollständiger Trocknung der ersten Farbe kann man die zweite, deckungsgleiche Schablone darüber legen und die zweite Farbe aufstupfen.

5 Fahren Sie nun mit dem nächsten Motiv fort. Achten Sie besonders auf gleichmäßige Abstände zwischen den Motiven. Mischen Sie außerdem immer genug Farbe an, denn es ist schwierig, genau denselben Farbton noch einmal zu finden.

7 Um größere und detailliertere Motive zu verbinden kann man einfache, sich wiederholende Formen verwenden. Das belebt das Möbelstück und es wirkt nicht überladen. Bei einem Möbelstück betont man meist die Ecken, Kanten, die Türfüllungen oder auch die Schubladen.

6 Hier wurden bereits drei verschiedene Farben aufgetragen und das Motiv nimmt langsam Form an. Bei einer solchen Bordüre ist auch darauf zu achten, die Schablone immer im gleichen Abstand zum Rand aufzulegen.

8 Die Schabloniertechnik eignet sich besonders für das Bad, das Kinderzimmer und die Küche. Dabei kann prinzipiell jede Farbkombination verwendet werden, doch muss man eine Farbe immer erst vollständig trocknen lassen, bevor man die nächste aufträgt. Außerdem ist es wichtig, die Schablone immer gründlich zu säubern.

Motive zum Schablonieren

Auf den nächsten Seiten finden Sie einige mehr oder weniger detaillierte Motive, die sich für die Schablonenmalerei eignen. Sie können diese einfach durchpausen oder erst mit Hilfe eines Fotokopierers auf die gewünschte Größe bringen.

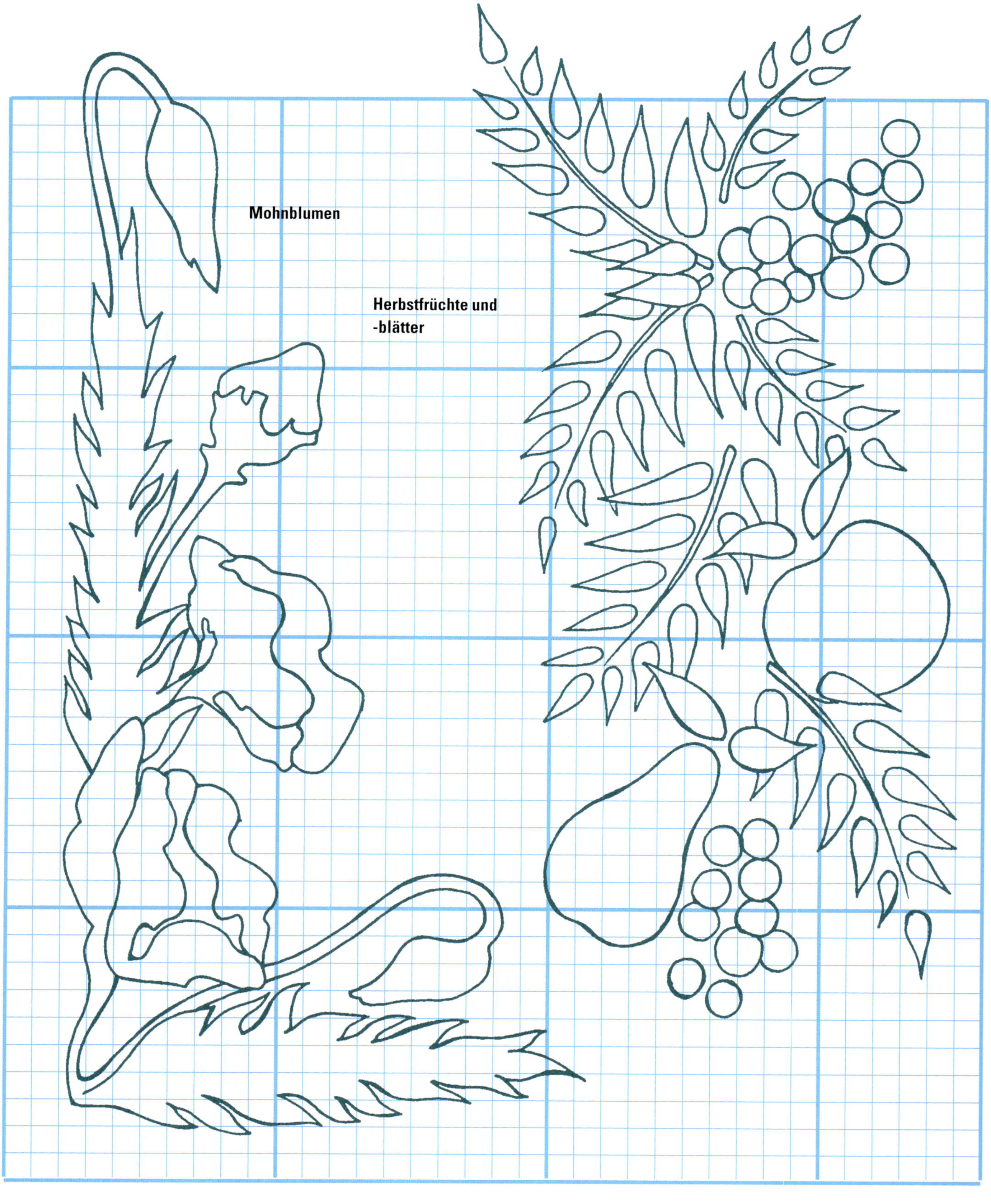

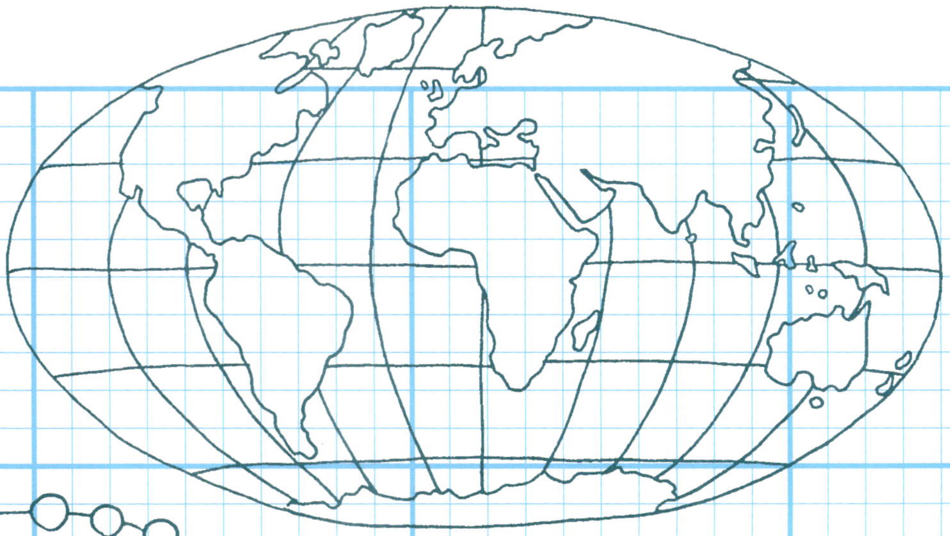

Weltkarte

Clown, Robbe und Elefant

Rosen mit Blättern
Efeu
Weintraube

Gräser und Kräuter

Diverse Muster

Links: Hier sehen Sie ein Beispiel für Schablonenmalerei auf alten Holzdielen. Die Dielen wurden erst mit einem hellen Lasuranstrich versehen. Dann wurde das große Muster in einem etwas dunkleren Farbton aufgestupft. Manchmal weiß man gar nicht so genau, ob die dunklen Punkte Löcher im Holz sind oder zum Muster gehören, was die Verzierung weniger auffällig wirken lässt.

Oben: Vor dem Aufmalen des Schablonenmusters wurde dieses Regal mit der Wickeltechnik verziert, um es besonders rustikal wirken zu lassen. Das Auge wird von den beiden gemalten Blumentöpfen angezogen, jedoch sorgen die sich wiederholenden Muster über den Regalböden und entlang der Kanten für einen optischen Ausgleich.

Links: Dieses Motiv im Stil der Arts and Crafts Bewegung wurde von einem Originalentwurf von Charles F. Annesley Voysey (1857 – 1905) kopiert. Der dunkle antikisierte Grundanstrich lässt das Möbelstück sehr alt wirken.

Oben: Nach dem Streichen dieser Anrichte hat man einen Teil der Farbe wieder abgeschliffen, so dass stellenweise das Holz durchscheint. Dieser Effekt wird durch die hellen Muster auf den Rahmenleisten noch verstärkt.

HOLZBEIZEN

Das Beizen ist die Behandlung von Holzoberflächen mit Beizflüssigkeiten, die die natürliche Farbe des Holzes verändern. Dabei unterscheidet man zwischen chemischen Beizen und Farbstoffbeizen (Wasser-, Spiritus-, Öl und Wachsbeizen).

In diesem Kapitel werden acht unterschiedliche Holzarten betrachtet und es wird gezeigt, welchen Farbeffekt man mit verschiedenen handelsüblichen Beizen erzielt. Dieselben acht Holzarten werden jeweils zwei Spezialbehandlungen unterzogen (z. B. Kalken oder Färben mit Textilfarbe). Diese speziellen Behandlungen sind jedoch schwieriger auszuführen als das Beizen mit handelsüblicher Beize und sollten von Ihnen nur dann in Angriff genommen werden, wenn Sie bereits einige Erfahrungen mit dem Beizen von Holz gesammelt haben.

Hinweis: Bringen Sie sich in Form, bevor Sie mit Ihrer Arbeit beginnen: Schnelle Wiederholungsübungen für Arme und Hände sind ganz wichtig.

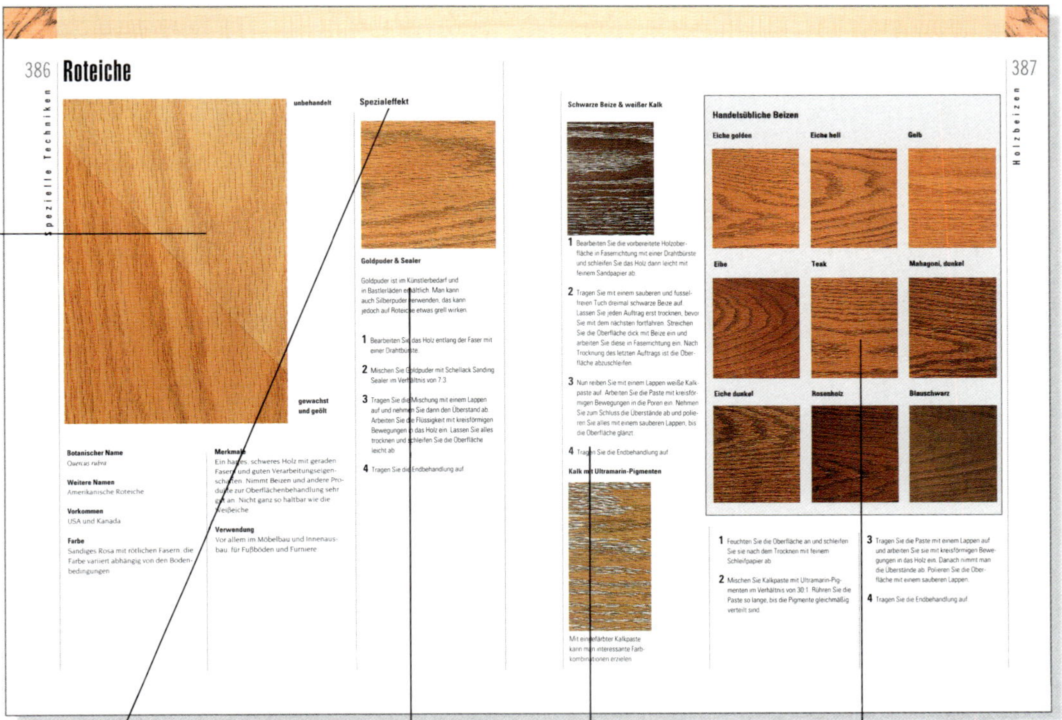

Gehobeltes Holz in unbehandeltem Zustand, rechts das gleiche Holz geölt und gewachst.

Spezialeffekte
Hier werden spezielle Oberflächenbehandlungen für die konkrete Holzart erläutert.

Verarbeitungshinweise
Schritt für Schritt wird erklärt, wie man den dargestellten Effekt erzielt.

Endbehandlung
Die Oberfläche jedes der gezeigten Beispiele wurde abschließend auf dieselbe Art und Weise behandelt: Einem ersten Auftrag von French Polish folgte ein Zwischenschliff und danach ein zweiter Auftrag. Zum Abschluss wurde die Fläche mit einer farblosen Politur abgerieben.

Handelsübliche Beizen
Im Handel sind fertige Beizen in unzähligen Farbtönen erhältlich. Hier wird der Effekt von neun häufig verwendeten Farbtönen auf der jeweiligen Holzart gezeigt.

Tragen Sie im ersten Arbeitsgang die Beize immer nur ganz dünn auf, denn die Intensität der Farbe lässt sich zwar jederzeit ohne Weiteres vertiefen, doch niemals verringern, ohne dabei die Oberfläche des Holzes abzuschleifen.

Roteiche

unbehandelt

gewachst und geölt

Botanischer Name
Quercus rubra

Weitere Namen
Amerikanische Roteiche

Vorkommen
USA und Kanada

Farbe
Sandiges Rosa mit rötlichen Fasern, die Farbe variiert abhängig von den Bodenbedingungen

Merkmale
Ein hartes, schweres Holz mit geraden Fasern und guten Verarbeitungseigenschaften. Nimmt Beizen und andere Produkte zur Oberflächenbehandlung sehr gut an. Nicht ganz so haltbar wie die Weißeiche.

Verwendung
Vor allem im Möbelbau und Innenausbau, für Fußböden und Furniere

Spezialeffekt

Goldpuder & Sealer

Goldpuder ist im Künstlerbedarf und in Bastlerläden erhältlich. Man kann auch Silberpuder verwenden, das kann jedoch auf Roteiche etwas grell wirken.

1 Bearbeiten Sie das Holz entlang der Faser mit einer Drahtbürste.

2 Mischen Sie Goldpuder mit Schellack Sanding Sealer im Verhältnis von 7:3.

3 Tragen Sie die Mischung mit einem Lappen auf und nehmen Sie dann den Überstand ab. Arbeiten Sie die Flüssigkeit mit kreisförmigen Bewegungen in das Holz ein. Lassen Sie alles trocknen und schleifen Sie die Oberfläche leicht ab.

4 Tragen Sie die Endbehandlung auf.

Schwarze Beize & weißer Kalk

1 Bearbeiten Sie die vorbereitete Holzoberfläche in Faserrichtung mit einer Drahtbürste und schleifen Sie das Holz dann leicht mit feinem Sandpapier ab.

2 Tragen Sie mit einem sauberen und fusselfreien Tuch dreimal schwarze Beize auf. Lassen Sie jeden Auftrag erst trocknen, bevor Sie mit dem nächsten fortfahren. Streichen Sie die Oberfläche dick mit Beize ein und arbeiten Sie diese in Faserrichtung ein. Nach Trocknung des letzten Auftrags ist die Oberfläche abzuschleifen.

3 Nun reiben Sie mit einem Lappen weiße Kalkpaste auf. Arbeiten Sie die Paste mit kreisförmigen Bewegungen in die Poren ein. Nehmen Sie zum Schluss die Überstände ab und polieren Sie alles mit einem sauberen Lappen, bis die Oberfläche glänzt.

4 Tragen Sie die Endbehandlung auf.

Kalk mit Ultramarin-Pigmenten

Mit eingefärbter Kalkpaste kann man interessante Farbkombinationen erzielen.

Handelsübliche Beizen

Eiche golden

Eiche hell

Gelb

Eibe

Teak

Mahagoni, dunkel

Eiche dunkel

Rosenholz

Blauschwarz

1 Feuchten Sie die Oberfläche an und schleifen Sie sie nach dem Trocknen mit feinem Schleifpapier ab.

2 Mischen Sie Kalkpaste mit Ultramarin-Pigmenten im Verhältnis von 30:1. Rühren Sie die Paste so lange, bis die Pigmente gleichmäßig verteilt sind.

3 Tragen Sie die Paste mit einem Lappen auf und arbeiten Sie sie mit kreisförmigen Bewegungen in das Holz ein. Danach nimmt man die Überstände ab. Polieren Sie die Oberfläche mit einem sauberen Lappen.

4 Tragen Sie die Endbehandlung auf.

Stieleiche

unbehandelt

gewachst und geölt

Spezialeffekt

Bürsten & verdünnter Latex

Der Latex wird verdünnt um die Farbe aufzuhellen, damit er besser eindringt und der Überstand leichter abzunehmen ist. Jeder farblich passende Latex kann verwendet werden.

1 Bearbeiten Sie das Holz entlang der Faser mit einer Drahtbürste.

2 Mischen Sie Latexfarbe und Wasser im Verhältnis von 1:1.

3 Tragen Sie die Mischung mit einem sauberen, fusselfreien Lappen auf und nehmen Sie dann den Überstand ab.

4 Arbeiten Sie die Farbe mit kreisförmigen Bewegungen in das Holz ein. Lassen Sie alles trocknen und schleifen Sie die Oberfläche leicht ab.

5 Tragen Sie die Endbehandlung auf.

Botanischer Name
Quercus robur

Weitere Namen
Sommereiche

Vorkommen
Europa, Naher und Mittlerer Osten, Nordafrika

Farbe
Meist ein blasses, rötliches Braun mit mittelbraunen Maserstreifen, ähnlich der Weißeiche. Das Kernholz ist dunkler als das Splintholz.

Merkmale
Sehr hartes und haltbares Holz, das mit dem Alter noch härter wird. Die Fasern sind in den meisten Fällen gerade. Holz, das im Quartierschnitt aufgesägt wurde, hat schöne silberne Fasern. Beizen und farblose Produkte zur Oberflächenbehandlung werden sehr gut aufgenommen. Das Maserholz, das durch unnatürliche Verwachsungen entsteht, ist besonders dekorativ. Die im Eichenholz vorhandenen Gerbstoffe führen zur Korrosion von Eisenbeschlägen.

Verwendung
Möbeltischlerei, Paneele, Bootsbau, Innenausstattung von Kirchen, Särge. Auch Whiskyfässer werden wegen der im Holz enthaltenen Gerbstoffe oft aus Eiche hergestellt.

Goldpuder & Sealer

Da dieses Holzstück relativ dichte Fasern aufweist, hat es nur wenig Goldpuder aufgenommen. Das Ergebnis ist deshalb weniger eindrucksvoll als bei Holzstücken mit offeneren Poren.

1 Bearbeiten Sie das Holz entlang der Faser mit einer Drahtbürste.

2 Mischen Sie Goldpuder mit Schellack Sanding Sealer im Verhältnis von 7:3. Rühren Sie die Mischung so lange, bis das Goldpuder gleichmäßig verteilt ist.

3 Tragen Sie die Mischung mit einem Lappen auf und nehmen Sie dann den Überstand ab. Reiben Sie das Puder mit kreisförmigen Bewegungen in das Holz. Mit einem sauberen Tuch wird das Holz nun poliert.

4 Tragen Sie die Endbehandlung auf.

Handelsübliche Beizen

Eiche golden

Eiche hell

Gelb

Eibe

Teak

Mahagoni, dunkel

Eiche dunkel

Rosenholz

Blauschwarz

Beize & gefärbte Kalkpaste

1 Feuchten Sie die Oberfläche an und schleifen Sie sie nach dem Trocknen mit feinem Schleifpapier ab.

2 Tragen Sie mit einem sauberen, fusselfreien Tuch reichlich grüne Beize auf. Arbeiten Sie in Faserrichtung und schleifen die Oberfläche danach leicht ab.

3 Mischen Sie Kalkpaste mit Pigmenten im Verhältnis von 30:1. Rühren Sie die Paste so lange, bis die Pigmente gleichmäßig verteilt sind.

4 Tragen Sie die Paste mit einem Lappen auf und arbeiten Sie sie mit kreisförmigen Bewegungen in das Holz ein. Nehmen Sie danach die Überstände ab und polieren Sie die Oberfläche mit einem sauberen Lappen.

5 Tragen Sie die Endbehandlung auf.

Zuckerahorn

unbehandelt

gewachst und geölt

Botanischer Name
Acer saccharum

Vorkommen
Kanada und USA

Farbe
Sehr blass mit rötlichem Ton und rosagrauen Fasern. Das Kernholz ist braunviolett (ähnlich dem Holz der Walnuss).

Merkmale
Sehr hartes Holz mit gleichmäßigem Faserverlauf und guten Biegeeigenschaften. Die attraktive Maserung ist manchmal geschwungen oder gewellt. Das Holz ist schwierig zu bearbeiten, oft ist ein flacher Schnittwinkel erforderlich (besonders bei gewellten Fasern). Damit die Beize gleichmäßig aufgenommen wird, kann es nötig sein, die Oberfläche vorher mit French Polish zu behandeln und dann abwechselnd Beize und Politur aufzutragen.

Verwendung
Da das Holz des Zuckerahorns glatt und strapazierfähig ist, wird es oft für Fußbodenbeläge und Hackblöcke verwendet. Es eignet sich auch ausgezeichnet für den Möbelbau und zum Drechseln. Ahornfurniere mit Vogelaugenmaserung sind ebenfalls sehr begehrt.

Spezialeffekt

Rote Textilfarbe

Das Beizen von Zuckerahorn ist etwas schwierig, da die Beize oft nicht gleichmäßig aufgenommen wird. Deshalb sollten Sie die Oberfläche vorher besonders sorgfältig abschleifen.

1 Tragen Sie mit einem sauberen, fusselfreien Tuch unverdünnte flüssige Textilfarbe auf. Beizen Sie das Holz gründlich und nehmen Sie dann die Überstände ab.

2 Arbeiten Sie die Beize mit kreisförmigen Bewegung in das Holz und lassen Sie alles trocknen.

3 Tragen Sie abhängig von der gewünschten Farbintensität weitere Schichten Beize auf. Nach dem Trocknen des letzten Auftrags ist das Holz abzuschleifen.

4 Führen Sie die Endbehandlung durch.

Grüne Textilfarbe

Intensive Farben können auf diesem blassen Holz sehr gut wirken. Hier wurden drei Schichten Textilfarbe aufgetragen.

1 Tragen Sie mit einem sauberen, fusselfreien Tuch unverdünnte flüssige Textilfarbe auf. Lassen Sie die Beize einziehen und nehmen Sie dann die Überstände ab.

2 Arbeiten Sie die Beize nun mit kreisförmigen Bewegung in das Holz. Nach dem Trocknen schleifen Sie die Fläche ab. Tragen Sie je nach gewünschter Farbintensität weitere Schichten Beize auf.

3 Führen Sie die Endbehandlung durch.

Handelsübliche Beizen

Eiche golden

Eiche hell

Gelb

Eibe

Teak

Mahagoni, dunkel

Eiche dunkel

Rosenholz

Blauschwarz

Rhabarberblätter

Die Behandlung mit Rhabarberblättern lässt das Holz blasser erscheinen.

Rhabarberblätter sind giftig, wenn sie vom Menschen aufgenommen werden. Werfen Sie den Brei nach dem Beizen sofort weg.

1 Zerkleinern Sie die Rhabarberblätter in einer Küchenmaschine zu einem Brei. Waschen Sie die Küchenmaschine danach gründlich aus.

2 Verteilen Sie eine dicke Schicht Brei auf der Oberfläche des Holzes und lassen Sie ihn 24 Stunden einwirken.

3 Waschen Sie alles mit viel Wasser ab. Lassen Sie das Holz trocknen und schleifen Sie die Oberfläche ab.

4 Führen Sie die Endbehandlung durch.

Amerikanische Walnuss

unbehandelt

gewachst und geölt

Botanischer Name
Juglans nigra

Weitere Namen
Schwarznuss

Vorkommen
USA und Kanada

Farbe
Ungewöhnliches Violettgrau und Mittelbraun mit gleichmäßig gefleckter Maserung.

Merkmale
Das Holz der Amerikanischen Walnuss hat meist gerade Fasern, die gelegentlich von welligen Abschnitten unterbrochen sind. Es ist ein sehr hartes und haltbares Holz. Es lässt sich sauber schneiden und hat außergewöhnlich gute Biegeeigenschaften. Das Holz schrumpft nur sehr wenig. Maserfurniere aus dem Holz der Amerikanischen Walnuss sind besonders dekorativ, wobei man zwischen den Maserknollen, die am Stumpf des Baumes wachsen und den Furnieren, die man aus Astgabeln schneidet, unterscheidet.

Verwendung
Für anspruchsvolle Tischlerarbeiten und Qualitätsmöbel, zum Drechseln und Schnitzen, für Gewehrschäfte, Uhrengehäuse und im Musikinstrumentenbau.

Spezialeffekt

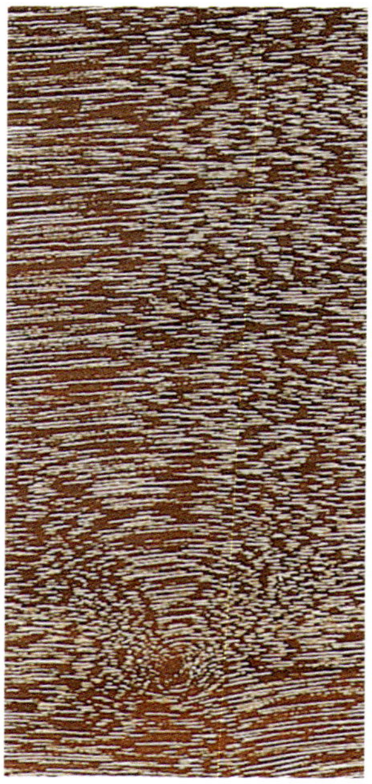

Bürsten & Kalken

Vergleichen Sie das Beispiel oben mit dem auf der rechten Seite. Die Drahtbürste hat die Poren geöffnet, so dass mehr Kalkpaste in die Oberfläche eindringen konnte.

1 Bearbeiten Sie das Holz entlang der Faser mit einer Drahtbürste.

2 Tragen Sie die Kalkpaste mit einem sauberen, fusselfreien Lappen auf die gesamte Oberfläche auf. Wischen Sie den Überstand ab.

3 Reiben Sie die Paste mit kreisförmigen Bewegungen in das Holz. Dabei sollten Sie überall gleichmäßigen Druck ausüben. Mit einem sauberen Tuch wird das Holz nun poliert.

4 Tragen Sie die Endbehandlung auf.

Weißer Kalk

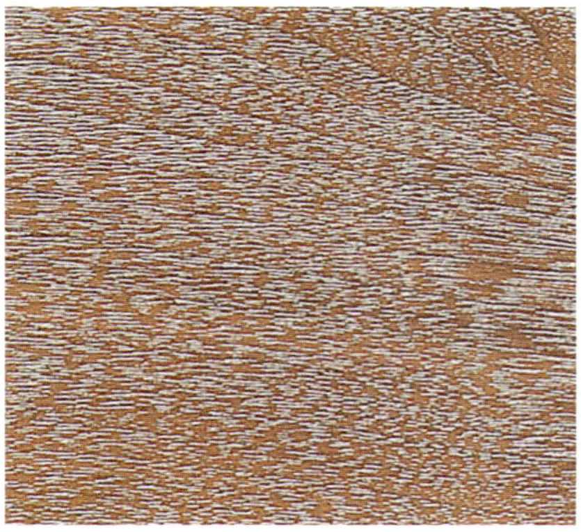

1 Feuchten Sie die Holzoberfläche an. Nach dem Trocknen schleifen Sie sie mit feinem Sandpapier ab.

2 Tragen Sie mit einem sauberen, fusselfreien Lappen die Kalkpaste auf die gesamte Oberfläche auf. Wischen Sie den Überstand ab.

3 Reiben Sie die Paste mit kreisförmigen Bewegungen in das Holz. Dabei sollten Sie überall gleichmäßigen Druck ausüben. Mit einem sauberen Tuch wird das Holz nun poliert.

4 Tragen Sie die Endbehandlung auf.

Eisenspäne & Zinkchlorid

Dieses bereits im natürlichen Zustand dunkle Holz kann noch weiter nachgedunkelt werden indem man es mit Eisenspänen und Zinkchlorid behandelt. Es erhält so eine schwarzbraune Färbung.

Handelsübliche Beizen

Eiche golden

Eiche hell

Gelb

Eibe

Teak

Mahagoni, dunkel

Eiche dunkel

Rosenholz

Blauschwarz

1 Schütten Sie so viel Zinkchlorid auf das Holz, dass die Oberfläche bedeckt ist und tupfen Sie die Flüssigkeit mit einem sauberen, fusselfreien Tuch ein.

2 Bestreuen Sie die Oberfläche mit Eisenspänen und lassen Sie diese 24 Stunden auf dem Holz liegen.

3 Waschen Sie die Späne mit viel Wasser ab. Lassen Sie das Holz trocknen und schleifen Sie es dann ab.

4 Tragen Sie die Endbehandlung auf.

Traubenkirsche

unbehandelt

gewachst und geölt

Spezialeffekt

Tinte

Nach dem Trocknen hinterlässt Schreibtinte einen schönen metallischen Glanz auf der Holzoberfläche. Die blaue Färbung, die durch die Tinte entsteht, ist dicht und tief.

1 Tragen Sie mit einem sauberen, fusselfreien Lappen unverdünnte Tinte auf die Oberfläche auf und nehmen Sie nach einer Weile den Überstand ab.

2 Arbeiten Sie die Tinte mit kreisförmigen Bewegungen in die Holzfläche ein. Nach dem Trocknen wird die Oberfläche geschliffen. Je nach gewünschter Farbintensität kann man mehrere Aufträge vornehmen.

3 Tragen Sie die Endbehandlung auf.

Botanischer Name
Prunus serotina

Weitere Namen
Black Cherry, American Cherry

Vorkommen
In Laubwäldern der USA und Kanada

Farbe
Das Holz hat eine schöne leichtrosa Färbung mit dunkleren Fasern. Das Kernholz ist rot oder rötlichbraun. Die Harzgallen sind dunkelbraun.

Merkmale
Feines, glattes Holz mittlerer Härte. Die Maserung ist gerade, gelegentlich findet man interessante Bilder und kleine Harzgallen. Das Holz der Traubenkirsche ist einfach zu bearbeiten, lässt sich leicht biegen und eignet sich sehr gut zum Drechseln. Es nimmt Beize und Politur ausgezeichnet an.

Verwendung
Hochwertige Möbel und Innenausbau, Drechseln und Musikinstrumente.

Textilfarbe

Kräftige Farben wirken auf diesem blassen Holz besonders gut. Hier wurde die Oberfläche dreimal mit Textilfarbe behandelt.

1 Tragen Sie mit einem sauberen, fusselfreien Tuch unverdünnte flüssige Textilfarbe auf. Beizen Sie das Holz gründlich und nehmen Sie dann die Überstände ab.

2 Arbeiten Sie die Beize mit kreisförmigen Bewegungen in das Holz ein und lassen Sie alles trocknen. Tragen Sie je nach gewünschter Farbintensität weitere Schichten Beize auf. Nach dem Trocknen des letzten Auftrages ist das Holz abzuschleifen.

3 Führen Sie die Endbehandlung durch.

Handelsübliche Beizen

Eiche golden

Eiche hell

Gelb

Eibe

Teak

Mahagoni, dunkel

Eiche dunkel

Rosenholz

Blauschwarz

Zinkchlorid

Behandelt man das Holz der Traubenkirsche mit Zinkchlorid, wird es dem Holz des Walnussbaums sehr ähnlich. Je länger Sie das Zinkchlorid auf der Oberfläche belassen, desto dunkler wird die Färbung.

1 Feuchten Sie die Oberfläche an. Nach dem Trocknen schleifen Sie die Fasern, die sich dadurch aufgestellt haben, mit feinem Sandpapier ab.

2 Gießen Sie so viel Zinkchlorid auf das Holz, dass die Oberfläche bedeckt ist und tupfen Sie die Flüssigkeit mit einem sauberen, fusselfreien Tuch ein.

3 Waschen Sie das Zinkchlorid mit viel Wasser ab. Lassen Sie das Holz trocknen und schleifen Sie es dann ab.

4 Tragen Sie die Endbehandlung auf.

Weißesche

unbehandelt

gewachst und geölt

Botanischer Name
Fraxinus americana

Vorkommen
USA und Kanada

Farbe
Ziemlich gelb mit deutlich dunklerer Maserung, die manchmal gräulich oder leicht rosarot ist.

Merkmale
Eschenholz ist nicht sehr schwer, doch ein überraschend festes und elastisches Holz mit sehr guter Stoßfestigkeit. Die Maserung ähnelt der der Eiche, jedoch hat es keine silbernen Fasern. Eschenholz lässt sich gut beizen und polieren. Es hat ausgezeichnete Biegeeigenschaften, vorausgesetzt, das betreffende Stück ist astfrei.

Verwendung
Werkzeuggriffe, Sportgeräte (auch Billardstöcke) und landwirtschaftliche Geräte. Wurde früher zur Herstellung von Kutschen, Deichseln und Rädern verwendet.

Spezialbehandlung

Bürsten & Kalken

Die Technik des Kalkens eignet sich für alle offenporigen Hölzer.

1 Bearbeiten Sie das Holz entlang der Faser mit einer Drahtbürste.

2 Tragen Sie die Kalkpaste nun mit einem sauberen, fusselfreien Tuch auf die gesamte Oberfläche auf. Nehmen Sie den Überstand ab.

3 Reiben Sie die Paste mit kreisförmigen Bewegungen in das Holz ein. Anschließend wird die Oberfläche mit einem sauberen Tuch poliert.

4 Tragen Sie die Endbehandlung auf.

Rhabarberblätter

Rhabarberblätter sind giftig, wenn sie vom Menschen aufgenommen werden. Reinigen Sie die Küchenmaschine deshalb gründlich, nachdem Sie die Blätter darin zerkleinert haben.

1 Zerkleinern Sie die Rhabarberblätter in einer Küchenmaschine zu einem Brei.

2 Verteilen Sie eine dicke Schicht Brei auf der Oberfläche des Holzes und lassen Sie ihn 24 Stunden einwirken.

3 Waschen Sie alles mit viel Wasser ab. Lassen Sie das Holz trocknen und schleifen Sie die Oberfläche ab.

4 Führen Sie die Endbehandlung durch.

Handelsübliche Beizen

Eiche golden

Eiche hell

Gelb

Eibe

Teak

Mahagoni, dunkel

Eiche dunkel

Rosenholz

Blauschwarz

Flämmen, Bürsten & Kalken

Achten Sie bei der Arbeit mit der Lötlampe auf den Brandschutz!

1 Flämmen Sie die Oberfläche mit einer Lötlampe, bis das Holz schwarz wird. Lassen Sie es abkühlen.

2 Bearbeiten Sie die Oberfläche in Faserrichtung mit einer Drahtbürste. Dann wischt man sie mit einem feuchten Lappen ab, um den Holzkohlenstaub zu entfernen.

3 Tragen Sie eine Schicht Öl auf und schleifen Sie danach das Holz ab.

4 Mit einem sauberen Lappen wird nun die Kalkpaste aufgetragen. Den Überstand nimmt man ab.

5 Arbeiten Sie die Kalkpaste mit kreisförmigen Bewegungen in die Oberfläche ein und polieren Sie das Holz bis es glänzt.

6 Tragen Sie die Endbehandlung auf.

Weymouthskiefer

unbehandelt

gewachst und geölt

Botanischer Name
Pinus strobus

Weitere Namen
Strobe

Vorkommen
Kanada und USA

Farbe
Blassgelb mit gelbbrauner Maserung.

Merkmale
Das Kernholz ist weiß, hat jedoch eine ebenmäßige Struktur und sehr gerade Fasern. Das Holz der Weymouthskiefer lässt sich sehr leicht bearbeiten und nimmt Beizen, Öle etc. sehr gut auf, es eignet sich jedoch nicht zum Dampfbiegen.

Verwendung
Gitarren und Orgelpfeifen (aufgrund seiner guten Resonanz), Möbel und Innenausbau. Ein gutes Schnitz- und Drechselholz.

Spezialeffekt

Flämmen & Kalken

1 Flämmen Sie die Oberfläche mit einer Lötlampe, bis das Holz schwarz wird. Lassen Sie es abkühlen.

2 Bearbeiten Sie die Oberfläche in Faserrichtung mit einer Drahtbürste, um das verkohlte Holz zu entfernen, dann wischen Sie sie mit einem feuchten Lappen ab.

3 Behandeln Sie die Oberfläche mit Schellack Sanding Sealer und schleifen Sie das Holz danach leicht ab.

4 Mit einem sauberen Lappen wird nun die Kalkpaste aufgetragen. Danach nimmt man den Überstand ab.

5 Arbeiten Sie die Kalkpaste mit kreisförmigen Bewegungen in die Oberfläche ein und polieren Sie das Holz, bis es glänzt.

6 Tragen Sie die Endbehandlung auf.

Textilfarbe

1 Tragen Sie mit einem sauberen, fusselfreien Tuch unverdünnte flüssige Textilfarbe auf. Beizen Sie das Holz gründlich und nehmen Sie dann die Überstände ab.

2 Arbeiten Sie die Beize mit kreisförmigen Bewegung in das Holz. Nach dem Trocknen schleifen Sie die Fläche ab. Tragen Sie je nach gewünschter Farbintensität weitere Schichten Beize auf.

3 Führen Sie die Endbehandlung durch.

Handelsübliche Beizen

Eiche golden

Eiche hell

Gelb

Eibe

Teak

Mahagoni, dunkel

Eiche dunkel

Rosenholz

Blauschwarz

Bürsten, Kalken & Ultramarinpigmente

Wenn man weiche Hölzer intensiv mit der Drahtbürste bearbeitet, sehen sie alt und verwittert aus.

1 Bürsten Sie die Oberfläche in Faserrichtung mit der Drahtbürste und dann schleifen Sie sie leicht mit feinem Sandpapier ab.

2 Mischen Sie Kalkpaste mit Ultramarin-Pigmenten im Verhältnis von 30:1. Rühren Sie die Paste so lange, bis die Pigmente gleichmäßig verteilt sind.

3 Tragen Sie die Paste mit einem Lappen auf, wobei Sie sie mit kreisförmigen Bewegungen in die Faser einarbeiten. Nehmen Sie die Überstände ab und polieren Sie die Oberfläche mit einem sauberen Lappen.

4 Tragen Sie die Endbehandlung auf.

Intarsien aus gebeizten Furnieren

Links: Eine sehr komplexe, pyramidenförmige Konstruktion. Die schwarzen Ränder betonen das geometrische Design. Die farbigen Intarsien stellen ebenfalls geometrische Formen dar.

Oben: Ein interessantes Detail der Pyramide sind die dunklen Schubkastengriffe.

Intarsien aus gebeizten Furnieren geben diesen Objekten von Nicholas Pryke ein modernistisches Aussehen. Einige der Adern wurden aus reinem Silber gefertigt. Für die farbigen Intarsien hat der Designer handelsübliche gefärbte Furniere verwendet. Alle Werke dieses Künstlers sind sehr sorgfältig entworfen und mit vielen graphischen Details versehen.

Oben: Ein Schmuckkästchen aus Englischer Walnuss mit Intarsien aus natürlichem Holz sowie gefärbten Furnieren. Die Silberadern lassen die Arbeit noch wertvoller erscheinen.

PROJEKTE FÜR FORTGESCHRITTENE

Schreibtisch

Oben: Dieser Schreibtisch besteht aus mehrere Komponenten, die zuerst einzeln fertig gestellt und dann zusammengesetzt werden.

Für den Bau dieses Schreibtisches sind verschiedene Techniken erforderlich, mit denen Sie sich bereits in früheren Projekten vertraut gemacht haben. In der Bauanleitung wird anschaulich dargestellt, wie man ein komplexeres Möbelstück in einfachere Komponenten – hier den Rahmen, die Schubkästen und die Tischplatte – aufgliedern kann. Jede Komponente wird zuerst für sich gebaut und zum Schluss fügt man alles zum fertigen Schreibtisch zusammen.

Auswahl des Holzes

Angesichts der Erfahrung, die Sie bereits bei der Realisierung anderer Projekte gesammelt haben, sollten Sie jetzt in der Lage sein, selbständig ein geeignetes Hartholz auszuwählen, das möglichst wenige Fehler aufweist und zu der Einrichtung des Raumes, in welchem der Schreibtisch stehen soll, passt.

Zuschnittliste

Anzahl	Sägeraue Teile	Abmessungen
1	TISCHPLATTE	
2	Leisten, lang	939 x 56 x 31 mm
2	Leisten, kurz	555 x 56 x 31 mm
1	Sperrholzplatte oder MDF-Platte	914 x 505 x 12 mm
2	SEITLICHE RAHMEN	
4	Leisten	455 x 45 x 31 mm
4	Leisten	530 x 62 x 31 mm
1	RÜCKSEITIGER RAHMEN	
2	Leisten, lang	914 x 56 x 31 mm
2	Leisten, kurz	505 x 45 x 31 mm
1	Sperrholz- oder MDF-Platte	835 x 405 x 9 mm
1	RAHMEN FÜR SCHUBLADEN	
4	Leisten, lang	3: 914 x 56 x 25 mm
		1: 914 x 81 x 25 mm
3	Leisten, kurz	405 x 137 x 25 mm
8	Laufleisten für Schubkästen	505 x 37 x 25 mm
2	SCHUBLADEN	
4	Seitenteile	480 x 100 x 20 mm
2	Fronten	430 x 137 x 31mm
2	Rückwände	430 x 75 x 16 mm
2	Böden	430 x 305 x 6 mm

Pläne

Diese Zeichnungen zeigen die Aufrisse und Querschnitte, sowie eine auseinander gezogene Darstellung des fertigen Schreibtisches.

Maßstab 1:10

Auseinander gezogener Perspektivschnitt

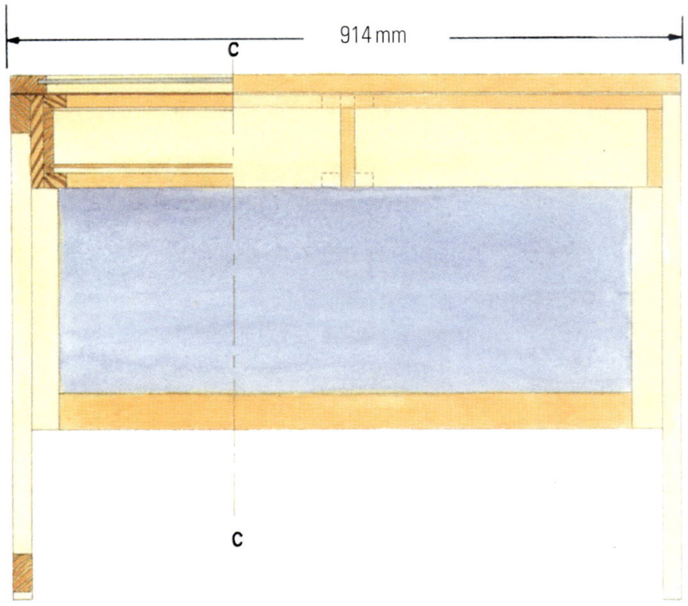

Vorderansicht mit Teilschnitt C-C

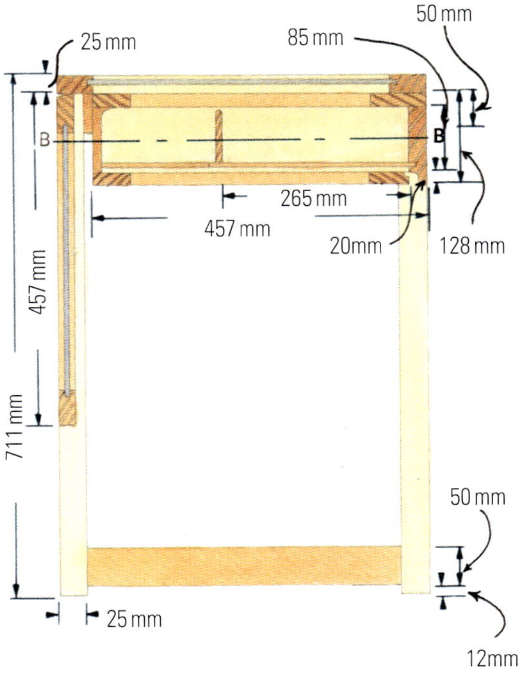

Teilschnitt A-A

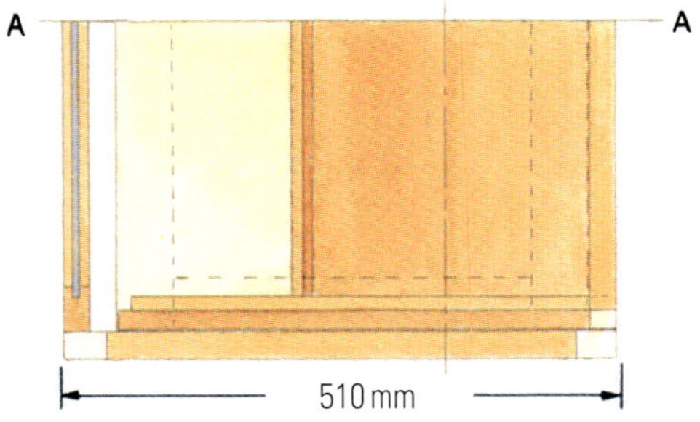

Draufsicht/Teilschnitt B-B

Holzeinkauf

1 Üblicherweise kauft man 30 mm dickes sägeraues Massivholz, das nach dem Hobeln noch eine Stärke von 25 mm aufweist. Für die Schubkästen verwendet man 25 mm (oder 20 mm) starke Bretter, die nach dem Hobeln noch 20 mm (oder 16 mm) dick sind. Weiterhin benötigen Sie zwei Sperrholz- oder MDF-Platten.

2 Reißen Sie die Umrisse aller Komponenten an und sägen Sie diese aus. Glätten Sie alle Flächen mit dem Hobel.

3 Das Projekt besteht aus mehreren Arbeitsstufen. Im Folgenden werden diese nacheinander beschrieben.

Zwei seitliche Rahmen

4 Markieren Sie den Schlitz und den Zapfen auf den vier Beinen und den vier Querstreben. Beachten Sie, dass die Zapfen an den unteren Querstreben umlaufende Brüstungen haben und die Zapfen an den oberen Querstreben abgesetzt sind.

Tipps

- Um die Oberfläche der Werkbank vor Leim- und Beizeflecken zu schützen, empfiehlt es sich, eine große Tafel aus dünnem Sperrholz darüber zu legen.
- Schleifen Sie die Oberfläche der Werkbank leicht ab, bevor Sie ein neues Projekt beginnen, so dass das neue Werkstück nicht durch herumliegende Späne oder kleine Abfallstücke zerkratzt wird.
- Für die nicht sichtbaren Teile der Schubkästen können Sie möglicherweise Restholzstücke von vorangegangenen Projekten wieder verwenden. Achten Sie aber darauf, dass alle sichtbaren Teile den gleichen Farbton und eine ähnliche Maserung aufweisen.

5 Sägen Sie die Verbindungen sorgfältig aus und stecken Sie alles provisorisch zusammen. Überprüfen Sie, ob beide Seitenrahmen genau gleich groß, rechtwinklig und nicht verzogen sind. Nehmen Sie die Rahmen wieder auseinander und schleifen Sie alle Teile ab.

6 Nun baut man alles erneut zusammen, verleimt die Verbindungsstellen und spannt den Rahmen ein, bis der Leim getrocknet ist. Danach schleift man ihn ab und behandelt die Oberfläche mit Wachs oder einer Politur.

Oberfläche der Tischplatte sowie der Rückseite

7 In dem hier gezeigten Beispiel wurden die Sperrholzplatten mit Linoleum beklebt, da Linoleum eine angenehme Schreibunterlage ist. Um beim Bau des Schreibtisches Zeit zu sparen, können Sie bereits furniertes Sperrholz oder furnierte MDF-Platten kaufen. Es ist auch möglich, selbst ein Furnier aufzukleben oder aber die Platten einfach zu streichen. In jedem Fall sollte die Oberfläche fertig sein, bevor Sie jede Platte in den Rahmen stecken.

Rückseitiger Rahmen

8 Der rückseitige Rahmen mit Füllung wird zwischen den beiden hinteren Beinen des Schreibtisches verschraubt und dient zur Stabilisierung der Tischkonstruktion.

Die Füllung erhält dieselbe Oberfläche wie die Tischplatte.

Die Nuten, in welche die Sperrholz- oder MDF-Platte gesteckt wird, schneidet man mit einer Oberfräse und einem Nutfräser. Am günstigsten ist es dabei, die Fräse unter dem Frästisch zu montieren und die Leisten entlang eines Anschlags über den Nutfräser zu schieben.

Achten Sie darauf, dass alle sichtbaren Teile den gleichen Farbton und eine ähnliche Maserung haben.

9 Markieren Sie an den Enden der langen Bretter die Zapfen und die entsprechenden Zapfenlöcher in den senkrechten Rahmenteilen.

10 Bauen Sie den Rahmen provisorisch zusammen und schneiden Sie die Sperrholz- oder MDF-Platte auf der Grundlage der vom Rahmen abgenommenen Maße zu.

11 Nun passt man die Platte ein und überprüft, ob sie fest sitzt und alles rechtwinklig sowie in einer Ebene ist. Verleimen Sie alle Teile der Rückwand und spannen Sie diese bis zum Erhärten des Leims ein. Wenn der Leim getrocknet ist, schleift man die Oberfläche ab und behandelt sie mit einem schützenden Wachs oder einem anderen geeigneten Produkt.

Tischplatte

12 Sägen Sie die Leisten für den Rahmen etwas größer als erforderlich zu. Entlang der Ränder der Platte fräst man einen Falz, der dann in die entsprechenden Nuten im Rahmen gesteckt wird. Der Rahmen ist in diesem Fall nur 3 cm dick, achten Sie deshalb auf eine genaue Ausrichtung der Oberfräse, damit letztendlich alle Teile zusammenpassen. Sie können für die Tischplatte MDF- oder Sperrholzplatten verwenden, wobei MDF-Platten meist stabiler sind.

13 Reißen Sie die vier Teile des Rahmens an, sägen Sie diese zu und fräsen Sie die Nuten entlang der Innenkanten. Sägen Sie dann die Tischplatte passend zu und fräsen Sie den Falz entlang aller vier Seiten.

14 Nun stecken Sie die Teile des Rahmens nacheinander auf die Tischplatte. Sägen Sie zuerst die Gehrungen an den langen Seiten und befestigen Sie die Rahmenteile mit Zwingen an der Platte. Dann reißen Sie die kurzen Seiten entsprechend an und sägen dort die Gehrungen zu, so dass der Rahmen genau sitzt.

15 Verleimen Sie den Rahmen mit der Platte und spannen Sie alles ein, bis der Leim getrocknet ist. Danach wird das Holz abgeschliffen und die Oberfläche behandelt. Stellen Sie die Platte zu den bereits fertigen Seitenrahmen und der Rückseite.

Rahmen für das Schubladenteil

16 Reißen Sie alle Komponenten an. Die obere vordere Querstrebe ist breiter als die anderen drei, da die Vorderseite der Schubkästen bündig darunter sitzen sollte. Wenn Sie noch übrige Hartholzleisten haben, können Sie diese für die Rückseite des Schubladenteils und für die mittlere Teilung verwenden.

19 Damit man von vorn die Hirnholzenden der Seitenteile sowie des Mittelteils des Rahmens nicht sieht, leimt man jeweils eine Deckleiste auf (oben).

17 Aufgrund des Faserverlaufs in den Seitenteilen ist es ungünstig, diese zu zinken und deshalb werden die vier Ecken entsprechend der Breite und Tiefe der Querleisten ausgesägt (oben).

20 Das Schubladenteil ist in der Mitte durch ein Brett unterteilt, an dem die inneren Laufleisten für die Schubkästen befestigt werden. Es ist wichtig, dass sich dieses Brett genau in der Mitte befindet. Die Verbindung mit den Querleisten erfolgt wie bei den Seitenbrettern (18).

Zwar ist dieser Rahmen relativ einfach zu bauen, doch muss alles ganz genau vermessen und die Rechtwinkligkeit sowie die Parallelität geprüft werden, damit die Schubkästen später nicht klemmen. Überprüfen Sie vor dem Zusammenbau noch einmal alle Abmessungen.

18 Nun legt man die Querleisten in die ausgesägten Aussparungen und befestigt sie mit Holzleim und Schrauben. Die Schrauben sind etwas unter die Oberfläche zu versenken. Bohren Sie vor dem Einschrauben immer ein Führungsloch, damit die Schrauben den relativ dünnen Holzrahmen nicht aufsplittern.

Tipps

- Achten Sie beim Einspannen der fertigen Tischplatte darauf, dass die Gehrungen sich nicht verschieben. Mit einem Gurtspanner kann man alle Ecken gleichzeitig unter Spannung setzen.
- Wischen Sie überschüssigen Leim, der aus den Fugen quillt, sofort mit einem nassen Lappen ab, um Flecken vorzubeugen.

21 Befestigen Sie nun die Laufleisten, acht an der Zahl. Sie werden einfach an die vier langen Querstreben geschraubt. Nun kann auch dieses Teil des Tisches abgeschliffen und oberflächenbehandelt werden.

Schubläden

22 Die Schubkästen werden so gebaut, wie das bereits bei vorangegangenen Projekten beschrieben wurde. Beachten Sie, dass die Seiten der Kästen genauso lang wie der Rahmen sind, die Rückwand jedoch um ein Drittel nach vorn gesetzt ist. Schubkästen sollten immer nur bis zu zwei Dritteln ihrer Länge ausgezogen werden. Ansonsten kann es passieren, dass sich der Schubkasten sowie sein gesamter Inhalt unversehens auf dem Fußboden wiederfinden.

Tipps

- Wenn Sie keine Aussparung zum Hineingreifen im Vorderteil der Schubkästen ausfräsen möchten, sollten Sie einen Messinggriff oder Knauf anbringen. Achten Sie jedoch darauf, dass der Knauf oder Griff nicht zu weit nach vorn steht, wo er Sie eventuell beim Sitzen stört.
- Es ist ganz wichtig, die Schreibfläche sorgfältig zu versiegeln, so dass sich Tintenspritzer und andere Flecke leicht entfernen lassen. Außerdem sollte die Behandlung einen ausreichenden Schutz gegen mechanische Beanspruchung gewährleisten.

23 Hobeln Sie die Seiten der Schubkästen glatt, so dass diese leicht auf den Laufleisten gleiten. Achten Sie darauf, dass die Rückseite ganz genau in die Öffnung passt. In den Brettern für die Seiten und die Front fräst man schmale Nuten zur Aufnahme der Bodenplatte aus Sperrholz. Die Vorderseite ist mit den Seitenteilen zu verzinken. Die Rückseite wird mit den Seiten verzapft.

24 Bauen Sie nun die Schubkästen zusammen und stecken Sie diese in den Rahmen. Sie sollten sich leicht herausziehen und wieder hineinschieben lassen.

25 Um die Schubkästen herausziehen zu können, sollten Sie entweder in der Querleiste unter dem Schubkasten eine Aussparung aussägen oder aber in der Unterkante der Schubladenfront eine Eingriffsöffnung ausfräsen.

Montage des Tisches

26 Befestigen Sie die seitlichen Rahmen hinten am Schubladenteil und an der Rückwand. Die Montage kann entweder mit Dübeln, Lamellofedern oder auch mit Schrauben erfolgen. In unserem Beispiel wurden Schrauben verwendet. Der Vorteil der Elementbauweise besteht darin, dass Sie alle Teile erst einzeln in den betreffenden Raum bringen und den Tisch dann vor Ort montieren können.

27 Schrauben Sie die seitlichen Rahmen an, indem Sie die Schrauben von innen durch das Schubladenteil drehen.

28 Die Rückwand schraubt man am besten von außen durch die Seitenrahmen an. Allerdings sind dann die Schraubenköpfe von der Seite sichtbar. Wenn Sie das nicht möchten, können Sie die Schrauben versenken und einen passenden Dübel schneiden, den Sie in dem Loch verleimen und bündig abschleifen.

29 Wenn der Grundrahmen aufgebaut ist, legen Sie die Tischplatte umgekehrt auf den Boden und befestigen sie mit Schrauben, die Sie von unten durch den Rahmen des Schubladenteils drehen. Dann schieben Sie die Schubkästen ein.

30 Zum Bau dieses Schreibtisches wurden sehr alte und auch moderne Holzbearbeitungstechniken genutzt.

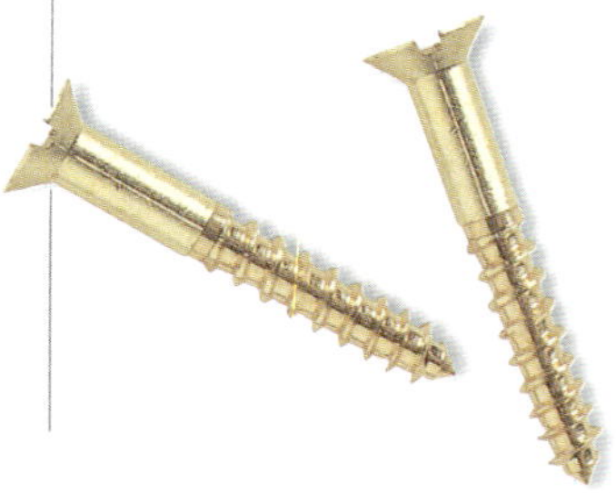

Tipp

Zur Endmontage sollte man statt eines Akkuschraubers lieber einen Schraubendreher verwenden, denn er ist leichter zu kontrollieren und man kann mit ihm auch unter begrenzten Platzverhältnissen arbeiten.

Schreibtischtypen

OBEN: Dieser Sekretär stammt aus dem 17. Jahrhundert. Die Klappe, die leicht nach vorn abfällt, stellt gleichzeitig die Schreibfläche dar. Dahinter befinden sich verschiedene Schubkästen und Fächer. Die geöffnete Klappe wird durch ausziehbare Holzleisten gestützt.

RECHTS: Im Computerzeitalter ist der gute alte Schreibtisch zu einer „Workstation" geworden, auf der die verschiedenen Teile der technischen Ausrüstung Platz finden müssen.

RECHTS: Dieser Schreibtisch hat eine große Arbeitsfläche und viel Platz für Papiere und Utensilien. Allerdings ist der Bewegungsspielraum der Beine ziemlich begrenzt.

OBEN: Das Besondere an diesem schlichten Schreibtisch sind die leicht nach außen gebogenen Beine. Die Stuhllehne wurde passend dazu entworfen. Auch der Kontrast zwischen den verschiedenen Holzarten ist sehr wirkungsvoll.

OBEN: Dieser Schreibtisch wirkt eher wie eine Skulptur, denn wie ein Arbeitstisch. Man muss ihn an einem zentralen Platz im Arbeitszimmer aufstellen, damit alle Bereiche gut zugänglich sind: die obere Platte zum Schreiben, die untere zum Tippen sowie die Schubladen.

OBEN: Der Sekretär mit Rollverschluss war im 19. Jahrhundert in den USA sehr populär. Der Rollverschluss besteht aus Holzlatten, die auf eine Rückseite aus Segeltuch geklebt sind. Dadurch ist er sehr flexibel und gleitet problemlos über die gekrümmte Auflage.

OBEN: Die Klappe eines Sekretärs kann auch durch lange Messingscheren gehalten werden. Die Schubkästen und Fächer dahinter sind leicht zurückgesetzt, damit die Arme der Scheren Platz haben.

Kommode

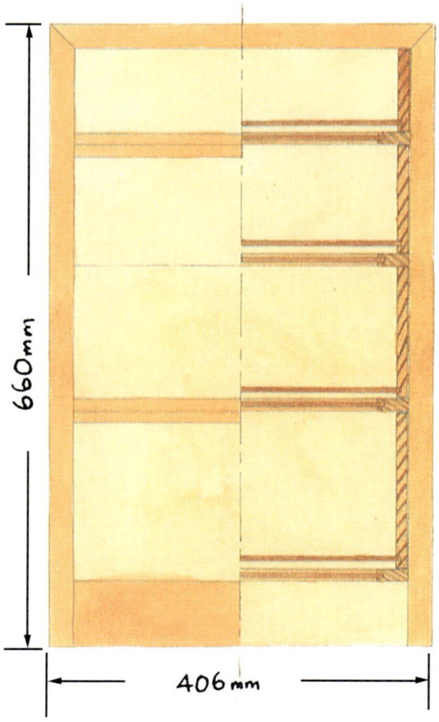

Seitenriss
durch Mittellinie

Diese Kommode enthält vier Schubfächer, die nach unten hin tiefer werden. Die Schubkästen lassen sich öffnen, indem man mit den Fingern in den Falz am oberen bzw. unteren Rand greift. Klassische Techniken des Möbelbaus, die bei diesem Projekt zur Anwendung kommen, sind zum Beispiel die Schwalbenschwanzverbindungen und die Staubböden zwischen den Schubkästen.

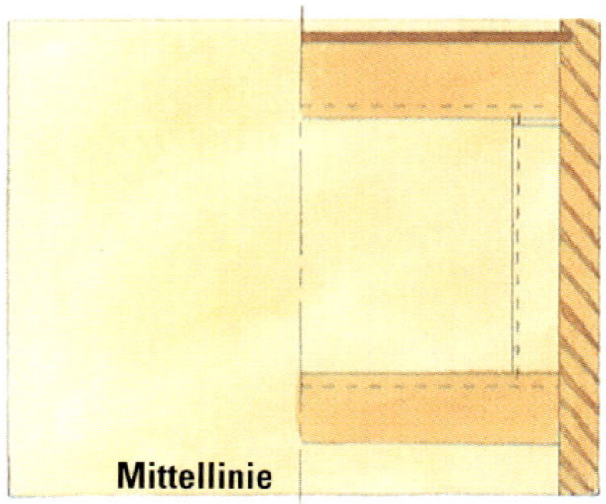

Halbe Draufsicht/Schnitt
(ohne Schubkästen)

Maßstab 1:8

Auswahl der Holzart

Wenn Sie bereits einige Projekte aus diesem Buch in die Realität umgesetzt haben, werden Sie jetzt schon einige Erfahrung mit der Verarbeitung von Massivholz sowie von Holzwerkstoffen haben.

Die hier gezeigte Kommode wurde aus Eschenholz hergestellt. Da der Bau eines Schubkastens nicht ganz einfach ist, sollten Sie dafür ein Holz verwenden, das sich leicht bearbeiten lässt. Buche beispielsweise eignet sich für die Seiten der Schubkästen und die innen liegenden Teile der Kommode. Die sichtbaren Teile können aus einem beliebigen Holz Ihrer Wahl bestehen.

Holzeinkauf

1 Der obere Boden und die Seiten des Korpus bestehen aus 30 mm starkem Holz, die restlichen Teile aus 25 mm oder 20 mm dicken Brettern. Für die Rückseite hat man Sperrholz verwendet. Die Staubböden zwischen den Schubkästen und die Böden der Schubkästen bestehen ebenfalls aus Sperrholz.

2 Reißen Sie alle Komponenten an und sägen Sie diese aus. Hobeln Sie die Teile ringsherum glatt und achten Sie darauf, dass alle Seiten im Winkel von 90° zueinander stehen. Lassen Sie alle Teile etwas länger als angegeben.

Pläne

Die Zeichnungen auf dieser und der nächsten Seite zeigen verschiedene Schnitte sowie eine auseinander gezogene Perspektivzeichnung der fertigen Kommode.

Zuschnittliste: Schubkästen

Anzahl	Sägerau	Gehobelt
1	VORDERTEIL 380 x 105 x 25 mm	356 x 100 x 20 mm
2	SEITENTEILE 305 x 90 x 20 mm	280 x 85 x 12 mm
1	RÜCKWAND 380 x 75 x 20 mm	356 x 72 x 10 mm
1	BODEN (Sperrholz) 356 x 280 x 6 mm	

Die Zuschnittliste für die anderen drei Schubkästen ist ähnlich, einige Bretter haben jedoch eine andere Breite, da die Kästen nach unten zu immer tiefer werden.

	Sägerau	Gehobelt
2.	SCHUBKASTEN	
Vorderteil	140 mm	130 mm
Seitenteile	120 mm	115 mm
Rückwand	100 mm	95 mm
3.	SCHUBKASTEN	
Vorderteil	162 mm	150 mm
Seitenteile	146 mm	140 mm
Rückwand	130 mm	122 mm
4.	SCHUBKASTEN	
Vorderteil	190 mm	180 mm
Seitenteile	172 mm	162 mm
Rückwand	150 mm	148 mm

Leim und Schrauben

Zuschnittliste für den Korpus

Anzahl	Sägerau	Gehobelt
2	SEITEN 686 x 343 x 30 mm	660 x 330 x 25 mm
1	OBERER BODEN 432 x 343 x 30 mm	406 x 330 x 25 mm
1	SOCKELBRETT 432 x 75 x 25 mm	406 x 54 x 20 mm
8	RAHMENLEISTEN 406 x 57 x 20 mm	381 x 50 x 12 mm
8	LAUFLEISTEN 200 x 38 x 20 mm	190 x 30 x 12 mm
1	RÜCKSEITE 660 x 406 x 6 mm	
4	STAUBBÖDEN 330 x 200 x 6 mm	

Leim und Schrauben

Schnitt mit Einzelheiten des Korpus und der Schubkästen

Maßstab 1:2

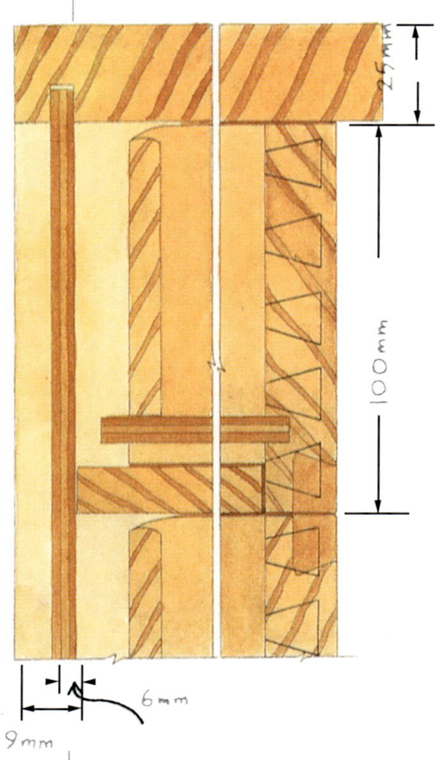

Auseinander gezogene Perspektivzeichnung

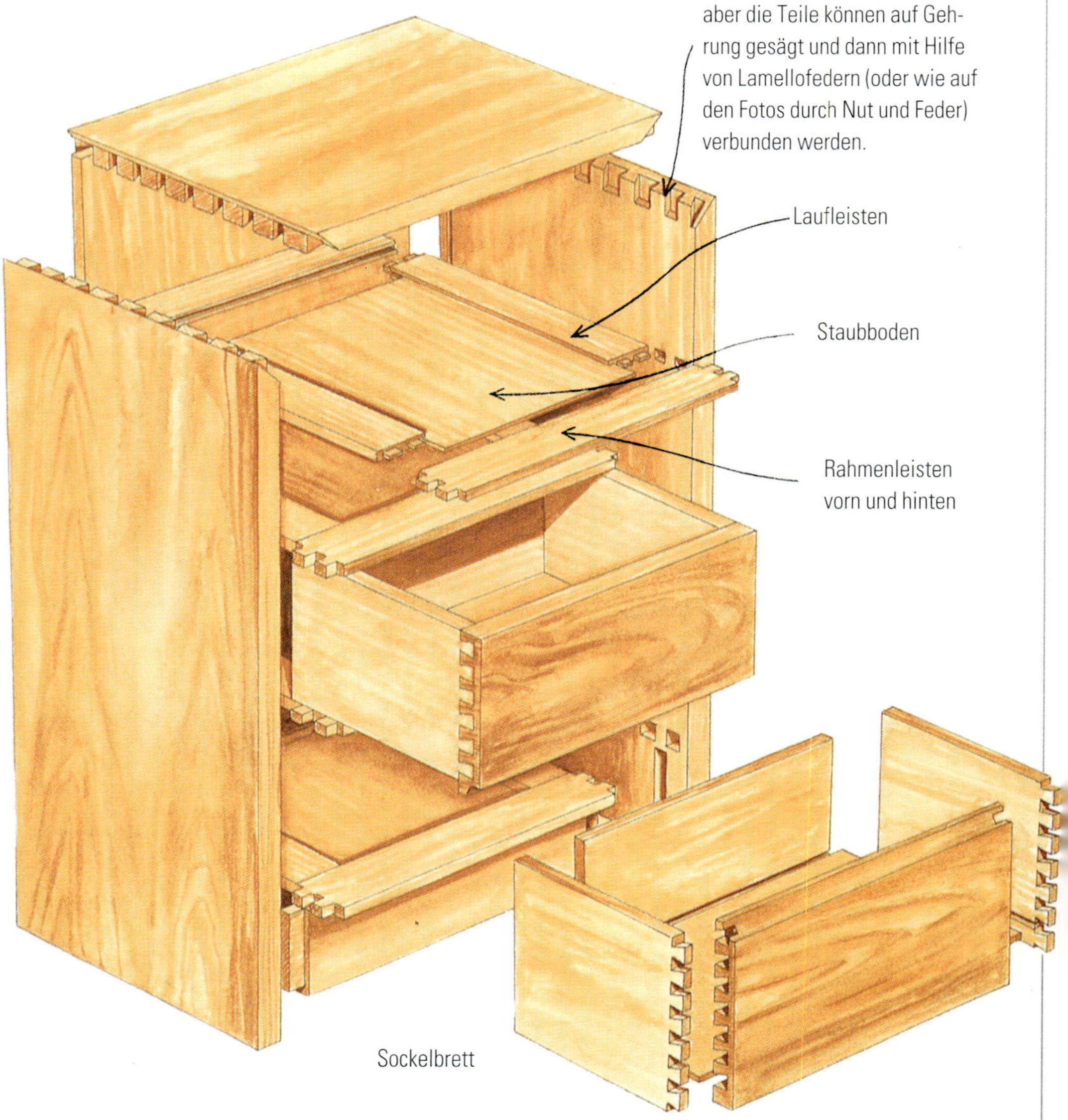

Bau des Korpus

3 Reißen Sie auf den beiden Seiten und dem oberen Boden alle erforderlichen Linien an. Der Korpus besteht aus den Seiten, dem oberen Boden, dem Sockel und der Rückwand.

4 Bereiten Sie die Eckverbindungen vor. Entweder Sie verzinken die oberen Ecken wie auf der Skizze zu sehen ist oder aber Sie verbinden die auf Gehrung gesägten Ecken mit Lamellofedern oder Dübeln.

5 Es ist ganz wichtig, die Gehrung an beiden Kanten sorgfältig zu arbeiten. Es wird wahrscheinlich eine Weile dauern, bis Sie diese genau auf den richtigen Winkel abgehobelt haben, so dass beide Teile zusammen einen Winkel von exakt 90° ergeben.

6 Fräsen Sie nun in der Gehrung die Nut oder die Schlitze für die Lamellofedern. Dazu benötigen Sie eine Lamellofräse (rechts).

7 Stecken Sie die Feder in die Nut und überprüfen Sie, ob alles passt.

8 Markieren Sie die Verbindungsstellen für den Sockel und arbeiten Sie die Teile der Verbindung aus. Das Sockelbrett hat an beiden Enden einen Zapfen, der in Zapfenlöcher in den Seiten gesteckt wird.

9 Fräsen Sie nun in den Seiten sowie im oberen Boden die Nut für die Rückwand.

10 Sägen Sie die Sperrholzplatte für die Rückwand zurecht und passen sie diese ein. Sie sorgt dafür, dass alle Ecken der Kommode rechtwinklig sind. Normalerweise schiebt man sie von unten in die Nuten und nagelt sie später auf eine der hinteren Rahmenleisten.

11 Schleifen Sie die Innenseiten ab und behandeln Sie die Oberfläche eventuell mit Wachs oder Politur.

Laufleisten und Rahmenleisten

12 Jeder Schubkasten läuft auf einem Rahmen, der aus vier Teilen besteht, zwei Laufleisten, sowie der hinteren und der vorderen Rahmenleiste. In diesem Rahmen steckt ein Sperrholzbrett (Staubboden).

13 Zuerst sägt man die Fingerzinken der hinteren und vorderen Rahmenleiste und verleimt diese mit den Seiten. Die Laufleisten und Staubböden sind etwas kürzer als die Seiten der Kommode breit sind. Die Laufleisten erhalten Zapfen, die in Nuten in den vorderen und hinteren Rahmenleisten geschoben werden.

14 Bei dieser Bauanleitung wird vorausgesetzt, dass die Seiten der Kommode aus Massivholz bestehen, d. h. dass das Holz wahrscheinlich arbeiten wird. Deshalb werden zwar die vorderen Fingerzinken an den Laufleisten so zugesägt, dass sie ganz straff sitzen und verleimt, die hinteren Fingerzinken, sowie deren Brüstung werden jedoch etwa 3 mm kürzer gesägt, um der Ausdehnung und dem Zusammenziehen des Holzes Rechnung zu tragen.

15 Reißen Sie auf den einzelnen Komponenten mit einem spitzen Bleistift alle erforderlichen Linien an und überprüfen Sie noch einmal sorgfältig alle Maße.

16 Schneiden Sie an beiden Enden der hinteren und vorderen Rahmenleiste Fingerzinken aus und stechen Sie dann die entsprechenden Zapfenlöcher innen in den Seiten der Kommode aus. Die Zapfenbrüstungen sollten bei allen Teilen die gleich Höhe haben.

17 Entlang der Innenseite der vorderen und hinteren Rahmenleisten fräst man eine Nut (siehe Skizze), die zur Aufnahme der Staubböden dient.

Bauen Sie den Korpus provisorisch zusammen. Kontrollieren Sie, ob alle vorderen und hinteren Rahmenleisten genau passen und die Zapfen fest in den Zapfenlöchern sitzen. Überprüfen Sie außerdem, ob alle Auflagen genau parallel sind. Wenn alles in Ordnung ist, nehmen Sie den Korpus wieder auseinander.

Tipp

Überprüfen Sie mit einem Anschlagwinkel, ob die vorderen und hinteren Rahmenleisten genau im rechten Winkel auf die Seiten der Kommode treffen.

19 Markieren Sie auf den Seiten des Korpus die obere und untere Kante der Laufleisten. Die Zapfen der Laufleisten werden nicht in Zapfenlöcher gesteckt, sondern in die Nut, die in der vorderen und hinteren Rahmenleisten gefräst wurde (oben).

20 Fräsen Sie nun auch in jeder Laufleiste eine Nut für den Staubboden.

21 Sägen Sie die Staubböden aus Sperrholz aus und passen Sie sie ein.

22 Bauen Sie den Korpus provisorisch zusammen. Wenn alles passt, überprüfen Sie, ob alle Flächen bereits glatt geschliffen sind. Dann beginnen Sie mit der endgültigen Montage (oben).

23 Normalerweise lässt man das Holz an den Innenseiten einer Kommode unbehandelt. Sie können es jedoch leicht wachsen oder ölen. Nun ist der stabile Korpus fertig und der Bau der Schubkästen kann beginnen.

Die Innenflächen der Schubkästen werden eigentlich nicht behandelt, aber ein dünner Wachsauftrag kann nichts schaden. Die Schubkästen sollten Holz auf Holz laufen.

Bau der Schubladen

24 Bauen Sie zuerst einen Schubkasten vollständig zusammen. Wiederholen Sie dann die hier beschriebenen Arbeitsschritte für die anderen drei Kästen. Hobeln Sie die Seitenwände jedes Schubkastens leicht ab, so dass dieser ohne Widerstand in die Kommode gleitet (oben).

25 Die Rückseite der Schubkastens ist nicht ganz so hoch wie der vertikale Abstand zwischen den hinteren Rahmenleisten und ihre Seitenteile sind etwas kürzer als die Seiten der Kommode. In der Breite muss der Schubkasten allerdings ganz genau passen und leicht auf dem Rahmen laufen.

26 Nehmen Sie die Vorderseite des Schubkastens zur Hand und passen Sie dieselbe genau in die jeweilige Öffnung der Kommode ein.

27 Sie sehen auf der Zeichnung, dass die Vorderseite des obersten Schubkastens der Unterseite des oberen Bodens bis zur unteren Kante der ersten vorderen Rahmenleiste reicht. Mit einem scharfen Reißwerkzeug überträgt man das Innenmaß auf das Vorderteil des Schubkastens.

28 Nachdem die Seiten, die Rückseite und die Vorderseite entsprechend zugesägt sind, fräsen Sie entlang der Innenseiten der beiden Seitenbretter sowie in der Vorderseite die Nut für den Boden.

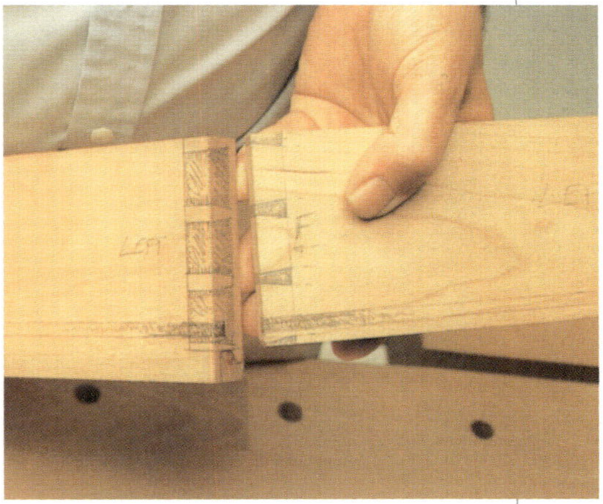

29 Zeichnen Sie die Zinken an, mit denen die Seitenteile mit der Schubladenfront verbunden sind.

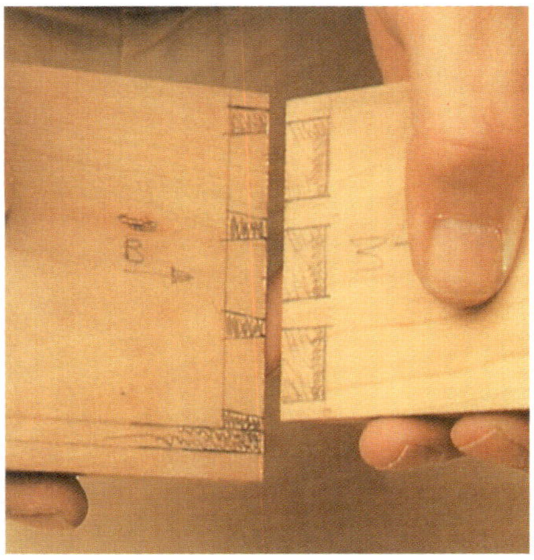

30 Die Seitenwände und die Rückwand der Schubkästen sind durchgehend gezinkt (oben).

31 Denken Sie an den Falz an der unteren Kante des oberen Schubkastens, der zum Eingreifen dient. Ein solcher Falz wird außerdem an der Oberkante des zweiten, der Unterkante des dritten sowie der Oberkante des unteren Schubkastens ausgefräst. Diese Lösung ist nicht nur praktisch, sondern auch sehr dekorativ, wie Sie an der fertig montierten Kommode sehen können.

32 Hat man sich für eine Zinkenverbindung entschieden, kann man die Seiten des Schubkastens nicht noch beliebig abhobeln, um diesen einzupassen, sondern muss die einzelnen Teile und die Zinken von vornherein präzise anreißen und arbeiten, so dass am Ende nur noch ein leichtes Putzen mit dem Putzhobel erforderlich ist. Das erfordert ein hohes Maß an Übung.

33 Reißen Sie den Umriss des Sperrholzbodens an und sägen Sie ihn zu (oben).

34 Schieben Sie den Boden in die dafür vorgesehenen Nuten. Der Boden wird nicht verleimt, sondern eingeschoben und an der hinteren Kante mit zwei Schrauben befestigt, die man durch den Boden in die Rückwand des Schubkastens dreht. Bauen Sie den Schubkasten provisorisch zusammen und überprüfen Sie, ob alles genau passt (oben).

35 Bestreichen Sie nun die Verbindungsstellen mit Leim und stecken Sie alle Teile zusammen. Wenn der Leim trocken ist, sollten nur einige wenige Züge mit dem Putzhobel erforderlich sein, damit der Schubkasten leicht in die Kommode gleitet.

36 Nun wiederholen Sie alle Arbeitsschritte für die drei übrigen Schubladen.

37 Die Rückseite der Kommode wird durch ein paar kleine Schrauben fixiert, die durch die Sperrholzplatte in die unterste Rahmenleiste gedreht werden.

38 Schleifen Sie den Korpus und die Stirnseiten der Schubkästen ab und behandeln Sie die Oberfläche nach Wunsch.

39 Hier sehen Sie die fertige Kommode. Die Oberfläche wurde zum Schutz vor Staub und Feuchtigkeit gewachst und poliert.

Armsessel

Die geschwungenen Teile dieses Armsessels werden mit unterschiedlichen Methoden geformt. Die nur leicht gekrümmten Querstreben arbeitet man mit einem Hobel aus einem Massivholzstück heraus, die Latten für die Rückenlehne bestehen aus gebogenem Schichtholz. Zur Herstellung der Schichtholzlatten können Sie entweder geeignetes Furnierholz kaufen oder sich selbst Furnierblätter sägen. Zwar ist dieser Stuhl so wie er ist schon sehr bequem, man kann sich jedoch auch noch ein Sitzkissen aus Leder oder Stoff nähen, das man mit Federn oder Schaumstoffflocken füllt.

LINKS:
Dieses Projekt gibt Ihnen die Gelegenheit, sich auch einmal mit dem Formen und Biegen von Holz zu beschäftigen.

Auswahl der Holzart

Das Design des Sessels verlangt nach relativ robust wirkendem Holz. Holz mit zu feiner Maserung würde weniger gut passen als zum Beispiel Eiche, Esche, Teakholz, Buche oder Ulme. Der hier gezeigte Stuhl wurde aus Kirschbaumholz gebaut. Ihre Wahl wird möglicherweise auch von dem für die Schichtholzlatten verwendeten Material beeinflusst werden. Wenn Sie Furnierblätter kaufen, müssen Sie sich natürlich auf das jeweilige Angebot an Furnieren beschränken, falls Sie das Furnier jedoch selbst sägen und hobeln, gibt es kaum Einschränkungen hinsichtlich der Holzart.

Auseinander gezogener Perspektivschnitt

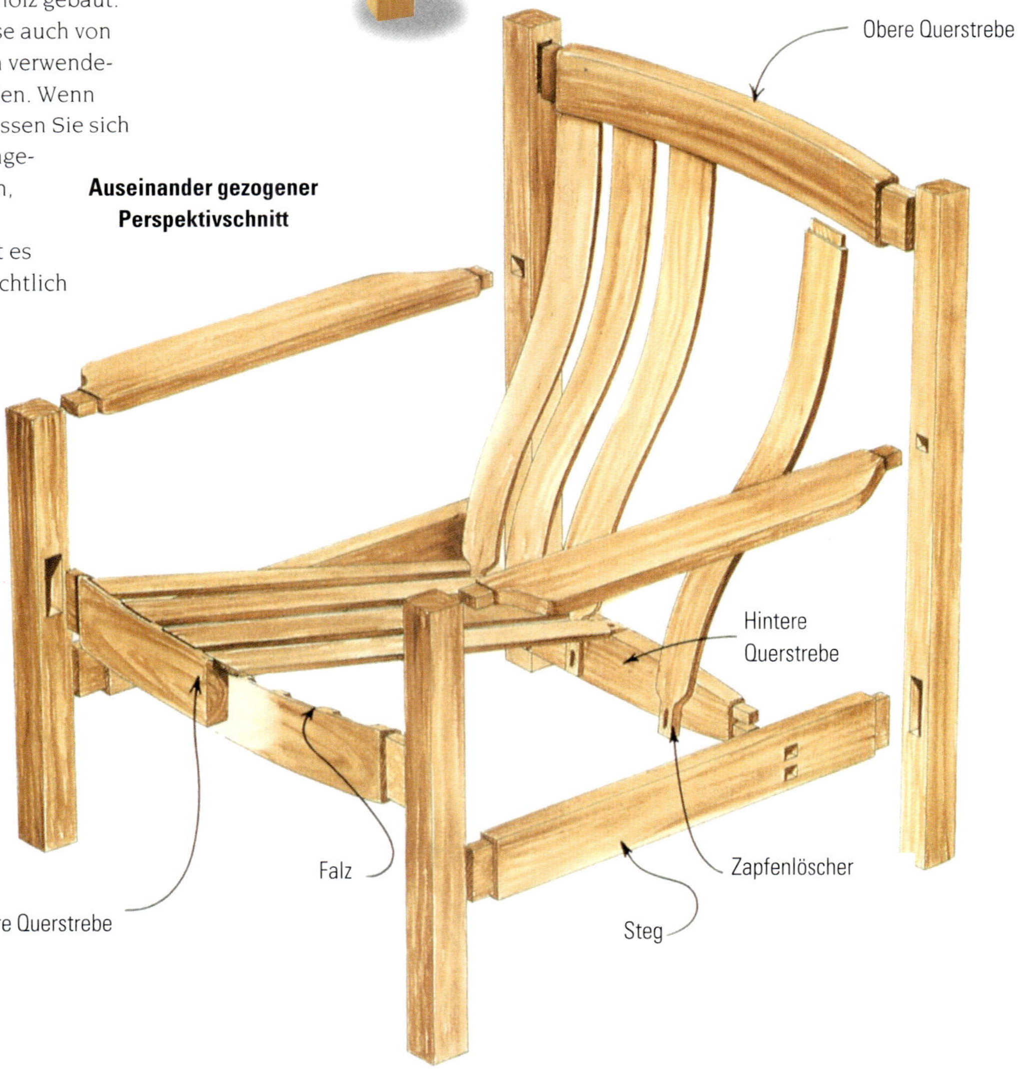

PLÄNE
Die Skizzen auf dieser und den folgenden Seiten zeigen einen auseinander gezogenen Perspektivschnitt sowie verschiedene Risse des Stuhls.

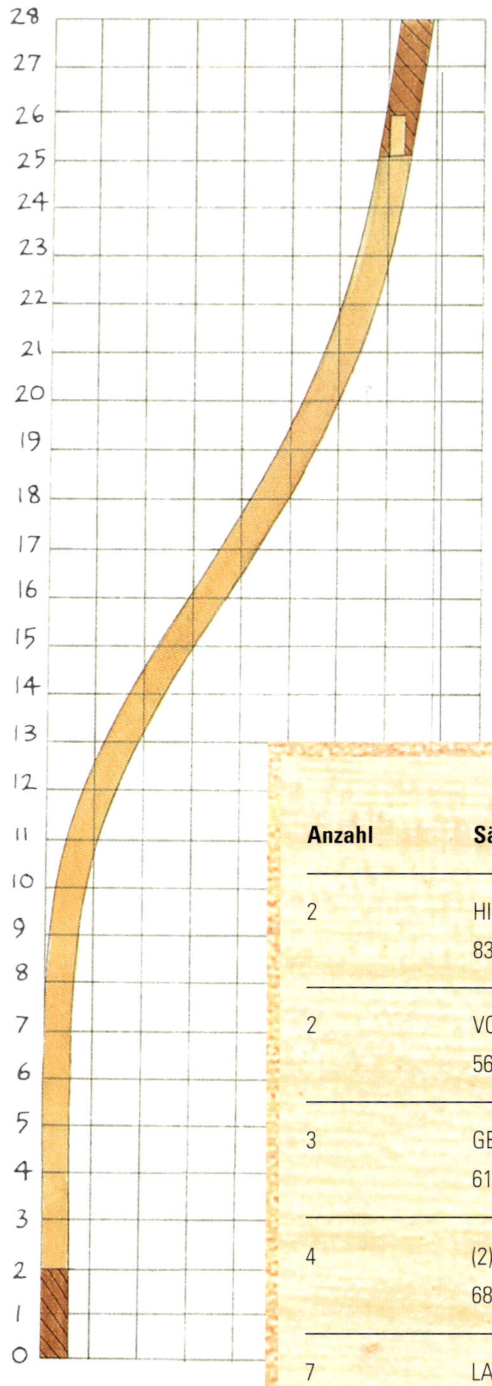

Schablone für die geschwungenen Latten
Vergrößern Sie diese Vorlage auf kariertem Papier bis zur vollen Größe. Dann übertragen Sie den Umriss auf ein Stück Weichholz und bauen auf dieser Grundlage die Form für die zu biegenden Latten. Jedes Kästchen entspricht 25 mm.

Seitliche Rahmen

1 Hobeln Sie alle Komponenten ringsherum glatt.

2 Markieren Sie die Länge der Beine und die Position der Zapfenlöcher für die Stege, die Armlehnen, die untere Querstrebe (Vorderbeine) und die obere Querstrebe (Hinterbeine).

Zuschnittliste

Anzahl	Sägerau	Gehobelt
2	HINTERE BEINE 838 x 50 x 50 mm	787 x 45 x 45 mm
2	VORDERE BEINE 560 x 50 x 50 mm	508 x 45 x 45 mm
3	GESCHWUNGENE QUERSTREBEN 610 x 75 x 60 mm	572 x 75 x 30 mm
4	(2) STEGE UND (2) ARMLEHNEN 686 x 75 x 30 mm	660 x 75 x 25 mm
7	LATTEN FÜR DIE SITZFLÄCHE 533 x 57 x 20 mm	521 x 50 x 14 mm
6	LATTEN FÜR DIE LEHNE 762 x 50 x 12 mm	

Jede Latte wird aus acht Furnierstreifen (762 x 50 x 1,5 mm) hergestellt. Insgesamt werden also 48 Furnierstreifen benötigt.

Für die Biegeform braucht man ein Stück Weichholz (etwa 762 x 150 x 60 mm), ein großes Blatt Papier oder Millimeterpapier für die Umrisszeichnung der Latten, Plastikfolie, Schrauben und Leim.

3 Markieren Sie die Zapfen an den Enden der Querstreben, der Stege und der Armlehnen. Markieren Sie außerdem die durchgehenden Zapfenlöcher in den Stegen, in welche die Fingerzapfen der hinteren Querstrebe gesteckt werden. Die hintere Querstrebe wird möglichst weit unten mit dem Steg verzapft.

4 Überprüfen Sie alle Markierungen und reißen Sie die Schnittlinien an. Denken Sie daran, dass die Rahmen spiegelverkehrt sein müssen.

5 Arbeiten Sie die Zapfen und die Zapfenlöcher für die beiden Seitenrahmen, sowie die Zapfenlöcher für die Querstreben aus. Durchgehende Zapfenlöcher sind von beiden Seiten anzureißen und auszustechen (oben).

Herausarbeiten der Armlehnenform

6 Die Innenkante jeder Armlehne verläuft auf der gleichen Linie wie die Innenseiten der Beine. Die äußere Kante steht etwas hervor, wie auf dem Aufriss unten links gut zu erkennen ist.

Zuerst bohrt man am Ende der Armlehne ein Loch mit dem Radius der inneren Kurve und sägt das Ende dann entsprechend aus.

Maßstab 1:8,5

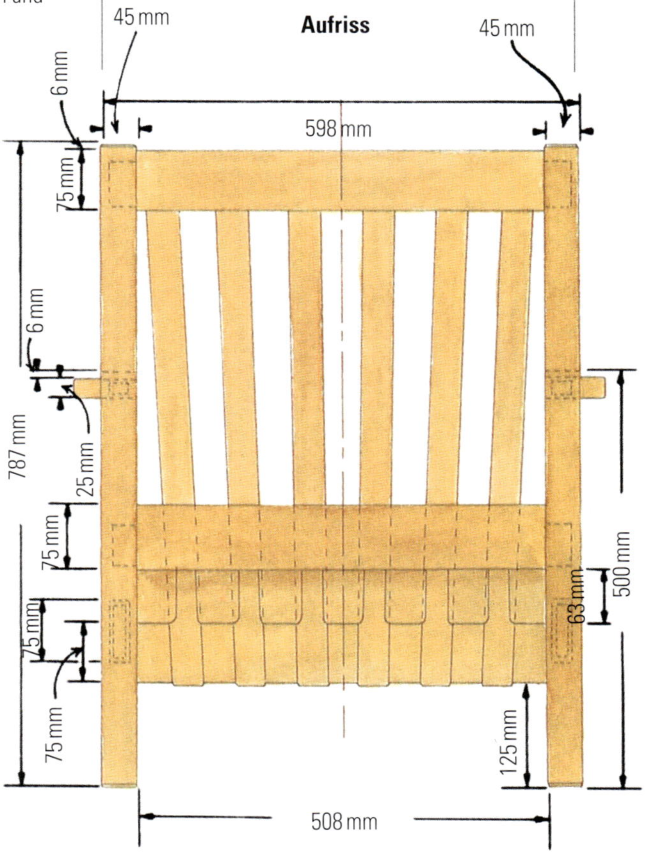

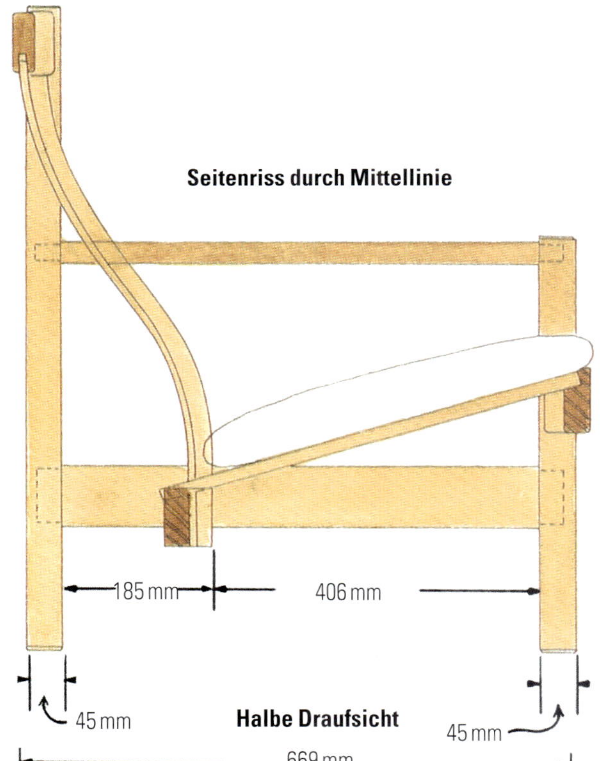

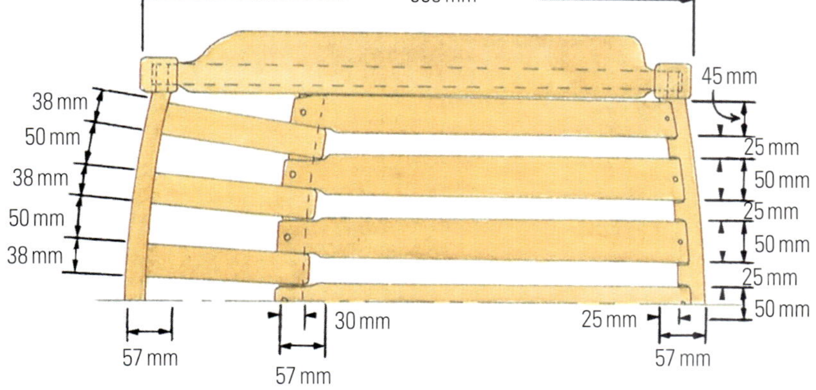

Pläne

Die Zeichnungen zeigen einen Aufriss, einen Schnitt durch die Mittellinie und eine halbe Draufsicht.

7 Arbeiten Sie die endgültige Form mit Raspeln, Feilen und Sandpapier heraus (oben). Sie können den Armlehnen natürlich auch eine etwas andere Form geben.

Montage auf Probe

8 Montieren Sie beide Rahmen probehalber und überprüfen Sie, ob die Rahmen rechtwinklig und nicht verwunden sind und ob alle Verbindungen fest sitzen. Dann nehmen Sie alles wieder auseinander und schleifen die vier Seiten der Armlehnen und der Stege, sowie die beiden Innenseiten jedes Beins ab.

Verleimen/Oberflächenbehandlung

9 Verleimen Sie beide Rahmen, spannen Sie sie ein und wischen Sie wenn nötig überschüssigen Leim ab. Wenn der Leim trocken ist, entfernen Sie die Zwingen und behandeln die Oberfläche nach Wunsch, wobei jedoch die Zapfenlöcher für die Querstreben abgedeckt werden sollten.

Querstreben

10 Die drei Streben sollten ringsherum abgehobelt, doch dick genug belassen werden, um noch die Kurven herauszuarbeiten. Markieren Sie die Länge der Streben und reißen Sie auch die Länge der Zapfen an.

11 Zeichnen Sie nun die Kurvenform auf das Holz. Als Hilfsmittel dient ein langes Stahllineal, das Sie entsprechend biegen. Lassen Sie sich dabei von einer zweiten Person helfen (oben).

12 Hobeln Sie die Enden der drei Streben auf die endgültige Größe und zeichnen Sie mit Bleistift die Zapfen an (oben).

13 Sägen Sie die Kurve aus. Wenn Sie nur Handwerkzeuge zur Verfügung haben, sollten Sie dafür eine Bügelsäge oder eine Schweifsäge verwenden, allerdings ist das ein ziemlich zeitaufwändiger Prozess. Anderenfalls können Sie eine elektrische Stichsäge oder eine Bandsäge einsetzen.

14 Die drei Streben sind nun oben und unten glatt gehobelt, haben rechtwinklige Enden, auf denen die Zapfen markiert sind und auf der inneren und äußeren Seite eine ausgesägte Kurve, die noch fertig zu stellen ist. Schlichten Sie die äußere Kurve mit einem Hobel und säubern Sie die Enden in der Nähe des Zapfens mit einem Stecheisen. Die innere Kurve glätten Sie mit einem Schabehobel.

Anreißen und Ausarbeiten der Zapfen an den Querstreben

15 Die obere Querstrebe hat einen einfachen Zapfen an jedem Ende, der in die Zapfenlöcher oben in den hinteren Sesselbeinen gesteckt wird. Markieren Sie die Schlitze für die sechs Latten der Rückenlehne auf der Unterseite der oberen Querstrebe und stechen Sie diese aus.

16 Die vordere Querstrebe hat ebenfalls an jedem Ende einen Zapfen, der in das dazugehörige Zapfenloch in den Vorderbeinen gesteckt wird. Diese Querstrebe muss später entlang der Oberkante abgefast werden. Die Fase markiert man am besten nach der provisorischen Montage des Rahmens. Außerdem müssen Aussparungen für die Latten der Sitzfläche ausgearbeitet werden, das sollte man jedoch erst tun, nachdem man die fächerförmige Anordnung der Latten angezeichnet hat.

17 Die untere hintere Querstrebe hat Fingerzapfen, die in die Stege gesteckt werden. Die untere Brüstung dieser Zapfen ist breiter als die Brüstungen der Zapfen an den anderen beiden Streben, denn diese Strebe sitzt etwas unter den Stegen (siehe Seitenriss S. 410) und die Zapfen werden deshalb weiter oben ausgeschnitten. Reißen Sie diese Zapfen an und arbeiten Sie sie sorgfältig aus.

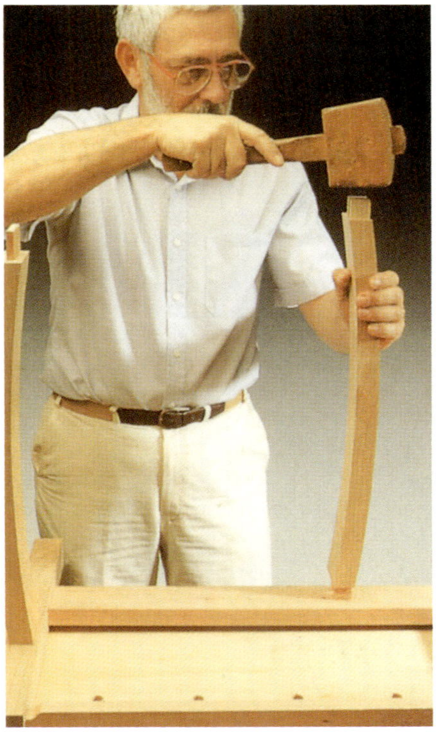

18 Nun steckt man alle bereits ausgearbeiteten Verbindungen zusammen, nummeriert sie oder kennzeichnet sie auf andere Art. Dann schleift man die Streben ab und setzt den ganzen Rahmen provisorisch zusammen.

19 Mit Hilfe eines Lineals, das man zwischen die hintere untere und die vordere Querstrebe legt, zeichnet man die erforderliche Fase an der vorderen Querstrebe an. Nehmen Sie nun die vordere Querstrebe aus dem Rahmen und hobeln Sie die Fase ab. Dann bauen Sie alles wieder zusammen.

Laminierte Latten für die Rückenlehne

20 Sägen Sie sich aus einem Stück Restholz die Form für die zu biegenden Latten aus. Vergrößern Sie dazu die Zeichnung auf S. 418 bis zur vollen Größe und übertragen Sie diese dann auf das Holzstück. Sägen Sie nun die Biegeform aus und glätten Sie die Sägeflächen.

Schichtholz

21 Für die Latten der Lehne sollten Sie Furnierholz kaufen, das zwischen 1,5 mm und 3 mm dick ist. Die Anzahl der Schichten, die Sie für jede Latte benötigen, hängt von der Dicke des Furniers ab. Die Latten sollten zum Schluss 12 mm dick sein. Jeder Furnierstreifen muss 838 x 57 mm bemessen. Schneiden Sie die Furnierstreifen mit einem scharfen Messer entlang eines Stahllineals.

22 Wenn Sie die entsprechenden Maschinen zur Verfügung haben, können Sie Furnier auch selbst schneiden. Hobeln Sie ein 838 mm langes Holzstück auf eine Breite von 57 mm. Sägen Sie von der gehobelten Seite einen 3 mm dicken Streifen ab. Hobeln Sie die Sägefläche des Holzstückes wieder glatt und sägen Sie einen weiteren Streifen ab. Wiederholen Sie diese Arbeitsgänge bis Sie die erforderliche Anzahl an Streifen haben. Alle Streifen sind auf einer Breitseite und den beiden Schmalseiten gehobelt, auf einer Breitseite gesägt. Die noch sägeraue Seite glättet man schließlich mit einem Dickenhobel. Fertigen Sie sich ein Auflagebrett an, auf dem die Furnierblätter beim Hobeln sicher liegen.

Tipps

- Achten Sie darauf, dass die Furnierblätter möglichst geradfaserig sind und keine offensichtlichen Fehler, wie zum Beispiel Knoten oder Risse aufweisen, denn diese können die Stabilität des fertigen Schichtholzes beeinträchtigen.
- Sie brauchen wahrscheinlich mehr als zwei Zwingen, um den Druck auf die Form gleichmäßig zu verteilen.

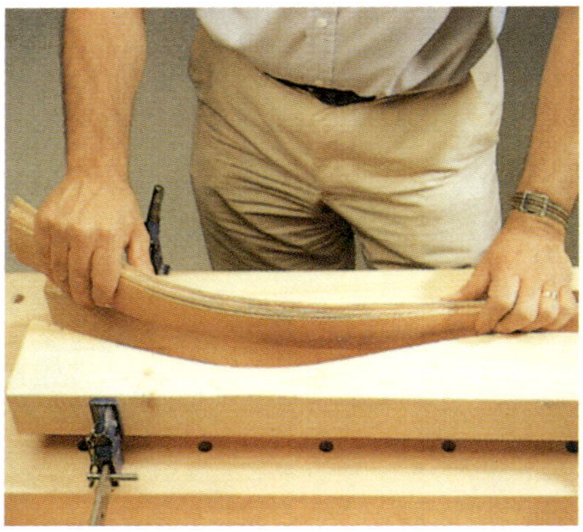

23 Bei der Verwendung von 3 mm starken Furnierblättern benötigen Sie für jede Latte vier Streifen. Legen Sie diese zuerst probehalber in die Form und bringen Sie die Zwingen an, um zu überprüfen, ob die Streifen überall gleichmäßig zusammengepresst werden. Passen Sie, wenn erforderlich, die Seiten der Form an.

Verleimen der Furniere

24 Verwenden Sie zum Verkleben der Furnierstreifen entweder speziellen Furnierleim oder einen besonders kräftigen PVA-Kleber. Bestreichen Sie alle innen liegenden Flächen mit Leim. Ein Leimroller sorgt für einen gleichmäßigen Auftrag.

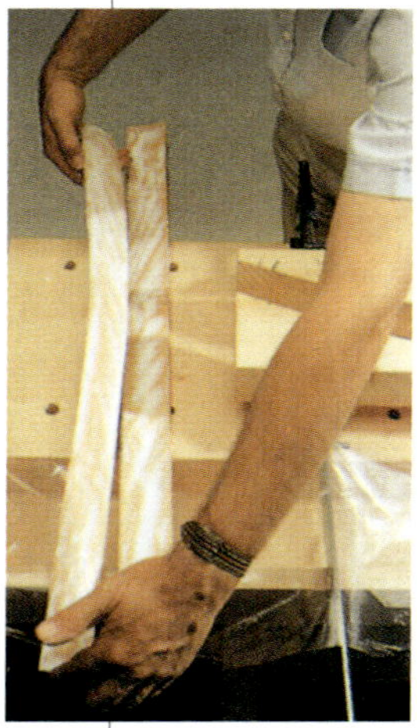

Tipps

- Verteilen Sie den Leim gleichmäßig auf der Oberfläche der Furnierblätter und achten Sie besonders darauf, dass alle Kanten bedeckt sind.

Einspannen des laminierten Formteiles

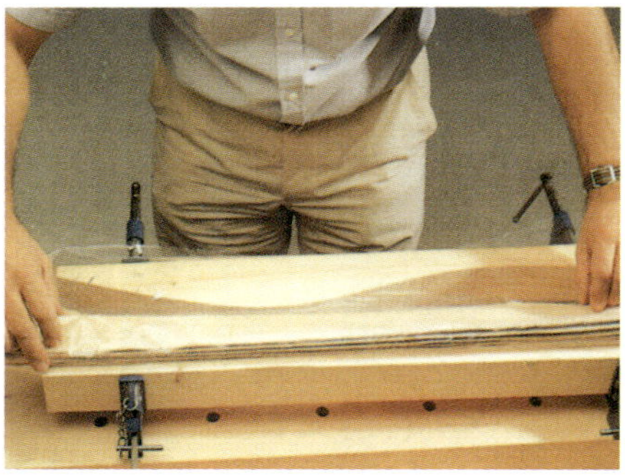

25 Wickeln Sie die verleimten Furnierstreifen in Wachspapier, so dass sie nicht an der Form kleben bleiben, falls etwas Leim austreten sollte.

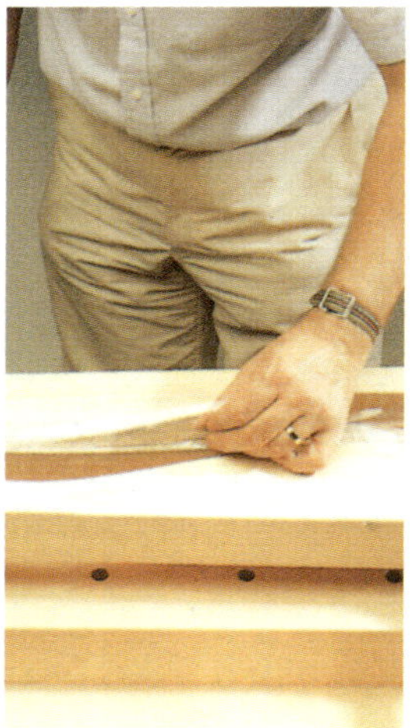

26 Legen Sie das Bündel in die Form und ziehen Sie die Zwingen an. Achten Sie dabei darauf, dass die Furnierblätter möglichst nicht verrutschen, damit Sie am Ende nicht so viel von den Seiten abhobeln müssen, dass die Latte möglicherweise nicht mehr breit genug ist.

27 Damit der Druck gleichmäßig wirkt, benötigen Sie fünf Zwingen. Setzen Sie die erste Zwinge in der Mitte an und dann rechts und links im Wechsel die anderen vier.

28 Wenn der Leim trocken ist, nimmt man das fertige Formteil heraus. Es empfiehlt sich, an jedem Abend eine Latte herzustellen, da der Leim mindestens 12 Stunden trocknen sollte. Nehmen Sie das zu biegende Werkstück niemals zu zeitig aus der Form. Ungeduld ist beim Biegen von laminierten Formteilen nicht angebracht, denn sie kann das ganze Ergebnis Ihrer Arbeit gefährden.

29 Hobeln Sie eine der beiden Kanten glatt, wozu Sie die Latte zwischen die beiden Formteile spannen.

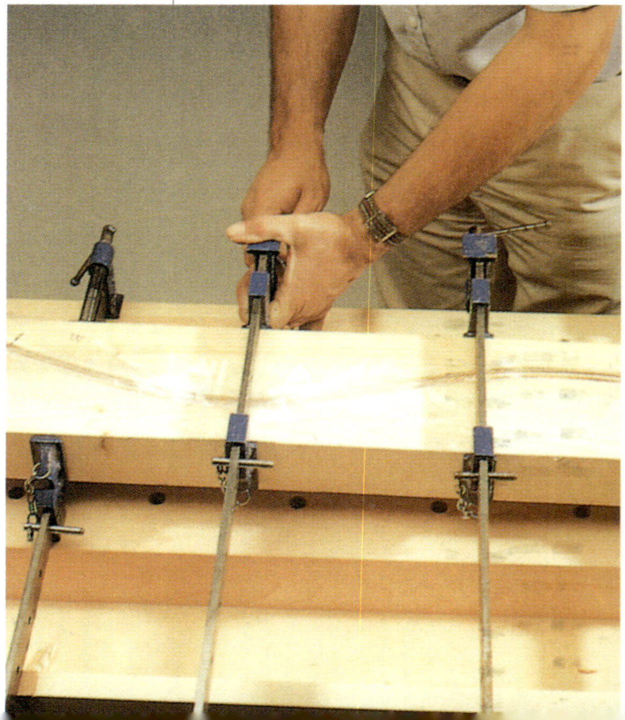

30 Mann kann das Formteil jedoch auch in den Schraubstock spannen.

31 Reißen Sie mit dem Streichmaß die Breite der Latte an.

32 Sägen Sie die Latte entlang der angerissenen Linie ab und hobeln Sie die Kante glatt. Die Latte ist nun bereit zum Einpassen in den Rahmen. Achten Sie darauf, die Seiten des laminierten Formstückes nicht zu verletzten, nachdem es mit dem Hobel bereits auf die genauen Abmessungen gebracht worden ist. Polstern Sie deshalb die Druckflächen der Zwingen immer mit einem Stück Weichholz oder Pappe ab.

Einpassen der Latten der Rückenlehne

33 Schneiden Sie oben an den Latten Zapfen passend zu den Zapfenlöchern in der Unterseite der oberen Querstrebe aus. Markieren Sie die Brüstungslinie der oberen Zapfen auf allen Latten, ansonsten besteht die Gefahr, dass die Kurven nach der Montage nicht parallel verlaufen. Spannen Sie alle Latten zusammen, um die Zapfen anzureißen und sägen Sie diese aus. Die Brüstungslinien verlaufen dabei noch nicht im richtigen Winkel, dieser ist erst beim Einpassen jeder Latte anzuzeichnen und auszuschneiden.

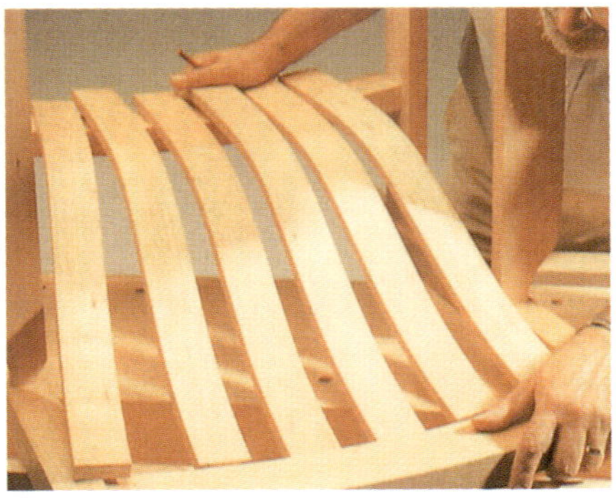

34 Schieben Sie die Zapfen der Latten in die Zapfenlöcher der oberen Querstrebe. Es ist ganz wichtig, darauf zu achten, dass alle Zapfen vollständig in den Zapfenlöchern stecken. Wenn Sie die Zapfenlöcher in der Strebe mit einer Fräse ausschneiden, sind die Ecken entweder mit einem Stecheisen zu begradigen oder aber Sie runden die Zapfen ab.

35 Markieren Sie auf der unteren Querstrebe die Mitte.

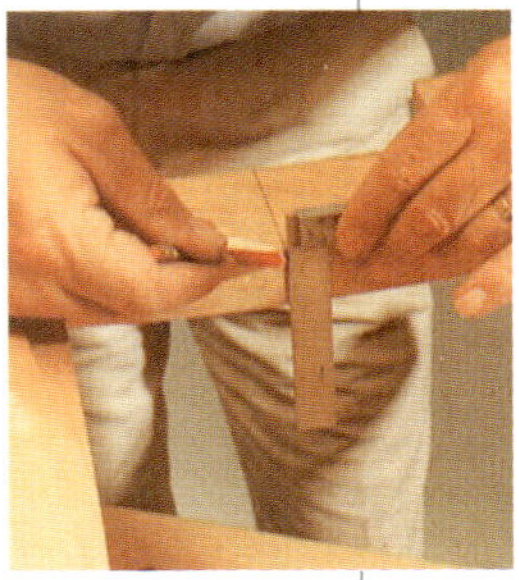

36 Platzieren Sie nun die beiden mittleren Latten der Rücklehne so auf der hinteren Querstrebe, dass sie unten etwas weiter auseinander liegen als oben. Markieren Sie die Position der Latten mit einem Bleistift und befestigen Sie die Latten mit Schraubzwingen.

37 Nun reißen Sie oben die Brüstungslinie jedes Zapfens an. Nehmen Sie jede Latte einzeln vom Rahmen und sägen Sie die Zapfen sorgfältig bis zur angerissenen Brüstungslinie aus. Die oberen Zapfen der beiden Latten können nun in die entsprechenden Zapfenlöcher gesteckt werden.

38 Unten werden die Enden der Latten schmaler gesägt, so dass sie jeweils zwischen zwei Latten der Sitzfläche passen. Die Enden werden jedoch erst dann eingepasst, wenn die Latten der Sitzfläche montiert sind.

39 Den Übergang zum schmalen Endteil arbeitet man aus, indem man zuerst ein Loch bohrt, dann die Krümmung aussägt und mit einem Schabhobel nacharbeitet.

40 Bohren Sie die Löcher für die Schrauben. Günstiger ist es, ovale Löcher statt Schlitze zu bohren, denn sie ermöglichen leichte Bewegungen des Holzes bei Belastung des Stuhls und verringern so die Spannung, der die oberen Zapfen ausgesetzt sind.

41 Passen Sie nun die restlichen Latten der Lehne ein. Markieren Sie dazu zuerst die Verbindungsstelle mit der unteren Querstrebe. Dann reißen Sie oben die Zapfenbrüstungen an und sägen den Zapfen aus. Danach arbeitet man das untere, schmale Ende aus, bohrt die ovalen Löcher für die Schrauben und schraubt die Lehne an. Die Zapfenverbindungen werden jetzt noch nicht verleimt.

Latten der Sitzfläche

42 Nehmen Sie die mittelste Latte und sägen Sie das Endstück, das auf der hinteren Querstrebe liegt, schmaler. Bearbeiten Sie die Enden der anderen Latten auf dieselbe Art und Weise und ordnen Sie sie fächerförmig an. Markieren Sie die erforderlichen Aussparungen auf der vorderen Querstrebe.

43 Demontieren Sie die vordere Querstrebe und arbeiten Sie die Aussparungen sorgfältig aus. Verwenden Sie dazu entweder eine kleine Rückensäge und ein Stecheisen oder aber eine Fräse.

44 Stecken Sie die vordere Querstrebe wieder in den Rahmen und passen Sie die Latten der Sitzfläche ein. Sie werden feststellen, dass die Enden der Latten aufgrund der Krümmung des Sitzes und der vorderen Querstrebe nicht flach aufliegen. Sie sind deshalb etwas abzuschrägen. Bohren Sie dann die Führungslöcher und drehen Sie die Schrauben ein.

45 Markieren Sie die Länge jeder Latte und sägen Sie diese wenn erforderlich noch soweit ab, dass sie genau in die Aussparung in der vorderen Querstrebe passt. Bohren Sie dort die Führungslöcher und schrauben Sie die Latte an. Wiederholen Sie die Schritte 42 bis 45 für die anderen Latten.

Letzte Handgriffe

46 Entfernen Sie alle Schrauben, Latten usw. und schleifen Sie alle Komponenten ab. Achten Sie jedoch darauf, dass die Kennzeichnung erhalten bleibt.

49 Schützen Sie die Zapfen oben an den Latten der Rückenlehne. Schleifen Sie dann alle Latten ab und behandeln Sie die Oberfläche.

50 Montieren Sie nun die Latten der Rückenlehne. Verleimen Sie die Schlitz- und Zapfenverbindungen und spannen Sie die Lehne unter leichtem Druck in Zwingen. Danach werden die Latten unten angeschraubt. Bevor man die Latten der Sitzfläche anschraubt, entfernt man die Zwingen.

51 Überprüfen Sie, ob die Oberfläche überall gleichmäßig behandelt wurde. Tragen Sie wenn gewünscht eine Schicht Wachspolitur auf.

47 Montieren Sie nun den Rahmen, verleimen Sie die Zapfenverbindungen und spannen Sie alles in Zwingen. Überprüfen Sie noch einmal die Rechtwinkligkeit und entfernen Sie überschüssigen Leim.

48 Wenn der Leim trocken ist, entfernen Sie die Zwingen und schleifen alles noch einmal ab. Dann behandeln Sie die Oberfläche mit Wachs oder Öl (dabei sind jedoch die Schlitze in der oberen Querstrebe abzudecken).

Oberflächenbehandlung

Es gibt viele verschiedene Möglichkeiten, die Oberfläche von Holzmöbeln zu schützen. Häufig wird das Holz nur gewachst oder geölt und gewachst. Wenn man den Farbton des Holzes oder die Farbe ändern möchte, ohne die Maserung zu verdecken, trägt man eine Beize oder eine Lasur auf. Es ist auch möglich, den Stuhl passend zu anderen Möbeln oder der umgebenden Einrichtung zu streichen.

52 Der fertige Armstuhl ist elegant und bequem.

Spielhaus für den Garten

Dieses stabile und geräumige Spielhaus wurde für die Aufstellung im Hof oder im Garten entworfen. Wenn Sie den Maßstab etwas verkleinern, könnte auch ein Spielhaus für die Wohnung daraus werden. Der Entwurf sieht einfach zu bauende Fenster und Türen vor. Alle Teile des hier beschriebenen Hauses wurden aus für den Außenbereich geeignetem Sperrholz ausgesägt. Auf den Zeichnungen sehen Sie, wie beim Aussägen der einzelnen Komponenten (Grundplatte, vier Seiten, Verandateile und Dachflächen) vorzugehen ist.

Aussägen der Komponenten

1 Markieren Sie auf den Sperrholzplatten die beiden langen Seiten sowie die Giebelseiten. Reißen Sie auf der Grundlage der Zeichnung auf Seite 427 die Umrisse für die Tür- und Fensteröffnungen an. Meist ist der Bau von Türen und Fenstern eine ziemlich komplexe Sache, die hier beschriebene Methode ist jedoch sehr einfach und stellt sicher, dass die Öffnungen genau der Größe der Fenster und der Tür entsprechen. Die Fotos dokumentieren den Bau eines verglasten Fensters; die Tür wird nach demselben Prinzip gebaut. Beginnen Sie mit dem Anzeichnen der Fenster. Markieren Sie die Umrisse der Scheiben und die Rahmen.

Zuschnittliste

Teil	Anzahl	Abmessungen
Sperrholzplatten, für den Außenbereich geeignet (meist 2,40 x 1,20 m):		
Bodenplatte	1	
Lange Seiten	2	
Giebelseiten	2	Siehe Zeichnung
Dachflächen	2	Siehe Zeichnung
Aus Reststücken der Giebelseiten und Dachflächen:		
Verandateile	2	
Abdeckbretter	2	
Druckimprägniertes Holz:		
Pfosten	9	1200 x 150 x 50 mm
Vier Scharniere, Schrauben, Leim, Nägel, Schleifpapier, bituminierte Dachpappe, farbige Beize, Klarlack		

2 Bohren Sie nun in jeder Fensteröffnung ein Loch, das groß genug ist, um das Blatt einer Stichsäge hindurch zu stecken.

Aussägen der Komponenten

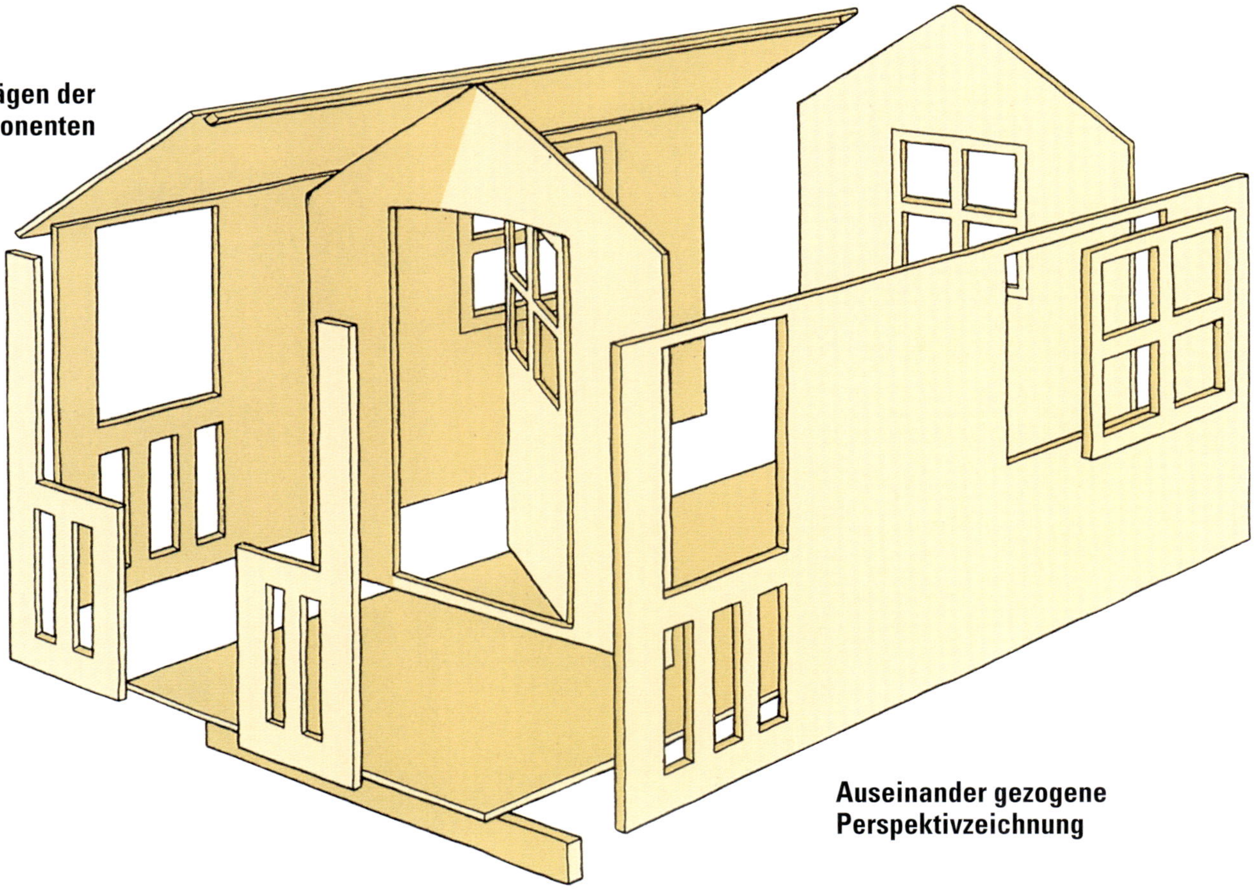

Auseinander gezogene Perspektivzeichnung

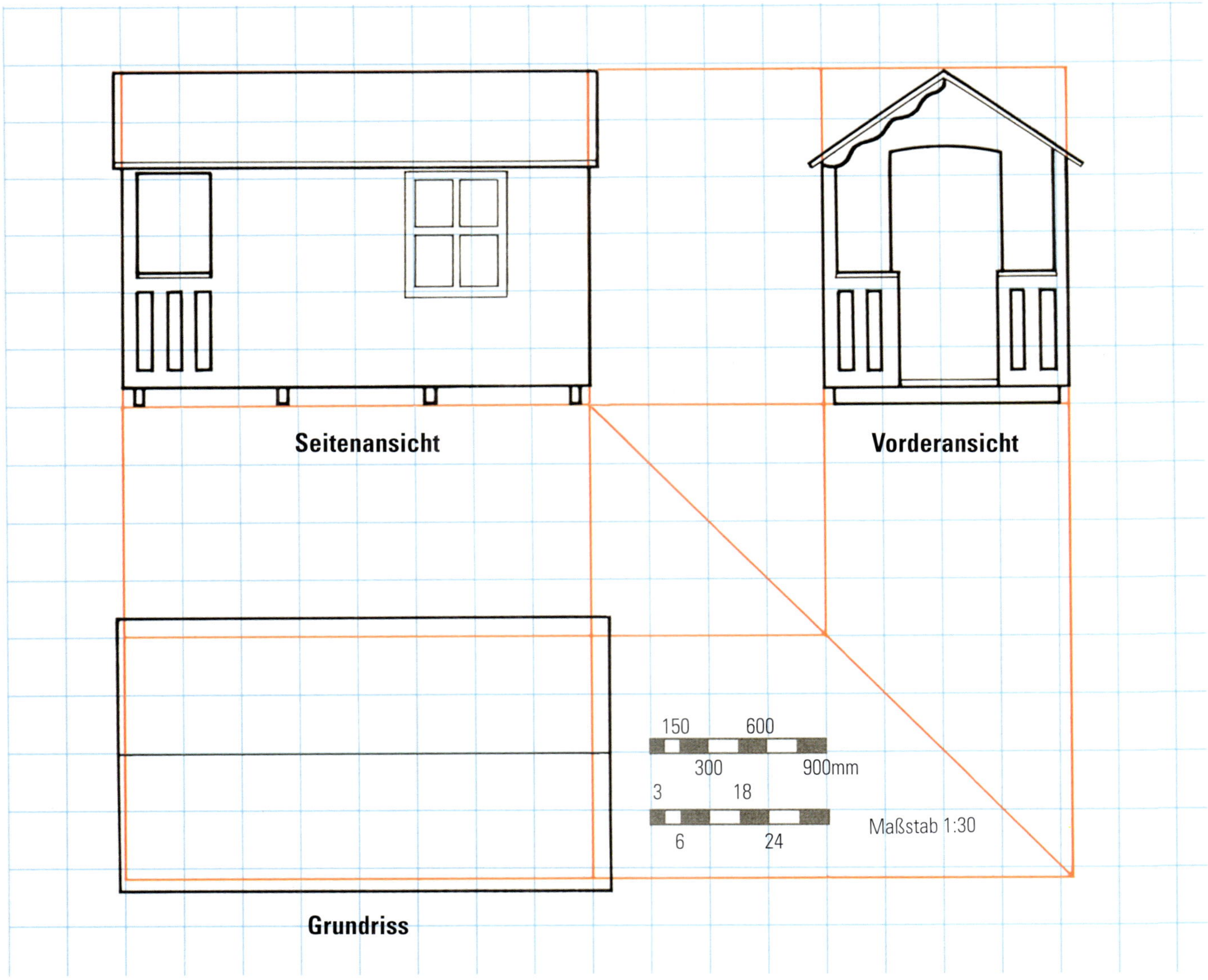

3 Sägen Sie alle zu verglasenden Öffnungen aus. Danach sägt man das komplette Fenster entlang des äußeren Umrisses des Rahmens aus wie im Folgenden beschrieben. Spannen Sie als Führungshilfe für die Stichsäge ein langes Lineal oder eine gerade Holzleiste auf die Sperrholzplatte.

4 Beginnen Sie an der Seite, an der die Scharniere sitzen. Bohren Sie zuerst ein schräges Loch (30°) als Ansatzpunkt für die Stichsäge. Fertigen Sie sich dazu eine einfache Schablone aus einem Stück MDF-Platte an und bitten Sie einen Helfer zu überprüfen, ob der Bohrer genau parallel zur Schablone steht.

Tipps

- Das Spielhaus wird preisgünstiger, wenn Sie statt Sperrholz Spanplatten verwenden, die jedoch für den Außenbereich geeignet sein sollten. Versiegeln Sie in jedem Fall alle Oberflächen mit mindestens 2 Schichten eines geeigneten Holzschutzmittels und erneuern Sie den Anstrich alle zwei oder drei Jahre, um die Lebensdauer des Hauses zu verlängern.
- Die meisten größeren Baumärkte liefern sperrige Materialien gegen einen Aufpreis bis zu Ihnen nach Hause.

5 Setzen Sie die Stichsäge nun ebenfalls im Winkel von 30° an. Es ist wichtig, dass Sie in dieser Phase des Projektes nur eine Seite des Rahmens aussägen, denn dann müssen erst einmal die Scharniere montiert werden.

Scharniere

6 Bohren Sie kleine Führungslöcher für die Schrauben. Es ist wichtig, dass das Gelenk des Scharniers ganz genau auf der Schnittlinie liegt. Drehen Sie zuerst nur zwei Schrauben ein, um das Scharnier festzuhalten. Wenn Sie sicher sind, dass es genau an der richtigen Stelle liegt, drehen Sie auch die restlichen Schrauben ein.

7 Schrauben Sie beide Scharniere an und sägen Sie dann die anderen drei Seiten des Rahmens aus. Auch die anderen Schnitte sollten im Winkel von 30° erfolgen, setzen Sie die Stichsäge dazu so an, wie auf dem Foto auf Seite 428 zu sehen ist. Wenn der Rahmen komplett ausgesägt ist und die Scharniere gerade angebracht wurden, wird sich das Fenster leicht öffnen und schließen lassen.

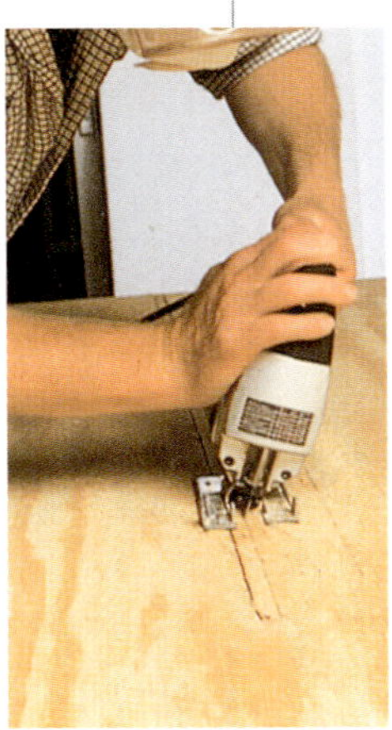

8 Die Tür wird auf dieselbe Art und Weise ausgesägt wie die Fenster. Sägen Sie wiederum die Seite, an der die Scharniere befestigt sind, zuerst aus und befestigen Sie die Scharniere, bevor Sie mit den anderen drei Seiten fortfahren.

9 In diesem Projekt wurden die Rahmen mit farbiger Lasur gestrichen. Damit Sie nicht aus Versehen die Wände des Hauses mit Farbe beklecksen, empfiehlt es sich, die Rahmen vor dem Streichen auszubauen. Kennzeichnen Sie die Rahmen an einer unauffälligen Stelle mit Buchstaben oder Zahlen, damit Sie später wissen, welcher wohin gehört.

Verglasen der Fenster

10 Hier wurde für die Fenster Acrylglas verwendet. Kunststoff ist sicherer als Glas und lässt sich einfacher einsetzen. Man schneidet die Platten entsprechend zu und legt sie über die Öffnungen. Sie werden auf den Rahmen geschraubt und die Schraubenköpfe so weit versenkt, dass sie bündig mit der Oberfläche abschließen.

11 Entfernen Sie nun noch einmal alle Schrauben und spritzen Sie Fugendichtmasse außen auf den Rahmen.

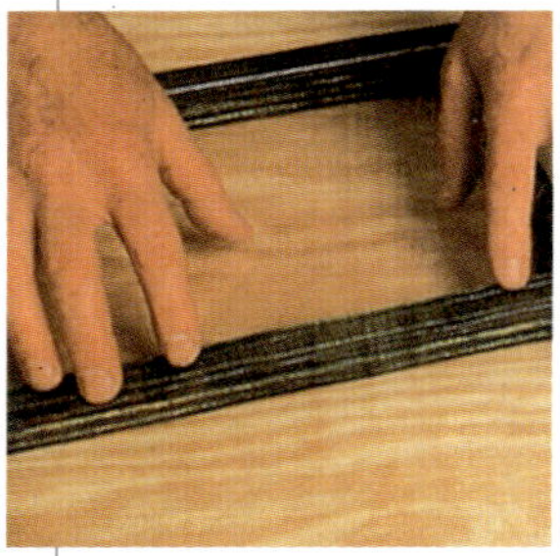

12 Legen Sie die Kunststoffscheiben wieder auf den Rahmen und schrauben Sie sie an.

13 Drehen Sie den Rahmen um und entfernen Sie sorgfältig überschüssigen Leim, der eventuell herausgepresst wurde.

14 Schrauben Sie Knäufe an die Fenster und die Tür, so dass diese sich leicht öffnen lassen. Die Knäufe kann man entweder selbst schnitzen oder aber im Baumarkt kaufen.

15 Als nächstes sind nun die offenen Fenster der Veranda und das „Geländer" auszusägen. Sägen Sie dabei gleich die Deckbretter für die Brüstung mit aus und behandeln Sie sie mit einer geeigneten Holzlasur für den Außenbereich. Die Deckbretter schützen die Brüstung der Veranda vor eindringender Nässe und sorgen gleichzeitig für eine Stabilisierung des nicht sehr robusten Geländers.

Tipp

- Klare Kunststoffplatten sind in größeren Baumärkten in unterschiedlichen Größen erhältlich. Schneiden Sie die Platten mit einem scharfen Messer oder einem für Kunststoff geeignetem Stichsägeblatt zu.

Montage des Hauses

17 Als Nächstes stellt man den hinteren Giebel und eine lange Seite auf. Man verschraubt die Elemente unten mit der Grundplatte und verbindet die aneinander stoßenden Ecken mit Metallwinkeln oder aber man schraubt beide Teile wie hier gezeigt auf Kanthölzer.

18 Nun stellen Sie die Türseite auf und danach die andere lange Seite. Dann befestigen Sie die Abdeckbretter auf dem Geländer der Veranda.

16 Legen Sie die Grundplatte auf druckimprägnierte Lagerhölzer. Dafür können Sie einfaches sägeraues Holz verwenden. Die Grundplatte wird mit den Lagerhölzern verschraubt. Diese sollten nicht direkt auf dem Rasen oder der Erde liegen. Man legt sie entweder auf Ziegelsteine oder Steinplatten (und ein Stück Kunststofffolie dazwischen), oder man entfernt den Rasen und den Mutterboden und bedeckt die Fläche, auf der das Haus stehen soll, mit einer dicken Schicht Kies.

19 Komplettieren Sie das Haus, indem Sie die beiden Dachhälften aufschrauben. Sägen Sie die geschwungenen Giebelbretter aus und befestigen Sie diese über dem Eingang zur Veranda.

20 Um das Dach wasserdicht zu machen, nagelt man bituminierte Dachpappe darauf, die man bis über die Ränder zieht. Nun ist das Haus bereit für seine zukünftigen Bewohner.

Tipps

- Der Entwurf dieses Spielhauses lässt sich beliebig variieren, wobei die grundlegenden Techniken zum Bau des Hauses gleich bleiben. An der Seite könnte man beispielsweise ein Verkaufsfenster einbauen oder die Veranda in eine Tankstelle verwandeln.
- Mit farblicher Gestaltung lässt sich ebenfalls eine große Wirkung erzielen. Auch Bogenfenster sehen immer sehr schön aus.
- Stellen Sie das Spielhaus entweder auf die Terrasse oder auf druckimprägnierte Lagerhölzer, niemals direkt auf die Erde.

21 Mit ein paar Gartenmöbeln und Kissen oder Decken wird das Haus zu einer gemütlichen Höhle, in der die Kinder stundenlang spielen werden. Wenn Sie sich noch mehr Details wünschen, können Sie beispielsweise noch Fensterläden aus Sperrholz sägen oder kleine Blumenkästen bauen, die Sie am Geländer der Veranda befestigen.

Kleiner gedrechselter Löffel

Gleich, ob man einen kleinen Löffel für das Salzfass oder einen großen für Bellos Trockenfutter drechselt, die Arbeitstechniken sind fast dieselben. Dieser Löffel hat die Form eines Kelchglases, wobei der Umfang der Öffnung etwas kleiner ist als der Kelch an seiner breitesten Stelle.

1 Bereiten Sie den Rohling vor und spannen Sie ihn in das Futter. Umwickeln Sie die Schneide der Formröhre (oder eines 12-mm-Bohrers) 65 mm über der Spitze mit Klebeband, das als provisorischer Tiefensteller dient.

2 Positionieren Sie die Spitze der Formröhre genau dort, wo sich der Mittelpunkt des Rohlings befindet und bohren Sie damit ein Loch bis zur markierten Tiefe, wobei Sie die Röhre regelmäßig herausziehen um die Späne zu entfernen. Dieses Führungsloch dient als Anhaltspunkt für die Tiefe des Kelches.

3 Beginnen Sie nun, den Zylinder mit einer fingernagelförmig geschliffenen Formröhre auszuhöhlen. Dabei legt man das Werkzeug auf die Seite und führt kurze geschwungene Schnitte von der Mitte zum Rand hinaus.

4 Vertiefen Sie den Hohlraum, wobei Sie niemals die gewünschte Form des Kelches aus den Augen verlieren sollten.

5 Im tieferen Bereich müssen Sie wahrscheinlich einen Schaber verwenden, der einen steiferen Schaft hat und sich beim Drechseln weniger biegt.

Werkzeug- und Materialliste

- Fingernagelförmig geschliffene Formröhre
- 12-mm-Bohrer
- Abstechstahl
- Schaber
- Hartholz z. B. Buche, Bergahorn, Ahorn oder Birke (70 x 70 x 150 mm)
- Drechselbank mit hoher Drehzahl
- Flüssiges Paraffin

6 Schlichten Sie die Innenform und entfernen Sie dabei alle Grate und Kerben.

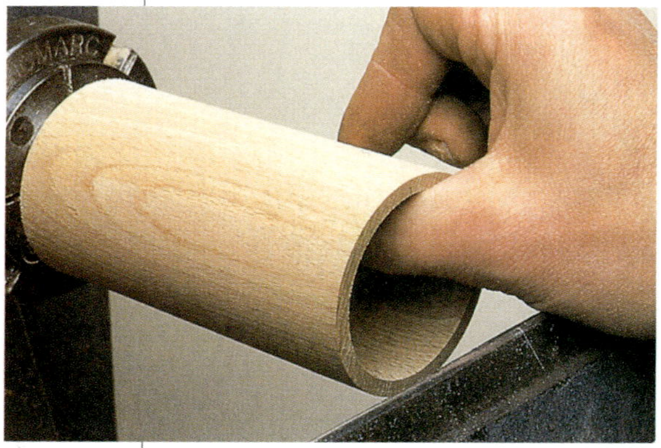

7 Halten Sie die Drechselbank an und überprüfen Sie die Form und Tiefe des Hohlraumes. Dabei sind die Finger ein besserer Richter als das Auge. Wenn sich die Form richtig anfühlt, schleifen Sie die Innenseite ab.

8 Nun messen Sie die Tiefe der Aushöhlung und übertragen diese auf die Außenseite. Da der Boden nicht plan, sondern gewölbt ist, misst man die Tiefe genau in der Mitte.

9 Schneiden Sie an der dem Reitstock zugewandten Seite der markierten Linie mit dem Abstechstahl eine Kehle ein. Lassen Sie dabei noch etwa ein Drittel des Gesamtdurchmessers stehen, bzw. hören Sie spätestens auf, wenn sich der Klang ändert.

10 Nun formen Sie die Außenseite des Kelches entsprechend der inneren Form, wozu Sie wieder die Formröhre verwenden. Die endgültige Wandstärke sollte etwa 3 mm betragen.

11 Zwischen Griff und Kelch arbeitet man einen Rundstab heraus. Orientieren Sie sich dabei an dem Foto auf der folgenden Seite.

12 Der Griff sollte zwar schlicht sein, jedoch eine ähnlich fließende Form wie der Kelch haben, so dass es nicht so aussieht, als wäre er später angesetzt worden.

16 Die letzten Schleifarbeiten führt man mit einem Bandschleifer oder wie hier gezeigt mit einer auf der Drechselbank montierten Schleifwalze aus.

13 Nach dem Abschleifen rundet man das Ende des Griffes, so dass er gut in der Hand liegt und sticht ihn dann mit einem schrägen Drechselstahl ab. Halten Sie das Werkstück dabei locker mit der linken Hand, damit es nicht auf die Werkzeugauflage fällt.

15 Sägen Sie den vorderen Rand des Löffels mit einer Bandsäge aus. Gehen Sie dabei sehr vorsichtig vor, da sich Ihre Finger in unmittelbarer Nähe des Sägeblatts befinden.

14 Schlichten Sie nun das Ende des Griffes per Hand und glätten Sie es mit Schleifpapier, um alle eventuell noch vorhandenen Werkzeugspuren zu entfernen.

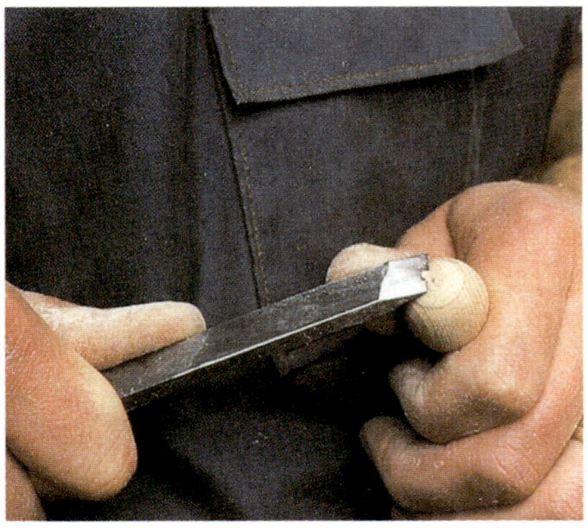

17 Als Oberflächenbehandlung eignet sich flüssiges Paraffin.

Tipp

Seien Sie besonders vorsichtig, wenn Sie eine Schleifvorrichtung auf der Drechselbank montieren. Tragen Sie außerdem eine Atemschutzmaske, denn beim Schleifen entstehen sehr feine Staubpartikel. Halten Sie den Löffel ständig in Bewegung, so dass möglichst keine flachen Stellen auf der Oberfläche entstehen.

Kindermöbel

Dieses Projekt ist eine gute Gelegenheit, um die Eigenschaften von Holzwerkstoffen besser kennen zu lernen. Das Design ist nicht sehr kompliziert, die Nuten und Federn für die Verbindungen können mit Hilfe einer Oberfräse hergestellt werden. Eine andere Möglichkeit besteht in der Verwendung einer Lamellofräse und Lamellofedern.

Die Gestaltungsmöglichkeiten sind prinzipiell unbegrenzt. Bei solch schlichten Möbeln bietet es sich geradezu an, verschiedene Maltechniken auszuprobieren. Zum Beispiel würden Schablonenmuster in leuchtenden Farben hier sehr gut passen. Achten Sie jedoch immer darauf, dass Sie Farben verwenden, die unbedenklich für die Gesundheit Ihrer Kinder sind.

Oben: Vielleicht wollten Sie schon immer einmal mit einer Sprühflasche experimentieren. Dieses Projekt ist die ideale Gelegenheit dafür!

Auswahl des Materials

Für dieses Projekt wurden MDF-Platten verwendet, da ihre Oberfläche ein idealer Untergrund zum Streichen ist, Sperrholz oder Spanplatten kämen jedoch auch in Betracht. Es gibt keine Zuschnittliste, sondern lediglich Skizzen zur optimalen Aufteilung der Platten, so dass beim Zusägen der einzelnen Elemente möglichst wenig Verschnitt entsteht. Gehen Sie beim Aussägen sorgfältig vor, damit Sie nicht aus Versehen ein benachbartes Element beschädigen.

Pläne

Die Zeichnungen auf dieser und den folgenden Seiten zeigen verschiedene Risse, sowie die auseinander gezogenen Perspektivdarstellungen.

Auseinander gezogene Perspektivzeichnung

Maßstab 1:9

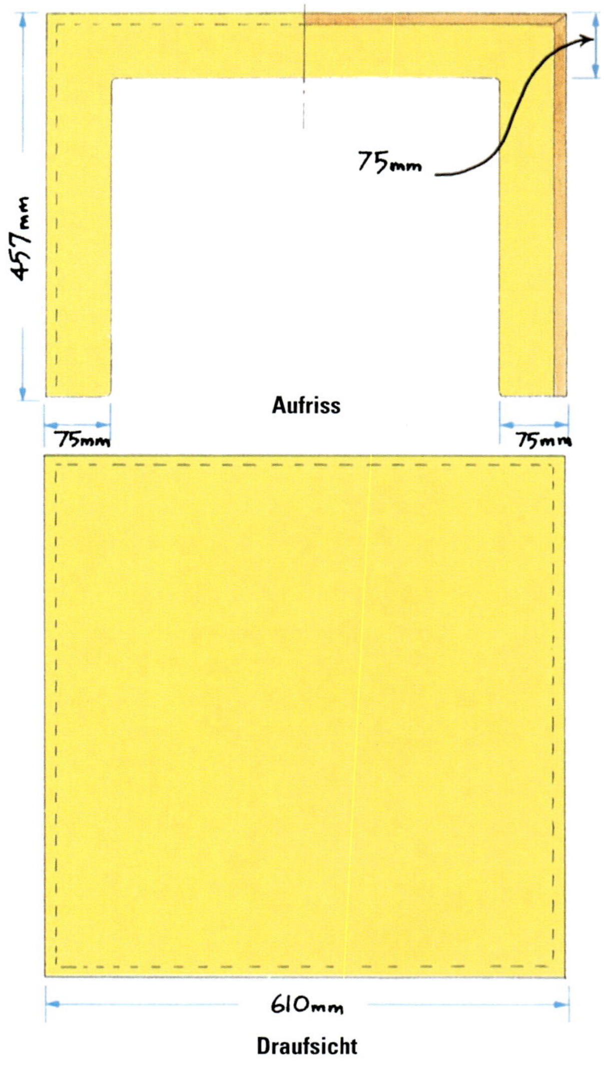

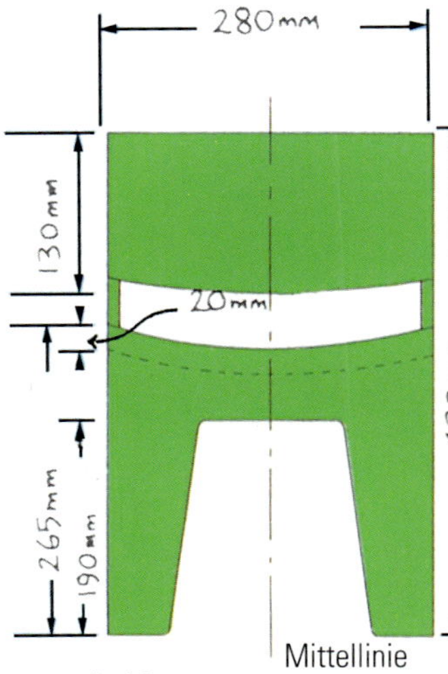

Aufriss

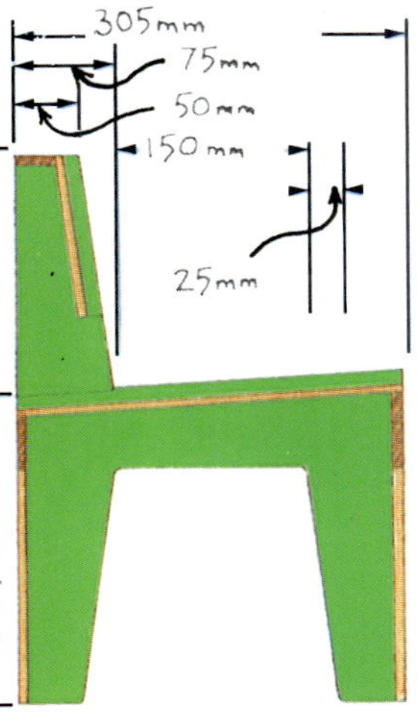

Seitenriss durch Mittellinie

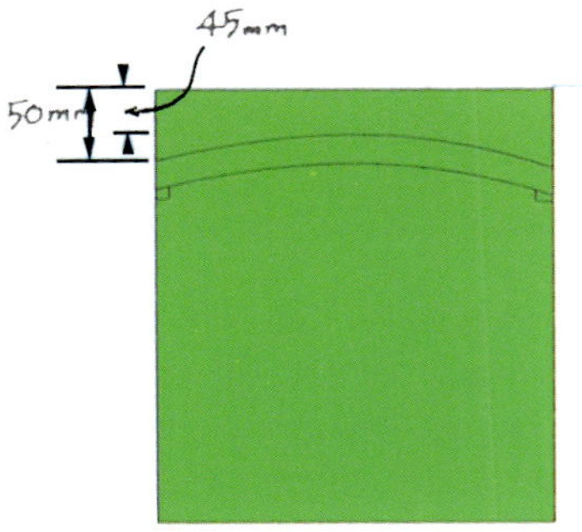

Draufsicht

Auseinander gezogene Perspektivzeichnung

Bau des Tisches

1 Reißen Sie auf der Grundlage der Skizze die einzelnen Elemente auf der MDF-Platte an. Die Elemente wurden so angeordnet, dass möglichst wenig Verschnitt entsteht.

2 Um die L-förmigen Teile für die Tischbeine auszusägen, brauchen Sie entweder eine Schweifsäge oder eine elektrische Stichsäge. Wenn Sie eine Stichsäge verwenden, sollten Sie ein mittelgroßes Blatt zum Sägen von Holz einsetzen und die Säge auf Pendelhub stellen, was den Spanauswurf begünstigt. Glätten Sie die entstehenden rauen Kanten mit Schleifpapier, doch runden Sie sie dabei nicht ab. Legen Sie den Schleifblock immer flach auf die zu schleifende Fläche.

Verbinden der Beine

3 Die aneinander stoßenden Längskanten der Beine werden auf Gehrung gehobelt oder gefräst. Das gleiche gilt für die Verbindungsstellen zwischen Beinen und Tischplatte. Es wäre jedoch auch möglich, die Beine direkt unter die Platte zu setzen. In dem hier beschriebenen Projekt werden alle zu verbindenden Kanten auf Gehrung gesägt.

Schneiden der Gehrungen

4 Hobeln Sie die Kanten der Tischplatte ringsherum im Winkel von 45° ab. Die äußeren Kanten der Tischbeine werden ebenfalls so abgeschrägt. Die Gehrung lässt sich statt mit einem Hobel auch mit einer Oberfräse schneiden. Mit einer unter dem Frästisch montierten Fräse kann man sehr genaue Schnitte ausführen. Sie brauchen dazu jedoch einen Fräser, der breit genug ist, um die Kante einer MDF-Platte in einem Zug schräg abzufräsen.

Herstellung der Verbindungen

5 Setzen Sie nun einen kleinen Nutfräser in die Oberfräse und schneiden Sie Nuten entlang aller abgeschrägten Kanten. Verwenden Sie dazu eine Führung, die den Fräskopf entlang der Oberkante der Tischplatte führt, und halten Sie das Werkzeug beim Fräsen ganz ruhig. Dann sägen Sie aus Sperrholz entsprechend dicke Federn aus.

6 Alternativ kann man auch eine Lamellofräse verwenden und damit kurze Nuten für Lamellofedern fräsen. Spannen Sie die Teile immer fest auf die Werkbank, bevor Sie mit dem Fräsen der Nuten beginnen.

7 Bauen Sie nun jeweils aus zwei Teilen die vier Ecken zusammen, wobei die längeren Abschnitte die Beine und die kurzen die Auflagen für die Tischplatte bilden. Halten Sie die Verbindungsstellen provisorisch mit Klebeband zusammen. Überprüfen Sie, ob alle Ecken rechtwinklig sind. Wenn das der Fall ist, verleimen Sie die Verbindungsstellen und lassen Sie den Leim trocknen, bevor Sie weiterarbeiten (rechts).

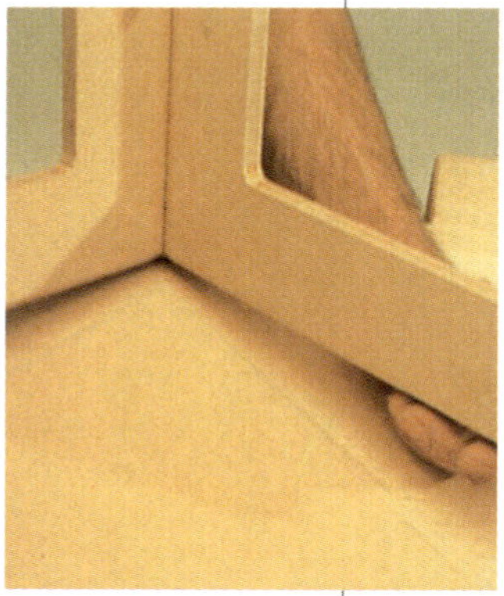

8 Nehmen Sie zwei der Beine und verleimen Sie diese gegenüberliegend mit der Tischplatte. Warten Sie wiederum, bis der Leim vollständig erhärtet ist, bevor Sie mit dem nächsten Schritt fortfahren.

9 Befestigen Sie nun das zweite Beinpaar. Dabei müssen Sie nicht nur die Beine mit der Platte, sondern auch die Schmalseiten der aneinander stoßenden Beine verleimen. Wenn der Leim getrocknet ist, ist der Tisch fertig und sollte ziemlich stabil sein.

10 Die Ecken des Tisches sind noch sehr scharf und müssen deshalb mit einem Hobel leicht gebrochen werden. Wenn es Ihnen sicherer erscheint, die Kanten komplett abzurunden, ist das eine Gelegenheit, die Fräse mit einem Viertelstabfräser oder einem ähnlichen Profilfräser auszuprobieren.

Stuhl

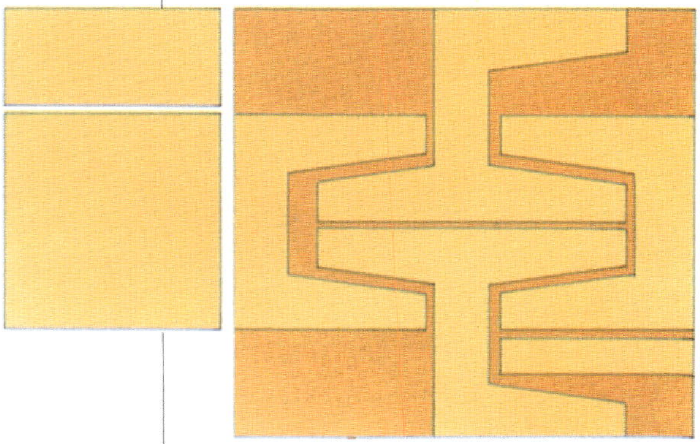

11 Nun schleift man den gesamten Tisch ab, bevor man die Grundierung aufträgt. Alle Holzwerkstoffe müssen grundiert werden, bevor man sie lackiert, allerdings erfordern MDF-Platten im Gegensatz zu Spanplatten oder Sperrholz nur eine relativ dünne Grundierung. Schleifen Sie die Oberfläche zwischen den Anstrichen ab und bürsten oder wischen Sie den Schleifstaub sorgfältig weg (oben).

12 Tragen Sie eine Schicht oder mehrere Schichten Farbe oder Lack auf. Wenn die Farbe vollständig getrocknet ist, kann man mit der Verzierung beginnen. Hier wurden durcheinander purzelnde Buchstaben gewählt, aber Ihnen fallen sicher noch andere mögliche Varianten ein. Achten Sie beim Kauf der Farbe darauf, dass diese für Spielzeug oder Kindermöbel geeignet ist.

13 Zeichnen Sie die Teile des Stuhls wie oben in der Skizze gezeigt auf die Platte. Für die Beine sollte man 9 mm starke Platten verwenden, für die Sitzfläche und die Lehne genügt eine Stärke von 3 oder 5 mm. Wenn Sie mehr als einen Stuhl bauen, werden Sie sicher eine noch bessere Variante finden, um das Material möglichst wirtschaftlich zu nutzen.

14 Sägen Sie die einzelnen Komponenten mit einer Stichsäge aus.

15 Hobeln Sie die Kanten glatt. In dieser Arbeitsphase empfiehlt es sich, alle Kanten noch rechtwinklig zu belassen. Legen Sie besonderes Augenmerk auf die abgeschrägte Innenseite der Beine und der Lehne.

16 Schneiden Sie die Gehrungen an den aneinander stoßenden Kanten der vier Ecken. Die Gehrung an den Hinterbeinen ist nur bis zur Oberkante der Sitzfläche zu sägen.

17 Fräsen Sie Falze zum Einlegen der Sitzfläche und der Rückenlehne.

18 Fräsen Sie an den Verbindungsstellen durchgängige Nuten oder verwenden Sie eine Lamellofräse.

19 Bauen Sie den Rahmen provisorisch zusammen und überprüfen Sie, ob alle Winkel genau 90° betragen. Wenn alles stimmt, verleimen Sie die beiden Seitenteile mit der Vorder- und der Rückseite und der oberen Querstrebe der Lehne. Lassen Sie den Leim trocknen.

20 Dünnere Platten passen sich der Krümmung der Sitzfläche und der Rückenlehne leicht an. In diesem Beispiel wurden jedoch 6 mm starke MDF-Platten verwendet. Diese musste man vorher entsprechend biegen. Deshalb wurden die Sitzfläche und die Rückenlehne etwas größer ausgesägt und vor der Montage in eine Biegeform gespannt.

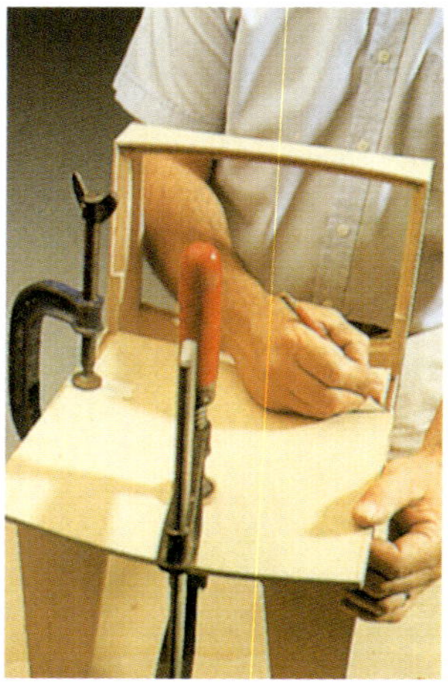

21 Das Anpassen der Größe der Sitzfläche ist etwas kompliziert. Das Brett muss auf drei Seiten genau in die Falze passen. Auf der Rückseite sind entsprechende Aussparungen für die Lehne zu sägen.

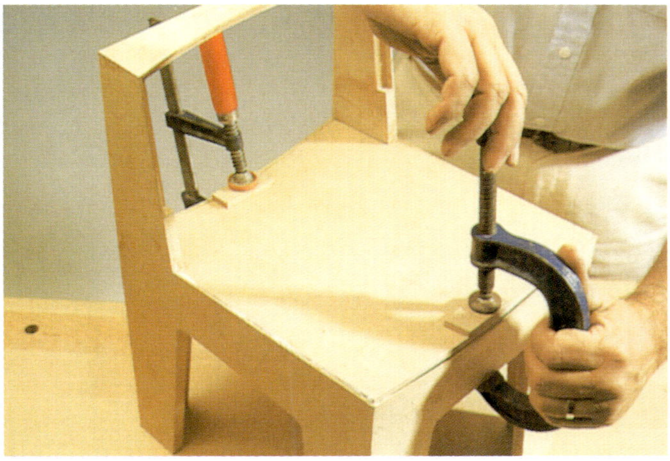

22 Wenn die Sitzfläche entsprechend zugesägt ist, geben Sie etwas Leim auf die Kanten der Unterseite und spannen alles mit Zwingen fest.

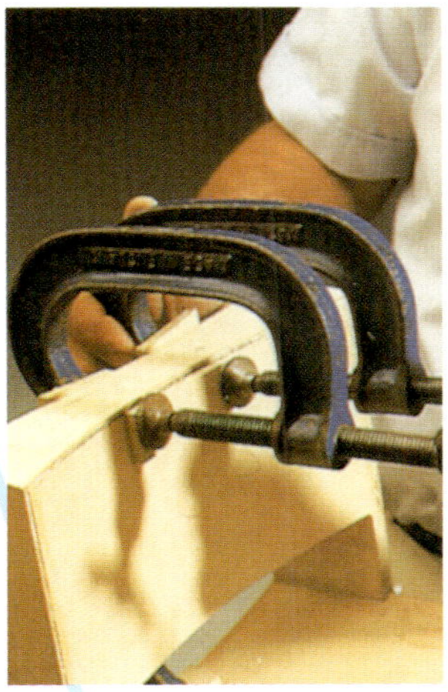

23 Die Rückenlehne wird auf die gleiche Art und Weise eingepasst und verleimt.

24 Nun sind hier ebenfalls die scharfen Ecken und Kanten zu brechen oder mit einem Viertelstabfräser abzurunden.

25 Gehen Sei bei der Oberflächenbehandlung des Stuhls genauso vor, wie beim Tisch, d. h. alle Flächen sind zu grundieren, abzuschleifen, mit der Deckfarbe zu streichen und schließlich zu dekorieren.

26 Der fertige Tisch und der Stuhl wurden hier mit durcheinander purzelnden Buchstaben verziert.

Ovale Schatulle

Diese hübsche Schatulle wurde für keinen bestimmten Zweck entworfen. Man könnte sie zur Aufbewahrung von Schmuck, Aromaölen oder Parfums verwenden. Die zugrunde liegende ovale Schablone kann auf unterschiedliche Art und Weise angefertigt werden: entweder man verwendet zum Anreißen einen bereits vorhandenen ovalen Gegenstand, wie zum Beispiel einen kleinen ovalen Spiegel oder etwas Ähnliches oder man kauft sich im Fachhandel für Künstlerbedarf eine elliptische Schablone. Eine weitere Möglichkeit besteht darin, mit einem Kurvenlineal, das es in jedem größeren Schreibwarenladen gibt, ein Viertelsegment aufzuzeichnen und dieses dann zweimal zu doppeln.

Die Konstruktion der Schatulle ist nicht sehr schwierig, allerdings erfordert der Prozess der Herstellung etwas Geduld und vor allem sorgfältiges Arbeiten. Die vier Segmente der Seitenwand, aus denen die Schatulle besteht, müssen sehr genau zugesägt werden. Sie werden auf Stoß mit den zusammengesteckten Trennwänden verklebt. Die Schatulle erhält ihre Stabilität von der Grundplatte, die mit den Segmenten der Wand verleimt und verschraubt wird.

Zur Herstellung der Schatulle benötigen Sie nur ein paar grundlegende Handwerkzeuge, sowie eine Fräse mit Viertelstab- und Nutfräsern. Die feinen 1 mm breiten schwarz-weißen Adern erhält man im Fachhandel für Gitarren und Lautenbau. Sie eignen sich zur Verzierung vieler feiner Holzarbeiten. Man kann jedoch auch andere Furnieradern aus dem Holzfachhandel verwenden oder sogar selbst welche schneiden. Die Schatulle erinnert sehr stark an den Stil der Shaker, auch wenn dazu nicht die typischen Materialien verwendet wurden und der ovale Rand nicht aus einem Stück gebogen ist. Sie sollte deshalb nicht zu aufwändig verziert werden.

Werkzeugliste

- 3-mm-Nutfräser (bzw. passend zur einzulegenden Ader)
- 3-mm-Viertelstabfräser mit Anlaufring
- Hohlkehlhobel
- Gebogene Ziehklinge
- Schablone für ovale Intarsie – Rechteck aus dünnem Messingbleich mit einer ausgeschnittenen Ellipse (5 x 30 mm); die lange und die kurze Achse müssen markiert sein.
- 1 mm breiter Schaber aus einem Stück Sägeblatt einer Bügelsäge oder einem ähnlichen Material
- Stabile Gummibänder
- Verschiedene grundlegende Handwerkzeuge (Siehe Seiten 50–54)

Materialliste

- Blau gefärbtes Furnier, 250 x 150 mm
- Rosskastanien- oder Stechpalmenfurnier, 50 x 40 mm
- Rot gefärbtes Furnier, 50 x 10 mm
- 3 mm dicke Adern, Gesamtlänge 1,30 m
- 1 mm breite, schwarz-weiße Adern, 135 mm lang
- 12 mm breites und 105 mm langes Messingscharnier
- 10 versenkbare Messingschrauben für das Scharnier
- 4 Messingstifte, 9 mm lang, oder 75 mm eines 1,6 mm starken Messingstabes
- 1,6 mm starkes Birkensperrholz oder ein ähnliches Holz (160 x 240 mm) für die Schablonen

Links: Mit einer gebogenen Ziehklinge wird die Oberfläche dieses furnierten Brettes glatt geschabt.

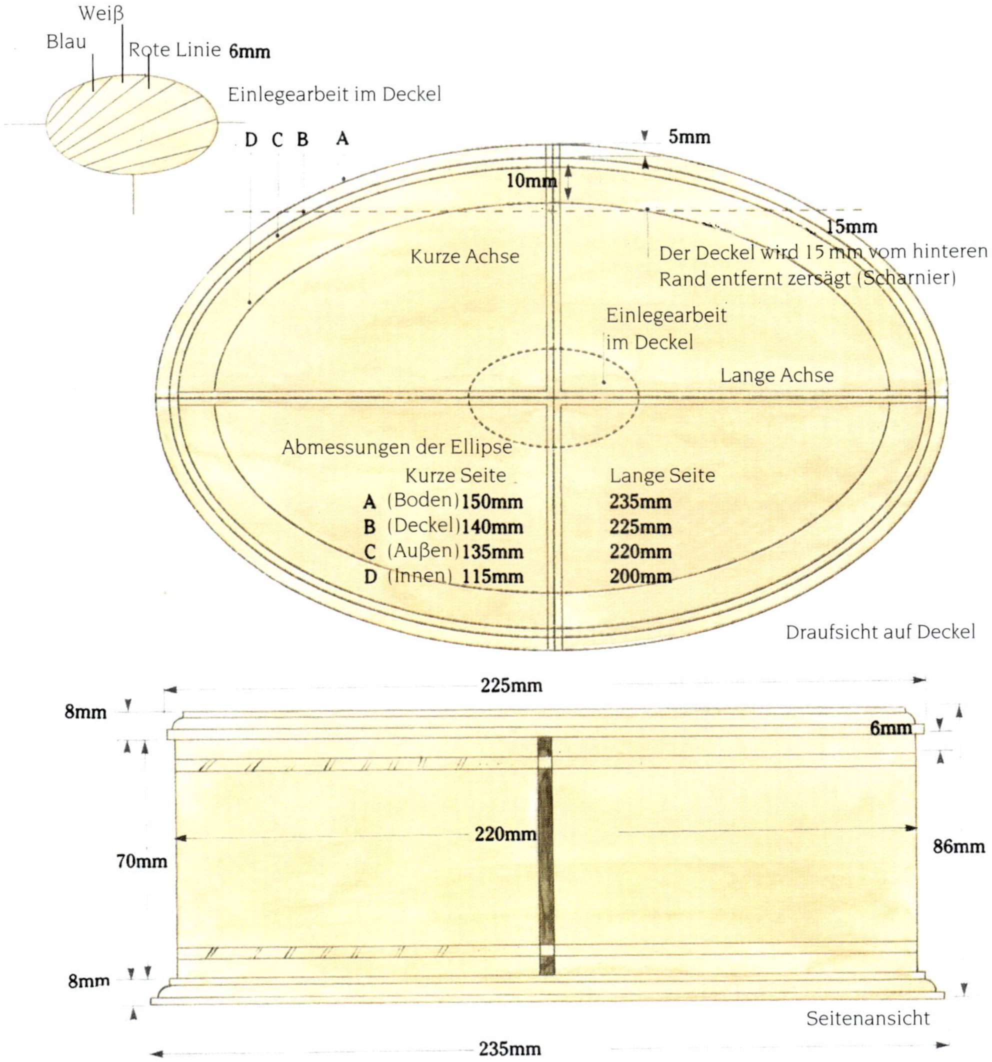

Zeichnung für ovale Form

Die Schablone für diese Schatulle kann mit einer Ellipsenform aus dem Künstlerbedarf, mit Hilfe eines bereits vorhandenen ovalen Objektes (z. B. Spiegel oder Teller) oder mit Hilfe eines Kurvenlineals angerissen werden.

Zuschnittliste

Seiten: Ahornholz, 75 x 75 x 250 mm

Deckel und Grundplatte: Ahornholz, 80 x 8 x 250 mm

Lange Trennwand: Birkensperrholz, *70 x 3 x *216 mm

Kurze Trennwand: Birkensperrholz, *70 x 3 x *131 mm

*Verschnitt ist mit eingerechnet

1 Bereiten Sie zuerst die Bretter für den Deckel und die Grundplatte vor. Fügen Sie die Bretter und hobeln und schleifen Sie die Kanten glatt. Markieren Sie die Längs- und die Querachse entsprechend der Zeichnung.

Anfertigen der Schablonen

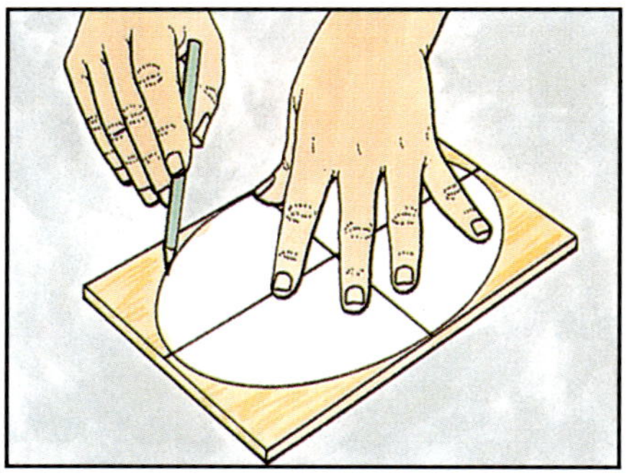

2 Fertigen Sie sich nun aus 1,5 mm starkem Birkensperrholz eine ovale Schablone an, auf welcher ebenfalls die Längs- und die Querachse deutlich zu markieren sind. Stellen Sie ein Streichmaß auf eine Breite von 5 mm und reißen Sie damit entlang des Außenrandes der Schablone eine Linie an.

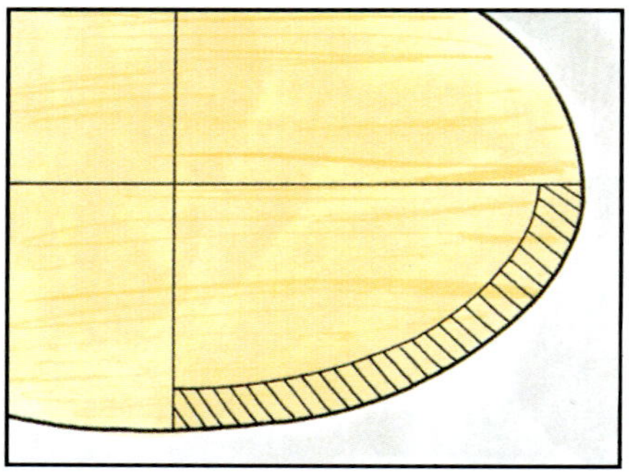

3 Sägen Sie den Rand bis zu dieser Linie ab und zeichnen Sie dann mit dieser verkleinerten Schablone den Rand für das Viertelstabprofil auf dem Deckel, sowie auf dem Boden der Schatulle an. Nun stellen Sie das Streichmaß auf einen Abstand von 2,5 mm, markieren wiederum eine Linie entlang des Randes der Schablone und tragen den Rand bis zu dieser Linie ab. Schließlich stellen Sie das Streichmaß auf 10 mm und markieren damit ein Viertel der verkleinerten Schablone. Sägen Sie dieses Stück aus und entfernen Sie an jedem Ende noch 2 mm (Trennwand).

4 Reißen Sie nun auf dem Ahornholz die Form der vier Segmente an, die die ovale Wand bilden und sägen Sie diese mit einer Bandsäge aus. Der Schnitt geht dabei sehr tief, arbeiten Sie deshalb langsam, damit die Späne heraus befördert werden können und das Sägeblatt sich nicht zu stark erhitzt.

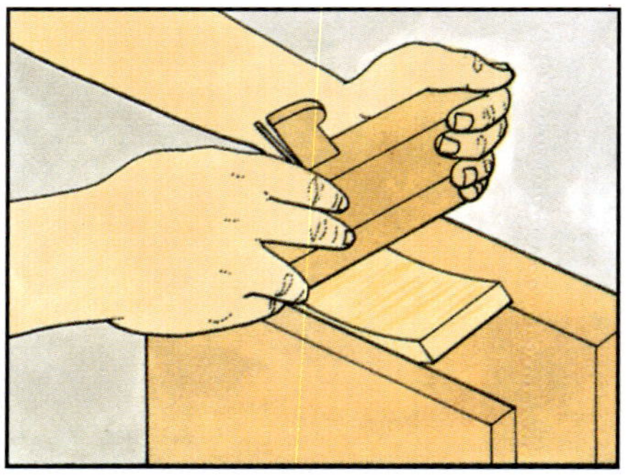

5 Glätten Sie die Innenseiten der vier Segmente mit einem Hohlkehlhobel, einer gekrümmten Ziehklinge und Sandpapier. Wenn Sie keinen Hohlkehlhobel besitzen, lässt sich das gleiche Ergebnis mit viel Geduld auch mit einem Hohleisen erzielen. Bestreichen Sie die Innenflächen mit verdünnter Grundierung (z. B. Sanding Sealer).

UNTEN: Die vier Segmente der Schatulle zusammen mit dem noch nicht ausgesägten Boden und Deckel. Die Segmente wurden aus einem Stück gemaserten Ahornholzes ausgesägt und dann mit einem Hohlkehlhobel geglättet. Der Deckel und die Grundplatte bestehen ebenfalls aus Ahornholz. Es gibt mehrere Möglichkeiten, die Ellipsenform der beiden Teile anzureißen, hier wurde ein Kurvenlineal verwendet.

Trennwände

6 Belegen Sie 3 mm starke Sperrholzplatten auf beiden Seiten mit blau gefärbten Furnierblättern. Wenn das Furnier trocken ist, schneiden Sie daraus zwei Rechtecke mit den Abmessungen 218 x 68 mm und 130 x 68 mm.

7 Jedes dieser Rechtecke erhält jeweils auf einer langen und einer kurzen Schmalseite einen Randstreifen aus Ebenholz (3 x 5 mm). Wenn der Leim getrocknet ist, wird der Übergang glatt gehobelt und leicht geschliffen. Achten Sie dabei darauf, dass kein Ebenholzstaub auf das blaue Furnier gelangt.

8 Schneiden Sie genau in der Mitte jedes Rechtecks einen 4 mm breiten Schlitz ein, und zwar einmal von oben, d. h. von der Ebenholzkante, beginnend und einmal von unten. Sägen Sie jeden Schlitz etwas tiefer als bis zur halben Breite des Rechtecks ein. Versiegeln Sie die Flächen und schleifen Sie sie ab.

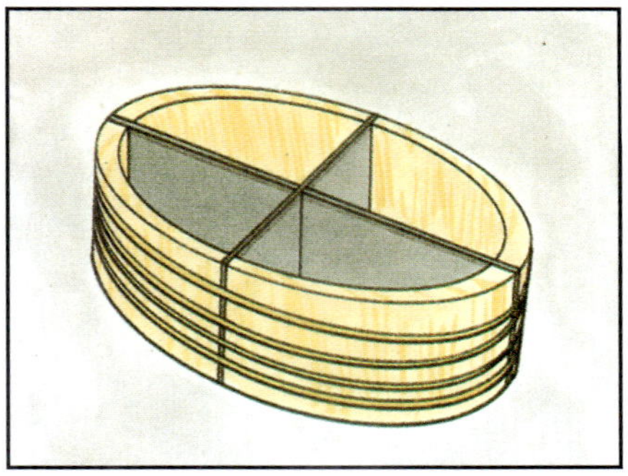

9 Stecken Sie nun die Trennwände so zusammen, dass die Randstreifen aus Ebenholz nach oben weisen. Schleifen Sie die Innenseiten der vier Segmente glatt und behandeln Sie die Oberfläche mit Wachs. Das sollte man am besten jetzt tun, wenn alle Seiten noch leicht zu erreichen sind. Setzen Sie die Segmente und die Trennwände zusammen und verspannen Sie alles mit kräftigen Gummibändern.

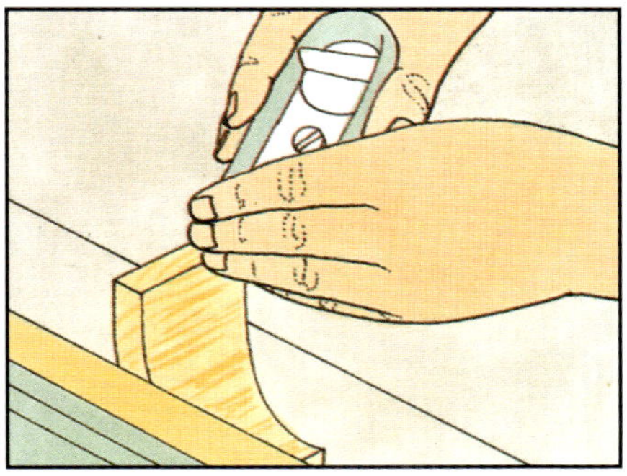

10 Wenn die Teile korrekt ausgesägt wurden, sollten die Stöße glatt aneinander liegen. Arbeiten Sie mit dem Hobel alle Kanten nach, die nicht genau rechtwinklig sind. Dann nehmen Sie alle Teile wieder auseinander, um sie schließlich zu verleimen. Wenn der Leim trocken ist, hobelt und schleift man die Außenflächen glatt.

Die Dose wird so zusammengesetzt, dass die Schmalseiten der Trennwände außen sichtbar sind.

Einlegen der Adern und Intarsien

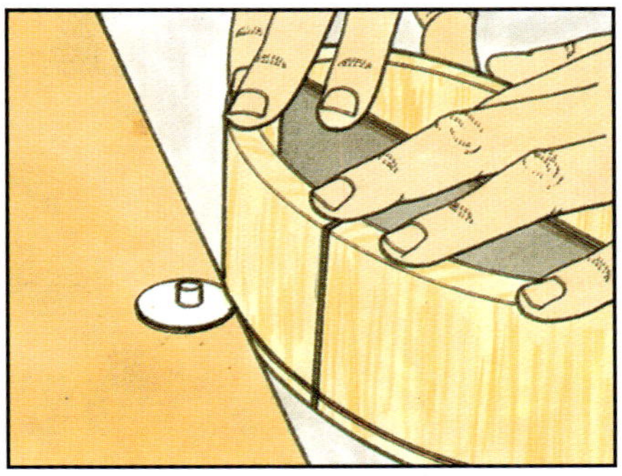

11 Fräsen Sie 3 mm breite Nuten für die Adern. Prüfen Sie, ob ihre Länge genau stimmt. Adern fixiert man beim Verleimen mit Malerkrepp. Wenn der Leim getrocknet ist, säubert man die Oberfläche mit einer Ziehklinge, dann wird sie abgeschliffen und versiegelt.

Deckel und Grundplatte sägen

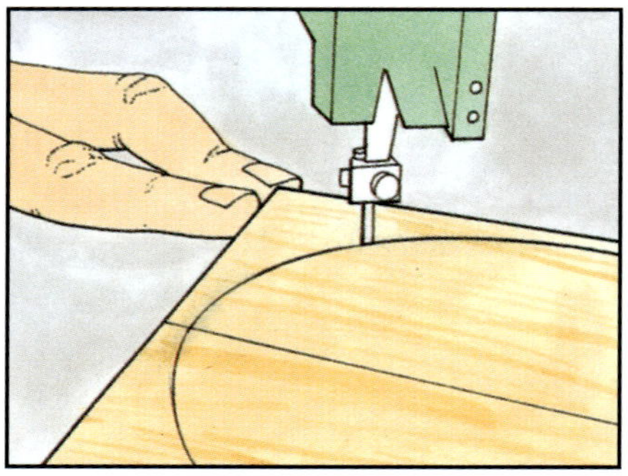

12 Sägen Sie den Deckel und die Grundplatte mit einer Bandsäge sorgfältig aus und glätten Sie die Flächen und Ränder mit Sandpapier.

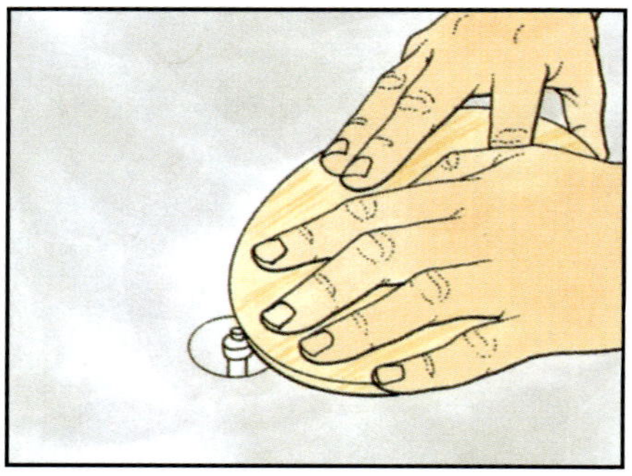

13 Mit einem Viertelstabfräser fräsen Sie das Profil entlang des Randes der Grundplatte und des Deckels. Fräsen Sie das Profil in mindestens drei Gängen, wobei Sie den Fräser jedes Mal etwas höher stellen. Beim letzten Schnitt sollte nur noch ganz wenig Material abgenommen werden, damit der Rand nicht versengt.

Tipp

Die Profilierung des Randes der Grundplatte und des Deckels erfordert große Sorgfalt, da das Holz dabei leicht versengen kann oder aber Dellen entstehen, wenn das Werkstück nicht ganz gleichmäßig entlang des Fräsers geführt wird. Halten Sie das Werkstück ständig in Bewegung und drücken Sie es gleichzeitig fest auf den Frästisch.

14 Schneiden Sie aus 1,5 mm starkem Birkensperrholz eine Schablone mit einer Länge von 50 mm, die auf einer Seite 7 mm breit ist und sich dann bis auf 3 mm verjüngt. Mit Hilfe dieser Schablone schneiden Sie nun jeweils 4 Stücke aus einem blauen und einem weißen Furnierblatt aus. Außerdem benötigen Sie noch sieben 1 mm breite und 50 mm lange Streifen aus einem rot gefärbten Furnierblatt.

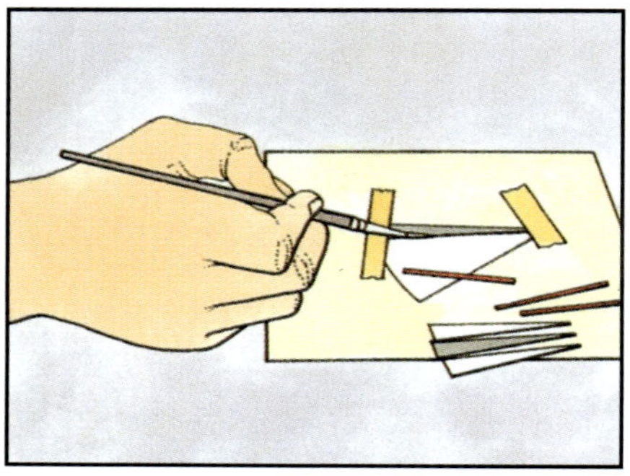

15 Kleben Sie ein Stück Wachspapier auf ein kleines, flaches Unterlegbrett und legen Sie eines der weißen dreieckigen Furnierstücke darauf. Befestigen Sie es an beiden Enden mit Klebeband. Dann streichen Sie etwas Weißleim (mit 15 % Wasser verdünnt) auf die Kante und legen einen roten Furnierstreifen dagegen.
Es folgt wieder etwas Leim, ein blaues Dreieck, Leim, ein roter Streifen usw.

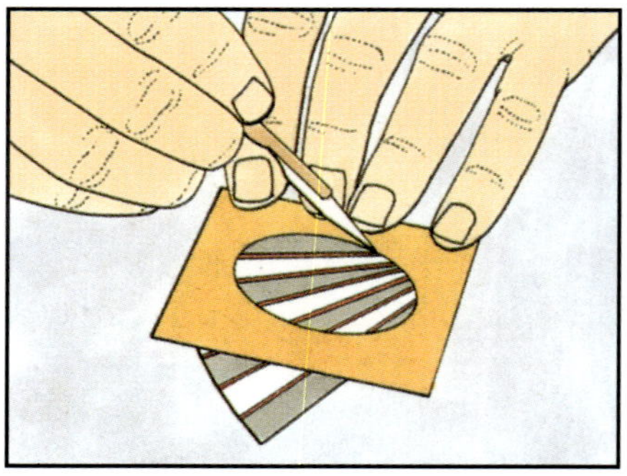

16 Bedecken Sie die fertige Intarsie mit Wachspapier, einem Stück Filz und einem zweiten, ebenen Holzbrettchen und spannen Sie alles fest ein.

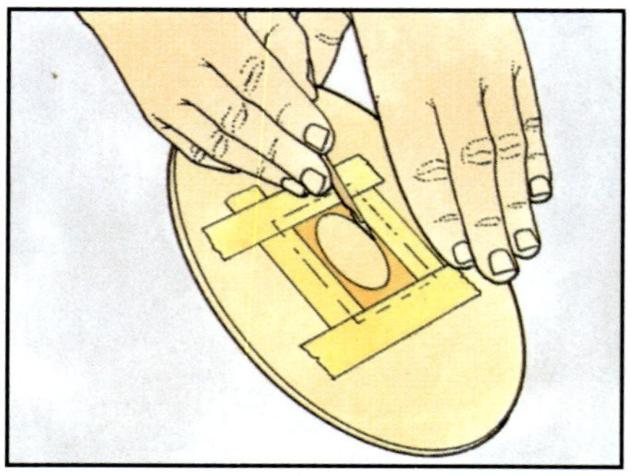

17 Kleben Sie die ovale Schablone mit Klebeband auf den Deckel, wobei Sie darauf achten müssen, dass die lange und die kurze Achse der großen und der kleinen Ellipse genau übereinander liegen. Fahren Sie mit einem scharfen, spitzen Messer entlang des Innenrandes der Schablone, wobei Sie die Klinge etwas schräg halten, so dass die angerissene Ellipse etwas kleiner wird. Durch den schrägen Schnitt erreicht man, dass die fertige Intarsie ganz genau passt. Tragen Sie das Holz im umrandeten Bereich bis zu einer Tiefe von 0,5 mm ab.

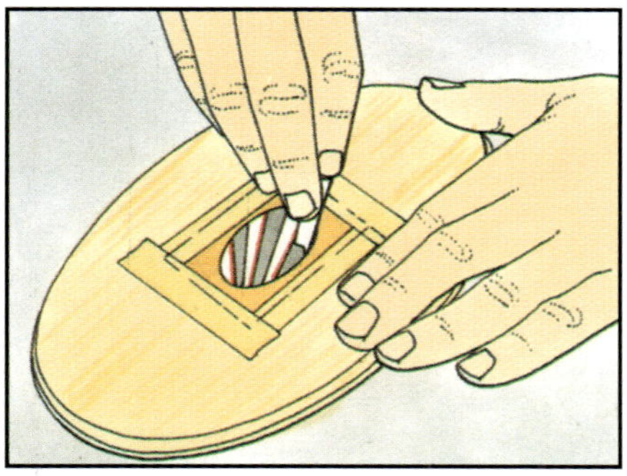

18 Kleben Sie die ovale Intarsie in die Vertiefung. Nach dem Trocknen des Leims, legen Sie noch einmal die Schablone darüber und fahren mit dem improvisierten 1 mm breiten Schaber entlang der inneren Kante, um eine gleichmäßig breite Nut für die schwarz-weiße Ader zu schneiden.

19 Tauchen Sie die Ader für einige Sekunden in heißes Wasser, damit sie biegsamer wird und legen Sie sie um einen Holzblock, der genau so groß ist wie die ovale Intarsie. Wenn die Ader trocken ist und die gewünschte Form angenommen hat, klebt man sie in die Nut. Zum Schluss glättet man die Oberfläche mit einer Ziehklinge.

Tipp

Im Holzfachhandel oder in Eisenwarenläden gibt es Klavierscharniere oft als Meterware. Heben Sie den Rest für spätere Projekte auf.

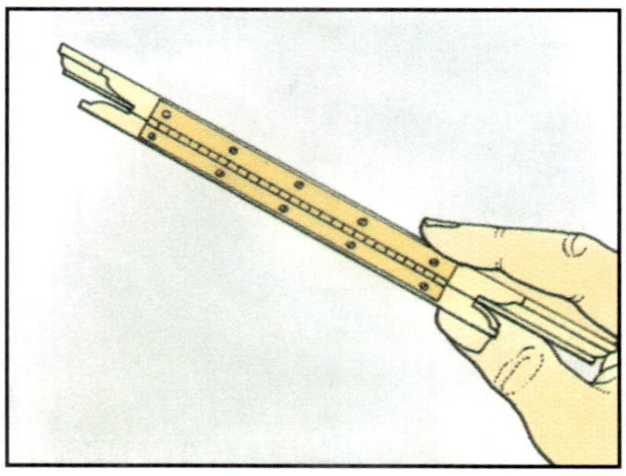

20 Mit einer Bandsäge zersägen Sie den Deckel im Abstand von 15 mm vom hinteren Ende. Kleben Sie vorher mit Klebeband eine Leiste auf den Deckel, deren Kante genau parallel zur langen Achse der Ellipse verläuft und die als Führung dient. Arbeiten Sie an beiden aneinander stoßenden Kanten eine Falz aus, der so lang und halb so breit ist wie das geschlossene Scharnier.

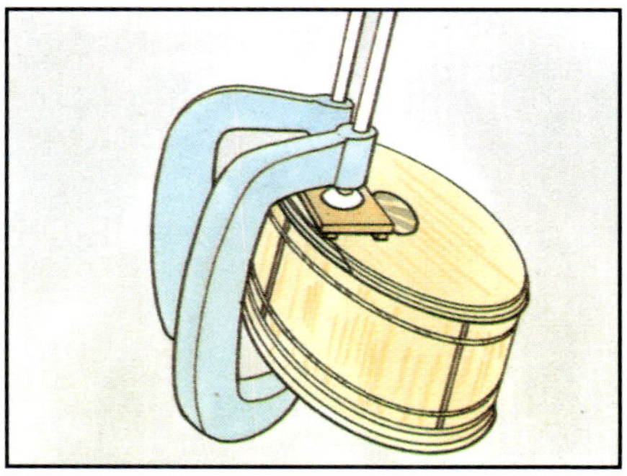

21 Glätten und Wachsen Sie die Außenflächen. Verleimen und Verschrauben Sie dann alle Teile der Schatulle miteinander. Das hintere Ende des Deckels wird angeklebt und zusätzlich mit vier 9 mm langen Messingstiften (deren Kopf man absägt) befestigt. Achten Sie darauf, dass die Messingstifte zwischen den Schrauben des Scharniers sitzen.

22 Die fertige Schatulle: die profilierten Kanten des Deckels und der Grundplatte wirken besonders schön. Das Messingscharnier ist im ähnlich gefärbten Ahornholz fast unsichtbar.

Schatullengalerie

Russische Schatulle (oben)
Das komplizierte geometrische Muster wurde aus sorgfältig ausgeschnittenen Strohstücken zusammengesetzt, die auf die Oberfläche der Holzschatulle geklebt sind. Das ist im Gegensatz zur Intarsientechnik eine relativ einfach, wenn auch zeitaufwändige Methode eine reich verzierte Oberfläche zu gestalten.

Schmuckkästchen (oben)
Dieses Schmuckkästchen wurde aus Eichenholz gefertigt, das mit Maserknollenfurnier der Eibe belegt wurde. Für die kleinen Details hat man Stechpalme verwendet und für die mit Samt ausgekleideten Tabletts Ahornholz. Alle Teile wurden auf Gehrung gesägt und verleimt. Die Verbindungen hat man zusätzlich durch Furnierfedern verstärkt.

Registerkiste (unten)
Diese Registerkiste wurde aus Olivesche gebaut, wobei die einzelnen Teile verdeckt gezinkt sind. Die eingelegten Adern und Kreise wurden aus einem Mooreiche-Furnier geschnitten und die Deckel sind in Zapfen gelagert, die ebenfalls aus Mooreiche bestehen.

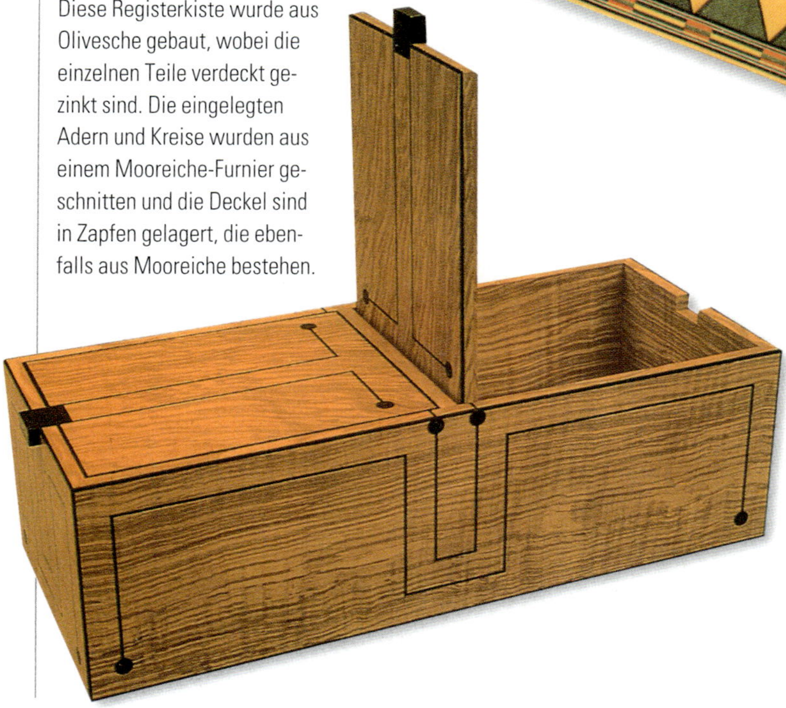

Schmuckschatulle (oben)
Die ungewöhnliche Form dieser Schmuckschatulle wird durch die geometrische Verzierung im Stil der Parketterie noch betont. Der Deckel und die Vorderseite wurden zusätzlich mit einem mehrfarbigen Rand aus gefärbten Furnieren verziert. Das Innere der Schatulle ist mit dunkelgrünem Samt ausgekleidet und enthält zwei Schmucktabletts aus Elfenbein.

MÖBEL REPARIEREN

REPARATUR VON MASSIVHOLZMÖBELN

Allgemeine Schwachstellen

Schäden an Möbeln kann man grob in zwei Kategorien einteilen: oberflächliche Schäden und Konstruktionsschäden. Die häufigsten Schäden an älteren Tischen und Stühlen sind lose Verbindungen, zerbrochene Beine, kaputte Stege oder Querstreben, beschädigte Ecken und fehlende Teile, z. B. Zierprofile.

Stühle

Stühle gehen häufiger kaputt als andere Möbel, weil sie einfach sehr stark beansprucht und oft zweckentfremdet werden, z. B. um sich darauf zu stellen. Viele Kinder aber auch manche Erwachsene haben außerdem die Angewohnheit, mit dem Stuhl zu kippeln, wodurch die hinteren Beine über Gebühr belastet werden.

Die Schwachstellen sind zwangsläufig die Verbindungen zwischen den Beinen und der Sitzfläche. Wenn diese nicht mehr fest sind, fängt der Stuhl an zu wackeln. Denken Sie daran, dass die einzelnen Teile der meisten älteren Stühle lediglich durch Leim zusammengehalten werden und in den meisten Fällen handelt es sich dabei um einen spröden, nicht flexiblen Leim. Das heißt, wenn eine Leimverbindung nicht mehr fest ist, hat man meist keine andere Wahl, als den Stuhl komplett auseinander zu nehmen und neu zu verleimen.

Die Armlehnen und die Streben der Rückenlehnen bestimmter Stühle sind weitere schwache Punkte und wenn sich dort Verbindungen gelöst haben, sollte man die Teile ebenfalls demontieren, säubern und neu verleimen. Glücklicherweise sind die Verbindungen bei den meisten Stühlen relativ einfach ausgeführt, so dass sie sich leicht von altem Leim und Schmutz säubern lassen.

Tische

Allgemein gesagt sind Tische anfälliger für Oberflächenschäden als für konstruktive Schäden. Die Beine werden oft durch unachtsame Füße zerkratzt und auf der Tischplatte finden sich häufig Dellen und Flecken, die durch herab fallende Gegenstände oder verschüttete Flüssigkeit verursacht wurden.

Solche Schäden an der Oberfläche zu beheben, erfordert umfangreiche handwerkliche Fertigkeiten und viel Geduld. Ein Ring auf einer Tischplatte, der durch einen heißen Topf oder eine Pfanne entstanden ist, lässt sich beispielsweise nur sehr schwer wieder entfernen.

Deshalb sollte man, wenn möglich, lieber vorbeugen als reparieren. Wenn Sie also einen Tisch mit viel Mühe restauriert haben, empfiehlt es sich, die Oberfläche der Tischplatte gut zu schützen – ganz besonders vor heißen Pfannen und Töpfen!

Die Verbindungen an Tischen können manchmal erstaunlich komplex sein, oft findet man zum Beispiel Zapfenverbindungen die zusätzlich noch durch überkreuzte Dübel gesichert sind. Wenn sich diese Verbindungen lösen, zieht das komplizierte Reparaturen nach sich.

Kommoden und kleinere Schränke

Viele alte Kommoden und Schränke zeugen davon, dass die Möbeltischler früher ihr Handwerk meisterhaft beherrschten. Die Verbindungen sind oft sehr kompliziert und nur schwer zu lösen. Deshalb passiert es bei solchen Möbelstücken auch nicht so häufig, dass sie auseinander fallen. Nehmen Sie eine Kommode oder ein Schränkchen niemals komplett auseinander, es sei denn, das ist absolut notwendig! Normalerweise muss man relativ viel Kraft einsetzen, um verleimte Verbindungen zu lösen und das kann manchmal den Zustand des Möbelstücks eher verschlechtern statt ihn zu verbessern.

Kommoden und Schränkchen sind häufig furniert und mit aufwändig gestalteten Profilen verziert. Oft müssen Teile dieser Profile ersetzt oder das Furnier ausgebessert werden. Manchmal wird der Restaurator auch mit gebrochenen Scharnieren oder beschädigten Laufleisten konfrontiert.

Schwachstellen an Stühlen

Rückenlehne
Die Rückenlehne wird stark durch das Gewicht der auf dem Stuhl sitzenden Person belastet und ist deshalb häufig beschädigt.

Armlehnen
Die Armlehnen sind meist mit der Rückenlehne und der Sitzfläche verzapft oder mit diesen durch Dübel verbunden. Sie sind anfällig für seitlichen Druck.

Hinterbeine
Die Hinterbeine sind die verletzlichsten Teile des Stuhls, denn sie tragen die größte Last. Sie sind an mehreren Stellen mit anderen Teilen des Stuhls verbunden. Die am stärksten beanspruchte Verbindung ist die mit der Sitzfläche.

Sitzfläche und Rahmen
Ebenfalls stark belastete Teile des Stuhls, oft müssen die Verbindungen neu verleimt werden.

Vorderbeine
Ähnlich wie die Hinterbeine leiden auch die vorderen Beine beim Kippeln, meist sind die erforderlichen Reparaturen jedoch relativ einfach.

Schwachstellen an Tischen

Tischplatte
Anfällig für Dellen und Flecken, die von verschütteter Flüssigkeit herrühren.

Tischbeine
Sind häufig von Schuhen zerkratzt.

Verbindung des Fußes mit der Tischplatte
Normalerweise sehr stabile Verbindungen, die sich jedoch mit der Zeit lockern können.

Verbindung der Tischbeine untereinander
Weniger stabile Verbindungen, die durch Temperaturschwankungen locker werden können.

Schwachstellen von Kommoden, Sekretären etc.

Schmutzflecken
Schmutzflecken können auf Arbeitsflächen (z. B. bei Sekretären) ein Problem sein und müssen vorsichtig entfernt werden.

Eckverbindungen
Eckverbindungen werden oft stark belastet und müssen möglicherweise verstärkt werden.

Fronten
Auf der Vorderseite von Kommoden oder Schränken findet man oft Kratzer und Dellen.

Beine
Die Beine sind häufig verkratzt und verschrammt und erfordern eine Oberflächenbehandlung

Bekämpfung von Holzwurm und Hausschwamm

Holzwurmbefall und Hausschwamm sind in vielen alten Häusern ein gravierendes Problem. Zum Glück lassen sich der Holzwurm (*Anobium punctatum*) relativ einfach bekämpfen und die charakteristischen Löcher kann man wieder schließen. Bei Hausschwammbefall jedoch ist nicht so leicht Abhilfe zu schaffen. Meistens sind dann drastische Maßnahmen erforderlich.

Holzwurmbefall

Es ist sehr unwahrscheinlich, dass Sie jemals einen lebenden Holzwurm zu Gesicht bekommen, denn diese sind von stumpf-brauner Farbe und nur etwa 3 mm lang. Sie legen im Sommer ihre Eier in kleine Ritzen im Holz oder in schon vorhandene Holzwurmlöcher. Die Larven schlüpfen nach etwa sechs Wochen und verbringen ein Jahr oder zwei Jahre damit, sich durch das Holz zu fressen. Dann verpuppen sie sich und die erwachsenen Insekten fliegen aus, um an anderer Stelle wieder ihre Eier zu legen.

Holzwürmer findet man meist auf der Rückseite von Möbeln oder unter Rahmen. Alte Möbel sollten deshalb regelmäßig auf die bekannten Löcher und auf helles Holzmehl kontrolliert werden, denn das ist ein ziemlich sicheres Zeichen für noch aktiven Holzwurmbefall. Im Falle eines positiven Befundes sind sofortige Maßnahmen erforderlich. Fahren Sie mit einem Staubsauger über die Holzfläche, um den Staub aus den Löchern zu saugen und injizieren Sie dann ein spezielles Holzwurmbekämpfungsmittel in die Löcher. Reiben Sie auch die gesamte Oberfläche mit der Flüssigkeit ein, wobei Sie die vom Hersteller genannten Sicherheitsbestimmungen beachten sollten. Wenn Sie Holzwurmbefall an einem Polstermöbel feststellen, müssen Sie unter Umständen die Polsterung entfernen, bevor Sie das Holz behandeln können.

Bekämpfung des Holzwurmbefalls

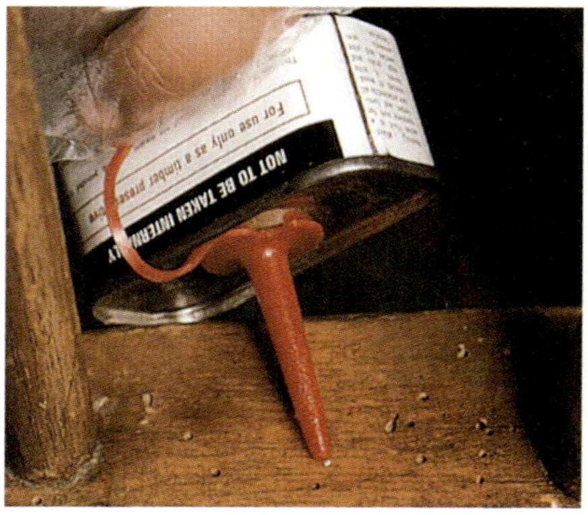

1 Zur Bekämpfung von Holzwurmbefall muss man in jedes einzelne Loch ein spezielles Mittel injizieren. Tragen Sie dabei immer Schutzhandschuhe.

2 Als vorbeugende Maßnahme sollten Sie die gesamte Oberfläche des Möbelstücks mit der Flüssigkeit abreiben, das hält erwachsene Insekten davon ab, ihre Eier erneut in Risse oder Löcher zu legen.

Vorbeugende Maßnahmen gegen Holzwurm- und Hausschwammbefall

Es gibt verschiedene vorbeugende Maßnahmen gegen Holzwurmbefall:

- Behandeln Sie neue Holzteile, wie zum Beispiel ersetzte Profile oder Sockelleisten mit einem Holzwurmschutz, bevor Sie diese am Möbelstück anbringen. Wenn die Flüssigkeit getrocknet ist, kann das Holz auf die übliche Weise gebeizt und poliert werden.
- Wenn Sie ein Möbelstück nicht streichen möchten, können Sie es beispielsweise mit speziellen Wachsen, die bereits ein Insektizid enthalten, behandeln. Diese Polituren stellen einen wirksamen Schutz gegen Holzwürmer dar, müssen jedoch regelmäßig erneuert werden.
- Hausschwamm entwickelt sich nur in feuchter Umgebung. Wenn Sie also Möbelstücke längere Zeit lagern, achten Sie darauf, dass der Lagerraum trocken ist. Packen Sie Möbel niemals in Kunststofffolie ein, denn darin beginnt das Holz zu schwitzen.

Hausschwamm

Der Echte Hausschwamm (*Serpular lacrimans*) ist ein Pilz, der dazu führt, dass das Holz seine Festigkeit verliert und zerkrümelt. Er gedeiht besonders gut in feuchter Umgebung und hat einen sehr charakteristischen muffigen Geruch. Der Hausschwamm kann auch in der Nähe befindliches gesundes Holz befallen und in kürzester Zeit zerstören. Möbel, die in einem feuchten Keller gelagert wurden, können beispielsweise von Hausschwamm befallen sein.

Zwar findet man den Hausschwamm nur selten in frei stehenden Möbeln, wenn das jedoch der Fall sein sollte, muss man sofort umfassende Maßnahmen einleiten. Befallene Holzteile müssen ausgesägt und verbrannt werden. Noch gesundes Holz sollte mit einem geeigneten Konservierungsmittel behandelt werden. Diese Mittel sind in der Regel hochgiftig und sollten nur unter Einhaltung der striktesten Sicherheitsmaßnahmen angewandt werden. Lesen Sie deshalb die Gebrauchsanweisungen des Herstellers immer gründlich und halten Sie sich unbedingt daran. Wenn Sie sich bezüglich der erforderlichen Behandlung nicht sicher sind, sollten Sie das Möbelstück lieber zu einem Restaurator bringen.

Kosmetische Reparaturen von Holzwurmschäden

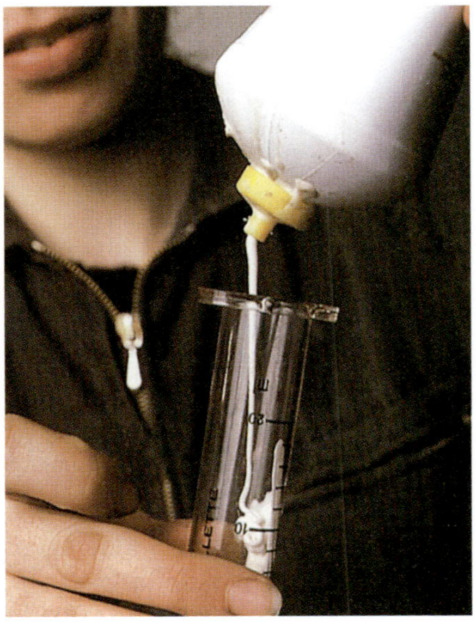

1 Holzwurmlöcher können mit normalem Holzleim gefüllt werden. Dafür verwendet man eine Spritze.

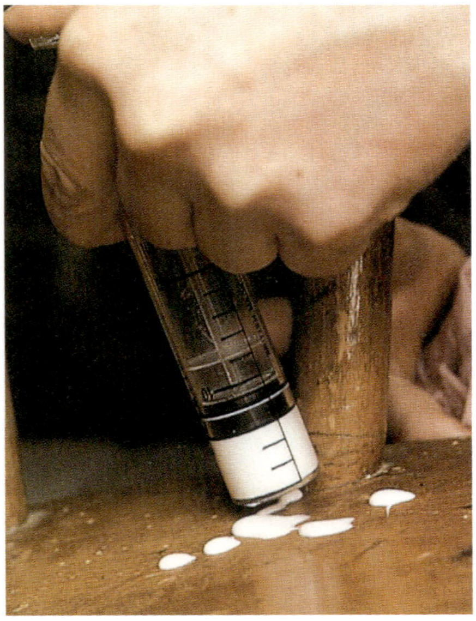

2 Injizieren Sie den Leim in die Löcher. Wischen Sie Überstände mit einem feuchten Lappen ab und lassen Sie den Leim trocknen. Das dauert meist ein bis zwei Stunden.

3 Wenn der Leim getrocknet ist, verreiben Sie etwas Holzkitt auf der Oberfläche, um die Löcher zu schließen. Reiben Sie den Kitt mit kreisförmigen Bewegungen tief in die Löcher ein, so dass er beim Polieren nicht wieder herausgezogen wird.

4 Wenn der Holzkitt getrocknet ist, polieren Sie das Möbelstück, damit die Oberfläche wieder einen einheitlichen Farbton erhält. Als zusätzlichen Schutz kann man eine spezielle Politur auftragen, die vor Insektenbefall schützt. Tragen Sie diese auch auf der Unterseite des Möbelstücks auf und lassen Sie es in einem gut belüfteten Raum stehen. Beachten Sie die Verarbeitungshinweise des Herstellers.

UNTEN: Auch wenn die Oberfläche nur wenige Löcher aufweist, kann das Innere des Holzes schon stark zerstört sein. Ersetzen Sie beschädigte Teile durch neue.

Oberflächenreparaturen an Massivholzmöbeln

Ältere Holzmöbel können ganz unterschiedliche Schäden aufweisen, manche kommen jedoch deutlich häufiger vor als andere. Dellen, Risse, Kratzer, verbrannte Stellen und Flecken sind wahrscheinlich die häufigsten Oberflächenschäden. Leider sind solche Schäden oft viel schwieriger zu beheben als konstruktive Schäden. Sie brauchen für die Reparatur von Oberflächenschäden vor allem sehr viel Geduld.

Risse

Ganz kleine Risse können gesäubert und wieder verleimt werden, bei größeren Rissen ist das jedoch nicht ausreichend, da sie sich mit großer Wahrscheinlichkeit wieder öffnen. Breite Risse sollten deshalb mit einem passenden Holzspan geschlossen werden. Kleben Sie den Holzspan mit Holzleim ein. Wenn Sie das betreffende Werkstück in Zwingen spannen, sollten Sie diese nicht zu stark anziehen, denn sonst könnten sich die Teile durch den Druck gegeneinander verschieben.

Dellen

Je älter eine Delle in einer Holzplatte ist, desto schwieriger ist es, sie wieder zu entfernen. Dellen in Weichholz lassen sich oft relativ einfach entfernen, bei großen Dellen in Hartholz sieht die Sache schon schwieriger aus; manchmal sind dort alle Bemühungen umsonst.

Dellen, die entstanden sind, weil beispielsweise ein Gegenstand auf die Tischplatte gefallen ist, sind problematisch, da in diesem Fall die Holzfasern gerissen sind. Es wird nach der Reparatur fast immer eine kleinere oder größere Narbe zurückbleiben.

Dellen, die durch zu heiße Gegenstände entstanden sind, können in der Regel wieder entfernt werden. Eine heiße Teekanne beispielsweise bewirkt, dass die im Holz enthaltene Feuchtigkeit verdampft und infolgedessen eine Vertiefung entsteht. Führt man dem Holz die fehlende Feuchtigkeit wieder zu, verschwindet auch die Vertiefung.

Behandlung von Dellen mit Wasserdampf

1 Zuerst wird die Fläche um die Delle herum gesäubert.

2 Tropfen Sie etwas Wasser auf die Delle und warten Sie eine Weile.

3 Halten Sie nun die Spitze eines Lötkolbens oder eines heiß gemachten Schraubendrehers in den Wassertropfen.

4 Wenn das Wasser eingezogen und die Delle verschwunden ist, wachsen Sie die Holzfläche.

Kratzer

Flache Kratzer und Schrammen füllt man am Besten mit Wachskitt. Wachskittstangen werden in allen gängigen Holztönen angeboten. Halten Sie ein Feuerzeug oder einen Lötkolben vorn an den Wachsstift, so dass das Wachs langsam in den Kratzer tropft und glätten Sie die Fläche, solange das Wachs noch weich ist. Nach dem Erhärten des Wachses poliert man das Holz. Tiefe Kratzer und Kerben können ebenfalls mit Wachs gefüllt werden, die beschädigte Fläche sollte jedoch vorher so wie die umgebende Holzfläche gefärbt werden. Beizen, die sich mit Wachs mischen lassen, können auch zum Abtönen des Wachses selbst verwendet werden. Beachten Sie dabei immer die Verarbeitungshinweise des Herstellers.

Brandflecken

Das Vorgehen bei Brandflecken richtet sich nach der Stärke der Verbrennung. Ist das Holz nur leicht versengt, kann man Abhilfe schaffen, indem man die Oberfläche mit feiner (0000) Stahlwolle und Methanol abschleift. Bei Eichenholz empfiehlt es sich, ein feines Nylonschleifpad zu verwenden, da Stahlwollefasern mit dem Holz reagieren und dieses verfärben können. Danach trägt man eine Politur auf.

Verkohlte Stellen müssen zuerst ausgeschabt werden. Dazu verwendet man am besten ein Messer mit runder Spitze, das nicht allzu scharf ist. Danach glättet man die Vertiefung mit feinem Schleifpapier und füllt sie mit Schellack. Schellackstangen gibt es wie Wachskitt in verschiedenen Farben. Erhitzen Sie einen Lötkolben und halten Sie ihn gegen den Schellack bis sich zähflüssige Tropfen lösen, die man direkt in das Loch tropfen lässt, denn Schellack erhärtet sofort wieder. Man glättet die betreffende Stelle mit feinem Schleifpapier und poliert die Oberfläche.

Flecken auf der Oberfläche

Ringe, die durch Wasser oder Alkohol entstanden sind, lassen sich meist entfernen, indem man die betreffende Stelle kräftig mit Wachspolitur abreibt. Wenn das nicht hilft, versuchen Sie es mit einem in Methanol getränktem Tuch. Sollte das ebenfalls nicht zum Erfolg führen, ist die betreffende Stelle leicht abzuschleifen und zwar mit Zigarettenasche, die man mit etwas Leinöl vermischt. Sollten die Ringe dann immer noch nicht verschwunden sein, nehmen Sie eine Polierpaste, wie man sie zum Aufpolieren stumpfer Karosserieteile verwendet und bearbeiten Sie die Oberfläche vorsichtig damit, bis der Fleck verschwindet. Behandeln Sie die Fläche zum Schluss mit einer Wachspolitur.

Bestimmte Flecken wie zum Beispiel Tintenflecke müssen zuerst gebleicht werden. In eine gut polierte Tischplatte kann Tinte zwar eigentlich nicht einziehen, unbehandeltes oder nur leicht gewachstes Holz ist jedoch sehr anfällig gegen Flecken.

Bleichen von Tintenflecken

1 Bestreichen Sie den Fleck mit verdünnter Bleichflüssigkeit. Verwenden Sie dazu einen Dübel oder ein Streichholz, dessen Ende Sie mit Watte umwickeln.

2 Tragen Sie bei der Arbeit Schutzhandschuhe! Verreiben Sie die Bleiche kreisförmig über dem Fleck.

3 Es wird nun mindestens eine halbe Stunde dauern, bis der Fleck gebleicht ist. Werfen Sie immer mal einen Blick darauf und tragen Sie, wenn nötig, noch mehr Bleiche auf.

4 Nach dem Bleichen gleichen Sie den Farbton der gebleichten Stelle mit einer geeigneten Beize an den Farbton der umgebenden Fläche an und polieren das Holz. Wenn Sie etwas vergällten Alkohol über die Fläche streichen, können Sie erkennen, welchen Farbton das Holz nach der Politur haben wird und auf dieser Grundlage die passende Beize auswählen. Sobald sich der Alkohohl verflüchtigt hat, kann man mit der Behandlung fortfahren.

Chemische Abbeizer

Die Entfernung alter Anstriche kann eine zeitaufwändige Arbeit sein, doch es ist unumgänglich, ein Möbelstück vor einem neuen Anstrich gründlich zu säubern, denn jede Spur alter Farbe wird später durch den neuen Anstrich hindurch sichtbar sein und kann das ganze Ergebnis verderben.

Farbkratzer oder Schleifpapier sind eine Alternative zu chemischen Abbeizern. Die Entfernung von alten Farbschichten auf mechanische Art und Weise ist jedoch viel zeitaufwändiger und man erzielt damit meist keine besseren Ergebnisse als mit Abbeizer. Bei der Verwendung von Schleifmitteln besteht außerdem immer die Gefahr einer ungleichmäßigen Oberfläche, d.h. manche Bereiche werden stärker abgeschliffen als andere. Außerdem wird beim Abkratzen oder Abschleifen der Politur auch die Patina entfernt, die sich auf manchen Hölzern, z. B. Mahagoni, im Laufe der Zeit gebildet hat. Auch lässt sich bei offenporigen Hölzern nur mit Abschleifen allein meist nicht die gesamte Farbe entfernen. Aus diesen Gründen ist es oft die bessere Alternative, einen Abbeizer zu verwenden. Man kann das Möbelstück auch von einem darauf spezialisierten Betrieb abbeizen lassen, wo es in einen großen Behälter mit Ätzmittel getaucht wird. Der Nachteil eines solchen Tauchbades ist jedoch, dass sich dabei auch die Leimverbindungen lösen.

Wenn Sie das Abbeizen selbst durchführen, wird die Wahl des Abbeizers durch das Werkstück und die alten Farb- oder Lackschichten bestimmt. Oft ist es nicht ganz einfach festzustellen, um welche Schichten es sich in dem jeweiligen Fall handelt. Es empfiehlt sich deshalb, an einer unauffälligen Stelle, zum Beispiel an der Innenseite der Strebe eines Stuhls, ein Lösungsmittel aufzutragen.

Abbeizen alter Farbe

1 Tragen Sie immer Handschuhe, eine Schutzbrille und Schutzkleidung wenn Sie mit chemischen Abbeizern arbeiten. Seien Sie auch beim Öffnen von Behältern mit Abbeizer vorsichtig, möglicherweise hat sich darin Druck aufgebaut und die Flüssigkeit könnte Ihnen beim Öffnen in die Augen spritzen.

2 Testen Sie mit einem Spachtel, ob sich die Farbe bereits gelöst hat und abgeschabt werden kann. Seien Sie dabei nicht zu ungeduldig! Das Abkratzen ist einfacher, wenn der Abbeizer seine volle Wirkung entfaltet hat. Achten Sie beim Abkratzen immer darauf, dass Sie mit der Faser arbeiten. Rollen Sie die abgebeizte Farbe in alte Zeitung ein und entsorgen Sie sie als Sondermüll.

3 Nachdem Sie die Oberfläche mit einem Spachtel gesäubert haben, tragen Sie eine weitere Schicht Abbeizer auf, warten ein paar Minuten und reiben die Fläche dann mit Stahlwolle (3 oder 4) ab. Stahlwolle ist sehr scharf. Verwenden Sie zum Abschneiden eine alte Schere und tragen Sie immer Schutzhandschuhe bei der Arbeit.

Lösungsmittelhaltige Abbeizer

Lösungsmittelhaltige Abbeizer enthalten meist Methylen-Chlorid und ein Wachs, das die Verdunstung verhindert. Solche Abbeizer werden verwendet, um Holz von French Polish, Lack, Öl und Wachs zu befreien. Tragen Sie den Abbeizer mit einem flachen Pinsel auf die Oberfläche auf. Streichen Sie dabei möglichst nicht mehrmals über dieselben Stellen, da der Abbeizer sich dadurch schneller verflüchtigt. Nach der angegebenen Einwirkzeit können Sie die Oberfläche mit einem Farbkratzer oder einer Ziehklinge säubern. Schaben Sie dabei immer in Richtung der Holzmaserung. (Falls Sie nicht erkennen können, wie die Holzmaserung verläuft, säubern Sie zuerst ein kleines Stück an einer unauffälligen Stelle.)

Verwendung von Holzkitt

Oben: Das Abbeizen kann Schäden zu Tage bringen, die vorher unter alten Farbschichten verborgen waren. Möglicherweise sind einige Verbindungen nicht mehr fest. Häufig weisen alte Möbelstücke auch Löcher und Risse auf, die mit Holzkitt gefüllt werden müssen.

Wenn vom Hersteller des Abbeizers nicht ausdrücklich angegeben ist, dass das Produkt neutralisiert werden muss, genügt es meist, das Möbelstück nach dem Abbeizen mit einem in Spiritus getränkten Lappen abzureiben. Dabei stellen sich die Holzfasern nicht auf. Sie sollten außerdem wissen, dass manche Abbeizer Natronlauge enthalten, die bei vielen Holzarten zum Nachdunkeln der Oberfläche führen kann.

Holzkitt (auch Holzspachtel, Kunstholz oder Flüssigholz genannt) wird zum Füllen größerer Löcher und Risse im Holz verwendet ähnlich wie Gips oder Spachtelmasse zum Verschmieren von Löchern und Rissen in Putz. Holzkitt sollte möglichst die Farbe des betreffenden Holzes haben und außerdem elastisch sein, da Holz bekanntlich arbeitet. Oft ist es schwierig, den Holzkitt passend zur umgebenden Holzoberfläche einzufärben. Die Entscheidung für ein bestimmtes Füllmittel wird auch durch die geplante Oberflächenbehandlung bestimmt. Während sich Schellackstangen für alle Oberflächenbehandlungen eignen, ist ein Kunststoff-Holzkitt schwer abzutönen. Wenn Sie eine Holzfläche beizen möchten, sollten Sie vorher feststellen, ob die Beize mit dem gewählten Holzkitt kompatibel ist.

Als generelle Regel gilt, dass man Schellackstangen verwenden sollte, wenn die Oberfläche auf traditionelle Art und Weise behandelt wird und Zweikomponenten-Holzkitt unter modernen Spritzlackierungen. Wachsstangen eignen sich nur für kleine Vertiefungen und nur wenn die Oberfläche danach poliert oder gewachst und geölt wird. Unter Anstrichen wird meist Holzkitt auf Kunststoffbasis verwendet. Manche Sorten Kitt lassen sich nach dem Trocknen beizen. Oft ist es jedoch günstiger, den Kitt vorher mit Pigmenten zu mischen.

Schellackstangen

Schellackstangen gibt es in verschiedenen Farbtönen zu kaufen. Sie sind eine konzentrierte Form des Schellacks, der für die französische Politur verwendet wird.

Holzkitt auf Kunststoffbasis

Holzkitt wird in der Regel auf das unbehandelte Holz aufgetragen. Die auszubessernden Löcher werden vorher gereinigt und mit Terpentin oder Holzkittverdünnung befeuchtet, damit der Holzkitt besser haftet. Dann wird der Holzkitt mit dem Spachtel fest in die Löcher gedrückt. Handelt es sich um tiefere Löcher, muss man mehrere Schichten nacheinander einbringen, wobei jede Schicht erst vollständig getrocknet sein sollte, bevor man die nächste aufträgt. Nach dem Trocknen lässt sich Holzkitt schleifen, sägen oder hobeln wie gewöhnliches Holz. Viele Sorten Holzkitt schrumpfen beim Trocknen etwas, füllen Sie Löcher also immer etwas mehr als nötig. Denken Sie auch daran, dass der Holzkitt schnell trocknet. Deshalb sollten Sie die Büchse immer sofort nach Gebrauch wieder verschließen.

Tipp

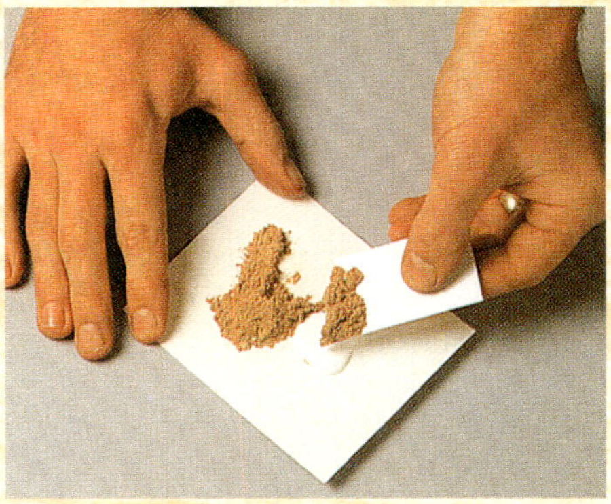

Ein Füllmittel für Risse oder Löcher im Holz kann man schnell und preisgünstig selbst herstellen, indem man den Schleifstaub des betreffenden Holzes auf einem Stück Pappe mit Holzleim vermischt. Geben Sie so viel Schleifstaub zu, bis der Leim ziemlich dick, jedoch noch streichbar ist. Achten Sie darauf, dass alles gleichmäßig vermischt ist, damit das Füllmittel überall gut haftet.

2-Komponenten-Holzkitt

2-Komponenten-Holzkitt ist ein besonders harter Holzkitt. Wenn die beiden Komponenten miteinander vermischt werden, erfolgt eine Reaktion des Füllstoffs mit dem Katalysator oder Härter, wodurch der Holzkitt sehr hart wird. 2-Komponenten Holzkitte können mit Beizen oder Pigmenten eingefärbt werden, jedoch lässt sich der genaue Farbton der umgebenden Oberfläche oft nur schwer erreichen. Deshalb sollten sie vor allem für konstruktive Reparaturen (besonders bei Möbeln aus Spanplatten) und unter Lacken und Farben eingesetzt werden.

Wachskittstangen

Die meisten Hersteller von Wachsbeschichtungen haben auch Wachskittstangen für kleinere Reparaturen im Angebot. Wachskitt kann zum Füllen kleinerer Löchern in unbehandeltem oder behandeltem Holz verwendet werden. Wachskitt eignet sich für Oberflächen, die später gewachst werden sollen, sowie für bereits polierte Holzflächen. In vielen Fällen ist klarer Bienenwachs schon ausreichend, besonders wenn das betreffende Loch sehr klein ist. Wachs darf jedoch nicht unter neuartigen Beschichtungen verwendet werden. Schmelzen Sie das Wachs mit einem Lötkolben und drücken Sie es dann mit einem kleinen Spachtel oder Kittmesser in die Vertiefung. Nach dem Erhärten nehmen Sie Überstände mit einem Stecheisen oder einem Schaber vorsichtig ab.

Füllen von Vertiefungen mit Schellack

1 Halten Sie einen Lötkolben über die Oberfläche des Werkstückes und drücken Sie die Schellackstange dagegen, so dass der Schellack schmilzt und direkt in das Loch oder den Riss tropft. Tiefere Löcher sollten Sie nach und nach füllen.

2 Warten Sie etwa 5 Minuten, bis der Schellack erhärtet ist. Dann nehmen Sie den Überstand mit einem Stecheisen vorsichtig ab. Versuchen Sie nicht, alles in einem Zuge zu entfernen, denn fester Schellack ist brüchig und wenn Sie zu viel Druck ausüben, kann auch der Schellack in der Reparaturstelle brechen.

Farbpigmente
Etwa neun verschiedene Farbpigmente genügen um daraus fast alle Farbtöne zu mischen.

3 Schleifen Sie die Reparaturstelle dann mit grobem Schleifpapier ab. Auf ebenen Oberflächen können Sie einen Schleifblock verwenden. Zum Schleifen von Profilen faltet man das Schleifpapier (Körnung 100) einfach zusammen und schleift mit den Kanten. Schleifen Sie die Stelle jedoch nicht so stark ab, dass wieder eine Vertiefung entsteht. Arbeiten Sie die Fläche zum Schluss mit feinem Sandpapier nach.

Kleines Glossar

Neutralisieren: Chemisch neutral einstellen, also weder sauer noch basisch.

Verdünnung: Lösungsmittel, das beispielsweise zum Verdünnen von Produkten zur Oberflächenbehandlung von Holz verwendet wird.

Schellack: Ein Wachs, das von der Schellacklaus abgesondert wird. Es ist nur in Alkohol oder in alkalischen Wasserlösungen löslich. In Alkohol gelöster Schellack wird als Französische Politur bezeichnet.

Carnauba-Wachs: Hartes Wachs mit einem hohen Schmelzpunkt, das zum Polieren von Fußböden verwendet wird. Beim Drechseln kommt oft eine Mischung aus Bienenwachs und Carnauba-Wachs zum Einsatz.

Vorbereitung von Holzoberflächen zum Polieren

Abbeizen von Lack und Farbe

Sie sollten alte Möbelstücke möglichst nicht von einer Fachfirma abbeizen lassen, denn dort werden diese in ein Tauchbad gesteckt, was dazu führt, dass das Möbelstück danach stumpf und leblos aussieht. Beizen Sie das Möbelstück lieber selbst ab. Das ist zwar ein zeitaufwändiger Prozess, die Mühe lohnt sich aber bestimmt.

Chemische Abbeizer gibt ist in jedem Baumarkt oder größeren Farbenladen zu kaufen. Gehen Sie immer sehr vorsichtig mit diesen Mitteln um! Tragen Sie beim Arbeiten grundsätzlich Gummihandschuhe und verwenden Sie Abbeizer nur in einem gut durchlüfteten Raum.

Außer dem Abbeizer selbst, benötigen Sie auch einen Kratzer oder Spachtel. Bei reich verzierten oder wertvollen Möbelstücken sollten Sie nicht mit Stahlkratzern arbeiten, denn diese können hässliche Kratzspuren hinterlassen, wenn Sie damit abrutschen. Fertigen Sie sich deshalb einen Kratzer aus Kunststoff oder Holz an. Ein angespitzter Holzdübel ist ein nützliches Werkzeug, um alte Farbe aus tief liegenden Ecken zu kratzen.

Zum Auftragen des Abbeizers verwendet man einen alten, aber sauberen Pinsel. Nach dem Abbeizen säubert man das Holz mit Terpentin und Stahlwolle.

Zum Abbeizen von gedrechselten Werkstücken und Profilen verwendet man am besten eine Abbeizpaste. Man gibt eine dicke Schicht davon auf das Werkstück und kann nach einiger Zeit mehrere Farbschichten gleichzeitig abziehen. Auf großen Flächen ist so eine Abbeizpaste jedoch sehr kostenintensiv.

Entfernen von Wachs und Politur

Französische Politur kann man mit Methanol und Stahlwolle entfernen. Den Rest wischt man mit Papierhandtüchern ab. Wachs lässt sich meist mit Terpentin und feiner Stahlwolle abnehmen, arbeiten Sie dabei immer mit der Holzfaser.

Abbeizen von Lack

1 Legen Sie das Werkstück auf mehrere Lagen alter Zeitungen und streichen Sie den Abbeizer mit einem Pinsel auf. Tragen Sie dabei unbedingt Schutzhandschuhe.

2 Lassen Sie den Abbeizer etwa 15 Minuten einwirken. Sie werden dann sehen, dass der Lack Blasen bildet und sich vom Holz zu lösen beginnt.

3 Kratzen Sie den alten Lack und den Abbeizer mit einem improvisierten Holzwerkzeug ab. Wenn nötig, tragen Sie weiteren Abbeizer auf, um noch vorhandene Lackreste zu entfernen.

4 Säubern Sie das Holz mit feiner Stahlwolle und neutralisieren Sie den Rest des Abbeizers mit Terpentin.

Demontage von Tischen und Stühlen

Die Demontage von alten Tischen und Stühlen ist oft keine leichte Sache. Es gibt dafür eine goldene Regel, die sowohl für den Anfänger als auch für den erfahrenen Restaurator gilt: Nehmen Sie ein wertvolles Möbelstück niemals auseinander, wenn das nicht absolut nötig ist!

Sollte es also wirklich erforderlich sein, ein Stück auseinander zu nehmen, müssen Sie es vorher ganz genau untersuchen. Achten Sie vor allem auf Nägel und Schrauben. Diese sind häufig gut versteckt, z.B. unter vielen Schichten Lack oder Politur verborgen. Wenn Sie versuchen, ein Möbelstück auseinander zu nehmen und dabei eine genagelte Verbindung übersehen haben, kann das Möbel schon ruiniert sein, bevor die Reparatur überhaupt begonnen hat.

Demontage eines Tisches

Einen alten Tisch zu demontieren ist eine komplizierte Angelegenheit, schon deshalb, weil die einzelnen Teile groß und unhandlich sind. Bevor Sie mit der Demontage beginnen, sollten Sie alle Teile mit Klebeetiketten markieren und darauf kennzeichnen, wie die Teile miteinander verbunden sind. Wenn Sie das versäumen, werden Sie später möglicherweise nicht mehr wissen, welches Bein beispielsweise zu welcher Ecke gehört.

Nachdem Sie alle Nägel und Schrauben entfernt haben, werden Sie wahrscheinlich feststellen, dass es nicht einfach ist, die Verbindungen zwischen den einzelnen Teilen zu lösen. Manche Teile sind möglicherweise unlösbar miteinander verkeilt. In einem solchen Fall ist die Feinsäge Ihre einzige Alternative.

Versuchen Sie zuerst, die Teile vorsichtig mit einem Gummihammer auseinander zu schlagen, bevor Sie zu anderen diffizileren Taktiken Zuflucht nehmen. Schlagen Sie dabei mit dem Hammer niemals direkt auf das Möbelstück, sondern legen Sie ein Stück Weichholz unter.

Demontage eines Tisches

1 Vor der Demontage eines Tisches oder eines anderen Möbelstückes sind alle Teile zu etikettieren.

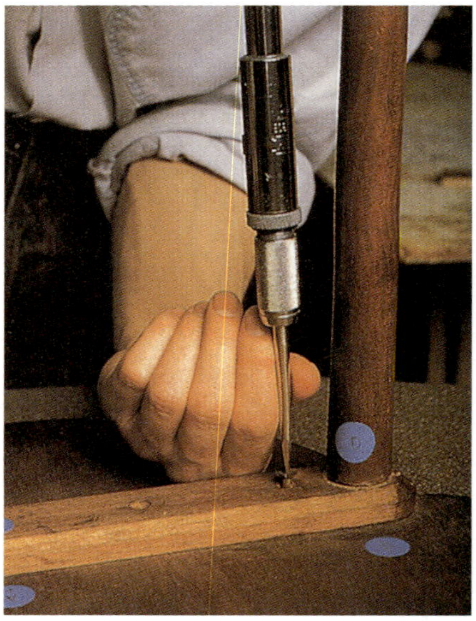

2 Entfernen Sie alle sichtbaren Nägel und Schrauben, bevor Sie versuchen, die einzelnen Teile voneinander zu lösen.

3 Wenn Sie einen Klüpfel benutzen, um Teile auseinander zu schlagen, sollten Sie die Holzfläche durch eine Unterlage aus Weichholz schützen.

Einsatz von Lösungsmitteln

Einige Kleber reagieren auf Lösungsmittel, d. h., wenn Sie ein geeignetes Lösungsmittel auf die Verbindungsstelle geben, kann der Kleber sich auflösen oder weich werden und die Verbindung lässt sich einfacher lösen. Die früher verwendeten Kleber wurden in der Regel aus Tierkadavern hergestellt und sind deshalb wasserlöslich. Wenn sich eine alte Verbindung einmal nicht lösen lässt, versuchen Sie es also zuerst mit Wasser. Wenn das nicht hilft, ist Wasserdampf die nächstliegende Alternative. Sie könnten beispielsweise einen Wasserdampf erzeugenden Tapetenablöser direkt über die Verbindung halten. Tragen Sie dabei Gummihandschuhe und gehen Sie beim Ablösen vorsichtig vor, denn der Wasserdampf ist sehr heiß. Achten Sie darauf, dass die Oberfläche möglichst nicht beschädigt wird und lassen Sie das Holz hinterher mindestens eine Stunde trocknen.

Moderne Kleber sind nicht so einfach zu lösen wie die früher üblichen Knochenleime. Sie können bei schwer löslichen Verbindungen jedoch zumindest einen Versuch mit Acetone, Terpentin oder Methanol unternehmen. Manchmal lässt sich weißer Holzleim lösen, wenn man die Verbindung in kochendem Wasser weichen lässt.

Demontage eines Stuhls

1 Bei wackeligen Stühlen sind die Verbindungen an der Vorderseite fast immer geschwächt. Nehmen Sie zuerst die Eckblöcke heraus, so dass Sie die Verbindung selbst erreichen können.

2 Die meisten losen Verbindungen lassen sich mit etwas Kraft auseinander ziehen. Stellen Sie den Stuhl gegebenenfalls auf die Werkbank und untersuchen Sie ihn auf Nägel oder Schrauben.

3 Wenn die Verbindung gelöst ist, reinigt man die einzelnen Teile. Hier werden die Dübel mit einem Stecheisen gesäubert.

4 Hat man alle Teile von altem Leim und Schmutz gesäubert sind, können sie wieder verleimt werden. Bis zum Erhärten des Leims spannt man den Stuhl in Zwingen.

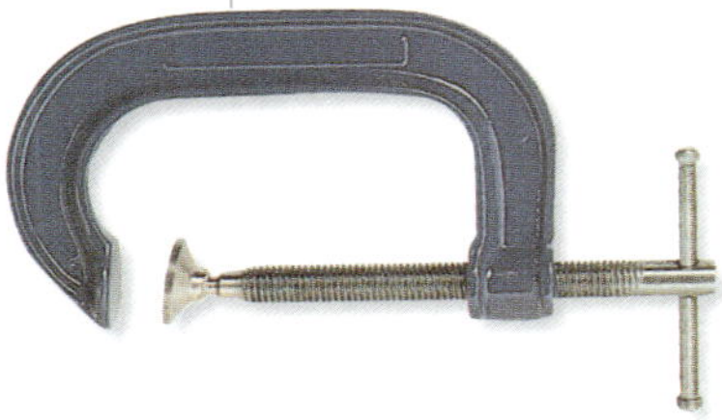

Demontage eines Stuhls

Bei der Demontage eines Stuhls geht man ähnlich vor wie bei einem Tisch. Die einzelnen Teile kann man beispielsweise vorsichtig auseinander drücken, indem man eine große Zwinge von innen ansetzt und aufdreht. Bei dieser Methode muss man die Teile möglicherweise nicht ganz demontieren, sondern drückt die Verbindungsstellen nur so weit auf, dass man etwas neuen Leim injizieren kann. Dann setzt man die Zwinge von außen an, drückt alles wieder zusammen und lässt den Leim über Nacht trocknen.

Wenn Sie jedoch wirklich alle Teile auseinander nehmen wollen oder müssen, sollten Sie diese vorher unbedingt etikettieren. Gehen Sie bei der Demontage vorsichtig vor. Verwenden Sie einen Gummihammer und schützen Sie die Oberfläche des Möbelstücks mit einer Unterlage aus Weichholz. Schauen Sie sich die Verbindungsstellen vorher genau an, denn oft wurden diese in der Vergangenheit schon einmal mit Nägeln oder Schrauben stabilisiert. Versteckte Nägel oder Schrauben können der Grund sein, dass sich die Verbindung nicht lösen lässt. Entfernen Sie die Nägel mit einer Zange oder wenn nötig durch Ausbohren.

Versuchen Sie immer, sich zuerst einmal klar zu machen, wie ein altes Möbelstück zusammengesetzt wurde und überlegen Sie sich dann, wie Sie die entsprechenden Verbindungen am günstigsten lösen.

Reparaturen an Schubkästen

Schubkästen werden ständig geöffnet und wieder geschlossen, unterliegen also einer ziemlich starken Beanspruchung. Lose Verbindungen lassen sich reparieren, indem man den Schubkasten auseinander nimmt, die Verbindungsstellen von altem Leim säubert und die einzelnen Teile neu verleimt. Wie bei der Reparatur von anderen Möbelstücken empfiehlt es sich, noch stabile Verbindungen wenn möglich zu erhalten und Verbindungen nur dort zu lösen, wo es unbedingt erforderlich ist. Bei den meisten Schubkästen sind die Fronten mit den Seitenteilen verzinkt. Eine solche Zinkenverbindung lässt sich meist nur schwer lösen. Wenn nötig, schlagen Sie die Seiten mit einem Holzhammer ab.

In alten Schubkästen besteht der Boden oft aus dünnen Brettern, deren Kanten verleimt sind. Manchmal weisen diese Böden Risse auf, entweder weil sie zu stark belastet wurden oder weil sich das Holz mit der Zeit zusammengezogen hat. Der Austausch eines solchen Bodens ist nicht immer einfach, weil er in der Regel in schmalen Nuten in den Seitenteilen steckt, d.h. Sie müssen den gesamten Schubkasten auseinander nehmen, um einen neuen Boden einzupassen.

Damit der Schubkasten nicht zu weit hinein geschoben wird und das Kastenvorderstück an den Korpusrahmen anschlägt, sind hinten auf den Laufleisten 2 Stoppklötzer angebracht. Wenn diese Anschläge bei alten Kommoden locker sein sollten oder ganz fehlen, sollte man sie umgehend wieder befestigen bzw. ersetzen um weitere Schäden an den Kästen zu vermeiden.

Häufig hat man es auch mit lockeren Knäufen zu tun. Sie sollten den Dübel des Knaufes in keinem Fall mit Zeitungspapier umwickeln, denn das macht das Loch nur noch größer und das Problem damit noch schwieriger zu beheben. Füllen Sie stattdessen das Loch mit Holzleim und stecken Sie wenn nötig noch einen Furnierspan zwischen den Dübel und die Wand des Loches damit der Knauf wieder fest sitzt.

Achten Sie darauf, den Knauf nicht zu verlieren, denn wenn Sie keinen passenden neuen Knauf finden, müssen Sie alle anderen ebenfalls ersetzen.

Eine andere Alternative besteht darin, statt eines Knaufes einen Griff anzuschrauben, dessen Grundplatte das Gewindeloch des alten Knaufes verdeckt.

Reparatur einer kaputten Schublade

1 Wenn die Seite einer Schublade beschädigt ist, müssen Sie eine neue einpassen. Bauen Sie dazu die Schublade auseinander und säubern Sie die Verbindungsstellen. Verwenden Sie heißes Wasser oder Wasserdampf, um den tierischen Leim, mit dem die Verbindungsstellen mit großer Wahrscheinlichkeit verklebt sind, zu lösen. Reißen Sie verzinkte Bretter niemals mit Gewalt auseinander, denn dann könnten die Zinken abbrechen. Mit einem Stecheisen reinigen Sie die Verbindungsstellen von altem Leim.

2 Sägen Sie ein neues Stück Holz auf die erforderliche Breite und markieren Sie die Position der Verbindungen, indem Sie es gegen die Front der Schublade halten. Mit einem spitzen Bleistift oder mit einer Anreißnadel überträgt man die Abmessungen der Verbindungselemente auf das neue Holz. Wenn nötig, spannen Sie beide Teile zusammen, damit sie beim Anreißen nicht verrutschen.

3 Markieren Sie die Form der Schwalbenschwanz-Zinken auf dem neuen Seitenteil und beginnen Sie mit dem Aussägen. Dazu eignet sich eine Bügelsäge. Sägen Sie immer an der Innenseite der markierten Linie entlang. Die Flächen werden danach noch mit einem Stecheisen mit schräger Schneide nachgearbeitet.

4 Beim Nacharbeiten ist das Stecheisen nur mit Handkraft zu treiben, Sie benötigen also keinen Klüpfel.

5 Im Falle von verdeckten Zinken müssen Sie nun noch die Stärke der Zinken verringern. Verwenden Sie dazu einen Feinsäge und spannen Sie das Werkstück in einen Schraubstock.

6 Führen Sie den Absetzschnitt ebenfalls mit einer Feinsäge aus. Achten Sie dabei darauf, dass Sie nicht zu tief sägen.

Klemmende Schubladen

Schubladen klemmen häufig, weil die Laufleisten abgenutzt oder beschädigt sind. Ziehen Sie die Schublade vollständig heraus, um den Zustand der Laufleisten zu beurteilen. Wenn diese sich gelockert haben, schrauben Sie sie wieder fest an. Sind die Laufleisten bereits zu stark abgenutzt, müssen sie durch neue ersetzt werden.

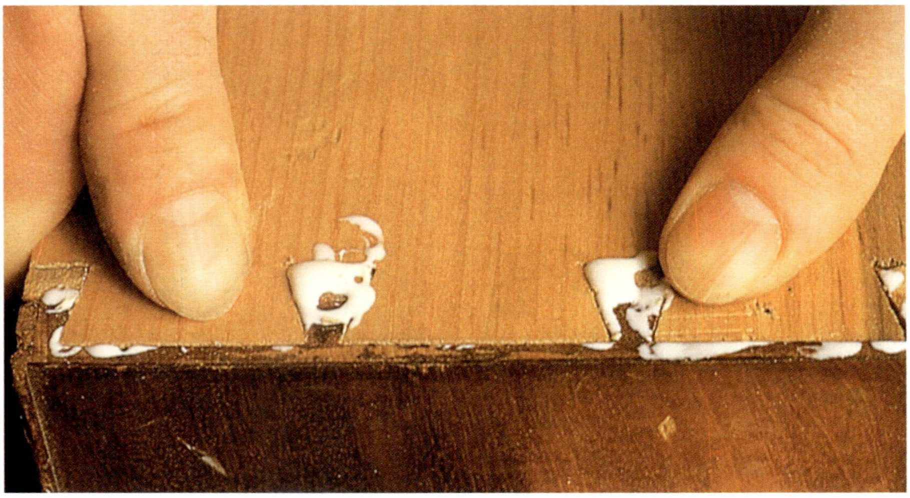

7 Wenn die Zinken genau ineinander passen, können Sie die Schublade nun neu verleimen und zusammensetzen.

Reparatur von Eckverbindungen an Rahmen

Die Eckverbindungen von Rahmen sind üblicherweise als stabile Schlitz-und-Zapfen-Verbindungen ausgeführt. Bei alten Möbeln kann es vorkommen, dass sich diese Verbindungen durch die wirkenden Kräfte im Laufe der Zeit gelockert haben. Eckverbindungen zu reparieren ist in der Theorie recht einfach, in der Praxis ist es erfahrungsgemäß das Einspannen der Teile, das die größten Probleme bereitet.

Es ist außerdem nicht selten, dass ein Zapfen abbricht, besonders wenn eine Verbindung stark belastet wird. In diesem Fall muss der Zapfen durch einen falschen Zapfen oder durch Dübel ersetzt werden.

Besonders die Ecken von Stühlen, Tischen und Truhen unterliegen starker mechanischer Beanspruchung durch Stöße und Abschürfungen. Die Reparatur einer beschädigten Ecke an einem alten Möbelstück ist eine schwierige Aufgabe, bei der sowohl die Fähigkeiten des Möbeltischlers als auch die des Restaurators gefragt sind. Zuerst einmal muss man jedoch ein Stück Holz finden, das dem Holz, aus dem das Möbelstück gebaut wurde, möglichst ähnlich und dazu ausreichend getrocknet ist.

Reparatur eines abgebrochenen Zapfens

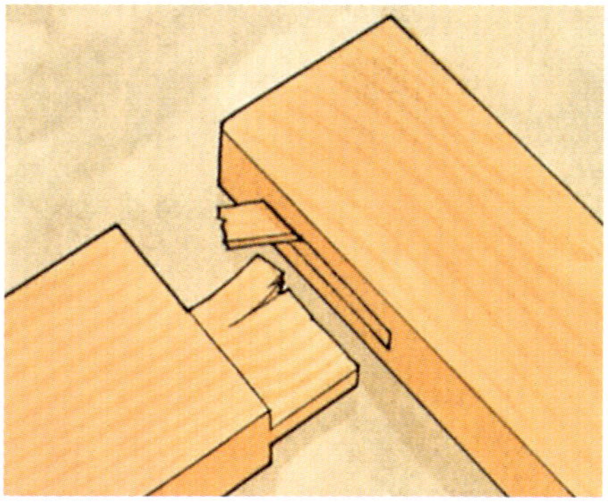

1 Ein beschädigter Zapfen ist eine häufige Ursache für eine lockere Eckverbindung an einem Rahmen.

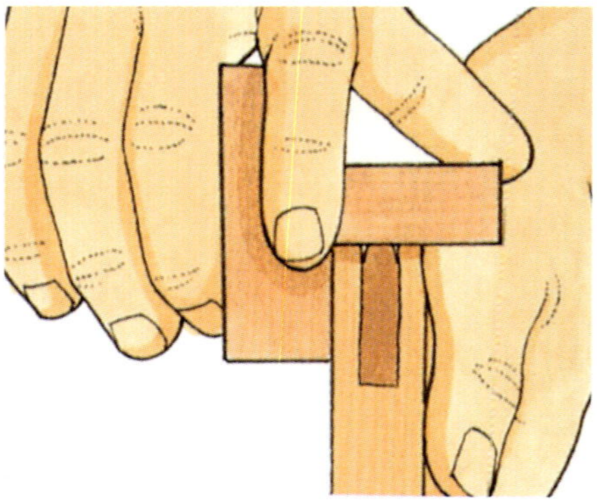

2 Bevor Sie den falschen Zapfen ausschneiden, müssen Sie die Breite des Zapfenloches messen.

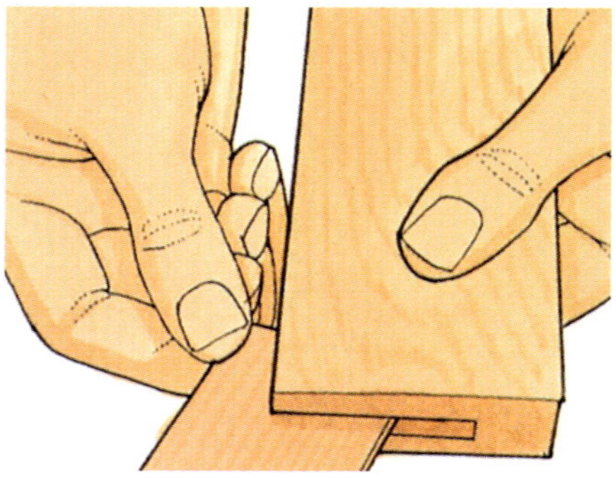

3 Sägen Sie nun einen Schlitz in das Ende der Strebe und kleben Sie dort ein passend zurecht gesägtes Holzstück ein, dass als Zapfen dient.

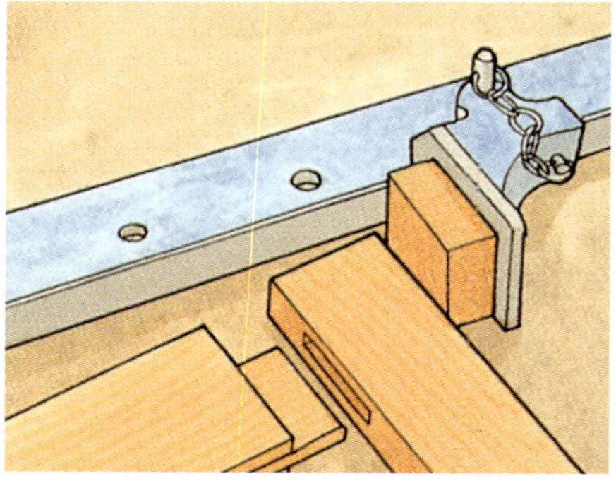

4 Setzen Sie die Teile wieder zusammen und verleimen Sie die Verbindungsstellen. Spannen Sie den Rahmen ein, bis der Leim vollständig erhärtet ist.

Reparatur einer beschädigten Ecke

Hobeln Sie die beschädigte Ecke ab, so dass Sie zwei ebene Flächen erhalten. Überprüfen Sie, ob beide Flächen ganz flach und eben sind.

1 Legen Sie ein passendes Holzstück über die Ecke und markieren Sie den Umriss des fehlenden Teils. Hobeln Sie eine Kante des Ersatzstückes flach und leimen Sie es an.

2 Wenn der Leim getrocknet ist, sägen Sie das überstehende Holz mit einer Feinsäge ab.

Reparaturen an Füllungen

Größere Holzflächen und Füllungen in alten Möbelstücken bestehen meist aus mehreren miteinander verbundenen Brettern. Zum Bau von Tischplatten, Anrichten usw. hat man üblicherweise dicke Bretter verwendet, an deren Schmalseiten man eine Verbindung der einen oder anderen Art ausarbeiten konnte. Die am häufigsten anzutreffenden Verbindungen sind Nut-und-Feder-Verbindungen. Eine Feder ist ein dünner Holzstreifen, der in eine Nut passt, die in der Kante eines Brettes ausgeschnitten wurde.

Dünnere Bretter, wie man sie in Schranktüren und als Böden von Schubladen findet, sind meist lediglich auf Stoß verleimt.

All diese aus mehreren Brettern verleimten Holzflächen reagieren stark auf klimatische Veränderungen. Es kommt oft vor, dass sie sich verziehen oder reißen. Das passiert besonders häufig bei Möbeln, die in zentral beheizten Wohnungen stehen, denn dort trocknet das Holz zu stark aus.

Ein Riss entlang einer Verbindungsstelle ist relativ einfach zu reparieren, man muss dazu jedoch die Füllung aus dem Rahmen herausnehmen. Manche Füllungen werden durch schmale Halbrundprofile an ihrem Platz gehalten. Hebeln Sie das Profil vorsichtig ab, um die Füllung herauszunehmen. Säubern Sie die Verbindungsstelle dann so gut wie möglich, geben Sie neuen Leim hinein und spannen Sie alles fest zusammen. Dazu eignen sich Spannknechte am besten, verwenden Sie diese jedoch nie, ohne dabei schützende Beilagen aus Weichholz unter die Spannbacken zu legen.

Wenn der Riss nicht entlang einer Verbindungsstelle verläuft, ist die Reparatur nicht ganz so einfach. Sie müssen in diesem Fall einen Dübel einsetzen.

Herstellen eines Dübels

Wenn Sie zur Reparatur eines gerissenen Paneels einen Dübel benötigen, werden Sie kaum einen fertigen Dübel finden, der zum Holz des betreffenden Möbelstücks passt. Das ist nicht weiter schlimm, denn Dübel kann man sich auf einfache Art und Weise selbst herstellen. Allerdings müssen Sie dazu ein Stück Holz finden, das dem Holz, aus dem das alte Möbelstück gebaut ist, möglichst ähnlich ist. Das sollte jedoch kein allzu großes Problem sein, denn die meisten Holzhändler haben viele Verschnittstücke auch von exotischen Hölzern vorrätig.

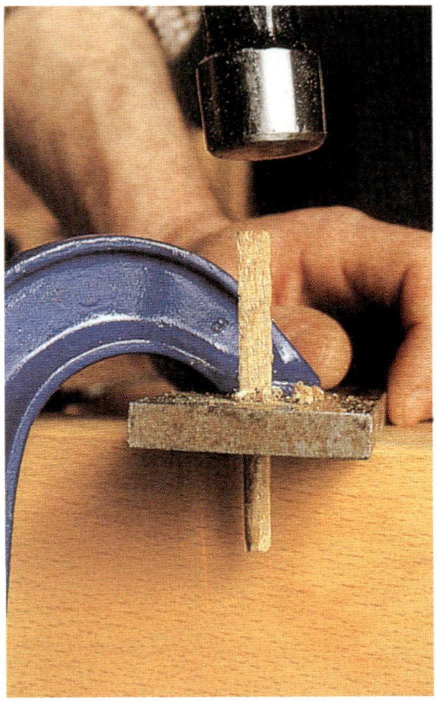

1 Bohren Sie ein Loch mit dem erforderlichen Dübeldurchmesser durch ein kräftiges Metallstück. Dann schlagen Sie mit einem Hammer das vorher grob zurecht gesägte Holzstück durch dieses Loch. Diese Methode mag etwas brutal erscheinen, man erhält damit jedoch perfekt gerundete Dübel.

2 Ritzen Sie an den Seiten des Dübels mit der Nadel eines Streichmaßes zwei kleine Kerben ein, durch welche später überschüssiger Leim austreten kann.

3 Bohren Sie durch ein Stück Restholz hindurch ein Loch in die Kante des Brettes. Das Loch sollte sich genau in der Mitte des Risses befinden. Wickeln Sie als provisorischen Tiefensteller Klebeband um den Bohrer.

4 Bestreichen Sie den Dübel mit Holzleim, bevor Sie ihn in die Bohrung schlagen. Überschüssiger Leim wird durch die Kerben im Dübel herausgedrückt.

5 Wenn der Leim getrocknet ist, schneidet man das Ende des Dübels mit einem scharfen Stecheisen bündig ab.

Gebrochene Stuhlbeine

Von allen Möbelstücken haben Stühle am häufigsten unter missbräuchlicher Nutzung zu leiden. Deshalb ist es kaum überraschend, dass sie oft reparaturbedürftig sind. Die hinteren Beine von Stühlen brechen meist an der Stelle ab, wo sie mit den Streben der Sitzfläche verbunden sind. Zum Glück sind solche Brüche leicht zu reparieren. Wenn jedoch die Streben der Sitzfläche gebrochen sind, muss man den Stuhl wahrscheinlich auseinander nehmen, den beschädigten Bereich aussägen und ein neues Stück einpassen. Das ist nicht ganz einfach und erfordert einiges handwerkliches Geschick, da in einem solchen Fall wahrscheinlich auch neue Verbindungen ausgearbeitet werden müssen.

Reparaturen an Hinterbeinen

Die meisten Hinterbeine brechen dadurch ab, dass die auf dem Stuhl sitzende Person auf den Hinterbeinen kippelt. Dadurch wird das Holz unverhältnismäßig stark belastet und reißt meist entlang der Holzfaser. Solche Brüche sind in der Regel leicht zu reparieren, da die Teile wieder miteinander verleimt werden können.

Die Art des verwendeten Leims ist sehr wichtig. PVA-Leim ist in den meisten Fällen am günstigsten, da er einerseits fest und andererseits billig ist. Wenn der Stuhl jedoch in einem Feuchtraum – also der Küche oder dem Bad steht – sollten Sie lieber einen wasserfesten Leim verwenden.

Der schwierigste Teil der Reparatur ist das Verspannen. Manchmal müssen spezielle Formstücke zurechtgesägt werden, damit der Druck der Zwingen gleichmäßig wirken kann. Es ist wichtig, dass der Druck von allen vier Seiten wirkt, so dass alle Verbindungen richtig ausgerichtet sind. Sie sollten den Sitz der Zwingen immer erst testen, bevor Sie mit dem Verleimen des Werkstücks beginnen.

Reparaturen an Vorderbeinen

Die Vorderbeine von Stühlen brechen meist genau unter der Verbindungsstelle mit der Sitzfläche ab. Solche Bruchstellen können mit Hilfe eines stabilen Dübels repariert werden, das heißt jedoch, dass man den Stuhl teilweise auseinander nehmen muss. Der schwierigste Teil der Arbeit besteht darin, die beiden Dübellöcher genau auszurichten. Sie müssen sich dazu wahrscheinlich eine spezielle Schablone anfertigen.

Reparatur eines lose sitzenden Zapfens

1 Nehmen Sie die Teile auseinander und säubern Sie die Verbindungsstelle mit einem scharfen Stecheisen von altem Leim.

2 Sägen Sie den Zapfen in der Mitte auf. Gehen Sie dabei sehr sorgfältig vor.

Reparatur eines gerissenen Hinterbeines

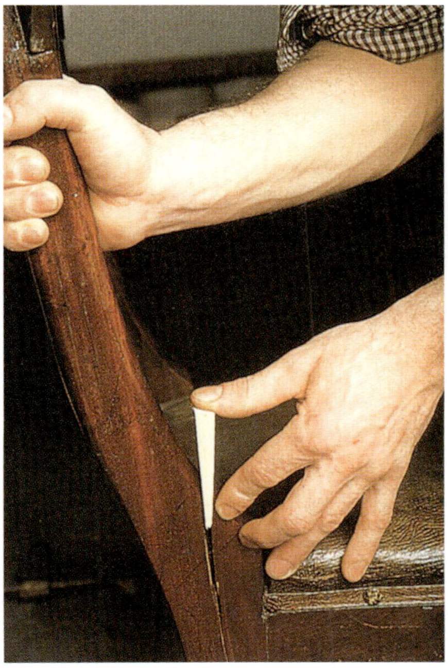

1 Risse folgen dem Verlauf der Holzfasern und sind meist relativ leicht zu reparieren. Schneiden Sie dazu aus einem Stück Restholz einen flachen Keil und stecken Sie diesen in den Riss, um ihn etwas aufzuweiten.

2 Nun streichen Sie mit einem Messer oder einem flachen Kunststoffspachtel Holzleim in den Riss.

3 Wischen Sie herausquellenden Leim mit einem feuchten Lappen ab und spannen Sie beide Teile in eine Zwinge. Wie Sie hier sehen können, ist es manchmal erforderlich, einen speziell geformten Holzblock auszusägen, der dafür sorgt, dass der Druck der Zwinge genau in der richtigen Richtung wirkt.

3 Schneiden Sie nun aus einem geeigneten Stück Restholz einen dünnen Keil.

4 Bestreichen Sie den Keil mit Holzleim und drücken Sie ihn in den aufgesägten Zapfen.

5 Bauen Sie die Teile wieder zusammen und verleimen Sie die Verbindungsstellen.

Ersatz von Sockelleisten und Lehnenstücken

An alten Kommoden fehlen oft die Sockelleisten und nur selten findet sich ein Hinweis darauf, wie diese ausgesehen haben könnten. In einem solchen Fall können Sie nur versuchen, für das Ersatzteil ein Holz zu wählen, das dem Holz, aus dem die Kommode besteht, möglichst ähnlich ist und andere Möbelstücke aus dieser Stilepoche studieren, um sich ein Bild davon zu machen, wie das fehlende Stück ausgesehen haben könnte.

Die vorderen Kanten der Sockelleisten sind meist auf Gehrung verbunden, hinten wurden die Leisten oft einfach auf Stoß zusammengesetzt, da man davon ausging, dass die Möbelstücke an einer Wand stehen.

Der untere Rand vieler Sockelleisten ist häufig geschwungen oder anderweitig geformt. Wenn Sie eine solche Sockelleiste nachbauen möchten, sollten Sie sich ähnliche Kommoden ansehen, bevor Sie mit dem Aussägen der Form beginnen. Verwenden Sie dazu eine Stichsäge oder eine Schweifsäge. Sockelleisten werden manchmal angenagelt oder angeschraubt, doch wenn man einen der heute üblichen Leime verwendet, ist das eigentlich nicht mehr notwendig.

Ersatz fehlender Streben

Eine fehlende Strebe oder Armlehne ist nicht einfach zu ersetzen und Sie müssen eine Reihe von Schreinerfertigkeiten beherrschen, um die Reparatur fachgerecht auszuführen. Die Situation stellt sich noch etwas komplizierter dar, wenn es sich bei dem fehlenden Teil um eine geschwungene Lehne oder Strebe handelt. Falls das betreffende Möbelstück wirklich wertvoll ist, empfiehlt es sich immer, einen Fachmann zu Rate zu ziehen.

Holz kann man beispielsweise unter Dampf biegen, doch ist diese Technik nicht in jedem Falle anwendbar. Außerdem benötigt man dazu eine spezielle Ausrüstung. Die hier beschriebene Methode der Herstellung einer geschwungenen Armlehne aus einem Massivholzstück erfordert ebenfalls eine ganze Menge Erfahrung und Fertigkeiten in der Holzbearbeitung.

Verdecken von Fugen zwischen Korpus und Sockelleiste

Nach dem Anbringen einer neuen Sockelleiste ist oben oft noch eine Fuge zu sehen. Diese lässt sich durch eine schmale aufgeleimte Profilleiste verdecken. Beizen Sie die Profilleiste passend zum Möbelstück, bevor Sie sie polieren oder lackieren.

In Baumärkten und im Holzhandel findet man meist ein breites Angebot an schmalen Profilleisten (üblicherweise 2 m lang), die Sie zum Abdecken solcher Fugen verwenden können.

Herstellung einer neuen Armlehne

1 Befestigen Sie das Holzstück, aus dem die neue Armlehne entstehen soll, mit einer Zwinge an der noch vorhandenen Armlehne und ziehen Sie das Profil nach.

2 Sägen Sie die Form mit einer Bügelsäge oder einer Bandsäge aus. Achten Sie darauf, dass Sie beim Sägen mit dem Sägeblatt immer auf der Verschnittseite der angezeichneten Linie bleiben. Wenn Sie mit einer Bandsäge oder einer Stichsäge arbeiten, müssen Sie darauf achten, dass sich das Blatt nicht biegt und auf der von Ihnen abgewandten Seite dadurch zu viel abgesägt wird. Halten Sie den grob geformten Arm an den Stuhl und markieren Sie die Größe und Position der hinteren Verbindung.

3 Arbeiten Sie die hintere Verbindung aus und zeichnen Sie dann mit Bleistift die Position der anderen Verbindungen an.

4 Bohren Sie mit einem entsprechend großen Schlangenbohrer die Löcher. Achten Sie dabei darauf, dass Sie nicht zu tief bohren. Es empfiehlt sich, als provisorischen Tiefensteller Klebeband um den Bohrer zu wickeln.

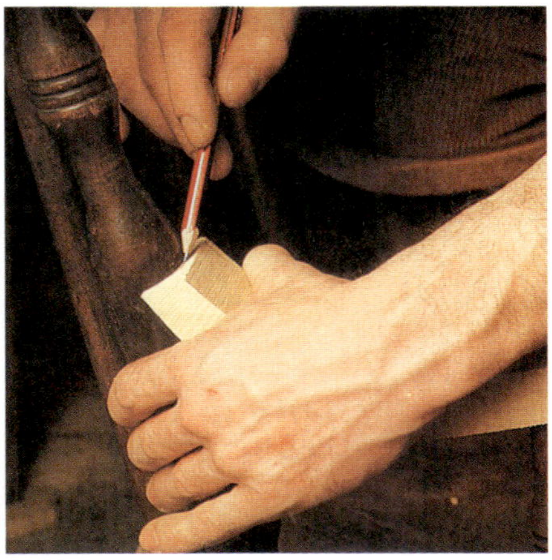

5 Legen Sie die Armlehne noch einmal an den Stuhl und zeichnen Sie das genaue Profil an.

6 Formen Sie das Werkstück nun mit Hilfe eines Schabehobels. Überprüfen Sie regelmäßig die Form.

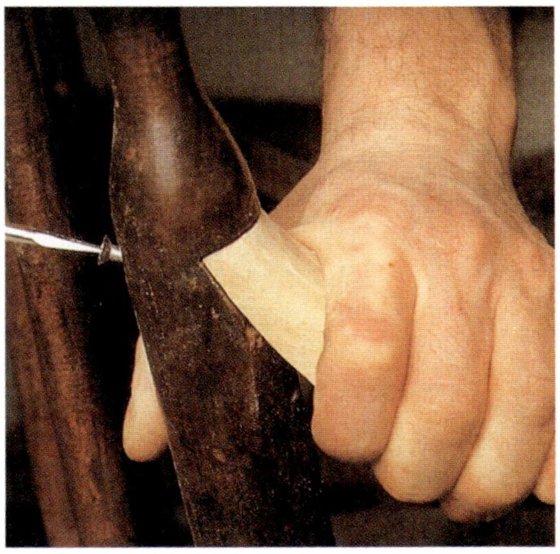

7 Schrauben Sie die Armlehne von hinten fest. Geben Sie außerdem etwas Leim auf die Verbindungsflächen, damit die Verbindung stabiler wird.

8 Die Reparatur ist nun komplett. Jetzt muss die Armlehne nur noch passend zum Stuhl gebeizt und poliert werden. Vor der Endbehandlung der Oberfläche kann es jedoch angebracht sein, die Lehne durch kleine Kratzer und Dellen künstlich zu altern und so dem Aussehen der anderen Oberflächen anzupassen. Dazu können Sie einen Nagel und einen kleinen Hammer verwenden. Schauen Sie sich vorher an, welche Bereiche der anderen Armlehne besonders zerkratzt und beansprucht sind und gestalten Sie die neue Lehne auf ähnliche Art und Weise.

Restaurierung eines Küchenbüfetts

Es ist gar nicht so selten, dass man auf alte Möbelstücke trifft, bei denen nicht nur kleinere Elemente, sondern ziemlich große Teile fehlen, wie zum Beispiel bei dem hier gezeigten Küchenbüffet, dessen oberer Teil verschwunden ist. In einem solchen Fall muss man den fehlenden Teil komplett nachbauen. Das ist natürlich keine einfache Aufgabe, aber eine interessante Herausforderung für den Hobbytischler und -restaurator.

Bevor Sie eine größere Restaurierungsarbeit beginnen, empfiehlt es sich, etwas Stilforschung zu betreiben, damit Sie zumindest eine ungefähre Vorstellung davon bekommen, welche Größe und Form das fehlende Teil gehabt haben könnte. Dazu sollten Sie sich einschlägige Literatur aus der nächsten größeren Bibliothek besorgen oder ein paar Antiquitätenhändler besuchen und die dort stehenden Möbelstücke studieren.

Für kleinere Nachbauten, zum Beispiel zur Anfertigung einer neuen Sitzfläche für einen Stuhl, lassen sich manchmal noch brauchbare Teile alter ausrangierter Möbel recyceln. Dabei können Sie zumindest sicher sein, dass das Holz gut getrocknet ist. Es ist natürlich möglich, dass die Maserung, der Farbton und die Struktur des Holzes nicht hundertprozentig übereinstimmen, doch damit müssen Sie sich wohl abfinden. Der Bau oder Nachbau größerer Möbelteile dauert seine Zeit. Oft benötigt man auch spezielle Werkzeuge und einen großen Arbeitsplatz. Außerdem wäre es günstig, wenn Ihnen hin und wieder ein Freund beim Zusammenbau zur Hand gehen könnte.

Bau eines neuen Oberteils für ein Küchenbüfett

1 Für ein derartiges Projekt empfiehlt sich als Material Kiefernholz. Als Erstes sägen Sie die Form der Seitenteile aus und hobeln die Kanten glatt (rechts). Das ist eine günstige Gelegenheit, noch gut erhaltenes älteres Holz zu verwerten. Das müssen nicht unbedingt Teile alter Möbelstücke sein; auch alte, noch intakte Fußbodendielen oder sogar Bretter mit Nut und Feder können gesäubert und entsprechend zurechtgesägt werden. Achten Sie dabei immer darauf, dass keine Nägel oder Schrauben im Holz versteckt sind, denn damit können Sie sich Ihre Werkzeuge ruinieren.

2 Schneiden Sie den Abfall entlang der Falze mit einem scharfen Stecheisen aus. Verwenden Sie dazu möglichst ein breites Stecheisen mit schräger Schneide. Achten Sie darauf, nicht zu tief zu schneiden, ansonsten wird die Eckverbindung geschwächt (links).

3 Zum Schneiden langer Falze, wie zum Beispiel der Falze in den Seiten, die später die Bretter der Rückwand aufnehmen, empfiehlt sich der Einsatz einer Elektrofräse. Geschwungene Formen lassen sich mit einer elektrischen Stichsäge sehr gut aussägen.

4 Wenn Sie ein Seitenteil fertig ausgesägt haben, können Sie dieses als Schablone für die andere Seite verwenden.

UNTEN: Von diesem Küchenbüfett war nur der Unterschrank erhalten. Auf dieser Grundlage wurde das Oberteil nachgestaltet.

5 Bevor Sie die Zwingen anziehen, sollten Sie die Rechtwinkligkeit überprüfen, indem Sie die Länge der Diagonalen messen. Sie müssen beide gleich lang sein.

6 Verwenden Sie Nägel mit ovalen Köpfen um die Verbindungen zu verstärken. Solche Nägel führen nicht so schnell zum Splittern des Holzes (links).

7 Das fertige Küchenbüfett mit ergänztem Tellerbord.

RESTAURIEREN VON FURNIEREN

Eine Fläche komplett neu zu furnieren ist relativ einfach. Im Gegensatz dazu ist das Ausbessern eines Furniers eine komplizierte Angelegenheit. Zuerst einmal muss man das Ersatzstück genau ausschneiden. Außerdem ist es wichtig, dass die Farbe und das Furnierbild exakt übereinstimmen. Kleinere Reparaturstellen sind nicht so auffällig, doch bei größeren Flächen muss der Restaurator schon sein ganzes Können beweisen, wenn später nicht mehr sichtbar sein soll, dass dort das Furnier ersetzt wurde. Dabei geht es nicht nur um die Farbe und Struktur, sondern auch um die Ebenheit und die Stärke der Haftung.

Der Laie kann sich kaum vorstellen, wie schwer es oft ist, ein passendes Furnierstück zu finden. Viele sind der Meinung, dass Mahagoni beispielsweise gleich Mahagoni ist, doch das trifft nur sehr selten zu. Von Mahagoni, um bei diesem Beispiel zu bleiben, gibt es verschiedene Unterarten, manche wachsen in Afrika, andere in Südamerika. Die meisten alten Mahagonimöbel wurden aus afrikanischem Mahagoni gebaut, doch heutzutage kommt der Großteil des importierten Mahagoniholzes aus Südamerika. Es ist deshalb nicht überraschend, dass sich die Furniere erheblich unterscheiden, wenn man sie nebeneinander legt.

Daraus ergibt sich, dass Sie die Farbe, die Maserung und die Dicke eines Furniers immer ganz genau prüfen sollten, bevor Sie es auf ein wertvolles Möbelstück legen. Und denken Sie immer daran, dass die Richtung der Maserung übereinstimmen muss.

Ersatz von Furnier

Wenn Sie das erste Mal Furnierblätter kaufen, werden Sie möglicherweise überrascht oder sogar enttäuscht sein, dass Sie keine flachen, glänzenden und fehlerlosen, sondern halb eingerollte und auf den ersten Blick wenig attraktive Holzblätter erhalten.

Um ein gewelltes Furnierblatt zu glätten, streicht man etwas warmes Wasser darüber und legt es zwischen zwei feuchte und warme Sperrholzplatten, die man mit Zwingen zusammendrückt. Lassen Sie das Furnierblatt über Nacht darin liegen und am nächsten Morgen wird es schön flach sein. Danach muss das Furnier allerdings so bald wie möglich verarbeitet werden, ansonsten rollt es sich wieder zusammen und Sie müssen die oben beschriebene Prozedur wiederholen.

Versuchen Sie niemals, gewellte Furnierblätter zu schneiden, sie werden fast unweigerlich zerbrechen, denn Furnier ist nicht nur sehr dünn sondern auch extrem brüchig.

Moderne Furniermethoden

1 Bereiten Sie die Oberfläche gründlich vor, bevor Sie das Furnier darauf legen. Alle Unebenheiten glättet man mit Schleifpapier.

2 Wenn das Furnierbild aus mehreren Teilen besteht, sollten Sie diese vorher mit Malerkrepp verbinden.

3 Bestreichen Sie die Oberfläche gleichmäßig mit Leim. Der Leim trocknet sehr schnell, Sie sollten also bereits alle benötigten Werkzeuge und Materialien zur Hand haben, damit Sie zügig weiterarbeiten können und das Furnier gut haftet.

4 Mit einem weichen Roller drückt man die Furnierstücke flach an. Wenn Sie keinen Roller besitzen, tut es auch ein weicher Lappen. Beginnen Sie in der Mitte und arbeiten Sie zu den Rändern hin. Hier sieht man, dass die Furnierblätter ganz dicht aneinander liegen, es gibt keine Anzeichen für Luftblasen oder Absplitterungen entlang der aneinander stoßenden Kanten.

Reparatur kleiner Fehlstellen

1 Markieren Sie die beschädigte Stelle, am besten mit einem Stück Kreide.

2 Umreißen Sie das beschädigte Furnierstück mit einem scharfen Stecheisen oder Messer.

3 Heben Sie dann das Furnier vorsichtig heraus.

4 Fertigen Sie nun eine Schablone an und schneiden Sie auf dieser Grundlage das neue Furnierstück aus.

5 Bestreichen Sie die Oberfläche des Blindholzes mit Knochenleim und füllen Sie dabei auch alle Dellen oder Löcher.

Kauf von Spezialwerkzeugen

Spezialwerkzeuge zum Furnieren erhält man im Fachhandel oder kann man im Internet bestellen. Es lohnt sich ebenfalls, in den entsprechenden Fachzeitschriften die Anzeigen von renommierten Werkzeugherstellern zu studieren. Manche Spezialwerkzeuge kann man sich allerdings auch selbst herstellen, z. B. lässt sich ein altes Streichmaß relativ einfach zum Furnieradernschneider umbauen, mit dem man Furniernuten in verschiedenen Tiefen und Breiten ausräumen kann.

Zum Schneiden von Furnieren sollte man immer sehr scharfe Messer verwenden. Geeignete Werkzeuge sind spezielle Furniermesser aus dem Fachhandel oder umgeschliffene alte Rasiermesser.

Die Furnierblätter legt man zum Schneiden auf eine ebene, doch keine starre Fläche, z. B. auf einer Sperrholzplatte. Außerdem sollten die Holzfasern in der Unterlage quer zur Faser im Furnier verlaufen.

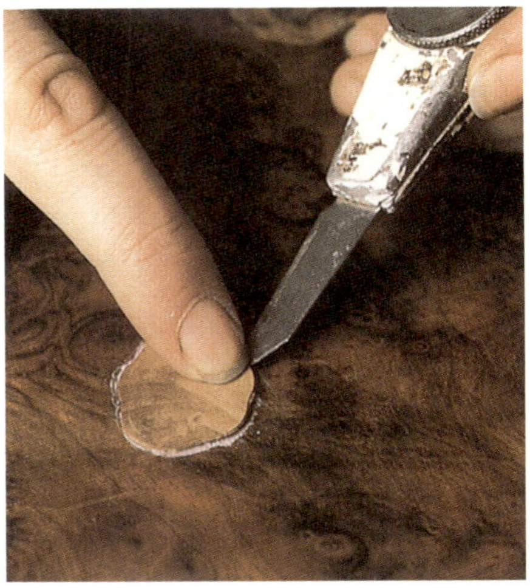

6 Drücken Sie nun das neue Furnierstück an seinen Platz, wobei überschüssiger Leim an den Seiten heraus quillt. Wischen Sie den Leim mit einem feuchten Lappen ab und lassen Sie ihn unter Druck abbinden. Die reparierte Stelle kann nach dem Trocknen vorsichtig abgeschliffen werden, so dass sie bündig mit der umgebenden Oberfläche abschließt. Zum Schluss wird die Oberfläche gewachst und poliert.

Restaurieren von Schmuckfurnieren

Marketerie, Parketterie, Intarsien, Adern und Friese sind spezielle Begriffe aus der Furniertechnik, die dem erfahrenen Fachmann natürlich geläufig sind und die für qualitativ anspruchsvolle Arbeiten stehen. Für den Furnierspezialisten kann die Restaurierung eines aufwändig gestalteten Schmuckfurniers eine interessante Herausforderung und der ultimative Test seiner handwerklichen und künstlerischen Fähigkeiten sein. Sollten Sie also jemals erwägen, ein beschädigtes Schmuckfurnier zu reparieren, gehen Sie auf keinen Fall halbherzig an ein solches Projekt heran!

Wenn Sie ein komplettes Motiv ersetzen möchten, entweder weil es Ihnen nicht gefällt oder weil es so stark beschädigt ist, dass man es nicht mehr ausbessern kann, können Sie auf bereits vorgefertigte Motive zurückgreifen, die im Fachhandel oder per Internetversand erhältlich sind. Falls Sie jedoch beschlossen haben, alles von Grund auf selbst zu machen, sollten Sie besonders auf die unterschiedlichen Holzarten und ihre Merkmale achten.

Anpassen der Formen

Hat man ein teilweise beschädigtes Furnier vor sich liegen, sollte man zuerst einmal den Aufbau des Furnierbildes studieren. Manche Motive sind durch Adern eingerahmt, manche Bilder enthalten gefärbte Furnierstücken, aus denen ein Mosaik zusammengesetzt wurde. Es ist wohl überflüssig zu sagen, dass es einfacher ist, große Furnierstücken zu ersetzen, als winzige Elemente eines detaillierten Bildes passend zu schneiden und einzukleben.

Wenn es sich um eine Intarsie handelt, die sich abgelöst hat, ist als Erstes der Umfang des Schadens zu bestimmen, der möglicherweise größer ist, als man auf den ersten Blick erkennen kann. Dann sollten Sie die Farbe und Form der Einlegearbeit betrachten. In fast jedem Fall gibt es irgendwo einen Rand oder eine Ader, durch den oder die der Schaden begrenzt wird. Das beschädigte Furnier ist also innerhalb dieses Randes oder dieser umlaufenden Ader abzulösen. Dazu muss man den Leim erhitzen und eventuell das Furnier anfeuchten. Fertigen Sie dann mit Hilfe von Pauspapier und einem spitzen Bleistift eine Schablone für das Ersatzfurnier an.

Einlegen einer Ader

1 Schleifen Sie den Stahl des Adernschneiders genau so breit wie die verwendete Ader.

2 Stellen Sie die Klinge des Adernschneiders nun auf die erforderliche Tiefe ein. Berechnen Sie auch, wie lang genau die Ader insgesamt sein muss.

3 Führen Sie den Adernschneider entlang eines Anschlags um sicherzugehen, dass die Nut parallel zur Kante des Werkstückes verläuft. Verteilen Sie dann mit einem Holzspan Leim in der Nut.

4 Legen Sie die Ader in die Nut und drücken Sie sie mit einem harten und flachen Werkzeug an. Man fixiert die Ader mit Malerkrepp und lässt den Leim unter Druck abbinden.

Adern

Adern sind schmale Intarsienbänder zum Einlegen in Massivholz. Der Fachhandel bietet eine große Auswahl an einfarbigen und mehrfarbigen Adern, man kann sie jedoch auch selbst herstellen. Oft wird dazu beispielsweise Buchenholz verwendet, da es relativ biegsam ist. Die Adern dürfen weder zu dünn sein, denn dann sind sie brüchig, noch zu dick sein. Auch die Farbe des Holzes ist in Betracht zu ziehen. Wenn eine komplette Umrandung zu ersetzen ist, haben Sie die Auswahl unter vielen verschiedenen Mustern und Farben, fehlt jedoch nur ein Stück einer Ader, muss man beim Aussuchen des Ersatzstückes sehr sorgfältig vorgehen.

Intarsienmotive

Das Einlegen oder Restaurieren von Motiven kann mit vielen Problemen verbunden sein. Motive haben oft eine besondere Bedeutung, auch wenn sich Ihnen diese nicht unbedingt erschließt. Der Ge-

Ausschneiden einer Schablone und Einlegen eines Motivs

1 Fertigen Sie sich eine Papierschablone mit dem Umriss des beschädigten Bereiches an und verwenden Sie diese zum Ausschneiden des Furniers. Befestigen Sie das Furnier mit Klebeband auf der Unterlage, bevor Sie mit dem Schneiden beginnen.

2 Heben Sie dort, wo Sie das Motiv einsetzen möchten, mit dem Grundhobel vorsichtig das Furnier ab.

3 Bestreichen Sie die Grundplatte mit Furnierleim. Verwenden Sie dazu einen Zahnspachtel mit möglichst feiner Zahnung.

4 Setzen Sie die Intarsie ein, drücken Sie sie überall gleichmäßig an und befestigen Sie die Ränder mit Klebeband. Dann muss der Leim mehrere Stunden unter Druck aushärten.

5 Die fertig eingeklebte Intarsie sollte bündig mit der umgebenden Holzfläche abschließen. Mit einer Ziehklinge säubert und glättet man die Oberfläche.

6 Zum Schluss schleift man die Fläche mit feinem Sandpapier ab und trägt eine Politur auf.

stalter oder Auftraggeber hat das Motiv meist aus ganz bestimmten Gründen ausgewählt und deshalb sollte man Motive immer respektieren, auch wenn sie möglicherweise nicht ganz unserem Geschmack entsprechen. Was die Restaurierung von Motiven betrifft, geht man dabei im Prinzip genau so vor, wie bei der Restaurierung von Intarsien und Furnieren im Allgemeinen.

Intarsien aus metallischen Materialien

Intarsien aus Metall haben die Tendenz herauszuspringen, wenn sich das umgebende Holz ausdehnt. Eine locker sitzende metallische Intarsie sollten Sie vorsichtig herausnehmen, zum Beispiel, indem Sie einen Schraubendreher darunter schieben. Dann versuchen Sie, die Intarsie vorsichtig zu glätten. Das ist jedoch oft leichter gesagt als getan.

Wenn Sie die Intarsie erfolgreich geglättet haben, sollten Sie überprüfen, um wie viel sie zu groß ist und zwar möglichst durch direkte Messungen. Feilen Sie die überstehenden Ränder ab. Eine Säge sollte man nur in Extremfällen verwenden.

Zwar kann auch der Amateur versuchen, solche Reparaturen durchzuführen, in den meisten Fällen empfiehlt es sich doch, die Restaurierung von Metallintarsien dem erfahrenen Fachmann zu überlassen.

Oberflächenreparaturen: Furnierte Platten

Furnieren ist die Kunst des Aufleimens dünner Schichten eines teuren und dekorativen Holzes auf eine Grundplatte aus billigerem Holz oder aus einem Holzwerkstoff (Blindholz). Da Furniere sehr dünn sind, sind sie auch relativ verletzlich.

Blasen im Furnier

Blasen im Furnier deuten darauf hin, dass sich das Furnier von der Grundplatte gelöst hat. Ist es noch nicht gerissen, gestaltet sich die Reparatur relativ einfach. Furniere wurden früher meist mit Knochenleim verklebt, der sich durch Wärme wieder lösen lässt und dann neu abbinden kann. Oft genügt es deshalb, die betreffende Stelle mit einem auf niedrige Temperatur gestellten Bügeleisen oder einem Furniereisen zu erwärmen. Dann lässt man den Leim unter Druck neu abbinden. Sollte das nicht funktionieren, kann man mit einer Injektionsspritze in die Blase stechen und etwas neuen Leim hinein geben. Der Leim wird vorsichtig mit dem Daumen verrieben, bis die Blase verschwunden ist. Austretender Leim wird mit einem feuchten Lappen abgenommen. Danach muss die Stelle unter Druck abbinden.

Kleine Fehlstellen im Furnier

Kleinere Löcher oder Fehlstellen im Furnier können auch mit Schellack ausgebessert werden, besonders dann, wenn das Furnier noch unbehandelt ist und später poliert werden soll. Dazu verwendet man eine Schellackstange in der passenden Farbe oder auch Schellackplättchen. Der Schellack wird mit einem Lötkolben erhitzt und in den beschädigten Stellen verrieben. Achten Sie dabei darauf, das Holz mit dem Lötkolben nicht zu versengen.

Entfernung von Blasen im Furnier

1 Blasen in alten Furnieren lassen sich oft schon entfernen, wenn man mit einem nicht allzu heißen Bügeleisen darüber fährt.

2 Wenn der alte Leim keine Bindekraft mehr besitzt, schneidet man die Blase mit dem Furniermesser vorsichtig auf und verteilt mit Hilfe eines Pappstreifens oder eines Holzspans neuen Leim unter dem Furnier.

3 Nachdem man den Leim vorsichtig verrieben und eventuell ausgetretenen Leim abgewischt hat, muss die entsprechende Stelle unter Druck abbinden. Man legt zwischen Furnier und Unterlage ein Stück Papier, damit der Holzblock nicht an der schadhaften Stelle kleben bleibt.

Risse im Furnier

Risse entstehen entweder aus nicht rechtzeitig verleimten Blasen, durch unregelmäßigen Schwund des Furnierholzes oder infolge von Schäden in der Grundplatte. In einem solchen Fall muss man das gelöste Furnier vorsichtig anheben und das Holz darunter von Schmutz säubern. Vorher sollte man das Furnier etwas anfeuchten, damit es elastischer wird. Dann verteilt man frischen Leim darunter und lässt die Stelle unter Druck abbinden.

Entfernung einer alten Furnierschicht

1 Oft sind Furniere so stark beschädigt, dass sie nicht mehr erhalten werden können und deshalb entfernt werden müssen. Lösen Sie den alten tierischen Leim mit Hilfe eines Bügeleisens. Oft hilft es auch, die Oberfläche leicht mit Wasser zu benetzen.

2 Wenn der Leim weich zu werden beginnt, fahren Sie mit einem Spachtel oder einem Messer unter das Furnier.

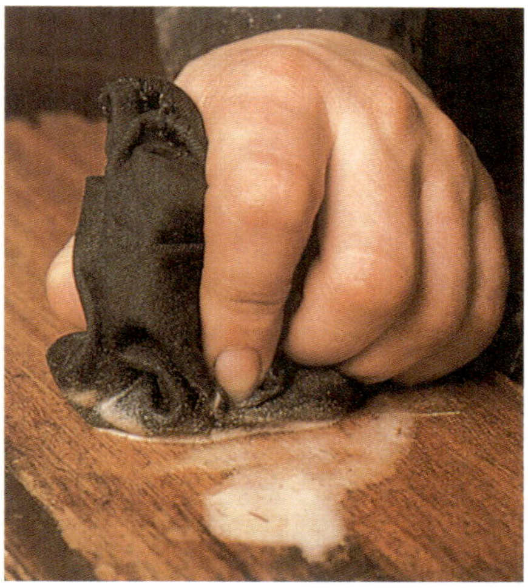

3 Nachdem das alte Furnier abgelöst ist, wischt man die Leimreste sorgfältig mit heißem Wasser ab.

Aufleimen neuer Furnierblätter

1 Glätten Sie das neue Furnierblatt und kleben Sie es mit Malerkrepp auf die Unterlage.

2 Fertigen Sie eine Schablone von der neu zu furnierenden Fläche an und übertragen Sie diese auf das Furnier.

3 Bestreichen Sie das Blindholz dünn mit einem Knochenleim.

4 Legen Sie nun das vorbereitete Furnierblatt darüber und drücken Sie es mit einem Bügeleisen an.

5 Mit einem Furnierhammer (oder einem anderen weichen Hammer) reiben Sie das Furnier auf das Blindholz. Beginnen Sie dabei in der Mitte und arbeiten Sie in Richtung des Randes, so dass überschüssiger Leim herausgepresst wird.

Gebogene Formteile aus Schichtholz

1 Gebogene Formteile kann man herstellen, indem man mehrere dünne Schichten Sperrholz miteinander verleimt und dann unter Druck in die gewünschte Form biegt. Bestreichen Sie dazu die Sperrholzblätter gleichmäßig mit Holzleim.

2 Legen Sie die verleimten Sperrholzstreifen entweder in eine Form oder biegen Sie sie wie hier gezeigt, indem Sie die Streifen über unterschiedlich große Holzblöcke legen. Dabei ist an jedem Ende eine und in der Mitte mindestens eine Zwinge anzubringen. Lassen Sie alles über Nacht trocknen. Denken Sie daran, dass sich der Biegeradius etwas vergrößert, wenn Sie die Zwingen wieder abnehmen.

3 Bei dieser Methode wird der Radius der Biegung durch die Größe und die Anordnung der Holzblöcke bestimmt. Will man eine stärkere Biegung erreichen, muss man die Ober- und Unterseiten der Holzblöcke leicht abrunden, damit sie nicht verrutschen. Legen Sie etwas Zeitungspapier zwischen die Blöcke und die Sperrholzstreifen, damit eventuell austretender Leim nicht das Formteil mit den Blöcken verklebt. Nach dem Trocknen des Leims nehmen Sie die Zwingen ab und säubern die Kanten des gebogenen Formteils mit einem Hobel. Dann schleifen Sie alle Seiten sauber ab.

Reparaturen an Spanplatten

Die Oberfläche von Spanplatten ist nicht besonders fest und kann leicht beschädigt werden. Deshalb werden Spanplatten oft furniert oder laminiert. Laminatschichten aus Kunststoff sind sehr widerstandsfähig und werden meist mit Kontaktkleber aufgeleimt. Wenn sich eine solche Kunststoffschicht von der Spanplatte löst, kann sie meist neu verleimt werden, vorausgesetzt, beide Flächen sind trocken und sauber.

Viele Spanplatten sind mit Melamin beschichtet, einem mit synthetischem Harz imprägnierten Papier, das nicht sehr haltbar ist. Wurde eine mit Melamin beschichtete Spanplatte stark beschädigt, ist es oft billiger und schneller, diese durch eine neue beschichtete Spanplatte zu ersetzen.

Reparaturen an Spanplatten sind schwierig und nur selten unsichtbar, größere schadhafte Flächen tauscht man deshalb am besten komplett aus.

Oberflächenreparaturen an Spanplatten

Dellen oder Löcher in Spanplatten füllt man mit einem geeigneten Füllstoff. Verwenden Sie möglichst einen 2-Komponenten-Epoxidharzkleber, der sehr kräftig und haltbar ist. Reinigen Sie die Delle oder das Loch so gut wie möglich und achten Sie darauf, dass es trocken und frei von Fett ist. Eventuell können Sie auch die gesamte Fläche mit einer selbst klebenden Dekorfolie überdecken. Säubern Sie die Fläche vorher mit einem in Testbenzin getränkten Lappen. Legen Sie die Klebefolie glatt über die Fläche und reiben Sie sie von innen nach außen fest an, bevor Sie die Ränder sauber abschneiden.

Oberflächenreparaturen mit Epoxydharzkleber

1 Mischen Sie die zwei Komponenten des Klebers auf einem Restholzstück an. Beachten Sie dabei die Hinweise des Herstellers. Der Füllstoff sollte nach dem Mischen eine gleichmäßige Färbung aufweisen. Das sorgfältige Mischen ist bei Zweikomponentenklebern besonders wichtig, ansonsten kann es passieren, dass sie nicht richtig aushärten. Verwenden Sie zum Mischen ein altes Messer oder einen schmalen Spachtel.

2 Verteilen Sie die Füllmasse mit einem flexiblen Messer in der Vertiefung und drücken Sie sie fest an. Nach dem Erhärten schleifen Sie die Oberfläche ab und färben sie passend zur Umgebung ein.

Kratzer

- Kratzer in furnierten Spanplatten lassen sich meist durch eine Wachspolitur verdecken. Vorher sollte man sie jedoch mit warmem Seifenwasser gründlich reinigen und die Oberfläche trocknen lassen.
- Falls Sie mit Wachspolitur kein befriedigendes Ergebnis erzielen, reiben Sie mit einem Stück reinen Bienenwachses über die Fläche. Damit füllen Sie den Kratzer, so dass er danach kaum noch sichtbar ist.

Ausbessern einer beschädigten Kante

1 Die Kanten von Spanplatten sind besonders anfällig für mechanische Beschädigung. In den meisten Fällen ist es die beste Lösung, den beschädigten Bereich auszusägen und ein neues Stück einzusetzen.

2 Markieren Sie das Stück, das Sie ersetzen möchten und bohren Sie in den Ecken Löcher zum Ansetzen des Sägeblatts. Sägen Sie den beschädigten Bereich mit einer Feinsäge oder einer elektrischen Stichsäge aus.

3 Sägen Sie ein neues Stück passend zu und leimen Sie es mit PVA-Kleber ein. Damit die Oberflächen bündig werden, sollten Sie ein flaches Brett über den Stoß legen und kräftig mit dem Hammer darauf schlagen.

4 Wenn der Leim getrocknet ist, fasen Sie die scharfe Kante mit einem Hobel ab. Dann ist das neue Stück entweder entsprechend zu streichen oder mit passender Kunststofffolie zu bekleben.

FEHLER KORRIGIEREN

Markieren und Anreißen

Sehr viele Fehler werden schon in der Anfangsphase eines Projektes, also beim Vermessen und Anreißen der einzelnen Teile gemacht. Um späteren Ärger mit zu kurzen oder schiefen Teilen zu verhindern, die den Erfolg des gesamten Projekts gefährden können, sollten Sie in dieser ersten Arbeitsphase immer ganz besonders sorgfältig vorgehen und alle Maße und Risslinien lieber zweimal kontrollieren. Oft empfiehlt es sich auch, die Verschnittbereiche gleich beim Anreißen zu schraffieren, so dass es später beim Aussägen oder Fräsen nicht zu Missverständnissen kommen kann.

Verwechslungen vermeiden

Viele Fehler entstehen dadurch, dass man die beiden Seiten einer Holzfläche verwechselt. Deshalb sollte man diese möglichst gleich zu Anfang mit dem Bleistift markieren. Auf der Skizze rechts wurden nicht nur die Seiten bezeichnet, sondern es wurde auch die beim Hobeln der Kanten einzuhaltende Reihenfolge angegeben. Wenn Sie zuerst die hinteren Ecken mit Hilfe eines Stecheisens abschrägen und dann die Schmalseiten in der genannten Reihenfolge abhobeln, vermeiden Sie, dass die Holzfasern an den Ecken ausreißen.

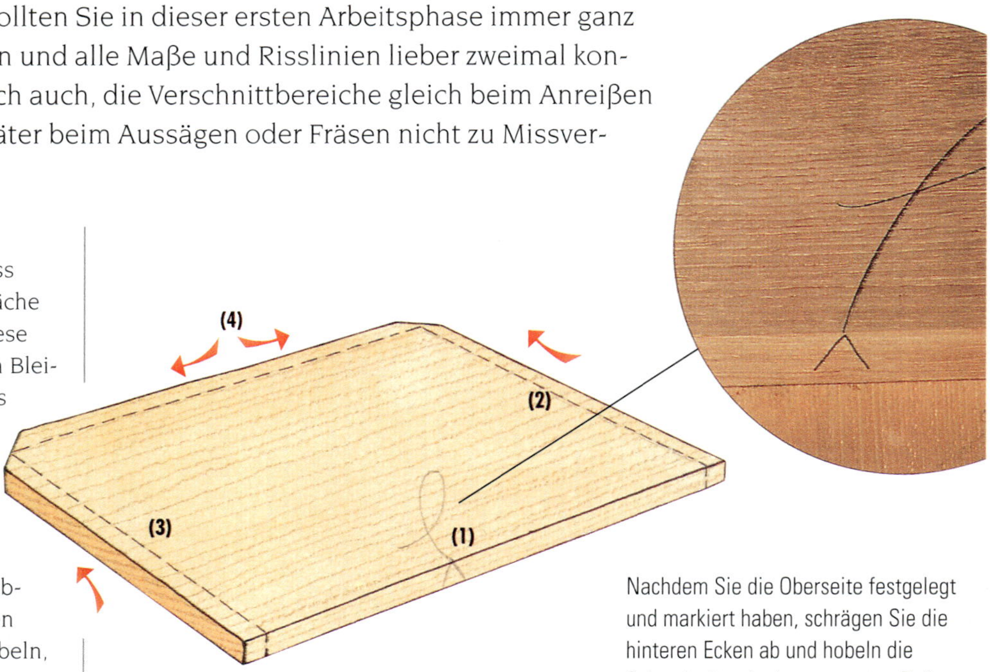

Nachdem Sie die Oberseite festgelegt und markiert haben, schrägen Sie die hinteren Ecken ab und hobeln die Schmalseiten in der genannten Reihenfolge glatt.

1 Legen Sie ein Lineal schräg über das Brett, so dass die Länge der Diagonale eine durch vier teilbare Zahl ergibt.

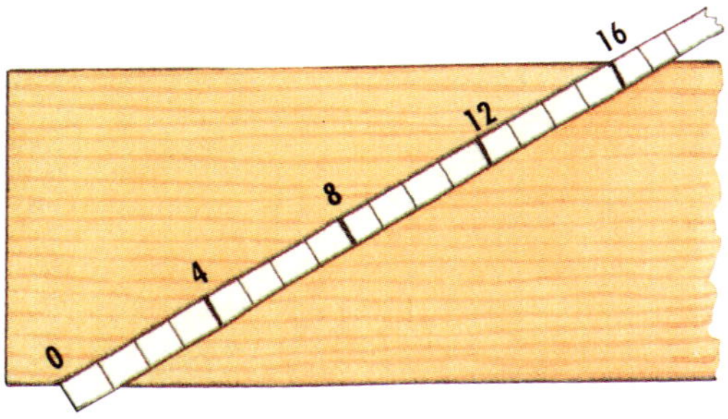

2 Ziehen Sie parallele Linien durch die markierten Punkte.

Teilung eines Brettes in gleich breite Streifen

Wenn sich unerfahrene Heimwerker mit dem Problem konfrontiert sehen, ein Brett in mehrere gleich breite Streifen zu teilen, glauben sie meistens, dieses nur mit dem Taschenrechner lösen zu können. Dabei ist alles viel einfacher. Nehmen Sie ein Brett beliebiger Breite, sagen wir 37 cm, das Sie in vier gleich breite Streifen unterteilen möchten. Dazu legen Sie einfach ein langes Lineal schräg über die Fläche, so dass der Nullpunkt an einer Kante liegt und eine durch 4 teilbare Zahl, z. B. 40 oder 44 an der anderen Kante. Machen Sie nun kleine präzise Markierungen bei 0, 10, 20, 30 und 40 (bzw. 0, 11, 22, 33 und 44). Dann legen Sie das Lineal ein Stück weiter oben oder unten erneut an und markieren dieselben Punkte. Nun brauchen Sie nur noch die parallelen Linien anreißen.

Sägen entlang einer Risslinie

Viele Anfänger machen den klassischen Fehler, den Schnitt an der falschen Seite der Risslinie anzusetzen, mit der Folge, dass die resultierende Verbindung zu locker ist. Das lässt sich vermeiden, wenn man den Umriss der Schwalbenschwänze oder Zinken zuerst einmal mit einer Anreißnadel, einem Lineal und einem Winkel anreißt, dann die Maße und die Position der einzelnen Elemente der Verbindung noch einmal mit der Zeichnung vergleicht und schließlich den Verschnitt schraffiert. Beim Sägen muss man nun nur noch darauf achten, das Blatt entlang der Verschnittseite zu führen, das heißt, die Sägekerbe muss sich vollständig im schraffierten Bereich befinden.

Schiefer Winkel

Wenn man einen Anschlagwinkel benutzt, der nicht genau rechtwinklig ist, können natürlich auch die angerissenen Winkel nicht rechtwinklig sein. Um festzustellen, ob der Winkel zwischen den beiden Schenkeln Ihres Anschlagwinkels genau 90° beträgt, legen Sie den Anschlag an eine gerade Brettkante und ziehen eine Linie entlang des langen Schenkels. Dann drehen Sie den Winkel um und versuchen, die bereits angerissene Linie nachzuziehen. Wenn beide Linien genau übereinander liegen, können Sie sich beim Anreißen auf Ihren Winkel verlassen, wenn nicht, sollten Sie sich umgehend einen neuen Anschlagwinkel kaufen.

1 Legen Sie den Anschlag gegen die Brettkante und ziehen Sie eine Linie.

2 Drehen Sie den Winkel um und versuchen Sie, genau über der ersten noch eine zweite Linie zu ziehen.

Bezugspunkt

Häufig vergisst man beim Anreißen, welches die Bezugsseite und die Bezugskante ist. Dieser Fehler kann sehr verhängnisvoll sein, lässt sich jedoch vermeiden, wenn man die Bezugsseite und die Bezugskante sofort nach dem Hobeln deutlich markiert. Oft empfiehlt es sich auch, die Verschnittbereiche zu schraffieren. Das verhindert Missverständnisse beim Aussägen komplexer Verbindungen oder auch von detaillierten Motiven mit der Laubsäge.

Dünne Risslinien

Wenn Sie Linien auf einem Werkstück mit einem dicken Bleistift anreißen und dann auf der Verschnittseite dieser dicken Bleistiftlinie sägen, kann die Abmessung um bis zu 1 mm von dem Maß auf der Zeichnung abweichen. Angenommen, Sie reißen mehrere aufeinander folgende Linien mit einem solchen dicken Bleistift an, kann sich dieser Messfehler natürlich potenzieren. Deshalb sollte man jede angerissene Linie vor dem Sägen noch einmal nachmessen und die Risslinie mit einem scharfen Messer oder einer Anreißnadel ziehen. Werfen Sie den stumpfen Bleistift lieber weg!

Sägen

Genauigkeit bei Messungen

Fehler treten ebenfalls häufig auf, wenn zwei oder mehrere identische Werkstücke nacheinander anzureißen sind. Meistens kommt es dabei zu kleinen Ungenauigkeiten an mehreren Stellen, die am Ende dazu führen, dass die Komponenten nicht genau zueinander passen. Um dass zu vermeiden, spannt man die anzureißenden Teile zusammen ein und zieht die entsprechenden Risslinien in einem Zug über alle Teile. Setzen Sie die Klinge des Anreißmessers auf die markierte Risslinie, schieben Sie einen Anschlagwinkel heran und reißen Sie die zu sägende Linie mit dem Messer entlang des Anschlagwinkels an.

1 Spannen Sie alle identischen Teile zusammen ein.

2 Um eine ganz exakte Risslinie zu erhalten, setzen Sie die Spitze des Anreißmessers an einem Ende auf die markierte Linie und schieben dann den Anschlagwinkel heran. Verwenden Sie zum Anreißen immer ein rasiermesserscharfes Werkzeug, das Sie regelmäßig nachschärfen sollten.

Präzise Sägeschnitte erhält man, wenn man die Schnittlinie mit einem scharfen Messer anreißt.

Verklemmen der Handsäge

Wenn Sie vermeiden möchten, dass die Handsäge zu Beginn des Sägeschnitts abrutscht oder verklemmt und wenn es Ihnen wichtig ist, dass die Enden der Risslinie ganz genau im rechten Winkel verlaufen, empfiehlt es sich, mit dem Anreißmesser stark aufzudrücken und dieses etwas schräg zu halten, so dass man eine kleine Nut erhält, in der die Säge Halt findet. Das verhindert auch das Ausbrechen von Spänen und ist eine sehr nützliche Technik beim Aussägen von Verbindungen.

Zu kurzes Brett

Wenn Sie für ein bestimmtes Projekt nur genau die benötigte Zahl sorgfältig ausgewählter Bretter zur Verfügung haben und plötzlich feststellen, dass eines der Bretter zwar etwas breiter als erforderlich, doch ein kleines Stück zu kurz ist, können Sie die Situation retten, indem Sie das Brett diagonal durchsägen. Die entstandenen Dreiecke verschieben Sie nun so gegeneinander, dass ein längeres und schmaleres Brett entsteht. Versuchen Sie dabei die Maserung beider Hälften so gut wie möglich anzugleichen. Schließlich verleimen Sie den diagonalen Stoß und sägen die überstehenden Ecken ab.

1 Sägen Sie das Brett diagonal durch. Verwenden Sie dazu eine fein gezahnte Säge, damit die Sägefuge nicht zu breit wird.

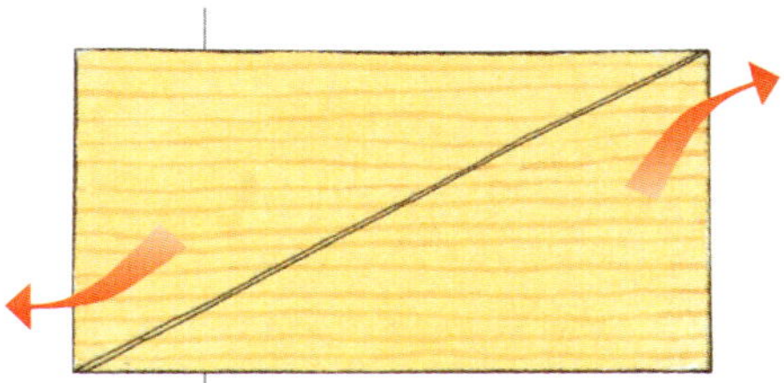

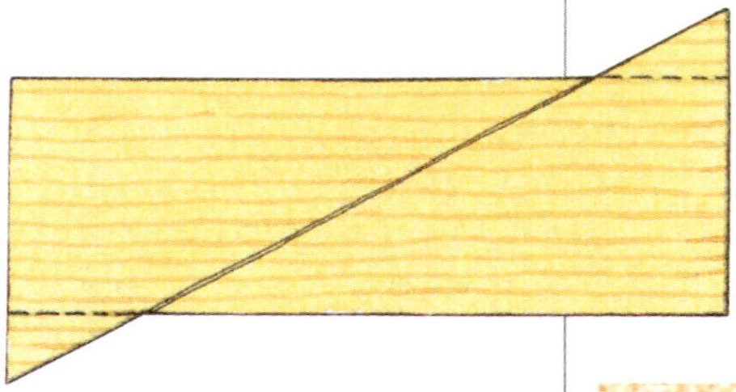

2 Verschieben Sie beide Teile gegeneinander, so dass das Brett insgesamt länger wird. Versuchen Sie dabei auch, die Maserung möglichst gut anzugleichen.

Tipp

Diese Verlängerungsmethode hinterlässt natürlich immer eine sichtbare Fuge, die die optische Wirkung des Werkstücks nicht nur geringfügig beeinträchtigt. Erwägen Sie deshalb, ob Sie die geplanten Abmessungen nicht etwas verändern oder doch ein Ersatzbrett besorgen können.

Zu schmales Brett

Wenn Sie feststellen, dass eines Ihrer sorgfältig ausgewählten Bretter zwar länger als nötig, doch etwas zu schmal ist, können Sie es ebenfalls diagonal durchsägen und die beiden Hälften auf dieselbe Art und Weise, wie auf Seite 484 beschrieben, neu zusammensetzen. In diesem Fall müssen Sie die beiden Dreiecke lediglich in der anderen Richtung gegeneinander verschieben, so dass das Brett breiter und kürzer wird. Wenn die Stabilität des Brettes ein wichtiges Kriterium ist, sollten Sie die verleimte Stoßfuge mit Dübeln oder Lamellofedern verstärken.

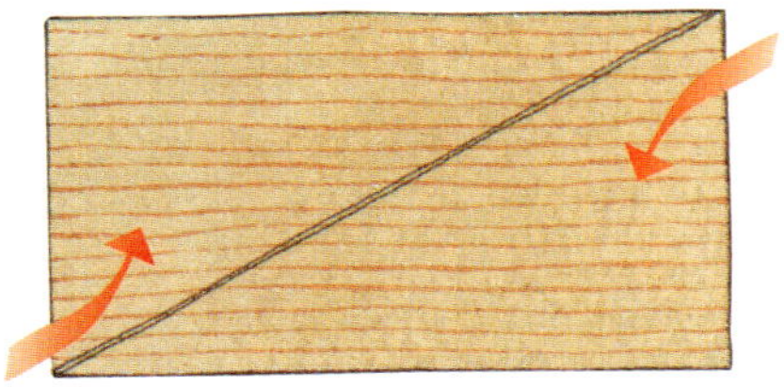

1 Sägen Sie mit einem fein gezahnten Sägeblatt das Brett diagonal durch. Es kann erforderlich sein, die aufeinander stoßenden Seiten danach noch glatt zu hobeln.

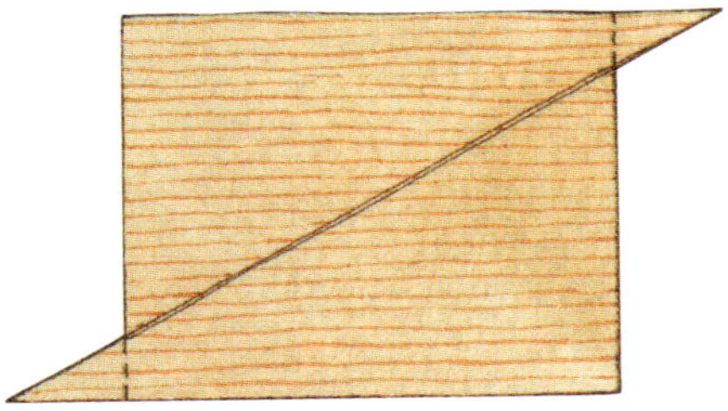

2 Verschieben Sie beide Bretter so gegeneinander, dass das Brett insgesamt breiter wird. Markieren Sie die abzusägenden Ecken und verstärken Sie die diagonale Fuge mit Dübeln oder Lamellofedern.

Materialknappheit

Wenn Sie am Ende der Planungsphase feststellen, dass das Holz für ein Projekt doch nicht reicht, können Sie das Problem wie folgt lösen: Sägen Sie eine dickere Planke des gewählten Holzes zu Furnierblättern auf und kleben Sie diese dann auf eine Unterlage aus anderem Holz. Sägen Sie die Planke mit einer Bandsäge in mehrere dünne Scheiben, leimen Sie die so erhaltenen Furnierblätter auf die entsprechenden Blindholzstücke und hobeln Sie die Teile dann auf die erforderliche Dicke. Die Technik empfiehlt sich besonders für Teile der Konstruktion, deren Rückseite nicht sichtbar ist, z. B. für Tischplatten, Sockelleisten usw.

1 Mit einer Bandsäge sägen Sie das Holzstück in dicke Furnierstreifen.

2 Leimen Sie das Holz Ihrer Wahl nun beidseitig auf ein anderes Blindholz.

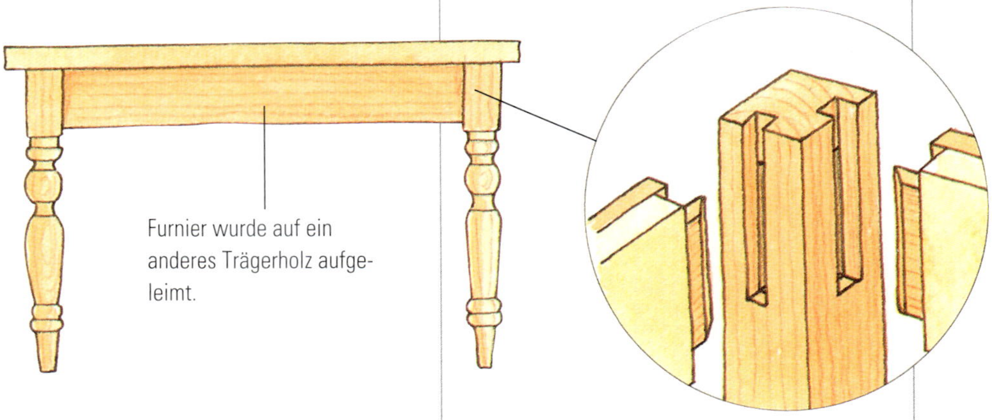

3 In diesem Fall leimt man das Furnier nur auf der sichtbaren Seite auf. Bei den rückseitigen und den innen liegenden Teilen ist die Optik weniger wichtig.

Tipps

Wenn man sich aus bestimmten Gründen für die oben beschriebene Art des Furnierens entscheidet, sollte man dabei darauf achten, dass die Stabilität wichtiger Teile der Konstruktion, zum Beispiel von Tischbeinen oder Stuhlbeinen dadurch nicht beeinträchtigt werden darf.

Zu kurze Beine

Wenn Sie den Fehler gemacht haben, die Beine eines Tisches etwas zu kurz abzusägen, stehen Sie vor dem Problem, wie Sie die fehlenden Stücke wieder ansetzen, ohne den Tisch völlig zu verunstalten. Man sollte in einem solchen Fall nicht versuchen, die Verbindungsstelle mit Farbe oder Ähnlichem zu verstecken, denn das ist nur selten eine erfolgreiche Taktik, sondern die angesetzten Stücke sollten möglichst so wirken, als ob sie immer schon Teil des Entwurfes gewesen wären. Verwenden Sie dynamische Formen und Holzfarben, um die Augen von der Übergangsstelle abzulenken.

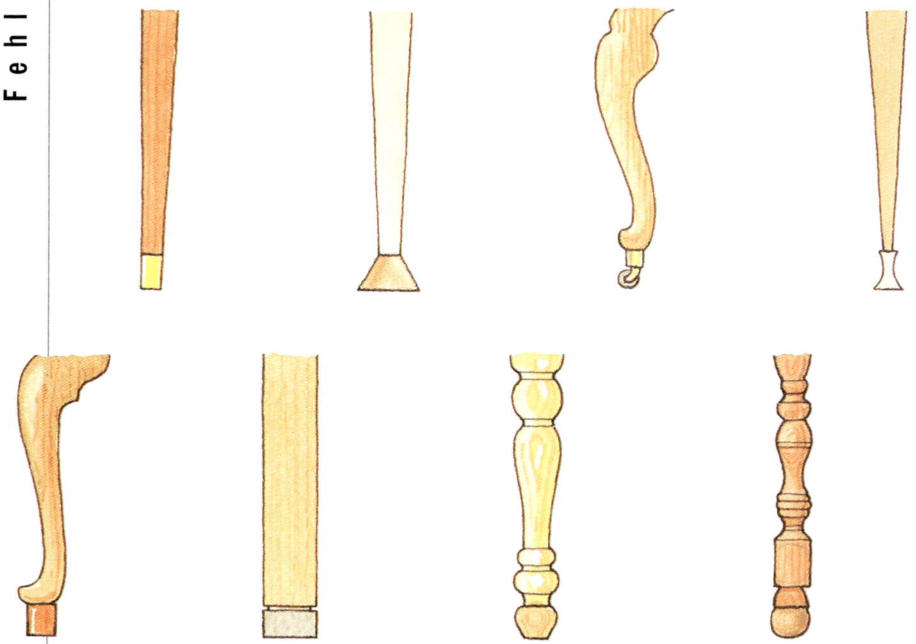

Oben: Oft ist es möglich, zu kurze Beine durch einen dynamisch geformten Fuß zu verlängern.

Absplittern von Holz beim Sägen

Zersägt man ein Brett auf der Tischkreissäge quer zur Faser, reißen auf der Unterseite die Fasern entlang der Schnittlinie aus. Das Problem tritt verstärkt bei furnierten Brettern und Sperrholz auf. Das Absplittern von Holzfasern kann verhindert werden, indem man ein Stück Hartfaserplatte unter das Werkstück legt und durch beide gleichzeitig sägt.

Das Absplittern der Holzfasern an den Schnittkanten kann ebenfalls begrenzt werden, indem man das richtige Sägeblatt für die entsprechende Aufgabe wählt. Mit einem Universalsägeblatt lassen sich in keinem Holz oder Holzwerkstoff wirklich saubere Schnitte ausführen. Investieren Sie lieber in ein spezielles Sägeblatt – lesen Sie dazu die entsprechende Beschreibung auf der Verpackung.

Hobeln

Schäden durch Verschmutzung

Schmutz auf dem Holz führt beim Hobeln zu Kratzern und stumpft den Hobel ab. Oft ist das Hirnholz von großen schweren Brettern mehr oder weniger stark verschmutzt, da sie auf dem Weg von der Sägemühle zum Holzlager und vom Holzlager zur Werkstatt mehrere Male abgestellt wurden.

Es empfiehlt sich, ein etwa 25 mm breites Stück vom Ende des Brettes abzusägen, bevor es in die Werkstatt gebracht wird.

Sägen Sie die Enden von verschmutzen Brettern ab, bevor Sie mit der Bearbeitung beginnen.

Aneinandersetzen von Brettern

Wenn man ein Brett in der Mitte quer zur Faser durchgesägt hat und die beiden Stücke dann nebeneinander legt, um ein breiteres Brett daraus zu machen, stellt man oft fest, dass die Stoßkanten etwas schräg verlaufen. Statt nun die Kanten mit viel Aufwand rechtwinklig zu hobeln, dreht man eines der Bretter einfach um, so dass die schrägen Kanten parallel zueinander liegen.

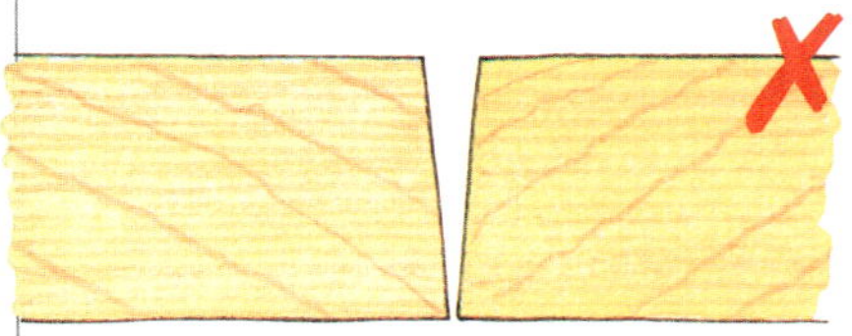

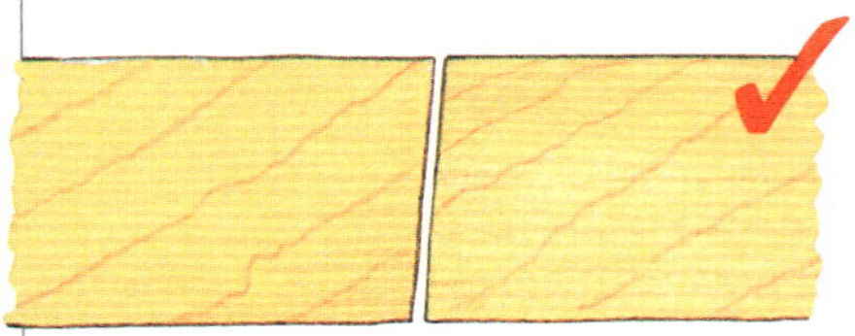

Aufgesplittertes Hirnholz

Wenn beim Hobeln vom Hirnholz das Holz an der Schmalseite aufsplittern sollte, müssen Sie die betreffende Stelle zuerst reparieren und dann Ihre Hobeltechnik ändern. Die Reparatur ist nicht sehr schwierig. Geben Sie einfach etwas Epoxydharzkleber in den Riss und spannen Sie das Brett zum Trocknen ein. Wenn der Leim trocken ist, setzen Sie ein Stück Restholz gegen die Kante, spannen beide Teile fest zusammen und fahren dann mit dem Hobeln der Hirnholzseite fort. Bei kleinen Werkstücken empfiehlt es sich, einen Hirnholzhobel zu verwenden.

1 Beim Hobeln einer Hirnholzkante splittert das Holz an den Ecken häufig ab.

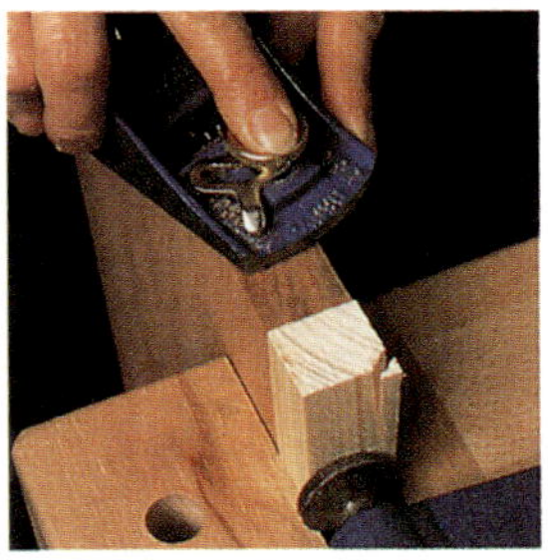

2 Deshalb sollte man die entfernte Kante von vornherein mit einem Stück Restholz schützen.

Ausgebrochene Kante

Falls es Ihnen beim Fügen von Brettkanten mit unregelmäßigem Faserverlauf passiert, dass ein Stück Holz ausbricht, ist es am günstigsten, ein keilförmiges Ersatzstück einzupassen Man führt an der beschädigten Stelle zwei schräge Sägeschnitte aus und sägt dann aus passendem Holz ein ebenso geformtes Ersatzstück zurecht, das man anleimt und nach dem Trocknen des Leims glatt hobelt. Das Geheimnis des Erfolges besteht darin, erstens eine Säge mit fein gezahntem Sägeblatt zu verwenden und zweitens sorgfältig darauf zu achten, dass die beiden schrägen Schnitte sich genau am Boden der Einkerbung treffen. Achten Sie beim Zusägen des Ersatzstückes auf den Faserverlauf. Es sollte außerdem geringfügig größer als das ausgesägte Stück sein. Wenn der Leim vollständig getrocknet ist, hobeln Sie mit einem kleinen Hirnholzhobel das überstehende Holz ab. Nun können Sie die Bretter fugen und es wird kaum jemandem auffallen, dass eine Kante beschädigt war.

Angeleimtes Ersatzstück, das nach dem Trocknen des Leims glatt gehobelt wird.

Richtige Führung von Handhobeln

Viele Anfänger werden beim Hobeln möglicherweise frustriert feststellen, dass die Bretter nach dem Hobeln an den Rändern etwas dünner sind als in der Mitte. Das lässt sich durch die richtige Hobeltechnik vermeiden, d. h. man muss zu Beginn des Zuges auf den Knauf vorn am Hobel drücken und am Ende eines Zuges mehr Druck auf die Rückseite des Hobels ausüben. Arbeiten Sie in langen geraden Zügen und verlagern Sie das Gewicht langsam von der Vorderkante auf die Hinterkante des Hobels je weiter dieser gleitet. Oder aber Sie versuchen sich vorzustellen, dass Sie eine konkave Form glätten und passen den Druck entsprechend an. Sie sollten beim Hobeln immer bequem stehen, so dass Sie sich nicht zu weit nach vorn strecken müssen, um das entfernte Ende des Brettes zu erreichen.

Verzogenes oder verwundenes Holz

Eine Möglichkeit, ein kurzes, leicht verzogenes oder verwundenes Brett zu richten, besteht im Abhobeln der hohen Ecken mit einem Handhobel. Legen Sie zuerst zwei kurze Richtscheite quer über das Brett um festzustellen, um wie viel das Brett verzogen ist und wo sich die hohen Stellen befinden. Dann ziehen Sie den Hobel diagonal über das Brett – von einer zur anderen hohen Ecke, bis die Oberseite des Brettes ganz eben ist.

1 Fluchten Sie über beide Richtscheite. Wenn diese nicht ganz parallel liegen wie in dem hier gezeigten Fall, müssen Sie die höher stehenden Bereiche abhobeln.

2 Hobeln Sie die hohen Stellen ab und legen Sie die beiden Richtscheite noch einmal zur Kontrolle über das Brett.

Hobeln in unterschiedlicher Richtung

Wenn Sie noch nicht sehr viele Erfahrung bei der Arbeit mit Handhobeln gesammelt und den Fehler begangen haben, ein Holzstück mit wilder Maserung in einer Richtung hobeln zu wollen, ist das Ergebnis wahrscheinlich ein Brett, das einen Bereich von ausgerissenen Fasern aufweist.

Stellen Sie den Hobel erst einmal auf ganz geringe Spanstärke ein. Dann schauen Sie sich genau an, wie die Maserung verläuft und hobeln erst in der einen und dann in der anderen Richtung. Möglicherweise müssen Sie den problematischen Bereich noch mit einer Ziehklinge glätten. Mit dem winzigen aufgeworfenen Grat am Ende der Ziehklinge kann man superdünne Späne abheben.

Ausgerissene Stellen beim Hobeln

Wenn Ihr Metall-Handhobel ständig im Holz stecken bleibt, kann das verschiedene Gründe haben. Wahrscheinlich haben Sie das Hobeleisen zu tief eingestellt, so dass ein zu dicker Span abgenommen wird. Wenn das nicht der Fall ist, sollten Sie überprüfen, ob die Klappe, d. h. der Teil des Hobels, der für das Brechen und Herumlenken des Spanes verantwortlich ist, dicht genug auf der Schneide liegt. Wenn Sie von der Seite darauf schauen, darf kein Licht hindurch scheinen. Wenn Ihr Hobel einen Hebel zur lateralen Einstellung des Hobeleisens hat, überprüfen Sie, ob die Klinge genau parallel zur Sohle des Hobels steht. Eine dritte mögliche Fehlerquelle kann sein, dass die Messerplatte, d. h. das dreieckige gusseiserne Teil, auf dem das Hobeleisen und die Klappe aufliegen, zu weit zurück gestellt ist. Schieben Sie sie etwas nach vorn, so dass das Hobeleisen vollständig aufliegt und das Hobelmaul so klein wie möglich ist.

1 Das Hobeleisen ist zu weit zurück gestellt – der Schnitt geht nicht tief genug.

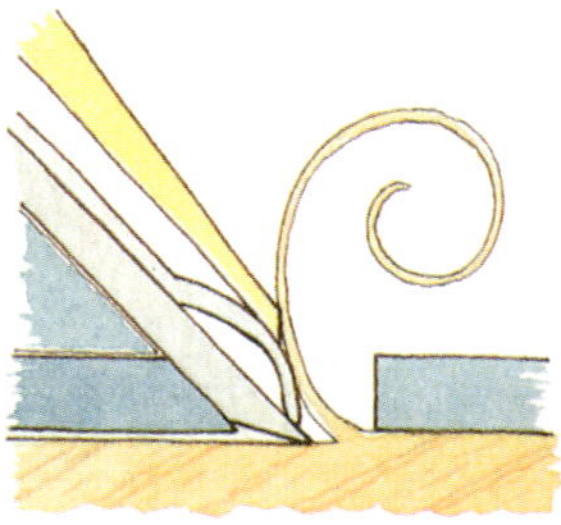

2 Das Hobeleisen liegt zu weit vorn, der Schnitt geht zu tief.

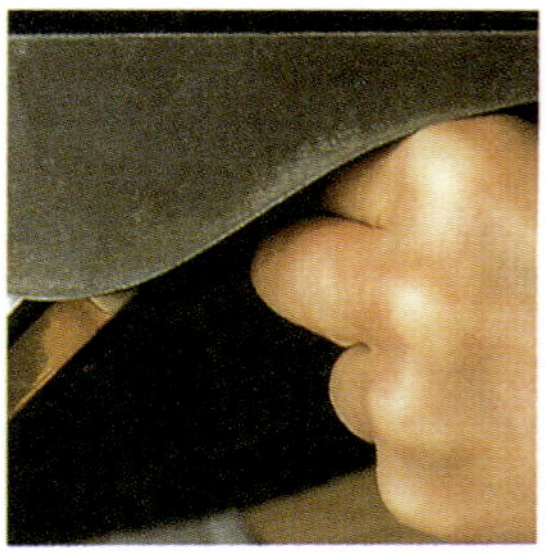

3 Schauen Sie von der Seite auf den Hobel und stellen Sie das Blatt genau parallel zur Sohle ein.

Fräsen

Verdecken unsauberer Stöße

Eine unschöne Verbindungsstelle, wie zum Beispiel ein schlecht verleimter Stoß, der im sichtbaren Bereich eines Werkstücks liegt, kann man durch eine gefräste Profilleiste, z. B. einen Halbrundstab verdecken. Wenn jedoch die Verbindung auch für die Stabilität des Möbelstücks wichtig ist, genügt es nicht, lediglich den Stoß zu verdecken.

1 Dieser ausgefranste Stoß sieht wirklich nicht schön aus. Holzkitt würde in diesem Fall den Fehler noch offensichtlicher machen. Die Lösung besteht darin, die Kanten mit einer Fräse leicht abzufasen.

2 Die entstandene V-Nut lenkt das Auge von der schlechten Passform ab. Verwenden Sie für solche Arbeiten eine Fräse mit einem Kantenprofilfräser.

Stöße durch Furnieradern verdecken

Ein schlecht verleimter oder ausgefranster Stoß kann auch verdeckt werden, indem man entlang der aneinander stoßenden Kanten eine flache Nut fräst und eine Furnierader einlegt. Denken Sie daran, dass es Adern unterschiedlicher Breite und Dicke gibt. Deshalb sollten Sie die jeweilige Ader immer auszuwählen, bevor Sie die Nut fräsen.

1 Eine ausgefranste Kante an einer sichtbaren Stelle kann jedes Projekt verderben. Ein solcher Stoß lässt sich durch eine Furnierader verdecken.

2 Fräsen Sie dazu eine flache Nut entlang des Stoßes, die geringfügig breiter als die verwendete Ader sein sollte. Verwenden Sie dazu einen kleinen Nutfräser.

3 Verleimen Sie die Ader in der Nut und kleben Sie kleine Stücken Malerkrepp darüber, bis der Leim erhärtet ist. Dann bearbeiten Sie die Stelle mit einer Ziehklinge oder mit Schleifpapier, bis die Ader bündig mit der umgebenden Fläche abschließt.

Rechts: Adern gibt es in vielen unterschiedlichen Breiten und Dicken. Wählen Sie die Ader immer aus, bevor Sie mit dem Fräsen beginnen. Statt einer Fräse können Sie auch einen Furnieradernschneider mit einer geraden Klinge verwenden, um die Vertiefung herauszuarbeiten

Schäden durch Fräse

Wenn Sie Ihren Körper plötzlich so um die Fräse drehen, dass Sie diese ziehen anstatt zu schieben, kann das sehr gefährlich werden und das Werkstück beschädigen, denn dann verfängt sich der Fräser unweigerlich im Hirnholz. Ist so etwas erst einmal passiert, sollten Sie die beschädigte Kante am besten absägen und glatt und rechtwinklig hobeln. Dann leimen Sie einen neuen Streifen an, um die ursprüngliche Breite des Brettes wieder herzustellen und gehen diesmal beim Fräsen vorsichtiger vor.

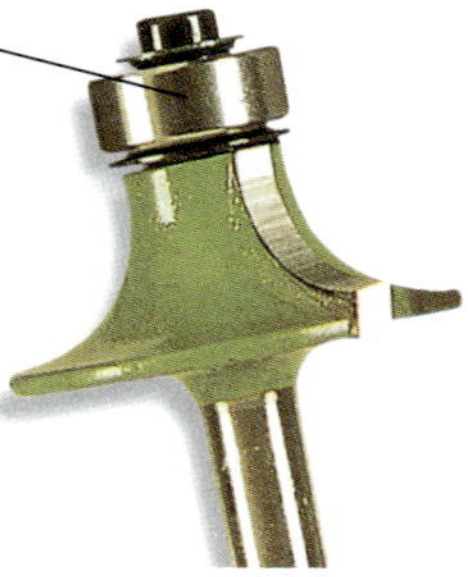

Anlaufringe sollten regelmäßig auf Abnutzung kontrolliert werden.

1 Beim Fräsen darf man niemals ziehen, sonst kommt es unweigerlich zu Problemen.

2 Ein durch unsachgemäßen Gebrauch der Fräse beschädigter Rand.

3 Sägen Sie die beschädigte Kante ab, leimen Sie einen neuen Streifen an und fräsen Sie das Kantenprofil neu.

Ausgefranste Kanten

Eckverbindungen sollte man immer sehr sauber und sorgfältig arbeiten und beim Sägen gegebenenfalls eine Hartfaserplatte unterlegen, so dass an der Unterseite keine Holzfasern ausreißen. Ist doch einmal eine Kante etwas ausgefranst, lässt sich der Bearbeitungsfehler meist korrigieren, indem man sie einfach etwas abfast.

1 Eine unschöne ausgefranste Kante.

2 Eine V-förmige Nut, die entlang des Stoßes gefräst wird, lässt die ausgerissenen Holzfasern verschwinden.

Fehler bei der Arbeit mit Schablonen

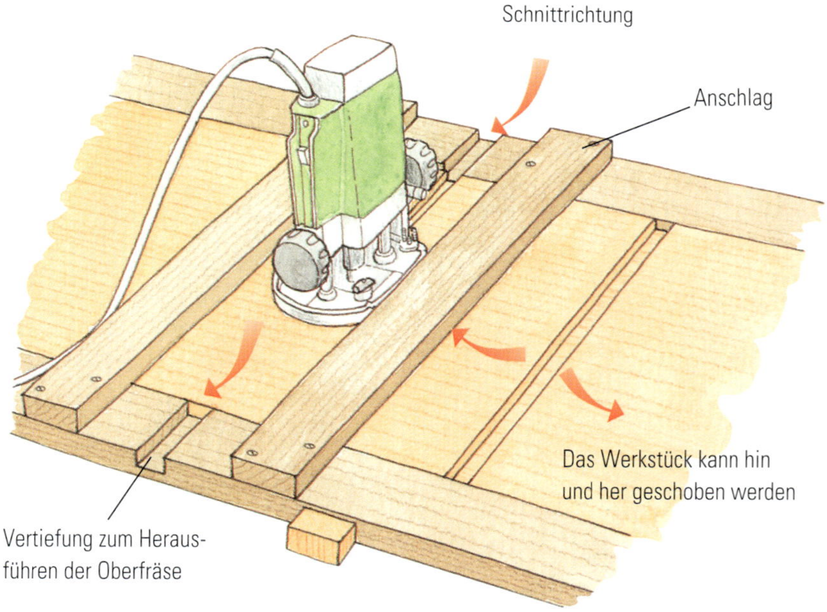

Viele Fehler beim Fräsen entstehen dadurch, dass die Schablone schlecht durchdacht oder nicht passend ist. Es ist grundsätzlich anzuraten, auf beiden Seiten Führungsleisten für die Fräse zu vorzusehen. Dadurch lässt sich der Drehung des Fräsers im Uhrzeigerrichtung besser entgegenwirken.

Ausschneiden und Ausbessern

Schlecht gefräste Profile

Wenn ein Anfänger versucht, ein schmales Profil entlang einer Brettkante zu fräsen, sieht das Ergebnis oft nicht besonders überzeugend aus. Das Profil ist unter Umständen ausgefranst und nicht gleichmäßig. Hier kann man schnell Abhilfe schaffen, indem man einen größeren Profilfräser einsetzt und damit noch einmal über die Kante fährt.

Ein klassischer Fräsfehler.

Das Problem wurde gelöst, indem man die Kanten mit einem größeren Fräser nachgearbeitet hat.

Lose Verbindungen

Zu lockere Verbindungen lassen sich oft stabilisieren, indem man an den Seiten einen oder mehrere kleine Keile einsetzt. Schneiden Sie dazu zuerst mehrere dünne Keile zurecht, wobei die Holzfasern längs des Spans verlaufen müssen. Dann tauchen Sie die Späne in Holzleim und schlagen Sie in die Verbindung. Wenn der Leim getrocknet ist, schneidet man die überstehenden Kanten mit einem scharfen Messer bündig ab und schleift die Oberfläche glatt bzw. bearbeitet sie mit einem Ziehklingenhobel.

1 Beurteilen Sie, wie dick die Keile in etwa sein müssen.

2 Schneiden Sie vier dünne Keile oder Späne auf die erforderliche Breite.

3 Tauchen Sie die Keile in Holzleim und schlagen Sie sie ein.

4 Wenn der Leim getrocknet ist, hobeln Sie die Oberfläche glatt.

Ein- und Ausschalten der Fräse

Viele Fehler entstehen allein durch fehlende Sorgfalt bei der Arbeit. Anfänger machen zum Beispiel häufig den Fehler, den Fräser an das Werkstück zu legen, bevor sie den Strom einschalten oder die Fräse auszuschalten, wenn der Fräser noch am Werkstück anliegt. Um daraus resultierende Schäden zu vermeiden, vor allem beim Fräsen von Nuten, sollte man sich eine Schablone anfertigen, die das Werkstück komplett einrahmt. Die Fräse wird angeschaltet, in die Schablone eingeführt, über das Werkstück geführt, auf der anderen Seite wieder herausgeführt und erst dann ausgeschaltet.

Lose Schwalbenschwanzverbindung

Wenn Sie beispielsweise einen Schwalbenschwanz auf der falschen Seite der Risslinie ausgesägt haben, fehlt auf jeder Seite etwa 1 mm und die Verbindung ist zu locker. Hier kann man Abhilfe schaffen, indem man auf beide Seiten des Schwalbenschwanzes kleine Furnierstücke aufleimt und danach die überstehenden Kanten abschneidet.

1 Verstärken Sie den Schwalbenschwanz, indem Sie auf jeder Seite dünne Furnierblätter aufkleben.

2 Bestreichen Sie die Verbindung mit Leim, stecken Sie alles zusammen und glätten Sie die Oberfläche.

Zu kurzer Zapfen

Wenn man bei der Montage eines Rahmens plötzlich feststellt, dass zwar alle Schlitz- und Zapfenverbindungen perfekt passen, man jedoch eine der Streben etwas zu kurz gesägt hat, kann man sich behelfen, indem man drei dünnere Bretter entsprechend zurechtsägt und diese so auf den Zapfen leimt, dass dieser verlängert wird. Wenn Sie das Holz dazu sorgfältig auswählen und ganz glatt hobeln, erhalten Sie eine stabile Verbindung, an der die Reparatur fast nicht mehr zu erkennen ist.

1 Sägen Sie drei identische Bretter zurecht.

2 Leimen Sie die Bretter erst links und rechts vom Zapfen an. Dann verleimen Sie das mittlere Brett.

3 Wenn Sie das Holz ganz glatt hobeln, erhalten Sie eine gute Verbindung.

Abgebrochener Zapfen

Manchmal stellt man beim Aussägen eines Zapfens plötzlich fest, dass im Holz ein Hohlraum verborgen ist oder die Fasern verdreht sind, wodurch der Zapfen letztendlich abbricht. Wenn das passiert ist, sollte man den Zapfenstumpf bündig mit der Brüstung absägen und im Ende der Strebe stattdessen ein Zapfenloch ausarbeiten. Dann sägt man einen falschen Zapfen entsprechend zu und verleimt ihn in beiden Zapfenlöchern. Achten Sie darauf, dass der falsche Zapfen nicht zu lang gerät.

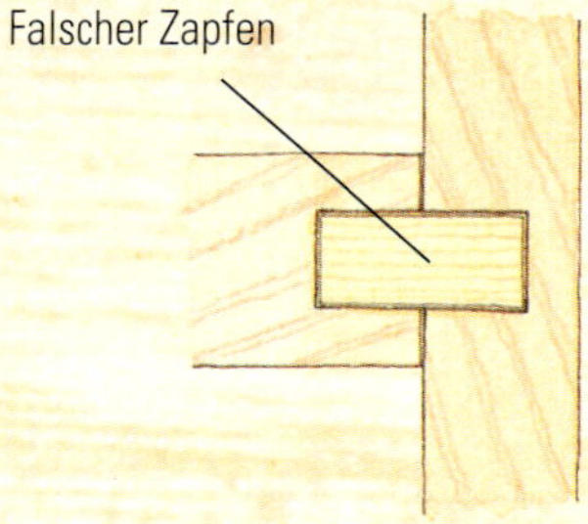

Verleimen Sie den falschen Zapfen und spannen Sie alles ein, bis der Leim erhärtet ist.

Diagonaler Keil

Eine Schlitz- und Zapfenverbindung mit einem zu klein geratenen durchgehenden Zapfen lässt sich retten, indem man einen diagonalen Keil in den Zapfen schlägt. Angenommen, der Abstand zwischen dem Zapfen und dem Rand des Schlitzes beträgt auf allen Seiten 1 mm. Man sägt den Zapfen diagonal ein und fertigt sich einen passenden Hartholzkeil an. Dann bestreicht man beide Seiten des Keils mit Leim und treibt ihn in die diagonale Kerbe. Treiben Sie den Keil so weit hinein, bis der Zapfen fest sitzt.

1 Zeichnen Sie die Diagonale an und sägen Sie einen Schlitz.

2 Schlagen Sie einen beidseitig mit Leim bestrichenen Hartholzkeil in den Schlitz.

3 Schneiden Sie den überstehenden Teil des Keils sorgfältig ab.

Blinden Zapfen verkeilen

Im Folgenden wird erläutert, wie man einen zu klein geratenen blinden Zapfen vergrößert. Eine mögliche Lösung wäre das beidseitige Aufleimen von kleinen Furnierstücken, doch es gibt in diesem Fall noch eine weitere Alternative.

Man sägt eine oder zwei Kerben in den Zapfen wie auf dem Foto zu sehen ist und schneidet dann einen bzw. zwei Keile entsprechend lang und breit zurecht, die man zur Hälfte in die eingesägten Kerben steckt. Wenn man den Zapfen nun in das entsprechende Zapfenloch steckt, werden die Keile weiter hinein gedrückt. Dadurch wird der Zapfen breiter und sitzt schließlich fest.

Ein doppelter Keil

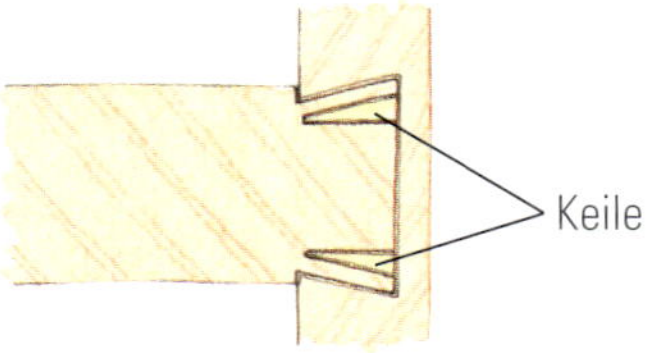

Doppelte Keile

Wenn ein durchgehender Zapfen zwar die erforderliche Dicke aufweist, jedoch etwas zu schmal geraten ist, so dass er sich im Zapfenloch hin und her schieben lässt, sollte man auf jeder Seite einen Keil einsetzen. Dazu schneidet man zwei Keile entsprechend zurecht, bestreicht sie mit Leim und schlägt sie ein.

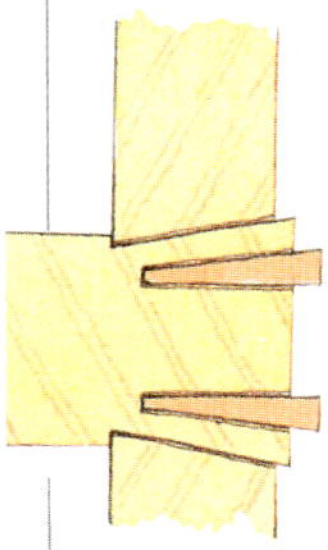

Stirnseite eines Zapfens mit zwei Keilen

Abgebrochener Zapfen

Stellen Sie sich vor, Sie haben alle Teile eines Möbelstücks fertig ausgesägt und alle Verbindungen herausgearbeitet. Im letzten Moment geht jedoch einer der Zapfen kaputt. Da ist guter Rat teuer. Sägen Sie den Zapfenstumpf zuerst bis auf die Brüstung ab. Dann zeichnen Sie auf der Stirnseite der Strebe den Umriss des ursprünglichen Zapfens an und arbeiten mit dem Stecheisen ein dreieckiges Zapfenloch aus. Sägen Sie einen falschen Zapfen zurecht und passen ihn ein. Wenn Sie alles richtig gemacht haben, kann man nur auf der Unterseite der Strebe erkennen, dass hier eine Reparatur durchgeführt wurde.

1 Sägen Sie den beschädigten Zapfen bis zur Brüstung ab und führen Sie dann zwei schräge Sägeschnitte aus.

2 Arbeiten Sie mit einem Stecheisen das dreieckige Zapfenloch heraus.

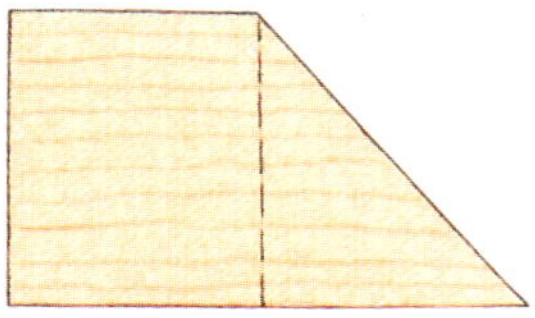

Sägen Sie den falschen Zapfen entsprechend zurecht.

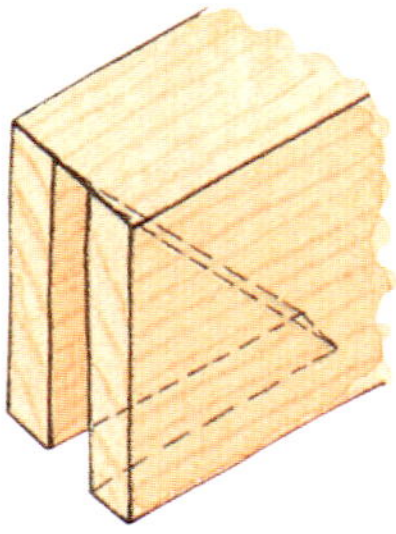

Schlitz für den dreieckigen Zapfen.

UNTEN: Unterseite der Verbindungsstelle. Von oben ist die Reparatur nicht sichtbar.

Arbeit an der Drechselbank

Drechselröhre rutscht ab

Stellen Sie sich vor, Ihr Drechselstück ist schon fast fertig und dann rutscht Ihnen plötzlich die Drechselröhre aus der Hand. Nun haben Sie eine hässlichen Delle in einem ansonsten sehr schön gedrechseltem Werkstück. Lassen Sie sich davon jedoch nicht die Laune verderben. Sägen Sie die beschädigte Stelle mit zwei schräg verlaufenden Sägeschnitten aus, schneiden Sie einen passenden Keil zurecht, glätten Sie die aneinander liegenden Flächen und leimen Sie den Keil dann mit Sekundenkleber ein. Das überstehende Holz kürzt man mit einem scharfen Messer und schleift die Reparaturstelle zum Schluss glatt ab. Es empfiehlt sich, das Werkstück während der Reparaturarbeiten auf der Drechselbank eingespannt zu lassen.

1 Ein typischer Ausrutscher der Drechselröhre.

2 Man sieht kaum mehr, dass das Werkstück an dieser Stelle repariert wurde.

Versteckte Hohlräume

Es passiert beim Drechseln gelegentlich, dass man plötzlich auf einen im Holz versteckten Hohlraum stößt. Dann geht man ähnlich vor wie bei Schäden, die durch das Abrutschen von Werkzeugen entstanden sind. Man hobelt die betreffende Stelle glatt ab und setzt ein passendes Holzstück an, dass man fest mit dem Werkstück verleimt. Nach dem Trocknen des Leims formt man das angeleimte Stück entsprechend nach und fährt mit dem Drechseln fort.

1 Hobeln Sie den Problembereich mit einem kleinen Hobel glatt.

2 Leimen Sie ein passendes Holzstück auf. Achten Sie dabei unbedingt auf den Verlauf der Maserung.

Gebrochene Spindel

Ein weiterer häufiger Fehler beim Drechseln ist das Abbrechen einer schmalen Spindel während diese sich noch zwischen den Spitzen dreht. In einem solchen Fall ist die Spindel am nächsten Rundstab abzusägen. Dann setzen Sie ein neues Stück an, zum Beispiel mit Hilfe einer Dübelverbindung. Sie können nun mit dem Drechseln fortfahren. Wenn Sie alles richtig gemacht haben und sich der Stoß an einer tief gelegenen Stelle befindet, wird er später fast unsichtbar sein.

Klebeband

Ein längeres Drechselstück mit geringem Durchmesser, das beim Drechseln an beiden Enden aufzusplittern beginnt, kann durchaus noch gerettet werden. Drehen Sie dazu die Reitstockspitze etwas zurück, um den auf die Spindel wirkenden Druck zu verringern, drücken Sie so viel Sekundenkleber wie möglich in die aufgespaltenen Enden und umwickeln Sie diese ein Dutzend mal mit Malerkrepp. Spannen Sie das Werkstück erneut fest ein und fahren Sie mit dem Drechseln fort. Es ist wichtig, für diese Reparatur einen dünnflüssigen Kleber zu verwenden, der infolge der Kapillarwirkung tief in das gespaltene Holz eindringt. Halten Sie die Enden fest zusammen, bis der Kleber getrocknet ist.

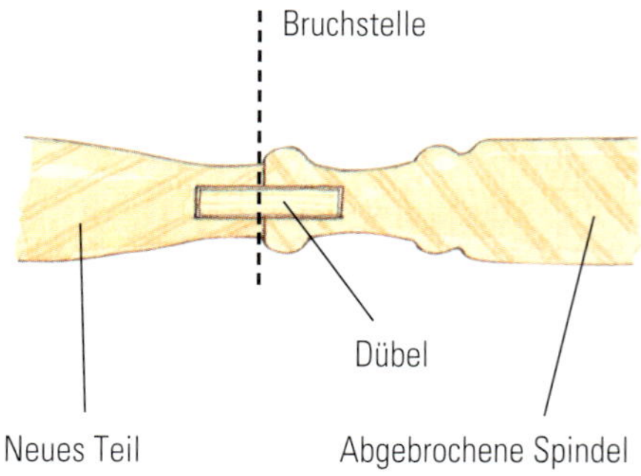

Die Reparatur ist an der gestrichelten Linie vorzunehmen.

Beine verlängern
Die Beine eines Tisches oder Schranks zu kurz zu sägen, ist sicher ein ziemlich dummer Fehler und doch passiert so etwas immer wieder einmal. Dieses Missgeschick lässt sich jedoch in den meisten Fällen auf relativ einfache Art und Weise korrigieren, indem man vier Kugelfüße oder zapfenförmige Endstücke aus einem Hartholz in einer kontrastierenden Farbe drechselt. Man sollte dabei nicht versuchen, den Fehler zu verstecken, sondern die Enden bewusst anders gestalten, so dass es dem Betrachter scheint, als ob der Tisch oder das betreffende Möbelstück von vornherein in dieser Art geplant war.

Vierbackenfutter

Um ein Werkstück schnell und genau wieder einzuspannen, nummeriert man die vier Backen des Futters und die entsprechenden Vertiefungen im Werkstück.

Ein Vierbackenfutter eignet sich sehr gut zum sicheren Einspannen von Werkstücken. Wenn man jedoch das Drechselstück einmal herausnehmen muss, um beispielsweise ein Loch zu bohren, hat man oft Schwierigkeiten es beim erneuten Einspannen wieder genau zu zentrieren. Die Folge ist, dass es nicht mehr ganz rund läuft und die Drechselarbeit weniger gut gelingt. Das Problem der ungenauen Ausrichtung lässt sich vermeiden, indem man die vier Backen des Futters und die entsprechenden vier Dellen, die das Futter auf dem Werkstück hinterlassen hat, nummeriert, bevor man das Werkstück aus dem Futter nimmt.

Bau von Schubkästen

Wenn Sie beim Zusammenbau eines Schubkastens feststellen, dass sich die Seiten nach außen wölben, lässt sich das schnell korrigieren, indem Sie die Seiten austauschen, so dass die Wölbung nach innen gerichtet ist. Der Boden des Schubkastens drückt die Seiten schließlich wieder gerade.

1 Seiten des Schubkastens wölben sich nach außen.

2 Tauschen Sie die Seiten aus, so dass die Wölbung nach innen gerichtet ist.

3 Der Boden des Schubkastens richtet die Seiten aus.

Hirnholzhobel

Wenn Sie feststellen, dass es beim Putzen von Oberflächen oder zum Beispiel beim Säubern der Ecken einer Schwalbenschwanzverbindung immer wieder zum Absplittern von Holzfasern kommt, kann es sein, dass die Schneide Ihres Hobels zu steil angeschliffen ist. Sie sollten sich für solche Arbeiten lieber einen kleinen Hirnholzhobel zulegen. Bei einem Hirnholzhobel ist die Schneide anders angeschliffen, so dass die Gefahr des Absplitterns von Holz nicht so groß ist. Die besten Ergebnisse erzielt man mit einem Hirnholzhobel, bei dem die Schneide auf einen sehr flachen Winkel gestellt ist.

Kaufen Sie sich einen kleinen Hirnholzhobel. Die geringe Größe und der flache Winkel der Schneide machen ihn zum idealen Werkzeug für abschließende Säuberungsarbeiten.

Abgesplittertes Holz

Es kommt relativ häufig vor, dass an der Seite oder an einer Ecke des Werkstücks ein Stück Holz absplittert – entweder weil eine Klinge stumpf ist, weil Sie etwas unbedingt ganz schnell fertig stellen möchten und die Arbeit deshalb nicht mit der nötigen Sorgfalt ausführen oder weil sich ein Sägeblatt verklemmt. Alle diese kleinen Absplitterungen lassen sich jedoch mit Sekundenkleber wieder reparieren. Bestreichen Sie die Bruchstellen mit Kleber, fixieren Sie das abgerissene Stück mit Klebeband oder einer geeigneten Zwinge und lassen Sie alles in Ruhe aushärten. Führen Sie solche Reparaturen möglichst sofort durch, bevor sich Staub oder Späne auf der Bruchstelle gesammelt haben.

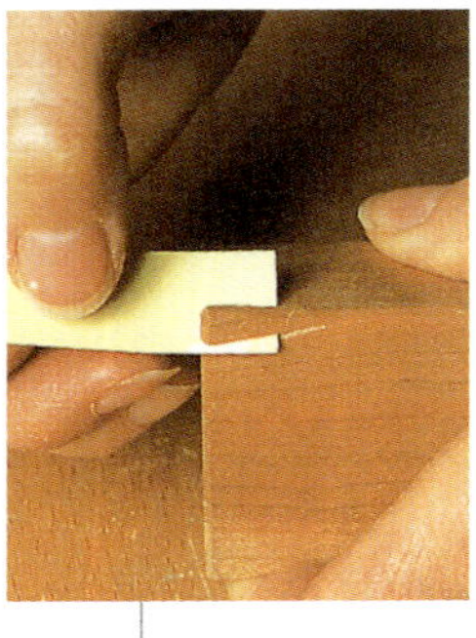

1 Mit Hilfe eines dünnen Papierstreifens verteilt man den Kleber auf der Bruchstelle.

2 Fixieren Sie das abgerissene Stück bis zur vollständigen Aushärtung des Klebers mit Klebeband.

Schiefe Schubkästen

Das Einpassen von Schubkästen ist keine einfache Aufgabe. Oft sitzen sie entweder zu fest oder es ist zu viel Spielraum vorhanden oder aber die Ecken sind leicht verzogen. Manchmal lässt sich ein solch problematischer Schubkasten korrigieren, indem man einen neuen Boden zusägt, der genau rechtwinklig und ein klein wenig zu groß ist. Wenn man diesen Boden dann vorsichtig in den Schubkasten schiebt, wird dieser dadurch ausgerichtet.

Leim und Späne

Aus Verbindungen tropfender Leim ist immer ein Ärgernis. Sie sollten deshalb generell sparsam mit Leim umgehen und immer nur so viel verwenden, wie wirklich nötig ist, um eine feste Verbindung zu erzielen. Sollten Sie sich trotzdem einmal verschätzt haben, lässt sich der überschüssige Leim gut mit Sägespänen aufsaugen. Wenn Sie beispielsweise mehrere quadratische Bretter miteinander verleimen, um einen Rohling zum Drechseln einer Schüssel herzustellen und den ganzen Block zwischen die Backen eines Schraubstocks spannen wollen, geben Sie eine dicke Schicht Sägespäne auf den Fußboden unter dem Schraubstock, die den herunter tropfenden Leim aufsaugen.

Kleine Stücken von Korkfliesen eignen sich ausgezeichnet als Polsterung zwischen Spannbacken und empfindlichen Holzoberflächen.

Einspannen testen

Häufig hört man von Heimwerkern den folgenden Stoßseufzer: „Alles lief ohne Probleme bis zum Verleimen…". Der größte Fehler, der Anfängern beim Verleimen oft unterläuft, ist, alles zu schnell machen zu wollen. Entweder sie vergessen alle aufeinander treffenden Flächen sorgfältig mit Leim einzustreichen oder sie haben sich keine Gedanken darüber gemacht, in welcher Reihenfolge das jeweilige Werkstück sinnvoll zusammengebaut werden sollte. Eine erfolgreiche Montage setzt natürlich voraus, dass Sie die geeigneten Werkzeuge und Materialien besitzen. Genau so wichtig ist es jedoch, alle Teile erst einmal provisorisch zu montieren und einzuspannen, denn wenn der Leim einmal aufgetragen ist, ist es zu spät für längere Experimente. Alle benötigten Teile und Werkzeuge sollten in Reichweite liegen und Sie müssen sich über die Reihenfolge beim Zusammenbau genau im Klaren sein.

Säubern Sie die Arbeitsfläche, suchen Sie die passenden Zwingen, die nötigen Beilagen und alle anderen Hilfsmittel zusammen, bevor Sie mit dem Auftragen des Leims beginnen.

Knochenleim

Oft wird tierischer Heißleim zu reichlich aufgetragen, so dass er sich in den Ecken und Vertiefungen des Werkstückes sammelt. Die Schwierigkeit besteht dann darin, den erhärteten Leim wieder zu entfernen ohne das gesamte Möbelstück in heißes Wasser zu tauchen. Dazu nimmt man am besten ein altes Stecheisen, das man erhitzt und so an den Leim hält, dass dieser den Schaft des Stecheisens hinunter laufen kann. Das ist jedoch unter begrenzten Platzverhältnissen nicht immer möglich. Sie müssen dann warten, bis der Leim vollständig ausgehärtet ist und den Überstand mit dem Stecheisen vorsichtig abschaben.

Leimtropfen

Wenn Sie mit Weißleim arbeiten und dieser plötzlich in breiten Nasen entlang der Vorderseite Ihres Werkstücks herunter läuft, sollten Sie ihn niemals mit einem Lappen abwischen. Warten Sie stattdessen bis der Leim eine gummiähnliche Konsistenz angenommen hat. Das geschieht meist nach 15 bis 30 Minuten. Dann können Sie die Nasen vorsichtig mit einem Stecheisen abtragen. Es ist viel einfacher einen steinharten Leimtropfen von der Oberfläche zu entfernen als Leim, der mit einem Tuch in alle Poren geschmiert wurde, wieder abzuschleifen.

1 Wischen Sie die Leimnasen nicht mit einem Tuch ab!

2 Warten Sie bis der Leim transparent zu werden beginnt, dann entfernen Sie ihn vorsichtig mit einem Stecheisen.

1 Verwenden Sie eine Kunststoffspritze um die lose Verbindung mit Leim zu füllen.

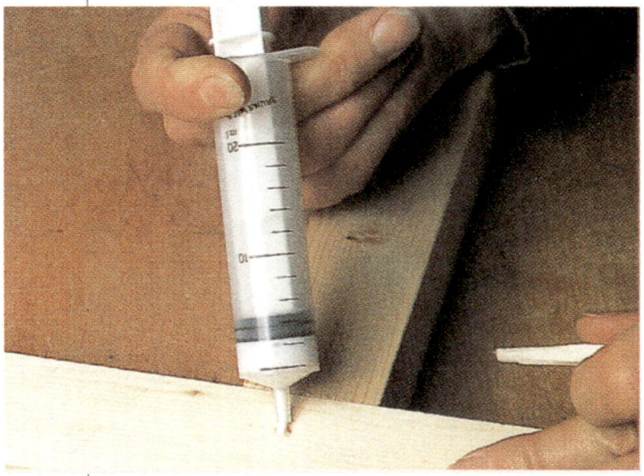

2 Schlagen Sie den Dübel ein, so dass der Leim überall in dem Hohlraum verteilt wird.

Lose Verbindungen

Wenn Sie nach dem Verleimen eines Werkstücks beim Abnehmen der Zwingen feststellen, dass eine der Verbindungen noch ganz locker und nicht richtig verleimt ist, empfiehlt es sich, ein kleines Loch durch die Verbindung zu bohren und so viel wie möglich Leim in dieses Loch zu injizieren. Gleich darauf, solange der Leim noch flüssig ist, schlägt man einen passenden Dübel in dass Loch, um den Leim so weit wie möglich in die Hohlräume der Verbindung zu drücken.

Reinigung von Leder und Stoff

Die meisten Leute wissen nicht, dass sich brüchiges und beflecktes Leder gut mit Sattelseife reinigen lässt und man deshalb einen alten, schon etwas unansehnlichen Lederbezug auf einem Stuhl oder Sessel nicht unbedingt gleich erneuern muss. Sattelseife erhält man in Reitsportläden oder im Internetversand. Alte Stoffbezüge können mit einem Textilreinigungsspray ebenfalls wieder zu neuem Leben erweckt werden. Beachten Sie dabei die Verarbeitungshinweise des jeweiligen Herstellers.

Beschläge und Eisenwaren

Schrauben durch Dübel drehen

Viele Anfänger machen den Fehler, dass sie zwei Teile rechtwinklig auf Stoß und nur mit einer Schraube miteinander verbinden um dann festzustellen, dass die Schraube im Hirnholz nicht richtig fest sitzt. Meistens erkennen sie das jedoch erst, wenn das Möbelstück bereits zusammengebaut ist. Eine schnelle Lösung des Problems besteht darin, die Schraube herauszudrehen, ein Loch rechtwinklig durch das Schraubenloch zu bohren und dort einen Dübel einzuschlagen. Verwenden Sie möglichst einen dicken Dübel und bestreichen Sie ihn vor dem Einschlagen mit Leim. Nun wird die Schraube durch diesen Dübel gedreht und sitzt wieder fest.

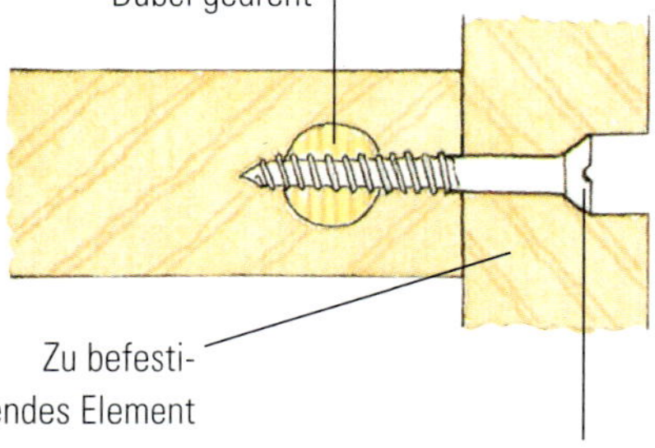

Die Schraube verläuft nun quer zu den Holzfasern.

Drehen Sie die Schraube durch das zu befestigende Element und in den Dübel ein.

Zu tiefe Aussparung

Beim Einsetzen von Scharnieren kommt es häufig vor, dass die Aussparungen für die Scharniere zu tief geraten. Dann lässt sich die Tür entweder nicht schließen oder das Scharnier reißt aus. Abhilfe verschafft hier ein Stück Pappe oder Furnier, das man entsprechend zurecht schneidet und unter das Scharnier legt, so dass die Tür fest schließt.

Ein richtig eingesetztes Scharnier.

Legen Sie einen Streifen Pappe unter das Scharnier, falls die Aussparung zu tief geraten ist.

Zu große Aussparung

Wenn Sie die Aussparung für ein Scharnier zu groß, also zu breit oder zu lang ausgestemmt haben, ist es am besten, einfach ein größeres Scharnier zu kaufen und die Aussparung entsprechend den Maßen des größeren Scharniers nachzuarbeiten. Ansonsten schließt man die gesamte Aussparung wieder, indem man ein passendes Holzstück einklebt und beginnt von vorn.

1 Ein Scharnier in einer zu großen Aussparung.

2 Besorgen Sie sich ein größeres Scharnier und arbeiten Sie die Aussparung entsprechend nach.

3 Wenn das aus irgendeinem Grund nicht möglich ist, kleben Sie ein passendes Holzstück in die zu große Aussparung und versuchen beim zweiten Mal, das Scharnier besser einzupassen.

Keile in Knäufen

Will man zur Befestigung eines Knaufes in einer Schublade oder einer Schranktür keinen Leim verwenden, bietet sich die Technik des Verkeilens an. Dazu sägt man einen Schlitz quer durch den Hals des Knaufs und dazu einen passenden Keil. Dann steckt man den Knauf in die Schubladenfront und schlägt von innen einen mit Leim bestrichenen Keil ein. Wenn der Leim trocken ist, wird der Keil bündig abgeschnitten. Falls Sie den Knauf möglicherweise später ersetzen wollen, sollten Sie keinen Leim verwenden und den Keil auch nicht abschneiden.

1 Stecken Sie den Knauf so in das Loch, dass der Schlitz rechtwinklig zu den Fasern der Schubladenfront verläuft.

2 Hobeln Sie den Keil bündig mit der Innenseite der Schubladenfront ab.

Vergrößern eines Bohrloches mit einem Zentrumsbohrer

Wenn Sie beispielsweise ein 10 mm großes Bohrloch auf einen Durchmesser von 25 mm erweitern möchten, kann es sein, dass der Bohrer dabei nicht gerade läuft, da die Zentrierspitze keinen Halt findet. Um eine genaue Bohrung zu erhalten, sollten Sie deshalb einen passenden Dübel einsetzen und dann die Bohrerspitze auf diesem Dübel zentrieren.

1 Schneiden Sie einen Dübel, der in das jeweilige Loch passt.

2 Zentrieren Sie den Bohrer auf dem Dübel und bohren Sie nun das größere Loch.

Lose Knäufe

Bei selbst gedrechselten Knäufen ist es besonders ärgerlich, wenn aus irgendeinem Grund das Loch in der Schubladenfront oder in der Schranktür zu groß gerät, so dass der Knauf nicht fest darin sitzt. Die einfachste Lösung in einem solchen Fall besteht darin, den runden Zapfen in Leim zu tauchen und dann dünnen Bindfaden darum zu wickeln, bis der Zapfen etwas zu groß für das entsprechende Loch ist. Dann drückt man ihn mit drehenden Bewegungen vorsichtig in das vorgesehene Loch.

Abgebrochene Schrauben

Hat man den Kopf einer Schraube abgebrochen – und das kann bei Messingschrauben ganz schnell passieren, wenn man kein Führungsloch bohrt – ist guter Rat teuer. Lässt sich die Schraube auch nicht mehr mit einer Zange herausdrehen, schneidet man ein kurzes Stück eines Stahlrohres ab, das möglichst nur ein wenig dicker als der Durchmesser des Schraubenschaftes sein sollte. Dann feilt man an einem Ende kleine Schneiden und verwendet das Rohr wie eine Miniatur-Lochsäge. Wenn Sie das Holz um die Schraube ausgesägt haben, können Sie den abgebrochenen Schraubenschaft herausziehen, das Loch mit einem Dübel aus passendem Holz verschließen und dann die Schraube neu eindrehen. Denken Sie nun aber daran, ein Führungsloch zu bohren!

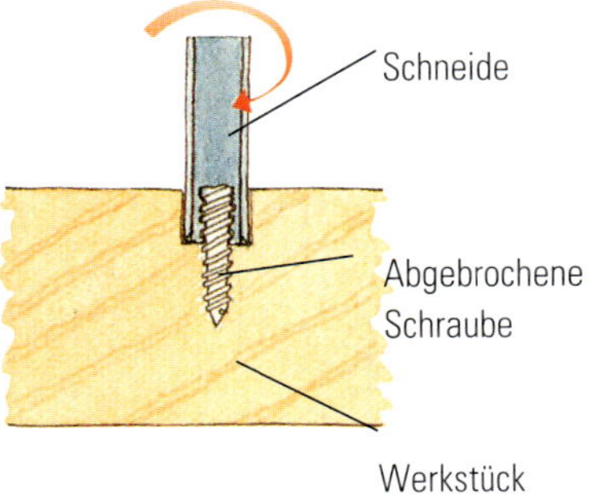

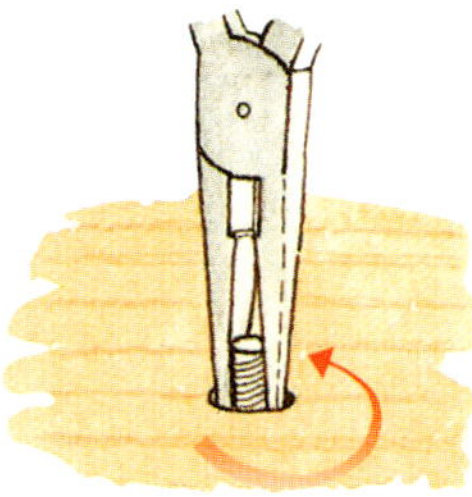

Mit einer Spitzzange ziehen Sie den abgebrochenen Schraubenschaft heraus.

Furniere und Intarsien

Gehrung

Oft lassen sich Fehler in Holzoberflächen mit dünnen Furnierstreifen verdecken. Angenommen, Sie haben einen Bilderrahmen gebaut und die Gehrungen sind alle unsauber gearbeitet. Dann schneiden Sie sich einfach vier entsprechend breite Furnierstreifen und legen diese an den Ecken rechtwinklig übereinander. Legen Sie ein Stahllineal im Winkel von 45° darüber und schneiden Sie beide Furnierstreifen mit einem Mal durch. Nun kleben Sie das Furnier auf den Bilderrahmen, so dass die schlecht gearbeiteten Gehrungen im Holz nicht mehr zu sehen sind.

1 Legen Sie jeweils zwei Streifen genau im rechten Winkel übereinander.

2 Schneiden Sie beide Streifen gleichzeitig diagonal durch.

Abgerissene Ecke

Wenn Sie beispielsweise die Seitenwand eines Schrankes furniert haben und am Ende durch eine unbedachte Bewegung eine Ecke des Furniers abreißt, gehen Sie folgendermaßen vor: Suchen Sie sich ein passendes Furnierstück und befestigen Sie es mit Klebeband so über der beschädigten Stelle, dass die Maserung übereinstimmt. Dann schneiden Sie durch beide Furniere gleichzeitig bis auf das Blindholz, damit Sie einen exakt passenden Stoß erhalten. Mit einem scharfen Stecheisen säubert man das Blindholz und leimt dann die neue Furnierecke auf.

Schneiden Sie beim Ausbessern von Furnier immer gleichzeitig durch das neue und das alte Furnier, damit das neu einzusetzende Stück ganz genau passt.

Blasen im Furnier

Manchmal passiert es, dass eine kleine Luftblase unter dem Furnier eingeschlossen wird, so dass nach dem Trocknen an dieser Stelle eine Wölbung zu sehen ist. Dieses Problem lässt sich lösen, indem man die Blase mit einem scharfen Messer oder Skalpell entlang der Holzfasern aufschlitzt. Wenn Sie beim Aufbringen des Furniers PVA-Leim oder Knochenleim verwendet haben, können Sie das Furnier mit einem heißen Bügeleisen wieder andrücken. Wenn jedoch das Furnier mit einem nicht löslichen Leim verklebt war, geben Sie etwas Kontaktkleber in den Schlitz und drücken das Furnier mit einem gewachsten Holzblock fest an.

1 Schlitzen Sie die Blase entlang der Holzfasern auf.

2 Geben Sie etwas wärmehärtenden Leim auf einen Papierstreifen und verteilen Sie ihn auf der Unterseite des Furniers.

3 Mit einem heißen Bügeleisen drücken Sie das Furnier an.

Tipps

Oft ist das Furnier an den gebogenen Kanten eines Tisches oder Schrankes beschädigt. Um dort einen neuen Furnierstreifen aufzuleimen, müssen Sie sich wahrscheinlich zuerst eine gebogene Holzform bauen, so dass der Druck der Zwingen auf die Länge der Tischkante übertragen wird und der Leim unter Druck abbinden kann.

Knoten im Blindholz

Gelegentlich kommt es vor, dass sich unter einem Furnier ein Knoten im Blindholz löst und erhebt, so dass das Furnier an dieser Stelle ausgebeult erscheint. Wenn so etwas passiert, müssen Sie entweder die gesamte Fläche neu furnieren oder das Furnier um den Knoten herum ausschneiden und ein neues Stück einsetzen. Dabei gehen Sie vor wie bereits beschrieben, d. h. Sie legen das neue Stück über das alte Furnier und schneiden beide gleichzeitig aus. Dann nehmen Sie mit einem Stecheisen den zerfallenen Knoten heraus und schließen das Loch, indem Sie ein passendes Holzstück einkleben. Nachdem Sie die Oberfläche glatt abgeschliffen haben, können Sie das neue Furnierstück aufleimen.

Furnier hebt sich komplett ab

Anfänger machen häufig den Fehler, wärmehärtenden Leim zu überhitzen. Dann kann es passieren, dass das gesamte Furnierblatt nicht richtig haftet und wieder abgelöst werden muss. Dazu klebt man Malerkrepp in parallelen Streifen über das Furnier um es zu stabilisieren. Dann löst man den Leim vorsichtig mit einem Bügeleisen oder Furniereisen und einem heißen Spachtel ab. Dabei brauchen Sie einen Helfer, der das Bügeleisen und das bereits abgelöste Furnier hält, während Sie mit dem heißen Spachtel das Furnier weiter lösen. Danach ist das Blindholz von Leimresten zu säubern und man klebt das Furnier neu auf.

1 Verstärken Sie das Furnier durch Malerkreppstreifen, die Sie parallel darüber kleben.

2 Fahren Sie mit dem Bügeleisen über das Furnier, während eine zweite Person das Furnier vorsichtig abhebt.

Furnierkanten heben sich an

Anfänger ziehen die Zwingen an den Kanten von furnierten Brettern oft zu fest oder schleifen die Kanten zu stark ab, was dazu führen kann, dass der Rand des Furniers sich hebt und die Gefahr des Abbrechens besteht. Gehen Sie in einem solchen Fall wie folgt vor: Stellen Sie die Tischplatte oder die betreffende furnierte Platte senkrecht auf ein Stück Pappe oder einen alten Teppich. Mit Hilfe eines Papierstreifens und einer Messerklinge geben Sie nun so viel wie möglich Leim zwischen das Furnier und das Blindholz. Wenn Sie sich sicher sind, dass der Leim ausreichend tief hinein gelaufen ist, drücken Sie das Furnier an, wischen den herausquellenden Leim ab und spannen die Platte oder das Brett zwischen Zwingen.

1 Mit Hilfe eines Messers und eines stabilen Plastikstreifens geben Sie möglichst viel Leim in den Schlitz.

2 Legen Sie nasses Wachspapier zwischen das Werkstück, die Zulagen und die Druckbacken der Zwingen.

Blindholz biegt sich

Ein anderer Fehler, der Anfängern manchmal unterläuft, ist das nur einseitige Furnieren einer Platte. Da die furnierte Seite anders auf Veränderungen der Umgebungstemperatur und Luftfeuchtigkeit reagiert als die Seite ohne Furnier, biegt sich die Grundplatte, besonders wenn es sich um eine dünne Platte handelt. Wenn das passiert und die Platte noch nicht zu stark gebogen ist, kann man Abhilfe schaffen, indem man die Rückseite ebenfalls furniert. Dafür gibt es im Handel billige Furniere zu kaufen.

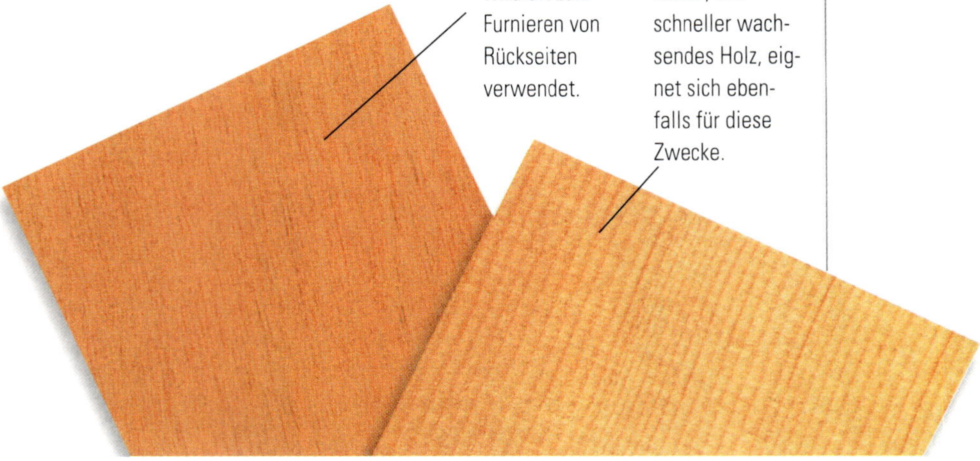

Mahagoni wird oft zum Furnieren von Rückseiten verwendet.

Kiefer, ein schneller wachsendes Holz, eignet sich ebenfalls für diese Zwecke.

Risse und Vertiefungen

Wenn Sie nach Fertigstellung einer Marketerie- oder Parketteriearbeit feststellen, dass zwischen benachbarten Furnieren kleine Hohlräume entstanden sind, haben Sie wahrscheinlich den Fehler gemacht, einen Kontaktkleber auf Wasserbasis zu verwenden. In diesem Fall sollten Sie die Risse mit einer Mischung aus Schleifstaub und PVA-Leim füllen.

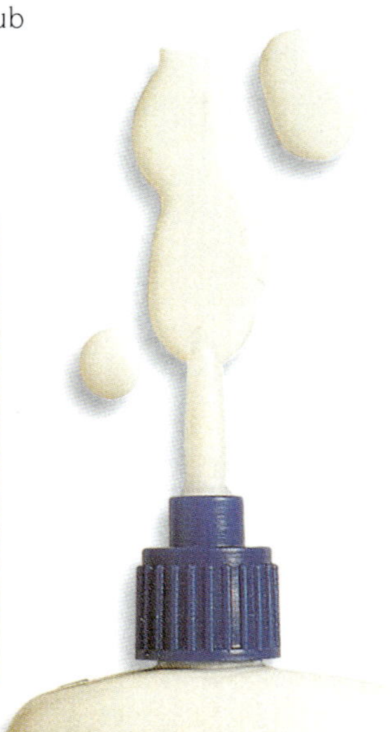

Füllen Sie den Hohlraum mit einer Mischung aus Schleifstaub und PVA-Leim und schleifen Sie die Fläche sauber ab.

Gebogene Furnierblätter

Was ist zu tun, wenn Sie viel Geld für ein besonderes Furnier ausgegeben haben und die Furnierblätter plötzlich beginnen sich zusammenzurollen? Man feuchtet das Furnier an und lässt es zwischen zwei geraden Brettern unter Druck trocknen. Dann bestreicht man die Rückseite des Furniers mit Tapetenleim, legt es zwischen zwei Schichten Wachspapier und spannt es wiederum zum Trocknen zwischen zwei Bretter. Danach ist das Furnier ganz glatt und kann verarbeitet werden.

1 Befeuchten Sie das gewellte Furnier mit Wasser und bestreichen Sie die Rückseite dann mit einer dünnen Schicht Tapetenleim.

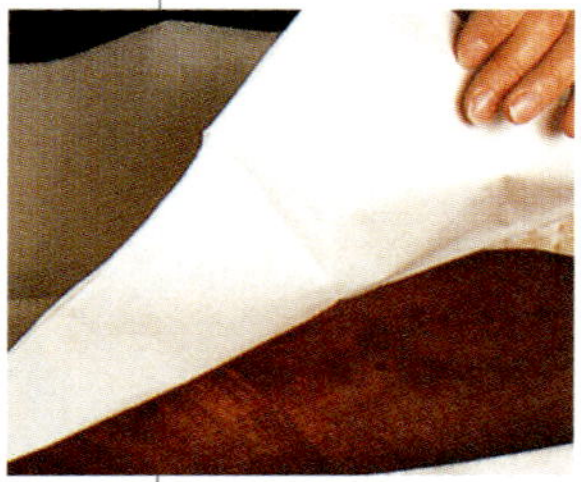

2 Legen Sie das Furnier zwischen zwei Blätter Wachspapier.

3 Nun legen Sie alles zwischen zwei gerade Bretter und drücken diese mit einem schweren Gewicht zusammen.

Risse und Einschnitte

Wenn Sie mit Ihrem Messer abrutschen, so dass auf dem Furnier ein Kratzer entsteht, ist dieser möglichst sofort zu reparieren, bevor sich darin Staub ansammeln kann. Tröpfeln Sie etwas Wasser auf den Kratzer. Dann nehmen Sie ein ganz feines Messer und schaben immer in Faserrichtung über den Kratzer hinweg. Tun Sie das auf beiden Seiten des Einschnittes, damit die Fasern sich etwas aufstellen und den Schaden verdecken.

1 Ein Kratzer im Furnier, der durch ein abgerutschtes Messer entstanden ist.

2 Feuchten Sie den Kratzer an und fahren Sie mit der Spitze eines Messer immer in Faserrichtung darüber.

3 Arbeiten Sie dabei von beiden Seiten, bis der Kratzer nicht mehr zu sehen ist.

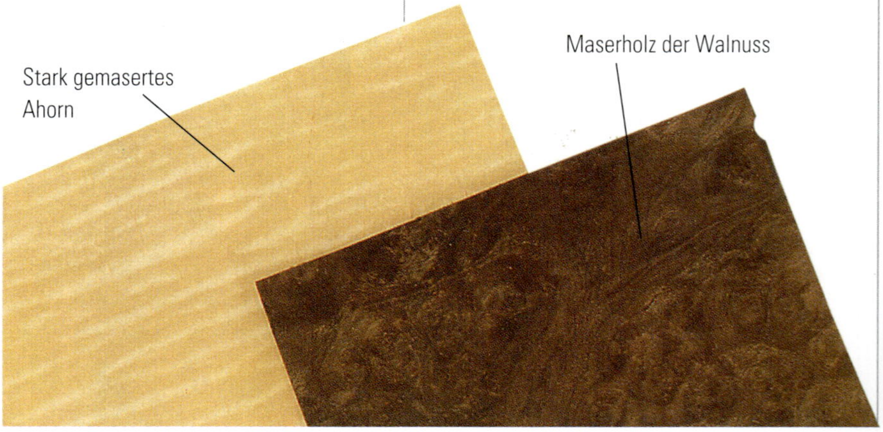

Oberflächenbehandlung und Montage

Die letzte Arbeitsphase, in der man das Möbelstück zusammenbaut, die Oberfläche behandelt und allem den letzten Schliff gibt, ist wohl auch die aufregendste und anstrengendste Zeit. Endlich ist alles fertig und muss den kritischen Augen des Meisters, der Familienmitglieder und Freunde standhalten können. Und da man in dieser letzten Phase oft schon ein bisschen erschöpft und nicht mehr ganz so konzentriert ist, kann es vorkommen, dass sich auch dort noch Fehler einschleichen. Sollte auch Ihnen zum Schluss ein solcher Fehler passiert sein, helfen Ihnen vielleicht die folgenden Tipps.

Ein klassisches Beispiel für eine fehlerhafte Lackschicht.

Schleierbildung

Falls Sie Ihr Werkstück an einem Tag lackiert oder gestrichen haben, an dem die Luftfeuchtigkeit sehr hoch war, kann es Ihnen passieren, dass der Lack nach dem Trocknen weißlich und trübe aussieht. Verfallen Sie nicht gleich in Panik, sondern warten Sie erst einmal ein oder zwei Tage ab. Wenn Sie Glück haben, verschwindet der Schleier ganz von allein. Wenn Sie jedoch weniger Glück haben und der Schleier nach zwei Tagen immer noch da ist, sollten Sie die Oberfläche mit ganz feinem Sandpapier kurz abschleifen und eine neue dünne Lackschicht aufzutragen. Beachten Sie dabei die Hinweise des Herstellers zur Raumtemperatur und Luftfeuchtigkeit während der Verarbeitung.

Wachskittstangen

Wachskittstangen sind in verschiedenen Holzfarben erhältlich und für die Reparatur kleinerer Kratzer oder Dellen, die manchmal beim Transport eines Möbelstückes entstehen, geeignet. Für ganz kleine Reparaturen wählen Sie einfach einen Wachsstift in der geeigneten Farbe und reiben das Wachs in den Kratzer ein. Wenn dieser jedoch tiefer als 2 mm ist, sollten Sie den Wachskitt entsprechend den Hinweisen des Herstellers verwenden, das heißt, mit einem heißen Messer oder Lötkolben verflüssigen.

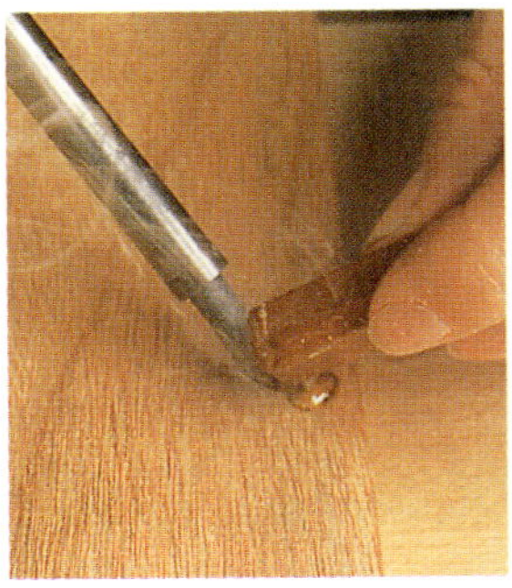

1 Schmelzen Sie das Wachs mit einem Lötkolben oder heißen Messer, so dass es in die auszufüllende Vertiefung tropft.

2 Wenn das Wachs getrocknet ist, schleifen Sie die Reparaturstelle mit feinem Sandpapier ab.

3 Schleifen Sie nun die gesamte Fläche noch einmal gleichmäßig ab.

Nach vorn kippende Schränke

Falls Sie den klassischen Fehler gemacht haben, einen großen Schrank zu entwerfen, der jedes Mal nach vorn fällt, wenn Sie die oberen Türen öffnen, lässt sich die Situation oft verbessern, indem Sie an den hinteren unteren Ecken etwas Holz wegnehmen. Dann steht der Schrank etwas zurückgelehnt und kippt nicht so leicht nach vorn. Zusätzlich sollten Sie ihn aus Sicherheitsgründen aber auch noch an der Wand befestigen.

Schwer zu glättende Holzfasern

Bei manchen Hölzern ist es ganz schwierig, eine wirklich glatte Oberfläche zu erreichen. Gleich, wie sehr Sie sich auch bemühen, die Fasern stehen immer wieder auf. In einem solchen Fall sollten Sie die Oberfläche mit einer Schicht Grundierleim versiegeln, wobei sich auch die Fasern aufstellen. Dann glätten Sie die Fläche nicht mit Sandpapier, sondern mit einer Ziehklinge.

1 Streichen Sie Grundierleim auf die problematischen Bereiche und lassen Sie ihn trocknen.

2 Mit einer Ziehklinge glätten Sie nun die Oberfläche.

Dellen im Lack

Eine Delle in einer ansonsten makellos lackierten Oberfläche kann sehr auffällig sein, lässt sich jedoch einfach entfernen, indem man sie mit mehreren Schichten desselben Lackes überstreicht. Tupfen Sie mit einem spitzen Pinsel vorsichtig etwas Lack in die Delle, lassen Sie ihn trocknen und tupfen Sie eine weitere Schicht auf. Fahren Sie so fort, bis die Delle verschwunden ist. Füllen Sie die Delle niemals in einem Zug, denn der Lack würde nicht glatt auftrocknen.

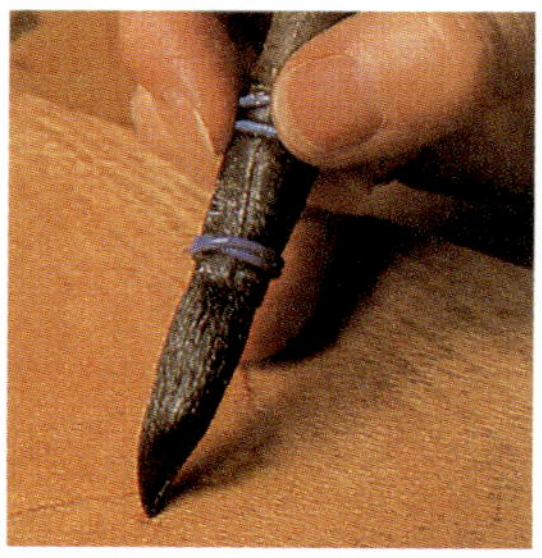

1 Tupfen Sie eine kleine Menge Lack in die Delle und lassen Sie den Lack trocknen.

2 Wiederholen Sie diesen Vorgang, bis die Delle vollständig gefüllt ist.

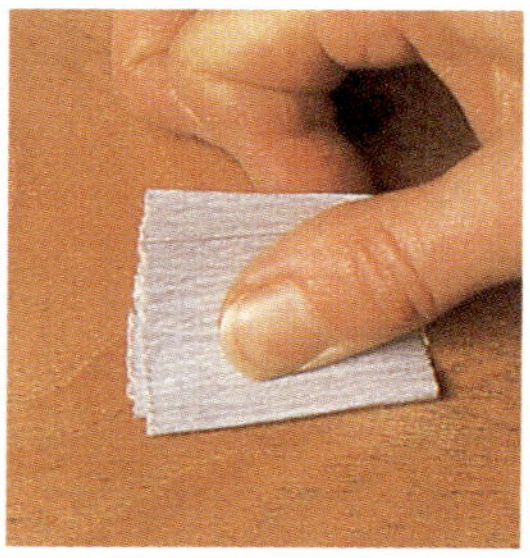

3 Schleifen Sie den trockenen Lack mit feinem Sandpapier ab.

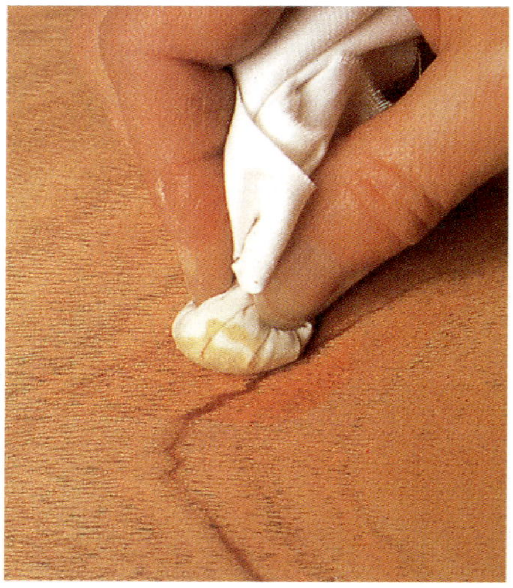

4 Polieren Sie die ausgebesserte Fläche mit Metal Polish.

Brandstellen

Es sollte eigentlich nicht vorkommen, dass ein Möbelstück durch eine Zigarette versengt wird und trotzdem ist es kein seltener Fall. Versuchen Sie nicht, den Brandfleck durch Abschleifen mit Sandpapier zu entfernen, sondern verwenden Sie dazu eine Ziehklinge. Ziehen Sie diese erst diagonal zu den Holzfasern über die Oberfläche – erst in der einen Richtung, dann in der anderen. Zum Schluss arbeiten Sie mit der Faser.

1 Führen Sie die Klinge diagonal zur Holzfaser.

2 Bearbeiten Sie die gesamte Fläche in allen Richtungen, bis der Brandfleck verschwunden ist.

Blasen im Lack

Haben sich beim Trocknen im Lack Blasen gebildet, hat man keine andere Wahl, als den Lack komplett abzuschleifen bzw. abzukratzen und die Fläche neu zu lackieren. Dabei sollten Sie jedoch denselben Fehler nicht noch einmal machen. Tragen Sie den Lack immer nur dünn auf und lassen Sie eine Schicht erst komplett trocknen, bevor Sie die nächste auftragen.

Kratzen Sie den Lack ab und beginnen Sie von Neuem.

GLOSSAR

Abziehen
Verfahren zum Entfernen von Lack oder Farbe mittels verschiedener Klingen (eben oder geformt) je nach Art des Massivholzes.

Adern
Dünne und schmale Furnierstreifen, die einfarbig oder gemustert sein können. Werden meist zum Abgrenzen unterschiedlicher Furnierflächen oder zur Gliederung einer größeren Fläche verwendet. Adern werden vorher in Nuten eingelegt, die ins Holz gefräst wurden.

Aluminiumoxid
Ein Schleifkorn mit langer Standzeit für Schleifscheiben und Schleifpapier.

Anleimer
Massivholzleiste, die auf die Schmalseite einer Holzwerkstoffplatte geleimt wird, um diese zu schützen oder auch wenn man den Rand der Platte mit einem Profil versehen möchte.

Astragal
Halbrundes Profil, das früher häufig als Blende zur Abdeckung der Leimfugen bei Schränken und Türrahmen verwendet wurde.

Balleisen
Schnitzeisen oder Drechseleisen mit gerader Schneide.

Beize
Flüssiges Farbgebungsmittel mit sehr feinen Farbpigmenten, das nicht vollständig deckt, sodass Qualität und Maserung des Holzes erkennbar sind.

Bildhauer-Figurenschraube
Werkzeug zum Festhalten von Schnitzereien auf der Werkbank; wird durch ein Loch in der Arbeitsplatte gesteckt und von unten festgezogen.

Blindholz
Einfaches Trägerholz, auf welches ein Furnier aufgeleimt wird.

Bügelsäge
Säge zum Schneiden von Metall und Plastik. Das Blatt ist aus Stahl. Es ist sehr dünn und in einen U-förmigen Rahmen gespannt.

Drehwuchs
Drehwüchsig gestreifte Maserung in verschiedenen Holzarten, z. B. Mahagoni.

Dübel
Runder Verbindungsstift.

Einlassen
Der erste Schritt beim Handpolieren (Schellackpolitur bzw. französische Politur). Er wird traditionell mit einem Polierballen aus Leinen und Watte durchgeführt. Die meisten Leute finden es jedoch einfacher, die Politur mit einem Pinsel aufzutragen.

Einstichsäge
Kleine Säge mit dünnem Blatt. Mit ihr kann man Metall, aber auch Holz und Plastik schneiden. Am Ende des Blatts befindet sich ein kleiner Haken, damit man sie mit beiden Händen halten kann.

Falz
Ein rechteckiger Einschnitt entlang der Kante eines Holzstückes.

Fase
Abgeschrägte Kante, die durch leichtes Abhobeln oder Abfräsen entsteht. Eine Kante ohne Fase ist sehr scharf und bricht leicht ab, deshalb fast man Kanten meist im Winkel von 45° ab.

Faseraufrichtung
Durch Befeuchten mit Wasser quellen die an der Oberfläche befindlichen Holzfasern auf und richten sich dadurch auf.

Feinsäge oder Rückensäge
Säge für kleinen Arbeiten auf der Werkbank.

Forstnerbohrer
Bohrer zum Bohren von größeren Löchern. Flächenbohrer mit kleiner Zentrierspitze, Peripherieschneide und zwei Flächenschneiden.

Führungsloch
Ein kleines gebohrtes Loch, das dazu dient, eine Schraube zu führen und den Druck auf das umgebende Holz zu verringern.

Furnier
Dünne Holzblätter, die zur Dekoration auf einen Untergrund aus Massivholz geklebt werden. Sie sind oft aus seltenem oder exotischem Holz, das als Massivholz nicht erhältlich oder zu teuer ist.

Furnierhammer
Ein Werkzeug zum Glätten oder Festigen von gerade abbindenden Furnier.

Gehrung
Verbindung, bei der die Ecken von zwei Stücken Holz im gleichen Winkel (meistens 45°) zugeschnitten sind.

Gehrungslade
Werkzeug zum Überprüfen und Markieren von Linien in einem Winkel von 45°.

Geißfuß
Schnitzeisen mit dreieckiger Schneidenform.

Halbrundstab
Profilleiste mit halbkreisförmigem Querschnitt.

Handbohrer
Bohrwerkzeug für Holz oder ähnlich harte Werkstoffe. Besteht aus einem Stahlschaft mit Bohrgewinde auf der einen und einem Drehgriff auf der anderen Seite.

Handsäge
Besteht aus einem gezähnten Stahlsägeblatt auf der einen und einem Holzgriff auf der anderen Seite.

Hohlbeitel
Beitel zum Ausstemmen von Hohlformen. Sie haben entweder eine Innen- oder eine Außenschneide.

Hohleisen
Schnitz- oder Drechseleisen mit konkaver Schneide.

Intarsie
Dekorative Einlegearbeiten. Holzfurniere oder andere Materialien werden in vorher geschaffene Vertiefungen in Massivholzflächen eingelegt, so dass sie bündig mit der Oberfläche abschließen.

Kernholz
Das beste Holz. Es ist das reife Holz, das den Kern des Baumes bildet.

Körnung
Maß für die Grobheit eines Schleifpapiers. Je niedriger die Zahl der Körnung ist, desto gröber ist das Papier.

Korpus
Die Grundkonstruktion oder der Grundrahmen eines Möbelstücks.

Kunstharzklebstoff
Klebstoffe auf der Basis von Kunstharz, die in zwei Komponenten erhältlich sind – eine dicke, sirupartige Flüssigkeit und ein Härter.

Lack
Schellack oder Harz (auf Natur- oder synthetischer Basis), die zusammen mit einem Lösungsmittel nach dem Auftrag auf eine trockene Oberfläche eine relativ glänzende, transparente und durchlässige Schicht bilden.

Langes Stecheisen
Eignet sich zum Ausstemmen von Nuten. Das Eisen ist dicker als bei den üblichen Stecheisen.

Laubsäge
Kleine Säge zum Ausschneiden von Mustern oder Motiven. Unter Umständen können Löcher mit ihr geschnitten werden.

Lochbeitel
Beitel zum Ausstemmen tiefer Löcher.

Lochsäge
Säge mit dünnen, sich verjüngendem Blatt zum Ausschneiden von Schlüssellöchern und anderen kleinen Öffnungen.

Lose Sitzeinlage
Sitz, der unabhängig vom Rest des Stuhls gearbeitet ist. Manchmal sind sie festgenagelt, aber oft können sie mit einem leichten Schlag entfernt werden.

Marketerie
Eine Verzierungstechnik, bei der Ornamente aus Holz, Schildpatt oder Metall erst vollständig zusammengestellt und danach als Ganzes auf die Oberfläche eines Möbelstückes oder eines anderen Werkstückes aufgeleimt werden.

Maserholz
Vom normalen Wuchs abweichende Holzstruktur, die durch Faserwirbel entsteht. Durch Schälen hergestellte Furniere weisen vorwiegend rundliche Formen auf. Man unterscheidet Maserholz aus Wurzelknollen und aus Astgabeln.

MDF-Platten
Mitteldichte Faserplatten mit hoher Stabilität, häufig im Möbelbau verwendet. Werden aus Abfallholz und dünnem Rundholz (vorwiegend Nadelholz) gepresst.

Ovolo
Dekorprofil mit Viertelkreissegmenten.

Pigmente
Im Gegensatz zu Farbstoffen unlösliche Farbmittel, die in einem Medium suspendiert werden. Zum Abtönen von Farben oder zur Herstellung von Lasuren.

Profilleisten
Holzleisten mit vorgefertigtem Profil, die zur Verzierung der Kanten verwendet werden.

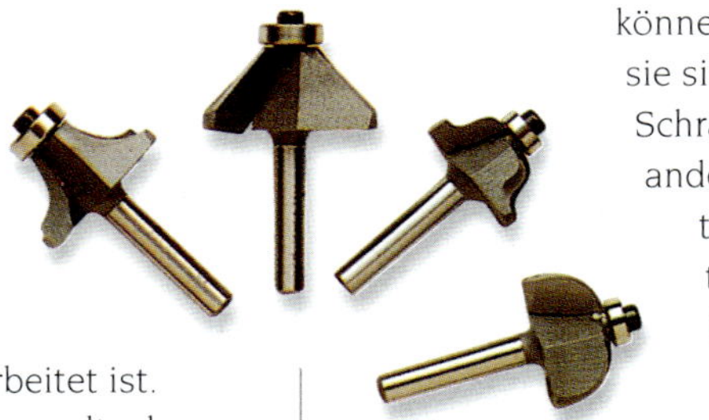

PVA-Leim
Auch Holzleim oder Weißleim – ein Allzweckleim für Holz auf Wasserbasis.

Querschnittsäge
Säge mit speziellen Zähnen zum Sägen in der Faserung.

Raubank
Hobelähnliches Werkzeug, jedoch größer und mit Griff ausgestattet, der eine höhere Kraftanstrengung erlaubt.

Sägebock
Gerät zum Festhalten von Holz während dem Sägen. Fertige Sägeböcke können gekauft werden, sie sind teilweise mit Schraubzwingen und anderen Haltevorrichtungen ausgestattet.

Schellack
Ein Harz, das von der Schellacklaus abgesondert wird und das sich nur in Alkohol oder in basischen wässrigen Lösungen lösen lässt. Schellackpolitur oder French Polish ist in Alkohol gelöster Schellack.

Schlitz
Rechtwinkliger Einschnitt an einem Stück Holz, in den ein Zapfen zum Verbinden zweier Stücken gesteckt wird.

Schraubstock
Eine Vorrichtung mit zwei Backen zum Festhalten von Holz und anderen Materialien.

Schraubzwinge
Sie wird zum Einspannen kleinerer Gegenstände benutzt.

Siliziumkarbid
Schleifkorn, das auf einem wasserfesten Trägerpapier aufgeleimt ist, so dass man Siliziumkarbidschleifpapier auch zum Nassschleifen verwenden kann.

Stichsäge
Säge mit dünnen Stahleisen zum Ausschneiden von Rundungen.

Streichmaß
Instrument zum Anreißen von Holzteilen. Besteht aus einem Läufer, durch den senkrecht zwei Maßleisten laufen, de an einem Ende eine Stahlspitze besitzen.

Streifen
Schmales Holzteil mit rechteckigem Querschnitt, wird normalerweise für Intarsien verwendet.

Stumpfe Fuge
Verbindung, bei der zwei Stücke ohne Nut oder Überlappung miteinander verbunden sind.

Taster
Greifzirkel, als Außentaster oder Innentaster erhältlich. Wird zum Vermessen von runden Werkstücken benötigt.

Verzapfen
Verbinden von zwei Teilen mittels Zapfen und Zapfenschlitz.

Vorhobeln
Das grobe Abhobeln von Holz. Meistens mit einem Schrupphobel, der ein leicht gerundetes Eisen hat, ausgeführt.

Wachs
Substanz mineralischer, pflanzlicher oder tierischer Herkunft mit Eigenschaften, die teilweise mit denen der Oberflächenveredlung des Holzes identisch sind.

Winkelhaken oder **Schnellspanner**
Ein Werkzeug zum Festhalten von Werkstücken, vor allem beim Schnitzen. Der Winkelhaken wird durch ein Loch in der Werkbank gesteckt und von unten befestigt. Mit einem Druckarm wird das Werkstück auf die Arbeitsfläche gedrückt.

Zahnschnitt
Ein Profil, das durch eine Reihe von rechteckigen Blöcken gebildet wird, die Zähnen ähnlich sehen.

Zarge
Horizontale Leiste in einem Rahmen.

Ziehklinge
Werkzeug zur Feinbearbeitung von Oberflächen nach dem Hobeln.

Zwinge
Ein Werkzeug, mit dem man Holzstücke oder andere Dinge zusammenhalten oder festhalten kann.

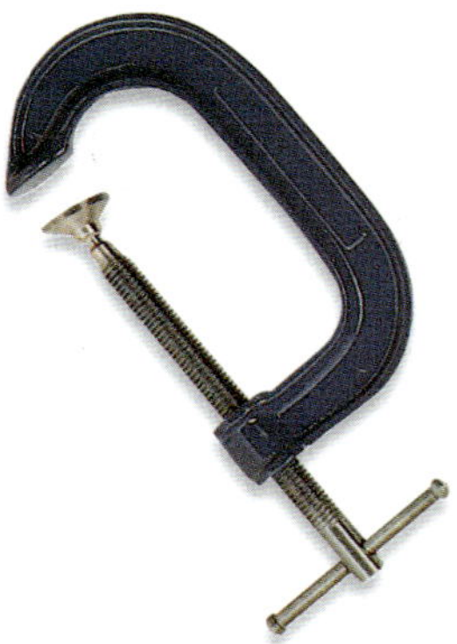

REGISTER

F

G

H

Bildnachweis

Das Bildmaterial dieses Buches stammt aus den folgenden bereits veröffentlichten Ausgaben:
Basic Woodworking Techniques; The Carpenter's Companion; The Complete Guide to Woodworking; The Encyclopedia of Joint Making; The Encyclopedia of Wood; 100 Keys to Woodshop Safety; Mastering Hand Tool Techniques; 100 Keys to Preventing and Fixing Woodworking Mistakes; How to Restore and Repair Furniture; The Craft of Woodcarving; The Complete Guide to Wood Finishes; Woodworking School; The Woodworker's Solution Book; The Woodworker's Pocket Palette; The Book of Boxes; The Encyclopedia of Woodworking Techniques; Two Books in One: Woodturning; The Art & Craft of Making Children's Furniture; Painted Wooden Furniture. S. 43, 93: © Groupe Eyrolles

Danksagung

Quantum Publishing dankt folgenden Personen und Organisationen für ihren Beitrag zur Produktion dieses Buches:
Caroline Hunt für das Korrekturlesen, Heather McCarry für das Desktop Publishing, Dawn Butcher vom Coyote Editorial and Language Service for Americanization für das Register sowie der Zeitschrift *The Woodworker* für die Bereitstellung der Abbildungen von Elektrohobeln (S. 112) und für das Werkbank-Projekt (S. 251–256).